12주 완성

최신 수질관리 상하수도 기술사

이성우 · 이일국 · 이철우 · 정지현 · 조용덕 · 이용수 공저

수십 년간 현장경험 know-how 및 저자 직접 강의

최신기술, 이론 및 실무자료 총정리

GS인터비전

들어가며

세월이 지나가면서 남는 일은 무엇일까?

살아가면서 각자 수많은 사연들이 마음속에 남아 있으며 우리는 지나간 경험을 되새기며 아름다운 추억을 더듬는 소중한 시간을 갖게 됩니다.

기술사 교재를 집필하면서 그동안의 지식과 경험을 담아 물 분야에 종사하는 기술인이 모두 이용할 수 있는 책이 될 수 있도록 노력하였습니다. 집필진은 현업에서 수십년간 근무하고 경험이 있을 뿐만 아니라 직접 기술사를 강의를 하고 있는 국내 최고의 분들로 구성하였습니다. 따라서 이 분야에 종사하는 기술인들이 습득하고자 하는 지식을 생동감 있게 접할 수 있으리라 여겨집니다.

본 집필의 방향은 수질관리기술사와 상하수도기술사 자격 취득을 준비하시는 분들이 필요로 하는 기술을 담았으며, 특히 상하수도 분야에서 부족하기 쉬운 수질관리, 수처리시스템 및 공정관리 기술을 습득하는데 도움을 주고자 하였습니다. 또한 현업에서 수질관리, 상하수도, 오폐수처리장에 종사하는 기술자와 엔지니어링 분야에서 근무하는 분들에게 유용한 참고도서가 될 수 있을 것입니다.

편집도 기존의 서적과는 달리 개조식으로 PPT를 이용하여 구성하고 쉽게 이해할 수 있도록 하였으며 개별적으로 소장하여 기술 자료로도 이용할 수 있을 것입니다.

기술인으로 직장을 갖고 생활하고 한 평생 산다는 것은 결코 쉬운 일이 아니라고 생각합니다. 생업에 종사하면서 기술사에 도전한다는 것은 이미 절반의 성공이며 집필진 모두가 공감하는 부분입니다. 현재는 어렵더라도 아름다운 도전이며 남보다 한 발자국 앞서가는 일입니다. 즉 남들과 다른 점은 하나의 자격증을 갖게되어 노후에 연금이 하나 더 있다고 생각하면 마음이 달라질 수 있으며, 모든 분들이 본 교재를 이용하여 소기의 성과를 거두고 행복한 축복이 있으시길 기원드리겠습니다.

그동안 원고 작성에 매달리며 고생하신 집필진에게 서로 위로와 감사의 말씀을 드립니다.

2021년 2월

집필진 일동

목 차

제 1장 수자원 · 수질환경관리

Contents

제1장 수자원 • 수질환경관리

1.1 국내외 수자원 환경 현황

수자원 환경현황

1) 지구상에 존재하는 물의 총량은 약 14억 km³이며, 지구 온난화(global warming) 현상 등으로 지역별로 물 부족, 사막화, 생물다양성 감소 등 많은 어려움에 직면하고 있으나, 다른 지역에서는 홍수로 인해 엄청난 피해가 발생하고 있음
2) 하천과 호소의 수질은 악화되고 대기오염으로 인한 인체의 피해, 산성비의 영향과 더욱이 인간에 의한 산림훼손과 자연환경 파괴로 지구촌은 자연환경병으로 몸살을 앓고 있음

3) 수자원의 내재적인 장애요인으로서 유한재, 필수재이며 비가역성의 특성을 갖음
4) 수자원은 무한재이나 인간이 활용 가능한 양질의 양은 제한적으로 유한재이라 할 수 있으며, 필수적인 자원으로 대체재가 없음
5) 지구촌이 오염되면 회복이 어렵고 복원에 막대한 비용이 들며, 한계점이 지나면 회복이 불가능 할 수도 있음

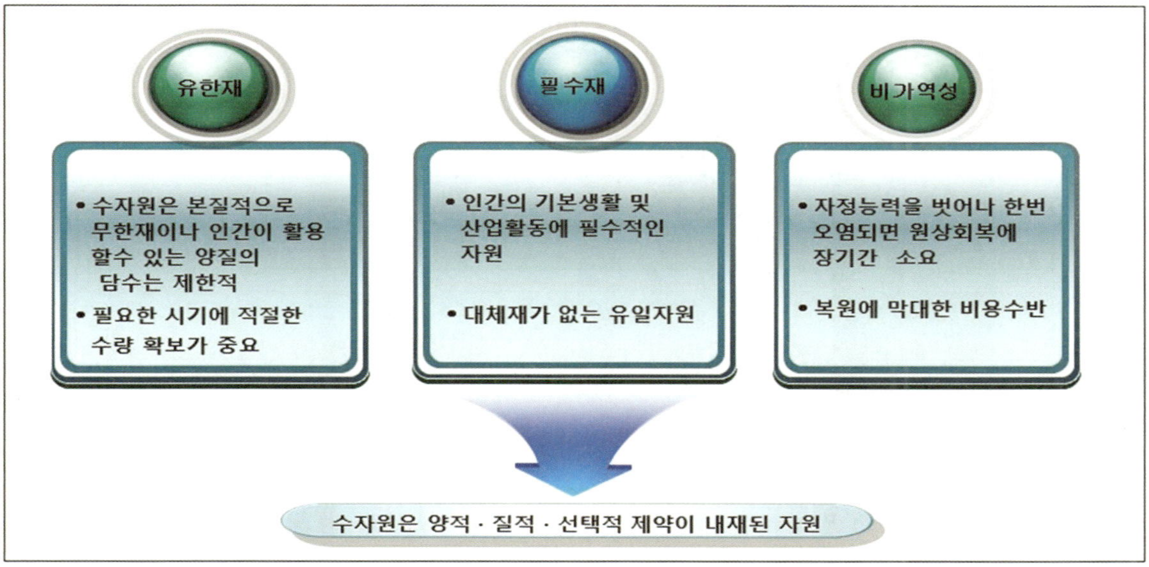

1.1.1 지구촌 물 보전량 및 분포

1) 지구상에 존재하는 물의 총량은 약 14억㎦ 는 지구 전체를 2.7km 깊이로 덮을 수 있는 양임
2) 전체 물의 2.53%에 불과한 담수는 지구 전체를 약 70m 깊이로 덮을 수 있는 양이며, 담수 중에서 빙설 및 지하수를 제외한 사람이 손쉽게 사용할 수 있는 담수호의 물은 전체 물의 0.01% 이하로 약 10만 ㎦ 이며, 이는 지구 전체를 약 23cm 깊이로 덮을 수 있는 양임

<그림 1-1> 지구 물 보전량 및 분포도

자료 : K-water, 물과 미래(2018) The world water2000-2001(Gleick, P.H)

• **지구 물의 분포**

- 지구표면은 약 71%가 물로 덮어져 있으며, 해수는 지구 물의 약 96.5%를 차지
- 지구 물의 2.5%가 담수로서 비교적 적은 양이 인간, 식물, 동물의 생명을 유지하는데 이용되고 있고, 총 담수량의 1.2% 정도가 지표수로 대부분의 생명체에 필요한 물을 제공함

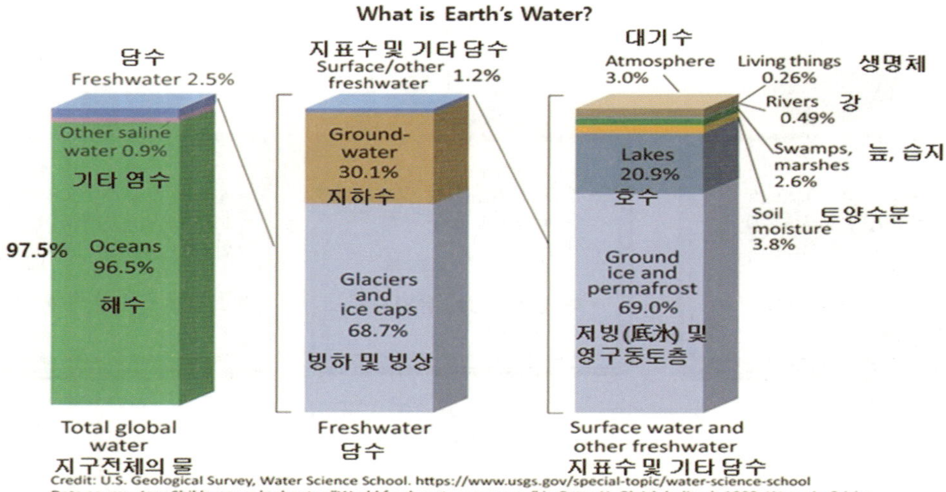

Credit: U.S. Geological Survey, Water Science School. https://www.usgs.gov/special-topic/water-science-school
Data source: Igor Shiklomanov's chapter "World fresh water resources" in Peter H. Gleick (editor), 1993, Water in Crisis: A Guide to the World's Fresh Water Resources. (Numbers are rounded).

1.1.2 물의 순환

1) 총량은 일정하나 지표와 대기, 해양 사이를 항상 순환
2) 대기에서의 물은 기체상태로 존재하며,
3) 대류에 의해 이동하고 상수로서 지상에 분배

· **강수**(precipitation) : 구름이 모여 비가 오는 현상

· **유출**(runoff) : 강수가 땅에 떨어지면 땅위를 따라 하천에 유입되는 것

· **침투**(infiltration) : 강수의 일부가 토양의 미세한 공극을 통해 지하로 스며드는 현상

· **침누**(percolation) : 침투된 물이 중력에 의해 지하로 흘러가는 현상

· **지하수 유출**(ground water runoff) : 침누된 물이 지하수면(ground water table)에 도달해서 지하수(ground water)가 되어 바다에 까지 유출되는 것을 말하며, 지하수면에 도달하기 전에 하천으로 유입되면 지표하 유출(subsurface runoff) 혹은 중간유출(interflow)이라 함

· **증발**(evaporation) : 물이 태양 복사열 에너지에 의해 기체상태로 대기로 돌아가는 현상이며 식물을 통해 수증기가 되는 것을 증산(transpiration)이라 하며, 이 둘을 총칭하여 증발산(evapotranspiration)이라 함

자료 : https://zakavas.blog.me/140125017017

• **물의 순환(hydrologic cycle)**

지구의 물은 항상 움직이며 자연적 물 순환(water cycle)은 hydrologic cycle로 알려져 있는데, 지구 표면의 위 및 상하부에서 연속적으로 일어나는 운동이며, 물은 항상 액체, 기체 고체(ice) 상태로 변화하며 이러한 과정은 눈 깜빡할 사이나 또는 수백만년 이상 걸리기도 함

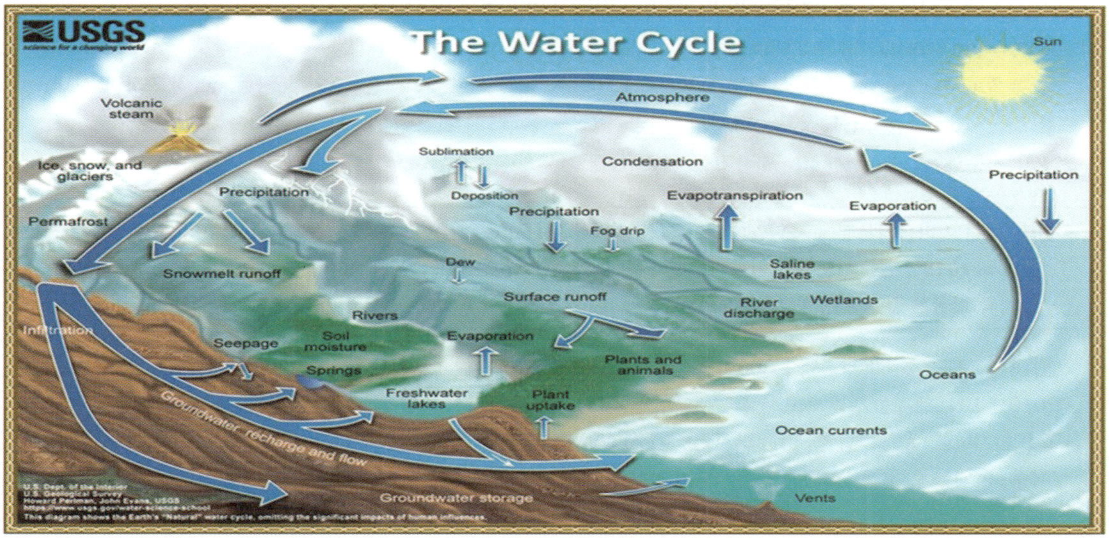

<그림 1-2> 지구 물의 순환 개요도

자료 : https://www.usgs.gov/special-topic/water-science-school/science/fundamentals-water-cycle?qt-science_center_objects=0#qt-science_center_objects

• 물의 순환(hydrologic cycle)

- 해양, 대기 및 대륙 상호간에 있어 물이 교환에 의해 분배되고, 지구 전체로 볼 때 얻은 양과 잃은 양이 평행을 이루는 과정임

• 물의 분류

- 처녀수(암장수) : 암장으로부터 분출되어 지구 내부로부터 처음으로 지구 표면에 나타난 물
- 순환수 : 지구 표면에서 증발(수증기), 증산, 응결(구름, 비 등)을 거쳐서 지구의 표층을 순환하는 물

• 형태적 입장에서의 분류

- 대기중의 물 : 수증기, 물방울 또는 얼음 방울, 얼음 결정
- 지표수 : 호소, 하천, 해양, 상하수, 폐수
- 지하수 : 우물물, 용수, 온천, 냉천
- 기타 : 결합수, 결정수, 생체내의 물

• 수질상에서의 대 분류

- 담수 : 연수, 경수 (염분 500 mg/l 이하)
- 염수 : 해수, 염수 (염분 500 mg/l 이상)

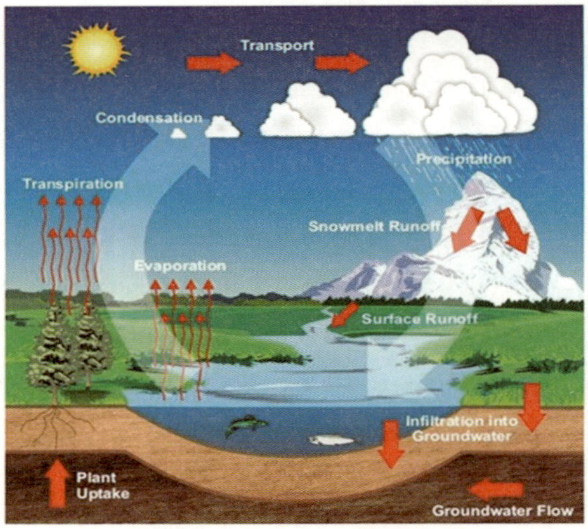

자료 : 김정원, 하폐수처리

1.1.3 지구촌 물 부족

1) 물 부족 국가 분류

- **지구촌에서 5억 5천만명이 물부족 국가나 물기근 국가, 2025년까지 24억~34억명으로 증가 예상**
- **국제인구행동연구소(PAI ; Population Action International) 기준에 의한 분류**
  - 물 풍요(no stress)) 국가 : 1인당 1,700m^3 이상, 중국 등 123개국
  - 물 부족(water stress) 국가 : 1인당 1,000 ~ 1,700m^3, 한국 등 15개국(인도, 일부 중동, 중 아프리카 지역)
  - 물 기근(water scarcity) 국가 : 1,000m^3 미만, 이집트 등 15개국(북아프리카, 사우디아라비아 등)

  ※ **PAI 기준에 의한** water stress 국가를 알기 쉽게 물부족국가로 표현함

◆ 한국 : 1인당 이용가능한 수자원량(Renewable Water Resources) : 1,453m^3/년) : 물부족국가(2005년 인구 기준)

☞ 2015년 인구기준 수자원장기종합계획에서 1,488m^3/년 으로 세계 128위, 2025년은 1,340m^3 /년로 예측)

즉 한국은 강수량은 풍부하나 좁은 국토에 많은 인구가 살고 있어 수자원 여건이 열악하다는 의미

- 2016년 UNEP, 전 세계 3억 2,300만명이 오염된 식수를 마시며 매년 340만명이 수인성 질병으로 사망
- 2019년 UN「세계물개발보고서」, 전 세계 약 40억명이 연중 최소 한 달 이상 심각한 물 부족 경험
- 요르단, 나일, 유프라테스, 다뉴브, 메콩, 갠지스, 리오그란데 강(江) 및 오대호 등 유역에서 물 확보 (식수, 농업용수, 수력 발전) 분쟁 지속

자료 : 국제인구행동연구소 (PAI : Populatoin Action International),2003
Progress on sanitation and drinking-water (WHO : World Health Organization),2010
Water for people water for life(The United Nations World Water Development Report, 2003
제4차 수자원장기종합계획 제3차 수정계획(국토교통부, 2016)

• 지구촌 물 부족 및 물 기근국가

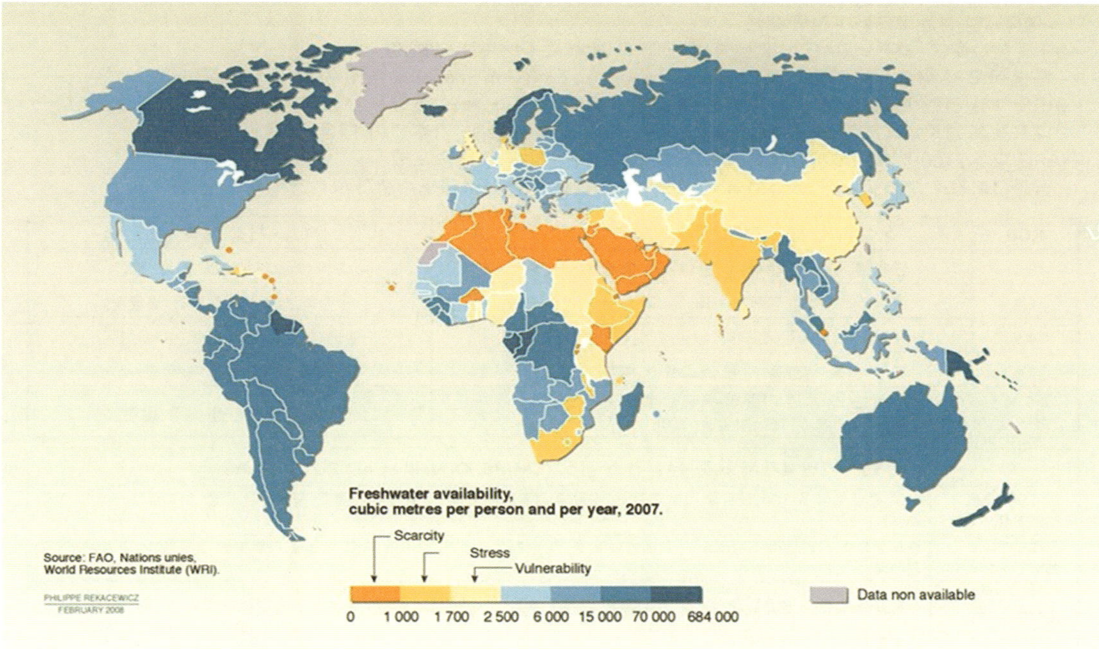

2) 세계 기후변화전망

• 과거 100년간 세계 기온 1℃ 상승, 향후 100년 후 현재 미대책 시 최대 5℃ 상승 예상

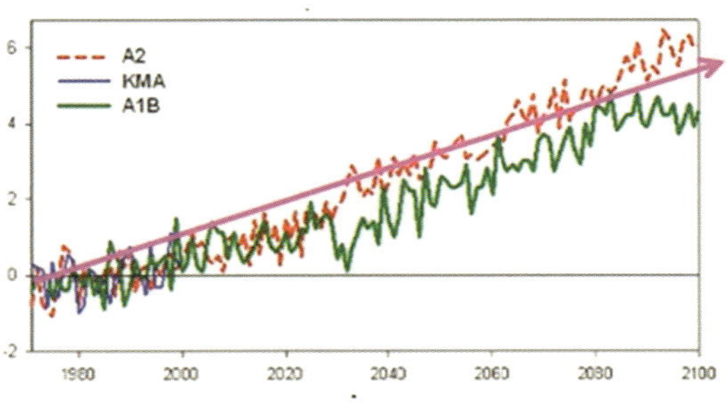

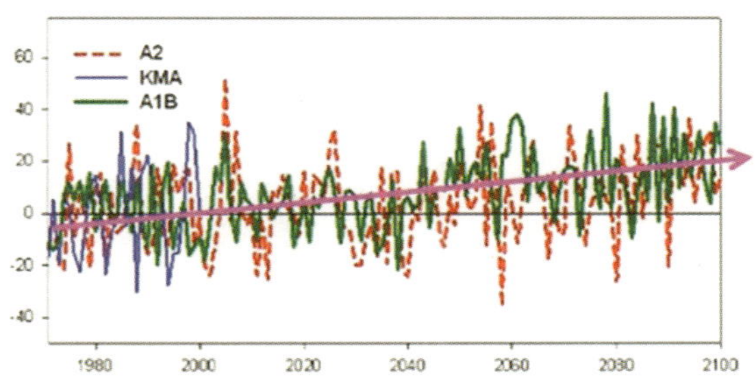

• 지구 온난화가 미치는 영향

자료 : 2006 영국, 기후변화의 경제학 보고서

- 1도 상승 ➡ 5000만명 물 부족, 매년 30만명 기후관련 질병 사망
- 2도 상승 ➡ 남아프리카와 지중해 물 공급량 20~30% 감소
- 3도 상승 ➡ 10억~40억명 물 부족, 유럽 10년마다 심각한 가뭄 발생
- 4도 상승 ➡ 30~50% 물 감소, 해안지역 인구 최대 3억명 홍수 피해
- 5도 상승 ➡ 히말라야 빙하 소멸, 해수면 상승으로 뉴욕, 도쿄 등 도시 수장

• 2020년 NASA에서 현재 추세 지속 시 2050년까지 아시아 고산지대 만년설(극권 외 지역 만년설의 44%) 최대 67% 유실 경고

• 히말라야 만년설(주변국 주요 강 물 공급처, Water Tower) 유실로 영향 지역 거주 약 16억 5,000만명 물·식량 부족 상황 발생 가능

자료 : 「Vegetation expansion in the subnival Hindu Kush Himalaya」 (University of Exeter, UK)

3) 기후변화 시나리오 종류

- 인위적 원인 및 다양한 미래 상황에 대한 가능성 있는 변화 시나리오 설정·갱신 → 경제·정책 변화 + 복잡한 기후과정 + 예측모델 성능 고도화 + 자료 갱신
- (AR3, '01) IPCC 3차 보고서의 미래배출 시나리오로 예상되는 이산화탄소 배출량
  - 특별보고서 배출시나리오, SRES(Special Report on Emission Scenario, 미래 사회구조 중심)
- (AR5, '14) 인간 활동이 대기에 미치는 복사량으로 온실가스 농도 예측
  - 대표농도경로, RCP(Representative Concentration Pathways, 기후변화 대응 정책과 연계)
- (AR6, '22) 2100년 기준 복사강제력 강도(RCP 개념) + 미래 완화 및 적응 노력
  - 공통사회경로, SSP(Shared Socioeconomic Pathways, 감축수준·적응대책 수행과 사회경제 구조 연계)

RCP	온실가스 저감 정책 정도 - AR5	SSP	적응·저감 정책 정도
8.5	현재 추세(저감 없이)로 온실가스 배출	5	고속성장(화석연료 의존 발전)
6.0	온실가스 저감 정책이 어느 정도 실현	4	양극화 성장(완화·적응 불균형)
4.5	온실가스 저감 정책이 상당히 실현	3	불균형 성장(기후변화 취약 성장)
2.6	인간 활동 영향을 지구 스스로가 회복	2	중도성장(완화·적응 노력의 조화)
※ 2.6, 4.5, 6.0, 8.5 W/m²는 2100년 기준의 복사강제력으로 온실가스로 인한 추가적인 지구흡수 에너지양을 의미		1	지속성장(친환경 성장 발전)

SSP 기반 4가지 표준 온실가스 경로 (CMIP6, O`Neill et al., 2016) - AR6	
SSP1-2.6 (SSP1–RCP2.6)	사회 불균형의 감소와 친환경 기술의 빠른 발달로 기후변화 완화, 적응능력이 좋은 지속성장 가능 사회경제 구조의 저탄소 시나리오
SSP2-4.5 (SSP2–RCP4.5)	중도성장의 사회경제 시나리오로 기후변화 완화 및 사회경제 발전 정도가 중간 단계를 가정하는 경우(SSP1과 SSP3의 중간사례)
SSP3-7.0 (SSP3–RCP7.0)	사회경제 발전의 불균형과 제도적 제한으로 인해 기후변화에 취약한 상태에 놓이는 사회경제 구조의 시나리오(Baseline)
SSP5-8.5 (SSP5–RCP8.5)	기후정책 부재, 화석연료 기반 성장과 높은 인적 투자로 기후변화 적응능력은 좋지만, 완화능력이 낮은 사회경제 구조의 고탄소 시나리오

기후변화의 영향, Effects of climate changes on human and natural ecosystems

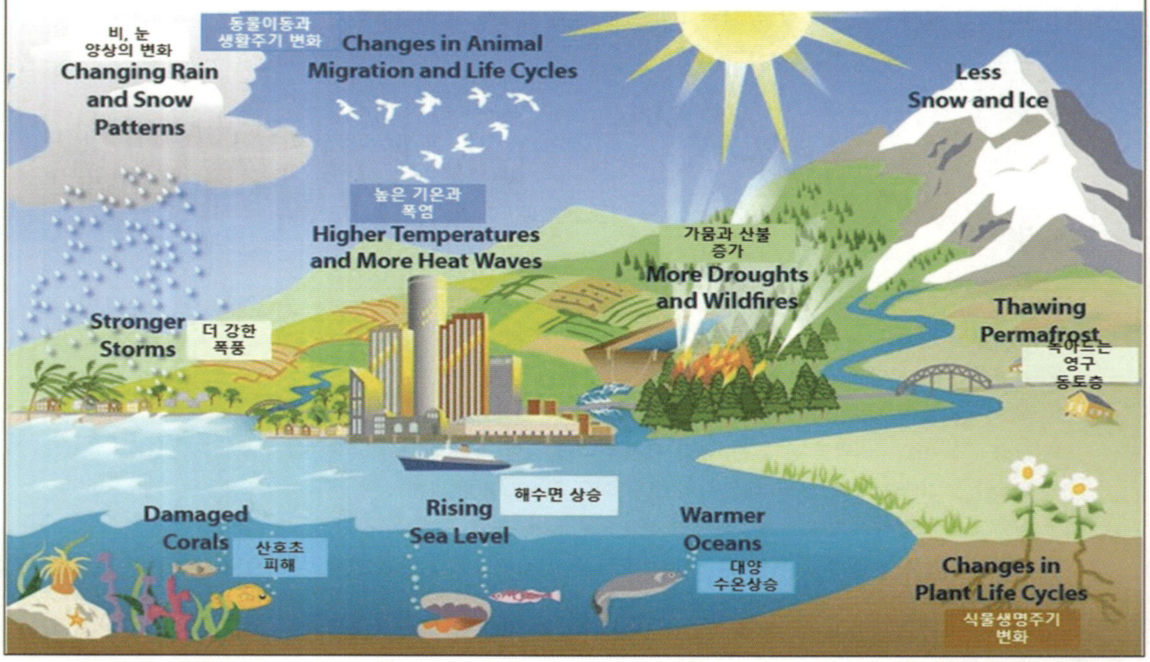

자료(Source) : Collin, 2007
Tien Dat Pham, Monitoring Biomass of Mangrove Species Using Remote Sensing Data for Implementation of REDD+ Policies in Vietnam
•March 2018,DOI: 10.15068/00152224, Thesis for: Doctor of Philosophy,, Florida International University

4) 국내외 기후변화 대책

- 기후변화 관련 국제 논의는 1988년, UNEP와 WMO가 IPCC 공동 창설, 1992년 UNCED에서 유엔기후변화협약 (UNFCCC) 채택으로 시작
- 1997년, 제3차 당사국 종회에서 선진국에게만 온실가스 배출량을 제한 하는 교토 의정서(Kyoto protocol) 채택 ※ 당사국총회(COP) : 국제 기후변화협약에 관한 최고 의사결정기구
- 2015년 파리 기후변화협약(Paris Climate Change Accord)으로 **2℃ 목표 제시** 및 전체 당사국(197개) 온실가스 감축 의무국 설정(2020년 이후)
- 한국은 온실가스 의무 감축 대상은 아니지만 세계 10위권 내외 경제규모 및 세계 7위(CO_2 기준)의 온실가스 배출국으로 국제적 압박 발생, 이에 1999년부터 정부 차원의 관련 대응 실시
- 2010년 글로벌녹색성장기구(GGGI)를 서울에 설립, 2013년 녹색기후 기금(GCF)을 송도에 유치하는 등 기후변화 대응 적극 행보 확대, 2010년, 녹색기술·산업 육성을 통한 녹색성장으로 저탄소 사회 실현을 위해 「저탄소녹색성장기본법」 제정· 시행
- 2012년,「저탄소녹색성장기본법」 제46조에 의거하여「온실가스 배출권 할당 및 거래에 관한 법률」 제정
- 2015년부터 교토 의정서 가입국 중 온실가스 감축 목표 이행을 위해 부족분 권리 구매 및 잔여 권리를 판매할 수 있는 탄소배출권(CER, 온실가스 일정량을 배출할 수 있는 권리) 거래제 시행

※ 2005년 EU 탄소거래소 최초 설립, 우리나라는 2015년부터 거래소 개설·운영

- 2018년 한국 송도에서 열린 48차 IPCC 총회를 통해 전 세계 기후변화 전문가들이 특별보고서 채택
  - 기후변화에 취약한 섬나라를 비롯한 개도국들이 2℃로는 부족하다고 호소함에 따라 2℃가 아닌 **1.5℃**로 제한해야 함을 명시한 보고서(Understanding the IPCC Special Report on 1.5°C)가 채택됨

☞ 유엔환경계획, UNEP(United Nations Environment Programme), 세계기상기구, WMO(World Meteorological Organization),
기후변화에 관한 정부 협의체, IPCC(Intergovernmental Panel on Climate Change),
국제연합환경개발회의, UNCED, United Nations Conference on Environment and Development, 1992년 브라질의 리우데자네이루에서 개최된 지구환경회담

- **기후변화협약 주요논의 경과(환경백서, 2019)**

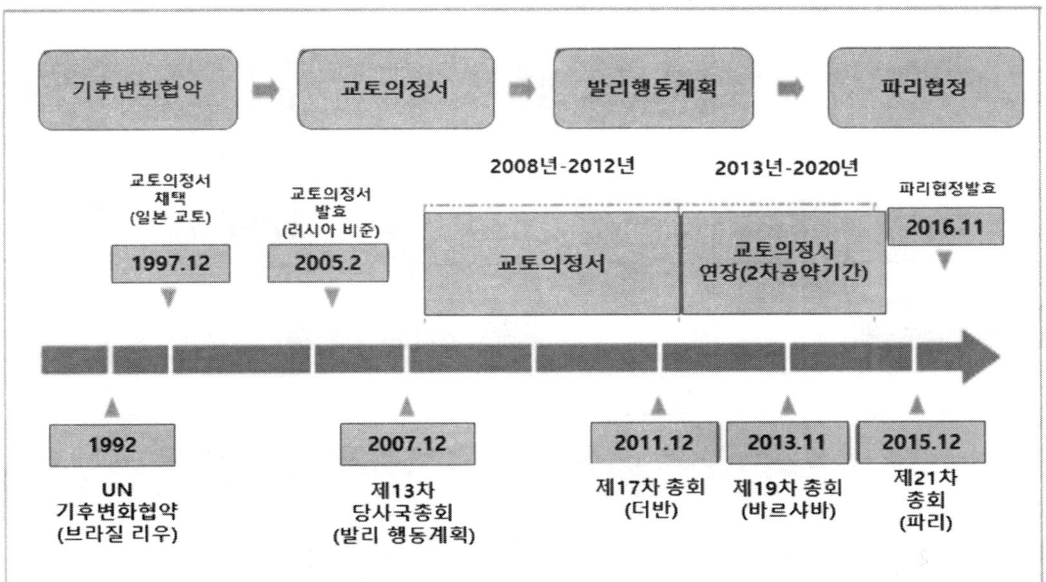

5) 국가별 물 사용량 지표(물 발자국, Water footprint)

- 물 발자국 및 가상수(Virtual water)는 국가별 실제 물 소비량을 가늠하고 장래 물부족에 효율적으로 대비하기 위하여 도입된 지표로 물 발자국은 그 국가에 거주하는 사람들이 소비하는 상품과 서비스를 생산하는데 필요한 물의 양을 추적하여 계산한 값임
- 2004년 UNESCO-IHE 연구자료에 의하면 한국은 평가대상 100개국 중 15번째로 물 **수입율(62%)이 높음**
- 즉 농산물, 원유 등 저부가가치 상품 대부분을 수입에 의존하기 때문이며, 국내 자급을 위해서는 **1.4배의 물이 더 필요**

<표 1-1> 주요 국가별 물 사용량 분석결과

(단위 : 억㎥/년)

지 표 명	한국	일본	프랑스	미국	중국	인도	쿠웨이트
일반적 물사용량(A)	231	544	1,165	7,495	8,932	10,127	3
내부 물사용량(B) Internal water	210	519	691	5,658	8,259	9,714	3
외부 물 사용량(C) External water	342	942	411	1,302	574	160	19
물 사용량(D) Water footprint	552	1,461	1,102	6,960	8,834	9,874	22
물 자급율(B/D , %)	38	36	63	81	93	98	13
물 수입율(C/D , %)	62	64	37	19	7	2	87

자료 : Water footprint of nation. Volume 1, Main Report value of water research series No.16, UNESCO-IHE, 2004

1.1.4 우리나라 수자원 특성

1) 국내 수자원 이용 현황

- 하천의 유량변동이 매우 심하여 연간 760억㎥이 하천으로 유출되나, 388억㎥이 바다로 유실되고, 212억㎥이 평상시에 유출되며, 총이용량은 337억㎥임

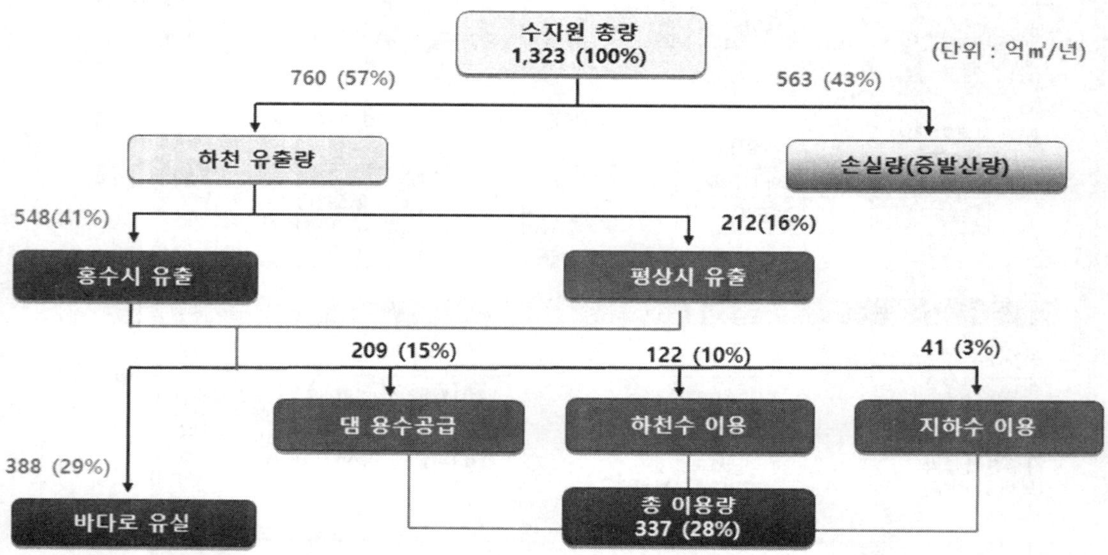

자료 : 제4차 국토부, 수자원장기계획 제3차수정계획(2016)

2) 한국의 수자원 환경 현황

국제인구행동연구소(PAI)

1인당 가용수자원량 : 129위/153개국)

- 한국 1인당 가용 수자원량 1,453㎥

※ 1인당 연간 이용가능한 수자원량 : 국토면적에 떨어지는 연간 강수량중 증발산 등 손실을 제외한 유출량을 인구수로 나눈값

한국 : 물 스트레스국

- 물 풍요국(1,700㎥ 이상) : 중국 등 123개국
- 물 스트레스국(1,000~1700㎥): 한국 등 15개국
- 물 기근국(1,000㎥ 미만) : 이집트 등 15개국

※ 국제인구행동연구소(PAI)에 의한 국가분류

영국 생태환경 및 수문학센터(CHE)

물 빈곤지수(WPI) : 43위/147개국

- 한국 물 빈곤지수 : 62.4(29 OECD 국가중 20위)

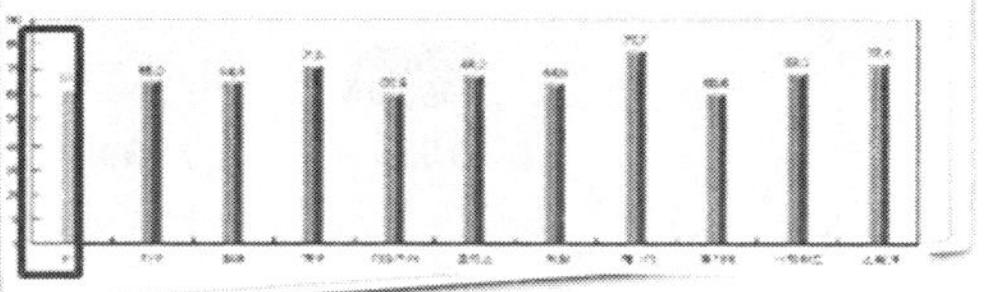

물 환경 지수

- 1인당 가용 수자원량(Resources) : 6.1점, 117위
- 수자원접근율(Access) : 19.3점, 27위
- 사회경제적요소(Capacity) : 17.7점, 20위
- 물 이용량(Use) : 8.4점, 106위
- 환경(Environment) : 10.9점, 53위

※ WPI : 0~100 사이의 값을 가지며 0에 가까울수록 수자원여건이 좋지 않음

※ 여름철 강우편중, 산악지형, 많은 인구

자료 : water poverty index(2002) , an international comparison(Keele Economics Research Center)

3) 연평균 및 1인당 강수량

- 우리나라 연평균강수량은1,300mm(1986-2015)로 세계평균의 1.6배이고, 수자원총량은 1,323억㎥ 이지만, 높은 인구밀도로 인해 1인당 연 강수총량은 2,546㎥으로 세계평균의 1/6에 불과

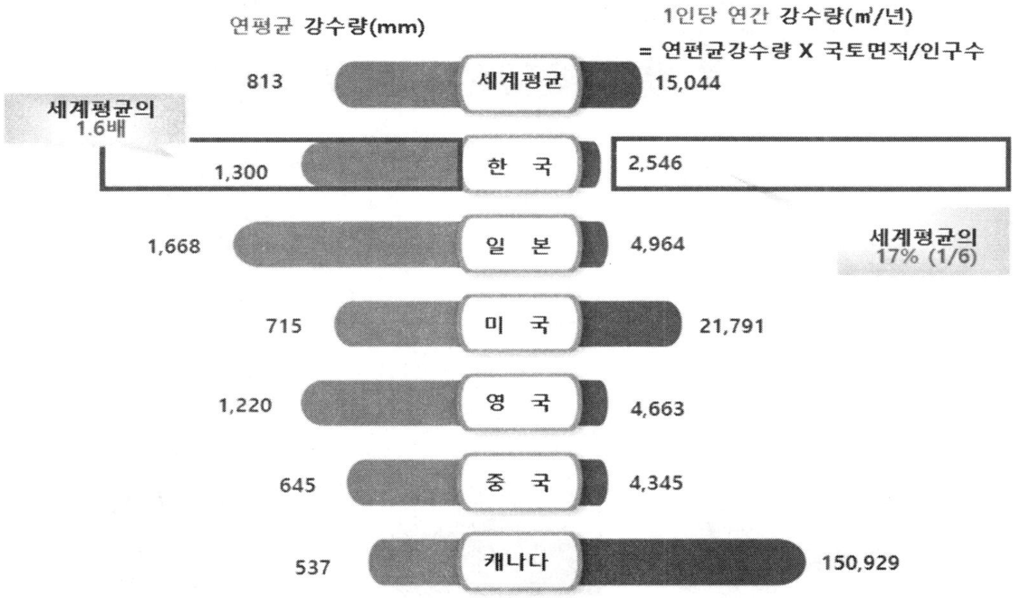

4) 강수의 편중 현상

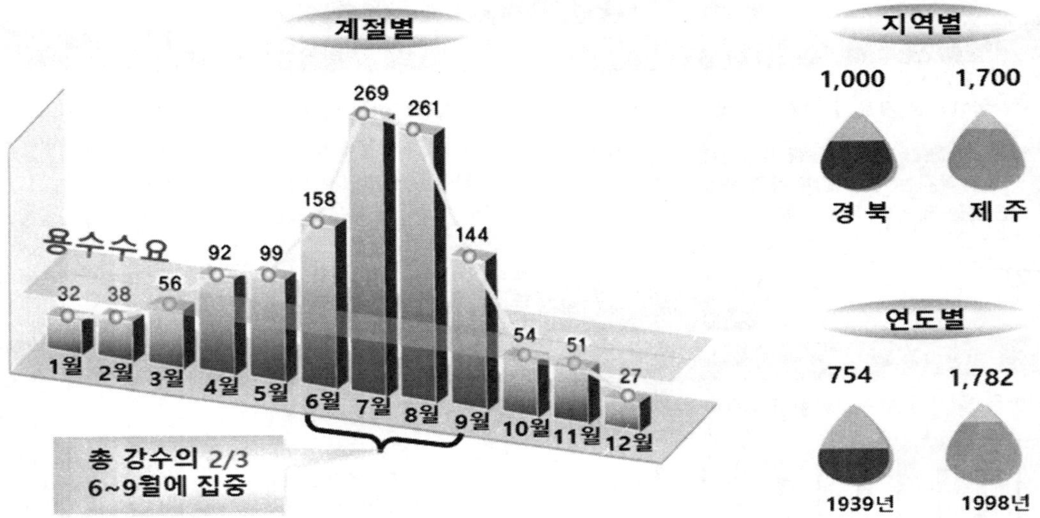

연중 지역별 강수량은 중부지방 1200~1500mm, 남부지방 1000~1800mm, 경북지역은 1000~1300mm 이며, 경남해안 일부지역은 1800mm 정도, 제주도지방은 1500~1900mm. 계절적으로는 연 강수량의 50~60%가 여름에 내림

5) 기후변화의 영향

- 우리 나라의 기후변화 영향

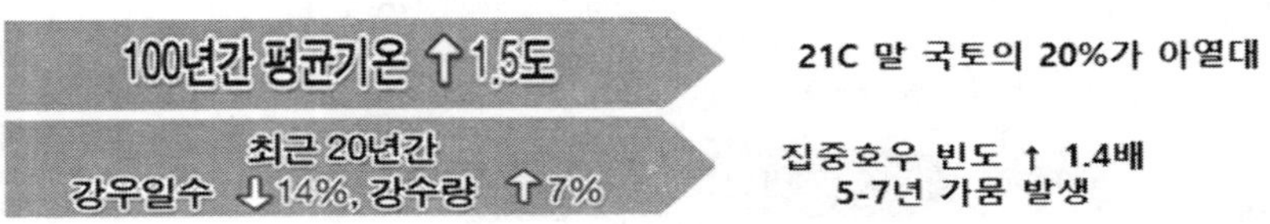

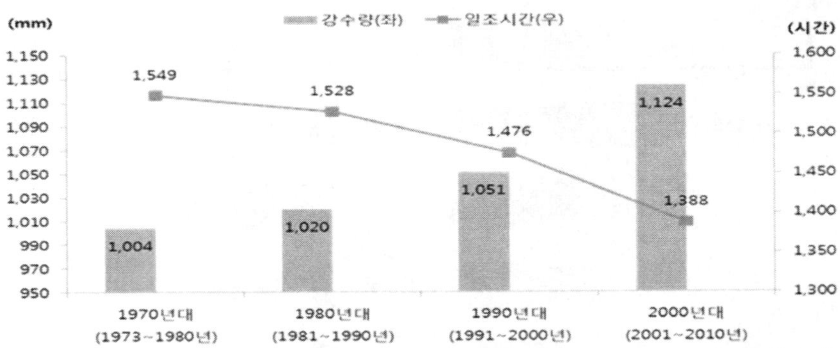

6) 우리 나라의 기후변화 영향

- 다목적 댐 가뭄 상황
  - 기후변화 등 영향으로 연 강수량 크기 증가
  - 1970년 이후 5~7년 주기로 가뭄 발생
- 가뭄현상 : 용수부족, 농작물 수확량감소, 수질악화, 산불, 사회불안 발생

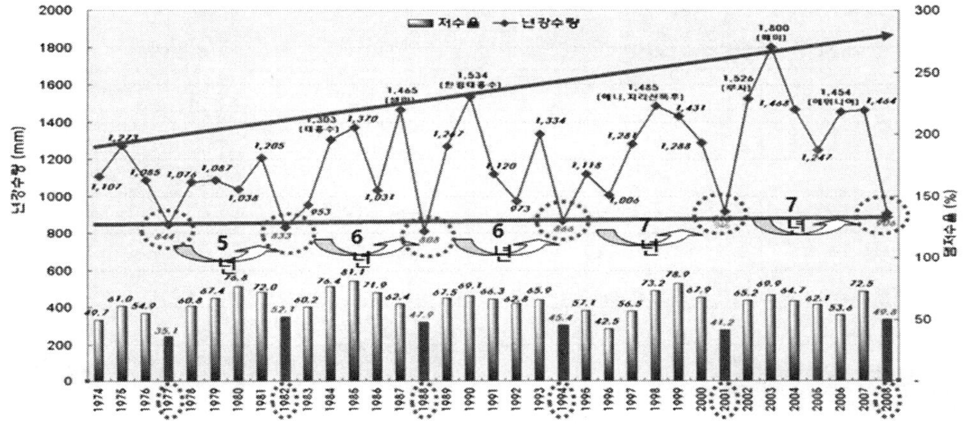

<그림 1-3> 국내 연도별 연간 강수량 및 댐저수량 변화(1974-2008)

자료 : K-water, 2016

7) 우리나라 가뭄발생 특성

- 1970년 이후 우리나라는 5~7년 주기로 가뭄이 발생 중이며, 최근은 2008년 이후 6년만의 가뭄 발생 (기상청 전국강우 기준)

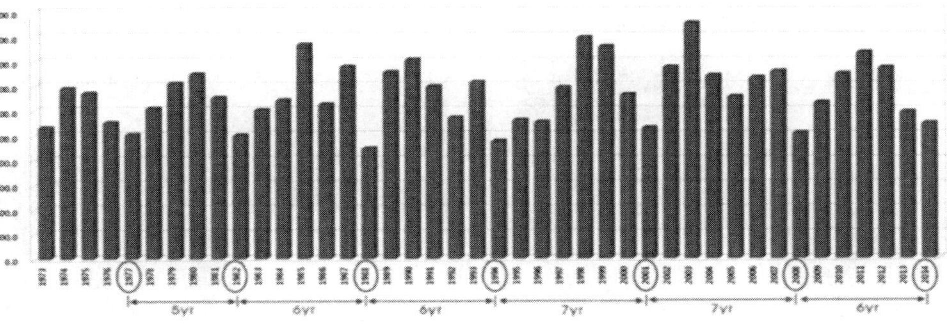

<표 1-2> 1973 ~ 2014년 전국 년 강우량 현황 (기상청 전국 강우 기준)

연평균	'77	'82	'88	'94	'01	'08	'04
1,348(mm)	1,007	1,001	895	953	1,061	1,016	1,096

자료 : K-water, 2016

8) 국내 하천의 특성

- 하상계수 : 하천의 최소유량에 대한 최대유량의 비율

  - 우리나라는 외국의 주요하천에 비해 최대유량과 최소유량의격차가 매우 커서 연중 하천에 흐르는 수량 변동이 심함
  - 다목적댐이 건설되기 전 4대강 평균치가 300이었다는 점은 하천의 물 이용 여건이 유럽 등 다른 외국에 비해 상대적으로 열악함을 보여줌

<표 1-3> 국내외 하천 유량변동계수 비교

하천명	유량변동계수	하천명	유량변동계수
한강	115(390)	대정천(일본)	110
낙동강	101(372)	세느강(프랑스)	34
금강	71(300)	나일강(이집트)	30
섬진강	272(390)	템즈강(영국)	8

㈜ ( )는 댐에 의한 홍수도절을 하기 전의 유량변동계수임

1.2 국내 수질관리 현황 및 전망

1.2.1 그동안 국내 하천의 현실

1) 1970년 이후 급격한 산업화, 도시화로 수질오염물질 배출량이 폭발적으로 증가한 반면에 수질오염 처리시설의 부족으로 소하천은 물론 4대강 하류 대부분 지역에서 심각한 수생태 문제가 발생
2) 1991년 3월 낙동강 페놀유출사고, 1994년 1월 낙동강 하류 유기물질에 의한 수질오염사고는 국내 수질사고의 정점을 찍은 사건으로 하천 수질개선과 및 고도정수처리 시스템 도입 등 획기적인 전환점이 됨

3) 국내 물 관리 변천을 보면 1950년대 먹는 물은 주로 우물이나 공동 물 시설을 이용하였으며, 1970년대에도 열악한 수자원 시설과 수도설비의 부족으로 수돗물의 공급에는 한계에 봉착
4) 1970년 이후 약 20년간 4대강에 소양강댐(1973년), 안동댐(1976년), 대청댐(1983년), 충주댐(1985년), 주암댐(1991년) 등 수자원시설의 완공으로 안정적인 물 공급을 위한 기반을 마련
5) 2000년대는 친수환경에 대한 관심과 물을 이용한 레저산업이 증가되었으며, 하천에서 조류(algae) 대발생은 수질 문제의 새로운 이슈로 대두

1950년대

1970년대

1970-1990년대

2000년대

2010년대(녹조라떼)

2020년대 이후

1.2.2 조류(Algae)의 발생 특성 및 조류경보제

1) 조류의 특성

- 수십 억년 전 인류가 나타나기 전부터 지구상에 존재
- 육상식물의 시초이며, 이들로 인해 지구에 산소가 생김
- 광합성을 하며 생태계에 에너지를 공급하는 1차 생산자
  - 하천 생태계의 먹이사슬에서 매우 중요
  - 물벼룩이나 물고기의 먹이원이 되는 생물
- 조류가 없거나 대량 발생시 하천 생태계에 큰 영향

2) 조류의 발생원인

- 조류는 광합성을 하므로 조류가 성장하기 위해서는 빛이 가장 중요, 그 외 질소·인 등의 영양염류와 수온, 체류시간이 주요 인자
- 빛이 강하고 수온이 높은 여름철이 조류 번식에 좋음.
- 우리나라는 여름 장마기간 이후 조류 대량 번식
- 조류마다 선호하는 조건(수온, 빛, 영양염류 등)이 다름
  - 규조류는 낮은 수온(5~15℃ 정도) 선호
  - 녹조류와 남조류는 15℃ 이상의 고온을 선호

3) 국내 녹조 발생 조류종 및 특징

• 국내에서 문제가 되는 주요 조류종 및 특징은 아래와 같이 남조류에 의한 이취미 발생과 독소를 생성하거나 규조류에 의해 정수공정에서 여과지를 패색시키는 현상임

• 녹조(綠潮) 현상은 수중(하천, 호소 등)의 식물성 플랑크톤(녹조 /남조류)이 대량 증식하여 수체가 녹색(또는 남색)을 띄는 현상으로 해역에서 조류의 대발생은 적조(赤潮, red tide)로 칭하고 있음

<표 1-4> 국내 녹조 발생 조류종 및 특성

분류군	주요 발생종	발생시기	물의 색	문제점
남조류	*Microcystis, Aphanixomenon, Anabaena, Oscillatoria*	초여름 가을	남색, 짙은 녹색	독소생성 이취미
녹조류	*Chlamydonas, Volvox, Eudorina, Pandorina, Scenedesmus* 등	봄~가을	짙은 녹색	이취미
규조류	*Aulacoseira, Synedra, Asterionella, Fragillaria, Nitzschia* 등	늦가을~봄	갈색	이취미 정수장애
편모조류 유글레나	*Ceratium, Peridinium, Euglena* 등	봄, 늦가을	갈색 적갈색	독성 이취미

낙동강 조류 대발생 (Algae bloom) : 매년 4대강 등에서 하절기 조류의 대발생으로 생태계 영향

경향신문 2013년 08월 23일 금요일 014면 사회

녹조로 뒤덮인 금강

녹조(Cyanobacterial bloom, 綠潮)란 ?

하천, 호수와 같은 담수에 식물이 성장하는데 필요한 질소, 인 등 영양물질이 많은 수역에서 주로 수온이 높은 여름철에 수체가 정체되어 물 흐름이 잔잔한 상태에서 물속에 떠다니는 생물 중에 광합성을 하는 조류(藻類)의 종다양성이 깨어지고 1종 또는 적은 종류의 남조류(cyanobacteria)가 대량 증식하여 물색이 녹색 변하는 현상

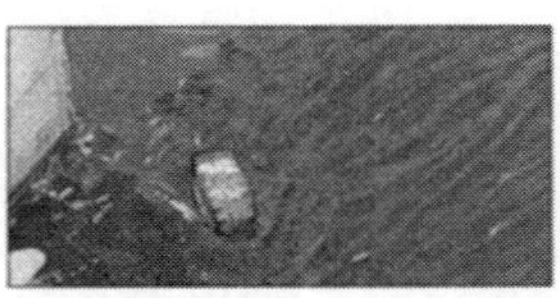

낙동강 지난 3일 대구 달성군 논공읍 위천리 고령교 하류가 조류에 뒤덮여 마치 '녹차 라떼'처럼 보인다. 대구환경운동연합 제공

대청호 충북 옥천군 군북면 추소리 앞 대청호에서 녹조가 발생해 호수 전체가 녹색으로 물들어 있다. 옥천 연합뉴스

세계일보 2013년 08월 01일 목요일 010면 사회

녹조 비상- 낙동강 '조류경보'

4) 조류 경보제의 시행

• 물환경보전법 시행령 [별표 3] <개정 2015.12.10.>

<u>**수질오염경보의 종류별 경보단계 및 그 단계별 발령·해제기준**(제28조제3항 관련)</u>

• **조류경보**

① 상수원 구간

경보단계	발령 · 해제 기준
관심	2회 연속 채취 시 남조류 세포수가 1,000세포/mL 이상 10,000세포/mL 미만인 경우
경계	2회 연속 채취 시 남조류 세포수가 10,000세포/mL 이상 1,000,000세포/mL 미만인 경우
조류 대발생	2회 연속 채취 시 남조류 세포수가 1,000,000세포/mL 이상인 경우
해제	2회 연속 채취 시 남조류 세포수가 1,000세포/mL 미만인 경우

② 친수활동 구간

경보단계	발령 · 해제 기준
관심	2회 연속 채취 시 남조류 세포수가 20,000세포/mL 이상 100,000세포/mL 미만인 경우
경계	2회 연속 채취 시 남조류 세포수가 100,000세포/mL 이상인 경우
해제	2회 연속 채취 시 남조류 세포수가 20,000세포/mL 미만인 경

1. 발령주체(환경부장관 또는 시도지사)는 위 가목 및 나목의 발령 · 해제 기준에 도달하는 경우에도 강우 예보 등 기상 상황을 고려하여 조류경보를 발령 또는 해제하지 않을 수 있다.
2. 남조류 세포수는 마이크로시스티스(*Microcystis*), 아나베나(*Anabaena*), 아파니조메논(*Aphanizomenon*) 및 오실라토리아(*Oscillatoria*) 속(屬) 세포수의 합을 말한다.

5) 조류경보제 단계별 대응조치

• 대응조치 : 기관별 역할에 따라 모니터링 주기 확대, 오염원 관리 강화, 조류 제거, 정수처리 강화 등 조치

※ 각 기관별 현장상황에 맞추어 조정 가능

<표 1-5> 조류 경보제 발령에 따른 각 기관별 대응조치 사항

구 분	관 심	경 계	대 발 생
수질측정기관 (4대강 물환경연구소)	-주1회 수질모니터링 및 관계기관 통보	-주2회 이상 모니터링 및 관계기관 통보 -냄새, 독성물질 분석	-주2회 이상 모니터링 및 관계기관 통보 -냄새, 독성물질 분석
경보제 운영기관 (지방청,지자체)	-'관심'경보 발령 -환경기초시설 등 주변 오염원 관리 강화	-'경계'경보 발령 -대국민 상황 전파 -친수활동, 어패류 섭취 자제 권고 -주변 오염원 관리 강화	-'조류대발생'경보 발령 -대국민 상황 전파 -친수활동, 어패류 섭취 금지 -주변 오염원 관리 강화
취, 정수장 관리기관	-정수처리 강화 (활성탄, 오존처리 등) -취수구 및 조류우심지역 차단막 설치 등	(좌동) -취수구 이동 -원 정수 독소분석 실시	(좌동) -조류제거 조치 (황토 살포 등)

4대강 사업(2009-2013년) 이후 보(洑) 개방 및 철거가 정책의 이슈로 대두

대구=뉴시스】2월14일 오전 먹는물부산시민네트워크가 공개한 대구시 달성군 도동서원 인근 낙동강 녹조 모습(2018.08.14) (사진=먹는물부산시민네트워크 제공) photo@newsis.com

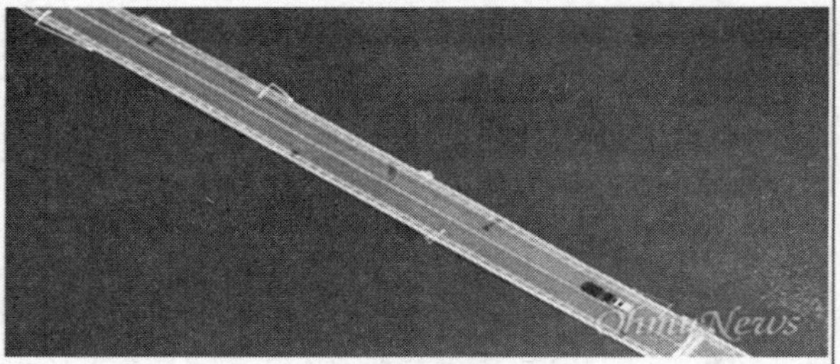

https://cafe.naver.com/djnoen/578088 (2017.4.24)
▲ 대구 달성군 낙동강 달성보 하류 3km 지점 박석진교 일대에 녹조가 창궐해 강 전체를 뒤 덮고 있다.

- 금강, 영산강 보 3곳(세종, 공주, 죽산보) 해체 .... 2곳 상시 개방
- 환경부 결국... 금강, 영산강 보 3곳 부순다
- 공주보 해체 결정 .... 지자체, 농민 "반대" vs 환경단체 "환영"(종합)
- 환경부 탁상공론, 농민 의견은 무시.... 공주 시민단체 " 공주보 해체 저지" 반발(연합뉴스 등)
- 3개 보, 유지보다 없애는 게 '편익' 최대 3배까지 크다 – 한겨레신문(2019.2.22)
- 한국당 " 文 정부 4대강 보(洑) 철거, 대책위 구성해 결사 항전(조선일보,2019.2.22)

2019년 2월 환경부 4대강 조사·평가 기획위원회가 내놓은 금강, 영산강보 처리방안 제시안을 한마디로 요약하면 '4대강 보는 없는 편이 낫다'는 의견. 즉 '금강 세종보와 공주보, 영산강 죽산보는 해체하고, 금강 백제보와 영산강 승촌보는 상시 개방하며 낙동강 및 한강 11보는 추후 개방 결정' 이나 많은 사회적 갈등 발생

2021. 1. 18. 대통령 직속 '국가물관리위원회'에서 세종보와 죽산보 해체, 공주보 부분 해체, 백제보와 승촌보 상시개방 등의 금강-영산강 보 처리 방안을 심의·의결함

'위원회'는 보 해체 시기를 특정하지 않고 중앙정부와 지방정부, 지역주민 등이 협의해 결정토록 하여 향후 지역 사회적 갈등 문제는 지속적으로 남아 있음

1.2.3 상수원 수질환경 현황 및 전망

1) 수온 상승, 체류시간 증가에 따른 하천 및 호소 저층의 저· 무산소 현상으로 인한 어류 폐사 등 수생태계 악영향

- 남조류(blue green algae), 규조류(diatom) 과잉 발생 등으로 냄새 등 정수처리 장애
- 지난 20여년간 국내 하천, 호소의 수온 관측결과 97개 중권역 중 57개 지역에서 수온상승 경향 나타남 (지구온난화)
- 한류성 어종의 서식에 영향(생태계 변화)

2) 하천환경의 전망 및 수질관리의 문제점

- 가뭄에 의한 수질저하와 강우시 토사(흙탕물) 유입으로 호소 및 하류 하천 수생태계 악영향
- 고수온, N, P 등 많은 영양염류로 인한 수체의 부영양화와 조류 및 병원균 성장 촉진으로 상수원 수질악화(녹조현상 등)
- 비점오염원의 관리 미비로 상수원 수질 개선에 어려움 예상
- 상수원의 환경호르몬 관리방안

3) "상수원호소"란「수도법」 제7조에 따라 지정된 상수원보호구역(이하 "상수원보호구역"이라 한다) 및 「환경정책기본법」 제38조에 따라 지정된 수질보전을 위한 특별대책지역(이하 "특별대책지역"이라 한다) 밖에 있는 호소 중 호소의 내부 또는 외부에 「수도법」 제3조제17호에 따른 취수시설(이하 "취수시설"이라 한다)을 설치하여 그 호소의 물을 먹는 물로 사용하는 호소로서 환경부장관이 정하여 고시한 것을 말함

수질환경 용어의 정의(1) - 물환경보전법

1. "**물환경**"이란 사람의 생활과 생물의 생육에 관계되는 물의 질(이하 "수질"이라 한다) 및 공공수역의 모든 생물과 이들을 둘러싸고 있는 비생물적인 것을 포함한 수생태계(水生態系, 이하 "수생태계"라 한다)를 총칭하여 말한다.

1의2. "**점오염원**"(點汚染源)이란 폐수배출시설, 하수발생시설, 축사 등으로서 관거(管渠) · 수로 등을 통하여 일정한 지점으로 수질오염물질을 배출하는 배출원을 말한다.

2. "**비점오염원**"(非點汚染源)이란 도시, 도로, 농지, 산지, 공사장 등으로서 불특정 장소에서 불특정하게 수질오염물질을 배출하는 배출원을 말한다.
3. "**기타수질오염원**"이란 점오염원 및 비점오염원으로 관리되지 아니하는 수질오염물질을 배출하는 시설 또는 장소로서 환경부령으로 정하는 것을 말한다.
4. "**폐수**"란 물에 액체성 또는 고체성의 수질오염물질이 섞여 있어 그대로는 사용할 수 없는 물을 말한다.
5. "**강우유출수**"(降雨流出水)란 비점오염원의 수질오염물질이 섞여 유출되는 빗물 또는 눈 녹은 물 등을 말한다.
6. "**불투수면**"(不透水面)이란 빗물 또는 눈 녹은 물 등이 지하로 스며들 수 없게 하는 아스팔트 · 콘크리트 등으로 포장된 도로, 주차장, 보도 등을 말한다.
7. "**수질오염물질**"이란 수질오염의 요인이 되는 물질로서 환경부령으로 정하는 것을 말한다.
8. "**특정수질유해물질**"이란 사람의 건강, 재산이나 동식물의 생육(生育)에 직접 또는 간접으로 위해를 줄 우려가 있는 수질오염물질로서 환경부령으로 정하는 것을 말한다.
9. "**공공수역**"이란 하천, 호소, 항만, 연안해역, 그 밖에 공공용으로 사용되는 수역과 이에 접속하여 공공용으로 사용되는 환경부령으로 정하는 수로를 말한다.

수질환경 용어의 정의(2) - 물환경보전법

10. "**폐수배출시설**"이란 수질오염물질을 배출하는 시설물, 기계, 기구, 그 밖의 물체로서 환경부령으로 정하는 것을 말한다. 다만, 「해양환경관리법」 제2조제16호 및 제17호에 따른 선박 및 해양시설은 제외한다.
11. "**폐수무방류배출시설**"이란 폐수배출시설에서 발생하는 폐수를 해당 사업장에서 수질오염방지시설을 이용하여 처리하거나 동일 폐수배출시설에 재이용하는 등 공공수역으로 배출하지 아니하는 폐수배출시설을 말한다.
12. "**수질오염방지시설**"이란 점오염원, 비점오염원 및 기타수질오염원으로부터 배출되는 수질오염물질을 제거하거나 감소하게 하는 시설로서 환경부령으로 정하는 것을 말한다.
13. "**비점오염저감시설**"이란 수질오염방지시설 중 비점오염원으로부터 배출되는 수질오염물질을 제거하거나 감소하게 하는 시설로서 환경부령으로 정하는 것을 말한다.
14. "**호소**"란 다음 각 목의 어느 하나에 해당하는 지역으로서 만수위(滿水位) [댐의 경우에는 계획홍수위(計劃洪水位)를 말한다] 구역 안의 물과 토지를 말한다.
    가. 댐 · 보(洑) 또는 둑(「사방사업법」에 따른 사방시설은 제외한다) 등을 쌓아 하천 또는 계곡에 흐르는 물을 가두어 놓은 곳
    나. 하천에 흐르는 물이 자연적으로 가두어진 곳
    다. 화산활동 등으로 인하여 함몰된 지역에 물이 가두어진 곳
15. "**수면관리자**"란 다른 법령에 따라 호소를 관리하는 자를 말한다. 이 경우 동일한 호소를 관리하는 자가 둘 이상인 경우에는 「하천법」에 따른 하천관리청 외의 자가 수면관리자가 된다.

15의2. "**수생태계 건강성**"이란 수생태계를 구성하고 있는 요소 중 환경부령으로 정하는 물리적 · 화학적 · 생물적 요소들이 훼손되지 아니하고 각각 온전한 기능을 발휘할 수 있는 상태를 말한다

1.2.4 국내 수질환경 현황 및 방향

1) 2009년 하수도보급율 89.4%에서 2019년 하수도 총인구 53,122천명, 처리인구 50,057천명으로 보급율 94.3%, 시설용량 26,3603천㎥으로 비약적인 발전을 이룸

2) 환경부는'95년 전국 비점오염원 조사를 통해 비점오염원이 수질오염에 기여하는 비율이 T-N과 SS는 50% 이상을 점유하고 기타 BOD, T-P도 20~30% 수준임을 밝힘.

3) '98년에 「팔당호등 한강수계 상수원수질관리 특별종합대책」을 수립하여 비점오염원 관리대책을 도입하였고, '99년에는 「낙동강수계 물관리 종합대책」, 2000년에는 「금강수계와 영산강수계 물관리종합대책」에서도 비점오염원 관리대책을 수립

4) 2006년 환경부에서 수립한 물환경관리기본계획에 따르면 계획 수립 당시 한강수계 수질오염 주 원인의 42%가 비점오염원이며 2015년이 되면 70%로 증가할 것으로 예상하고 비점오염원 관리를 위한 대책이 시급한 실정임을 제기

5) 2004년 3월에는 관계부처 합동으로 마련한 '물관리종합대책'의 추진 강화를 위한 "4대강 비점오염원 관리 종합대책"을 마련하여 2020년까지 비점오염원 관리를 위한 정부대책을 마련함. 그리고 비점오염원처리 기술은 2012년 제2차 비점오염원 종합관리 대책(관계부처합동, 2012)에서 LID(Low impact development) 기법의 적용 확대를 주문하면서 본격적인 연구가 추진

6) 2004년 3월에는 관계부처 합동으로 마련한 '물관리종합대책'의 추진 강화를 위한 "4대강 비점오염원 관리 종합대책"을 마련하여 2020년까지 비점오염원 관리를 위한 정부대책을 마련함. 그리고 비점오염원처리 기술은 2012년 제2차 비점오염원 종합관리 대책(관계부처합동, 2012)에서 LID(Low impact development) 기법의 적용 확대를 주문하면서 본격적인 연구가 추진

7) 환경부는 **2021년 4대강에 차기 단계 수질오염총량제 본격 시행 고시**(2020.7.15)

- 2030년까지 한강(2단계)과 낙동강(4단계) 수계 일대의 각 지자체가 달성해야 하는 수질오염총량제 시도 경계지역에 대한 목표수질을 마련하여 고시, 목표수질 대상 항목은 BOD와 T-P로 선정
- 한강과 낙동강 수계에서 2030년까지 달성해야 하는 목표수질은 BOD의 경우 2020년 목표수질 대비 평균 13.5%, T-P의 경우 평균 27.2%를 낮추는 것을 목표로 함

자료: 1. 주요 비점오염원에 대한 효과적인 관리방안, 환경부(2005.10)
2. 팔당 상수원 수질에 미치는 점오염원 및 비점오염원의 영향도 비교 평가(Ⅰ), 이형진 등 국립환경과학원 한강물환경연구소(2010)
3. 비점오염원관리요령, 환경부(2000.12)
4. 환경부 보도자료 ; 4대강수계, 차기잔계 수질오염총량제 본격시행(2020.7.15)

8) 하수도보급율

- **2019년 국내 하수도보급율 : 94.3%, 2019년 하수처리시설용량 : 26,359천㎥ (환경부, 하수도통계)**
- 총인구 중 공공하수처리시설 및 폐수종말처리시설을 통해 처리되는 하수처리구역내 하수처리인구의 비율
- 하수도 보급률 = (하수처리구역내 인구 ÷ 총인구) × 100

- **향후 전망과 대책**
  - 농어촌지역 등 하수도보급이 저조한 지역에 하수도시설 보급확대를 통하여 '25년까지 전국의 공공하수도 보급률을 96%까지 향상
  - 도시지역에 비해 하수도 혜택이 저조한 군 이하 농어촌지역에 80%까지 보급
  - 하수관거정비사업의 지속적인 추진으로 공공하수처리시설 보급지역 확대 및 유입수질을 93%까지 개선

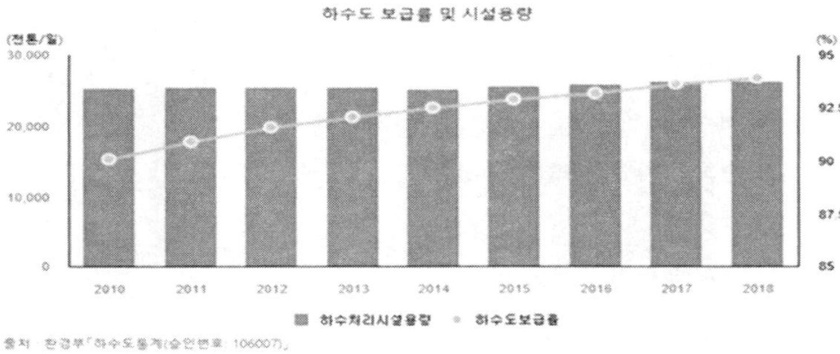

<그림 1-4> 국내 하수처리시설용량 및 하수도 보급율

1.2.5 물 관리 해결 방안

1) 오염원(점/비점) 체계적 관리와 유지관리기준 강화

- 최근까지 하수처리장 건설, 고도처리(T-P 저감) 사업을 시행하였으나, 방류수 기준을 강화하여야 하며, 근원적으로 비점오염원 저감을 위한 정책, 지원대책을 포함한 사업이 지속적으로 추진하여야 함

2) 유역 통합 물 관리 체계 개선(댐 통합관리, 물 관리 기관 등)

- 물관리 일원화의 일환으로 2018년 한국수자원공사가 국토부에서 환경부 이관되었으나, 한국환경공단과의 업무분장 조정이 불분명하고 한국수력원자력의 수력댐, 한국농촌공사에서 관리하는 저수지 등의 관리를 위한 통합 물관리 기능이 부재하므로 국가물관리 체계의 개선이 필요

3) 상·하수도 시설 고도처리 및 확충, 4대강 지류사업 추진

- 상하수도 시설의 고도화로 선진 수처리 및 관리체계를 구축하여야 할 것임
- 4대강사업은 본류에만 추진하였으나 중장기적으로는 1차 지류 하천으로 점차 확대하여 추진하여야 할 것임

4) 상하수도 요금 현실화(지자체, 중앙정부 노력 필요)

- 상하수도 처리 단가에 훨씬 못 미치는 현실에서 물관리 사업에 투자는 어려운 실정으로 정책적 노력이 절실함

5) 물 절약 노력 및 수질오염 행위 자제

6) 물 환경 전문가 육성 및 교육 활성화

7) 대국민 환경의식 고취와 지속적 홍보 강화 노력

1.3 하천 수질환경관리 및 생태복원

1.3.1 하천의 기능 및 특성

· 하천은 다양한 기능과 특성을 갖고 있는데, 지구의 태생과 더불어 자연스럽게 생태계가 형성되고 생물의 서식처로서 역할을 수행

· 국내 하천은 경사가 급하여 물의 흐름이 빠르고 오랜 기간을 거쳐 사행천으로 형성되었으며 뛰어난 경관을 유지하고 있을 뿐만 아니라 인간에게 많은 서비스를 제공하여 왔음. 따라서 자연하천을 보전하고 훼손된 하천은 복원될 수 있도록 노력하여야 할 것임

River meandering

- **물과 수변에서 생물간, 무생물간 상호작용이 일어나는 공간(생태계)**
- **물리적 기본 구조는 수로, 하상, 둔치, 제방, 수변으로 형성**
- **수로(水路)는 수변(水邊)과 구조적, 기능적으로 연결**
- **물의 범람에 의해 배후습지 형성**
- **물의 흐름은 필연적으로 수로를 곡선화(蛇行川) 시킴**
- **물과 함께 물질을 이송**
- **유역 내에서 경관의 일부로서 유역의 영향을 받음**

하천관리유량

• 하천설계기준(MLTM, 2009a)에 따르면, 갈수시 적절한 하천관리를 위하여 하천의 제반기능을 충족할 수 있도록 하천에 흘러야 할 이수관리 기준으로 하천관리유량을 사용하고 있다. 하천관리유량은 하천유지유량과 유수점용을 위하여 필요한 이수유량을 더한 값으로, 이 중 하천유지유량은 **하천수질 보전, 하천생태계 보호, 하천경관 보전, 염수침입 방지, 하구막힘 방지, 하천시설물 및 취수원 보호, 지하수위 유지의 7가지 기능**을 위한 필요유량을 감안하여 산정하게 되며(MLTM, 2007 ~ 2011),

• 2006년 고시의 경우, 수치의 차이는 있으나 댐 상류 및 유량공급 시설이 없는 하천의 유량은 기준갈수량으로, 댐 하류 및 유량 공급 시설이 있는 하천의 유지유량은 평균갈수량으로 결정된 경우가 대부분이었음. 이수유량은 하천에서 실제로 취수되는 유량으로써 기득 및 허가수리권에 해당되는 유량을 의미함.

• 갈수량은 과거 자연상태 하천에서 갈수기에 흘렀던 유량으로 자연과 사람이 공유할 수 있는 최소한의 유량을 의미하며, 기준갈수량과 평균갈수량을 산정한 후 해당 하천의 규모나 특성 및 유량 공급 가능성을 고려하여 결정하게 됨. 하천수 사용허가의 기준유량은 기준갈수량과 하천유지유량에 의해 결정됨. 즉 허가의 기준유량인 기준갈수량에서 기존에 허가된 유량을 제외하고 남은 유량이 가용유량이며,

• 이 범위 내에서 하천수 사용허가를 진행하고 있고 가용유량이 부족할 경우 댐용수 공급계약을 통해 허가를 받을 수 있음. 우리나라의 이수관리는 경험적으로 매우 안정적인 용수공급 기준인 10년 빈도 갈수량에 기반하여 이루어져왔다는 사실을 확인할 수 있음. 기준갈수량은 인위적인 요인이 작용하지 않는 자연 상태의 하천이 갖는 고유 유량으로, 하천 관리자는 최소한 이 갈수량(또는 하천유지유량) 정도의 일정량만큼은 하류에 흐르도록 보장해주어야 함

자료 : 하천유량 고도화 관리기술개발, K-water, 2017

1.3.2 수질 오염물질과 영향

- 수질오염물질은 다양한 발생원과 경로를 통해 수계로 유입되며 미처리되어 유입되면 수생태계에 심각한 악영향을 초래하므로
- 건강한 수생태계를 유지하기 위해 철저히 오염물질을 처리하여 수계에 방류하여야 할 것임

<표 1-6> 수질오염물질의 발생원 및 영향

오염물질	공공오염원	영 향
유기물(organics) (생물학적 생성물질)	낙농지, 가축장, 식료품제조공장, 양식장, 하폐수처리장, 도살장	수중생물의 위협을 초래하고 산소를 고갈시켜 생태계 교란
부유물질(suspended solid) (물속 유기물, 무기물, 분진)	산업시설, 채석장, 건설현장, 양식장, 광산폐기물(광미 등)	광합성을 방해하고 수생식물의 성장을 제한하며 수생태계 악영향
열 폐기물(heat waste) (온폐수, heat discharge)	산업시설, 발전소	용존산소 감소, 수생식물 악영향, 조류의 과대 성장
영양물질(nutrients) (질소, 인)	집약적 축산사육시설, 하폐수처리장	조류 과대 발생, 부영양화 촉진
병원체(pathogenic organism) (미생물)	하수폐처리장, 도살장, 식품제조공장	질병 위험 및 세균감염
독성물질(toxic materials)	산업시설(제조, 정제업, 도금업 등), 하폐수처리장, 광산폐기물(특히, 광미)	생물학적 과정 악영향, 돌연변이, 발암물질
폐기물(wastes)	도시, 산업시설, 건설현장, 농촌 등	수중생물의 성장 저해

1.3.3 하천의 자정작용(self purification)

1) 자정작용이란?

- 하천이나 호수에 오염물질(하수 등)을 방류한 지역의 수질은 악화되지만 일정시간이 지남에 따라 자연적으로 수질이 서서히 개선되어 원래의 상태로 회복되는 현상을 말함
- 일반적으로 하천 등의 자정작용은 물리적, 화학적, 생물학적 자정작용에 의해 이루어 지는데, 미생물 등에 의한 생물학적 자정작용이 주 역할을 하고 있음

① 물리적 자정작용

- 희석, 확산, 혼합, 침전, 흡착, 여과 등으로 수중 오염물질의 농도가 저하되거나 폭기에 의해서 공기 중의 산소가 용해되어 유기물의 분해가 촉진되는데, 물리적 자정작용에서 침전이 가중 큰 요소를 차지함

② 화학적 자정작용

- 용존산소에 의해 철, 망간 등이 수산화물로 산화(oxidation)되어 자연적으로 응집되어 침전되는 현상으로 수중의 산화물질이 화학적 반응에 의해 저감되는 현상

③ 생물학적 자정작용

- 수중 미생물이 오염물질을 섭취 및 분해
- 수온, pH, 용존산소(DO), 햇빛 등이 생물학적 자정작용에 큰 영향을 줌

자료 : 서영민, naver 브로그

2) Streeter Phlelps Equation

- 하천의 자정작용을 나타내는 **Streeter Phlelps Equation**은 수질모델링의 도구로서 수질오염 연구에 사용되어 왔음
- 이 식은 1925년 H. W. Streeter(a sanitary engineer)와 Earle B. Phelps(consultant for the U.S. Public Health Service)가 미국 Ohio 강에서 현장 자료에 기초를 두어 고안하였으며, 이 식은 또한 DO sag equation로도 알려져 있음
- Streeter-Phelps Model – DO sag curve
  - 전형적으로 수계에 폐수(BOD)가 유입되면 산소(O_2)를 서서히 감소시키고 임계점을 지나면 용존산소는 산소포화농도(dissolved oxygen saturation concentration, DO sat)까지 점진적으로 증가하는데, 이를 Streeter-Phelps oxygen sag curve라고 함

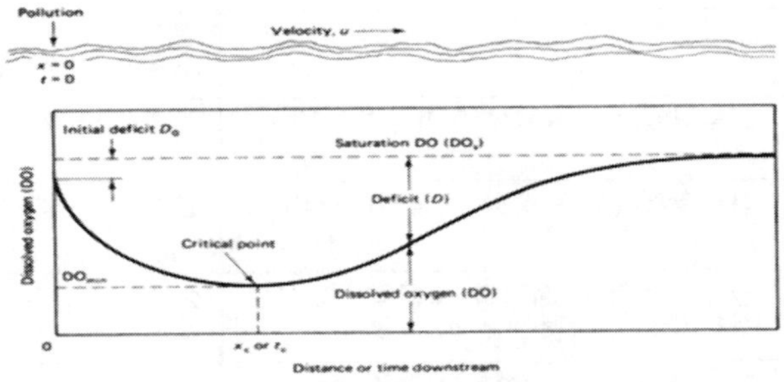

Streeter–Phelps oxygen-sag curve.

<그림 1-5> Streeter-Phelps Model –DO sag curve

자료 : https://en.wikipedia.org>wiki>Streeter-Phelps equat

- **Streeter Phlelps Equation**은 다음 식과 같이 시간의 함수로서 오늘날 하천, 호수에서 수질을 묘사하는 많은 방정식과 컴퓨터 프로그램에서 가장 널리 이용되었으며, 이 모델은 용존산소(DO)가 어떻게 하천에서 어떤 일정 거리에 따라 BOD의 분해에 의해 감소되는지를 나타냄.

Streeter-Phelps: Oxygen **Deficit** as a Function of Time

- Combines oxygen consumption and reoxygenation to describe deficit as a function of time

$$D = \frac{k_d L_a}{k_r - k_d}\left(e^{-k_d t} - e^{-k_r t}\right) + D_0 e^{-k_r t}$$

D = oxygen deficit at any time, mg/L

D_0 = oxygen deficit immediately below pollutant discharge location, mg/L

L_a = Ultimate oxygen demand immediately below pollutant discharge location, mg/L

k_d = deoxygenation constant

k_r = reoxygenation constant

자료 : https://www.google.co.kr/search?q=streeter-phelps+model&tbm=isch&source=univ&sa=X&ved=2ahUKEwjOjcrz-q_mAhUHw4sBHZPHD1YQ7Al6BAgGEDc&biw=1318&bih=711&dpr=1.25#imgrc=i3dvPKV6cVIxYM:&spf=1576148637159

3) Whipple의 4지대

- 하천의 자정작용은 **Whipple의 4지대, 분해지대, 활발한 분해지대, 회복지대, 정수지대의** 단계로 일어나며, 이러한 하천의 자정작용의 4지대 중 하나로서 하천에 유입된 오염물질의 분해에 사용되는 용존산소(DO)의 양이 대기로부터 용해되는 양보다 크기 때문에 DO 농도가 감소하는 양상을 보임

- 여름철 DO포화도는 45%까지 내려가며 오염에 약한 고등동물 대신 오염에 강한 미생물로 대체되는 하천의 지점을 분해지대라고 함

- 이 지대는 유기물 또는 기타 오염물을 운반하는 하수거의 방출지점과 가까운 하류에 위치하며, 분해가 진행됨에 따라 세균수가 증가하고 유기물을 많이 함유하는 슬러지의 침전이 많아지며, 분해가 심해지면 녹색 수중식물이나 고등생물 대신 균류가 심하게 번식하는데, 이러한 현상은 희석이 잘 되는 큰 하천보다는 소하천에서 뚜렷이 나타남

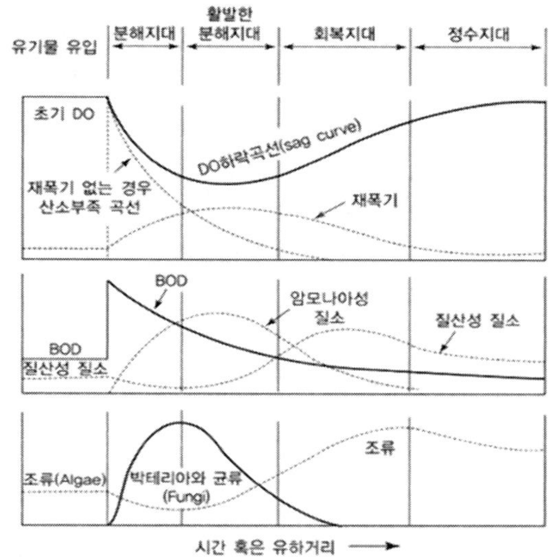

<그림 1-6> Whipple의 하천 자정작용 4지대

자료 : naver 블로그

4) Whipple의 4지대별 특징

구분	수역 특성
분해지대	◦ 세균의 수가 증가하고 유기물을 많이 함유하는 슬러지의 침전이 많아지며, 용존산소량이 크게 줄어드는 대신에 탄산가스의 양은 증가 ◦ 유기물의 분해가 심해짐에 따라 오염에 잘 견디는 곰팡이류(fungi)가 녹색 수중식물이나 고등 미생물을 대신하여 대량 번식 ◦ 큰 하천보다는 희석이 잘 안 되는 소하천에서 더 뚜렷이 발생
활발한 분해지대	◦ 용존산소가 없어 부패 상태이고 물 색깔은 회색 또는 흑색 ◦ 화장실 냄새나 H_2S에 의한 달걀 썩은 냄새 ◦ 혐기성 분해가 진행되어 수중의 CO_2와 암모니아성 질소가 증가 ◦ 혐기성 세균이 호기성 세균을 교체하여 곰팡이류는 사라짐
회복지대	◦ 분해지대의 현상과 반대현상이 일어나며 용존산소가 점차 증가하여 물이 차츰 깨끗해지며 기포발생이 사라짐 ◦ DO가 포화될 정도로 증가하고 아질산염이나 질산염의 농도가 증가 ◦ 세균의 수가 감소하는 대신 원생동물(protozoa), 윤충(rotifer), 갑각류(crustacea)가 번식하기 시작하고 곰팡이류도 약간 발생 ◦ 조류의 발생이 많아짐 ◦ 패류나 벌레의 유충이 번식하여 생무지, 황어, 은빛 담수어 등의 어류 번식
정수지대	◦ 오염되지 않은 자연수처럼 보이지만 음용수로 사용하려면 소독 필요

자료 : naver 블로그

<문제 1-1>

- A하천에 Q1 = 2.0㎥/sec, V=0.3m/sec, BOD=5mg/L 인 하천수가 흐르고 있다.
  평균수온(t)=20 자정계수(f)=2.0 최초 부족 산소량 (Da) = 0.2mg/L 이다.
  여기에 공장폐수Q2 =0.01㎥/sec, BOD5 =100mg/ℓ가 유입된다.
  이때 탈 산소 계수 (K1) = 0.1 , 공장폐수 DO = 0 , 20℃에서 물의 포화 용존 산소량 = 9.2mg/L일 때 다음을 계산하시오 ?

1) 공장폐수가 하천에 합류되는 지점의 BOD_5, DO, BOD_u를 구하라?
2) 합류후 산소가 가장 결집되는 임계지점은 합류지점에서 몇 ㎞ 지점인가?

(공식)

$$Lt = La(l - 10^{-k1t}) \quad (1.1)$$

K_1 : 산소제거 상수 or 탈산소 계수
La : 최종산소 소모량 즉 최종 BOD(BOD_u)
t : 시간(일)
Lt : t 시간(일)후의 BOD

$$Dt = Da \times 10^{-k2t} \quad (1.2)$$

Dt : 시간 t가 0일때의 즉 최초 산소부족량 (mg/ℓ)
t : 시간(일)
K_2 : 재포기 계수

오염된 하천에서는 수면에서 용존산소 농도가 식(6.2)에 따라 동시에 식(6.1)과 같이 BOD를 충족시키기 위하여 변한다. 위의 두 현상 즉 하천물의 제거계수와 재포기계수 현상을 하나의 공식으로 표시하면 다음과 같다.

$$D = \frac{K_1 La}{K_2 - K_1}(10^{-k1t} - 10^{-k2t}) + Da \times 10^{-k2t} \quad (1.3)$$

여기서, D = t일 후의 용존산소 부족량(mg/ℓ)
La = 최종 BOD
Da = t가 0일 때, 최초 산소 부족량(mg/ℓ)
K_1 = 산소제거 계수(탈산소 계수)
K_2 = 재포기 계수

$$f = \frac{K_2}{K_1} \quad (f : 자정계수) \quad (1.4)$$

$$tc = \frac{1}{K_1(f-1)}\log\{f[1-(f-1)\frac{Da}{La}]\} \quad (1.5)$$

tc : 임계시간(용존산소량이 가장 적은지점에서의 시간)

(풀이)

(1) BOD_5, DO, BOD_u

① $BOD_5 = \frac{2\times5+0.01\times100}{2+0.01} = 5.47mg/ℓ$

② $DO = \frac{2(9.2-0.2)+0.01\times0}{2+0.01} = 8.96mg/ℓ$

③ $BOD_u = \frac{BOD_5}{(1-10^{K_1 t})} = \frac{5.47}{(1-10-0.1\times5)} = 8.0mg/ℓ$

(2) 재포기 계수

$f = \frac{K_2}{K_1}$에서 f = 2 K_1 = 0.1이므로

$K_2 = f. K_1 = 2\times0.1 = 0.2$

(3) 합류 후 산소가 가장 결핍되는 임계지점

$$tc = \frac{1}{K_1(f-1)}\log\left\{f + [1-(f-1)\frac{Da}{La}]\right\}$$

$$= \frac{1}{0.1(2-1)}\log\left\{2[1-(2-1)\frac{(9.2-8.96)}{8.0}]\right\}$$

= 2.88일

거리 = 속도 × 시간이므로

0.3m/sec × 60sec/분 × 60분/시간 × 24시간/일 × 2.88일

= 74649.6m

<문제 1-2>

• 유량이 4.2㎥/sec, 유속이 0.4m/sec, BOD는 4.8mg/L이고, 자정계수(f)는 4, 초기 산소부족 농도(D0) 1.8mg/L, 탈산소계수(k1) 0.1, 하천의 용존산소 포화농도(DS)가 9.2mg/L인 하천에 유량 43,560㎥/day, BOD 300mg/L의 공장 폐수가 유입될 때, 다음 물음에 답하시오 ?
(단 수온은 20℃로 일정하고, 합류지점에서 혼합은 이상적으로 이루어진다고 가정)

(공식)

$Lt = La(1 - 10^{-k1t})$ (2.1)

k_1 : 산소제거 상수 or 탈산소 계수

La : 최종산소 소모량 즉, 최종 BOD(BOD_U)

t : 시간(일)

Lt : t시간(일)후의 BOD

$Dt = Da \times 10^{-k2t}$ (2.2)

Dt : 시간 t가 일때의 산소부족량(mg/L) Da: 최초산소부족량(t=0)

t : 시간(일)

k_2 : 재포기 계수

오염된 하천에서는 수면에서 용존산소 농도가 식(7.2)에 따라 동시에 식(7.1)과 같이 BOD를 충족시키기 위하여 변한다. 위의 두 현상 즉, 하천물의 제거계수와 재포기계수 현상을 하나의 공식으로 표시하면 다음과 같다.

$$D = \frac{K_1 La}{K_2 - K_1}(10^{-K1t} - 10^{-K2t}) + Da \times 10^{-K2t} \quad (2.3)$$

여기서, D = t일 후의 용존산소 부족량(mg/L)

La = 최종 BOD

Da = t가 0일 때, 최초 산소 부족량(mg/L)

K_1 = 산소제거 계수(탈산소 계수)

K_2 = 재포기 계수

$f = \frac{K_2}{K_1}$ (f : 자정계수) (2.4)

$$tc = \frac{1}{K_1(f-1)}\log f[1-(f-1)\frac{Da}{La}] \quad (2.5)$$

tc : 임계시간(용존산소량이 가장 적은 지점에서의 시간)

(풀이)

(1) 합류지점의 BOD_5, DO, BOD_U 값(mg/L) (단, 소수점 첫째자리까지 계산)

공장폐수유량 = 43.560 ÷ 24 ÷ 60 ÷ 60 = 0.50㎥/sec

① $BOD_5 = \frac{4.2\times4.8+0.5\times300}{4.2+0.5} = 36.2mg/L$

② $DO = \frac{4.2(9.2-1.8)+0.5\times0}{4.2+0.5} = 6.6mg/L$

최초부족량(Da) = 9.2 - 6.6 = 2.6mg/L

③ $BOD_u(La) = \frac{BOD_5}{(1-10^{K_1t})} = \frac{36.2}{(1-10^{-0.1\times5})} = 52.9mg/L$

(2) 하천의 유속이 일정한 경우, 처음 합류지점으로부터 DO가 부족되는 임계지점까지의 거리(km) 계산

- 재포기 계수

$f = \frac{K_2}{K_1}$에서 f = 4, K_1 = 0.1이므로

$K_2 = f. K_1 = 4 \times 0.1 = 0.4$

- 합류 후 산소가 가장 결핍되는 임계지점

$tc = \frac{1}{K_1(f-1)}\log\{f+[1-(f-1)\frac{Da}{La}]\} = \frac{1}{0.1(4-1)}\log\{4[1-(4-1)\frac{2.6}{52.9}]\}$ = 1.776 ≒ 1.78 일

임계지점 X_C = 0.4m/sec × 86,400s/d × 1.78d × 10^{-3}km/m = 61.5km

(이때, 유속은 혼합후에도 0.4m/sec로 동일 가정)

(3) 합류지점의 DO를 5mg/L 이상으로 유지하고자 할 때, 공장폐수처리시설계획 수립시 BOD 제거율(%)을 얼마 이상으로 해야 하는지 계산

5mg/L 유지시 Dc = 4.2mg/L 이므로,

$D_C = \frac{La}{f}10^{-k_1t_c} \quad \rightarrow \quad La = \frac{Dcf}{10^{-k_1tc}}$ 이므로

$$La = \frac{4.2\times4}{10^{-0.1}\times1.78} = 25.3mg/L$$

이 값을 BOD_5로 환산하면,

$BOD_5 = 25.3\times(1-10^{-0.1\times5}) = 17.3mg/L$

합류지점 BOD_5로 17.3mg/L 되게 하기 위해서는,

$$\frac{4.2\times4.8+0.5\times C}{4.2+0.5} = 17.3mg/L$$

C = 122.3mg/L

공장폐수의 BOD_5 300mg/L에서 122.3mg/L이하가 되도록 처리하기 위하여 필요한 처리효율 계산

처리효율 = $\frac{300-122.3}{300}\times100 = 59.2\%$

4) 기본 Streeter-Phelps 공식을 이용하여 하천수질 관리에 실제로 적용하는 경우 차이가 나는 이유 설명하시오?

- 탈산소 속도와 재포기 속도는 각각 모델화에 포함되지 않은 많은 변수들에 의해 영향을 받는다.

• BOD 변수

- BOD 발생원이 실재 서로 다른 여러 지점이나 불특정 오염 일 때에도 모델식을 세울 때에는 BOD 발생원이 하나 라고 가정
- 다른 배출원이 있을 때는 하천을 짧은 구간으로 나누어 생각하게 되는데 각각의 경우 단 하나의 점오염원을 가지게 된다.
- 배출되는 지점의 모든 유기물 부하를 충분히 고려해도 하천의 BOD는 상수 K1에 의해서 나타나지 않는 다른 인자의 영향을 받을 수 있다.
- 일조가 없는 경우의 조류의 호흡, 산소요구량을 증가시키는 질산화 과정과 연못 등에서의 슬러지 퇴적 등은 모두 하천의 BOD 증가 요인
- 얕은 하천의 경우 河床(하상)에 있는 미생물이 유기물을 이용하는데 있어 효과적이므로 이 경우는 실험실 BOD 시험에서의 현탁미생물보다 더 많은 용존산소를 소모하게 된다.
- BOD 1차 반응으로 가정하여 구한 값이나 환전한 1차 반응은 없음.

• 재포기계수

- 산소의 보충은 모델화 과정에 있어서 고려하지 않은 많은 인자들 특히, 조류의 광합성에 의한 재폭기 효과 등에 의해 영향을 받음.
- 모든 河道(하도)는 정상상태라 가정
- 유량의 특성(하도의 형태, 웅덩이, 방해물, 물이 고이는 효과 등)에 따라 변수들 적용이 어렵다.
- 온도, 수심, 유속, 하천교반, 교란 상태에 따라 영향이 많은데 비해 적용이 어렵다.

<문제 1-3>

• 어느 하천으로 공장폐수가 방류되고 있다. 방류점에서는 혼합이 이상적으로 이루어지고 있으며, 혼합수의 수질 및 기타 조건은 아래와 같을 때 2일 후의 DO 농도, 혼합 후 최저 DO농도가 나타나는 시간(day), 이때 DO의 최저 농도를 각각 구하시오.

<조건>
. DO 부족량 = 3.2mg/L . DO 포화농도 = 9.2mg/L
. 최종 BOD = 20mg/L . BOD 반응율 상수 = 0.1 . 재포기율 상수 = 0.24

(공식)

$Lt = La(1 - 10^{-k1t})$ (3.1)
k_1 : 산소제거 상수 or 탈산소 계수(BOD 반응율 상수 = 0.1)
La : 최종산소 소모량 즉, 최종 BOD(최종 BOD = 20mg/L) t : 시간(일)
Lt : t시간(일)후의 BOD
$Dt = Da \times 10^{-k2t}$ (3.2)
Da = t가 0일 때, 최초 산소 부족량(mg/L) (DO 부족량 = 3.2mg/L)
Dt : 시간 t일때의 산소부족량(mg/L) k_2 : 재포기 계수(재포기율 상수 = 0.24)

오염된 하천에서는 수면에서 용존산소 농도가 식(5.2)에 따라 동시에 식(5.1)과 같이 BOD를 충족시키기 위하여 변한다. 위의 두 현상 즉, 하천물의 제거계수와 재포기계수 현상을 하나의 공식으로 표시하면 다음과 같다.

$$D = \frac{K_1 La}{K_2 - K_1}(10^{-K1t} - 10^{-K2t}) + Da \times 10^{-K2t} \quad (3.3)$$

여기서, D = t일 후의 용존산소 부족량(mg/L) La = 최종 BOD

$$f = \frac{K_2}{K_1} = \text{(f : 자정 계수)} \quad (3.4)$$

$$tc = \frac{1}{K_1(f-1)}\log f[1-(f-1)\frac{Da}{La}] \quad (3.5)$$

$$D_C = \frac{La}{f}10^{-k_1 t_c} \quad (3.6)$$

tc : 임계시간(용존산소량이 가장 적은 지점에서의 시간)
Dc : 임계시간에서의 부족량

(풀이)

(1) 2일 후의 DO 농도

$D = \frac{K_1 La}{K_2 - K_1}(10^{-K1t} - 10^{-K2t}) + Da \times 10^{-K2t}$ 이므로

$\frac{0.1 \times 20}{0.24 - 0.1}(10^{-0.1 \times 2} - 10^{-0.24 \times 2}) - 3.2 \times 10^{-0.24 \times 2} = 4.94$

DO농도 : 9.2-4.9=4.3mg/L

(2) 최저 DO농도 나타나는 시간

tc = $\frac{1}{K_1(f-1)}\log\{f + [1 - (f-1)\frac{Da}{La}]\} = \frac{1}{0.1(2.4-1)}\log 2.4[1 - (2.4-1)\frac{3.2}{20}] = 1.93$일

(3) 최저 DO농도

$D_C = \frac{La}{f}10^{-k_1 t_c}$ 에 대입 $D_C = \frac{20}{2.4}10^{-0.1 \times 1.93} = 5.3$

최저농도 : 9.2-5.3=3.9mg/L

1.3.4 수원별 수질 특성

1) 지표수 특성(Surface water)

- 계절적 수온, 수량의 변화가 큼
- 홍수 시와 갈수기의 오염도 변화가 크며, 탁도, pH의 변동이 심함
- 지하수보다 Na^{+1}, Ca^{+2}, Mg^{+2} 등의 금속염이 낮음
- 지하수에 비해 알카리도 및 경도가 낮음
- 도시하수 등 오염원에 취약하며 오염도가 높음

2) 지하수 특성(Ground water)

- 수온의 변동이 적으며 탁도가 낮음
- 무기염류와 경도의 농도가 높음
- 미생물이 거의 없고 지표수에 비해 오염에 덜 취약함
- 지표수에 비해 CO_2의 농도가 높음
- 유속이 느려 자정작용도 늦음
- 국지적인 환경조건에 영향을 많이 받음
- 염도와 알카리도는 표층에 낮고 심층에는 높음

3) 복류수(River Bed Water)

- 하천의 저부 혹은 측부가 모래, 자갈인 경우 그 부근 지층 내에 침투하여 오는 물
- 지표수와 지하수 양측의 성질 포함
- 수질이 양호
- 지표수에 비하여 탁도 낮다.
- 수원으로 이용.

4) 지하수 오염 및 특성

① 지하수의 오염경로

- 환경매체 속 또는 환경매체 사이를 이동하고 또한 각각의 환경매체 중에서 반응되어 토양을 경유하고 혹은 표류수에 의한 지하수의 함양에 따라 지하수 중에 오염물질이 침입

- 직접 토양에 칩입하는 경로
- 대기를 통하는 경로
- 표류수를 통하는 경로
- 심층 하수로의 침입경로

② 오염을 일으키기 쉬운 요인

- 사용량이 많은 경우
- 환경에의 침입할 율이 많은 경우
- 지하수로 짧은 경로를 통하는 경우
- 난분해성인 것
- 토양에 흡착이 잘 안되는 점

자료: www.semyung.ac.kr › cmm › fms › FileDown

5) 관개용수(灌漑用水 irrigation water)

① 관개용수의 SAR(Sodium Adsorption Rate)

- 관계용수와 나트륨의 영향을 평가하기 위해 사용
- 관개용수의 용해염류는 삼투압을 증가시켜 식물의 영양분을 흡수를 방해한다. 염도의 대표적인 원소는 나트륨염으로 Na^{+}가 Mg^{-2}와 Ca^{-2}보다 과다하면 Na^{+}로 치환되어 토양이 니토화되고 배수는 잘 안 되어 식물이 성장할 수 없게 된다. 관개용수의 Na^{+} 함량기준으로 SAR(Sodium Adsorption Rate)가 사용됨.
- SAR이 높은 관개용수는 토양의 교환성 Na^{+}값이 많음을 의미함. 교환성 Na^{+}가 토양속의 칼슘 및 마그네슘과 대체되면서 토양입자를 분산시켜 토양의 투수성을 저하하는 것임. 즉 SAR 값이 높은 물은 토양의 통풍성, 삼투성을 저하시켜 농작물에 부정적인 영향을 미치므로 관개용수로 부적합함.

② SAR의 계산 및 판정

$$\mathrm{SAR} = \frac{Na^{+}}{\sqrt{\frac{1}{2}(Ca^{2+} + Mg^{2+})}}$$

sodium, calcium, and magnesium concentrations are expressed in milliequivalents/liter

[판정] Ca^{2+}, Mg^{2+} 의 단위를 meq/L로 계산함

SAR이 10 이하이면 적합
SAR이 10~18이면 상당한 영향을 받을 수 있음(중간영향)
SAR이 18~26 이상이면 식물에 많은 영향을 미치게 됨(높은 영향)
SAR이 26 이상이면 사용하기 어려울 만큼 아주 큰 영향

1.3.5 해수의 수질 특성

1) 수온

- 심층수의 10% 미만은 10℃ 이상, 75% 이상은 4℃ 이하 낮은 온도
- 물의 염분이 증가하면 최대밀도 온도와 결빙온도가 내려간다. -2℃ 전에 결빙됨

  ※ 해수온도는 항상 –2℃이상 ~ 최대 30℃, 깊은 바다에서는 –1 ~4℃ 유지
- 최대 수온 30℃는 적도부근이 아니고 약간 북위도→태양복사 에너지 차이, 난류영향을 받음

2) 해수의 온도 : 위도와 수심에 따른 해수 온도 변화

- 혼합층(Mixed Layer) ; 해수 전체의 2%에 불과하며 표면으로부터 수십~수백m로 온도변화 거의 없음

  ① 태양 복사열을 가장 많이 받는 혼합층은 열대해역 200m, 아열대 해역 400m, 극지방은 거의 없음

  ② 아열대 해역의 혼합층은 봄에 수온 변화가 큼.

  ③ 층의 두께는 바람의 세기에 따름

- 수온 약층(Layer Depth); 혼합층과 심해층 사이에 수온이 급격히 감소하는 층

  ① 혼합층과 달리 수온 변화가 무척 많은 곳으로, 적도지방에서는 얕고, 중위도 지방에서는 깊고, 추운 고위도 지방에서는 거의 없다. 수온 약층은 특히 여름에 깊어짐

  ② 대양에서 영구 수온약층(Permanent Thermocline)이 가장 깊은 수심에서 나타나는 해역은 위도 40도 부근임

자료 : https://warrantylife.tistory.com/2

  ③ 계절수온약층(Seasonal Thermocline)은 하계에 수심 20~30m이내 존재하며 수온의 수직구배가 크고 겨울에는 깊어져 약해지거나 없어짐

  ※ 약층이란 약(弱)하다는 의미가 아니고 약층(躍層) 즉, 도약한다는 의미로 수온이 많이 변하는 층으로 이해하면 됨

- 심해층(Deep Layer); 수온약층 하부에서 해저까지 이며 태양에너지가 전달되지 않아 온도가 일정하게 4℃ 이하로 온도변화가 거의 없는 냉수

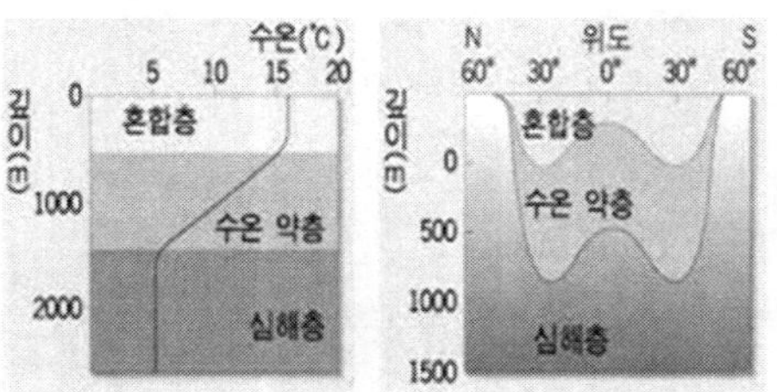

해수의 층상구조

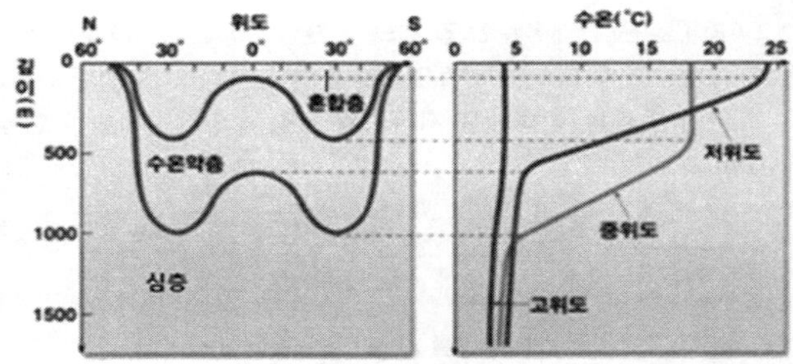

해수의 수온약층

<그림 1-7> 해수의 수온약층 현상

자료: 1.https://warrantylife.tistory.com/2

2.file:///C:/Users/Home/AppData/Local/Microsoft/Windows/INetCache/IE/YIPXMFD5/원고3강해수의성질1.pdf

동해 고유수

- 우리나라 주변 해수의 수괴 중 가장 온도가 낮은 것은 동해 고유수임
- **동해고유수(East Sea Proper Water) ; 수심 약 300m 이하에서 동해 전 해역에 걸쳐 존재하며, 수온과 염분이** 균질하고 높은 용존산소와, 미네날이 풍부하며 수온이 평균 1℃정도로 매우 낮아 **해양심층수** 개발이 활발하고 수질도 좋은 편임

☞ 햇빛은 45%가 1m, 16%는 10m, 1%만 100m까지 도달함
대부분 10m 이내 흡수, 산란됨

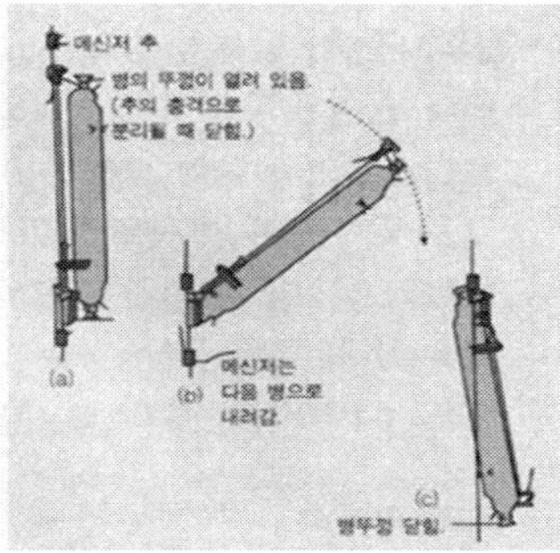

(Nansen 채수기)

3) 수온 측정 ; 전도 온도계 사용

- 난센 채수기에 부착한 수은 온도계로 예정 수심에서 난센(Nansen) 채수기가 뒤집어지면 온도계도 뒤집어 지면서 수은이 흘러내려 온도 측정을 시작함(정확도 0.01℃)
- 전도온도계 옆에 부온도계로 일반 온도계를 부착하여 수면 위에 올려 온도 검침 시 보완 (유리관 내 주위온도 측정)

자료: https://warrantylife.tistory.com/2

4) 해수의 물리화학적 특성

- 바닷물은 96.5% 순수한 물과 30여종의 주요 원소로 구성되었으며, 원소 중 99%는 Cl^-, Na^+, SO_4^{2-}, Mg^{2+}, Ca^{2+}, K^+ 이 전체 원소의 99.9%를 차지
- 이러한 원소들은 대부분 하천 등을 흐르는 동안 암석 등 포함된 성분에서 용해되어 바다로 운반된 것이며, 일부는 해저 화산 폭발에 의한 화산 가스가 해수에 녹아 공급된 것임.
- 바다는 지구 표면의 71%를 차지하고 있으며, 태양에너지의 80%가 열에너지로 저장되는 거대한 에너지

☞ On average, seawater in the world's oceans has a salinity of about 3.5% (35 g/L, 599 mM). This means that every kilogram (roughly one litre by volume) of seawater has approximately 35 grams of dissolved salts (predominantly sodium (Na^+) and chloride (Cl^-) ions).

☞ 표면의 평균밀도 : 1.025 kg/L.

우리나라의 경우 연 평균 해수의 염 농도가 36,000~38,000mg/L의 범위이나 높은 해수의 염 농도를 나타내는 중동 Gulf 지역은 44,000~45,000mg/L의 범위로 분포되어 있음

- **기수**(汽水, brackish water)는 해수와 담수가 혼합되어 있는 곳의 물로 민물보다는 염분이 높고 해수보다는 염분이 적은 물임. 염분의 농도가 낮은 하구 일대를 기수역(汽水域)이라 하는데, 큰 강의 하구에서는 수백 km의 먼 바다까지 이르지만, 보통은 2~3km임

☞ **Brackish water** is water having more salinity than freshwater, but not as much as seawater. brackish water contains between 0.5 and 30 grams of salt per litre—more often expressed as 0.5 to 30 parts per thousand (‰), which is a specific gravity of between 1.0004 and 1.0226

자료 : https://warrantylife.tistory.com/2

5) 해양 적조

- 해역의 부영양화로 인하여 해수 중 부유성 식물성 플랑크톤이 단시간에 급격하게 대량 번식한 결과로 바다의 색깔이 적색 또는 다갈색 등으로 변하는 현상
- 해수의 적조 발생 환경요인
  - 바다의 수온 구조가 안정화되어 물의 수직적 성층이 이루어질 때
  - 플랑크톤의 번식에 충분한 광량과 영양염류가 공급될 때
  - 강우 및 하천수의 유입에 따른 염도의 희석작용이 클 때
  - 해저의 빈산소 수괴가 형성되어 포자의 발아 촉진이 일어나고 퇴적층으로부터 부영양화의 원인물질이 용출 될 때 적조 발생
  - **적조←(과대번식)←적조생물←태양, pH, 수온, 염분도, N, P ←VB12**

< 적조 피해>

- 어패류 아가미의 가스교환 장애
  - 해수 중의 탄산 성분의 증가
  - pH 상승에 따른 호흡 방해작용
  - 적조 생물이 아가미에 부착하여 발생하는 아가미 폐쇄성 호흡 작용
- 해수 중의 용존산소 저하 원인
  - 무산소 수괴의 출현
  - 식물성 적조 생물의 야간 호흡작용에 의한 산소 소비
  - 적조 생물의 사후 분해시 용존산소 소비

자료 : www.semyung.ac.kr › cmm › fms › FileDown

6) 해양오염물질

- 현재 제일 큰 피해는 해양쓰레기 섭취로 인한 피해로서 대부분 먹이원으로 오인해 섭취하게 됨
- 대표적으로 비닐봉지를 해파리로 오인해 섭취하거나 5mm 이하의 미세플라시틱을 다른 먹이원과 함께 섭취하는 경우가 많음
- 섭취된 해양쓰레기는 소화, 간, 장폐색이나물리적인 상처와 이로 인해 성장과 번식에 악영향을 줌
- 빈번히 발생하는 피해는 Ghost fishing(유령어업)이라 불리는 어망이나 낚싯줄에 해양생물이 몸에 얽히는 것도 문제

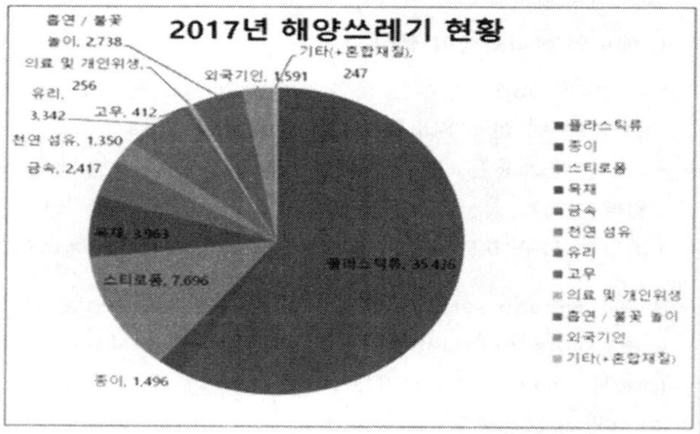

● 2016년 '국가 해안쓰레기 모니터링 조사' 결과

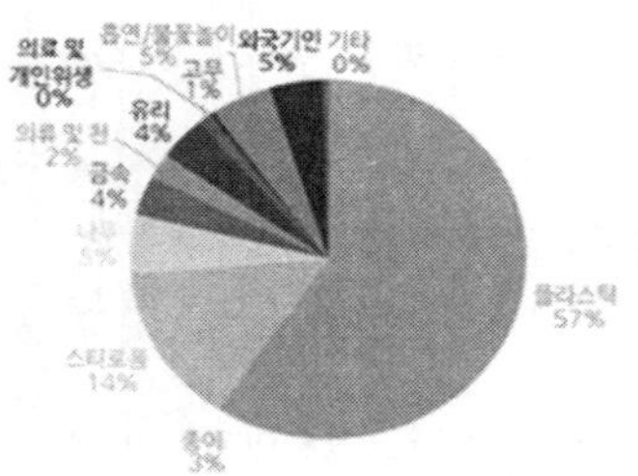

재질별 구성비(개수 기준)

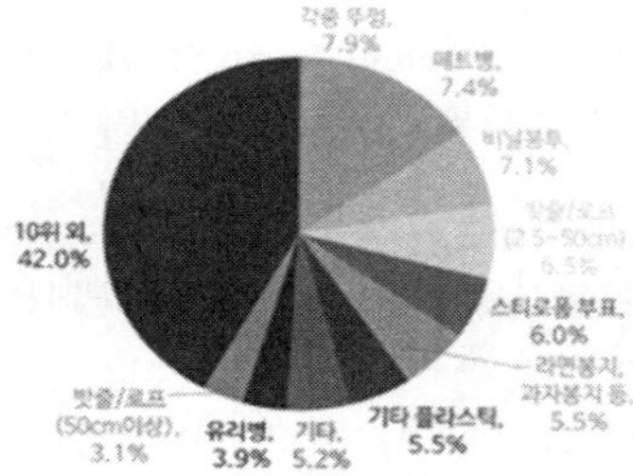

품목별 구성비(개수 기준)

자료: 해양수산부·해양환경관리공단, 2016년 국가 해안쓰레기 모니터링 사업 관리 용역, 2016.11.

- 국내 플라스틱(합성고분자화합물인 합성수지, 합성섬유, 합성고무를 모두 플라 스틱의 범위에 포함) 원료 생산량은 2016년 기준으로 **21백만톤**
- 이 중 수 출량을 제외하고 수입량을 합한 국내 수요량은 11백만톤
- 협의의 개념 인 플라스틱(합성수지) 국내 수요량은 2016년 기준으로 **6백만톤**임 (한국석유화학 협회, 2017)

자료 : 1.해양쓰레기통합정보시스템 2017
2. https://support.google.com/legal/answer/3463239?hl=en

플라스틱류 해양쓰레기와 생물피해 및 대책

- Jambeck 등의 연구에 의하면 2010년 기준으로 해양으로 유입되는 플라스틱 폐기물의 양이 4.8백만톤~12.7백만 톤에 달하는 것으로 추정. 연간 해양으로 유입되는 양은 192개 국가에서 발생하는 플라스틱 폐기물의 1.7%~4.6%를 차지(Jambeck, J. et al., 2015)

- 플라스틱 오염 문제는 근래에 대두되는 문제가 아니며 2016년 통계청 발표에 따르면 국가별 1인당 연간 플라스틱 소비량은 프랑스(73kg), 미국(97.7kg)을 제치고 한국이 1위(98.2kg)임. 소비량이 많은 것도 문제지만, 플라스틱이 처리되는 방법도 문제임. IUCN(International Union for Conservation of Nature)에 의하면 플라스틱은 연간 3억여톤이 버려지고 있는데 이 중 8백만톤이 바다로 흘러 들어가고, 이미 1만 5천 톤이 해양 속에 존재한다고 보고했는데, 이는 해양 생태계와 인류를 위협하는 심각한 문제임

- 플라스틱은 '얽힘'과 '섭취'로 해양생태계에 영향을 주는데, '얽힘'은 물리적인 피해로, 동물이 그물에 걸리는 것 등이며 실제로 매년 3만 마리의 바다표범이 그물에 걸려 질식사함. '섭취'는 말 그대로 해양 생물이 플라스틱을 먹어 생기는 피해이며, 의도적으로 작게 만들어진 펠렛, 플라스틱 분말 등의 1차 미세플라스틱, 대형 플라스틱이 쪼개지고 마모되어 생성되는 2차 미세플라스틱은 해양생물의 먹이로 오인되기 쉬움. 미세플라스틱 표면에 중금속, DDT 등 잔류성이 높고 유동성이 큰 독성물질이 흡착되는 일이 자주 발생하게 되는데, 해양생물이 이를 섭취해 체내에 축적되면 이 물질들은 다이옥신, 아크롤레인 등 유해성 발암물질로 변형됨.

자료 : 1. http://climatetimes.org/ ,2020 Climate Scouts 5기 8조 CSI (이길한, 이영흥, 백현, 최원석, 최희재)
2. 김지은, 송지성 (2019). 맥락적 인터뷰를 활용한 플라스틱 쓰레기 문제 인식 및 개선에 관한 연구 - 매장 내 일회용 플라스틱 컵 규제를 중심으로-. 한국디자인문화학회지, 25(3), 79-85.
3. 한국환경산업기술원, 국내외 플라스틱 폐기물 문제 현황 및 해결방안

- 해양생물의 생명과도 직결되는 문제로서 설령 그 생물이 직접적인 피해를 입지 않더라도, 해당 생물을 먹이로 하는 인간을 포함한 다른 생물에 영향을 주기 때문에, 최종적으로는 생태계를 파괴하게 되며 플라스틱 입자가 작아질수록 영향을 받는 생물의 범위가 확대되며, 위와 같은 피해는 매년 증가하고 있음

- 플라스틱 배출량 줄이는 대책으로 2019년 환경부는 커피 전문점・패스트푸드점과 자율협약을 맺고 매장 내 일회용컵 규제하였고, 그 결과, 자율협약을 체결한 업체에서 수거한 일회용컵은 지난해 7월 206톤에서 올해 4월 58톤으로 72%가량 감소. 아울러 업체마다 재질이 달라 재활용에 어려움을 겪던 일회용컵의 재질을 페트(PET)로 단일화함

- BP 라벨(Bio Plastic Label)도 운영. 인증 라벨은 환경부하 경감, 재활용 용이성, 인체 무해성, 분해성 등 친환경 제품에 부여하는 표지로, 편리한 플라스틱 고유의 장점은 그대로 유지하면서, 폐기 시 발생하는 문제를 감소시킬 수 있는 '바이오 플라스틱(Bioplastic)'에 해당 라벨을 붙여 인증하는 것임. 플라스틱 포장 제품을 사야할 때 BP라벨을 확인해 보고 구매하면 친환경 소비를 할 수 있을 것임

구분	바이오 플라스틱 (Bio Plastics)	
	생분해 플라스틱 (Biodegradable)	바이오 베이스 플라스틱 (Bio Based)
국제규격	ISO 14555 생분해 수지 함량 : 70%이상	ISO 472 바이오매스 함량 : 기준없음
한국	기준: KSM 3100-1 명칭: 환경마크 인증단체: 환경기술진흥원 1992년, 70% 이상	기준: KBMP-0107 명칭: 바이오베이스 인증단체: KBMP 2011년 25% 이상, 투명 15%이상
미국	기준: ASTM 6400 명칭: Green seal 인증단체: Green Seal 1989년, 70% 이상	기준: ASTM D 6866 BIO Based Product 인증단체 USDA 2002년, 25% 이상
일본	기준: JIS K 6953 명칭: 그린프라(GP) 인증단체: JBPA 1996년, 50% 이상	기준 : ASTM D 6866 명칭: 바이오매스프라(BP) 인증단체: JBPA 2006년, 25% 이상
벨기에	기준: EN 13432 명칭: OK Compost 인증단체: Vincotte 1995년, 70% 이상	기준 : ASTM D 6866 명칭: OK Biobased 인증단체: Vincotte 2009년, 20% 이상
독일	기준: DIN EN 13432 인증단체: DIN CERTCO 1979년, 70% 이상	기준 : CEN/TR 15932 ASTM D 6866 인증단체: DIN CERTCO 2010년, 20% 이상

(각국의 플라스틱 감축 관련제도)

- **태평양 거대 쓰레기 지대(Great Pacific Garbage Patch), 혹은 쓰레기섬**
  - 이 지역은 전세계 바다에 버려진 부유성 쓰레기들이 원형순환해류와 바람의 영향을 받아 응집된 지역임.
- 주로 북서태평양 어장 동쪽에 집중적으로 분포되어 있는데, 90%가량이 썩지 않는 비닐과 플라스틱류로 이루어져 있음. 대서양에도 비슷한 이유로 대서양의 수많은 해초들이 모인 사르가소 해가 있는데, 대서양 연안도 쓰레기 투기나 유입이 이루어지기에 사르가소 해에도 쓰레기 섬이 자라는 중이라고 함
- 2011년 경에는 대한민국 면적의 절반 정도였지만, 2018년 이후 연구에 따르면 크기가 급속하게 불어나 한반도 면적의 무려 7배인 155만㎢에 달하는 정도임

※ according to the International Union for Conservation of Nature, a large portion of the microplastics in our environment come not from what we ordinarily think of as "plastic, but are fibers from synthetic clothing that are wear away in our washing machines and end up in our rivers and oceans, and particles from automobile tires that wear awry on our roads, wash away in the rain, and also end up in our rivers and oceans. (IUCN)

자료: https://namu.wiki/w/%ED%83%9C%ED%8F%89%EC%96%91%20%EA%B1%B0%EB%8C%80%20%EC%93%B0%EB%A0%88%EA%B8%B0%20%EC%A7%80%EB%8C%80

1.3.6 하천 수생태 건강성 및 생태복원

1) 수자원 관리 paradigm의 변화

- 하천 수생태를 언급할 때 물리 화학적 인자 만을 고려하여 왔으나, 그동안 수자원의 보전과 관리의 paradigm이 많이 변화됨
- 하천의 생태복원이나 수생태 건강성 유지라는 의미는 하천을 건전한 생태계가 유지될 수 있도록 하여야 하지만, 개념의 정리가 되지 못한 상태에서 하천복원이란 명목으로 사업이 추진되어 하천 건강성은 저하됨

- 그동안 오염 원인을 화학물질로만 인식하고 편협하고 한정된 관리를 시행함
- 인간중심(이·치수 위주)의 환경정책 추진으로 자연환경 간과
- 정책 효과에 대한 관심이 부족하였고 특히, 생물학적 측면 간과
- 수처리 및 수질관리에 근간을 두어 관리를 하여 옴

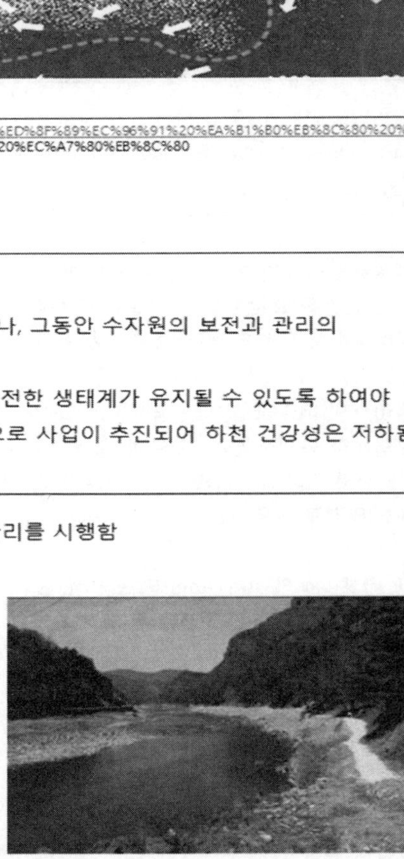

하천의 생태학적 건강성 저하

2) 하천관리의 변화

- 2006년 이전에는 하천을 물리화학적인 요인을 주로 고려하였으나, 2007년 이후는 수질과 수생태의 개념을 도입하여 하천관리를 수생태 건강성 보전 정책으로 전환한 새로운 paradigm으로 추진

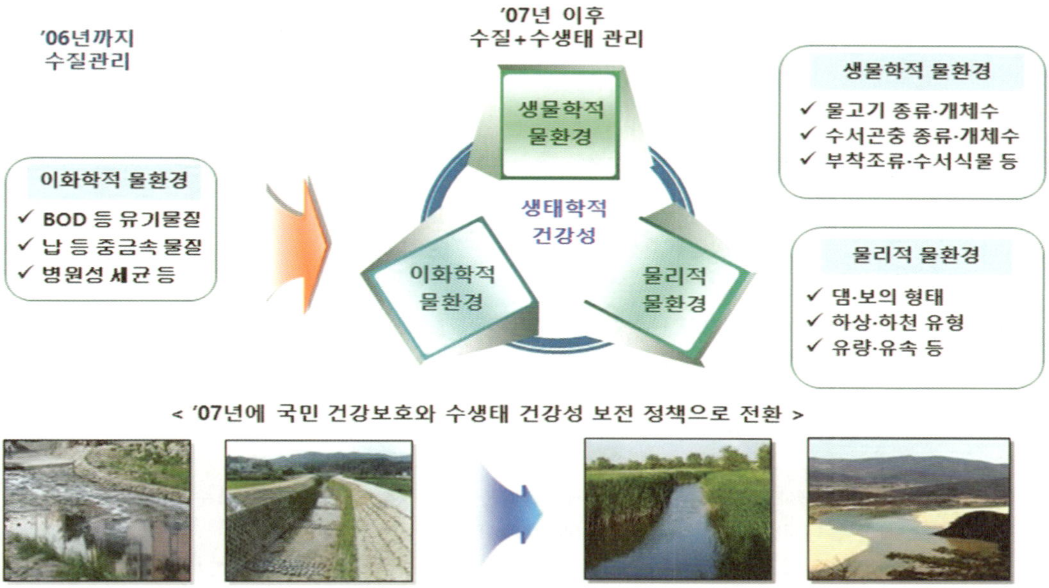

3) 하천관리의 변천

- 홍수 등으로 인한 피해를 방지하고자 이치수 목적으로 추진한 방재하천 사업은 기존의 자연하천을 직강화하는 정비 사업으로 하천의 생태계를 고려하지 않은 사업이라 할 수 있음
- 이후 생태환경을 고려한 자연형 하천사업을 추진하였으나 생태하천사업으로는 미흡한 점이 있음

4) 수생태계

- 생태계의 정의 (Ecosystem, Ecology system)
  - 광선, 온도, 습도, 바람, 토양, 수분, 무기염류, 산소 등의 모든 무기적 환경과 식물, 동물, 미생물 등의 생물 구성원간의 상호 의존적인 계

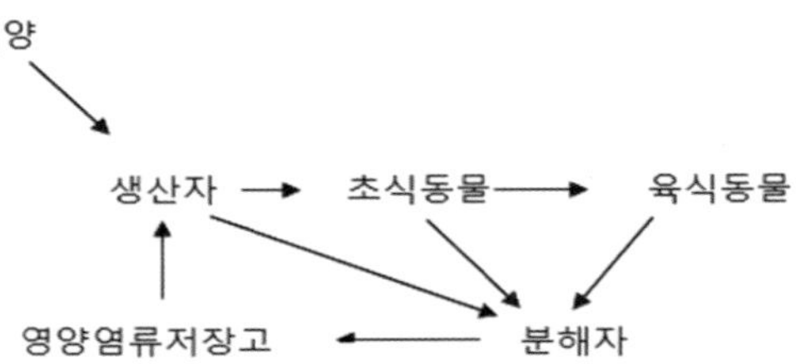

- Producer : 광합성작용으로 CO_2가 탄수화물로 동화되는 기능을 수행하는 생물
- Autotroph : 무기물질 이용으로 생장과 물질대사에 필요한 영양분 합성
- Heterotroph : 유기물질 이용으로 영양섭취하는 생물 (Consumer에 해당)
- Food chain : 일련의 생물군을 통하여 에너지가 유전되는 것
- Food web : 먹이연쇄가 서로 복잡하게 얽혀 있는 상태
- Decomposer : 그들 체내의 효소를 죽은 동식물체에 분비한 다음 분해소화시켜 흡수하는 방법으로 자신의 생장과 물질대사에 필요한 물질 얻음(Bacteria, Fungi)

• 수생태 관련 용어 정의

"**생태하천복원사업**"이라 함은 수질이 오염되거나 생물서식 환경이 훼손 또는 교란된 하천의 생태적 건강성을 회복하는 사업을 말한다.

"**수생태계**"란 공공수역과 이에 영향을 주는 수변지역의 식물 · 동물 및 미생물 군집(群集)들과 무생물 환경이 기능적인 단위로 상호작용하는 유기적인 복합체를 말한다.

"**수생태계 건강성**"이란 수생태계를 구성하고 있는 물리적 · 화학적 · 생물적 요소들이 최적으로 유지되어 온전한 기능을 발휘할 수 있는 상태를 말한다.

"**수생태계 연속성**"이란 공공수역의 상류와 하류 간 또는 공공수역과 수변지역 간에 물, 토양 등 물질의 순환이 원활하고 생물의 이동이 자연스러운 상태를 말한다.

"**환경생태유량**"이란 인간의 물 이용 이외에 수생태계의 건강성 유지를 위하여 필요한 최소한의 유량을 말한다

"**수생태계복원**"이란 훼손된 수생태계의 건강성을 회복하려는 목적으로 훼손 이전과 유사한 수생태계 또는 변화한 여건에 적합한 기능을 수 행하는 대체 수생태계를 조성하는 것을 말한다.

"**지방하천**"이라 함은「하천법」제7조제3항에 따라 시·도지사가 지정한 하천을 말한다.

"**소하천**" 이란 소하천 정비법 제3조 제1항에 따라 특별자치도지사, 특별자치시장, 시장, 군수, 구청장이 지정한 하천을 말한다.

"**비법정 하천**"이란 국가하천, 지방하천 또는 소하천으로 지정되지 않은 하천을 말한다.

"**지방하천정비사업**"이라 함은 국토교통부가 하천의 이·치수 및 환경, 친수, 문화 등을 종합적으로 고려한 하천정비 사업을 말한다.

생태계 서비스

- **생태계 서비스의 정의** (Ecosystem Service)
  - **생태계는 인간 복지, 건강, 삶 등에 중요한 서비스를 제공하는데, 우리는 이러한 생태계가 인간에 주는 서비스를 생태계 서비스라 함**(Costanza et al., 1997; MEA, 2005; TEEB Foundations, 2010).
  - 인간생활 충족을 위해 요구되는 생물다양성과 재화의 생산을 유지하기 위한 자연생태계의 조건과 과정(Daily 1997)
  - 인간이 생태계의 기능으로 부터 직접 또는 간접적을 이끌어 내는 편익(Costanza er al., 1997)
  - 인간의 필요를 충족시키기 위한 자연적 과정과 요소의 생산능력(de Groot et.al., 2002)
  - 인간이 생태계로부터 얻은 편익(MA, 2005)

- 생태계 서비스는 Westman(1997)의 자연의 서비스와 유사하며, 처음 이 용어의 사용은 Ehrlich and Ehrlich(1981) 부터 인 것으로 추정
- 이후 다양한 분야에서 다양한 의미로 사용 되어 옴
- 생태계 서비스는 생태계가 인간에게 직접 또는 간접적으로 제공하는 유용한 것들을 지칭하는 용어로 편익은 보다 직접적인 후생의 증가를 가져오는 서비스로 한정하는 셈임. 서비스와 편익의 구별은 통상적으로 경제학에서 사용하는 편익의 범위가 인간 후생에 직접적으로 영향을 미치는 재화와 서비스에 제한되기 때문에 생태계가 제공하는 다양한 무형의 또는 간접적인 서비스를 포함하기에는 한계가 있다는 점에서 유용함.

자료 : 1. 국가 생태계서비스 평가 보고서 발간을 위한 기초 연구, 국립생태원 생태연구본부(2016)
2. 안소은, 의사결정을 위한 생태계 서비스의 정의와 분류, 환경정책연구(2013)

생태계 변화 요인

- 하천을 포함한 담수 생태계에 변화를 유발할 수 있는 요인으로는 물리적인 요인, 화학적인 요인, 생물학적인 요인 등을 들 수 있음

  첫째, 물리적 요인으로는 무분별한 하천 개수와 골재채취, 농업용 수로의 하상과 양쪽 안(岸)의 시멘트 피복, 농업용수용 언제(堰堤)의 구축 등을 들 수 있는데, 이들로 인하여 어류를 포함한 대부분의 생물들이 서식처를 잃게 되어 생물상이 극히 단순해 지게 됨

  둘째, 화학적 요인으로는 각종 공장폐수의 유입, 생활하수의 유입 등을 들수 있다. 공장폐수의 경우에는 직접적인 유해물질이 배출되기 때문에 어류 뿐만 아니라 모든 동식물의 서식이 어려워지며, 생활하수의 경우는 주로 부영양화를 초래하여 어류를 포함한 생물상을 극히 단순화하거나 생물의 서식처를 상실할 수도 있음

  셋째, 생물학적 요인으로는 생물의 남획에 의한 감소, 외래종 도입. 방류에 의한 어류상의 생태적인 교란, 한국산 어종의 무분별한 이식에 의한 유전 자급원의 교란 등을 들 수 있다. 이로 인하여 희귀종이 급격히 감소하게 되며, 생태계의 교란, 유전자원의 교란뿐만 아니라 각종 어병을 전파하고 있어서 생태학적으로도 어류상에 큰 영향을 미치고 있음

- 이러한 세가지 요인들은 거의 모두가 인간의 간섭이 원인이 되어 환경에 변화가 일어나는 것이며, 기타 어류 군집 구조에 따른 자연적인 환경 변화는 극히 적다고 할 수 있음

5) 수생태 건강성(1)

건강한 생명유지를 위해 희망하는 상태를 표현하는 수질기준

- 건강한 수체(Healthy water body) = 생태학적 총체성 (Ecological integrity) = 자연적 혹은 교란되지 않은 상태를 말함
- 생태학적 총체성(온전성) = 물리 + 화학 + 생물학적 요소들이 최적으로 유지하는 상태
- 건강한 수체는 생태학적 온전성을 유지하는 공간이며, 생태학적 온전성은 물 환경의 온전성을 나타내는 구성 요소의 조합

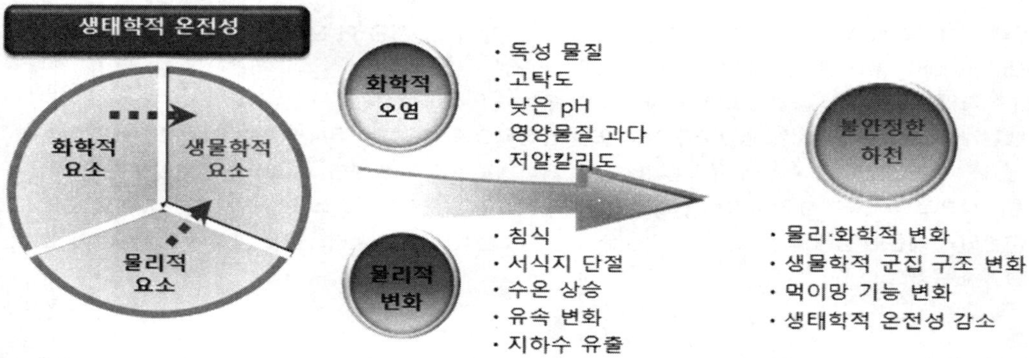

5) 수생태 건강성(2)

- 하천에 서식하는 수생생물(부착 돌말류, 저서성 대형무 척추동물, 어류)과 하천환경(수변식생, 서식 및 수변환경) 등을 평가하여 A(매 우 좋음), B(좋음), C(보통), D(나쁨), E(매우 나쁨)의 5등급으로 구분.
- D(나쁨) 에서 E(매우 나쁨)등급은 하천교란이 크게 진행되어 생물서식 환경이 열악하고 생물학적 다양성과 건강성이 훼손된 상태.
- 수생태계 건강성 등급은 「물환경측정망 설치 · 운영계획」(환경부) 및 「생물측정망 조사 및 평가지침」(국립환경과학원)에 따름(등급구분)
- 수생태계 건강성 평가 결과는 물환경정보시스템(http://water.nier.go.kr)에서 확인 가능

6) 하천생태 복원의 개념

이수, 치수 등 개발위주의 하천사업으로 인해 훼손된 하천 생태계를 원래의 건강한 하천과 유사하게 되돌리는 것

- **'생태계 복원'** 이란 모든 과학기술을 동원하여 훼손된 생태계를 훼손되기 전의 상태로 회복시키는 것 (National Research Council, 1991)
- 생태학적 원리를 바탕으로 자연적이며 자기유지적인 생태계를 재창조하는 것(Berger, 1993)

원형복원

유사복원

대체복원

7) 하천생태 복원의 목적

- 하천생태 복원은 건전한 물 순환 체계를 구축하여 하천의 수생태 건강성을 회복하기 위함
- 물 순환 방법으로 하상여과, 인공습지, 식생수로, 하수 처리수 재이용 등이 있으며, 투수층 증대, 녹지대 및 습지, 둠벙, 저수지 조성 등의 방안이 적용될 수 있음

식생수로

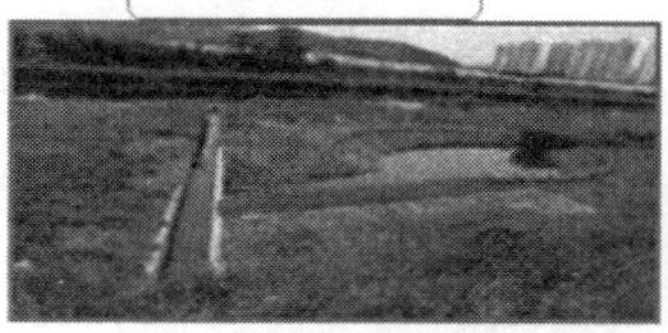

인공습지

하상여과

하천 고유의 특성, 과거·현재·미래, 그 지역의 생태·역사·문화 고려

과 거	현 재	미 래
◆역사, 문화 ◆자연경관, 생태	◆이치수, 수질개선 ◆주민 편의공간 조성	◆하천 본래의 모습 복원 ◆역사,문화,생태,친수공간 등

→ 하천 특성을 고려한 생태 하천 복원

8) 생태계 복원단계(Restoration Stage of Eco-system & Type)

- 생태계의 복원은 원래의 생태계로 완벽히 복원하기에는 어려움이 있어 생체량이나 영양물질을 향상시켜 생태계의 기능을 회복시키는 대체 복원이나 악화된 생태계를 복구하는 생태복원이 적용될 수 있음

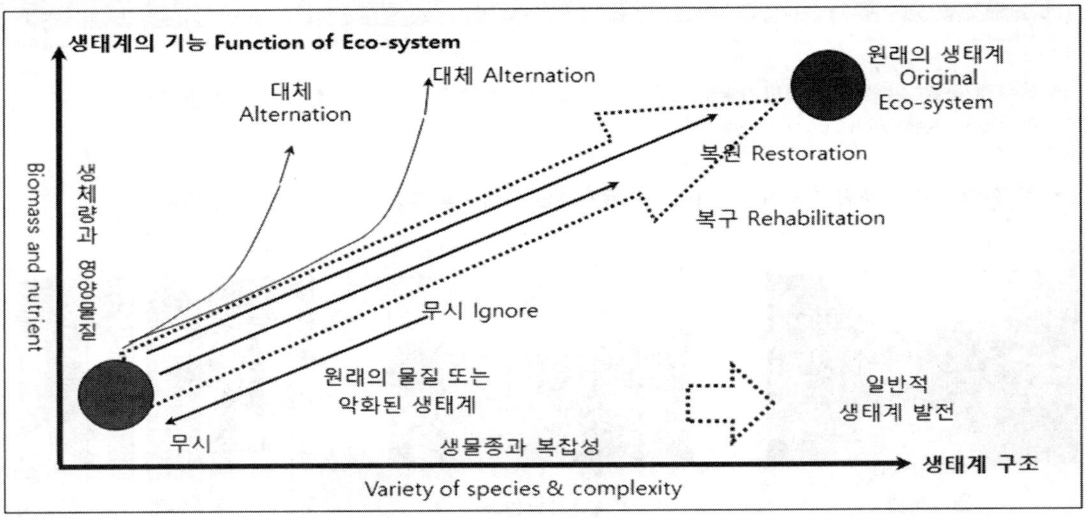

<그림 1-8> 생태계의 복원과 기능

하천복원사례(국내 양재천)

- 길이 18.5 km. 과천시 중앙동(中央洞)의 관악산 남동쪽 기슭에서 발원하여 북동쪽으로 흘러, 서울 서초구 강남구를 가로질러 탄천(炭川)으로 흘러들어 한강과 합류함

※ 현재 하천명은 서초구 양재동으로 흘러 양재천이라 하였음

9) 수생태계 복원 후 개선효과

- **생태하천복원사업**은 오염된 하천의 수질을 개선하고, 하천정비로 훼손된 생물 서식처를 복원하여 수생태계 건강성을 도모하는 사업

- 수질개선
  환경부, 유역환경청, 공단 합동 현장점검('16년 총4회)으로 밀착 기술지원 수행
  ⇒ 하천수질 Ⅳ → Ⅱ등급 달성(BOD 2.1mg/L), 물이 맑아 산천어, 쉬리 등 서식 가능한 환경 조성

- 종다양성증가
  2016년 생태하천복원사업 우수사례 컨테스트 결과
  ⇒ 성남시 탄천('05 → '16년)　: 조류 18 → 67종, 어류 9 → 27종
  ⇒ 안양시 안양천('99 → '13년) : 조류 18 → 67종, 어류 9 → 27종

- 국내에서 생태계 복원사업은 지자체에서 지속적으로 추진되어 왔으며, 환경부에서도 역점사업으로 시행하여 상당한 성과를 거두었다고 여겨지나, 자연하천으로 원래의 생태계의 복원 개념과는 상당히 괴리가 있는 것은 주지의 사실임

- 따라서 원래의 생태계로 복원할 수 있는 연구와 수반되어 추진되어야 할 것으로 사료됨

자료 : 한국환경공단 홈페이지

하천복원 사례(태화강, 울산광역시)

- 국내 대표적인 생태하천의 복원 사례로 지속적인 관리와 모니터링을 통해 성과를 이루었다고 사료됨

하천정비사업 사례(청계천, 서울특별시)

- 사업시행 단계에서 부터 생태계 복원에 대해 많은 논란이 있었으나, 기존 복개된 청계천을 맑은 물이 흐르는 하천으로의 변화는 혁신적인 사업으로 서울의 명소가 됨(한강 1차 처리수와 지하철 발생 지하수로 물을 공급)

1.4 호소 수질환경관리

1.4.1 육수학(Limnology)

- 육수학(陸水學: limnology)이란 육수(해수를 제외한 육지상에 있는 물)에 관해서 연구하는 자연과학의 한 분야이며, 물의 순환 활동 그 자체를 연구 대상으로 하는 수문학에 대해서 물리학·화학·생물학적인 측면도 연구해 나가게 됨

☞ Limnology is the study of inland waters - lakes (both freshwater and saline), reservoirs, rivers, streams, wetlands, and groundwater - as ecological systems interacting with their drainage basins and the atmosphere. The limnological discipline integrates the functional relationships of growth, adaptation, nutrient cycles, and biological productivity with species composition, and describes and evaluates how physical, chemical, and biological environments regulate these relationships.

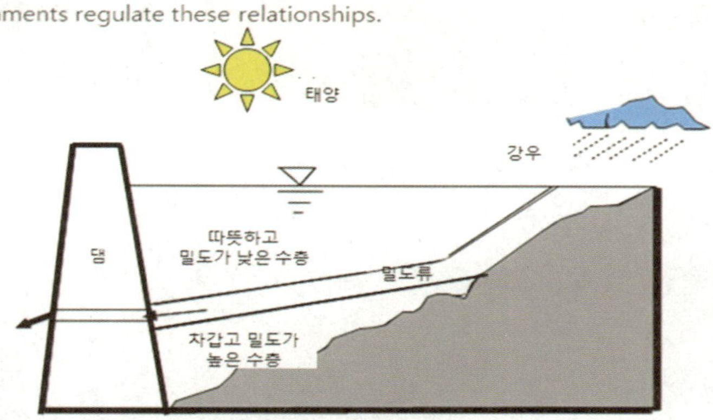

<그림 1-9> 호소 물 순환의 특성

자료 : 1. What is Limnology? – ASLO. 2. 육수학-위키백과사전(wikipedia.org)

1) 호소 수질특성

- 물은 온도에 따라 독특한 성질을 나타내게 되는데, 수표면에 도달한 태양에너지는 물에 흡수되어 수심에 따라 지수적으로 감소하게 됨. 따뜻한 상층부와 가열되지 않은 하층부는 수온의 변화로 밀도가 달라지게 되어 성층현상이 나타내며, 이는 호소 내부의 화학적 순환과 생태계에 중요한 영향을 미침. 이와 관련하여 하절기 홍수기에 유입된 부유물질들이 소위 밀도류를 형성하여 호수 바닥 또는 밀도와 평형을 이루는 일정 깊이에 따라 댐 방류구 방향으로 이동함. 하절기에 일정한 체류시간을 갖고 방류하게 되어 여러 가지 지장으로 초래할 수 있어 호소별 수질 특성에 대한 연구가 필요

① 조류의 생체량을 나타내기 위하여 Chlorophyll-a와 COD측정
② Conductivity :
- 물이 함유하고 있는 이온 용해염의 농도를 종합적으로 표시하는 지표
- 수온 1℃상승에 따라 전도율 2%정도 증가
- 오염된 물일수록 높은 전도도를 나타냄.
- 용존된 오염물질의 농도차로 수질의 성층현상 파악하는 지표
③ 조류의 일반적 세포 구성 성분 : C:H:O:N:P = 106:263:110:16:1
- Limiting factor : P 부영양화된 호수 내의 인 농도: 표수층은 낮고, 심수층은 높다.
④ Odum의 광합성의 화학평형식

$106\ CO_2 + 16\ NO_3^- + HPO_4^- + 122\ H_2O + 18\ H^+ + \text{trace nutrient} \leftrightarrow C_{106}H_{263}O_{110}N16\ P_1 + 138\ O_2$

C : N : P = 100:10:1 균형상태
C : N+P > 100:11 오염상태
C : N+P < 100:11 부영양화

2) 호소 성층현상, Thermacline, Stratification, Turnover, Dense

- 물의 밀도는 4℃ 에서 최대, 여름과 겨울에 성층현상 발생하고 봄과 가을에 전도현상 발생함
- **성층현상(stratification)**

- 호수나 저수지의 성층화는 수심에 따른 온도변화로 인해 발생되는 물의 밀도차에 의해 생김
- 수직 방향의 물 운동이 없다면 저수지가 thermocline을 중심으로 상부의 epilimnion, 하부의 hypolimnion으로 구분되어 수면 가까운 곳에 위치하는 epilimnion 층에서는 통상 공기중의 산소가 재포기되므로 용존산소농도가 높아서 호기성 상태가 되나, 반면 thermocline층 하부의 hypolimnion 층에서는 용존산소가 부족하거나 완전히 없어서 결국 혐기성 상태가 됨
- 이런 경우 저수지 바닥부근에는 침전된 유기물이 혐기성 미생물에 의해 분해되므로 수질은 크게 악화됨
- 깊은 저수지에 있어서 epilimnion 층과 thermocline 층은 각각 7m 정도의 수심을 차지하며 그 하부는 hypolimnion 층이 됨
- 이 현상은 물의 수직운동이 없는 겨울이나 여름에 일어나며 겨울보다 여름의 정체가 더 뚜렷하게 생김
- 이와 같이 저수지의 물이 수심에 따라 여러 개의 층으로 분리되는 현상을 성층현상(stratification) 이라고 하며, 이 결과 생기는 epilimnion, thermocline 그리고 hypolimnion 층들을 열-밀도층 (thermal-density layers)또는 열층(thermal layers)이라고 함

자료 : m.blog.naver, 호수의 수질관리

• **호소 성층 현상, Thermacline, Stratification, Turnover, Dense**

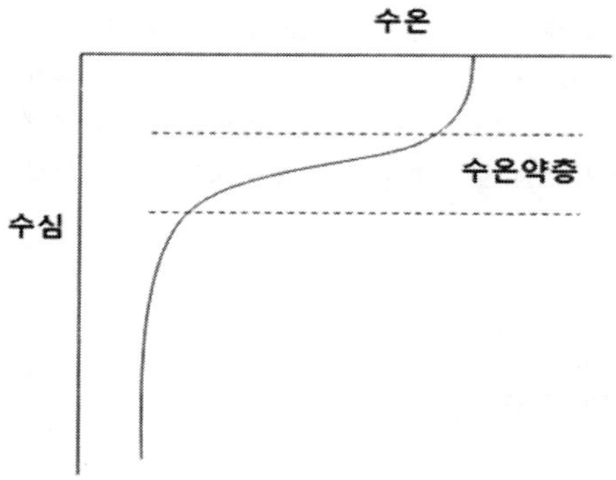

(호소 수지개선을 위한 수초섬 전경)

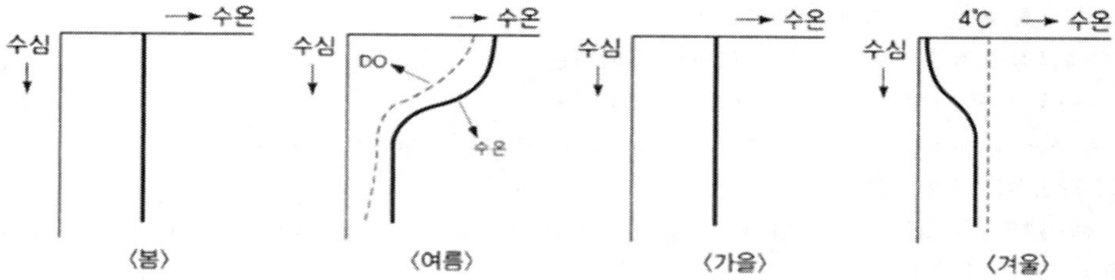

<그림 1-10> 호소의 수온 성층 현상

자료 : m.blog.naver, 호수의 수질관리

• **호소 성층현상, Thermocline, Stratification, Turnover, Dense**

- 호소의 상부층은 태양에 의해 더워지고 밀도를 낮추는 원인이 되며, 호소 저층부는 햇빛을 받지 못하여 저온으로 남게됨
- 호소 상층부는 밀도가 낮아 저층부와 혼합이 되지 않으며, 수온약층(thermocline)은 상하층부를 나누는 지역으로서 각 층은 계절에 따라 변화하게 됨

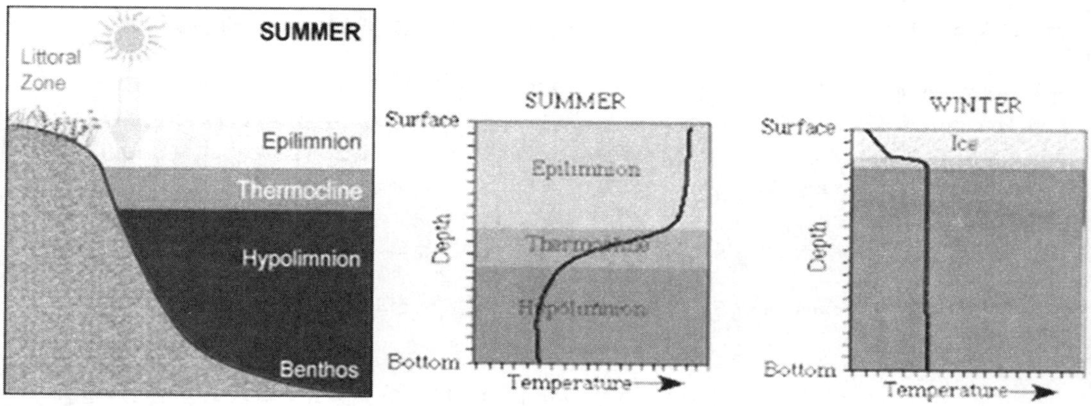

☞ The sun heats the top layer of a lake, the **epilimnion**, which causes it to become less dense. The bottom layer of the lake, the **hypolimnion**, does not receive sunlight and therefore remains cold. Since the epilimnion is less dense, it floats on top of the hypolimnion and the two do not mix. The **thermocline** is the dividing area between the top and bottom layers

• 호소 내 물리적 현상과 응답현황

구분	물리현상 (Input)	제어요인	기구	응답현상 (Output)
자연적 요소	바람	풍속 · 풍향 취송시간[2)] 코리올리 힘(coriolisforce) 호소 바닥(호저) 형상	에너지 전달	파랑, 파동
			전단력	취송류, 수평환류,연안류, 상승류, 난류혼합
			응력	파동(세이시,seiche)[3)]
인위적 요소	하천류	유량 · 온도 호소 바닥(호저) 형상 저수지 용량, 흙입자 코리올리 힘	운동량	하구 밀도류 강의 제트 수류 표층 밀도류(flume)
	열	위도 · 경도 호소 깊이	밀도변화	성층화 표층부분 열대류 수직 대순환 열대류 내부 파동(세이시) 결빙
	기압	기압저하 호소 표면적	압력변화	정진(세이시,seiche)
	중력	호소 표면적 호소 바닥(호저) 형상	기조력	조석

자료 : 호소공학, 岩佐義朗, 2002

1.4.2 호소 부영양화

1) 부영양화 개념(Eutrophication)

- 댐저수지가 형성됨으로 인하여 유수 환경이 호소환경으로 변화함에 따라 수질 특성이 달라지게 되는데, 호소는 수심이 깊고 정체됨으로 인하여 하절기에는 수심에 따른 수온약층(성층현상, thermocline)이 생기게 되고 호소 상하류간 다소의 수질적인 차이를 보이게 됨
- 이는 계절변화에 따른 자연적인 현상으로서 호소의 수질이 양호하고 상류로부터 오염물질의 유입이 적은 빈영양화(oligotrophic) 호소에서는 수질관리의 문제점은 없으며, 전도현상(turnover)도 계절 변화에 의한 자연적인 현상임

- 그런데 댐 유역으로부터 영양염류의 다량 유입으로 호소가 빈영양화에서 부영양화(eutrophic) 호소로 변화함에 따라 수질저하 현상이 발생하게 되는데, 조류(algae)의 과잉발생으로 물색이 녹색으로 변화하게 되고 이취미(異臭味)를 발생하여 물 이용에 지장을 초래하게 됨. 즉 이러한 호소 물을 상수원으로 이용하는 정수장에서는 여과지 패색 등 수처리에 많은 어려움을 겪게 되며, 이취미 물질을 제거하기 위해 활성탄을 투입하는 등의 수처리공정 대책을 강구하여야 한다.

- 또한 호소의 부영양화(eutrophication)로 호소 저층에서 용존산소(DO)가 결핍되면 혐기성 상태가 유지되어 저니로부터 영양염류(P)의 용출속도가 증가하여 조류가 과잉 발생하게 되며, 사멸한 조류는 다시 호소 저층으로 쌓이게 되는 등 부영양화를 가속화시키게 된다. 또한 철(Fe), 망간(Mn)이 다량 용출(release)되어 적수 및 흑수 현상이 발생되기도 함

호소 부영양화 현상

☞ **Eutrophication** (from Greek *eutrophos*, "well-nourished"),[1] or **hypertrophication**, is when a body of water becomes overly enriched with minerals and nutrients which induce excessive growth of algae.[2] This process may result in oxygen depletion of the water body.[3]

One example is an "algal bloom" or great increase of phytoplankton in a water body as a response to increased levels of nutrients. Eutrophication is often induced by the discharge of nitrate or phosphate-containing detergents, fertilizers, or sewage into an aquatic system

Eutrophication most commonly arises from the oversupply of nutrients, most commonly as nitrogen or phosphorus, which leads to overgrowth of plants and algae in aquatic ecosystems. After such organisms die, bacterial degradation of their biomass results in oxygen consumption, thereby creating the state of hypoxia.

According to Ullmann's Encyclopedia, "the primary limiting factor for eutrophication is phosphate." The availability of phosphorus generally promotes excessive plant growth and decay, favouring simple algae and plankton over other more complicated plants, and causes a severe reduction in water quality. Phosphorus is a necessary nutrient for plants to live, and is the limiting factor for plant growth in many freshwater ecosystems. Phosphate adheres tightly to soil, so it is mainly transported by erosion.

Once translocated to lakes, the extraction of phosphate into water is slow, hence the difficulty of reversing the effects of eutrophication.[4] However, numerous literature report that nitrogen is the primary limiting nutrient for the accumulation of algal biomass.[5]

자료 : https://en.wikipedia.org/wiki/Eutrophication#Cultural_eutrophication

2) 인의 순환 - 부영양화(Eutrophication)

- 인은 주로 육상 및 수중 환경을 통해 순환되며 식물 성장에 영향을 주는 가장 중요한 요소 중의 하나임

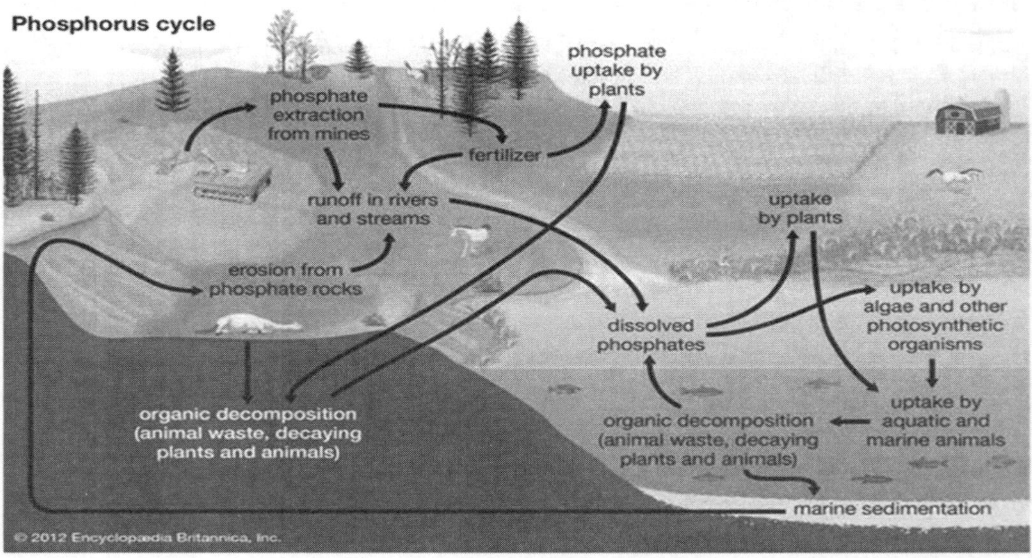

phosphorus cycle Phosphorus, which cycles primarily through the terrestrial and aquatic environments, is one of the most-important elements influencing the growth of plants. *Encyclopædia Britannica, Inc.*

자료 : https://www.britannica.com/science/eutrophication

3) 자연적 부영양화(Natural Eutrophication)

• 자연적 부영양화는 주위 수계로부터 영양물질(인, 질소)과 침전물이 호수에 유입되어 나타나는 현상

• **Lake Eutrophication**

Eutrophication is the process in which lakes receive nutrients (phosphorus and nitrogen) and sediment from the surrounding watershed and become more fertile and shallow. The additional nutrients are food for algae and fish, so the more eutrophic a lake is, the more living organisms it sustains. When a lake becomes shallower from added sediment, even more plants can grow because the littoral area (the area of the lake that is shallow enough for light to reach the bottom) increases in overall percentage. Eutrophication is a natural process that a lake goes through over hundreds to thousands of years.

Natural eutrophication is also sometimes referred to as lake aging.

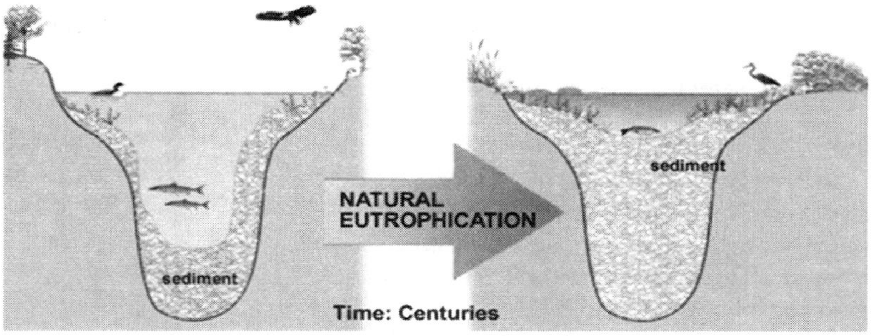

<그림 1-11> 호소의 자연적인 부영양화 개요도

자료 : https://www.rmbel.info/primer/lake-eutrophication/

4) 인위적 부영양화(Cultural Eutrophication)

• 인간에 의해 과잉의 영양염류와 침전물이 빠르게 가중되어 부영양화 과정을 가속화되는 현상을 말함

☞ **Humans can speed up the process of eutrophication by adding excess nutrients and sediment quickly**, where the lake will change trophic states in a matter of decades. This type of eutrophication is called cultural eutrophication because humans cause it.

Land practices such as agriculture, animal feedlots, factories and urban areas contain very concentrated amounts of nutrients. These nutrients wash into lakes during heavy rains or through direct storm sewers. The additional nutrients cause algal blooms, additional plant growth and overall poor water quality, making the lake less suitable for recreation. In addition, soil eroded by the removal of trees and vegetation washes into lakes, filling them in and making the bottom mucky. When the lake becomes shallower, the percent littoral area (area of the lake shallow enough for light to reach the bottom) increases resulting in even more plant growth.

Eutrophication can be slowed if the inputs of nutrients (especially phosphorus) and sediment are slowed. Land management goals for watershed should include identifying sources of eutrophication and reducing or eliminating them (more on how to slow eutrophication).

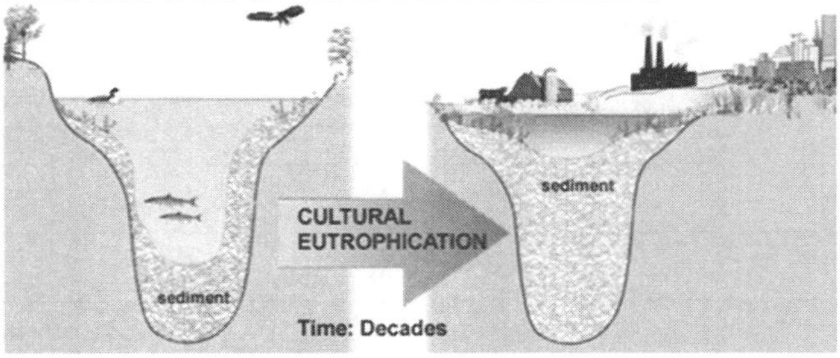

<그림 1-12> 호소의 인위적인 부영양화 개요도

자료 : https://www.rmbel.info/primer/lake-eutrophication/

5) 부영양화 현상(Eutrophication)

- **Oligotrophic (빈영양)**
  - a. Steep shoreline and bottom gradient(급한 호안선, 바닥 경사)
  - b. Low nutrient enrichment(낮은 영양물질)
  - c. Little planktonic growth (플랑크톤의 저성장)
  - d. Few aquatic plants (적은 수중 식물)
  - e. Sand or rock along most of shoreline(대부분 호안선에 모래 바위)
  - f. Coldwater fishery (냉수 어류)
  - g. High dissolved oxygen content(높은 용존산소)

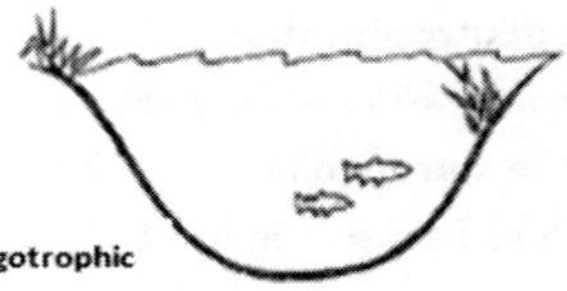
Oligotrophic

- **Mesotrophic (중영양)**
  - a. Moderate nutrient enrichment (중간 영양물질)
  - b. Moderate planktonic growth(적절한 플랑크톤 성장)
  - c. Some sediment accumulation over most of lake bottom
  - d. Usually supports warm water fish species (보통 온수 어종)

Mesotrophic

- **Eutrophic (부영양)**
  - a. High nutrient enrichment (높은 영양물질)
  - b. Much planktonic growth (high productivity)(높은 플랑크톤 생산)
  - c. Extensive aquatic plant beds (광범위한 수중식물 바닥)
  - d. Much sediment accumulation on bottom(바닥 많은 침전물 퇴적)
  - e. Low dissolved oxygen on bottom (낮은 용존산소)
  - f. Only warm water fish species (온수 어종만 서식)

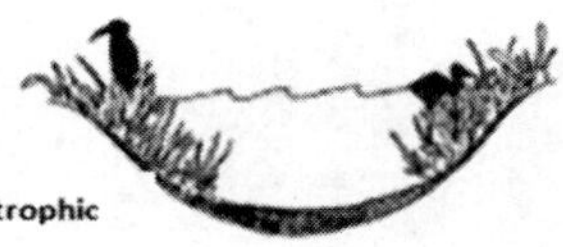
Eutrophic

자료 : https://www.des.nh.gov/organization/commissioner/pip/factsheets/bb/documents/bb-3.pdf

6) 부영양화 지표 : The trophic state index(TSI) of Carlson

- 1977년 R. Carlson은 호수의 영영상태지표를 제시하였는데, 호수는 보통 빈영양, 중영양, 부영양 중 하나로 분류되며 평가항목은 Chlorophyll-a, Secchi depth(투명도), T-P로 평가하며 다양한 인자로 평가함
- 과도한 영양지표를 갖는 호수는 극빈영양, 과부영양 호수로 분류

☞ **Carlson's index was proposed by Robert Carlson in his 1977 seminal paper, "A trophic state index for lakes"** A lake is usually classified as being in one of three possible classes: oligotrophic, mesotrophic or eutrophic. Lakes with extreme trophic indices may also be considered hyperoligotrophic or hypereutrophic. The table below demonstrates how the index values translate into trophic classes.

<표 1-7> 호수 수질인자에 의한 영양상태 지표

TSI	Chl	P	SD	Trophic Class
< 30 - 40	0 - 2.6	0 - 12	> 8 - 4	빈영양(Oligotrophic)
40 - 50	2.6 - 20	12 - 24	4 - 2	중영양(Mesotrophic)
50 - 70	20 - 56	24 - 96	2 - 0.5	부영양(Eutrophic)
70 - 100+	56 - 155+	96 - 384+	0.5 - < 0.25	과영양(Hypereutrophic)

<표 1-8> Carlson's trophic state index values and classification of lakes

TSI values	Trophic Status	Attributes
< 30	Oligotrophic	Clear water, oxygen throughout the year in the hypolimnion
30-40	Oligotrophic	A lake will still exhibit oligotrophy, but some shallower lakes will become anoxic during the summer
40- 50	Mesotrophic	Water moderately clear, but increasing probability of anoxia during the summer
50-60	Eutrophic	Lower boundary of classical eutrophy: Decreased transparency, warm-water fisheries only
60-70	Eutrophic	Dominance of blue-green algae, algal scum probable, extensive macrophyte problems
70-80	Eutrophic	Heavy algal blooms possible throughout the summer, often hypereutrophic
>80	Eutrophic	Algal scum, summer fish kills, few macrophytes

수도권 상수원 팔당호 부영양화(富營養化, Eutrophication)

인천일보

수도권 상수원 ' 팔당호 수질 ' 나빠졌다

녹조유발 지수 ' 부영양 ' 상태로(2019.11.4. 인천일보)

2017년 48.48→52.18로 악화

광합성 미생물 과도 번식 우려

수도권 지역 2,500만 주민의 상수원인 한강 팔당호 수질이 2017년에 비해 전반적으로 악화한 것으로 평가

- 팔당호는 녹조를 유발하는 광합성 미생물이 과도하게 번식할 수 있는 '부영양' 상태로 분류. 국립환경과학원 전국 수질 평가보고서에 팔당호는 **부영양화 지수(Trophic State Index, TSI) 에서 '부영양' 상태로 평가**
- **부영양화 지수는 값이 30점 미만이면 빈영양, 30~50점 미만은 중영양, 50~70점 미만은 부영양, 70점 이상은 과영양**
- 팔당호는 지난해 부영양화 지수에서 52.18을 받아 부영양 호수로 분류. 2017년 48.48로 중영양 호수였던 점을 비춰보면 수질이 악화. 총유기탄소물(TOD)와 총인(TP)도 전년대비 2.4와 0.034를 기록해 전년 대비 각각 0.1, 0.007 상승해 수질이 다소 악화
- 호수 중 서호(78)와 아산호(71), 남양호(71)가 과영양 호수로 팔당을 비롯한 고삼지(62), 광교지(60), 신갈지(59), 원천지(53), 이동지(52)가 부영양 호수로, 청평댐(44)이 중영양 호수로 평가. 빈영양 호수로 분류된 도내 호수는 없음

자료 : 인천일보, 2019.11.4

1.4.3 호소 수질관리대책

1) 유역관리대책

유역에서 발생하여 하천이나 호소로 유입되는 오염물질의 발생과 유입형태에 따라 점오염원과 비점오염원으로 대별되는데, 점오염원은 이동경로가 명확하고 발생장소도 확인이 가능한 반면, 점오염원은 주로 강우시 유출수와 함께 오염물질을 배출하고 발생지점이 넓게 분포하고 있으므로 유역의 토지 이용도와 강우 현상에 따라 오염물의 배출 양상도 다름

① 폐수 및 하수의 고도처리(3차처리) ---- 질소, 인의 제거
② 유입배수의 유로변경(diversion)
③ 집수역의 토지이용 형태의 변경
④ 유입 하천수 등의 처리
⑤ 인(P)을 포함한 합성세제의 사용금지

환경기초시설, 비점오염관리대책 등 유역관리방안을 종합적으로 수립하여 목표수질을 설정하고 총오염발생부하량에서 하천 및 호소의 허용부하량을 계산하여 목표수질을 달성할 수 있도록 오염총량제 실시 등 획기적인 대책이 수립되어야 할 것임. 물론 부영양화의 제한인자로 작용하는 질소(N), 인(P) 제거를 위한 고도하수처리도 병행되어야 할 것임

2) 저수지내 관리대책

저수지내의 수질개선 및 부영양화 방지를 위한 대책은 다음과 같이 대별할 수 있음

① 준설(dredging)에 의한 저수지 내부 오염원의 제거

② 영양염의 불활성화(inactivation)

③ 조류(algae) 및 수중생물의 회수와 처리(harvest & removal)

④ 인공폭기 순환(artificial aeration)

⑤ 살조제(algicide) 등에 의한 처리

⑥ 차광막 및 미생물 이용

⑦ 호소수의 희석(dilution)

⑧ 생물조작(biomanipulation) 및 인공습지조성(wet land)

⑨ 전 저수지 설치(pre- reservoir)

(한강 잠실수중보 어도 전경)

3) 저수지 조류제어방법

- 조류제어의 방법은 영양염 제거, 살조제 살포도 유효하나 수중폭기에 의한 인공순환과 햇빛을 차단함이 기술적 경제적 타당성이 있는 것으로 판단되나, 광활한 저수지 전체에 대하여 수질개선 시설물을 설치하기에는 현실적으로나 경제적으로도 어려움이 있음
- 또한 조류발생에 의한 피해를 예방하기 위하여 취수탑 문비를 조정하여 심층수를 취수하는 선택취수방식을 이용토록 하고 있으며, 조류 대발생(water bloom)에 따라 저수지 및 정수장에서 시도할 수 있는 일반적인 대책 및 조치 사항은 다음과 같으나, 저수지의 수질특성과 제반 여건을 고려하여 적용하여야 할 것임.

① 취수탑 수문조작 (선택취수 방법 : 심층수 취수)

② 취수탑에 조류 유입 방지용 휀스(fence) 설치

③ 조류제거선 운영, 수중폭기장치 가동, 약품살포 등

④ 정수처리시 전염소 및 활성탄 투입으로 이. 취미 제거

⑤ 정수장 수처리 공정관리 및 먹는 물 수질시험 강화

⑥ 대 국민의 계몽 및 오염배출 단속

- 수상이동형 고효율 녹조제거장치(K-water 수상녹조콤바인)
- 조류제거제 사용 녹조 응집 · 부상 후 이동형 녹조제거장치로 녹조체만 선택적 채집

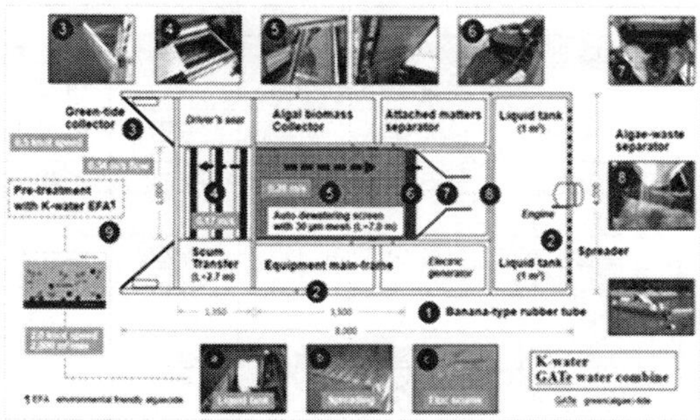

4) 저수지 수생태 복원기술

- 수생식물 · 수서곤충 · 어류 · 수달이 공존하는 복합생물 서식공간을 제공 부유습지 기술
- 저수지 수면 부유, 수중 어류 산란 및 포식자로부터 보호받을 수 있는 기술
- 저수지내 수중폭기장치 설치

(소양강댐 부유습지 설치 전경)

(어족 보호용 부유 시설 설치 전경)

자료 : 한국수자원공사 Homepage

5) 저수지 수질관리방안

- 호소의 수질개선을 위한 물리적, 화학적, 생물학적 관리방안은 다음 <표1-12>와 같음

<표 1-9> 호소의 수질개선 방안과 적용성

방 법	대 상	비 용	과학적 증거	적용성
초음파	남조류 등	높음	고주파초음파는 남조류부유조절능력파괴하나, 수중투과력은 제한적	현장 적용에 어려움
거름망, 방지막	남조류 등	낮음	호소 상부 일정 수심에서 발생한 조류의 유입 제거 및 차단	취수탑 인근 적용성 가능
수면 혼합기	남조류 등	중간	일부 효과적이나 호소의 물리, 화학, 생물학적 조건을 고려 필요	적용 가능하나 운영 비용 과다
준설	퇴적물 영양염류 제거	높음	효과적이나 호소의 물리, 화학, 생물학적 특성을 고려 필요	준설비용 과대, 퇴적토의 처분 및 퇴적물의 부상을 고려
성층파괴	용존산소(저층) 공급 및 조류저감	높음	호소 조류발생 제어, 산소공급으로 수중 생태계 개선	많이 적용하고 있으며 적용성이 높음
차광막설치	남조류 등	중간	햇빛 차단으로 일부 조류제어 가능	효율성이 다소 낮음
과산화수소	남조류 등	중간	조류 제거에 대한 효과 입증	적용 가능하며, 과산화수소 위험성 제어
인 불활성화 (황산알루미늄 등)	수중 인 제거, 침전	중간-높음	수중 인(P) 제거로 조류발생 제거, 특히 조류 발생 전에 살포 필요	적용가능하나, 퇴적물 관리 필요
침전물 덮기	퇴적침전물 인(P) 용출 억제	높음	호소의 특성에 따라 효과가 제한적	적용에 다소 어려움
생물조작	동, 식물플랑크톤	높음	수역에 따라 효과와 근거 미흡. 즉 동물성플랑크톤이나 물고기를 이용하여 먹이그물 통제	적용에 다소 회의적

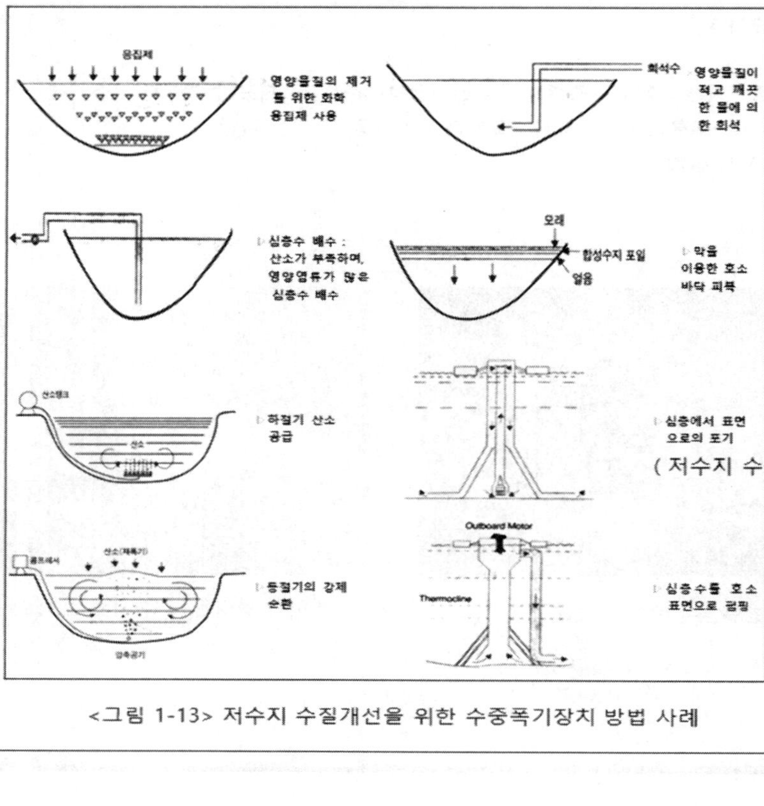

(저수지 수중폭기장치 설치방법 예)

<그림 1-13> 저수지 수질개선을 위한 수중폭기장치 방법 사례

1.4.4 수질모델링

1) 수질모델 개요

- 수질모델은 자연수체에서 일어나는 물리, 화학, 생물학적 현상을 분석적으로 요약 (analytical abstraction) 한 것을 말함. 여기서 분석적 요약이란 자연현상의 모든 것을 재현하는 것이 아니라 현상중 일부 중요한 부분을 재현하는 것을 의미함. 원형(prototype) 또는 실제시스템(real system)이라 부르는 자연수계로부터 수질모델을 개발하기 위해서는 수계의 구조와 수질반응을 요약하는 구조적이고 개념적 모델과정을 거치게 되며, 수질모델은 정량적 표현, 복잡한 자연 현상의 요약, 선택적 재현성을 가능하게 함

2) 수질모델의 기본이론

- 수질모델의 기본이론은 질량보존과 물질수지, 이송과 확산, 반응으로 나눌 수 있음
  - 이송은 물의 흐름에 따른 물질의 이동을 의미함
  - 확산은 물분자의 임의 운동이나 혼합에 의한 질량의 이동을 의미하며, 확산은 농도가 높은 지점에서 낮은 지점으로 질량을 이동시킴으로써 두 지점 간 농도구배를 최소화하려는 경향으로 나타나며 분자확산과 난류확산이 대표적임. 분자확산은 물 분자의 브라운운동에 의해 발생하며 난류확산은 물입자의 와류 운동에 의해 발생되며, 확산에는 Fick's law가 적용됨

< Fick's law >

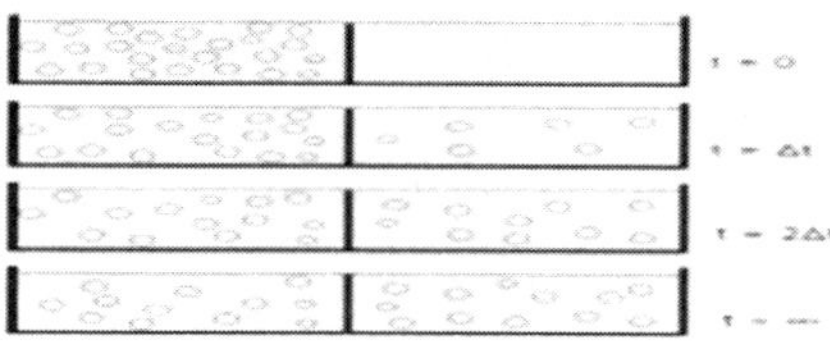

Fick's law

$$J = -D\frac{dc}{dx}$$

J : 물질의 흐름의 양 flux($ML^{-2}T^{-1}$)
D : 확산계수(L^2T)
c : 입자의 농도(ML^{-3})

- 수질모델에서는 분해반응과 같이 한쪽 방향으로 일어나는 비가역반응이 중요하며 반응속도는 농도에 비례함. 반응식을 산정할 때는 단일물질로 가정하며, 온도가 10℃ 증가하면 반응속도가 2배 가량 증가한다는 Arrhenius식을 적용함

$$aA + bB \rightarrow cC + dD$$

A, B = 반응물질, C, D = 생성물질, a,b,c,d = 상수

$$\frac{dC_A}{dt} = -kf(C_A \cdot C_B \cdot \cdots),\ \frac{dC_A}{dt} = -kfC_A^{\alpha}C_B^{\beta},\ \frac{dC_A}{dt} = -kC^n$$

C = 반응물질 농도, n,α,β = 반응차수, k = 반응계수

$$k(T) = -k(20)\theta^{T-20}$$

k = 반응계수, T = 반응온도, θ= 온도 보정계수

3) 수질모델링 절차

- 수질모델링 과정은 모델의 선정 및 개발, 데이터 수집, 보정, 검증, 불확실성 평가, 의사결정 지원 순으로 진행됨.

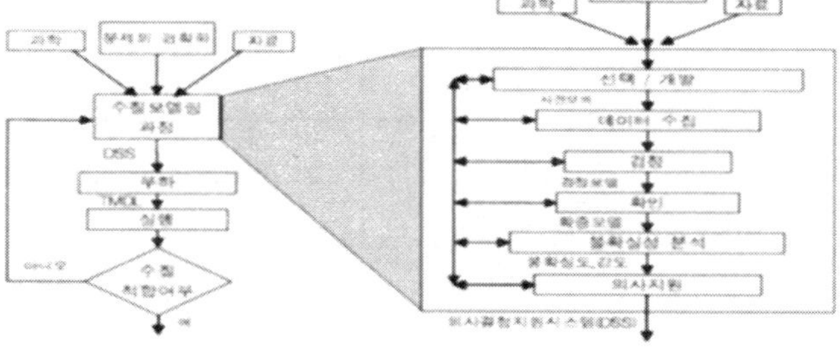

(a) TMDL 과정 (b) 수질모델링 과정

· TDML : Total Maximum Daily Load

4) 모델의 선정과 개발

- 수질모델은 모의 목적에 적합한 모델을 선정하는 것이 중요한데, 수질모델을 선정하고 개발 할 때에는 수체의 특성이나 상황을 고려하여 기존에 개발되어 있는 모델을 사용하거나 기존의 모델이 적합하지 않다면 새로운 수질모델을 개발해야 함
- 수질모델의 종류는 개발원리와 용도에 따라 경험적 모델(empirical model)과 이론적 모델(theoretical model) 로 구분됨. 경험적 모델(empirical model)은 특정 수체에서 일어나는 현상을 분석하여 이를 수식으로 표현한 모델임. 즉, 측정자료에 통계기법을 적용한 것이며 현상학적 모델(Phenomenological model)을 말함.
- 경험적 모델은 수식이 간단한 장점이 있으나 대상 수체 외에서는 적용할 수 없다는 단점이 있으며 이론적 모델(theoretical model)은 물질이나 에너지 또는 운동량 수지 원리를 자연수체에 적용하여 개발된 모델로서 물리화학적, 생물학적 과정에 대하여 명확히 기술되어 있는 구조를 가지고 있는 결정론적 모델(Deterministic Model)이며 여러 수체에 적용할 수 있는 장점이 있으나, 수식이 복잡하고 보정과 검증단계를 거쳐야 하는 특징이 있음.
- 수질모델은 공간적으로 보면 0, 1, 2, 3차원으로 수식화 할 수 있음
  - 0차원 모델인 완전혼합 모델은 전체 수체의 농도가 평균농도로 일정하다고 가정하며 전체 저수지나 호소를 단지 하나의 지배체적으로 고려하는 것임
  - 1차원 모델은 통상 성층화의 영향을 고려한 연직방향의 차원을 고려한 것으로서 일련의 수평층으로 나누어 고려함
  - 2차원 모델은 밀도에 의해 성층화된 수체에 대한 주방향과 연직방향 시스템이거나 성층화가 되지 않은 수심평균치를 취한 대규모의 수평차원을 가진 시스템으로 고려됨

<표 1-10> 수질모델의 종류 및 특징

구분	모델	차원	적용
Flow only	HEC-RAS	1-D(l)	rivers, channel networks
	RMA2	2-D(h)	rivers, lakes, reservoirs, estuaries, coastal area
	CH3D-WES	3-D	rivers, lakes, reservoirs, estuaries, coastal area
Transport only	CE-QUAL-ICM	1,2,3-D	rivers, lakes, reservoirs, estuaries, coastal area
	RMA4	2-D(h)	rivers, lakes, reservoirs, estuaries, coastal area
Flow & Constituent Transport	QUAL2E	1-D(l)	rivers, channel networks
	WQRRS	1-D(v)	lake, reservoirs
	WASP	1,2,3-D	rivers, lakes, reservoirs, estuaries, coastal area
	CE-QUAL-RIV1	1-D(l)	rivers, channel networks
	CE-QUAL-W2	2-D(v)	rivers, reservoirs, estuaries
	EFDC	1,2,3-D	rivers, lakes, reservoirs, estuaries, coastal area
	MIKE3	3-D	rivers, lakes, reservoirs, estuaries, coastal area

5) 수질모델 적용시 고려사항

① 오염물질의 발생원, 이동과 반응특성 등 현상에 대한 정확하고 폭넓은 이해
② 수질, 유량, 지형 등 자료에 대한 매개변수, 유역의 기상과 수문 등 충실한 자료의 확보
③ 공간적으로 1차원~3차원, 시간적으로 정적(Steady) 또는 동적(Unsteady)해석 등 적정한 모델의 선정
④ 일정한 기간과 장소에 대한 분석 신뢰도를 최대로 높이기 위해 충분한 모델의 보정과 검증 실시
⑤ 이론과 현장을 고려한 정밀한 결과분석이 도출되어야하며, 결과에 대해 지속적인 Feedback 실시

6) 수질모델링의 활용

- 수질모델링은 의사결정 지원시스템의 한 요소로서, 의사결정을 지원하는 역할을 함. 컴퓨터 기술의 발전으로 의사결정 지원시스템을 쉽고 친숙하게 사용할 수 있게 되었으며, 대안 설정에 대한 평가와 최적비용, 편익분석이 가능하게 되었음
- 수질모델링 결과는 진단(diagnosis), 예측(pridiction), 평가(evaluation)에 활용됨. 현재의 수질상황에 대한 진단이 이루어지며 특정오염물질의 유입과 장래에 발생 가능한 현상에 대한 예측할 수 있음
- 하·폐수 방류에 의한 하천의 수질예측, 저수지의 성층화와 부영양화 예측, 오염물질 누출사고가 발생했을 때 시·공간적인 농도변화 예측, 기후변화에 따른 수질, 생태계 변화 예측 등이 가능함. 또한 수자원의 계획과 수질관리 정책이 미래의 수질에 미치는 영향을 예측하여 대안을 평가하는데 활용됨.
- 수질오염총량관리, 위해성평가, 환경영향평가, 환경정책 의사결정을 위한 사전환경성 평가, BPM(Best Management Practice) 등이 이에 해당함

<문제 1-4>

- 아래 그림과 같이 강으로 직렬 연결된 두호수가 있다. 호수 #1로 유출되는 하천 유량은 5,000㎥/day이고, 최종 BOD는 10mg/L이다. 두 호수와 강의 1차 BOD 반응속도(K)은 $0.3d^{-1}$이고, 각 호수에서 완전혼합이 이루어진다고 할 때 호수 #1으

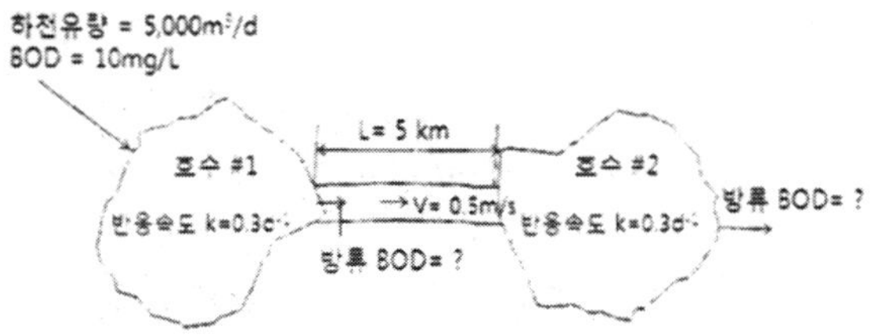

(단, 호수와 강의 BOD는 무시, 호수 사이 강의 길이는 5Km이고, 유속은 0.5m/s이며, 반응은 이상적 PFR(Plug Flow Reactor)라 가정, 호수 #1과 호수 #2의 용량은 각각 25,000㎥ 및 15,000㎥이며, 정상상태이다.)

(풀이)

(1) 첫째 호수에 대한 물질수지

축적량 = 유입량 - 유출량 + 소비량

$$V\frac{dC}{dt} = QC_0 - QC + V(-k_1C)$$

(2) 위 식을 C에 관해 푼다.

$$0 = QC_0 - QC - k_1VC \qquad C(Q + k_1V) = QC_0$$

$$C = C_0\frac{Q}{Q + kV} = C_0\frac{1}{1 + k_1\theta_H}$$

(3) 첫 호수에서 방류수의 농도를 계산한다.

$V = 25{,}000m^3,\ Q = 5{,}000m^3/day,\ C_0 = 10mg/l, k_1 = 0.3d^{-1}$

$C = (10)(\frac{1}{1+0.3(25{,}000/5{,}000)}) = 4.0mg/L$

(4) PFR의 부피를 결정한다

$Q = Av \quad V = A \bullet L = \frac{Q}{v}L(L: \text{반응기의길이})$

$V = \frac{5{,}000m^3/day}{(0.5m/s)(86{,}400s/day)} \times 5km \times 10m^3/km = 578.70m^3$

(5) 둘째 호수로 유입되기 직전의 강의 BOD 농도계산

$k_1 = 0.3d^{-1}, Q = 5{,}000m^3/day, C_\epsilon = 4.0mg/l, V = 578.7m^3$

$C = C_0e^{-k\theta} = 4.0e^{-0.3\times\frac{578.7}{5{,}000}} = 3.86mg/L$

(6) 둘째 호수에서의 방류수의 BOD 농도계산

$V = 15{,}000m^3, Q = 5{,}000m^3/day,\ \ C_\epsilon = 3.86mg/L, k_1 = 0.3d^{-1}, C = C_\epsilon(\frac{1}{1+k_1\theta_H})$

$C = 3.86 \times \frac{1}{1+(0.3)(\frac{15{,}000}{5{,}000})} = 3.44mg/L$

1.4.5 오염총량 관리

- 오염총량관리제는 과학적 근거를 바탕으로 하천구간별 목표수질을 정하고, 그 목표 수질을 달성하기 위한 오염물질의 배출총량을 산정하여 유역에 속한 지방자치단체별로 할당함으로써 각 구간 내에서 배출되는 오염물질의 총량을 허용총량 이내로 관리하는 제도임

  - 각종 개발사업의 지속적인 증가로 하천에 유입되는 오염물질 총량이 증가함에 따라, 그간 농도 중심의 오염원 관리방식으로 수질개선에 한계가 있어 오염총량관리제를 도입하게 되었으며, 4대강 특별 제정 등을 통해 제도적 기반 구축

    * 2004년 7월 5일 : 한강수계의 경기도 광주시 등 팔당지역 7개 지자체 임의제 시행

    * 2019년 1월 ~ 현재 : 전국 127개 지자체에서 오염총량관리제를 실시

- 미국의 오염총량관리 사례
  - determining TMDLs

$$\text{TMDL} = \sum \text{WLA} + \sum \text{LA} + \text{MOS}$$

  - applying TMDLs

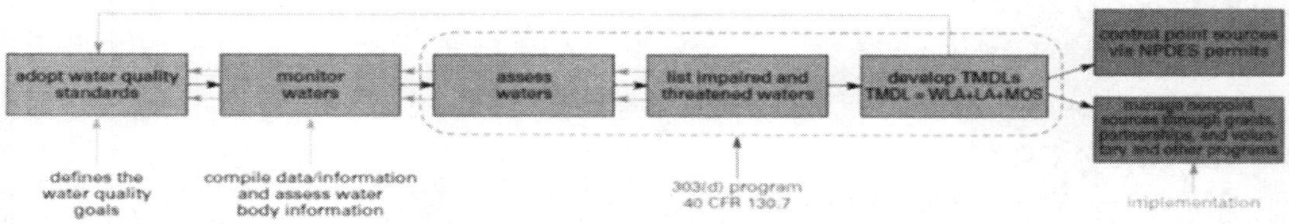

Adapted from *Impaired Waters and TMDLs*, https://www.epa.gov/tmdl/program-overview-impaired-waters-and-tmdls, U.S. Environmental Protection Agency.

1.5 비점오염원 관리

1.5.1 비점오염원 개요

- **비점(非點)오염원의 정의**

  - 비점오염원(非點汚染源)이라 함은 도시, 도로, 농지, 산지, 공사장 등으로서 불특정장소에서 불특정하게 수질오염물질을 배출하는 배출원을 말함 (물환경보전법 제2조제2호)

  - 평상시 고농도로 지표면에 축적되어 있는 다양한 오염물질들이 강우 시 불특정 장소에서 빗물과 함께 하천으로 유입되어 수질을 악화시키는 것을 말함

- **비점오염원 특징** : 인위적 및 자연적 배출 지점이 불특정/불명확 희석, 확산되면서 넓은 지역으로 배출 강우 등 자연적 요인에 따른 배출량의 변화가 큼 모으기 어렵고, 처리 효율이 일정치 않음

- **사업효과**

  강우 유출량 저감으로 강우 시 지하수 함량이 증가하여 수질개선 및 지하수 고갈 해소, 온실가스 저감, 열섬 현황 완화로 기후변화 적응수단으로 저영향개발기법(LID)활용

※ **저영향개발(LID: Low Impact Development)의 정의** : 주거지, 상업지역, 산업지역 등 개발지역에서 자연상태의 수문 특성과 유사하도록 기존 지역의 특성을 최대한 보전, 이용하는 개발방법.

- 자연상태의 토지가 주거, 상업, 도로 용지 등으로 변경되고, 도시개발, 산업개발 등 각종 개발은 불투수면적의 증가를 초래하여 그 결과, 1970년 전국 평균 3%에 불과했던 불투수면적률이 2012년에는 수계 및 임야를 제외하면 22.4%까지 증가하는 등 대책이 필요

1.5.2 비점오염원 종류 및 영향

1) 비점오염원 종류

- 토사(Sediment)

  토사에는 영양물질, 금속, 탄화수소 등 다양한 오염물질이 흡착되어 같이 이동하며, 강우 유출수의 많은 부분을 차지하는 오염물질로 수생생물의 광합성, 호흡, 성장, 생식에 장애 등 치명적인 영향을 줌

- 영양물질(Nutrients)

  질소,인과 같은 영양물질은 비료로 사용되는데, 종종 빗물에 의해 유출되어 조류(藻類)의 성장을 촉진, 하천, 호소의 수질 악화. 주택 및 골프장의 잔디밭이나 농경지, 도시노면 및 하수도에서 유출되어 하천으로 유출됨

- 박테리아와 바이러스(Bacteria & Viruses)

  동물의 배설물과 하수도에서 월류된 배출수에서 많이 검출되며 미국에서는 강우 유출수에 포함된 고농도의 박테리아와 바이러스로 인하여 하천,호소가 오염되어 폐쇄의 원인이 된 사례도 있음

- 기름과 그리스(Oil & Grease)

  기름과 그리스는 적은 양으로도 수생 생물에 치명적일 수 있으며, 누출이나 차량 전복 등 사고, 차량 세척, 폐기름의 무단 투기 과정에서 오염이 발생

- 금속(Metals)

  납, 아연, 카드뮴, 구리, 니켈 등 중금속은 도시지역 강우 유출수에서 흔히 검출되는 물질이며, 하천으로 유출되는 총금속물질량 중 50% 이상이 토사를 매개체로 하여 배출됨

1) 비점오염원 종류(2)

- 유기물질(Organics)

밭, 논, 산림, 주거지역 등 광범위한 장소에서 유출되며, 특히 합류식 관거에서는 평소 하수관거의 오수,하수에 포함되어 있던 유기물질이 관거 바닥에 침전되어 있다가 강우시 일시에 배출되기도 함

- 살충제(Pesticides)

공업지역에서는 접착제, 세척제, 용제(溶劑) 등의 인공적인 유기 화합물이 광범위하게 사용되고, 부적절하게 저장되며 폐기되는 과정에서 발생

- 협잡물(Gross Pollutants)

건축공사장 및 사업장 등에서 발생하는 쓰레기, 잔재물, 부유물 등에 중금속, 살충제, 박테리아 등이 포함될 수 있음. 낙엽이나 잔디를 깎은 잔재물, 동물의 배설물, 투기된 쓰레기 등은 박테리아, 바이러스 등을 하천,호소로 운반하는 매개체가 되며 용존산소를 감소시켜 어류폐사의 원인이 됨

환경부에 따르면, 비점오염물질은 도시, 도로, 농지, 산지, 공사장 등에서 빗물에 씻겨 하천으로 흘러 들어가 수질을 악화시키는 주요 원인으로 작용하고 있는데, 가축분뇨와 도시 불투수면 증가로 비점오염물질 발생량도 점차 증가해 하천오염 부하량 약 67%(2017년 기준)를 차지하고 있음(2020. 3.29 보도자료)

2) 비점오염원의 영향

- 도시화, 산업화에 따라 토지개발이 가속화되고 대지/도로/주차장 등 불투수층 면적이 늘어남에 따라 비점오염원에 의한 하천, 호소의 수질영향도 커짐
- 비점오염의 대부분을 차지하는 토지계 오염이 수질에 미치는 영향이 권역별로 점차 증가('03년 기준, 물환경관리기본계획)

- 미국의 경우, 총부유물질(TSS) 기준으로 수질오염부하의 50%, 폐쇄성 수역에서 검출되는 영양물질의 80% 이상이 비점오염 물질의 영향임

- 비점오염원에서 강우와 더불어 유출되는 토사 등 부유물질, 질소/인 등 영양염류, 고농도의 중금속 등 오염물질은 수집, 처리가 어려워 특별한 처리 없이 바로 하천으로 유출됨으로써 수질을 오염시키고, 이에 따라 물고기가 집단폐사하거나 저서생물의 서식처를 파괴되어 수생태계가 교란됨

- 아울러, 토지개발로 인해 불투수율이 증가하면 강우시 토양으로 흡수되거나 증발되지 않고 하천으로 유출되는 빗물의 양이 증가하여 홍수의 위험이 높아지고 지하수 함양이 줄어들어 평시에 하천의 건천화(乾川化)를 유발하는 요인이 됨

자료 : 한국환경공단 홈페이지

1.5.3 비점오염원 저감시설

1) 비점오염 저감시설(시행규칙 별표 6)

- 자연형 시설과 장치형 시설로 구분
- 자연형 시설은 저류시설, 인공습지, 침투시설, 식생형 시설 등
- 장치형 시설은 여과형 시설, 와류형 시설, 스크린형 시설, 응집·침전 처리형 시설, 생물학적 처리형 시설 등
  - 장치형 시설 중 여과형 시설, 와류형 시설, 스크린형 시설 등은 주로 전·후처리 시설로 적용될 수 있음

2) 자연형 시설(법 제8조 관련)

① 저류시설 : 강우유출수를 저류(貯留)하여 침전 등에 의하여 비점 오염물질을 줄이는 시설로 저류지· 연못 등을 포함

② 인공습지 : 침전, 여과, 흡착, 미생물 분해, 식생 식물에 의한 정화 등 자연상태의 습지가 보유하고 있는 정화능력을 인위적으로 향상시켜 비점오염물질을 줄이는 시설을 말함

③ 침투시설 : 강우유출수를 지하로 침투시켜 토양의 여과· 흡착 작용에 따라 비점오염물질을 줄이는 시설로서 유공(有孔)포장, 침투조, 침투저류지, 침투도랑 등을 포함

④ 식생형 시설 : 토양의 여과· 흡착 및 식물의 흡착(吸着)작용으로 비점오염물질을 줄임과 동시에, 동· 식물 서식공간을 제공하면서 녹지 경관으로 기능하는 시설로서 식생여과대와 식생수로 등을 포함

자료 : 환경부, 비점오염저감시설의 설치 및 관리·운영 매뉴얼(2016.2)

3) 장치형 시설(법 제8조 관련)

① 여과형 시설 : 강우유출수를 집수조 등에서 모은 후 모래· 토양 등의 여과재(濾過材)를 통하여 걸러 비점오염물질을 줄이는 시설

② 와류(渦流)형 시설 : 중앙회전로의 움직임으로 와류가 형성되어 기름· 그리스(grease) 등 부유성(浮游性) 물질은 상부로 부상시키고, 침전 가능한 토사, 협잡물(挾雜物)은 하부로 침전· 분리시켜 비점 오염물질을 줄이는 시설

③ 스크린형 시설 : 망의 여과· 분리 작용으로 비교적 큰 부유물이나 쓰레기 등을 제거하는 시설로서 주로 전(前)처리에 사용하는 시설

④ 응집· 침전 처리형 시설 : 응집제(應集劑)를 사용하여 비점오염물질을 응집한 후, 침강시설에서 고형물질을 침전· 분리시키는 방법으로 부유 물질을 제거하는 시설

⑤ 생물학적 처리형 시설 : 전처리시설에서 토사 및 협잡물 등을 제거한 후 미생물에 의하여 콜로이드(colloid)성, 용존성(溶存性) 유기물질을 제거하는 시설

4) 비점오염원 저감시설의 설치 및 공급

- **비점오염저감시설, 성능검사 받은 제품만 공급 가능**

- 2020.3.30. 환경부는 도로, 택지, 농경지 등에서 강우시 하천으로 흘러 들어가는 비점오염물질을 줄이는 시설(이하 비점오염저감시설) 성능검사를 위한 구체적 방법과 절차에 관한 규정을 제정·공포함

- 규정 고시에 따라 **2020.10.17.** 부터 비점오염저감시설을 제조·수입하는 자는 성능검사를 받은 제품만 저감시설 설치의무자(사업자)에게 공급할 수 있으며, 비점오염저감시설 제조·수입자는 제품을 공급하기 전에 저감시설 설치 의무자에게 **성능검사 판정서**를 제공해야 함

- 현재 여러 종류의 비점오염저감 기술과 제품이 개발·보급되고 있으나 저감시설 성능을 객관적으로 확인할 수 있는 제도가 없어 설치되는 시설의 효율을 지속적으로 담보할 수 없는 한계가 있었음.
특히, 비점오염저감시설 설치 의무자도 공급자가 제공하는 정보에만 의존할 수밖에 없었고 시설 선택의 폭도 제한적이었음

- 환경부는 비점오염저감시설 성능검사 제도의 문제점을 개선해 저감시설 성능을 객관적으로 검증하고 관련 기술개발을 촉진하기 위해 2018년 성능검사 제도를 도입하였고 시행일 이전에 성능검사를 받고자 하는 경우, 검사 업무를 담당하는 한국환경공단으로 사전 신청 접수, 검사항목 및 방법 등에 대해 문의해 상담을 받을 수 있음. 또한 "비점오염저감시설 성능검사 제도를 통해 관련 업계 기술개발을 촉진할 것" 이라며 "성능이 우수한 비점오염저감시설을 보급·확대해 수질 개선에 도움을 줄 것" 이라고 함.

자료 : 그린포스트코리아(http://www.greenpostkorea.co.kr)

우수유출 저감시설 [rainwater impound facilities]

- 강우시 우수의 직접 유출을 억제하기 위하여 인위적으로 우수를 지하에 침투시키거나 저류시키는 시설로 (자연재해대책법 제16조) 우수의 직접유출량을 저감시키거나 첨두유출 시간을 지연시키기 위하여 설치하는 시설

- 최근 이상 기후로 강우강도 증가, 자연녹지의 개발 및 도시화로 인해 연결관거 및 하도의 홍수방어 능력을 초과하는 우수유출 빈도가 급증하고 있는데, 대책으로 배수구역 내 우수유 출저감시설을 설치하여 우수의 직접유출량을 저감시키는 것이 효과적임 (저류형 및 침투형시설로 구분)

- **우수유출저감시설은 저감목표에 따라 두가지로 분류**

① 현 시점에서 발생하는 초과우수 유출량을 저감시키는 시설 : 대부분 공공 목적으로 설치 **지역 외(off site) 저류시설 형태로 설치하는** 것이 일반적임

② 개발로 인하여 증가되는 우수 유출량을 상쇄시키기 위한 시설 : **지역내(on site) 저류시설 형태로 설치**

- 설치 대상지역으로는 대규모 택지 개발지역, 인구가 집중하고 도시화가 진전되어 앞으로 우수유출량의 증대가 예상되는 지역, 상습적으로 침수피해를 받는 지역(특히 도시지역에서 하천 개수 (河川改修)나 새로운 수로를 구축하는 것이 시공간 및 재정상 어려움이 있는 지역 등)

- **우수저류시설의 방식은 크게 On-line 저류방식과 Off-line 저류방식으로 구분**

- On-line 방식은 하도 내 저류조를 설치하고 모든 빈도에 대해 유출저감이 가능하며 첨두 홍수량 감소 및 첨두발생시간 지체하는데 유리하나 Off-line에 비하여 상대적으로 설치 규모가 큼
- Off-line 방식은 하도 외 저류조를 설치하며 설치 규모가 작고 첨두홍수량 감소효과가 있으나 저빈도의 홍수에 대해서는 저감효과가 미흡함. 저류시설의 구조형식으로는 댐식, 굴착식, 지하식 등이 있음

자료 : 빗물관리 실무 매뉴얼, 2006. 서울특별시, 작성자 : 한국물관리정책연구소 황대호

5) 비점오염원 처리기술

- 비점오염의 저감은 비점오염저감시설이나 장치를 설치하는 **구조적인 방법(Structural practices)**과 비점오염물질의 발생을 예방하거나 유출이 저감되도록 토지이용을 계획하는 방법인 **비구조적 방법(Nonstructural practices)**으로 구분

- 국내 주로 구조적인 방식에 대해 연구되어져 왔으나 최근들어 비점오염물질의 저감 뿐만 아니라 유출 유량까지 저감하기 위해 **LID 및 GI(green infrastructure)**에 관심을 갖기 시작하면서 비구조적인 방법도 많이 연구되고 있다. 구조적인 접근인 BMP(Best Management Practice)에 관한 연구는 시설의 개발 후 효과 평가나 설계인자 도출과 관련하여 많이 이루어졌는데, 주로 여과형이나 인공습지 시설에 집중.

- 여과형 시설에서는 망간사와 제올라이트, 입상활성탄, 여과사, 안트라사이트 등과 같은 여재의 오염물질 저감 효과와 흡·탈착 능력 및 적용 가능성 등에 대한 평가가 주를 이루었으며, 최적 투수계수, 체류시간, 여재혼합비율 등과 같은 설계인자 도출 연구도 추진

- 2010년 이전까지는 자연형과 장치형 시설이 비점오염저감시설로서 큰 관심을 받은 반면, 그 이후부터는 친환경적이면서 비점오염물질의 저감과 함께 물순환 효과에도 긍정적으로 영향을 미치는 LID 및 GI 시설이 큰 주목을 받음

- **비점오염원 처리 기술**
  - 2012년 제2차 비점오염원 종합관리 대책(관계부처합동, 2012)에서 LID 기법의 적용 확대를 주문하면서 본격적인 연구가 추진
  - LID 및 GI(Green Infra) 시설로는 침투도랑, 식생체류지, 인공습지, 나무여과상자, 식물재배화분, 식생수로, 침투통 등이 있음

<그림 1-14> 비점오염원 처리시설 설치 사례 전경

자료 : 국내 비점오염 관련 연구 동향 및 향후 연구방향 제언, 전제찬·정제호·김용석·김이형*,†국립환경과학원 역총량연구과*공주대학교 건설환경공학과, Journal of Wetlands Research Vol. 20, No. 1, February 2018, pp.80-93

1.5.4 비점오염원 저감시설 규모 및 용량 결정

1) 비점오염원 시설 규모 및 용량 산정

① 해당 지역의 강우빈도 및 유출수량, 오염도 분석 등을 통하여 설계규모 및 용량을 결정하여야 함
② 해당 지역의 강우량을 누적유출고로 환산하여 최소 5mm 이상의 강우량을 처리할 수 있도록 하여야 함
③ 처리 대상 면적은 주요 비점오염물질이 배출되는 토지 이용면적 등을 대상으로 함
다만, 비점오염저감계획에 비점오염저감시설 외의 비점오염저감대책이 포함되어 있는 경우에는 그에 상응하는 규모나 용량은 제외할 수 있음

• 수질처리유량(WQF, Water Quality Flow)은 합리식을 이용하여 산정하며 이때 기준강우강도를 적용하여 수질처리유량을 결정할 수 있음. 기준강우강도는 최근 10년 이상의 시강우자료를 활용하여 연간누적 발생빈도(Cumulative occurrence frequency) 80%에 해당하는 강우강도로 산정함

• 비점오염원 설치신고시 수질처리유량(WQF) 산정방법

$$WQF = CI \times A \times 10^{-3}$$

여기서, WQF : 수질처리유량(m^3/h)
CI : 유출계수를 고려한 기준강우강도 2.5(mm/h)
A : 처리대상구역의 면적(m^2)

현재, 자연형은 기준강우강도를 5mm, 장치형은 2.5mm로 산정하고 있음

2) 비점오염저감시설의 선정 시 고려사항

① 토지이용 특성
② 유역 특성
③ 지역사회의 수인가능성(불쾌감, 선호도 등)
④ 유지 · 관리의 용이성
⑤ 비용의 적정성
⑥ 안전성
⑦ 기타 요소

3) 오염물질 제거

• 비점오염저감시설은 강우 유출수 내 다음의 오염물질을 제거하는 능력을 검토하여 선정
① 총부유물질(TSS)
② 총인(T-P)
③ 총질소(T-N)
④ BOD
⑤ 중금속

자료 : 환경부 비점오염저감시설의 설치 및 관리·운영 매뉴얼(2016.2)

4) 비점오염시설 저감효율

<표 1-11> 비점오염 저감시설별 처리효율

저감시설 형태	저감시설 종류	BOD	TN	TP
저류시설	저류지	34	28	36
	지하저류조	25	24	20
인공습지	인공습지	53	37	60
침투시설	유공포장	75	83	65
	침투저류지	69	58	69
	침투도랑	77	62	73
식생형 시설	식생여과대	44	42	42
	식생수로	34	45	51
	나무여과상자 식물재배화분 식생 체류지	54	49	65
여과형 시설	여과형 시설	50	46	54
와류형 시설		16	11	22
스크린형 시설		15	9	19
응집 · 침전처리형 시설		80	20	85

※ 처리효율은 수질오염총량관리기술지침(국립환경과학원, 2012)을 인용하였고, 명칭은 저영향개발(LID) 기술요소 가이드라인(환경부, 2013)을 준용함.

1.5.5 비점오염원 처리시설의 설치 및 관리

1) 자연형 시설

① 저류시설

강우유출수를 저류하여 침전 등에 의하여 비점오염물질을 저감하는 시설로 **저류지 및 지하저류조** 등이 있음

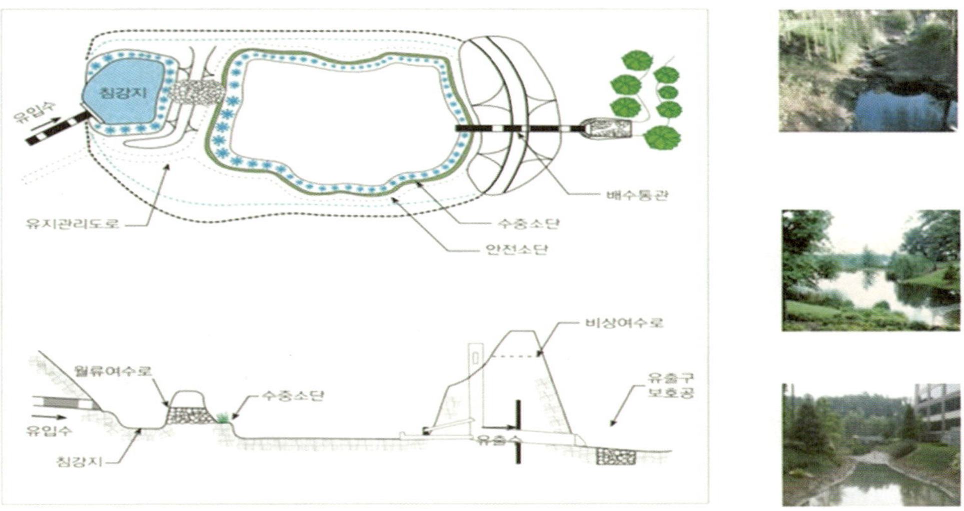

<그림 1-15> 저류시설 평단면도 및 설치 전경

자료 : 환경부, 비점오염저감시설의 설치 및 관리·운영 매뉴얼(2016.2)

② 인공습지

침전, 여과, 흡착, 미생물 분해, 식생 식물에 의한 정화 등 자연상태의 습지가 보유하고 있는 정화능력을 인위적으로 향상시켜 비점오염물질을 줄이는 시설을 말함

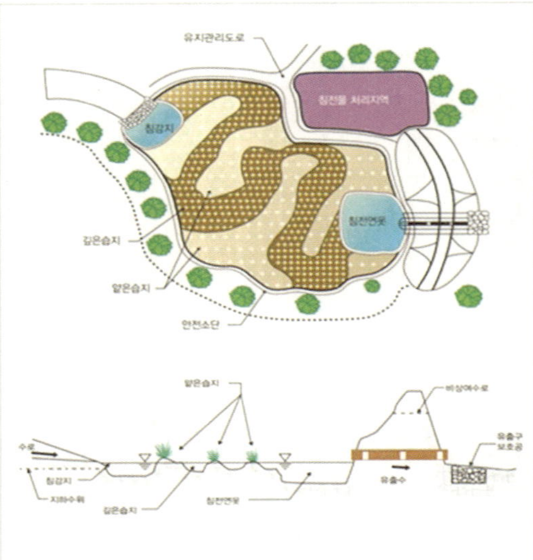

(환경부, 그린포스트코리아 제공)

(경기 광주시 퇴촌면 광동하수처리장 인근 경안천변의 인공습지, 동아일보, 2010.4)

<그림 1-16> 인공습지 평단면도 및 설치 전경

자료 :https://www.google.co.kr/search?q=%EC%9D%B8%EA%B3%B5%EC%8A%B5%EC%A7%80+%EC%82%AC%EB%A1%80&sxsrf

- **습지의 정의(미국, Clean Water Act)** : 지표수와 지하수로 충분히 침수 또는 포화되어 있는 지역이며, 포화된 토양조건에서 살아갈 수 있는 식물이 서식하는 곳. 늪(swamps), 소택지(marsh), 수렁(bog) 등 유사한 지역

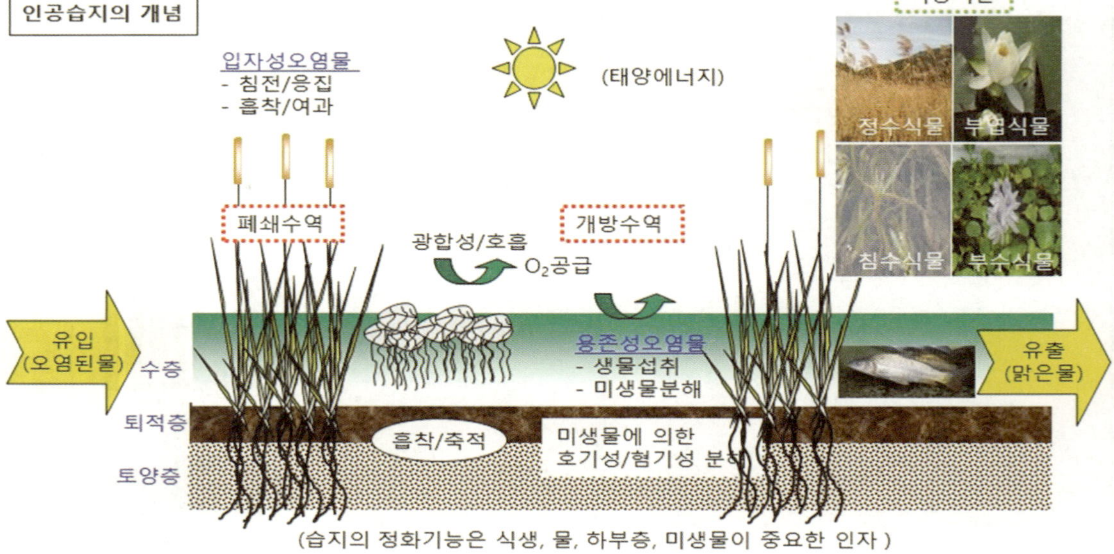

(습지의 정화기능은 식생, 물, 하부층, 미생물이 중요한 인자)

<그림 1-17> 인공습지의 개념도

자료 : http://www.me.go.kr/ysg/web/board/read.do;jsessionid(영산강유역환경청)
동북호 상류 이서천 인공습지 기능 향상방안, 광주광역시 수질연구소(2009.10)

인공 습지 설치 사례

(진안군 운산 인공습지 전경, 연합뉴스)

(인공 습지, ASSUM, ㈜아썸) 자료)

(인공 습지 전경, 시흥시 물왕 저수지)

<그림 1-18> 국내 인공습지의 설치 사례 전경

자료 : 연합뉴스, https://www.google.co.kr/url?sa=i&url=https%3A%2F%2Fm.yna.co.kr%2Fview%2FAKR20200603144900055&psig=

③ 침투시설(Infiltration System)

강우유출수를 지하로 침투시켜 토양의 여과 · 흡착 작용에 따라 비점오염물질을 줄이는 시설로써 침투도랑, 침투저류지, 침투조, 유공(有孔)포장 등을 포함함

(가) 침투도랑 (나) 침투조 (다) 침투저류지 (라) 유공포장 등

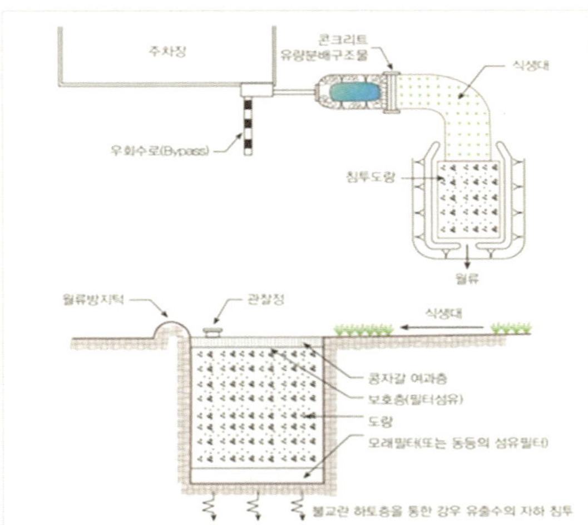

<그림1-19> 침투도랑 평단면도 및 설치 전경

자료 : 환경부, 비점오염저감시설의 설치 및 관리·운영 매뉴얼(2016.2)

침투시설 설치 사례

(침투도랑 설치 전경, 용인시 전대리)

(생태저류지, 강릉 경포 생태저류지, 10만m²)

<그림1-20> 국내 침투저류지 설치 사례 전경)

자료 : 1.Daum blog. 2.침투 저류조 시설에서 식생을 이용한 비점오염원 제거 특성에 관한 연구 이재순. 이호식. 류재근 한국교통대학교 환경공학부, 국자연보전연구지(2012)

④ 침투저류지(Infiltration Basin)

굴착이나 둑을 쌓아 형성한 저류지로 강우유출수를 얕은 수심의 저류지에 차집하여 임시 저장 및 침투를 통해 오염물질을 제거하도록 설계된 시설

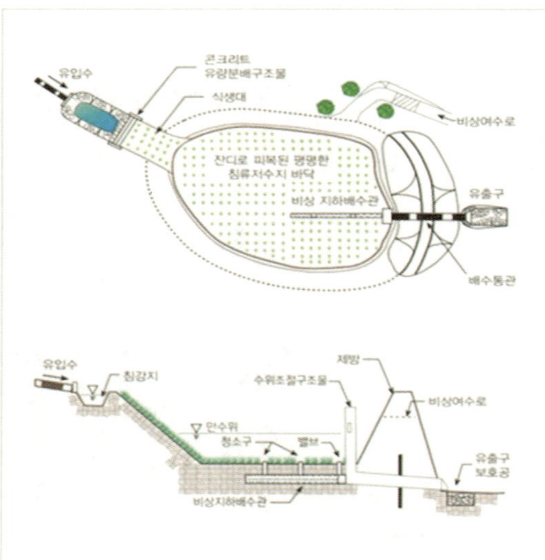

침투도랑 단면도

<그림 1-21> 침투저류조 평단면도 및 설치 전경

⑤ 침투조

구조물의 외벽을 벽체로 구성한 형태의 침투시설로 주로 소규모의 강우유출수를 처리하는데 사용되며, 토양의 공극 막힘을 관리할 수 있는 구조라면 제한적으로 지하에 설치하는 것이 가능

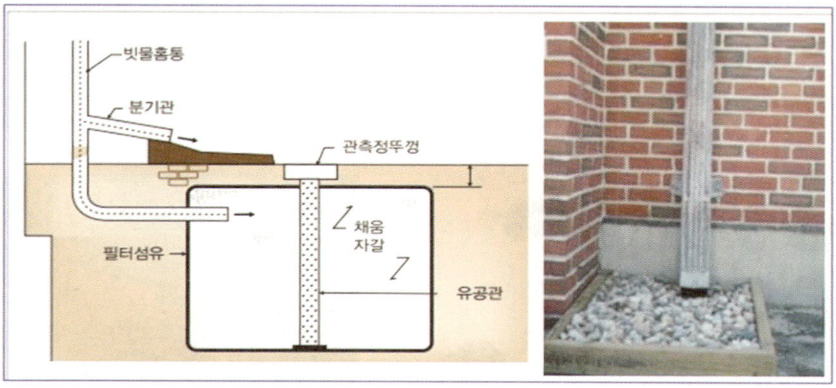

<그림 1-22> 침투조 평단면도 및 설치사례

자료 : 환경부, 비점오염저감시설의 설치 및 관리·운영 매뉴얼(2016.2)

⑥ 유공포장(Porous pavement)

강우유출수 내 오염물질을 직접 포장체를 통해 하부 지층으로 침투시켜 제거하며, 유공성 아스팔트, 유공성 콘크리트와 같이 상부 포장재의 충분한 공극을 확보하는 유공포장과 더불어 잔디블록, 투수블록 등 투수성 포장재를 활용

잔디설치사례

<그림 1-23> 유공포장 단면도 및 설치 사례

자료 : 환경부, 비점오염저감시설의 설치 및 관리·운영 매뉴얼(2016.2)

⑦ 식생형 시설 (Vegetation System)

토양의 여과·흡착 및 식물의 흡착작용으로 비점오염물질을 줄임과 동시에, 동·식물 서식공간을 제공하면서 녹지경관으로 기능하는 시설로서 다음을 포함

- 식생여과대 - 식생수로 등

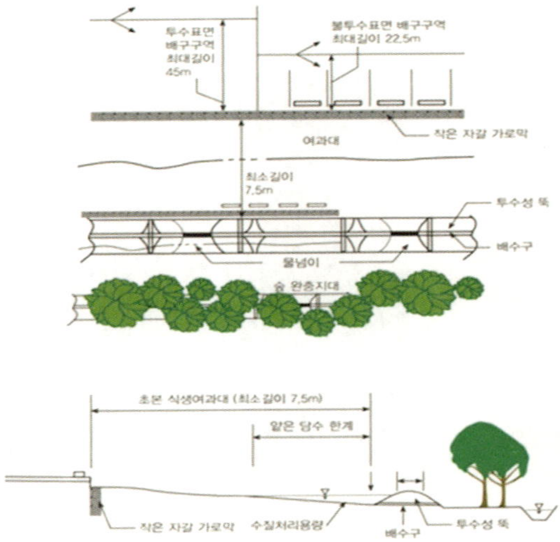

식생여과대

식생수로

<그림 1-24> 식생여과대 단면도 및 설치 전경)

자료 : 환경부, 비점오염저감시설의 설치 및 관리·운영 매뉴얼(2016.2)

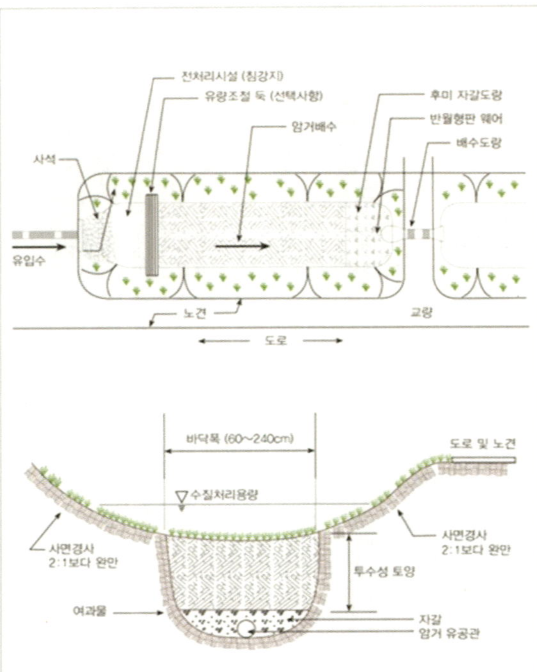

건식 식생수로(dry swale)

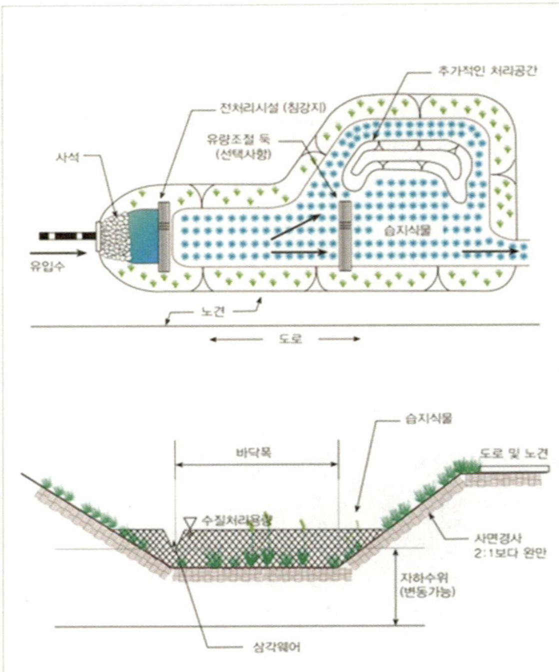

습식 식생수로(wet swale)

2) 장치형 시설

- 장치형 시설은 비점오염원 저감을 위해 최근 사업 발주처에서 많이 적용하고 있는 추세임. 이 시설은 물리·화학적, 생물학적 원리를 이용한 장치를 이용하여 비점오염물질을 저감하며 협잡물, 부유물질, 일부 유기물질 등의 제거에 효과가 있으나, 용존유기물질, 영양염류, 중금속 등을 저감하는데는 한계를 가짐

- 장치형 시설은 비교적 불투수 면적이 넓으면서 토사의 유입이 적은 장소에 설치하는 것이 효과적이며 와류형 시설, 스크린형 시설은 독립적인 설치보다 전처리 장치로 설치하는 것이 바람직함

- 장치형 시설은 대부분 물리적인 처리기작으로 비점오염물질을 저감하기 때문에 입자성 물질의 제거에 유리함

- 응집·침전 처리형 시설은 화학적 처리기작을 가지므로 인(Phosphorus), 중금속 등의 저감효율이 상대적으로 높을 수 있음

- 생물학적 처리형 시설은 미생물에 의한 유기물제거가 가능한 시설이나 처리 대상수의 간헐적 유입 보다는 연속적인 유입이 요구됨. 이에 일반적 생물학적 처리시설과 유사함

- 장치형 시설의 종류

① 여과형 시설(우측 사진 참조)
여과효과를 가지는 다양한 형태의 여재에 강우유출수를 통과시켜 비점오염물질을 저감하는 시설로 전처리조와 여과조로 구성될 수 있음

② 와류형시설
중앙회전로의 움직임으로 와류가 형성되어 기름·그리스 등 부유성 물질은 상부로 부상시키고, 협잡물은 하부로 침전·분리시켜 비점오염물질을 저감하는 시설을 말함

③ 스크린형 시설
망의 여과·분리 작용으로 비교적 큰 부유물이나 쓰레기 등을 제거하는 시설로서 주로 전처리에 사용하는 시설임

④ 응집 침전형 시설
응집제를 사용하여 고형물을 응집한 후 침강시설에서 오염물질을 침전·분리시키는 방법이다. 응집·침전 처리형 시설은 응집·침전반응에 기초한 물리·화학적 처리 프로세스이며, 이 장치의 구성은 크게 약품투입부, 교반부, 응집부, 침전 또는 부상분리 등을 기본 공정으로 구성

자료 : 녹스코리아 홈페이지

⑤ 생물학적 처리형 시설

- 전처리시설에서 토사 및 협잡물 등을 제거한 후 미생물에 의하여 콜로이드(Colloid)성, 용존성 유기물질을 제거하는 시설을 말함
- 강우유출수를 일시 저장하여 첨두유량을 감소시키는 효과가 있으며, 미생물에 의한 처리를 통하여 유기물질 처리에 양호한 효율을 기대할 수 있음. 미생물에 의해서 콜로이드성, 용존성 유기물질을 제거하는 시설로 강우 유출수가 비연속적으로 유입되는 특성으로 인해 제한적으로 적용됨

- 미생물 접촉시설에 이들 수질오염물질이 유입하지 아니하도록 여과재 또는 미세 스크린 등을 이용하여 토사 및 협잡물을 제거하여야 함
- 미생물 접촉시설은 비가 오지 아니할 때에도 미생물정화기능이 유지되도록 설계함

식생형 시설

용인 갈담 (식생수로)

용인 해곡 (식생여과대)

여과형 시설

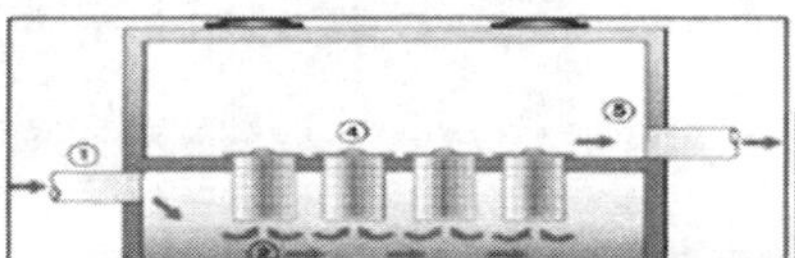

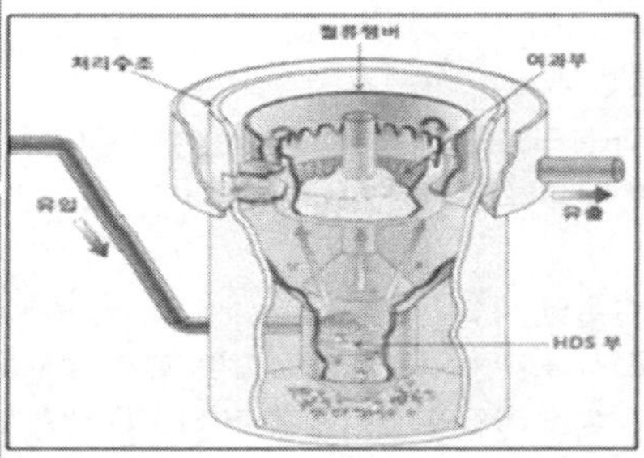

스크린형 시설

- 스크린형 시설은 적용성 측면에서 효용성이 떨어져 비점처리시설로서 많이 이용되지 못하고 있음

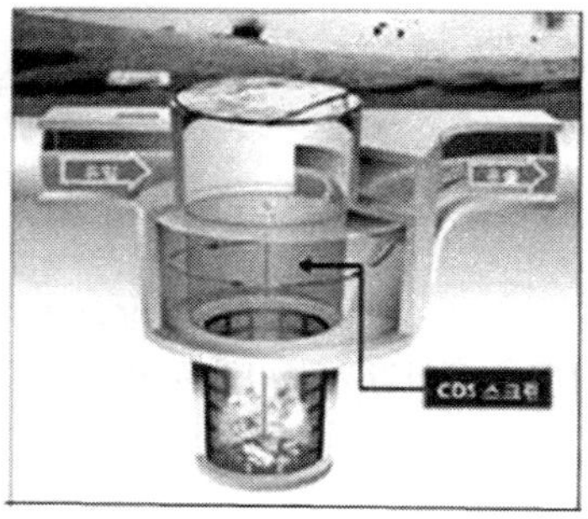

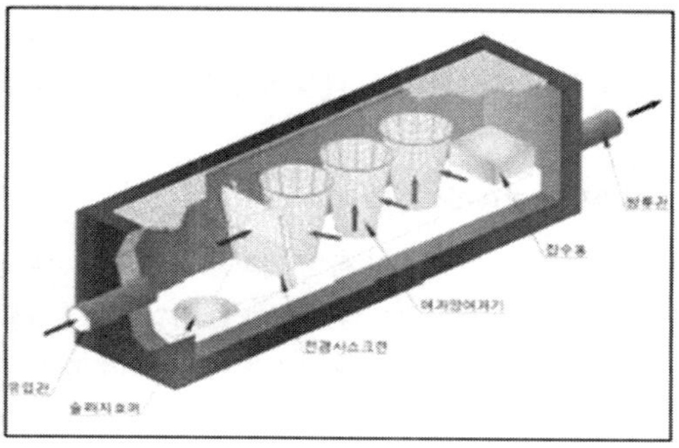

교량형 시설

- **비점오염저감시설 저감효율**
  - 비점시설의 저감효율을 보면 침투형이 BOD가 50-90%로 가장 높으며, T-N, T-P도 효율이 높음

<표 1-13> 비점오염 저감시설의 처리효율(환경부)

구 분		BOD	TN	TP
저 류 형	습식연못	43	31	52
	저류조	25	24	20
	인공습지	18	24	48
침 투 형	유공성포장	60~90 (75)	83	65
	침투저류지	50~80 (65)	55~60 (58)	60~70 (65)
	침투도랑	50~90 (70)	42	50~90 (70)
식 생 형	식생여과대	0~50 (25)	0~27 (14)	0~40 (20)
	식생수로	25	38	29
장 치 형	여과형	54	32	59
	와류형	5~10 (8)	5~10 (8)	5~10 (8)
	스크린형	20	10	20
시 설 형	하수처리형 (조고속응집, 침전법)	80	20	85

1.5.6 저영향개발 기법의 개요 및 적용성

1) 개요

- 저영향개발(LID, Low Impact Development)은 **자연의 물순환에 미치는 영향을 최소로 하여 개발**하는 것을 의미함
- 저영향개발 기법의 시설은 비점오염을 저감함과 더불어 수질 및 수생태계 건강성 향상, 도시 침수 및 열섬현상 완화, 도시경관 개선 등의 다양한 효과를 가짐
- 저영향개발(LID, Low Impact Development) 기법의 시설로는 「**건강한 물순환 체계 구축을 위한 저영향개발(LID) 기술요소 가이드라인**」(환경부, 2013)에서 제시된 바와 같이 다양한 시설이 있음
- 가이드라인에서는 총 11가지 기술요소를 제시하고 있는데, 매뉴얼에서는 식생형 시설, 침투시설과 중복되지 않는 **식생체류지, 나무여과상자, 식물재배화분에** 대해서만 시설기준을 제시

2) 저영향개발(LID)의 효과

- 저류, 침투, 여과, 증발산 등의 기작을 통해 강우유출량 및 오염물질 유출량을 저감하며, 도시 물순환 회복, 생태서식처 제공, 열섬현상 완화, 도시경관 개선, 대기질 개선, 에너지 절약 등 편익 제공
  - 강우유출량 저감효과 : 0.25인치(6.35mm) 이하의 초기강우에서 유출계수 0.1에서 0.04로 약 60% 감소 (미국지질조사국, 2010)
  - 오염물질 저감효과 : 총부유물질 84%, 총질소 63%, 총인 63%, 중금속 76~83%(미국환경청, 2012)

3) 저영향개발 기술요소

- 저영향개발 기술요소는 자연 상태와 유사한 수문특성이 구현될 수 있도록 저류, 침투, 여과, 증발산 등의 기능을 통해 강우유출량을 관리하는 시설 및 설계방법을 말함
- 저영향개발은 토지이용계획단계에서 고려되어야 할 종합적 토지계획과 저류, 침투, 여과, 증발산 등의 기능을 구현할 수 있는 개별 기술요소로 구분할 수 있음
- 대표적인 저영향개발 기술요소에는 식생체류지, 옥상녹화, 나무여과상자, 식물재배화분, 식생수로, 식생여과대, 침투도랑, 침투통, 투수성 포장, 모래여과장치, 빗물통이 있음. 기술요소는 각각의 대표적인 기능을 중심으로 명명되었으나, 실제 적용 시에는 각 기술요소들이 한가지의 기능만을 하는 것이 아니라 복합적으로 기능하게 됨
- 예를 들어 식생체류지의 경우 식생의 여과기능, 체류기능, 침투기능이 동시에 이루어지게 되며 복합적 기능 확보를 통해 효과적인 강우유출수 관리가 가능함
- 저영향개발 기술요소는 설치 위치에 따라 현장형(in-situ, 강우시 유출을 현장에서 직접 저감하는 방법)과 차집형 (out-situ, 유출된 초기우수를 특정 공간에 모아 저감시키는 방법)이 있음. 현장형(in-situ) 기술요소의 대표적인 형태는 투수성포장, 옥상녹화 등이며, 식생체류지, 식생수로, 침투저류지, 나무여과상자 등이 차집형(out-situ) 기술요소의 대표적 형태임

자료 : https://m.blog.naver.com/architect01/221443216802

4) 저영향개발 적용의 다양성

- 도시화로 인해 발생되는 문제는 불투수면 증가로 인한 물 순환 변화가 주 원인이며, 집중 호우시 첨두 유량의 증가로 인한 도시 침수, 자연적 침투량 감소로 인한 지하수 고갈 및 하천 건천화, 비점오염 물질로 인한 하천 오염, 도시 열섬 현상 등 물순환과 관련된 다양한 문제가 발생함
- 저영향개발 기술의 다양한 기작을 통해 도시 물순환 회복에 기여하며 녹지공간 확보를 통해 생태서식처 제공, 도시경관 개선의 효과를 갖음

옥상녹화 적용 예
(Philadelphia Water Department)

(저영향개발의 사례)

자료 : 환경부 비점오염 (http://nonpoint.me.go.kr/main.do)
https://m.blog.naver.com/architect01/221443216802

5) 저영향개발 기술 사례 및 적용성

① 식생체류지

- 식물이 식재된 토양층과 모래층 및 자갈층 등으로 구성되며, 강우유출수가 식재토양층 및 지하침투 과정에서 비점오염물질을 저감시키는 시설
- **식생체류지의 설치기준**
  - 식생체류지는 유입부, 침강지, 저류 및 침투부 등으로 구성
  - 식생체류지는 토양층, 모래층, 자갈층 등으로 구성할 수 있음
  - 식생체류지의 폭은 최소 50cm 이상으로, 깊이는 최소 0.8m 이상으로 함
  - 식생체류지의 식생은 초본 또는 관목으로 구성
  - 식생체류지는 강우 후 최대 3일 이내에 전체 수질처리용량이 배제되도록 설계하여야 함

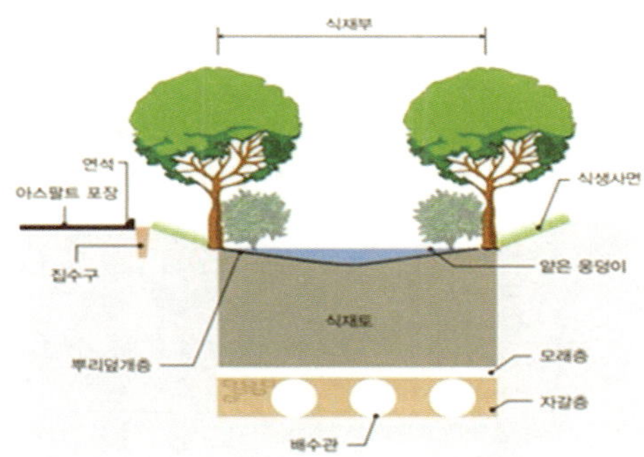

식생체류지 구조

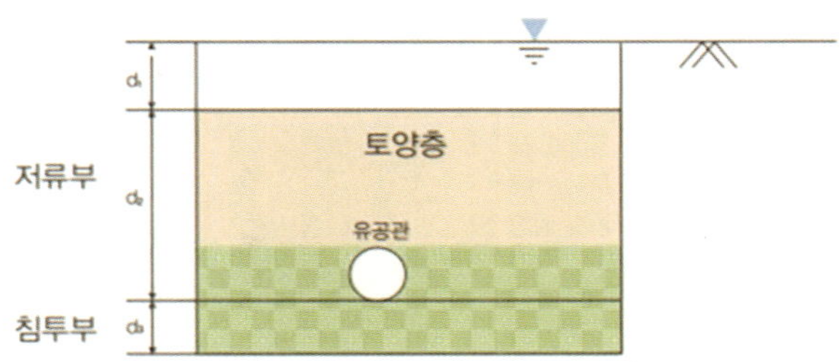

<그림 1-25> 식생체류지의 단면 개념도

② 나무여과상자

- 나무 또는 큰 관목이 식재된 박스를 매립하여 식재토양층의 여과 및 나무의 생화학적 반응을 통해 강우유출수에 포함된 오염물질을 저감시키는 시설
- 나무여과상자는 주로 맨홀 등의 시설로 유입되기 전 가로수 조경공간에 주로 설치되므로 추가적인 부지소요가 적어 시가화 지역의 도로에 적용하기 용이한 시설임

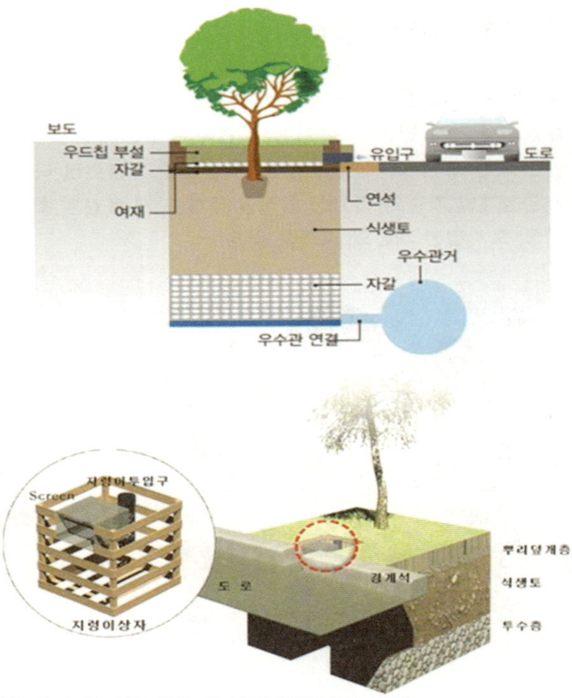

<그림 1-26> 저영향개발 기법을 적용한 나무여과상자 사례

자료 : 녹스코리아 홈페이지

LID 기술개발의 요소 및 특성

<표 1-12> LID 기술기법 요소 및 적용성

기술요소	저류 기능	여과 기능	침투 기능	증발산	생태 서식처	지하수 함양	심미성	적용성	
								단지	도로
식생체류지 (Bioretention)	V	V	V	V	V	V	V	⊙	⊙
옥상녹화 (Greenroof)	V	V		V	V		V	⊙	–
나무여과상자 (Treeboxfilter)		V	V			V	V	⊙	⊙
식물재배화분 (Planter box)		V	V	V	V	V	V	⊙	○
식생수로 (Bioswale)	V	V	V	V	V	V	V	⊙	⊙
식생여과대 (Bioslope)		V	V	V	V		V	○	⊙
침투도랑 (Infiltration trench)	V	V	V	V		V	V	⊙	⊙
침투통 (Dry wells)	V	V	V			V		⊙	○
투수성포장 (Porous pavement)		V	V	V		V		⊙	○
모래여과장치 (Sandfilter)		V	V			V		○	△
빗물통 (Rain barrel)	V							⊙	–

1.5.7 비점오염원 시설 모니터링 계획

- 비점오염저감시설의 모니터링은 저감시설을 설치한 후 저감시설 상류나 하류지점 등을 선정하여 시설의 처리효과를 확인하고 수질오염물질의 유입량 및 유출량, 제거율 등을 조사하기 위하여 유량 및 수질조사 등을 수행하는 것을 말함
- 비점오염저감시설을 계획·설계할 때에는 계획수립 시 모니터링 계획을 충분히 검토하여 손쉽게 관련 조사와 평가를 수행할 수 있도록 하는 것이 바람직함
- 비점오염저감시설에 대한 모니터링은 적절한 방법을 통하여 수집된 수질자료의 경향분석에 의해 당해시설의 운영상태, 관리의 적정성, 오염물질의 삭감정도 등을 파악할 수 있게 해준다. 또, 해당 유역에 대해 비점오염저감대책의 이행에 따른 수질자료의 분석을 통해 비점오염저감시설이 유역의 수질개선 기여정도를 파악할 수 있으며 해당유역의 목표수질을 달성할 수 있는지 여부를 예측를 예측하는데 기초 자료로 활용

자료 : 환경부, 비점오염저감시설의 설치 및 관리·운영 매뉴얼(2016.2)

<문제 1-5>

- 아래의 조건으로 비점오염저감을 위한 저류지를 설계하고자 할 때 수질처리용량을 산정하고, 초기침강지와 저류지 규모를 각각 설계하시오 ?

<조건>

. 토지이용 : 아스팔트 포장 주차장 . 배수면적 = 5,000㎡
. 누적유출고로 환산한 설계강우량 = 5mm
. 저류지의 구성 : 초기침강지(전처리시설) + 저류지(후속처리 시설)
. 초기침강지 및 저류지의 깊이 = 1.5m
. 초기침강지와 저류지의 수질처리용량 분배 = 25 : 75
. 초기침강지와 저류지의 길이(L) : 폭(W)의 비 = 3 : 1

$WQv=10^{-3}\times P\times A\times Rv$
WQv=수질처리용량(m^3), A=유역면적(m^2), P=설계강우량(mm)
Rv=체적유출계수(=0.05+0.009×I, I=불투수율(%)

(풀이)

1) 수질처리용량 산정

$WQv=10^{-3}\times 5mm\times 5{,}000m^2\times(0.05+0.009\times 100\%)$
$=10^{-3}\times 5mm\times 5{,}000m^2\times 0.95$
$=23.75m^3$

2) 수질처리용량의 분배

수질처리용량(m^3)	초기침강지 수질처리용량(m^3)	저류지 수질처리용량(m^3)
23.75	5.94	17.81
(100%)	(25%)	(75%)

3) 초기침강지와 저류지 규모 산정

- 초기침강지와 저류지의 길이(L) : 폭(W)의 비 = 3 : 1
- 수심은 초기침강지와 저류지 깊이(1.5m)에 여유고 0.6m을 고려하여 0.9m 적용
- 초기침강지와 저류지 내부 사면 경사는 미제시되어 미적용

구 분	수질 처리 용량 (m^3)	길이 (m) ①	폭 (m) ②	깊이 (m) ③	수심 (m) ④	여유고 (m)	설계 용량 (m^3) ①×②×④	시설 용량 (m^3) ①×②×③	판 정
초기침강지	5.94	4.5	1.5	1.5	0.9	0.6	6.08	10.13	5.94<6.08, ok
저류지	17.81	9.0	3.0	1.5	0.9	0.6	24.30	40.50	17.81<24.30, ok

토양오염 정화기술

- **토양오염** : 인간 활동으로 인한 화학 물질 및 토양 환경 교란으로 인해 토지 황폐화가 발생하는 것. 토양오염은 사람이나 생태계에 피해를 주는 폐기물 및 대기 오염 물질들이 토양에 유입되었을 때 발생. 탄화수소나 농약과 같은 유기 화학물질, 셀레늄, 카드뮴, 니켈, 납과 같은 중금속을 포함하는 물질들이 토양 오염물로 작용.
  세립 점토 입자를 가진 토양은 환경 오염을 발생시키는 독성 물질을 끌어당기고 흡착, 고정할 수 있는 능력을 가지고 있음. 토양은 오염물질을 자연저감 시킬 수 있는 유기물 또한 포함하고 있기 때문에 스스로 환경오염을 줄일 수 있는 기회를 제공하기도 함. 하지만 토양 내의 오염물질과 토양의 생화학적 과정에 의해 분해되었던 물질들이 식물 안에 농축되거나 대기 또는 지하수계로 이동한다면 생태계와 인간에 독성물질로 작용할 수 있음

- **토양정화법** : 토양 정화기술에는 생물학적 처리방법, 물리화학적 처리방법, 열적 처리방법이 있으며, 생물학적 처리방법에는 **생물학적 분해법, 생물학적 통풍법, 토양경작법, 식물재배 정화법, 퇴비화공법, 자연저감법**이 있음. 생물학적 처리방법은 무독한 부산물을 생성시키기 때문에 후처리 시설이 필요하지 않아 타 기술에 비해 경제적

- **토양 세정법**[土壤洗淨法 , soil flushing]
  토양 공극 내에 계면활성제 등을 주입하여 오염 물질의 용해도를 높여 물과 함께 양수한 후, 양수된 물은 지상에서 후 처리과정으로 처리하는 오염 토양의 현장 내 처리 기술

☞ **Soil flushing** is an in situ chemical method of **soil** remediation. It involves the extraction of heavy metals via a fluid injected into the contaminated **soil**. The extraction fluid is pumped to the surface, which brings along the absorbed contaminants with itself.
(**Soil Flushing - ScienceDirect.com.** *www.sciencedirect.com › topics › agricultural-and-biological-sciences*

자료 : [네이버 지식백과] 1. 토양 오염 [Soil pollution] (지질학백과)
2. 토양 세정법 [土壤洗淨法, soil flushing] (토양비료 용어사전, 2012. 12, 한국토양비료학회

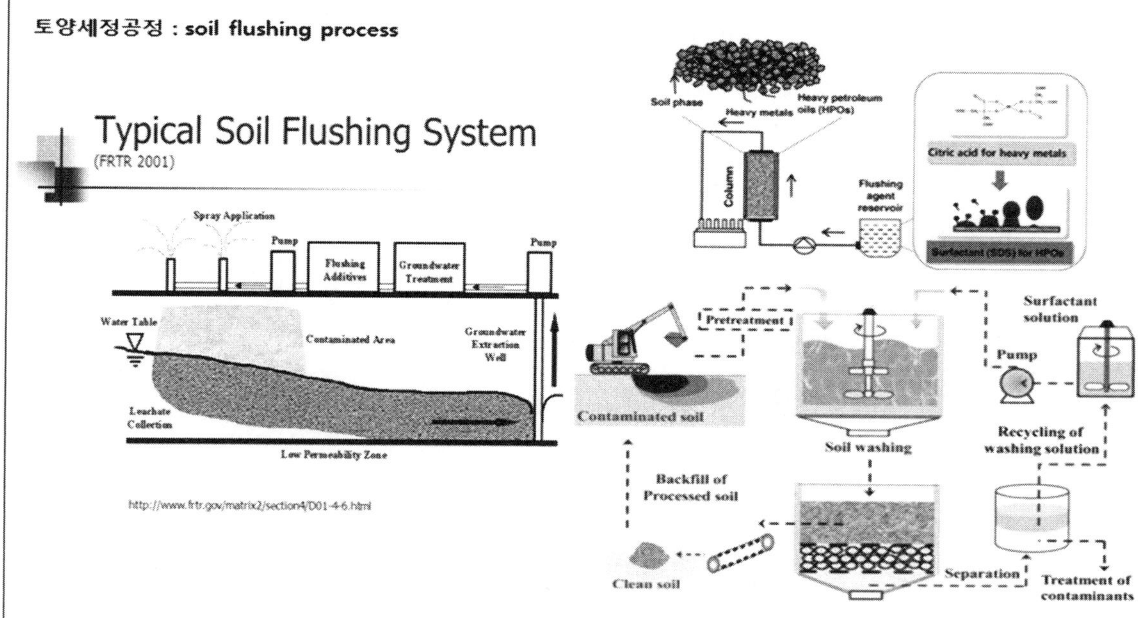

<그림 1-27> 토양정화 세정공정 개요도

자료 : 1. Soil flushing(in situ. On sit, micourses. Aalto. fi. 2. Journal of Hazardous Materials , Volume 287, 28 April 2015, Pages 429-437, Evaluation of soil flushing of complex contaminated soil: An experimental and modeling simulation study Author links open overlay panelSung MiYun Christina S.Kang JonghwaKim Han S.Kim. 3. Environmental Pollution. Volume 225, June 2017, Pages 129-140. Drivers and applications of integrated clean-up technologies for surfactant-enhanced remediation of environments contaminated with polycyclic aromatic hydrocarbons (PAHs)☆
Author links open overlay panelXujunLiang ChulingGuo ChangjunLiao ShashaLiu Lukas Y.Wick DanPeng XiaoyunYi GuiningLu HuaYin ZhangLin ZhiDang

제 2장 수질환경관계법규 및 정책

제2장 수질환경관계법 및 정책

2.1 국내 수질관리 정책

수환경정책의 Mechanism

- 환경정책기본법 : 수질환경기준으로 하천/호소/해역 등으로 구분
- 수질 및 수생태계보전에 관한 법률 : 배출허용기준과 방류수 수질 기준이 수립
- 하수도법 : 공공하수처리시설과 개인하수처리시설의 방류수 수질 기준
- 가축분뇨의 관리 및 이용에 관한 법률 : 정화시설의 방류수 수질 기준
- 국내 수환경정책의 특징과 차이점, 환경기준 및 배출허용기준의 변경 배경

2.1.1 각 기준별 특징

1) 수질환경기준
- 수질환경기준은 정부 환경행정상의 목표. 이를 달성하기 위한 수단으로 배출허용기준과 방류수 수질기준 설정

2) 배출허용기준
- 산업활동에서 물 사용자가 물을 사용 후 다시 하천, 호소, 해역 등 공공수역으로 방류하고자 할 때 지켜야 하는 의무이고 허용치

3) 방류수 수질기준
- 개별배출시설에서 처리된 물의 종합적인 처리 후 방류 시 규제기준임
- 하수종말처리장, 폐수종말처리장, 분뇨종말처리장, 가축분뇨처리시설 등의 배출허용기준으로 공공기관(지자체)가 관리

2.1.2 각 기준별 관계

1) 수질환경기준과의 관계
- 수질환경기준은 정부의 환경행정 상의 목표로써 이를 달성하기 위한 수단으로 배출허용기준과 방류수수질 기준이 정해짐.

2) 방류수 수질기준과 배출허용기준의 관계
- 배출허용기준의 적용을 받는 시설은 상대적으로 배출량이 적고 그 배출수는 종말처리시설에서 재처리되므로 상대적으로 시설규모가 큰 종말처리시설의 기준이 엄격함.

3) 각 기준 별 수범자
- 수질환경기준 : 환경행정상의 목표로써 수범자가 행정기관
- 배출허용기준 : 수범자가 이용자(예 : 오염물질 배출기업)가 되고 규제기준
- 방류수 수질기준 : 규제기준이면서 수범자는 공공기관 및 지자체

2.1.3 수질환경기준의 변경 내용

1) 하천과 호소의 등급을 체계화 및 구체화 실현
- 기존의 5단계에서 7단계로 세분화
- 명칭을 서술형으로 전환 (국민들의 바르고 쉬운 이해 고려)
  ex) 기존 : 1등급/2등급 → 매우 좋음/좋음/약간 좋음 등

2) 과도하게 강화된 기준의 현실화
- 호소의 매우 좋음 등급의 COD : 1mg/L → 2mg/L

3) 하천환경기준에 COD 및 T-P 추가
- 기존은 BOD 위주로 관리 → 난분해성 유기물의 체계적 관리 부족
- 정수처리 효율 저하의 주 원인이 난분해성 유기물[예를 들면 NOM(Natural Organic Materials)]으로 생성의 원인으로 녹조 발생의 주요인자인 T-P 기준 설정 필요

4) 수질 및 수생태계 상태 생물학적 특성 이해표
- 등급에 따른 생물지표종을 정함으로서 기존의 획일적이고 단편적인 이화학적 항목만을 만족시켜야 하는 제도에서 포괄적이고 생태만족적인 제도로 진일보 함

5) 조류발생의 직접적인 지표로써 Chl•a를 호소기준에 포함
6) 하천과 호소에 분원성대장균군의 기준을 신설
- 분변오염에 의한 공중보건 상 안정을 위해 추가
7) 물환경기준 중 사람의 건강보호 기준 강화
- 위해성관리 강화 : 납과 카드뮴 기준치 → 먹는물 수준으로 강화
- 발암 가능성 물질 강화 : 발암가능성 물질 8개 항목 추가
8) 하천/호소의 유기물 지표 차등 적용

- 하천 : COD와 BOD 적용
  일반 유기물(높은 생분해성)은 BOD, 난분해성유기물은 COD로 관리
- 호소 : COD만 적용
  호소는 그 특성 상 정체수역이므로 조류가 높음 → DO 과포화 → BOD 측정 시 방해를 받음 (실제보다 낮게 나타남/실험 중 DO 공급효과).
- COD 기준은 2015년 12월 31일까지 적용. 이후 TOC 적용 2이하 ~ 8초과

9) 제도의 유연성 확보
- TN/TP Ratio 7 미만 : TN만 적용 (조류 성장의 제한인자가 질소)
- TN/TP Ratio 10 이상 : TP만 적용 (조류 성장의 제한인자가 인)

2.2 제2차 물환경관리 기본계획(2016~2025)

제2차 물환경관리 기본계획(2016~2025)

- 수질, 수량관리 및 수생태계 보전을 위한 정부 물환경관리 정책의 최상위 계획으로 환경부장관이 10년마다 수립

	제1차 기본계획(2006~2015)	제2차 기본계획(2016~2025)
· 법적 근거	• 불분명 * 대권역계획 : 수질법 제24조	• 법 개정 추진 중
· 성 격	• 4대강 대권역계획의 묶음	• 대권역 유역관리 계획 등 관련 정책 수립시 가이드라인적 성격
· 계획 체계	• 대권역(장관) → 중권역*(유역청장) → 소권역(지자체) * 전체 중권역 의무 수립	• 기본계획(장관) → 대권역·중권역*(유역청장) → 소권역*(지자체) * 상수원, 목표미달 등 필요시

2.2.1 제1차 물환경관리 기본계획 평가

1) 수질관리 : 91개 중권역이 '좋은물'을 달성 (목표 : 97개)
- BOD 크게 개선, COD의 농도는 다소 증가 또는 개선 미흡, 오염총량관리제를 시행
- 비점오염원관리방안 확대, 공공처리시설 처리대상을 전체 축산농가로 확대
2) 수생태계 : 4단계 생물등급을 신설 등 수생태계 관리를 위한 법적 기반을 마련
- 수생태계 건강성 조사 및 평가, 생태하천 복원사업을 확대
3) 환경기준 강화를 통한 위해성관리 강화
- 환경기준 등급을 세분화(5→7), 하천 환경기준에 COD, T•P, TOC 항목을 추가
- 사람의 건강보호기준 항목에 11개 물질신규 도입, 생태독성 도입, T•N/T•P 기준 강화

2.2.2 제2차 물환경관리 기본계획 체계

1) 핵심전략 1.
- 건강한 물순환 체계 확립
- 불투수 면적률 25% 초과 51개 소권역의 지역별 물순환 목표 설정
  - 기본계획 5년 차 평가 시까지 정량화된 지표 개발·산정하여 국가 목표 설정

2) 핵심전략 2.
- 유역통합관리로 깨끗한 물 확보
- 주요 상수원의 수질 좋음(Ⅰ) 등급(BOD, T•P 기준) 달성
  - 하천 목표기준에 TOC 도입 시('21년) 기준 변경 검토

3) 핵심전략 3.
- 수생태계 건강성 제고로 생태계 서비스 증진
- 전국 수체의 수생태계 건강성 양호(B) 등급 달성

4) 핵심전략 4.
- 안전한 물환경 기반 조성
- 산업폐수 유해물질 배출량 10% 저감 ('10 ~ '15년 평균 대비)
- 4대강 상수원 보의 총인 농도와 남조류 세포수 일정 수준 이하 유지

5) 핵심전략 5.
- 물환경의 경제·문화적 가치 창출
- 국민 물환경 체감 만족도 80% 이상 달성

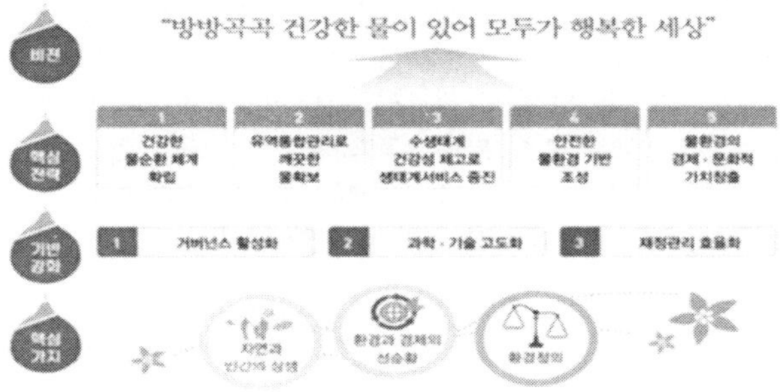

2.2.3 제2차 물환경관리 기본계획 핵심 전략 주요 내용

1) 건강한 물순환 체계 확립
- 환경생태유량 확보 제도화
  - "환경생태유량"이란 인간의 물 이용 이외에 수생태계의 건강성 유지와 수생태계가 제공하는 서비스를 지속적으로 담보하기 위해 유지되어야 하는 유량
  - 댐·보·저수지 최적 연계 운영, 환경가뭄지수 도입
- 지표수•지하수 통합관리
  - 갈수기 기저유출에 의한 지표수 영향 파악 및 모니터링 체계 구축
  - 투수성 유역 중심 점/비점오염원 관리계획 강화
- 전 국토의 물 저류·함양 기능 향상
  - L I D , 그린인프라 적용 확대 및 기반 구축
  - 투수면 확대 및 도심지역 저류 기능 제고
  - 물순환 선도도시 선정 관리
  - 불투수면 과다지역(51개 소권역) 집중관리
  - 물순환을 위한 기준 및 가이드라인 설정
- 물 재이용 활성화로 대체수자원 확보(하·폐수 처리수 및 빗물 재이용 활성화)
- 물 수요 관리 강화 (물 수요관리에 인센티브 도입)
- 관계부처 협업 강화 (통합물관리 추진)
  - 수질·수량·수생태계 연계 관리를 위한 관계부처와의 협업 추진

2) 유역통합관리로 깨끗한 물 확보
- 주요 상수원 수질 Ⅰ등급 달성과 유역계획의 수립
  - 대/중/소권역 계획 및 중점투자계획 수립·이행
  - 유역특성을 반영한 지역기반 계획 수립, 유역거버넌스 활성화 및 참여 확대

- 오염총량제가 상수원 수질개선의 핵심수단이 되도록
  - 총량 목표·지점의 기본계획 연계성 강화 → 목표 상향 조정, TOC 등 새로운 총량관리물질을 도입
  - 지류 별 시급히 개선해야 할 오염물질에 대한 지류총량제를 도입 (자율형)
  - 비점오염원의 비구조적인 관리대책과 오염총량제와의 연계를 강화
  - 수질오염총량제의 연차 별 이행평가에 따른 지자체의 자발적 제재를 실효화
- 지류·지천 수질개선 강화
  - 지류·지천 정밀조사 및 통합·집중형 오염하천 개선사업 추진
    ☞ 오염우심하천을 단기간에 개선하기 위해 하수처리강화, 비점오염저감, 생태하천복원 등 가능한 수단을 집중적으로 지원
  - 목표수질을 미달성시 환경부장관이 해당 지자체에 수질개선/시설설치 유도·강제
- 농/축산업 분야 오염원 중점관리
  - 양분관리제 도입, 가축분뇨 관리 선진화 (기준 강화, 기초시설 확충)
- 경제적 유인책을 활용한 사전예방적 비점오염원 관리
  - 사전예방적 비점오염원관리, 도시 비점오염원 관리, 농촌 비점오염원 관리
- 집중관리대상 호소 별 수질목표 설정 및 관리
  - 집중관리대상 호소 선정 및 관리, 호소 수질개선을 위한 관계부처와의 협업
- 하구 및 하구호 관리를 위한 관계부처 협업

3) 수생태계 건강성 제고로 생태계 서비스 증진
- 수생태계 건강성 평가체계 확립 및 양호(B) 등급 목표 달성
  - 수생태계 건강성을 5단계(A ~ E)로 구분하고, 2025년까지 전국 수생태계 건강성을 양호(B) 등급 이상으로 유지하고 회복

- 건강성 훼손 하천 원인규명 및 복원 체계 확립
  - 조사·평가지점 확대 (3,000개) 및 평가결과 관리, 훼손원인 규명 체계 마련
  - 훼손하천 복원 의무화 및 지류총량제 연계, 참조 하천 지정·활용
- 수생태계의 종/횡적 연결성 제고
  - 회유성 어종이 본·지류의 상류까지 이동하도록 연결성 확보
  - 하천과 하천 좌·우안의 생태계 온전성 극대화
- 기후변화에 취약한 수생태계 관리 및 생물다양성 보전
  - 기후변화로 인한 수온상승 및 종 분포 변화 등수생태계 변화 대응
- 수생태계 서비스 가치 측정 및 정책 활용
  - 수생태계로 부터 제공받고 있는 다양한 재화와 서비스의 가치를 정량적으로 평가, 국민과 정책결정자의 ₩ 수생태계의 중요성에 대한 인식을 제고
- 수생태계 전문 조사·연구조직 신설
  - 전문가로 구성된 조직의 통합적 조사·연구 전담

4) 안전한 물환경 기반 조성
- 감시물질 도입 및 수질오염물질 지정·관리 강화
  - 감시물질 지정 및 제도화 (2020까지 20종), 수질오염물질 중 화합물 분리 규제
  - 배출허용기준의 적절성 재검토 기한 설정 (5년 단위)
- TOC 중심의 유기물질 관리 강화
  - 감시물질로 지정('16년)하여 일정기간 모니터링 후, 우선적용 대상업종을 선정
- 업종특성을 고려한 폐수배출시설 관리
  - 업종별 폐수배출시설 관리 체계 도입, 통합환경관리제도 연계/최적가용기법 확대
  - 공공폐수처리시설 위탁업체 선정 표준화

- 생태독성 관리제도 확대
  ☞ 현 35개 → '25 전 업종, 기존 1개 → 2개 시험종, 배출구 → 유역 확대

• 사업장 수질오염의 자율관리기반 마련
  - 자가측정제도 재규정 (임의→강제), 수질배출부과금 제도 개선 (책임주의 구현)
• 수질오염사고 대응능력 강화
  - 수질오염취약지구 집중측정센터 확대 및 어류사고 CSI 구성 운영
  - 완충저류시설 설치 확대 및 수질오염사고 감시 모니터링 기능 제고
• 통제가능한 수준의 녹조 관리
  - 사전 예방 : 천변저류지 확대, 가축분뇨관리 강화, 댐·보·저수지 최적연계 운영, 하수처리장 총인 처리능력 제고
  - 다차원 녹조 모니터링 및 조류제거 명령 범위 확대 (호소 → 하천)
  - 친수활동이 일어나는 공공수역을 친수활동구간으로 지정 후 친수경보제 운영
  - 4대강 보 구간 목표수질 설정·관리
    ☞ 16개 보의 총인 또는 남조류 세포수를 일정 수준 이하로 유지
• 기후변화 취약시설 관리
  - 집중호우/홍수로 환경기초시설의 침수/탁수 유입 등 사례가 빈번, 기후변화의 영향을 고려한 환경기초시설 사고의 사전예방적 대응 체계 마련
  - 기후변화 취약성 평가 및 관리매뉴얼 마련

☞ 빗물 관로 및 하수처리시설 확대 등 상습 침수지역 해소 방안 마련
  침수대응 시뮬레이션 기법 적용 및 실시간 제어시스템 도입

5) 물환경의 경제·문화적 가치 창출

• 물환경관리 전문화로 물산업 창출
  - 대구물산업클러스터 조성으로 글로벌 물기업 육성, 물산업 분야 전문인력 양성
  - 국내 물산업 체질 개선 (공법 → 장치)국제 교류 활성화로 물산업 해외진출 지원
  - 물의 생산·공급·처리 등 전 과정의 전문화로 물산업 발전 촉진
  - 자가측정제도 재규정 (임의→강제), 수질배출부과금 제도 개선 (책임주의 구현)
• 환경기초시설 자산관리제도 도입
  - 70년 ~ 물 인프라가 급속하게 설치·운영, 기존 시설의 노후화와 기능 저하 문제
  - 현행 환경기초시설에 대한 자산관리를 토대로 서비스 수준의 목표를 설정하고 리스크에 따른 우선순위를 결정하여 운영관리 및 시설 투자의 최적화 방안 수립
• 친수활동 안전 확보 및 쾌적함 제고
• 물문화 체험공간 조성
  - 인문/예술/생태가 어우러진 에코도시하천 조성, 물문화 체험 프로그램 제공
  - 친수활동이 일어나는 공공수역을 친수활동 구간으로 지정 후 친수경보제 운영
  - 미래세대를 위한 물 관련 교육/홍보, 도시하천과 수변공간 접근의 형평성 제고

2.2.4 제2차 물환경관리 기본계획 기반 및 역량 강화 전략 주요내용

1) 거버넌스 활성화
- 상·하류 공영 유역 거버넌스 확립
  - 수계위 운영 체계 개선, 4대 강 이외 수계관리위원회가 조직
- 이해당사자 및 기업·학계와의 협력 강화
  - 소유역 환경센터 설치, 기업과의 거버넌스 구축
- e-거버넌스를 활용한 정보공개와 쌍방향 의사소통
- 비용부담체계의 확립
  - 비용부담 원칙 강화, 물이용부담금 운영 개선, 수계기금 확대 활용방안 강구
- 물환경 갈등 조정 강화
  - 물환경 서비스의 형평성 제고, 의사결정과정 참여 확대
- 물관리 기본법 제정 지원
- 국제 및 남북 거버넌스 강화

2) 과학·기술 고도화
- 환경기준의 선진화
  - 호소환경기준 대표항목의 변경 : COD→TOC, TOC 목표기준 도입/기준치 검토
  - 생활환경기준 단계적 통합 검토 ; 유기물질 TOC로 통합 그외 물질도 통합/조정
  - 하천의 생활환경 기준에도 질소 항목을 도입, 총질소를 암모니아성 질소로 대체
  - 사람의 건강보호항목 확대 (현재 20개 → '25년 30개), 수생생물 보호기준 도입
  - 공정시험기준 개선 및 정밀장비 도입 등 (ppm → ppt)

- 모니터링 고도화
  - 모니터링 및 측정결과 체계적 관리, 측정망 간 연계성 강화, 단계적 자동화
  - 面 단위 및 입체적 모니터링 실시, 모니터링 대상 확대 (유기물질 → 신규물질)
  - 방사성물질 조사 확대, 비점오염물질 및 퇴적물 측정망 개선
  - 수계위 운영 체계 개선, 4대 강 이외 수계관리위원회가 조직
- 물환경 통합의사결정 체계 구축
  - ICT 기반 의사결정시스템 구축, 전국 오염원 조사 신뢰도 향상
  - 산업폐수 정보화 시스템 구축, 가축분뇨 전자인계시스템, 사물인터넷 활용 확대
- 물환경 통합 R&D 추진

3) 재정관리 효율화
- 국고지원사업의 성과분석 강화
- 투자 우선순위 정립
  - 환경기초시설 유지관리, 미래 예측에 기반한 재원배분
- 재원조달의 원칙 확립
- 재정투자계획
  - 10년간 총 57조 3천억원(연평균 5조 7,733억원)이 소요

2.3 수질 측정지표로서 총유기탄소(TOC) 도입

COD → TOC로의 전환 규제 정책

- '12. 11. 생활환경 기준 항목에 난분해성 유기물질을 측정할 수 있는 총유기탄소량(TOC)을 추가
- 2013년 1월1일부터 COD → TOC (COD '15.12. 31.까지 적용) 하천의 생활환경기준 TOC로 전환('16. 1. 1.)
- 공공하수처리시설의 방류수 수질기준, 산업폐수 배출허용기준 CODMn에서 TOC로 전환
- COD는 난분해성 물질 등 전체 유기물질을 측정하지 못하는 한계

2.3.1 생활환경기준 TOC 전환

1) 호소 및 하천의 생활환경기준 TOC로 전환('16. 1. 1)

구분		호소		하천	
		TOC	COD	TOC	COD
매우 좋음	Ia	2 이하	2 이하	2 이하	2 이하
좋음	Ib	3 이하	3 이하	3 이하	4 이하
약간 좋음	II	4 이하	4 이하	4 이하	5 이하
보통	III	5 이하	5 이하	5 이하	7 이하
약간 나쁨	IV	6 이하	8 이하	6 이하	9 이하
나쁨	V	8 이하	10 이하	8 이하	11 이하
매우 나쁨	VI	8 초과	10 초과	8 초과	11 초과

2.3.2 공공하수처리시설의 방류수 수질기준 TOC 전환

1) CODMn를 TOC로 전환하여 하수 중의 유기물질 관리에 대한 신뢰 제고

2) 물속의 오염물질 중 유기물질을 측정하는 방법으로 사용되는 CODMn는 난분해성 물질 등을 산화하는 능력이 낮아 전체 유기물질을 측정하지 못하는 한계가 있다.

☞ 전체 유기물질 중 BOD5 20~40%, CODMn 30~60%,, TOC 90% 이상 측정 가능

☞ 적용시기 : 신규시설은 2020년 1월 1일, 기존시설은 2021년 1월 1일부터 적용

☞ 수질기준 설정 : 하수처리시설(TOC 15~25mg/L), 분뇨처리시설(TOC 30mg/L)

2.3.3 산업폐수 배출허용기준 TOC 전환

1) 폐수 배출시설의 수질오염물질 배출허용기준과 공공폐수처리시설의 방류수 수질기준 항목이 기존의 COD에서 TOC)으로 전환

2) COD는 난분해성 물질 등 전체 유기물질을 측정하지 못하는 한계

3) 하천의 생활환경기준은 이미 2013년부터 총유기탄소량을 도입

4) 배출허용기준 및 공공폐수처리시설의 방류수 수질기준에 총유기탄소량 기준을 설정 2020년 1월 1일부터 시행

- 현재 운영 중인 기존의 폐수 배출시설은 2021년 12월 31일까지, 공공폐수처리시설은 2020년 12월 31일까지 기준 적용이 각각 유예
- 대규모 폐수 배출시설 등 측정기기 부착대상 사업장은 총유기탄소량 수질자동측정기기를 부착하고, 측정기기 관리대행업자 및 폐수처리업자는 총유기탄소량 측정기기를 갖추도록 등록기준을 변경

☞ 기존 시설(설치·운영 중인 측정기기 부착대상 사업장)은 2023년 6월 30일까지 적용유예

자료 : 환경부 정책설명회 2019. 11.8

☞ 기존 등록·신청 중인 관리대행업 및 폐수처리업은 2020년 12월 31일까지 적용유예

• 이번 개정은 1971년부터 폐수의 유기물질 관리지표로 사용된 COD를 48년만에 TOC로 바꾸는 것임

< 폐수 배출시설의 배출허용기준(총유기탄소량) > (단위 mg/L)

구 분	청정지역	가지역	나지역	특례지역
1일 폐수배출량 2천 세제곱미터 이상	25 이하	40 이하	50 이하	25 이하
1일 폐수배출량 2천 세제곱미터 미만	30 이하	50 이하	75 이하	25 이하

< 공공폐수처리시설의 방류수 수질기준(총유기탄소량) > (단위 mg/L)

구 분	I 지역	II 지역	III지역	IV지역
산업단지 공공폐수처리시설 (농공단지 공공폐수처리시설	15(25) 이하	15(25) 이하	25(25) 이하	25(25) 이하

참고 : 폐수 유기물질 관리 지표 전환 등 수질관리 강화(환경부 보도자료 2019. 10.16)

◆ 유기물질 측정 지표

구분		BOD	COD_{Mn}	TOC
측정원리		미생물이 유기물질을 분해 시 소비되는 산소량 측정	유기물질 산화 시 소비된 산화제량(산소량) 측정	유기물질 내 탄소량 직접 측정 ※ C를 CO_2로 전환하여 측정
분석	산화제	호기성 미생물(20℃, 5일 배양)	과망간산칼륨(끓는 물 중탕)	고온연소산화(550℃), 습식산화방식 등
	결과값	산소량(mg/L)		탄소량(mg/L)
측정	대상	저분자* 유기물질 * 포도당, 지방 등	저분자 및 고분자* 유기물질 * 합성수지, 섬유소 등 분자량이 1만 이상 등으로 용해가 잘 안되고 결합이 강한 물질	
	범위(경험적)	20-40%	30-60%	90% 이상
		예) 전분($C_6H_{12}O_6$) 분석 결과(일본 논문) BOD : 460mg/L, COD_{Mn} : 653mg/L 이론적 산소요구량 : 1,070mg/L		
	방해물질	고분자 유기물질 등	염소(Cl^-) 등	무기물질 등
특징		생분해성 유기물질 측정	우리나라·일본 통용	신속·다량·자동화

◆ 물환경보전법령 주요 개정내용

구분		변경 전	변경 후	적용시기
유기물질 측정지표 전환		COD	TOC	(기존) 공공폐수처리시설 '21.1.1 폐수배출시설 '22.1.1 (신규) '20.1.1
생태독성 업종 확대		35개 업종	82개 업종	'21.1.1부터
주석 배출허용 기준 설정		기준 없음	청정 0.5mg/L이하, 가·나·특례 5mg/L 이하	'21.1.1부터
총대장균군수 기준 적용		공공하·폐수 처리시설 유입시 기준 적용	공공하·폐수 처리시설 유입시 기준 적용 제외	'20.1.1부터
수질자동 측정기기 조작행위 처벌강화	부착 사업자	1차 경고, 2차 조업정지 5일	1차 조업정지 5일, 2차 조업정지10일	'19.10.17부터
	측정기기 관리 대행업	1차 영업정지 10일 2차 영업정지 1개월	1차 영업정지 1개월 2차 등록취소	
기타수질 오염원(안경원)		하수처리장으로 유입되는 경우 비대상	렌즈 제작시설이 있는 안경원 모두 대상	'21.1.1부터('21.6.30까지 신고 완료)

참고 : 2019.10.18 유기물질측정지표전환(COD에서TOC로)리플렛(최종•환경부•한국환경공단)

TOC 기준 등 적용 시기

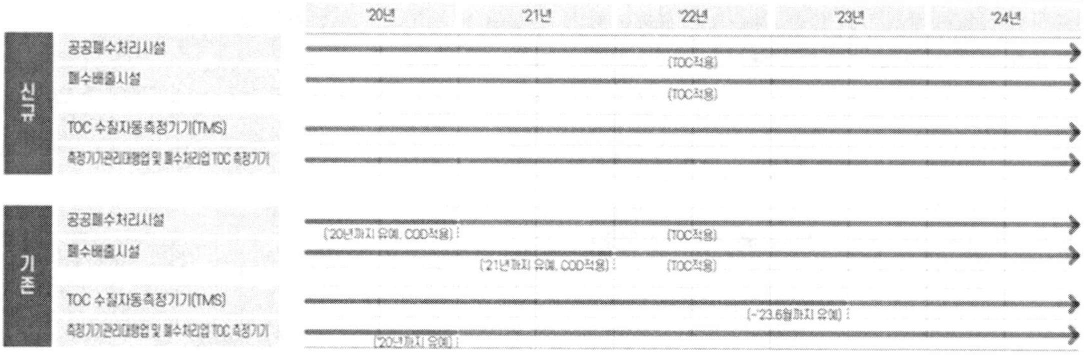

예시		'20년	'21년	'22년	'23년	'24년
(기존) TMS '23.6월 설치시(공공폐수처리시설)	(기준)	COD	TOC	TOC	TOC	TOC
	(측정)	TMS	수분석	수분석	수분석	TMS
(기존) TMS '23.6월 설치시(폐수배출시설)	(기준)	COD	COD	TOC	TOC	TOC
	(측정)	TMS	TMS	수분석	수분석	TMS

전환하는 이유는?

- COD_{Mn}은 산화율이 낮아 난분해성 유기물질까지 포함한 전체 유기물질 총량을 측정하지 못함에 따라 유기물질 관리에 한계

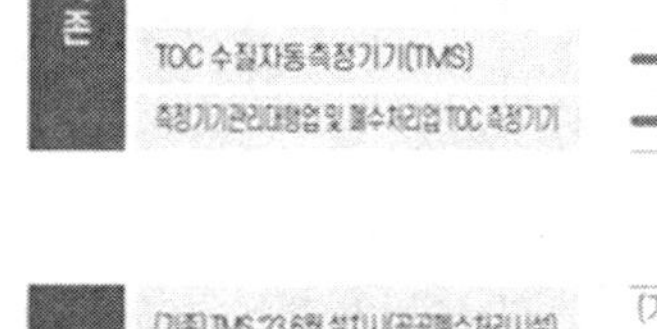

- 공공수역(하천, 호소)에 설정된 TOC 생활환경 기준('13.1월 도입하여 '16.1월부터 적용 중)과 연계한 체계적인 유기물 관리를 위해 TOC 기준 도입 필요
- 수질 분석 및 수질자동측정기기 등의 선진화된 기술·제도 도입으로 정부와 민간의 수질관리 효율성 제고

어떻게 바뀌는지?

- 공공폐수처리시설 및 폐수배출시설의 COD와 TOC 비율, 농도를 조사·분석하여 기준 설정

공공폐수처리시설 방류수 수질기준

구분(mg/L)	I 지역	II 지역	III 지역	IV 지역
현 COD 기준	20(40)	20(40)	40(40)	40(40)
⇓				
TOC 기준	15(25)	15(25)	25(25)	25(25)

폐수배출시설 배출허용기준

구분(mg/L)	2,000톤/일 이상 사업장				2,000톤/일 미만 사업장			
	청정	가	나	특례	청정	가	나	특례
현 COD 기준	40	70	90	40	50	90	130	40
⇓								
TOC 기준	25	40	50	25	30	50	75	25

적용시기는?(신규는 '20년 부터 적용)

- 기존 공공폐수처리시설은 1년 유예('20) ≫ '21년 부터 적용
- 기존 폐수배출시설은 2년 유예('20~'21) ≫ '22년 부터 적용

준비할 사항은?

그간 실태조사와 자료분석 결과, 현행 COD 기준을 준수하고 있을 경우 TOC 기준 준수에 어려움은 없을 것으로 예상

공공폐수처리시설 및 폐수배출시설

- TOC 기준 이내로 배출되도록 사전 준비
  - COD, BOD, SS 등 기존 항목과 TOC 함께 분석 실시
  - 기준을 초과하거나 초과할 우려가 있는 경우는 배출시설 및 방지시설 운영·시설 개선

(예시)

배출시설
- 원인 물질 파악
- 원료 사용량 조정 및 원료 대체
- 고농도가 우려되는 경우 위탁처리 등

방지시설
- 폐수처리 공정 개선
- 적정 약품 선정 및 사용량 조정
- 시설 추가 설치 등

- 기존 수질자동측정기기(TMS) 부착대상사업장은 '23.6월까지 수질자동측정기기를 TOC 수질자동측정기기로 교체
  - 공공폐수처리시설은 '21년부터, 폐수배출시설은 '22년부터 기준이 적용되므로 수질자동측정기기 교체 전까지는 수분석으로 TOC 측정

측정기기 관리대행업 및 폐수처리업

- 기존 사업자는 '20.12.31. 이전까지 COD 측정기기를 TOC 측정기기로 교체 ≫ '21년 부터 적용

지원계획은?

- 배출사업장을 대상으로 '20~'21년간 기술지원을 실시할 예정임(계획 마련 중이며 별도 안내 예정)

구 분	일반형 기술지원	협력형 기술지원
대 상	3~5종	1~2종
대상수	'20년 : 100개소 '21년 : 150개소	'20년 : ○○개소 '21년 : ○○개소
지원 절차	자체 분석 및 개선 → 신청 → 평가 → 선정	
참 여	환경공단+전문가 등	신청사업장+환경공단+전문가+과학원+환경부 등

- 기술지원은 사전에 자체 폐수 분석결과 및 개선 사항 등이 포함된 신청서를 제출한 기업을 대상으로 평가를 거쳐 선정
- 기술지원 결과를 토대로 향후 제도개선 등 추진

TOC 도입으로 얻는 이익은?

기업	폐수의 유기물질량을 정확하게 실시간으로 측정하게 되어 수질관리 효율성 제고
측정기기 관련업	TOC 측정 및 분석기반 확대에 따른 국내 기술경쟁력 제고 및 해외 수출 활성화
정부	하천에 유입되는 유기물질량과 농도를 정확하게 파악하여 실효성 있는 정책수립 및 효율적인 수질관리
국민	하천에 유입되는 유기물질 적정처리에 따른 수질 개선으로 안전하고 깨끗한 물 활용, 수생태계 건강성 확보

2.4 물의 재이용

물의 재이용

- 도시화/산업화/생활수준 향상, 물수요는 지속적 증가. 한정된 물 자원과 기후변화로 물 수급의 지역적인 불균형 예상, 물 자원 의존도를 줄이고 기후변화 능동 대처
- 빗물, 오수, 하/폐수처리수 및 온배수를 물 재이용시설을 이용, 처리하고 그 처리된 물을 생활, 공업, 농업, 조경, 하천유지용수 등의 용도로 이용

2.4.1 재이용 현황

1) 빗물이용시설 : 587개소 7,784천㎥/년 (11년 기준)
2) 중수도 : 357개소 902천㎥/년
3) 하/폐수처리수 재이용 : 781,104천㎥/년

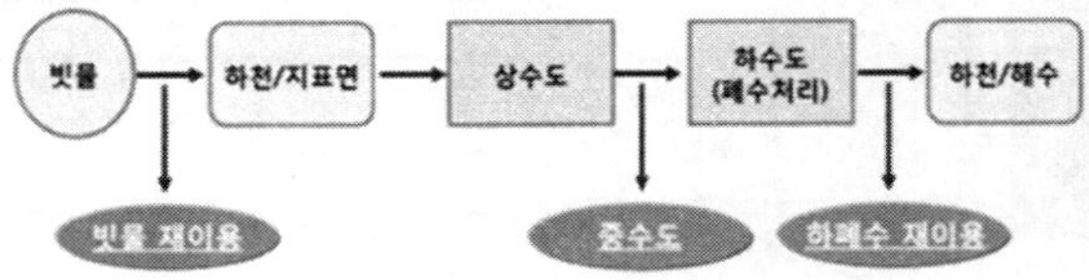

<표2-1> 재이용 의무 대상 시설

구분	빗물 재이용	중수도	하/폐수 처리수 재이용
대상 시설	• 지붕면적 1,000㎡ 이상 • 종합운동장 • 실내체육관 • 공공청사 • 건축면적 4,000㎡ 이상 공동주택 • 부지면적 10만㎡ 이상 골프장	• 시설면적 6만㎡이상의 • 숙박업, 목욕장, 물류시설 등 • 개발 산업 • 관광/도시/산업단지 • 폐수 : 1,500㎥/일 이상 • 공장/발전소	• 공공 하/폐수처리시설 • 발전소 온배수 배출시설
용량	• 집수시설 • 집수면적(㎡)×0.05m	• 물 사용량의 10%	

2.4.2 재이용 방법

구분	방안	용도
간접 재이용	• 처리된 방류수를 공공수역으로 방류, 수역의 물과 혼합/희석 후 재 취수하여 재이용	• 냉각수 • 관개용수/하천유지
직접 재이용	• 처리된 방류수를 농지/공장 등으로 송수 • 일반적인 재이용의 개념	• 공업용수 • 위생용수 등
내부 재이용	• 처리장 내 중수도로 재이용	• 소포수, 희석수 등

2.4.3 재이용 시 장단점

장점	단점
• 수원 확보 어려움 해결	• 투자비가 많이 들고, 주요 자재가 외산
• 지역적인 물수급 불균형 해소	• 전문 기술인력 부족
• 하천 유지용수 확보	• 위생 안정성 문제
• 안정적인 수량 공급	• 수요처 부족
• 상/하수처리비용 절감	
• 오염부하량 감소로 수질 개선 효과	

2.4.4 재이용 수립 절차 및 고려사항

1) 물의 재이용 계획에 포함 사항

기본계획	관리계획
물의 재이용 여건에 관한 사항 처리수의 수요 전망 및 공급 목표에 관한 사항 물의 재이용 시책의 기본방향 및 추진전략 등에 관한 사항 물의 재이용 관련 기술의 개발 및 보급계획 물의 재이용 사업에 드는 비용의 산정 및 재원조달계획에 관한 사항	관할 지역 내 물 수급(需給) 현황 및 물 이용 전망 물 재이용시설 설치·운영 현황 물 재이용 수요량 전망 물의 재이용 관련 분야별 실행가능 목표량 및 용도별 보급계획 물의 재이용이 하류 하천의 하천 유지유량 및 하천수 사용에 미치는 영향 및 대책 물의 재이용 촉진을 위한 단계별 대책 및 사업계획에 관한 사항 물의 재이용 사업에 드는 비용의 산정 및 재원조달계획에 관한 사항 물의 재이용 홍보에 관한 사항 그 밖에 물의 재이용과 관련하여 조례로 규정한 사항

2) 추진절차

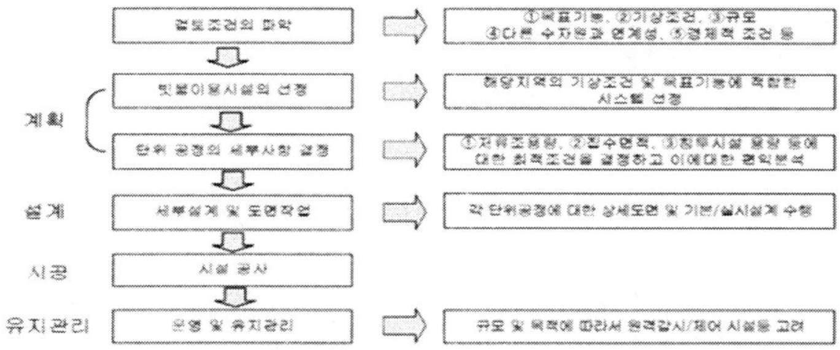

<그림 2-1> 빗물 재이용

• 중수도 및 하/폐수처리수 재이용

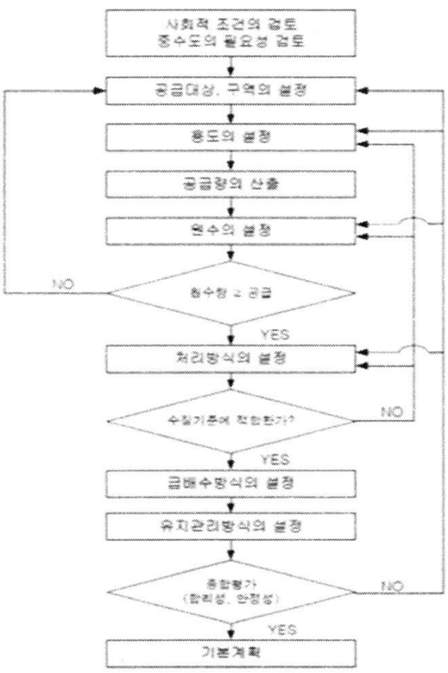

<그림 2-2> 중수도

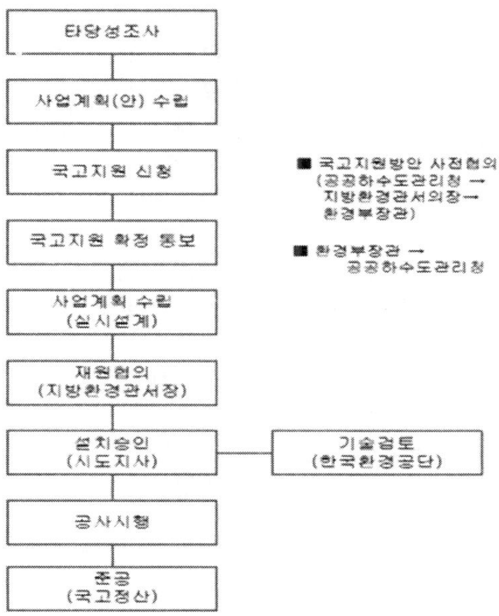

<그림 2-3> 하/폐수처리수 재이용

3) 빗물 재이용 설치 법적 기준

- 설비 설치 기준
  - 지붕에 떨어지는 빗물을 모을 수 있는 집수시설(集水施設)
  - 초기우수 배제 또는 이물질을 제거할 수 있는 여과장치 등 처리시설
  - 처리시설에서 처리한 빗물을 일정 기간 저장할 수 있는 빗물 저류조
    ① 지붕의 빗물 집수 면적에 0.05미터를 곱한 규모 이상의 용량일 것
    ② 물이 증발되거나 이물질이 섞이지 아니하고 햇빛을 막을 수 있는 구조일 것
    ③ 내부를 청소하기에 적합한 구조일 것
    ④ 처리한 빗물을 사용처로 이송할 수 있는 펌프/송수관 등 송수시설 및 배수시설
- 관리기준
  - 음용 등 다른 용도에 사용되지 아니하도록 빗물이용시설임을 표시할 것
  - 연 2회 이상 주기적으로 위생/안전 상태를 점검, 청소 실시
  - 사용량/누수/가동 점검결과/청소 일시 등에 관한 자료를 기록하고 3년간 보존

2.4.5 재이용 정책의 문제점 및 확대 방안

1) 재이용 정책의 문제점

- 광역공업용수 공급과 중복을 이유로 재이용 편익 인정에 소극적
- 기존 공업용수보다 떨어질 것이라는 기술적 불신과 오해
- 재이용수에 대한 사용자의 위생 및 심미적 부담감
- 재이용 수요처 부족

2) 재이용 확대 방안
- 하천 유지용수 위주에서 공업용수 등으로 고급 재이용
- 공업용수 부족지역에 하수처리수를 우선 공급 후 잔여 부족분에 대하여 광역공업용수 공급
- 재이용사업에 대한 국고 지원 및 민간 자본의 적극적인 유치
- 실시간 수질 모니터링 시스템 구출을 통한 안정성 확보 및 적극적인 홍보 활동
- 재이용수 사용자에 대한 세제 혜택 및 인센티브 제공
- 관련 법률 및 지침의 지속적인 보완

2.4.6 결론

1) 국내는 WEI 지수 29.5%로 물의 수요와 공급의 집중적인 관리가 필요한 실정임

2) 따라서 물의 재이용을 확대 전개할 경우
- 물순환의 건전성을 확보
- 양질의 안정적인 용수 공급원을 확보
- 사회/경제적 비용 절감이 가능함

3) 물의 재이용 시장은 연 9%의 높은 성장율을 보이는 Blue Ocean으로 물의 재이용 기술에 대한 지속적인 R&D가 요구됨.

4) 따라서 물의 재이용을 확대하기 위하여 현 정책이나 사용상의 문제점들은 개선하고 지속적인 재이용 확대가 가능하도록 정책과 기술이 발전해야 함

※ 하수처리수 재이용수질 권고기준

- 하수처리시설 방류수 수질기준 설정 항목 : 기본적으로 방류수 기준을 만족해야 함
- 방류수기준 보다 강화 또는 추가되는 항목 : 아래의 재이용 수질권고기준을 적용

수질항목	청소용수1)	조경용수2)	유지용수3)	친수용수4)	농업용수5)	공업용수6)
pH	5.8 ~ 8.5	5.8 ~ 8.5	5.8 ~ 8.5	5.8 ~ 8.5	6.0 ~ 8.5	6.5 ~ 8.5
SS(mg/L)				6이하		10이하
BOD(mg/L)	10이하	10이하	10이하	3이하	8이하	6이하
COD(mg/L)	20이하	20이하				
DO(mg/L)			2이상	2이상	2이상	
탁도(NTU)	2이하	2이하				10이하
잔류염소(mg/L)7)	0.2이상	•				
냄새	불쾌하지않음	불쾌하지않음	불쾌하지않음	불쾌하지않음		
색도(도)	20이하	20이하	40이하	10이하		
외관	불쾌하지않음	불쾌하지않음				
Cl^{-}(mg/L)		250이하			250이하	
T•N(mg/L)8)			10이하	10이하		
T•P(mg/L)8)			1이하	1이하		
ABS(mg/L)			1.0	1.0	0.5이하	
총대장균군(개/100mL)	불검출	불검출	1,000이하	불검출	200이하	1,000이하

주 1. 청소. 세차용수, 수세식 화장실 변기 세척용수, 도로청소용 살수용수와 이와 유사한 용도에 적용
2. 연못, 가로수, 공원 및 골프코스와 이와 유사한 용도로 사용되는 경우에 적용
3. 하천의 건천화에 따른 유지용수 공급 및 하천기능 유지, 낚시 , 물놀이 등 레크리에이션 활동 가능
4. 수영 등 인체에 직접 접촉 가능한 경우에 적용
5. 논 농사용 관개용수로 이용하는 경우에 적용. 밭농사, 화훼용수 등은 수요처와 별도 협의하여 결정
6. 산업용 냉각용수로 이용하는 경우에 적용. 다회 순환 냉각수, 공정수, 보일러용수 등은 수요처와 협의 결정
7. 염소 소독하는 경우에만 적용
8. 하수처리장 방류수 수질기준과 같이 겨울철(12월 ~ 3월)에는 T-N 60mg/L, T-P 8mg/L을 적용

☞ 재이용 수질권고기준은 하수처리장에서 최종 처리하여 송수하는 수질에 대하여 적용함

☞ 농업용수는 추가로 아래 기준을 만족하여야 함

알루미늄 (Al)	비소 (As)	총붕소 (B-total)	카드뮴 (Cd)	6가 크롬 (Cr^{+6})	코발트 (Co)	구리 (Cu)	납 (Pb)
5 이하	0.05 이하	0.75 이하	0.01 이하	0.05 이하	0.05 이하	0.2 이하	0.1 이하
리튬(Li)	망간(Mn)	수은(Hg)	니켈(Ni)	셀렌(Se)	아연(Zn)	시안(CN)	PCB
2.5 이하	0.2 이하	0.001 이하	0.2 이하	0.02 이하	2 이하	불검출	불검출

2.5 물산업

물산업의 개념

- BLUE GOLD : 1999 캐나다 NATIONAL POST 기자가 사용
  수자원을 확보하고 오염된 물을 정화하는 영리행위의 총칭
- 생산과 처리의 전과정을 포함 (취수→정수→공급→이용→처리→재이용)
- 제조업(HW)과 서비스업(SW) 일체 : 물산업의 BLUE CHAIN
- 제조업 : PIPE, 필터, 핵심설비, 약품제조 등
- 건설업 : 배관, 정수장, 하수처리장 등
- 운영서비스업 : 하수처리장의 운영관리 등

2.5.1 물산업의 배경

1) 수량 부족
- 가용 수자원의 한계 : 바다 97.5% (13.51억km³) 담수자원 2.5%(약 0.35km³)
- 물사용량의 증가 : 산업화가 주요원인 (30년간 수요량 300%급증, 인구증가)
- 지구온난화 : 가뭄과 홍수피해 급증 → 2025년 전세계 20% 물부족 예상

2) 수질오염 : 산업화 정수 및 처리시설의 노후화, 시설효율 미비

3) 물을 경제재로 인식 → 물산업의 비즈니스화
- 기술력의 향상 : 화학 수처리제 의존 → 멤브레인 수처리로 기술진보
- 기술력없는 사업자의 시장진입 한계
- 대규모 사업 가능토록 구조변경 : 지역적/국가제한적 산업구조 글로벌화 및 민간기업 참여확대

2.5.2 물산업의 현황

1) 물산업의 시장현황 및 전망
- 세계 '06년 기준 2,600억 달러 → 연간 5.5%증가율 → 2016년 6290억 달러
  - 국내 7.6%성장/ 전체 시장의 0.3%차지
- 시장점유현황 : 운영사업 36% > 제조업 34% > 건설관련시장 30%
  - 수익성 : 제조업 20% 이윤 > 운영업 10%
- 글로벌 대규모 해외기업 선점
  - 운영 : VEOLIA, SUEZ / 소재 및 시스템 : GE, SIMENS , 3M
- 북미, 북유럽 중심 시장 → 중동, 신흥개발국(중국, 동남아시아)로 확대

2) 국내 물산업의 현황 및 문제점
- 국가 주도적 수도사업 분야 : 국가 직영체제 (164개 지자체)
  - 비경쟁구도 하에 전문성 및 생산성 저하
  - 지역 간 불균형 (광역체제로 전환 중)
  - 명성 부족 (관리감시 부족 / 사업의 규제자와 사업자가 동일)
  - 배타적 , 독립적 수도사업으로 민간기업 참여제한
  - 대국민 정보제공 미흡 , 수질사고 은폐, 국민불신요소
  - 생산원가 절감노력 미흡, 경제적 낭비요소
- 관련산업의 영세성, 자체산업기반의 취약
  - 수도분야 : 생산량 10만톤/일 이하 지자체가 88%, 경제적 영세
  - WTO, FTA 물시장 개방압력(EU가 물산업 포진) 강화 시 대처능력 부족
- 비효율적 운영

- 상수도 가동율 50% 약간 상회 수준 → 3조 2천억이 중복 투자됨
- 과도한 수도 생산비용 지출 및 국민 수요에 맞는 고도처리시설 목적의 시설개선투자 어려움.
- 해외진출 기반 미약, 해외 선점에서 밀림

2.5.3 대책

1) 원천기술확보 및 IT기술접목
- 원천기술확보 : 핵심기술확보 ② 국내경쟁력 확보가능 분야 –해수담수화 분야
- IT기술접목 : 지능형 물공급시스템 개발 (스마트 상수도)

2) 기업육성
- 로컬기업에서 글로벌 기업으로 물전문기업화
- 해외진출대비 경험 실적요구, 랜드마크 성 프로젝트 필요
- 운영전문기업에서 토탈 솔루션 기업으로 발전 필요

3) 샘물산업발전 및 재이용산업 육성(자원발굴과 홍보) → 내수시장 확대

4) 해외진출 추진 : 정부차원에서 개발자금 지원과 해외동향 및 기술자료 제공필요

5) 물관리의 일원화
- 유역관리 및 통합체제로의 전환
- 부서통합 (수량, 수질은 환경부/ 재해는 행정안전부 / 농업용수는 농림축산식품부)
- 물순환체계(재이용포함) 를 바탕으로 물의 수요 및 공급 관리

6) 민관 파트너쉽 방식 (PPP: PUBLIC PRIVATE PARTNERSHIP) 적극 활용
- 수처리 사업방식 3가지 : [지자체 직접 서비스 제공방식, 지자체 자산과 인프라 공급+민간 매각(완전 민영화), 지자체 소유권+민간 운영위탁(PPP 방식)]
- 운영비 절감효과 약 25%

2.6 WASCO(WAter Saving Company ; 물절약 전문업체) 사업

WASCO 사업

- WAter Saving Company, ESCO 사업을 모태로 추진. 물절약 전문업체가 계약기간 동안 누수율 저감, 절수 설비설치 등에 자기자본을 先 투자하여 절감된 수도요금 등으로 투자비를 회수하는 사업

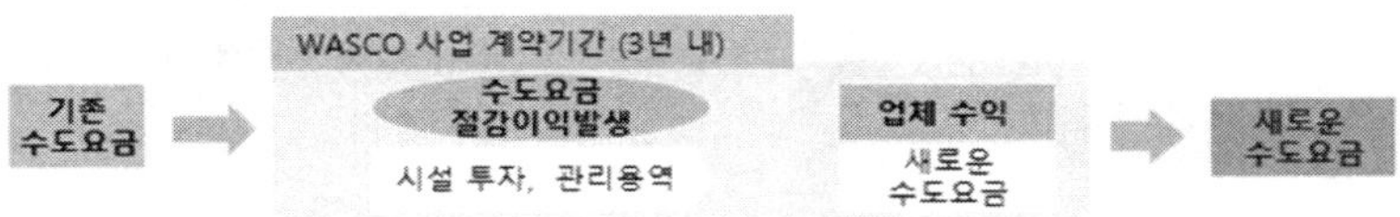

2.6.1 WASCO 사업의 장점

1) 초기투자비 해결 : 발주자는 초기투자비 부담 없이 물 절약시설 설치
2) 투자위험 감소 : WASCO의 성과보증으로 위험부담 감소
3) 전문적 서비스 제공 : 사업기간 동안 WASCO의 전문적 서비스 지원
4) 정부정책에 부합 : 물 절약을 통한 탄소발생 저감 등 기후변화 대응

2.6.2 WASCO 사업 추진 절차

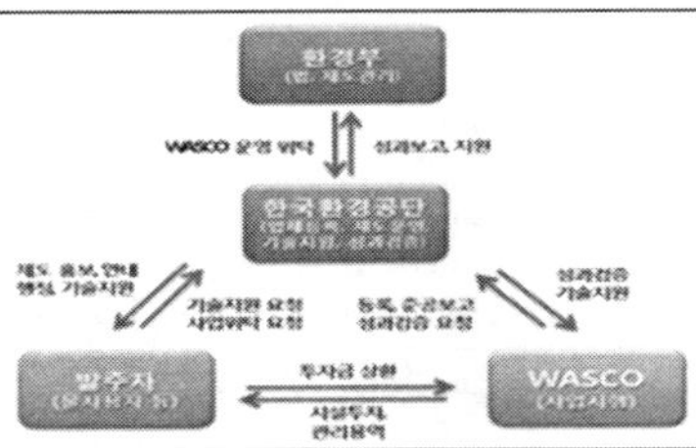

- 환경부 : 법, 제도관리 및 총괄
- 한국환경공단 : 업체등록, 제도운영, 기술지원, 위탁대행, 성과검증 등
- 발주자 : 수도요금 절약을 희망하는 물사용자 또는 시설 소유주
- WASCO : 환경부에 물 절약 전문기업으로 등록된 자 (누수분야, 절수기 분야)

2.6.3 WASCO 주요 사업 내용

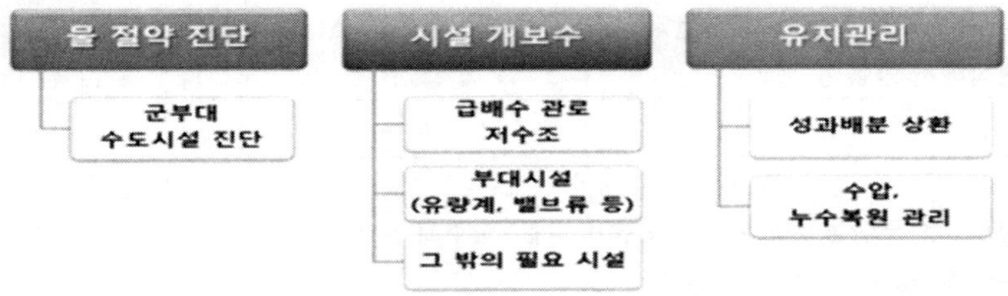

2.6.4 WASCO 사업 현황

1) 14년 기준 총 40개 업체가 등록되어 있음. (누수저감 : 7개, 절수기 설치 : 33개)
2)) 군부대를 중심으로 WASCO 사업이 진행되고 있으며, 지자체는 인천광역시가 사업 추진 중 임.

2.6.5 결론

1) WASCO 사업은 사용자에게는 투자비 및 물사용량 절약의 장점이, 사업자에게는 투자비 회수 및 운영 수익 창출의 장점이, 국가적으로는 물사용량 저감에 따른 물 수요관리 및 수자원 보호의 장점이 있는 사업임

2) 하지만 아직까지 제도 및 정책이 정착되지 않아 사업 추진에 있어 제반 사항들이 구비되지 않고 있음

3) 따라서 물산업의 발전과 연관하여 WASCO사업의 발전을 위해 관련 제도를 세부적으로 완비하고, 지자체/공기업에는 의무적으로 시행하는 등의 정책을 수립해 나간다면 물환경 관리 정책에 많은 도움이 될 것으로 판단

2.7 통합하수도정비 기본계획

통합하수도 정비 사업

- 하수도시설의 행정구역단위 설치·관리에 따른 중복투자 등의 재정낭비 방지를 위해 광역단위로 하수시설을 설치하고 운영관리를 통합하기 위한 규정을 마련
- 하수시설 설치 및 운영관리를 통합함으로써 행정구역단위의 하수처리시설 설치·관리에 따른 중복투자요인이 해소되고 하수도사업의 경영 개선

2.7.1 국내 하수도 문제점

1) 중복투자와 가동율 저조로 인한 하수도사업의 적자와 비효율
2) 수질보전계획과 하수도정비계획의 불일치
3) 수질상황 미고려, 물환경관리 기본계획 및 오염총량관리계획 목표수질 달성 미흡
4) 운영관리 효율화 등 경영개선 노력 미흡
5) 지자체 운영 대비 민간위탁 시 처리비용 저렴, 전문성 부족으로 운영 미흡

2.7.2 통합하수도 정비 추진 내용

1) 수립권자 : 유역환경청장 또는 지방환경청장 (시/도지사 통보)
2) 계획 기간 : 20년 단위
3) 주요 내용 및 추진 경과
- 기존 행정구역 경계를 넘어 수계 유역, 통합 운영에 따른 하수도 시설 규모, 통합 운영관리를 전체로 구축될 댐상류 하수도 시설 확충사업 등을 고려하여 43개 권역 설정

운영방식	구분	고려사항
통합대상	소계	35개 권역
	일반시・군(25개)	수계 유역, 기존 하수도시설 규모 등을 고려
	댐상류 (10개)	구축중인 통합 시스템 유지(댐상류 9, 용담댐1)
통합제외	특・광역시·제주 (8개)	하수시설 대부분 민간위탁(서울 2개소 제외) 제주도는 '09.6 통합하수도 정비기본계획 수립

- 장기적으로 권역간 통합을 통해 대권역 별 2•3개 권역으로 대형화
  - '11년(43개) → '20년(20개 내외) → '30년(10개 내외)
- 하수도시설의 설치·관리를 경제적. 효율적 성과 극대화, 행정구역을 초월하여 광역(유역)범위로 일원화
  - 신규시설 : 유역하수도 개념 도입하여 유역단위 처리시설의 설치·운영 감안 최적배치 계획에 따라 설치
  - 기존시설 : 지자체 간 가동율/관거 정비사업 등 고려, 운영관리의 경제적 효과 극대화 효율적 관리 체계 구축

4) 기본계획 수립 시 고려 사항

- 통합권역 수질관리 목표에 관한 사항
- 하수처리여건 및 목표에 관한 사항
- 공공하수도 및 개인하수도 정비에 관한 기본방향
- 하수도 통합을 위한 추진전략・세부시행방안에 관한 사항
- 하수도사업 경영체계 구축에 관한 사항
- 하수처리시설 및 하수관거 배치에 관한 사항
  - 하수처리구역, 하수도시설 설치 우선순위에 관한 사항
- 공공하수처리시설의 방류수 수질기준에 관한 사항
- 하수도 관련사업의 시행에 소요되는 비용의 산정 및 재원 조달에 관한 사항

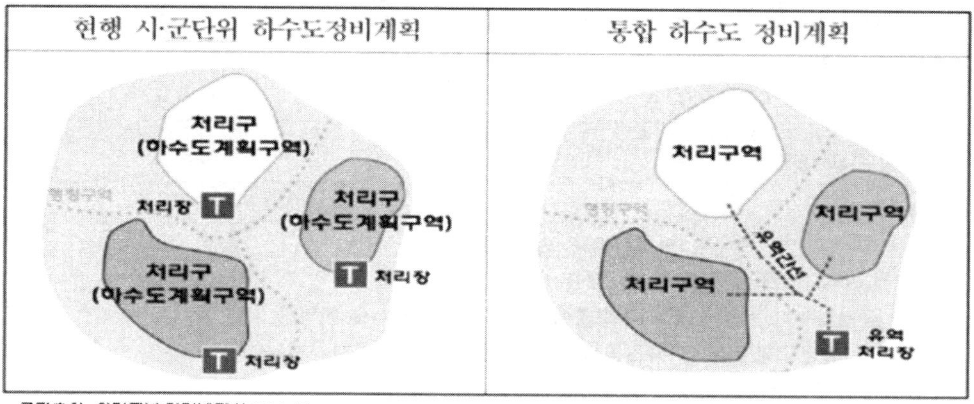

그림출처 : 워터저널 인터넷기사 2011. 1.5

2.7.3 결언

1) 하수도 보급율은 90.9%, 처리인구 4.7천만명/5.2천만명으로 보급율은 매우 높으나, 하수관거 보급율은 73%로 하수도 보급율 대비 낮은 편이며,
2) 하수관거는 1970년대~80년대 건설되어 선진국과 비슷한 경로를 따른다고 가정하면 10년에는 유지관리를 위한 보수가 필요한 사항임.
3) 이런 상황에서 신규 하수관거 설치 및 하수도 유지보수 사업 시 통합하수도 정비계획에 반영한다면, 하수시설 가동율 향상과 재정개선에 크게 도움이 될 것임

2.8 지방상수도 통합

지방상수도 통합

- 국내 상수도의 문제점과 개선방안
- 상수도 통합 시 이점
- 지방상수도 통합 계획

2.8.1 현황 및 문제점

1) 행정구역 단위운영
   - 설비의 중복 투자와 낮은 가동율
2) 소규모로서 영세함
   - 전국 164개 수도사업자 중 인구 30만 이하의 영세 수도사업자가 82%(134개)
     ☞ 경제적 효율성 확보를 위해서는 급수인구가 최소 50만 이상
3) 높은 생산원가 (낮은 수도요금)
   - 소규모 시군 일수록 급수인구↓, 관망↑, 생산원가↑, 요금 인상↓, 현실화율 84%
4) 시설투자 미흡
   - 농/어촌 지역 서비스 품질 제고(보급확대, 누수개선 등) 등 많은 투자비 소요
5) 지역 간 서비스 격차 큼
   - 급수인구수, 주거의 밀집여부, 취수원 유무 등에 따라 도/농 간, 지역간 급수보급률, 누수율, 정수장 노후 정도, 요금 등 격차 심화

2.8.2 상수도 통합 필요성

1) 고품질의 수도서비스를 제공을 위해 통합을 통한 대형화/전문경영기법 도입 필요
2) 서비스 국제표준 제정 및 WTO/FTA를 통한 물 시장 개방 압력에 대응, 수도운영 전문기관 육성을 통한 해외 진출 도모

2.8.3 상수도 통합 주요 내용

1) 지방상수도 통합
   - 164개 수도사업자 → 39개 → 5개 (사업자 대형화 추진)
   - 권역통합 (27개 권역) : 3개 시범 통합모델 창출
   - 운영방식으로 공기업위탁, 지방공사, 상수도조합, 道 직영의 4가지 모델 제시
   - 전문기관 육성 및 경쟁체제 유도 (수자원공사, 한국환경공단, 지자체 사업본부)
   - 하수도와 유역단위 통합운영
   - 재정 인센티브 확대 및 제도개선
2) 상수도 관망 개선사업 (상수관망 최적화 사업)
   - 예산우선 지원 → 유수율 제고 : 10~50% (선 진단 후 개량)
   - 첨단 유지관리 시스템 구축 : IT 활용
   - CDM사업 : 물 공급에 소요되는 에너지를 대폭 절감, 저탄소형 녹색산업 전환
3) 수도사업 서비스 평가 실시
   - 수도서비스 평가체계 구축 → 객관화 및 정량화 → 주민공개
   - 개별시설 점검위주 → 재정/시설/운영 서비스 질
4) 주민참여 및 공공성 강화

- 수도사업 공공성/투명성 강화
- 정보공개 강화 및 주민참여 (의사결정)

5) 시·군 간 요금격차 해소
- 1단계 : 원가저감 유도(누수개선, 중복기능 통합, 지역간 시설연계로 과잉투자 방지 등 운영효율화)
- 2단계 : 요금단일화 추진(통합권역 협의체에서 권역 별 단일 요금수준 협의 · 조정)

2.8.4 기대효과

1) 규모의 경제달성에 따른 경영효율화로 경영개선
- 통합 시 경제적 효과 : 약 5조 8천억원 예상
- 경영수지 개선 및 안정적인 물 공급

2) 수도부문 에너지 절약 및 온실 Gas 감축
- 수돗물 생산량 감소로 약 8.1억kWh 전력 절감 (0.2kWh/톤.수돗물)
- 약 1,743천톤의 CO2 배출 효과 (0.66Kg/톤.수돗물)

3) 지역주민에 대한 수도서비스 품질 향상
4) 수도 전문기관 육성 및 해외진출 기반 마련

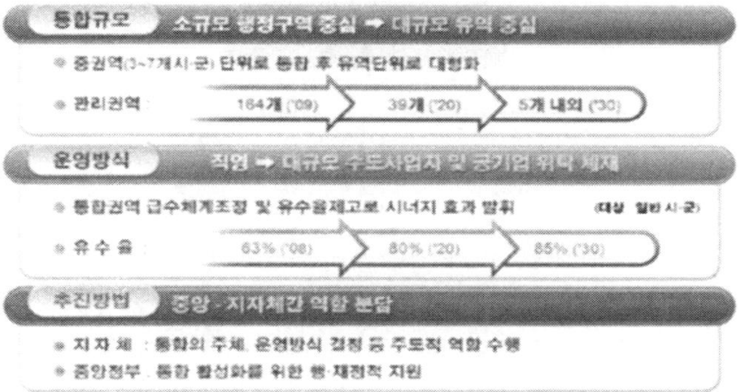

2.9 환경오염시설 통합관리에 관한 법률

환경오염시설 통합관리

- 환경오염배출시설 허가제도의 문제점과 개선방안
- 환경오염시설 통합관리
- 허가제도의 선진화
- 최적가용기법(BAT : Best Available Techniques)

2.9.1 배경

1) 환경오염원 중 산업활동에서 배출되는 오염물질은 위해성이 높고 처리가 어려워 환경관리체계의 핵심 부문으로 대두
- '71년 허가제 도입 이후 수질, 대기 등 환경매체 별로 분화하였으나,
- 처리기술이 발전되고 있음에도 환경규제 방식은 과거기술 답습, 획일적 규제 및 분산·중복 관리 등 고비용·저효율 구조

2) 잘 설계된 환경규제는 기술혁신 유도 → 환경개선 및 기업 생산성을 제고
3) 환경기술 발전을 반영한 통합 허가체계로 전환 필요

2.9.2 국내 법규 문제점 및 한계

1) 동일한 시설을 수질, 대기 등 환경매체 별로 중복규제(최대 14개)
2) 허가건수↑, 기술검토 수준↓ ⇒ '하자있는 허가' 양산
3) 산업 분화, 제조공정 다변화, 환경기술 발전 등에 따라 업종별 특성에 맞는 환경관리·기술 정보 축적체계 부재
4) 획일적 기준 설정으로 사회전체적 환경오염저감 비효율 발생

5) 업종 별 특성에 맞는 기술혁신 유인책 부족
6) 허가 이후 법령 개정, 기술발전 등 여건변화를 반영하기 곤란
7) 한 번 허가되면 허가사항을 보완할 제도적 장치가 없이, 적발 시 처분
8) 획일적·비과학적인 자가측정 의무, 1회 측정으로 배출기준 초과여부 판단
9) 단속 위주의 지도·점검으로 단속회피 문화 양성, 사후관리 실효성 제한

2.9.3 개선방안 (법규 주요내용)

1) 10개로 분산·중복된 인허가를 하나로 통합·간소화
- 환경영향이 높은 19개 업종)의 수질·대기 1 ~ 2종 규모 사업장
- 통합관리사업장에게 통합허가 의무 부여, 개별법의 10개 인허가를 득한 것으로 간주

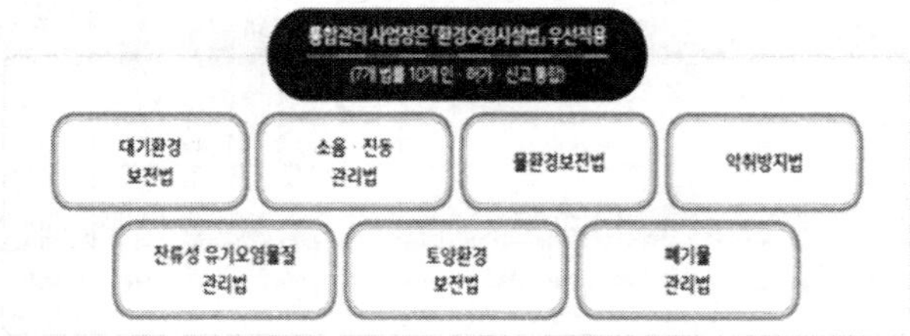

• 통합관리 대상 사업장에는 통합법을 우선 적용하고, 대상 외 사업장은 기존과 같이 개별법의 적용

• 신규사업장 : '17년부터 5년간 단계적 시행
• 기존사업장 : 업종별 시행일로부터 4년의 유예기간 안에 통합허가

2) 업종 별 최적가용기법 선정 및 배출기준 설정
- 국내 기술현황 조사/분석과 평가위원회 심의를 통해 업종별 최적가용기법(BAT) 선정
- BAT(best Available Techniques) 수준을 바탕으로 업종·시설특성, 지역환경에 미치는 영향 등을 반영, 맞춤형 배출기준 설정, 사회적 비용의 최소화 달성

3) 주기적(5 ~ 8년) 허가 재검토로 시설 적정운영 확인, BAT 기준서 지속 업데이트
4) 일회성, 적발식 단속지양으로 기업 자율관리 기반 제공
- 배출기준 초과기준을 피크(peak)치에서 통계치로 전환, 사후관리 합리적으로 개선
- 지도/점검도 기술진단 중심으로 시행

5) 허가절차

2.9.4 폐수처리 분야 정책 방향

1) 배출시설 별 관리
- 배출시설 별 폐수처리 : 오염물질 제거효율 담보, 물질회수 용이
  - 현행 배출구의 배출허용기준 설정으로 사업장 내의 발생폐수 혼합 처리
- 허가조건 재검토 주기의 연장 조건으로 배출시설 별 폐수처리를 포함 검토

2) 폐수종말처리시설 적용
- 하/폐수처리수의 하천방류기준 설정 시 최적관리기법 적용 검토
  - 엄격관리 필요지역으로 별도의 관리 목표수립 시에는 목표 이내로 방류
- 산업단지 등 종말처리구역의 배출시설에 수질관련 최적의 관리기법 적용 검토

2.10 특별대책지역

특별대책지역

- 환경오염·환경훼손 또는 자연생태계의 변화가 현저하거나 현저하게 될 우려가 있는 지역과 환경기준을 자주 초과하는 지역
- 특별대책지역의 환경개선을 위하여 특히 필요한 경우에는 그 지역에서 토지 이용과 시설 설치를 제한

2.10.1 배경

1) 관련 법령 : 환경정책기본법 제38조(특별종합대책의 수립)
   환경오염·환경훼손 또는 자연생태계의 변화가 현저하거나 현저하게 될 우려가 있는 지역과 환경기준을 자주 초과하는 지역을 관계 중앙행정기관의 장 및 시/도지사와 협의하여 환경보전을 위한 특별대책지역으로 지정, 고시(환경부 장관)
2) 특별대책지역의 환경개선을 위하여 특히 필요한 경우에는 대통령령으로 정하는 바에 따라 그 지역에서 토지 이용과 시설 설치를 제한

2.10.2 상수원 수질보전 특별대책지역

1) 팔당호 : 경기도 5시 2군 61 읍/면/동
2) 대청호 : 대전광역시 1구, 충청북도 1시 2군 11개 읍·면
   수질에 미치는 영향을 고려하여 Ⅰ권역과 Ⅱ권역으로 구분

2.10.3 특별대책의 기본방침

1) 팔당/대청호의 수질을 매우 좋음(Ⅰa)등급 수질로 개선/유지하는 것이 목표
2) 상수원수질에 영향을 크게 미치는 시설은 상수원보전의 측면에서 특별관리하며, 재산권행사의 제한을 최소화
3) 구체적 집행계획은 지역주민의 의사를 반영하여 관할 광역시장 또는 도지사가 수립
4) 특별대책의 추진과 관계되는 사항에 대하여 관할 광역시장 또는 도지사의 요청을 받은 관계부처의 장은 이를 우선적으로 정책 및 예산에 반영

2.10.4 오염원의 관리

1) 오수배출시설 : 건축연면적 400㎡ 이상의 숙박업·식품접객업 또는 건축연면적 800㎡ 이상의 오수배출시설은 Ⅰ권역에의 입지를 불허
2) 폐수배출시설
   - 1일 폐수배출량이 200㎥ 이상인 폐수배출시설의 입지 불허
   - 특정수질유해물질을 배출하는 폐수배출시설의 입지 불허
3) 가축분뇨배출시설 : Ⅰ권역에는 「가축분뇨의 관리 및 이용에 관한 법률」 제11조제1항에 따른 허가대상 가축분뇨배출시설의 입지 불허
4) 폐기물처리시설 등 : 특별대책지역에는 「폐기물관리법」 제2조에 따른 폐기물처리시설 중 매립시설, 폐기물처리업, 폐기물재활용시설 및 건설폐기물처리업의 입지 불허
5) Ⅰ권역에서의 용도변경
   - Ⅰ권역 중 하수처리구역 외 지역에서 건축물의 용도변경 또는 증축, 개축 등의 건축은 용도변경을 하고자 하는 시설의 입지가 이 고시를 비롯한 관계법령에 적합한 경우에는 허용
   - 비오수배출시설을 오수배출시설, 폐수배출시설, 가축분뇨배출시설 또는 폐기물처리시설로의 용도변경은 용도변경을 하고자 하는 시설의 입지가 이 고시를 비롯한 관계법령에 적합한 경우에만 허용
6) 내수면어업
   - Ⅰ권역에는 어업(낚시터업 포함)의 신규 면허, 허가, 등록 및 신고(증설포함) 불허
   - Ⅱ권역에는 양식어업의 신규 면허 및 면허기간 연장을 불허

7) 도선사업 등 : Ⅰ권역에는 도선사업, 수상 레저, 등 면허·허가·신고 및 등록을 불허
8) 골프장 및 골프연습장
- Ⅰ권역에는 천연잔디로 조성된 골프코스를 갖춘 골프연습장의 신규입지 또는 증설을 불허
- Ⅱ권역에는 천연잔디로 조성된 골프코스를 갖춘 골프연습장은 골프장 설치·관리자가 하여야 할 시설설치 또는 조치사항을 준수하는 조건으로 입지를 허용

9) 광물채굴 및 채석 : 광물채굴 또는 석재의 굴취·채취를 불허
10) 집단묘지 : 공설묘지와 사설묘지의 신규입지를 불허

2.10.5 기타 오염관리 방안

1) 국토의 계획 및 이용상의 용도지역 변경 억제
2) 부영양화 예방을 위한 질소, 인의 규제
3) 기존 특정수질유해물질 배출시설의 이전유도

2.10.6 대책의 추진방법 및 지원

1) 특별대책지역 지정에 따른 지원사업의 대상은 수질보전을 위한 환경기초시설 설치·운영, 생활환경조성사업, 소득원 개발사업
2) 규제기준 강화로 인하여 방지시설을 신설 또는 증설하는 사업자에게는 환경오염방지기금을 우선적으로 장기 저리 융자

2.11 TMS (Tele Monitoring System) 수질자동측정장치

TMS

- TMS(Tele-Monitoring System)의 목적, 대상, 측정항목, 운영체계 효과 및 문제점

2.11.1 개요

1) 현 폐수 배출허용기준, 하/폐수종말처리장의 방류수 수질기준 준수 여부 확인을 위해 환경부 장관 또는 시•도지사는 관계 공무원으로 하여금 수질오염물질 채수토록 규정
2) 지도/점검 공무원이 1회 채수한 시료의 측정결과를 기초로 기준 준수 여부를 판단하고 초과 시 초과부과금의 산정하는 방식은 배출자에게 매우 불리함.
3) 따라서 수질 원격감시시스템(TMS)을 구축하여 자동측정자료에 의해 24시간 실시간 모니터링하여 초과여부를 판단하고 초과시 부과금을 산정하는 제도를 도입함.

2.11.2 TMS 구축 목적

1) 1회 수질측정으로 부과금을 산정하는 기존 체계의 불합리성 제고
2) 폐수의 오염도 및 배출량을 과학적으로 측정
3) 지도/점검을 현장 방문에서 원격감시로 전환 → 업무 효율성 제고
4) 지도점검 업무의 투명성 확보
5) 낙동강, 금강, 영산강 수질총량관리제를 과학적/합리적으로 추진하기 위한 기반 마련

2.11.3 TMS 부착 대상 사업장

1) 200㎥/일 이상 폐수를 배출하는 공동 방지시설 및 1~3종 배출 사업장
   단, 하/폐수종말처리장으로 전량 배출하는 경우 설치 면제
2) 700㎥/일 이상의 공동방지시설, 하수종말처리장, 산업단지 폐수종말처리장

2.11.4 TMS 측정 항목

1) 부착대상 측정기기 : pH, 유기물질 (BOD, COD), SS, TN 6개 항목
   단, BOD와 COD 중 배출허용기준 대비 배출농도의 비율이 높은 항목 1개만 부착
   ☞ 대규모 폐수 배출시설 등 측정기기 부착대상 사업장은 총유기탄소량 수질자동측정기기를 부착하도록 등록 기준을 변경
   기존 시설(설치·운영 중인 측정기기 부착대상 사업장)은 2023년 6월 30일까지 적용 유예
2) 최종방류구가 2개인 사업장은 중간자료 수집기를 부착
3) 수질자동측정기기와 그 부대시설 및 적산유량계는 측정/기록된 자료가 관제센터에 전송이 가능한 기기를 부착하여야 함.

2.11.5 TMS 측정 항목

1) 24시간 상시 감시 System 구축으로 오염물질 불법배출을 획기적으로 저감
2) 객관적인 Data를 바탕으로 사업장 지도점검의 투명성 증대로 과학적인 행정체계 구축
3) 배출농도를 실시간으로 파악이 가능하므로 사업장 공정개선 등에 활용
4) 국가 수질자동측정망과 연계하여 효과적인 하천수질종합감시 System 구축 가능

2.11.6 TMS 자료의 활용

1) 수질자동측정기를 관제센터에 연결 후 6개월 통합시험, 확인시험 등을 거쳐 정상적으로 측정될 경우 측정자료를 행정자료로 활용
2) 자동측정자료의 배출허용기준 초과 여부 판단
   - 3시간 동안 자동측정기기로 측정한 자료의 산술평균값이 기준을 초과하는 경우
   - 개선 명령 : 3시간 평균치가 하루 연속하여 3번, 1주 10회 이상 초과 시
3) 초과배출부과금 초과 배출량 산정 기준
   (3시간 평균치 – 배출허용기준) X 초과시간 동안 적산 유량

2.11.7 문제점

1) TMS 설치, 운영을 위한 수질자동측정기기 설비 비용 및 기술 지원 필요
2) 자동측정기기의 정확도/신뢰도 향상 필요
3) 수질측정자료관리는 한국환경공단, 기본부과금/초과부과금 산정은 지자체 → 따라서 업무 효율성 측면에서 자료 관리와 행정 조치 부서의 일원화 필요
4) 수질자동측정기기 조작에 대한 대비책 마련 필요 (시건, 원격검사 등)
5) 측정 항목의 제한 (pH 등 6개 항목) → 주요 중금속 및 생물독성 감시도 필요

2.11.8 결론

1) TMS를 적기에 설치하여 운영하기 위해서는 수질자동측정기기의 설치비용 및 기술지원이 필요하며,
2) 수질오염총량제와 함께 원활한 운영을 위해 자동측정장치의 신뢰성확보도 필요함.
3) 또한 생물을 이용한 독성감시계획과도 연계하여 계획할 필요가 있음.

■ 수질기준 도입 일정

구분		'19년	'20년	'21년	'22년	'23년	'24년
공공하·폐수처리시설		COD	COD	TOC	TOC	TOC	TOC
배출사업장	1~2종	COD	COD	TOC	TOC	TOC	TOC
	3~5종	COD	COD	COD	TOC	TOC	TOC

■ TOC TMS 도입 일정(안) : '21년부터 COD TMS → TOC TMS 전환

구분	'19년	'20년	'21년	'22년	'23년	'24년
신규 부착사업장, 기존사업장 교체소요 발생시	TOC TMS 부착허용*	TOC TMS 부착허용*	TOC TMS	TOC TMS	TOC TMS	TOC TMS
기존 사업장(COD,BOD TMS 부착) 내구연한 미도래 또는 적정관리시	COD TMS	COD TMS	COD TMS**	COD TMS**	COD TMS** / TOC TMS	TOC TMS

* 수질기준항목이 COD이고, COD TMS 부착의무가 있으나, 비용낭비 등 사업장 제한사항을 고려하여 TOC TMS를 부착하더라도 COD TMS 부착의무를 다한 것으로 간주하고, '21년 이전까지는 TOC TMS는 참고로만 활용하고, 지도점검 시 COD 수분석 실시 (단, 사업장이 원할 경우, '21년 이전에는 COD TMS 부착가능하나 23년 6월 이전에 교체필요)

** 기존에 COD, BOD TMS가 부착된 사업장은 개정(별표 7, 1호 등) 개정 규정에도 불구하고 종전의 규정에 따르되, '23 년(또는 22년, 검토 중) 6월 30일까지 TOC TMS를 부착하여야 함(경과규정) 다만, '21년 이후에 교체소요가 발생하거나 측정기기를 부실하게 관리한 경우에는 TOC TMS로 조기교체, TOC 기준이 도입된 '21년 이후 부터는 COD TMS는 참고로 만 활용

2.12 수질 및 수생태계 목표기준 평가 규정

수질 및 수생태계 목표기준 평가 규정

- 「수질 및 수생태계 보전에 관한 법률」 제10조의2제3항 및 같은 법 시행규칙 제25조제4항에 따른 목표기준의 달성 여부 등에 대한 평가 방법 및 절차에 관하여 필요한 사항

2.12.1 배경

1) 목적 : 「수질 및 수생태계 보전에 관한 법률」(이하 "법"이라 한다) 제10조의2제3항 및 같은 법 시행규칙 제25조제4항에 따른 목표기준의 달성 여부 등에 대한 평가 방법 및 절차에 관하여 필요한 사항을 정함
2) "좋은물"이란 하천 및 호소의 생활환경기준 등급 중 "매우 좋음", "좋음", "약간 좋음"에 해당하는 물

2.12.2 평가 대상 및 항목

1) 평가 대상 : 환경부장관이 고시한 「중권역별 수질 및 수생태계 목표기준과 달성기간」의 하천 및 호소 지점
2) 평가 항목
  - 사람의 건강보호기준 전체 항목
  - 생활환경기준 중 생물화학적 산소요구량, 총유기탄소량 및 총인

2.12.3 평가 대상 및 항목

1) 하천의 수질평가 자료는 수질측정망의 중권역 대표지점 별 수질측정 보고자료의 산술평균값 (접경지역 등 불가피한 사유로 수질오염도 미측정 시 인접지점)
2) 호소의 수질평가는 수질측정망 중 해당 호소 내 모든 측정지점의 연간산술평균값
3) 특이 측정값 (재해/공사), 저수위 보다 낮은 수위에서 측정된 하천의 수질오염도는 제외

2.12.4 배경

1) 사람의 건강보호기준 전체 항목은 하천 및 호소지점의 개별 항목의 연간산술평균값 중 하나 이상의 항목이 해당 목표기준을 초과하는 경우에는 해당 지점을 미달성으로 평가

2) 생물화학적 산소요구량, 총유기탄소량 및 총인 하천 및 호소 지점의 개별 항목의 연간산술평균값을 환경기준의 생활환경기준 등급으로 구분하여 항목 별로 각각 평가
- 생활환경기준 항목 평가 결과를 근거로 물환경관리기본계획의 좋은물 목표비율 달성 정도를 평가

3) 하천지점의 생활환경기준 목표기준 달성 여부 확인은 생물화학적 산소요구량(BOD)과 총인(T-P)으로, 호소지점에서는 총유기탄소량(TOC)과 총인(T-P)으로 평가

2.13 우선순위물질, 감시 항목

우선순위물질, 감시 항목

- 우선순위 물질 : 미규제 대상이나, 위해성이 있고 수계에서 검출가능성이 있어 실태조사가 필요하다고 인정된 물질
- 감시 항목 : 미규제 대상이나, 위해성과 수계에서의 검출빈도 등을 검토하여 지속적으로 감시할 필요가 있다고 인정된 물질

2.13.1 우선 순위 물질 관리

1) 우선순위물질 목록의 작성 : 국립환경과학원장이 5년마다 작성/갱신 달성기간」의 하천 및 호소 지점
2) 실태조사 계획의 수립 : 매년 하기 사항을 고려하여 수립
- 우선순위물질 목록에 따른 조사 대상 여부
- 우선순위물질 목록 중 조사되지 않았거나 재조사 필요성 여부
- 현행 수질오염물질의 계속 지정 필요성이나 배출허용기준의 조정 필요성 여부
- 수질오염사고, 사회적 관심, 정책적 판단 등으로 시급한 조사가 필요한지 여부

3) 국립환경과학원장은 제6조에 따른 조사결과를 종합 평가하여 실태조사의 지속 여부, 감시항목의 지정 여부 등에 대한 검토결과를 환경부장관에게 보고
4) 우선순위물질 목록의 선정 및 평가
- 목록 작성 대상물질 선정 기준
  - 국내 수질 관련 기준이 설정되어 있는 물질 : 수질환경기준, 먹는물 수질기준(감시항목 포함), 지하수 수질기준 등

- 외국의 수질 관련 기준이 설정되어 있는 물질 : 미국. 일본. EU의 배출허용기준, 먹는물 수질기준(감시항목 포함), WHO의 먹는물 가이드라인
- 외국의 우선관리 대상물질 : 미국의 우선독성물질항목, EU의 우선물질 항목, 일본의 사람의 건강보호 및 수생생물 보전에 관한 항목(감시항목 포함)
- 국내외에서 사용 및 유통이 확인된 물질, 사회적 관심물질, 환경부의 정책반영 등 검출빈도/위해도 등을 검토하여 지속적으로인 감시가 필요한 물질

• 우선순위 결정을 위한 평가
- 해당 물질의 인체 및 수생태계에 대한 유해성, 배출 및 검출가능성, 잔류성 생물농축도 등의 요소를 평가하여 1순위, 2A순위, 2B순위, 3A순위, 3B순위 등 5개 순위로 구분한다.
- 유해성의 높고, 낮음에 대한 구분은 발암성을 기준으로 하고, 그 외 질병 및 장애유발 등 건강영향을 고려
- 노출 가능성의 높고, 낮음은 국내외 산업활동에 따른 수계배출량, 사용량 제조량, 잔류성, 생물농축도 등으로 평가 수질오염물질

2.13.2 감시항목

1) 감시항목의 지정 : 국립환경과학원장 → 환경부장관에게 요청
• 우선순위물질의 실태조사 결과와 국내. 외에서 문제가 제기되는 물질에 대한 검출빈도 및 위해도 등을 검토하여 지속적으로 감시할 필요가 있다고 인정되는 물질
• 감시예정물질의 검출빈도, 검출농도, 검사기간, 감시기준, 검사대상, 시행시기와 함께 그 물질에 대한 세계보건기구(WHO) 및 선진국의 수질기준 등이 포함
• 환경부장관은 검토결과와 외국의 기준 등을 참고하여 감시항목의 지정여부를 결정

2) 검사결과의 관리
• 검사결과를 검증하고, 이를 데이터베이스로 구축하여 관리
• 검사결과를 종합 평가하여 감시항목의 지속 여부, 수질오염물질 지정 여부 및 배출허용기준 설정 등에 대한 검토결과를 환경부장관에게 보고
• 환경부장관은 검토결과와 외국의 기준 등을 참고하여 감시항목의 지정여부를 결정

2.13.3 수질오염물질의 지정

1) 환경부장관은 국립환경과학원장의 검토결과와 외국의 사례 등을 참고하여 수질오염물질 또는 특정수질유해물질의 지정과 지정 제외 여부를 결정
2) 수질오염물질 등의 지정 절차
• 고려사항
- 조사 수계 지점에서의 검출농도가 현행 환경기준 또는 수질준거치(Criteria)를 초과하는 경우
- 또는 조사대상 폐수배출시설, 공공하·폐수처리시설의 유입수 또는 방류수에서 환경기준 또는 수질준거치의 10배를 초과하는 경우
- 감시항목 조사를 통해 국내에서 사용 또는 배출이 확인되었고, 위원회의 검토 결과 수질오염물질로의 지정이 필요하다고 인정되는 경우

• 특정수질유해물질 지정
- 「유해화학물질관리법」 제2조의 "유해화학물질"에 해당하는 경우
- 미국 환경청 또는 국제암연구소 등에서 발암등급 B(발암 가능물질) 이상 해당물질
- EU, 일본 등 선진 외국에서 "특정수질유해물질" 수준으로 관리하는 등 유해성 및 위해성이 있다고 인정되는 경우

- 감시항목 조사를 통해 국내에서 사용 또는 배출이 확인 되었고, 위원회의 검토 결과, 특정수질유해물질로의 관리가 필요하다고 인정되는 경우

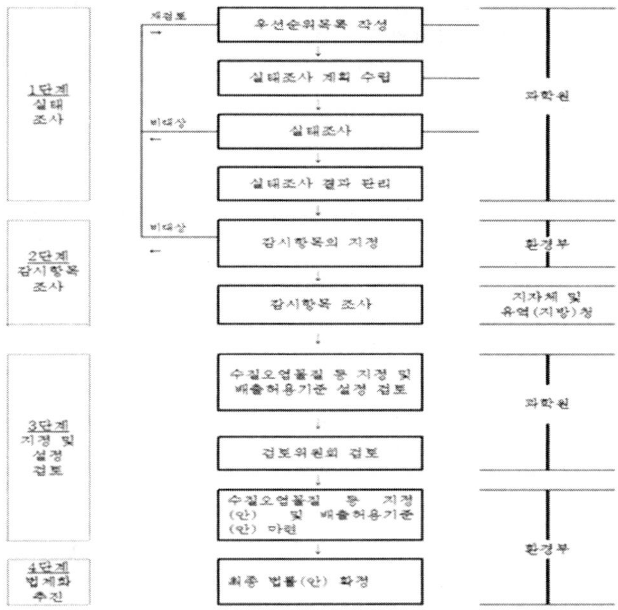

2.13.4 수질오염물질의 배출허용기준(안) 설정 체계

1) 수질오염물질(감시항목)의 검출 원인이 산업활동에 있음을 확인
2) 수환경으로의 배출이 확인된 경우 해당 물질의 수질 및 수생태계 환경기준 등 국내외 관련 규제기준의 존재 여부를 확인
3) 수질준거치와 산정방법은 "수질 및 수생태계 환경기준" 에서 정한 바를 우선 적용
4) 수질근거 배출허용기준 안은 수질준거치에 국내 하천 유량을 고려하여 계산된 하천회석율(최소 10배)을 적용
5) 배출시설에서 폐수로 배출하는 수질오염물질의 평균농도와 수질변동 등 기술적 처리가능 수준을 고려
  - 기술근거 배출허용기준안
    - 평균 배출농도 : 개별 배출시설에서 측정된 농도값의 산술평균
    - 최대 배출농도 : 개별 배출시설에서 측정된 최대 농도값
    - 최소 배출농도 : 개별 배출시설에서 측정된 최소 농도값
    - 수질변동값 = (최대 배출농도② –최소배출농도③)÷ 2 = (② –③)÷ 2
    - 수질변동을 고려한 평균 배출농도 : 개별 시설 별 평균 배출농도 +수질변동 값 = ① + ④
6) 수질을 근거한 배출허용기준(안)과 기술근거 배출허용기준(안)을 비교 검토하여 산정
7) 최종적으로 산출된 배출허용기준(안)을 가. 나. 특례지역에 적용하고 일반적인 경우 청정지역은 이보다 10배 강화된 값을 적용
8) 수질오염물질 중 특정수질유해물질로 지정하는 물질의 적용기준은 수질 및 수생태계 환경기준, 청정지역에 대한 배출허용기준 또는 「먹는물 수질기준 및 검사 관한 규칙」에 따른 먹는물 수질기준을 고려해 결정

참고 : 수질오염물질 지정 등에 관한 지침 [시행 2018. 3. 20.] [환경부훈령 제1312호]

2.14 Water Footprint(물 발자국)

Water Footprint

- 하나의 제품이나 서비스 전 과정에 이용되는 물 사용량으로, 제품이나 서비스를 생산하는데 필요한 원재료인 직접수의 사용량과 생산, 유통, 사용, 폐기의 각 단계에서 투입되는 필요 간접수 사용량을 합산한 값
- 물의 소비량과 오염량을 측정하는 방법으로 소비자나 생산자의 직접적인 물 사용 뿐 아니라 간접적인 물사용도 고려하는 담수 소비의 지표

2.14.1 배경

1) 물 부족은 세계적으로 심각한 문제이며, 가상수의 등장은 물의 이동성을 가중 전지구적인 물의 양적 관리에 많은 영향
2) 기존의 물관리 중심 패러다임 : 질적 관리 → 양적 관리의 적극적인 정책 수용은 시대의 요구
3) 발자국 (Footprint)란 인간에 의한 환경파괴 정도를 나타내기 위한 용어이며, 발자국을 순간 환경 파괴를 표현

2.14.2 목적

1) 인간활동이나 특정제품이 물 부족 및 오염 문제에 어떻게 관련되어 있는지 분석
2) 물의 관점에서 어떻게 더 지속 가능한지 해법과 방향을 제시

2.14.3 주요내용

1) 청색 물발자국 : 생산물의 공급사슬에 따라 소비된 지표수와 지하수 (청색 수자원)
2) 녹색 물발자국 : 지표에서 흐르지 않는 상태의 빗물(녹색 수자원)의 소비
3) 회색 물발자국 : 오염원을 천연농도,주변 수질기준에 맞게 정화하기 위해 필요한 담수량

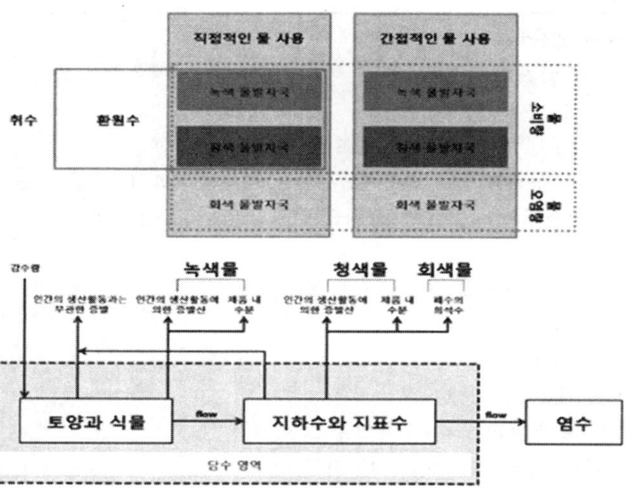

2.14.4 기대효과

1) 지속가능한 물관리정책 수립에 유용
2) 지속가능 평가 기법을 환경정책에 내재화
3) 환경정책의 실질적인 성과 유도하고 녹색사업의 성장 및 경쟁력을 향상

자료 : 물발자국(Water Footprint) 개념의 정책적 도입과 활용방안•한국환경정책평가원

2.15 수돗물 안심확인제

수돗물 안심확인제

- 수돗물 수질이 궁금한 국민이면 누구나 인터넷이나 전화로 수질검사를 신청하면 해당지역 담당공무원이 각 가정을 방문하여 무료로 수도꼭지 수질검사를 실시하고 그 결과를 알려 주는 제도

2.15.1 배경

1) 2012년 수돗물 만족도 조사 결과에 따르면 수돗물 음용률은 53.1%(직접 음용률3.7%)에 불과하며 수돗물을 마시지 않는 이유는 '막연한 불안감'으로 31.9%를 차지하며 가장 높게 나타남
2) 주요국 음용률 : 미국(82%(56%), '02년), 영국(90%(70%), '02년) 등

2.15.3 실시지역, 검사항목 및 절차

1) 실시지역 : 전국 154개 시 • 군 중 수질검사 능력을 갖춘 경기도 수원시, 성남시 등을 포함한 전국 94개 지역
2) 검사항목(1차 5개 항목) : 탁도, PH, 잔류염소, 철, 구리
3) 검사항목(2차 12개 항목) : 일반세균, 총대장균, 대장균, 아연, 망간, 염소이온, 암모니아성 질소 + 1차 항목
4) 절차

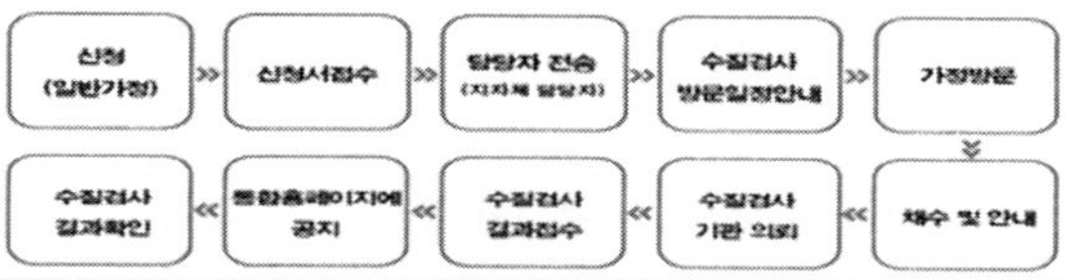

2.15.4 기대효과

국민이 직접 참여하여 수돗물의 수질을 확인하고 수돗물에 대한 신뢰 향상

2.16 물 수요관리 목표제

물 수요관리 목표제

- 수도사업의 효율성을 높이고 수돗물의 수요 관리를 강화
- 시·도가 1인당 적정 물 사용량 등을 고려하여 시·군·구별로 물 수요관리 목표를 정하고, 이를 달성하기 위하여 종합적인 계획을 수립
- 사용자의 물 낭비 요소를 제거하고 물 절약 인프라를 확충하는 등 물 수요관리 정책 시행을 통해 장래 물 부족 사태에 적극 대비
- 관련 법률 : 수도법 제6조(물 수요 관리 목표제의 실시)

2.16.1 수립범위

1) 계획 기간 : 2016년 ~ 2020년 (5년)
2) 대상지역 : 특별시·광역시·특별자치시·특별자치도·도 단위의 전체 행정구역

2.16.2 구성

1) 추진 개요
2) 기초 현황
3) 물 수요관리 목표 설정
4) 물 수요관리 추진계획
5) 추진성과 평가 및 평가결과 환류
6) 종합계획 시행 및 재정 계획

2.16.3 목표설정

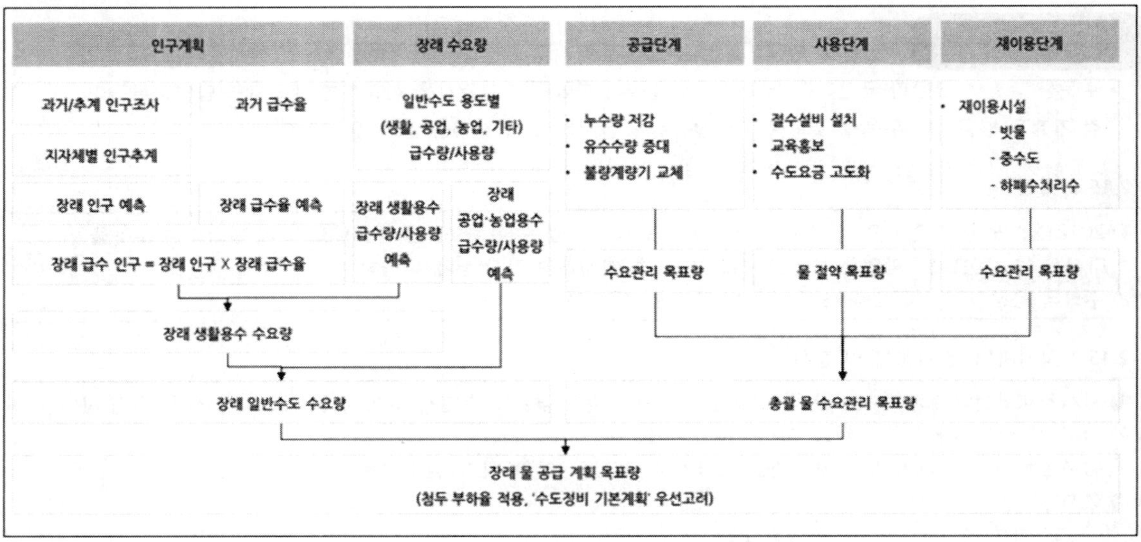

2.16.4 행정 사항

1) 물 수요관리 목표를 달성하지 못한 시·군·구에 대해 일반수도사업, 도시개발사업, 산업단지 및 관광지 등의 개발사업 또는 행위에 대한 승인·허가 등을 불허 가능
2) 특별한 이유 없이 종합계획 및 시행계획 승인을 얻지 않은 경우에도 동일

2.16.5 관련법규[수도법 제6조(물 수요 관리 목표제의 실시)]

1) 시·도지사는 수도사업의 효율성을 높이고 수돗물의 수요 관리를 강화하기 위하여 1인당 적정 물 사용량 등을 고려하여 관할 시·군·구(자치구를 말한다. 이하 같다)별 물 수요 관리 목표를 정하고 이를 달성하기 위한 종합적인 계획(이하 이 조에서 "종합계획"이라 한다)을 5년마다 수립하여 환경부장관의 승인을 받아야 한다. 수립된 종합계획을 변경하려는 때에도 또한 같다. <개정 2008.2.29, 2013.3.23, 2018.6.8>
2) 장·군수·구청장은 종합계획을 시행하기 위하여 다음 각 호의 사항이 포함된 계획(이하 이 조에서 "시행계획" 이라 한다)을 수립하여 시·도지사의 승인을 받아야 하고, 수립된 시행계획을 변경하려는 때에도 승인을 받아야 한다. 다만, 특별시·광역시·특별자치시의 경우 제1호 및 제2호에 관한 사항은 특별시장, 광역시장 및 특별자치시장이 시행계획을 수립·시행한다.
   - 연차별 누수량(漏水量) 줄이기 목표 및 사업계획
   - 연차별 유수 수량 늘리기 목표 및 사업계획
   - 절수 설비 등 물 절약 시설의 연차별 보급목표 및 추진계획
   - 그 밖에 물 절약과 물 이용의 효율성을 높이기 위하여 대통령령으로 정하는 사항
3) 환경부장관 및 관계 행정기관의 장은 제1항에 따른 물 수요 관리 목표를 달성하지 못한 시·군·구에 대하여는 그 시·군·구가 시행하려는 다음 각 호의 사업 또는 행위에 대한 승인·허가 등을 하지 아니할 수 있다. 특별한 이유 없이 종합계획 및 시행계획의 승인을 받지 아니한 특별시·광역시·특별자치시·도·특별자치도(이하 "시·도" 라 한다)와 시·군·구에 대하여도 또한 같다.
   - 일반수도사업
   - 도시개발사업, 산업단지 및 관광지 등의 개발
4) 환경부장관 및 관계 중앙행정기관의 장은 제1항에 따른 물 수요 관리 목표의 추진 성과에 따라 시·도 및 시·군·구에 대한 지원을 달리 할 수 있다.

2.17 물환경보전법

물환경보전법 (2018년 개정)

- 오염총량초과부과금 제도를 오염총량초과과징금 제도로 전환
- 수수생태계 연속성의 조사
- 환경생태유량의 확보
- 국가 물환경관리기본계획의 수립
- 특정수질유해물질 배출량조사 제도 도입

2.17.1 배경

1) 수질 및 수생태계에서 물환경 전반으로 보전의 대상을 확대
2) 수생태계 건강성 유지를 위하여 환경부장관은 하천의 대표 지점에 대하여 환경생태유량을 국토교통부장관과 공동으로 정하여 고시
3) 현행 제도의 운영상 나타난 일부 미비점을 개선・보완

2.17.2 주요 내용

1) 오염총량초과부과금 제도를 오염총량초과과징금 제도로 전환
   - 할당된 오염부하량 또는 지정된 배출량을 초과하여 배출하는 자에게 부과하는 오염총량초과부과금 제도를 금전적 제재로서의 부과성격에 부합하도록 오염총량 초과과징금 제도로 전환
2) 수생태계 연속성의 조사
   - 환경부장관은 수생태계 연속성의 단절・훼손 여부 등을 파악하기 위하여 수생태계 연속성 조사를 실시
   - 수생태계 연속성이 단절되거나 훼손되었을 경우에는 관계 중앙행정기관의 장과 협의하여 수생태계 연속성의 확보에 필요한 조치
3) 환경생태유량의 확보
   - 환경부장관은 하천의 대표 지점에 대한 환경생태유량을 국토교통부장관과 공동으로 정하여 고시할 수 있도록 하고, 하천 등의 유량이 환경생태유량에 현저히 미달하는 경우에는 관계 기관의 장 등에게 협조를 요청
4) 국가 물환경관리기본계획의 수립
   - 환경부장관은 공공수역의 물환경을 관리・보전하기 위하여 물환경의 변화 추이 및 목표 기준, 물환경 관리・보전에 관한 정책방향 등이 포함된 국가물환경관리 기본계획을 10년마다 관계 중앙행정기관의 장과 협의하여 수립
5) 특정수질유해물질 배출량조사 제도 도입
   - 조사대상 범위 : 제1종부터 제3종까지의 특정수질유해물질 배출사업장 사업장
   - 방법 : 환경부의 배출량 조사계획에 따라 조사를 실시한 후 그 결과를 지방유역환경청에 제출하면, 국립환경과학원에서 검증하도록 하는 절차 마련
   - 배출량조사결과를 공개하도록 하여 특정수질유해물질의 합리적이고 자발적인 저감을 유도
   - 수질배출부과금 납부방식을 현금 외에 신용카드·직불카드 등에 의한 납부도 가능하도록 개선

2.17.3 세부 내용

1) 환경생태유량의 산정에 필요한 사항
   - 대표지점 지정 시 고려사항 : 정기적 조사 가능, 대표어종 선정가능, 수생태계 건강성이 훼손된 지점 등
   - 환경생태유량 고시 포함사항 : 대표지점 명칭·위치, 환경생태유량 조사 방법·주기 및 산정방법 등
2) 국가 물환경관리 기본계획의 수립절차

- 관계 중앙행정기관 및 시·도지사에게 필요한 자료 제출 요청 및 협의 →중앙환경정책위원회 심의(「환경정책기본법」제58조) 후 확정 → 관계 중앙행정기관 통보 및 시행
  ※ 수생태계 연속성 : 공공수역의 상류와 하류 간 또는 공공수역과 수변지역 간에 물, 토양 등 물질의 순환이 원활하고 생물의 이동이 자연스러운 상태
  ※ 수생태계 건강성 : 수생태계를 구성하고 있는 요소* 중 물리적/화학적/생물적*요소 들이 훼손되지 아니하고 각각 온전한 기능을 발휘할 수 있는 상태
  * ①수변환경, ②수질, ②부착돌말, 저서성(底棲性) 대형 무척추동물, 어류 등 수생생물 ④수변식생, ⑤그 밖에 환경부장관이 필요하다고 인정하는 요소

2.18 환경영향평가서 작성규정 - 수질항목

환경영향평가서 등 작성 등에 관한 규정

- 환경현황 조사, 예측. 평가, 저감 방안 및 사후환경영향조사 작성방법
- 환경영향평가법 제 33조, 37조 관련

2.17.1 환경현황 조사, 예측. 평가, 저감 방안 및 사후환경영향조사 작성방법(별표 6)

1) 다음 사항을 고려하여 평가항목별 환경현황, 영향예측 등의 결과를 제시하고, 각각의 평가항목별로 상호 연계된 저감방안 및 사후환경영향조사계획을 수립한다.
2) 평가계획서 심의결과 및 평가서초안에 대한 의견수렴 결과 등에 따라 해당 사업의 중요 이슈가 되는 사항을 특히 고려하고, 평가항목에 해당되지 아니하는 항목으로서 다른 항목의 평가에 필요한 현황조사를 하거나, 환경에 미치는 영향은 경미하지만 영향을 최소화하기 위한 저감대책이 필요한 경우에 대하여는 그 내용을 간략하게 기술한다

2.17.2 수환경분야 - 수질(지표. 지하)

1) 현황
- 조사항목
  조사 항목은 대상사업의 종류, 규모, 지표수, 지하수의 특성 및 지역의 환경적 특성을 고려하여 수질에 미치는 영향을 적절히 파악할 수 있도록 설정하되 아래 사항을 참고한다.
  - 수질관련 지구. 지역 지정 현황

참고 :환경영향평가법 별표 6, 별표 7

- 하천, 호소, 지하수 수질
- 지하수 이용 현황
- 수문현황
- 수자원 이용 상황
- 오염원 및 처리시설 현황
- 우수 유로 현황
- 수질오염 총량관리 현황

• 조사범위
- 공간적 범위는 해당 사업의 집수구역을 원칙으로 하되 대상사업의 종류, 규모 및 수역의 특성을 고려하여 조정할 수 있다.
- 시간적 범위는 하천의 유황을 고려하여 오염도 변화를 충분히 파악할 수 있는 기간으로 하되 대상사업의 종류, 규모 및 수역의 특성을 고려하여 조정할 수 있다.

• 조사방법
- 수질현황조사는 기존자료조사와 현지조사를 병행한다.
- 현지조사는 갈수기, 저수기, 평수기, 풍수기 중 최소 2시기 이상 조사를 원칙으로 하되, 신뢰할 수 있는 활용 가능한 기존 자료가 있는 경우에는 현지조사를 생략할 수 있다.
- 조사지점 및 측정방법은 수질오염공정시험방법에 따른다.

• 조사결과
- 조사결과는 조사지점별로 각 조사항목의 내용을 수역의 환경적 특성과 관련지역 환경기준 등과 함께 정리, 기술한다.

2) 사업시행으로 인한 영향 예측

• 항목
- 예측항목은 아래 사항 및 해당 사업의 시행으로 인하여 영향을 받을 수 있는 사항을 토대로 설정한다.
① 대상수역에 미치는 수질오염도의 변화
② 대상수역의 유황변화(유속, 유량, 수위 등)
③ 수역이용상황 변화
④ 지하수 환경변화
⑤ 수자원 이용 상황
⑥ 사업지역의 점오염원과 비점오염원

• 범위
- 공간적 범위는 조사범위를 기준으로 하되 대상사업의 실시로 인하여 영향이 미칠 것으로 예상되는 지역은 포함한다.
- 시간적 범위는 공사 시와 운영 시로 구분하되 수질에 미치는 영향이 최고가 되는 시점을 포함한다

• 방법
- 예측방법은 대상사업의 종류, 규모 및 유황 등 수역의 특성을 고려하여 예측모델을 이용한 수치해석, 수리모형시험, 유사사례에 의한 방법 중에서 적절한 방법을 선택하여 예측한다.

• 예측결과
- 예측결과는 아래 사항들을 포함하여 예측항목별로 정리. 기술한다.
① 점오염원과 비점오염원의 발생량 및 농도
② 대상수역의 수질 변화
③ 지하수 환경 변화
④ 수자원 이용 상황에 대한 영향

⑤ 수질오염총량관리계획과의 부합성 등
- 평가
  - 영향 예측결과를 바탕으로 환경기준과의 비교, 현황농도대비 증가량(%) 등을 검토하여 사업 시행으로 인한 수질 및 수자원 이용에 대한 영향을 평가한다.

3) 저감방안
- 평가결과를 토대로 하여 환경기준 및 관련수역과 기타 지역의 환경적 특성을 고려, 사업규모 조정,저감 시설의 설치 , 저영향개발(LID)기법 적용 등 수질에 미치는 영향을 저감할 수 있는 방안 구체적 수립 제시
- 저감방안 수립 후 수질 및 수자원 이용에 미치는 영향을 평가한다.

4) 사후환경영향조사
- 사업 시행으로 환경영향 및 저감대책의 적정 시행 여부를 확인하고 필요시 추가적인 대책을 수립 할 수 있도록 조사계획을 수립한다.

2.17.3 소규모환경영향평가서의 작성 방법(별표 7)

1) 환경영향평가법 제37조 [별표 7] 항목 Ⅶ. 환경에 미치는 영향의 조사, 예측, 평가 및 환경보전방안 기재사항 수질(지표. 지하) 해양환경
- 사업지구 및 그 주변 지역의 수환경의 현황을 바탕으로 당해 소규모 개발사업의 시행으로 인하여 수질, 해양환경에 미치는 영향을 예측한다.
- 예측 결과를 바탕으로 그 영향 정도를 평가하고 저감 대책을 수립한다.
- 현황 조사, 영향 예측, 평가방법 등은 별표4의 내용 중 수질 항목 작성 방법을 준용하되 사업의 성격, 규모, 위치 등을 고려하여 조정할 수 있다.
- 사업 지역 및 그 주변 지역이 해양이거나 면해 있을 경우 해양환경을 평가한다.

2.19 제4차 국가환경종합계획, 물환경 위해관리체계강화

제4차_국가환경종합계획

- 제4차 국가환경종합계획의 법적근거, 계획기간, 비전, 물환경 위해관리체계강화의 추진방안

2.19.1 계획의 체계

1) 의의 : 향후 20년간 국가 환경정책의 비전과 장기전략을 제시하는 법정계획
   '국토계획" 등 관련 국가계획과의 연계 강화를 위해 10년 → 20년으로 계획기간 연장
2) 법적근거 : 환경정책기본법 제 14조
3) 계획기간 : 2016년~2035년(20년)
4) 비전 : "자연과 더불어, 안전하게, 모두가 누리는 환경행복"

2.19.2 위상과 역할

환경분야의 범정부 최상위 계획으로 분야별 환경계획, 타 중앙 행정기관 지자체 환경계획에 대한 기본원칙 및 방향 제시

< 국가환경종합계획과 타 환경계획간 관계 >

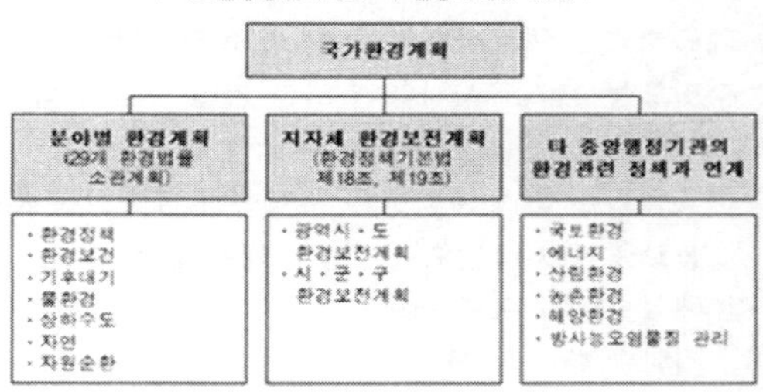

참고 : 제4차_국가환경종합계획 – 환경부 p2, p93 ~ 96

2.19.3 주요과제 및 추진방안

다. 물환경 위해관리체계 강화

□ **물환경기준 선진화**

○ **하천 유기물질 목표기준에 TOC 도입**, 유기물질에 대한 사전 예방적 관리 강화

○ 카드뮴, 수은, 납 등의 **건강보호항목을 선진국 수준까지 확대** ('15년 20 → '35년 40개)

※ 주요 선진국의 건강보호기준 항목은 일본 27개('11), EU 39개('12), 미국 124개('13)

○ **수생생물 보호기준 마련 및 관리**

- 국내 생물종의 특성을 고려한 생태독성 DB를 구축하고, 수생생물의 생존·생장·번식을 보장할 수 있는 수준으로 기준 설정

□ **수질 유해물질 환경배출 최소화**

○ **감시물질 지정으로 관리대상물질 확대**

- 유통량이 많고 위해성이 큰 물질을 중심으로 감시물질*로 지정, 모니터링 및 위해도 결과를 토대로 특정수질유해물질**로 지정

* 관리대상 유해물질 = 감시물질 + 특정수질유해물질

** 현행 특정수질유해물질(28종) 외 감시물질 지정·확대('16년 9 →'25년 54종)

○ **환경영향을 고려한 배출허용기준 설정·적용**

- 수계별 영향, 업종별 특성 등을 고려한 사업장 배출허용기준 설정

- 업종별 감시물질 배출기준은 배출시설 허가 조건에 적용 검토

○ **특정수질유해물질 처리 고도화 및 누출사고 예방**

- 유해물질 환경배출 최소화를 위한 최적가용기법(BAT) 개발 및 활용 가이드라인 마련 등 최신 기술 적용 확대

- 사고로 인한 특정수질유해물질의 수계 배출을 차단하기 위해 자동측정기기 부착 및 완충저류시설 설치 확대

□ **녹조 저감 및 발생 최소화로 공공수역 안전 확보**

○ **영양물질 유입 차단 및 적정유속 확보로 사전예방**

- 하수처리장 총인처리 강화 및 천변저류지를 통한 재처리, 댐·보·저수지 최적 연계 운영 추진

○ **녹조 감시 모니터링 및 관리 강화**

- 보 구간 수심 연속 측정 및 초분광 영상을 이용한 조류 원격 모니터링 추진, 댐·둑높임저수지 연계 방류 등 제거조치 시행

○ **국민 안심 서비스 제공으로 소통 강화**

- 물환경정보시스템에 실시간 녹조발생상황을 공개하고, 친수활동 보호를 위한 친수경보제 확대

2.19.3 주요과제 및 추진방안

라. 토양 및 지하수 위해관리체계 강화

□ **인체노출 저감을 위한 정보 공개 확대**

○ **토양오염원 국가 인벤토리 구축 및 토양환경지도 제작**

- 토양오염시설 분류(16개 시설*) 및 오염원별 인벤토리 구축

* 금속제련소, 원광석 보관소, 철도관련시설, 유독물 및 위험물 저장시설, 폐기물 보관시설, 화력발전소, 농약제조보관시설 등

- 토양오염시설 및 자연적·인위적 오염상태를 점오염원과 면오염원의 입체적 정보로 표현, 국민에게 공개

○ **토양오염 부지이력 관리제 도입**

- 토양 및 지하수오염도 조사결과를 토대로 지번별 오염이력 및 현황 정보를 국민에게 제공하고 정화정책에 반영

□ **오염부지 조기 정화를 위한 기반 강화**

○ **건강위해성 기반 정화관리체계 도입**

- 수용체 영향*을 고려한 정화 시기, 방법의 결정으로 일률적인 정화기준에 따른 과도한 비용 및 불합리한 정화 조치 개선

* 미국, 네덜란드 등에서도 오염정도, 오염물질 독성, 인체 노출경로, 위해성 평가 결과를 바탕으로 수용체 중심의 위해도 관리 실시

○ 오염된 국유지, 오염원인자가 불분명한 부지, 시급한 정화가 필요한 부지 등을 목록화하는 **정화우선순위제도 도입**

○ 오염정화에 필요재원 확보를 위한 **정화 기금 조성, 공제조합 설립** 등 추진

□ **토양오염정화 완료부지 사후관리 강화**

○ 토양정화 완료부지 사후관리계획 및 절차, 결과에 대한 신고·허가 등의 법적 기준 정비

○ 토양정화 사후검증 후 기준미달시 제재를 가할 수 있는 감독기관 지정

□ **지하수 수질 보전 및 정화 활성화**

○ **지하수-지표수 연계관리에 기초한 지하수 수질 통합관리**

- 하천변(강기슭지역, 수변지역)에서 지하수 오염물질 유출 메커니즘 평가 및 수질양상 조사 실시

※ 지하수를 포함한 기저유출에 의한 지표수 배경농도 파악, 유량 및 수질·수생태계 영향 분석 R&D 추진

- 토질, 오염원 위치 등을 고려, 투수성 유역 중심으로 지하수-지표수 연계 유역차원의 점·비점오염원 관리 강화

- 지하수 개발·이용 허가 시 물 재이용 가능성 및 방안 검토, 기저유출에 의한 수질·수생태계 영향 분석 의무화 추진

○ **지하수 정화 활성화를 위한 제도 구축**

- 지하수 오염 확산방지 및 정화 조치 시행을 위한 정화의무 법적 근거 마련

- 우선순위에 따른 지하수 오염확산 방지 및 정화조치 시행

2.20 환경책임보험

환경책임보험

- '환경오염피해 배상책임 및 구제에 관한 법률' 제17조에 따라 환경시설을 설치. 운영하는 사업자는 의무적으로 가입하여야 하며, 환경오염피해자에 대한 배상책임의 재정적 담보수단

2.20.1 현황

1) '16. 7. 시행되어 '19. 1. 현재 1만 7,000여 개 시설 (1만 4,000여 개 사업장)이 가입하여 98.1%의 가입율
2) 2019년 6월 제1기 환경책임보험사업이 종료됨에 따라 제2기 사업 출범에 필요한 보험자 선정방안과 운영방향 등을 결정
3) 환경책임보험 요율개편, 최소보험료 인하로 중소기업의 환경책임보험료 부담 완화
   - 보상한도 및 자기부담금계수 ' 를 조정하여, 시설규모 및 위험량이 적은 나·다군 사업장(주로 중소기업)의 연간 총 보험료가 63억 원 인하
   - 상대적으로 시설규모 등이 큰 가군의 사업장(주로 대기업)의 보험료는 8.6억 원 소폭 인상
   - 소규모 사업장이 내고 있는 ' 최소보험료 ' *를 20만 원에서 10만 원으로 내려 7,000여 개 사업장의 연간 총보험 료가 7억 원 인하되는 효과

   * 최소보험료 : 폐수무방류, 전량위탁으로 오염물질 배출이 없거나, 소량 배출로 보험료 산출 시 20만원 이하의 사업장이 납부해야 하는 최소한의 보험료
4) 보험사(연합체) 간 공개경쟁을 통해 중소기업 부담완화 및 공공성 강화 추진에 적합한 제2기 환경책임보험 참여보험사 선정

참고 환경책임보험 길라잡이_홍보책자_170515(환경부)

2.20.2 환경책임보험 길라잡이(홍보책자)

1. 환경책임보험이란?

환경책임보험이란「환경오염피해 배상책임 및 구제에 관한 법률」(이하 '환경오염피해구제법' 이라 합니다)에 따라 일정 조건의 시설을 설치·운영하는 사업자가 가입해야 하는 의무보험으로 환경오염사고 발생으로 인한 타인의 신체 또는 재산 피해를 보상하는 보험입니다.

2. 환경책임보험의 필요성

환경오염사고 발생시 피해자에 대한 막대한 배상책임이 발생하여 시설을 설치·운영하는 사업자는 경제적 어려움을 겪을 수 있습니다.
환경책임보험은 환경오염사고 발생시 피해자에게 자동차책임보험처럼 신속하게 피해배상을 받을 수 있게 하고, 사고 기업도 도산 위험 없이 지속가능한 경영이 가능토록 하며, 환경오염사고로 인한 국가재정 투입도 최소화 할 수 있습니다.

환경오염사고가 발생하면!

피해자	사고기업	국 가
환경오염사고의 특성상 피해의 입증이 어렵고, 고액의 소송비용, 소송의 장기화 등으로 소송포기 및 피해감수	피해배상 비용을 감당하지 못해 도산하거나 기업 이미지 실추, 브랜드 가치 하락 등 막대한 손실 초래	피해복구 특별법 제정, 막대한 국민세금 투입 (예시 : 구미불산사고 554억원 투입)

2.21 가축분뇨공공처리시설 설치 및 운영관리지침 설치타당성 조사

가축분뇨공공처리시설 설치 및 운영관리지침

- 가축분뇨공공처리시설의 설치 필요성 여부, 설치장소, 처리방법, 처리용량 등에 대한 타당성 조사

2.21.1 설치타당성 조사

1) 시장. 군수. 구청장 또는 농협조합 등은 가축분뇨공공처리시설을 설치하고자 하는 경우 가축분뇨공공처리시설의 설치 필요성 여부, 설치장소, 처리방법, 처리용량 등에 대한 타당성을 먼저 조사하여야 한다.

2) 설치타당성조사서에 포함되어야 할 주요사항은 다음과 같으며, 모든 통계는 출처를 표기하여야 한다 (가축분뇨법 시행규칙 제19조제2항)

- 해당 지방자치단체의 일반 현황
  - 지리. 지형, 기온 및 강수량(과거 5년 이상)
  - 토지이용 현황 및 경작 시 사용되는 비료(화학비료, 가축분뇨 이용 유기질비료, 기타 비료 등 구분) 사용 현황
  - 하천수계 및 이수현황(상수원보호지역, 주요 취수장 현황 등 포함)
  - 지역 경제, 재정 규모 및 재원 등
- 축산 현황 및 전망
  - 지역 가축분뇨의 특성(축종 별 발생 및 처리 현황, 가축분. 뇨의 혼합. 분리여부 분석, 가축분뇨성상 측정, 계절별 발생특성 분석 등)
  - 축종 별. 사육규모별 가축사육 동태, 가축분뇨의 발생량 및 처리량(허가. 신고. 신고 미만으로 구분, 10년간의 전망 포함)
  - 축산농가 규모화(5,000두 이상) 등 지역 내 축산현황 및 전망(전체 개별농가 현황 및 농가 당 사육두수 변화 추이 등)
  - 가축분뇨 발생량 및 처리량은 5,000두 이상(허가규모)과 5,000두 미만(허가), 신고, 신고미만 규모로 구분

참고 : 가축분뇨공공처리시설 설치 및 운영관리 지침(2018.9 환경부)

- 가축분뇨 처리량은 사육농가 규모별*로 ① 환경부 공공처리시설, ② 농식품부 공동자원화시설, ③ 기타 민간위탁, ④ 자체처리, ⑤ 미처리 등으로 분류
  * 5,000두 이상(허가규모)과 5,000두 미만(허가), 신고, 신고미만 규모로 구분
- 가축분뇨처리 현황
  - 가축분뇨처리실태(가축분뇨처리방법 별 시설설치 현황 및 운영관리실태, 발생폐수 농도 등을 축분. 액상폐수 별로 구분하여 조사)
  - 가축분뇨를 이용한 비료. 액비의 유통 및 활용 현황
  - 연차 별 가축분뇨처리계획
  - 가축분뇨처리 관련부서의 조직. 체계
- 음식물 등의 폐기물 발생 및 처리 현황(혼합 처리시만 작성)
  - 음식물 등의 폐기물 발생 현황
  - 음식물 등의 폐기물 처리실태 (처리 방법 별 시설설치 현황 및 운영관리 실태, 발생농도
  - 음식물 등의 폐기물 관련부서의 조직. 체계
- 반입희망 농가 현황
  - 가축분뇨 반입희망 농가 및 반입 희망량
    * 5,000두 이상(허가규모)과 5,000두 미만(허가), 신고, 신고 미만 규모로 구분하여 반입희망농가 및 반입량 조사
  - 조사지역은 해당 지자체 전역을 대상으로 하며, 반입희망 조사방식(유선 또는 설문지, 전수 또는 표본)과 결과보고서 등 근거서류 첨부
  - 해당 지자체에 이미 설치되었거나, 사업추진이 확정된 공동자원화시설 등의 계약농가와 중복 여부
- 기존 가축분뇨공공처리시설 및 환경기초시설에 관한 사항
  - 위치. 시설용량 및 처리방식
  - 유지관리 상황
  - 가축분뇨의 처리가능량 분석

- 가축분뇨공공처리시설의 설치필요성 검토
  - 신고규모 이하의 축산농가에서 발생하는 가축분뇨 중 적정처리되지 않는 가축분뇨량 산정
  - 가축분뇨 퇴. 액비 유통센타 등을 통하여 축산농가와 경작농가간 연계하여 처리를 늘릴 수 있는 양 산정
  - 공공처리시설 설치 이외의 방법으로 적정 처리되지 않는 가축분뇨를 처리 하는 방안 검토(농가의 시설개선, 농협 등의 기존 재활용시설의 활용, 인근 지자체의 공공처리시설 활용 등)
- 설치장소에 관한 사항(이하 설치필요성이 인정된 경우에 한정)
  - 위치. 면적. 지목. 지역구분 등
  - 입지여건(강우. 산사태 등 자연재해로부터의 안정성, 방류지역, 동력확보, 용수확보관계 등)
  - 인근 주거지역 현황(인구수, 거리 등)
  - 도시계획 및 장래 증설계획과의 관계
  - 축산농가로부터의 운반거리 등

<표 2-1> 후보지 선정 시 고려사항

구 분			고 려 사 항
건 설 가능성	기술적 측면	공사측면	∘지형 및 지질 등이 적합한 곳 ∘시공조건이 유리한 곳 ∘공사재료의 확보가 용이한 곳
		방재. 환경보전 측면	∘산사태, 흙의 미끄러짐 등에 의한 붕괴나 장마. 폭우 시 침수 등의 우려가 없는 곳 ∘ 하천, 호소, 해역 등 주변 수역의 이수 등에 영향을 미치지 않은 곳 또는 불가피한 경우 수질에 미치는 영향을 최소화 할 수 있는 곳
	토지이용 측면		∘관련법규상 가축분뇨공공처리시설의 입지상에 문제가 없는 곳 ∘자연환경(경관, 생태계 등)상 입지가 가능한 곳
	경제적 측면		∘처리시설 건설비 및 부대공사비 등의 소요가 경제적인 곳
용지취득 가능성	소유형태 등		∘토지소유 형태상 용지취득이 가능한 곳 ∘주민민원이 없거나 최소화할 수 있는 곳
작업성 및 유지 관리	시설운영 측면		∘시설의 운영이 용이한 곳 ∘2차 공해발생 요인이 적은 곳 ∘가축분뇨의 이송거리가 짧은 곳
	유지관리 측면		∘상. 하수도, 전력 등의 활용이 용이한 곳 ∘시설관리가 용이한 위치 및 지형인 곳 ∘ 환경감시(모니터링)에 적합한 곳 ∘ 근무자의 통근 및 수거차의 운행이 용이하고, 진입로의 개설이 쉬운 곳 ∘ 발생된 부산물, 슬러지, 비료의 처분이 용이한 곳

- 처리방식 및 시설용량에 관한 사항
  * 처리공법은 기본 및 실시설계 단계에서 정밀 검토. 결정
  - 처리방식
    ① 공공처리방식은 지역특성 및 경제성, 환경성 분석 등을 토대로 결정하되, 정화처리 방식보다는 퇴비. 액비 등으로 자원화하는 방안을 우선적으로 검토하고, 환경용량에 따른 정화처리를 동시에 고려
    ② 다른 환경기초시설과 병합처리 또는 연계처리하는 방안도 함께 검토 (특히, 처리해야 할 가축분뇨량이 적은 경우에는 연계. 병합처리 검토)
    ③ 가축분뇨 수거방식(관거유입, 차량수거) 및 반입 시의 농도통제방식도 함께 검토
    <가축분뇨정화시설의 처리방법(가축분뇨법 시행규칙 제3조)>
    ○ 호기성 생물학적 방법 ○ 임의성 또는 혐기성 생물학적 방법
    ○ 물리. 화학적 처리방법 ○ 위 규정에 따른 방법을 조합한 방법
- 처리방식 별 대안 비교(재활용방안을 포함하여 3개방식 이상)
  - 소요부지면적, 처리방식의 안정성. 내구성
  - 운영관리의 난이도
  - 경제성(시설비 및 유지. 관리비) 등 비교
- 처리용량 산정
  - 유입대상 농가라도 재활용 등 자체처리가 가능한 양은 최대한 배제하고 공공처리가 꼭 필요한 최소한의 양만으로 산정
  - 농림축산식품부의 가축분뇨처리시설 자금을 지원받은 농가는 공공처리 시설 반입대상에서 배제하여 중복 지원이 없도록 관리, 다만 시설 노후화 등으로 기존시설의 사용이 곤란한 경우에는 제외
  - 기존의 공공처리시설, 재활용시설 등을 최대한 활용하여 처리물량을 축소하는 방안 검토
  - 처리용량은 현재 수거량 뿐만 아니라 장래 발생량도 고려해서 산정하여야 하며, 특히 축산농가 및 그 인접지역과 시설설치 부지 인접지역에 대한 개발계획을 충분히 고려하여 시설가동 이후 농가 폐업 또는 민원 등으로 인한 가동률 저하 및 과다용량이 문제되지 않도록 주의(해당 지역에 대한 종합발전계획, 도시·군 기본계획(관리계획) 등 개발계획 검토 후 결과를 시설용량 산정 시 반영)
  - 1일 수거량을 지역별, 축종 별, 농가(신고, 신고 미만)별로 산정하고 장래 발생량도 함께 예측
    ① 음식물 등의 폐기물을 혼합 처리하려는 시설은 대상 반입물 각각의 발생량(장래 발생량 포함) 및 처리현황을 고려하여 적정 용량 산정(관련 통계 등 근거자료 제시)
    ② 바이오가스 시설의 용량산정 시 소화액 처리를 감안한 시설 계획 고려
- 계획수질(성상) 산정
  - 유입수질(성상)
    ① 지역 축산농가 가축분뇨 실측농도, 타 시설 설계수질 등을 종합적으로 고려하고, 특히 증설의 경우 기존 처리시설 운영수질을 면밀히 분석
    ② 처리 안정성 및 경제성 확보를 위해 분·뇨 분리저장, 농도통제 등을 고려하여 유입수질을 과다하게 높게 않도록 주의
  - 처리수질(성상)
    ① 연계처리시설의 계획처리수질은 가축분뇨법 시행규칙 제21조를 준수하는 범위 내에서 정하고, 연계되는 시설관리부서와의 협의를 반드시 거쳐 설계 시 처리수질이 변경되는 경우 사전 방지
- 가축분뇨공공처리시설의 효과, 주변에 미치는 영향 분석
  - 생산된 퇴비. 액비의 처분하기 위한 농지확보 또는 판매 방안(퇴비. 액비화 방법)
    * 퇴비. 액비화 관련 수요처 및 살포농지 확보 증빙자료 제시
  - 방류지점 및 방류하천 현황, 시설설치 후 주변환경에 미치는 영향, 상수원. 취수장. 유원지 등과의 관계 (단독정화처리방법)
  - 질소. 인 등 오염물질이 하수종말처리장에 미치는 부하 및 하수종말처리장의 방류수질정화(연계정화처리방법)

* 정화처리시설의 경우 분석결과를 토대로 적정 방류수 기준 제안
- 에너지원의 활용, 판매방안(바이오 가스시설, 고체연료시설)
• 시설설치 후 유지관리대책에 관한 사항
- 근무자 및 유지관리비 확보방안
① 공공처리시설의 처리용량으로 제시된 가축분뇨를 수거할 수 있는 인력. 장비, 예산 등 구체적인 수거능력 확보방안 검토. 제시
- 가축분뇨공공처리시설 운영. 관리과정에서의 악취저감방안
① 전문성 확보를 위한 민간위탁방안 등
• 소요재원 및 사업비 확보방안
- 소요재원은 처리량 및 공사의 타당성이 유지될 수 있는 범위 내로 산정
- 사업비(시설비. 보상비 등)의 계산
- 자금조달방법(운영비 중 농가에 부과하는 처리비 수준 등)
• 분뇨처리시설 등 관련시설의 현황 및 설치계획
- 관련시설의 위치. 용량. 처리방법. 사업기간
- 관련시설에서의 병합. 연계처리 가능성
• 관련법규에 대한 검토
- 국토의 계획 및 이용에 관한 법률, 하수도법, 농지법, 기타 관련법규

3) 시장. 군수. 구청장 또는 농협조합은
가축분뇨처리 관련분야 전문가 5인 이상의 자문단을 구성하여 설치필요성 및 설계용량 등 공공처리시설의 설치 시 필요한 사항에 대하여 의견을 수렴하여야 한다.

4) 타당성조사는 시설 설치 필요성을 조사. 검토하는 차원에서 기술용역으로 추진하되, 시장. 군수. 구청장 또는 농협조합은 타당성조사가 설치필요성을 정당화 하거나 용량을 확대하는 수단으로 활용되지 않도록 해야 하며, 또한 타당성 조사와 설계간에 견제와 균형이 이루어질 수 있도록 한다.

<시설용량의 과다설계와 관련한 감사원 지적사항, 2001. 1.29>

- 개별 축산농가의 축산폐수 배출시설과 처리시설의 현황 및 축산폐수공공처리시설에 위탁하여 처리하고자 하는 희망량을 조사하여 시설용량을 결정하지 않고 단순히 가축사육두수에 배출원단위 등을 곱하여 시설용량을 과다하게 산정

5) 시장. 군수. 구청장 또는 농협조합은 유역. 지방환경청에 타당성에 대한 확인을 받아야 한다.
6) 타당성조사 검토 요청 시 타당성조사 보고서를 첨부하여 시·도를 거쳐 유역. 지방환경청에 제출하여야 한다.
7) 유역. 지방환경청은 타당성조사 보고서에 대한 한국환경공단의 기술검토와 농림축산식품부 의견(공동자원화 시설과의 중복성 여부)은 반영되도록 하고 그 결과를 시. 도지사 및 한국환경공단에 통보하여야 한다. 또한 시. 도지사는 유역·지방환경청 으로부터 통보 받은 타당성 확인 결과를 시장·군수·구청장 또는 농협조합에 통보하고 설치승인 시 검토사항의 반영여부를 확인하여야 한다.
8) 유역. 지방환경청에서 타당성이 있는 것으로 최종 확인된 경우에 한하여 시장. 군수. 구청장은 국고 보조금을 신청할 수 있다.

2.22 제 3차 지속가능발전 기본계획(2016~2035)

제 3차 지속가능발전 기본계획(2016~2035)

- 제 3차 지속가능발전 기본계획(2016~2035)의 '건강한 국토환경' 목표의 추진전략 중 '깨끗한 물 이용보장과 효율적 관리'를 위한 이행과제

2.22.1 요약

1) 제 3차 지속가능발전 기본계획(2016~2035)

V 제 3차 기본계획 세부이행과제

1. 건강한 국토 환경

1-3 깨끗한 물 이용 보장과 효율적 관리

① 안전한 식수에 대한 접근성 보장 – 소관부처 환경부, 국토부

- 깨끗하고 안전한 수돗물 생산·공급
- 농어촌 지역 상수도 확충
- 노후 상수도 교체 및 인프라 강화

② 상수원 수질개선 대책 강화 – 환경부, 농식품부

- 지류·지천 중심으로 수질개선
- 유해물질의 공공수역 배출 감축
- 오염총량제에 의한 수질관리 기반 강화
- 농축산업 분야 비점오염 절감유도

자료 : 제 3차 지속가능발전 기본계획(2016~2035)(2016. 1 관계부처합동)

③ 물순환 체계 강화 – 국조실, 환경부, 국토부, 농식품부, 국민안전처, 기상청

- 통합물관리 기반 마련
- 전 국토의 물의 저류·함양 기능 유지 및 향상
- 가뭄 등 기후변화에 대응하기 위한 환경생태유량 확보 및 수질 개선
- 물이용요금 현실화 및 상수도 수요관리 강화
- 물 재이용 활성화를 위한 제도 개선 및 시설 확충

자료 : 제 3차 지속가능발전 기본계획(2016~2035)(2016. 1 관계부처합동)

2.22.1 세부내용

V

제3차 기본계획 세부이행과제

1 건강한 국토 환경
2 통합된 안심 사회
3 포용적 혁신 경제
4 글로벌 책임 국가
5 지속가능발전 이행기반 강화

1-3 깨끗한 물 이용 보장과 효율적 관리

1-3-① 안전한 식수에 대한 접근성 보장

소관부처 환경부, 국토부

■ **깨끗하고 안전한 수돗물 생산·공급**

- 고도정수처리시설 도입 확대로 안전한 물 생산·공급 실현
  - 녹조 상습 발생으로 독성물질 및 맛·냄새에 취약한 정수장에 우선적으로 고도정수처리시설 도입
  - 공급관리 감시·제어로 수돗물 수량 관리 강화
- 고도정수처리 미도입 시설은 염소 및 분말활성탄, 응집제 등 수처리제의 충분한 확보로 맛·냄새물질 적정처리
- "수돗물 안심확인제" 확대 시행 등 국민이 자신이 마시는 수돗물의 수질을 직접 확인함으로써 수돗물에 대한 불신을 해소

■ **농어촌 지역 상수도 확충**

- 농어촌지역 상수도 보급을 확대하기 위해 「농어촌지역 상수도 확충사업('13~'17)」을 지속 추진하여 '17년까지 보급률 80% 달성(면지역)
  * '15년 73% → '17년 80%
- 물복지 수준이 낮은 섬, 해안지역에 안정적인 물공급을 위해 도서지역 용수공급 시설 운영관리 가이드라인 마련('16.6)

자료 : 제 3차 지속가능발전 기본계획(2016~2035)(2016. 1 관계부처합동)

■ **노후 상수도 교체 및 인프라 강화**

- 깨끗하고 안전한 수돗물 생산·공급과 보편적 물 복지 형평성 제고를 위해 낙후지역 노후 상수도시설 단계적 정비 추진
  - 지방 상수도시설 노후도는 30% 이상(관로 30.6%, 정수장 58.8%) 깨끗하게 생산된 물이 안전하게 가정까지 공급되지 못하는 문제 발생
    * ('13년 직접음용율/원인) 5.4%, 물탱크나 수도관에 문제가 있을 것 같아서(30.8%)
  - 노후 지방상수도 개량을 위한 연구용역 및 시범사업(2개소)을 거쳐 노후 지방상수도 개량사업의 구체적 시행방안 마련
- 위생안전기준 미인증 제품, 기준미달 제품 등 불법·불량 수도용 자재에 대한 시판품 조사 및 행정처분 등 관리대책 추진
  - 수도꼭지류, 물탱크 등 위생안전기준 부적합률이 높은 제품, 인증시 제품시험 면제 제품(수도계량기) 등에 대한 집중 조사

성과지표

구분	실적('15)	목표('20)	측정방법/출처
농어촌 상수도 보급률(%)	65.9('13)	80%	(농어촌 면지역 급수인구/농어촌 면지역 총인구)*100
물공급 안전율(%)	86('13)	93%	생활용수 공급능력 / '25년 생활용수 수요
고도정수처리 시설 비율(%)	22('13)	60	고도정수처리 시설 / 전체 정수처리시설*100

1-3-② 상수원 수질개선 대책 강화

소관부처 환경부, 농식품부

■ **지류·지천 중심으로 수질개선**

- 오염지류 또는 녹조발생 우심지류를 "조류 중점관리 지류"로 선정하여 봄철부터 오염지류 책임관리
  - 조류발생 상황 주기적 모니터링, 오염원 단속, 녹조발생시기 유량확보, 녹조 직접제거 조치 등 조류저감대책 수립·추진
  - 지류별로 개선이 필요한 수질오염물질(유기물, 영양물질, 유해물질 등)을 선정하여 지자체 등이 자발적으로 참여하는 맞춤형 지류총량제 시행
- 통합·집중형 오염하천 개선사업 추진으로 수질개선 효과 제고
  - 생태하천복원, 하수처리시설 확충, 비점오염저감시설 설치 등 다양한 개선수단을 오염지류에 단기간 내에 집중하여 지원하는 방식으로 통합·집중형(패키지형) 지원시스템 강화

■ **유해물질의 공공수역 배출 감축**

- 감시물질 지정 및 신규 규제항목 도입으로 대상물질 확대
  - 현행 특정수질유해물질(28종) 외 감시물질 지정·확대

현 행	단기 추진(~'16년)	장기 검토('16~'25)
• 관리대상물질 28종 • 관리체계 미비	• 관리대상물질 54종으로 확대 • 업종별 규제물질 목록화	• 관리대상물질 82종으로 확대 • 사업장별 물질관리체계 구축

  - 난분해성 물질 관리를 위해 배출허용기준 등에 TOC 도입 검토
- 배출영향분석 결과를 고려하여 배출기준 설정하도록 관리체계 전환
  - 업종별 감시물질 배출기준은 배출시설 허가 조건에 적용
- 유해물질 배출 저감 최적 가용기법(BAT) 확대하여 처리 고도화
  - 유해물질 누출사고에 대비한 완충저류시설 순차적 설치

자료 : 제 3차 지속가능발전 기본계획(2016~2035)(2016. 1 관계부처합동)

■ **오염총량제에 의한 수질관리 기반 강화**

- 기본계획의 수질목표를 달성할 수 있도록 단계적으로 오염총량제 시·도 경계 목표수질 강화
- TOC 항목 도입(4단계, '21년~)으로 유기물질 관리를 강화하고, 총질소(T-N) 등 지역별 현안물질 관리를 위한 지류총량제 도입
- 도로청소 등 신규 비점저감 기법 및 친환경 농업 등 비구조적인 비점관리 방안도 폭넓게 오염총량의 삭감량으로 인정

■ **농·축산업 분야 비점오염 절감유도**

- 가축분뇨 오염원 관리를 위해 양분관리제를 단계적으로 도입하여 질소, 인 등 토양영양물질 관리 강화
  - 지자체(시·군)별로 가축분뇨 퇴·액비의 적정량을 설정, 초과발생된 가축분뇨 중 일정량은 공공처리를 유도하고, 축산환경관리원 등을 통한 지역별 양분관리* 추진

    * 가축분뇨 고형연료화 확대, 질소·인 회수, 지역간 퇴·액비 이동, 보통비료 대체 등
  - 기업형 개별농가의 가축분뇨 정화처리시설에 대한 방류수 수질기준을 단계적으로 강화

    * TN : 850mg/L → 250mg/L('19) → 단계적 강화 / TP : 200mg/L → 100mg/L('19) → 단계적 강화
- 토양·수질 등에 대한 농업환경지표를 개발하여 친환경농업의 수질개선 효과를 체계적으로 평가
  - 환경지표를 이용하여 친환경 농업직불금 등의 지원 근거로 활용
- 비점오염물질 유출을 최소화할 수 있는 최적영농기법을 마련하고, 기법별 이행효과 및 저감효율 도출
  - 물관리 시험포(물꼬), 완효성 비료 시비, 식생 밭두렁 조성 등
- 농촌 비점오염원 관리 시범사업
  - 새만금호 수질 목표달성을 위하여 간척농지 비점오염 저감기술, 논·밭 최적관리기술 등을 연구하여 현장 적용(~'16.12)
  - 관리 필요성이 높은 이천 설성천 지역(한강유역)을 선정하여 저감시설 설치, 최적관리기법 적용, 저감효과 모니터링 등 통합관리 추진('16~)

성과지표

구분	실적 ('15)	목표 ('20)	측정방법/출처
감시물질 지정 항목	28종	54종	특정수질유해물질 및 감시물질 지정 항목 수
수질 등급 달성	중권역지점 2등급 이상 79.8%('14)	전국상수원 1등급 이상	도심하천 2등급 이상

자료 : 제 3차 지속가능발전 기본계획(2016~2035)(2016. 1 관계부처합동)

1-3-③ 물순환 체계 강화

소관부처 **국조실, 환경부, 국토부, 농식품부, 국민안전처, 기상청**

■ **통합물관리 기반 마련**

- 가뭄 극복 대응을 및 수자원 통합조정을 위한 컨트롤 타워 신설 등으로 통합 물 관리 추진
- 현행 「물관리 정보유통시스템('04~)」에 종합분석기능을 추가하여 의사결정 지원시스템으로 고도화*

  * 각 부처의 수자원정보시스템과 연계강화하고, 강우-유출분석 등 분석기능을 보강하여 유역별 물 배분, 시설간 연계 등 의사결정 지원
- 가뭄 예·경보 시행을 위해 수자원정보센터 구축 추진

■ **전 국토의 물의 저류·함양 기능 유지 및 향상**

- 도시지역 친환경 빗물관리기법인 저영향개발기법(LID) 및 그린인프라의 적용·확대·유지관리를 위한 기술·제도·재정적 기반 구축
  - 한국형 저영향개발기법*을 개발·보급하고, 도심지역 LID 시설에 대한 성능검사제 도입 및 유지관리 의무화 등 제도적 기반 마련

    * 유역전반 소규모·분산형 시설과 유역말단 중소규모 저류형 시설 혼합·연계
  - 하수도 요금체에 강우유출수 요금제를 도입하여 재정조달체계를 마련하고, 빗물관리비용 부담 차등화로 투수층 확대 유도
- 투수면적 확대 및 저류기능 향상을 위한 시설 확대를 추진하고, 물순환 및 생태적 기능을 고려한 기준 설정 및 가이드라인 마련
  - 경제적 유인책과 연계한 도심지역 LID 시설 확충 및 환경영향평가 협의 강화를 통한 개발사업의 투수면 확대

    * 도심 LID 시설 도입 가이드라인 마련 및 불투수면 과다 지역 집중관리(51개 소권역)
  - 지자체와 협력하여 도시별 바람직한 투수면적 비율기준을 설정하고, 기준을 초과하는 지자체에 대해 불투수면적 관리 의무 부여

    * 기준 초과 시 도심 녹지공간 창출 및 개발사업의 투수면 확대 등 의무화
  - 수변생태벨트 내 물순환을 고려한 녹지공간 조성 기준을 정립하고, 천변 저류지를 확대 설치하여 수변의 물순환기능 향상

■ **가뭄 등 기후변화에 대응하기 위한 환경생태유량 확보 및 수질 개선**

- 환경생태유량 법제화로 생태적 기능을 고려한 유량 관리 기반 구축
  - 환경에 대한 수자원 배분을 통해 하천의 온전한 기능을 유지하고, 댐·보·저수지 최적 연계 운영에 반영
- 환경가뭄지수를 도입하여 단계별 가뭄 시 수생태계 보호를 위한 수량·수질관리 추진대책을 수립하고 가뭄 위기대응 매뉴얼 마련
- 기후변화에 따른 물관리 지원을 위한 가뭄전망정보 고도화
  - 선제적 가뭄 지원을 위한 3개월 이상 장기가뭄전망 기술 개발
  - 기상학적 가뭄지수의 농업·수문학적 가뭄 활용 및 연계 예측기술 개발
- 갈수기에 방류수 수질관리 강화 및 하·폐수 방류수를 수생태계 유지를 위한 긴급유량으로 활용할 수 있도록 기술 및 설비 정비

■ **물이용요금 현실화 및 상수도 수요관리 강화**

- 물이용요금 부과체계를 합리적으로 개선하고 원가의 산정주기에 장기적 원가변동 예상분을 반영토록 조정하여 요금 안정성 확보
  - 지역별로 다양한 요금적용 업종체계를 단순화하고, 누진단계는 영리성 등을 반영토록 조정함으로써 요금부과의 효율성과 형평성 제고 및 물 다소비 업종의 물 절감 유도
  - 지자체별 중장기 요금적정화 목표계획 수립시 장기적 원가변동 예상분을 원가산정에 반영토록 유도

자료 : 제 3차 지속가능발전 기본계획(2016~2035)(2016. 1 관계부처합동)

- 수도사업 효율성 증대와 수요관리 강화를 통하여 한정된 기존 수자원의 활용도를 증대
  - 노후관로 및 계량기 교체, 검침시스템 선진화 등 지속적인 유수율 제고 활동을 통하여 물 손실 최소화, 효율적인 수자원 관리 도모
  - 급수체계 조정사업을 통해 용수수급에 여유가 있는 지역의 여유량을 부족지역으로 전환·공급 확대

물 재이용 활성화를 위한 제도 개선 및 시설 확충

- 물재이용 제도의 합리성 제고를 위한 제도정비 등
  - 인체접촉유무에 따른 사용용도 구분 및 용도별 수질기준 합리적 조정, 특히 공업용수의 경우 수요자와 공급자간 협의에 의해 결정토록 개선
  - 풍수기에 저장된 빗물을 갈수기시 사용방안, 빗물이용이 실질적으로 담보될 수 있도록 관리체계 개선
  - 관할 지자체 용수이용계획(수도정비 기본계획 등)과 연계하여 지역별 물 재이용 관리계획이 수립되도록 관리 강화
- 물 재이용 확대 및 재이용수의 고급화 추진
  - 대규모 하수 발생 처리장을 중심으로 하수처리수 재이용 활성화
  - 공업용수 재이용사업을 대규모 민자사업(BTO)으로 추진
    * '15년 3개소 추진 중(아산, 구미, 포천)
  - 양질의 수질을 가지는 빗물과 안정적인 수량을 가지는 중수도 등과 연계한 물재이용시스템 구축

성과지표

구분	실적 ('15)	목표 ('20)	측정방법/출처
하수처리수 재이용률(%)	14.3	15.8	(하수처리수재이용량/하수처리량)×100

자료 : 제 3차 지속가능발전 기본계획(2016~2035)(2016. 1 관계부처합동)

2.23 양분(질소, 인) 수지와 지역 양분관리제

양분 수지 및 양분관리

- 양분수지(nutrient balance)는 모든 경로를 통하여 농경지에 유입되는 양분투입량과 농경지에서 소비되는 양분산출량을 산정하여 투입과 산출량의 차이로 계산

2.23.1 배경

1) 축산시설은 생산성 증대를 위하여 기업화. 축사의 신축 및 확장이 어려운 현실에서 생산성을 높이기 위하여 동물을 밀집사육, 가축분뇨의 발생량 증가
2) 가축분뇨는 자원순환형 농업을 위한 친환경적 양분을 제공하기 때문에 자원으로 가치가 높으나, 처리과정이 적절하지 못한 경우, 살포방식이 잘못 된 경우, 품질이 떨어지는 경우에는 물, 대기, 토양의 환경오염을 야기
3) 국내 배출 많은 양의 가축분뇨는 해양투기가 금지된 이후로 육상에서 처리, 약 90%는 자원화 농경지 유입.
4) 기존에 보통비료(무기질비료), 유기질비료와 함께 부숙유기질비료에 속하는 가축분뇨의 효과적인 처리에 관한 방안을 마련하기 위해서는 종합적인 양분관리현황을 파악하고 대안을 제시하는 것이 필요

자료 : 지역의 양분관리를 위한 양분수지산정·삭감·평가 등에 관한 시행계획 수립 및 현장적용(2017. 12. 전북대학교 환경부)

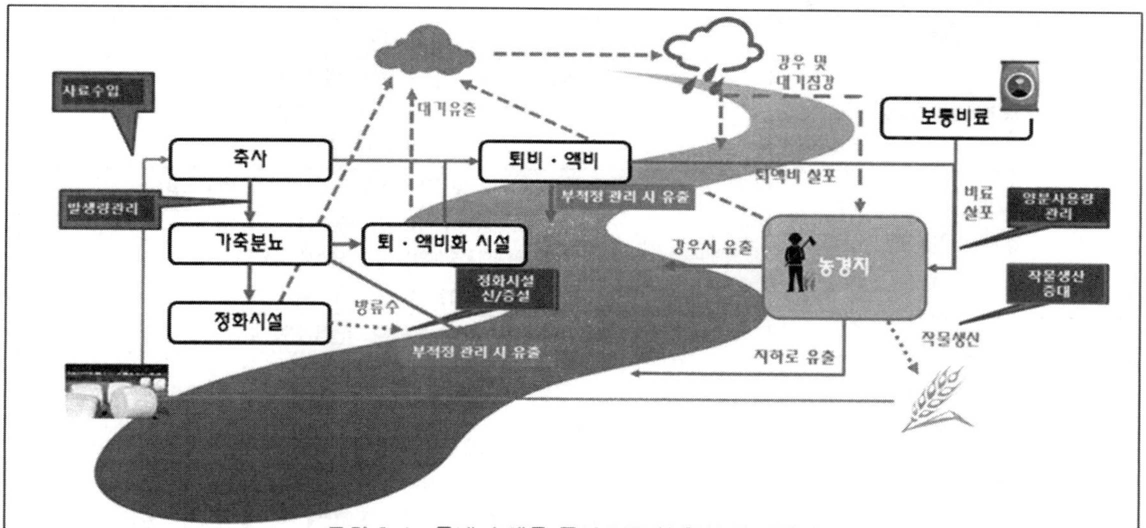

<그림 2-4> 국내 수계를 중심으로 한 양분의 이동경로

2.23.1 양분수지의 개념

1) 양분수지(nutrient balance)는 모든 경로를 통하여 농경지에 유입되는 양분투입량과 농경지에서 소비되는 양분산출량을 산정하여 투입과 산출량의 차이로 계산
2) 양분수지를 사용하여 경로 별로 투입되는 양분의 양과 경로 별로 산출(작물 성장, 대기 유출, 수계 유출 포함)되는 양분의 양을 정량적으로 파악할 수 있기 때문에 양분관리를 위한 전략을 수립하는 데 효과적으로 활용

3) 양분수지분석은 양분이 잠재적으로 물, 대기, 토양에 미치는 환경적인 영향을 추정하기 위하여 효과적으로 사용
4) 토양의 성질과 재배작물의 특성, 수계와의 거리 등에 따라 지역적으로 양분소모의 특성이 서로 다르기 때문으로, 양분이 토질, 대기질, 수질에 각각 미치는 정량적 영향을 분석하는 것은 매우 어렵다(Fernall, 2010). 하지만 양분수지는 얻을 수 있는 자료를 바탕으로 과학적인 접근을 통하여 투입되는 양분이 환경 에 미칠 수 있는 잠재적 영향을 정량적으로 제시할 수 있기 때문에 정책적인 결정에 매우 유용하게 사용될 수 있다.

2.23.3 양분수지 산정

1) 양분투입량(Input)은 보통비료(무기질비료), 가축분뇨, 유기질비료가 대상영역에 얼마나 투입되는지를 바탕으로 산정. 따라서 각 항목별 투입량에 대한 신뢰할만한 데이터를 수집하는 것이 중요.
보통비료는 지역 농협에서 공급하는 양이 해당지역에 모두 투입되는 것으로 가정.
가축분뇨 퇴액비는 살포량이나 거래되는 양을 추적하는 것이 어렵기 때문에 대상지역에서 사육되는 축종 별 사육두수와 두수 당 가축분뇨 발생원단위를 곱하여 산정.
유기질비료는 조사하는 기관에 따라서 편차가 매우 크기 때문에 통계청에서 추적이 되는 수준의 데이터를 사용.
생물학적 질소 고정은 콩과 작물의 질소 고정량과 콩과 작물의 재배면적을 사용하여 산정. 대기 중 질소 침적은 농경지 면적과 질소의 침적계수를 곱하여 산정,
2) 양분산출량(Output)은 대부분 작물의 생산과 관련된 요인으로 구성. 작물생산량은 대상지역에 대한 작물 별 재배면적과 생산량, 작물 별 질소/인 함량계수를 고려하여 산정. 작물 재배방식에 따라 시설원예의 경우 양분 수요 조정계수를 활용하여 동일한 면적에서 더 많은 양분이 소모되는 것으로 산정. 작물부산물은 작물 별 작물 잔사 발생계수와 재배면적을 곱하여 산정.

<표 2-2> 양분관리 현안과제 도출

현안과제	주요내용
양분관리제도 고도화	해외사례 검토를 기반으로 국내 적용가능한 제도 도입 질소, 인에 대한 관리기준 선정 무허가축사 양성화 사업
양분관리 지원사업	기존 지원사업 검토 및 농식품부와 환경부 공동의 과제 도출 퇴액비 저장시설 지원사업 조사료생산기반확충사업을 통한 퇴액비 살포지 확보 유기질, 부숙유기질 비료 지원사업 검토
사육두수관리	강제적 사육두수관리보다 자연적 감축 유도
축산농가 가축분뇨 관리	무단투기, 불법퇴적 관리 퇴액비 성상관리 및 표시제
퇴액비 살포지 확보	조사료, 골프장 등 살포지 확보 퇴액비 사용 우수사례 확보 밭, 시설원예 등 퇴액비 성상관리와 살포방법에 따른 올바른 사용 권장
지역 양분관리 전략	양분수지 산정법의 합리화 및 산정근거 마련연구 친환경축산단지 조성사업 권장 지역맞춤형 양분저감 전략 수립 지역거버넌스 기반의 양분관리 방안 마련
양분관리 교육홍보	양분관리 컨설턴트 육성 활성화 지역주민, 농가, 학생, 관계자들에 대한 교육 및 홍보

2.24 기존 하수처리장에 고도처리시설 설치

기존 하수처리장에 고도처리시설 설치

- 기존 하수처리장에 고도처리시설을 설치 시 고려사항과 추진방식

2.24.1 고도처리시설 설치 일반원칙

1) 하수처리장(마을하수도 포함)에 고도처리시설의 설치여부를 검토할 경우에는 다음사항을 고려하되, 고도처리시설을 설치하여 본래의 제거효율을 정상 발휘할 수 있을 만큼 유입수질이 개선되는지 여부를 사전에 검토하여야 한다.
   - 하수처리장의 방류수 수질기준 강화로 하수의 고도처리가 요구되는 경우
     - 방류유역이 폐쇄성유역으로서 질소·인으로 인한 부영양화가 문제되는 경우
     - 하수 처리수를 중수도, 농업용수 및 공업용수 등으로 재이용할 경우
     - 기타 수질보전 상 고도처리가 필요한 경우
2) 고도처리시설은 강화된 하수처리장의 방류수 수질기준 적용시기를 고려하여 설치하여야 한다.
   기존 하수처리 장의 실제 유입수질이 저농도 등으로 고도처리효율이 떨어질 것으로 예상되는 때에는 반드시 하수관거 정비 사업과 병행하여 추진한다. 즉, 유입수질이 설계수질의 50%미만, 유입하수량이 계획하수량의 60%이내, C/N비가 3.5이하인 시설은 하수관거의 문제점조사 및 최소한 상기 각 항목이 그 이상으로 개선되는 시점에 맞추어 고도처리시설이 완료되도록 한다.

참고 : 기존 하수처리장 고도처리공정 개선 방안-논문
기존 하수처리장 고도처리시설 설치사업 업무처리 일반지침(2002. 4.)

2.24.2 고도처리시설 설치사업 추진방식

1) 운전개선방식(Renovation) : 기존처리공법 유지 또는 수정
   운영실태 분석결과 기존 하수처리장의 성능이 양호하여 유입유량의 조절, 포기방식의 개선, 슬러지 처리계통의 운영개선, 연계처리수의 효율적 관리, 여과시설 설치 등 운전방식의 개선 및 일부설비의 보완 등으로 강화된 방류수 수질기준 준수가 가능한 경우의 고도처리시설 설치사업 추진방식이다.
2) 시설개량방식(Retrofitting)
   운영실태 분석결과 기존하수처리장의 성능이 운전방식의 개선 및 일부설비의 보완만으로는 강화된 방류수 수질기준 준수가 곤란하여 처리공법 변경이 필요한 경우의 고도처리시설 설치사업 추진방식이다.

2.24.3 고도처리시설 설치 추진절차

1) 고도처리시설 설치하기 위해서는 먼저 고도처리시설 설치대상 하수처리장의 운영실태를 조사하여 운전개선방식에 의한 추진방안을 우선적으로 검토한 다음 기존하수처리장의 성능이 운전방식의 개선 및 일부 설비의 보완만 으로는 강화된 방류수 수질기준 준수가 곤란할 경우 시설개량방식으로 추진할 경우에는 하수의 성상, 처리수의 재이용계획, 건설비 및 유지관리비, 처리효율 등에 충분히 고려하여 효율적이고 경제적인 고도처리 공법을 선정 하여 설치한다.

2.24.4 고도처리시설 설치 시 주요 검토사항

1) 기존 하수처리장에 고도처리시설을 설치하고자 할 때에는 기본설계 과정에서 처리장의 운영실태 정밀분석을 실시한 후, 이를 근거로 사업추진 방향 및 범위 등을 설계에 반영하고, 그 결과가 수록된 설계보고서를 설계자문 요청 시 제시하여야 한다. 운영실태 정밀분석 내용은 다음과 같다.

- 유입수량 및 수질특성 조사
- 하수처리장의 현상 진단
- 시설개선 및 효율화 방안제시
- 처리효율 개선사업의 시행 타당성 검토·제시

2) 운전개선방식에 의한 추진방안을 우선적으로 검토하되, 방류수 수질기준 준수가 곤란할 경우 시설개량방식으로 추진하여야 한다.
   - 운전방법개선 등으로 처리효율을 향상시켜 고도처리시설 도입이 불필요하는 등 사업비를 절감할 수 있는지 여부를 우선적으로 검토한 후 이를 사업계획에 반영한다.
   - 시설용량증설 없이 처리공법 개선 등으로 처리능력을 증대시켜 사업비를 절감할 수 있는지 여부를 우선적으로 검토한 후 이를 사업계획에 반영한다.
3) 하수처리장의 부지여건을 충분히 고려하여 고도처리시설 설치계획을 수립하여야 한다.
4) 기존 시설물 및 처리공정을 최대한 활용하여 중복투자가 발생되지 않도록 하여야 한다.
   - 고도처리시설 설치에 수반되는 수처리 및 슬러지처리 시설은 기존시설과 호환성이 없을 경우, 변경 사업비용의 중복투자가 되므로 기존 처리시설과의 호환이 가능한 고도처리공법이 우선적으로 도입되도록 검토한다.
   - 처리장의 수 처리 구조물, 건축물 및 기계·전기설비 등 기존 시설물을 최대한 활용한 고도처리시설이 설치되도록 한다.
   - 고도처리공법을 선정할 때에는 LCC(Life Cycle Cost)에 의하여 고도처리공법 선정의 타당성을 검토하고, 그 검토결과에 의해 하수처리공법(당해 공법에 수반되는 기자재 포함) 선정사유를 설계보고서에 구체적으로 제시하여 설계자문을 받아야 한다.
   - 하수처리장을 증설하면서 고도처리시설을 설치하는 경우에는 기존 처리시설과의 연계성 및 오염물질 제거효율이 우수하고 유입수량과 수질의 변동에 유연하게 대응할 수 있는지 여부를 검토하여 선정한다.
   - 하수처리장에 고도처리시설을 설치할 경우에는 설치·운전 실적 여부 등을 감안하여 안정적·경제적인 기술을 선정하여야 한다.

• 고정상 담체(MEDIA) 충진공법 선정 시에는 담체에 부착된 Slime을 효과적으로 탈리시킬 수 있는 시설을 설치하고, 담체 미생물 부착여부를 정기적으로 확인할 수 있는 시편(1프레임 이상)을 설치한다.

5) 표준활성슬러지법이 설치된 기존처리장에 고도처리시설을 도입할 경우에는 개선대상 오염물질별 처리특성을 감안하여 효율적인 설계가 되도록 하여야 한다.

• 유기물질(BOD,COD)항목만 처리효율 향상이 필요할 경우
- 표준활성오니법과 호환성이 가장 용이한 A2/O와 비교 시 처리효율면에서 거의 유사하고 오히려 ASRT(호기상태의 미생물체류시간)의 축소로 BOD제거율의 저하되는 경우가 발생되므로, 고도처리방식은 운전개선방식으로 추진하는 방안을 우선적으로 검토
  ① 노후설비의 교체 및 개량
  ② 유량조정시설 및 전처리시설 기능강화
  ③ 운전모드 개선(폭기조 관리)
  ④ 슬러지 처리계통 기능개선(구내 반송수 관리)
  ⑤ 연계처리수(분뇨, 축산, 침출수 등)의 효율적 관리
  ⑥ 2차 처리시설 후단에 여과시설 설치 등

• 부유물질(SS)항목만 처리효율 향상이 필요할 경우
- 운전개선방식으로 사업을 추진할 경우에는
  ① 유량조절기능 및 전처리설비 개선
  ② 슬러지 설비 기능개선(구내 반송수 관리)
  ③ 최종 침전지 용량 및 구조개선(경사판 설치, 정류벽 설치 등), 여과시설 설치
- 시설개량방식으로 사업을 추진할 경우에는
  ① 운전개선방식에 의한 사항을 검토하여 반영
  ② 침전지 용량 증설 및 여과시설 설치 등

• T-N항목만 처리효율 향상이 필요할 경우
- 운전개선방식을 우선적으로 검토하여 반영
- 기존폭기조의 수리학적체류시간(HRT)이 6시간 이상일 경우에는 기존 처리시설과 호환성이 있는 MLE, A2/O계열 등의 공법으로 변경하는 것이 바람직하므로 이를 우선적으로 검토
- 기존 폭기조의 수리학적체류시간(HRT)이 6시간 이하이거나 유입 T-N농도가 고농도일 경우는 반응조 증설 방안 등을 검토하되 우선적으로 연계처리수의 처리대책(설계 T-N 유입 오염부하량의 10% 이내) 관리를 검토
- 표준활성슬러지법을 SBR(Sequencing Batch Reactor)로 시설을 개량할 경우에는 기존처리시설의 사장화가 발생되므로 반드시 지양

• T-P항목만 처리효율 향상이 필요할 경우
- 기존 하수처리장의 T-P 처리는 생물학적 처리방식보다 화학적 처리방식이 효율적, 경제적이므로 운전개선방식으로 추진하는 방안을 우선적으로 검토하고, 필요 시 시설개량방식을 검토

• T-N과 T-P항목을 동시에 처리효율 향상이 필요할 경우
- 기존하수처리장에 T-N 및 T-P항목에 대하여 동시에 처리효율 향상이 필요할 경우에는 T-N처리방법은 상기의 T-N처리방식을 채택하되, T-P의 경우에는 생물학적처리방식과 화학적 처리방식에 대한 경제성, 효율성을 비교 평가한 후 결정

6) 고도처리시설 공법선정을 위한 공법비교 시 적용한 공사비 산출자료와 실시설계 시 적용한 공사비자료가 서로 상이하여 공법선정의 신뢰성이 떨어지는 문제점이 없도록 하기 위하여 실시설계시의 공사비는 당초 공법선정 시 제출한 자료를 적용하되, 공법선정 시 제시한 금액을 초과할 수 없다.
7) 신기술의 경우 유입수질 범위 별(현재수질, 장래수질)로 각 공정 별 성능보증수질을 제시토록 하고 보증확약서를 반드시 설계단계에서 제출하도록 하여야 한다(물질수지 포함).
8) 신기술 지정 및 검증 시 여과시설을 별도로 설치하지 아니하고도 방류수 수질기준 이내로 처리할 수 있는 것으로 지정된 공법을 선정한 처리시설에 여과기를 설치하고자 할 경우에는 다음 사항을 검토하여 그 설치여부를 결정하여야 한다.
  • 설치지역의 여건을 종합적으로 고려할 때 안정적인 방류수 수질확보방안이 요구(연계처리 및 공장폐수 유입으로 부하량의 변동이 심하거나 기후의 변동폭이 큰 지역)되는 경우
  • 법정 방류수 수질기준보다 엄격한 수질이 요구(하수처리수를 재이용하거나 상수원 직상류지역 또는 환경영향평가 협의기준이 법정기준보다 강화되어 있는 시설 또는 오염총량관리계획 수립·시행 지역 등) 되는 경우
  • 기타 설계자 또는 사업시행자가 모래여과기의 설치가 필요하다고 판단하는 경우
9) 고도처리공법이 도입된 하수처리장에 대하여는 공법 제공사에서 시운전 전에 시운전업체에게 운전 매뉴얼을 작성·제출하게 하고, 시운전 업체에 대한 교육을 실시하도록 하여야 한다. 또한 시운전 완료 후에는 시운전 결과보고서를 제출하도록 하여야 한다.
10) 신설 하수처리장에 고도처리시설을 설치할 경우의 검토사항도 기존 하수처리장에 고도처리시설 설치할 때의 검토사항을 동일하게 적용한다.

2.25 수돗물 안전관리 강화대책

수돗물 안전관리 강화대책

• 수돗물 안전관리 강화대책의 도입 배경, 전략 및 주요내용, 기대효과

2.25.1 개요

1) 환경부, 정수장 중심 수돗물 안전관리 정책 → 가정 수도꼭지까지 안심 유지·관리 강화 정책으로 전환
2) 지자체 관망 관리 의무화, 수도용 제품 위생관리 강화, 가정 수도꼭지 수돗물 수질 자동분석 및 실시간 제공 기술개발 등 정책 도입
3) 수돗물 국민만족도 59%에서 2022년까지 80% 수준으로 향상 목표

2.25.2 수돗물 안전관리 강화 대책 주요내용

1) 수도사업자(지자체)의 상수도 관망 관리의무 강화.
2) 수도용 자재·제품의 위생안전 관리 강화(4개 과제)
  • 불법 수도용 제품 즉시 수거제 도입,
  • 위생안전기준 항목 확대,
  • 인증기관 공정성 확보,
- 불량제품 제재강화
3) 먹는물 수질기준제도 보완(2개 과제)
  • 먹는물 수질 '평생 건강권고치(Lifetime Health Advisory)' 도입,
  • 먹는물 수질감시항목 확대

4) 수돗물 수질정보 공개 확대(4개 과제)
- 수돗물 안심확인제 확대
- 수돗물 수질 실시간 분석·확인시스템 개발
- 수질감시항목 수질 인터넷 공개
- 수돗물 안전성 확인

자료 : 정수장부터 수도꼭지까지 수돗물 안전관리 강화(2017.9.11 환경부 보도자료)

2.26 물수요관리 목표제, 재활용목표 관리제

물수요관리 목표제, 재활용목표 관리제

- 국가물수요관리종합대책안에 의거 지역 별 중장기 물 수요·공급 특성이 제대로 반영
- 목표 설정 체계 및 방법론 개발 등 제도 개선 방안 마련

2.26.1 배경 및 필요성

1) 「수도법」 제6조에 따라 지자체별로 물 수요관리 계획을 수립(5년 주기)하고 있으나, 지자체 자체적 물 절감 목표설정 으로 도전적 목표 유인이 어렵고 지역적 물 절감 필 요량을 과학적으로 산정한 것이 아니라 수도정비 계획, 물 재이용 계획의 관련 내용을 단순히 인용하는 수준에서 산정되고 있음
2) 이에 따라 지역별 중장기 물 수요·공급 특성이 제대로 반영되지 못한 형식적인 계획 수립이 될 우려가 있어 목표 설정 체계 및 방법론 개발 등 제도 개선 방안 마련 필요
3) 또한, 목표달성 여부에 따른 인센티브 및 패널티 부여에 한계 등 제도 자체의 집행력 제고를 위한 개선방안 마련 필요

2.26.2 물 수요관리 제도의 목적 및 기능

1) 물 수요관리 제도는 수도 정책의 우선순위를 댐 건설 등의 물 공급 측면이 아닌 '물 소비' 측면에 두어 기존의 공급위주의 정책의 한계를 극복하기 위함
2) 우리나라 물 수요관리 제도에서는 내용을 크게 공급 측면의 관리, 수요 측면의 관리, 수요자 반응 등으로 분류하고 있음

자료 : 국가물수요관리종합대책안(인쇄,070927)

<표 2-3> 물 수요관리(DM, demand management)의 종류

구 분	설 명	이행수단 사례
공급측면 관리 (SSM) (supply side management)	공급자가 공급자 측면에서 수요자의 물 수요를 조절하는 관리방식	·노후수도관 개량 ·하·폐수 재이용 ·불량계량기 교체 등
수요측면 관리 (DSM) (demand side management)	공급자가 수요자의 물 사용 패턴 변화 유도를 통해 물 수요를 조절하는 관리방식	·절수 설비·기기 설치 ·물 사용량 표시제
수요자 반응 (DR) (demand response)	물 공급 상황, 수도요금, 물 절약에 따른 인센티브 도입 등에 따라 수요자가 반응해 스스로 물 소비 패턴을 변화시키도록 하는 관리방식	·제한급수 ·수도요금 체계 고도화 ·WASCO 사업

자료: 환경부(2016).「물 수요관리 종합대책 수립 지침」.

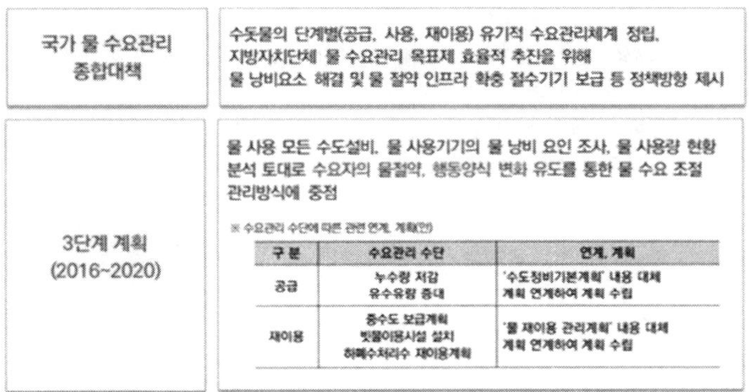

<그림 2-5> 국가 물 수요관리 제도의 특징

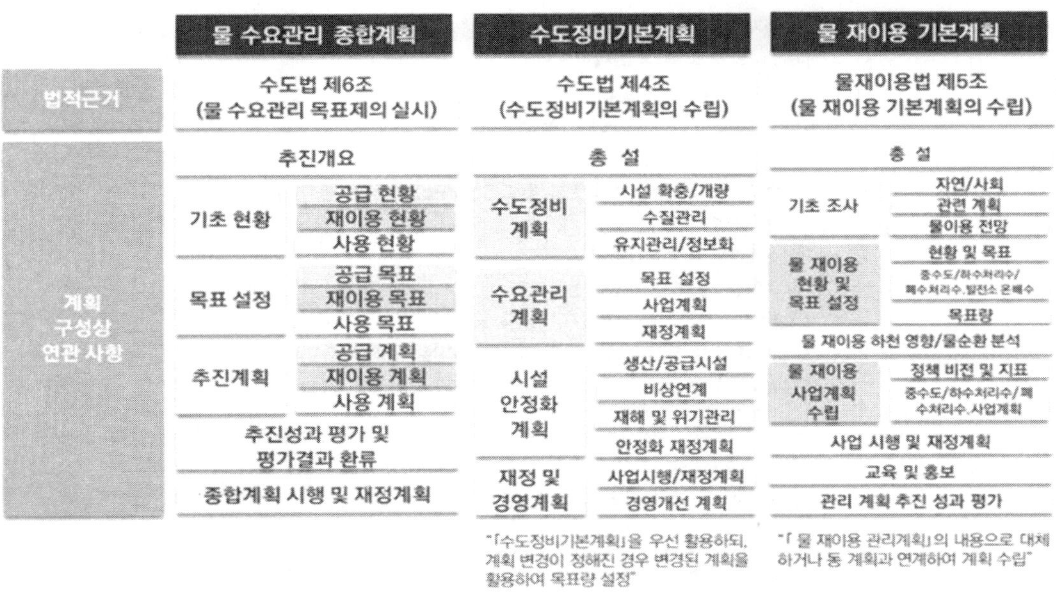

<그림 2-6> 물 수요관리 계획 및 유관계획 구성상의 연관사항

2.27 하수처리시설/폐수종말처리시설 기술진단

하수처리시설/폐수종말처리시설 기술진단

- 기술진단 범위 중 1) 오염물질의 유입특성조사, 2) 공정진단, 3) 운영진단, 4) 개선대책 및 최적화 방안수립에 대한 실시내용

2.27.1 공공환경시설 기술진단 업무처리규정

구 분	수행범위	내 용
유입오염물질의 특성	오염물질의 유입특성조사	1) 유입유량 및 오염물질의 변화분석 • 시간대별, 일간, 월간, 계절별 및 연간변화 특성조사 - 유입오염부하량에 대한 특성분석 - 오염물질 중 난분해성 유기물 농도 분석평가 - 설계기준과 실제유입현황 비교분석

구 분	수행범위	내 용
시설 및 운영에 대한 현상진단	시설진단	1) 자료조사 • 가동일지 등의 운전자료를 검토하여 정기점검 작업내용, 설비의 보수. 교환. 개조 등의 기록점검, 고장횟수 파악 - 장치 및 기계. 배관설비 • 설비성능파악 및 용량의 적정성 검토 • 설비기능의 적정성 여부 검토 • 각 설비의 부식, 손상, 이상진동 및 소음, 마모, 온도상승 등 기능의 정상여부 조사 2) 전기. 계장설비 • 수전용량의 적정성 검토 • 설비부하율에 대한 운전효율 검토 • 각 설비의 부식, 손상 절연상태 등 노후화 정도 조사 • 전기설비에 미치는 고조파 등의 영향 검토 • 계장설비의 운전상태 및 계측기의 정도관리 상태 점검
	공정진단	1) 가동일지 등의 과거 운전자료와 각 단위처리공정 별 주요지점에 대한 실측, 시료분석에 의한 처리효율 조사 2) 물질수지에 의한 실제조건하에서의 운전방법의 적정성과 장치설계의 적합성 등 문제점 분석
	운영진단	1) 단위공정 별 운전인자관리에 따른 처리효율 및 경향분석 2) 단위공정 별 성능평가 및 총괄처리효율분석 3) 운전요원과 면담결과를 토대로 한 인원조직의 적합성 4) 관리인원의 기술능력, 유지보수의 적정성 및 운영비 상황 파악

구 분	수행범위	내 용
시설개선 및 효율화 방안	개선대책 및 최적화 방안 수립	1) 처리장 운영관리의 문제점 도출 2) 문제요인에 대한 단위공정별 상호 연관성 추론 3) 운영 및 시설의 최적화 방안 수립 4) 문제요인 해소를 위한 시설개선의 타당성 검토 5) 시설개선의 응급, 단. 장기대책 수립과 기대효과 예측 및 개략적 개선비용 산출 6) 전기이용효율제고에 의한 전기절약요인 등 에너지 절감방안 도출
시설관리 방안	적정처리 효율 유지를 위한 일반적인 사항	1) 단위시설 별 시설기준. 구조 및 관리기준 점검방법 지도 2) 시설기자재의 관리점검 등 운영관리방법의 지도 등

자료: 공공환경시설_기술진단_업무처리규정(환경부훈령 제1039호, 2013.5.2.)

2.28 오수처리시설 성능검사

오수처리시설 성능검사

- 오수처리시설 성능검사 및 재질검사의 방법(하수도법 제58조제1항 관련)

2.28.1 오수처리시설 성능검사

1) 성능검사의 시작
- 성능검사기관은 검사대상시설이 검사신청서류와 일치하는지를 미리 확인하여야 한다.
- 성능검사를 위한 시료의 채취신청을 받은 검사기관은 BOD 유입부하량이 설계치의 70% 이상이 되는지를 확인하고, BOD 유입부하량이 설계치의 70% 이상이 되는 경우에는 성능검사를 실시하여야 하며, BOD 유입부하량이 설계치의 70% 미만인 경우에는 검사신청인에게 부적합통지를 하여야 한다.
- 검사기관은 성능검사 중 BOD 유입부하량이 설계치의 70% 미만으로 낮아져 성능검사를 하는 것이 곤란하다 인정되는 경우에 는 성능검사를 중단하고, 검사신청인에게 BOD 유입부하량이 설계치의 70% 이상이 된 후 다시 성능검사를 신청하도록 할 수 있다.

2) 검사기간 및 검사횟수
- 검사기간 : 성능검사를 위하여 설치한 오수처리시설의 BOD 유입부하량이 설계치의 70% 이상이 된 날부터 6개월간 실시하되, 12월 1일부터 3월 31일까지의 기간 중 50일 이상을 포함하여야 한다.
- 검사횟수 : 성능검사를 위한 시료의 채취 및 분석은 월 1회 실시하되, 마지막 달에는 시료를 3회(아침·점심·저녁) 채취하여 분석하여야 한다.

3) 수질분석
- 시료 채취 : 오수처리시설의 시료는 최종 방류구에서 채취하여야 한다.

자료 : 하수도법 시행규칙 [별표 13]

• 수질분석 항목
- 처리시설용량 50㎥/일 미만 : 생물화학적 산소요구량 및 부유물질
- 처리시설용량 50㎥/일 이상 : 생물화학적 산소요구량, 부유물질, 총질소, 총인 및 총대장균군수
• 수질분석방법 : 「환경분야 시험·검사 등에 관한 법률」 제6조제1항에 따른 환경오염공정시험기준에 따른다

4) 성능검사의 결과 판정기준
검사기관은 채취한 시료의 수질분석 결과가 모두 검사신청서에 적힌 처리수 수질기준 이내인 경우에는 적합 판정을 하고, 그 기준을 초과하는 경우에는 부적합 판정을 하여야 한다.

5) 서면심사에 의한 성능검사
검사기관이 영 별표 6 비고 제2호에 따라 서면심사에 의하여 성능검사를 실시하는 경우에는 처리공법·처리용량 및 처리효율이 같은 오수처리시설에 대한 실제 성능검사 결과, 구조도 및 처리효율 산출자료 등을 검토하여 적합 또는 부적합의 판정을 하여야 한다.

2.28.2 오수처리시설 및 정화조의 재질검사

1) 시험편(試驗片)의 제작
시험편은 재질검사를 신청한 자가 제조한 오수처리시설 또는 정화조 중에서 검사기관이 임의로 지정한 오수처리시설 또는 정화조로부터 채취한다.

2) 재질시험방법
• 폴리에틸렌(PE) 제품(재활용 제품을 포함한다)은 한국산업규격(KS) M 3604•1 · M 3604•2(재활용 폴리에틸렌제 정화조 구성부품)로 정하는 방법에 따라 실시한다.
• 유리섬유강화플라스틱(FRP) 제품의 유리섬유 함유량은 한국산업규격(KS) M ISO 1172(유리섬유강화플라스틱의 섬유 함유율 측정방법)로 정하는 방법에 따라 실시하며, 구조물의 두께는 몸체의 상부·측면(좌, 우, 앞, 뒤)·하부와 개별 칸막이에 대하여 각각 측정하고, 그 밖의 항목은 한국산업규격(KS) F 4803(유리섬유강화 플라스틱 제 정화조 구성부품)으로 정하는 방법에 따라 실시한다.

3) 재질검사 결과 판정
검사기관은 재질검사의 결과가 별표 12 제2호에 따른 개인하수처리시설의 재질기준에 맞으면 적합 판정을 하고, 그 기준에 맞지 아니하면 부적합 판정을 하여야 한다.

2.29 자율환경관리제도

자율환경관리제도

기업의 자율을 기본으로 적극적인 생산공정의 개선, 제품의 유통 폐기 회수 등 환경관리 전반에 걸친 환경성 개선을 위한 환경관리수단

2.29.1 추진배경

1) 그간 명령통제방식(Command and control)의 직접적인 규제위주의 환경관리는 오염물질을 근원적으로 줄이는 데 한계가 있고, 행정력의 낭비와 비효율 초래
  - 지속적인 규제 및 환경투자에도 불구하고 오염물질 발생량은 꾸준히 증가(팔당수질 : BOD 1.0ppm('90년) → 1.5ppm('97년))
2) 환경문제가 심화. 다양화되고 쾌적한 환경에 대한 국민의 욕구가 증대됨에 따라 새로운 환경관리 패러다임 필요
  - 중점목표 : 오염물질의 사후처리 → 오염의 사전예방
  - 관리방식 : 경직성, 강제성, 일방성 → 유연성, 자율성, 합의성
  ※ 기업의 경영 패러다임 변화 : 품질관리('60•'70년대) → 재고관리(Zero Inventory, '80•'90년대) → 환경관리(Zero Emission)
3) 지구환경보호 및 선진국의 환경규제 강화에 대비한 기업의 환경친화적 경영체제 구축 유도
  - 기후변화협약에 따른 온실가스 감축, ISO 등 환경관련 국제규제 강화에 따른 환경친화적 생산체계 및 기업 경영 필요
    → 기업과 정부 간에 협력적 파트너쉽 구축을 바탕으로 기업의 자율과 창의, 다양성을 최대한 활용하여 최소 비용으로 오염을 관리하는 자율적 환경관리체제 추진

자료 : 환경부 환경정책과 홈페이지

2.29.2 그간의 추진현황

1) 자율환경관리체계 구축 연구('98.1 ~ '98.12, KEI)
  - 자율환경관리협약제 도입방안 정책토론회('98.8.26)
2)자율환경관리제 추진관련 회의. 설명회('98.11 ~ '99.5)
  - 업종별 제도도입 방안에 대한 실무자회의, 설명회, 토론회 등 6회
3) 자율환경관리제 추진계획 및 지침안 마련('99.8)
  - 업종별 추진방안 → 지역별 추진방안(효율성문제 고려)
4) 관계기관 회의 개최 및 의견 수렴('99.8 ~ 11)
  - 지자체, 지방환경관서 관계자 회의개최 및 의견 수렴
5) 자율환경관리제 추진계획 및 지침 시달('99.12.11)
  - 지자체 및 지방환경관서별 추진계획 수립 지시
  - 인천광역시와 관내 27개사업장 간 자율환경관리 협정 체결
6) 자율환경관리제 정착. 확산 법적근거 마련('99.12.31)
  - 행정적. 재정적 지원근거 신설(환경정책기본법 제34조 제2항)

2.29.3. 추진방향

1) 지방자치단체, (지방)환경관리청이 관할구역내의 기업과 「환경개선협약」을 체결, 자율적으로 환경관리를 추진
2) 기업의 환경관련시설개선, 환경관리능력 제고 및 이를 통하여 지역 환경질 개선을 목표로 오염원 밀집지역, 오염 우심지역 등을 대상으로 추진하되
3) 자율환경관리 여건이 성숙된 지역 또는 기업들을 우선적으로 추진하고 단계적으로 확대

2.29.4 추진체계

단계	내용
자율환경관리 추진 계획 수립	. 자율환경관리 대상오염물질, 대상기업 선정 등 자율환경관리 추진을 위한 기본방향 설정
↓	
환경개선목표 협의. 설정	. 관리대상 오염물질의 환경개선목표 협의 및 설정• 필요 시 관할 행정기관 및 기업체가 참여하는 협의회 구성. 운영
↓	
자율환경관리 협약 체결	. 관할행정기관과 기업체간 자율환경관리 이행을 위한 협약체결
↓	
환경개선 실천계획 제출	. 협약체결 시 또는 협약체결 후 3개월 이내에 설정된 목표 달성을 위한 기업의 연차별 세부 실천계획 제출
↓	
이행 및 지원	. 협약 체결 기업에 대한 지원조치 추진 홍보, 기술 및 자금지원, 지도점검의 완화 등
↓	
결과 보고	. 이행실적의 보고(연차보고, 최종보고)
↓	
연차 별 이행실적 평가 및 이행 권고	. 모니터링을 통하여 보고된 실적을 매년 평가 . 실적이 저조한 기업에 대하여 이행권고

2.29.5 기대효과

1) 기업의 자율적. 환경친화적 경영체계 구축 : 기업의 자발적 환경관련시설의 개선, 환경관리능력 제고 등
2) 쾌적한 지역생활환경 도모 : 기업의 환경오염물질 배출감소로 지역 환경질 개선

2.30 가축분뇨 고체연료기준

가축분뇨 고체연료

가축분뇨를 고체연료로 사용함에 있어 물리적 화학적 기준

2.30.1 가축분뇨 고체연료의 기준

1) 가축분뇨 고체연료는 다음 각목의 기준 등에 적합하여야 한다.
- 다른 물질과 혼합하지 아니하고, 가축분뇨 고체연료의 저위발열량이 킬로그램당 3천킬로칼로리 이상일 것. 다만, 해당 가축분뇨에서 일부 에너지를 회수한 후 가공하는 경우에는 저위발열량이 킬로그램당 2천킬로칼로리 이상이어야 한다.
- 가공된 연료는 수분 함유량 20퍼센트 이하, 회분 함유량(건조된 상태 기준) 30퍼센트 이하, 황분 함유량(건조된 상태 기준) 2퍼센트 이하, 길이(원형인 경우에는 지름) 40밀리미터 이하여야 한다. 다만, 화력발전소에서 연료로 사용할 수 있는 경우에는 회분 함유량 30퍼센트를 초과할 수 있다.
- 가축분뇨 고체연료는 「자원의 절약과 재활용촉진에 관한 법률 시행규칙」 제20조의5제3항에 따라 환경부장관이 고시한 고형연료제품의 품질 시험·분석방법에 따른 시험결과(건조된 상태를 기준으로 한다)가 다음의 기준에 적합하여야 한다.
  - 수은: 킬로그램 당 1.20밀리그램 이하
  - 카드뮴: 킬로그램 당 9.0밀리그램 이하
  - 납: 킬로그램 당 200.0밀리그램 이하
  - 크롬: 킬로그램 당 70.0밀리그램 이하
- 회분, 황분 및 금속성분은 건조된 상태를 기준으로 한다.
- 성형제품은 펠릿으로 제조한 것으로 한정한다.

자료 : 가축분뇨 고체연료시설의 설치 등에 관한 고시 [시행 2015. 7. 17.] [환경부고시 제2015-110호, 2015. 7. 17., 제정]

2.31 폐수종말처리시설 종류 및 설치기준

폐수종말처리시설 종류 및 설치기준

공공폐수처리시설 종류, 설치기준

2.31.1 공공폐수처리시설의 종류(물환경보전법 시행령 제61조)

1) 산업단지 공공폐수처리시설
- 「산업입지 및 개발에 관한 법률」제6조. 제7조 및 제7조의2에 따라 지정된 산업단지 또는 「국토의 계획 및 이용에 관한 법률」제36조제1항제1호다목에 따라 지정된 공업지역에 설치되는 공공폐수처리시설

2) 농공단지 공공폐수처리시설
- 「산업입지 및 개발에 관한 법률」제8조에 따라 지정된 농공단지에 설치되는 공공폐수처리시설

3) 기타 공공폐수처리시설
- 환경부장관이 하천 및 호소의 수질보전을 위하여 폐수종말처리가 필요하다고 인정하여 지정·고시하는 지역에 설치되는 공공폐수처리시설

자료 : 공공폐수처리시설 설치 및 운영관리지침(8차 개정) 2020. 01.

2.31.2 공공폐수처리시설의 설치(물환경보전법 제48조)

1) 공공폐수처리시설의 설치. 운영자(처리시설 설치. 운영주체)
- 국가, 지방자치단체, 한국환경공단

2) 공공폐수처리시설 설치. 운영자(위탁기관)
- 한국환경공단, 「산업입지 및 개발에 관한 법률」제16조제1항(제5호와 제6호는 제외한다)에 따른 산업단지개발 사업의 시행자, 「사회기반시설에 대한 민간투자법」제2조제7호에 따른 사업시행자

3) 공공폐수처리시설 운영자(물환경보전법 시행령 제60조제2항)
- 「물환경보전법」제48조제1항제4호에 따라 대통령령으로 정하는 자
- 「한국농어촌공사 및 농지관리기금법」에 따른 한국농어촌공사
- 「한국수자원공사법」에 따른 한국수자원공사
- 「지방공기업법」에 따른 지방공사 및 지방공단
- 「산업집적활성화 및 공장설립에 관한 법률」제31조에 따라 설립된 산업단지관리공단 또는 입주기업체협의회(단일사업장 입주 등으로 입주기업체협의회의 설립요건에 미달하는 경우에는 그 입주기업체를 말한다)
- 「중소기업협동조합법」에 따른 중소기업협동조합(「산업입지 및 개발에 관한 법률」제2조제8호에 따른 산업단지에 공공폐수처리시설을 설치하는 경우로서 해당 산업단지에 입주하는 중소기업의 90퍼센트 이상이 가입한 경우만 해당)
- 「하수도법」제19조의2제1항제1호에 따라 공공하수도 관리대행업의 등록을 한 자

2.31.3 방류수 수질기준

구 분	수 질 기 준			
	Ⅰ지역	Ⅱ지역	Ⅲ지역	Ⅳ지역
BOD(mg/L)	10(10)이하	10(10)이하	10(10)이하	10(10)이하
TOC(mg/L)	15(25)이하	15(25)이하	25(25)이하	25(25)이하
SS(mg/L)	10(10)이하	10(10)이하	10(10)이하	10(10)이하
T•N(mg/L)	20(20)이하	20(20)이하	20(20)이하	20(20)이하
T•P(mg/L)	0.2(0.2) 이하	0.3(0.3)이하	0.5(0.5)이하	2(2)이하
총대장균군 수(개/mL)	3,000(3,000)이하	3,000(3,000)이하	3,000(3,000)이하	3,000(3,000)이하
생태독성(TU)	1(1)이하	1(1)이하	1(1)이하	1(1)이하

※ 다만, 기존 공공폐수처리시설은 TOC 기준 적용이 유예되는 2020.12.31.까지 COD 기준을 적용

비고

1. 산업단지 및 농공단지 공공폐수처리시설의 페놀류 등 수질오염물질의 방류수 수질기준은 위 표에도 불구하고 해당 처리시설에서 처리할 수 있는 수질오염물질 항목으로 한정하여 별표 13 제2호 나목의 표 중 특례지역에 적용되는 배출허용기준의 범위에서 해당 처리시설 설치사업시행자의 요청에 따라 환경부장관이 정하여 고시한다.
2. 적용기간에 따른 수질기준란의 ( )는 농공단지 공공폐수처리시설의 방류수 수질기준을 말한다.
3. 생태독성 항목의 방류수 수질기준은 물벼룩에 대한 급성독성시험기준을 말한다.

2.32 산업폐수 규제기준

산업폐수 규제기준

- 지역구분 적용에 대한 공통기준
- 항목별 배출허용기준

2.32.1 지역구분 적용에 대한 공통기준

1) 제2호 각 목 및 비고의 지역구분란의 청정지역, 가지역, 나지역 및 특례지역은 다음과 같다.

- 청정지역 :
「환경정책기본법 시행령」 별표 1 제3호에 따른 수질 및 수생태계 환경기준(이하 "수질 및 수생태계 환경기준" 이라 한다) 매우 좋음(Ⅰa)등급 정도의 수질을 보전하여야 한다고 인정되는 수역의 수질에 영향을 미치는 지역으로서 환경부장관이 정하여 고시하는 지역
- 가지역 :
수질 및 수생태계 환경기준 좋음(Ⅰb), 약간 좋음(Ⅱ)등급 정도의 수질을 보전하여야 한다 고 인정되는 수역의 수질에 영향을 미치는 지역으로서 환경부장관이 정하여 고시하는 지역
- 나지역 :
수질 및 수생태계 환경기준 보통(Ⅲ), 약간 나쁨(Ⅳ), 나쁨(Ⅴ) 등급 정도의 수질을 보전하 여야 한다고 인정되는 수역의 수질에 영향을 미치는 지역으로서 환경부장관이 정하여 고시하는 지역
- 특례지역 :
환경부장관이 법 제49조제3항에 따른 공동처리구역으로 지정하는 지역 및 시장·군수가 「산업입지 및 개발에 관한 법률」 제8조에 따라 지정하는 농공단지

자료 : 물환경보전법 시행규칙 [별표 13] [시행일 : 2019. 10. 17.] 제2호가목1) 비고 제2호

2) 「자연공원법」 제2조제1호에 따른 자연공원의 공원구역 및 「수도법」 제7조에 따라 지정·공고된 상수원보호구역은 제2호에 따른 항목별 배출허용기준을 적용할 때에는 청정지역으로 본다.
3) 정상가동 중인 공공하수처리시설에 배수설비를 연결하여 처리하고 있는 폐수배출시설에 제2호에 따른 항목별 배출허용 기준 (같은 호 나목의 항목은 해당 공공하수처리시설에서 처리하는 수질오염물질 항목 만 해당한다) 을 적용할 때에는 나지역의 기준을 적용한다.

2.32.2 항목 별 배출허용기준

(2020년 1월 1일부터 적용)

대상규모 / 항목 / 지역구분	1일 폐수배출량 2천 세제곱미터 이상			1일 폐수배출량 2천 세제곱미터 미만		
	생물화학적 산소요구량 (㎎/L)	총유기 탄소량 (㎎/L)	부유 물질량 (㎎/L)	생물화학적 산소요구량 (㎎/L)	총유기 탄소량 (㎎/L)	부유 물질량 (㎎/L)
청정지역	30 이하	25 이하	30 이하	40 이하	30 이하	40 이하
가지역	60 이하	40 이하	60 이하	80 이하	50 이하	80 이하
나지역	80 이하	50 이하	80 이하	120 이하	75 이하	120 이하
특례지역	30 이하	25 이하	30 이하	30 이하	25 이하	30 이하

비고 :
1. 하수처리구역에서 「하수도법」 제28조에 따라 공공하수도관리청의 허가를 받아 폐수를 공공하수도 에 유입시키지 않고 공공수역 으로 배출하는 폐수배출시설 및 「하수도법」 제27조제1항을 위반하여 배수설비를 설치하지 않고 폐수를 공공수역으로 배출하는 사업장에 대한 배출허용기준은 공공하수처리시설의 방류수 수질기준을 적용한다.
2. 「국토의 계획 및 이용에 관한 법률」 제6조제2호에 따른 관리지역에서의 「건축법 시행령」 별표 1 제17호에 따른 공장에 대한 배출허용기준은 특례지역의 기준을 적용한다.

감사합니다 !

제 3장 수질환경화학 및 수질분석

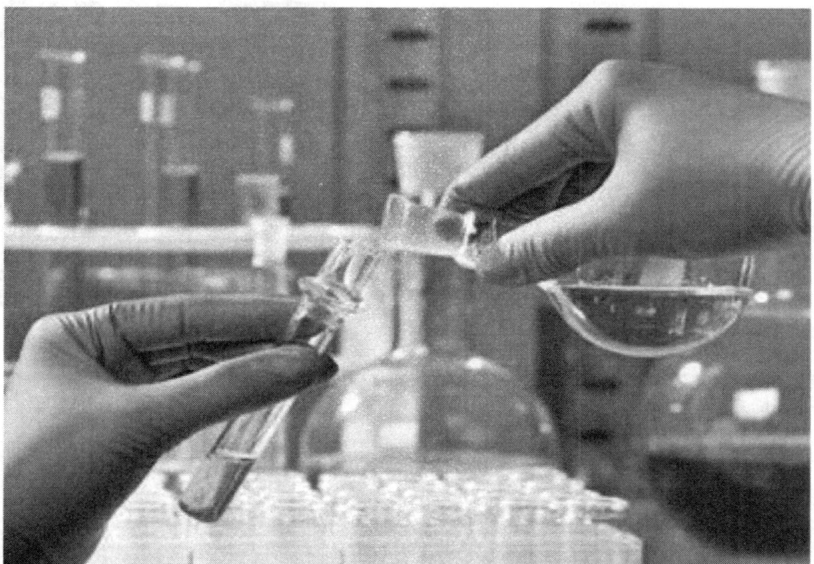

Contents

제3장 수질환경화학 및 수질분석

3. 1 수질환경화학

수질환경화학 및 수질분석

- 수질환경에서 일어나는 화학적 반응과 거동 특성을 통한 수질관리 및 처리 방안에 대해 이해
- 수질분석은 물의 주요 오염물질인 무기물질, 유기물질 및 각종 독성물질에 대한 성질을 이해하고 이들의 분석 원리 및 결과에 대한 이해

3.1.1 농도(Mass & Amount Concentration)의 정의

1) 몰(M, Molarity) 농도와 노르말(N, Normality)
- 몰 농도(M, mole); g분자/ℓ = mole/ℓ

; 용액 1L중에 존재하는 g 분자량

ex) $H_2SO_4 \rightarrow H_2=1\times2=2$, $S=32\times1=32$, $O_4=16\times4=64$ → 98(황산의 1g 분자량 즉, 1mole)

- 규정농도(Normality ; N 농도 or 당량농도); g 당량/ℓ = eq/ℓ

; 용액 1L 중에 녹아 있는 용질의 g당량수

ex) 황산 1gram 당량인 49gram이 물에 녹아 1ℓ 의 용액을 만들 때의 농도

- g 당량 / ℓ (용질/용액), 여기서, g 당량수(equivalent number) = 분자량/원자가
- 원자가는 ① 산·염기 반응시 주고 받은 H^+/OH^- 이온수,

② 산화·환원 반응시 주고 받은 전자수,

③ 이온 전하의 절대값

2) 미량성분(Mass) 농도
- ppm (parts per million ; 백만분율)
  - 1 ppm ; 용질 1mg이 용매 1kg에 녹아 있는 상태(용질의 비중이 1인 경우 mg/L 와 같음
  - 1ppm = $1/10^6$ = $1mg/10^6mg$ = 1mg/kg ≒ 1 mg/L = 1g/㎥
- ppb (parts per billion ; 10억분율)
- ppt (parts per trillion ; 1조분율)
- 1% (parts per hundred ; 백분율) = 1/102
- 1‰ (part per thousand ; 천분율) = 1/103
- 1% = 10‰ = 10,000ppm
- epm (me/ℓ ; equivalent per million); 규정농도를 e/ℓ 로 표시하는데, 수질농도에서는 단위 규모가 작으므로 mg 단위 즉, 1/1000N(1/1000e/ℓ) 를 사용하는 경우가 많으며 me/ℓ 로 나타냄

3.1.2 pH(Potential of Hydrogen)

1) 정의 : 수소이온농도의 역수를 상용대수로 취한 값

$pH = -\log[H^+] = 1/\log[H^+]$, $pOH = -\log[OH^-] = 1/\log[OH^-]$

- Kw (물의 이온화도 상수) = $[H^+][OH^-] = 10^{-14}$ 이므로 pH 범위는 0~14

① 산성 용액 : $[H^+] > [OH^-]$, $[H^+] > 1.0\times10^{-7} > [OH^-]$

② 중성 용액 : $[H^+] = [OH^-]$, $[H^+] = 1.0\times10^{-7} = [OH^-]$

③ 염기성 용액 : $[H^+] < [OH^-]$, $[H^+] < 1.0\times10^{-7} < [OH^-]$

2) 수원 별 pH

종류	음용수 수질	자연수	지표수	지하수	강우	끓인 물	호수 조류 번성 시
pH	5.8~8.5	7.0~7.2	7.0 이상	6.0~6.8	5.67↑	약알카리	9~10

① 자연수에서는 수중에 용해되어 있는 CO_2의 영향을 받으며 CO_2가 높을수록 pH 저하
② 지표수는 CO_2가 적게 함유되어 있어 pH가 7이상의 약 알카리성이나, 조류 번성 시 CO_2의 소모로 9~10
③ 지하수는 토양중의 생물학적 작용에 의해 발생된 CO_2에 의해 약산성
④ 강우는 대기 중의 CO_2 농도에 영향을 받아 약산성(이론적 pH는 5.6임)
☞ 산성비 : pH 5.6 이하 – SOx, NOx 영향으로 보통 3.5~5.5 수준임

3) 수질공학적 pH 의미
① 응집 : 응집제 별 적정 pH가 상이

Alum	황산 제1철	황산 제2철
5.5~7.5	9.0~11.0	5.0~11.0

② 부식의 제어 : 일반적으로 pH 8 이하에서의 부식 특성
☞ 부식지수에 영향을 미침
- LSI(Langelier Saturation Index) = pH – pHs
여기서, pH : 물의 실제 pH
pHs : 탄산칼슘 포화시의 pH = 8.313 - log[Ca^{2+}] - log[Akalinity] + S
S : 용해성 물질에 대한 보정치

- pH > pHs (LSI>0)이면 탄산칼슘의 과포화상태로 탄산칼슘이 침전되어 결석(scale) 형성
- pH < pHs (LSI<0)이면 부식 발생 (LI : -1 ~ -2는 약 부식성, < -2 인 경우 강 부식성)
- pH = pHs (LSI=0)의 평형상태일때 탄산칼슘이 침전도 용해도 되지않는 안정한 상태의 물
☞ LSI지수는 물이 pH6.5~9.5범위에서 탄산칼슘을 용해시킬 것인지, 아니면 침전 시킬 것인지를 예측할 수 있게 하는 지수이며, 물의 안정도를 나타내기 위한 수단으로 사용
③ 염소 소독 : pH 7.0 이하 HOCl 70% 이상, pH 8.0 이상 OCl^- 70% 이상 존재, 살균력 HOCl(80배) > OCl^-

④ 생물학적 처리
☞ 일반적인 생물학적 처리
- 미생물 성장 영역 : 4~9 (최적 : 6.5~7.5)
- pH가 낮으면(<6.0) 사상성 벌킹의 영향
☞ 인제거미생물의 pH에 따른 인 섭취율
- pH 6.5 이하에서 인 흡수율 감소, 5.2 이하에서 활성도 정지
⑤ AOP (Advanced Oxidation Process) : 펜톤산화 반응 조건 pH 3~5
⑥ 암모니아 Stripping(탈기) : 암모니아 이온 생성을 위해 pH 10.5~11.5
⑦ 중금속의 산화, 환원

4) pH 계산 문제
① 0.002M HCl 의 pH는?
☞ [HCl] → [H^+] + [OH^-]
0.002M 0.002M 0.002M
$pH = -\log[H^+] = -\log(2\times10^{-3}) = -\log2 + 3 = -0.30 + 3 = 2.7$
② 0.001M H_2SO_4의 pH는?
☞ [H_2SO_4] → 2[H^+] + [SO_4^{2-}]
0.001M 2x0.001M 0.001M
$pH = -\log[H^+] = -\log(2\times10^{-3}) = -\log2 + 3 = -0.30 + 3 = 2.7$
③ 1N NaOH의 pH는?
☞ [NaOH] → [Na^+] + [OH^-]
1N 1N 1N
$pOH = -\log[OH^-] = -\log 1 = 0$, $pH = 14 - pOH = 14$

3.1.3 경도(Hardness)

1) 경도 정의

경도는 수중의 2가 양이온금속에 의해 발생하며, 그 대표적인 물질로 Ca^{2+}와 Mg^{2+}가 있고 그 외에 Sr^{2+}, Fe^{2+}, Mn^{2+} 등이 있음. 이러한 이온들은 비누나 세제의 작용을 방해(공통이온효과)하고 특정 음이온이 존재할 경우 scale을 형성함

2) 경도의 종류와 특징

농도(ppm as $CaCO_3$)	경도 분류
0 ~ 75	연수
75 ~ 150	적당한 경수
150 ~ 300	경수
300 이상	고경수

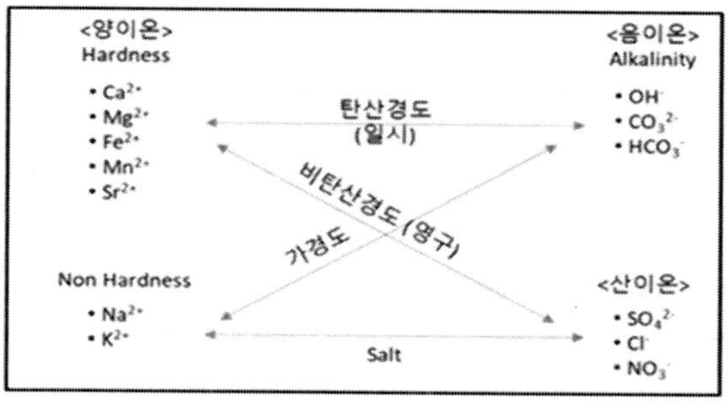

<그림 3.1 경도 유발물질과 반응>

• 탄산염 경도

① 경도 유발물질은 알칼리도와 먼저 반응함

* 총 경도 > 알칼리도 : 탄산염 경도 (ppm) = 알칼리도 (ppm)

* 총 경도 ≤ 알칼리도 : 탄산염 경도 (ppm) = 총 경도 (ppm)

② 탄산염 경도는 보일러 등과 같이 온도가 높은 곳이나 또는 lime에 의한 연수화 과정에서 침전을 형성

$Ca^{2+} + 2HCO_3^- \rightarrow CaCO_3 + CO_2\downarrow + H_2O$

$Ca^{2+} + 2HCO_3^- + Ca(OH)_2 \rightarrow 2CaCO_3\downarrow + 2H_2O$

☞ 탄산염 경도는 일반적으로 일시경도(Temporary hardness)라 부르는데, 그 이유는 위의 반응식과 같이 가열방법(자비법)으로 비교적 쉽게 제거 가능

• 비탄산염 경도

① 비탄산염 경도 = 총 경도 - 탄산염 경도

② 비탄산염 경도는 보통 영구경도(permanent hardness)라고 표현하는데, 탄산염 경도와 같이 가열방법으로는 제거되지 않음

☞ 비탄산염 경도유발 양이온은 sulfate, chloride, nitrate 와 같은 음이온과 결합

• 유사 경도

☞ 바닷물 및 기타 Na^+가 많이 포함되어 있는 경우 경도와 유사한 효과를 가짐

3) 경도의 분석 및 계산

① 이온분석(Ca^{2+}, Mg^{2+}, Sr^{2+}) 분석을 통한 계산

② EDTA 적정법에 의한 방법 : 2가 양이온과 EDTA를 반응, 안정한 착물을 형성시켜 경도를 구하는 방법으로 매우 정밀하고 정확한 결과를 얻을 수 있기 때문에 많이 사용

③ 경도계산

$$경도(\text{as } CaCO_3\ mg/L) = M^{2+}(mg/L) \times \frac{50}{M^{2+}당량}$$, 여기서 M^{2+}는 2가 양이온 금속

4) 경도의 영향과 제거 방안

① 영향

- 산 이온과 결합하여 영구경도를 형성하여 열교환장치, 배관 내 Scale($CaCO_3$, $CaSO_4$)을 형성하여 열전도율 저하 및 통수저항 유발

- 비누 거품을 내는 데 많은 양의 세제가 요구되어 하천으로 인산염 농도가 증가, 부영양화 요인으로 작용
- 인체 영향으로 설사, 복통 유발하며, 먹는물 수질기준은 1,000mg/L 이하 (수돗물은 300mg/L이하)

② 제거 방안(연수화)

- 끓여서 제거(자비법), 석회-소다법, 이온 교환법, 제올라이트 반응, 역삼투 및 전기투석

☞ 제거 방법 별 반응식

자비법 : $Ca(HCO_3)_2 \rightarrow CaCO_3\downarrow + CO_2 + H_2O$ (소규모 용량일 때 적용)

석회소다회법 : $Ca(HCO_3)_2 + Ca(OH)_2 \rightleftarrows 2CaCO_3\downarrow + 2H_2O$ (탄산경도)

$CaSO_4 + Na_2CO_3 \rightleftarrows CaCO_3\downarrow + Na_2SO_4$(비탄산경도)

이온교환수지 : $[Ca^{2+}, Mg^{2+}] + Na_2\text{-}R \rightarrow [Ca^{2+}, Mg^{2+}]R + [NaHCO_3, Na_2SO_4, NaCl]$

3.1.4 알칼리도(Alkalinity)

1) 알칼리도의 정의

산을 중화할 수 있는 완충능력, 즉 수중에 존재하는 수소이온[H+]을 중화 시키기 위하여 반응할 수 있는 이온의 총량을 말함

2) 알칼리도 유발물질

① 주요 물질은 **수산화물[OH^-], 중탄산염[HCO_3^-], 탄산염[CO_3^{2-}]이며**, 자연수의 경우 중탄산염[HCO_3^-]에 의한 알칼리도가 지배적임

② 이외에 약산들의 염으로는 붕산염(Borate), 규산염(silicate), 인산염(Phosphate), 기타 암모니아, 마그네슘, 칼슘, 나트륨, 칼륨염류 등이 있음

3) 알칼리도 분석 및 계산

① 적정법에 의한 알칼리도

- OH^-은 pH 10에서 중화되며, pH 8.3에서 CO_3^{2-} 가 HCO_3^-로 전환됨
- 계속 적정 시 H_2CO_3 로 전환되며, 이때 pH가 4.5로 소요된 산의 총량을 환산하면 총알칼리도로 계산 함

② Alk-pH 관계

- pH > 9 : 탄산염 또는 OH^-은에 의한 알칼리도가 지배적임
- pH ≥ 7 : 중탄산염(HCO_3^{2-})에 의한 알칼리도가 지배적임
- pH < 4 : 분자상태의 CO_2가 지배적임

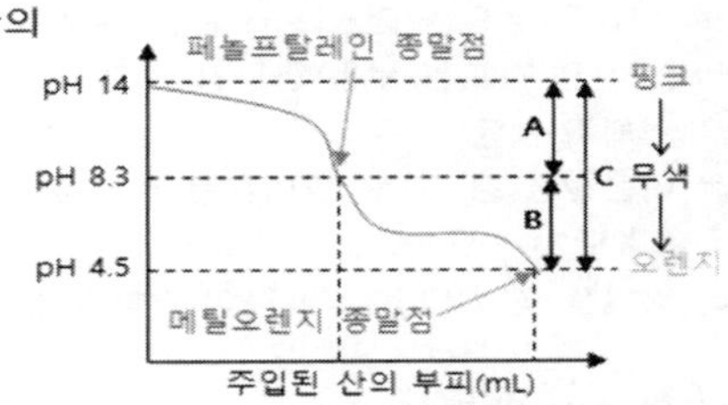

A : P-Alk=OH^- + 1/2CO_3^{2-}
B : T-P Alk=1/2CO_3^{2-} + HCO_3^-
C : T-Alk=OH^- + CO_3^{2-} + HCO_3^-

③ 알칼리도 계산

- T-Alk = $\sum C_A$(mg/L) x 50/Eq

(여기서 C_A : 알칼리도 유발물질의 각 농도, Eq : 알칼리도 유발물질의 각 당량수)

- 농도에 의한 계산

\# pH 7 이상 : [Alk-b] = [HCO_3^-] + 2[CO_3^{2-}] + [OH^-]

\# pH 7 이하 : [Alk-a] = [HCO_3^-] + 2[CO_3^{2-}] + [OH^-] – [H^+]

- 적정법에 의한 계산 : Alk($CaCO_3$, mg/L) = (a x N x 50) / V x 1,000

(여기서, a : 소비된 산의 부피(mL), V : 시료의 양(mL), N : 산의 농도(eq/L)

\# $CaCO_3$ = 40/2 + 60/2 = 50 g/eq (당량수)

$CaCO_3$의 g당량수 = (100 g/mol) / (2 eq/mol) = 50 g/eq

4) 알칼리도가 수질에 미치는 영향

① 알칼리도가 낮은 물은 완충능력이 작고 철에 대한 부식성이 있음

② 알칼리도가 높은 물은 다른 이온과의 반응성이 좋아 관내 스케일을 형성하고, 무기탄소를 축척하게 함

③ 알칼리도와 pH와 관계

- 갈수시에 높고, 홍수시에 낮아짐(20mg/L 이하로 내려가기도 함, 평균 40~60mg/L)
- 응집에 필요한 알칼리도 30~50mg/L (탁도 100NTU기준)
- 응집제 및 염소 주입 시 pH와 알칼리도 모두 낮아짐

약품 주입량 (1 mg/L)	알칼리도 감소(mg/L)
고상 황산알루미늄(Alum), (Al_2O_3 15%)	0.45
액상 황산알루미늄(Alum), (Al_2O_3 18%)	0.24
액상 폴리염화알루미늄(PAC), (Al_2O_3 염기도 50%)	0.15
액체염소	1.41

☞ 필요시 알칼리제(소석회, 소오다회, 가성소다)를 주입함

④ 알칼리도 소모 반응식

$Al_2(SO_4)_3 \cdot 18H_2O + 3Ca(HCO_3)_2 \rightarrow 2Al(OH)_3 + 3CaSO_4 + 6CO_2 + 18H_2O$

666.7g　　　3x100g $CaCO_3$

1mg/l의 alum과 반응하는데 필요한 알칼리도는 {1mg/l x (3x100/666.7)} = 0.45mg/l $CaCO_3$

⑤ 도시 하수의 알칼리도 적정성 검토

- 유입수 알칼리도는 150± 50 mg/l 정도이고, 고도처리 후 유출수 알칼리도는 50mg/l 정도 유지 필요 가정
- 유입 하수의 NH_4^+가 30mg/l 이라고 한다면, 질산화-탈질공정에서 소요되는 알칼리도는 30mg/l x 3.5(7.1-3.6) = 105mg/l 이므로 추가적인 알칼리도 공급없이 처리수의 알칼리도 유지 가능

⑥ 질산화과정에서 알칼리도 소모, pH 감소 / 탈질과정에서 알칼리도 생성, pH 증가

- 질산화 반응 (4.6g O_2 + 7.2g 알칼리도 필요/NH_3-N 1 g 산화)

  $2NH_4^+ + 3O_2 \rightarrow 2NO_2^- + 2H_2O + 4H^+$ (아질산화 반응)

  $2NO_2^- + O_2 \rightarrow 2NO_3^-$ (질산화 반응)

  $NH_4^+ + 2O_2 \rightarrow NO_3^- + 2H^+ + H_2O$ (수소이온 생성됨에 따라 알칼리도 소모)

- 탈질 반응 (산소대신 전자수용체로 질산염과 아질산염을 이용하여 유기성기질의 생물학적 산화 반응, 3.6g 알칼리도 생성/NO_3-N 1g 제거)

  $NO_3^- \rightarrow NO_2^- \rightarrow NO \rightarrow N_2O \rightarrow N_2$

  $2NO_3^- + 10e^- + 10H^+ \rightarrow N_2\uparrow + 4H_2O + 2OH^-$

⑦ 혐기성 소화 : 2,000~5,000mg/L 알칼리도가 필요

⑧ 폭기는 수중의 CO_2를 제거하므로 pH가 증가되며, 알칼리도도 증가

⑨ 조류의 번식은 pH와 알칼리도를 증가시킴

3.1.5 산도(Acidity)

1) 정의 : 알칼리도의 상대적인 용어로써 어떤 수계에 알칼리가 유입되었을 때 이를 중화시킬 수 있는 능력의 척도로 유발물질로는 SO_4^{2-}, Cl^-, NO_3^- 등이며, 이들 성분의 함량을 이에 대응하는 탄산칼슘으로 환산하여 mg/L 단위로 나타냄

2) 산도 특징

- 자연수 중의 산도는 수중에 용해되어 있는 CO_2 에 의한 유리탄산

$$CO_2 + H_2O \rightleftarrows H_2CO_3$$

- 종속성 : 부식성 無, 유리탄산 < 20mg/L
  침식성 : 부식성 有, 유리탄산 > 20mg/L, pH를 낮게 변화
- 일반적으로 호소, 저수지의 표층수는 탄산농도가 낮고, 심층수는 탄산 농도가 높음.

3) 산도의 종류

- M Acidity (Methyl Orange Acidity)
  - pH 4.5까지 적정하여 소비된 알칼리량을 $CaCO_3$로 환산한 값
  - 일반적으로 pH 4.5이하의 산도는 무기산과 유기산 영향
- P- Acidity (Phenolphthalein Acidity)
  - pH를 계속해서 8.3까지 올리는데 소요된 알칼리량을 $CaCO_3$로 환산한 값 ➔ T- Acidity
  - pH 4.5이상의 산도는 유리탄산에서 기인
    $CaCO_3$ (침전성) + $H^+ \leftrightarrow Ca^{2+} + HCO_3^-$ (부식성)

4) 산도 계산 : Alkalinity($CaCO_3$ mg/ℓ) = A × N × 50,000 / V
   여기서 A : 주입된 알칼리의 부피, N : 주입된 알칼리의 N 농도, V : 시료의 부피

<문제 3-1>

- 취수 된 원수의 수질분석 결과는 다음과 같다.

항목	Ca^{2+}	Mg^{2+}	Na^+	Cl^-	HCO_3^-	SO_4^{2-}	CO_2
분자량	40	24	23	35.5	61	96	44
농도(mg/L)	60	(?)	46	35.5	183	120	44

다음의 값을 구하시오 ?

1. Mg^{2+}농도(mg/L)
2. Alkalinity(mg/L as $CaCO_3$)
3. 탄산 경도(mg/L as $CaCO_3$)
4. 비탄산경도(mg/L as $CaCO_3$)

1) 환산표 작성

구분	mg/l	Equivalant Weight	meq/l	mg/l as $CaCO_3$
Ca^{2+}	60	40/2=20	60/20=3	60*50/20=150
Mg^2		24/2=12		18*50/12=75
Na^+	46	23/1=23	46/23=2	46*50/23=100
Cl^-	35.5	35.5/1=35.5	35.5/35.5=1	35.5*50/35.5=50
HCO_3^-	183	61/1=61	183/61=3	183*50/61=150
SO_4^{2-}	120	96/2=48	120/48=2.5	120*50/48=125

(풀이)

2) 농도계산

1. Mg^{2+}농도(mg/L)
   양이온과 음이온의 당량수는 같으므로
   3+X/12+2=1+3+2.5에서 X/12=1.5 그러므로 X = 18mg/l

2. Alkalinity(mg/L as $CaCO_3$) = HCO_3^-알카리도 = 150mg/l

3. 탄산 경도(mg/L as $CaCO_3$)= HCO_3^-알카리도 = 150mg/l

4. 총경도= Ca^{2+}+ Mg^2 = 225mg/l = 탄산경도 = 비탄산경도

5. 비탄산 경도 = 총경도 - 탄산경도 = 225 - 150 = 75mg/l
   경도 =탄산경도+비탄산경도 =일시경도+영구경도

<문제 3-2>

- HCl농도가 3 x 10^{-3}M 인 산업폐수를 하천으로 방류하려고 한다. 하천수의 pH는 8.3이고 총알칼리도는 1 x 10^{-3} eq/liter 이다. 하천수의 pH를 6.3이하로 저하시키지 않기 위해서는 하천수 1㎥에 산업폐수 몇 ㎥을 혼합하여 방류하여야 하겠는가 ?

폐수
↓ Hcl : 3 x 10^{-3}M
⟶ 혼합 후 하천수 pH : 6.3이상 유지

하천 : Alkalinity
= 1 x 10^{-3}eq/ℓ
pH : 8.3

$$\frac{[HCO_3^-][H^+]}{[H_2CO_3]} = k_1 = 10^{-6.3} \qquad \frac{[CO_3^{2-}][H^+]}{[HCO_3^-]} = k_2 = 10^{-10.3}$$

(풀이)

1) 혼합된 하수
   $[H^+] = 10^{-8.3}$M/ℓ
   ① $[OH^-] = \frac{10^{-14}}{[H^+]} = \frac{10^{-14}}{10^{-8.3}}$ = 0.000001995 M/ℓ
   ② Alkalinity
   1×10^{-3}2g/ℓ = 1×10^{-3}N = 1×10^{-3}당량/ℓ

2) 강산을 탄산에 의해 완충화된 용액에 첨가하는 경우에 대해 완충강도 β는 다음 식으로 표시할 수 있다.

$$\alpha = \frac{k_1}{k_1+[H^+]+\frac{k_1k_2}{[H^+]}}$$

$$= \frac{10^{-6.3}}{10^{-6.3}+10^{-8.3}+\frac{10^{-6.3}\times10^{-10.3}}{10^{-8.3}}}$$

$$= \frac{10^{-6.3}}{0.000000511} = 0.9808$$

β값

$$\beta = 2.3\left\{\frac{\alpha([\text{알카리도}]-[OH^-]+[H^+])([H^+]+\frac{k_1k_2}{[H^+]}+4k_2}{k_1\left(1+\frac{2k_2}{[H^+]}\right)}+[H^+]+[OH^-]\right\}$$

$$= 2.3\left\{\frac{0.9808\times(1\times10^{-3}-0.000001995+10^{-8.3})(10^{-8.3}+\frac{10^{-6.3}\times10^{-10.3}}{10^{-8.3}}+4\times10^{-10.3})}{10^{-6.3}\times\left(1+\frac{2\times10^{-10.3}}{10^{-8.3}}\right)}+10^{-8.3}+0.000001995\right\}$$

$$= 2.3\left\{\frac{0.0009788\times0.00000001}{0.000000511}+10^{-8.3}+0.000001995\right\}$$

$= 2.3\times0.000021569 = 0.0000496$ 당량/ℓ

3) 하수유량 $1m^3$에 대한 β값은

0.0000496 당량/ℓ × $1m^3$ × 10^3ℓ/m^3

= 0.0496 당량

4) 식 $\beta = \frac{-\Delta[H^+]}{\Delta PH}$에서

PH = 8.3 - ΔPH = 6.3　∴ ΔPH = 8.3 - 6.3 = 2

원식에 대입

$0.0496 = -\frac{\Delta[H^+]}{2}$

$\Delta[H^+] = 0.0992$

∴ 하수 $1m^3$에 대한 폐수량은

3×10^{-3}당량/ℓ × xm^3 × 10^3ℓ/m^3 = 0.0992당량

3 x = 0.0992

x = $0.033m^3$

∴ 하수 $1m^3$에 폐수는 $0.033m^3$임

하수 $1000m^3$에 폐수는 $33m^3$ 혼입되면 pH는 6.3이 됨

3. 2 수질분석 및 특성

3.2.1 탁도(Turbidity)

1) 정의 : 물의 탁한 정도를 나타낸 수치로 탁도를 유발하는 물질로는 토사류와 같은 순수한 무기물질, 천연유기물(NOM), 또는 공장폐수 와 가정하수에서 유입되는 많은 양의 무기물질과 유기물질등이 있으며, 유기물질로 인해 생성한 박테리아와 미생물, 조류(Algae) 등도 탁도를 유발하는 원인 물질임

2) 탁도의 단위와 측정 방법

- 기기분석법 : 측정기를 통해 빛의 산란 및 반사되는 강도를 통해 측정 (NTU, FTU, 카오린 탁도)
- 육안확인법 : JTU

구분	원리 및 측정 방법
NTU (Nephelometric Turbidity Unit)	• 음용수 수질 기준에 적용된 단위 • 물속의 입자에 의한 산란광을 조사광의 90° 위치에서 Nephelo meter를 사용하여 측정
FTU (Formazin Turbidity Unit)	• 적외선광원을 채택한 Nephelo meter를 사용하여 탁도를 측정 • 산란광이 아닌 투과광을 이용
카오린 탁도	• 수중에 카오린 1mg/L를 함유한 물의 탁도를 1로 기준 • 광전분광광도계를 이용하여 측정, 과거 음용수 수질 기준
JTU (Jackson Candle)	• 눈금이 있는 매스실린더에 시료를 주입하고 촛불 위에 올려놓고 • 탁도에 따라 보이는 깊이를 측정

3) 측정의 의의
① 심미감 : 탁도가 없는 물은 심미적으로 깨끗하고 안심할 수 있는 물로 인식
② 응집/침전 효율 : 탁도가 높으면 응집제 주입량 증가, 슬러지 발생량 증가, 침전효율 저하 등
③ 여과 효율 : 탁도가 높아지면 여과지속시간 단축, 역세척빈도 증가, 여과효율 저하 등
④ 소독 효율 : 염소주입량 증가, 소독효율 저하, 급수관망에서 After-Growth 발생 우려
4) 수질 기준 : 먹는물 수질기준은 1.0 NTU를 넘지 않을 것(단 수돗물은 0.5 NTU 이하)
5) 탁도와 부유물질(SS)과의 관계
- 일반적인 자연상태에서 SS가 높으면 탁도도 증가하는 추세를 보이나, 부유입자의 크기, 구성, 모양, 유기물, 색도 등에 따라 달라지므로 일반화된 탁도/SS의 비율은 구하기 어려움(탁도/SS= 0.5~2.0으로 넓은 범위 가짐)
- 단, 부유물질의 입도, 유기물 함량 등 특성 변화가 크지 않은 단일 유역에서 일정기간에 대한 탁도/SS비는 사전 충분한 검증을 통해 활용 가능

3.2.2 색도(Color)

1) 정의 : 색의 정도를 표시한 것으로 먹는물 수질기준에서 심미적 영향물질에 관한 기준으로 5도를 넘지 않도록 규정하고 있음
2) 색도의 측정 방법
- 수질공정시험법에서 색도표준원액은 염화백금산칼륨 2.49g과 염화코발트(6수염) 2.0g을 염산 200㎖에 녹이고 물을 넣어 1ℓ로 한 후(이 용액은 색도 1,000도에 상당) 이 표준원액을 1mL를 가했을 때의 색도를 1도라 함
3) 측정의 의의
- 색도가 높은 물은 일반적으로 유기물 함량이 높게 나타나며, 응집/침전, 산화, 흡착 등의 방법으로 제거함

3.2.3 유·무기물의 분류 및 특성

1) 유기화합물 정의
① 홑원소물질인 탄소, 산화탄소, 금속의 탄산염, 시안화물. 탄화물 등을 제외한 탄소화합물의 총칭
② 유기란 생물에 관계되는 것을 의미하였고, 광물체로부터 얻어지는 무기화합물에 대하여 생물체의 구성 성분을 이루는 화합물, 또는 생물에 의하여 만들어지는 화합물로 분류
③ 생명현상에 관련되어 만들어지는 화합물은 모두 탄소화합물이므로, 무기물로부터는 만들 수가 없다는 생각에서 유래됨.
2) 무기화합물 정의
① 유기화합물을 제외한 모든 화합물
② 무기물(無機物)이라고도 하며, 탄소 이외의 원소만으로 이루어지는 화합물 및 탄소를 함유하는 화합물 중에서도 비교적 간단한 것을 총칭
③ 탄소화합물 중에서 비교적 간단한 것으로는 산화물(CO, CO_2 등), 시안화물(KCN 등), 탄산염($Na_2CO_3 \cdot 10H_2O$) 등이 이에 해당
3) 수질환경에서의 유기/무기 구분
① 유기화학이나 무기화학에서 다루는 무기물과 유기물의 구분을 수질환경분야에 동일하게 적용은 곤란하나, 수질환경(하·폐수)에서 유기물과 무기물의 구분은
- 호기성조건에서 bacteria의 이화작용과 동화작용의 기질로 이용 될 수 있는 탄소화합물질
- 혐기적 조건에서 산발효균과 메탄발효균에 의해 CO_2와 CH_4으로 전환될 수 있는 탄소화합물질
② 상기 조건 중 1개 이상 충족하면 유기물로 정의하는 것이 타당함.
③ 천연유기물질(NOM; Natural Organic Matter) : 동/식물의 사체, 조류의 생성/소멸과정에서 발생하는 자연 유기물을 말함

④ NOM의 분류

Humic substance :
- Fulvic acid - 모든 pH 범위에서 물에 용해성,
  - 분자량 500 ~ 2,000 Dalton(1만 dalton ≒ 0.01㎛)
- Humic acid - pH2 이하에서 불용성, 분자량 2,000 dalton 이상
- humin - 모든 pH에서 불용성

Nonhumic substance : 아미노산, 단백질, 생분해 가능한 화학종

☞ Humic substance : 소수성, 흡착.응집에 의해 제거
산성 작용기 (카르복실 산도, 페놀 산도)가 높아 전하밀도가 높은 fulvic acid가 humic acid 보다 전하중화에 의한 화학적 응집이 더 어려움

☞ Nonhumic substances : 적은 양이지만 규제치 이상의 DBPs를 형성할 수 있고, BDOC 부분이 많아 박테리아 재성장 측면에서 관심의 대상

<표 3-1 NOM 물질 비교>

구분	Humic	Fulvic
원인 물질	오래 부패된 물질 (갈색)	부패가 얼마 안된 물질 (밝은색)
흡광 정도	빛을 잘 흡수 (SUVA > 40)	빛을 잘 흡수하지 않음(SUVA < 2.0)
성질	소수성	친수성
크기 (전하량)	입자의 크기 大, (-)전하량 少	입자의 크기 小, (-) 전하량 多
응집효율	응집제 반응 우수	응집 효율 少
DBPS	THMs	HAA

3.2.4 BOD(생물화학적산소요구량)

1) 정의 : 호기성미생물이 물속의 유기물을 분해하는 과정에서 사용하는 산소의 양으로 유기물질의 함량을 간접적으로 나타내는 지표로 단위는 ppm(parts per million)으로 나타냄

☞ 수중의 유기물질이 문제되는 것은 유기물질의 종류나 양 보다는 이들이 분해되면서 물속의 용존산소(DO)를 결핍시켜 생태계를 파괴시키는 것이므로 BOD는 DO를 얼마만큼 소비할 수 있는가의 잠재능력을 평가

2) 측정 방법

① 직접법 : 하천수 등과 같이 BOD 7mg/L 이하인 시료의 경우 직접 측정, 시료를 포기 시킨 후 두 개의 BOD 병에서 하나는 20℃에서 5일간 배양

② 회석법 : BOD가 매우 높은 시료는 회석수를 사용하여 회석하여 측정

회석수 준비
- 산소가 완전히 포화될 수 있도록 장기간 포기시킴
- 질소, 인, 미량원소 등 영양소 공급과 시료의 pH를 중성으로 유지하고 삼투조건을 위해 시약 첨가
- 유기물 분해를 위한 접종미생물을 첨가 : 보통 가정하수 1차침전 상등수를 많이 사용
- 회석수로 바탕실험 : 접종미생물 자체에 의한 산소 소모량을 구하여 보정

회석배수
- 회석시료 BOD가 2~6mg/L가 되고, 5일 후 DO가 최소 0.5mg/L 이상 되도록 회석 배수를 잡음
- 보통 COD값을 이용하여 BOD값을 예측하여 회석배수를 결정
- 공장폐수 등과 같이 BOD 예측이 어려운 경우 : 두 개 이상의 회석배수로 시료를 회석하여 실험

③ BOD 실험의 검토
- 독성물질이나 금속이온이 함유된 시료는 미생물 증식에 영향을 주므로 실험 적정성을 검토
- 글루코스-글루탐산(BOD 표준용액) 실험 BOD값이 220±20 mg/L 범위에 있어야 함

☞ 편차 클 경우 회석수나 시료에 문제가 있으므로 전반적인 검토가 필요

④ 시료의 전처리가 반드시 필요한 경우

- 산성 또는 알칼리성 시료 (pH 6.5~8.5 범위를 벗어나는 경우)
  ☞ 염산(1+11) 또는 4% 수산화나트륨 용액으로 pH 7로 중화(단, 주입량이 시료량의 0.5%가 넘지 않아야 함)
- 잔류염소가 함유된 시료 ⇒ 일반적으로 BOD용 식종희석수로 희석하여 사용
- 용존산소가 과포화된 시료
  ☞ 수온 20℃ 이하일 때 DO 과포화시 수온을 23~25℃로 하여 15분간 통기하고 방냉하여 수온을 20℃로 함)
- 기타 현탁물질, floc 등으로 오염되었을 때

⑤ 시험 절차

- BOD용 희석수 또는 식종희석수로 희석
- 300mL BOD병 2개에 완전히 채운 다음 밀봉
- BOD 배양기에 넣고 20℃에서 5일간 배양
- 대조 BOD병은 15분간 방치 후 초기 DO 측정
- 5일 저장기간 동안 산소소비량이 40%~70% 범위 안의 희석시료를 선택하여 초기 DO와 5일 후의 DO 차이로 BOD 계산함

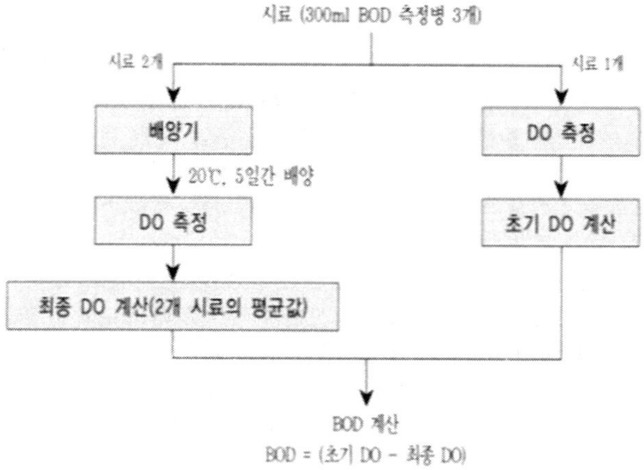

3) CBOD와 NBOD와 관계

① 1단계 BOD : CBOD(carbonaceous BOD): 탄소화합물(유기물)을 호기성미생물이 분해하는데 사용하는 산소량, 최종BOD=BODu=BOD_{20}=1.5 BOD_5

② 2단계 BOD : NOD(Nitrogenous BOD): 질소화합물(무기물)을 호기성미생물이 분해(산화) 하는데 사용하는 산소량

③ 시료배양기간이 7~10일 이후에는 탄소화합물에 의한 BOD외에 질소화합물의 산화가 일어남
☞ 즉 질산화가 발생하는데 이때 질산화미생물에 의해 요구되는 산소량을 NBOD 또는 NOD(Nitrogenous Oxygen Demand)라 함

④ 현재 고도처리공정의 하수처리장 방류수 BOD 측정 시 값이 오차범위를 넘어 가는 경우 NOD에 영향이 있을 수 있으며, 질산화억제제를 주입하여야 함
☞ 일반 하천수나 하수처리장 유입하수의 BOD를 측정할 때에는 질산화균 수도 매우 적고 질산화균의 증식속도도 유기물산화균에 비하여 1/60로 매우 느리기 때문에 5일 이내에 질산화가 별로 일어나지 않아서 사실상 CBOD 만 측정됨
☞ 그러나 하수처리장 방류수의 BOD를 측정 할 때, 특히 여름철에는 질산화균 수가 충분히 존재하기 때문에 5일 이내에 질산화가 진행될 수 있음
☞ 질산화억제제 : TCMP(2-chlor-6-(trichloromethyl) pyridine), ATU (allylthiourea, $C_4H_8N_2S$)

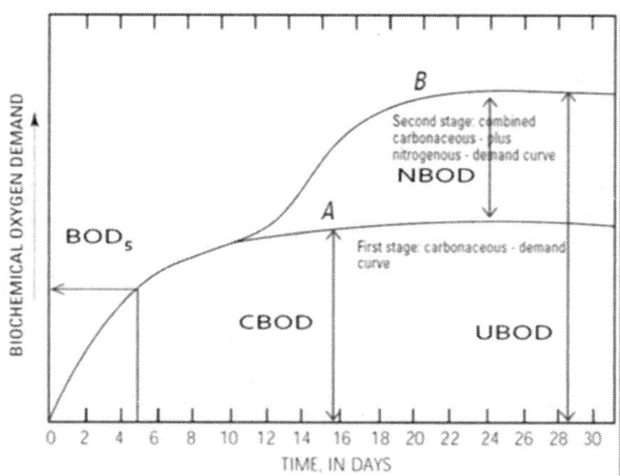

3.2.5 COD(화학적산소요구량)

1) 정의 : 수중의 유기물질 함량을 간접적으로 나타내는 지표로, 미생물 대신 산화제($KMnO_4$, $K_2Cr_2O_7$)를 이용하여 유기물을 산화시키는데 소요되는 산소량을 ppm으로 나타냄

☞ COD는 산화제를 이용하여 측정되므로 유기물질 이외에 무기물질(아질산염, 1가철염, 황화물 등의 환원성 물질) 이 일부 포함되어 있으며 BOD와의 관계는 다음과 같음

COD = BD COD + NBD COD

BD BOD : Biodegradable COD, 생물학적 분해가능한 COD = BODu

NBD COD : Nonbiodegradable COD, 생물학적 분해 불가능한 COD

2) 측정 방법

① COD_{Mn} (과망간산칼륨에 의한 화학적 산소요구량) : 산성법과 알칼리성법으로 구분됨

\# 산성 100 ℃에서 과망간산칼륨에 의한 화학적 산소요구량

- 시료를 황산산성으로 하고 황산은 분말 1g을 넣은 후 과망간산칼륨 일정 과량을 넣고 30분간
- 수욕상에서 가열반응 시킨 다음 소비된 과망간산칼륨량으로 부터 이에 상당하는 산소의 양을 측정함
- 염소이온이 2,000 mg/L이하인 반응시료(100 ㎖)에 적용하며 그 이상일 때는 알칼리성법에 따름

- 황산은 분말 1g 대신 질산은 분말 1g을 첨가해도 되나, 시료 중 염소이온이 존재할 경우에는 염소이온의 당량 만큼 황산은 또는 질산은을 가해준 다음 규정된 양을 추가로 첨가함
- 염소이온 1g에 대한 황산은의 당량은 4.4g이며, 질산은의 당량은 4.8g임

☞ 염소 이온의 방해를 제거하기 위함으로 염소이온이 KMnO4와 반응하여 COD 값을 증가시킴

($2Cl^- + Ag_2SO_4 \rightarrow 2AgCl \downarrow + SO_4^{2-}$)

\# 알칼리성 100 ℃에서 과망간산칼륨에 의한 화학적 산소요구량

- 시료를 알칼리성으로 하여 과망간산칼륨 일정과량을 넣고 60 분간 수욕상에서 가열반응 시키고, 요오드화칼륨 및 황산을 넣어 남아있는 과망간산칼륨에 의하여 유리된 요오드의 양으로 부터 산소의 양을 측정

② CODcr (중크롬산칼륨에 의한 화학적 산소요구량)

- 시료를 황산산성으로 하여 중크롬산칼륨 일정과량을 넣고 2 시간 가열반응 시킨 다음 소비된 중크롬산칼륨의 양을 구하기 위해 환원되지 않고 남아 있는 중크롬산칼륨을 황산제일철암모늄용액으로 적정하여 시료에 의해 소비된 중크롬산칼륨을 계산하고 이에 상당하는 산소의 양을 측정
- 따로 규정이 없는 한 해수를 제외한 모든 시료의 중크롬산칼륨에 의한 화학적 산소요구량을 필요로 하는 경우에 이 방법에 따라 시험함

3) COD -> TOC 전환

① 유기물질 관리 지표를 화학적산소요구량(COD)에서 총유기탄소량(TOC)으로 전환함

- COD_{Mn}은 산화율이 낮아 전체 유기물질 총량을 측정하지 못함에 따라 TOC로 전환
- COD_{Mn}은 전체 유기물 중 30 ~ 60% 측정 가능, TOC 90% 측정 가능

항목	TOC 적용 시점	관련 법령	수질 기준 (COD -> TOC, mg/L)	비고
하천, 호소의 생활환경 기준	20. 1. 1.	환경정책기본법 시행령	하천: 2->2, 4->4, 5->4, 7->5, 9->6, 11->8 호소: 2->2, 3->3, 4->4, 5->5, 8->6, 10->8	13년 1월 도입
기존 공공폐수처리시설	21. 1. 1.	물환경 보존법	130 -> 75, 90 -> 50, 50 -> 30, 40 -> 25 20 -> 15	신규는 20년
기존 폐수 배출시설	22. 1. 1.			신규는 20년
공공하수처리시설	21. 1. 1.	하수도법	40 -> 25, 20 -> 15	

3.2.6 TOC(Total Organic Carbon, 총유기탄소)

1) 정의 : 물 속에 존재하는 유기물의 양을 나타내는 지표 중 하나로 시료를 고온(550℃이상)으로 태우고 발생하는 이산화탄소를 측정하여 유기물 양을 계산하는 방식으로 탄소 총량으로 표현

2) 용어 정의 및 구분

① TC (총탄소) = TIC (총무기탄소) + TOC (총유기탄소)

- TC (총탄소) : 검수 내의 모든 탄소 (유기+무기)
- TIC (총무기탄소) : 검수 내의 무기탄소 (CO_3^{2-},HCO_3^-,CO_2) => 유기물 분석을 방해함
- TOC (총유기탄소) : 검수 내의 총유기성 탄소 (유기물)

② TOC = POC + NPOC

- POC (Purgeable Organic Carbon : 포기에 의해 제거 가능한 유기탄소) = VOC

☞ 즉 VOC 물질은 하천이나 호소에 거의 존재하지 않기 때문에 TOC=DOC+POC= NPOC의 관계가 성립됨

- 산소나 CO_2 제거된 공기 등으로 포기 중에 제거될 수 있는 유기탄소(메탄 등)
- NPOC (Non Purgeable Organic Carbon : 포기에 의해 제거 불가능한 유기탄소, 포기 후에도 남아 있는 대부분의 유기탄소

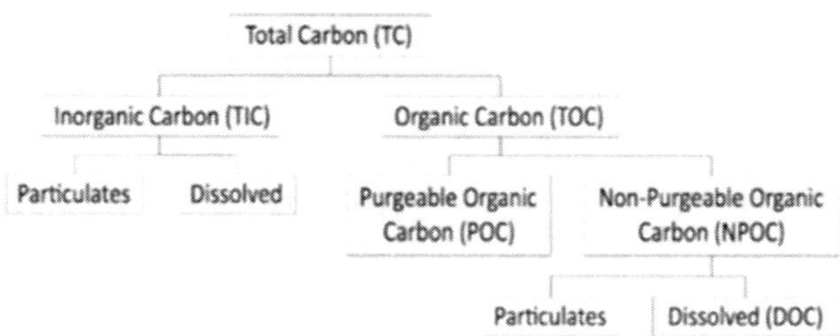

- DOC (Dissolve Organic Carbon) : 0.45 um 여과지 통과한 성분
- SOC (Suspended Organic Carbon) = POC(Particulate Organic Carbon)
- POC (Purgeable Organic Carbon): pH 2 이하에서 purging 에 의해 휘발되는 성분

3) TOC 특성

- TOC 유발물질
  - 고분자 유기물질 : Humic, Fulvic Acid
  - 저분자 유기물질 : 아세틸기를 함유한 저분자 유기물
- TOC의 활용

  # 소독부산물질의 제어
  - 원수 중의 유기물질을 제어하면 THMs의 생성량을 크게 저감
  - 미국이나 유럽의 경우 공정설계 및 운영지표로서 소독부산물의 전구물질이 될 수 있는 TOC 처리효율 향상을 목표로 삼고 있음

  # GAC (입상활성탄)의 운영지표
  - TOC는 GAC의 운영지표 중 하나로 GAC 재생 결정시 기준으로 이용됨.
  - 고분자 물질로 이루어진 TOC가 입상활성탄의 Micro Pore를 폐색시켜 흡착능력을 저하

<표 3-2 유기물 지표의 특징 비교>

<table>
<tr><th colspan="2">구분</th><th>BOD</th><th>COD_{Mn}</th><th>COD_{Cr}</th><th>TOC</th></tr>
<tr><td colspan="2">측정원리</td><td>유기물 산화시 미생물
호흡으로 소비된 산소량 측정</td><td colspan="2">유기물 산화시 소비된 산화제량(산소량) 측정</td><td>유기물 내 탄소량 직접 측정
※ C를 CO_2로 전환하여 측정</td></tr>
<tr><td rowspan="3">분석</td><td>산화제</td><td>호기성 미생물
(20℃, 5일간 배양)</td><td>과망간산칼륨
(95℃ 가열)</td><td>중크롬산칼륨
(140℃ 가열)</td><td>고온연소 (550℃)</td></tr>
<tr><td>장비</td><td colspan="3">실험기구</td><td>TOC 분석장비</td></tr>
<tr><td>결과값</td><td colspan="3">산소량 mg/L</td><td>탄소량 mg/L</td></tr>
<tr><td rowspan="4">측정</td><td>대상</td><td>저분자* 유기물
* 포도당, 지방 등</td><td colspan="3">저분자 및 고분자* 유기물
* 합성수지, 천연고무, 섬유소 등 분자량이 1만 이상 등으로 용해가 잘 안되고 결합이 강한 물질</td></tr>
<tr><td rowspan="2">범위
(경험적)</td><td>20~40%</td><td>30~60%</td><td>90% 이상</td><td rowspan="2">90% 이상</td></tr>
<tr><td colspan="3">예) 전분($C_6H_{12}O_6$)에 대한 분석 결과(일본 논문)
* BOD : 460mg/L, COD_{Mn} : 653mg/L, COD_{Cr} : 930mg/L
이론적 산소요구량 : 1,070mg/L</td></tr>
<tr><td>방해
물질</td><td>고분자 유기물 등</td><td>염소(Cl^-) 등</td><td>염소, 아질산성
이온(NO_2^-) 등</td><td>무기물 등</td></tr>
<tr><td colspan="2">특징</td><td>하천 환경을 실험실에서
재현</td><td>우리나라·일본 통용
오염물질 배출</td><td>국제 통용성
오염물질 배출</td><td>신속·다량·자동화
장비구입·유지</td></tr>
</table>

3.2.7 UV254 & SUVA

1) UV254 정의 : UV는 수중의 리그닌, 타닌, 휴믹물질 등 다양한 방향족 화합물이 존재할 경우, 자외선 영역 (254nm)의 파장을 강력히 흡수하는데, 이러한 원리를 이용하여 상대적인 유기물 양을 측정함

① 자연수에는 천연유기물질(NOM, Natural Organic Matter)이 복합유기물질로 존재하며, 이러한 물질은 정수처리 과정 중 소독부산물생성, 생물학적 미생물 재성장, 색도 그리고 맛·냄새 등에 영향을 야기함

② UV254는 유기물질의 총량지표인 TOC(총유기탄소)와 같이 국내 수질기준이나 가이드라인이 권고되어 있지 않으나, THMs전구물질(THMFP, Trihalomethane Formation Potential)인 부식물질 등의 난분해성 물질과 높은 상관관계를 갖고 있어 소독부산물질(DBPs)의 생성능을 파악하는 지표 항목으로 활용되고 있음

③ SUVA(specific UV absorbance)는 UV흡광도(m-1)/mg DOC를 나타내는 값으로서 유기물의 특성 변화 및 제거 정도를 나타내는 유용한 지표로 사용되며, 소수성 물질(hydrophobic acid) 인 humic과 fulvic acids는 상대적으로 높은 SUVA값(소독부산물 형성 가능성 ↑)을 가짐

2) 측정방법

① 시료를 GF-C 여과지 또는 0.45㎛ 멤브레인 필터로 여과한 후 1-㎝석영셀에 넣어 흡광도를 측정함

② 흡광광도계 파장은 245nm로 셋팅하고 2회 이상 측정하여 평균값을 사용함 (ex. 하천수 0.02~0.08 cm^{-1}범위)

3) SUVA 값에 따른 유기물 특성

SUVA 값	4~5 m^{-1} / mg DOC	< 3 m^{-1} / mg DOC
유기물 특성	- DOC성분은 주로 humic 물질로 이루어져 있으며, 상대적으로 hydrophobic방향족과 고분자 성분을 많이 함유 - 응집에 의한 DOC 제거가 용이	- DOC성분은 주로 nonhumic 물질로 구성되어 상대적으로 hydrophilic, 비 방향족과 저분자량 성분을 많이 함유 - 응집에 의한 DOC 제거가 어려움

3.2.8 SDI(Silt Density Index)

1) 정의 : 오염지수 또는 파울링 지수라고 하며, 역삼투법에서 막모듈에 공급되는 공급수 중 미량의 부유물질의 정도를 정량화한 수치

2) 측정 목적
- 역삼투막설비는 막모듈에 공급되는 원수의 성질에 따라 수명과 성능이 좌우됨
- 원수의 오염정도를 분석하는 방법으로 막을 얼마나 오염시켰는지 여부를 판단하기위해 SDI를 측정

3) 측정 방법
- 0.45㎛, 직경 47mm Membrane 필터를 사용
- 206Kpa의 압력으로 여과 시 소요되는 시간을 분석

$$SDI = \left(1 - \frac{T_0}{T_{15}}\right) \times \frac{100}{15}$$

* T_0 : 시료 500mL을 206Kpa로 가압하여 여과시킬 때 소요되는 시간

T_{15} : 206Kpa 압력으로 15분간 여과시킨 후 다시 시료 500mL를 206Kpa로 가압하여 여과시킬 때 소요되는 시간

4) SDI가 높으면
- 막의 수명과 성능 저하 • TMP 증가 • 처리효율 저하 • 역세주기 감소 • 농도분극 현상의 발생

5) SDI의 활용 및 문제점
- 해수담수화설비에서 공급되는 공급수의 오염 정도를 분석하여 전처리 설비 검토
- 일반적으로 해수담수화 설비에서는 역삼투막 설비에 공급하기 전에 SDI를 4이하로 관리하며, 초순수설비에서는 3이하로 관리
- 막오염 물질의 종류는 부유성 입자, 콜로이드, 유기물, 미생물, 칼슘염 등 다양하여 SDI로 정확한 막오염 예측이 어려워 최근에는 MFI(Modified fouling index)로 대체하고 있음

3.2.9 생물독성시험

1) 측정 목적
- 수중생물의 적합 서식 환경판단
- 수질기준 사용 및 기타 항목과의 관계파악
- 해안생물에 대한 폐수독성 영향조사

2) 미생물 선정에 따른 시험 방법
- 적조류시험 : Cystocarps 생성유무 평가
- 곤쟁이시험(동물성 플랑크톤) : 노출 후 사망 → 급성독성, 수란관에 알 생성 여부
- 물고기시험 : 물고기 생존율에 따라 급성독성 파악

3) 결과평가
- 급성독성 : 심각한 독성(48, 96hr)
  - LC50 : (50% 치사 유출수 농도) TLm과 반대 의미이고, Lethal Concentration for 50의 약자이며, 시험용 물고기의 50% 치사농도
  - LD50 : (50% 치사량) Lethal Dose for 50의 약자 독성물질 경구 투여 시 50% 치사량
  - EC50 : 미생물 50%에 측정 가능 정도의 부정적 영향 유출수 농도
  - NOAEL : 최대무작용량 NO Observed Adverse Effect Level
- 만성독성 : 수명의 1/10 이상 장기간 독성영향 관찰 - 사망률 증가, 성장률 감소
  - NOEC (No Observed Effect Concentration) : 영향 없는 유출수 최고농도로, 값이 높을수록 만성독성 수준은 낮아짐을 의미
  - LOEC (Lowest Observed Effect Concentration) : 영향 관찰된 유출수의 최저농도

4) 독성단위(Tu)
- 급성 Tua = 100/LC50 (급성 노출기간 말기 농도)
- 만성 Tuc = 100/NOEC (만성 노출기간 최고 농도)

5) TLm (median tolerance limit)
- 사업장이나 가정 또는 농촌 등에서 농도가 낮은 독성물질이 유출되면 이들의 성분별 분리나 측정이 어려움
- 따라서 물고기를 시험용으로 사용하여 생존상태를 측정함으로써 분석
- 시험용 물고기는 보통 10마리 정도 크기를 7.5Cm 이하로서 큰 것은 작은 것의 1.5배 이상으로 선정
- TLm이란 일정한 시간을 경과시킨 후 시험용 물고기의 50%가 생존할 수 있는 농도를 말하며, 96hr TLm, 48hr TLm, 24hr TLm으로 분류

6) 결과 응용
- 수질기준 선정 : 독성물질농도, 노출시간, 노출빈도 고려
- 급성효과 : CMC (criterion max concentration)
  3년에 1회 이상은 초과하지 말아야 할 4일 평균 농도
- 만성효과 : CCC (criterion continuous concentration)
  3년에 1회 이상은 초과하지 말아야 할 1시간 평균농도

☞ EC50 (Effective Concentration of 50 %)값의 정의는 시료에 노출시킨 시험생물종의 반수가 영향을 받는 농도이며, 독성값은 100에서 EC50값을 나눈 값을 말함
따라서 이와 같은 경우 EC50값은 100 % 가 되며, TU = 100/100으로 1이 됨

자료 : 화학물질 배출량 정보를 이용한 초기 위해성 평가 해설서, 환경부 2010

3.2.10 BIP(생물학적 오탁지수) 및 BI(생물지수)

1) 정의
- 수생생물은 종류에 따라 일정 오염도를 가진 수중에서 잘 번식하는 특성을 보유
- 이런 특성을 미리 조사하여 Data화하면 수중생물의 종류와 개체수를 조사하여 물의 오염도를 판정 가능
- 이처럼 수중생물의 종류와 수를 조사하여 오염도를 판정하는 생물학적인 지표로써 BIP와 BI가 이용되는데 BIP와 BI는 역상관계

2) BIP(Biological Index of water Pollution, 생물학적 오탁지수)
- 생물의 분류 (현미경적 분류)
  - A : 검수1CC중 오염에 약한 유엽록소 생물의 개체수(식물성 plankton)
  - B : 검수1CC중 오염에 강한 무엽록소 생물의 개체수(동물성 plankton)
- BIP = $\frac{B}{A+B}X100$ (%)

- 판정 : 오염도가 증가할 수록 수중에 A가 줄고 B가 증가함. → 따라서 BIP 증가

구분	청수	오염수	극심 오염
BIP	10이하	10~20	70~100

3) BI (Biotix Index ; 생물지수)
- 생물의 분류 (육안 분류)
  - A : 청수성 생물의 개체수 (식물성 plankton)
  - B : 광범위성 생물의 개체수
  - C : 오수성 생물의 개체수 (동물성 plankton)

- BI = $\frac{2A + B}{A + B + C}$
- 판정

구분	청수	오염수	극심 오염	매우 극심
BI	20이상	11~19	10이하	5이하

4) 특징
- BIP에서는 생물 동정이 필요 없으나, BI에서는 생물동정이 필요 (전문지식 필요)
- BI가 더 정확한 생물학적 오염도를 측정

3.2.11 DAIpo (Diatom Assemblage Index to organic pollution) 지수

1) 정의
- DAIpo는 유기오탁지수로 BIP와 유사한 의미
- 오염치에 대한 각 규조종의 내성도를 기준으로 호오염성종(saprophilous taxa), 호청수성종(saproxenous taxa) 그리고 광적응성종(indifferent taxa)의 3군으로 나누어 군집 내 이들 군들의 관계를 기초로 정해짐

2) DAIpo의 산정
- DAIpo = 50 + 1/2 ($\sum_{i=1}^{p} Xi$ - $\sum_{j=1}^{q} Sj$)
  - $\sum_{i=1}^{p}$ Xi : 그 조사지점에서 출현한 1에서 p까지의 호청수성종들의 상대빈도의 합
  - $\sum_{j=1}^{q}$ Sj : 그 조사지점에서 출현한 1에서 q까지의 호오염성종들의 상대빈도의 합
- 100에 가까울수록 청정수 0에 가까울수록 오탁수

3) DAIpo의 의미
- 이동성이 없는 미소생물체는 오염분석 시 중요한 지표가 됨.
- 대형저서 무척추동물이 오염에 대한 지표로서 많이 이용되었으나, 최근에는 부착 규조류의 이용이 증가함
  ☞ 이는 보다 더 이동성이 적고 오염에 민감하며, 재현성이 좋기 때문
- 호염성종과 호청수성종의 구분이 가능한 전문가가 필요한 것이 문제점

3.2.12 AGP(Algal Growth Potential) 지수

1) 정의
- Algal Growth Potential 또는 Algal Assay Potential이란 물이 가지고 있는 잠재능력을 평가하기 위한 지표
- 조류의 잠재적인 증식 능력으로 조류를 이용한 일종의 생물 검정

2) 원리
- 시료에 특정 조류를 접종하여 리비히(Liebig)의 최소제한인자법칙에 기초한 최적 조건 하에서 배양함으로서 최대증식량에 따라 부영양화의 정도를 판정
- 일정한 조도와 온도조건 하에서 조류의 증식이 정상기에 달할 때까지 배양하여 그 건조중량을 측정한 값

3) 측정 방법
- 측정 기구 : 배양용기, 조명장치, 항온기
- 접종 미생물 : 수역의 우점종을 이용, 분리배양된 조류를 배지에서 계대 배양하여 대수증식에 있는 것을 배양
- 실험 조작
  - 전처리 : 시료 중에 포함된 조류, SS를 용해 또는 제거시키기 위한 여과 및 가열
  - 조정 : AGP가 20~30mg/L 이상이 예상될 경우 순수로 희석
  - 배양 : 시료 100~500mL를 배양용기에 넣고 특정 조류를 접종 후 최대증식량에 도달할 때까지 배양 (증가율 5% 이하, 1~2주 이내),
  - 실험조건 : 20℃, 4000LUX, (남조류 100LUX)
- AGP의 측정
  - 최대증식량 도달 확인 (조류 개체수 검경, 흡광도 측정)
  - 막으로 배양액을 여과
  - 조류의 건조중량 측정

4) AGP에 의한 부영양화 판정

빈영양	중영양	부영양	극부영양
1mg/L 이하	1~5 mg/L	5~50 mg/L	50mgL 이상

5) AGP 판정 결과에 대한 의의
- 하천, 호소 등에 대한 부영양화 정도와 부영양화 잠재능력을 판단
- 대상 수계의 제한 염류의 종류를 추정
- 탈질, 탈인 등의 처리효과 파악
- 유입 오수의 영향평가
- 조류가 이용 가능한 영양염류량 산정
- 조류증식에 대한저해물질의 유무 평가

3.2.13 총대장균(Total coliforms)

1) 정의
- 그람음성. 무아포성의 간균으로서 유당을 분해하여 가스 또는 산을 발생하는 모든 호기성 또는 혐기성균
- 즉 대장균군은 사람과 동물 장내에 서식하는 대장균과 주로 물. 토양 등 자연계에 분포된 대장균과 비슷한 성질을 가지는 균을 대장균군이라 총칭

2) 대장균의 종류
- 대장균군
- 분원성 대장균 : 배양온도 44℃에서 서식하는 열저항성 대장균, 분원성오염에 대한 신뢰성이 높음.
- 대장균 : 온혈동물 장내 우점종을 이루고 있는 통성혐기성균, 분원성오염에 대한 특이성이 높아 가장 신뢰할 수 있는 분원성 오염지표
- 대장균군 > 분원성 대장균 > 대장균
- 대장균(E-coli)은 배설물에서 근원하나 일부가 토양 속에서 성장할 수 있기 때문에 분변성 오염의 지표로 토양에 서식하는 대장균을 배제하고 E-coli만을 측정하기는 현실적으로 어려움.
- 결국 E-coli과 토양내 대장균등을 포함한 총대장균군(Total coliforms)을 지표로 사용
  [현 환경정책기본법 수질환경기준 (총대장균군수/100㎖)]

3) 대장균군의 특성
- 병원성균에 비해 저항력이 강하며, 검출이 용이하고 검사법이 간단
- 소독 저항성은 병원균보다 강하나 Virus 보다 약하며, 인체의 배설물 중에 대량으로 존재
- 대장균군이 검출되지 않으면 병원균에 오염되어 있다 하여도 사멸된 것으로 가정
  결국 분변성 오염지표로 유리

4) 시험방법
- 환경기준에 의한 대장균 시험 (개/100mL) : 최적확수시험법 (MPN), 막여과 시험법
- 배출허용기준에 의한 대장균 시험 (개/mL) : 평판 집락법
- 시험법의 종류 및 특징

구분	원리 및 측정 방법
최적확수시험법 (Most Probable. Number; MPN)	✓ 시료를 유당이 포함된 배지에 배양할 때 대장균이 증식하면서 가스를 생성하는데 이때의 양성시험과수를 확률적인 수치의 최적확수로 표시하는 방법 ✓ 추정시험, 확정시험, 완전시험 3단계 ✓ 대장균군에 속한 세균을 확인할 수 있어 정확도가 높음
막여과시험법	✓ 시료의 특성에 따라 시료량을 조절하여 막 여과(0.45㎛) 실시 ✓ 그 여과막을 M-Endo 배지에서 배양 시킬 때 붉은색 집락을 형성 → 집락수를 계수 대장균군의 농도를 산출 ✓ 대장균군수가 적을 때 유효한 방법 ✓ 다량의 시료를 여과하므로 실제의 균수에 가까운 고도의 신빙성을 확보 가능 ✓ 실험시간이 최적화수 시험법의 ¼ 소요
평판집락법	✓ 시료를 유당이 함유된 한천 배지에 배양시 대장균이 번식하면서 산을 생성하고 집락을 형성 ✓ 이 때 생성된 산은 지시약 (뉴트랄레드)를 진한 적색으로 변화시켜 대장균 집락 → 식별 형성된 집락수를 계수하여 농도 산출 ✓ 시험방법이 간단하지만 대장균군 만을 계수

5) 최적확수 시험법

- 검수를 0.01, 0.1, 1.0 10.0mℓ로 4단계 이상의 것으로 만들어 각 5개씩 대장균군 실험을 하여 시료 100mℓ당 대장균수를 확률적으로 계산한 것,
- MPN법은 대장균군의 정량시험으로서 추정, 확정, 완전의 3단계 시험을 행하고 그 값을 MPN표에 의해 구하고 MPN표를 이용할 수 없을 경우 식을 이용

$$MPN/100ml = \frac{양성관수 \times 100}{\sqrt{(음성관시료의\,ml)(전관시료의\,ml)}}$$

- 정성 실험
  - 추정시험 : 대장균의 농도에 따라 희석배수를 달리 조제한 검수 100mL를 5개의 유당배지가 있는 35±0.5℃에서 24±3시간 배양, 가스 발생하며 양성, 양성시험관은 확정시험 진행
  - 확정시험 : 추정시험에서 가스 발생한 유당배지발효관으로부터 BGLB배지에 추정시험 양성균을 이식, 35±0.5℃에서 48±3시간 배양 후 가스 발생하면 양성
  - 완전시험 : Endo or EMB 한천배지에 35±0.2℃에서 24±3시간 배양시켜 콜로니(Colony ; 집락) 생성을 확인하고 집락을 그람염색하여 확인
- 총대장균군수는 확정시험까지 분석하여 도출하며, 완전시험은 계절적 간격으로 총대장균군 양성시료의 10%에 대하여 정도 관리를 위해 수행함

6) 분원성 대장균군(FC)과 분변성 연쇄상구균(FS)

- FC (Fecal Coliforms 분원성 대장균군) : 온혈동물의 배설물에서 발견되는 그람 음성균(Gram 陰性菌 ;Gram-negative bacteria), 무아포(무포자)성의 간균으로서 44.5℃에서 유당을 분해하여 가스 또는 산을 발생하는 모든 호기성 또는 혐기성균

- FS (Fecal Streptococcus 분변성 연쇄상구균) : FC/FS 비는 오염이 사람에 의한 것인지 동물에 의한 것인지를 판별하는데 이용함

  ☞ FC/FS비가 1이하이면 가축에 의한 오염, 4이상이면 사람에 의한 오염, 1~2이면 어떤 오염인지 알 수 없음
- FC/FS비 조사 시 타당성 조건
  - 시료의 pH는 4~9, 한 시료에 대해 적어도 2번은 균수를 측정
  - 오차를 최소화하려면 오염원으로부터 수체의 경과시간이 24시간 이상 되는 하류방향에서 시료를 채취 말아야 함.
  - 44.5℃에서 측정한 분변성 대장균만 대상으로 실시

7) 환경기준

- 음용수 수질기준 - 대장균군 : 50CC중 미검출 / 일반세균 : 1CC중 100이하
- 수질환경기준(군수/100mL)

구분	하천		호소		해역	비고
	총대장균	분원성 대장균	총대장균	분원성 대장균	총대장균	해역의 등급
매우좋음(Ⅰa)	50	10	50	10	1000	Ⅰ
좋음 (Ⅰb)	500	100	500	100	1000	Ⅱ
약간좋음(Ⅱ)	1000	200	1000	200	-	Ⅲ
보통 (Ⅲ)	5000	1000	5000	1000	-	-
약간나쁨(Ⅳ)	-	-	-	-	-	-
나쁨 (Ⅴ)	-	-	-	-	-	-
매우나쁨(Ⅵ)	-	-	-	-	-	-

3.2.14 미생물호흡율(OUR, Oxygen Uptake Rate)

1) 정의

- 미생물에 의해 기질이 산화되면서 에너지가 탈수소 효소로 구성된 전자전달시스템을 통해 ATP로 전달되는 과정에서 최종전자수용체로 산소를 이용하는데 이때의 산소소모율을 말함
- 산기식, 기계식에 의해 공급된 산소가 하수 중에 용해 (용존산소) 되며 이 용존산소를 미생물이 이용하는 정도를 호흡률이라고 함

2) 측정 방법

- 밀폐된 용기 (1L 실린더)에 포기조 혼합액 투입
- 시간에 따른 DO 농도를 측정
- 시간에 따른 DO농도 곡선을 작성
- 기울기를 혼합액 MLVSS농도로 나누어 줌

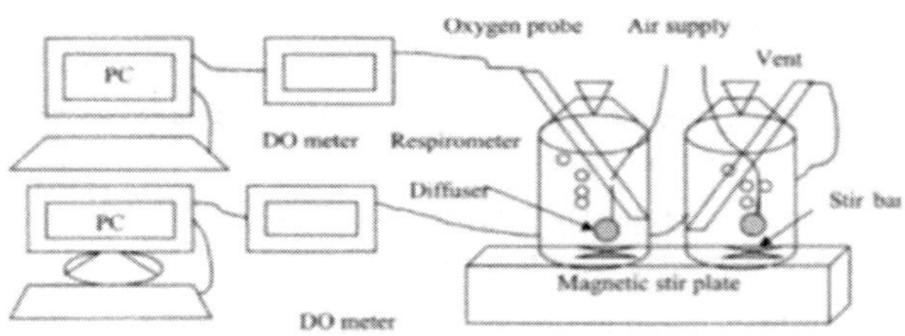

<그림 3-1> 미생물 호흡율 테스트 구성

3) 기질부하와 산소호흡률

- 기질부하가 낮을 때 : 호흡률이 기질부하량과 비례
- 기질부하가 높을 때 : 호흡률이 기질부하량과 관계없이 일정 → 최대부하량

$$\text{비호흡률 } (mg\text{-}O_2/g\text{-}MLSS) = \frac{\text{호흡률 } (mg\text{-}O_2/L.Hr)}{\text{반응조의 } MLSS\ (g/L)}$$

$$\text{최대 비호흡률 } (mg\text{-}O_2/g\text{-}MLSS) = \frac{\text{최대 호흡률 } (mg\text{-}O_2/L.Hr)}{\text{반응조의 } MLSS\ (g/L)}$$

4) 호흡률의 이용분야

- 폐수의 독성도 평가
- 폐수의 생물학적 처리도 평가
- 생물반응조의 운전조건 별 미생물의 활성도를 평가

5) 독성감시 방법

- 활성슬러지 미생물의 최대호흡률
  - 폭기조의 다양한 환경조건 (DO, 온도, pH)에 의한 슬러지의 활성도와 유입수 내 독성물질 유무를 판단하는 데 유용한 정보로 이용
- 독성물질의 유입
  - 활성슬러지가 독성물질의 영향을 받아 미생물의 신진대사가 감소하면서 최대호흡율 감소
  - 최대호흡률의 감소는 독성물질의 농도와 접촉시간에 비례
  - 최대호흡률치가 기준치의 60% 이하가 되면 독성물질의 유입으로 판단
- 일반적으로 활성슬러지조에서는 연속호흡률측정기로 최대비호흡률을 측정
  - 활성슬러지의 호흡률 측정은 매우 빠르고 간편하며,
  - On-Line 측정이 가능하며,
  - 활성슬러지조의 생물학적 조기경보시스템으로서의 큰 장점을 보유
  - 폐수처리시설의 근/원거리 원격감시운영체계 구축 시 활용 가능

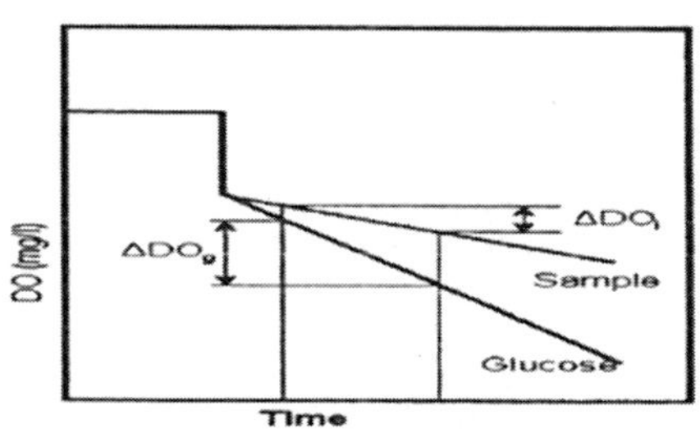

Toxicity % = ΔDOi/ ΔDOg×100%

<그림 3-2> OUR을 이용한 미생물 독성 판단

3.2.15 SOD(퇴적물 산소요구량, Sediment Oxygen Demand)

1) 정의
- 하천의 저질에서 요구되는 산소요구량
- BSOD : Biological Sediment Oxygen Demand로 침전성 유기물의 분해, 저서 생물의 호흡에 요구되는 산소량
- CSOD : Chemical Sediment Oxygen Demand로 환원성 물질의 산화작용에 소요되는 산소량

2) 측정 방법
- 실험방법 종류
  - 실험에 의한 방법 : 침전물을 채취하여 실험실로 이동, 침전물 위의 물에서 소요되는 용존산소량 측정
  - Benthic Chamber : 하천 바닥에 수체의 이동을 차단하는 챔버를 설치 후 챔버 내의 용존산소 변화 측정
- 실험에 의한 방법 절차
  ① 채취한 시료를 5Cm까지 채우고 BOD용 희석수를 반응조에 채운 후
  ② 100~150mL/min의 유속으로 순환
  ③ 시간의 경과에 따른 용존산소소모량을 DO Meter를 이용 연속측정
  ④ 용존산소 감소율을 구하여 산소 소비속도 산출

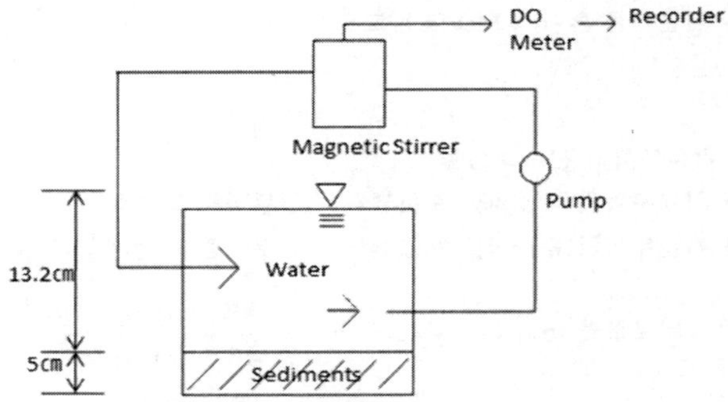

<그림 3-3> SOR 측정 장치 구성도

3) SOD 산정

$$\text{산소소비속도 (mg-}O_2\text{/g-MLSS)} = \frac{O_2 \text{ Uptake (mg-}O_2\text{/L.Hr)}}{A} \times V$$

* A : Surface Area , V : Water Volume

$$\text{SOD (mg/m}^2\text{/Day)} = aC = 7.2 \times \frac{C}{0.7+C}$$

* a : 경험적 상수
C : DO 농도 (mg/L)

4) 오염도 판단

SOD (g/m²/day)	1 <	1 ~ 3	3 ~ 10
오염정도	Low	Moderate	Heavy

5) SOD에 미치는 환경요인 : 수온, 저수층의 DO, 저서생물의 특성, 간극수, 저질 내 유기물질의 특성

6) SOD 특징
- 하천, 하상의 특성과 계절에 따라 크게 다르며, 실험방법에 따라 다양한 값을 나타내어 정량화가 어려움
- 유속이 느리고 수심이 낮은 하천 < 유속이 느리고 수심이 낮은 하천
- 호소에서는 심수층 DO 소모에 가장 큰 역할을 담당
- 하상계수가 크고 계절변화가 심한 곳, 수심이 깊고 유속이 빠른 하천에서는 적용 곤란
- 유속이 느리고 수심이 낮은 하천에서는 값이 증가

3.2.16 하천유량측정 방법

1) 정의 : 하천 유량을 측정하여 유역의 수위, 유량, 유사량, 하상의 변동 상황과 강수량과 유출량을 측정하여 하천의 오염 정도를 측정

2) 적용 범위

- 균일한 유속분포를 확보하기 위한 충분한 길이(약 100 m 이상)의 직선 하도(河道)의 확보가 가능하고 횡단면상의 수심이 균일한 지점
- 모든 유량 규모에서 하나의 하도로 형성되는 지점
- 가능하면 하상이 안정되어있고, 식생의 성장이 없는 지점
- 유속계나 부자가 어디에서나 유효하게 잠길 수 있을 정도의 충분한 수심이 확보되는 지점
- 합류나 분류가 없는 지점
- 교량 등 구조물 근처에서 측정할 경우 교량의 상류지점
- 대규모 하천을 제외하고 가능하면 도섭으로 측정할 수 있는 지점
- 선정된 유량측정 지점에서 말뚝을 박아 동일 단면에서 유량측정을 수행할 수 있는 지점
  - ☞ 유속계나 부자가 어디에서나 유효하게 잠길 수 있을 정도의 충분한 수심 확보
  - ☞ 기존의 자료를 얻을 수 있는 수위표 지점으로부터 1 km 이내 (수위가 급변하는 경우 가능하면 수위 관측소 주변)인 지점에서 측정

3) 측정장비

- 유속계, 초시계, 회전 수 측정을 위한 장비
- 측정방법에 따라 보트, 권양기 등 추가 장비가 필요

4) 측정 방법

- 유황 (流況)이 일정하고 하상의 상태가 고른 지점을 선정하여 물이 흐르는 방향과 직각이 되도록 하천의 양끝을 로프로 고정하고 등 간격으로 측정점 선정
- 통수단면을 여러 개로 소 구간 단면으로 나누어 각 소 구간 마다 수심 및 유속계로 1개 ~ 2개의 점 유속을 측정하고 소 구간 단면의 평균유속 및 단면적을 산정
  - ☞ 평균 유속에 소 구간 단면적을 곱하여 소 구간 유량 (q_m)으로 함
- 소구간 단면에 있어서 평균유속 V_m은 수심 0.4 m를 기준으로 다음과 같이 산정

 - 수심이 0.4 m미만일 때 Vm = V0.6

 - 수심이 0.4 m이상일 때 Vm = (V0.2 + V0.8) × 1/2

 * V0.2, V0.6, V0.8은 각각 수면으로부터 전 수심의 20 %, 60 % 및 80 %인 점의 유속

Q = q1 + q2 + ... + qm

Q : 총 유량

qm : 소구간 유량

Vm : 소구간 평균 유속

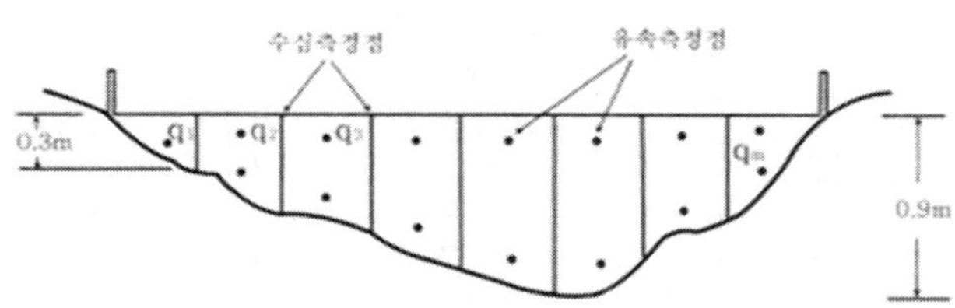

3.2.17 WQI(수질평가지수)

1) 정의 :

- 미국 EPA의 water quality index를 참고하여 수질평가 항목은 부영양화의 원인 항목 (표층 DIP, DIN)과 일차 반응항목(표층 클로로필, 투명도), 최종반응항목 (저층 용존산소포화도)로 구분,
- 각 항목 별 농도를 점수로 환산하여 수질지수에 대입, 등급을 구분

* DIP : Dissolved Inorganic Phosphorus)
DIN : Dissolved Inorganic Nitrogen)

2) 수질평가지수

- WQI = 10 × [저층 DO] + 6 × [(Chl-a) + 투명도(SD))/2] + 4 × [(DIN + DIP) / 2]

* Chl-a : 식물성 플랑크톤 농도, DIN : 용존성 무기질소, DIP : 용존성 무기인

- 수질평가지수 항목별 점수

항목별 점수	대상 항목	
	Chl-a(μg/L), DIN(μg/L), DIP(μg/L)	DO(포화도,%), SD(m)
1	기준값 이하	기준값 이상
2	< 기준값 + 0.10×기준값	> 기준값 - 0.10×기준값
3	< 기준값 + 0.25×기준값	> 기준값 - 0.25×기준값
4	< 기준값 + 0.50×기준값	> 기준값 - 0.50×기준값
5	> 기준값 + 0.50×기준값	< 기준값 - 0.50×기준값

- 해역별 기준 값

구분	Chl-a (μg/L)	저층 DO (포화도%)	표층DIN (μg/L)	표층DIP (μg/L)	투명도 (m)
동해	2.1	90	140	20	8.5
대한해협	6.3		220	35	2.5
서남해역	3.7		230	25	0.5
서해중부	2.2		425	30	1.0
제주	1.6		165	15	8.0

3) 해수수질 기준

- 생태기반

등급	수질평가 지수값 (Water Quality Index)
Ⅰ(매우좋음)	23 이하
Ⅱ(좋음)	24 - 33
Ⅲ(보통)	34 - 46
Ⅳ(나쁨)	47 - 59
Ⅴ(아주 나쁨)	60 이상

- 생활환경

항목	수소이온농도 (pH)	총대장균군 (총대장균군수/100mL)	용매추출유분 (mg/L)
기준	6.5-8.5	1,000 이하	0.01 이하

3.2.18 TSI(Trophic State Index, 부영양화지수)

1) 정의 : Trophic State Index로서 부영양화 지수에 의한 평가방법
2) 정성적 평가지표
- 부영양과 빈영양의 특징을 기초로 하여 다수의 전문가가 부영양화의 발생 여부 및 진행 정도를 평가한 결과를 종합적으로 검토
- 부영양화 기준 : 영양염류 농도 증가, 수계의 색상 변화, 투명도 저하, 저수층 혐기화, 남조류 등 동물성 플랑크톤 및 윤형동물 증가

3) 정량적 지표
- 단일 Parameter에 의한 방법
  - 수체의 물리/화학/생물학적 특성을 나타내는 수질항목 중 부영양화와 밀접한 대표 항목 한 개를 선정하여 이 항목을 중심으로 부영양화를 평가
  - 대표 항목 : TN, TP, Chlorophill-a, 투명도, 용존산소 분포, 1차 생산력
- 복수 항목에 의한 방법
  - 부영양화현상과 밀접한 관계가 있는 여러 개의 수질 항목을 정하여 평가하는 방법
  - 수체의 수리수문학적,물리화학적, 생물학적 특성을 종합적으로 고려

구분	빈영양	중영양	부영양
총인 ($\mu g/m^3$)	< 10	10~20	20 ~ 25
클로로필 ($\mu g/m^3$)	<4	4~10	10
투명도 (m)	>3.7	3.7 ~ 20	2.0
심층수의 DO포화도 (%)	>80	10 ~ 80	10

4) TSI에 의한 방법
- Carlson의 TSI 지수
  - 부영양화 지수를 0~100까지 수치로 표시
  - 물의 투명도 (SD)만을 측정하여 물의 부영양화를 측정
  - 투명도, 클로로필 –a, 총인농도 중 하나만 측정해도 TSI를 표현할 수 있도록 TSI와 각 항목의 관계를 수식화
  - 투명도가 64m 일 때 부영양화 지수는 "0"
  - 전제조건 : 투명도에 영향을 주는 인자는 식물성 플랑크톤
  - TSI 계산식

TSI-투명도 $$TSI(SD) = 10 \times \left[\frac{6 - Ln(SD)}{Ln2} \right]$$

TSI-클로로필 a $$TSI(Chl\text{-}a) = 10 \times \left[6 - \frac{2.04 - 0.62 \times Ln(Chl\text{-}a)}{Ln2} \right]$$

TSI-TP $$TSI(TP) = 10 \times \left[6 - \frac{Ln(48/TP)}{Ln2} \right]$$

☞ 투명도와 플랑크톤 농도

$$SD = \frac{Ln(I_2/I_0)}{Kw + aC}$$

I_0 : 수표면에서의 빛의 강도
I_2 : 투명도판이 보이지 않는 수심에서의 빛의 강도
Kw : 용존물질에 의한 빛의 감쇠계수
a : 조류에 의한 빛의 감쇄계수
C : 식물성 플랑크톤의 농도

구분	빈영양	중영양	부영양
TSI	< 40	40 ~ 50	> 50

- 수정 Carlson 지수
  - 조류외 다른 물질의 흡광계수에 의한 오차가 크게 나타나 투명도 대신 클로로필-a 농도를 기준으로 한 수정 Carlson 지수 (TSIm)
  - TSI 100 : 클로로필-a 1,000μg/L, TSI 0 : 클로로필-a 0.1μg/L

TSI-투명도 $$TSIm = 10 \times [2.46 + \frac{Ln\ (Chl)}{Ln2.5}]$$

TSI-클로로필 a $$TSIm\ (SD) = 10 \times [\ 2.46 + \frac{3.69-1.53 \times Ln\ (SD)}{Ln2.5}\ ]$$

TSI-TP $$TSI\ (TP) = 10 \times [\ 2.46 + \frac{6.17 + 1.15 \times Ln\ (TP)}{Ln2.5}]$$

3.2.19 먹는물수질기준

1) 미생물에 관한 기준
- 일반세균은 1mL 중 100CFU(Colony Forming Unit)
  - 다만, 샘물 및 염지하수의 경우에는 저온일반세균은 20CFU/mL, 중온 5CFU/mL
  - 먹는 샘물, 먹는 염지하수 및 먹는 해양심층수의 경우에는 병에 넣은 후 4℃를 유지한 상태에서 12시간 이내에 검사하여 저온일반세균은 100CFU/mL, 중온일반세균은 20CFU/mL를 넘지 아니할 것
- 총 대장균군은 100mL 미검출
  - 샘물 · 먹는 샘물, 염지하수 · 먹는 염지하수 및 먹는 해양심층수의 경우에는 250mL 미검출
- 대장균 · 분원성 대장균군은 100mL에서 미검출되지 아니할 것
  - 다만, 샘물 · 먹는 샘물, 염지하수 · 먹는 염지하수 및 먹는 해양심층수의 경우에는 미적용
- 분원성 연쇄상구균 · 녹농균 · 살모넬라 및 쉬겔라는 250mL에서 미검출
  - 샘물 · 먹는 샘물, 염지하수 · 먹는 염지하수 및 먹는 해양심층수의 경우에만 적용
- 아황산 환원혐기성 포자형성균은 50mL에서 검출되지 아니할 것
  - 샘물 · 먹는 샘물, 염지하수 · 먹는 염지하수 및 먹는 해양심층수의 경우에만 적용
- 여시니아균은 2L에서 검출되지 아니할 것
  - 먹는 물 공동시설의 물의 경우에만 적용

2) 건강상 유해영향 무기물질에 관한 기준
- 납은 0.01mg/L를 넘지 아니할 것
- 불소는 1.5mg/L를 넘지 아니할 것
  - 샘물 · 먹는 샘물 및 염지하수 · 먹는 염지하수의 경우에는 2.0mg/L

- 비소는 0.01mg/L를 넘지 아니할 것
  - 샘물 · 염지하수의 경우에는 0.05mg/L
- 셀레늄은 0.01mg/L를 넘지 아니할 것
  - 염지하수의 경우에는 0.05mg/L
- 수은은 0.001mg/L를 넘지 아니할 것
- 시안은 0.01mg/L를 넘지 아니할 것
- 크롬은 0.05mg/L를 넘지 아니할 것
- 암모니아성 질소는 0.5mg/L를 넘지 아니할 것
- 암모니아성 질소는 0.5mg/L를 넘지 아니할 것
- 질산성 질소는 10mg/L를 넘지 아니할 것
- 카드뮴은 0.005mg/L를 넘지 아니할 것
- 붕소는 1.0mg/L를 넘지 아니할 것(염지하수의 경우에는 적용하지 않음)
- 브롬산염은 0.01mg/L를 넘지 아니할 것
  - 수돗물, 먹는샘물, 염지하수 · 먹는 염지하수, 먹는 해양심층수 및 오존으로 살균 · 소독 또는 세척 등을 하여 음용수로 이용하는 지하수만 적용
- 스트론튬은 4mg/L를 넘지 아니할 것
  - 먹는 염지하수 및 먹는 해양심층수의 경우에만 적용
- 우라늄은 30μg/L를 넘지 않을 것
  - 샘물, 먹는 샘물, 먹는 염지하수 및 먹는 물 공동시설의 물의 경우에만 적용

3) 건강상 유해영향 유기물질에 관한 기준
- 페놀은 0.005mg/L를 넘지 아니할 것

- 다이아지논은 0.02mg/L를 넘지 아니할 것
- 파라티온은 0.06mg/L를 넘지 아니할 것
- 페니트로티온은 0.04mg/L를 넘지 아니할 것
- 카바릴은 0.07mg/L를 넘지 아니할 것
- 1,1,1-트리클로로에탄은 0.1mg/L를 넘지 아니할 것
- 테트라클로로에틸렌은 0.01mg/L를 넘지 아니할 것
- 트리클로로에틸렌은 0.03mg/L를 넘지 아니할 것
- 디클로로메탄은 0.02mg/L를 넘지 아니할 것
- 벤젠은 0.01mg/L를 넘지 아니할 것
- 톨루엔은 0.7mg/L를 넘지 아니할 것
- 에틸벤젠은 0.3mg/L를 넘지 아니할 것
- 크실렌은 0.5mg/L를 넘지 아니할 것
- 1,1-디클로로에틸렌은 0.03mg/L를 넘지 아니할 것
- 사염화탄소는 0.002mg/L를 넘지 아니할 것
- 1,2-디브로모-3-클로로프로판은 0.003mg/L를 넘지 아니할 것
- 1,4-다이옥산은 0.05mg/L를 넘지 아니할 것

4) 소독제 및 소독부산물질에 관한 기준
(샘물 · 먹는 샘물 · 염지하수 · 먹는 염지하수 · 먹는 해양심층수 및 먹는 물 공동시설의 물의 경우에는 미적용)
- 잔류염소(유리잔류염소를 말한다)는 4.0mg/L를 넘지 아니할 것
- 총트리할로메탄은 0.1mg/L를 넘지 아니할 것
- 클로로포름은 0.08mg/L를 넘지 아니할 것

- 브로모디클로로메탄은 0.03mg/L를 넘지 아니할 것
- 디브로모클로로메탄은 0.1mg/L를 넘지 아니할 것
- 클로랄하이드레이트는 0.03mg/L를 넘지 아니할 것
- 디브로모아세토니트릴은 0.1mg/L를 넘지 아니할 것
- 디클로로아세토니트릴은 0.09mg/L를 넘지 아니할 것
- 트리클로로아세토니트릴은 0.004mg/L를 넘지 아니할 것
- 할로아세틱에시드는 0.1mg/L를 넘지 아니할 것
  - 디클로로아세틱에시드, 트리클로로아세틱에시드 및 디브로모아세틱에시드의 합
- 포름알데히드는 0.5mg/L를 넘지 아니할 것

5) 심미적 영향물질에 관한 기준

- 경도(硬度)는 1,000mg/L를 넘지 아니할 것. (수돗물의 경우 300mg/L, 먹는염지하수 및 먹는해양심층수의 경우 1,200mg/L, 샘물 및 염지하수의 경우에는 미적용)
- 과망간산칼륨 소비량은 10mg/L를 넘지 아니할 것
- 냄새와 맛은 소독으로 인한 냄새와 맛 이외의 냄새와 맛이 있어서는 아니될 것.
  - 다만, 맛의 경우는 샘물, 염지하수, 먹는샘물 및 먹는물공동시설의 물에는 미적용
- 동은 1mg/L를 넘지 아니할 것
- 색도는 5도를 넘지 아니할 것
- 세제(음이온 계면활성제)는 0.5mg/L를 넘지 아니할 것.
  - 샘물 · 먹는 샘물, 염지하수 · 먹는 염지하수 및 먹는 해양심층수의 경우에는 미검출
- 수소이온 농도는 pH 5.8 이상 pH 8.5 이하이어야 할 것, 다만, 샘물, 먹는 샘물 및 먹는 물 공동시설의 물의 경우에는 pH 4.5 이상 pH 9.5 이하이어야 함

- 아연은 3mg/L를 넘지 아니할 것
- 염소이온은 250mg/L를 넘지 아니할 것
  - 염지하수의 경우에는 미적용
- 증발잔류물은 수돗물의 경우에는 500mg/L
  - 먹는 염지하수 및 먹는 해양심층수의 경우에는 미네랄 등 무해성분을 제외한 증발잔류물이 500mg/L를 넘지 아니할 것
- 철은 0.3mg/L를 넘지 아니할 것.
  - 샘물 및 염지하수의 경우에는 미적용.
- 망간은 0.3mg/L를 넘지 아니할 것. (샘물 및 염지하수의 경우에는 미적용, 수돗물의 경우 0.05mg/L)
- 탁도는 1NTU(Nephelometric Turbidity Unit)를 넘지 아니할 것.
  - 지하수를 원수로 사용하는 마을상수도, 소규모급수시설 및 전용상수도를 제외한 수돗물의 경우에는 0.5NTU를 넘지 아니하여야 함
- 황산이온은 200mg/L를 넘지 아니할 것. (샘물, 먹는샘물 및 먹는 물 공동시설의 물은 250mg/L를 넘지 아니하여야 하며, 염지하수의 경우에는 적용하지 않음)
- 알루미늄은 0.2mg/L를 넘지 아니할 것

6) 방사능에 관한 기준(염지하수의 경우에만 적용)

- 세슘(Cs-137)은 4.0mBq/L를 넘지 아니할 것
- 스트론튬(Sr-90)은 3.0mBq/L를 넘지 아니할 것
- 삼중수소는 6.0Bq/L를 넘지 아니할 것

3.2.20 LI(Langelier Index, 부식지수)

1) 정의 : 물의 부식성을 판별하기 위하여 가장 일반적으로 사용되는 지수로, 물의 실제 pH와 이론적 pH(수중의 탄산칼슘이 용해도 석출도 되지않는 평형상태의 PH)의 차를 말하며, 탄산칼슘의 피막형성 여부를 판별할 수 있는 지수.

☞ 수중에 탄산칼슘이 포화되어 있어 침전물을 형성할지 반대로 물이 부식성을 가지게 되는 지를 나타내며 다음과 같이 정의됨 ($CaCO_3 + H^+ \rightleftarrows Ca^{2+} + HCO_3^-$)

- LI = pH – pHs

여기서, pH : 실측된 pH

pHs : 포화 시의 pH{ = 8.313 (포화 pH) - log[Ca^{+2}] - log[A] + S}

[Ca^{+2}] : me/ℓ로 나타낸 칼슘 이온량

[A] : me/ℓ로 나타낸 알칼리도

S : 용해성 물질에 따른 보정치

☞ 랑게리어 지수는 물의 pH, 칼슘 이온량, 알칼리도 및 용해성 물질량으로 결정되어지며, 온도 1℃ 상승 시 1.5×10^{-2} 증가 함

2) LI의 판정

- pH > pHs 이면, 즉 실측치가 포화치 보다 크면 $CaCO_3$의 과포화로 침전물이 형성됨
- 또 pH < pHs이면, 즉 실측치가 포화치 보다 작으면 불포화로 부식이 발생된다고 판단할 수 있음
  - LI > 0 : Scale(탄산칼슘)이 석출(침전물 형성)
  - LI = 0 : 이상적인 평형 상태
  - LI < 0 : 부식 발생 (LI : -1 ~ -2는 약 부식성, < -2 인 경우 강 부식성)

3) LI의 활용

- LI > 0
  - 관의 교체 : 통수능력확보, 관의 내구년한 증대
  - 관세척, 관 갱생
- LI < 0
  - 관 내면 라이닝, 관의 갱생, 방청제 주입, 관세척, 불포화수지 도포, 부식에 강한 재질로 교체

4) 정수시설에서는 통상 소석회와 CO_2 를 공급하여 LI를 -1 이상 유지

☞ RSI

1. 정의 : 안정지수 (Ryznar Stability Index), 강관에서 부식속도와 막 형성 정보
2. 계산식 : RSI = 2pHs - pH
3. 판정

구분	판정
RSI < 5.5	다량의 Scale 형성
5.5 < RSI < 6.2	스케일 일부 형성
6.2< RSI < 6.8	스케일의 문제점 없음.
6.8 < RSI < 8.5	부식성
8.5 < RSI	매우 높은 부식성

3.2.21 SAR(Sodium Adsorption Ratio, 나트륨 흡착비)

1) 정의 : 농업용수의 수질을 나타내는 단위로 관개용수의 나트륨 함유도

2) 산정방법

- SAR = $\dfrac{Na^+}{\sqrt{\dfrac{Ca^{2+} + Mg^{2+}}{2}}}$ 또는 $\dfrac{Na^+}{Na + Ca^{2+} + Mg^{2+} + K} \times 100$

3) 나트륨 흡착비 영향 : 숫자가 높을수록 배수가 안되는 토양

SAR	0~10	10~18	18~26	26 이상
영향 정도	적음	중간	많음	매우 많음.

4) 토양에 미치는 영향

- Na가 2가 금속이온과 치환되어 경작이 어려운 토질로 변화 => 통기성 저하, 식물성장 방해, 투수성 저하 등
- 토양은 Na에 의해 약알카리성으로 되었다가 다시 H에 의한 치환으로 산성화
- 일반적으로 경수가 연수보다 흙에 좋은 영향을 미침
- SAR 26까지는 토양에 문제가 발생하지 않음.

5) 대책

- 지하수위가 높은 경우 배수하여 수위를 낮춤
- 석회 등을 주입하여 치환성 Ca 포화도를 높임
- 재염 관개로 NaOH, $NaHCO_3$, Na_2CO_3를 하층토로 이동
- 내알카리-내침수성 식물을 재배하여 유기질 잔사를 포장으로 환원
- 심경(深耕) 및 용탈(溶脫)법을 병행하여 하층토의 물리성을 개량

제 4장 물리·화학적 수처리 및 반응공학

Contents

제 4장 물리적 수처리

4.1 물리적 처리

물리적 처리

- 하·폐수, 정수처리 공저에서 물리적 처리에 대한 이론과 기본적인 기술에 대한 이해
- 구체적인 단위 공정 및 공법에 대하여서는 상수처리, 하수처리, 고도처리 및 최신기술동향 과목 참조

4.1.1 개요

1) 물리적 처리란?

수중에 분리 또는 처리 대상물질을 단위조작과 단위공정을 통하여 화학적 성질의 변화가 없이 상의 변화만으로서 분리 처리하는 것을 말함. 즉, 처리공정에서 출발 물질과 생성물질의 화학적 성질 같음.

반면, 화학적 처리란 출발물질(처리대상물질)이 반응을 거치면서 화학적 성질이 다른 물질이 생성됨.

2) 단위 조작과 단위 공정

- 단위조작(單位操作 Unit Operation)

  각 공정마다 수행되는 기본조작. 유체의 흐름 및 열전달, 응축, 추출, 흡착, 거르기, 침강,· 분쇄 · 교반 등

- 단위공정(單位工程 Unit Process)

  상·하수, 폐수 및 공업용수처리시설의 전체 공정을 구성하는 각 반응조의 기본적인 단일처리 과정

  물리적, 화학적, 생물학적 단위공정의 조합으로 전체 처리공정을 구성할 수 있다.

4.1.2 스크린 분리(Screening)

1) 개요

수처리의 첫 단계로서 수중의 비교적 큰 부유물(협잡물)을 제거하여 펌프 등 각종 기계장치의 손상 및 폐쇄를 방지하고 관로 상 유체의 흐름을 정상상태로 유지하기 위함

후속공정에 고형물 부하를 줄여주기 위하여 미세, 초미세 스크린을 설치 운영하기도 함.

<표 4-1> 스크린의 종류 및 주요특징

구분	주요내용	비고
종류	스크린 유효 간격 조대 스크린: 6~150mm / 미세 스크린: 6mm↓ / 초미세 스크린: 0.5mm↓ 스크린 모양 ▪ 봉 스크린 (Rack Bar Screen) ▪ 격자 스크린 (Grating Screen) ▪ 망 스크린 (Fine Screen)	
설계기준	▪ 체류시간 1~3min, 통과유속 0.3~0.45m/sec(수동), 0.45~0.6m/sec(자동), ▪ 설치각도는 수평면에 대하여 45°~70° - 기계적 청소 조작 시 70°, 인력 청소 조작 시 5°~60° - 유속이 완만할 경우 : 설치각도를 완만하게 ▪조대 스크린 → 미세 스크린 → 초미세 스크린 순으로 설치 ▪ 스크린 폭 : 400~2,500㎜	설치장소는 침사시설 전후방에 설치
재질/부대설비	▪ 재질 : 스크린조- 철근 Con'c + 방수·방식, 스크린 - SS 41, SUS 304 ▪ 부대시설 : 협잡물 수집 박스	

구분	주요내용	비고
운전요령	▪ 유속을 적당히 유지, 부유물 침전으로 인한 부패를 방지 ▪ 스크린 협잡물은 기계식으로 분리 후 수집 박스에 모아 폐기처분	
처리효율	▪ 폐수 중의 비교적 큰 부유물을 제거하여 펌프 등 각종 기계장치를 보호함. ▪ 초미세 스크린의 경우 : SS 평균 55%(최대 80%) 제거가능	

<그림 4-1> 스크린(Screen)의 예

자료 : ㈜에싸 카다로그

2) 초미세 스크린(Micro Strainer 또는 Micro Screen)

- 드럼형 또는 스크류 형태의 스크린으로서 외부에서 내부(또는 내부에서 외부)로 물을 통과시키며 유입수 중의 부유물질(조대 입자상 물질 또는 미생물)을 걸러내어 분리시킴
- 분리되어 축적된 부유물질은 세척수 또는 여과수의 고압살수로 세척하여 걷어 냄
- 모래여과와 함께 폐수의 '3차 처리'에 사용
- 유지관리비가 저렴하고 손실수두가 작으며 건설비가 저렴한 장점이 있으나, 모래여과나 응집침전에 비하여 제거효율이 낮은 단점이 있음
- 스크린의 간격은 분리하고자 하는 대상 물질과 여과지속시간 및 역세척에 소요되는 수량을 고려하여 정함.
- 유기물질이 많을 경우 110~150㎛, 단단한 무기물질이 대부분일 경우 40~50㎛가 적당
  고도처리는 25~150㎛범위이고 0.2㎜이상의 여과망 간격을 가진 스트레이너는 물리적 처리에서 이용 하는 스크린의 역할을 함
- Micro Strainer가 하수처리에서 고도처리로서 사용되는 경우에는 대부분 2차처리 유출수 내의 부유물질을 제거하기 위하여 사용되는데, 이 경우 여과망의 간격은 일반적으로 15~60㎛
- 수리학적 부하율 : 3~6 m^3/m^2/분(수면 하에 잠긴 드럼의 표면적을 기준)
- 부유물질의 제거율은 55%(유입성상에 따라 10~80%)
- 주요 적용 사례
  - 조류(Algae) 제거
  - 막여과 전처리
  - 선박 평형수처리(Ballast Water Treatment)

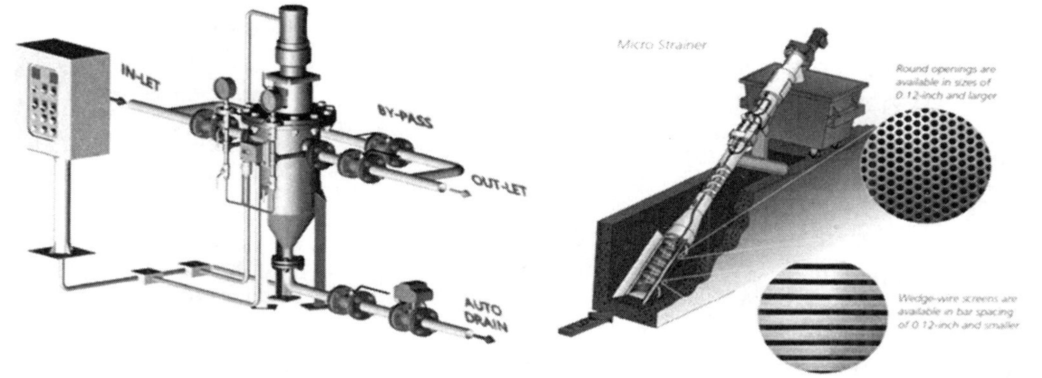

구 분	MESH WIRE TYPE	WEDGED WIRE TYPE
단면 및 유체의 흐름방향	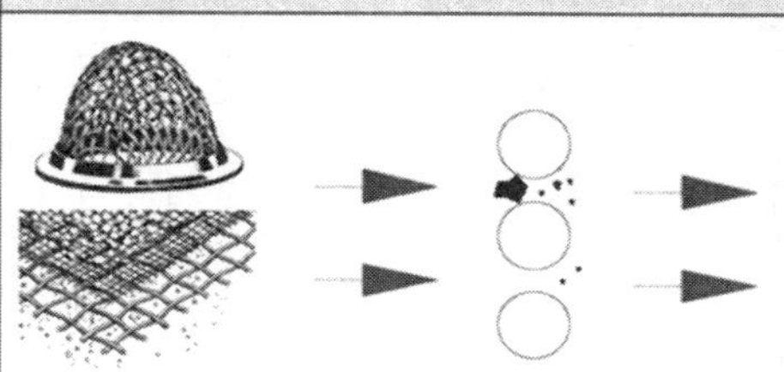	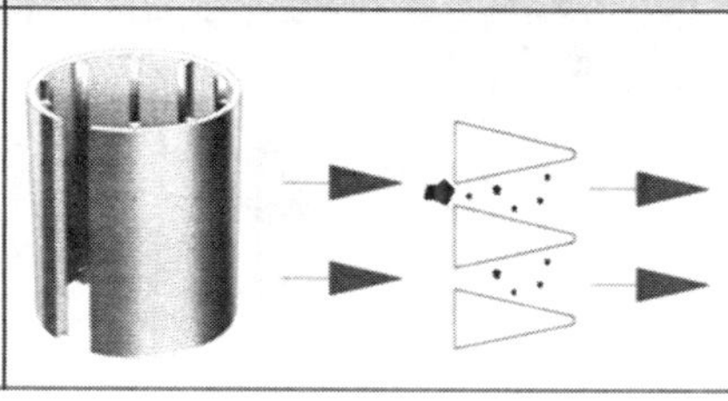

<그림 4-2> Micro Strainer 예

자료 : 코리아인바이텍 자료

4.1.3 침사(Grit Chamber)

1) 개요

- 유입 원수 중에 모래, 자갈 기타 금속물질 등을 제거하여 후단 공정 중의 펌프 등의 유체기계장치나 관의 마모, 폐쇄를 예방하고, 침전지와 슬러지 소화조 내에 축적되어 처리효율을 저하하는 것을 예방함
- 침사지에서는 모래와 흙과 같이 비중이 큰 물질 침강됨, 유기물이 공침 시 악취 유발되므로 적정유속 이상을 유지해야 함

2) 침사지의 설계인자

- 유속의 범위 : 0.15~0.30 m/sec
- 침사지 내에서 유체의 체류시간
  - 수평식인 경우 : 30~60 sec
  - 산기식인 경우 : 1~2 min
- 총 깊이 : 2.5~3.5 m(유효깊이 1.5~2 m)
- 유효길이의 범위 : 10~20 m 로서 전후에 각각 3~6m 정도 여유를 주도록 함
- 수면적부하율
  - 하수처리장의 경우 : 1,800 m^3/m^2. Day
  - 우수 침사지인 경우 : 3,600 m^3/m^2. Day
- 표면적 A : v/h

  여기서, A : 표면적[m^2]

  v : 침사지의 소요용량[m^3]

  h : 침사지의 길이 [m]

자료 : 국가환경산업기술정보시스템(코네틱)

• 침사지의 소요길이

L : V × Tv × 안전계수 = V × Ts × 안전

여기서, L : 침사지의 소요 길이 [m]

V : 침사지의 유체의 통과속도[m/sec]

Tv : 침사지의 체류시간[sec]

= L/V = Ts = h/Vs

Ts : 입자의 침강시간[sec]

Vs : 입자의 침강속도[m/sec]

h : 침사지의 깊이

③ 사이클론식 침사지

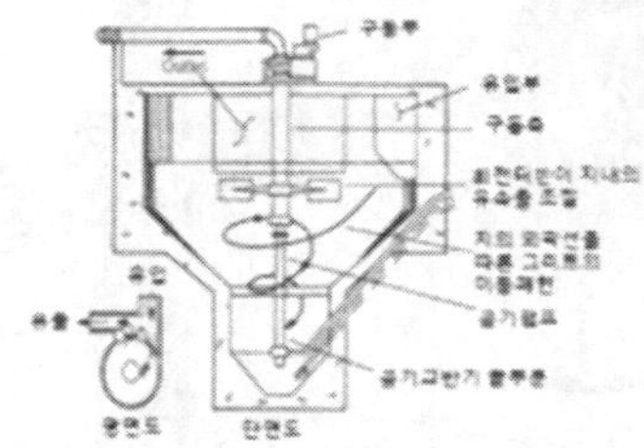

(PISTA형)

① 수평류식 침사지

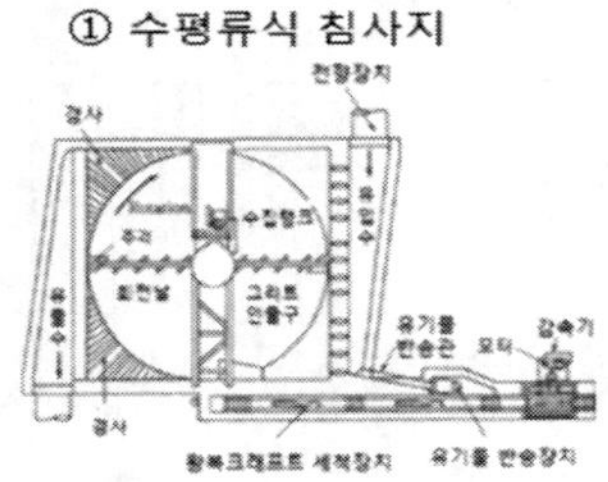

② 폭기식 침사지

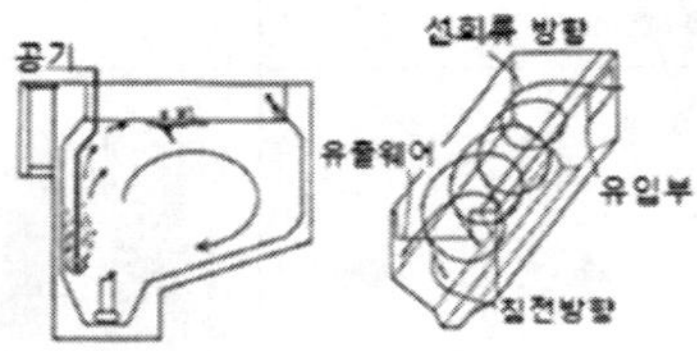

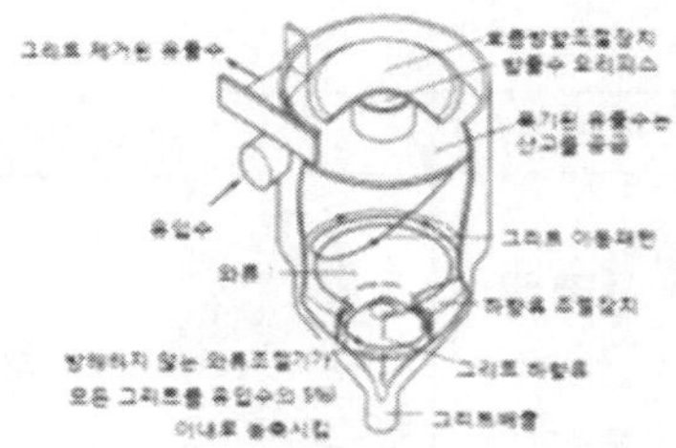

(찻잔형)

<그림 4-3> 침사지의 종류

자료 : 환경보전협회 교재

3) 침사지의 소류속도(掃流速度 ;Scouring Velocity)

• 수평방향으로 고형물이 씻겨 나가지 않을 정도의 유체의 유속

- 평균유속 : 0.15~0.3m/sec(하·폐수), 2~7cm/s(상수), (Shild & Darcy Weisbach 유속공식)

$$V_c = \left(\frac{8\beta}{f}\cdot g(S-1)D\right)^{(1/2)}$$

여기서, Vc : 한계유속(m/초) f : 마찰계수(≒0.03) β: 상수(≒0.06)

g : 중력가속도(= 9.8m/초^2) S : 입자의 비중 D : 입자의 직경(m)

• 프루드 수(Froude No.)

- 흐름의 속도와 수면을 전파하는 파도 속도와의 비율로서, 유체의 이동을 모델화하고 그 특징을 판단하는데 이용되는 무차원수(유체의 관성력과 중력의 비)

$$Fr = \frac{V}{\sqrt{g\cdot H}}$$ (상류 < 한계류 (Fr = 1) < 사류)

- 정수장 등에서 물이 상류에서 하류로 방류될 때 수리학적 안정성을 판단하는 지표로 이용

☞ 상류(常流, Subcritical flow), 사류(射流, Supercritical flow), 한계류(限界流, Critical flow) 한계유속(Vc) 이상이 되면 수면에 파도가 형성되며 모래입자 등이 침강이 안되고 유체의 흐름에 씻겨져 유출됨

• 정수장의 침사지의 경우, 0.1~0.2mm 정도의 입경의 모래가 침전됨

- 표면부하율 : 200~500mm/min, 체류시간 : 계획취수량 기준 10~20분

4.1.4 유량조정

1) 개요

시간의 변화에 따른 유입수의 유량 및 농도의 변화를 최소화, 균등화하기 위함

<표 4-2> 유량조정조의 종류 및 주요특징

<table>
<tr><th>구분</th><th>주요내용</th><th>비고</th></tr>
<tr><td>종류</td><td>
<table>
<tr><th>종류</th><th>설치 목적</th></tr>
<tr><td>집수조
(균등화조)</td><td>• 유입폐수 수리부하량 및 오염부하량 변화를 균등화
- 생물학적처리에 대한 충격부하(shock load) 방지
- 화학적처리 시 화학약품의 균등한 주입으로 경제성 및 공정의 신뢰성 향상</td></tr>
<tr><td>펌핑조</td><td>• 자연유하가 어려운 미세스크린, 여과, 흡착조 등에의 이송목적</td></tr>
<tr><td>처리수조</td><td>• 폭기조 소포수조 또는 여과/흡착조 역세수조로 처리수 일시저장</td></tr>
<tr><td>방류조</td><td>• 최종방류수 관리를 위한 목적</td></tr>
</table>
▪ In-line(직렬 방식) 및 Off-Line(병렬 방식 Side Line ; 설계 유량 및 1차침전지 유입, 부족분 만 혼입) 유량조정방식</td><td></td></tr>
<tr><td>설계 기준</td><td>▪ 정전, 시설물의 고장/휴무 등 대비하여 집수조는 체류 1일 정도의 저류용량
▪ 불가능할 경우 첨두유량을 제어할 수 있는 용량으로 설계
계획1일최대 유량으로 설계, 이후 시설은 1일 평균유량으로 설계</td><td></td></tr>
<tr><td>재질/부대 설비</td><td>▪ 재질 : 콘크리트 구조물 부대시설 : Blower, 산기관, 수위조절장치, 이송펌프 2set</td><td></td></tr>
<tr><td>운전요령</td><td>▪ 부패성 폐수인 경우 사각지대(dead zone)가 생기지 않도록 산기관의 정기점검 및 혼합형태를 수시 관찰</td><td></td></tr>
</table>

4.1.5 유수(油水)분리

1) 개요

• 원리

- 폐수 중의 유분(Oil)을 물과 기름의 비중 차에 의하여 부상 분리시킴
- 원수 중의 유분의 비중, 에멀죤 상태, 혼입된 고형물질의 비중에 따라 부상속도 및 반응조 체류시간이 정해짐
- Stoker's Law

  고형물의 부상속도는 고형물의 직경에 제곱에 비례하고 고형물의 비중이 물 보다 가벼울수록, 물의 점성도가 작을수록 부상이 잘됨

$$V_f = \frac{g\,(\rho_o - \rho_L) \times D^2}{18\mu}$$

여기서, V_f : 유분의 부상속도(cm/sec)
g : 중력가속도(980cm/sec²)
ρ_o : 유분의 밀도(g/cm³)
ρ_L : 물의 밀도(g/cm³)
D : 유분의 직경(cm)
μ : 물의 점성계수(g/cm · sec)

• 유분의 종류

- LNAPL(Light Non-Aqueous Phase Liquid) : 대부분의 탄화수소물 들은 물 보다 가벼운 비중을 가지고 있기 때문에 흔들지 않고 가만히 두면 기름이 물에서 분리되어 표면에 뜸.
- DNAPL(Dense Non-Aqueous Phase Liquid) : 물보다 무거운 비중을 가지고 있음

  보통 기름은 자체적으로 보다 든든한 결합력이 있고, 물보다는 다른 물질들과 더 결합됨. 이 친화력과 기름과 물의 표면장력의 차이로 인해 기름이 분리매체(벨트, 디스크, 튜브, 등)에 흡착하게 됨.

자료 : Abanaki Corporation (www.abanaki.com), KONETIC REPORT 유수분리 기술 기술지도

• 유분의 분리방법

- 공장폐수나 세척수 속에 혼입되어 있는 유분이 기름방울로 되어 물속에 유탁 분산된 에멀션을 탱크 안에 정치하면 기름은 물보다 가벼우므로 떠올라 응결하여 기름 과 물의 2액상으로 분리된다. 이것을 부상분리라고 하며 기름 속 물방울의 침강분리의 반대이지만, 현상은 동일
- 기름방울의 크기가 1㎜ 이상 이면 에멀션은 불안정하여 비교적 쉽게 분리되지만, 기름방울의 지름이 1~1.5㎛인 에멀션은 안정하여 부상응결 분리에 오랜 시간이 소요
- 에멀션을 가온하면 점성도가 낮아지고 물방울의 이동속도는 커지며, 또한 물방울의 표면장력이 크면 응결속도는 빨라짐
- 작은 물방울의 응결을 촉진하려면 목적에 따라 친수성 또는 소수성 막이나 섬유층에 의한 여과방법이 있으며,
- 모든 유수 분리기들은 비중, 표면장력에 의거하고 유체면에 떠다니는 기름을 제거하기 위해 매체를 이동 뜨거나 가라앉는 기름은 물보다 분리용 매체에 보다 쉽게 달라붙고 물은 그 매체에 대해 친화력이 작음 벨트, 원판, 드럼, 튜브 등의 모양을 가진 분리용 매체를 유체면에 통과시키면 매우 적은 물과 함께 기름이 부착, 부착된 기름을 연속하여 블레이드나 핀치 롤러를 이용, 제거해냄
- 유수분리장치로서 API(American Petroleum Institute), PPI(parallel plate interception) 또는 CPI(corrugated plate interceptor)식이 있고 이 후에 물리화학적 또는 생물적 처리설비를 더 설치하는 경우도 있음
- 안정한 에멀션에는 원심디캔터나 원심침강기를 사용
- 기름이 유리상태로 수면에 떠 있는 경우에는 물과 함께 기름을 퍼올려 탱크 안에 정치·분리 하거나 톱밥·천·스펀지 등에 기름을 흡수시켜 회수하거나 또는 유출한 기름의 양이 많으면 계면활성제를 표면에 산포하여 물속에 분산·침강시키는 방법 등을 취함

자료 : KONETIC REPORT 유수분리 기술 기술지도

2) 유수분리의 종류 및 주요특징

<표 4-3> 다양한 유수분리기 의 종류

제품명	API	PPI	CENTRIFUGAL SEPARATOR	FILTER
처리 방식	집수조에 폐수를 집수하여 물과 기름과의 부력차이를 이용하여 자연 분리하는 방식	다수의 평행판을 45° 기울여 나란히 설치하여 물과 기름을 분리하는 방식	유수혼합물을 원심회전시킴으로써 원심력을 이용한 분리방식	FILTER의 작은 구멍을 통과시킴으로써 물과 기름을 분리하는 방식
원리	부력이용	부력이용	원심력	작은구멍
형태	개방형	개방형	압력 TANK	압력 TANK
분리 장치	집수조 (넓은 장소, 많은 시간)	Parallel Plate (다수의 평행판)	Centrifugal Force (원심력)	Filter (수많은 작은 구멍)

제품명	CPI Type (Corrugated Plate Interceptor)	CPS Type (Coalescing Plate Separator)	IAF Type (Induced Air Flotation)	EPS Type (Egg Plate Separator)	EPS-DAF (EPS+DAF)
처리 방식	다수의 물결모양의 판을 45°로 세워 물과 기름과의 부력차이로 분리하는 방식	다수의 물결모양의 칸막이를 수평으로 설치, 물과 기름과의 부력차이를 사용하여 분리하는 방식	오일분해 약품을 주입, 4개의 ROTOR를 이용하여 미세기포를 발생시키면서 분리하는 방식	다수의 달걀모양의 칸막이를 수평으로 설치하여 물.기름.슬러지의 부력차이를 이용, 분리 방식	용존 극미세 공기방울과 EPS PACK을 이용한 분리방식
원리	부력 이용	부력 이용	약품+미세기포	부력 이용	극미세 용존공기
형태	개방형	개방형	개방형	개방형	개방형
분리 장치	다수의 물결모양 판	Coalescing Plate Pack	4개의 ROTOR와 약품	Egg Plate Pack (달걀모양 칸막이)	가압 TANK와 EPS PACK

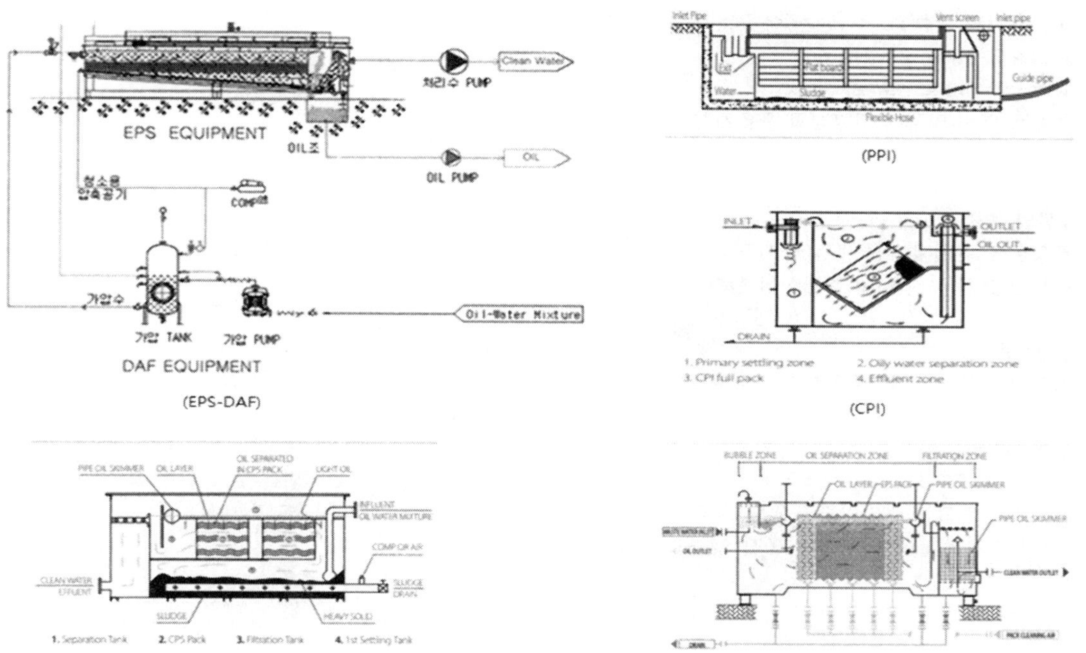

(EPS-DAF) (PPI) (CPI) (CPS) (EPS)

<그림 4-4> 유수분리시설의 종류

자료 : 동해산업주식회사 카다로그

4.1.6 교반(Mixing), 응집(Coagulation) 및 응결(Flocculation)

1) 교반(Mixing)
- 한 물질과 다른 물질 간 완전 혼합
- 액체와 부유물의 혼합
- 혼화성 액체를 섞을 때
- 응집
- 열전달 시

2) 급속교반과 완속교반
- 급속교반
  - 약품 주입 혼합, 소독공정
  - 두가지 이상의 액체 혼합
  - 탈수성 향상을 위한 약품 주입
- 완속교반
  - 응결(Flocculation)
- 급속교반의 개념
  - 응집약품의 혼합에 의한 분산
  - 전체 유체흐름을 통해 급속히 균일 분산 -> 농도경사가 없어야 함.
    정수처리 시, 응집제와 유입수의 유량 비율은 1 (coagulant) : 50,000 (water)
    모든 콜로이드성 물질과 유기물질에 대하여 응집제가 골고루 접촉해야 함
  - 수화반응은 급속히 일어 남(< 1~3 sec)
  - Al 수화종 생성에는 응집제의 균일한 분산과 균일한 pH 유지가 필요

• 급속교반의 설계 시 고려사항
- 교반장치의 종류 (Back mixer, In-line mixer, etc)
- 교반강도 (mixing intensity)
- 교반시간 (mixing time)
- 응집제 또는 약품 주입방법과 주입지점

3) 응집과 응결
• 응집의 목적
- 혼화공정 뒤에 입자들이 잘 뭉치거나 파괴되지 않도록 적절한 충돌을 일으키기 위한 교반
- 미세한 플록 들이 서로 결합하여 침전이 용이한 큰 입자로 만드는 과정

• 응집반응
- 응집원리 : 응집제를 주입하여 오염물 입자의 직경을 변화시켜 Floc으로 만들어 흡착 침전
- 제거대상 : 유기물, 세균, 조류, 맛·냄새 유발물질, 색도·탁도 유발물질, 콜로이드, SS 등
- 응집 메카니즘
수중의 콜로이드 물질과 부유물질을 효과적으로 제거하기 위해 입자의 불안정화를 얻기 위한 불안정화 메커니즘으로는 전기이중층 압축, 정전기적 인력, 가교작용, Sweep 응집의 4가지가 있음
☞ 정수처리에서는 "혼화와 응집"이라고도 함

• 응집-불안정화 메커니즘
- 전기이중층 압축(Electric double layer compression)
이온강도의 증가 시에는 이중층이 압축되어 두께가 감소되어 수중 입자 간 반발력이 감소됨
- 표면전하 중화(Surface charge neutralization) : 정전기적 인력
콜로이드의 전위를 중화시켜 콜로이드의 불안정화를 촉진함
- 흡착 및 가교작용(Adsorption and inter-particle bridging)
교반에 견디면서 Floc 형성하기 위해(Van der Waals 힘만으로 부족) 고분자 성분이 콜로이드에 흡착, 가교
- 체거름(Enmeshment of particle) : Sweep coagulation
알루미늄 이온과 같은 용해성 이온은 물속에서 가수분해된 후에 불용성침전물을 만드는 형태의 불안정화
• 응집공정의 주요 영향인자
- G : 속도경사 (Velocity gradient)
① 교반을 위하여 투입하는 에너지와 유체의 점도와 혼화지/응집지 부피간의 상호 연관을 나타낸 값

$$G=\sqrt{\frac{P}{\mu V}}$$ - Camp & Stein 식

② G : 속도경사 (1/sec)
③ P : 교반동력(N·m/sec)
③ V : 혼화지/응집지 체적 (m3)
④ μ : 물의 점성계수(N·sec/m2)

구분	체류시간	속도경사(1/sec)	GT
혼화지	1분 이내(0.5~1초)	700~1,000	300~5,000(300~1,600)
응집지	20분~40분	75~10(점감)	10,000~100,000

<표 4-4> 교반과 응결 시 공정 별 체류시간 및 속도경사

구분	공정의 종류	체류시간	속도경사(sec^{-1})
교반	일반적인 급속교반	5~30초	500~1,500
	화학약품의 효율적인 급초기반응과 분산을 위한 급속교반	1초 미만	1,500~6,000
	접촉여과공정에서 화학약품의 급속교반	1초 미만	2,500~7,500
응결	일반적인 응결공정	30~60분	50~100
	직접여과공정에서의 응결	2~10분	25~150
	접촉여과공정에서의 응결	2~5분	25~200

- 미세 플럭형성(Microfloculation)의 경우와 특정 교반기 적용 시 유체의 소용돌이(eddy)의 크기

$$l_K = \left(\frac{\upsilon^3}{P_M}\right)^{1/4}$$

여기서, l_K : kolmogoroff 미세길이(m), υ : 동점성계수 (m^2/s)

P_M : 단위무게당 동력(W/kg) = $G^2\upsilon$

- pH : 응집제의 종류에 따라 최적의 pH조건을 맞추어 주어야 함
- 수온
  ① (수온 ↑) 반응속도 증가 및 물의 점도저하로 응집제의 화학반응이 촉진
  ② (수온 ↓) Floc 형성시간이 길고, 응집제 사용량 증가
- 알칼리도 : 알칼리도가 많으면 Floc을 형성하는데 효과적이며 pH변화와 관련 있음
- 용존물질의 성분 : 수중에 응집반응을 방해하는 용존 물질이 다량 존재하는지 여부를 검토

- 이외 응집에 미치는 영향인자
  ① 응집제의 종류, 주입위치, 주입량 및 주입방법
  ② 단락류, Vortex(와류), Swirl(선회류) 등 수류 흐름
  ③ 유입구조의 적정성 : 조의 바닥 또는 유입 벽면 하단부 구조
  ④ 유출 구조의 적정성 : 유입부와 대각선 구조 유지, 유출부에 위어(Weir) 설치
  ⑤ 단락류 발생 확인 및 방지 조치 여부 : Tracer Test 실시, 필요 시 Baffle 설치

• 응집과 부속 반응공정

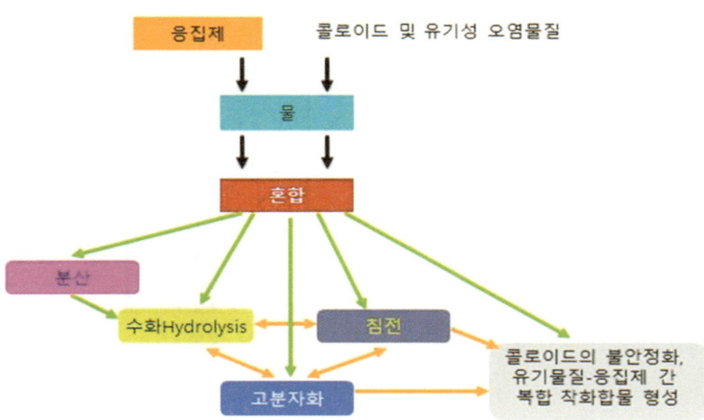

• 다양한 교반방식(혼화장치)

수리적 교반방식

(낙차부(Weir) 에너지 주입방식)

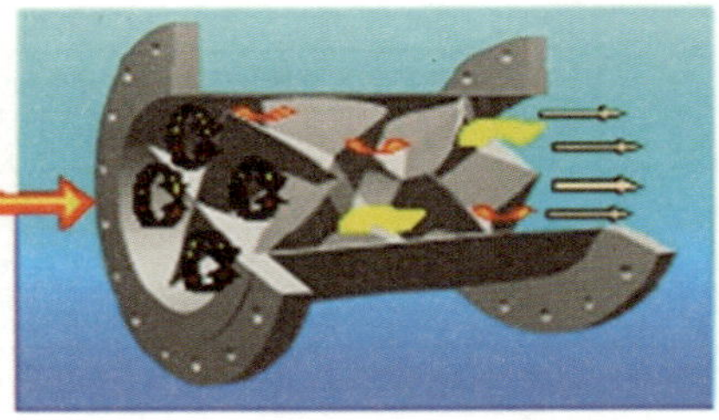

(정적(In-line static mixer) 교반기)

기계적 교반방식

(수직 터빈형 방식)

(워터 챔프(Water Champ))

• 다양한 교반방식(응집장치)

수직식 패들 응집기

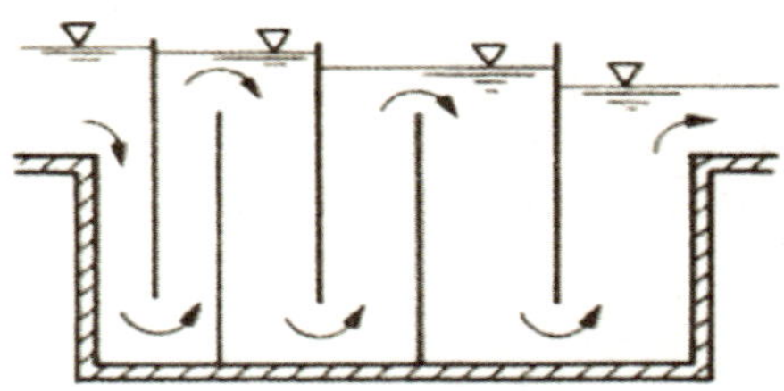

(상하 우류식)

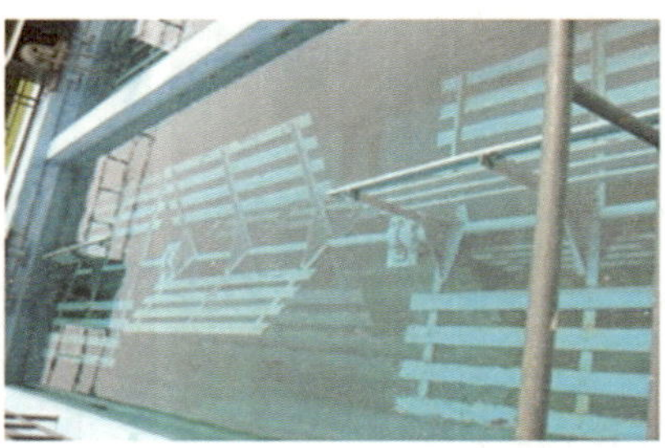

수평식 패들 응집기

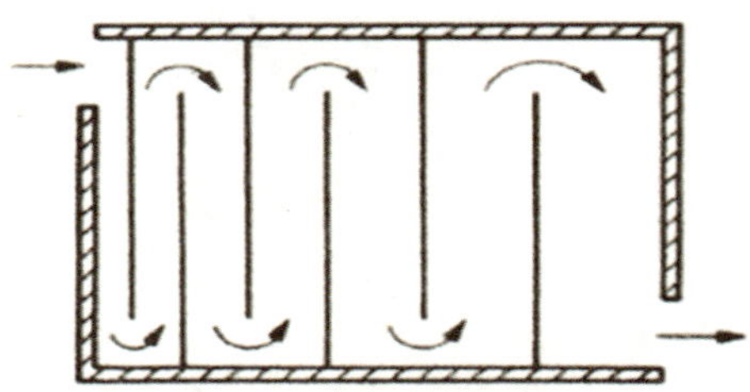

(수평 우류식)

우류식(羽類式) 응집지

• 다양한 교반방식(산기장치)

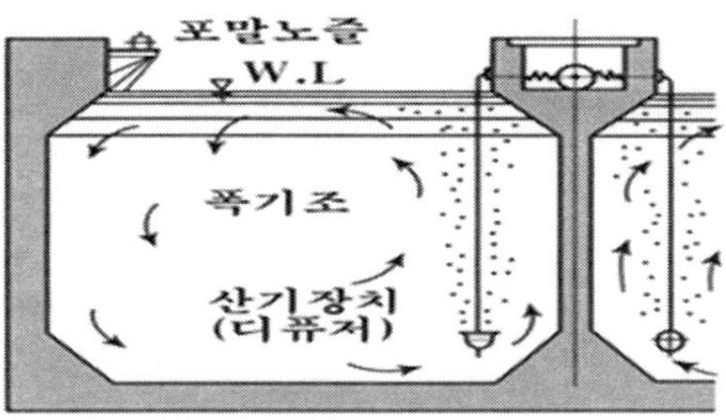

공기 취입식(산기장치)

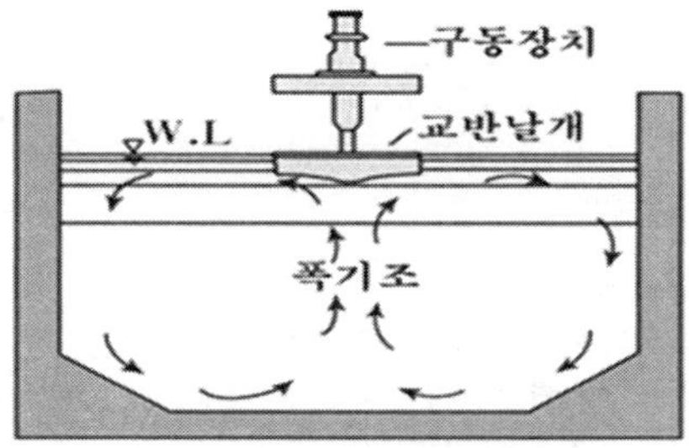

기계식(표면포기장치)

4.1.7 침전

1) Stoke's Law

- 정의 : 독립침강하는 입자의 침강속도를 정의한 식으로 침사지, 1차 침전지 등 입자 침강속도 계산 시 적용

- Stokes 법칙 가정
  ① $Re<1$ 정지 유체 또는 층류로 침강
  ② 구형 또는 원형에 가까운 입자
  ③ 입자 침전 시 크기, 형태, 중량 변화 無
  ④ 입자는 등속도로 침강
  ⑤ 부유물질 농도 및 응집성 小

- 식 유도
  ① 입자의 중력 : $F1 = m \cdot g = \rho s \times V \times g$
  ② 입자의 부력 : $F2 = ML \cdot g = \rho L \times V \times g$
  ③ 항력(마찰저항력) : $F3 = \frac{1}{2} Cd \times Ac \times (\rho L \times Vs2)$
  ④ 등속침전 : $F1 = F2 + F3 \rightarrow F1 - F2 = F3$

$$(\rho_s - \rho_L) \times g \times V = \frac{1}{2} C_d \times A_c \times \rho_L \times Vs^2$$

$$Vs = \sqrt{\frac{2g(\rho_s - \rho_L) \times V}{C_d \times \rho_L \times A_c}}$$

여기서,

m : 입자의 중량
M_L : 입자의 동일 체적의 유체의 중량
V : 입자의 용적 (㎤)
Vs : 입자의 침강속도(cm/sec)
g : 중력가속도($980cm/sec^2$)
ρ_s : 입자의 밀도(g/cm^3)
ρ_L : 액체의 밀도(g/cm^3)
d : 입자의 직경(cm)
μ : 액체의 점성계수(g/cm . sec)
C_d : 저항계수
Ac : 입자의 운동방향에서의 단면적 (㎠)

입자가 구형이면

$V = \frac{1}{6}\pi D^3$

$A_c = \frac{1}{4}\pi^2$ 　 $\boxed{\frac{V}{A_c} = \frac{2}{3}D}$ 　 -> 앞 식에 대입,

$$Vs = \sqrt{\frac{4g(\rho_s - \rho_L) \times D}{3C_d \times \rho_L}}$$

$\boxed{입자의\ 비중,\ S_s = \frac{\rho_s}{\rho_L}}$ 를 윗 식에 대입하면

$$= \sqrt{\frac{4g}{3C_d}(S_s - 1)D}$$

여기서, C_d 는 Re(레이놀드 수)와 상관관계가 있음

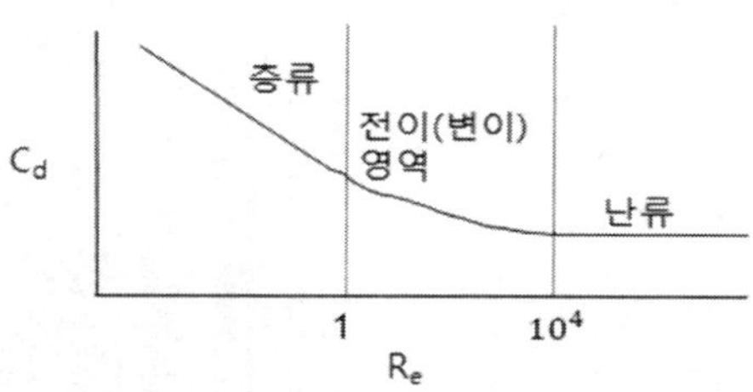

$$R_e = \frac{Vs\ \rho L D}{\mu}$$

여기서 독립침전(또는 입자상 물질의 농도가 낮은 경우)이며 유체는 층류인 것으로 가정하였으므로,

$$C_d = \frac{24}{R_e} = \frac{24}{Vs\ \rho L\ D}$$

윗 식에 대입하면,

$$Vs = \frac{g(\rho s - \rho L) \times D^2}{18\mu}$$ -> Stoke's Law

2) 침강원리(Hazen 이론)

- 침전속도 Vs인 독립입자의 침전 경로는 수평유속 V와 침전속도 Vs의 벡터의 합
- h 보다 낮게 위치한 입자 들은 모두 제거되지만 h 보다 높은 곳에 위치했던 입자 들은 유출부에 도달할 때까지 슬러지부에 도달하지 못하므로 제거되지 않음

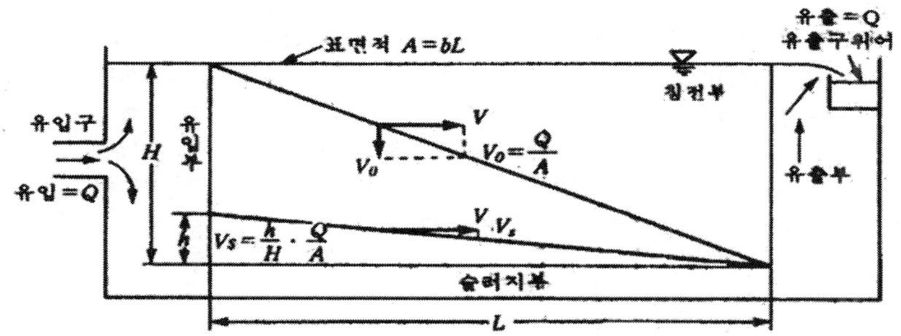

< 그림 4-5> 이상적인 침전지 모식도

- 모든 입자가 최초 위치에 관계없이 100% 제거될 수 있는 침전속도 V_0를 가정하면, 한 입자의 침전속도 V_s가 V_0 보다 크면 제거되고, V_0 보다 작으면 최초의 위치에 따라 제거 가능성이 결정됨
- 침전지의 4구역 : 유입부(inlet zone), 침전부(settling zone), 슬러지부(sludge zone), 유출부(outlet zone)

3) 침전형태

- Ⅰ형(독립, 등속)침전
  - 비중이 큰 무기성 입자 침전형태
  - 입자가 다른 입자의 방해를 받지 않고 단독침전
  - Stoke's 법칙 지배
  - 처리효율은 면적에 관계 → 침사지

  ① 부유물의 농도가 낮은 상태에서 응결하지 않는 독립입자의 침전

  ② 입자들은 상호간에 영향을 받지 않고 자유롭게 일정한 속도로 침강한다.

  ③ 독립 침강하는 입자의 속도는 Stokes법칙에 따른다.

  ④ 설계요소 : 표면적 부하율

  ⑤ 적용 예 : 모래와 같이 비중이 큰 입자의 침강

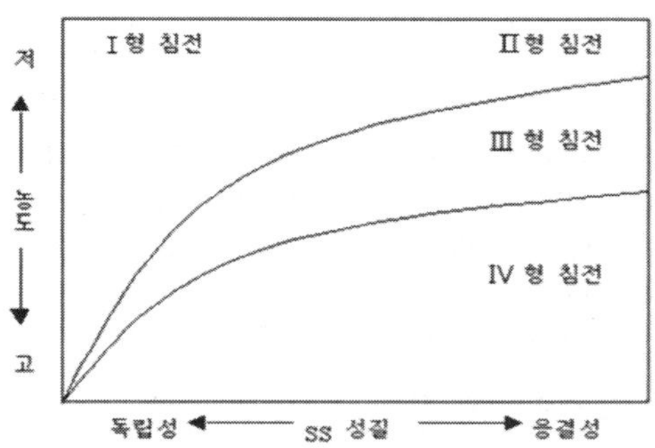

- Ⅱ형(응집, 간섭)침전
  - 응집(응집제 사용) → 침강속도 증가 → 침전
  - 처리효율은 수심에 관계 → 약품침전지

  ① 낮은 농도로 존재하는 응결입자들의 침강 특성

  ② 무거운 입자가 침전하면서 조그만 입자들과 충돌하고 결합하여 더 큰 입자(floc)가 되어 더 빨리 침전한다.

  ③ 입자들이 서로 충돌하는 기회는 침전지의 깊이가 깊어짐에 따라 증가되므로 침전 효율은 표면적 부하율과 침전지의 깊이에 의해서 영향을 받음

④ 설계요소 : 표면 부하율, 침전지 깊이
⑤ 적용 예 : 1차 침전지에서 생하수의 현탁 고형물이 제거될 때 2차 침전지에서 상부 및 화학적 응집 슬러지를 제거시킬 때

• Ⅲ형(지역, 계면)침전) : 활성슬러지의 침전(2차 침전지)
- floc이 서로 격자구조 형성 → 입자상호간 인력
- 침전하는 현탁 부분과 상부의 청정부분 경계면 형성 → 중력식 농축부 상부
① 부유물의 농도가 큰 경우, 가까이 위치한 입자는 서로 방해를 받으며 집합체로 침강하며 floc의 농도가 어느 수준에 도달하면 입자간에 견제하는 힘이 생기고 입자 간의 침강이 서로 간섭을 받게 됨
② 이 때 침강하는 floc군은 sludge blanket를 형성하고 상징액과 경계면을 이루면서 침강
③ 설계요소 : 표면부하율, 독립침전과 지역침전의 경계면, 압축 침전되는 슬러지의 제거율
④ 적용 예 : 생물학적 처리 후 2차 침전지에서 침전하는 형태

• Ⅳ형(압밀, 압축)침전) : 2차 침전지, 농축조 하단
- 상부 슬러지의 중력에 의해 하부 슬러지층 압밀
- 간극수 상부배출 → 중력식 농축조 하부
① 입자나 floc군의 침강이 계속되면 바닥 하부에는 압축된 입자들의 층이 생기며, 이 때 입자군의 무게 때문에 floc 내에 갇혔던 물이 뒤로 빠져 나가며 압축침전이 일어남
② 슬러지 농축 시 가볍게 휘저어 주면 floc이 파괴되고 물이 빠져 나가게 되어 효율이 좋아짐
③ 적용 예 : 2차 침전지 및 농축조의 바닥부분에서 침전하는 형태

4) 침전지 효율 향상 방법

• 표면부하율 $V0 = Q/A$
Q : 유입량, A : 침전지 표면적
• 침전지에서 100% 제거될 수 있는 입자의 침강속도 : $V0 = Q / A$
• 침강속도가 V0 보다 적은 입자의 침전제거 효율 : $E = Vs / Vo = Vs / (Q/A)$
• 체류시간(t) = [V(m3) / Q(m3/day)] × 24(hr/day)
t : 체류시간(day), V : 조용적(m^3), Q : 유입수량(m^3/day)
• 월류부하(m^3/m/day) = Q / L
Q : 유입수량(m^3/day), L : 월류언(weir)의 길이(m)

• 침전효율 $E = \frac{Vs}{Vo} = \frac{h}{H} = \frac{Vs}{\frac{Q}{A}}$
• 침전효율을 향상시키는 방법
- 침전지의 침강면적 A를 증가 : 경사판 침전지, 다층 침전지 사용
- 경사판침전 적용 시, 침전지 총유효단면적 $AT = A + n \cdot a \cdot \cos\theta$

여기서, A : 침전지 단면적
n : 경사판 개수
a : 경사판 단면적
θ : 경사각도
a·cosθ : 경사판 1개당 유효단면적

- 플록의 침강속도 Vs를 증가
  : 응집제, 응집보조제 사용 → floc 크기 성장
- 유량(Q)를 감소
  : 침전지 중간에 상징수 유출
- 침전지 내 밀도류, 단락류 방지
  : 응집제, 응집보조제 사용 floc 크기 성장
- 침전슬러지 제거
  : Dead Space 방지
- 침전지의 수평유속(소류속도)와 체류시간 조절

<문제 4-1>

• A 공장에서 발생하는 폐수는 1000㎥/일이고 SS 농도는 200mg/L이다. 1차 처리로 응집침전 공정을 적용하여 SS 농도를 50mg/L로 감소시키려고 한다. 응집제 주입률은 100mg/L. 응집보조제 주입률은 2mg/L. 침전조 표면 부하율은 24m/일 일때 다음을 계산하고 설명하시오 ?
1. 예상 슬러지 발생량(kg-SS/일) 2. 침전지의 크기 3. 최적의 응집조건을 결정하기 위한 Jar-Test(교반실험) 방법

1. 예상 슬러지 발생량
  1) SS 제거에 의한 슬러지 발생량
    $1000m^3$/일 x (200-50)mg/ℓ x 10^{-3}kg/g = 150kg/일
  2) 응집제에 의한 슬러지 발생량
    $Al_2(SO_4)_3\ 18H_2O\ + 3Ca(HCO_3)_2 \rightarrow 2Al(OH)_3 + 3CaCO_3 + 6CO_2 + 18H_2O$
    666 156
    100 X X=23.4
  3) 슬러지 발생량= 150+23.4=173.4kg/일

2. 침전지의 크기

$$\text{면부하률} = \frac{\text{폐수량}(m^3/\text{일})}{\text{침전조 표면적}(m^2)} = 24m/\text{일}$$

$$\text{침전조표면적} = \frac{1000m^3/\text{일}}{24m^3/\text{일}} = 41.67m^2$$

∴ 침전지의 크기
  1) 원형의 경우
    $\frac{\pi D^2}{4}$= 41.67㎡에서
    D = 7.28m
  2) 구형 침전지
    직사각형의 경우 3:1 ~ 5:1 정도이므로 5:1을 가정하면,
    $5a^2$ = 41.67㎡
    a ≒ 2.89
  즉 2.89w x 14.4L

3. 최적의 응집조건을 결정하기 위한 Jar-Test 방법

오염된 물로부터 colloid를 제거하기 위해서는 zeta potential을 낮추어 주어 응집시켜야 하는데 물의 경도라던가 pH 등에 따라 필요한 응집제의 량을 화학방정식으로 구할 수가 없으므로 약품교반시험(Jar Test)을 실시해야 한다. 이 시험에서는 6개의 beaker에다 처리할려는 물을 넣고 각각 농도가 다르게 응집제를 넣어서 어느 량이 최적량인가를 결정한다. 통상 pH와 응집제의 용해도 간에는 <그림 4-6>과 같은 관계가 나타나며 약품교반시험의 절차는 다음과 같다.

① 처리하려는 물을 1 Liter씩 각 beaker에 채운다.
② 교반기로 최대의 속도로 급속혼합시킨다.
③ pH조정을 위한 약품과 응집제를 짧은 시간내에 주입시킨다. 응집제의 주입량은 왼쪽에서 오른쪽으로 증가시켜 주며 이론상으로 3번째 beaker에서 응집이 가장 잘 일어나도록 한다.
④ 교반기 회전속도를 20~70rpm으로 감소시키고 약 10~30분간 교반한다.
⑤ floc이 생기는 시간을 기록한다.

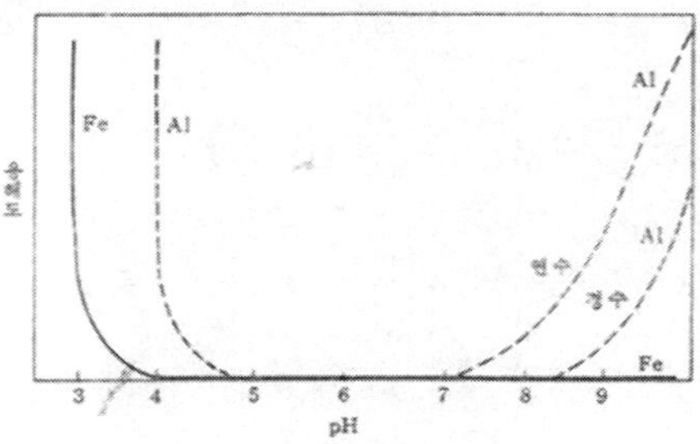

pH와 응집제의 용해도 間의 관계

<문제 4-2>

• 다음 그림과 같이 H(m), L(m)의 장방형 침전지에 유량 Q(㎥/h)가 유입되고 있다. 최초에는 최종단부에서만 침전처리수를 집수하였으며, 이때 완전분리조건의 입자침강속도는 v_t(m/h)였다. 침전지 중간에 집수통 2개를 그림과 같이 추가하여 각각 $\frac{Q}{3}$만 집수하도록 개량한다면 침전효율은 어느 정도 상승될 것인지 설명하시오.

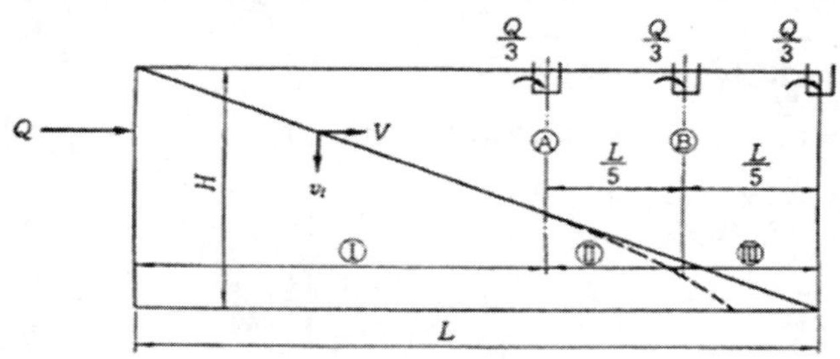

$$H = H_{I} + H_{II} + H_{III}$$

(풀이)

개조전의 장치에서는 그림의 실선과 같은 궤적으로 침강한다. 그러나, 개조한 池에서는 Ⓐ Ⓑ점에서 수평유속이 느려지기 때문에 점선의 궤적으로 침강하게 된다. v_t인 입자에 관해서만 생각한다. Ⅰ, Ⅱ, Ⅲ구간의 침강하는 깊이를 H_1, H_2, H_3(m)라면, 완전제거 조건식에 의하여

$$\frac{H_1}{v_t} = \frac{(3/5)L}{V} = \frac{3}{5}\left(\frac{L}{V}\right) \qquad \frac{H_3}{v_r} = \frac{(1/5)L}{(1/3)V} = \frac{3}{5}\left(\frac{L}{V}\right)$$

$$\frac{H_2}{v_t} = \frac{(1/5)L}{(2/3)V} = \frac{3}{10}\left(\frac{L}{V}\right) \qquad \therefore \frac{(H_1+H_2+H_3)}{v_t} = \frac{3}{2}\left(\frac{L}{V}\right)$$

즉 평균적으로 생각하면, v_t인 입자의 제거조건식 H/v_t = L/V와 비교하며 50%의 능력향상이 기대된다.

5) 경사판 침전

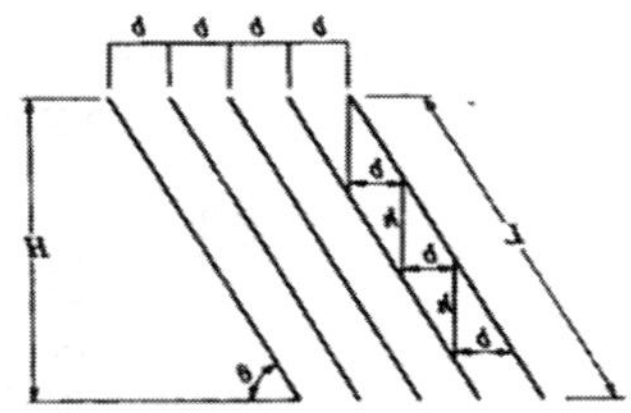

- 경사판(관)식 침전지는 침전지 내에 경사판이나 경사관을 설치하여 일종의 다층침전지를 구성함으로써 침전효율을 높이고자 하는 것

- 수심 H의 침전지에 경사판을 설치하는 경우 침전지 내의 플록입자의 최대 침강거리는 H에서 h로 짧아지며 침전효율은 H/h 배로 증가한다.

- 경사판 침전지(예)

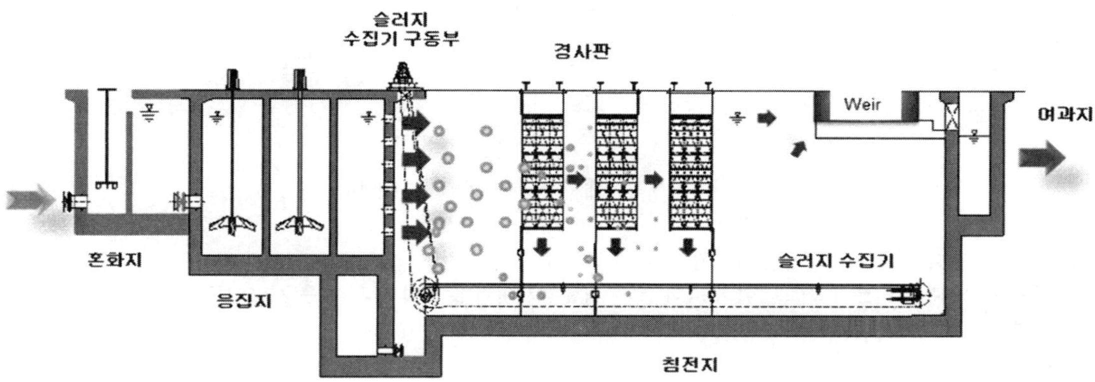

<그림 4-6> 경사판 침전지(예)

- 경사판 침전지의 종류

<table>
<tr><th>항목</th><th>수평류식(핀부착형)</th><th>수평류식</th><th>상향류식</th></tr>
<tr><td>설치 형상</td><td>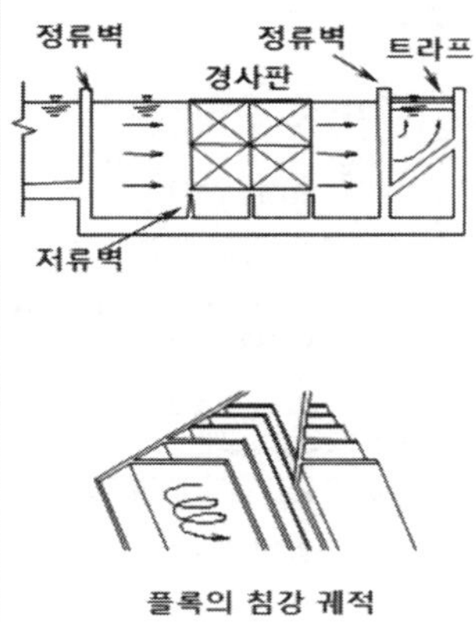
</td><td>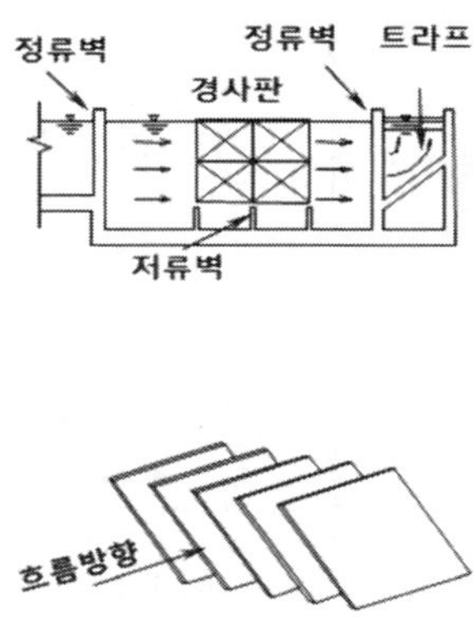
</td><td>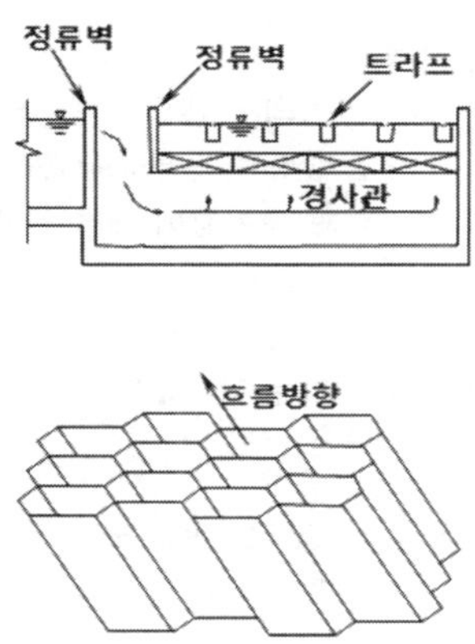
</td></tr>
<tr><td>침전 원리</td><td>중력침강 +
와류(유체항력+관성력)의
동적흐름 침강</td><td>중력 침강</td><td>중력 침강</td></tr>
</table>

4.1.8 용존공기부상

1) 개요

미세한 기포를 부유물질, 유분, 그리스(Grease) 등 고형물 입자에 부착시켜 형성된 기포-플록 결합체(bubble-flocagglomerate)를 수표면으로 빠르게 분리하는 처리방법

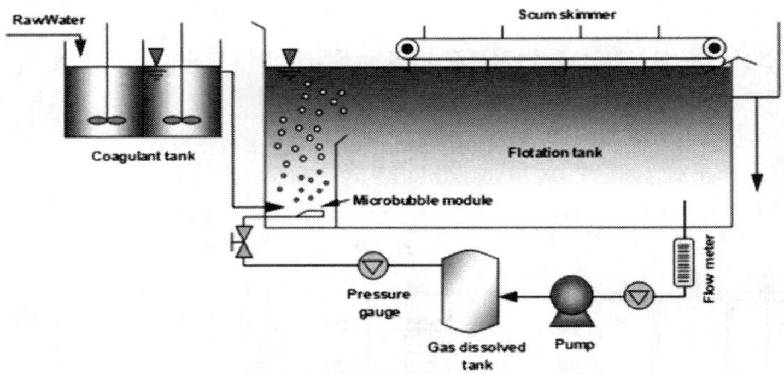

<그림 4-7> DAF(Dissolved Air Flotation)

- 짧은 응집시간이 소요되므로 응집 시설면적을 단축
- 침전공정에 비해 고액분리 소요면적이 적어 초기 시설투자비가 낮으며 깊지 않은 시설이 가능
- 45분 정도로 양호한 처리수질을 얻을 수 있어 신속한 가동이 가능
- 응집보조제 등이 필요 없음
- 여과지속시간을 단축시키는 저비중 입자와 조류의 제거에 효과적

- 침전에 비해 빠른 여과속도와 긴 여과지속시간을 얻을 수 있음
- 부상분리로 얻어진 부상물(float)는 고형물농도가 3% 정도로 침전 슬러지(sludge)보다 높으며 탈수성도 좋아 처리와 처분이 용이

- A/S 비 : $\dfrac{1.3sa(fp-1)}{S}$

여기서,

- Sa : 공기의 용해도(20℃ 18.7mL/L)
- F : 압력 P에 있어서 용존되는 공기의 전체 공기량에 대한 비율
- P : 대기압
- S : 원수내의 고형물질의 농도

반송을 시키는 경우에는,

A/S = $\dfrac{1.3sa(fp-1)}{S}\dfrac{R}{Q}$

여기서, R/Q는 반송율

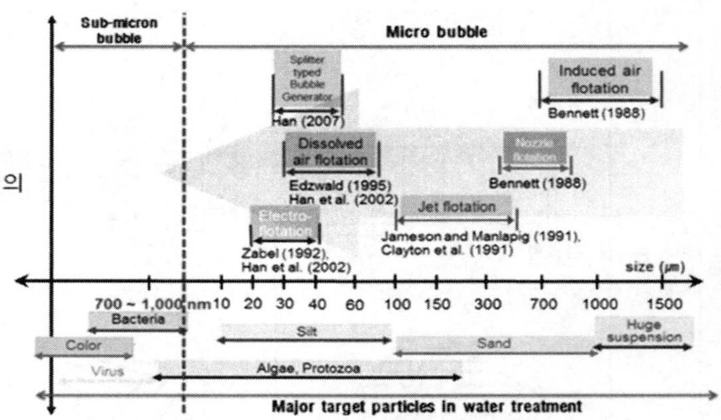

<그림 4-8> 기포 사이즈와 다양한 부상분리공정 적용

상기 두 공식에서 분자는 공기의 중량이며, 분모는 고형물질의 중량

1.3은 1㎤의 공기중량(mg)이며,

괄호내의 -1은 대기압, 즉 표준상태인 1기압.

A/S비는 0.008mL/mg

2) 부상의 종류 및 설계기준

<table>
<tr><th>구분</th><th>주요내용</th><th>비고</th></tr>
<tr><td>종류</td><td>
<table>
<tr><th>종류</th><th>내용</th></tr>
<tr><td>용존공기부상법
(DAF)</td><td>• 압축기와 Ejector로 공기를 불어넣고 가압탱크에 폐수를 유입시켜 공기를 잘 용해 후 분리탱크에 부상분리</td></tr>
<tr><td>유도공기부상법
(IAF)</td><td>• 가압공기가 4개의 공기유도기에 의해 공급, 대기압 하에서 스스로 유도되어 유도기를 통과하면서 분리</td></tr>
<tr><td>공기부상법(AF)</td><td>• 송풍기 및 산기관을 통해 작은 공기방울을 폐수 중에 주입</td></tr>
<tr><td>진공부상법(VF)</td><td>• 폐수를 진공상태에 주입,공기가 작은 공기방울로 방출되어 고형물입자와 부착되면서 상승해 분리</td></tr>
</table>
</td><td></td></tr>
<tr><td>설계
기준</td><td>
<table>
<tr><th>항목</th><th>세부 내용</th></tr>
<tr><td>A/S 비</td><td>• 0.01~0.05</td></tr>
<tr><td>표면적 부하</td><td>• 3~9㎥/㎡·Hr</td></tr>
<tr><td>고형물부하</td><td>• 5~50kg·DS/㎡·Hr</td></tr>
<tr><td>부상조 체류시간</td><td>• 20~30min
반송 시 30~50min</td></tr>
</table>
<table>
<tr><th>항목</th><th>세부 내용</th></tr>
<tr><td>가압 시간</td><td>• 1~5 min</td></tr>
<tr><td>기포상승속도</td><td>• 25~125㎜/min</td></tr>
<tr><td>부상속도</td><td>• 50~160㎜/min</td></tr>
<tr><td>가압탱크 압력</td><td>• 6kg/㎠</td></tr>
<tr><td>Scum Pit</td><td>•30~60 min 용량</td></tr>
</table>
※ 부상조 바닥에 슬러지 제거기나 Drain Line을 설비 설치
</td><td></td></tr>
</table>

<문제 4-3>

• 유량이 500m³/일, SS가 500mg/l, DAF장치의 최적 A/S비 0.04, 계기압이 414KPa로 가압시 반송량(m³/일)을 구하시오
단, 20℃에서 공기의 용해도는 18.7ml/l, 공기용해율은 0.8임

1) 공식
농도 등을 고려하며, 유출수를 압력탱크내로 반송시켜서 용해하는 경우(다른 경우는 유입수에 직접 압력을 가한다)에는 반송률도 고려해야 한다. 흔히 쓰는 공식을 보면 다음과 같다.

$$A/S = \frac{1.3sa(fp-1)}{S}$$

여기서 s_a는 공기의 용해도로 0℃에서는 29.2, 10℃에서는 22.8, 20℃에서는 18.7, 30℃에서는 15.7cm³/l이다. f는 압력 P에 있어서 용존되는 공기의 전체 공기량에 대한 비율인데 0.5가 대표적이다. 압력 P는 대기압이며 S는 원수내의 고형물질의 농도이다.
반송을 시키는 경우에는

$$A/S = \frac{1.3sa(fp-1)}{S} \cdot \frac{R}{Q}$$

가 되며 R/Q는 반송률을 나타내고 있다. 상기 두 공식에서 분자는 공기의 중량이며 분모는 고형물질의 중량이다. 1.3은 1cm³의 공기중량(mg)이며 괄호내의 -1은 대기압 즉 표준상태인 1기압을 말하고 있다. 하수슬럿지를 농축시키는 경우에 사용되는 A/S비는 일반적으로 0.01 ~ 0.2이다.

(풀이)

1. 압력을 구한다.

$$P = \frac{414+101.35}{101.35} = 5.08\ atm$$

2. 소요순환률

$$A/S = \frac{1.3Sa(f.\ p-1)}{S} \cdot \frac{R}{Q}$$

$$0.04 = \frac{1.3(18.7ml/l)[0.8(5.08)-1]R}{500mg/l(500m^3/d)}$$

$$R = 134.25m^3/day$$

4.1.9 여과

- 여재에 물이 통과하여 콜로이드와 부유물질을 제거하는 공정으로 충적층 반응조(고정상), 유동층 반응조(유동상)의 형태로 구분

1) 여재와 탁질 입자의 상호관계

임의의 입자가 중력의 방향에 따라 포집자(고정층 여재)를 중심으로 나타나는 메커니즘에는 포집자의 크기가 상당한 영향을 미침

- 확산(diffusion) :
  유동층의 입자가 작을 때 나타나는 Brown 운동의 현상으로 궤적의 방향이 일정하지 않고 여재표면에 아무렇게나 붙는 현상으로 입자가 아주 미세하고 수온이 상승할 때 잘 일어남

- 침전(sedimentation) :
  탁질의 밀도가 물보다 큰 경우 침전현상이 일어날 확률이 크며, 이 경우 침전하는 입자는 중력장의 영향을 받으며 유체의 저항을 받게 됨

- 관성충돌(inertia) :
  여재의 입자와 탁질 입자와의 충돌에 의하여 부착하는 과정으로 탁질 입자의 밀도와 관련이 있음

- 차단(interception) :
  탁질 입자의 크기나 위치상으로 더 이상 중력에 따라 이동할 수 없을 때 나타나는 현상

2) 여과공정의 종류

- 여과기구(장소)에 의한 구분
  - 표면여과 : 여층 표면에 탁질이 억류되고 동시에 억류된 탁질이 여재 역할 수행
  - 내부여과 : 부유물이 여층 내부까지 억류되는 여과방식
- 여과속도에 의한 구분
  - 급속여과 : 120 ~ 150 m/d
  - 완속여과 : 4 ~ 5 m/d
- 여상의 형태에 의한 구분
  - 단층여과 : 표층의 손실수두가 크고 여과지속시간이 짧음
  - 다층여과 : 표면여과 + 내부여과로 여과지속시간이 길음
  - 흐름방향(추진력)에 의한 구분
    ① 하향류 여과 : 중력에 의한 일반적 여과방식
    ② 상향류 여과 : 가압에 의한 여과방식
  - 유량조절방법에 의한 구분
    ① 정압여과(감쇄여과)
    ② 정속여과 : 유량제어형, 수위제어형, 자연평형형
  - 여과재료에 의한 구분
    ① 모래여과, 활성탄 여과, 섬유사 여과
    ② 막여과 : MF, UF, NF, RO

- 여과의 종류 및 설계기준

<table>
<tr><th>구분</th><th>주요내용</th><th>비고</th></tr>
<tr><td>종류</td><td>
<u>여재 종류</u>
<table>
<tr><th>구분</th><th>여재</th></tr>
<tr><td>Single</td><td>모래 또는 안스라사이트 단독</td></tr>
<tr><td>Dual</td><td>안스라사이트 + 모래</td></tr>
<tr><td>Multi</td><td>안스라사이트+모래+석류석</td></tr>
</table>
<u>유입수 가압 여부</u>
▪ 중력식(완속여과, 급속여과)
▪ 압력식(급속여과)
</td><td></td></tr>
<tr><td>설계기준</td><td>
<u>세부 기준</u>
<table>
<tr><th>항목</th><th>세부 내용</th></tr>
<tr><td>여과속도</td><td>• 5~24$m^3/m^2 \cdot hr$ (급속)
• 7~15$m^3/m^2 \cdot hr$ (일반)</td></tr>
<tr><td>H : R Ratio</td><td>• 2 : 1</td></tr>
<tr><td>여과층 높이</td><td>• 여과탑 직경과 동일</td></tr>
<tr><td>역세시 부하율</td><td>• 30~50$m^3/m^2 \cdot hr$</td></tr>
<tr><td>Tower 총 높이</td><td>• 여과층 50~100%</td></tr>
</table>
</td><td></td></tr>
</table>

구분	주요내용	비고
재질/ 부대설비	▪ 재 질 : SS-41(내 부 : 에폭시 도장, 외 부 : 광명단+에나멜 도장) ▪ 부대시설 - 처리수 공급펌프 2Set(1Set 예비), 역세펌프 2Set(1Set 예비) 소포수 펌프 겸용	
운전요령	▪ 역세주기 : 처리대상 폐수에 따라 다르나 통상 1~2회/주 ▪ 역세수는 최종 방류수를 사용하고 역세 후 폐수는 집수조로 반송 후 재처리 ▪ 상시 수질상태를 점검하여, 여재의 교체 또는 보충	
처리 효율	▪ 유입 SS 120mg/ℓ 기준 73% 가능 ▪ 유출수 SS농도 : 5~20mg·SS/ℓ 가능	

<u>Dual Media Filter</u>

성상		범위 (대표값)
안트라사이트	깊이 (cm)	30~60 (45)
	유효경 (mm)	0.8~2.0 (1.2)
	균등계수	1.3~1.8 (1.6)
모래	깊이 (cm)	15~30 (30)
	유효경 (mm)	0.4~0.8 (0.55)
	균등계수	1.2 ~ 0.8 (1.5)
여과속도($m^3/m^2 \cdot hr$)		5~25 (12)

<u>Mual Media Filter</u>

성상		범위
안트라사이트	깊이 (cm)	10~50 (40)
	유효경 (mm)	1.0~2.0 (1.4)
	균등계수	1.4~1.8 (1.5)
모래	깊이 (cm)	10~40 (25)
	유효경 (mm)	0.4~0.8 (0.5)
	균등계수	1.3~1.8 (1.6)
석류석	깊이 (cm)	5~15 (45)
	유효경 (mm)	0.2~0.6 (0.3)
	균등계수	1.5~1.8 (1.6)
여과속도($m^3/m^2 \cdot hr$)		5~25 (12)

3) 여과사의 품질규격

- 유효경과 균등계수
  - 유효경(D10) : 체 분석을 하여 전체 중량비의 10%가 통과하였을 경우의 최대입경(D10)
    : 급속여과지에서는 유효경이 0.45~1.00(0.6~0.7mm)
    : 여과사의 최대경 2mm, 최소경 0.3mm
  - 균등계수(D60/D10) : 체 통과 시, 중량비 60%를 통과하는 직경을 10%를 통과하는 직경(유효경)으로 나눈 값.
    : 급속여과지에서는 균등계수 1.7(1.3-1.6) 이하.
    : 균등계수가 1에 가까울수록 여층의 공극율이 커지며 탁질의 억류가능성이 높아짐
    : 균등계수가 적어질수록 여과사의 가격이 높아지므로 균등계수의 상한선은 1.7
    즉 경제적인 이유에 의해 상한가의 제한을 1.7로 두고 있음

구 분	급속여과	완속여과
유효경	0.45 ~ 1.0 mm	0.3 ~ 0.45 mm
균등계수	1.7 이하	2.0 이하
최대경	2.0 mm(0.3 mm)	2.0 mm(0.18 mm)

- 유효경의 의의
  - 유효경이 크다 → 조사(粗沙), 급속여과, 내부여과 경향 → 여과효율
  - 유효경이 작다 → 세사(細沙), 완속여과, 표면여과 경향 → 여과수질

- 균등계수를 작게 할수록 원사(原沙)로부터 얻는 여과모래의 양이 적어지며 균등계수 1.3 부근에서 체거름량이 급격하게 줄어듦. 따라서 유효경이 0.6 ~ 0.7 mm인 모래의 경우 실제로는 1.3 ~ 1.6정도의 균등계수를 채택.
- 이외 규격으로,
  ① 세척탁도는 30NTU이하일 것.
  ② 강열감량은 0.75 %이하일 것.
  ③ 염산가용률은 3.5 %이하일 것.
  ④ 비중(밀도)은 2.55 ~ 2.65의 범위일 것.
  ⑤ 마모율은 3 %이하일 것.
  ⑥ 여과모래의 최대경은 2.0 mm를 넘지 않아야 하고 최소경은 0.3mm를 내려가지 않아야 하며 부득이한 경우라도 최대경을 넘는 것 또는 최소경을 밑도는 것이 1 %이하일 것.
- 여과모래의 유효경과 균등계수만으로는 입도분포 중 10 % 입경 이하와 60 % 입경 이상의 분포에 관한 한계가 없으므로 분급의 경향이 극단적으로 커지는 것을 피하기 위하여 입경의 상. 하한으로 0.3 ~ 2.0 mm를 정함.
- 여과지에 여재를 초기 투입할 때에는 먼저 여재를 투입한 다음 팽창률 30 %를 초과하지 않을 정도로 역세척을 2 ~ 3회 반복하여 표층에 모이는 극히 작고 가벼운 성분이나 점토 등을 몇cm를 주의 깊게 삭취(削取)해야 한다. 따라서 여과모래는 표층의 오사(汚沙) 삭취를 고려하여 모래층의 설계 두께보다 몇 cm 많이 깔아 넣는 것이 필요함.

- 균등계수의 의미
  - 균등계수가 1에 가깝다 → 통수저항이 적다 → 여과속도 증가
  - 균등계수가 크다 → 입경 불균일(세밀충전) → 여과수질 제고

• 최대경과 최소경 제한이유
- 유효경이 극단적으로 치우치면, 손실수두가 증가, 여과지속시간 감소, 빈번한 역세척이 발생되고 결국 여과 효율이 저하 됨.
- 역세척에 의한 여층의 역입도 발생
• 일반적인 여과층 구성
- 여과층 두께(L : 깊이)와 여재 유효경(De)로 판단
- 급속여과 시 여과층 구성 : L/De > 1000
• 여과속도(V)

$$V = \frac{Q(\text{여과유량})}{A(\text{여과지 표면적})}$$

• 유효경이 클수록, 균등계수가 작을수록 여과속도 증가, 여과효율 증대

4) 급속여과와 완속여과
• 급속여과
- 정화기구 : 체거름 작용, 차단, 충돌, 침전작용, 응집, 흡착작용
- 용지면적이 작고, 여과수량확보에 적합 : 고탁도에 유리
- 약품비, 전력비 등 유지관리비 고가
- 부수압(負水壓) 발생 → Air Binding →Scouring → Break Through → After Growth
- 어느 정도의 부수압을 허용 : Floc의 강도을 유지하여 서로 흡착, 어느 정도 여과 유속에서는 Scouring 안생김
- 응집제 주입으로 현탁성, 콜로이드성, 색도 등의 표면 특성 변화 후 침전 분리

• 고탁도 원수 처리 가능
- 일부 색도 제거 가능
- 암모니아 제거 불가능(단, 전염소처리로 가능)
- 여과속도 : 120 m3/m2·d 내외

(급속여과)

• 완속여과
- 정화기구 : 완속여과 정화기구 + 생물학적 산화작용
- 혼화, 응집이 없음, 여과지 표면에 얇은 생물막 형성
- 현탁물질 억류
- 용해성 물질(Fe, Mn, NH_4^+, 등) 산화 + 합성세제,페놀, 이취미 제거
- 세균 억류 제거
- 색도 제거 곤란
- 여과수질은 좋으나 여과수량확보 어려움 : 저탁도(10NTU 이하)에 적용
- Mud Ball 발생이 쉬움 : 정기적 표면 삭취 작업 필요
- 여과속도 : 10 $m^3/m^2 \cdot d$ 이하
- 암모니아 2 mg/L 이하 적용

(완속여과)

5) 압력식 여과

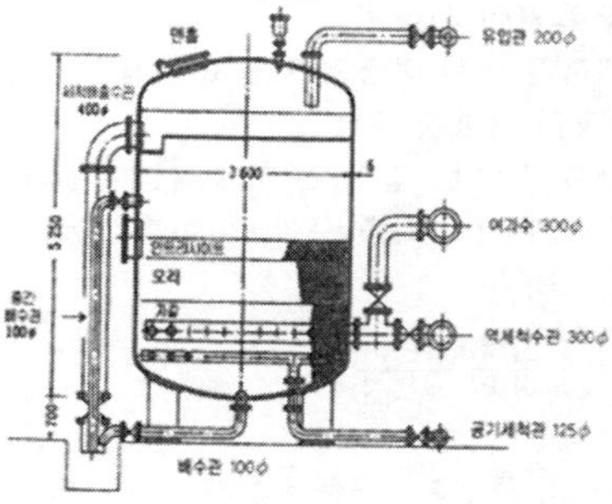

압력식 여과장치의 예(단위 : mm)

- 압력식 여과지는 종형과 횡형의 두가지 형식으로 강판제 등 밀폐조 내의 압력(0.1 ~ 0.6MPa정도)으로 여과하는 여과지로, 종형은 소량의 물을 처리하는데 사용되며, 횡형은 비교적 대량의 물을 처리하는 경우에 사용
- 부압 발생을 초래하지 않으면서 높은 손실수두가 될 때까지 여과를 지속 가능
- 여과지에 햇빛이 들어가지 않으므로 조류 발생이 적음
- 여과층을 감시가 힘듦
- 정압여과인 경우에는 여과속도의 변화폭이 크다는 결점이 있음
- 압력식 여과지를 설치하는 경우에는 지수와 여과층 및 세척방식 등은 중력식 여과지에 준함
- 점검·수리하기 위하여 구경 600 mm이상의 맨홀을 설치, 한랭지에서는 보온시설을 설치함

6) 하부집수장치(Under-drain System)

- 하부집수장치의 역할
  - 여과지 내부 모래층 밑에 설치 여과재의 지지, 여과수의 집수 및 역세척수를 균등 배분하는 역할을 함
- 하부집수장치가 갖추어야 할 기능
  - 여과수의 균등집수 : 평면적으로 균등한 집수공을 배치하여 수류분포의 균일성이 유지되어야 함.
  - 여과수 수송과정에서 집수공의 단면을 충분히 유지하도록 하여 손실수두를 작게 하여 정수거 등 유출 측 수위변동에 영향을 주지 않아야 함.
  - 역세척수의 균등분배
    역세척 시 평면적으로 균등한 수압을 유지하도록 할 필요가 있으며, 여과사가 유출되지 않도록 하여야 함.
  - 내구성 : 여과층을 지지하여야 하므로 내식(耐蝕), 내구(耐久) 및 내압성(耐壓性)이 큰 재질을 사용하여 저판에 견고히 고정되어야 함.
  - 시공 시 작업성이 좋고 교체 등 유지관리가 용이하여야 함.
  - 향후 여층 구성의 변경 등 개량작업이 가능하여야 함.

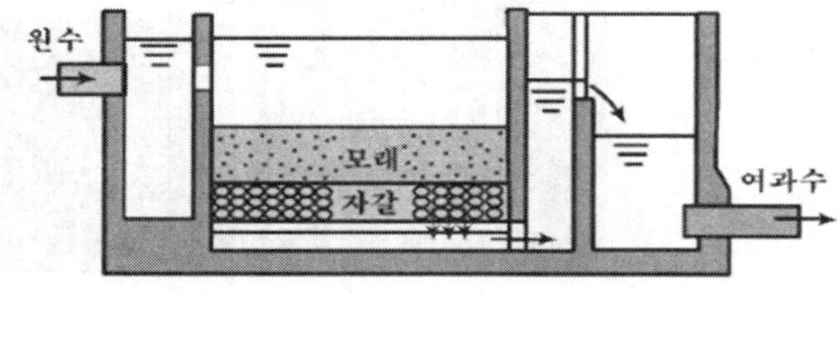

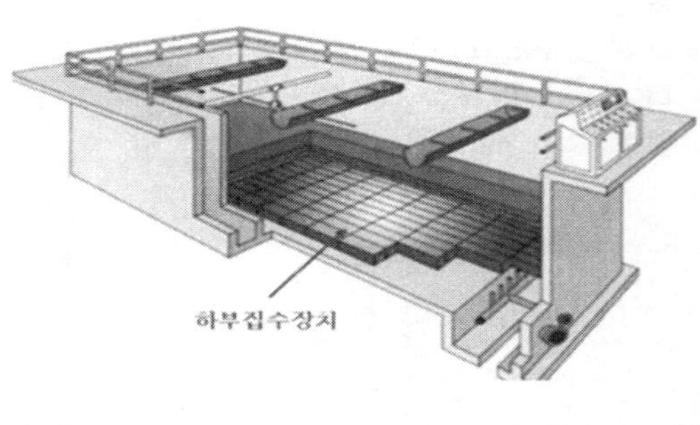

• 하수집수장치의 종류

<table>
<tr><th rowspan="2">구 분</th><th rowspan="2">스트레이너 형(Strainer Type)</th><th colspan="3">유공블럭형</th></tr>
<tr><th>"AW형"(한국)</th><th>레오폴드형(미국)</th><th>테트라형(미국)</th></tr>
<tr><td rowspan="2">구성도</td><td></td><td></td><td></td><td></td></tr>
<tr><td>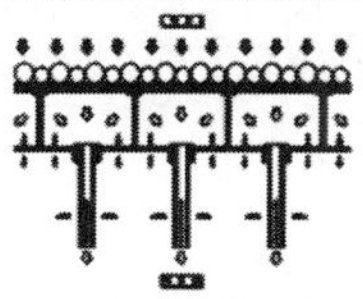</td><td>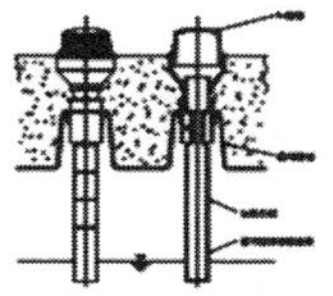</td><td>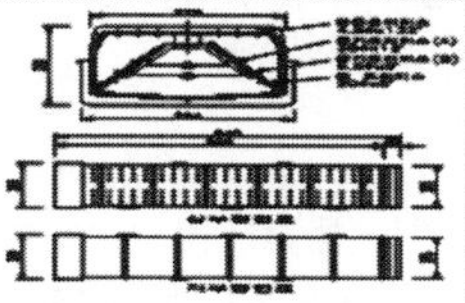</td><td>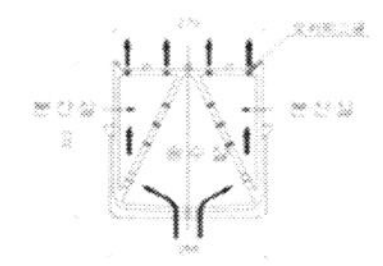</td></tr>
<tr><td rowspan="2">개 요</td><td rowspan="2">•여과지 바닥 판상에 지주 또는 지지벽을 설치하고, 그 위에 콘크리트 성형품을 고정시키며, 성형품과 저판 사이에는 압력실이 형성됨
•성형품의 상면에 스트레이너를 나사식으로 고정.
•수압식, 물+공기식, 고도 정수처리에 모두 사용</td><td rowspan="2">•여과지 바닥 판상에 지주 또는 지지벽을 설치하고, 그 위에 성형 블록을 고정시키며, 성형품과 저판 사이에는 압력실이 형성됨
•압력실이 평면적으로 넓기 때문에 균등한 압력의 유지가 용이
•이 시스템은 PVC, PET 계통으로 제작되었음</td><td colspan="2">•바닥 판상에 성형 블록을 병렬로 연결하고 고정시키며 송수실 단면의 크기가 클수록 물 수송 및 분배과정에서 균등한 압력의 유지가 용이함
•여과지 전면에 공기 및 물을 균등분배 함
•압력손실이 가장 낮음</td></tr>
<tr><td>•HDPE 계통으로 제작 되었으며, 상판 위에 IMS-cap을 부착하면 자갈층을 생략할 수 있는 특징이 있음</td><td>•HDPE 계통으로 제작 되었으며, 상판 위에 S, B, T, - Plate를 부착하면 자갈층 또는 자갈+모래층을 생략할 수 있는 특징이 있음</td></tr>
</table>

<table>
<tr><th rowspan="2">구 분</th><th rowspan="2">스트레이너 형(Strainer Type)</th><th colspan="3">유공블럭형</th></tr>
<tr><th>"AW형"(한국)</th><th>레오폴드형(미국)</th><th>테트라형(미국)</th></tr>
<tr><td rowspan="3">장 점</td><td rowspan="3">•국내는 물론 선진국 (유럽, 북미, 일본 등)에서도 가장 많이 사용함
•공기와 물 동시세척방식의 여과지에 가장 많이 사용된 시스템으로 원전경험이 많음
•국내서도 30년 이상 사용하였기 때문에 완전 검증된 제품임.
•정수장 조건에 맞게 개구비를 조정하여 설계 시공할 수 있음
•균등 역세척에 적합함
•집수실 점검이 가능하여 유지관리가 용이함
•100% 국산이며 값이 저렴함</td><td colspan="3">•평면적으로 균등하게 하기가 용이함
•사수 및 정체수를 방지하며, 기능 일체형이므로 설치 공정이 단순함
•경량물이라 시공이 쉬움</td></tr>
<tr><td rowspan="2">•오리피스공을 통과하는 2단 구조, 3단 균압기능 및 블록 상면에 구성된 다수의 집수공에 의하여 균등 여과 및 역세척 효과를 얻을 수 있음
•국내 개발이므로 적기에 건설 및 기술지원이 가능함
•기존의 스트레이너형 하부집수장치 시스템을 교체할 때, 구조적인 변경 없이 교체 시공이 가능함</td><td colspan="2">•국내.외에서 가장 많이 채택된 제품임.(한국수자원공사 운영정수장의 90%이상에서 채택됨)
•오리피스공을 통과하는 2단 구조 및 블록 상면에 구성된 다수의 집수공에 의하여 균등 여과 및 역세척 효과를 얻을 수 있음
•토목 및 배관 시공이 간편하고 시공기간이 짧음
•신설 및 개량공사, 물 또는 물+공기 역세척에도 적용 가능함
•압력손실이 적어 동력비등이 절감</td></tr>
<tr><td>•IMS-Cap를 사용하면 여과사리층이 불필요함</td><td>•S, B, T-Plate등을 선택에 따라 여과사리층을 생략할 수 있음. (대체가능)</td></tr>
<tr><td>단 점</td><td>•스트레이너의 파손 및 돌출 위험이 있음
•스트레이너 사이에 사수 및 정체수가 발생할 수 있음
•중량물이라 시공이 어려움</td><td>•자갈층의 두께가 반드시 200~250mm필요함</td><td colspan="2">•집수실 점검이 불가능하며 유지관리가 어려움
•유공블럭의 균등 역세 길이는 약 15m로 제한됨</td></tr>
</table>

4.1.10 흡착

1) 흡착 이론

• 흡착 (adsorption) : 액체와 고체 또는 기체와 고체 간의 물질전달(Mass transfer)

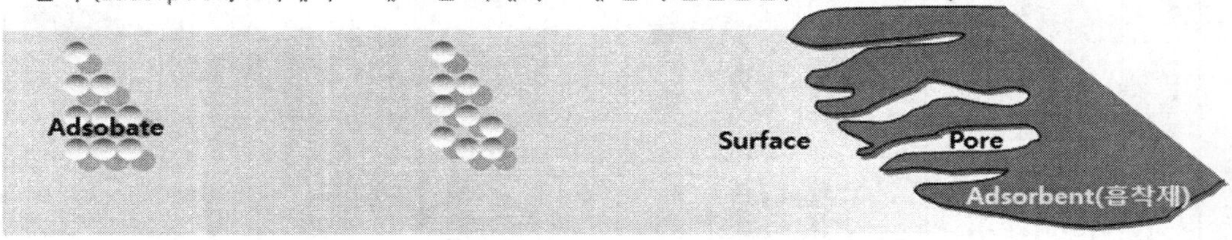

- Adsorbate(흡착질 : 흡착되는 물질)
- Adsorbent(흡착되거나 축적이 일어나는 고체 : 활성탄, 이온교환수지, 흡착수지, 활성알루미나 등)
① Bulk 용액으로 부터 흡착제 주위의 액체 film 또는 경계면으로 용질의 이동
② 액체film을 통한 용질의 분산
③ 흡착제 내의 모세관 또는 공극으로의 용질의 확산
④ 모세관 벽 또는 표면으로 용질의 흡착
- 이동, 확산단계 보다는 흡착단계가 대단히 빠름. 따라서 전자의 3단계에 의해 흡착속도 결정
- PAC(Powder Activated Carbon)는 용질의 이동속도, GAC(Granular Activated Carbon)는 흡착제 내부 세공으로의 확산속도가 주요인자가 됨
- Van der Waals Force에 의함
- 용질과 흡착제 간 분자인력이 용질이 용매 간의 인력 보다 크면 용질은 흡착제 표면에 흡착이 됨

• 흡착은 기체, 액체의 분자, 원자가 고체의 표면에 부착되는 현상
- 물리적 흡착(Physical Adsorption : Physisorption)
① Vander Waals 힘에 의한 분자간 인력에 의한 부착
② 전자의 공유를 갖지 않음
- 화학적 흡착(Chemical Adsorption : Chemisorption)
① 강한 이온결합 또는 공유결합의 화학결합
② 흡착제와 흡착질간의 전자이동 → 착화합물 형성

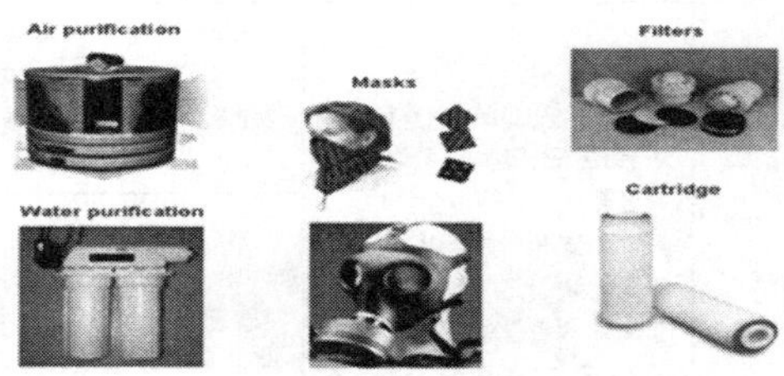

구 분	물리적 흡착	화학적 흡착
온 도	저온에서 흡착량 증가	비교적 고온에서 발생
흡착질	비선택적	선택성
흡착속도	빠름	느림(활성화 에너지 필요)
흡탈착	용이	어려움(장시간 수성가스 접촉)
흡착열	소(1~10 kcal/g·mol) → 응축열	대(10~30 kcal/g·mol) → 반응열
특 징	가역적, 기상흡착, 다층흡착	비가역적, 액상흡착, 단층흡착

2) 활성탄

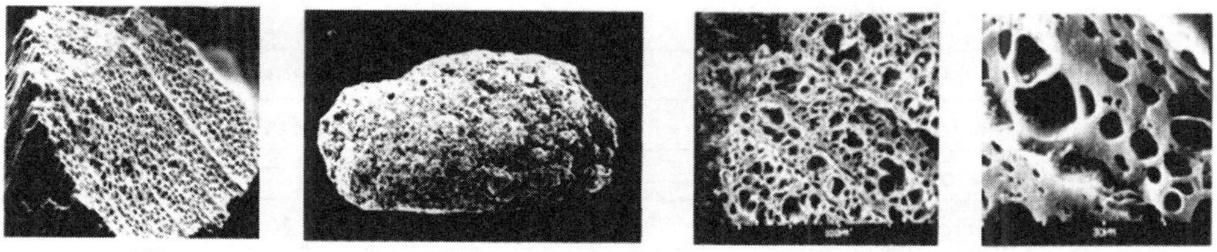

나무 석탄 갈탄

<그림 4-9> SEM (Scanning Electron Micrographs) 사진으로 본 활성탄 구조

세공의 크기에 의한 분류	Micropore	Ultramicropore	<0.7 nm
		Supermicropore	0.7 ~ 2.0 nm
	Mesopore		2.0 ~ 50 nm
	Macropore		> 50 nm
근원에 의한 분류	입자간세공		결정체에 존재하는 것
	고유세공		결정체 구조로부터 비롯된 것
	외부세공		이질성 물질의 도핑에 의해 유발된 것
	분자세공		원시적 미립자의 응집에 의한 형성

3) 활성탄 세공크기에 의한 분류

- 활성탄의 세공은 미세공, 중간세공, 대세공으로 분류되며 분류기관(학회)에 따라 세공범위가 상이
- macro-pore는 매우 큰 유효경을 가지며 이 세공은 모세관 응축 현상에 의하여 세공이 막히지 않으며, 이 세공은 흡착질 분자를 외부에서 입자 내로 신속하게 운송하는 역할을 하는 것으로서, 도입(admission), 확산(diffusion), 또는 운송공(transport-pore)의 역할을 함
  용적은 대개 0.2 ~ 0.7mℓ/g 정도이며 비표면적은 0.5 ~ 2.0㎡/g임
- 또한 Meso-pore (transitional-pore)는 모세관 응축현상(흡착질의 액화)이 발생하는 세공으로서, 용적은 0.3 ~ 1mℓ/g 정도이며 비표면적은 50 ~ 200 ㎡/g임. 탄화시간을 길게 하거나 승온 속도를 느리게 하거나 약품을 넣어 탄화할 경우, 이러한 meso-pore가 잘 발달함
- Micro-pore는 가장 작은 반경을 가지는 세공으로 용적은 0.1 ~ 1mℓ/g정도이며, 비표면적은 2000㎡/g 이상임. 통상적으로 활성탄의 총 비표면적 중 95%이상이 micro-pore에 의한 비표면적으로 알려지고 있음
- 또한 흡착현상이 가장 두드러지게 발생하는 곳으로 대부분의 흡착질은 모두 micro-pore의 범위에 있기 때문에 흡착용량의 결정 또한 여기서 이루어지게 되며, 활성탄은 다른 흡착제에 비하여 특히 micro-pore가 잘 발달되어 있는 것이 특징

활성탄의 세공 크기에 따른 구분((IUPAC, 1972)

구 분(명칭)	크기(반경, Å)
Macro-pore	> 500
Meso-pore	20 ~ 500
Micro-pore	< 20

주) IUPAC(International Union of Pure and Applied Chemistry)

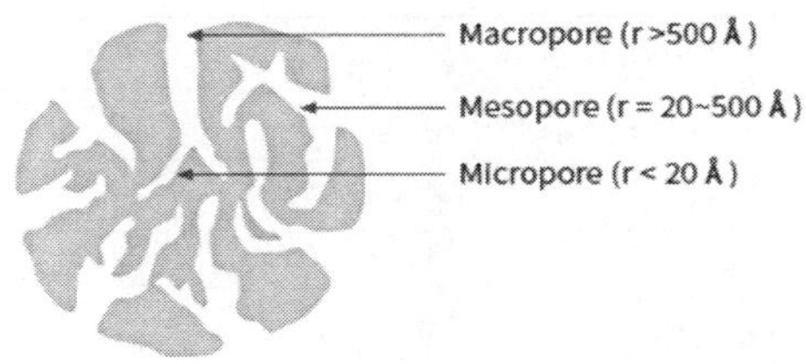

(활성탄의 공극)

자료 : http://www.dlcarbon.com/default/03/01.php

4) 활성탄의 종류

- 분말활성탄 (PAC) : 비상 시 적용, 흡착작용
- 입상활성탄 (GAC) : 흡착작용
- 생물활성탄 (BAC) : 흡착 + 생분해 작용

구분	장점	단점
PAC (Powder Activated Carbon) 0.075㎜(200mesh)이하	• 흡착속도가 빠름 • 주입조절 용이 • 별도 장치 불필요 • 미생물 번식 없음. • 단시간 사용에 효과적	• 취급이 불편 • 슬러지 발생 • 운영비 고가 • 재생 어려움 • 유출에 의한 흑수 발생
GAC (Granular Activated Carbon) 0.5~2.5㎜(16~32mesh) 대기정화용은 4~8mesh	• 취급 및 재생이 용이 • 슬러지 발생 없음. • 운영비 저렴 • 장시간 사용 시 경제적 • 흑수 발생 없음.	• PAC에 비해 흡착속도 느림 • 흡착탑 설치 – 공사비 증대 • 미생물 번식 가능
BAC (Biological Activated Carbon) GAC를 오래 두면 (30~60일) BAC화	• 이·취미 제거에 효과적 • THM, THMFP 제거 • 생분해성 오염물질 제거 • NH3-N 제거 • 색도 저감, Fe/Mn 저감 • 재생빈도 적음.	• 수온이 낮으면 처리효율 저하 • BAC 중 혐기화 시, Fe/Mn 용출 • 번식미생물 탈리 가능 • 호기성 미생물을 위한 DO 공급 필요

<표 4-5> 분말 및 입상 활성탄의 비교

특 성	입상활성탄	분말활성탄
구밀도(g/㎤)	2.0 ~ 2.2	1.9 ~ 2.2
입밀도(g/㎤)	0.6 ~ 1.0	-
충전밀도(g/㎤)	0.35 ~ 0.6	0.15 ~ 0.6
공극률	0.33 ~ 0.45	0.45 ~ 0.75
세공용적(㎤/g)	0.5 ~ 1.1	0.5 ~ 1.4
비표면적(㎠/g)	700 ~ 1.500	700 ~ 1.600
평균공경(Å)	12 ~ 4.	15 ~ 40

• 활성탄의 흡착능
- 활성탄 흡착은 활성탄 원료를 가공하여 활성화시키는 기술에 따라 많은 차이가 있으며, 일반적으로 낮은 pH 하에서 저분자물질과 불포화 유기물 대한 흡착능이 우수함.
- 활성탄은 저분자 물질에 대한 흡착능은 뛰어나나 고분자물질의 흡착능은 떨어지며, 일반적으로 pH가 낮을수록 흡착능은 좋아짐.

5) 활성탄 원료

• 현재 이용되고 있는 원료로는 목분(톱밥), 소회(素灰, 톱밥 탄화물), 목탄, 야자 껍질 및 과실 껍질 등과 그 탄화물 피트(peat)탄, 갈탄, 역청탄 및 무연탄 등과 그 탄화물, 석탄 또는 석유 pitch와 그 탄화물, 그리고 페놀 수지, 아크릴 수지 등임.

• 분말활성탄으로는 톱밥 등의 식물계 원료, peat탄, 갈탄 등의 광물계 원료 외에 펄프 폐액 등 특수한 원료를 들 수 있는데 일본에서는 주로 원목 제재 시 생기는 톱밥이 이용됨. 한편 입상활성탄으로는 목탄, 야자각탄, 저회분 peat탄, 갈탄, 역청탄 및 무연탄 외에 특수한 탄소 원료가 있음.

<표 4-6> 활성탄의 원료

구분	원료
식물계	목재, 톱밥, 목탄, 소회(톱밥건류물), 과실각(야자각, 호두각), 과실종자, 과실각탄, 과실종자탄, pulp 제조부산물, lignin, 폐액, 제당폐물(폐가스), 폐당밀
광물계	니탄, 초탄, 아탄, 역청탄, 무연탄, coke, Coal tar, 석탄 pitch, 석유증류잔사, 석유 pitch
기타	천연소재 : 해조, 재생섬유(rayon) 합성소재 : phenol, 사란, 아크릴

6) 등온흡착식(흡착등온식 : adsorption isotherm)

- 일정한 온도에서 흡착제와 피흡착물질을 장시간 접촉시켜, 수중에 남아 있는 물질과 흡착제에 흡착된 물질의 양과의 관계를 나타낸 식

- 등온흡착식의 종류 : Freundlich 식, Langmuir 식, BET 식 등

- 흡착공정의 분석
  - 대규모 이동(macrotransport) : 이동과 확산에 의해 유기물이 고액계면까지 이동
  - 소규모 이동microtransport) : 활성탄의 공극을 통하여 흡착지점까지 이동
  - 흡착(adsorption) : 화학적 또는 물리적 현상에 의한 흡착
  - 흡착의 평형 : 흡착되는 양과 탈착되는 양이 동일한 상태 → 흡착등온식(adsorption isotherm)으로 표현

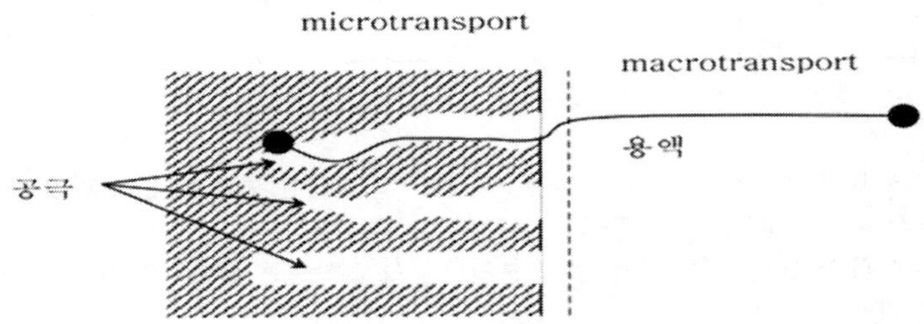

<그림 4-10> 용액의 흡착 현상

자료 : www.ksm-n2.com.admin.bbs.down

- 흡착등온식(adsorption isotherm)
  - 일정한 온도에서 흡착제와 피흡착물질을 장시간 접촉시켜, 수중에 남아 있는 물질과 흡착제에 흡착된 물질의 양과의 관계를 나타낸 식
  - 등온 흡착식의 종류: Freundlich 식, Langmuir 식, BET 식 등

Freundlich 식 : $\frac{x}{M} = KC_e^{\frac{1}{n}}$

Langmuir 식 : $\frac{x}{M} = \frac{abC_e}{1+bC_e}$

$\frac{x}{M}$: 단위중량의 활성탄에 흡착된 물질의 량(g/g, 또는 mg/g)

K, n, a, b: 실험에 의해 구해지는 상수(물질 및 온도 등에 따라 달라짐)

C_e : 평형이 이뤄진 후의 용액내 물질의 농도(mg/L)

- 실험상수의 결정법 : 피흡착물질의 농도를 달리하여 흡착반응 실험을 행한 후 용액 내 물질의 농도와 흡착된 량을 측정하여 등온흡착식에 대입하여 결정

자료 : www.ksm-n2.com.admin.bbs.down

① Freundlich 식 : $\frac{x}{M} = KC_e^{\frac{1}{n}}$ 양변을 log를 취하면

$$\log(\frac{x}{M}) = \log K + \frac{1}{n}\log C_e$$

여러 개의 C_e와 그때의 $\frac{x}{M}$의 자료를 plotting 하여 절편과 기울기로부터 K, n을 계산

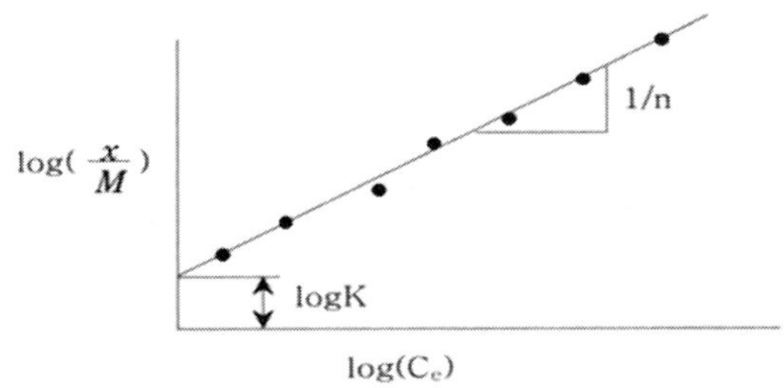

여기서, x /M : 단위 중량의 활성탄에 흡착된 물질의 양(g/g, 또는 mg/g)
K, n, a, b : 실험에 의해 구해지는 상수(물질 및 온도에 따라 다름
Ce : 평형이 이뤄진 후의 용액내 물질의 농도(mg/L)

실험상수의 결정법 : 피흡착물질의 농도를 달리하여 흡착반응 실험을 행한 후 용액내 물질의 농도와 흡착된 량을 측정하여 등온흡착식에 대입하여 결정

자료 : www.ksm-n2.com.admin.bbs.down

Langmuir는 고체 표면에 기체 분자나 원자가 흡착할 수 있는 흡착점이 존재하며, 이 흡착점이 채워진 최대 흡착에서 단분자층에 대응하는 흡착 에너지는 일정하고 흡착된 용질 사이에는 어떠한 분자상호작용이 없다는 가정 하에서 흡착식을 유도

② Langmuir 식 : $\frac{x}{M} = \frac{abC_e}{1+bC_e}$ 양변을 C_e로 나눈 후 역수를 취하면

$$\frac{C_e}{x/M} = \frac{1}{ab} + \frac{1}{a} \cdot C_e$$

여러 개의 C_e와 그때의 $C_e/(x/M)$의 자료를 plotting 하여 절편과 기울기로부터 a, b를 계산

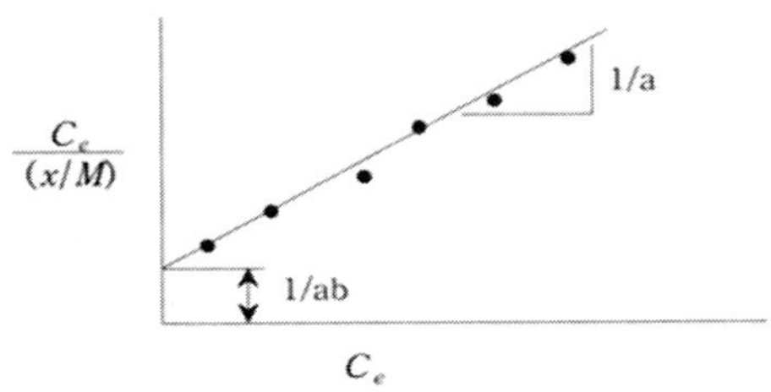

여기서, x /M : 단위 중량의 활성탄에 흡착된 물질의 양(g/g, 또는 mg/g)
K, a, b : 실험에 의해 구해지는 상수(물질 및 온도에 따라 다름
Ce : 평형이 이뤄진 후의 용액내 물질의 농도(mg/L)

자료 : www.ksm-n2.com.admin.bbs.down

③ BET (Brunauer-Emmet-Teller) 등온흡착식

Brunauer , Emmett 및 Teller(BET)의 이론은 비다공성 고체 표면으로의 다분자 흡착층을 고려하기 위한 Langmuir 흡착식의 확장임. BET 식은 흡착된 수많은 분자층에 대하여 증발속도와 응축속도를 균형 지움으로써 유도할 수 있음

즉 Langmuir 등온흡착식을 다분자층 흡착으로 확대하여 적용

$$\frac{x}{m} = X = \frac{abC}{1+bC}\ ,\ \frac{C}{X} = \frac{1}{ab} + \frac{1}{a}C\ ,\ \frac{1}{X} = \frac{1}{ab}\frac{1}{C} + \frac{1}{a}$$

여기서,

x : 흡착된 양 (유입량 – 유출량)

m : 흡착제 량

C : 흡착 후 농도

a : 흡착제 단위질량 당 완전히 포화되기 위해 필요한 흡착된 오염물질의 량

b : 실험 상수

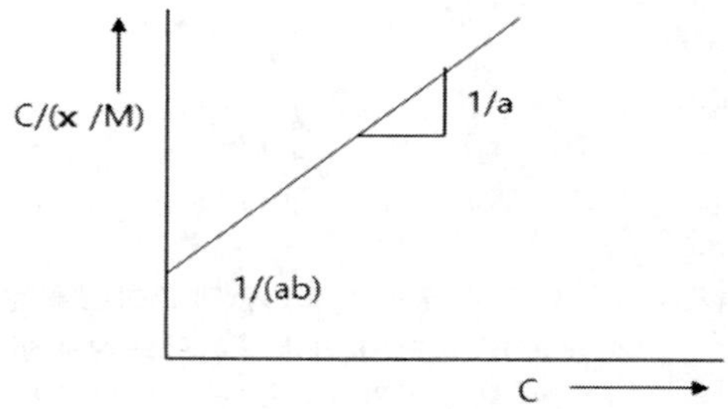

자료 : www.ksm-n2.com.admin.bbs.down

7) 활성탄의 파괴(파과) 흡착능

- 초기에는 칼럼의 상부층에서 흡착이 일어나고, 시간경과에 따라 흡착반응이 이뤄지는 지점이 점차 칼럼층의 하부로 이동
- MTZ(Mass Transfer Zone) : 흡착이 이뤄지는 층
  MTZ의 이동 속도는 처리유량의 이동시간(EBCT)에 따라 비례하여 달라짐
- EBCT(Empty Bed Contact Time) : V/Q
  V : 활성탄흡착 칼럼의 체적
  Q : 처리유량
- MTZ가 칼럼의 하부에 도달하면 파괴점(또는 파과점: breakthrough point)에 이르러 흡착되지 않고 유출수의 흡착질 농도가 급격히 증가

자료 : www.ksm-n2.com.admin.bbs.down

• 파괴흡착능 도달시간

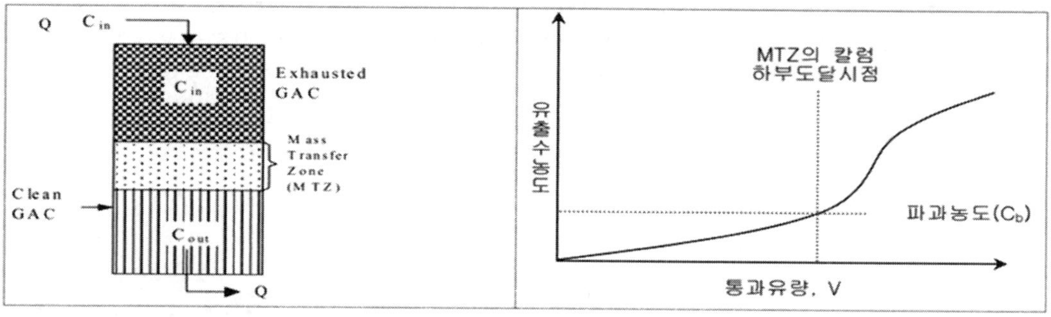

파과흡착능(breakthrough adsorption capacity) 도달 시간

$$\left(\frac{x}{M}\right)_b = \frac{X_b}{M_C} = Q\left(C_i - \frac{C_b}{2}\right)\frac{t_b}{M_c}$$

$$t_b = \frac{(x/m)_b M_C}{Q(C_i - C_b/2)}$$

$\left(\frac{x}{m}\right)_b$: 실제 가동시의 파과흡착능=이론적 흡착능의 25~50%

※이론적 흡착능: 등온흡착식의 곡선에서 $C=C_o$(유입수농도)일 때의 $\frac{x}{M}$

4.1.11 암모니아 탈기(Air Stripping)

1) 암모니아 : 혐기성 소화 효율 저해, 정수 염소 소독 시 염소 요구량 증가
생물학적 탈질공정(Denitrification), 암모니아 스트리핑 (Ammonia stripping), 화학적 침전, 전기화학적 전환(Electro-chemical Conversion) 등의 제거 방법이 있음

2) 암모니아 탈기법
유입폐수의 pH를 10~11 이상으로 높인 후 수중의 암모늄 이온(NH_4^+)을 암모니아 기체 분자(NH_3)형태로 변형, 공기와 접촉시켜 제거
- 유기질소, 아질산성 질소, 질산성 질소의 제거효율이 낮으며,
동절기에는 처리효율의 저하, 탑 내에 탄산칼슘의 스케일이 생성되는 단점
고농도 암모니아 폐수(하수처리장 및 석유화학, 정유플랜트)에 적합
- pH 7 : 거의 모두 암모늄 이온(NH_4^+)
- pH 12 : 거의 모두 용존 기체상
- pH 7~12 : 이온과 기체상 공존
- pH가 높을 수록, 온도가 높을 수록 분자상 암모니아가 많음.
일반적인 운전 조건 : pH 10.8~11.5

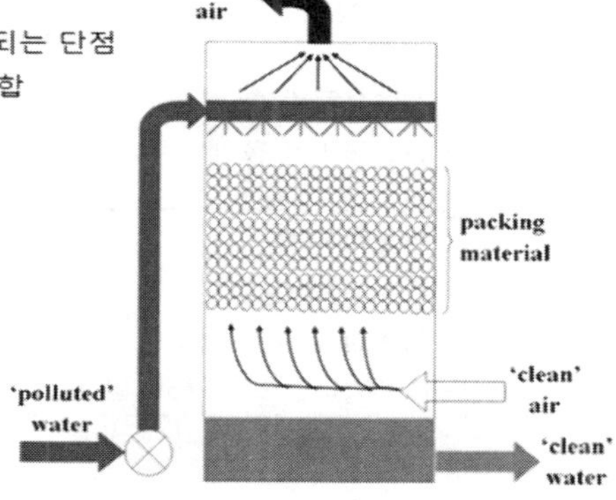

그림출처 : © International Aquatreat Co.

<그림 4-11> 암모니아 탈기탑 모식도

3) 암모니아 탈기법의 적용

공기를 매개체로 이용하는 암모니아 에어 스트리핑은 수용액에 수산화나트륨, 석회 등의 알카리 약품을 첨가하여 pH를 높이고 탈기탑에 공기를 흡입시켜 암모니아를 제거하는 방법. 핵심장치는 탈기가 일어나는 탈기탑이며, 탈기 방법에 따라 packed 타입, tray 타입, 그리고 diffused aeration 타입으로 구분

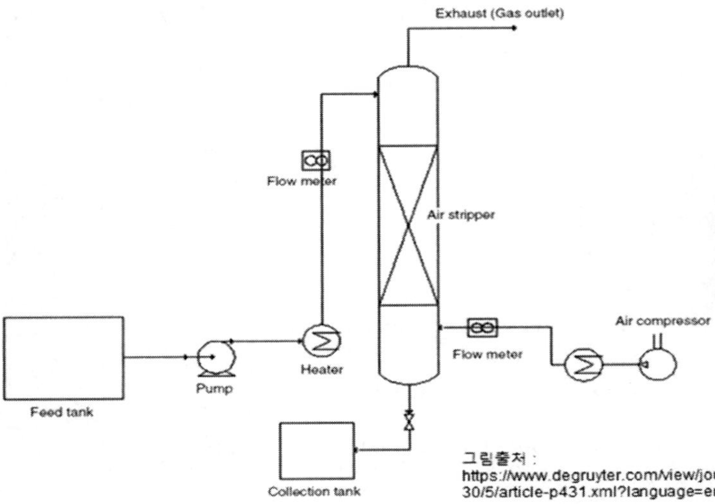

충전재(Packing Materials)

그림출처 :
https://www.degruyter.com/view/journals/revce/30/5/article-p431.xml?language=en

<그림 4-12> 암모니아 에어 스트리핑 공정도와 내부 충전재

4) 암모니아 제거 방법 비교

구분	암모니아탈기법	파과점 염소주입법	이온교환법
원리	• 수중의 pH에 따라 NH_4^+와 NH_3의 분율의 변화를 이용 • pH를 11이상으로 높여서 NH_3로 전환 후 포기하여 질소 탈기	• 과량의 염소를 투입하여 수중의 암모니아를 N_2 Gas로 전환시켜 제거	• Zeolite를 이용하여 암모니아성 질소 제거
장점	• 시설투자비 小 • 운전관리가 용이	• 시설 투자비가 적게 소요 • 낮은 암모니아 제거 시 적합	• 한냉지역에서 효과적 • 운전이 용이
단점	• 약품비 소모 • 탈기 시 NH_3 냄새 • 겨울철에 효율 감소 • $CaCO_3$침전으로 Scale 발생	• 염소주입으로 pH 강하 - 중화제로 약품비 소모	• 탁수 유입 시 이온교환층 폐쇄 • 사여과 등 전처리가 필요

<문제 4-4>

- 공기탈기법으로 폐수 중의 암모니아성 질소를 제거하기 위하여 pH를 조절하고자 한다. 수중의 암모니아 중 NH_3를 99%로 하기 위한 pH를 아래조건을 이용하여 구하시오 ?

<조건>

. 암모니아성 질소의 수중에서의 평형 $NH_3 + H_2O \leftrightarrow NH_4^+ + OH^-$

. 평형상수 K_b = 1.8 * 10^{-5}

. K_w = 1.0 * 10^{-14}

(이론)

폐수로부터 암모니아의 공기 탈거는 물 중의 용해가스 제거를 위한 포기공정을 개량한 것이다. 물 중에서 암모늄 이온은 (4-1)에서와 같이 암모니아와 평형으로 존재한다.

$NH_3 + H_2O \rightleftarrows NH_4^+ + OH^-$ (4-1)

폐수의 PH를 7 이상으로 하면, 이 평형은 왼편으로 이동하여, 암모늄 이온이 암모니아로 전환된다. 암모니아는 공기와 함께 폐수를 교반함으로써 가스로서 제거할 수 있다. 대개 공기 송풍기를 설치한 충전 단탑에서 수행한다.

(4-1)의 반응은 pH에 의존되므로, 암모니아와 암모늄 이온의 분배율은 다음식으로 계산할 수 있다.

$NH_3 + H_2O \rightleftarrows NH_4^+ + OH^-$

평형식 $Kc = \frac{[NH_4][OH^-]}{[NH_3][H_2O]}$ $[H_2O]$항은 평형상수 값에 포함시킬 수 있다.

염기이온화 평형상수(base-ionization equilibrium constant,Kb)식으로 나타내면,

$$Kb = \frac{[NH_4^+][OH^-]}{[NH_3]} = Kc \times [H_2O]$$

$$NH_3(\%) = \frac{NH_3}{NH_3+NH_4^+} \times 100 = \frac{1}{1+NH_4^+/NH_3} \times 100$$

$$= \frac{1}{1+Kb[H^+]/Kw} \times 100$$

$$\because \frac{[NH_4^+]}{[NH_3]} = \frac{Kb}{[OH^-]} = \frac{Kb[H^+]}{Kw} \Leftarrow Kw = [H^+][OH^-]$$

(풀이)

pH(0-14)변화에 따른 암모니아 분포(%)를 나타내면

$$NH_3, \% = \frac{100\%}{1+K_b[H^+]/K_w}$$

25℃에서 K_b = 1.8 x 10^{-5}

$$NH_3,\ \% = \frac{100}{1+\frac{1.8\times10^{-5}\times10^{-pH}}{10^{-14}}} = \frac{100}{1+1.8\times10^{9-Ph}} = 99$$

에서 NH_3 99% 이므로 대입하여 pH를 구하면 11.25가 되므로 11.3 이상일 때 99% 제거율을 얻을 수 있다

<문제 4-5>

- 폐수 내의 NH_3와 NH_4^+는 서로 평행 관계를 유지하여 pH에 따라 NH_3의 농도가 달라진다. 다음과 같이 NH_3 가 수중에서 평행을 이룰 때의 NH_3 함유도 (%)를 계산할 수 있는 식을 유도하고 25℃의 폐수에서 pH변화에 따라 존재하는 NH_3와 NH_4^+의 상대적 함유도 (%)에 대한 분포도(distribution diagram)를 도시 하시오 ?

$NH_3 + H_2O \rightleftarrows NH_4^+ + OH^-$ (평행상수 Kb=1.8x10^{-5}, 25℃)

(이론)

폐수로부터 암모니아의 공기 탈거는 물 중의 용해가스 제거를 위한 포기공정을 개량한 것이다. 물 중에서 암모늄 이온은 (식 2-1)에서와 같이 암모니아와 평형으로 존재한다.

$NH_3 + H_2O \rightleftarrows NH_4^+ + OH^-$ (2-1)

폐수의 pH를 7 이상으로 하면, 이 평형은 왼편으로 이동하여, 암모늄 이온이 암모니아로 전환된다. 암모니아는 공기와 함께 폐수를 교반함으로써 가스로서 제거할 수 있다. 대개 공기 송풍기를 설치한 충전단탑에서 수행한다. (2-1)의 반응은 pH에 의존되므로, 암모니아와 암모늄 이온의 분배율은 다음 식으로 계산할 수 있다.

$NH_3 + H_2O \rightleftarrows NH_4^+ + OH^-$

평형식 $Kc = \frac{[NH_4][OH^-]}{[NH_3][H_2O]}$

$[H_2O]$항은 평형상수 값에 포함시킬 수 있다.

염기이온화 평형상수(base-ionization equilibrium constant, Kb)식으로 나타내면,

$$Kb = \frac{[NH_4^+][OH^-]}{[NH_3]} = Kc \times [H_2O]$$

$$NH_3(\%) = \frac{NH_3}{NH_3 + NH_4^+} \times 100 = \frac{1}{1 + NH_4^+/NH_3} \times 100$$

$$= \frac{1}{1 + Kb[H^+]/Kw} \times 100$$

$$\because \frac{[NH_4^+]}{[NH_3]} = \frac{Kb}{[OH^-]} = \frac{Kb[H^+]}{Kw} \Leftarrow Kw = [H^+][OH^-]$$

(풀이)

pH(0-14)변화에 따른 암모니아 분포(%)를 나타내면

NH_3 (%) = $\frac{100}{1+K_b[H^+]/Kw}$

25℃에서, Kb = 1.8 x 10^{-5}

$$NH_3,\% = \frac{100}{1 + \frac{1.8 \times 10^{-5} \times 10^{-pH}}{10^{-14}}} = \frac{100}{1 + 1.8 \times 10^{9-Ph}}$$

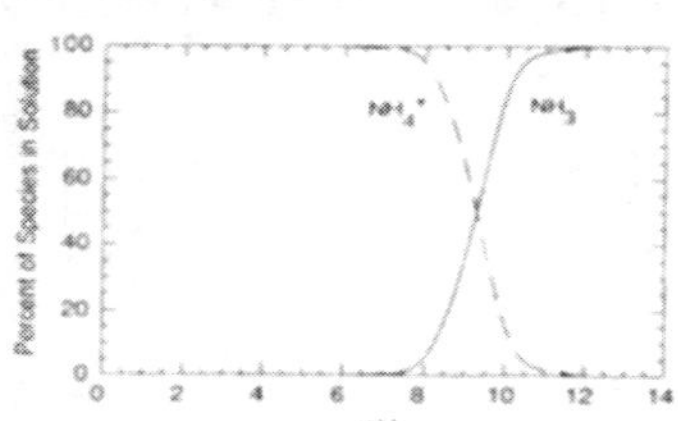

pH	NH_3, %	NH_4^+, %
0	0.00	100.00
2	0.00	100.00
4	0.00	100.00
6	0.06	99.94
7	0.55	99.45
8	5.26	94.74
9	35.71	64.29
10	84.75	15.25
11	98.23	1.77
12	99.82	0.18
14	100.00	0.00

4. 2 화학적처리

화학적처리 기술의 종류와 이해

- 수처리 기술의 기본이 되는 화학적 처리 기술의 종류와 각 기술의 원리 및 특징에 대해 이해
- 산화와 환원을 비롯하여, 수처리제 종류, AOP 기술 중심으로 학습하고 내용을 이해

4.2.1 산화와 환원(Oxidation & Reduction)

1) 정의 : 어떠한 물질이 산화되면 다른 한 물질은 환원된다. 이때 산화 시키는 물질은 산화제, 환원시키는 물질은 환원제라 함

2) 산화-환원반응

- 산화 : 순물질이 산소와 화합하는 것을 뜻하지만, 산소를 증가시키거나, 수소 및 전자를 잃는 현상 또는 그것에 수반되는 화학적 반응을 말함, 즉 물질의 산화수(원자가)가 증가되는 반응을 산화 반응이라 함
  ☞ Ex. NO_2^- -> NO_3^-
  ☞ 산화제 : 자신은 환원되고 다른 물질의 산소를 제공하거나 다른 물질의 수소 및 전자를 빼앗는 물질
  : $KMnO_4$, MnO_2. $K_2Cr_2O_7$, HNO_3, F_2, O_3, Cl_2, H_2SO_4, O_2
- 환원 : 산화된 물질을 본래의 물질로 되돌리는 것을 뜻하지만, 일반적으로 산소를 잃거나 수소 또는 전자를 얻는 현상 또는 그것에 수반되는 화학적 반응을 말함, 즉 물질의 산화수(원자가)가 감소되는 반응을 환원 반응이라 함

  ☞ Ex. Cr^{6+} -> Cr^{3+}
  ☞ 환원제 : 자신은 산화되고 다른 물질을 환원시키는 물질(산소를 빼앗거나, 수소 및 전자를 주는 물질
  : H_2, H_2S, CO, SO_2, $FeCl_2$, $FeSO_3$, $Na_2S_2O_3$, $NaHSO_3$

3) 수질에서 산화-환원 반응

- 유기물의 산화-환원
  - 화학적 산화 : 폭기에 의한 산화, 오존에 의한 산화
  - 생물화학적 산화 (질산화 반응) 및 환원(메탄발효 반응)
- 무기물의 산화-환원
  - 화학적 산화 : CN 등의 독성제거(산화제: 공기, 오존, NaOCl, $Ca(OCl)_2$ 등)
  - 화학적 환원 : 6가 크롬의 환원처리(환원제: $FeSO_4$, Na_2SO_4, $NaHSO_3$, SO_2 등)
  ☞ USEPA (1988)
  # 산화에 의해 처리할 수 있는 폐기물 : 벤젠, 페놀류, 시안화물, 비소, 철, 망간, 대부분의 유기물 등
  # 환원에 의해 처리할 수 있는 폐기물 : 크롬(VI), 수은, 납, 은, PCBs와 같은 염소계 유기물, 불포화탄화수소
- 산화-환원 전위(ORP; Oxidation-Reduction Potential)
  - 측정 : ORP 미터 (pH미터의 백금 전극 사용)으로 분석
  - 결과 : 측정값이 -mV이면 환원, +mV이면 산화상태로 판정

4) 산화처리 사례(시안 함유 폐수처리)

- 주요 배출원 : 도금, 선광, 철강열처리, 도시가스 제조 공장 등
- 처리방법 (알칼리염소처리법)
  - 1단 : $NaCN + NaClO \rightarrow NaCNO + NaCl$
  - 2단 : $2NaCNO + 3NaClO + H_2O \rightarrow 2CO_2 + N_2 + 2NaOH + 3NaCl$

- 종합 : $2NaCN + 5NaClO + H_2O \rightarrow 2CO_2 + N_2 + 2NaOH + 5NaCl$
- 처리조건
  - 1단 : pH 10 이상, 반응시간 5~15분, ORP 300~350 mV
  - 2단 : pH 7.5~8.5, 반응시간 30~40분, ORP 600~650 mV

☞ CN 폐수에 NaOCl, Cl_2, HOCl, $KMnO_4$ 등의 산화제를 주입하여 CO_2와 N_2로 분해시켜 제거

종류	내용
알카리성 염소 주입법	• $NaCN+NaOCl \rightarrow CNCl+Na_2O$ • $CNCl+2NaOH \rightarrow NaCNO+NaCl+H_2O$ • $NaCNO + 3NaOCl + H_2O \rightarrow N_2+2CO_2+2NaOH+5NaCl$
오존산화법	• $KCN+O_3 \rightarrow KCNO+O_2$ • $KCNO+2H^++2H_2O \rightarrow NH_4^++CO_2$ • $CN^-+NH_4^+ \rightarrow NH_2CONH_2$ • $NH_2CONH_2+O_3 \rightarrow N_2+CO_2+2H_2O$

5) 환원처리 사례(크롬 함유 폐수처리)
- 주요 배출원 : 금속정련공장, 염색공장, 피혁공장, 무기안료 제조공장 금속표면 처리공장 등
- 처리방법 (환원침전법)
- 크롬 화합물 특성
  - 2가 크롬 : 불안정함
  - 3가 크롬 : 자연수 속에서 완전히 가수분해되어 수산화물로 침전되며, 6가 크롬에 비해 인체 건강에 해롭지 않은 것으로 알려져 있음.
  - 6가 크롬 : CrO_4^{2-}, $Cr_2O_7^{2-}$ 형태로 수산화물을 형성하지 않음

- 처리방법
  - 6가 크롬 함유 폐수를 pH 3 이하로 조정한 후 환원제를 첨가하여 3가 크롬(Cr^{3+})으로 환원시켜 처리 (폐수 색상 변화 : 황색 → 청록색) 환원된 Cr^{3+}는 pH 8~9로 조정하여 수산화물로 침전

종류	내용
산성환원침전법	• $2H_2Cr_2O_7+6Na_2HSO_3+3H_2SO_4 \rightarrow 2Cr_2(SO_4)_3+2NaSO_4+8H_2O$ • $2Cr_2(SO_4)_3+3Ca(OH)_2 \rightarrow 2Cr_2(OH)_3+3CaSO_3$
이온교환법	• $R\text{-}OH+CrO_4^{2-} \rightarrow RCrO_4 + OH^-$, $2R\text{-}H+Na_2CrO_4 \rightarrow R\text{-}Na+H_2CrO_4$
전기분해 환원법	• $Cr_2O_7^{2-}+14H^+6e \rightarrow 3Cr^{3+}+7H_2O$

- 크롬함유 폐수처리(환원침전법) 예
  - 환원제 : $NaHSO_3$, Na_2SO_3, $FeSO_4$, SO_2 등
  - 환원반응 조건 : pH 2~3, ORP 250 mV
  - 환원조 : 황산으로 pH : 2.5~2.8 유지, $NaHSO_3$으로 ORP 250mV이하로 유지 상태 15~30분 반응. 황색 → 등적색 → 청록색 육안 식별 가능할 때까지 반응
  - 약품조 : 원액조와 희석조를 구분해 설치 운영하고, 약품 저장량은 최소 10~15일
  - pH meter 전극 및 ORP 전극의 파손 여부를 수시로 확인하고 세척
  - 환원 처리한 후 중화제 주입 시 $Ca(OH)_2$를 사용하는 것이 경제적이고 안전

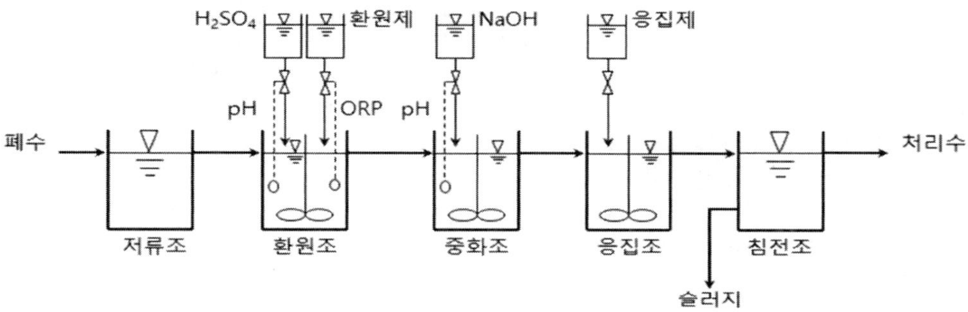

<문제 4-6>

- Cd^{2+} 15mg/l를 함유하고 있는 폐수 50㎥/일에 알카리를 가하여 pH10으로 했을 때 처리수중 Cd^{2+}의 잔존농도와 하루 발생되는 $Cd(OH)_2$ 의 건조 침전량은 몇 kg이 되겠는가? (Cd 원자량 :112 $Cd(OH)_2$ 의 Ksp= $4X10^{-14}$)

(1) 중금속 폐수처리 방법

아연 구리 카드뮴 납 망간의 일반적인 처리방법은 수산화물로써 침전 시키는 방법이다. <표 4-7>은 위 중금속과 기타 중금속의 용해도적(Ksp)를 나타내고 있다.

<표 4-7> 양이온 중금속의 용해도적(Ksp)

重金屬	ksp (mol/l)
Ag_2O	2×10^{-8}
$Au(OH)_3$	8.5×10^{-45}
$BaCO_3$	1.6×10^{-9}
$BaSO_4$	1×10^{-10}
$Cd(OH)_2$	4×10^{-14}
$Cr(OH)_3$	1×10^{-30}
$Cu(OH)_2$	3×10^{-19}
$Fe(OH)_2$	1.8×10^{-15}
$Fe(OH)_3$	6×10^{-38}
HgO	3×10^{-26}
$Mn(OH)_2$	2×10^{-13}
$Pb_2O(OH)_2$	1.6×10^{-15}
$Zn(OH)_2$	4.5×10^{-17}

<그림 4-13>에 pH와 그 pH에서의 중금속의 잔존농도를 나타내었다. 유출수 내의 허용농도를 알면 잔존농도를 알 수 있어 <그림 4-13>에서 pH 10일때 Cd^{2+}의 잔존 농도는 약 0.33mg/L가 됨을 알 수 있다

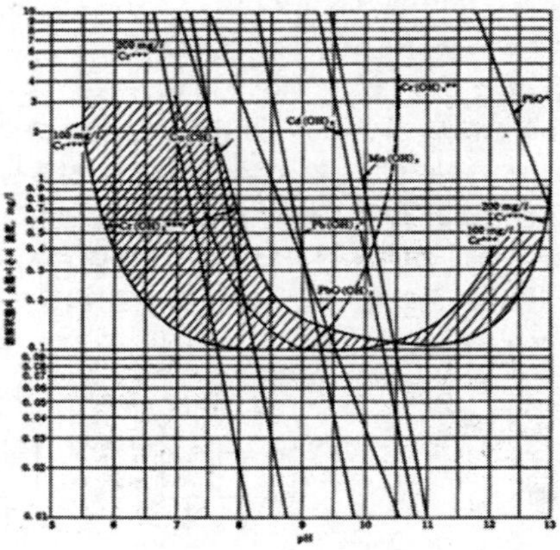

<그림 4-13> PH와 금속이온의 농도

(풀이)

Cd^{2+} + 2 OH^- → $Cd(OH)_2$ 에서

Ksp = $[Cd^{2+}][OH^-]^2 = 4\times10^{-14}$ 이므로

pH10 일 때의 Cd^{2+}의 잔존 농도는 다음과 같이 계산 할 수 있다

PH=10 POH=4 $[OH^-] = 10^{-4}$ mol/L

$[Cd^{2+}][10^{-4}]^2 = 4\times10^{-14}$

$[Cd^{2+}] = 4\times10^{-6}$ mol/L

$= 4.48\times10^{-4}$g/L

= 0.448 mg/L

따라서 제거되는 Cd^{2+}의 양은 15-0.448=14.552 mg/L이 된다.

1일 50㎥의 폐수에서 발생되는 $Cd(OH)_2$ 양은 다음과 같이 계산할 수 있다.

Cd^{2+} + 2 OH^-	→	$Cd(OH)_2$
112 g		146 g
14.552mg/ℓ		X

$\therefore X = 146\times14.552/112[mg/ℓ]\times10^{-6}[Kg]/10^{-3}[m^3]\times50m^3$/일

=0.95kg/일

4.2.2 물의 연수화

1) 정의 : 경수의 연수화(water softening)란 물속의 경도 성분인 Ca^{2+}, Mg^{2+} 등을 제거함으로써 센물을 단물로 바꾸는 것을 의미하며, 그 방법에는 Boiling, 석회소다법, 이온교환법, 조합법 등이 있음

- 우리나라의 경우 지표수에서는 경도가 높지 않아 일반 상수도용으로 사용 시 연수화 공정이 필요치 않으나 보일러 용수, 세탁용수, 공업용수 등으로 사용 시는 일정 수준 이하로 경도를 낮추어 사용할 필요가 있음
- 경수는 인체에 크게 유해한 것은 아니나 세척효과를 저하시키고 보일러관내에서 scale을 형성시켜 보일러의 열전도율을 저하시키거나 관로 폐색을 야기 시킬 수 있음

2) 연수화 방법

- Boiling 법 : 경수를 가열함으로써 탄산경도(알칼리도)를 제거시키는 방법으로 소규모는 간략히 처리할 수 있으나 다량의 수처리에는 부적합함.

$Ca(HCO_3)_2 \rightarrow (가열) \rightarrow CaCO_3\downarrow + CO_2\uparrow + H_2O$

- 석회 소다법 (Lime-soda softening) : 탄산경도(일시경도)는 소석회를 가하여, 비탄산경도(영구경도)를 함께 사용, 연수화
  - 석회법 (탄산경도의 제거)

$Ca(HCO_3)_2 + Ca(OH)_2 \rightarrow 2CaCO_3\downarrow + 2H_2O$

$Mg(HCO_3)_2 + 2Ca(OH)_2 \rightarrow Mg(OH)_2\downarrow + 2CaCO_3\downarrow + 2H_2O$

$Mg(HCO_3)_2 + Ca(OH)_2 \rightarrow CaCO_3\downarrow + MgCO_3\downarrow + 2H_2O$

$MgCO_3 + Ca(OH)_2 \rightarrow Mg(OH)_2\downarrow + CaCO_3\downarrow$

- 석회/소다법 (비탄산경도 제거)

$CaSO_4 + Na_2CO_3 \rightarrow CaCO_3\downarrow + Na_2SO_4$

$MgSO_4 + Na_2CO_3 + Ca(OH)_2 \rightarrow Mg(OH)_2\downarrow + Na_2SO_4\downarrow + CaCO_3\downarrow + 2H_2O$

$MgSO_4 + Na_2CO_3 \rightarrow MgCO_3\downarrow + Na_2SO_4\downarrow$

$MgCO_3 + Ca(OH)_2 \rightarrow Mg(OH)_2\downarrow + CaCO_3\downarrow + 2H_2O$

☞ $Mg(OH)_2$의 형성은 높은 pH(11정도가 적합)가 요구되므로 과잉의 $Ca(OH)_2$, CaO를 투입해야 하며, 이를 Excess Lime 처리법(초과 석회 처리법)이라 함

- 석회/소다법의 특징
  - 전 경도를 제거할 수 없음 ($CaCO_3$가 15~25mg/ℓ 물에 용해)
  - 대용량 처리의 경우 경제적
  - 소석회와 높은 pH로 인해 소독 효과 있음
  - 침전물이 대량 생산되어 처분에 어려움
  - 처리수는 여과과정에서 여과사를 막히게 함 (Recarbonation 필요)
  - 관내에 Scale 형성
  - 석회/소다법 공정의 사례

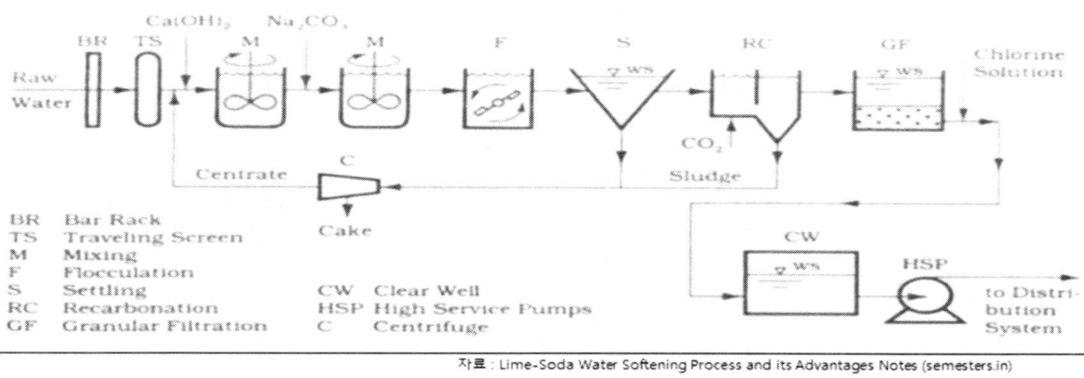

자료 : Lime-Soda Water Softening Process and its Advantages Notes (semesters.in)

- 조합법 : 제1단계는 석회소오다법, 제2단계는 이온교환수지법을 사용하는 방법

☞ 참고 : Recarbonation(재탄산화)

연수화 의해 석회소다법 사용 경우 경도를 완전히 제거할 수 없고, $CaCO_3$가 40mg/ℓ, $Mg(OH)_2$가 10mg/ℓ 정도 물이 남게 됨, 이들은 여과 시에 침착하여 여과효율 저하, 부식의 원인. 따라서 이것을 방지하기 위해 CO_2를 투입, 용해성 $Ca(HCO_3)_2$, $Mg(HCO_3)_2$ 의 형태로 안정화시키는 것을 재탄산화라 함

$CaCO_3 + CO_2 + H_2O \rightarrow Ca(HCO_3)_2$

- 이온 교환법

경도를 포함해서 많은 용존 고형물들은 이온 교환에 의하여 제거될 수 있는데, 이온 교환은 수중의 칼슘과 마그네슘이 다름 비경도 양이온과 치환되는데 보통 나트륨과 치환하며 이러한 교환은 고체 표면에서 일어남

- 과거 이온 교환에는 제올라이트를 많이 사용하였는데, 이를 알루미노 규산나트륨(녹사(greensand))이라 함
- 최근에는 원하는 교환물질로 피복된 합성수지를 더 많이 사용하는데 더 많은 교환점과 재생하기 쉬운 장점을 가지고 있으며 같은 양인 경우 칼슘과 마그네슘이 나트륨에 비하여 액체에 더 강하게 흡착되는 특징이 있음
- 이온교환수지 구분

  강산 양이온(Strong Acid Cation; SAC)

  약산 양이온(Weak Acid Cation; WAC)

  강염기 음이온(Strong Base Anion; SBA)

  약염기 음이온(Weak Base Anion; WBA)

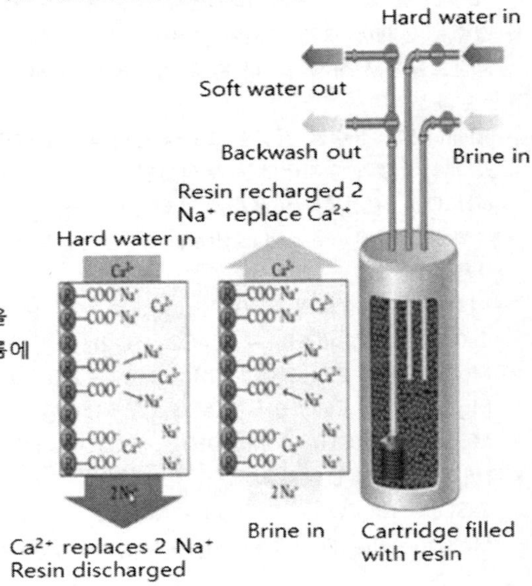

자료 : https://www.youtube.com/watch?v=7he0Z1snrHg

4.2.3 수처리제의 종류 및 특징

1) 정의 : 수처리제의 품목은 응집제, 살균·소독제, 부식억제제, 기타제제(활성탄 포함)로 분류하고 다음과 같이 정의 함

- 응집제 : 수중에 현탁되어 있는 미세한 콜로이드성 입자를 응집·침전시키기 위하여 첨가하는 물질
- 살균/소독제 : 병원성미생물을 불활성화 또는 사멸시키거나 유기·무기물질을 산화할 목적의 첨가 물질
- 부식억제제 : 수돗물에 녹물이 발생되는 것을 방지할 목적으로 수도관의 부식을 억제하기 위한 첨가 물질
- 기타 제제 : 조류제거, pH 조정 등 기타 정수처리의 목적으로 첨가하는 물질
- 활성탄 : 나무, 톱밥, 야자껍질, 석탄 등을 탄화, 활성화시킨 흑색 다공성의 탄소로서 수중의 유기물질을 흡착·제거할 목적으로 첨가하는 물질

2) 수처리제의 종류

구분	수처리제 종류
응집제	폴리염화알루미늄, 황산알루미늄, 알긴산나트륨, 폴리황산규산알루미늄, 황산제이철, 폴리수산화염화규산알루미늄, 염화제이철(액체), 폴리아민, 폴리수산화염화황산알루미늄
살균 소독제	고도표백분, 액화염소, 차아염소산나트륨, 이산화염소, 오존, 현장 제조염소, 과산화수소
기타	수산화칼슘(소석회), 활성탄, 황산구리, 수산화나트륨, 제오라이트, 일라이트, 황산, 안정화, 이산화염소, 이산화탄소, 과망간산나트륨, 티오황산나트륨, 부식 억제제

자료 : 수처리제의 기준과 규격 및 표시기준, 환경부 고시 제 2017-190호

3) 응집제별 특성

제품종류	Alum	PAC	PASS	PACS	Al--Fe	Al-Fe-Si
화합물 종류	황산알루미늄 (Alminium Sulfate)	폴리염화알루미늄 (Poly Aluminium Choride)	폴리 황산규산 알루미늄 (Poly Aluminium Silicate)	폴리염화 알루미늄규산 (Poly Aluminium Chloride Silicate)	폴리염화 알루미늄철 (Poly Aluminium Iron Chloride)	폴리규산 알루미늄철 (Poly Aluminium Iron Silicate)
성 상	Al_2O_3 8%	Al_2O_3 10%	Al_2O_3 8~10%	Al_2O_3 17%	Al_2O_3 5.5~9.5% Fe_2O_3 1~4.5%	Fe+Al = 7%
염기도	0%	45~50%	25~50%	45~50%	45~50%	-
약품 투입량	액상 20~60 μℓ/ℓ	Alum 투입량의 70~80%	Alum 투입량의 50~55%	Alum 투입량의 30%, PAC 투입량의 60%	-	-
일반 특성	음이온이 SO_3^{2-}인 단분자 응집제	음이온이 Cl이며, 침전성이 우수	활성규산 첨가로 응집제를 고분자화 하였으나, 음이온이 SO_3^{2-}임	무기고분자 응집제로 응집성을 극대화함. 음이온이 Cl임	유기물 제거 효과 우수	유기물 제거 효과 우수
응집 효과	저온/고탁도 응집성 나쁨	저온/고탁도시 우수	고농도 제품으로 저온/고탁도 시 우수		침강성 개선	
응집 후 pH	가장 낮아짐	조금 낮아짐			강하 낮음	
잔류 Al농도	높음	낮음			극소화	

- **Alum**이라 불리는 황산알루미늄 (Al2(SO4)3.xH2O)은 수산화알루미늄과 황산으로부터 제조되며, 편의상 주로 액상 황산알루미늄이 사용됨
- 폴리염화알루미늄(PAC, Poly Aluminium chloride)은 중합정도에 따라 염기도가 상이하고, 제조공정에 따라 특성이 다양하며, 응집효과가 우수하여 정수 및 하수처리에 널리 사용됨
- 황산제1철(Ferrous Sulfate, FeSO4)은 인이나 악취 제거에 주로 사용되며, 액상 혹은 고상으로 존재하는데, 황산제1철은 용액이 묽어 수송에 불리하고 취급이 까다로운 단점이 있음
- 염화제2철(Ferric chloride, FeCl3)은 철염 중 가장 범용되는 응집제로, 액상 혹은 고상으로 공급되며 비용이 경제적이나, 처리수의 색도 유발 가능성이 있음
- 폴리황산규산알루미늄(PASS, Poly Aluminium Silicate)은 Si를 함유하면서 분자량이 100,000~300,000이며, Si 를 포함하고 있으므로 침전성과 미세 탁질의 제거효과가 우수하여 동절기에 응집 성능이 좋음
- 폴리염화알루미늄규산(PACS, Poly Aluminium Chloride Silicate)은 기존의 PAC(Al_2O_3농도 10%) 응집제를 보다 고농도화 시킨 것으로 PAC에 Silicate를 첨가하여 응집성능을 개선함
- 알루미늄-철(Al-Fe) 혼합 응집제는 응집 pH영역이 넓어 pH가 높은 폐수에 적합하고, Al 응집제의 응집력과 Fe 응집제의 침전성의 시너지 효과가 가능하나 안정성 문제로 적용사례가 드뭄
- 알루미늄-철-실리케이트(Al-Fe-Si)는 Si첨가로 응집효과를 상승시킨 응집제로서 Si의 첨가는 1% 이하로 하여야 하며, 그 이상 첨가하면 안정성이 감소함
- 원수의 탁도 증가나 저수온 또는 처리수량이 증가할 경우에는 응집제나 pH 조정제의 병용만으로 응집효과가 저조한 경우에는 응집보조제 사용이 필요하며, 일반적으로 황산알루미늄(Alum)을 사용할 때는 응집보조제가 필요함

4.2.4 염소 소독

1) 정의

- 염소제의 장점은 소독효과가 우수하고 대량의 물에 대해서도 용이하게 소독이 가능하며, 소독효과가 잔류하여 관로에서 미생물의 재성장을 방지할 수 있는 장점
- 단점은 트리할로메탄(THMs), HAAs 등의 유기염소화합물의 소독부산물을 생성하며 특정 물질과 반응하여 냄새를 유발(ex. 클로로페놀)하기도 하고 pH에 따른 소독효과 차이 및 암모니아성질소와 반응하여 소독효과를 약하게 하는 등의 문제 존재
- 염소 내성 미생물인 크립토스포리디움, 지아디아 등 병원성 미생물에 대한 완전한 소독효과에 대한 불확실성 존재

2) 염소제의 종류 및 특징

- 염소제의 종류로 액화염소(Cl_2), 이산화염소(ClO_2), 클로라민(Chloramine), 차아염소산나트륨(NaOCl) 및 차아염소산칼슘[$Ca(OCl)_2$]등이 있음
- 액화염소는 염소가스를 액화하여 용기에 충전시킨 것으로 공기보다 무겁고 자극성 냄새를 가진 가스로서 독성이 강해 취급 주의가 필요하며 관계법령의 규정을 준수 필요
- 차아염소산나트륨은 유효염소농도가 5 ~ 12 % 정도의 담황색 액체로 알칼리성이 강하고 농도가 높은 것일수록 불안정하며 저장 중에 유효염소가 감소됨
  - 액화염소에 비하면 안정성과 취급성이 좋으며 법적 규제는 없으나 용액으로부터 분리되는 기포(산소)가 배관 내에 누적되어 물의 흐름을 저해할 가능성이 있으므로 충분히 배려해야 함
  - 중규모 이상 상수도에서는 시판 또는 자가 생성하여 사용하는 사례가 많음

자료 : 정수처리기준 해설서, 환경부 2013년

3) 염소 화학

- 염소는 물과 빠르게 반응하여 아래와 같이 유리염소인 차아염소산(HOCl)과 염산(HCl)을 생성

$Cl_2 + H_2O \rightleftharpoons HOCl + H^+ + Cl^-$ / $HOCl \rightleftharpoons H^+ + OCl^-$

- 차아염소산(Hypochlorous acid)은 수소이온과 차아염소산이온(Hypochlorite ion, OCl^-)으로 해리되고, 수중에서 HOCl과 OCl^-의 양은 <그림 4-1>과 같이 pH와 온도의 함수임
- HOCl은 OCl^- 보다 소독력이 월등히 우수(80배 이상)하며, pH가 증가하면 OCl^-의 농도가 증가하여 산화효과가 감소
- 이상적인 소독의 조건은 낮은 pH(6~7), 비교적 높은 온도(20~25 ℃), 긴 접촉시간(30분 이상), 고농도의 잔류염소의 유지(0.5 mg/L) 등 임

<그림 4-14> 온도와 pH 변화에 따른 HOCl과 OCl- 비율

- 염소는 수중의 암모니아화합물과 반응하여 클로라민을 생성하며, 반응진행정도 및 pH에 따라 모노클로라민(NH_2Cl), 디클로라민($NHCl_2$) 및 트리클로라민(NCl_3)으로 존재(결합잔류염소)
- 유리잔류염소와 결합잔류염소와의 살균력에는 차이가 있으며, 동등한 소독효과를 위해서 결합잔류염소는 유리잔류염소에 비해 25배의 양이 필요, 동일한 양으로 동등한 효과를 위해 약 100배의 접촉시간이 필요함

4) 염소 요구량 및 소비량

- 염소 주입량은 유리잔류염소 -> 염소요구량 기준, 결합잔류염소 -> 염소소비량 기준에 따라 결정함
- 수질에 따라 주입률과 잔류염소농도와의 관계는 <그림 4-2> 같이 Ⅰ, Ⅱ, Ⅲ형으로 구분됨
- Ⅰ형은 유기물이나 피산화물을 전혀 함유하지 않은 물로서 실제로는 존재하지 않음
- Ⅱ형은 일정한 염소요구량을 가지고 있는 물로 염소주입량의 증가에 비례하여 유리잔류염소가 검출
- Ⅲ형은 수중에 암모니아화합물이나 유기성질소화합물(알부미노이드, 아미노산, 아민 등)을 함유한 경우로 염소 주입 시 결합잔류염소를 생성하며 주입된 염소량에 따라 점차 증가하나 어느 한도에 도달하면 염소주입률이 증가함에도 불구하고 잔류염소는 감소하여 제로가 됨
  - 과잉 염소에 의하여 클로라민이 분해되기 때문임
  - 파과점(c)이후 염소주입률을 증가시키면 주입된 염소량에 비례하여 유리잔류염소가 증가함(파과점 염소처리)

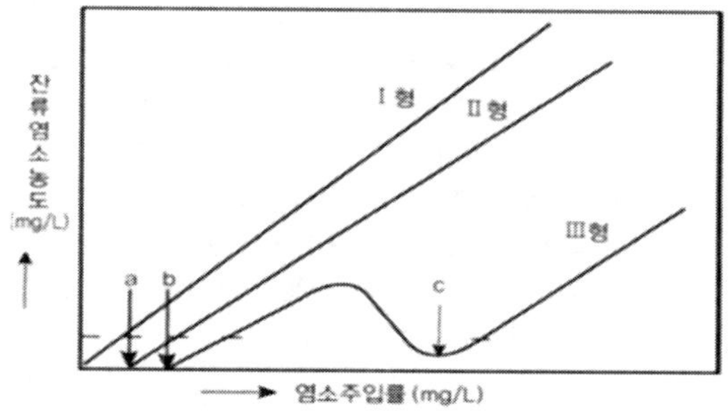

<그림 4-15> 염소주입율과 잔류염소농도와의 관계

- Ⅱ형에서는 a점까지의 염소주입률이 염소요구량이며, 염소소비량이기도 함
  Ⅲ형에서는 b점까지의 염소주입률이 염소소비량, c점까지의 염소주입률이 염소요구량임

- 잔류염소를 오래 지속시킬 필요가 있는 경우나 색도의 상승, 맛·냄새의 발생방지 등의 이유로 결합염소로 소독할 경우에는 염소를 미리 주입함으로써 암모니아성질소 및 생성된 클로라민을 분해한 다음 암모니아의 첨가에 의하여 결합염소를 생성하여 소독

5) 염소 저장설비 및 주입설비

저장설비	염소(Cl_2)	차아염소산나트륨(NaOCl)
저장조	- 비보냉식으로 하며 밸브 등의 조작을 위한 조작대를 설치 - 2기 이상 설치하고 그 중 1기는 예비	- 저장조 또는 용기로 저장하고 2기 이상 설치 - 저장조 또는 용기는 직사일광이 닿지 않고 통풍이 좋은 장소에 설치
저장실	- 실온은 10~35 ℃를 유지 - 내진 및 내화성으로 하고 안전한 위치에 설치	- 필요에 따라 환기장치 또는 냉방장치를 설치 - 바닥은 경사를 주고 내식성 모르타르 등으로 시공 - 누출 대비 방액제 또는 피트 설치 필요

주입설비	염소(Cl_2)	차아염소산나트륨(NaOCl)
공통	- 용량은 최대에서 최소주입량에 이르기까지 안정되고 정확하게 주입 가능하고 예비기 설치 - 구조는 내부식성과 내마모성이 우수하고 보수가 용이한 구조로 설치	
주입설비	- 습식진공식 염소주입기가 많이 사용됨 - 인젝터와 압력조정기구에 의하여 진공을 발생하며, 진공상태로 염소가스를 계량하고 제어하여 인젝터 내에서 압력수와 혼합하여 염소수(농도 0.3%)로서 주입점에 송액하게 함	- 주입방식은 자연유하방식(소규모 적합), 인젝터방식 및 펌프방식이 있음 - 차아염소산나트륨용액과 압력수의 희석배율은 100배 이상으로 함

4.2.5 이온교환

1) 정의 : 이온화할 수 있는 무기 또는 유기의 고분자를 중심으로 이온이 교환하는 현상을 이용한 것으로, 이온교환에는 양이온교환과 음이온교환이 있으며 양이온교환 반응을 물 처리에 적용하는 원리는 불용성의 고분자 이온교환체의 입자 충진층에 원수를 통과 시킴으로서 제거하고자 하는 이온을 이온 교환체 중의 나트륨(Na+) 이온과 교환하여 제거하는 것임

- 이온교환은 고체와 액체사이에서 고체성분인 주체에 큰 변화를 주지 않고, 이온을 가역적(可逆的)으로 주고 받는 반응으로 원하는 물질을 선택적으로 제거 할 수 있어 자원재생에 효과적인 방법임
- 경수의 연수화에 무기이온 교환체인 제오라이트를 이용하여 최초로 사용하였고, 이후 유기합성 이온교환체를 발명, 사용하면서부터 사용범위가 급격히 넓어짐
- 이온교환 조작은 대상 오염물질을 교환체가 흡착한 후 처리수를 얻고 교환체가 오염되면 재생제를 이용하여 재생하여 장기적으로 이용

2) 적용 대상

- 무기물류(용해성 상태로 존재하는 금속 양이온 및 음이온) 할로겐화물, 황산염, 질산염 및 시안화물, 각종 중금속 및 이온화 물질
- 유기물류 : Carboxylic acid, Sulfonic acid, Phenol, Amines, Alkyl sulfate
  - 현재 사용되는 처리방법에는 병류고정탑, 향류고정탑, 연속향류 유동탑 조작 등으로 운전되며, 이온교환법은 중금속 및 CrO_4^{2-} 등을 함유한 폐수의 처리에 효율적이며 폐수처리 대상 주요 오염물질은 CrO_4^{2-}, Fe^{3+}, Zn^{2+}, Ni^{2+}, Cr^{3+} 등이 있음
- 용수처리 : 연수화(Single-Bed의 약산성 양이온 교환수지 적용), 탈염 처리, 철/망간 처리, 암모니아 처리

3) 이온교환수지의 종류 및 반응

- 수처리 반응기작

양이온교환

$$\left.\begin{matrix} Fe^{3+} \\ Cu^{2+} \\ Zn^{2+} \\ Ni^{2+} \\ Cr^{3+} \end{matrix}\right. + \xrightarrow{H\text{-}R} \left.\begin{matrix} Fe \\ Cu \\ Zn \\ Ni \\ Cr \end{matrix}\right]\text{-}R + H^-$$

음이온교환

$$C_2O_4^{2-} + OH\text{-}R \rightarrow \begin{matrix} R \\ R \end{matrix}\!\!> C_2O_4 + OH^-$$

- 재생 기작

재생

$$M\text{-}R + H_2SO_4 \rightarrow H\text{-}R + Mn(SO_4)_n$$

$$\begin{matrix} R \\ R \end{matrix}\!\!> Cro_4 + NaOH \rightarrow R\text{-}OH + Na_2CrO_4$$

$$R\text{-}H + Na_2CrO_4 \rightarrow H_2CrO_4 + RNa$$

$$RNa + H_2SO_4 \rightarrow R\text{-}H + Na_2SO_4$$

- 이온교환에 의한 중금속 폐수의 처리는 저농도인 경우 효과적이고, 시설 설치비용은 이온교환수지의 부피에 따라 좌우하며, 다른 방법과 비교 시 금속의 교환 및 재사용 병행되지 않으면 중금속 폐수처리는 비경제적임

4) 초순수 제조공정의 이온교환 적용 사례

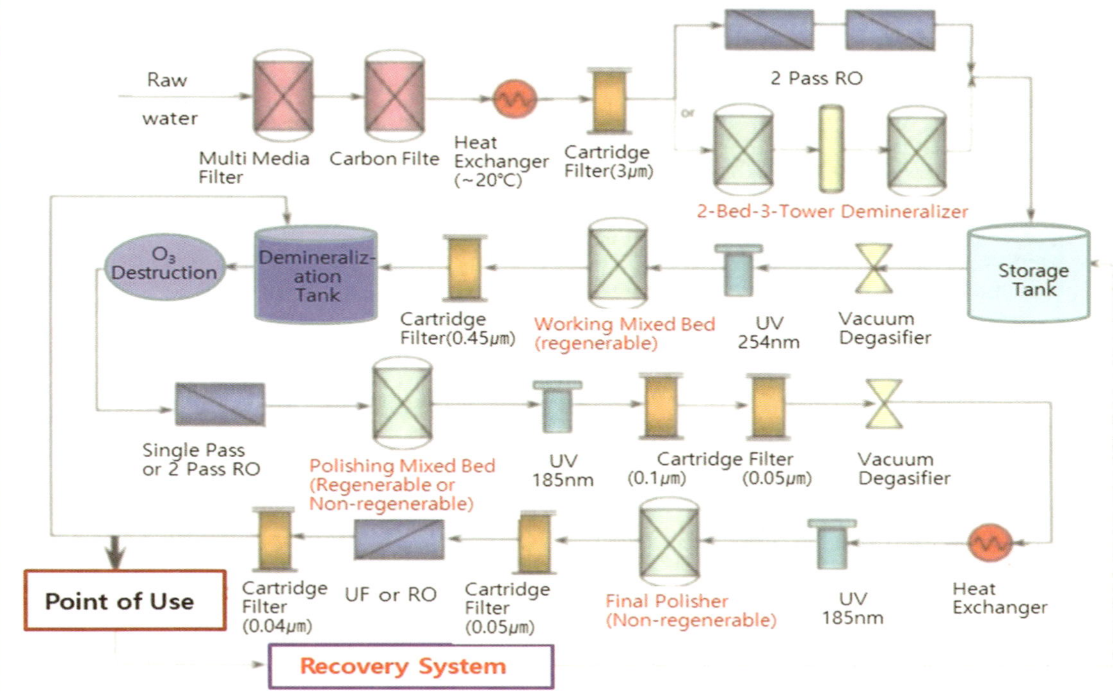

4.2.6 오존 산화

1) 정의 : 오존은 강력한 산화제로서 불소와 OH 라디칼 다음으로 높은 산화전위(2.07V)를 가져 미생물 및 유기 물질의 산화 효과가 큼

2) 오존의 효과 :

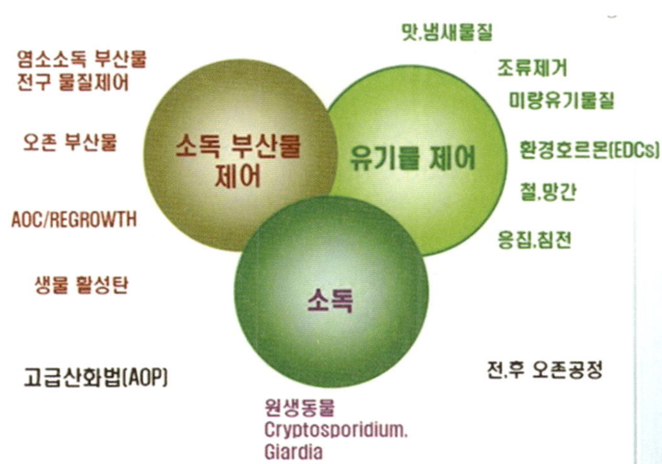

3) 오존의 반응 :

- 물속에서의 오존반응

  $O_3 + H_2O \rightarrow HO_3 + OH^- \rightarrow 2HO_2$

$$O_3 + H_2O \rightarrow HO_3 + OH$$
$$HO_3 + OH \rightarrow 2HO_2$$
$$O_3 + HO_2 \rightarrow HO + 2O_2$$
$$O_3 + HO \rightarrow HO_2 + O_2$$
$$HO_2 \cdot HO_3 \rightarrow H_2O_2 \cdot O_2$$
$$HO + HO_2 \rightarrow H_2O + O_2$$
$$HO + HO \rightarrow H_2O_2$$

- 오존의 산화분해 반응
  - 오존에 의한 직접 산화반응(낮은 pH)
  - 오존이 분해되어 생성된 OH 라디칼에 의한 간접반응
- 오존의 자기분해 반응 : 화학적으로 $2O_3$가 $3O_2$가 되지만 용존물질의 산화반응과 관계됨
- 오존 접촉시간 및 농도 : 접촉시간 - 10~20분 / 주입농도 - 0.5~2mg/L

4) 정수처리공정에서 오존의 효과
- 전오존 처리
  - 목적 : 전염소 대체, 색도성분 제거, 응집 효율 증대
  - 위치 : 저탁도 원수에 주입
  - 단점 : 현탁물질에 의한 오존소비량 과다, 배오존 처리대책 필요
- 중오존 처리
  - 목적 : 통상적인 오존처리와 더불어 Fe, Mn 제거
  - 위치 : 침전수에 주입
  - 효과 : 이·취미, THM 전구물질 제거, 생물활성탄 조합시 생물누출 우려가 있는 경우 설치 후 모래여과 제거
- 후오존 처리
  - 목적 : 이·취미, 미량유기물질 제거, 소독, 생분해능 증대(고분자 물질 -> 저분자화)
  - 위치 : 모래여과 후 주입
  - 효과 : 전단의 유기물 제거로 낮은 오존 주입으로 효과

5) 오존처리의 영향 인자
- 오존 농도 : 오존 농도가 높아지면 가스분압이 높아져서 오존용해율, 수처리 효율 및 반응속도가 상승
  - 공기 보다는 산소를 원료로 오존 생성 시 오존 주입율 저감, 처리 효율 향상 및 오존접촉시간 단축
- 압력 : 오존 접촉조 내 압력 증가 시, 오존 기포경이 미세화되어 흡수율이 증가, 반응효율 증대, Ejector 주입 방식, 수심 고려
- 온도 : 수온 증가 시 오존 용해도 감소, 자기분해속도 증가
- pH : 일부 유기물 분해 시는 알카리 영역, 소독 시에는 산성영역이나 일반적 폐수처리에는 큰 영향이 없음

6) 오존 설비의 구성
- 원료가스(공기와 산소를 이용)
  - 공기식은 현장에서 압축공기를 만들어 사용
  - 산소(high-purity oxy)를 사용하는 경우, 액체상태(LOX)로 구매하여 저장하여 사용하며 증가 추세임
  - 또는 산소발생기를 이용하여 현장에서 산소를 생산하여 사용 가능
  - 산소식으로 사용하는 경우 같은 오존발생기로 고농도 오존을 발생 가능
  - 유지관리가 편리하나, 액체산소의 공급가격이 고가(운송비)
- 액체산소공급방식은 액체산소 저장탱크, 기화기, 가스공급장치 등으로 구성
  - 오존 발생효율을 향상시키기 위해 소량(약 2~3%)의 질소를 첨가하여 사용
- 오존발생기는 일반적으로 무성방전법이나 고주파 전계법을 이용하여 생성함
- 오존 주입량 제어는 처리수량 비례 제어, 용존 오존농도 비례 제어, 배오존 농도 비례 제어로 함
- 배오존 처리를 위해 Quenching제(과산화수소) 및 촉매(안트라사이트) 적용

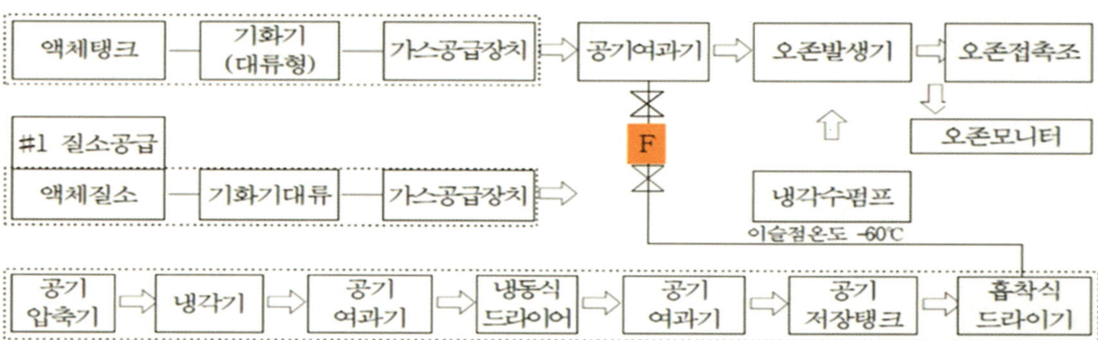

7) 오존 주입 장치별 비교

항 목	산기관 방식	터빈 방식	인젝터 방식
방 식	미세공의 산기봉 또는 산기관을 통하여 공기를 주입	처리수의 일부를 펌프로 압송하여 터빈으로 공기와 혼합	인젝터의 압력차를 이용하여 오존 가스를 물과 혼합하는 방법
장 점	- 오존 전달 효율이 높음 (50- 90%) - 수두손실이 적음 - 장치가 간단하고 운전에 신축성이 있음	- 접촉지 깊이에 영향을 받지 않음 - 터빈의 회전에 의해 디퓨저의 막힘을 다소 감소 시킬 수 있음 - 전오존 설비에 적합	- 오존 전달 효율이 높음(95% 이상) - 처리량 변동에도 오존 전달 효율의 변화가 적음 - 접촉조의 깊이 제한이 없음 막힘 현상 없음
단 점	- 접촉지가 다소 깊음(5m이상) - 디퓨저 기공이 막힐 염려가 있음	- 소요동력이 공급되어야 하므로 유지비 비쌈 - 회전부가 수면 하에 있으므로 유지관리가 어려움 - 수두 손실이 큼	- 인젝터 펌프의 가동으로 전력비 상승 - 수두 손실 큼

4.2.7 펜톤 산화

1) 정의 : 과산화수소(H_2O_2)와 2가 철염(Fe^{2+})의 Fenton's reagent를 사용하여 반응 중 생성되는 OH 라디칼 (OH•)의 산화력으로 폐수나 오염토양 중의 오염물질을 처리하는 기술

2) 펜톤 반응 원리

- H_2O_2와 $FeSO_4$가 혼합되었을 때에는 H_2O_2가 OH Radical Oxidant을 생성시키기 때문에 유기물이 쉽게 분해
- Fenton 산화반응으로 알려진 H_2O_2와 Fe^{2+}의 전형적인 반응은 매우 빠르게 진행되며, 이런 반응의 전형적인 메카니즘에서는 유기화합물을 공격할 수 있는 OH Radical 중간체가 형성됨
- 펜톤 시약에 의해 유기물이 산화 분해될 때 철이온은 Fe^{2+}와 Fe^{3+}사이를 순환함
- 촉매기능을 가진 Fe^{2+}는 과산화수소수에 의해 Fe^{3+}로 산화되면서 OH 라디칼을 생성시키고, 이렇게 생성된 OH Radical은 유기물에 전파되어 유기물 Radical을 만들며, 이 유기물 Radical은 Fe^{3+}를 Fe^{2+}로 환원시키면서 자신은 결국 산화분해됨
- Fenton 산화반응의 메카니즘을 연쇄반응(Chain Reaction)
  - 개시단계 : $Fe^{2+} + H_2O_2 \rightarrow Fe^{3+} + \cdot OH + OH^-$ => OH Radical이 생성
  - 전파단계 : $\cdot OH + H_2O_2 \rightarrow HO_2\cdot + H_2O$ => 개시단계에서 생성된 Radical로부터 새로운 Radical이 생성
    $HO_2\cdot \rightarrow H^+ + O_2^-$
    $O2^-\cdot + Fe^{3+} \rightarrow Fe^{2+} + O_2$
    $Fe^{2+} + H_2O_2 \rightarrow Fe^{3+} + \cdot OH + OH^-$
  - 종결단계 : $Fe^{2+} + \cdot OH \rightarrow Fe^{3+} + OH^-$ => Radical이 소멸

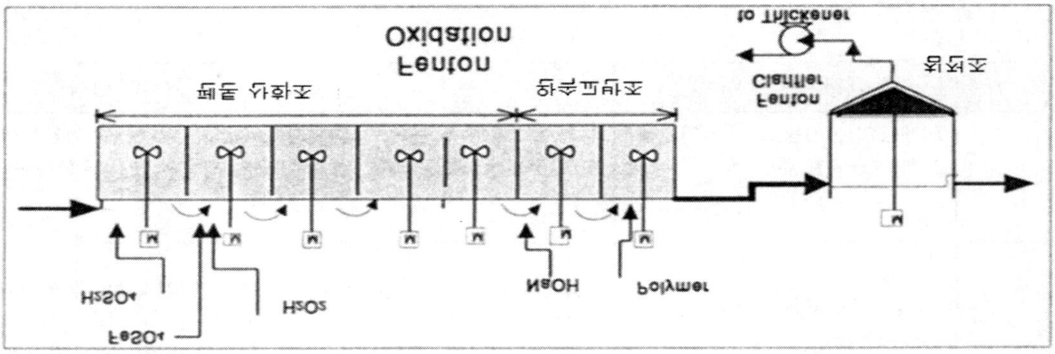

3) 펜톤 산화반응 특징

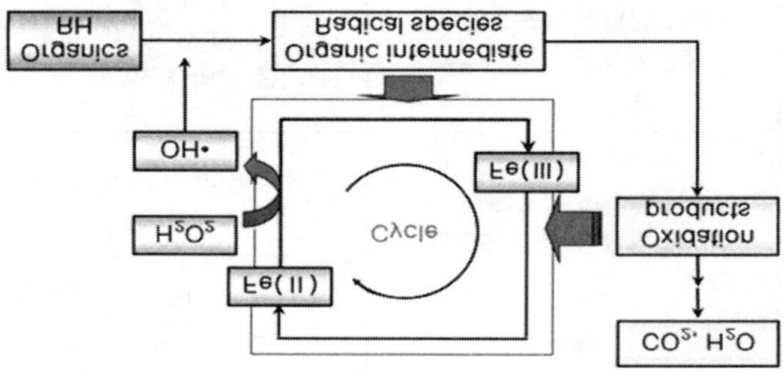

<펜톤 반응 메커니즘>

- 펜톤 산화법은 유기물중 특히 라디칼이 반응할 수 있는 불포화탄화수소(RH)를 효과적으로 산화시킴
- 경우에 따라 펜톤처리 후 처리수의 COD는 감소되지만 BOD는 감소되지 않고 증가하는 경우가 있는데 이는 난분해성 유기물이 과산화수소에 의해 부분 산화되어 생분해성물질로 바뀌기 때문임
- 펜톤반응 기작에 의하면 펜톤 산화반응에서 Fe^{2+}은 촉매로 작용하며 적정량 이상에서는 오히려 OH 라디칼을 소모하게 되므로 Fe^{2+}가 효과적으로 작용하기 위해서는 철과 불포화탄화수소(Fe^{2+}/RH) 비가 중요
- 이 값이 클 때 OH 라디칼은 Fe^{2+}의 산화에 많이 소모되고 반대로 이 값이 작을 때 OH 라디칼은 RH의 산화분해에 많이 이용되기 때문임
- Marz와 Waters는 과산화수소의 주입량과 Fe^{2+}의 주입량을 증가시키면 어느 한계까지 처리효율은 상승하게 되나 과산화수소의 주입량이 많을 경우 약품비용이 제한요소가 될 수 있으며, Fe^{2+}의 주입량이 많을 경우 Fe^{2+}에 의해 생성되는 슬러지의 처리비용이 높아지므로 총처리비용 개념에 기초하여 과산화수소의 주입량과 Fe^{2+}의 주입량이 결정되어야 한다고 함

4) 펜톤 산화공정 설계 인자

Fenton oxidation	Oxidation	- pH adjust : 3±0.5 - H_2O_2 : 1,500 mg/L / Fe^{2+} : 1,500 mg/L - mixing speed : 200 rpm - retention time : 120 min
	pH adjustment	- pH adjust : 8.0 - mixing speed : 200 rpm - retention time : 30 min
	Flocculation	- mixing speed : 30 rpm - retention time : 20 min
	Sedimentation	- settling time : 90 min

4.2.8 AOP(고도산화공정) 공정

1) 정의 : 상온, 상압 하에서 인위적으로 오존의 분해를 유발시키거나 광분해 등과 같은 방법으로 반응성이 높은 OH라디칼을 생성시켜 유기물을 산화하는 공정

Radiation	O_3 based	Catalyst
- UV/H_2O_2	- O_3/high pH	- TIO_2/UV
- Ultrasound	- O_3/H_2O_2	- Fe/H_2O_2
- Electrobeam	- O_3/UV	- O_3/Catalyst

<표 4-8> 화학반응물의 산화력

산화제	산환전위(V)
OH라디칼	2.80
오존	2.07
과산화수소	1.77
과망간산이온	1.67
이산화염소	1.5
염소	1.36

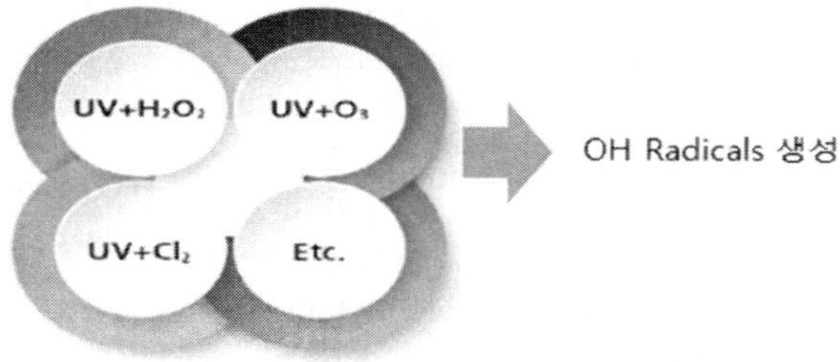

OH라디칼(Hydroxyl radical)은 기존 산화제에 비해 산화력이 가장 높으나, 미리 제조하여 보관할 수 없어 현장에서 직접생산하여야 하며 OH라디칼 생성량이 많을 수록 처리효율이 높아짐

2) OH라디칼 반응

- OH 라디칼이 유기물을 제거하는 반응은 먼저 유기물의 수소원자를 빼내어 유기 라디칼(Organic Radical)을 생성하고, 유기 라디칼은 산소와 반응하여 과산화 라디칼, 유기 과산화물(Organic Peroxide), 유기산 등의 중간 과정을 거쳐 분해됨
- 주요 반응식

(1) OH · + RH -> H_2O + R ·

(2) R · + H_2O_2 -> ROH + OH ·

(3) R · + O_2 -> ROO ·

(4) ROO · + R'H -> ROOH + R'

- OH 라디칼은 불포화 탄화수소 및 방향족 화합물을 쉽게 공략하며, 할로겐족 화합물의 경우는 할로겐 원소를 치환하는 경로를 통하여 분해에 관여함

3) 오존/High pH AOP

- 오존은 강한 산화력을 가지는 이론적 특성에도 불구하고 실제로 대다수 의 유기물과 반응이 느리거나,어떤 유기물과는 전혀 반응을 하지 않는 선택적 산화의 한계를 가짐
- 오존의 분해 부산물인 OH 라디칼은 오존 자체보다 높은 산화력을 가지며 거의 모든 유기물과 매우 빠른 속도(100배 이상)로 반응
- 오존은 높은 pH 상태에서 많은 OH 라디칼을 생성하는데, 이를 응용하여 높은 pH 환경을 만들어 사용
- OH 라디칼 생성 면에서 오존/높은 pH AOP는 pH를 증가시킬수록 오존분해가 가속화되어 더 많은 OH 라디칼이 생성되나 고농도로 계속 유지하는 것은 어려움

4) 오존/과산화수소 AOP (Peroxone AOP)

- 과산화수소(H_2O_2,분자량 34.016)는 무색 투명한 액체로 물과 모든 비율 로 잘 섞이는 약산성의 물질로 강력한 산화제인 동시에 약한 환원제의 기능을 동시에 가짐
- 과산화수소가 활성화되면 OH,HO_2 라디칼이 생성되고 이들의 산화환원 전위가 매우 높아 난분해성 유기물을 산화시킬 수 있음
- 오존/과산화수소 복합 산화법은 OH- 대신 과산화수소의 짝염기인 HO_2^-가 오존의 분해 개시제(Initiator)로 작용하여 OH-기보다 빠른 오존 분해를 통하여 짧은 시간 안에 다량의 OH 라디칼을 생성시키는 원리
- 전체 화학양론식은 2몰의 오존과 1몰의 과산화수소가 반응하여 2몰의 OH라디칼을 생성됨
  $2O_3 + H_2O_2 \text{->} 2OH\cdot + 3O_2$
- Peroxone AOP에서 일어날 수 있는 화학반응식은 오른쪽 식과 같으며, 과산화수소는 OH 라디칼을 생성하는 Initiator뿐 아니라 OH 라디칼을 트랩할 수 있는 Scavenger로도 작용하기 때문에 필요 이상의 과산화수소 주입은 오히려 유기물 제거에 역효과를 유발 가능

Initiation :	$H_2O_2 \leftrightarrow H^+ + HO_2^-$
	$O_3 + HO_2^- \rightarrow O_3^-\cdot + HO_2\cdot$
Propagation :	$O_3^-\cdot + H^+ \rightarrow HO_3\cdot$ $HO^2\cdot \rightarrow H^+ + O^2-$
	$HO_3\cdot \rightarrow OH\cdot + O_2$ $O_2^-\cdot + O_3 \rightarrow O_3^-\cdot + O_2$
	$O_3^-\cdot + H^+ \rightarrow HO_3\cdot$
	$HO_3\cdot \rightarrow OH\cdot + O_2$
Net Equation :	$2O_3 + H_2O_2 \rightarrow 2OH\cdot + 3O_2$
	$OH\cdot + M \rightarrow Products$
OH Radical	$OH\cdot + Si \rightarrow Products$
Scavenging :	$OH\cdot + HCO_3- \rightarrow H_2O + CO_3^-\cdot$
	$OH\cdot + CO_3^{-2} \rightarrow OH^- + CO_3^-\cdot$
	$OH\cdot + O_3 \rightarrow HO_2\cdot + O_2$
	$OH\cdot + H_2O_2 \rightarrow HO_2 + H_2O$
	$OH\cdot + HO_2 \rightarrow OH^- + HO_2\cdot$
	$CO_3^- + H_2O_2 \rightarrow HO_2\cdot + HCO_3^-$

5) 오존/UV AOP

- 오존과 자외선의 복합처리는 오존이 자외선에 의해 물과 반응하여 과산화수소를 만들고, 과산화수소와 오존이 반응하여 산화력이 높은 HO_2^- 및 OH 라디칼을 만들어 유기물을 산화. 분해시키는 방법
- 이 방법은 OH 라디칼의 발생속도가 크기 때문에 유기물 분해 측면에서 H_2O_2/UV 복합산화법에 비해 더 효과적인 것으로 알려져 있음
- UV 램프의 종류와 특징은 다음의 표와 같음

Lamp type	Low pressure UV lamp	Amalgam UV lamp	Medium pressure UV lamp
Spectrum	254 nm	254 nm	>200 nm
Discharge length	150 cm	150 cm	50 cm (Max. 200 cm)
Intensity	0.5 W/cm	2.1 W/cm	50-100 W/cm
Efficiency	40%	41%	15%
Operating temperature	40℃	110℃	600-900℃

4.2.9 초임계수 산화(super critical water oxidation)

1) 정의 : 순수한 물질은 온도와 압력의 변화에 대해 고체, 액체, 기체(또는 증기)의 특성을 가지며, 온도와 압력을 상승시키면 액체와 증기의 두 상의 밀도는 같아지고 액체와 증기 사이의 구분이 없어지는 지점이 나타나는데 이 점을 임계점(Critical point)이라 하며, 초임계 상태(Supercritical state)란 임계점 이상의 온도와 압력의 상태를 말하고, 초임계 유체(Supercritical fluid, SCF)란, 초임계 상태의 유체를 말함

- 초임계 유체는 액체에 비해서 점도가 낮고, 기체에 비해서는 밀도가 매우 커서 액체와 기체의 특성을 모두 가지고 있고, 특히 어떤 물질의 용해도(Solubility)와 혼합도(Miscibility)가 액체나 기체에 비해 매우 다른 특성을 보이기 때문에 새로운 청정 기술의 요소 기술로 많은 연구가 진행되고 있음

2) 초임계수의 수처리 응용

- 초임계수를 산화매체로 사용하는 공정이 약 400~500℃ 범위에서 조업되기 때문에 공정 내 오염물질의 체류시간이 1~5min일 경우 약 99.9%의 대부분 유기오염 물질들이 산화 파괴됨
- 또, 산화온도를 600~650℃범위에 조정하는 경우 평균 체류 시간 수초 이내에 오염물질의 99.9999% 이상으로 완전 분해 처리가 가능하며, 대표적인 방법인 초임계수 산화법(Supercritical water oxidation, SCWO)는 WAO로 처리할 수 있는 모든 종류의 오염 물질들(폐수 오니, 펄프폐수 등)을 보다 신속하고 완전하게 분해가능
- 뿐만 아니라, SCWO 기술은 유기화학 물질에 대한 강력한 산화력을 이용하기 때문에 난분해성 화학 물질의 분해에 탁월한 성능을 보이며, 모든 유기물을 99.9% 이상 완벽히 분해할 수 있기 때문에 독성 물질을 함유한 폐수와 고농도 폐수처리에 적합한 기술
- 폐기물 소각과는 달리 SCWO는 닫힌 계(Closed system)이므로 반응 중에 대기 중으로 배출되는 성분이 없으며, 만약 공정이 잘못 작동되는 경우 비교적 쉽게 차단이 가능
- 소각로의 경우 대부분 공정 온도가 1000℃ 이상인데 반하여 초임계 산화 공정 온도는 통상 400~600℃ 에서 수행됨에 따라 소각에서와 다르게 질소산화물(NOx)의 생성량이 극히 적으며 소각에 비하여 적은 에너지만을 필요로 함

- 특히 폐기물의 탄소함량이 10% 이하인 경우 소각법으로 폐수를 처리하기 위해서는 다량의 에너지원(보조연료)을 필요로 하는데 비해, SCWO 공정은 낮은 온도에서 조업하고, 반응후 처리수의 열에너지를 충분히 회수할 수 있기 때문에 소각법에 비하여 충분한 경제성을 갖는 것으로 알려짐

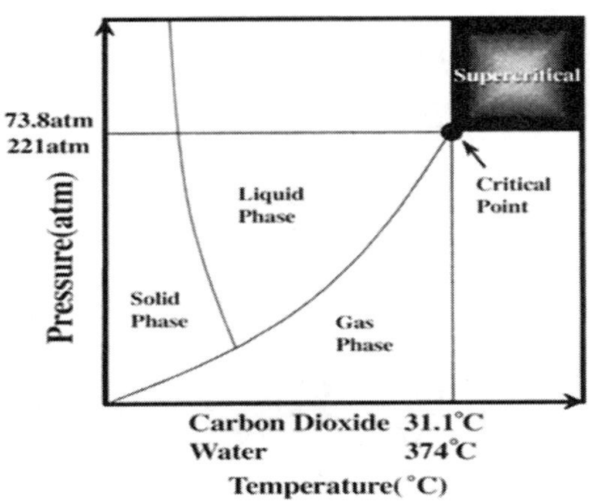

<그림 4-16> 초임계유체의 온도, 압력 다이아그램

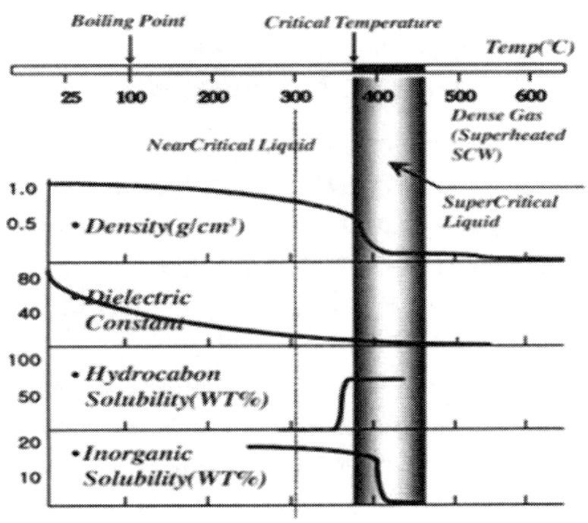

<그림 4-17> 임계영역에서의 물의 물성치 변화

자료 : NEWS & INFORMATION FOR CHEMICAL ENGINEERS, Vol. 21, No. 1, 2003

3) 초임계수 산화공정의 단점

- 초임계수산화공정은 우선 고온, 고압이라는 공정의 특수성으로 인해 장치의 안정성 문제가 존재
- 염소, 불소 등을 함유한 할로겐 화합물의 산화분해 시 발생하는 HCl, HF등이 고온, 고압상태에서 반응기를 매우 빠른 속도로 부식 시키는 문제 발생
- 최근 연구 결과에 따르면 2,4-Dichlorophenol 4,000mg/L의 완전산화분해시 1/4 SUS tube가 4hr 이내에 부식 파열된 것이 보고 되었으며, 이와 같은 부식문제 등은 초임계수산화 공정의 범용적인 상용화에 커다란 걸림돌이 됨

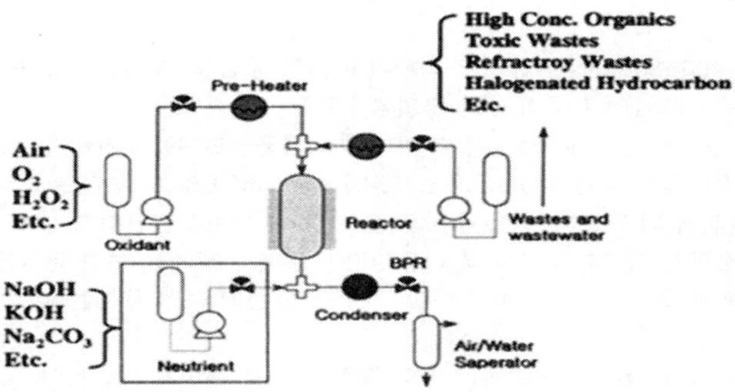

<그림 4-18> 전형적인 초임계수산화 공정도

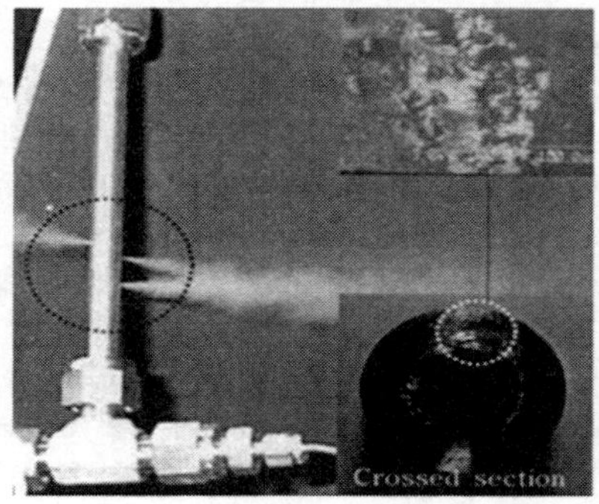

<그림 4-19> 초임계수 산화 시 부식현상

4.2.10 MAP(Magnesium Ammonium Phosphate)법

1) 정의 : 혐기성 슬러지 소화조에서 반류수의 인산과 암모니아의 자원화 기술로 개발된 액중의 PO_4^{3-}와 NH_4^+ 및 Mg^{2+}의 반응에 의해 생성하는 인산마그네슘암모늄(Struvite) ; $MgNH_4PO_4$ (일명, MAP)의 정석 현상

2) 반응의 원리

- 이 방식은 인과 암모늄을 함유하는 액이 대상이며, 혐기성 소화조의 탈수 분리액에 Mg^{2+}를 첨가하여 약 알칼리성 영역에서 MAP를 생성시킴

  $Mg^{2+} + NH_4^+ + PO_4^{3-} \rightarrow MgNH_4PO_4$

- MAP의 생성과정에는 온도가 영향을 주지만 실제로 혐기성 소화 슬러지의 탈수여액 등이 원액이 되는 경우가 많고 그 경우 혐기성 소화조의 가온 효과가 유지되는 원액 온도도 안정되어 있기 때문에 온도의 영향은 크지 않고 오히려 pH가 더 많은 영향을 줌
- 소화조 이후의 배관 및 슬러지 저류조 등에서 MAP 스케일(Struvite)이 생성하고 장애를 일으키는데. 이를 위해 일반적으로 철염을 첨가하여 인의 불용화 대책을 취해 왔지만, 경제성 등의 측면에서 인의 자원화도 도모하는 MAP법이 적용되고 있음

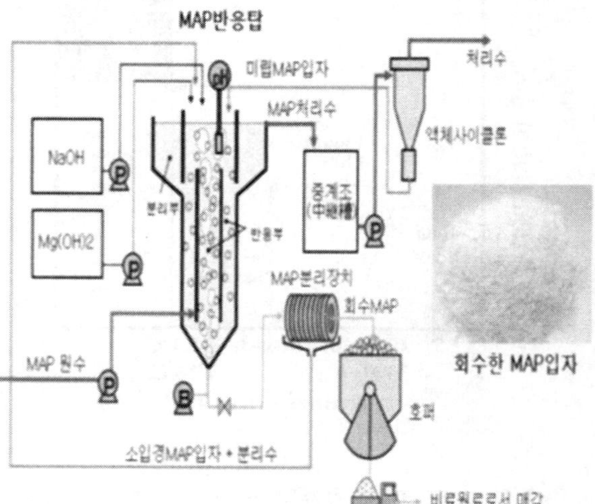

자료 : 하수처리시설에서의 인(P) 자원화 기술 동향, DICER, 한국환경산업기술원

3) 하수처리공정에서 공정별 인 자원화 기술

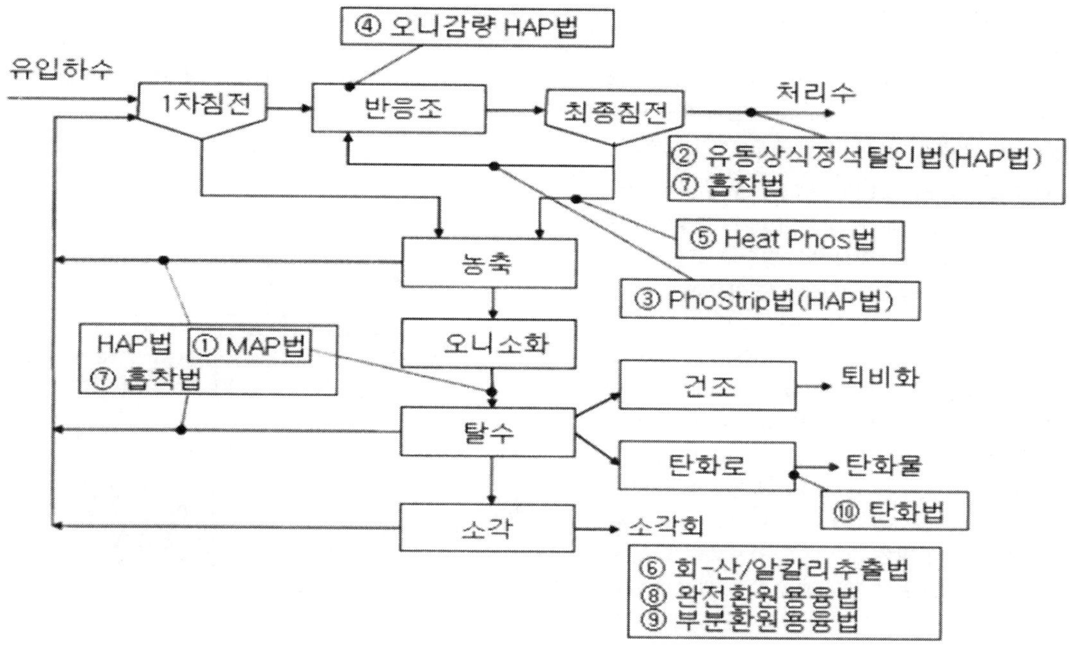

4) 인 자원화 기술 개요

분류			개요
①	정석법	MAP법	액중에 포함된 암모니아와 마그네슘의 결정 화물로 한다
②		HAP법	처리수등의 pH를 상승하는 것에 의해 인을 석출시키는 방법
③			반송오니의 일부를 혐기조건하에서 오니에 서 인을 방출시켜 방출한 인을 결정화시켜 회수하는 방법
④			오니감량화와 A2O법을 조합시켜 혐기성조 혼합액에서 인을 결정화시켜 회수하는 방법
⑤		Heat Phos법	잉여오니에 열을 가하여 가용화하고 가용화 한 액에서 인을 석출시키는 방법
⑥		회-산/ 알칼리 추출법	소각회에서 인을 산이나 알칼리으로 용출시 켜 회수하는 방법
⑦	흡착법		인 흡착능력을 지닌 흡착제를 이용하여 인 을 회수(흡착탈리반응 이용)하는 방법
⑧	환원 용융법	완전	인을 황인으로 휘발시켜 회수하는 방법
⑨		부분	소각회를 부분적으로 환원하여 인화합물을 회수하는 방법
⑩	탄화법		탈수오니를 탄화하여 그대로 이용하는 방법

4.2.11 HAP(Hydroxyapatite)법

1) 정의 : 하수 중 PO_4^{3-} 및 Ca^{2+}와 OH^-의 반응에 의해 생성하는 "Hydroxyapatite, $Ca_{10}(OH)_2(PO_4)_6$ (일명, HAP)의 정석(晶析)현상을 이용함

2) 반응의 원리

- 용액에 Ca^{2+} 와 OH^-를 첨가하여 과포화 상태로 한 후 탈인 조로 유입하여 조내의 탈인 재 와 접촉시킴으로써 여재 표면에 Hydroxyapatite 결정을 석출시켜 액중의 인을 제거

$$10Ca^{2+} + 2OH^- + 6PO_4^{3-} \rightarrow Ca_{10}(OH)_2(PO_4)_6$$

- HAP법은 처리수의 인 농도를 1 mg/ℓ 이하로 하는 것이 가능하며, 인 농도가 낮은 경우에는 탈 탄산 등의 전처리가 필요하고 탈인 재료에는 인광석, 골탄, 규산칼슘수화물 등을 이용함
- 정석 반응은 일반적으로 용질이 종 결정 주위에 형성되는 정체수층을 통해 서 종 결정 표면에 도달하는 확산 단계와 결정 표면에 도달한 후 결정화하여 석출까지의 정출(晶出)단계의 두 단계로 나누어짐
- 정석 반응 속도는 과포화도가 높을수록 크고, 또한 종 결정과 용액의 접촉 면적이 넓을수록 큼
- 따라서 정석 탈인 반응에도 과포화도를 좌우하는 요인과 종 결정과 용액의 접촉 면적을 좌우하는 인자가 반응 속도에 영향을 미침

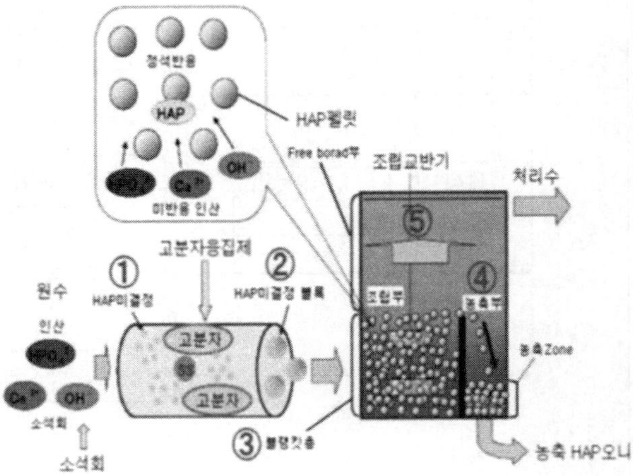

자료 : 하수처리시설에서의 인(P) 자원화 기술 동향, DICER, 한국환경산업기술원

3) 주요 영향 인자

- 반응속도 상수 K는 일반적으로 온도의 함수이며, 과포화도 온도에 따라 변화되며, 정석 탈인 반응은 온도가 내려 가면 정석 반응속도도 상당히 저하될 수 있음
- 중탄산 이온은 반응 속도를 저하시키고 고농도에서는 탄산칼슘을 생성하고 이것이 종 결정에 부착하여 표면적을 감소시켜 반응 속도를 저하시킴에 따라 이를 제거하지 않는 한 그 영향은 불가피함
- 마그네슘 이온도 정석 탈인 반응을 방해하지만, 한편 탄산칼슘의 생성을 방지하는 작용이 있다고도 알려져 있으며, 또한 황산이온이나 특정의 유기물(humic 계)도 반응을 방해하는 것으로 알려짐

4) 응용 공정(PhoStrip process)

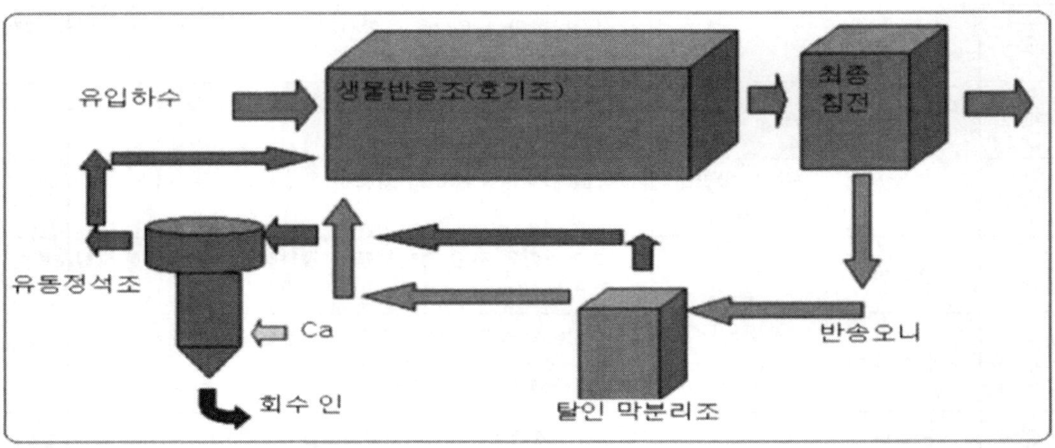

자료 : 하수처리시설에서의 인(P) 자원화 기술 동향, DICER, 한국환경산업기술원

4.3 반응공학

수질환경에서의 반응공학

- 수질환경에 적용되는 물리적, 화학적, 생물학적 처리공정에 대하여 반응조와 반응속도의 이론에 대한 이해

4.3.1 개요

화학반응공학(Chemical Reaction Engineering)이라고도 함

기본적인 물질 및 에너지 수지식으로부터 출발, 반응기의 형태와 운전 조건에 따른 영향을 분석하고 데이터를 해석하여 반응기 모델을 설계하는데 그 목적이 있음

물질 및 에너지 수지식, 반응 속도론을 기반으로 기초과정에는 균일반응계에서 반응하고 반응 중 온도가 변하지 않는 이상반응기의 크기를 설계

그 후 심화단계로 넘어가면 복합 반응에서의 반응기 설계, 반응 중 온도가 변하는 비등온 반응기의 설계 및 촉매와 반응물의 상이 다른 불균일 촉매 반응기의 설계

1) 반응이란?

화학물질이 아래와 같은 3가지 경로를 통해 자체의 정체성을 잃어버림

- Decomposition(분해) CH_3CH_3 -> H_2 + $H_2C=CH_2$
- Combination (결합) $N_2 + O_2$ -> 2NO
- Isomerization(이성질화) $C_2H_5CH=CH_2$ -> $CH_2=C(CH_3)_2$

2) Chemical Kinetics(화학반응공학/화학동역학)

- 반응속도 및 그에 영향을 미치는 변수들을 실험적으로 결정 (농도, 온도, 촉매의 유무 등)
- 반응 mechanism의 이해, 공정설계, 개선 등
- basic data : 반응 후의 반응물/생성물의 농도 변화

4.3.2 반응속도

1) 정의

- 화학에서 반응속도(反應速度)는 어떤 화학 반응이 일어나는 속도를 말한다. 예를 들어, 공기 중에서 쇠가 산화되는 반응은 몇 년이 걸리는 느린 반응이지만, 부탄이 연소되는 반응은 단 몇 초 만에 일어남. 이는 다양한 변수들에 의해 영향을 받으며, 단위 시간당 화학물질의 농도 변화를 이용해 측정할 수 있다. 반응 속도에 많은 영향을 주는 요인으로 온도와 물리적인 상태를 들 수 있다. 전체 반응 속도는 단일 단계 반응 중 가장 느린 반응에 의해 결정됨

- 반응속도는 반응물의 농도에 의존
  - 단분자반응, 반응물 A : rate = k[A]m; k= 속도상수, m = 반응차수(order)
  - 다분자반응, 반응물 (A, B) : rate = k[A]m[B]n 전반응차수 = m+n
  - 일반적으로, m 과 n 은 양의 정수 혹은 분수 (1, 2, 3, 0, ½ .....) 반응차수는 실험적으로 결정

- 반응속도론

$$A \xrightarrow{k} B$$ k : 반응속도계수(reaction rate constant)

- 반응율(reaction rate)

$\frac{dA}{dt} = -k[A]^n$ 정반응속도 반응이 진행됨에 따라 반응물 A의 농도는 감소(-) BOD 감소식과 동일

n = 0 0차 반응
n = 1 1차 반응
n = 2 2차 반응

$\frac{dB}{dt} = +k[A]^n$ 역반응속도

자료 : 위키백과

2) n차 반응

① 0차 반응

$\frac{dA}{dt} = -k[A]^0 = -k$

$dA = -k\,dt$

$\int_{A_o}^{A_t} dA = -\int_o^t k\,dt$

$A_t - A_o = -kt$

$\mathbf{A_t = A_o - kt}$

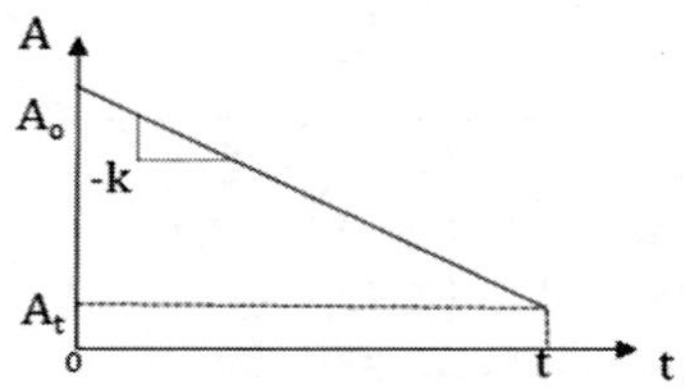

② 1차 반응

$\frac{dA}{dt} = -k[A]^1 = -kA$

$dA = -k\,A\,dt$

$\int_{A_o}^{A_t} \frac{1}{A} dA = -k\int_o^t dt$

$[\ln A]_{A_o}^{A_t} = -k[t]_o^t$

$\ln A_t - \ln A_o = -kt$

$\ln\frac{A_t}{A_o} = -kt$

$\mathbf{A_t = A_o e^{-kt}}$

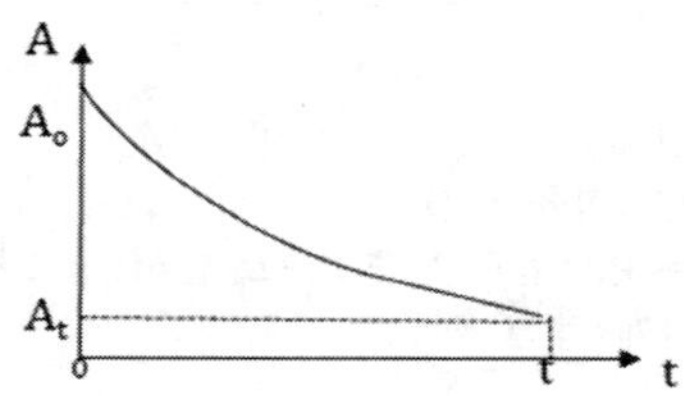

③ 2차 반응

$\frac{dA}{dt} = -k[A]^2$

$\int_{A_o}^{A_t} \frac{1}{A^2} dA = -k\int_o^t dt$

$[-\frac{1}{A}]_{A_o}^{A_t} = -k[t]_o^t$

$-\frac{1}{A_t} + \frac{1}{A_o} = -kt$

$\frac{1}{A_t} - \frac{1}{A_o} = kt$

$\mathbf{A_t = \frac{A_o}{1+kt \cdot A_o}}$

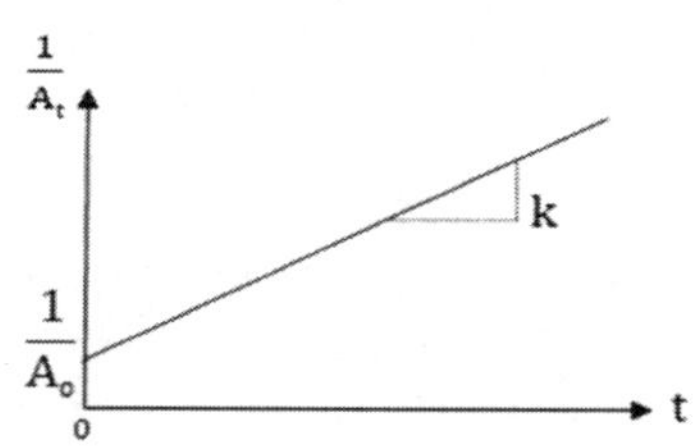

④ 연속반응

$A \xrightarrow{k_1} B \xrightarrow{k_2} C$

$-\frac{dC_A}{dt} = k_1 C_A$

$\frac{dC_B}{dt} = k_1 C_A - k_2 CB$

$\frac{dC_C}{dt} = k_2 C_B$

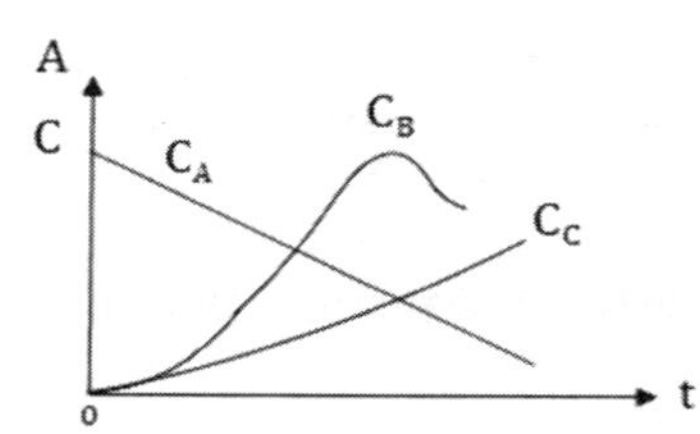

예) $NH_3 \xrightarrow[\textit{Nitrosomonas}]{O_2} NO_2 \xrightarrow[\textit{Nitrobactor}]{O_2} NO_3$

3) 반감기

- 정의 : 반응물이 초기 농도의 반으로 줄어드는데($A_t = \frac{1}{2}A_0$) 걸리는 시간
  반응속도 식에 대입하면,

- 0차 반응

$\frac{1}{2}A_o = A_o(-k)\cdot t_{1/2}$

$\mathbf{t_{1/2} = \frac{A_o}{2k}}$ (반감기는 초기 농도에 비례)

- 1차 반응

$\frac{1}{2}A_o = A_o e^{-k\,t_{1/2}}$

$t_{1/2} = \ln(\frac{\frac{1}{2}A_o}{A_o}) \times \frac{1}{-k}$

$\mathbf{t_{1/2} = \frac{0.693}{k}}$ (반감기는 초기 농도와는 무관)

- 2차 반응

$\frac{1}{\frac{1}{2}A_o} - \frac{1}{A_o} = kt_{1/2}$

$\mathbf{t_{1/2} = \frac{1}{A_o k}}$ (반감기는 초기 농도에 반비례)

☞ 반응차수가 높아질수록 반응속도가 초기에는 빠르고 이후 점점 느림.

4) 반응속도와 온도

- 일반적으로 온도 T의 증가는 반응속도상수 k를 증가시킴
  10 ℃ 증가할 때 반응속도는 거의 2배 증가
- 고온에서는 더 많은 분자가 활성화에너지를 가지게 됨

Arrhenius 식: $\text{rate} = p \times Z \times e^{-E_a/RT}$

$\ln k = \ln A - E_a/RT$; $R = 8.31$ J/K, E_a in joules

$\ln k$ vs. $1/T$ 를 도시하면 기울기가 $-E_a/R$ 인 직선

여기서,

A : 잦음율

Ea : 활성화 에너지

R : 기체상수

T : 온도

온도 T_1, T_2 에서

$\ln k_1 = \ln A - E_a/RT_1$

$\ln k_2 = \ln A - E_a/RT_2$

$\ln k_2 - \ln k_1 = -(E_a/RT_2 - E_a/RT_2)$

두 온도 방정식:

$\ln k_2/k_1 = E_a[1/T_1 - 1/T_2]/R$

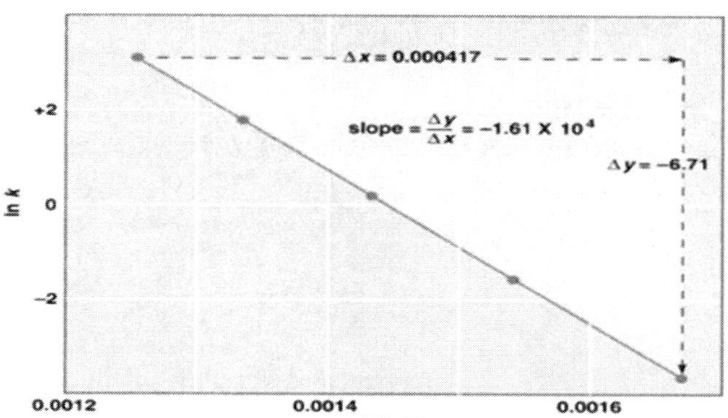

<그림 4-20> Arrhenius 온도 방정식

4.3.3 반응조의 종류

1) 개요

수처리 공정 중 생물반응조는 구조나 기능 상으로 여러가지로 나누어짐

- 회분식(Batch) : SBR(Sequencing Batch Reactor) 등
- 연속식 : 연속 교반조 반응기 (CFSTR : Continuous Flow Stirred Tank reactor), 플러그 흐름형 반응기
  유동층 반응기 등

2) 반응조 별 동력학(Kinetic)

- 회분식반응기 (Batch Reactor)

특성	반응이 진행되는 동안에 채우거나 비우지 않음 Input, output = 0	
응용 분야	중간생성물 또는 일회 생산 (One shot production) 작은 규모의 생산. 의약품,발효,농약,SBR 공법	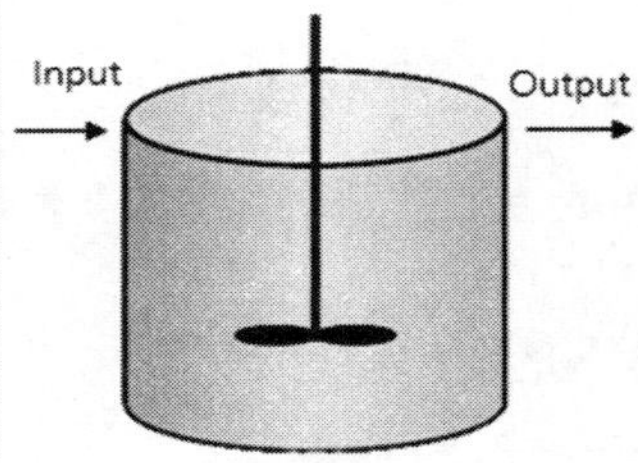
장점	단위 부피 당 높은 전환율, 청소가 쉬움 운전 유연성 (같은 반응기로 한번은 제품1을 생산하다가 다음 번은 제품2를 생산할 수 있음)	
단점	운전비가 높음 제품의 품질이 매회 달라질 수 있음	

- 물질수지

Accumulation(축적) = Input(유입) – output(유출) ± Utilization(이용) or Generation(생성)

반응 중 유입 및 유출은 없음

$V\frac{dc}{dt} = 0 - 0 \pm V(-kC^{n})\ \frac{dc}{dt} = -kC^{n}$

정상상태(Steady State)일 때는, $\frac{dc}{dt} = 0$

n = 0(o차 반응) $Ct = C_o - kt$

n = 1(1차 반응) $Ct = C_o$

n = 2(2차 반응) $\frac{1}{C_t} - \frac{1}{C_o} = kt$

☞ 정상상태란?

화학반응이 진행되고 있는 반응조에서 반응물질의 변화속도가 0일 때의 반응상태

• 연속교반조 반응기 (CFSTR)

특성	반응물/생성물이 연속으로 흐르면서 정상상태로 운전 반응기 내의 조성이 일정하게 유지 출구 농도는 반응기 내의 농도와 동일(MLSS, DO 등이 조 내 어디서든 동일)	
응용 분야	교반이 필요한 반응 반응기 연속배열	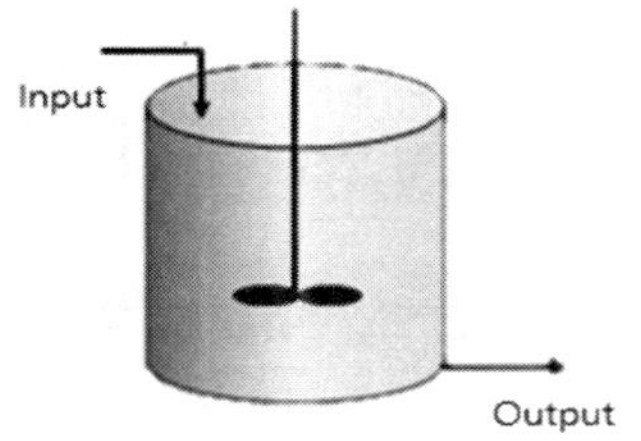
장점	연속운전 온도조절이 용이 2상의 운전이 용이 운전비용이 낮음 청소가 쉬움 충격부하에 강함	
단점	단위부피 당 낮은 전환율 교반이 불량할 경우 By-passing과 channeling (단회로 현상)가능	

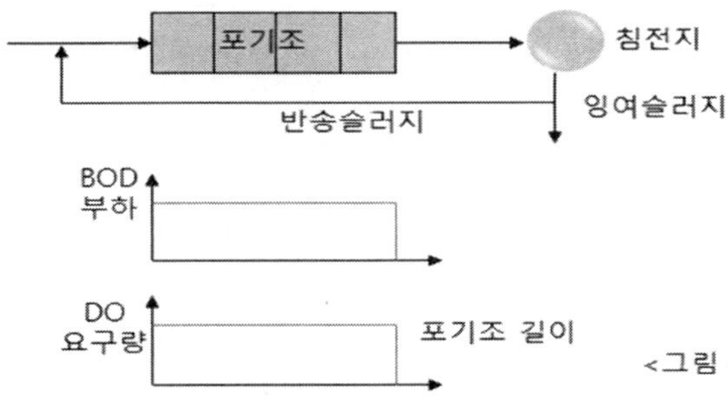

<그림 4-21> CFSTR형 포기조에서의 DO와 BOD 변화

- 물질수지

Accumulation = Input − output ± Utilization or Generation

$$V\frac{dC}{dt} = Q\,C_o - QC \pm V(-kC^n)$$

정상상태(Steady State)일 때는, $\frac{dC}{dt} = 0$

a) n = 0 (0차 반응)

$$V\frac{dC}{dt} = Q(C_o - C) + V(-kC^0)$$

$$Q(C_o - C) = Vk$$

$$C_o - C = \frac{V}{Q}k$$

$$C = C_o - kt$$

☞ 수리학적 체류시간 $t = \frac{V}{Q}$

b) n = 1 (1차 반응)

$$V\frac{dC}{dt} = Q(C_o - C) + V(-kC^1)$$

$$Q(C_o - C) = V(kC)$$

$$C_o - C = \frac{V}{Q}kC = ktC$$

$$C_o = (1 + kt)C$$

$$C = \frac{C_o}{1+kt}$$

c) n = 2 (2차 반응)

$$V\frac{dC}{dt} = Q(C_o - C) + V(-kC^2)$$

$$Q(C_o - C) = V(kC^2)$$

$$C_o - C = \frac{V}{Q}kC^2 = ktC^2$$

$$ktC^2 + C - C_o = 0$$

$$C = \frac{-1 \pm \sqrt{1^2 - 4kt(-C_o)}}{2kt}$$

☞ 2차 방정식 근의 공식과 유사

• 플러그 흐름반응기 (Plug Flow Reactor: PFR)

특성	연속반응, 하나의 긴 튜브반응기 또는 여러 개의 짧은 튜브 반응기 뭉치 반경 방향으로의 반응속도 (농도) 구배(경사 : Gradient)가 없음 반응기 길이를 따라서 반응속도 구배(경사)가 존재 반응조 모든 부분에서 유속이 일정, 좁고 길게 배치, 전체 길이에 포기, 인입부에는 오염물 부하가 높음, 후단부는 저부하로 처리효율 저하(단계식, 점감식 포기로 공기공급량 조절 대응) 실제는 이와 같은 이상적 흐름이 불가능하, 반응조 길이 방향으로 격벽을 설치, 단락류를 예방	
응용 분야	대량생산/연속생산 고속반응	
장점	단위부피 당 높은 전환율 낮은 운전비용 연속운전	
단점	바람직하지 않은 온도 구배(경사) 발생가능 온도조절이 어려움 (hot spot) 운전정지와 청소가 비쌈	

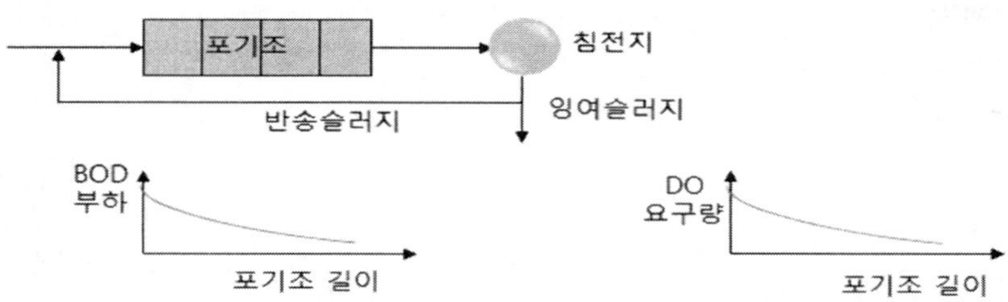

<그림 4-22> PFR형 포기조에서의 DO와 BOD 변화

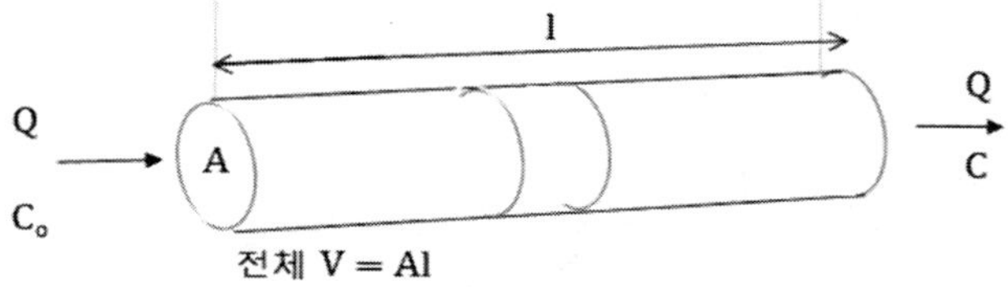

반응조의 일부 ΔV에 대하여 물질수지 식을 산정해 보면,

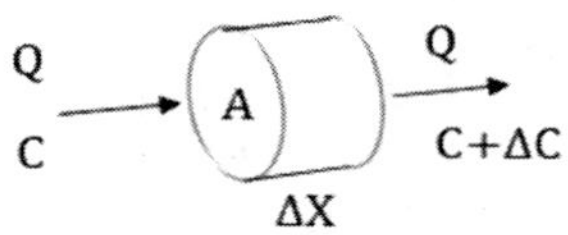

$$\Delta V = A \cdot \Delta X$$

- 물질수지

Accumulation = Input − output ± Utilization or Generation

$$\Delta V \frac{dC}{dt} = Q\,C_o - QC \pm V(-kC^n)$$

$$Q\,\Delta C = A \cdot \Delta X(-kC^n)$$

$$\frac{\Delta C}{C^n} = -\frac{Ak}{Q}\Delta X$$

정상상태(Steady State)일 때는, $\frac{dC}{dt} = 0$

a) n = 0 (0차 반응)

$$\Delta C = -\frac{Ak}{Q}\Delta X$$

$$\int_{C_o}^{C} dC = -\frac{Ak}{Q}\int_0^l dX$$

$$C - C_o = -\frac{Ak}{Q}l = -\frac{k}{Q}V = -kt$$

$$\mathbf{C = C_o - kt}$$

b) n = 1 (1차 반응)

$$\int_{C_o}^{C} \frac{1}{C} dC = -\frac{Ak}{Q}\int_0^l dX$$

$$\ln\frac{C}{C_o} = -\frac{Ak}{Q}l = -\frac{k}{Q}V = -kt$$

$$\mathbf{C = C_o\, e^{-kt}}$$

c) n = 2 (2차 반응)

$$\int_{C_o}^{C} \frac{1}{C^2} dC = -\frac{Ak}{Q}\int_0^l dX$$

$$-\frac{1}{C} - \frac{1}{C_o} = -\frac{Ak}{Q}l = -\frac{k}{Q}V = -kt$$

$$\mathbf{\frac{1}{C} = \frac{1}{C_o} + kt}$$

• 이외 반응기

- 유동층 반응기 (Fluidized-Bed Reactor, FBR)

특성	기-고 , 액-고 반응 CFSTR과 같이 반응물이 잘 교반
응용분야	기/액상 고체촉매 반응
장점	우수한 혼합 온도 균일성 유지 부속 장치사용으로 촉매가 연속으로 재생될 수 있음
단점	유체역학 정보가 부족 격한 교반으로 인한 촉매마모 scale-up이 불확실

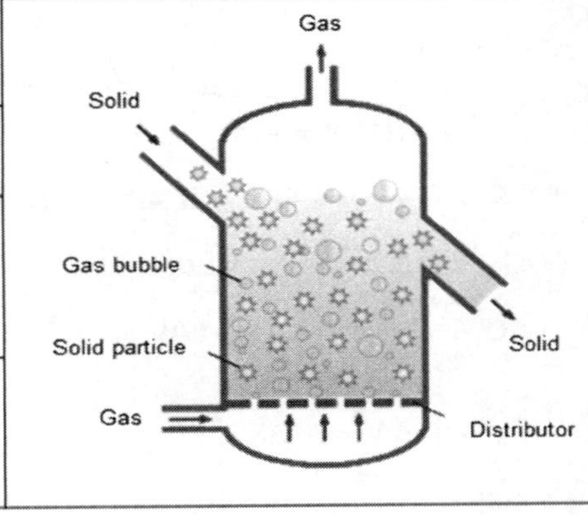

- 충전층 반응기(Packed Bed Reactor, PBR)

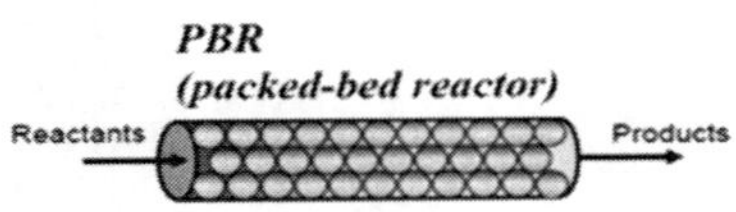

- 임의형 반응기(Arbitrary flow Reactor)
  Plug Flow와 Complete Mixing의 중간 형태 반응기

3) PFR과 CFSTR 비교

반응조	0차 반응	1차 반응	2차 반응
CFSTR	$C = C_o - kt$	$C = \frac{C_o}{1+kt}$	$C = \frac{-1 \pm \sqrt{1^2 - 4kt(-C_o)}}{2kt}$
	$t_c = \frac{C_O - C}{k}$	$t_c = \frac{\frac{C_O}{C} - 1}{-k}$	$ktC^2 + C - C_o = 0$ $t_c = \frac{[\frac{(C_o - C)}{C^2}]}{k}$
PFR	$C = C_o - kt$	$C = C_o e^{-kt}$	$\frac{1}{C} = \frac{1}{C_o} + kt$
	$t_p = \frac{C_O - C}{k}$	$t_p = \frac{\ln \frac{C}{C_o}}{-k}$	$t_p = \frac{[\frac{1}{C} - \frac{1}{C_o}]}{k}$
$\frac{t_c}{t_p}$	$\frac{\frac{C_O - C}{k}}{\frac{C_O - C}{k}} = 1$	$\frac{\frac{C_o}{C} - 1}{\ln \frac{C_o}{C}}$	$\frac{\frac{C_o - C}{C^2}}{\frac{1}{C} - \frac{1}{C_o}} = \frac{C_o}{C}$

	효율	$\frac{C_o}{C}$	$\ln \frac{C_o}{C}$	$\frac{t_c}{t_p}$		효율	$\frac{t_c}{t_p}$	비고
1차 반응	50%	2	0.693	1.44	2차 반응	50%	2	따라서 실제 현장에서는, 두가지 방법의 장점을 채택. 개별조는 CFSTR, 직렬로 배열 전체적으로는 PFR로 반응조 구성
	90%	10	2.300	3.91		90%	10	
	99%	100	4.610	21.5		99%	100	

구분	PFR	CFSTR
장점	• 최종처리 농도 도달 시간이 작음 • 처리효율 우수 • 동력비가 적음	• 충격부하 및 부하변동에 강함 • 독성물질 유입 시, 미생물에 대한 영향이 최소화 • 전체적으로 완전혼합으로 높은 MLSS 및 DO 유지가능
단점	• 충격부하 및 부하변동에 민감 • 유입부에 부하가 큼	• 동력비가 큼 • 처리효율 낮음 • 단락류

- 0차 반응 시에는 동일한 반응효율
- 1차, 2차 반응 시 PFR이 반응효율이 증가(목표처리농도 도달 시간이 짧음)
- 따라서 PFR과 CFSTR 의 장점을 고려하여 하기와 같이 개별 반응조는 완전혼합(교반 또는 산기식으로)으로 구성하고 반응조는 직렬로 배열하고 유입부 오염물질 부하를 고려하여 점감식 포기(유입부에는 산소공급량을 높이고 후단부로 가면서 공급량을 낮춤) 또는 계단식 포기(유입 원수를 직렬 반응조 배열에 분산공급) 등을 적용하기도 함

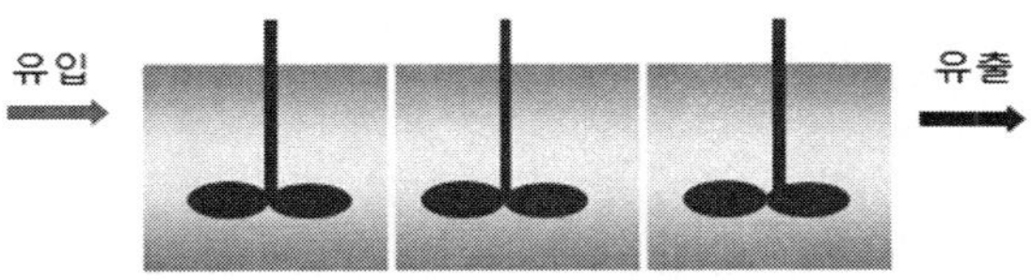

4) 추적자 주입에 의한 반응조의 해석

반응조의 형식에 따른 추적자(Tracer) 주입(연속, 1회)에 따른 반응물의 농도변화

AFR(임의흐름형)	PFR (플러그 흐름형)	CFSTR(완전혼합형)
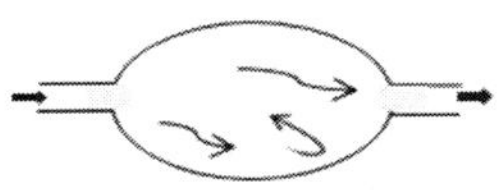		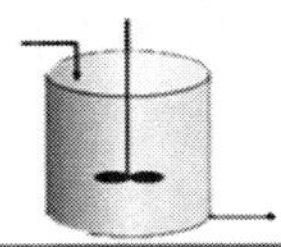
분산수 $\frac{D}{UL}$ = 0 : 플러그 흐름 = ∞ : 완전혼합흐름 PFR과 CFSTR 사이의 임의의 부분혼합 흐름	흐름 방향으로 순서되로 반응물이 유입, 조 내 전체적인 혼입은 없음 수리학적 체류시간 = 반응물 체류시간	반응물 유입 즉시 완전혼합 유입부와 유출부 농도가 균일
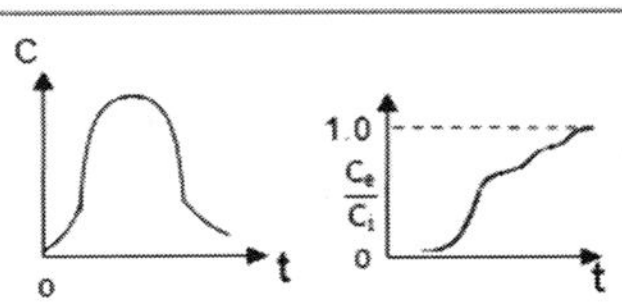	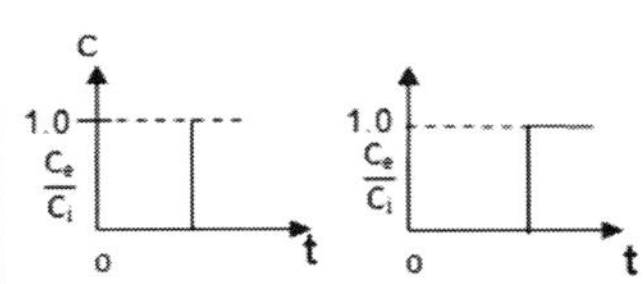	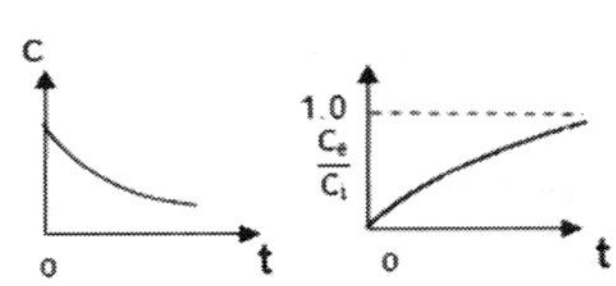
Tracer 1회 주입　　Tracer 연속 주입	Tracer 1회 주입　　Tracer 연속 주입	Tracer 1회 주입　　Tracer 연속 주입

<문제 4-7>

- 어느 반응조내 반응차수가 1차 반응($r_c = -kC$)라 할 때, 농도를 90% 감소(유입 농도 $C_0 = 1$) 시키는데 필요한 CFSTR(완전혼합반응조)과 PFR의 부피를 각각 구하고, 그 비를 구하시오. (단, 각 반응은 정상상태라 가정하고, 부피는 $\frac{Q}{K}$의 항으로 구한다. K는 반응속도상수, 유량은 Q로 설정)

(풀이)

1) 필요한 CFSTR의 부피를 Q/K 의 항으로 표시한다.

$$V_{CFSTR} = \frac{Q}{K}(\frac{C_0}{C_e} - 1) = \frac{Q}{K}(\frac{1}{0.1} - 1) = 9\frac{Q}{K}$$

2) 필요한 PRF의 부피를 Q/K 의 항으로 표시한다.

$$V_{PFR} = \frac{Q}{K}\ln(\frac{C_0}{C_e}) = \frac{Q}{K}\ln(\frac{1}{0.1}) = 2.3\frac{Q}{K}$$

3) 부피비를 구한다.

$$\frac{V_{CFSTR}}{V_{PFR}} = \frac{9Q/K}{2.3Q/K} = 3.9$$

<문제 4-8>

- 액상 유기성 폐기물을 운반하는 탱크트럭이 사고로 인해 내용물이 소형호수로 누출되었다. 그 결과 호수의 액상 유기성 폐기물의 초기농도가 100mg/L가 되었다. 만일 용액 중 액상 유기성 폐기물의 k값이 0.005/day을 가지는 1차 광화학적 반응(r_c=-kC)이라 할 때, 호수에서 액상 유기성 폐기물의 농도가 초기 농도의 5%로 감소할 때까지 요구되는 시간을 구하시오 ? (단, 호수의 총부피는 100,000m^3, 호수에 유입.유출되는 유량은 1,000m^3/day이다. 호수 내에서의 반응은 정상상태이고, 완전혼합 반응조(CFSTR)로 가정한다.)

(풀이)

1) CFSTR로 모델링될 수 있다라고 가정하고 호수에 대해 물질수지식을 쓴다.

$$\frac{dC}{dt}V = QC_i - QC + (-kC)V$$

축적 = 유입 – 유출 + 생성

2) t=0일때, C=C_0인 경계조건을 이용해 C에 대해 물질수지식을 푼다. 호수로 폐기물이 누출되기 전에는 C_i=0임에 유의하라.

$$\int_{C_0}^{C}\frac{dC}{C} = -(\frac{1}{\theta_H} + k)\int_0^t dt \qquad \ln\frac{C}{C_0} = -(\frac{1}{\theta_H} + k)t$$

3) 기지의 값을 대입하여 t에 대해 푼다.

$$C = 0.05C_0$$

$$\theta_H = 10^5 m^3/1{,}000m^3/d = 100d$$

$$\ln\frac{0.05C_0}{C_0} = -(\frac{1}{100} + 0.005)t$$

$$t = -3.00/(0.015) = 200d$$

<문제 4-9>

• 아래 주어진 조건과 두 호수가 지하 투수층으로 연결되어 있는 그림을 이용하여 다음 물음에 답하시오.

<조 건>
단면적(A) = 50m²
손실수도(Δh) = 40m
흐름경로길이(L) = 2,000m
수리학적 전도도(K) = 10^{-3} m/sec
다공질 매체의 공극도(α) = 0.4
오염물질의 초기농도(C_0) = 100g/m³
1차 분해상수(k) = 0.001/day (밑이 e)

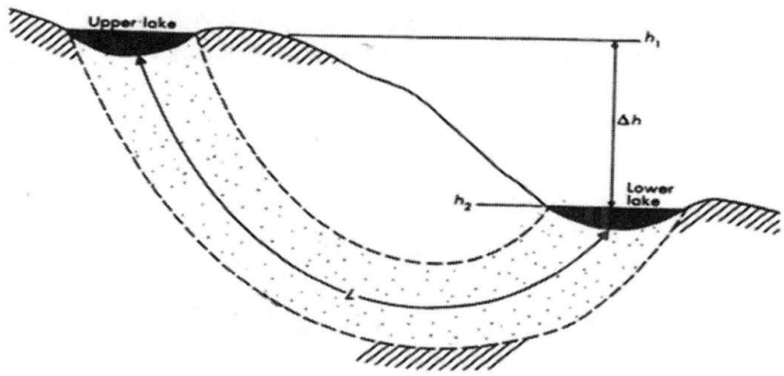

가) 상부 지역의 호수로부터 하부 지역의호수로 물이 흐르는 시간을 구하시오.
나) 오염물질의 반응이 1차 반응일 경우, 하부지역의 호수로 유입되는 농도를 계산하시오.
(단, 외부적 요인은 없는 것으로 가정한다.)

(풀이)

1) 다공질 매체를 통한 표면유속 및 실제 공극 유속을 구한다.

a. 표면유속

$$v = -K\frac{dh}{dl}$$
$$= -(10^{-3}m/s)\frac{-40m}{2{,}000m} = 2.0\times10^{-5}m/s$$

b. 공극내 유속

$$v_p = v/\alpha$$
$$= -2.0\times10^{-5}/0.4 = 5.0\times10^{-5}m/s$$

2) 이동에 걸리는 시간을 구한다.

$$t = \frac{2{,}000m}{5.0\times10^{-5}m/s}$$
$$= 4\times10^{7}s$$
$$= 463d$$

3) 낮은 지역의 호수에 유입되는 농도를 구한다.

a. 1차 분해에 대한 식을 세운다.

$$C = C_0 e^{-kt}$$

b. 낮은 지역의 호수로 유입되는 농도는 다음과 같다.

$$C = (100.0g/m^3)e^{-0.001(463)}$$
$$= 62.9g/m^3$$

4.4 물질전달

물질전달과 기체이전

- **수질환경에 적용되는 유체(기체, 액체) 간 물질전당, 기체이전 및 산소전달 등 대한 이론 및 기술에 대한 이해**

4.4.1 개요

1) 이류(Advection), 확산(Dispersion), 분산(diffusion), 혼합(Mixing)

• 이류(advection)

- 유체 안에 내재되어 있는 고형물이나 열에 의해 물질이 이동 되는 것
- 어떤 물질이 유체에 완전히 용해된 상태가 아닌 경우를 말하며, 유체 안에 용해되지 않은 알갱이의 움직임에 의해 물질이 전달되는 경우(예 ; 지하수에서 용존 고형물 혹은 열이 지하수와 같은 속도로 수송되는 것

 * 대류(convection) : 온도 차이에 의해서 야기되는 유체의 운동. 지하수 오염에서 대수층에서 열이 전달되는 경우에 이류와 대류는 동시에 발생

• 확산(dispersion)

- 물리적인 원인에 의한 물질의 이동. 이를테면, 통과하는 재질의 마찰특성(friction effect)이나 공극 크기(pore size)의 차이로 인해 부분적으로 생긴 유체의 흐름으로 인해 물질이 이동되는 현상
- 예 ; 고요한 물에 물감을 떨어뜨리면 시간의 경과에 따라 물감이 퍼져나가 점점 색깔을 띠는 현상이나 얼음이 물로 변환되는 것이나 액체에 녹을 수 있는 고체가 액체 안에 있으면 작은 입자로 되는 것
- 확산은 융합(입자, 분자 또는 원자가 결합하여 더 큰 단위를 형성하는 과정)의 반대 과정. 확산에서 원자, 입자 또는 분자는 원래 단위에서 분리됨

• 분산(diffusion)

- 물질이 고농도에서 저농도로 흐르는 과정. 화학적으로 농도차이 때문에 생기는 물질의 이동
- 물론, 확산과 분산은 대부분 동시에 일어나기 때문에 하나만 선택적으로 일어나는 경우는 거의 없음
- 예 ; 예를 들어 커피를 종이컵에 넣고 뜨거운 물을 넣어서 끓이는 경우 뜨거운 물을 붓고 젓지 않는다 해도 커피는 점차 녹아 드는데 이 상태는 분산 만이 있는 것이며, 그 상태에서 막대기로 커피를 휘휘 저으면, 확산도 동시에 일어나는 것이 됨

• 혼합(Mixing)

- 분산상태를 만들기 위해 물리적인 동작(휘젓음, 교반 등)
- 예 ; 한 물질을 다른 물질과 섞음, 액체와 부유물질을 섞음, 혼화성 액체를 섞음, 응집, 열 전달 시

 ☞ 분산(Dispersion), 이류(Advection), 확산(dispersion)과의 차이점

 분산은 물리적인 원인에 의해서 물질이 이동 하는 것에 비해
 이류는 유체 안에 내재되어 있는 고형물이나 열에 의해 물질이 이동 되는 것
 확산은 입자가 더 큰 구조에서 분리되는 과정
 확산은 항상 흡열 과정, 분산은 엔탈피 변화가 없는 과정

2) 수질환경에서의 적용

정수나 폐수에서의 혼합작용은 반응조의 설계에 매우 중요한 요소
응집에 있어서의 급속혼합은 단시간에 응집제와 처리시킬 물이 혼합됨을 말하며 분산이나 확산은 아님
한편, 수리지질학에서 다루었던 지하수의 운동기작은 전적으로 지하수의 동수구배에 의한 이동, 즉 이류(advection)에 기초를 두고 있음

즉, 이류한 지하수환경으로 유입된 오염물질이나 용질(solute, 일명 오염물질)이 지하수의 공극 유속(pore water velocity, average linear velocity)과 같은 속도로 움직이는 것을 뜻함. 실제 지하수는 동수구배가 없으면 움직이지 않으나, 지하수환경으로 유입된 각종 용질은 농도구배나 온도구배에 의해서도 움직일 수 있음. 이와 같이 지하수 환경 내에 유입된 오염물질은 이류에 의한 지하수 동수구배를 따라 흐를 것이라고 예상되는 이동경로로부터 이탈하여 분산 및 확산 되는 경우도 있음

3) 혼합상태를 표시하는 방법

- 이상적인 완전 혼합
  물이 조용히 흐르는 가늘고 긴 관에 물감을 조용히 주입 시키면 일정 시간(t) 후에 물감이 순간적으로 전부 나타나게 되는 상태를 유지하는 혼합
- 분산(variance ; σ^2)

$$\sigma^2 = 2\frac{D}{UL} - 2\left(\frac{D}{UL}\right)^2(1-e^{-UL/D})$$

D : 분산계수,
L : 반응조 길이,
U : 반응조 내 유체의 속도
$\frac{D}{UL}$: 분산수

- Morill 지수($\frac{t90}{t10}$)
  t90 : 반응조 주입된 물감의 90%가 유출될 때까지 시간
  t10 : 반응조 주입된 물감의 10%가 유출될 때까지 시간

<표 4-9> 반응조의 혼합 정도

혼합 정도의 표시	이상적인 완전혼합	이상적인 Plug flow
① 분산	1	0
② Morill 지수	값이 클수록	1
③ 분산수	∞	0
④ 지체시간	0	이론적인 체류시간과 동일

4.4.2 물질수지(Material Balance)

1) 정의
물질은 고립계에서 창조되거나 파괴되지도 않는다는 질량보존의 법칙(law of conservation of mass)을 응용한 개념임. 물질의 유입과 유출 그리고 축적 사이의 균형이 맞아야 한다는 것이 물질수지의 개념임

Accumulation = Input − output ± Utilization or Generation

- 계(System) - 분석을 위해 정의한 특별한 영역
  - 개방계(open system) or 흐름계(flow system) : 경계를 통하여 물질이 이동하는 계
  - 폐쇄계(closed system) or 회분계(batch system) : 경계를 통한 물질 이동이 없는 계

- 물질수지 작성방법
  - 간단한 flow sheet 를 그림
  - 아는 data를 flow sheet에 기입.(물질명, 유량, 온도, 농도 등)
  - 화학반응식 기입(반응이 있는 경우)
  - 계산의 기준을 설정 (물질량 or 일정한 시간 등)
  - 각 성분의 수지식을 세우고 품

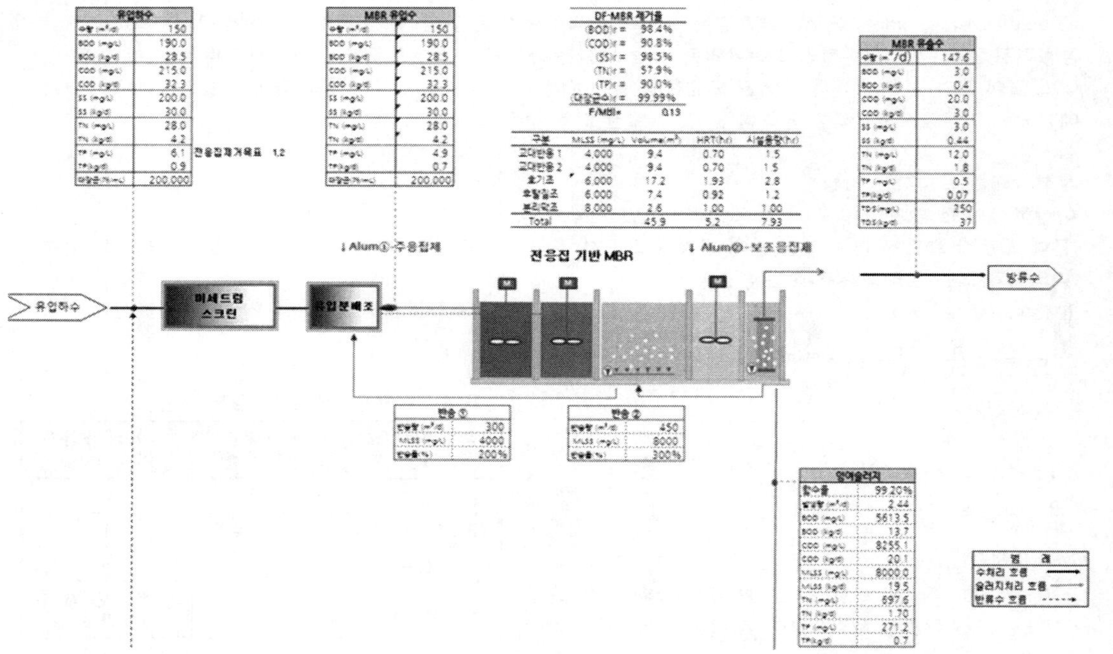

<그림 4-23> 물질수지도(하수처리시설 MBR 공법의 예)

자료 : K-Water PRO-MBR

4.4.3 폭기조 물질수지

1) 미생물 물질수지

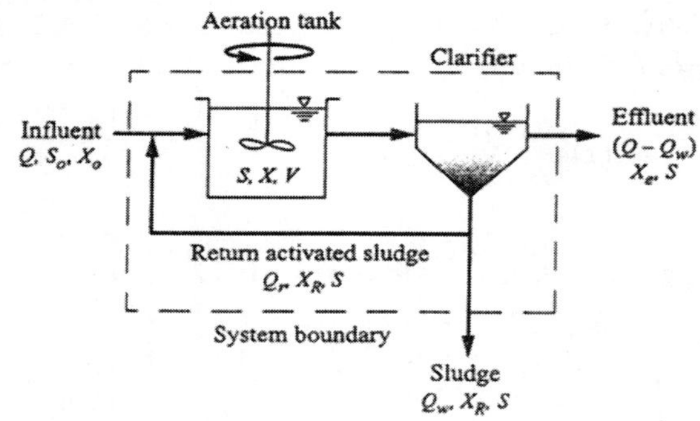

여기서,

V : 반응조(포기조) 용적, m^3

Q : 유입유량, m^3/d

X_o : 유입수 내 미생물 농도, g VSS/m^3 → 무시

Q_w : 폐슬러지 유량, m^3/d

X_e : 유출수 내 미생물 농도, g VSS/m^3

X : 포기조 내 미생물 농도, g VSS/m^3

X_r : 침전지로부터 반송되는 미생물 농도, g VSS/m^3

r_g' : 순 미생물 생산율, g $VSS/m^3 \cdot d$ $= Y \cdot r_{su} - k_d X = YQ(S_0 - S)/V - k_d X$

- 물질수지(포기조 내)

미생물의 축적율	=	유입되는 미생물	-	유출되는 미생물	+	미생물의 순증가율

$V\frac{dX}{dt} = QX_o - QX + V \cdot \gamma_g'$

Steady State 라 하면, $\frac{dX}{dt} = 0$

$\gamma_g' = (\frac{dX}{dt})_{net} = \frac{\mu_{max} \cdot X \cdot S}{Ks+S} - k_d \cdot X$

☞ 생물학적처리 "미생물 성장율"식 참조

윗식에 대입하면,

$QX_o - QX + V \cdot (\frac{\mu_{max} \cdot X \cdot S}{Ks+S} - k_d \cdot X)$

$X_o \approx 0$(유입수 중에는 미생물이 거의 없으므로)

$-Q \cdot X + V \cdot (\frac{\mu_{max} \cdot X \cdot S}{Ks+S} - k_d \cdot X) = 0$

$\frac{Q}{V} = \frac{\mu_{max} \cdot X \cdot S}{Ks+S} - k_d = \frac{1}{\theta}$

2) 기질(Substrate) 물질수지

$V\frac{dS}{dt} = QSo - QS + V \cdot (-\gamma_{su})$

Steady State 라 하면, $\frac{dS}{dt} = 0$

$0 = Q(S_o - S) - V \cdot \gamma_{su}$

$\gamma_{su} = \frac{-k \cdot X \cdot S}{Ks+S}$ 윗식에 대입하면,

☞ θ : HRT = $\frac{V}{Q}$
γ_{su} : 기질의 변화율
Y : $\frac{\Delta X}{\Delta S}$ (제거되어진 유기물이 전부 미생물로 바뀌어진 율)

$$Q(S_o - S) = V \cdot \frac{-k \cdot X \cdot S}{Ks + S}$$

$$(S_o - S) = V \cdot \frac{-k \cdot X \cdot S}{Ks + S}$$

$$S_o - S = \frac{V}{Q} \cdot \frac{-k \cdot X \cdot S}{Ks+S}$$

4.4.4 기체이전과 산소전달

1) 개요

- 물질전달 : 혼합물 중에서 두지점 간의 농도 차에 의하여 물질이 이동하는 현상
- 물질전달기구 : 확산 -> 분자(층류) 확산, 난류확산
  - 대류 -> 자연대류, 강제대류
  - 확산 : 혼합물 내에서 농도구배에 의해 한 지점으로부터 다른 지점으로 물질이 이동하는 현상
    온도구배, 압력구배, 외력

- 이중경막설(double film theory)
  - 두가지 상(phase)이 접할 때, 두 상이 접한 경계면의 양측에 경막이 존재한다는 가정
  - 이 때 확산을 일으키는 추진력은 두 상에서의 확산물질의 농도 차 또는 분압 차이며 주어진 온도, 압력에서 평형상태가 되면 물질의 이동은 정지한다. 기-액 두 상의 본체에서는 확산물질의 농도(또는 분압) 기울기 차가 거의 없으나 기-액의 경막 내에서는 농도 기울기가 있으며 두 상의 경계면 에서 평형을 이루려고 하기 때문
  - 기체가 액상으로 흡수되고, 기-액 양 경막으로의 확산이 일어난다면 다음의 조건이 성립되는 것으로 가정.

  ① 두 상 간의 물질전달 속도는 상계면 양측 상을 통한 확산속도에 의존
  ② 상계면에서는 확산성분에 대한 저항이 없음
  기체는 기체상 -> 기체 막 -> 액체막 -> 액체상의 경로로 이동
  액체가 충분히 교반된다면 액체상에서의 이동속도는 매우 빠를 것이며 액체상과 기체상 사이의 두 개의 막이 기체의 이동속도에 가장 큰 영향을 미침

2) Fick's Diffusion Law

- 정상 상태 조건에서 유체 흐름의 속도는 농도의 기울기에 비례
- 기체와 액체 사이의 경계면에는 각각 경막(Film)이 존재한다고 가정
- 공기 중의 산소의 농도 C_g가 기체 경막에서의 농도 C_{gi}, 액체 경막에서의 농도 C_{Li} 를 거쳐 액체 중에 농도 C_L로 이전된다고 가정하면,
  예) 공기 중의 산소 기체가 물 중에 용해되는 과정

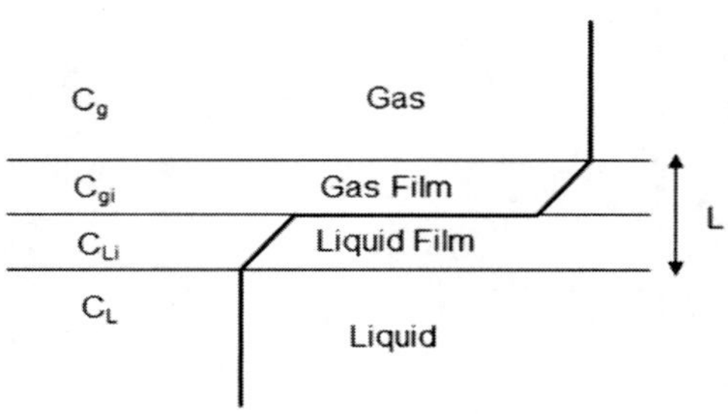

<그림 4-24> Two Film Theory

여기서,

D	:	분자 확산계수m^2/sec
$\frac{dm}{dt}$	:	기체의 질량 변화율
$\frac{dC}{dt} = \frac{1}{V}\frac{dm}{dt}$	:	시간 t에 있어서 기체의 농도변화
L	:	경막 두께 m
A	:	경계면 면적 m^2
$a = \frac{A}{V}$	:	액체의 단위 체적 당 기포의 표면적 또는 개체-액체 간 계면 면적
$K_L = \frac{D}{L}$	:	기체이전계수 m/sec
$K_L \cdot a$	:	물질의 총괄이전계수 (예 ; 산소 총괄 이전계수)

• 시간에 따른 기체의 질량 변화율은 경계면 A에서 경막두께에 따른 기체의 농도의 변화율에 비례

$$\frac{dm}{dt} = -A\frac{dC}{dL}$$

일정 체적 시, 양변을 일정 체적 V로 나누면,

$$\frac{1}{V}\frac{dm}{dt} = \frac{dC}{dt} = -D\cdot\frac{A}{V}\cdot\frac{C-Cs}{L}$$

$$\frac{dC}{dt} = \frac{D}{L}\cdot\frac{A}{V}\cdot(C_s-C)$$

$$= KL\cdot a\cdot(Cs-C)$$

양변을 적분하면,

$$\int_{C_o}^{C_t}\frac{dC}{C_s-C} = K_L\cdot a\int_0^t dt$$

$$\ln\frac{C_s-C_o}{C_s-C_t} = K_L\cdot a\cdot t$$

$$K_L\cdot a = \frac{\ln\frac{C_s-C_o}{C_s-C_t}}{t} = \frac{\ln(C_s-C_o)-\ln(C_s-C_t)}{t}$$

$$-[\ln(C_s-C_t)-\ln(C_s-C_o)]$$
$$=[\ln(C_s-C_o)-\ln(C_s-C_t)]$$
$$=\ln\frac{C_s-C_o}{C_s-C_t}$$

$$\frac{(\text{최초 산소 부족량})-(\text{최종 산소 부족량})}{\text{시간}}$$

시간에 따른 농도 변화식(기울기 : $K_L\cdot a$)

$$K_L\cdot a = \frac{A}{V}K_L = 2\frac{A}{V}\sqrt{\frac{D}{\pi t_c}}$$

t_c : 노출시간

3) KL·a 값

• 비정상법(非正常法)에 의한 KL·a 값

탈산소 후 순수를 비정상 폭기하는 방법(표준방법)

- Na_2SO_3와 $CoCl_2$(촉매제)를 주입하여 조 내의 용존산소를 [illegible]시킨 후
- 폭기장치를 작동, 경과시간에 따른 DO 값을 측정

$$\ln\frac{Cs-Co}{Cs-Ct} = K_L\cdot a\cdot t$$

ln 그래프를 그림(기울기 = $K_L\cdot a$)

폭기시간(min)	0	5	10	20	30	40	50	60	비 고
Ct (mg/L)	0	1.5	2.8	5.0	6.4	7.4	8.0	8.5	Cs: 10
Cs-Ct (mg/L)	10	8.5	7.2	5.0	3.6	2.6	2.0	1.5	

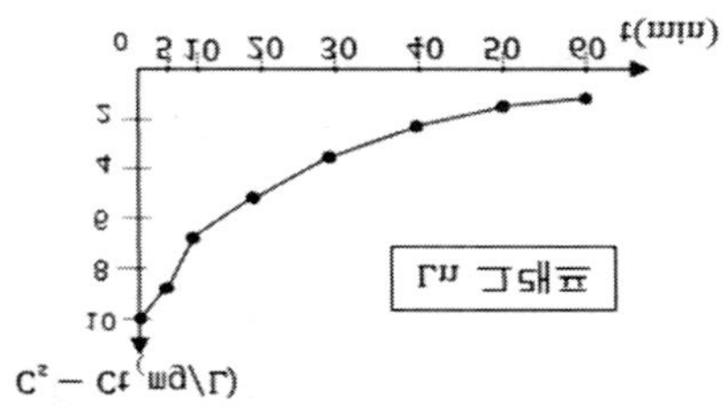

$$\frac{\ln(Cs-C1)-\ln(Cs-C2)}{t2-t1} = K_L\cdot a$$

t_1 : 5min, t_2 : 60min 경과시간에서,

$$K_L\cdot a = \frac{\ln(10-1.5)-\ln(10-8.5)}{60-5} = 0.032/\text{min}$$

• 정상법(正常法)에 의한 $K_L \cdot a$값

실제 포기조의 $K_L \cdot a$값을 구함

$\frac{dC}{dt} = K_L \cdot a \cdot (C_s - C) - R_r$

정상상태(Steady State)에서는 $\frac{dC}{dt} = 0$

$K_L \cdot a = \frac{R_r}{C_s - C}$ (sec^{-1})

R_r : 포기조 내 미생물의 산소소비속도 mg/L·hr

일반 하수의 경우, 5~7g/d·g MLSS

공기 포기에 의한 산소 용해속도와 생물학적인 산소 소비속도가

같아서 DO 농도가 일정하게 유지되는 상태로 R_r을 측정하고

포기조 내의 DO를 측정하여 $K_L \cdot a$를 구함

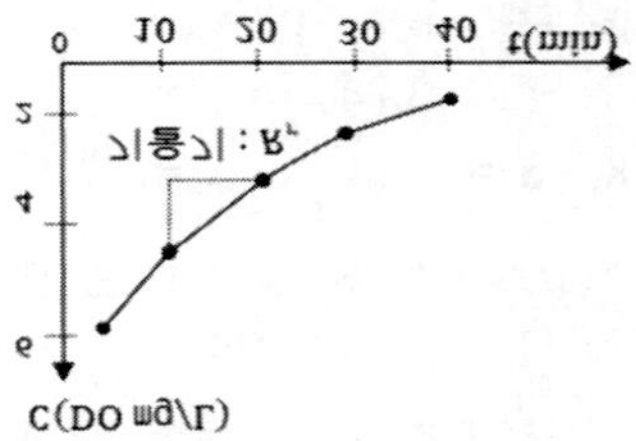

$R_r = K_L \cdot a\,(C_s - C)$

$C = -\frac{1}{K_L \cdot a} R_r + C_s$

기울기 y절편

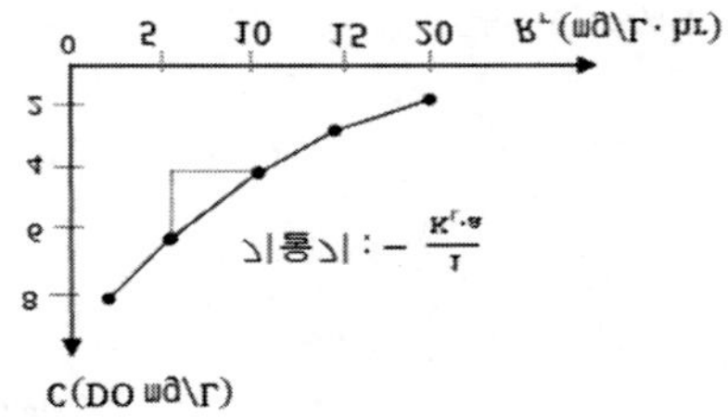

시간(min)	0	2	4	6	8	10	12	14
DO (mg/L)	7	5	5	4	3	2	1.2	1.0

$R_r : \frac{7-1}{14-0} = 0.428$ mg O_2/L· min (25.71 mg O_2/L·hr)

MLSS 2,400 mg/L 일 때 활성슬러지의 호흡율은,

$\frac{25.71}{2,400} \times 10^3 = 10.71$g O_2/hr · g MLSS

• DO를 0으로 만드는 방법

Na_2SO_3와 $CoCl_2$(촉매제)를 주입하여 조 내의 용존산소를 환원시킴

$O_2 + 2Na_2SO_3 \rightarrow 2Na_2SO_4$

32 2×126

9.17 x

(20℃에서 O_2 의 포화농도 : 9.17)

∴ 필요한 Na_2SO_3 농도 x 는 $\frac{2 \times 126 \times 9.17}{32} = 72.3$mg/L

• 실제 포기조 내에 DO 값을 높이 유지하면 산소전달율이 저하되는 이유는?

$\frac{dC}{dt} = KL \cdot a \cdot (Cs - C)$ 에서,

일정한 $KL \cdot a$에서 $(Cs - C)$ 값이 클수록 산소이전속도($\frac{dC}{dt}$)가 증가

따라서 포기조 내 DO(C값)를 높게 유지하면 $(Cs - C)$ 값이 작아져서 산소이전속도가 저하 됨

• 산소공급능력(Oc kg/hr)

Fick 법칙에서 양변에 V(반응조 체적)를 곱하면,

$Oc = \frac{dC}{dt} \times V = KL \cdot a \cdot (C_s - C) \times V$

초기 DO = 0이라 보면 C = 0

$Oc = K_L \cdot a \cdot C_s \cdot V$

다른 규격으로 kg O_2 /kw · hr

• 산소이전계수(K_L), 산소 총괄이전계수 ($K_L \cdot a$)의 영향인자

$K_L = \frac{D}{L}$ (단위 ; $\frac{m^2/sec}{m}$)

a. 수온

기포 계면 변경으로 K_L값 ↑

수온↑, 기포 표면적↑, D↑, K_L↑

수온↑, 액체의 점도↓ 반면에 기체 온도 ↑, 점도D↑이므로

수온 상승 시에는 물의 점도가 낮아지고 기포의 상승속도는 증가되므로 기포의 노출시간이 단축됨.

b. 교반강도 및 반응조 형상

포기장치와 $K_L \cdot a$ 는 밀접한 관계가 있음.

하수와 청수의 $K_L \cdot a$의 비율 $\alpha = \frac{K_L \cdot a_{하수}}{K_L \cdot a_{청수}}$

α는 포기장치의 규격 및 사양, 반응조 형상, 교반강도, 하수 성상에 따라 다름

c. 소수성 물질, 계면활성제, 염, 고형물질

계면활성제가 기포 표면을 덮으면 확산계수(D)가 감소 -> K_L값 감소

표면장력 저하 시, A가 증가 $K_L \cdot a = = \frac{D}{L} \cdot \frac{A}{V}$ 이므로 결국 $K_L \cdot a$ 값도 증가

청수와 하수의 산소포화농도의 비율($\frac{Cs_{하수}}{Cs_{청수}}$)을 고려, 수중 용존 물질 등을 고려하여 보정계수를 반영함

$\frac{dO}{dt} = \alpha \cdot KL \cdot a \cdot (\beta \cdot Cs - C) \times 1.024^{(T-20)}$

여기서, α : 청수(증류수)와 하 ·폐수의 $K_L \cdot a$ 비율, β : 청수(증류수)와 하 ·폐수의 Cs 비율

수고하셨습니다!

제 5 장 생물학적 처리

Contents

제5장 생물학적 처리

5. 1 생물학적 처리 개요

생물학적처리

- 수중의 유기물과 질소, 인 등을 호기성, 혐기성 또는 임의성 조건에서 미생물의 생물화학적 대사작용으로 섭취하여 분해
- 오염물질(기질), 대상 미생물의 종류, 서식 환경조건, 산화, 분해 이론 등에 대한 이해

5.1.1 정의

수중의 유기물을 미생물의 대사작용에 의하여 분해, 물을 정화하는 방법

5.1.2 생물학적 처리시설

- 수질오염방지시설 : 물환경보전법 제2조 12 점오염원, 비점오염원으로부터 배출되는 수질오염물질을 제거하거나 감소시키는 시설
  - 수질오염방지시설 중 생물학적 처리시설 (물환경보전법 시행규칙, 별표 5)
  살수여과상, 폭기시설, 산화시설(산화조 또는 산화지), 혐기성 ·호기성 소화시설, 접촉조, 안정조 돈사 톱밥 발효시설
- 공공하수처리시설 : 하수도법 제2조 제 9호 하수관로, 공공폐수처리시설, 공공하수처리시설
- 축산폐수, 분뇨, 음식물, 침출수 처리시설 등

5.1.3 유기물

- 호기성조건에서 호기성/임의성 Bacteria의 이화(異化)작용, 동화(同化)작용의 기질(基質)로 이용될 수 있는 탄소화합물
- 혐기성 조건에서 산 발효균과 메탄 발효균에 의해 CO_2와 CH_4으로 전환될 수 있는 탄소화합물
- 유기물 지표
  ThOD, TOD, BOD, COD, TOC, UVA254 ......
  ※ 옥살산염 (옥살산나트륨 $Na_2C_2O_4$ 등) . 아세트산염 (아세트산나트륨 CH_3COONa 등) 등과 같이 무기/유기화합물의 어느 쪽으로도 분류되는 구별하기 어려운 것도 있고, 사염화탄소(CCl_4)나 이황화탄소(CS_2)와 같이 간단한 탄소화합물이지만 유기화합물로 분류되는 것도 있어, 그 구별이 반드시 엄밀한 것은 아님

1) ThOD (이론적 산소 요구량 : Theoretical Oxygen Demand)
- 수중의 유기화합물과 질소화합물의 조성으로부터 이들이 완전히 산화/분해되는데 소요되는 산소량
- 유기물, 질소화합물의 산화반응식으로부터 이론적으로 산출한 값
  ※ 박테리아의 1 g의 이론적 산소 요구량 : 1.42 g
  $C_5H_7O_2N + 5\,O_2 \rightarrow 5CO_2 + 2H_2O + NH_3$
  * 113g : (5×32g) = 1g : X ∴ X = 1.42g (박테리아 분자량 : 113g, 산소분자량 : 32g)

2) TOD (총산소요구량 : Total Oxygen Demand)
- 시료를 완전히 연소시켜 연소 시에 소비되는 산소의 총량
- 난분해성 물질과 화학적 산화제로 산화되지 않는 유기물질의 산소요구량이 포함

3) BOD (생물화학적 산소요구량 : Biochemical Oxygen Demand)

- 수중의 유기물을 호기성미생물이 생화학적으로 산화/분해하는데 필요한 산소 요구량
- 유기물의 오염도를 나타내는 간접 지표 (주로 BOD_5 ; 5일 후 산소 요구량)
- pH 조건, 독성물질의 유입 등에 의하여 측정 시 값의 차이 발생

$$C_6H_{12}O_6 + 6O_2 \xrightarrow{\text{미생물}} 6CO_2 + 6H_2O + \text{새로운 미생물}$$

- BOD의 주의사항
  - 용해성 BOD와 SS 유래의 BOD
    ① 전처리에 의한 SS, 유분(N-Hexane 추출물질로서) 제거와 BOD 값의 변화
    ② 총 BOD, 용해성 BOD의 파악에 의한 처리수질 악화 원인의 판단
  - NH_4-N, NO_2-N의 영향 (N-BOD)
    ① 처리수질 악화 원인의 판단
    ② 난분해성 유기물에 대한 순양(순치)
    ③ 생분해성을 올바르게 판단해 설계
  - BOD > COD
    ① BOD_5 실험 중 질산화가 5일 이전에 발생하여 NOD가 측정된 경우
    → 최근 고도처리시설이 보급되면서 많이 발생 (3일 이내 발생 가능)

※ 순화(馴化;순치(馴致),순응(馴應))
생물이 외계의 환경조건에 따라 그것에 적합하게 변화하는 성질을 적응이라 한다. 미생물을 생리적으로 불리한 환경에서 점차 익숙하게 되면 어느 정도까지는 그 환경에서 살아가게 되는데 이러한 것을 순화(馴化)라고 하나 적응의 일종임

자료 :https://zador.tistory.com/47[들랑날랑]

4) COD (화학적 산소요구량 : Chemical Oxygen Demand)

- 산화제를 이용 수중의 유기물을 화학적으로 산화하는데 필요한 산화제의 량을 산소량으로 환산
  - 산화제 : $KMnO_4$ (국내, 일본), $K_2Cr_2O_7$ (미국, 유럽, 중국 등)
- 유기물의 오염도를 나타내는 간접 지표로, 주로 난분해성 유기물 분석에 많이 사용
- 산화율이 BOD보다 높음. (COD > BOD)
- COD_{Cr}
  - 총 유기물량의 파악에 이용
  - 폐수 중의 총유기물을 거의 완전하게 산화 분해하는데 필요한 산소량
  - 폐수로부터 제거된 COD_{Cr}은 산소소비량과 균체로 전환량의 합이며, 물질수지를 취할 수 있음

$$C_aH_bO_c + Cr_2O_7^{2-} + H^+ \xrightarrow{\text{가열, 촉매}} Cr^{3+} + CO_2 + H_2O$$

- COD_{Mn}
  - 유기물을 완전하게 산화하지 않고, BOD에 가까운 값을 얻을 수 있도록 반응 조건을 조정한 측정 방법
  - 실제로는 반드시 BOD에 가까운 값이 되지는 않음
    특히, 생물처리수에서는 난분해성 유기물이 잔류하고 있기 때문에, COD 값이 더 높은 경우가 많음
  - 화학적인 의미가 거의 없기 때문에 생물처리 Process의 설계에 이용되는 경우는 없음
- COD_{Cr} , COD_{Mn}의 주의사항
  - NH_4-N, NO_2-N의 영향
    NH_4-N은 COD 분석에 영향을 미치지 않음 (BOD와는 다르기 때문에 주의)
    NO_2-N은 COD로 검출됨
    아질산 유래의 COD = NO_2-N x 1.14 [g-O_2/g-NO_2-N]
- 배연탈황 폐수에 함유되는 디티온산 이온(dithionic Acid ion $S_2O_6^{2-}$)나 4티온산(4 thionic Acid) 등의 황산화물은 COD로 검출됨
- 위에서 서술한 COD를 저감시키기 위해서는 유기물 유래의 COD를 저감시키는 경우와는 다른 대책이 필요
- BOD, COD_{Cr} , COD_{Mn}의 관계도
  - COD_{Cr} 은 거의 이론적인 산소요구량(ThOD)에 일치
  - BOD, COD_{Mn} 은 서로 다른 의미를 갖음

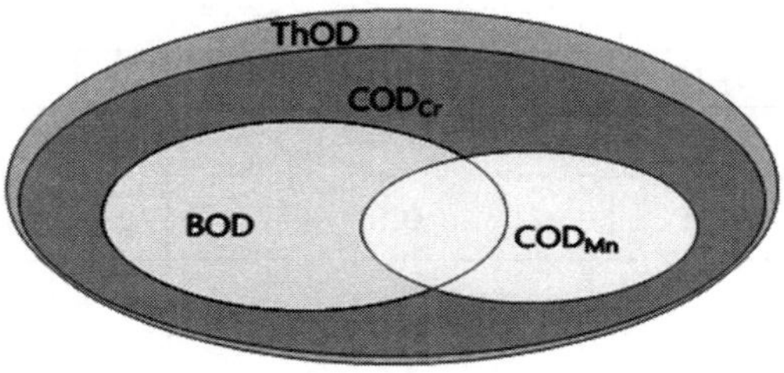

5) TOC (총유기탄소량 : Total Organic Carbon)

- 유기물을 고온 (950℃)에서 연소 산화시켜 발생되는 CO_2 발생량 분석하여 나타낸 유기물량
- 난분해성 유기물 측정 시 사용되며, 2016년부터 환경정책기본법에 TOC 사용
- 산화율이 높고 측정시간이 짧음
- 폐수의 생분해성에 좌우되지 않고, 폐수 중의 유기물의 총량을 손쉽게 측정할 수 있음
  - 유기물량은 탄소(C)의 량으로 측정되기 때문에 COD_{Cr} 과는 화학적인 의미가 다름
  - BOD나 COD_{Cr} 보다 쉽고 정확하기 때문에 분석치의 double check를 위하여 많이 이용
- NH_3-N, NO_2-N, 무기 황 화합물 등의 영향을 받지 않음
- TOC가 동일하고 COD_{Cr} 이 다른 예:
  - $CH_3COOH + 2O_2 \rightarrow 2CO_2 + 2H_2O$ TOC 24mg/L, COD_{Cr} 64mg/L
  - $CH_3CH_2OH + 3O_2 \rightarrow 2CO_2 + 3H_2O$ TOC 24mg/L, COD_{Cr} 96mg/L

6) 기타 : UVA254, AOC......

- UVA254 : Ultra-Violet Absorbance at 254 nm
- AOC : Assimilable Organic Carbon(동화할 수 있는 유기 탄소)

7) 유기물 지표 간 관계

- 측정 값의 크기 : ThOD > TOD > COD > BOD_{μ} > BOD_5 > TOC
- BOD, COD, TOC 비교

구분	BOD	COD	TOC
산화율	30 ~ 50%	60 ~ 80%	95%
측정 시간	5 ~ 20일	COD_{Mn} : 40 ~ 50분 COD_{Cr} : 3 ~ 4시간	5 ~ 20분
사용 국가	한국/일본/영국/호주 등	COD_{Mn} : 한국/일본 COD_{Cr} : 미국/유럽	미국/유럽/독일/일본/한국 등

※ 한국도 환경기준, 배출허용기준 및 방류수 기준에 COD_{Mn} 대신 TOC로 규제기준이 대체되었음

- 폐수처리시설에서 BOD, COD, TOC 비율

구분	BOD/TOC	COD_{Mn}/TOC	COD_{Cr}/TOC
In	1.56	2.41	5.83
Out	0.18	1.54	2.97

8) 유기물 종류

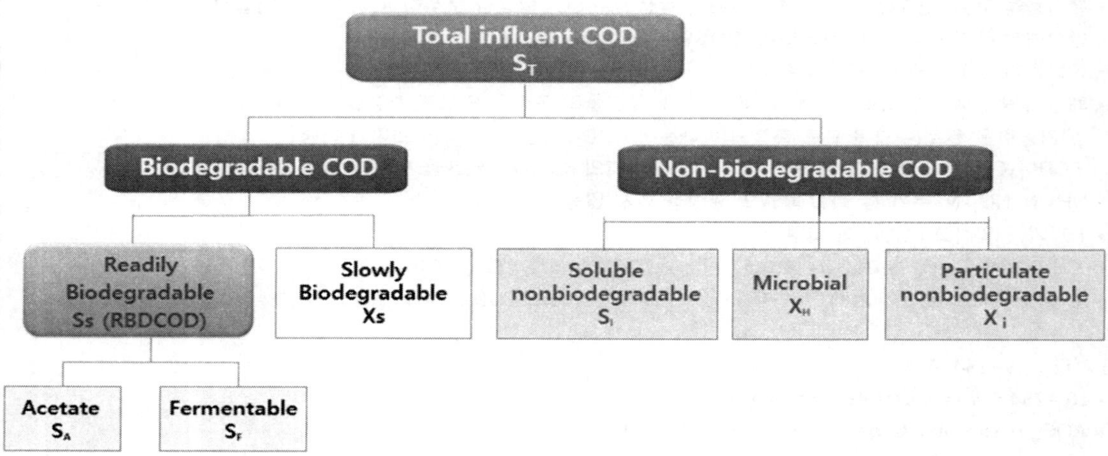

- Biodegradable (생분해 가능한 물질)
  - Readily (Ss : 쉽게 분해되는 부분)
  - Slowly (Xs : 서서히 분해되는 부분)
  - Fermentable : 발효성
- Nonbiodegradable (생분해 불가능한 물질)
  - Particulate inert (Xi : 입자상)
  - Soluble inert (S_I : 용해성)
  - Microbial (X_H : 미생물)

9) 유기물 특징

- BOD, COD, TOC는 간접적인 측정방법 (유기물의 종류는 수십만 개 이상)
  - 따라서 같은 BOD에서도 전혀 다른 효율을 나타내는 경우가 많음
    사람이 고기 섭취 시, 스프로 만들어 먹는 것과 익혀 먹는 것은 같은 양의 에너지를 섭취한다고 해도 몸에 흡수하는 것은 큰 차이
- 미생물이 유기물을 섭취 시 저가(short chain)의 유기물을 쉽고 빠르게 흡수(흡수 속도 : 용존성 > 입자상)
- 처리효율을 좌우하는 것은 유기물(BOD)의 양이 아니라, 미생물이 쉽게 이용할 수 있는 유기물의 양
- 이러한 물질은 SCVFA 또는 RBDCOD라고 함.

* SCVFA : Short-Chain Volatile Fatty Acid　　* RBDCOD : Readily Biodegradable COD

10) 처리수 중의 유기물

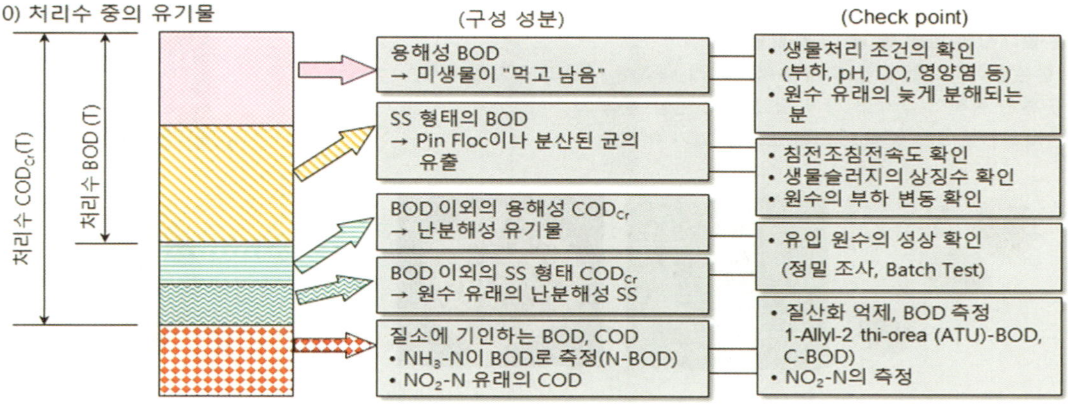

5.2 미생물

- 미생물 = 바이러스 + 원생생물 (원핵생물 + 진핵생물)
  - 바이러스 : 구조상으로 세포가 아니며, 절대 기생성으로 숙주의 세포 내에서만 번식
    원생생물은 아니지만 그 크기 때문에 미생물로 취급 (폐수처리에 미기여, 제거대상)
  - 원생생물 : 박테리아, 방선균, 남조류, 균류 (fungi), 조류(algae), 원생동물(protozoa)
    박테리아는 폐수처리공정에 매우 중요

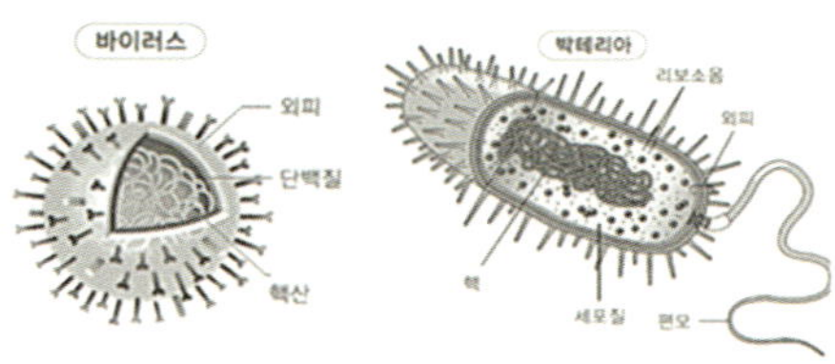

* 원핵생물 [原核生物]
세포 내에 핵의 요소가 되는 물질(DNA)이 있으나 핵막(核膜)이 결여되어 핵의 구조가 없는 생물 -> 지구상에 살고 있는 거의 모든 균이 이에 해당

* 진핵생물 [眞核生物]
핵막(核膜)으로 둘러싸인 핵을 가지며 유사 분열을 하는 세포로 이루어진 생물 ->식물, 동물, 원생생물 등 이 이에 속함

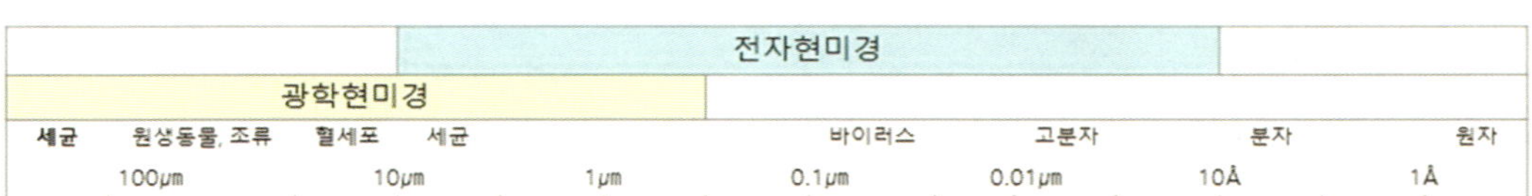

5.2.1 미생물 종류

1) 박테리아 (Bacteria)

- 하수 중 오염물질을 분해/산화하는 주된 미생물
- 미생물 플럭(Floc)을 형성하는 주된 미생물이며 약 300종 이상 서식
  - *Zooglea, Achromobacter, Alcaligenes, Bacillus, Flavobacterium, Pseudomonas, Corynebacterium, Brevibacterium, Acinetobacter*와 사상균인 *Sphaerotilus, Beggiatoa* 등
  - $C_5H_7O_2N$(분자량 113), $C_{118}H_{170}O_{51}N_{14}P$

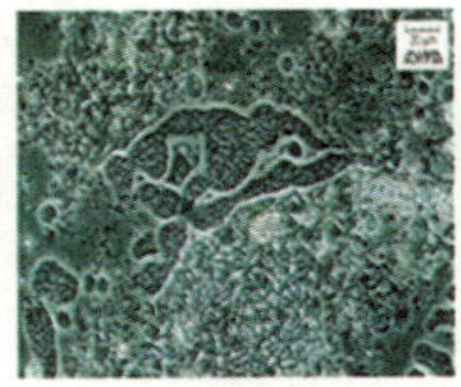

2) 곰팡이 (Fungi)

- 다세포의 비광합성 유기영양생물로 절대호기성 미생물
- 물질대사의 범위 넓고, 내성 강함
  - 활성슬러지조와 같은 호기성 폐수처리 내에서 세균과 강하게 경쟁
- 균류의 번식이 우세할 경우 팽화(膨化)현상 발생
  - 2차침전조에서 침강성 저하, 고액분리가 어려움

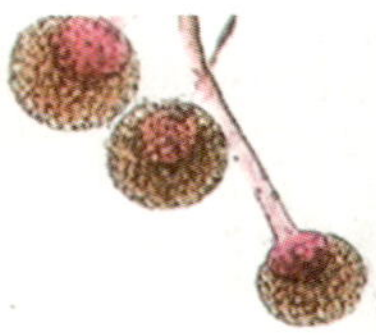

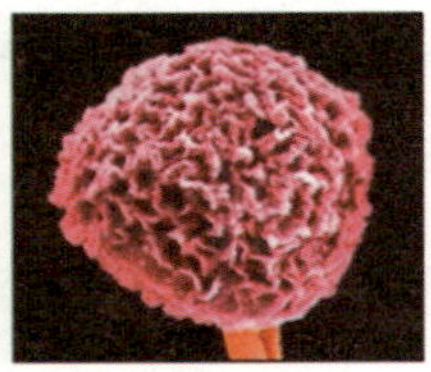
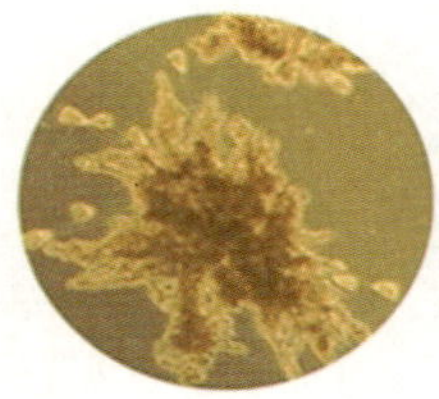

3) 조류 (Algae)

- 단세포 또는 다세포의 무기영양형 광합성 원생동물
  - 주간 : 광합성 $CO_2 + H_2O$(광에너지) → CH_2O(세포) + O_2
    - * 물의 pH와 알칼리도 높임 → 용존산소의 과포화
  - 야간 : 호흡 이화작용을 통해 에너지 얻음
- 잘 관찰되지 않으나, 최종침전지에 발생하기도 함
- 녹조류라고 불리는 *Chloro-phyta*와 규조류 등의 *Chrysophyta*를 포함하여 7개 군으로 세별

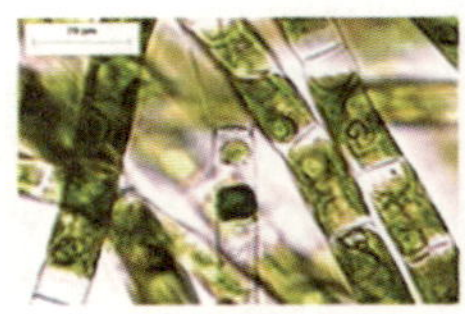
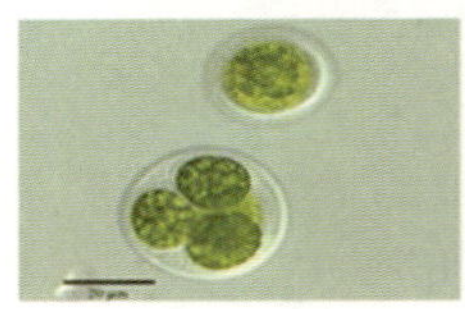

4) 원생동물 (Protoza)

- 단핵이고, 운동성이 있고, 광합성을 하지 않는 진핵그룹의 미생물
- 주로 세균의 포식자로서 약 80종 이상 서식
  - 섬모충류(*Ciliates*) , 편모충류(flagellates), 근족충류(*Rhizopoda*)
- 처리수의 청소자 역할

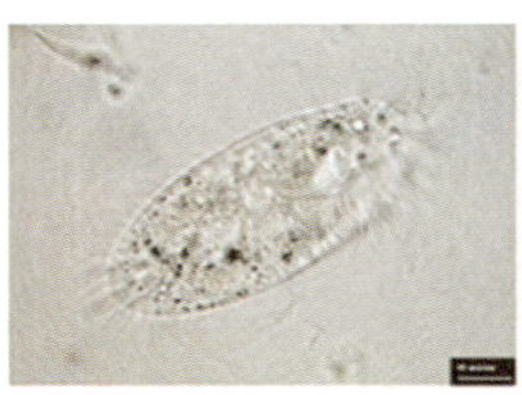
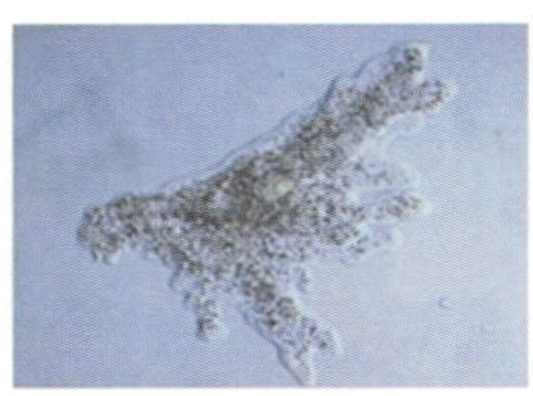

5) 미소후생동물 (metazoa)

- 호기성 유기영양 다세포 동물
- 폐수 내의 분산 및 응집되어 있는 박테리아와 작은 유기 고형물을 효과적으로 섭취
- 처리성이 양호할 때 관찰되는 지표생물
- 윤충, 선충, 갑각류로 윤충(*Rotifer*)류가 대표적

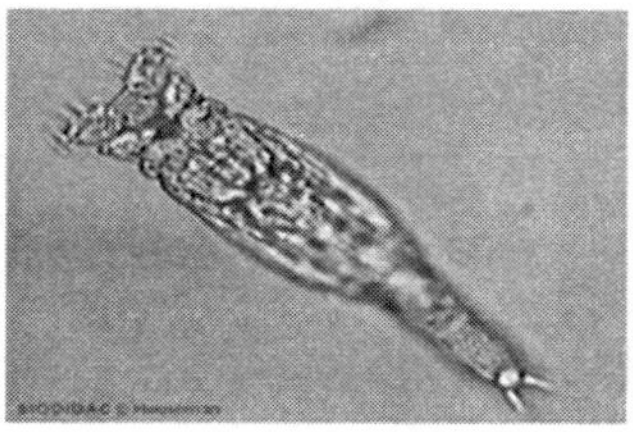

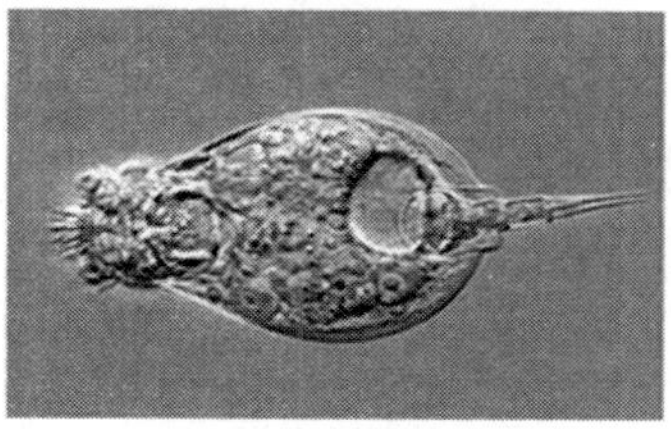

활성슬러지 미생물 중에서 특히 세균류가 오·폐수 중의 유기물을 무기물로 분해하여 안정화 시키고 침강성이 양호한 Floc을 형성시키는 가장 중요한 역할

세균에 비해서 원생동물은 실제로 처리장을 관리하는 과정에서 중요한 지표로 삼고 있는데, 이는 오.폐수를 정화시키는 근본적인 세균을 일상 실험에서 정량 및 관찰하기 어렵기 때문에 비교적 큰 원생동물 (현미경으로 100배 정도 관찰 가능)을 정량 및 관찰함으로써 활성슬러지의 상태를 판단할 수 있기 때문이다. 원생동물이 정상적으로 활동하고 있다는 것은 세균류- 원생동물의 먹이사슬 관계로 볼 때 세균도 양호한 상태에 있다는 것을 의미

5.2.2 미생물 분류

1) 전자수용체에 따른 분류

구분	전자수용체	공정
호기성(Oxic)	용존산소(DO, O_2)	호기성 대사작용
무산소성(Anoxic)	질산염(NO_3^-)	탈질화 (Denitrification)
혐기성(Anaerobic)	황산염(SO_4^{2-}) 탄산가스(CO_2)	황산염 환원(Sulfate reduction) 메탄 형성(Methanogenesis)

2) 탄소원, 에너지원에 따른 분류

분 류		탄소원	에너지원
독립영양미생물 (Autotrophic)	광합성(Photo)	CO_2	빛
	화학합성(Chemo)	CO_2	무기물의 산화환원반응 - 질산화 반응
종속영양미생물 (Heterotrophic)	광합성(Photo)	유기탄소	빛
	화학합성(Chemo)	유기탄소	유기물의 산화환원반응

- 무산소(anoxic)
  혐기성 조건 하에서 전자수용체로 아질산염이나, 질산염으로 사용. 혐기성 조건과 구별하기 위해 사용
  무산소 조건에서 아질산염이나 질산염은 환원되어 질소가스발생 : 생물학적 탈질(Denitrification)
- 에너지원으로 산소만 요구하는 미생물 : 절대호기성 세균(Obligate aerobic)
- 산소를 이용하거나 또는 이용이 불가능할 때 일부 세균은 산소 or 질산염, 아질산염을 전자수용체로 이용
  → 통성호기성 세균(Facultative aerobic)

5.2.3 미생물 대사작용과 성장

1) 미생물의 대사작용

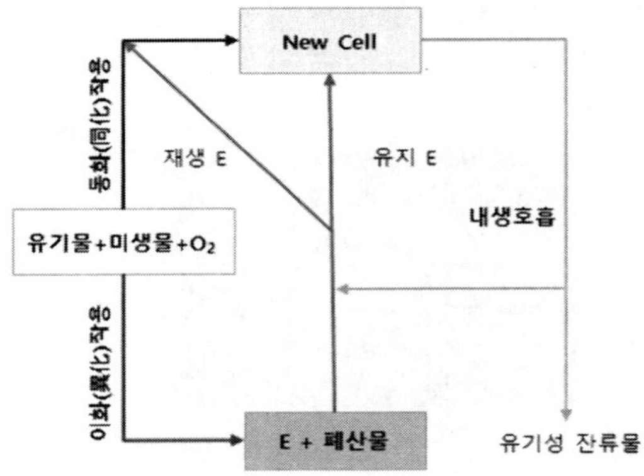

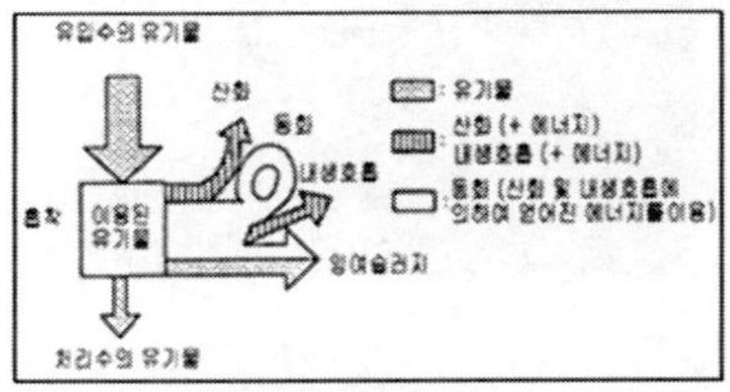

- **이화작용 – 에너지 생산** $C_XH_YO_Z + (x + \frac{y}{4} - \frac{z}{2})O_2 \rightarrow xCO_2 + \frac{y}{2}H_2O + energy$
- **동화작용 - 세포합성** $nC_XH_YO_Z + nNH_3 + (x + \frac{y}{4} - \frac{z}{2} - 5)O_2 + energy$
  $\rightarrow (C_5H_7NO_2)_n + n(x-5)CO_2 + \frac{n}{2}(y-4)H_2O$
- **내생호흡 – 기질분해, 에너지 생산** $(C_5H_7NO_2)_n + 5nO_2 \rightarrow 5nCO_2 + 2H_2O + nNH_3 + energy$

2) 미생물의 성장

- 지연기(The lag phase)
  미생물이 새로운 환경에 적응하여 분열하기까지 걸리는 시간
- 대수증식기(The log growth phase)
  성장과 대사율은 미생물이 기질을 섭취할 수 있는 능력 함수
- 안정기(The stationary phase)
  세포 수는 일정하게 유지.세포성장에 필요한 기질 및 영양소 소비, 오래된 세포의 사멸율이 새로운 세포의 성장율을 능가하기 시작
- 대수사멸기(The log-death phase)
  박테리아 사멸율이 새로운 세포의 생성율 능가

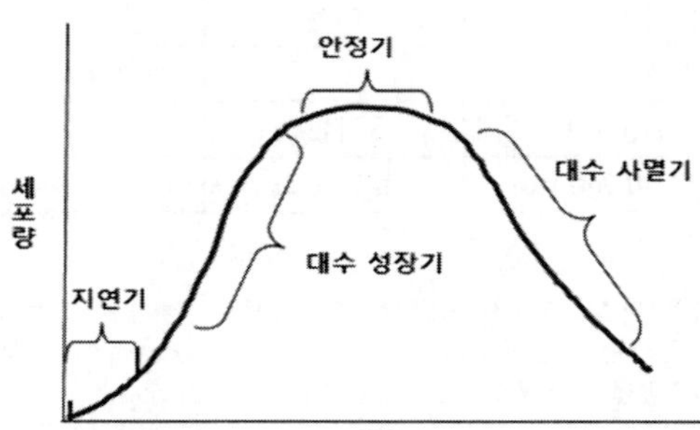

5.3 호기성-혐기성 처리

5.3.1 호기성 처리

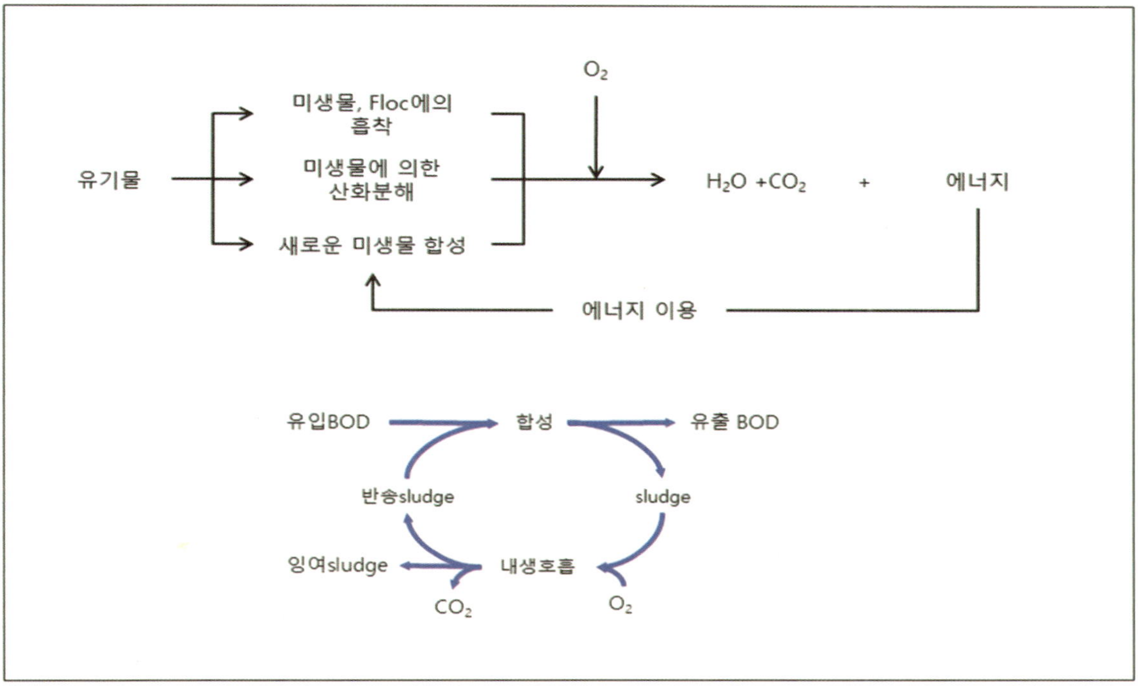

• 호기성 처리에서의 유기물 분해 경로

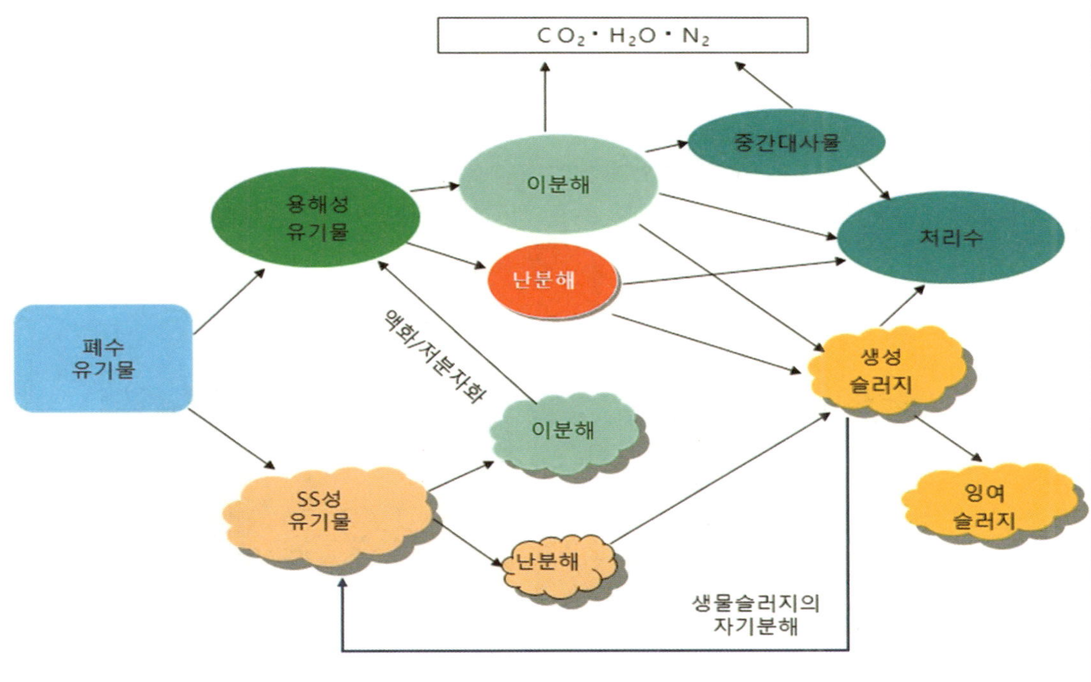

5.3.2 혐기성 처리

1) 혐기성 처리의 원리

- 폐수 중의 유기물을 메탄 생성세균에 의해 완전 혐기성 조건 하에서 CO_2와 CH_4의 가스 상태로 분해하는 처리방법
- 산소가 불필요 ⇒ 에너지 절감
- 에너지(CH_4) 회수 가능 ⇒ 에너지 창출
- 잉여슬러지가 적다 ⇒ 폐기물 절감
- 고부하 처리 가능 ⇒ Compact한 반응조

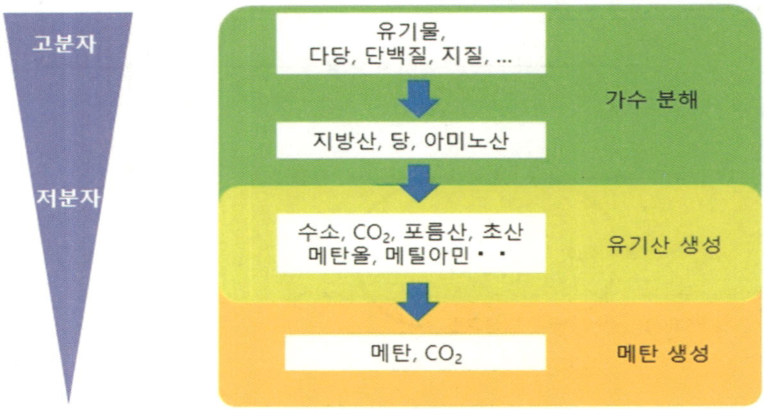

5.4 활성슬러지

5.4.1 개요

- 유입수로 유입된 유기물은 미생물이 섭취, 성장하여 증식(Synthesis) 또는 유지(Maintenance)
- 침전성이 양호하게 되는 미생물 덩어리(군체)가 생성되게 되는데 이를 활성슬러지(Activated Sludge) 라고 함
- 활성슬러지 = 미생물 군집
- 보통 호기성 생물학적 처리에서의 기초적인 환경조건은 다음의 7가지 항목을 들 수 있음.
  - 기질 부하
  - pH
  - 온도
  - 용존산소
  - 필요 영양원
  - 염 농도
  - 독성물질

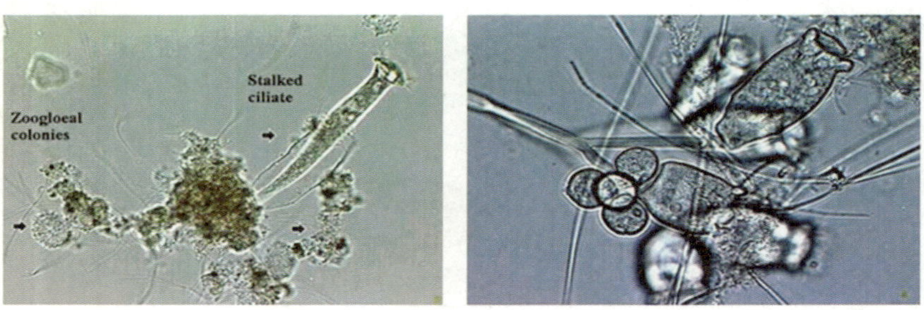

자료 : http://www.sheboyganwwtp.com/5_Laboratory.php

5.4.2 활성슬러지 영향인자

1) 기질 부하
- 부하가 높으면 Floc 미형성 → 침전조 고액분리 불가
- 부하가 낮으면 Floc 해체 → 침전조 고액분리 불가
- 따라서 안정기에서 감쇄기 전반의 부하범위 유지 필요

2) pH
- 일반적으로 활성슬러지는 pH에 적응하기 때문에 상당한 pH 범위에서 성장
- 원생동물은 활성슬러지 중의 미생물 보다 pH 변동에 약하며, 최적 pH 6.5~7.5
- 질소함유가 낮은 폐수의 경우 pH 6이하에서 장시간 운전 시 사상성 미생물 성장 가능

3) 온도
- 일반적인 미생물은 수온 0~70℃ 전후까지 생육 가능 (세포벽에 의한 보호)
- 미생물은 저온에서는 상당한 저항성이 있으나, 고온에 대해서는 취약
  → 원형질이나 효소를 구성하고 있는 단백질이나 핵산이 열에 의해 변형
- 일반적으로 생물학적 처리에서는 중온성 미생물을 이용하고 있으며, 수온에 의하여 다음 인자에 영향
  - 기질의 제거 속도
  - 미생물의 자기 분해 속도,
  - 슬러지 침강성

<표 5-1> 미생물 별 최적 증식온도 [단위 : ℃]

구분	최적온도	최저온도	최고온도
저온성 (Psychrophilic)	16~20	0	30
중온성 (Mesophilic)	25~37	10	45
고온성 (Thermophilic)	50~55	40	70

- 활성슬러지의 반응 속도는 적정온도 범위 내에서는 온도에 따라 증가하나 40℃를 넘어가면 급격히 감소
- 활성슬러지의 자기분해속도는 적정온도 범위 내에서는 온도에 따라 증가
- 따라서 수온이 높으면 같은 양의 기질을 제거할 때 발생되는 잉여슬러지 양이 감소
- 하지만 필요한 산소의 양은 증가 (자기분해 시 산소가 필요하기 때문)

- 일반적으로 활성슬러지의 적정온도는 15~40℃ 이며, 이 외의 온도에서는 침강성 악화
  → 겨울철 수온에 의한 침강성 악화, 여름철 침강성 회복

- 슬러지 중 유기물 비율이 수온의 상승과 함께 감소, 수온이 유기물 비율(VSS/SS) 에 영향

- 수온이 높은 경우에도 슬러지 분산/해체
  → 수온이 상승하면 슬러지의 유기물 비율이 적어지는 현상과 관련

- 포기조와 침전지의 수온 차 발생 시 침전지에서 대류현상으로 슬러지 유출 가능
  → 일반적으로 5℃ 이상 차이 시 대류현상 발생 (한랭지)

4) 용존산소(DO)

- 활성슬러지의 호기성 상태를 유지하기 위한 DO 한계 : 0.2 ~ 0.5mg/L
- 포기조 내 DO는 일반적으로 1mg/L 이상 존재 시 문제는 없음.
  - 질산화까지 고려하면 2mg/L 이상

• DO 영향인자

구 분	내 용
수온	수온이 상승 시 포화 DO 감소(15℃ : 9.76, 25℃ : 8.11)
슬러지 농도	슬러지의 농도가 높아질수록 DO 저하 점도변화에 따른 KLa 변화 (저하)
염류 농도	염류가 증가 시 DO 포화농도 감소
소포제 영향	소포제 농도가 높아지면 산소이동계수 저하 - 소포제에 의한 표면장력 변화로 기포경 증대
독성물질	독성물질 유입 시 슬러지 활성도 저하로 DO 증가

5) 필요영양원

• 활성슬러지 내 미생물은 BOD을 산화하여 균체를 합성하므로 단백질, 효소, 핵산 등의 생성과 동일과정
→ 따라서 질소, 인은 꼭 필요한 영양원이며, 황, 칼슘, 마그네슘 등의 무기원소도 필요함. 일반적으로 이런 성분들이 부족한 경우가 적지만 화학, 의약 등의 대상폐수에서는 부족하여 첨가 필요

Major Element	Sub Element	Trace Element
N, P	Na, K, Fe, Mg, S, Al 등	Cu, Co, Zn, Mn, Mo 등

• 활성슬러지 세균의 화학조성은 경험적으로 $C_5H_7O_2N$, 또는 C118H170O51N14P로 구성
→ 따라서 일반적으로 활성슬러지에 필요한 질소, 인의 최적량은 BOD : N : P = 100 : 5 : 1
※ 구성성분 : 단백질 40~50%, 핵산 15~25% (인은 핵산이나 ATP의 구성성분으로 중요한 역할)

* ATP : 아데노신(adenosine) · 3(tri: three) · 인산(phosphate)의 첫 글자를 따서 부르는 약어로, 아데노신이라는 물질에 인산 3개가 결합된 것

세균	균류	조류 (원생동물)
$C_5H_7O_2N$	$C_{10}H_{17}O_6N$	$C_5H_8O_2N$, $C_7H_{14}O_3N$

N/BOD (%)	P/BOD (%)
3.0~4.5	0.6~0.7

• BOD로는 측정이 불가능하나 장기적으로 산화가능한 유기물 (페놀, 시안 등)이 있을 수 있으므로, 질소, 인 첨가량은 처리수 중에 각각 1mg/L as N 이상, 인은 0.5mg/L as PO4-P 잔류 필요
• 슬러지 조성비로 N/VSS 0.08~0.1, P/VSS 0.015~0.02 정도 함유 시 바람직

현상	문제점	비고
질소 부족 시	• 사상세균, 사상균에 의한 벌킹 • 일반세균의 당류 축적에 의한 비사상성 고점도 벌킹	
인 부족 시	• 균체 증식속도 저하, 활성저하, 처리수 악화	
무기원소 부족 시	• 침강성 저하, 활성 저하	삼투압조정, 생체막 유지 효소 생성, 비중 증가

6) 염분 농도

• 모든 미생물은 세포질 보호를 위한 세포질막, 원형질 막 등 적합한 삼투막으로 균체 내부의 생리 물질을 조정
→ 따라서 세포 외의 염분 농도에 따라 생육이 크게 영향을 받음
• 활성슬러지는 해수(3.5% as NaCl) 까지는 그 염의 농도에 순화 (호염성 미생물 생육)
• 일반적으로 3,000~5,000 mg/L as NaCl에서 활성도 저하, 10,000mg/L에서 균체 파괴 (침강성 저하)

7) 독성물질

[단위 : mg/L]

독성물질 종류	활성슬러지LC_{50} ①	*Vorticella*에 대한 LC_{50} ②	*Vorticella*에 대한 LM③
산	pH 5	-	-
알칼리	pH 9 ~ 9.5	-	-
황화물(S)	5 ~ 25	11	-
염화물(Cl)	5000 ~ 6000	8500	-
철 (Fe)	100	-	4.7
동 (Cu)	1	6	0.25
니켈 (Ni)	1 ~ 6	10	-
아연 (Zn)	5 ~ 13	18	0.90
크롬 (Cr)	2 ~ 10	68	0.53
카드뮴 (Cd)	1 ~ 5	8	0.19
시안화합물 (CN)	1 ~ 1.6	3	-
포름알데히드	800	-	-
페놀	250	26	-
ABS	20	17	-
황산알킬	50	28	-
알루미늄 (Al)	-	-	0.52
납 (Pb)	-	15	-

① 처리수에 영향을 주는 농도 ② 4시간후 50% 저하하는 농도 ③ 비증식속도가 50% 저하하는 농도

5.5 활성슬러지 공법 설계 및 운영

5.5.2 미생물 증식속도

1) 효소단위량 당 생성속도(Michaelis-Menten equation)

- 미생물의 유기물 산화 : 분해, 합성 작용 등은 미생물이 효소의 도움을 받아 일어나며 수중의 단백질, 지방, 당류 등의 유기 기질은 효소에 의해 분해
- 효소 기질 특이성 : 효소는 한정된 기질(단백질, 지방, 탄수화물 등)만을 반응시키는 특성을 보유
- 제한기질 하 생장속도 : 기질농도가 낮으면 효소의 활성 중심은 기질로 포화되지 않았으므로 반응속도는 기질농도에 따라 증감 (기질분자수가 어느 정도 넘으면 활성 중심이 기질로 포화되어 반응속도가 그 이상 되지 못함)

$$\text{유기물} + O_2 \xrightarrow{\text{Enzyme}} \underbrace{\boxed{CO_2 + H_2O + \text{Energy}}}_{\text{Product}}$$

$$\underset{\text{효소 기질}}{Ef + S} \underset{k_2}{\overset{k_1}{\rightleftarrows}} \underset{\text{효소기질 복합체}}{Ec{\cdot}S} \xrightarrow{k} \underset{\text{효소 생성물}}{Ef + \text{Product}}$$

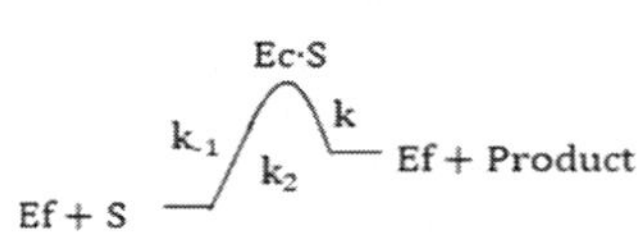

$$\frac{d[Ec{\cdot}S]}{dt} = k_1[Ef][S] - k_{-1}Ec{\cdot}S - kEc{\cdot}S \quad \text{-------(5-1)}$$

여기서,
Ef : free Enzyme
Ec : complex
S : Substrate
k_1 : 효소기질복합체 생성속도
k_2 : " 역반응속도
k : (Ef + Product) 생성속도

총효소량 $E = Ef + Ec\cdot S$ -----(5-2)
(기질에 결합되지않은 효소 + 기질에 함유된 효소)

∴ $Ef = E - Ec\cdot S$ -----(5-3) → (5-1) 식에 대입하면,

$$\frac{d[Ec\cdot S]}{dt} = k_1[S]\,[E - Ec\cdot S] - (k_{-1}+k)Ec\cdot S \quad \text{------(5-4)}$$

어느 정도 시간이 지나면 Ec·S 의 생성속도는 평형(steady state)에 도달. 즉, 생성되는데로 소멸되므로

$$\frac{d[Ec\cdot S]}{dt} \fallingdotseq 0$$

$$\frac{[S]\,[E - Ec\cdot S]}{[Ec\cdot S]} = \frac{(k_{-1}+k)}{k_1} \qquad \frac{(k_{-1}+k)}{k_1} \rightarrow Ks\text{로 두면,}$$

$$Ec\cdot S = \frac{E\cdot S}{Ks + S}$$

양변에 k를 곱하면, $k\cdot Ec\cdot S = \dfrac{k\cdot E\cdot S}{Ks + S}$

(Ef + Product)의 생성속도가 $k\cdot Ec\cdot S$ 이므로 이를 V라 두면,

$$k\cdot Ec\cdot S = V = \frac{k\cdot E\cdot S}{Ks + S}$$

$$\mu = \frac{V}{E} = \frac{k\cdot S}{Ks + S} \quad \text{------(5-5)}$$

효소단위량 당 생성속도
(Michaelis-Menten equation)

2) 미생물 증식 속도(Monad Equation)

$$\frac{V}{E} = \frac{k\cdot S}{Ks + S}$$ ------(5-5) 효소단위량 당 생성속도 (Michaelis-Menten equation)

Ks ≪ S 이면, Ks ≒ 0, $\dfrac{V}{E} = \dfrac{k\cdot \cancel{S}}{\cancel{S}} = k$ → 0차 반응

Ks ≫ S 이면 $\dfrac{V}{E} = \dfrac{k\cdot S}{Ks + \cancel{S}} = \boxed{\dfrac{k}{Ks}}\, S = k'\cdot S$ → 1차 반응

= k' 로 두면

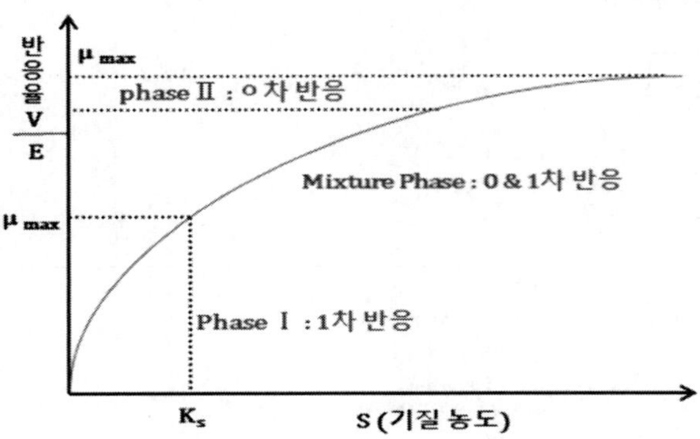

▪ **Monad Equation**

$$\mu = \mu_{max} \frac{[S]}{Ks + [S]} \quad \text{------(5-6)}$$

- μ : 세포 비증식속도(V/E)
- μ_{max} : 세포 최대 비증식속도(1/hr)
  → 기질 포화 시 최대반응속도
- S : 제한기질농도(g/ℓ)
  → 포기조 유출수의 유기물 농도
- Ks : $½\mu_{max}$ 때의 기질농도(반포화 상수)

3) 유기물 제거율 및 미생물 성장율

영양소가 제한된 상태에서 비성장율(비증식속도 μ) 은 Monod 식 (5-6)에서 아래와 같다.

$$\mu = \mu_{max} \cdot \frac{S}{Ks + S}$$

μ_{max} : 세포 최대 비 증가율(1/hr)
→ 기질 포화 시 최대반응속도

S : 제한기질 농도(g/ℓ)
→ 포기조 유출수의 유기물 농도

Ks : $\frac{1}{2}\mu_{max}$ 때의 기질농도(반포화 상수)

① 미생물 성장율

$$\gamma_g = \frac{dX}{dt} = \mu X = \mu_{max} \cdot \frac{X \cdot S}{Ks+S} \quad \text{----- (5-7)}$$

내생호흡에 의한 미생물 감소량을 고려하면,

$$\gamma_g' = (\frac{dX}{dt})_{net} = \frac{\mu_{max} \cdot X \cdot S}{Ks+S} - kd \cdot X \quad \text{----- (5-8)}$$

γ_g : $\frac{dX}{dt}$ 세포 증가율

γ_g' : 내생호흡을 고려한 세포 증가율

Kd : 내호흡계수(1/hr)

② 유기물 제거율

$$-\frac{dS}{dt} = \frac{1}{Y} \cdot \frac{dX}{dt}$$

$$\frac{dS}{dt} = -\frac{1}{Y} \cdot \frac{\mu_{max} \cdot X \cdot S}{Ks+S} = \frac{-k \cdot X \cdot S}{Ks+S} \quad \text{----- (5-9)}$$

$Y = \frac{\Delta X}{\Delta S}$ (제거되어진 유기물이 전부 미생물로 바뀌어진 율 ; 미생물번식계수)

$k = \frac{\mu_{max}}{Y}$(단위시간 미생물 무게 당 유기물제거율)

5.5.3 포기조 설계인자

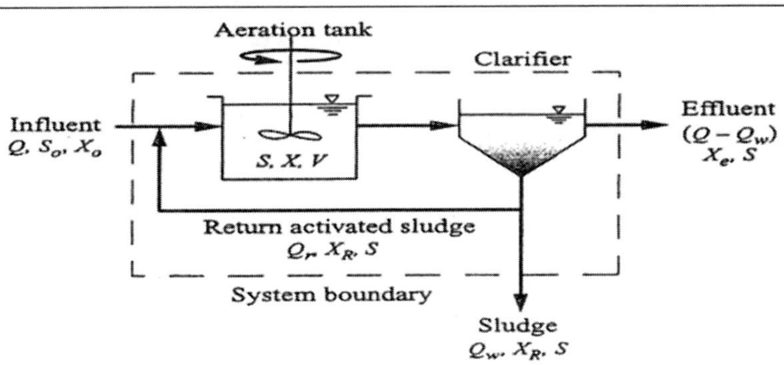

여기서,

V : 반응조(포기조) 용적, m^3

Q : 유입유량, m^3/d

X_o : 유입수 내 미생물 농도, g VSS/m^3 → 무시

Q_w : 폐슬러지 유량, m^3/d

X_e : 유출수 내 미생물 농도, g VSS/m^3

X : 포기조 내 미생물 농도, g VSS/m^3

X_R : 침전지로부터 반송되는 미생물 농도, g VSS/m^3

r_g' : 순 미생물 생산율, g $VSS/m^3 \cdot d$

$= Y \cdot r_{su} - k_d X = YQ(S_0 - S)/V - k_d X$

1) 수리학적 체류시간 HRT(Hydraulic Retention Time : θ)

$\theta = \frac{V}{Q}$ ----- (5-10)

2) 미생물 평균 체류시간 SRT(Sludge Retention Time : **θ**c)

• θc : 포기조 내의 미생물량 / 공정 외부로 유출되는 미생물량

$$\theta_c = \frac{V \cdot X}{Q_w X_R + (Q - Q_w) X_e} \text{ ------- (5-11)}$$

3) 미생물 물질수지

포기조 경계 내에서 미생물의 축적율	=	포기조로 유입되는 미생물	-	포기조 밖으로 유출되는 미생물	+	포기조 내에서 미생물의 순증가율

$V\frac{dX}{dt} = QXo - QX + V \cdot \gamma_g'$

Steady State 라 하면, $\frac{dX}{dt} = 0$

(5-8)식 $\gamma_g' = (\frac{dX}{dt})_{net} = \frac{\mu_{max} \cdot X \cdot S}{Ks+S} - k_d \cdot X$

Xo ≈ 0 (유입수 중에는 미생물이 거의 없으므로) 대입하면,

$-QX + V \cdot (\frac{\mu_{max} \cdot X \cdot S}{Ks+S} - k_d \cdot X) = 0$ ------(5-12)

$\frac{Q}{V} = \frac{\mu_{max} \cdot X \cdot S}{Ks+S} - \mathbf{k_d} = \frac{1}{\theta}$ -------------------(5-13) θ : HRT $= \frac{V}{Q}$

4) 기질(Substrate)의 물질수지

기질의 소비속도(Rate of substrate Utilization)와 미생물의 증식속도 사이의 관계식

$\gamma_g = Y \gamma_{su}$

$\gamma_{su} = \frac{1}{Y} \gamma_g$

γ_g	: $\frac{dX}{dt}$ (미생물의 증식속도 ; 질량/체적·시간)
γ_{su}	: $\frac{dS}{dt}$ (기질의 소비속도 ; 질량/체적·시간)
Y	: $\frac{\Delta X}{\Delta S}$ (제거된 유기물이 전부 미생물로 바뀐 율)

$-\frac{dS}{dt} = \frac{1}{Y}\frac{dX}{dt}$ ------- (5-14)

(5-7)식 $\gamma_g = \frac{dX}{dt} = \mu X = \mu_{max} \cdot \frac{X \cdot S}{Ks+S}$ 를 대입하면,

$\gamma_{su} = \frac{dS}{dt} = -\frac{1}{Y}\mu_{max} \cdot \frac{X \cdot S}{Ks+S} = \frac{-k \cdot X \cdot S}{Ks+S}$ ------- (5-15) 여기서, $k = \frac{\mu_{max}}{Y}$

기질의 비 소비속도(세포 비 증식속도) $\mu = -\frac{\gamma_{su}}{X}$

• 기질의 소비속도 : $\gamma_{su} = \frac{Q}{V}(S_o - S) = -\frac{S_o - S}{\theta}$ ------- (5-16) -> 윗식에 대입하면,

• 기질의 비(比) 소비속도 : $\mu = -\frac{\gamma_{su}}{X} = \frac{S_o - S}{\theta X} = \frac{Q}{V}\frac{(S_o - S)}{X}$ ------- (5-17)

여기서, μ : 기질의 소비율(Specific substrate utilization rate)라고도 함

5) 미생물 생산계수 Y_{obs}

미생물 물질수지에서 식 (5-13)에서, $\frac{Q}{V} = \frac{\mu_{max} \cdot X \cdot S}{Ks+S} - k_d = \frac{1}{\theta}$

포기조 체적에 한정하여 기질의 제거된 만큼 미생물이 소비하므로 $\theta = \theta_c$

$\frac{1}{\theta_c} = Y\mu - k_d$ ------- (5-18)

• 기질의 비(比) 소비속도 : $\mu = \frac{1 + k_d\theta_c}{\theta_c Y}$ ------- (5-19)

Net growth

$P_X = Y_{obs} Q(S_o - S)$ ------------------------------ (5-20)

$P_X = YQ(S_o - S) - k_d X \cdot V$ ---------------------- (5-21)

미생물의 자산화단계에서 감소되어진 것을 뺌

P_X = net growth = γ_g'

(5-20) = (5-21)

$Y_{obs} Q(S_o - S) = YQ(S_o - S) - k_d X \cdot V$

$$Y_{obs} = \frac{YQ(S_o - S) - k_d X \cdot V}{Q(S_o - S)}$$

분모, 분자를 V로 나누면,

$$Y_{obs} = \frac{Y(S_o - S)\frac{Q}{V} - k_d X}{\frac{Q}{V}(S_o - S)}$$

$\frac{V}{Q} = \theta$를 대입하고 분모, 분자를 X로 나누면,

$$= \frac{Y\frac{(So - S)}{\theta X} - k_d}{\frac{(So - S)}{\theta X}}$$

(5-17)에서 $\mu = \frac{S_o - S}{\theta X}$ 윗식에 대입,

$$Y_{obs} = \frac{Y\mu - k_d}{\mu}$$ ------------------------------ (5-22)

(5-19)식에서 $\mu = \frac{1 + k_d\theta_c}{\theta_c Y}$ 를 윗 식에 대입,

$$Y_{obs} = \frac{Y \cdot \frac{1 + k_d\theta_c}{\theta_c Y} - k_d}{\frac{1 + k_d\theta_c}{\theta_c Y}}$$

• 미생물 생산계수 $Y_{obs} = \frac{Y}{1 + k_d\theta_c}$ -------(5-23)

Y : $\frac{\Delta X}{\Delta S}$ (제거된 유기물이 전부 미생물로 바뀐 율)

6) 유출수의 기질 농도 S

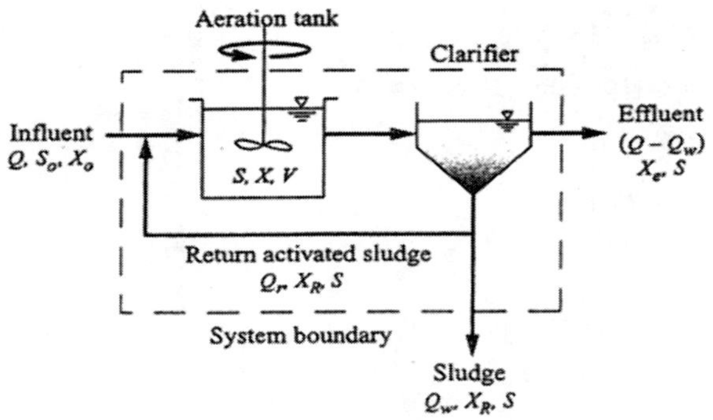

포기조 경계 내에서 미생물의 축적량	=	포기조로 유입되는 기질의 제거된 만큼의 미생물의 생성량	-	미생물의 자산화 량	-	포기조 외로 유출되는 미생물 량

(5-10)식에서 $V\frac{dX}{dt} = \left(-Y\frac{dS}{dt} - k_d X\right)V - [Q_W X_R + (Q - Q_W)X_e]$

Steady State 에서 $\frac{dX}{dt} = 0$, X_e는 상대적으로 적은 량이므로 무시하면 윗식은,

$-Y\frac{dS}{dt} - k_d X = \frac{Q_W X_R}{V}$ 여기서 SRT $\theta_c = \frac{VX}{Q_W X_R}$ 을 대입하면,

$-Y\frac{dS}{dt} - k_d X = \frac{X}{\theta_c}$ -------(5-24) 여기서 $\frac{dS}{dt} = \frac{-k\cdot X\cdot S}{Ks+S}$ 을 대입하면,

$Y\frac{k\cdot X\cdot S}{Ks+S} - k_d X = \frac{X}{\theta_c}$ s에 대하여 이항 정리하면,

기질 농도 $S = \frac{Ks(1+k_d\theta_c)}{\theta_c(Yk - k_d) - 1}$ ----------------------- (5-25)

7) 포기조의 미생물 농도 X

$-\frac{dS}{dt} = \frac{Q(S_o - S)}{V} = \frac{S_o - S}{\theta}$ -------------------------- (5-26) (5-24)식에 대입하면,

$Y\frac{S_o - S}{\theta} - k_d X = \frac{X}{\theta_c}$ X에 대하여 이항 정리하면,

미생물 농도 $X = \frac{Y(S_o - S)\theta_c}{(1+k_d\theta_c)\theta}$ -------------------------- (5-27)

- Y : 이화작용과 동화작용의 결과 비, 생태적 고유 값
- 일반적으로 폐수에서 Y = 0.5~0.7, k_d = 0.04~0.1

8) 먹이-미생물 비 (F/M 비)

F/M 비 : $\frac{\text{유입 기질의 량(kg-BOD/d)}}{\text{포기조 내 미생물(kg-MLSS)}}$

$= \frac{Q(S_o - S)}{XV}$ -- (5-28)

- 표준법 : 0.2 ~ 0.4 kg/kg·d
- 장기포기 : 0.03 ~ 0.05 kg/kg·d

9) SRT (고형물 체류시간)

$$\text{SRT} = \frac{\text{수처리 시스템 내에 존재하는 활성슬러지 량 (kg)}}{\text{하루에 시스템 외부로 배출되는 활성슬러지 량 (kg/d)}}$$

$$\text{SRT}(\theta c) = \frac{VX}{Q_w X_r + (Q - Q_w) X_e} \quad \text{------- (5-29)}$$

여기에서,

θc : SRT(일),

V : 반응조의 용량(m^3)

X : 반응조 혼합액의 부유물(MLSS) 농도(mg/ℓ)

X_r : 반송슬러지의 SS 농도(mg/ℓ)

X_e : 처리수중의 SS 농도(mg/ℓ)

Q : 반응조로의 유입유량(m^3/일),

Q_w : 폐슬러지량(m^3/일)

만약, 반응조 내의 활성슬러지량(X)에 비해 처리수(유출수) 중의 활성슬러지량(Xe)을 무시하면

$$\text{SRT}(\theta c) = \frac{VX}{Q_w X_r} \quad \text{-------------------------------- (5-30)}$$

10) 공정 효율(E %)

$$E = \frac{S_o - S}{\theta} \times 100 \quad \text{-- (5-31)}$$

11) 기질의 소비율, F/M비와 공정효율과 관계

$$\mu = \frac{(F/M)E}{100} \quad \text{--- (5-32)}$$

12) 포기조 용량(V)

(5-27)식 미생물 농도 $X = \frac{Y(S_o - S)\theta_c}{(1 + k_d\theta_c)\theta}$ 에서 $\theta = \frac{V}{Q}$ 대입, V에 대하여 정리하면,

$$V = \frac{\theta_c Q Y(S_o - S)}{X(1 + k_d\theta_c)} \quad \text{---------------------------------- (5-33)}$$

13) 필요 공기량

- 생물처리에서의 산소량은, 폐수의 분해에 필요한 산소량 + 활성슬러지의 활성을 유지하기 위한 산소량
- 필요한 O_2 량 = 폐수의 BOD 분해용 O_2 + 활성슬러지의 활성유지용 O_2

원수 ($Q \cdot S_0$) ⟶ [포기조 ($V \cdot X$)] ⟶ 처리수 ($Q \cdot S$)

$$Or\ (kg\text{-}O_2/d) = a(S_0 - S)Q + b \cdot X \cdot V \quad \text{----------------- (5-34)}$$

* a : BOD 분해에 필요한 O_2 량

* b : 슬러지의 활성유지 (호흡)에 필요한 O_2 량

- a, b 는 폐수의 종류, 처리방식, 수온, 슬러지 농도 등에 따라 다르다.

☞ 일반적으로는, a 는 0.4~0.7 kg O_2/kg BOD, b 는 0.1~0.15/d

• 필요산소량(Or)을 산기방식에 있어서의 실제 공기량으로 환산하면,

$Q = Or \cdot 1/\alpha \cdot C_{s\,20}/(\beta C_s\,T - C_0) \cdot \theta^{20-T} \cdot 1/(H/3.5)^{0.683} \cdot 1/0.277 \cdot 1/\eta \cdot 1/1440$ ------- (5-35)

☞ 일반적으로 α = 0.8, β = 0.9, C_0 = 2를 적용, H와 T는 조건에 따라 결정

☞ 일반적으로 Q = Or • 1/0.277 • 1/η • 1/1440 (η= 0.05~0.07)로 계산

☞ 산기관 용해 효율 : 폴라리스 7~10%, OHR 7~10%, Cap Diffuser 5~7%

여기서,

Q	: 필요공기량 (m^3/min at 20℃, 1atm)
α	: 청수의 $K_L \cdot a$에 대한 슬러지 혼합액의 KLa의 비
β	: 청수의 포화 산소농도에 대한 슬러지 혼합액의 포화 산소농도의 비
C_{ST}	: T℃에서의 청수의 포화 산소농도 (mg/L)
$C_{s\,20}$	: 20℃에서의 청수의 포화 산소농도 (mg/L)
C_0	: 포기조 내의 유지 산소농도 (mg/L)
0.277	: 20℃의 공기 1m^3 중의 산소량(kg/m^3)
η	: 산기관의 용해효율
θ^{20-T}	: $K_L \cdot a$에 대한 온도보정계수(θ = 1.02)
$(H/3.5)^{0.683}$	: 산기수심에 대한 KLa의 보정 (표준수심 = 3.5m)
1/1440	: 일(day)의 분(min)으로의 환산

14) 슬러지 발생량

포기조 내의 미생물량을 SRT로 나눈 값임

$W = \frac{VX}{\theta_c}$ ------- (5-36) 여기에 식(5-27) $X = \frac{Y(S_o - S)\theta_c}{(1+k_d\,\theta_c)\,\theta}$ 을 대입하면,

① 슬러지 발생량 $W = \frac{Y\,Q\,(S_o - S)}{(1 + k_d\,\theta_c)}$ ------- (5-37)

• SRT 증가하면 슬러지 발생량은 감소함

• 처리장 슬러지 생산량(VSS/kg BOD제거량)

- 표준법 : 0.4~0.6kg
- 장기/단단질산화 : 0.15~0.3kg

② 잉여슬러지 (Qw) 발생량

• 증식과 자기분해에 의한 감소가 번갈아 일어남

증식보다 감소가 많은 경우, 생물 슬러지의 유지가 불가능하기 때문에 처리장치로 유지될 수 없음

• 슬러지의 증식이 많고, 처리장치 내에 유지할 수 없는 생물 플럭은 잉여슬러지로 배출됨

$\Delta SS = Y\,(S_0 - S)\,Q - k_d \cdot X \cdot V$ ------- (5-38)

- Y : BOD가 슬러지로 전환되는 비율 (kg·MLSS/kg·BOD)
- k_d : 슬러지가 자기분해하는 속도 (1/d)

☞ Y, k_d 는 폐수의 종류, 처리조건, 수온에 따라 변하는 정수
Y는 0.4~0.8 kg·SS/kg·BOD, Kd는 0.05~0.1/d

☞ 보통, 잉여슬러지량은 제거 BOD량 당 30~40%

5.5.4 포기조 운전 Factor

구분	계산식	비고
고형물 체류시간 (SRT, MCRT)	$\frac{VX}{[Q_W Xr + (Q - Q_W) Xe]}$	• SRT : 길어지면 MLSS증가, 고도의 처리 가능 폐슬러지 생산량 감소 • 운전온도가 내려갈수록 소요 SRT 길게 운전
수리학적 체류시간 (HRT)	$\frac{V}{Q} = \frac{Y(S_O-S)\ \theta c}{(1+k_d\ \theta c)\ X}$	• F/M비와 SRT가 설정되면 포기조 용적 결정
BOD 용적 부하	$\frac{Q(S_O)}{V}$	• 용적부하가 클수록 포기조 용적은 축소
F/M Ratio	$\frac{Q(S_O)}{VX}$	• 포기조 용적이 클수록, MLSS가 높을수록 F/M 비는 낮음. • System 효율은 F/M비가 낮을수록 우수
필요산소량(kg-O_2/d)	$\alpha\ (S_0-S)\ Q + \beta \cdot VX$	
SV_{30} (%)	30분 침강 후 슬러지 용적	• SV값이 낮을 수록 침강성 우수
SVI	$\frac{Sv_{30} \times 10^4}{MLSS}$	• SVI값이 낮을수록 침강성은 우수 • SVI 200 이상 시 Bulking으로 분류
슬러지 반송율 (r, %)	$\frac{X - Xe}{Xr - X}$	• 반송슬러지의 농도가 높을수록 반송율은 낮음
반송슬러지 농도 (Xr, mg/L)	$\frac{10^6}{SVI}$	• 포기조 용적이 클수록, MLSS가 높을수록 F/M 비는 낮음. • System 효율은 F/M비가 낮을수록 우수
MLSS (X, mg/L)	포기조 내 미생물 농도 (SS)	• 농도가 높을 수록 효율이 우수

5.5.5 포기조 운전 Factor 별 설계/결정 인자

설 계 요 소	결 정 인 자	영 향 인 자
포 기 시 간 (HRT)	▪ 유입하수의 농도변화 ▪ 처리수의 수질 ▪ 미생물반응속도	▪ 포기기의 선택 ▪ 산소요구량 ▪ SRT, 슬러지 생산량
고형물체류시간 (SRT)	▪ 슬러지 생산량 ▪ 질산화 여부	▪ 포기시간, 산소요구량 ▪ MLSS
MLSS	▪ 슬러지 반송률 ▪ 반송슬러지의 농도	▪ 침전지의 고형물질 부하율 ▪ SVI, SRT, HRT
슬러지반송률	▪ MLSS ▪ 반송슬러지농도	▪ SVI
F/M	▪ SRT ▪ 슬러지 생산량 ▪ 슬러지Bulking	▪ 유입하수농도
운 전 온 도	▪ SRT, HRT ▪ F/M, MLSS	▪ 유입하수농도
침전슬러지 농도	▪ 슬러지 반송률 ▪ MLSS	▪ 침전지 형상 ▪ 포기조의 미생물상, 운전온도

5.5.6 포기조 운전조건

운전 조건	내용	적용범위
폐수조성	BOD / COD	0.6
영양균형	BOD : N : P	100 : 5 : 1
부하변동	유입 부하량	± 30%이내
유분	동식물유, 광유류	동식물유 : 30mg/L 광유류 : 10mg/L
염류	식염기준	10,000mg/L as NaCl
세제	ABS	20mg/L 이하
pH	포기조 내 pH	7~7.5
BOD 용적부하	Kg-BOD/m³ · day	0.2~1.0
F/M	Kg-BOD/kg-MLSS · day	0.2~0.4
온도	수온	15~35
유입수 농도	BOD, COD	800~1,200
용존산소	포기조 내	1.0~4.0 (2.0 이상)
MLSS	포기조 내 SS	1,500~4,000
SVI	포기조 MLSS	80~120
반송율	유입량 대비	50 ~ 150%
잉여슬러지 생산량	Kg-SS/day	30~40

5.6 생물학적 처리의 트러블 원인과 대책

5.6.1 생물 플럭(Floc)의 종류

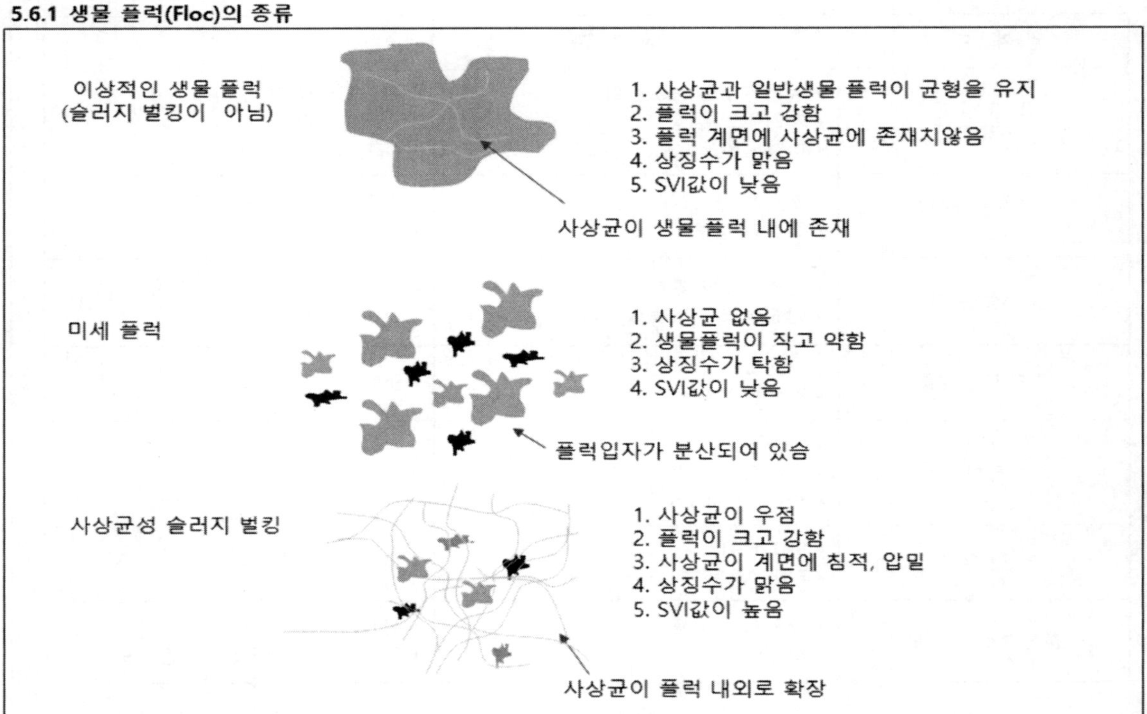

5.6.2. 포기조 미생물

1) 포기조 상태가 양호할 때 출현 미생물

- 양호할 때의 Floc은 500 ~800㎛정도의 압밀성과 농갈색을 갖음
- Floc과 Floc간의 공간에는 pin-floc과 같은 작은 floc이 없이 깨끗함
- 출현미생물 : *Vorticella, Opercularia, Carchesium, Zoothamnium, Aspidisca, Podophrya, Tokophrya, Entosiphon, Copepoda, Cladocera, Tardigrada* 등

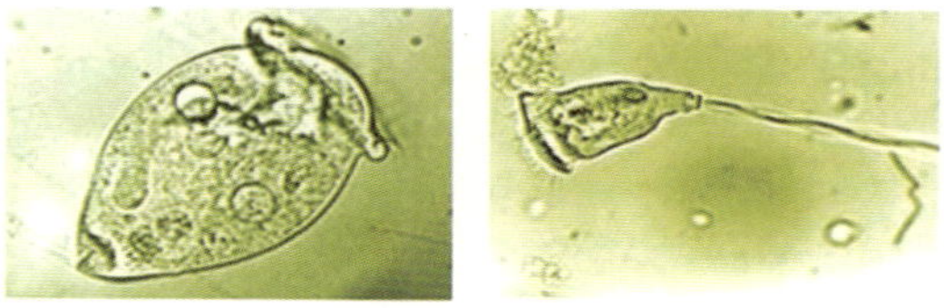

<*Vorticella* 확대모습>

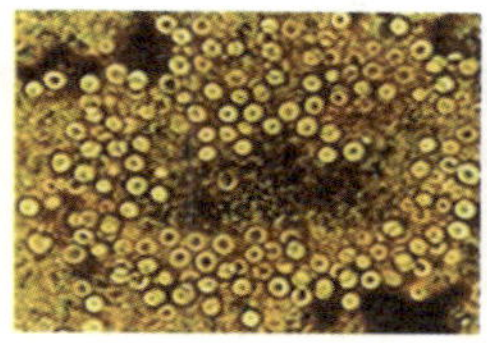

<*Vorticella* 휴면세포>

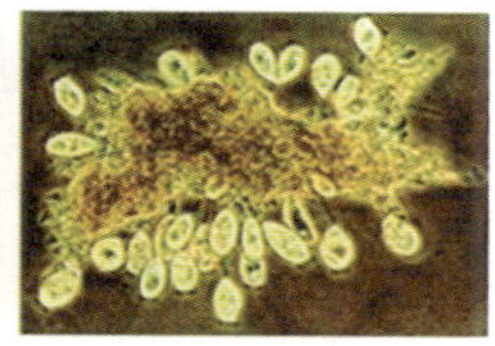

<*Vorticella* 활성세포>

※ 포기조 내의 조건이 나쁠 때 분열된 낭세포는 부유형 상태로 되어 자유부유 생활. 그리고 조건이 적절히 회복되면 새로운 몸체와 가지가 다시 생성되어 고착생활을 하게 됨

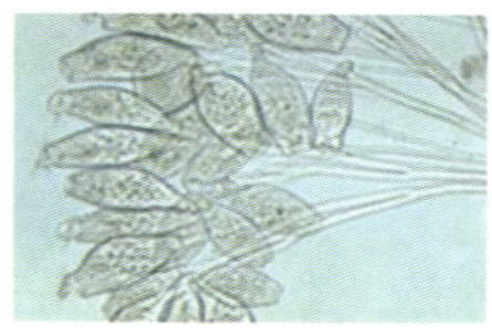

<*Opercularia*>

<*Epistylis*>

2) 포기조 상태가 불량할 때 출현 미생물

- 활성슬러지의 상태가 나쁘다는 현상은 부하가 높거나 용존산소가 낮기 때문에 포기조 내에 다량의 유기물이 잔존되어 있는 경우를 말하며 대개의 경우 용존산소와 부하는 상관관계가 있음
- 분산상 단독세균이 많이 부유하고 약간 큰 Floc(100µ정도)은 나무 가지 모양의 *Zooglea*로 관찰됨 그리고 보통 부하가 높게 되면 처리수는 백탁으로 변화
- 출현미생물 : *Zooglea, Bodo, Oikomonas, Monas, Pleuromonas, Actinophrys, Uronema, Cyclidium, Colpidium, Colpoda , Paramecium*

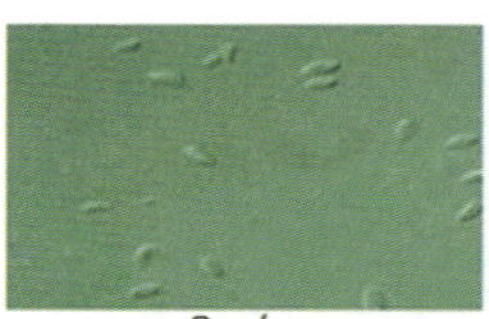

Bodo

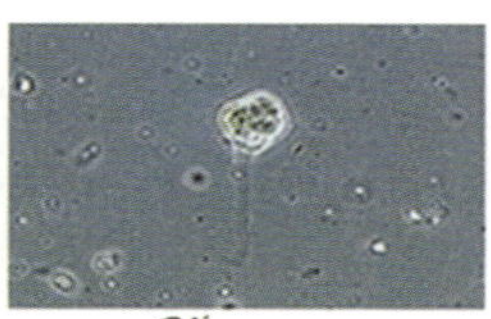

Oikomonas

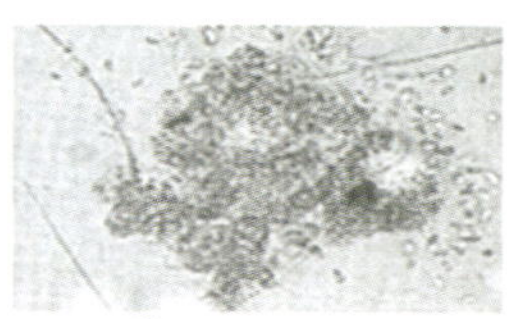

Pleuromonas

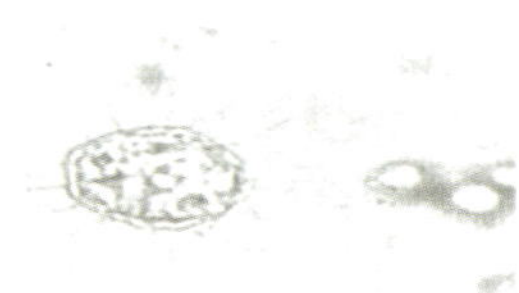

Actinophrys

※ *Zooglea*

- 응집성이 없기 때문에 다량 관찰될 때는 처리수에 부유분산 상 세균이 많음
- 정상적인 처리장에서 이같이 *Zooglea*가 관찰될 때는 BOD - SS 부하가 갑자기 높아지거나 DO 가 낮아지는 두 가지의 경우임

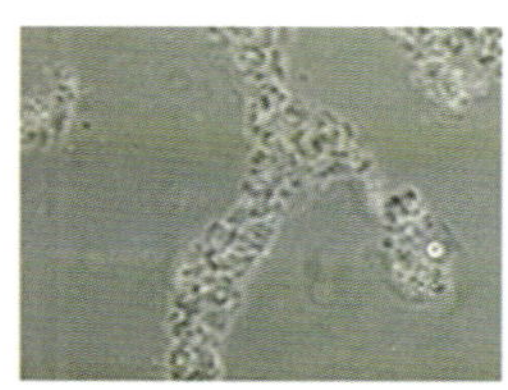

- Floc 해체 시
  - 해체의 정도에 따라 floc에 전혀 압밀성이 없는 것부터 부분적으로 압밀성이 없는 것 등 여러 가지 증상
  - 공통적인 것은 floc과 floc간에 pin floc이 많음. 활성슬러지가 곧 해체 될 가능성이 큼
  - *Rotaria*

    ① 머리부분의 섬모가 운동하여 움직이며, *Rotaria*의 특징은 발가락이 3개 눈앞에 돌기가 나와 있음 충체의 크기는 500~300μ

    ② 출현환경 : 부하가 낮고 슬러지가 해체를 시작할 때 나타나며 용존산소가 충분할 때 나타나며 포기조에서 질산화가 일어나 pH 4로 되어도 관찰됨

    ③ 본 속이 우점화 할 때의 처리수 BOD는 10mg/ℓ 이하인 경우가 많고 투명도도 100cm 이상을 나타냄

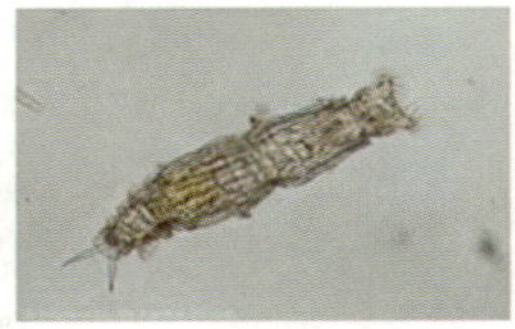

- 산소 부족 시
  - 산소가 부족되어 포기조가 혐기성으로 되면 슬러지는 검어지고 H_2S 냄새 발생
    → 포기조가 혐기성으로 진행, 혐기성균인 유산염 환원세균이 증식, H_2S가 생성하기 때문
  - 동물성 편모충류의 수는 적게 된고 사상세균의 증식에 의한 팽화의 원인으로 작용 가능
  - *Beggiatoa*

    유황세균의 일종. 황화수소를 산화 에너지 획득. *Beggiatoa*는 포기조 이외의 장소에서 증식하여도 포기조로 일부 유입되면 포기조에서 증식을 잘하므로 항상 다른 장소의 혐기성화를 조심해야 함

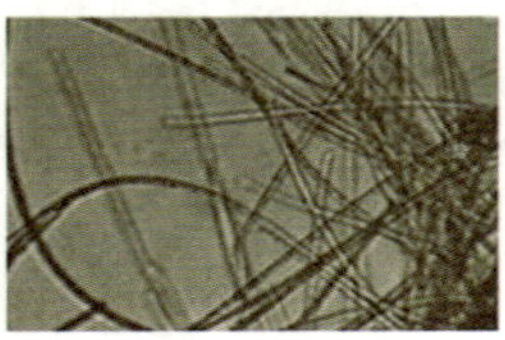
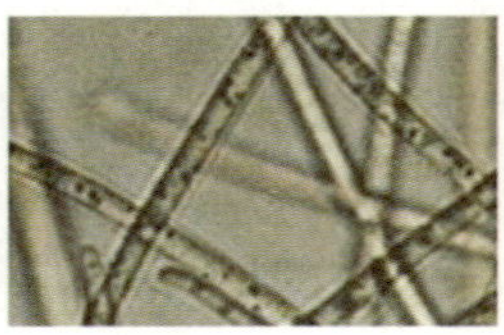
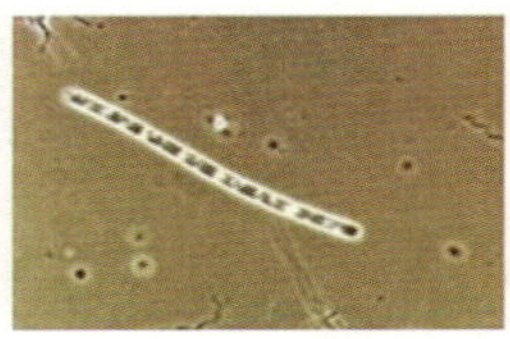

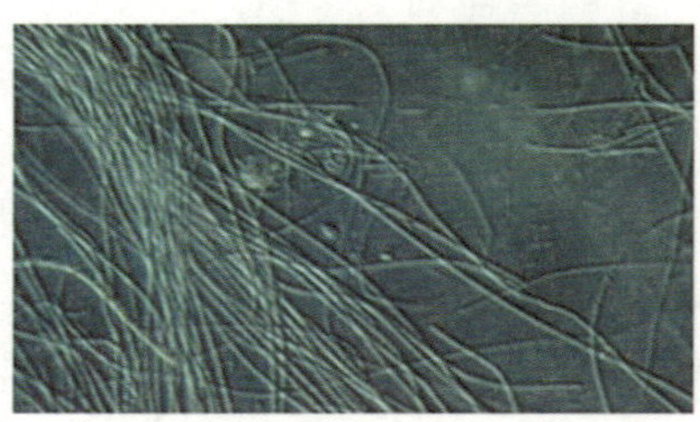

5.6.3. 포기조의 이상 원인 및 대책

1) 벌킹 (Bulking)

- 포기조 내의 용존산소(DO), BOD, pH, 영양분 등의 불균형을 이루어 실모양 미생물이 번식하거나 미생물이 분산성장 상태에 있어 최종침전지에서 미생물이 쉽게 침전하지 않는 상태
- SVI 150 이상 (정상상태 : 50~150)
- 사상균 번식에 의한 사상성 벌킹과 비사상성 벌킹으로 구분
- 사상성 벌킹 (Bulking)
  - 사상세균의 이상증식 : *Sphaerotilus, Type1701, Type021, Type0041* 등
  - 유황세균 (*Beggiatoa*), 실 모양(사상)의 일반세균 (*Bacillus* 등)
  - 사상균 (진균류로 곰팡이, 효모 등)의 이상 증식
- *Sphaerotilus sp*, Type1701
  - 절대 호기성세균이며, 혐기성 분위기 하에서는 생육이 난이
  - 고부하 조건 (처리수 BOD가 높다)에서는 증식이 난이
  - 저부하 조건에서는 증식이 난이
  - 최적 PH 6~8
  - 질소, 인의 필요량은 일반세균과 거의 동일
  - 최적 수온 20~30℃.
  - 용해성의 탄수화물, 저급 지방산 분해 용이, 복잡한 고분자 화합물이나 불용성의 기질은 분해가 난이
- 유황세균 (*Beggiatoa sp* 등)
  - 황화수소 존재 하에서 생육 (황화수소를 산화하여 에너지를 얻음)

- 기타 실 모양으로 된 세균
  - 사상균 (진균류, 곰팡이)
    ① 곰팡이, 효모.
    ② 최적 pH 4~5
    ③ 최적 수온 30~35 ℃
    ④ 질소원이 적은 조건에서 생육 가능

현상 및 원인	대 책
• 용존산소(DO)부족 - 포기부족, 수온, 높은 F/M Ratio • 원수의 부패 - 산기관 고장, 침전조 이상 영양물질 불균형 (BOD:N:P) • 낮은 pH (6.5↓) - 폐수 특성, 질산화 • 유기물질의 과도한 부하변동 • 높은 수온 • 폐수 내 BOD 기질 특성 • 슬러지 부패 • 일정 시간 폐수 미유입	• 운전조건 변경 - DO 증가 : Blower, 산기관 개선 - MLSS 농도 증가 → F/M비 감소 - N, P 공급 - 폐수 주입 방법 변경 : Step Feeding • 약품 투입 - 산화제 1~1.5mg/L as Cl_2 (1~5g/kg as Cl_2) - 응집제 Alum 60mg/L, $FeCl_3$ 30mg/L·폐수㎥ • 공정 개선 - 포기조 분할 - Plug Flow - 선택조 설치

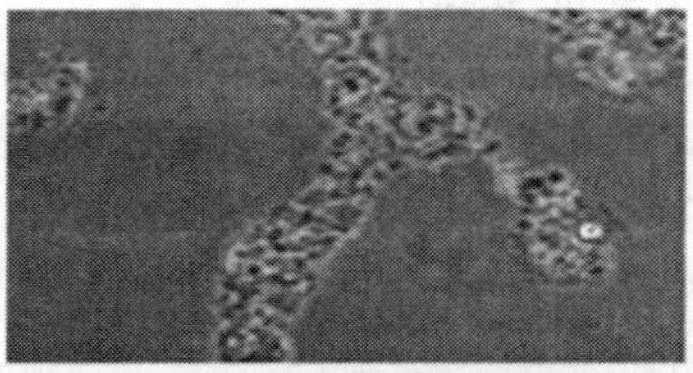
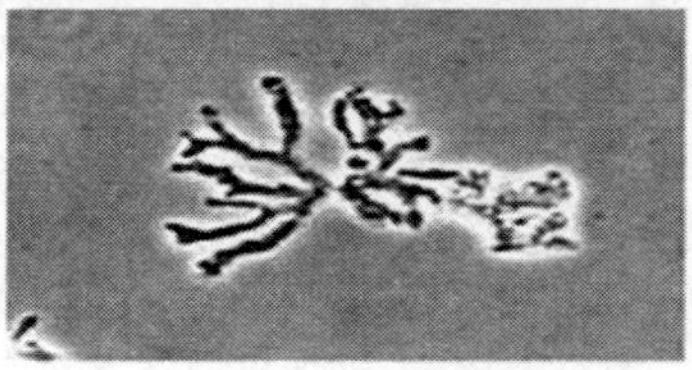

• 비사상성 벌킹 (Non Filamentous bulking, *Zooglea* bulking)
- 고점도형 (균체의 점액질이 이상적으로 축적)
- 분산형 (응집부족) • 경질형 (슬러지 중의 회분 부족, 비중 저하)

• 고점도 벌킹
- 세균 표면의 점액질이 많아지면 고점도 벌킹 발생
- 질소, 인이 부적절하다고 판단되어, 실제 질소원을 과잉으로 첨가하는 것으로 점성이 저하된 예도 있음

• 분산형 벌킹
- Floc의 응집부족.
- 저부하나 과폭기에 의한 Floc의 해체
- 과부하에 의한 슬러지 증식
- 물리적인 Floc의 파괴 (기계폭기나 포기조와 침전조의 과도한 낙차에 의한 파괴)
- pH의 과도한 변동이나 독성·저해물질의 유입에 의한 Floc의 분산 (응집제, 응집보조제가 효과적)

현상 및 원인	대 책
점액성 팽화, *zoogleal* bulking 슬러지의 침전효율 저하 EPS 과잉생산(*Zooglea* 등 세균) 영양물질 부족 고농도 산업폐수 유입	염소 주입 영양염류 보충 Complete mixing

* EPS (Extracellular Polymeric Substances) : 체외 고분자 물질

2) 거품

현상 및 원인	대 책
• 방선균 *Nocardia*에 의한 거품 - 포기조 슬러지 부상, MLSS 크게 감소, 침전조 혼탁, 방류수 SS, COD 증가 • *Microthrix parvicella*에 의한 거품 - 슬러지 속 기포 포함, 포기조 슬러지 전부 부상 • 미생물에 의한 거품 발생 원수의 특성 - 기름, 단백질 다량 함유, SRT ↑, 수온 ↑, pH 6.5 • F/M비가 높을 때 일어나는 거품 - 독성 물질 유입, BOD 미제거 • 미세고형물이 많을 때 일어나는 거품 - MLSS ↑, 후생동물 번창, 유입수 내 미세고형물 • 영양염류 부족으로 일어나는 거품 - 슬러지에 점성이 생성 • 유입수 기질에 의한 거품 - 세제, 단백질 • 내생호흡에 의한 거품 - 유리된 암모니아의 질산화 탈질	• 운전조건 변경 - SRT 감소 : 질산화, 증식속도 - 수온 및 pH 조정 - F/M비 감소 : MLSS 증가 - N, P 공급 - 폐수 주입방법 변경 : Step Feeding - 폭기량 감소 • 약품 투입 - 산화제 직접 주입 - 반송 슬러지에 염소 주입 • 공정 개선 - 전처리를 통한 세제, 기름, 단백질 성분 제거

3) Sludge 부상(Rising) 및 고형물질 배출(Solid Wash out)

현상 및 원인	대 책
• Sludge에 기포가 붙어 덩어리로 부상되는 상태 • 탈질산화(질소기포) • 침전된 슬러지 부패 • 기름에 의한 부상 • 고형물질이 침전조 Weir를 월류해서 배출 - Weir, 유도벽/방해벽(Baffle)의 불균형 - 유량의 변화가 큼	• 포기조 체류시간↓ • 침전조 체류시간 ↓ • 반송률 ↑ • 슬러지 제거 속도↑ • 단회로 현상 완화 - 월류 Weir의 수위 조절 - 시설의 개선 - 유량의 균등화

4) 침전조 혼탁

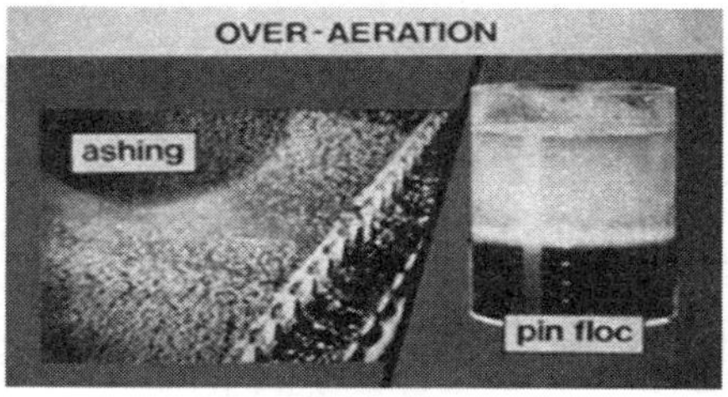

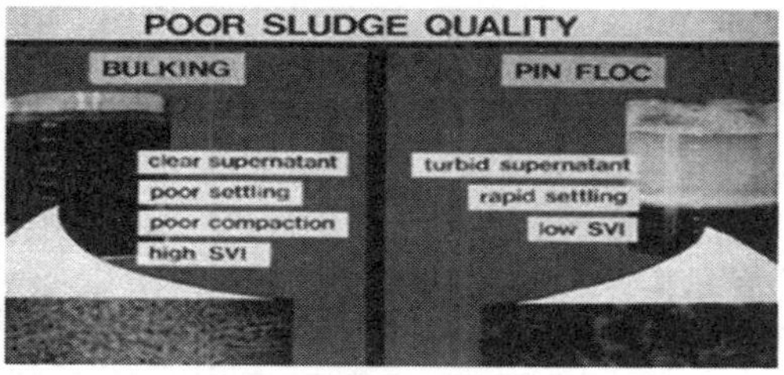

현상 및 원인	대 책
• 1mm 보다 훨씬 작은 Fin floc이 현탁 상태로 분산하면서 잘 침강하지 않는 상태 • Floc이 침전조에서 미세하게 분산되면서 잘 침강하지 않고 상징수와 함께 유실 • 독성물질 유입 • 혐기성 상태 • 포기조의 과부하 • 질소나 인 등의 부족 • 과도한 폭기	• 독성물질 조사/제거 • 포기량/부하량 조절 • MLSS량 조절 • 영양물질 주입 • 포기량 조절

자료 : http://web.deu.edu.tr/atiksu/toprak/ani4091.html

5.7 이상 진단 및 대응

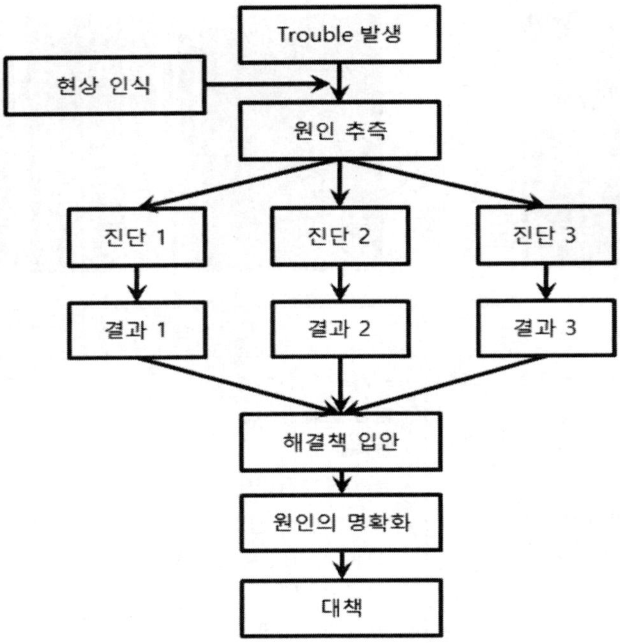

5.7.1 처리수 BOD 증가

예상 원인	진단 방법	진단 결과	대응책	다른 Trouble 과의 관련
1) BOD 분석 시 질산화 반응	- 여액의 NH_3-N, 유기체 N의 측정	- NH_3-N, 유기체 N가 많다.	- 질산화 세균이 없는 BOD 식종균을 이용한 BOD	질소 제거 불량
	- 질산화 방지 BOD의 측정	- 보통 BOD와 비교하여 질산화 방지 BOD가 낮다.	- 질산화 방지 BOD 측정	
2) 유기성 SS 유출	처리수 SS 증가 참조			벌킹
3) BOD 제거 불량	- 여액의 BOD (용해성 BOD) 측정	- 여액의 BOD는 낮다.	처리수 SS 증가 참조	처리수 COD 증가
	- SS 측정	- SS가 높다.		
	- 부하량의 확인	- 부하량이 높다.	- 부하량을 적정으로 한다.	
	- 영양 Balance의 확인 원수, 처리수의 N, P 측정 슬러지(VSS) 중 N, P 함유율 측정	- 처리수에 N, P가 검출되지 않음. (N 1mg/L, P 0.5mg/L 이하) - 슬러지 중의 N, P 함유율이 낮다. (N 5%, P 1% 이하)	- 영양 Balance를 적정으로 한다.	
	- 조내 DO의 측정	- 조 내 평균 DO가 1mg/L이하이다. - DO의 분포가 매우 불규칙하다.	- 폭기량을 조정 - 폭기량의 배분을 조정	
	- 소포제의 사용 확인	- 소포제에 의한 KL a 저하가 있다.	- 소포제의 첨가 장소를 변경	
	- 슬러지의 활성 확인 (산소흡수속도의 측정)	- 슬러지의 내생호흡속도가 높다. (10 mg-O_2/g-VSS/hr 이상)	- 부하량을 저감한다. (유기성 SS의 유입 가능성도 있다.)	
	- 저해물질, 독성물질의 유입 확인	- 슬러지의 내생호흡속도가 낮다. (3 mg-O_2/g-VSS/hr 이하) - 폐수를 투입한 시점의 산소흡수속도가 낮다. - 저해물질이 유입된다.	- 정상적인 폐수, 생분해하기 쉬운 폐수를 투입 - 슬러지의 활성이 크게 저하하는 경우는 조 내 세정, 회석 또는 슬러지를 추가.	
	- 원수, 조 내의 pH 측정	- pH의 이상, 변동이 있다. (6 이하, 8 이상이다.)	- pH 조정을 적정으로 한다. - pH 조정장소를 적정으로 한다.	
	- 조 내의 수온 측정	- 수온 37℃ 이상, 또는 13℃ 이하	- 원수의 냉각, 조내의 가온	

5.7.2 처리수 COD 증가

예상 원인	진단 방법	진단 결과	대응책	다른 Trouble 과의 관련
1) NO_2-N이 COD로 측정	- 여액의 NO_2-N 측정	- NO_2-N이 높음	- 질산화 억제 대책을 행함 (질산화 방지 대책의 검토)	
	- NO_2-N 영향을 방지한 COD 분석 (설파민산 첨가 COD)	- 보통의 COD와 비교하여 높다.	- 분석방법의 변경 검토 (NO_2의 Masking) (NO_2-N에 의한 COD를 뺌)	
2) 염소 이온이 COD 측정 방해	- 황산은을 충분히 첨가하여 분석함	- 염소 이온의 Mask가 불충분	- 분석조작에 주의	
3) BOD 제거도 불충분	처리수 BOD 증가 참조			처리수 BOD 증가
4) 유기성 SS(슬러지)의 유출	처리수 SS 증가 참조			벌킹
5) 난분해성 COD 성분의 유입	- 비정상 폐수의 유입 확인	- 비정상 폐수가 유입되고 있음	- 정상적인 폐수로 복귀시킴	
	- 비정상 폐수의 생분해성 확인 (BOD 분석 및 산소흡수속도 측정 Batch 시험)	- 생분해성이 낮음	- 적절한 후처리의 검토	

5.7.3 처리수 SS 증가

예상 원인	진단 방법	진단 결과	대응책	다른 Trouble 과의 관련
1) 사상성 벌킹	- 현미경 관찰 - SV, 장시간 SV, 희석 SV의 측정 - MLSS, MLVSS, VSS/SS의 측정 - 슬러지의 외관 관찰	- 사상성 미생물이 많음 - SV가 높다. 장시간 SV도 높다. (1시간 SV가 95% 이상) - VSS/SS비가 80% 이상이다. - 슬러지의 색깔이 백색이다.	사상성 벌킹의 대책 참조	슬러지의 부상 미세한 플록 유출
2) 비사상성 벌킹	- 현미경 관찰 - SV, 장시간 SV, 희석 SV의 측정 - MLSS, MLVSS, VSS/SS의 측정 - 슬러지 중의 N, P 함유율 측정 - 포기조의 DO 측정 - 부하량 확인 - 슬러지의 점성 측정	- 슬러지가 분산상태이다. - SV가 높다. 장시간 SV도 높다. - VSS/SS 비가 80% 이상이다. - 슬러지 중의 N, P가 적다. (N; 5% 이하, P; 1% 이하) - DO가 평균 1mg/L 이하이다. - 고부하로 운전되고 있다. - 저부하로 운전되고 있다.	비사상성 벌킹 대책 참조 - 무기염(Fe,Ca,Mg 등)의 투입 - 영양원의 투입 조정 - 폭기량 조정 - 고점도 벌킹으로 판단 - 분산 벌킹으로 판단 - 응집제, 폴리머 투입고려, 선정 (폴리머의 과잉투입을 주의)	벌킹
3) 미세 플록 (슬러지)의 유출	- 부하량의 확인 - 포기조의 DO 측정 - 슬러지량, SRT의 확인 - VSS/SS 비의 측정	- 저부하 운전이다. - 과폭기이다. (DO 6mg/L 이상) - SRT가 길다. (20일 이상) - VSS/SS 비가 80% 이상이다.	- 부하량을 적정으로 한다. - DO를 조정한다. - 슬러지 인발의 적정화 - 무기염을 투입한다. - 폴리머를 첨가한다.	
4) 침전조 슬러지 부상에 의한 플록의 유출	- SV, MLSS, MLVSS의 측정 - 침전조로의 유입 수온, 침전조 표면 수온 측정 - 슬러지 수집기의 회전수 확인 - 침전조 표면의 유속 분포 확인	- 침강성이 불충분한 슬러지다. - 침전조에서 대류가 생기고 있다. - 수집기의 작동에 따라 유출한다. - 침전조의 월류 유속이 불규칙 (부분적으로 유출되고 있다.)	- 무기응집제, 폴리머를 투입한다. - 수집기의 회전속도를 조정한다. - 월류 Weir의 수평을 조정한다.	

예상 원인	진단 방법	진단 결과	대응책	다른 Trouble과의 관련
5) 스컴의 발생	- 조내 액, 처리수의 NH_4-N, NO_2-N, NO_3-N의 측정	- 질산화가 진행되고 있다.	질소제거 불충분 참조	질소제거가 불충분하다.
	- 원수 중의 N 성분 및 농도 측정	- 과잉의 N이 있다.	- 티오 요소(thiourea),등의 질산화 방지제의 투입	
	- 조 내 액, 처리수의 pH 측정	- 조 내에서 pH가 저하되고 있다. (pH 6.5 이하)		
	- 부하량 확인		- 적정한 부하로 조정한다.	
	- DO 측정	- 부하가 낮고, 과잉의 DO가 있다.	- 폭기량을 저감한다.	
	- SRT 확인	- SRT가 10일 이상이다.	- 슬러지 인발량을 조정한다.	
	- 장시간 SV 측정시 슬러지의 부상성 확인 - 침전조로부터 가스의 발생 확인 - 장시간 SV 측정시에 미세한 가스의 발생 확인	- 6~12시간 SV 측정 시에 슬러지가 부상한다. - 침전조에서 미세한 가스가 발생한다. - 트라프 주변에서 큰 기포(가스)가 발생한다. - SV 측정 시에 가스가 발생한다.	- 반송슬러지량을 많게, 침전조에서의 슬러지의 체류를 짧게 한다. - 수집기의 회전속도를 높인다.	
	- 부상 스컴의 외관 관찰	- 스컴이 혐기성으로 되어 있다. (흑색, 악취)	- 수집기를 조정한다. (긁어모으는 것이 불충분) - 반송슬러지량을 늘린다.	
	- 포기조의 발포상황 확인 - 침전조 입구에서의 발포상황 확인 - 슬러지의 현미경 관찰 - 기포를 건조한 상태의 형상 확인	포기조 기포 발생 참조		포기조에서 발포가 많다.

5.7.4 질소제거 불충분

예상 원인	진단 방법	진단 결과	대응책	다른 Trouble과의 관련
1) 질산화 반응이 불충분	- 조 내 여과액의 NH_4, NO_2, NO_3, 유기체-N의 측정	- NH_4-N, 유기체-N의 잔류가 많고, NO_2, NO_3-N의 생성이 적다.	질산화 우선 대책	처리수의 BOD, COD가 높다. 스컴이 발생한다.
	- 질산화조의 DO 측정	- DO가 1mg/L 이하이다.	- DO를 3mg/L 이상으로 한다.	
	- 조 내의 pH 측정	- pH가 6.8~8.5의 범위 외이다.	- 적정하게 pH를 조정한다.	
	- 조 내 수온 확인	- 수온이 15℃이하, 35℃ 이상이다.	- 적정수온(15~35℃)으로 조정	
	- MLSS, MLVSS를 측정하여 슬러지량 당의 N 부하 확인	- 수온 20℃에서 슬러지 당 N부하가 0.1kg/kg/d 이상이다.	- 슬러지량 당 N부하를 0.08~0.1 kg/kg/d 이하로 설정한다. (부하량의 저감, 슬러지 추가)	
	- SRT 확인	- SRT가 7일 이하로 짧다.	- 7일 이상으로 설정한다.	
	- 슬러지 중의 P 함유율 측정	- 슬러지 중 P가 1% 이하이다.	- 적절한 P원을 첨가한다.	
	- 저해물질 혼입 여부 조사	- 저해물질이 함유되어 있다.		
2) 탈질반응이 불충분	- 조 내 여과액의 NH_4, NO_2, NO_3, 유기체-N의 측정	- NH_4-N, 유기체-N의 잔류가 적고, NO_2, NO_3-N의 잔류가 많다.	탈질 우선 대책	
	- 탈질조의 DO 측정	- 조 내 DO가 검출된다.	- DO의 유입 방지	
	- 탈질조의 체류시간 확인	- 체류시간이 30분 이하이다.	(교반속도, 반송량, 순환량 조정)	
	- 탈질조 내 액의 ORP 측정	- 조 내 액의 ORP가 -50mV 이상이다.	- 메탄올(BOD원)의 주입량을 적정하게 한다. (BOD는 N량의 3배, 메탄올은2.5)	
	- 조 내 pH 측정	- pH가 6.8~8.5의 범위 외이다.	- 적정한 pH로 조정한다.	
	- 조 수온 확인	- 수온이 15℃이하, 35℃ 이상이다.	- 적정수온(15~35℃)으로 조정	
	- 슬러지 농도(MLVSS) 측정	- MLVSS가 2000mg/L 이하이다.	- 메탄올의 주입량을 높인다. - 슬러지량 당의 N 부하를 0.1kg/kg/d 이하(BOD 시), (메탄올 투입 시는 0.2 이하)로 설정한다. (부하량의 저감, 슬러지 추가)	
	- MLSS, MLVSS를 측정하여 슬러지량 당의 N 부하 확인	- 수온 20℃에서 슬러지 당 N부하가 0.1kg/kg/d 이상이다. (원수의 BOD 이용 시) 메탄올 투입 시는 0.2 이상이다.		
	- 슬러지 중의 P 함유율 측정	- 슬러지 중 P가 1% 이하이다.	- 적절한 P원을 첨가한다.	

5.7.5 포기조 기포 발생

예상 원인	진단 방법	진단 결과	대응책	다른 Trouble과의 관련
1) 발포성 물질 (세제, 계면활성제)의 혼입	- 발포성 물질의 확인	- 발포성 물질이 유입되고 있다.	- 소포제를 첨가한다.	스컴 발생
2) 중간대사산물에 의한 발포	- 처리수 수질(용해성)의 측정 (CODcr, TOC, BOD)	- 처리수 수질이 높다.	처리수 BOD, COD 증가 참조	처리수의 BOD, COD가 높다.
	- 비정상 폐수의 유입	- 비정상 폐수가 유입되고 있다.		
	- 부하량 확인	- 부하량이 높다.		
	- 영양 Balance의 확인	- 영양 Balance가 불량하다.		
	- 수온, pH 측정	- 수온, pH가 적정하지 않다.		
3) 방선균의 생육	- 현미경 관찰	- 방선균이 많다.	- SRT를 5일 이하로 단축한다. - 원수조를 청소한다. - 슬러지를 교체한다. - 소포제를 선정 살포한다.	스컴 발생 처리수의 BOD, COD가 높다.
	- SRT의 확인	- SRT가 5일 이상이다.		
	- 기포의 유분 측정	- 기포 속에 유분이 많다.		

5.7.6 잉여슬러지량 증가

예상 원인	진단 방법	진단 결과	대응책	다른 Trouble과의 관련
1) 유입 SS가 많다.	- 유입 SS의 측정 - 유입 SS의 조성 확인	- SS가 많다. - SS가 무기성이다.	- 유입 SS를 전처리로 제거한다.	
2) 슬러지전환율이 높다.	- 부하량의 확인 - SRT의 확인 - 조 내 수온의 측정 - 조 내 DO의 측정	- 부하량이 높다. - SRT가 짧다. (5일 이내) - 수온이 낮다. (15℃ 이하) - DO가 부족하다.	- 부하량을 적정하게 조정한다. - SRT를 길게 한다. - 수온은 20℃ 이상으로 한다. - DO를 3mg/L 이상으로 한다.	처리수 BOD, COD가 높다.

5.7.7 MBR 투과수량 저하

예상 원인	진단 방법	진단 결과	대응책	다른 Trouble과의 관련
1) 막침지조의 산기량 부족 및 산기의 불균일	- 산기량의 확인	- 산기 LV가 75~100m/hr 보다 낮다.	- 산기 LV를 75~100m/hr로 조정한다.	
	- 산기상황의 확인	- 산기가 편중되어 있다. - 산기관의 물 배출관에서 분출	- 산기관을 꺼내어 공기산출부의 막힘을 청소한다.	
2) 막의 세정이 부족	- 압력손실의 발생 상태를 Trend로 조사한다.	- 세정 직후의 압력손실이 높다. (30~40kPa, 이상)	- 약품세정 시의 약제 농도, 세정 시간을 변경한다. (표준은 NaOH 2~5%, NaOCl 500mg/L, 6~12시간 침적) - 표준세정으로 효과가 적은 경우는 염산세정이나 가온 하에서의 NaOH 세정을 행한다.	
		- 세정 후, 1개월 이내에 압력손실이 상승한다.		
3) 슬러지의 성상이 나쁘다.	- 슬러지 농도(MLSS, MLVSS)의 측정	- 슬러지 농도가 12000~ 15000 mg/L 이상이다.	- 슬러지 농도(VSS) 7000~12000 mg/L 범위로 조정한다.	
	- 조 내 액의 점성 측정	- 조 내 액의 점성이 높다. (300cp 이상이다.)	- 고점도 벌킹으로 판단	
4) 운전조건의 부적합	- 투과수량의 확인	- Flux가 0.3m/d 이상으로 되어 있다.	- 투과수량을 적정치로 조정한다.	
	- 처리수 Pump의 간헐운전 조건 확인	- 처리수 Pump가 연속운전, 또는 휴지시간이 짧다.	- 적정조건으로 조정한다. (표준은 운전 10분, 휴지 2분)	

5.7.8 MBR 처리수질 악화

예상 원인	진단 방법	진단 결과	대응책	다른 Trouble과의 관련
1) 막의 설치 불량	- 처리수 수질(SS, 탁도) 측정	- 처리수에 미세한 SS, 탁질이 있다.	- 막 Unit를 꺼내어 막설치 상황을 재점검한다. (각 막의 설치부분 확인)	처리수의 SS가 높다.
2) 생분해성 불충분	- 처리수 수질(BOD, COD)의 측정 - 조내 액 (0.45μm 여액)의 수질 측정	- 처리수, 조 내 액(여액)의 BOD, COD가 높다.	처리수 BOD, COD 증가 참조	처리수의 BOD, COD가 높다.

제 6 장 상수도 및 고도 상수처리 공정

Contents

제6장 상수도 및 고도 상수처리 공정

6.1 국내 상수원 수질환경 및 정수시설현황

수질환경 현황 및 전망

1) 수온 상승, 수질저하에 따른 하천 및 호소 수생태계 악영향

- 하천, 호소의 부영양화로 수화현상(water bloom) 발생 빈번
- 특히, 남조류(blue green algae), 규조류(diatom) 과잉발생으로 냄새, 여과지 폐색 등 정수처리 장애
- 지난 20여년간 국내 하천, 호소의 수온 관측결과 97개 중권역 중 57개 지역에서 수온상승 경향으로 생태계 변화에 따른 수환경 악화(지구 온난화)
- 한류성 어종의 서식에 영향(생태계 변화)

2) 상수원 수질환경 전망 및 수질관리의 문제점

- 상수원에 N, P 등 영양염류의 다량 유입으로 인한 조류 및 병원균 성장 촉진으로 수질악화(녹조현상 등)
- 가뭄에 의한 수질저하와 강우시 엄청난 양의 토사(흙탕물) 유입으로 호소 및 하류 하천 수생태계 악영향
- 미량유기오염물질의 유입과 수처리 기술의 한계성
- 호소 등 부영양화로 호소 저층에서 철(Fe), 망간(Mn)이 용출되어 수돗물에서 적수 및 흑수 발생
- 비점오염원의 관리 미비로 상수원 수질 개선에 어려움 예상
- 상수원의 환경호르몬 관리 대두

3) 국내 정수장 수질관리의 문제점

- 조류(algae)에 의한 정수장 수질관리에 어려움이 직면해 있는데 특히, 남조류 대표종으로 *Microcystis, Anabaena*에 의한 냄새 유발, 독성물질 배출과 대표 규조류 종으로 *Synedra, Aulacoseira*에 의한 여과지 패색임

주) 2-methylisoborneol (2-MIB)

• 하천 및 호수 냄새유발 물질발생 문제

팔당호(한강)

• Geosmin 증가 : 최대 850ppt, 2012

• 2-MIB : 7-8ppt, 2012

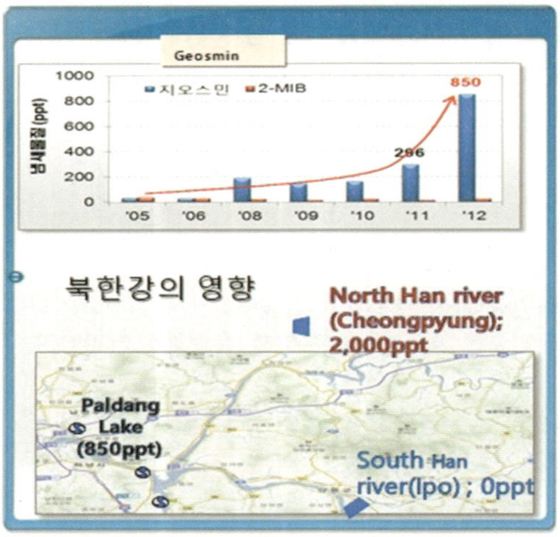

구미지역(낙동강)

• Geosmin 증가 : 2012

• 2-MIB : 3-9ppt : 2012

구 분	2010	'2011	2012
Geosmin	4	3	33
2-MIB	3	3	9

• 조류종의 변화 : 규조류 → 남조류

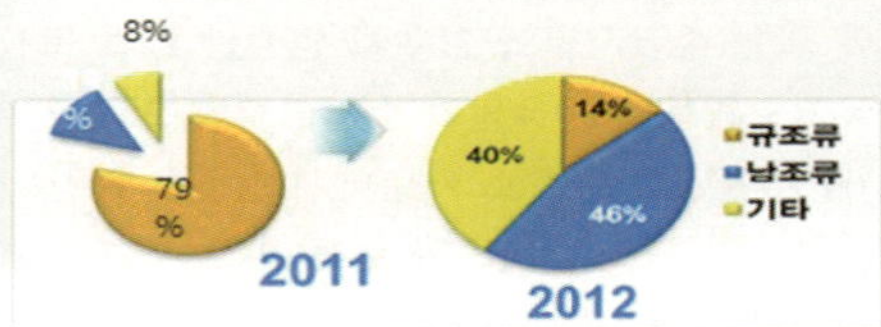

<그림 6-1> 한강 및 낙동강 냄새 발생 조류종

낙동강 조류 대발생 (Algae bloom)

부산일보

2019년 06월 17일 월요일 003면 기획

"부산 시민, 지난여름 낙동강 '최악 녹조라떼' 마셨다"

부산 '물 차별' 더는 안 된다

❶ 충격적인 부산식수원 실태

부산·창원 취·정수장 수질 분석
지난해 8월 '메리' 남조류 세포수
5만 4201셀/㎖ 3년 만에 8배↑
정수장 약품 투입량도 크게 증가
남조류, 간·신경 파괴 독소 유발
市 "고도정수 거쳐 검출 안 돼"
학계 "100% 제거 불가능" 반박
지난해 '급수중단'도 고려했어야

지난해 여름 부산시민들은 최악의 '녹조라떼 물'을 마신 것으로 확인됐다. 문제는 고농도 녹조 발생 때 고도정수처리 과정에서도 녹조 독소가 100% 걸러지지 않을 수 있다는 것이다. 지난해 낙동강 원수가 이 정도 수준이었다면 시민 안전과 건강을 위해 급수 중단 선언 등 '극약처방'까지 고려했어야 한다는 지적

지난해 여름 부산·경남 일부 지역의 식수원인 낙동강에 녹조가 관측이래 가장 많이 번성해 간을 파괴하는 녹조 4일 부산 시민 식수원인 경남 양산시 물금취수장 앞에 녹조가 창궐한 모습.

녹조(Cyanobacterial bloom, 綠潮)란 하천, 호수와 같은 담수에 식물이 성장하는데 필요한 질소, 인 등 영양물질이 많은 수역에서 주로 수온이 높은 여름철에 수체가 정체되어 물 흐름이 잔잔한 상태에서 물속에 떠다니는 생물 중에 광합성을 하는 조류(藻類)의 종다양성이 깨어지고 1종 또는 적은 종류의 남조류(cyanobacteria)가 대량 증식하여 물색이 녹색 변하는 현상

낙동강 지난 3일 대구 달성군 논공읍 위천리 고령교 하류가 조류에 뒤덮여 마치 '녹차 라떼'처럼 보인다.
대구환경운동연합 제공

대청호 충북 옥천군 군북면 추소리 앞 대청호에서 녹조가 발생해 호수 전체가 녹색으로 물들어 있다.
옥천 연합뉴스

4) 정수장 공정관리 및 정수시설 현황

- 정수장 공정관리의 문제점
  - 운영유지관리 미흡 및 전문인력 부족
  - 수질저하에 따른 고도수처리 미설치 등으로 수질관리 대응 곤란
  - 고도처리설치를 위한 예산, 부지확보 곤란

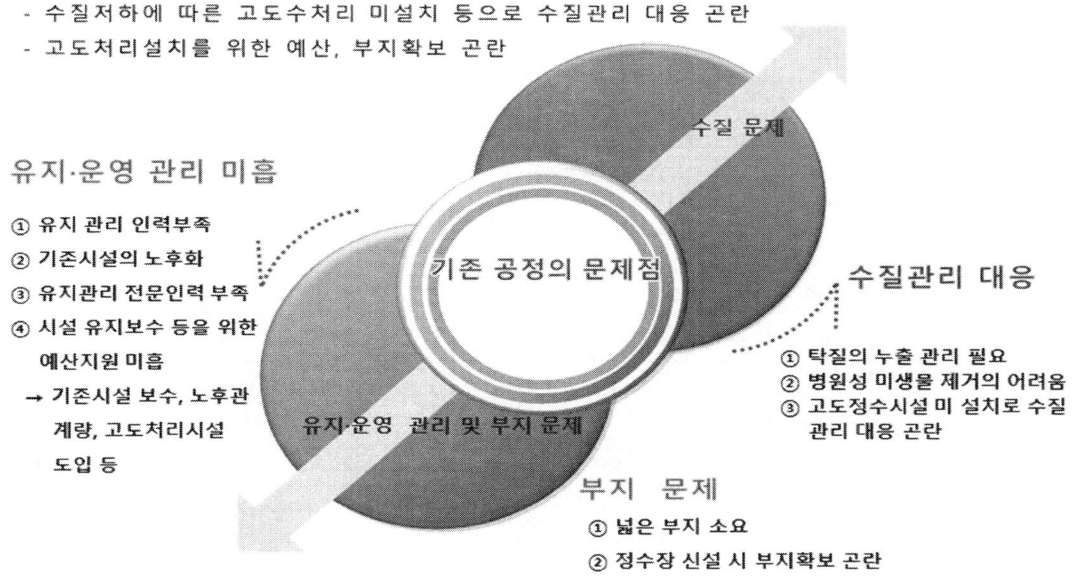

- **국내 수원 형태별 연간 취수량(2019년)**
  - 연간 취수량 : 6,957,556천m³ , 취수시설용량 : 33,022천㎥/일
  - 취수원별로는 댐원수 46.9%, 하천표류수 43.3%로 대부분 차지(90.2%)

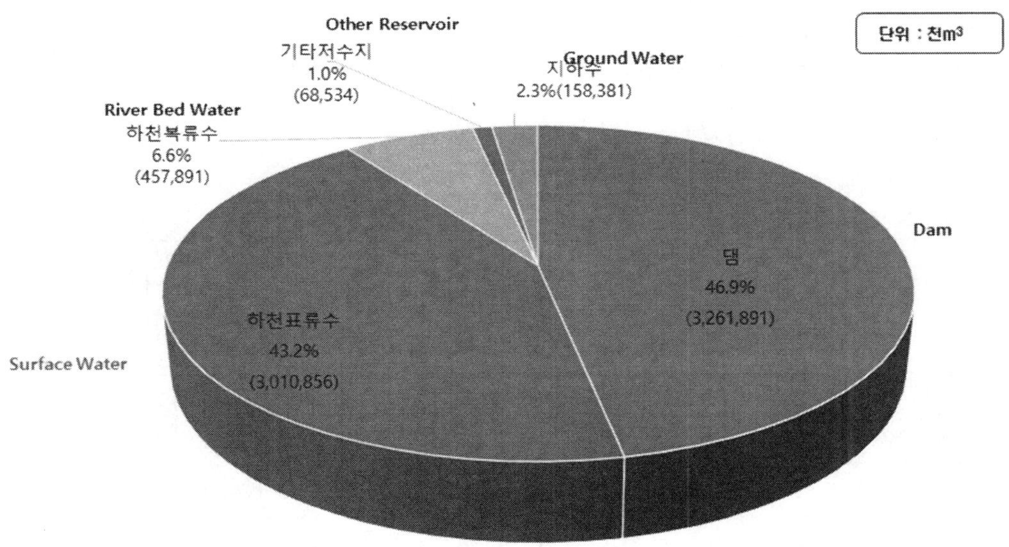

2019년 취수장 가동률은 66.8%이고, 지방상수도의 가동률은 62.4%, 광역상수도의 가동률은 72.6%

<그림 6-2> 국내 수원별 취수량 비율

자료 : 환경부, "상수도통계", 2020

• **2019년 국내 상수도 보급율 : 99.3%로 2018년 대비 0.1% 상승**

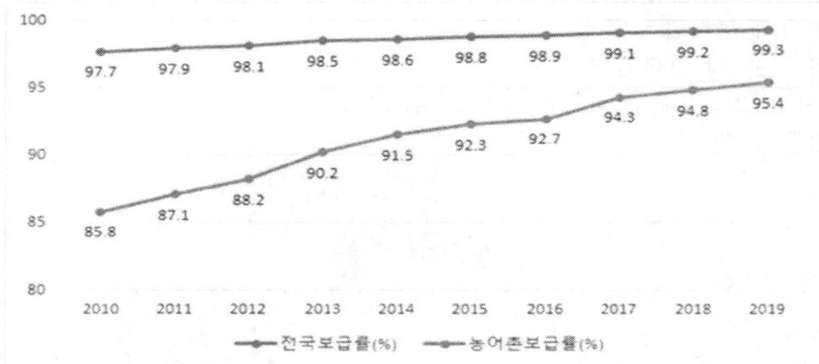

<표 6-1> 연도별 상수도 보급율

구 분	2010	2011	2012	2013	2014	2015	2016	2017	2018	2019
총 인구(천명)	51,435	51,717	51,881	52,127	52,419	52,672	52,858	52,950	53,073	53,122
급수인구(천명)	50,264 (48,395)	50,638 (48,938)	50,905 (49,354)	51,325 (49,910)	51,712 (50,373)	52,045 (50,804)	52,259 (50,971)	52,468 (51,247)	52,653 (51,499)	52,747 (51,666)
전국보급률(%)	97.7 (94.1)	97.9 (94.6)	98.1 (95.1)	98.5 (95.7)	98.6 (96.1)	98.8 (96.5)	98.9 (96.4)	99.1 (96.8)	99.2 (97.0)	99.3 (97.7)
농어촌보급률(%)	85.8 (56.1)	87.1 (59.1)	88.2 (62.6)	90.2 (66.4)	91.5 (69.1)	92.3 (71.0)	92.7 (72.8)	94.3 (75.6)	94.8 (77.0)	95.4 (78.6)

* ( ): 지방·광역상수도 이용 급수인구(보급률) 수치임　　* 농어촌보급률 : 전국의 면지역 보급률　　자료 : 환경부, "상수도통계", 2020

• **정수시설현황 및 처리방식(2019년)**

- 국내 정수처리시설은 총 27,416천㎥/일(생활용수)이고 처리방식은 대부분 급속여과방식으로 51.8%를 차지하며 고도처리는 44.4%로서 양질의 수돗물 생산을 위한 고도처리 설비투자가 필요한 실정임
- 2019년 정수처리 시설 용량 : 27,416천㎥/일(생활용수)
- 지방상수도 정수장 시설용량 : 20,192천㎥/일(73.7%) – 광역상수도 정수장시설용량 : 7,224천㎥/일 (26.3%)
- 2019년 전체 정수장 가동률 : 77.2%(2018년 79.8% 대비 2.6% 감소)

• **전국 수도요금 평균** : 739원/㎥ (생산원가 : 944.6원/㎥, 현실화율 78.2%)

• **정수처리 방식 및 시설용량(천㎥/일)**

<표 6-2> 국내 정수처리방식, 물 사용량 등　　(단위 : 천㎥/일)

구 분	총 계	급속여과 방식	고도처리 방식	완속여과 방식	소독만의 방식	막여과 방식
시설용량	27,416 (100%)	14,185 (51.8%)	12,182 (44.4%)	553 (2.0%)	279 (1.0%)	217 (0.8%)

1인1일 급수량	L	333	335	332	335	335	335	339	341	348	347
1인1일 물사용량	L	277	279	278	282	280	282	287	289	295	295
총급수량	백만㎥/년	5,910	6,021	6,029	6,159	6,214	6,279	6,420	6,492	6,656	6,667
유수율	%	83.2	83.5	84.0	84.2	83.7	84.3	84.8	85.2	84.9	85.2
누수율	%	10.8	10.4	10.4	10.7	11.1	10.9	10.6	10.5	10.8	10.5

자료 : 환경부, "상수도통계", 2020

- **국내 정수처리 공정의 변화**

Paradigm Change of Drinking Water Treatment Process

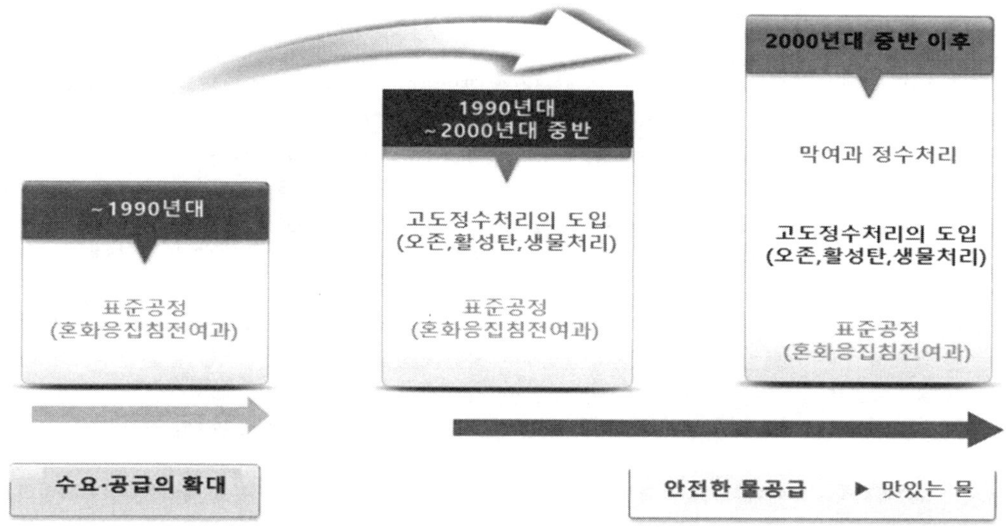

수도법 용어의 정의(1)

1. "**원수**(原水)"란 음용(飮用) · 공업용 등으로 제공되는 자연 상태의 물을 말한다. 다만, 「농어촌정비법」 제2조제3호에 따른 농어촌용수는 제외하되 가뭄 등의 비상 시 대통령령으로 정하는 바에 따라 환경부장관이 농림축산식품부장관 또는 해양수산부장관과 협의하여 원수로 사용하기로 한 경우에는 원수로 본다.
2. "**상수원**"이란 음용 · 공업용 등으로 제공하기 위하여 취수시설(取水施設)을 설치한 지역의 하천 · 호소(湖沼) · 지하수 · 해수(海水) 등을 말한다.
3. "**광역상수원**"이란 둘 이상의 지방자치단체에 공급되는 상수원을 말한다.
4. "**정수**(淨水)"란 원수를 음용 · 공업용 등의 용도에 맞게 처리한 물을 말한다.
5. "**수도**"란 관로(管路), 그 밖의 공작물을 사용하여 원수나 정수를 공급하는 시설의 전부를 말하며, 일반수도 · 공업용수도 및 전용수도로 구분한다. 다만, 일시적인 목적으로 설치된 시설과 「농어촌정비법」 제2조제6호에 따른 농업생산기반시설은 제외한다.
6. "**일반수도**"란 광역상수도 · 지방상수도 및 마을상수도를 말한다.
7. "**광역상수도**"란 국가 · 지방자치단체 · 한국수자원공사 또는 환경부장관이 인정하는 자가 둘 이상의 지방자치단체에 원수나 정수를 공급(제43조제4항에 따라 일반 수요자에게 공급하는 경우를 포함한다)하는 일반수도를 말한다. 이 경우 국가나 지방자치단체가 설치할 수 있는 광역상수도의 범위는 대통령령으로 정한다.
8. "**지방상수도**"란 지방자치단체가 관할 지역주민, 인근 지방자치단체 또는 그 주민에게 원수나 정수를 공급하는 일반수도로서 광역상수도 및 마을상수도 외의 수도를 말한다.

수도법 용어의 정의(2)

9. "**마을상수도**"란 지방자치단체가 대통령령으로 정하는 수도시설에 따라 100명 이상 2천500명 이내의 급수인구에게 정수를 공급하는 일반수도로서 1일 공급량이 20세제곱미터 이상 500세제곱미터 미만인 수도 또는 이와 비슷한 규모의 수도로서
특별시장・광역시장・특별자치시장・특별자치도지사・시장・군수(광역시의 군수는 제외한다)가 지정하는 수도를 말한다.
10. "**공업용수도**"란 공업용수도사업자가 원수 또는 정수를 공업용에 맞게 처리하여 공급하는 수도를 말한다.
11. "**전용수도**"란 전용상수도와 전용공업용수도를 말한다.
12. "**전용상수도**"란 100명 이상을 수용하는 기숙사・사택・요양소, 그 밖의 시설에서 사용되는 자가용의 수도와 수도사업에 제공되는 수도 외의 수도로서 100명 이상 5천명 이내의 급수인구(학교・교회 등의 유동인구를 포함한다)에 대하여 원수나 정수를 공급하는 수도를 말한다. 다만, 다른 수도에서 공급되는 물만을 상수원으로 하는 것 중 일일 급수량과 시설의 규모가 대통령령으로 정하는 기준에 못 미치는 것은 제외한다.
13. "**전용공업용수도**"란 수도사업에 제공되는 수도 외의 수도로서 원수 또는 정수를 공업용에 맞게 처리하여 사용하는 수도를 말한다. 다만, 다른 수도에서 공급되는 물만을 상수원으로 하는 것 중 일일 급수량과 시설의 규모가 대통령령으로 정하는 기준에 못 미치는 것은 제외한다.
14. "**소규모급수시설**"이란 주민이 공동으로 설치・관리하는 급수인구 100명 미만 또는 1일 공급량 20세제곱미터 미만인 급수시설 중
특별시장・광역시장・특별자치시장・특별자치도지사・시장・군수(광역시의 군수는 제외한다)가 지정하는 급수시설을 말한다

상수원보호구역 금지행위(수도법 시행령)

제12조(**상수원보호구역에서의 금지행위**) ①법 제7조제3항제2호에서 "**대통령령으로 정하는 금지행위**"란 다음 각 호의 행위를 말한다.

1. **가축을 놓아기르는 행위**
2. **수영・목욕・세탁・선박운항**(수질정화활동, 수질 및 수생태계 조사 등 환경부령으로 정하는 바에 따라 선박을 운항하는 경우는 제외한다) 또는 수면을 이용한 레저행위
3. **행락・야영 또는 야외 취사행위**
4. **어패류를 잡거나 양식하는 행위**. 다만, 환경부령으로 정하는 자가 하는 환경부령으로 정하는 어로행위는 제외함
5. **자동차를 세차하는 행위**
6. 「하천법」 제2조제2호에 따른 하천구역에 해당하는 지역에서 **농작물을 경작하는 행위**. 다만, 「친환경농어업 육성 및 유기식품 등의 관리・지원에 관한 법률」 제2조제2호에 따른 **친환경농수산물(수산물은 제외한다**. 이하 같다)을 같은 법 제19조제2항 또는 제34조제2항에 따른 인증기준에 따라 경작하는 행위는 제외한다.

② 상수원보호구역 지정 당시 다른 법령에 따라 상수원보호구역에서 어패류를 잡거나 양식하는 행위에 대한 면허, 허가를 받았거나 신고를 한 자의 경우 그 면허・허가 또는 신고의 유효기간까지는 제1항제4호에도 불구하고 그 면허・허가 또는 신고의 내용에 따라 어패류를 잡거나 양식하는 행위를 할 수 있다.

③ 제1항제6호 단서를 적용할 때 「친환경농어업 육성 및 유기식품 등의 관리・지원에 관한 법률」 제2조제2호에 따른 친환경농수산물을 경작하는 중에 병해충이 발생하여 같은 법 제19조제2항 또는 제34조제2항에 따른 인증기준에 규정된 것 이상으로 농약을 사용하는 것이 불가피하다고 특별자치시장, 특별자치도지사, 시장, 군수, 구청장이 고시한 경우 그에 따라 농약을 사용하는 때에는 제1항제6호 단서에 적합한 것으로 본다.

상수원보호구역 행위허가기준(1) (수도법 시행령)

제13조(상수원보호구역에서의 행위허가기준) ①특별자치시장・특별자치도지사・시장・군수・구청장은 상수원보호구역에서 법 제7조제4항 각 호의 어느 하나에 해당하는 행위를 허가할 때에는 다음 각 호의 어느 하나에 해당하는 것으로서 상수원보호구역의 지정목적에 지장이 없다고 인정되는 경우에만 허가할 수 있다

1. 다음에 해당하는 건축물이나 그 밖의 공작물의 건축 및 설치
가. 공익상 필요한 건축물이나 그 밖의 공작물의 건축 및 설치
나. 상수원보호구역에 거주하는 주민의 생활환경 개선 및 소득 향상에 필요한 환경부령으로 정하는 건축물이나 그 밖의 공작물의 건축 및 설치
다. 상수원보호구역에 거주하는 주민이 공동으로 이용하거나 필요로 하는 환경부령으로 정하는 건축물이나 그 밖의 공작물의 건축 및 설치
라. 오염물질의 발생 정도가 종전의 경우보다 높지 아니한 범위에서의 환경부령으로 정하는 용도(「건축법」 제2조제2항에 따라 구분된 용도를 말한다. 이하 같다) 및 규모의 건축물이나 그 밖의 공작물의 개축・재축
마. 상수원보호구역에서 환경부령으로 정하는 마을공동시설・공익시설・공동시설 및 공공시설의 설치로 철거된 건축물이나 그 밖의 공작물의 이전
바. 빈발하는 수해 등 재해로 그 이전이 불가피한 경우의 건축물의 이전 및 고속도로・철도변의 소음권(騷音圈)에 있는 주택 등 주거환경이 심히 불량한 지역에 있는 주택의 인근 토지나 마을로의 이전. 이 경우 이전한 후의 종전 토지는 농지나 녹지로 환원하여야 한다.

상수원보호구역 행위 허가기준(2)(수도법 시행령)

사. 상수원보호구역 지정 전부터 타인 소유의 토지에 건축되어 있는 주택으로서 토지소유자의 동의를 받지 못하여 증축・개축할 수 없는 경우에 그 기존 주택의 철거 및 인근 마을로의 이전
아. 취락에 있는 주택으로서 영농의 편의를 위하여 그 주택 소유자가 소유하는 농장이나 과수원으로의 주택의 이전. 이 경우 이전된 후의 종전 토지는 농지나 녹지로 환원하여야 한다.

2. 오염물질의 발생 정도가 종전의 경우보다 높지 아니한 범위에서의 건축물이나 그 밖의 공작물의 용도변경
3. 상수원보호구역의 유지・보호에 지장이 없다고 인정되는 경우로서 상하수도시설・환경오염방지시설 또는 보호구역관리시설의 제거
4. 상수원의 보호를 위한 수원림(水源林)의 조성・관리를 위하여 필요한 나무의 재배・벌채와 공공사업의 시행 등으로 불가피한 대나무 및 입목(立木)의 벌채
5. 경지정리만을 목적으로 하거나 상수원보호구역의 지정목적에 지장이 없다고 인정되는 토지의 형질변경행위

② 제1항에 따른 건축물이나 그 밖의 공작물의 종류・규모 등 허가에 관한 세부기준 및 절차, 그 밖에 필요한 사항은 환경부령으로 정한다.

③ 특별자치시장・특별자치도지사・시장・군수・구청장은 제1항에 따라 상수원보호구역에서 법 제7조제4항 각 호의 어느 하나에 해당하는 행위를 허가한 경우에는 지체 없이 그 내용을 관계 수도사업자나 전용수도의 설치자에게 통보하여야 한다.

6.2. 상수도 수처리 공정 및 수질관리

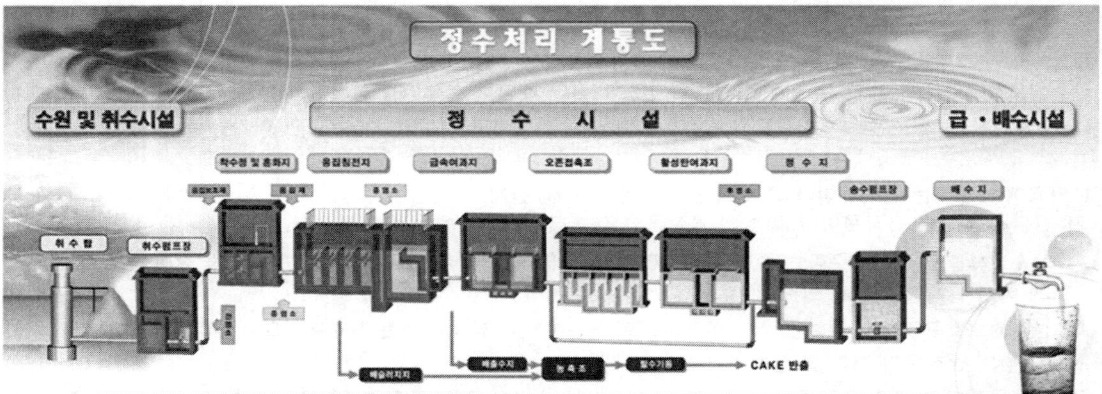

구 분	착수정 및 혼화지	응집침전지	급속 여과지	오존접촉조	활성탄여과지	정 수 지
기 능	• 유입원수의 수위안정 및 수량조절 • 원수중 불순물과 응집약품이 결합하여 플록형성	• 형성된 플록을 크고 단단하게 하여 침전이 쉬운상태로 성장시킴 • 플록을 침전시킴	• 침전지 상등수에 잔류한 현탁물질 및 세균제거	• 강한 산화력을 이용 맛, 냄새물질 및 색도제거 • 철, 망간등 금속류의 산화	• 활성탄의 흡착력을 이용 상수의 이취미, THM전구물질, 색도등을 제거	• 염소의 소독능 확보 및 정수장 사고시 저류시간 확보
시설기준	• 착수정 -체류시간: 1.5분이상 -유효수심: 3~5m • 혼화지 -혼화시간: 1분내외 -혼화기 주변속도: 1.5m/sec이상	• 응집지 -체류시간: 20~40분 -속도구배: 20~75sec • 약품침전지 -침전시간: 3~5시간 -유효수심: 3~5.5m -장 폭 비: 3~8:1	• 여과지 -여과속도: 120~150m/일 -지당여과면적: 150㎡이하 -사면상수심: 1.0m이상 -여층두께: 60~120cm	• 오존접촉조 -접촉시간 망간제거시: 1~3분 유기물 분해시: 10~20분 -접촉수심: 4~6m	• 활성탄여과지 -공상체류시간: 5~10분 -공간속도: 4~10m/분 -탄층의 두께: 1.5~3.5m	• 정수지 -체류시간: 1시간이상 (염소주입시 2~3시간) -유효수심: 3~6m -염소혼화시간: 6~10분

<그림 6-3> 상수도 처리 계통도

자료 : 환경부 원주지방환경청(http://www.me.go.kr/wonju/web/board/)

6.2.1 정수처리 방식 선정

• **정수처리 방법 선정**

- 소독만 하는 방식, 완속여과 방식, 급속여과 방식, 막여과 방식, 고도정수처리 방식 등이 있다. 정수처리 방법은 어떠한 원수 수질에 대해서도 정수 수질의 관리목표를 만족시킬 수 있어야 하며 정수시설의 규모나 운전제어, 유지관리 기술의 수준 등을 고려하여 선정해야 함.

• **정수시설 선정**

- 정수방법이 결정되면 이 결정된 방법에 가장 적합한 정수시설을 선정해야 하며, 동일한 정수방법이라도 선택되는 시설의 조건에 따라 달라지므로, 정수시설을 선정할 때에는 건설비, 유지관리비 등을 포함한 총괄원가에 대하여 조사해야 하며, 유지관리의 확실성, 편리함 및 에너지절약 등도 고려하여야 함

• **정수시설 선정시 고려사항**

① 정수방법은 「먹는물 수질기준」에 적합한 수돗물을 안정적으로 급수할 수 있는 시설
② 해수 또는 기수(brackish water)를 담수화 할 경우에는 역삼투법이나 전기투석법 등의 탈염처리 조합
③ 크립토스포리디움 등의 병원성 미생물로 원수가 오염될 우려가 있는 경우에는 급속여과 방식, 완속여과 방식 또는 막여과 방식 중의 어느 하나를 사용함
④ 고도정수처리 방식 등에는 기존시설의 가동상황이나 실험자료 등을 충분히 조사한 다음 기존의 지식으로 불충분한 경우에는 해당 정수장의 원수를 사용한 실험으로 처리성이나 안전성을 확인함
⑤ 원수 수질, 정수 수질의 관리목표, 시설규모, 시설의 운전. 계측제어 및 유지관리 방법, 건설비, 유지관리비, 용지조건(넓이 및 위치, 취득조건) 등을 고려하여 신뢰성이 높은 정수처리시설을 선정함

자료 : 수처리와 공급, K-water, 2019

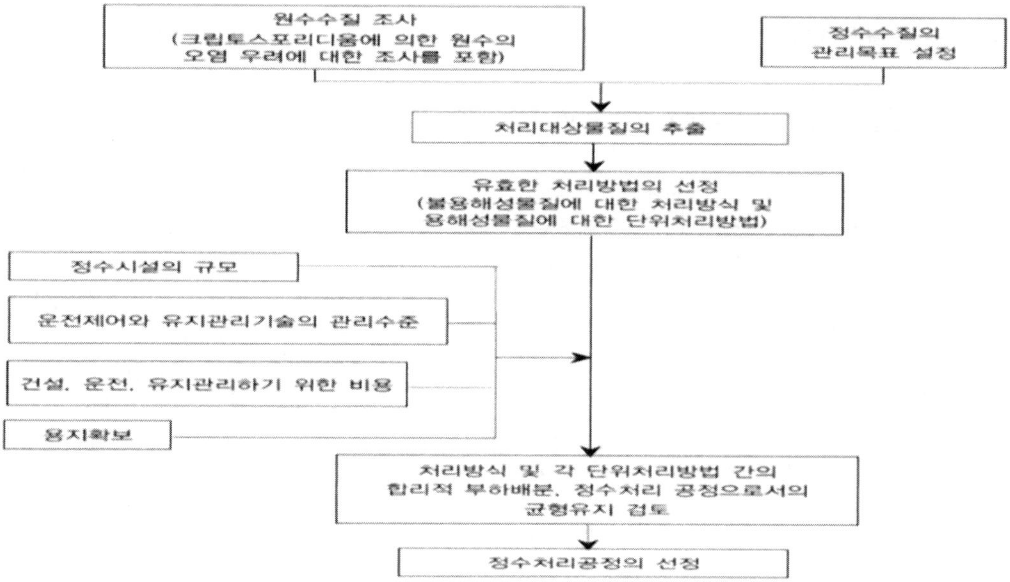

<그림 6-4> 일반적인 정수처리공정 선정 순서

6.2.2 정수의 원리

1) 정수처리 목적

- 지표수, 지하수, 호소수 등 다양한 특성을 갖는 원수에서 부유물질, 중금속, 미량유기물질, 병원균 등의 유해물질을 제거하여 건강상 안전하고 깨끗한 물을 생산하는데 있음
- 정수를 생산하기 위해서는 주로 현탁성, 콜로드성, 용존성 오염물질을 제거하여야 하며 제거 방식은 다음과 같음

2) 현탁성 오염물질의 제거

- 현탁성 물질은 자연적으로 입자의 무게에 의한 중력으로 침전 제거가 됨

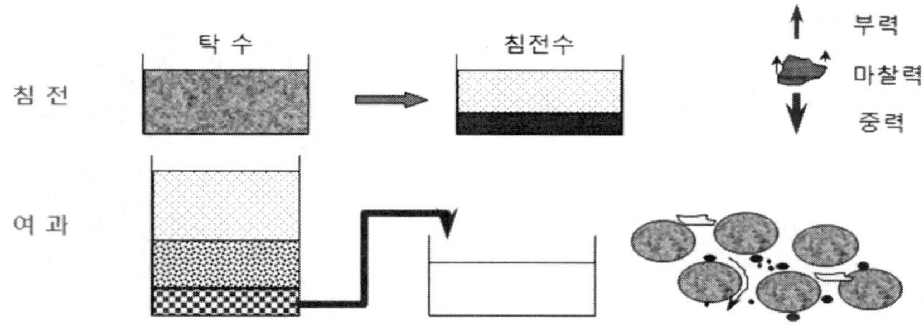

3) 콜로이드성 오염물질의 특성 및 제거

• **콜로이드성 물질의 특성**

- 1nm ~ 1μm의 크기를 갖는 미립자(미세한 점토, 색도유발물질, 바이러스 등)로 침전성이 불량하고 표면 전하는 서로 반발하여 침전이 어려움
- Colloids의 표면전하는 (−) charge(음전하)
- 정전기력(electrostatic force)은 콜로이드의 결합을 방해
- 콜로이드는 Brown 운동으로 물 속에 분산 상태로 유지하여 중력 침전에 의한 콜로이드 제거는 불가능

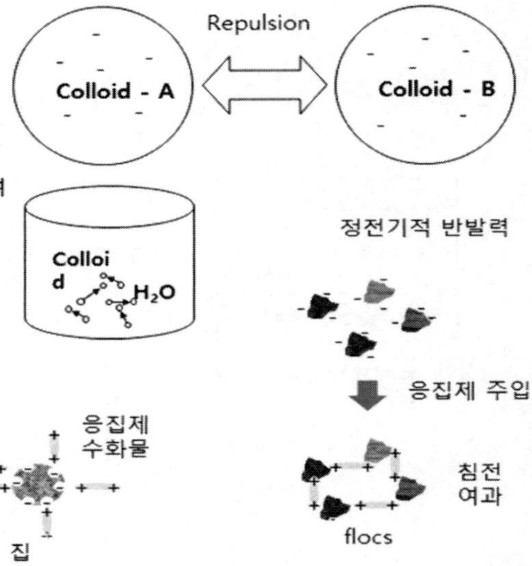

• **콜로이드의 응집 및 제거**

- 콜로이드와 반대전하를 띤 응집제를 주입하여 침전성 혹은 여과성 floc을 생성시켜 침전, 여과로 제거함

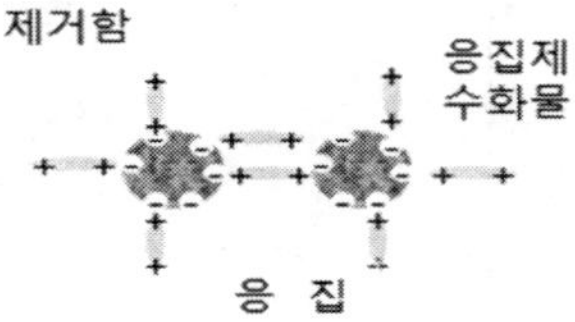

4) 용존성 오염물질의 특성 및 제거

• **용존성 오염물질의 특성**

- 10^{-9} m 이하 : 침전성 불량(60년 이상)
- 맛, 냄새유발물질, 유기물질(BOD, 세제, 농약)
- 무기물질(중금속, 철, 망간)
- 소독부산물(DBPs, Disinfection by Products)
- 기타 화학물질(Chemicals)

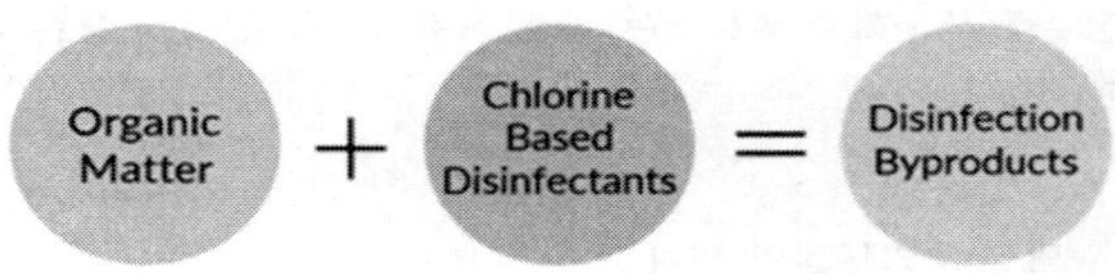

• **용존성 오염물질의 제거**

- 응집에 의한 제거 : 부식질(색도)
- 산화 : 물질의 화학적 성질변화
- 흡착(Absorption)
- 이온교환(Ion exchange)

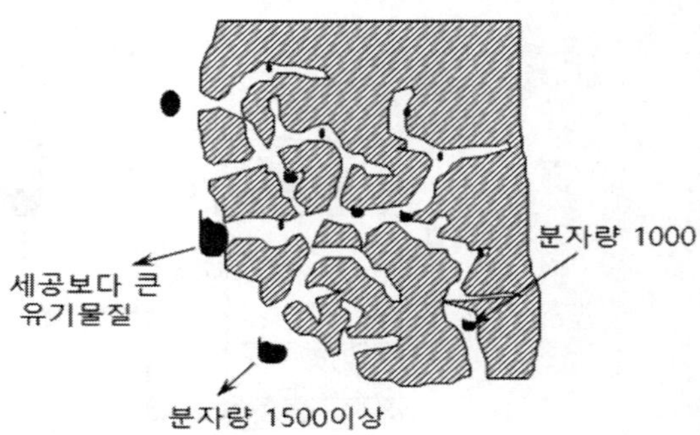

6.2.3. 혼화 공정

1) 혼화의 목적

- 응집제의 주입과 동시에 순간적인 확산, 균등분산 및 Micro floc을 형성시키는 과정
- 20~60초 정도의 혼합 시간으로 설계
- 약품을 얼마나 빠르고, 고르게 혼합시킬 수 있는가에 따라 정수처리 효율을 결정
- G값(속도경사)가 클수록 혼화가 강하게 일어남

2) 급속혼화지의 설계기준

- 급속혼화지 설계기준은 미국과 한국은 차이가 나며 Kawamura도 다른 기준을 제시하고 있음

<표 6-3> 급속혼화지의 설계기준

구 분	AWWA	한국	Kawamura	비 고
G(sec^{-1})	300	-		급속혼합유도
혼합시간(sec)	10 ~ 30	1분 이하	0.5 ~ 1	과도한 혼합방지
G×t	300 ~ 1,600 (평균 1,000)	-	700 ~ 1000	-

3) 혼화, 응집공정의 주요 영향

- G : 속도경사 (Velocity gradient)
- 교반을 위하여 투입하는 에너지와 유체의 점도와 혼화지 부피간의 상호 연관을 나타낸 값

$G = \sqrt{\frac{P}{\mu V}}$ - Camp & Stein 식

여기서 G : 속도경사 (1/sec) V : 혼화지 체적 (m^3)
P : 교반동력 (N.m/sec) μ : 물의 점성계수(N.sec/m^2)

<표 6-4> 혼화. 응지공정의 설계기준

구분	체류시간	속도경사(1/sec)	GT
혼화지	1분 이내(0.5~1초)	700~1,000	300~5,000(300~1,600)
응집지	20분~40분	75~10(점감)	10,000~100,000

※ GT값 : 속도경사와 혼화지에서의 체류시간과의 관계를 나타낸 값

- 혼화효율에 미치는 영향인자
  - 응집제의 종류, 주입위치, 주입량 및 주입방법, pH, 수온, 알칼리도
  - 단락류, vortex, swirl 등 수류 흐름

4) 2단 혼화 방식(1)

• 개요

- 혼화는 응집제를 가능한 짧은 시간내에 원수에 균등하게 분사시켜 응집제와 원수 중의 불순물(탁질과 용존 유기물질)과의 접촉 및 반응이 효율적으로 이루어지도록 하는 정수과정의 중요한 공정으로 후속공정인 응집, 침전, 여과공정에서 불순물의 전기화학적 특성을 안정화 시키는 역할을 함
- 중성 부근의 pH와 과량의 응집제를 필요로 하는 혼화방식은 **1단의 혼화조에서** 주로 $Al(OH)_3$가 띠는 전하에 의한 불안정화에 인하여 응집을 유도하여 오염물질을 제거하는 반면에, **2단 혼화방식은** 1단에서 **흡착과 불안정화 현상에 병행하여 오염물질을 응집하고** 2단에서 **물리적 응집**을 일으켜 부유물을 제거하게 되어 불안정화에 필요한 **응집제 요구량이 감소하게 됨**

• 2단혼화 방법

- 기존의 정수시설에서는 1단의 혼화조를 두어 응집을 수행하는데 반하여 2단에서 응집을 수행하고 G값 및 체류시간을 적절하게 조절함
- 기존의 표준정수공정의 급속혼화는 1단 혼화조에 석출된 $Al(OH)_3$에 의한 물리적 응집반응에 의한 micro floc 형성에 의해 응집 기능을 수행하지만 2단 혼화 응집에서는 1단에서 다가이온 상태의 Al 수화물에 의한 화학적 응집반응과 2단계에서 물리적 응집을 일으켜 응집기능을 수행함
- 혼화공정을 2단계로 구분함으로써 **응집제의 동역학적 반응 특성과 중화된 입자의 물리적 특성을 향상시켜 탁도 유발물질 및 용존 유기물질의 제거 효율을 향상시키는 기법임**

4) 2단 혼화 방식(2)

• 표준정수공정 급속혼화 조건 : G=700-1,000 sec-1, t=40-60sec 정도
• 2단 혼화공정 : 1단혼화 G=700-1,500sec-1, t=1sec, 2단혼화 G=300sec-1, t=30sec 내외

<표 6-5> 1단 및 2단 혼화방식의 설계기준

항 목	1단계 혼화공정 (화학적 반응)	2단계 혼화공정 (물리적 반응)
교반강도(G) sec-1	750-1,500	200-400
체류시간(t) sec	3sec 이내	20-40

• 기대효과

- 수처리 효율 향상
- 소요 응집제 양의 감소, 슬러지 발생량 감소, 잔류 알루미늄 감소
- 슬러지 처리비용의 절감, 약품비 절감, 동력비 절감

(정수장 약품탱크)

6.2.4 응집 공정

1) 응집의 목적

- 혼화공정 뒤에 입자들이 잘 뭉치거나 파괴되지 않도록 적절한 충돌을 일으키기 위한 교반
- 미세한 플록들이 서로 결합하여 침전이 용이한 큰 입자로 만드는 과정

2) 응집반응

- 응집원리 : 응집제를 주입하여 오염물 입자의 직경을 변화시켜 floc으로 만들어 흡착 침전
- 제거대상 : 유기물, 세균, 조류, 맛·냄새 유발물질, 색도·탁도 유발물질, 콜로이드, SS 등

- 응집 메카니즘
  - 수중의 콜로이드 물질과 부유물질을 효과적으로 제거하기 위해 입자의 불안정화를 얻기 위한 불안정화 메커니즘으로는 **전기이중층 압축, 정전기적 인력, 가교작용, Sweep 응집의 4가지가 있음**

3)전하입자의 안정성과 불안정화에 의한 응집

- 전하입자에 작용하는 힘(= 전단면 전하량(제타 전위)에 의한 정전기적 반발력 + Van de Waals 힘에 의한 인력)은 두 입자의 거리가 매우 가까워지면 서로 결합하는 방향으로 비가역적으로 움직이게 되어 응집이 일어남

4) 응집반응 - 불안정화 메커니즘

① 전기이중층 압축(Electric double layer compression)
-이온강도의 증가시에는 이중층이 압축되어 두께가 감소되어 수중 입자간 반발력이 감소됨
② 표면전하 중화(Surface charge neutralization) : 정전기적 인력
- 콜로이드의 전위를 중화시켜 콜로이드의 불안정화를 촉진함
③ 흡착 및 가교작용(Adsorption and interparticle bridging)
- 교반에 견디며 floc을 형성하기 위해(Van der Waals 힘만으로 부족) 고분자 성분이 콜로이드 입자에 흡착, 가교역할을 함
④ 체거름(Enmeshment of particle) : Sweep coagulation
- 알루미늄 이온과 같은 용해성이온은 물속에서 가수분해된 후에 불용성침전물을 만드는 형태의 불안정화를 말함

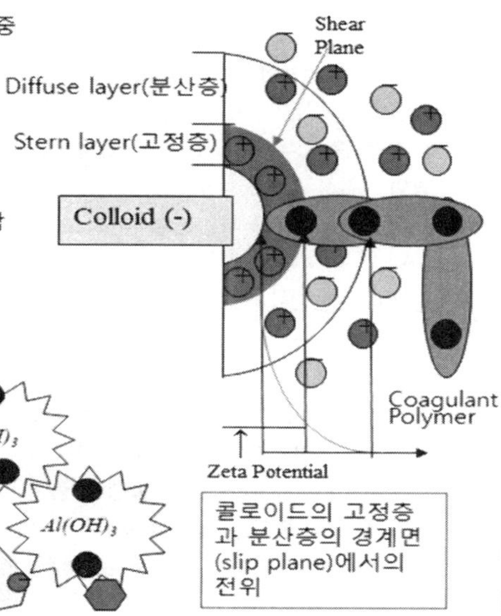

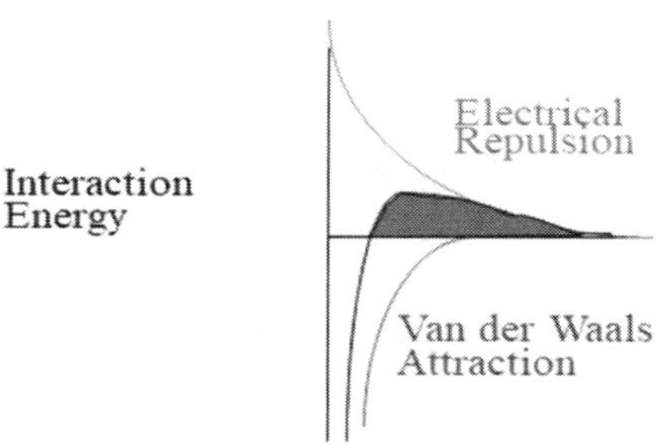

두 입자간 인력과 반발력

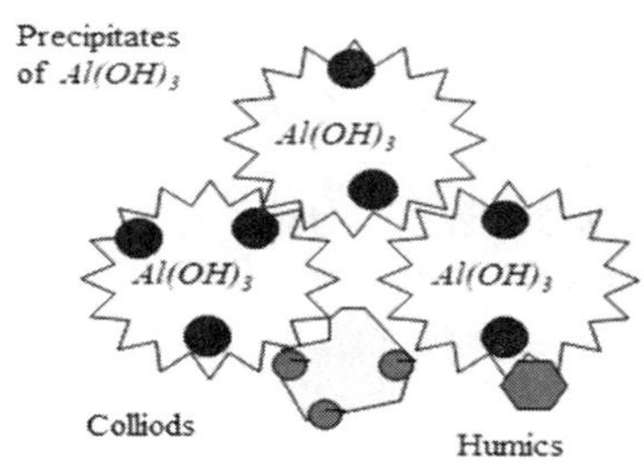

Sweep Coagulation

5) 응집반응 영향인자

- **pH**

  - 응집제의 종류에 따라 최적의 pH조건을 맞추어 주어야 함

- **수온**

  - (수온 ↑) 반응속도 증가 및 물의 점도저하로 응집제의 화학반응이 촉진
  - (수온 ↓) Floc 형성시간이 길고, 응집제 사용량 증가

- **알칼리도**

  - 알칼리도가 많으면 Floc을 형성하는데 효과적이며 pH변화와 관련있음

- **용존물질의 성분**

  - 수중에 응집반응을 방해하는 용존 물질이 다량 존재하는지 여부를 검토

- 응집제 주입시 수중에서 콜로이드와의 반응 화학식

$$Al_2(SO_4)_3 \cdot 18H_2O + 3Ca(HCO_3)_2 \rightarrow 2Al(OH)_3 \downarrow + 3CaSO_4 + 6CO_2 + 18H_2O$$

황산알루미늄　　알칼리　　수산화알루미늄 콜로이드

6) Sweep Coagulation

- **원리**

  - A영역
    - 응집제량이 적어 탁도 미감소
  - B영역
    - 전기적 중화 → 탁도 최소 → 최적응집제 주입ㅈ
  - C영역
    - 전하역전 → 입자 재안정화 → 탁도 다시 증가
  - D영역
    - 용해도적 초과 → 불용성금속성 수산화물(M_XO

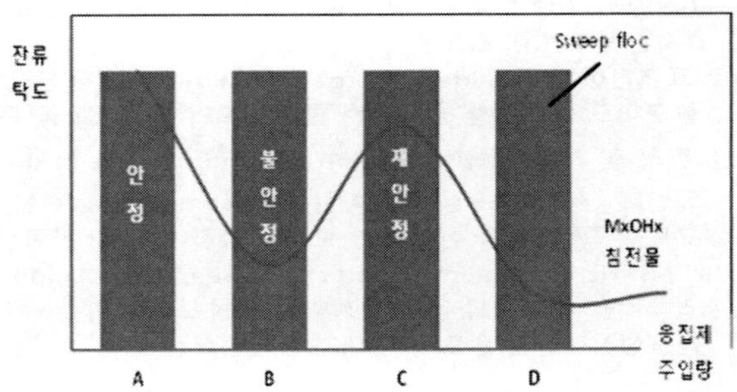

- **특징**

  - 원수의 농도변화가 클 경우 신뢰성 확보 → 적정 pH폭이 넓음
  - 순간혼화, 교반강도 불필요 → 운전용이
  - 응집제 과량주입 → 슬러지 발생량 증가 → 경제성 저하
  - 잔류알루미늄 증가 → 알츠하이머

Sweep Flocculation(체가름)

- 속도구배 차이
- 침전속도 차이
- 농축조에서 깊이의 영향
- G 50~100 s^{-1}

7) Enhanced Coagulation(1) ; 고도 또는 강화응집

- **목적** : 소독부산물(DBPs)의 기준강화에 따라 천연유기물질(NOM: Natural Organic Matter)의 측정항목인 TOC의 제거율을 높이기 위해 응집제를 추가적으로 주입하는 공정으로 TOC를 줄이면 DBPs를 줄일 수 있음 즉 유기물 제거를 위해 고도응집 개념이 도입됨. 이 경우 과량의 응집제 주입으로 응집제 소모량 증가, 슬러지 발생량 이 증가할 수 있어 최적 응집(Optimized coagulation) 개념이 제시됨. 즉 과량의 응집제를 주입하여 NOM을 (어느 정도) 제거하는 방법

- **원리 : 전기적 중화 + 공동침전**

① **전기적 중화**

응집제 주입 ⇨ 표면전하 중화 ⇨ 콜로이드 Z.P 감소 ⇨ 확산층 압축(거리단축) ⇨ 응집

② **공동침전(Co-precipitation)**

- 용해도적 이하에서 비슷한 성질의 미량물질, 이온이 함께 침전
- 별도의 처리시설, 화학약품 불필요.　　　- 사전에 혼합물 종류, 농도, 적정 pH, 공침물질량 등 검토 필요
- 활용 : 미량원소, 방사성 핵종분석, 폐수의 중금속 제거

- **pH에 따른 응집조건 고려**
  - 고도응집 : 응집제 과량주입으로 원수 pH 조정(조류발생으로 pH 증가하고 DBPs 증가할 경우 적용)
  - 최적응집 : 산 주입으로 통해 원수 pH 조정후 최적 응집제 주입(알루미늄계 응집제 최적응집 pH 범위: 5.8-8.0)

• pH 폭이 좁아 운전 어려움
• 부영양화(pH10~12)시 pH조정 필요
• 유입수의 TOC에 영향

⇨

SCD(streaming current detector), Z.P meter, Particle Counter
+
응집제 자동주입설비

- **천연유기물질, NOM(Natural Organic Matter)의 정수처리 영향**

NOM + Chlorine Compound → CBPs(Chlorination by-products)

- NOM : 부식질, 휴믹산(Humic acid), 펄빅산(Fulvic acid)
- 입자의 안정성 증가 : 입자의 응집, 침전을 방해함
- 응집제, 소독제 등 약품량 증가
- **DBPs(Disinfection By-Products)** 생성
- 여과지 막힘 현상(Break Through) → 배수관망 After Growth
- 활성탄 흡착능 저하, 막 오염 등에 영향을 끼침

☞ **Enhanced coagulation** refers to the process of increasing the removal rate of organic matter by increasing the dosage of **coagulant** and controlling the pH value under the premise of ensuring the removal of turbidity during the conventional **coagulation** treatment of water treatment

<표 6-6> Enhanced 및 Sweep 응집의 비교

구 분	Enhanced Coagulation	Sweep Coagulation
응집제 주입량	적정량(최적)	다량
pH 범위	5.5~6.5	넓은 pH범위
제거대상	NOM	탁도
적용	NOM 우선 제거	저탁도 고알칼리도 원수

※ **DBPs** : trihalomethanes (THMs), haloacetic acids (HAAs)

☞ Many authors have demonstrated that, for most surface waters, **coagulation doses** are dominated by NOM concentration rather than by turbidity (Thurman, 1981; Edzwald and Van Benschoten, 1990; Croué et al. 1999)

8) 응집제 선정과 최적 응집제 주입량 결정

① Jar test : 응집제 주입량 결정이 가장 일반적으로 사용

② Zeta 전위 측정법 : 콜로이드의 고정층과 확산층의 경계면(slip plane)에서의 전위로서 전단면 (shear plane) 에서의 정전기 전위 클수록 안정한 부유상태 유지

- 제타전위(mV) = $4\pi v\mu/D$

  여기서, v : 점도(poise)

  μ : 전하속도(cm/sec)

  D : 전기적 상수

- 응집을 촉진하기 위해서는 zeta 전위를 0 부근으로(-10mV - 10mV) 맞추어야 하고 이 외 범위에는 전기적인 반발로 분산됨
- Zeta potential 측정 : 전기장에서 하전된 입자가 이동하는 전기영동현상을 이용하여 측정하며, 최근 제타전위 측정기를 이용하여 자동적으로 측정함. 제타전위는 응집제 주입 후 시간 경과에 따라 변화하고 계절별로 변화하므로 원수 수질에 적절히 대응할 수 있어야 함

③ SCD 측정(streaming current detector)

- 분산층 내에 있던 불균형 상태의 이온에 이해 전위차를 발생시켜 혼화된 입자의 전하를 연속적으로 모니터링 함으로써 응집공정이 적정성을 감시하는 장치로서 혼화된 입자의 전하를 연속적으로 측정 가능하며 운전자의 숙련도 필요하고 실제 정수장에서 주로 사용되고 있음

자료 : https://www.horiba.com/scientific/products/particle-characterization/technology/zeta-potential/

Zeta 전위

- 입자사이의 반발력과 인력의 크기를 단위로 나타낸 것으로 콜로이드의 고정층과 확산층의 경계면(slip plane)에서의 전위로서 전단면 (shear plane) 에서의 정전기 전위 클수록 안정한 부유상태 유지
- 제타전위의 측정법으로서는 현미경으로 입자의 이동속도를 측정하는 전기영동법이 가장 널리 이용
- **정수처리에서** 제타전위는 응집현상이 제대로 진행되는지의 여부를 결정하는 주요 지표
- 정수처리 및 **폐수처리에서** 제타전위 값이 클수록 콜로이드들의 응집이 일어나지 않고 안정적인 분산상태를 이룸

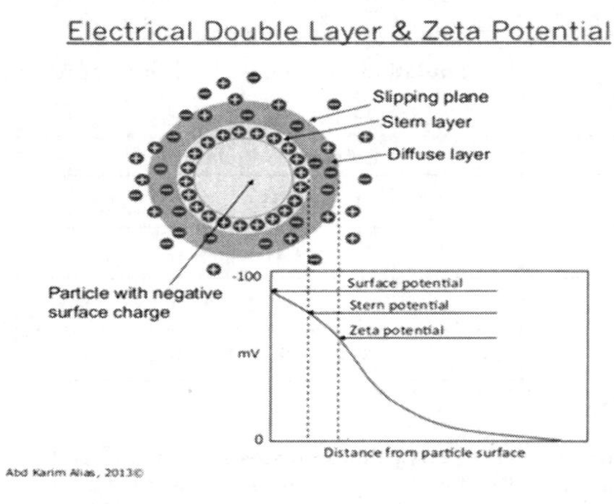

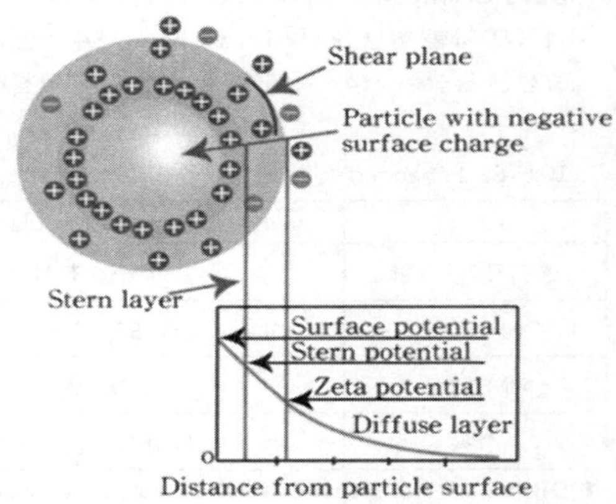

https://www.researchgate.net/post/What_is_the_difference_between_surface_charge_and_zeta_potential

자료 : [네이버 지식백과] 제타전위 [-電位, zeta potential] (물백과사전)

Zeta potential - Stability behavior

<표 6-7> Zeta potential에 따른 안정성 거동 (Stability behaviour of a colloid depending on zeta potential)

Zeta potential (mV)	Stability behavior
0 to ±5	Rapid coagulation or flocculation
±10 to ±30	Incipient instability
±30 to ±40	Moderate stability
±40 to ±60	Good stability
>61	Excellent stability

Kumar, Ajeet; Dixit, Chandra Kumar (2017). "Methods for characterization of nanoparticles". Advances in Nanomedicine for the Delivery of Therapeutic Nucleic Acids. pp. 43–58. doi:10.1016/B978-0-08-100557-6.00003-1. ISBN 9780081005576

Zeta potential measurement

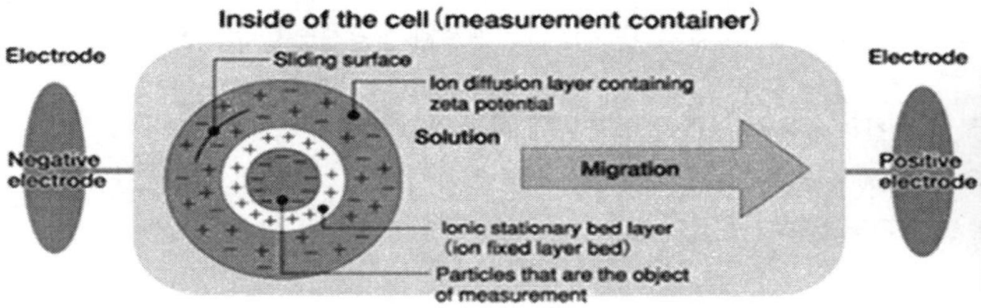

자료 : Microtec사의 ZEECOM 제타 전위 측정기기[출처] Zeta Potential|작성자 MCIK

6.2.5 침전 공정

1) 침전공정의 정의 및 목적

- 정의
  - 수중의 물보다 밀도가 큰 부유입자(SS)나 플록을 중력에 의하여 침강하도록 만드는 분리공정
- 목적
  - 깨끗한 상등액과 취급이 용이한 침전, 농축된 슬러지를 얻는 목적
- 방법
  - 약품침전지에 있어서의 약품 Floc의 제거
  - 하수처리의 경우 활성슬러지(sludge) 미생물 Floc의 제거
  - 침전,농축 슬러지농축조에 있어서 슬러지 농도의 증대

2) 침전지 내에서의 입자운동

- **중력**
  - 지구의 만유인력과 자전에 의한 원심력을 합한 힘
  - 지구의 중심 방향으로 작용
- **부력**
  - 중력에 거역하여 위로 밀어 올리려는 힘
  - 외력과 평행하며 운동방향과 반대방향으로 작용
- **항력**
  - 유체의 상대적 흐름 때문에 받는 힘
  - 외력과 평행하며 운동방향과 반대방향으로 작용 - 실험을 통해 얻어지는 경험 값

3) 침강이론

- **Stokes의 침강이론**
  - 액체 중 구형입자의 침강속도를 표현하는 식
  - 입자의 침강속도는 입자와 액체와의 밀도 차에 비례하고 입자경의 제곱에 비례하고 점성계수에 반비례한다.
  - Reynold's number가 0.5 이하인 층류에 적용된다.

$$V_s = \frac{d^2(\rho_s - \rho_L)g}{18\mu}$$

여기서, Vs : 입자의 침강속도(cm/sec)
g : 중력가속도(980cm/sec^2)
ρ_s : 입자의 밀도(g/cm^3)
ρ_L : 액체의 밀도(g/cm^3)
d : 입자의 직경(cm)
μ : 액체의 점성계수(g/cm . sec)

- 수중에서 침강을 위한 충분한 크기와 밀도가 되면 중력에 의해 물과 분리
- 플록의 크기가 크고 응집이 잘된 입자는 빠른 시간에 효율적으로 침강
- 침전공정의 전처리 공정에서 플록을 형성하는 것이 중요

4) 침전지 효율 향상 방안(1)

- **E : 침전 효율**

$$E = \frac{V_s}{V_o} = \frac{h}{H} = \frac{V_s}{\frac{Q}{A}}$$

① **Vs : 침전속도 증가**
· 응집제, 응집보조제 사용 → floc 크기 성장

② **A : 단면적 증가**
· 경사판 침전지, 다층 침전지 사용

③ **Q : 유량 감소**
· 침전지 중간에 상징수 유출

④ **침전지내 밀도류, 단락류 방지**
· 응집제, 응집보조제 사용 floc 크기 성장

⑤ **침전슬러지 제거**
· Dead Space 방지

⑥ **침전지의 수평유속(소류속도)와 체류시간 조절**

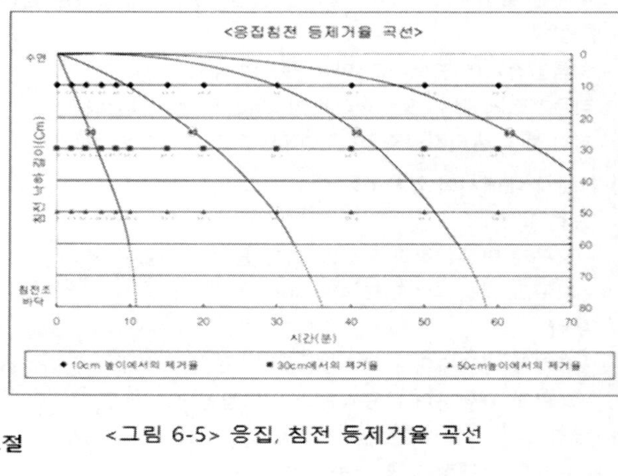

<그림 6-5> 응집, 침전 등제거율 곡선

4) 침전지 효율 향상 방안(2) ; 표면부하율 및 효율향상 방법

- 표면부하율

V_0 = Q/A
Q = 유입량
A = 침전지 표면적

- 탁질 제거율을 향상시키는 방법

  – 침전지의 침강면적 A를 증가
  – 플록의 침강속도 Vs를 증가
  – 유량(Q)를 감소

(정수장 침전지 전경)

- 침전지에서 100% 제거될 수 있는 입자의 침강속도 : V_0 = Q / A
- 침강속도가 V_0 보다 적은 입자의 침전제거 효율 : $E = V_s / V_o = V_s / (Q/A)$
- 체류시간(t) = [V(m³) / Q(m³/day)] × 24(hr/day)
  t : 체류시간(day), V : 조용적(㎥), Q : 유입수량(㎥/day)
- 월류부하(㎥/m/day) = Q / L , Q : 유입수량(㎥/day), L : 월류언(weir)의 길이(m)

5) 침전지 설계조건

<표 6-8> 보통 및 약품친전지의 설계기준

구 분	약품침전지	보통 침전지
형 태	길이는 폭의 3~8배	길이는 폭의 3~8 배
유효수심	3~5.5 m	3~5.5 m
평균유속	0.4 m/min 이하	0.3 m/min 이하
표면부하율	15~30 mm/min	5~10 mm/min
월류부하율	500 m³/md	
기타	계획 1일 최대급수량의 3~5 시간(용량)	원수탁도가 10도 이하 생략가능

- 침전지에서 100% 제거될 수 있는 입자의 침강속도 : V_0 = Q / A
- 침강속도가 V0보다 적은 입자의 침전제거 효율 : $E = V_s / V_o = V_s / (Q/A)$
- 체류시간(t) = (V(m³) / Q(m³/day)) × 24(hr/day) , t : 체류시간(day), V : 조용적(㎥), Q : 유입수량(㎥/day)
- 월류부하(㎥/m/day) = Q / L , Q : 유입수량(㎥/day), L : 월류언(weir)의 길이(m)

6) 침전지의 설계기준 (횡류식 약품침전지)

- 대표적인 국내외 침전지의 설계기준은 다음과 같이 다소 차이를 보이고 있으며, 국내 상수도시설기준은 항목별 변화폭이 큼

<표 6-9> 침전지 설계기준

구 분	상수도시설기준 (한국)	미국수도협회 (AWWA)	Kawamura	Montgomery
표면부하율 (m3/m2.hr)	0.90-1.8 (15-30mm/min)	0.63-2.04 (10.5-34)	0.83-2.5 (13.8-41.7)	0.75-1.5 (12.5-25)
체류시간(hr)	3-5	<4	1.5-3	2-4
장폭비	3-8	-	4-6	-
수심(m)	3-5.5	-	3-5	3-5
폭/수심		-	3-6	-
웨어부하율 (m3/m.day)	<500	<248	<264	140-270
상승유속 (mm/min)	-	57 - 86	_	-
평균유속(m/min)	<40	-	_	15-90

7) 고속응집 침전지

- 고속응집 침전지는 동일한 조 내에서 약품혼화, 응집, 플록형성 및 침전분리가 동시에 이루어지는 침전지이며, 횡류식 침전지에 비하여 2~3배 높은 표면부하율을 가지고 있어 처리능력이 크고, 슬러리 순환형, 슬러지 블랭킷형, 복합형, 맥동형이 있음
- 고속응집 침전지의 특징은 침전시간이 1.5~2.0시간으로 약품침전지보다 지의 용량이 소형이며 처리효율 증대로 약품 침전지 대비 20% 정도 약품 사용량 절감이 가능함

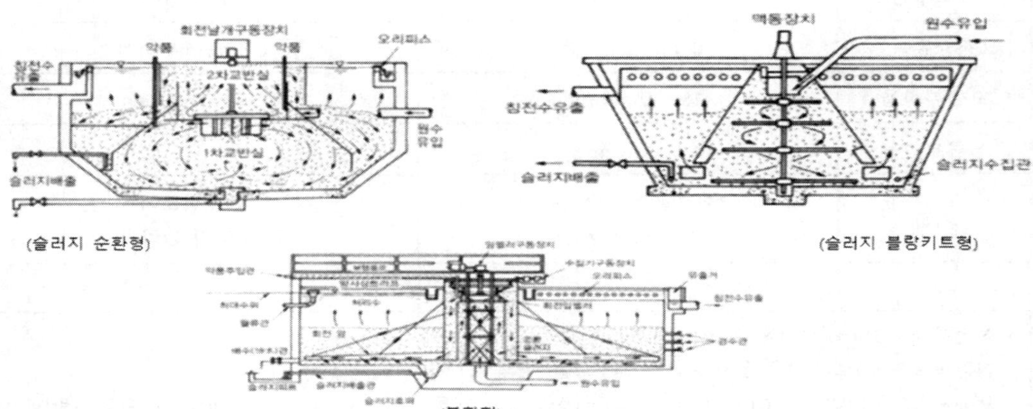

(슬러지 순환형) (슬러지 블랑키트형)

(복합형)

<그림 6-6> 고속응집 침전지의 종류

자료 : 수처리와 공급, K-water, 2019

8) 정류벽(Baffle)

① 기능

- 유입수를 균일하게 유입 : 층류 유지하는 역할
- 밀도류 방지 : 침전효율 향상, 에너지 불균형 시정
- 단회로 현상에 의한 단락류 방지 : 완전혼합반응조, CFSTR(*Continuous flow tank stirred tank reactor*) → 연속흐름반응조, PFR (*Plug-flow reactor*)

② 유공정류벽 설치시 고려사항

구 분	설 치	구 분	설 치
구멍 총면적	총면적의 6%	구경	10 cm 전후
구멍 유입속도	0.08 m/s 이하	유입단에서의 거리	1.5 m 이상
유입지 유속	1.0 m/s 이하		

③ 정류벽과 도류벽

구 분	정류벽	도류벽
설치위치	응집지, 침전지 유입부	정수지를 따라서 설치
목 적	유수를 층류로 유지	염소와 접촉시간 증대(T_{10}, C·T 값 증대)
형 태	구형침전지(유공 정류벽) 원형침전지(정류통)	정수지를 흐름에 따라 길게 설치 (장폭비 고려, 홈이 없음)

6.2.6 용존공기부상법(DAF)

1) 용존 공기 부상법(DAF : Dissolved Air Flotation))의 원리

- 물속에 높은 압력의 공기를 충분히 용해시켜 처리 원수에 주입 ⇒ 수중에서 다시 감압된 물 ⇒ 과포화된 만큼의 공기가 미세한 기포로 형성되어 처리수 중의 플럭(Flock)과 결합 ⇒ 기포 - 플럭 결합체 ⇒ 빠르게 수중에서 수표면으로 상승 ⇒ 고액분리가 달성되는 수처리 공정임

2) 장점

- 짧은 응집시간 소요 ⇒ 응집시설 부지면적 축소
- 처리 시간이 매우 짧고 설치 면적 적음
- 짧은 시간에 양호한 수질 얻을 수 있어 신속한 정상 운전 가능
- 조류 등 저 비중 입자 제거 효율 우수
- 합성세제, 오일, 중금속 등의 제거에 효과적
- 냄새, 휘발성 유기오염 물질의 효율적인 처리
- 조류와 박테리아를 제거함으로써 THMFP(Trihalomethane Formation Potential) 감소
- 슬러지 처리효율 향상
- 부상 슬러지의 고형물 농도가 침전 슬러지보다 높고, 탈수성 우수

3) 적용 분야

- 정수 처리 공정의 중력식 침전지 대체 가능, 기존 중력식 침전지 개량에 의한 처리효율 향상
- 하천, 호소수의 조류 처리 공정
- 고농도 폐수의 고액분리를 위한 생물학적 전처리 공정
- 하폐수의 슬러지 농축 공정
- 세제류 및 오일 등의 유수분리 공정
- 신설 정수장의 고액분리 공정

4) 용존공기부상법(DAF)의 적용성

- 저수지에서 취수하고 있는 대부분 정수장은 원수에 조류와 유기화합물과 같은 저농도 부유고형물이 포함되어 있으며, 이러한 원수는 때로는 심한 색도를 띔. 저수지 수의 탁도가 비록 낮더라도 저수지의 심수층 (hypolimnion)은 부영양상태 (nutrient rich)이며, 해마다 봄과 가을에 전도현상은 조류의 번성과 함께 용존된 철과 망간의 문제와 맛과 냄새의 문제를 일으킴

- 이러한 물에 대해서는 용존공기부상법 (dissolved air flotation, DAF)이 적합. 이 방법은 전처리에서 형성된 플록에 미세기포를 부착시켜 수면위로 부상시키는 침전공정의 효과적인 대안이며, 부상된 슬러지를 걷어내며 용존공기 부상지의 바닥쪽으로는 맑은 물이 남게 됨
- 플록형성에 소요되는 시간은 재래식 침전공정보다 짧으며 플록형성지에서 수리적 표면부하율은 재래식 침전지의10배 이상임

- 또한, 발생 슬러지의 고형물 농도는 침전에서 발생된 슬러지의 농도(0.5 %)보다 훨씬 높음(2~3 %)
- DAF 공정은 당초에는 광산에서 선광공정으로 발달되어 왔으며, 그후에 생물학적인 하·폐수처리장에서 폐수나 활성슬러지를 농축시키는데 뿐만 아니라 펄프와 제지공장 등에 널리 사용됨

- **DAF 공정**

① 플록형성지
플록형성지는 플록을 형성하고 또한 용존공기를 플록에 효과적으로 부착시킬 수 있는 구조와 시설로 설계
② 용존공기부상지(DAF)의 크기는 처리수량에 따라 적절하게 결정하고 부상지의 유입부는 처리수가 균일하게 분배되는 구조로 함

자료 : 환경부, "상수도 정수시설 설계기준", 2017.11

③ 부상분리지는 슬러지가 충분히 부상하고 부상슬러지를 효율적으로 제거할 수 있는 구조와 제거설비를 구비하며 부상지의 유출구는 부상슬러지나 침전슬러지를 유출시키지 않는 구조와 높이로 함. 반송부하량은 부상분리에 적합한 수량으로함.
④ 예비침전지 : DAF를 운영하는 정수장에서 고탁도(100NTU 이상)의 원수가 유입되는 경우에는 DAF 전에 전처리 시설로 예비침전지를 두어야 함

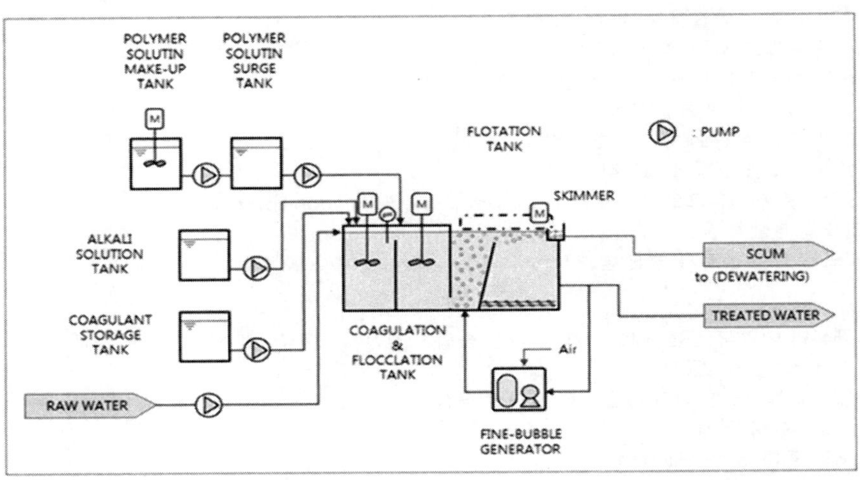

< 그림 6-7> 용존공기부상법(DAF) 공정 예

자료 : file:///C:/Users/Home/Desktop/DAF.htm

• **DAF 설계기준**

구분	상수도시설기준
체류시간	10 ~ 15 분
유　　속	0.4 m/분 이하
유효수심	1.0 ~ 3.2 m
표면부하율	15 ~ 20 m/hr
반송부하량	6 ~10 %

• **부상과 침전 비교**

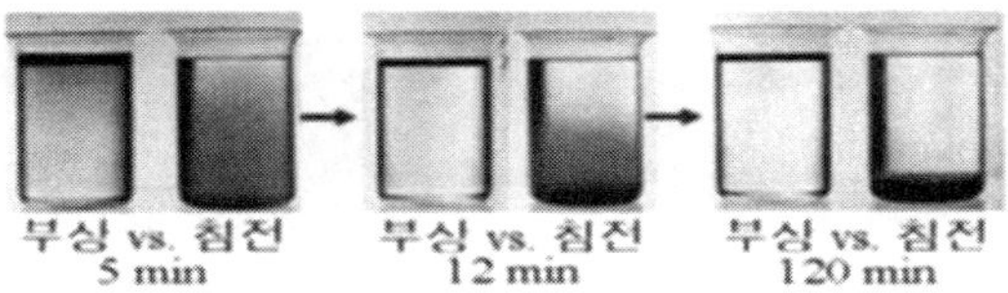

부상에 의한 고액분리는 침전에 의한 고액분리에 비해 10배 이상 빠르게 완료 (표면부하율이 10배 정도 높음)

자료 : 환경부, "상수도 정수시설 설계기준", 2017.11

6.2.7 여과공정

1) 여과 원리 및 개요

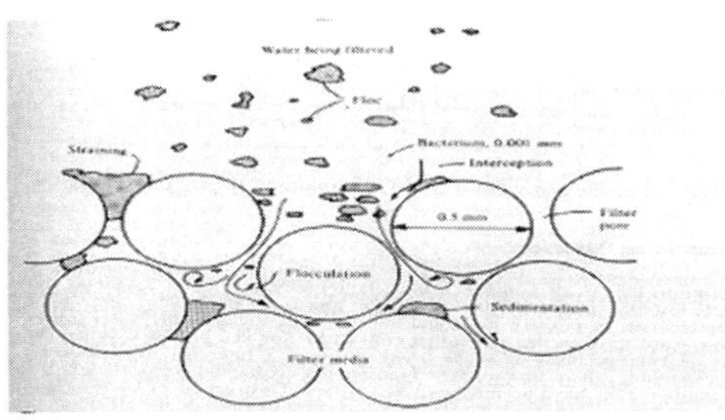

• 원리
- 여재의 체거름 작용: 여재의 공극보다 큰 입자의 제거
- 여재 표면의 부착 작용: 미세입자들의 제거

• 개요
- 부유물, 침전으로 제거되지 않은 미세입자의 제거
- 원수를 두꺼운 인공 모래층으로 침투 유하시킴
- 원수내 부유물질, 콜로이드, 세균 혹은 용해성 물질 등의 불순물 제거

• 완속여과(Slow sand filtration) vs. 급속여과(Rapid sand filtration)
- 완속여과는 보통침전으로 대부분 부유물이 제거된 상등수를 여과
- 급속여과는 약품침전으로 원수의 부유물이 제거된 상등수를 여과

• 여과공정은 정수처리과정에서 가장 중요시 되며 시설의 설계와 유지관리도 안전 제일주의로 행할 필요가 있음

2) 여과공정 이론

- 여과
  - 여재에 물이 통과하여 콜로이드와 부유물질을 제거하는 공정
  - 중적층 반응조(고정상), 유동층 반응조(유동상)의 형태로 구분

3) 여과공정 종류

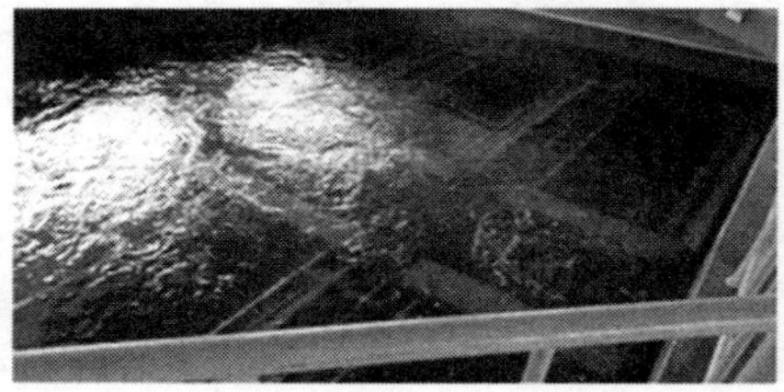

(여과지 전경)

- 여과공정의 종류

① 여과기구(장소)에 의한 구분
- 표면여과 : 여층 표면에 탁질이 억류되고 동시에 여재 역할 수행
- 내부여과 : 부유물이 여층 내부까지 억류되는 여과방식

② 여과속도에 의한 구분
- 급속여과 : 120 ~ 150 mg/d   - 완속여과 : 4 ~ 5 m/d

③ 여상의 형태에 의한 구분
- 단층여과 : 표층의 손실수두가 크고 여과지속시간이 짧음
- 다층여과 : 표면여과 + 내부여과로 여과지속시간이 길음

- 여과성능평가 : UFRV(Unit Filter Run Volume : m^3/m^2), 여과수 탁도, 역세수량/여과수량
  - 여과지속시간내 처리된 여과지 단위면적당 여과수량
  - UFRV = 여과속도(m/분) x 여과지속시간(분)

④ 흐름방향(추진력)에 의한 구분
- 하향류 여과 : 중력에 의한 일반적 여과방식   - 상향류 여과 : 가압에 의한 여과방식

⑤ 유량조절방법에 의한 구분
- 정압여과(감쇄여과)   - 정속여과 : 유량제어형, 수위제어형, 자연평형형

⑥ 여과재료에 의한 구분
- 모래여과, 활성탄 여과, 섬유사 여과 등   - 막여과 : MF, UF, NF, RO

4) 여과 유량제어 방식

- **정속여과방식**
  - 여과층의 폐색이 진행됨에 따라 상류측 수위를 높이거나 또는 하류측 유량제어계의 저항을 낮추어서(밸브를 열어) 여과층에 걸리는 압력차를 증가시키게 되면, 여과수량의 감소를 보충할 수 있어서 일정한 여과유량을 유지할 수 있는데, 이 방식을 정속여과라 하며 일반적으로 널리 사용되고 있는 방식임
  - 정속여과의 제어 방식에는 유량제어형, 수위제어형 및 자연평형형의 세 가지 방식이 있음

① 유량제어형
- 여과지 유출측에 계량장치와 유량조절장치를 설치해 두고 여과초기에는 조절장치로 큰 손실수두를 발생시켜서 여과유량을 제어

② 수위제어형
- 여과지 수위를 검지하고 그 신호를 유량조절기구에 전달하여 정속여과를 유지하는 방식으로 비교적 얕은 여재표면 위의 수심으로 할 수 있지만, 장치가 복잡함

③ 자연평형형
- 유출측 위어를 여재표면보다 높은 위치에 설치하고 여과층 폐색에 따른 통수량 감소를 방지하도록 여과지의 여재표면 위의 수심이 서서히 높아짐에 따라 일정한 여과유량을 얻는 방법. 여재표면 위의 수심이 어느 설정값(set value)에 도달하면, 여과를 정지하고 역세척하므로 여재표면 위의 수심을 크게 잡을수록 여과지속시간을 길게 할 수 있음
- 이 방식은 유출측에 여과유량조절장치를 설치하지 않고서 정속여과가 가능하다는 점, 여과층 내에 부(-)압 발생의 위험이 적다는 점 등의 장점을 가지고 있지만, 여과지의 깊이가 깊어지는 단점도 있음

자료 : 환경부, "상수도 정수시설 설계기준", 2017.11

- **정압여과방식**
  - 여과를 지속하면, 여과층에 탁질이 억류됨에 따라 여과층 내의 유로단면적이 감소되며 투수성이 낮아짐. 따라서 여과층의 상류측 수위와 하류측 수위, 즉 여과층에 걸리는 압력차가 일정하면, **여과층 폐색에 따라 여과유량은 서서히 감소하는 방식**으로 이것을 정압여과라고 함.

(정압여과의 제어)

- 정압여과는 여과속도가 저하되어 소요수량을 얻을 수 없게 되기까지의 시간을 길게 하기 위하여 여과층, 하부집수장치, 유출측 배관 등에서의 저항을 크게 해야 하는데, 이것을 작게 하는 것은 초기의 여과속도가 극단적으로 커지거나 외란에 의한 여과유량의 변화가 크게 되고 탁질이 누출되기 쉬움.
- 결국은 여과유량이 변동하기 때문에 수량관리가 어려운데 이 때문에 일반적으로는 유출부에 고정된 조절부를 설치하여 여과속도의 상한을 어느 한도로 억제하는데, 감쇠여과방식은 정압여과의 전형적인 방식임

- **감쇠여과방식**
  - 여러 개의 여과지를 가지고 있는 경우에만 적용할 수 있는데, 침전지에서의 유입수량을 그대로 여과하기 때문에 여과층의 저항으로 여과유량이 감소됨
  - 정압여과라고 하더라도 여과수량이 감소하면서 지내의 수위는 자연스럽게 상승함. 여과속도가 떨어져서 수위가 일정 이상으로 상승할 경우에는 여과지를 세척하여 전체로서의 여과능력을 회복시키고 수위를 낮춤
  - 이 방식은 **기구가 단순하고 필요한 수두가 작으며 여과층 폐색에 따라 자연적으로 유량이 감소되므로 탁질 누출의 위험이 적은 것 등의 장점이** 있음.
  - 그러나 여과지의 수가 적은 경우에는 여과속도의 감쇠에 따른 유량관리가 어렵고 여과지의 운전중지와 복귀에 따른 **여과속도의 변동이나 수위 변동이 크게 된다는 단점도** 있음.

- 여과수량의 조절
  - 유입 및 유출의 평형 유지
    (유출구에 유량계와 조절밸브 설치)
  - 정속여과 : 일반적인 방법으로 유출량을 일정하게 유지
  - 정압여과 : 여과지의 수위 조절
  - 감쇠여과 : 초기에만 여과속도 설정

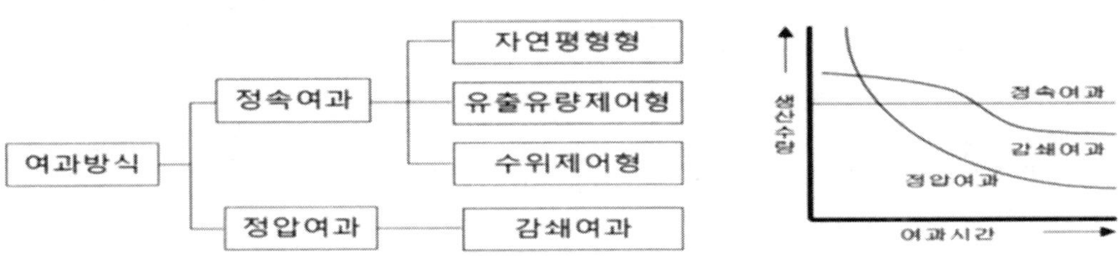

<그림 6-8> 여과방식 분류 및 여과방식별 여과시간-생산수량 관계

5) 유효경 및 균등계수

- 유효경과 균등계수
  - 유효경(D_{10}) : 전체 중량비의 10% 통과시 최대입경
  - 균등계수(D_{60}/D_{10})

< 여과방식에 따른 여과속도 >

6) 부수두(負水頭, Negative head)

- 여과지내 부수두가 발생하면 공기장애(air binding) 현상과 break through 현상이 발생함
- **공기장애, air binding**
  - 공기장애 현상은 수중의 용존 공기가 여과지내의 부수압 발생에 의해 수중으로부터 유리되어 사층 중에 기포가 발생하거나 여과지내 수온 상승으로 인하여 수중 용존공기의 용해도 저하에 따라 기포가 발생하는 것을 말함. 이러한 공기는 물을 통과시키지 않으므로 여층의 여과면적을 감소시킴
  - 이러한 현상의 원인은 부수두 또는 물이 사층을 통과할 때 수온의 상승 등으로 수중의 공기의 용해도가 감소되어 발생함. 따라서 여과지 사면상의 수심을 크게 하여 부수압 발생을 방지하고 원수가 공기포화 상태가 되지 않도록 하며, 또한 여과지 내에서 수온상승이 일어나지 않도록 하여야 함
- **Break through**
  - Break through 현상은 여과지 내의 부수두 발생으로 여층 내에 공기장애 현상이 생길 때 여층 내 간극이 폐쇄되거나 통수 단면이 작아져서 여과유속이 빨라지게 되는데, 유속이 어느 한도 이상으로 되어 여층 중에 억류되어 있던 floc이 파괴되고 이 탁질이 여과수와 같이 유출되는 현상을 의미함. 이러한 현상은 표면여과 보다는 내부여과에서 발생 가능성이 높음
  - 공기장애를 방지하거나 응집제를 사용하여 floc 강도를 키워 흡착력을 강하게 하여 방지할 수 있음
  - 부수두 발생을 방지하기 위해서는 사면상 수심을 가능한 크게 하며, 허용 손실수두에 이르면 여과를 중지하고 세정을 실시함. 급속여과에서는 어느 정도의 부수압을 허용할 수 있는데 수중의 현탁 물질이 응집에 의하여 대형 floc화 되어 흡착력이 커져있기 때문에 어느 정도 부압에는 탁질 누출현상이 일어나지 않기 때문임.

7) 급속여과 및 완속여과의 비교(1)

완속여과

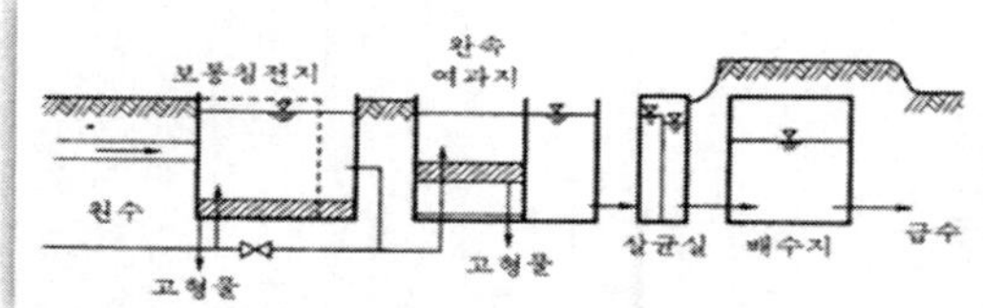

- 화학적 응집 없음
- 여과지 표면에 얇은 생물막 형성
- 현탁물 억류
- 용해성분 산화 및 흡착
- 세균 억류제거
- 색도제거 곤란
- 탁도 10NTU 이하 적용 가능
- 암모니아 2 mg/L 이하 적용
- 여과속도 : 10 $m^3/m^2 \cdot d$ 이하

급속여과

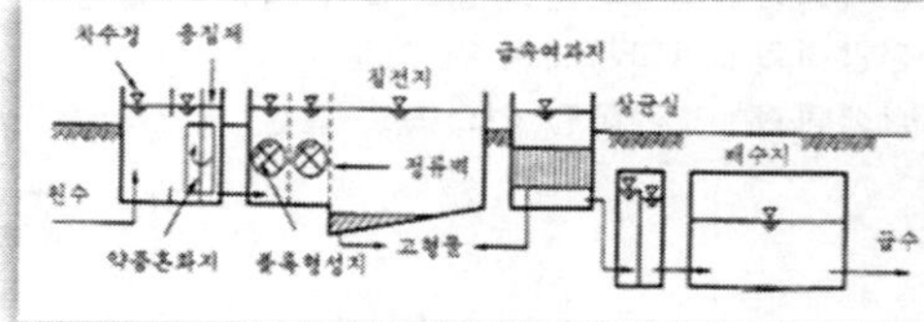

- 응집제 주입으로 현탁성, 콜로이드성, 색도 등의 표면 특성 변화
- Floc 형성 : 응집
- Floc 제거 : 침전
- 여과 : 여재공극 내에 미세입자의 거름, 부착
- 고탁도 원수 처리 가능
- 일부 색도제거 가능
- 암모니아 제거 불가능(단, 전염소처리로 가능)
- 여과속도 : 120 $m^3/m^2 \cdot d$ 내외

6) 급속여과 및 완속여과의 비교(2)

<표 6-10> 급속여과지와 완속여과지의 비교

항 목	급속여과	완속여과
여과속도	120 – 150m/d	4 – 5m/d
유효경	0.45 – 1.0mm(조사)	0.3 – 0.45mm(세사)
균등계수	1.7이하	2.0이하
최대경	2.0mm	2.0mm
최소경	0.3mm	0.18mm
사면상수심	1.0 – 1.5m	0.9 – 1.2m
모래두께	60 – 120cm	70 – 90cm
자갈층두께	30 – 50cm	40 – 60cm
여과기구	내부여과	표면여과
유량조절	정속여과 경향	정압여과 경향
관계	다층여과, 하상여과	강변여과, 하상여과

7) 여과지의 여재 구성

- **단일여재 여과지**
  - 단일 종류의 여재 사용
  - 가장 일반적으로 잘 분급된 모래 적용
  - 역세척 후 성층현상 발생으로 여과효율 저하 단점
- **이중여재 여과지**
  - 성층현상을 개선하기 위한 안트라사이트와의 조합
  - 단일여재 여과지 방식보다 여과 효율 증가
- **다중여재 여과지**
  - 집수부로 갈수록 비중은 늘고 크기는 감소 특징
  - 수질은 향상되지만 운전시간의 증가

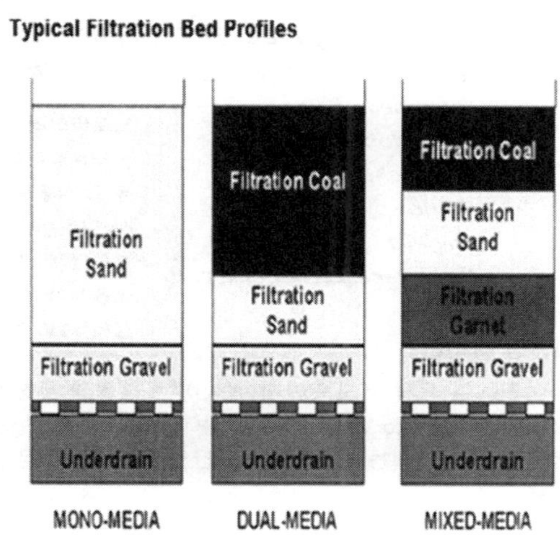

8) 여과공정의 중요성

• 정수처리 기준이 미친 영향
- 여과지 관리의 미흡으로 미생물을 제거하지 못하게 되면 위생상 문제점이 발생할 수 있으므로 여과지의 상시 점검하고 효율을 항상 모니터링 하여야 함
- 원생동물은 염소소독에 의해 제거되지 못하므로 반드시 여과공정에서 제거하여야 함
- 따라서 크립토스포리디움 (*Cryptosporidium*), 지아디아(*Giardia*), 바이러스(Virus)에 대한 엄격한 정수처리 기준을 정함

☞ 단순한 탁질 제거기능 ⇒ 병원성 미생물의 제거율 척도

<표 6-11> 여과공정에 따른 바이러스 및 지아디아 포낭 제거율

여과방식	제거율	
	바이러스	지아디아 포낭
급속여과	99%(2 log)	99.68(2.5 log)
직접여과	90%(1 log)	99%(2 log)
완속여과	99%(2 log)	99%(2 log)

• 기존은 여과지 유출수의 탁도 기준은 일괄 적용하는 방식이었으나, 개별 여과지의 탁도 관리로 전환함
∴ 정수처리 기준은 수질기준 강화와 여과공정의 중요성 부각되어 기준을 제정하게 됨

• 병원성 세균 및 바이러스

① 병원성 박테리아 (세균)
- 19C 말 염소소독의 도입으로 많은 문제 해결
- 원수의 오염과 염소에 대해 내성을 갖는 세균의 발생으로 안전성의 재평가 필요
  - *Salmonella*
  - *Campylobacter*
  - *Vibrio cholerae*
  - *Vibrio sp.*
  - *Shigella*
  - *Pathogenic Escherichia coli*

노로바이러스(Norovirus infection) **예방 : 치료약, 예방백신 없음**
①노로바이러스에 노출되기 쉬운 환경적 요인(주방용품·식탁·의자·손잡이 등)과 식품종사자의 손 등을 수시로 살균, 소독해 음식물 취급 장소를 위생적으로 관리
②도마 등 조리 기구는 식자재별로 구분, 사용
③음식 조리 시엔 깨끗한 물을 사용하고 음식물은 섭취하기 전 섭씨 85도 이상의 고온에서 가열

② 병원성 바이러스
- 바이러스란 동물 세포속에서 번식하는 생물과 무생물의 중간형태의 가장 작은 미생물임
- 장바이러스(Entro Virus)는 자연계에 110여종이 존재하며 비병원성 바이러스가 많음
- 병원성 바이러스는 종류에 따라 간염, 소아마비, 무균성뇌수막염, 위장병 등을 유발할 수 있음
- 종류
  - 엔테로바이러스 (폴리오, 콕사키, 에코)
  - 아데노바이러스
  - 로타바이러스
  - 레오바이러스
  - A형 간염바이러스
  - 칼리시바이러스 (노르웍, 노르웍라이크)

• 원생동물 집단감염 사례(미국)

미국 위스콘신주 Milwaukee
***Cryptosporidium* outbreak**

- 1993년 3월 23일~4월 5일 : 여과지 운영미숙으로 전례없는 높은 탁질 누출발생
- 4월 5일 : 밀워키 다수지역에서 심한 장염 증세 보고
- 4월 7일 : 환자 분변에서 크립토스포리디움 포낭 검출
- 4월 7일 : 수돗물 끓여 마시기 권고
- 4월 9일 : 밀워키 남부정수장 폐쇄

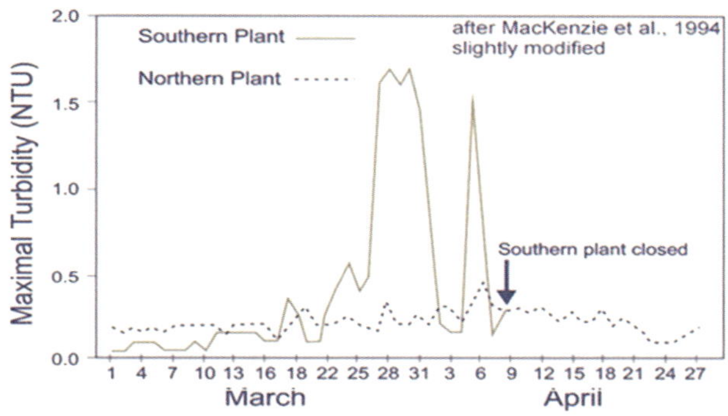

✓ 노출인구 : 160만명
✓ 감염자수 : 403,000명
✓ 사망자수 : 100명

여과 공정의 중요성 증대

• 수질관리 대상 미생물-원생동물

❖ 크립토스포리디움 (>4um)
-염소소독으로 어려움
-1980년대 이후

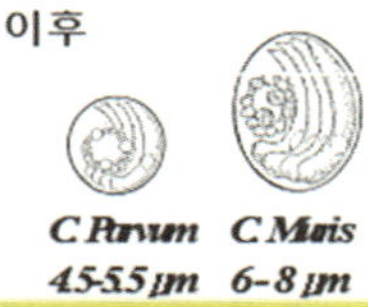

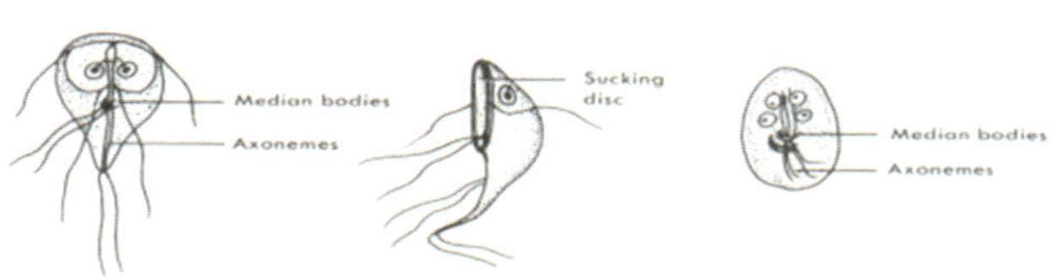

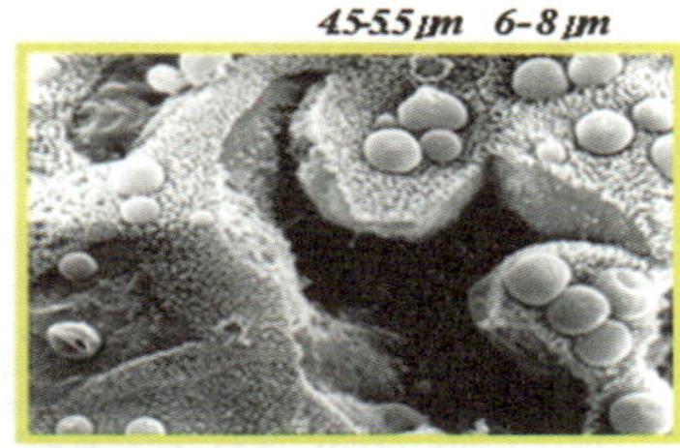

❖ 지아다아 (>8um)
-염소소독으로 어려움
-1970년대 이후

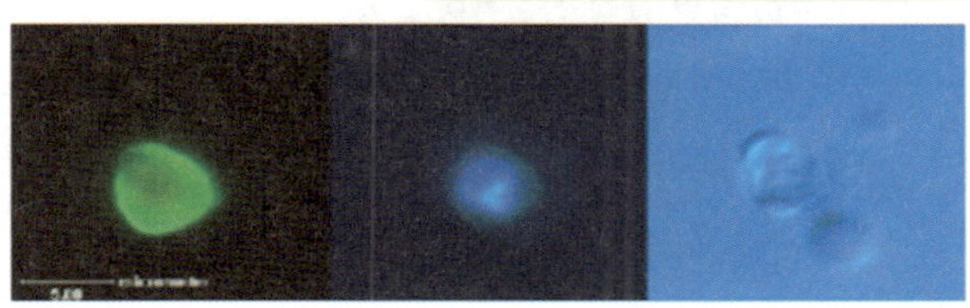

인천광역시 수돗물 유충 발생 원인 및 대책

1. 사고 발생 현황 및 원인

- 2020.7.9. 인천시 서구 주민의 수돗물 유충 발생 신고로 7.13. 공촌정수장 활성탄여과지에서 유충 발견되었고, 이후 공촌, 부평정수장 급수지역에서 유충 250여건 확인

- 인천시 긴급대책
  - 수돗물 공급과정별(정수장→배수지→블록) 청소와, 소화전 관로를 통한 방류 지속실시
  - 고도정수처리방식에서 입상활성탄여과지를 거치지 않는 표준정수처리방식으로 전환

- 수돗물 깔따구 유충 유출사고의 원인 파악과 재발 방지대책 마련을 위해 7.16일 〔수돗물 유충 관련 전문가 합동정밀조사단〕 구성, 8.28 최종조사결과 발표

- 조사단은 인천시 수돗물 깔따구 유충 사고는 공촌·부평정수장의 입상활성탄 흡착지에서 유출되었고, 창문 개방, 환기시설 중단 및 사람 출입 시 깔따구 성충의 유입이 가능하며, 활성탄 지는 유충이 생존할 수 있는 환경(온도, 수중, 먹이, 역세척 주기 등)임을 확인

- 특히, 추가 조사에서는 활성탄 지에 서식한 깔따구 유충은 배수지등의 공급계통으로 유출되었을 때에 체내와 표피(머리, 꼬리 부분 등)에 활성탄의 미세입자가 부착되어 있어, 활성탄 지에서 유출되었다는 흔적이 남는 것을 확인

2. 개선대책(조사단)

① 활성탄 지로의 깔따구 유입방지를 위한 구조물 개선사항
- 건물의 이중 출입문, 방충시설(출입문, 창문, 환풍기 등 날벌레 유입이 가능한 모든 곳)을 설치하여 깔따구 성충 등의 야생생물 유입을 원천 차단
- 현재 개방형 건물 및 개방형 활성탄 지로 운영 중인 정수장의 경우 활성탄 지 상부에 개폐식 덮개 시설을 설치하되, 긴급 조치로 방충망을 틈새 없게 고정

※ 방충망의 구멍 크기는 깔따구류, 모기류, 나방파리류 등의 날벌레 차단이 가능한 미세방충망(35×35 mesh, 0.5mm 이하) 설치를 잠정적으로 권장

자료 : 인천수돗물유출결과발표-인천시보도자료

② 유충 유출 방지를 위한 활성탄 지 운영개선 사항
- 깔따구(성충, 유충) 번식이 왕성한 기간(4~9월) 동안 활성탄 지의 역세척 주기를 잠정적으로 7일 이내로 실시 및 역세척 속도를 최대한 증대하여 운전하되, 시설 특성 및 운영 상황을 고려하여 탄력적으로 운영할 것을 제시

③ 정수장내 유충의 조기 발견을 위한 모니터링

④ 활성탄 지의 설계·시공 관련 개선대책 연구
- 공촌·부평정수장의 경우 당시의 상수도시설기준을 만족하지만, 깔따구 유충 등 생물의 활성탄 지 하부 지지층 통과 가능성을 고려한 하부지지층의 규격 및 두께 설정에 대한 연구 필요
- 활성탄 지의 효과적인 역세척을 위하여 역세척 방법과 트라프(세척 수가 배출되는 통로 역할)의 간격·높이에 대한 세부 기준 마련을 위한 연구가 필요하다고 제안

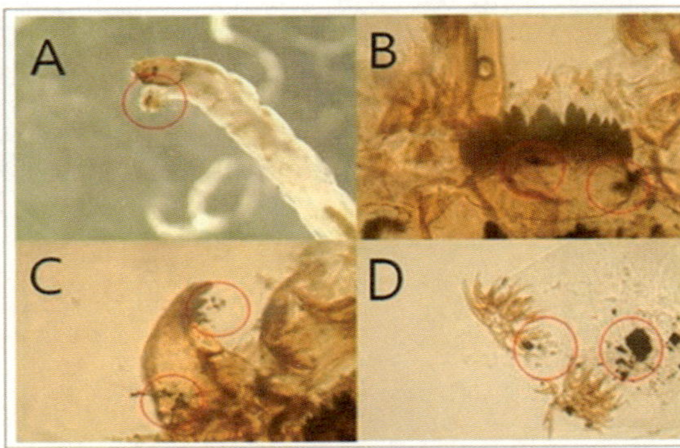

정수장 깔따구의 체내 및 표피에 붙은 활성탄 흔적들
(A) 앞쪽의 헛발, (B) 구강의 턱밑마디, (C) 두부의 큰턱, (D) 미부의 발톱

⑤ 활성탄 지의 운영 방법의 향상을 위한 대책
- 정수장 별로 충분히 역세척이 이뤄질 수 있는 역세척 속도와 유량 등을 확인하여 활성탄 지 역세척 운영 가이드 라인을 수립
- 수온 등에 따라 적정 역세척 속도가 달라지므로, 관련 적정성을 매월 조사하는 방안을 제안

⑥ 수도사업종사자의 전문성 강화 및 고도정수처리시설 운영 유지관리매뉴얼(가칭) 작성

자료 : 인천수돗물유출결과발표-인천시보도자료, 사진 : 인천시 제공

6.2.8 망간 처리 기법

1) 망간(Mn)의 발생원인

- 수중에 용존 망간은 이산화탄소에 의한 영향을 많이 받는데, 호소를 상수원으로 이용하거나 팔당댐과 같은 호소 직하류에서 취수하는 정수장은 하절기 호소 저층의 혐기성 조건에서 유기물질이 미생물 활동으로 인하여 분해되면서 생성된 이산화탄소가 불용성 망간을 환원시켜 수중으로 용해되어 확산이 되는데, 이 물을 상수원으로 이용하는 정수장은 망간 농도가 증가되어 적절히 처리하지 못할 경우 수돗물에서 흑수가 생성하는 등의 문제가 발생함.
- 이러한 현상은 동절기 호소의 전도(turn over) 현상이 발생할 때에도 망간 농도가 증가하게 됨.

$$MnCO_3 + CO_2 + H_2O \rightarrow Mn(HCO_3)_2 \text{ --------- } (1)$$

- 2가 망간이온(Mn^{2+})은 일반적인 호소수의 pH범위에서 용존산소에 의해 쉽게 산화되지 않으므로 용해된 상태로 계속 상층으로 확산하게 되며, 이는 수중의 천연유기물과 결합, 화합물을 형성하여 수중에 용존상태로 정수장에 유입되게 됨

2) 망간의 제거 기법

- 정수장에서 망간의 제거방법으로 오존, 이산화염소, 과망간산칼륨은 망간 산화에 효과적이며, 염소는 다소 효과적인 것으로 알려져 있으나 단순 비교에 의하여 산화제를 선택하는 것은 문제가 있으며, 수질조건, 시설현황 및 경제성 등을 종합 고려하여 선택하여야 하나, 국내에서 많이 적용하고 있는 염소에 의한 방법 등을 제시하고자 함.

① 염소산화법

- 원수에 염소를 투입하여 철, 망간 산화물을 침전-여과에 의해 제거하는 방법으로 반응속도는 pH에 영향을 크게 받으며 Griffin에 의하면 pH 8에서 망간 산화반응시간은 약 2 ~ 3시간 정도가 소요되며 pH가 낮을수록 반응속도가 느려 pH 6.0 일 때는 약 12시간 이상이 소요되며 pH를 10이상으로 유지하여야 1시간 이내에 거의 산화되는 것으로 알려져 있음
- 염소에 의한 망간 산화반응은 아래와 같으며 pH의 영향을 크게 받으므로 소석회나 가성소다를 투입하여 pH를 높여주는 공정이 필요함. 아래 식에서 망간 1mg 산화에 소요되는 이론적인 염소 요구량은 각각 1.3mg 임

$$Mn(HCO_3)_2 + Ca(HCO_3)_2 + Cl_2 \rightarrow MnO_2 + CaCl_2 + 6CO_2 + 2H_2O \text{ --- } (2)$$

- 염소는 가격이 저렴하나 산화에 소요되는 시간이 길고 THM이 생성되는 등 적용성에 문제점이 있음

② 망간사 여과법

- 망간사 여과법은 제조된 망간사를 사용하는 방법과 기존 여재에 산화제를 연속투입하여 망간사화(Green sand effect)하여 망간을 제거하는 방법으로 구분할 수 있음. 국내에 도입되어 사용되고 있는 망간사는 Green sand, Birm, Ferrox등이 있으나 외국에서 가장 많이 적용되고 있는 Green sand를 제외하고는 제품 특성이 알려져 있지 않은 실정임. 망간사는 제올라이트나 안트라사이트를 염화망간과 과망간산칼륨으로 처리하여 표면에 용해성 망간(II)을 흡착제거하는 MnO_2를 피복한 것으로 망간사에 의한 용해성 망간의 흡착제거 반응은 아래와 같으며 망간사 1㎥ 당 망간을 흡착할 수 있는 량은 1.44kg 임.

$$Mn^{2+} + MnO_2H_2O + H_2O \rightarrow MnO_2MnOH_2O + 2H^{+} \text{ --------- } (3)$$

- 망간사 여과법은 망간의 농도가 1.0mg/L 정도일 때가 유리하며 pH를 7.5 이상으로 유지할 경우 매우 효과적으로 처리할 수 있으나 망간사를 계속 사용하면 흡착능이 감소되어 파과가 발생되므로 반드시 재생과정을 거쳐야 함
- 망간사는 단속적 또는 연속적으로 $KMnO_4$를 투입하여 재생할 수 있으며 이때 소요되는 $KMnO_4$ 량은 망간사 1㎥ 당 2.88kg임. 연속적으로 산화제를 투입하여 재생할 경우는 약품비가 저렴한 염소를 병행할 수 있음
- 가장 큰 단점은 산화된 산화물에 의해 급격한 손실 수두가 발생되며 운영비용이 많이 소요되고 pH가 7.1 이하로 저하될 경우는 망간사의 흡착능력이 떨어지게 되므로 pH 조정이 요구됨

③ 기존 여재를 이용한 접촉여과법

- 망간이 함유된 원수에 염소, 오존, 이산화염소와 같은 산화제를 연속적으로 투입하여 기존 여재인 모래나 안트라싸이트에 MnO_2를 피복하여 망간사와 같은 흡착능력을 갖게하여 망간을 제거하는 방법.
- 망간사가 충분히 형성되는 기간은 약 2주이며 검은 색으로 피복된 여과사는 계속적으로 산화제를 투입하여 재생하여야 흡착능력을 유지할 수 있으므로 **여과지 유출수에 0.5mg/L 정도의 잔류염소를 유지할 수 있도록 유입수에 지속적으로 염소를 투입해야 함.**
- 이 방법은 기존 시설을 그대로 사용하는 장점을 가지고 있으며, 응집을 방해하지 않는 범위 내에서 소석회를 투입하여 침전수의 pH를 7.0 이상으로 증가시켜 여과지에서의 망간 제거효율을 높일 수 있음. 이때 과도한 pH 증가(pH 8.0 이상)로 용해성 알루미늄이 생성되어 여과지에서 누출될 수 있으므로 주의하여야 함.
- 망간제거 효율은 여재에 피복된 망간 부착량, 망간의 산화상태 그리고 유입수의 pH에 영향을 받으며, 보통 전염소 처리시 원수 중 망간의 25%가 침전 공정 이전에 산화에 의해 제거되고 나머지 75%는 주로 여과지에서 흡착되어 제거되는 것으로 보고하고 있음
- 단점으로는 여과수에 일정량의 잔류염소를 유지하여야 하므로 여과지내의 설비부식이 발생할 수 있고 염소가스 냄새로 작업환경이 나빠지게 됨.

3) 망간제거 메카니즘

(흡착) $Mn^{2+} + MnO_2(s) \rightarrow MnO_2(s)\text{-}Mn^{2+}$ (빠른반응)

(산화) $MnO_2(s)\text{-}Mn^{2+} + Cl_2 + 2H_2O \rightarrow 2MnO_2(s) + 2Cl^- + 4H^+$ (느린반응)

- 기존 정수처리시설을 이용하면서 경제적으로 망간을 제거할 수 있는 방법은 전염소 또는 중간염소 처리 후 기존 여재를 망간사화하여 제거하는 기법임.

① 모래여과사로 처리할 경우

- 모래 여과사가 설치된 일반적인 정수처리공정에서 망간을 제거할 때 사용할 수 있는 방법으로 처음 가동하는 정수장에서 적용 가능함
- 원수의 알칼리도 또는 pH가 낮은 경우 혼화시 응집제와 알칼리제를 함께 사용하는 경우도 있으며 이때의 응집 pH는 7.0 ~ 7.5 정도가 적당함. 망간의 산화 반응은 pH가 높을수록 빠르나, 너무 높은 경우 응집 범위를 벗어나게 되므로 중성보다 약간 높은 pH가 가장 적절함.
- 전염소 주입률은 여과지 유출수 잔류염소가 0.5mg/L 이상으로 유지되도록 결정하고, 염소가 혼화-응집-침전지를 거치면서 피산화성 물질과 반응하므로 원수 중에 암모니아성 질소가 존재할 경우에는 염소요구량 시험을 통해 파과점 이상의 염소를 주입할 필요가 있으며, 또한 외부 대기중으로 휘발되어 손실되는 부분이 발생하므로 실제 망간산화에 필요한 염소량보다 과다하게 주입되어야 함.

전염소 주입률 = 원수중 암모니아성질소 및 유기물과 반응하는 양 + 휘발되는 양 + 망간과 반응하는 양(1.3mg/L)

- 여름철과 같이 외부 온도가 높은 경우 침전지에서 휘발되는 염소량이 많이 발생되므로 다소 많은 양의 염소 주입이 필요하며, 이때 망간은 응집-침전 공정에서 약 20~30% 정도가 제거되며, 여과지에서 나머지 부분이 거의 제거됨. 가동 초기 일주일 정도는 망간사가 형성되면서 망간이 여과지에서 어느 정도 누출되나 그 이후는 점점 망간 제거율이 증가하게 됨.

② 망간사가 형성된 경우

- 여과사가 망간사화되어 여과지에서 어느 정도 망간제거 능력이 확보된 상태로 공정의 pH 운영 범위가 다소 넓어지며 약품주입 방식도 다양하게 적용될 수 있음
- 실제로 혼화시 응집제와 알칼리제를 같이 사용할 경우(원수 자체의 pH가 높은 경우는 제외) 적정 응집 범위가 pH 7.0 부근으로, 약품 간의 소모적인 반응이 발생하여 약품 주입률이 높아지는 경향이 있음.

$$Al_2(SO_4)_3\ nH_2O + 3Ca(OH)_2 \rightarrow 2Al(OH)_3 + 3CaSO_4 + nH_2O \text{ ---- (4)}$$

- 응집제를 단독으로 사용하여 혼화, 응집이 가능하다면 알칼리제 주입 위치를 침전지 이후로 바꾸어 운영하는 방법도 적용 가능한데, 이 경우, 혼화시 응집제만을 사용하므로 응집 pH가 낮아질 수 있으며, pH가 너무 낮으면(약 pH 6.2 이하) 여과지에서 망간이 누출되는 현상이 발생할 수 있음.
- 또한 pH 조절을 위해 침전지 유출수에 알칼리제를 주입시 pH를 너무 높이면(pH 7.5 이상) 여과지에서 탁질, 알루미늄 등이 누출되어 정수 탁도가 높아지고 알루미늄이 검출될 수 있음. 따라서 이 경우에는 침전지
- 유출수(또는 여과지 유입수)의 pH를 (pH 7.0~7.5) 적절히 조절해주는 것이 중요.
- 알칼리제를 침전지 후단으로 적용할 경우, 소석회는 특성상 적용 곤란하나 석회류로는 사용 가능하며, 일반적으로 가성소다를 많이 사용하는데, 이 방법에서는 pH 조절이 매우 중요하므로 pH 변화를 상시 감시 하여 약품 투입을 조절하는 것이 필요함

③ 중간염소 처리

- 중간염소 처리는 여과사가 망간사이거나 모래여과사가 망간사화 된 경우에 적용 가능한데, 이 방법은 전염소의 문제점을 일부 보완하기 위한 방법으로 착수정에 염소를 주입하는 대신 응집지나 침전지에 염소를 주입하여 <u>소독부산물 생성 저감 및 약품 과다 사용을 방지할 수 있음</u>.
- 중간염소 주입시 가장 고려해야 할 사항은 염소가 효과적으로 물과 섞여야 하므로 응집지에는 적용하기 힘들며, 일반적으로 침전지에서 여과지로 연결되는 유출수로 또는 유출관에 적용하는 방법이 사용됨. 또한 응집제 단독 사용할 때 pH 조절(pH 7.0~7.5)이 중요함.

④ 과망간산나트륨에 의한 망간 제거 기작

- '과망간산나트륨'은 물속의 용존망간(Mn^{2+})을 입자성 망간(MnO_2)으로 변환시키며, 응집제를 주입하게 되면 입자성 망간은 플록(floc)에 부착되어 침전 및 여과과정을 거쳐 물에서 제거됨
- 망간 제거 이론식 : $3Mn^{2+} + 2NaMnO_4 + 2H_2O \rightarrow 5MnO_2(s)\downarrow + 2Na^+ + 4H^+$

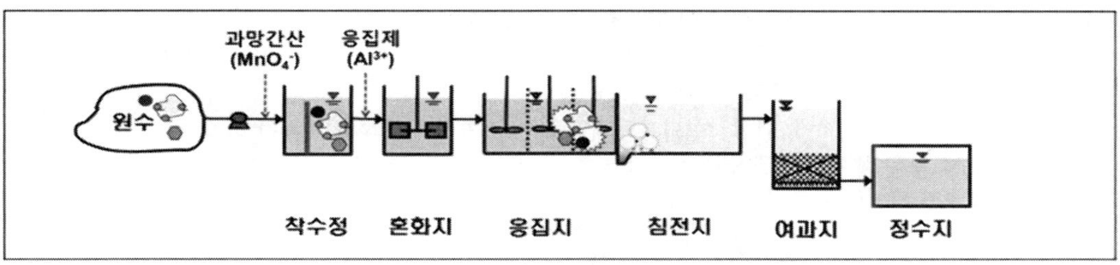

<그림 6-9> 과망간산나트륨에 의한 망간 제거 공정도

- 미국, 유럽 등 해외에서 정수장 유입 원수의 철, 망간 제거와 염소 소독으로 인한 부산물 저감을 목적으로 사용하고 있는 과망간산나트륨의 수처리제 고시 등록을 위해 K-water 연구원에서 진행된 실험 결과, **"다양한 망간 농도의 원수들을 조건별로 1년 동안 만 번 이상의 실험을 진행한 결과 90% 이상 제거가 가능한 것으로 나타났다"**며, "이를 근거로 2017년 6월 환경부 고시에 등록됨

- 과망간산나트륨 사용 시 정수장에 약품저장탱크와 주입펌프 등 간단한 주입설비만 갖추면 사용할 수 있어 빠른 설치로 인해 건강한 물 보급에 기여할 수 있을 것으로 사료되나,

- 실제 과망간산나트륨에 의한 망간 제거를 위한 현장 적용성은 여러 사유로 떨어지며 시설을 도입한 정수장은 거의 없음

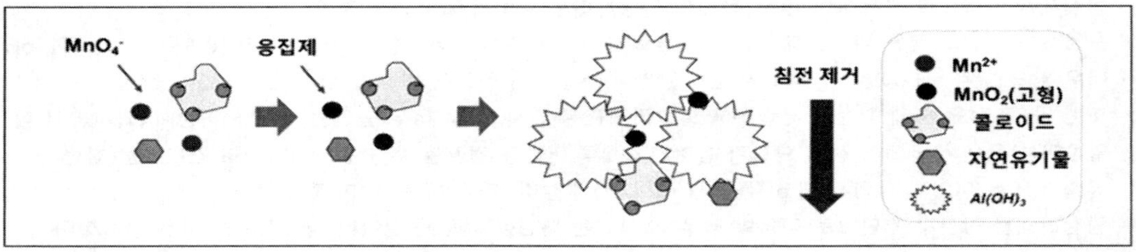

<그림 6-10> 과망간산나트륨에 의한 망간 제거 메커니즘

수돗물 망간 발생 정수장 대처 사례

1. 현황 문제점

- 00 정수장에서 고농도의 망간 유입으로 수돗물 필터를 사용하는 수용가에서 필터 착색 주기가 기존보다 빠르게 변화되어 민원이 급증

2. 개선방안

- 전, 중염소처리로 망간 농도를 저감시킴에 따라 민원은 발생하지 않으며, 초기에 전염소는 3ppm, 중염소는 1.6-1.3ppm으로 주입하여 안정화됨에 따라 전염소는2.6ppm, 중염소는 1.2-1.5ppm으로 조정하였으며, 망간은 약 92% 제거되었음.
- 특히, **수돗물의 수질기준은 0.05mg/L 이나, 망간 농도가 0.01mg/L 이상일 경우 수돗물 필터에서 착색 속도가 증가하는 것으로 조사됨(망간 수질기준 검토 필요성 제기)**
- 연중 망간이 유입될 경우 현재의 염소처리 방법으로 충분히 제거 가능하므로 금년 망간 제거 기법을 토대로 망간 대응매뉴얼을 작성하여 대처함이 타당할 것임
- 연간 간헐적으로 유입되는 경우 과망간산나트륨에 의한 제거방법을 검토할 필요가 있음
- THM 등 소독부산물의 생성은 여과지의 망간사화(沙化)가 이루어진 경우에 중염소처리만으로 망간을 제거하면 부산물의 생성을 감소시킬 수 있을 것임

3 망간사 사용 및 과망간산나트륨 투입설비 적용방안 등

- 망간사의 사용은 추가적인 비용이 요구되고, 현재 00정수장에서는 기존 여과지로도 충분히 처리가 가능하므로 망간사로의 교체는 재고할 필요가 있음
- 과망간산나트륨은 망간제거에 효과적이고 미국, 유럽 등 해외에서 정수장 유입 원수의 철, 망간 제거와 염소 소독으로 인한 부산물 저감을 목적으로 사용하고 있음

- 국내에서 과망간산나트륨의 실험 결과, "다양한 망간 농도의 원수들을 조건별로 1년 동안 만 번 이상의 실험을 진행한 결과 90% 이상 제거가 가능한 것"으로 나타났으며, 이를 근거로 2017년 6월 환경부 고시에 등록됨. 과망간산나트륨 사용 시 정수장에 약품저장탱크와 주입펌프 등 간단한 주입설비만 갖추면 사용할 수 있음.
- 국내 일부 막여과 정수장에서 사용하고 있지만 적용 실적이 적고 약품비가 비싸 경제성이 떨어지는 단점이 있어 비상 약품으로 검토할 필요성은 있음.

☞ 과망간나트륨은 수입품으로 과잉 주입시 색도 유발 등의 문제 발생

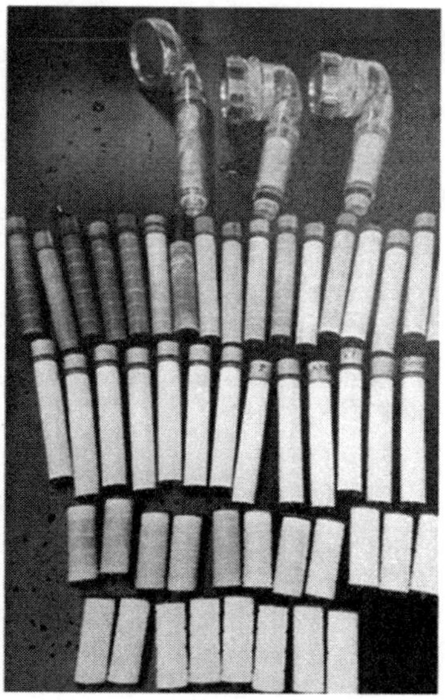

< 수돗물 필터가 망간에 의해 착색 사례 >

6.2.9 원수 pH저감-이산화탄소(CO_2)처리

1) CO_2를 이용한 pH 저감의 장점 (mineral acid를 이용한 pH저감과 비교 시)

- 호소 등 상수원에서 조류의 과잉발생으로 유입 원수의 pH가 9 이상 상승되어 응집이 어려워져 pH 조절의 필요성이 제기
- CO_2는 유해물질로 지정되어 있지 않아 pH 저감 약품으로 적절하다고 판단됨
- 황산염이나 염소화합물과 같은 유해성 부산물이 생성되지 않고 이에 따라 후단 공정에 염부하를 유발하지 않음
- 중화 곡선이 완만하여 pH가 지나치게 낮아지는 문제가 발생하지 않음
- 공정 구성 요소(기계장비, 파이프 등)에 부식을 유발하지 않음
- 저장과 사용에 있어서 안전하고 필요 장비가 간단함
- 경제적, 생태환경적으로 가장 좋은 중화 방법으로 평가됨

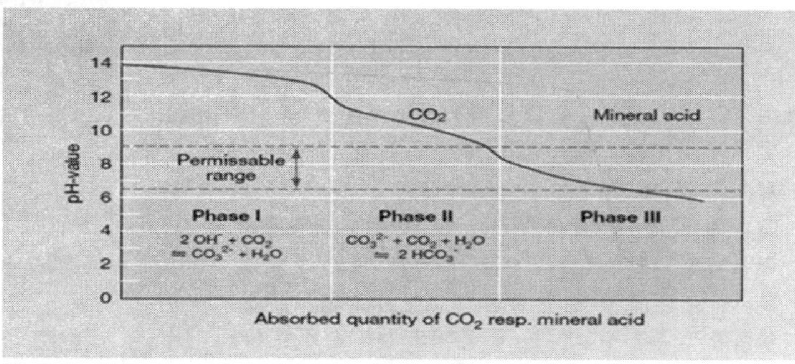

Neutralisation curves of caustic soda solution using carbon dioxide and a mineral acid

<그림 6-11> CO_2 와 무기산을 이용한 가성소다 용액의 중화곡선

자료 : The Linde group : The SOLVOCARB® process

2) 이산화탄소 용해도

- 이산화탄소의 물에 대한 용해도는 상온에서 1.5g/L로 높은 편임
- 포화 시 pH 3.9이고, 평형 형성을 위해 다소 시간이 필요함

<표 6-12> Carbonate의 평형상수(K)

		-log K (ionic strength = 0)	
Equation	Reaction	5 °C	15 °C
1	$CO_2(g)+H_2O=H_2CO_3^*$	1.20	1.34
2	$H_2CO_3^*=H^++HCO_3^-$	6.52	6.42
3	$HCO_3^-=H^++CO_3^{2-}$	10.56	10.43
4	$CaCO_3(s)=Ca^{2+}+CO_3^{2-}$	8.35	8.37
5	$H_2O=H^++OH^-$	14.73	14.34

$H_2CO_3^*$ comprise both aqueous CO_2 and true H_2CO_3, i.e. the first acidity constant above reflect both hydration and protolysis reactions.

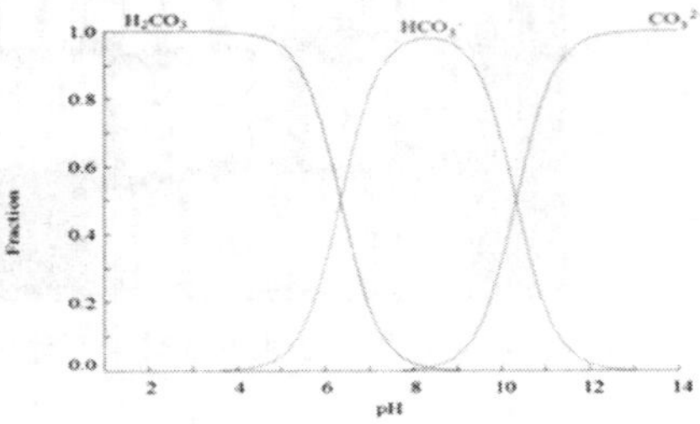

< pH에 따른 상대적인 이온 분포 >

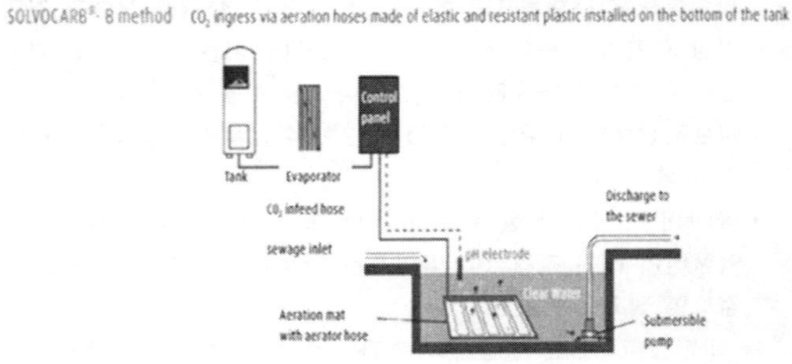

< CO_2 주입 공정(예) >

자료 : The Linde group : The SOLVOCARB® process

3) 이산화탄소 용해도, 주입설비

- 이산화탄소의 물에 대한 용해도는 상온에서 1.5g/L로 높은 편임.
- 포화 시 pH 3.9이고, 평형 형성을 위해 다소 시간이 필요함
- CO_2 주입설비는 탄산 용해수 주입방식으로 액체 이산화탄소 저장탱크에서 기화기로 유입되어 기체로 기화되고, 기화된 이산화탄소(CO_2)는 용해수와 접촉, 용해된 후 원수 유입관에 주입되어 혼합됨
- 혼합수 중의 탄산은 아래 식과 같이 물속 에서 수소이온을 해리시켜 중탄산염 및 탄산염을 생성하고 이때 해리된 수소이온의 농도 상승으로 pH가 하강됨

CO_2 (aq) + H_2O ⇔ H_2CO_3(aq)(탄산수)
H_2CO_3(aq) ⇔ H+ (aq) + HCO_3^- (aq)(중탄산)
HCO_3^- (aq) ⇔ H+ (aq) + CO_3^- (aq)(탄산)

(CO_2 저장탱크 설비, K-water, 덕소정수장)

- 이산화탄소(CO_2) 주입으로 응집공정에서 pH를 적정 응집 범위로 조정함으로써 탁도 개선, 용존 알루미늄 농도 감소 효과 확인
- CO_2 주입 운영기준은 원수 pH 기준에서 응집제와 전염소에 의한 pH 감소, 탁도 제거율, 용존 알루미늄 등 정수 수질 등을 고려하여 혼화수 기준으로 설정하며, 혼화수 pH가 7.8 이하가 되도록 원수 pH 조정이 필요(혼화수의 pH 설정은 운영기준에 따라 다름)

자료 : 이길성, 김민채, 권재국, 서규태, CO2 주입에 의한 pH 조정이 정수장 응집효율 및 알루미늄 용출에 미치는 영향, J. Kor. Soc. Environ. Eng., 35(1), 17~22, 2013

6.2.10 소독공정

1) 소독공정의 필요성

- 수돗물은 위생적으로 안전해야 함
- 응집, 침전, 여과로는 수중의 세균을 완전히 제거하는 것이 불가능
- 급배수 계통에서 위생상의 안전을 유지

2) 살균(disinfection)

- 정수처리에서 소독과 같은 의미
- 소독제를 이용하여 병원성 미생물을 불활성화 시키는 것
- 불활성화는 미생물의 주요 구조를 바꾸거나 기능을 파괴함으로써 감염력을 파괴함 ⇒ 수중의 병원균 등을 무해화 하는 것
- 세균을 완전히 죽이는 것(멸균)은 아님 ⇒ 재성장 가능성
- 먹는물 수질기준
  - 일반세균 : 100CFU/mL이하
  - 총대장균군 / 분원성대장균군 또는 대장균 : 불검출/100mL

3) 멸균(sterilization)

- 살아있는 모든 균을 완전히 없애는 것
- 병원의 수술용 기구는 멸균처리 반드시 멸균처리

4) 염소의 특징 및 적용

① 염소소독

- **액화 염소소독**
  - 소독방법으로 가장 널리 쓰이는 것
  - 세균, 바이러스, 병원성 원생동물, 대장균 제거
  - 소독제의 균등한 혼화 : 6~10분
  - 액화염소 저장량 : 1일 사용분의 10일분 이상

(염소 투입기)

- **유리잔류염소($HOCl$, OCl^-)**
  - 가수분해 : $Cl_2 + H_2O \rightarrow HOCl + H^+ + Cl^-$ ($pH < 7$)
  - 이온화 : $HOCl \rightarrow OCl^- + H^+$ ($pH > 7$)
  - HOCl의 살균력이 80배 강하므로 pH가 낮을수록 유리
  - 잘 정립된 기술로 가격이 저렴 : 대규모 정수장에 적합
  - 법적 잔류염소유지 가능
  - DBPs 생성 : THMs, HAAs, HANs 등
  - 부식성, 이·취미 발생
  - 잔류독성 : 탈염소처리(SO_2 가스, 황화합물, 활성탄) 필요

② 전염소처리(Pre-chlorination), 중간염소처리

- **전염소 처리 목적**
  - 세균 제거 : 원수 중의 일반세균이 1 mL 중 5,000 CFU 이상 혹은 대장균군(MPN)이 100 mL 중 2,500 이상 존재하는 경우 여과 전에 세균을 감소시켜 안전성을 높여야 하고 또 침전지나 여과지의 내부를 위생적으로 유지하여야 함
  - Fe, Mn 제거 : 산화 후 침전, 여과공정에서 제거

  - 조류제거 : 조류발생시 pH 10 ~ 12, geosmin, 2-MIB 발생, 염소의 산화력으로 pH감소, 이·취미 물질제거, 응집하기 어려운 규조류인 멜로시라(Melosira)나 시네드라(Synedra) 등에 대해서는 전염소를 강화하여 충분한 살조처리한 다음에 응집침전처 리하는 것이 바람직함

  - 색도 제거 : 색도 유발물질(NOM 등) 제거
  - NH_3 제거는 파괴점 염소처리, 아질산성질소, 황화수소, 페놀류, 기타 유기물 등을 산화
  - 주입지점 : 염소제 주입점은 취수시설, 도수관로, 착수정, 혼화지, 염소혼화지 등으로 교반이 잘 일어나는 지점

- **중간염소 처리 목적**
  - 조류, 조류부산물 제거
  - 착수정에서 분말활성탄 주입 후에도 수질이 나쁠 경우 실시 - 후속 여과효율 향상

③ 염소소독

- **결합잔류염소(NH_2Cl, $NHCl_2$, NCl_3)**
  - 유리잔류염소가 수중의 암모니아와 결합

$$HOCl + NH_3 \rightarrow NH_2Cl + H_2O \ (pH > 8.5)$$
$$HOCl + NH_2Cl \rightarrow NHCl_2 + H_2O \ (4.5 < pH < 8.5)$$
$$HOCl + NHCl_2 \rightarrow NCl_3 + H_2O \ (pH < 4.5)$$

  - NH_2Cl의 살균력이 강하므로 pH가 높을수록 유리
  - 소독시 물에 이·취미 미발생
  - 안정성, 지속성 높음 : 급배수 계통에서 소독 잔류효과 증가
  - 최근에는 현장 제조용 차아염소산나트륨에 의한 재염소 분산 주입 시스템 적용

- **염소요구량 = 염소주입량 – 잔류염소량**

- **염소주입률 =** 물의 염소요구량 + 물과 접촉하는 수도시설에 의한 염소소비량 + 수도꼭지에서 유지하고자 하는 염소량

- **염소 소독력** : 차아염소산(1) > 디클로라민(1/80) > 차아염소산(1/100) > 모노클로라민(1/150)

④ 염소요구량

- 염소 주입량 산정에 필요 (반드시 잔류염소 유지)
- 염소요구량 = 염소주입량 – 잔류염소량
  염소주입량 = 염소요구량 + 잔류염소량

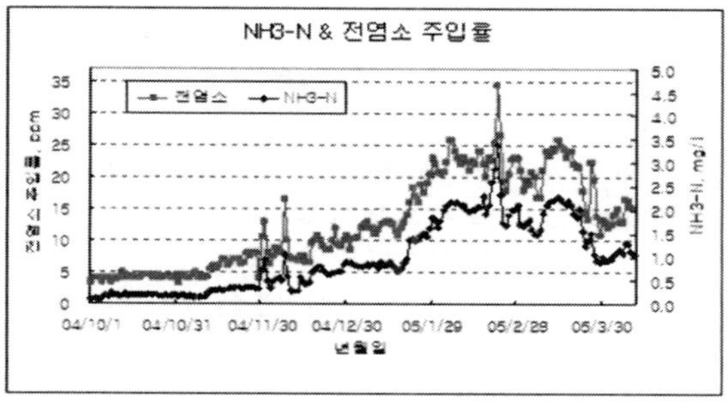

- 피산화 물질 1mg/L 제거하는데 필요한 염소요구량
  - 철(Fe^{2+}) : 0.63 mg/L
  - 망간(Mn^{2+}) : 1.4 mg/L
  - 황화수소(H_2S) : 8.5 mg/L
  - 암모니아성질소(NH_3-N) : 7.6 mg/L
- 최소 잔류염소 농도 유지(수도시설의 청소 및 위생관리 등에 관한 규칙)
  - 평상시 : 유리잔류염소0.1 mg/L 유지(결합잔류염소 0.4 mg/L 이상)
  - 오염 우려 시 : 유리잔류염소 0.4 mg/L(결합잔류염소 1.8 mg/L 이상)
- 최대 잔류염소 농도(수질기준 및 검사 등에 관한 규칙) : 4.0 mg/L 이하

- **액화염소의 저장량 :** 항상 1일사용량의 10일분 이상으로 하고 사용량이 20 kg/h 이상인 시설에는 원칙적으로 기화기를 설치
- **염소주입제어 방법 :** 수동정량제어, 유량비례제어 및 잔류염소제어가 있으며 시설규모와 유지관리 방법에 따라 적절한 방식을 선정

5) 차아염소산나트륨(NaOCl)의 특징 및 적용

① 차아염소산나트륨의 원리 및 발생

- 액체염소에 비하여 안전하고 현장에서 NaCl을 전기분해하여 사용이 편리
  - 재염소처리, 소규모 무인정수장, 하수처리장 적용 증가하는 추세임

- 원리
  - 현장 제조용 차아염소산나트륨
    $NaCl + H_2O \rightarrow NaOCl + H_2\uparrow$
  - 유리잔류염소발생
    $NaOCl + H_2O \rightarrow HOCl + NaOH$(pH 상승)

- 발생방식
  - 무격막 방식 : 소규모 시설
  - 격막방식 : 대규모 시설 → 양극판과 음극판 사이 이온 교환막

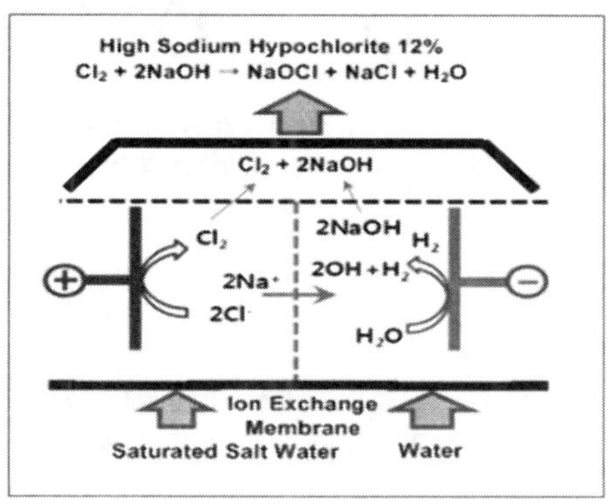

<그림 6-12> NaOCl의 발생 메카니즘

☞ **화학물질관리법에 대응한 대체 소독제로 적용하고 있음**

자료 : 고농도 차아염소산나트륨 발생장치의 안정적 운영에 관한 연구, 조해진·나찬욱·고성호 한국유체기계학회 논문집 제20권 제2호(통권 제101호), 2017.4

② 차아염소산나트륨(NaOCl) 소독(2)

- NaOCl 주입
  - 저농도로 액체염소보다 많은 양 주입 필요
  - 주입방식 : 자연유하방식, 이젝터 방식, 펌프방식
- 특징
  - 원료(NaCl)구입과 운반용이 : 현장에서 해수, 염수 이용
  - 안전한 대체소독법 : 액화염소와 동일한 소독효과
  - pH상승 : 관로부식 억제 효과
  - H_2발생 : 일정량 초과시 산업안전보건법 규제
  - 액체염소보다 고가
  - DBPs 발생 : 불안정한 ClO_3^-, BrO_3^- 생성 우려
  - 수처리제 기준, 규격, 표시기준에 적합여부 검토 필요

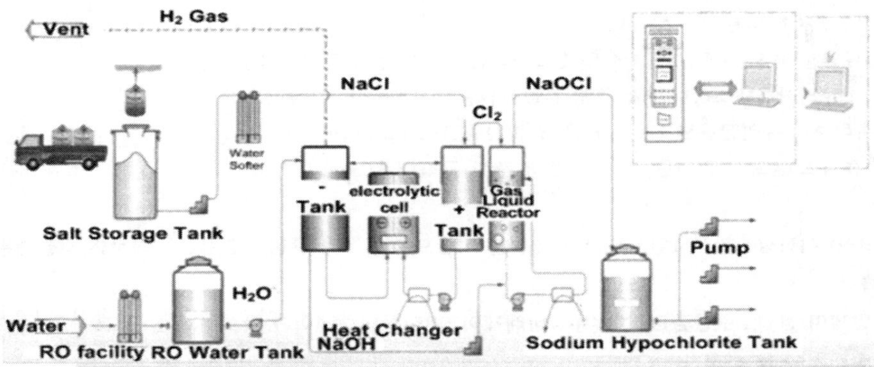

<그림 6-13> NaOCl의 생산 공정도

6) MIOX(혼합산화제 : Mixed Oxidant)

- 소금물을 전기분해하여 HOCl, ClO_2, O_3을 동시에 생산

포화 소금물 ⇨ 전기 분해 ⇨ (+)극에서 Cl_2 생성 ⇨ HOCl, ClO_2, O_3

- 전극배열 : 물의 진행방향과 수직배열
  (+)극의 Cl_2가 (-)극의 NaOH와 미반응

- 특징
  - 원료(NaCl) 구입과 운반이 용이
  - 안전성, 잔류효과, THMs 감소, 물맛 개선효과
  - 병입 수돗물 제조 등에 도입(국내 적용)
  - 액화염소보다 소독력 우수
  - 설치비 고가
  - 저농도 : 주입시설 증대

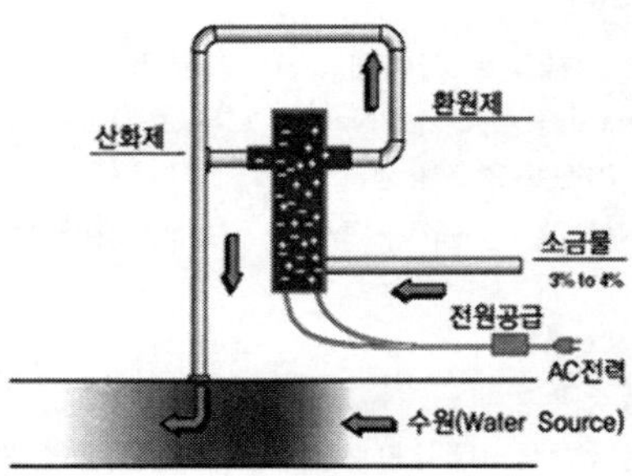

<그림 6-14> MIOX의 생산 공정도

7) 이산화염소(ClO_2) 소독

- 원리
  - 적황색의 가스 또는 완충용액의 형태
  - 물에 쉽게 용해 : 강한 산화력 → 액화염소의 2.5배
  - $2ClO_2 + H_2O \rightarrow HClO_2 + HClO_3$

- 특징
  - 소독력이 염소보다 강함 : Fe, Mn, 2-MIB, Geosmin 제거 가능
  - THMs 불생성
    - · DBPs 생성 : 알데히드, ClO_2^-, ClO_3^-
    - · 적혈구 손상 → blue Baby(청색증) 유발
    - · GAC 등 활성탄에 의한 제거
  - 지속적인 소독효과 : 잔류성이 있음
  - 폭발성 : 가스상태 저장, 운반 불가능
  - 염소보다 고가
  - NH_3 제거 불가능

- 적용성
  - 염소에 의한 THM 생성이 이슈가 되었을 때 일부 정수장에서 구입하여 사용하였으나 적용성이 떨어짐

8) 소독방법 비교

- 정수장에 주로 사용되며 살균력이 가장 높은 산화제는 오존이지만 잔류성이 없어서 산화제로 이용되며, 유리잔류염소는 살균력과 잔류성이 높아 정수장에서 가정까지 잔류성이 유지될 수 있도록 정수장에서 주입하고 있음
- 결합잔류염소는 살균력과 잔류성이 떨어져 그다지 사용되지 못하고 있음
- 이산화염소는 THM 등 소독부산물이 생성되지 않아 일부 사용된 적은 있으나, 다른 문제점을 내포하고 있어 현재 거의 사용되지 않고 있는 실정임

<표 6-13> 산화제별 살균 특성 비교

구 분	유리잔류염소	결합잔류염소	ClO_2	O_3
살균력	O_3 > ClO_2 > 유리잔류염소 > 결합잔류염소			
pH영향	유리잔류염소 > 결합잔류염소 > ClO_2 (pH 6 ~ 12) > O_3			
잔류성	있음	있음	있음	없음
부식성	있음	매우 약함	있음(+ 폭발성)	있음

9) 염소소독 제해설비(1)

- 액체염소 1,000kg 미만 시설

 - 중화 및 흡수용 재해제를 상비하여야 함
 - 가스누출 감지경보 설비 설치가 바람직함

- 액체염소 1,000kg 이상의 시설
 - 중화 반응탑, 중화제 저장조, 송액펌프, 배풍기 등을 갖춘 중화장치를 설치하여야 함
 - 가스누출 감지경보 설비를 설치하여야 함

- 중화설비
 - 염소 가스를 알카리제와 접촉, 반응시켜 중화시키는 시설로 일반적으로 수산화나트륨(NaOH)이 사용됨

$$Cl_2 + 2NaOH \rightarrow NaOCl + NaCl + H_2O$$

$$NaOH\ 양(kg) = 누출염소량 \times \frac{2(NaOH\ 분자량)}{Cl_2\ 분자량} \times \frac{1}{반응률} \times \frac{100}{NaOH\ 농도(\%)}$$

 - 처리능력(kg/h) = 1시간에 염소가스를 무해가스로 처리할 수 있는 양
 - Cl_2 분자량(35.5 x 2) : NaOH 분자량(2 x 40) = 누출 Cl_2량 : NaOH 양

9) 염소소독 제해설비(2)

- **염소가스 중화장치**

 - 재해방지 설비로서 가성소다, 저장탱크, 반응탑, 송풍기, 약품 이송펌프, 충전제, 노즐 등으로 구성
 - 작동원리는 송풍기가 누출된 가스를 흡입하여 중화탑으로 이송하고 중화탱크에 설치된 약품이송펌프가 가성소다를 분사하여 가스와 가성소다가 접촉하여 중화처리.

- **특징**

 - 작동방식 : 상향류식, 노즐분사형
 - 장치구성 : 중화탱크, 중화탑, 약품이송펌프, 송풍기, 가성소다(NaOH), 데미스터(demister), 다공물 다공판, 노즐, 투시창, 점검구 등

 - 가성소다 : 농도 20% (10m³/ 12톤)

 - 규 격 : 100kg/hr, 500kg/hr, 1000kg/hr

(염소가스 중화장치 설치 전경)

6.2.11 국내 정수처리기준

1) 정수처리 기준

- **목적** : 수도를 통해 음용 목적으로 공급되는 물이 병원성 미생물 로부터 안전성을 확보되는 것(수도법 제28조)
- **목표** : 취수지점부터 정수지 유출지점까지 바이러스 99.99 %와 지아디아 포낭 99.9 % 및 크립토스포리디움 난포낭 99 %를 제거 또는 불활성화 할 것(수도법 시행규칙 제 18조)

① 정수처리기준과 공정별로 요구되는 제거율

여과 방식	정수처리 기준		여과공정에 의한 제거율			소독공정에서 요구되는 제거율	
	바이러스	지아디아	바이러스	지아디아	크립토스포리디움	바이러스	지아디아
급속	99.99% (4 log)	99.9% (3 log)	99% (2 log)	99.68% (2.5 log)	99% (2 log)	99% (2 log)	68.38% (0.5 log)
직접	99.99% (4 log)	99.9% (3 log)	90% (1 log)	99% (2 log)	99% (2 log)	99.9% (3 log)	90% (1 log)
완속	99.99% (4 log)	99.9% (3 log)	99% (2 log)	99% (2 log)	99% (2 log)	99% (2 log)	99% (2 log)
정밀 (MF)	99.99% (4 log)	99.9% (3 log)	68.38% (0.5 log)	99.68% (2.5 log)	99% (2 log)	99.97% (3.5 log)	68.38% (0.5 log)
한외 (UF)	99.99% (4 log)	99.9% (3 log)	99.9% (3 log)	99.68% (2.5 log)	99% (2 log)	90% (1 log)	68.38% (0.5 log)

자료 : 정수처리기준 해설서, 환경부, 2013

② 여과공정에 의한 달성

- 정상적인 여과 처리시 인정
- "여과공정에서 탁도 기준을 만족" 할 때 인정

- 여과공정에서의 탁도 기준

< 급속. 직접여과시설 기준 >

- 2007.1.1부터 5000m³/d 이상 전 정수장 적용

1. (통합이고서) 매월 측정된 시료수의 95%이상이 0.3NTU를 초과하지 아니하고, 각각의 시료에 대한 측정값이 1.0 NTU 이하일 것
2. 감시는 연속측정장치를 사용하여 매 15분 간격으로 개별 여과지 에 대하여 실시하되 1.0NTU 이하일 것

- 정수처리기준 제거율 = 여과공정 제거율 + 소독공정제거율

☞ % 제거율 $=100-(100/10^{(\text{log제거율})})$

- 수도사업자의 의무

1. 탁도 등의 기준에 적합하도록 정수시설 설치·운영 2. 탁도 등의 주기적인 검사
3. 검사결과의 기록·보존 및 보고 4. 기준 위반 시 시설 개선 등 필요조치 및 결과 보고
5. 병원성 미생물의 분포실태조사

③ 크립토스포리디움 난포낭의 추가 제거 기준

원수의 크립토스포리디움 난포낭의 농도 (난포낭 /10L)추가	추가제거 기준	
	급속.완속.막여과	직접여과
0.75 초과 ~ 10이하	90% (1 log)	96.84% (1.5 log)
10초과	99% (2 log)	99.68% (2.5 log)

• 크립토스포리디움 실태조사 실시

1. 원수의 수질조사
 - 100,000m³/일 미만 (2013~) / 50,000~100,000 (2015년~) / 10,000~50,000 (2019년~)
 - 2년간 월1회 또는 2회 이상, 1년간 월 2회 이상(24회 또는 48회 조사)

2. 정수의 수질조사
 - 원수에서 10개체/10L 이상 검출시(1년간 매분기 1회 이상)

④ 크립토스포리디움 난포낭의 추가 제거 기술

공 정	추가 제거 기준	추가제거 인정기준
통합여과수 탁도	- 95% 이상이 0.15NTU를 초과하지 아니하고, 각각의 시료에 대한 측정값이 0.3NTU 이하일 것	0.5 log
개별여과수 탁도	- 최소 95% 이상이 0.15NTU, 연속 두번 측정값이 0.3NTU 이하 (15분 자료)	1.0 log
이차여과	-	0.5 log
막여과		
오존	- 오존 CT에 따른 불활성화율	최대 3 log
자외선	- 자외선조사량(mJ/cm²) 에 따른 불활성화율	최대 4 log
이산화염소	- 이산화염소 CT에 따른 불활성화율	최대 5 log

⑤ 소독공정에 의해 요구되는 제거율 달성

- "불활성화비를 만족" 할 때 인정

< 불활성화비 >

- 병원성 미생물이 소독에 의하여 사멸되는 비율
- 계산된 소독능 값과 대상미생물을 불활성화 하기 위해 이론적으로 요구되는 소독능 (CT)값과의 비

  - 소독능 불활성화비 = CT 계산값 / CT 요구값

- CT 계산값 = C(소독제농도, mg/L) × T(접촉시간, min)
- CT 요구값 = 도표화 (소독제 종류, 소독제 농도, 수온, pH)

- 정수처리 기준 준수 여부
  - 불활성화비 ≧ 1.0 (소독 충분)
  - 불활성화비 < 1.0 (소독 불충분)

⑥ 소독에 의한 불활성화율 계산 (CT 요구값)

- 지아디아 CT 요구값 예 (소독제 염소 0.8mg/L, 수온 10℃, pH 7.0)
  ⇒ 지아디아를 불활성화시키는데 필요한 이론적인 CT 값(표를 통해 구함)

염소 농도 (mg/L)	pH≤6						pH=6.5						pH=7.0					
	Log 불활성화율						Log 불활성화율						Log 불활성화율					
	0.5	1.0	1.5	2.0	2.5	3.0	0.5	1.0	1.5	2.0	2.5	3.0	0.5	1.0	1.5	2.0	2.5	3.0
≤0.4	12	24	37	49	61	73	15	29	44	59	73	88	17	35	52	69	87	104
0.6	13	25	38	50	63	75	15	30	45	60	75	90	18	36	54	71	89	107
0.8	13	26	39	52	65	78	15	31	46	61	77	92	18	37	55	73	92	110
1.0	13	26	40	53	66	79	16	31	47	63	78	94	19	37	56	75	93	112
1.2	13	27	40	53	67	80	16	32	48	63	79	95	19	38	57	76	95	114
1.4	14	27	41	55	68	82	16	33	49	65	82	98	19	39	58	77	97	116
1.6	14	28	42	55	69	83	17	33	50	66	83	99	20	40	60	79	99	119
1.8	14	29	43	57	72	86	17	34	51	67	84	101	20	41	61	81	102	122
2.0	15	29	44	58	73	87	17	35	52	69	87	104	21	41	62	83	103	124

□ 불활성화비 계산을 위한 수질검사

- 잔류소독제 농도(연속측정장치) / - pH, 수온 (1일 1회 이상)

⑦ 소독에 의한 불활성화율 계산 (CT 계산값)

CT 계산값 산정 (최악의 조건)

= 잔류소독제 농도 x 접촉시간

= 잔류소독제 농도 x 체류시간 x 장폭비 환산계수(β)

항목	단위	계산식 및 산정방법
잔류소독제 농도(C)	mg/L	사용되어진 잔류소독제 농도(최소농도)
체류시간(이론값)	min	정수지 사용용량(V) /시간당최대통과유량(Q) ×60
정수지 사용용량(V)	m^3	길이×폭×수심 (일최저수심 적용, 최악 조건)
장폭비환산계수 (=T_{10}/T)	-	이론값 : 장폭비환산계수(0~1)적용 ※조건에 맞지 않을 경우 실측해야 함(추적자 시험)

소독능 계산값($CT_{계산값}$)

- 잔류소독제 농도×체류시간(정수지 사용용량/시간최대유량) × 장폭비 환산계수

❖ **불활성화비 = 소독능계산값 (CT계산값) / 소독능요구값 (CT요구값)**

• 정수지 장폭비 환산 – 정수처리 기준

(장폭비 환산계수 : 정수지 장폭비에 따른 환산계수 적용)

환산계수	장폭비(L/W)	환산계수	장폭비(L/W)
0.10	2 미만	0.65	30 이상 40 미만
0.20	2 이상 5 미만	0.70	40 이상 50 미만
0.30	5 이상 10 미만	0.75	50 이상 60 미만
0.40	10 이상 15 미만	0.80	60 이상 70 미만
0.50	15 이상 20 미만	0.85	70 이상 90 미만
0.60	20 이상 30 미만	0.90	90 이상

• 관흐름(pipeline flow)의 경우 환산계수 1.0 으로 적용

※ 도류벽이 일정간격으로 설치되지 않은 경우 추적자 실험

• 정수지내 도류벽 설치 – 정수처리 기준

- 도류벽 설치 : 장폭비를 증가시켜 소독제 접촉시간 증가하여 소독능 확보
- 장폭비 권장비 = 1 : 20 이상

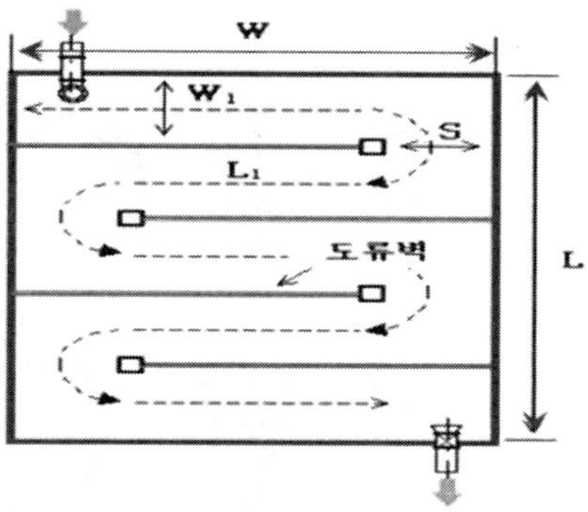

W : 배수지 폭
W1 : 도류벽이 설치되어 있을 때 실질적인 폭
L : 배수지 길이
L1 : 도류벽이 설치되어 있을 때 실질적인 길이
S : 도류벽 개구부 넓이
n : 도류벽 개수

$$X = \frac{L1}{W1} = \frac{W\times(n+1)}{L/(n+1)} = \frac{W\times(n+1)^2}{L}$$

[※] 도류벽이 설치되어 있는 경우의 장폭비(X) 계산 방법

• 정수지내 도류벽 설치

- 정수지 소독제 접촉시간을 증가시키기 위함 (L →L1 / W → W1)
- 장폭비 권장비 = 1 : 20 이상

변경전$(\frac{L}{W})$

변경후$(\frac{L1}{W1})$ = $(Lb + \frac{(W-Lb)}{2})\ X\ 2 + Lb\,(n-1) + \frac{L}{(n+1)}$ X n] / [$\frac{L}{(n+1)}$]

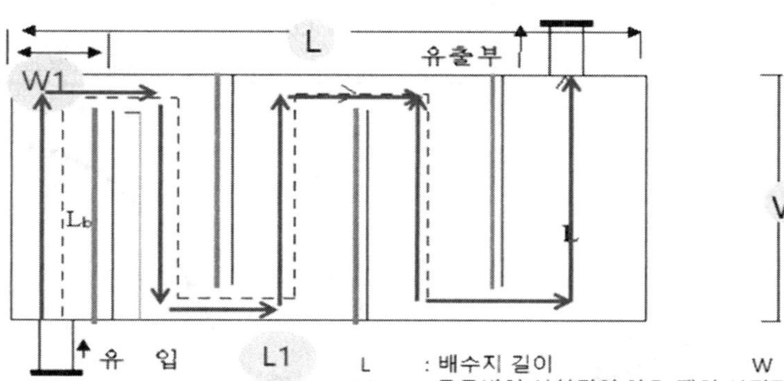

L : 배수지 길이 W : 배수지 폭
L1 : 도류벽이 설치되어 있을 때의 실질적인 물 흐름 길이(m)
W1 : 도류벽이 설치되어 있을 때의 실질적인 물 흐름 폭(m)
n : 도류벽 개수 L_b : 도류벽 길이 (m)

⑧ 추적자 시험의 소독능 계산 (CT 계산값)

- 실측값으로 소독제 접촉시간 계산 ⇒ 추적자 시험 (Tracer test)

- **추적자 시험이란 (진단, 평가, 예측)**
  - **추적자를 이용하여 수류의 흐름상태를 구하는 방법**
  - **분배수로, 응집지, 침전지, 정수지 등의 지내 흐름상태 파악**

- **추적자 : 불소, 리튬, 나트륨, 칼슘, 염소이온, 방사성동위원소**

- **주입방법**
  - **순간주입(pulse dose) : 한번 주입**
  - **단계주입(step dose) : 계속 주입**

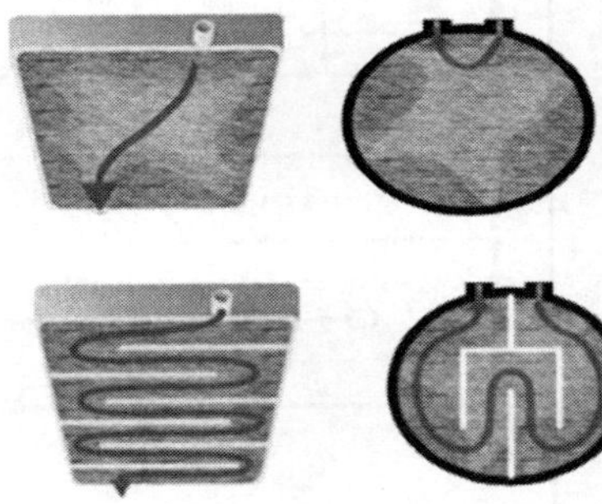

< 정수지내 물의 흐름 >

- **추적자 시험에 의한 소독능 계산값 (CT 계산값)**
- 추적자 시험 (Tracer test)
  - 추적자 시험을 통해 소독제 접촉시간 산정(T_{10})

    여기서, T_{10} : 투입된 추적자의 10%가 정수지 유출 지점을 빠져나온 시간
  - 장폭비 환산계수 계산 ($\beta=T_{10}/T$) (예) T_{10} 65분, T 120분 ⇒ $\beta(T_{10}/T)=0.54$
  - CT 계산값 = C x T x $\beta(T_{10}/T)$ = C X T_{10}

C Curve 작성 - 시간대별 측정농도 그래프	**F Curve 작성** - 시간대별 누적 농도 그래프

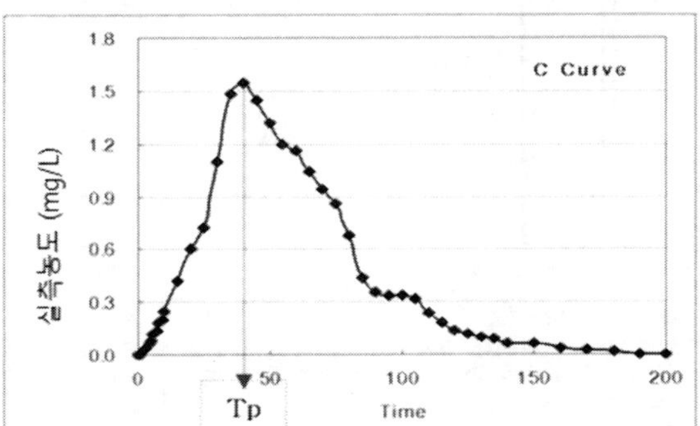

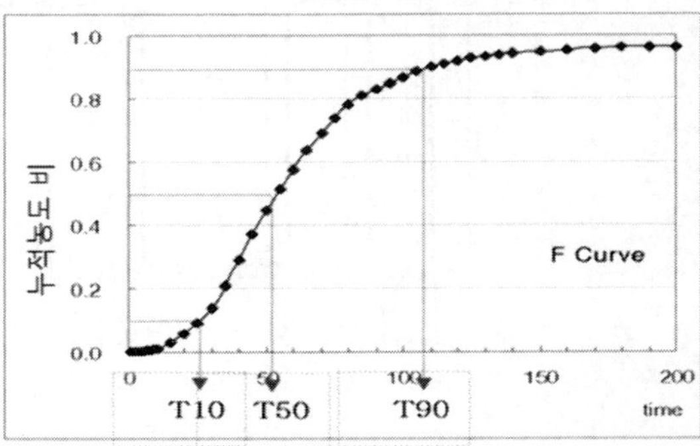

⑨ 지아디아 불활성화비 계산 (예 1)

• 가정조건 (지아디아 불활성화비)

잔류염소 1.0mg/L / 이론체류시간 60min / 장폭비12(0.4) /pH 7.0 /수온 17℃

• CT계산값 = 1.0 × 60 × 0.4 = 24 mg·min/L

• CT요구값 : 소독제 유리염소 기준 (도표 활용, 안좋은 조건 적용)

수온 pH, log	0.5 log, pH 7	1 log, pH 7	3 log, pH 7
10	19	37	112
15	Ⓐ 13	Ⓑ 25	Ⓒ 75
20	9	19	56

• 불활성비 계산 (필요 제거율 3 log)

구 분	급속,완속여과	직접여과	정밀여과(MF)	무약품
여과공정 제거율	2.5 log	2 log	2.5 log	0 log
소독에 의한 제거율	0.5 log	2 log	0.5 log	3 log
계산(CT계산/CT요구)	Ⓐ(24/13)=1.8	Ⓑ(24/25)=0.96	Ⓐ(24/13)=1.8	Ⓒ(24/75)=0.3
적부여부(>=1,만족)	만족	불만족	만족	불만족

지아디아 불활성화비 계산 (예 2)

• 프로그램 이용 – 환경부 홈페이지 자료 다운로드 후 사용

● 소독능 계산 기록부

▷ 지점명 : 정수지 ▷ 여과방식 : 급속여과 (기재요령 : 급속여과, 직접여과, 완속여과)

일자	지점명	측정시간	소독제명	탁도(NTU)	소독제농도	온도(℃)	PH	정수지수위	사용용량	통과유량(㎥/hr)	장폭비환산계수	체류시간(min)	CT계산값	바이러스불활성화비	지아디아제거율(log)	지아디아불활성화비
	정수지	00:00	유리염소	0.076	0.78	12.36	7.15	3.31	29,505	15929	0.6	111.1	52.0	21.2	1.6	3.2
		04:00	유리염소	0.075	0.79	12.17	7.32	3.37	30,040	16073	0.6	112.1	53.2	21.4	1.5	3.0
		08:00	유리염소	0.062	0.78	12.05	7.34	3.13	27,901	19685	0.6	85.0	39.8	15.9	1.1	2.2
		12:00	유리염소	0.062	0.80	12.23	7.32	3.27	29,149	17010	0.6	102.8	49.4	19.9	1.4	2.8
		16:00	유리염소	0.049	0.77	12.60	7.11	3.58	31,912	18933	0.6	101.1	46.7	19.4	1.5	3.0
		20:00	유리염소	0.044	0.74	12.53	7.12	3.23	28,792	19125	0.6	90.3	40.1	16.5	1.3	2.5
		적용값	**유리염소**	**만족**	**0.74**	**12.05**	**7.34**	**3.13**	**27,901**	**19,685**	0.6	85.0	37.8	34.0	1.1	2.1
	판정 : 소독능 만족												**합계**	15.3		2.2
		평균		0.06	0.78	12.32	7.23	3.31	29549.910	17,793		100.433	46.858	19.044		2.800

• 프로그램 계산식

- 지아디아 제거율 = (CT계산값)/(0.2828×(pH $^{2.69}$)×(염소농도$^{0.15}$)×(0.933$^{(수온-5)}$))
- 지아디아 불활성비 = (지아디아제거율/log제거율)
  - (1) 급속여과 약품 주입 = (지아디아 제거율/0.5)
  - (2) 급속여과 약품 미주입 = (지아디아 제거율/3.0)

지아디아 불활성화비 계산 (예 3)

• 프로그램 이용 – 환경부 홈페이지 자료 다운로드후 사용

▶ 수질 검사 결과

항 목		수질검사결과			
		평균	최대	최소	기준초과일수
탁 도		0.05	0.07	0.03	0 / 30
잔류소독제농도		0.79	0.89	0.71	0 / 30
CT계산값		35.54	49.52	20.98	
불활성화비	바이러스	15.62	24.57	9.21	0 / 30
	지아디아	2.36	3.62	1.37	0 / 30

▶ 소독능 계산 기록부

일자	지점명	소독제명	탁도 (NTU)	소독제 농도	온도 (℃)	pH	사용용량 (m³)	통과유량 (m³/hr)	장폭비 환산계수	체류시간 (min)	CT계산값	바이러스 불활성화비	지아디아 불활성화비
1	정수지	유리염소		0.8	12.2	7.4	28524.8	19302.0	0.6	88.67	40.97	16.48	2.27
합계	판정 : 소독능 만족										**40.97**	**16.48**	**2.27**
2	정수지	유리염소		0.8	12.3	7.5	24156.9	19578.0	0.6	74.03	33.31	13.51	1.82
합계	판정 : 소독능 만족										**33.31**	**13.51**	**1.82**
3	정수지	유리염소		0.7	12.1	7.3	27900.8	19685.0	0.6	85.04	37.76	15.04	2.14
합계	판정 : 소독능 만족										**37.76**	**15.04**	**2.14**
4	정수지	유리염소		0.8	12.4	7.2	25850.6	19557.0	0.6	79.31	36.64	14.90	2.26
합계	판정 : 소독능 만족										**36.64**	**14.90**	**2.26**
5	정수지	유리염소		0.8	12.6	7.2	28079.1	18810.0	0.6	89.57	40.84	16.92	2.55
합계	판정 : 소독능 만족										**40.84**	**16.92**	**2.55**
6	정수지	유리염소		0.8	12.1	7.2	27276.8	18797.0	0.6	87.07	39.18	15.69	2.38

• 프로그램 계산식

- 지아디아 제거율 = (CT계산값)/(0.2828×(pH $^{2.69}$)×(염소농도$^{0.15}$)×(0.933$^{(수온-5)}$))
- 지아디아 불활성비 = (지아디아제거율/log제거율)
 (1) 급속여과 약품 주입 = (지아디아 제거율/0.5)
 (2) 급속여과 약품 미주입 = (지아디아 제거율/3.0)

⑩ 불활성화비를 증가시키는 방법

불활성화비 = CT 계산값 / CT 요구값

< CT 계산값을 증가 >

• 잔류염소 농도 증가 (K-water 관리목표 1.0mg/L이하)
 - 전염소 처리(혼화, 응집, 침전지)
• 접촉시간 증가(정수지 체류시간 증대)
 - 정수지 수위를 높게 운영
 - 도류벽을 설치하여 정수지내에서 체류시간 증가
 - 정수지 증설

< CT 요구값을 감소 >

• pH 낮게
• 수온 높게
• 강력한 산화제

2) 소독부산물 구성비 및 소독부산물

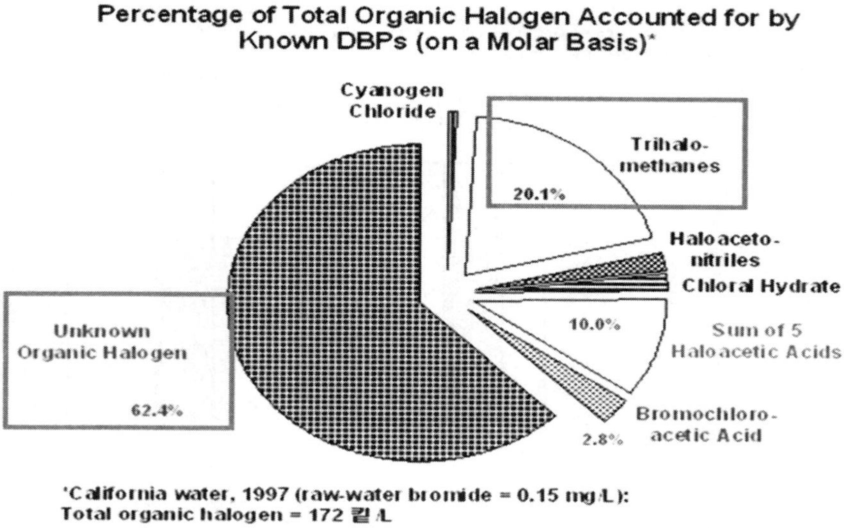

- 염소소독으로 인해 196종의 소독부산물이 발생 확인 (Stevens 등, 1990)

- **트리할로메탄 (THMs)**
  - 구성 : 3개의 할로겐 원자가 있는 화합물
    할로겐족 : 불소, 염소, 브롬, 요오드
    요오드계도 관찰되며, 불소계는 자연적으로 거의 발생되지 않음
  - THMs (4개의 합, 0.1 mg/L이하) = $CHCl_3$ + $CHCl_2Br$ + $CHClBr_2$ +CH
    ※ THMs중 $CHCl_3$, $CHCl_2Br$, $CHClBr_2$ 개별 규제
  - THMs은 염소소독후 발견되는 부산물의 약 20% (Weinberg,1999)
  - 클로로포름을 잠재적인 발암물질로 분류 ('76.3.1 미국국립암연구소)
  - 1979년 미국에서 수질기준으로 제정 관리 / 우리나라 1990년 규제

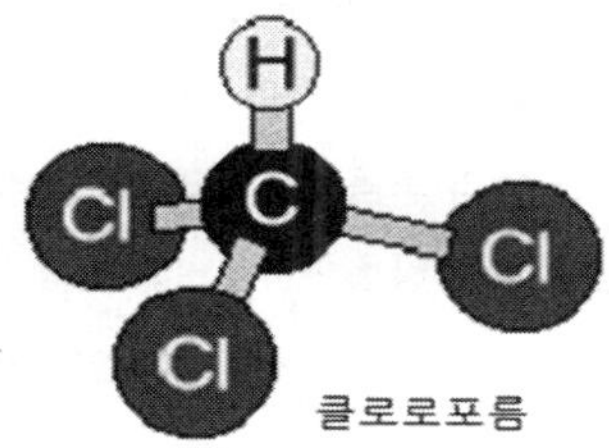

클로로포름

- **할로아세틱에시드 (HAAs : Haloacetic Acids))**
  - 염소 소독시 소독부산물의 약 15%에 해당됨
  - 수돗물 중에는 9개의 HAA가 존재함
    Monochloroacetic / Dichloroacetic / Trichloroacetic, Monobromoacetic / Dibromoacetic / Tribromoacetic, Bromochloroacetic / Dibromochloroacetic, / Bromodichloroacetic
  - 미국기준은 HAA_5
  - 한국 먹는물 수질기준 HAA_3 / 먹는물 감시항목 3항목

- Chlorinated disinfection agents such as chlorine and monochloramine are strong oxidizing agents introduced into water in order to destroy pathogenic microbes, to oxidize taste/odor-forming compounds, and to form a disinfectant residual so water can reach the consumer tap safe from microbial contamination.
- These disinfectants may react with naturally present fulvic and humic acids, amino acids, and other natural organic matter, as well as iodide and bromide ions, to produce a range of DBPs such as the trihalomethanes (THMs), haloacetic acids (HAAs), bromate, and chlorite (which are regulated in the US), and so-called "emerging" DBPs such as halonitromethanes, haloacetonitriles, haloamides, halofuranones, iodo-acids such as iodoacetic acid, iodo-THMs (iodotrihalomethanes), nitrosamines, and others.

- 국내 정수장의 조사 결과에서 THMs 구성 성분 중 $CHCl_3$ 이 대부분을 차지하며 $CHCl_2Br$, $CHClBr_2$ 순으로 분포함

- 낙동강 수계인 덕산정수장의 THM 평균 농도는 2011년 0.023mg/L, 2013년 0.035mg/L, 2015년 0.037mg/L 이었으며, 화명정수장은 2011년 0.022mg/L, 2012년 0.032mg/L, 2014년 0.037mg/L로 기준치에 훨씬 못 미치는 것으로 나타남

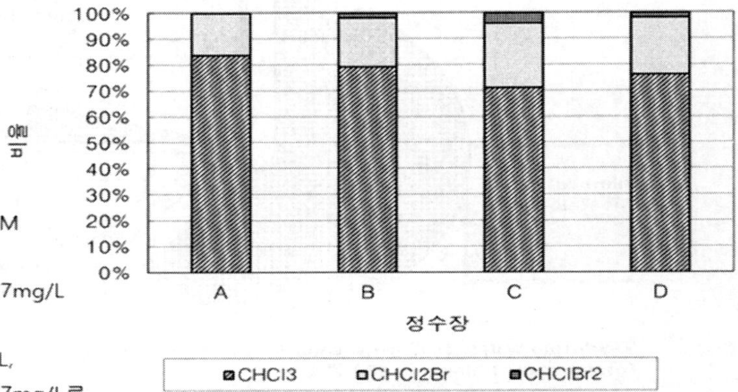

< 클로로포름 > < 브로모디클로로메탄 > < 디브로모클로로메탄 >

<그림 6-15> 국내 THM 종별 분표

자료 : 1. Disinfection by-product – Wikipedia en.wikipedia.org › wiki › Disinfection by-product
2. 동아일보기사 자료(2016.10.7)

- **건강상의 위험도 평가 (Risk Assesment)**
  - 소독된 물을 마시는 지역 주민의 건강에 미치는 영향
  - 개별 혹은 여러 소독부산물의 독성

위험도 평가 방법 : 정상인이 평생 동안(70년) 매일 2~3L 물을 섭취할 때 병에 걸릴 확률 (=1명/10만명 당)로 최대 허용량 설정(WHO) EPA (1 명/ 100만명당)

  - 염소처리된 물을 마시는 것이 암을 유발한다는 명확한 근거는 없음(Human and animal studies)
  - 소독부산물 vs. 병원성 미생물의 위험도 : 최적화 방안 모색

- **소독부산물이 건강에 미치는 영향**
  - 소독부산물은 건강에 잠재적 위해성(potential for risk)을 갖고 있음
  - 역학자료를 통해 위해성을 평가하기가 쉽지 않음
  - 몇몇 소독부산물은 발암성과 상관관계가 있으나 소독된 물과 발암성간의 직접적인 인과관계 (cause-and-effect relationship)를 찾기는 쉽지 않음
  - 소독부산물에 의한 영향은 있더라도 아주 크지는 않을 것으로 생각되나, 불확실성을 고려하여 현재의 정수처리 기준이 설정됨(potentially conservative estimates)

6.3 수도 위생안전기준 및 인증제도

6.3.1 위생안전기준 개요

위생안전기준의 목적

1) 목적

- 수도법」 제14조에 따라 인증을 받아야 하는 수도용 자재와 제품의 범위, 인증의 방법 · 절차, 수수료 및 인증의 표시방법 등에 관한 사항을 규정함을 목적으로 함

2) 필요성

- **수돗물은 생산 ~ 가정에 이르기까지 다양한 수도용 자재와 제품에 접촉**

- 수돗물은 송수·배수·급수 과정에서 불가피 하게 다양한 수도용 자재와 접촉
- 물과 접촉한 수도용 자재 중 저품질 자재의 제품의 경우 인체유해물질 용출 우려
- 유해물질은 **수돗물 2차 오염 및 인체 건강에 직접적 영향** 을 미치는 영향 인자
- 수도용 자재와 제품 대상으로 유해물질 용출 여부를 사전에 차단, 국민의 우려 해소 필요

➡ **45종 유해물질 용출허용기준인 위생안전기준 인증제도 도입**

수도법 제14조(수도용 자재와 제품의 인증 등) ① 수도시설(취수·저수·도수 시설은 제외한다) 중 물에 접촉하는 수도용 자재나 제품을 제조 또는 수입하려는 자는 미리 환경부장관으로부터 그 수도용 자재와 제품이 대통령령으로 정하는 위생안전기준에 맞는지에 대하여 인증을 받아야 한다

2) 인증제도의 의미

- 수도용 자재 및 제품의 위생안전기준 인증은 해당 자재 및 제품이 수돗물과 접촉 시 카드뮴, 수은, 철 등 45개 항목의 유해물질이 물에 기준치 이상으로 녹아 나오는지 여부를 확인해 기준 이내인 경우에만 인증, 제조·수입을 허용하는 제도

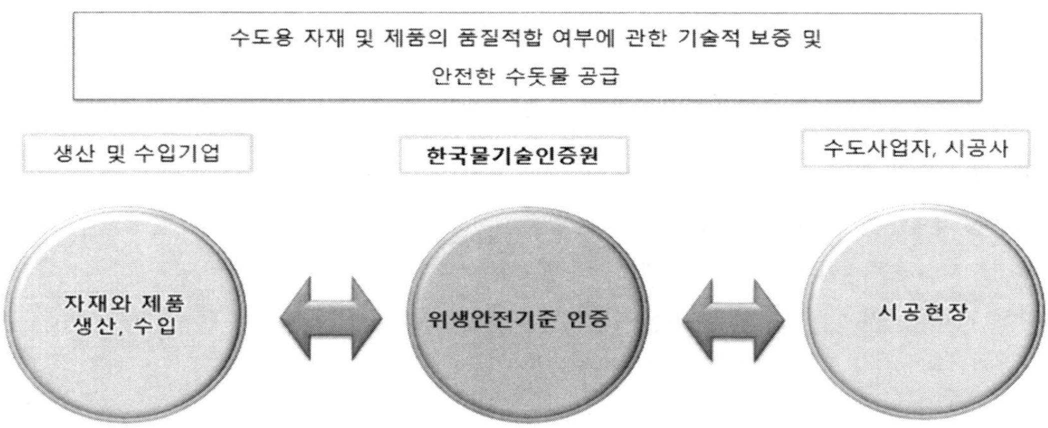

※ '수도법 시행령 일부 개정(안)'이 2020. 8. 4일 국무회의에서 의결, **위생안전기준 인증업무 위탁기관이 한국상하수도협회에서 한국물기술인증원**으로 8월 공포 후 즉시 시행

6.3.2 위생안전기준 및 인증제도 관련법

1) 위생안전기준 및 인증제도 도입경과

- **위생안전기준 제정 (06.6.29「수도법」개정, 09.6.30 시행)**
  - 수도용 자재와 제품에서 유해물질 용출을 최소화 하기 위해 45종 유해물질에 대한 용출 허용기준인 **'위생안전기준'**제정
  - 사용자는 위생안전기준에 적합한 제품을 사용토록 규정(사용자에 규제적용)
    ※ 중금속 및 VOCs 등 유해물질 45개 항목별 위생안전기준 설정

- **위생안전기준 인증제도 도입 (10.5.25「수도법」개정, 11.5.26 시행)**
  - 위생안전기준 실효성 확보 및 수도용 자재와 제품의 적극적 품질관리를 위해 제도도입
    ※ 기존(위생안전기준 시행) : 사용자가 위생안전기준에 적합한 제품 사용 규정
    ※ 개정(인증제도 도입) : 제조, 수입자 도 위생안전기준에 적합한 제품임을 인증 받도록 규정
  - 수도용 자재와 제품의 제조· 수입 전에 위생안전기준 적합여부를 인증 받도록 하여 부적합 제품의 제조유통을 원천 차단

2) 인증제도 관련 법령

- **수도법(제14조, 제14조의2, 제83조, 제86조, 제87조)**
  - 물과 접촉하는 수도용 자재와 제품 제조자, 수입자 에게 인증의무 부여
  - 거짓, 부정한 사유로 인한 인증취득 제품에 대한 인증취소 규정
  - 벌칙, 과태료, 양벌 규정에 대한 사항
- **수도법 시행령 (제24조의2, 제67조, 제69조)**
  - 45종 유해물질 용출허용기준(위생안전기준) 및 재질별(24종) 용출검사 항목 설정
  - 인증업무 위탁근거(한국상하수도협회), 과태료 부과기준 규정
- **수도용 자재와 제품의 위생안전기준 인증 등에 관한 규칙(시행규칙)**
  - 인증 대상, 인증절차, 수수료 등 인증제도 전반에 대한 업무규정
- **환경부 장관 고시**
  - 용출시험에 대한 시험방법 규정(공정시험방법) (제2009-59호)
  - 공장심사 항목에 대한 심사기준 (제2011-80호)

3) 수도법 주요내용(1)

- **수도용 제품의 제조·수입자에게 위생안전기준 인증 의무부여(법 14조제1항)**

- **미인증 수도용 제품의 제조, 수입, 공급, 판매 금지(법 제14조제2항)**

- **일반수도 및 전용상수도를 설치하는 자는 대통령령으로 정한 기준제품과 인증제품 사용의무 부여 (법 제14조 제3항)**

- **인증표시 및 미인증 제품에 대한 인증표시 금지(법 제14조제4항, 제5항)**

- **인증취소요건(법 제14조의2 제1항)**
  - 거짓이나 그 밖의 부정한 방법으로 인증을 받은 경우(필수 취소사유)
  - 인증 받은 내용과 다르게 수도용 자재나 제품을 제조하거나 수입한 경우

- **인증취소 후 인증 재신청 제한(법 제14조의2 제2항)**
  - 인증이 취소된 날부터 6개월 이전에 재인증 신청을 제한함

    ☞ **거짓이나 부정한 방법으로 인증받아 취소된 경우에 한함**

- **정기검사** : 2년의 주기가 만료되기 전까지 위생안전기준 정기검사 신청서에 각 호의 서류를 첨부하여 인증제품에 대한 정기검사를 신청하여 검사를 받아야 함

3) 수도법 주요내용(2)

- 2년 이하의 징역 또는 1천만원 이하의 벌금 부과 (법 제83조)
  - 인증받지 아니한 수도용 제품 및 그 포장에 인증표시를 한 자
  - 인증받지 아니한 수도용 제품을 제조·수입·공급하거나 판매한 자
  - 대통령령으로 정한 기준에 맞지 않거나 미인증 수도용 제품을 사용한 자

    ☞ 대상 : 일반수도 및 전용상수도를 설치하는 자

- 양벌규정 (법 제86조)
  - 법인 대표자, 대리인, 사용인, 종업원이 업무와 관련하여 위반 행위시 행위자를 벌하는 것 외에 법인 또는 개인에게도 해당조문의 벌금형을 과(科) 함

    ☞ 다만, 위반행위 방지를 위해 주의와 감독을 게을리하지 아니한 경우는 제외

- **과태료(300만원 이하) (법 제87조)**
  - 안중받은 내용과 다른 수도용 자재나 제품을 제조·수입·공급 또는 판매한 자
  - 인증표시를 하지 아니하거나 인증받은 내용과 다르게 인증표시를 한 자

3) 수도법 주요내용(3)

• 수도용 자재와 제품의 사용 (령 제24조의2)

- 법 제14조제3항에 근거, 대통령령으로 정한 기준에 맞는 수도용 자재와 제품 사용규정

☞ 대상 : 일반수도 및 전용상수도를 설치하는 자

- 해당 제품(7종) : KS, 우수한 단체표준, 상하수도협회 단체표준, 환경표지, NEP, NET 및 환경부장관이 고시한 제품(ISO9001 인증기업 제품)

주 1) ISO9001는 2013. 5.26까지만 수도용 자재와 제품으로 허용

주 2) 상기 7가지 제품이라도 수도용으로 사용불가 제품은 환경부 고시로 제한

• 권한의 위임·위탁 (령 제64조)

- 법 제14조제1항에 따른 위생안전기준에 관한 인증업무를 **한국물기술인증원**에 위탁

3) 수도법 시행령 주요내용(3)

• 과태료의 부과기준(령 제69조)

- 법 제87조에 근거, 과태료 부과기준을 규정 함.

위반행위	과태료 금액		
	1차 위반	2차 위반	3차 이상위반
다. 법 제14조제1항에 따라 인증받은 내용과 다른 수도용 자재나 제품을 제조·수입·공급 또는 판매한 경우	200	250	300
라. 법 제14조제1항을 위반하여 인증표시를 하지 않거나 인증받은 내용과 다르게 인증표시를 한 경우	200	250	300

※ 최근 1년간 같은 위반행위로 과태료 부과처분을 받은 경우에 적용

6.3.3 위생안전기준 인증제도 범위 및 절차

1) 인증대상 수도용 자재와 제품의 범위

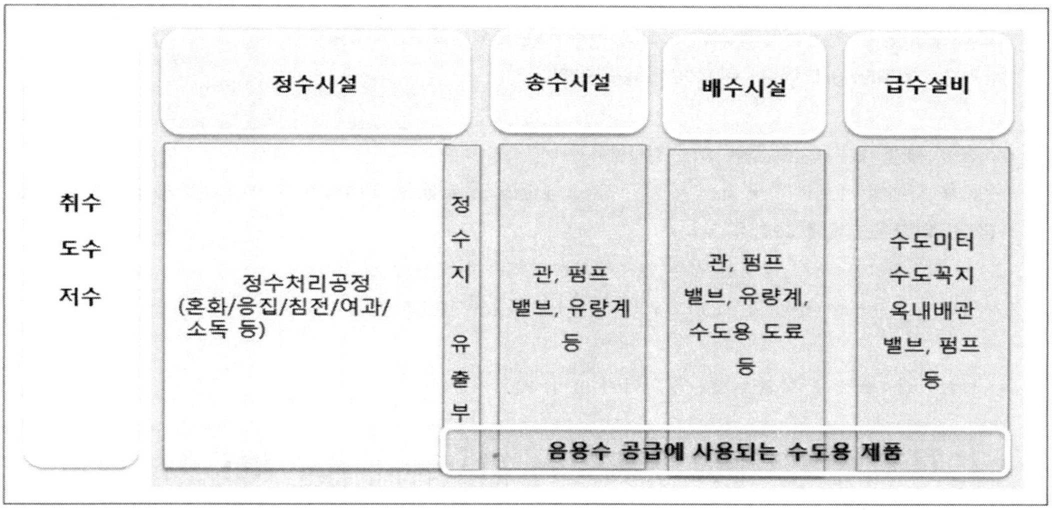

✓ 정수시설의 경우 정수된 물과 직접 접촉하는 제품에 한함

2) 인증대상별 인증제도, 시행시기 및 인증신청

• 인증물량 및 인증소요시간 등 고려, 인증 대상별 인증시기 순차시행

구 분	인 증 대 상	시행시기
수도관	주철관류	2011. 5.26
	금속관 및 합성수지관 제품	2011.11.26
기계 및 계측・제어용 자재와 제품	밸브, 펌프, 수도꼭지, 유량계, 수도미터	2012. 5.26
도료(塗料)등 그 밖의 수도용 자재와 제품	콘크리트 수조, 강제수조 및 관 갱생 등 물과 접촉하는 시설 안쪽에 사용되는 도료	2013.1.26
	그 밖에 음용(飮用)을 목적으로 정수된 물을 공급하기 위해 사용하거나 설치하는 수도용 자재 및 제품	

• 인증을 받으려는 자는 위생안전기준 인증 신청서에 각 호의 서류를 첨부하여 「물관리기술 발전 및 물산업 진흥에 관한 법률」 제19조에 따른 한국물기술인증원(이하 "인증원"이라 한다)에 제출해야 함

3) 위생안전기준 검사항목

- **45종 유해물질 허용 기준(위생안전기준)**
  - 카드뮴, 수은, 납, VOCs, 페놀류 등 45종 유해물질에 대한 용출 허용기준 설정
  - 납, 비소의 경우 먹는물 수질기준 강화에 따라 13년 5월부로 기준 강화
    ※ **기준 : 0.005mg/L 이하 → 0.001mg/L 이하**

- **수도용 자재와 제품 재질(24종)에 따른 검사항목**
  - 수도용 자재와 제품에 사용되는 재질(구리, 스테인리스, 주철, 폴리에틸렌 등)에 따른 시험항목 설정
    (최소 11항목 , 최대 29항목 검사)
  - 24종 재질에 해당하지 아니한 경우 유사재질을 선정하여 검사실시
  - 시험방법 : '수도용 자재 및 제품의 위생안전기준 공정시험방법'환경부 고시적용

☞ **시험기관 : 환경부 지정**(국립환경과학원 평가) **시험기관**

KTC 한국기계전기전자시험연구원 | KCL 한국건설생활환경시험연구원 Korea Conformity Laboratories | KTR 한국화학융합시험연구원 | ktl 한국산업기술시험원

6.4 고도상수처리

6.4.1 고도상수처리 개요

고도상수처리 도입

- 국내 고도정수시설의 본격적인 도입은 1994년 초 낙동강 하류 수질오염 이후로 볼 수 있는데, 1991. 3월 낙동강 페놀사고 등 여러 건의 수질오염사고가 발생함에 따라 사회적 문제로 대두되면서 고도상수시설의 설치를 추진하게 되었음

1) 고도 상수처리 도입 필요성

- '90년 이후 도시 및 공단지역에서의 오염부하량을 저감시키기 위한 하수종말처리장 등의 설치로 하류지역의 수질은 점차 개선되는 현상을 보이고 있으나, 근원적으로 하천 및 호소의 부영양화의 원인 인자로 작용하는 질소(N)나 인(P)을 처리할 수 있는 고도하수처리시설 등이 미비하여 계절적으로 조류의 과잉발생에 의해 냄새 발생과 정수장 여과지를 조기 폐색시키는 원인이 됨
- 조류에 의한 정수처리 장애로서 국내의 경우 통상 하절기에서부터 10월경까지 남조류(blue green algae)에 의한 녹조(綠潮) 발생으로 물 이용에 지장을 초래하고 있음. 특히 *Microcystis, Anabaena* 등에 의한 냄새발생과 *Microcystins aeruginosa* 에 의한 독성이 문제가 됨
- 또한, 동절기가 지나고 봄철에 이르는 동안 팔당호나 낙동강 하류지역 등에서 규조류(diatom)에 의한 여과지 폐색현상이 발생하는데, 우점종은 *Synedra*로서 특징은 바늘모양(針狀形)으로 단단한 규산질(silicate)의 세포막으로 쌓여있어 잘 분리가 되지 않고, 정수과정에서 규조류가 죽는다 하더라도 규산질 세포막이 남아 모래 사이의 공극을 막고, 응집,침전이 불량하여 모래여과지의 여과지속시간이 수시간으로 단축하는 등 대책 요구됨

자료 : 이성우, 고도상수처리-원리 및 응용(2003)

2) 국내 고도상수처리 도입

- 국내에서 본격적으로 고도정수시설이 도입된 것은 1994년 이후로 볼 수 있는데, 고도정수시설의 도입이 촉발된 것은 1990년대 이후 낙동강 수계에서 여러 건의 수질오염사고가 발생함에 따라 수질문제가 사회적 문제로 대두됨. 특히, 1994년 낙동강 하류에서 발생한 유기물에 의한 수질오염사건으로 인해 1994.1.15 국무총리실 주관 하에 관계부처 합동으로 수립한 "수질관리 개선대책"에 따라 원수 수질이 좋지 않은 전국 주요 정수장에 고도정수시설이 도입되기 시작하였음

- 당시 환경부의 고도정수시설 계획을 살펴보면, 사업기간 1994년에서 2006년까지 사업비 4,359억원(국고 2,366억원)을 투입하여 전국의 21개 정수장에 고도정수시설을 설치하는 것으로 계획하였음

- 고도정수시설의 도입은 국내 4대강 수계 중 상대적으로 오염에 취약한 낙동강에 집중되어 있고 수계별로는 낙동강 15개소, 한강 4개소, 금강 2개소에 설치하는 것으로 되어 있었으며, 주요 도입 공정으로는 오존공정과 활성탄 공정을 대부분 채택하였고 오존 공정과 활성탄 공정을 병행 적용하게 됨

- 당시 여러 사정으로 고도처리 도입 전 시행하는 Pilot Plant 운영에 충분한 시간을 갖지 못해 최적의 설계인자 도출에 애로점이 있었으며, 이후 서울시 등 각 지자체에서 적극적으로 고도처리시설의 도입이 이루어지게 되었음

- 2020년 환경부 통계에 의하면 2018년 국내 고도처리시설은 41%이며 대부분 서울시, 광역시에 집중되어 설치하였고 대부분 중소 시군에서는 재정의 어려움으로 아직 도입하지 못하고 있는 실정임

자료 : 환경부, 고도정수처리 정책방향에 관한 연구(2004.5)

3) 고도상수처리 도입 현황

- 1988년 일본에서는 일본수도협회에 설치된 "고도정수시설 Guide line 작성 전문위원회"에서 고도정수시설 도입을 위한 Guide line을 작성하였는데, 이에 따르면『고도정수시설은 통상의 정수처리 방법으로는 충분히 대응할 수 없는 이취미 물질, 트리할로메탄 전구물질(trihalomethane precursor, THMFP), 색도, 암모니아성 질소, 음이온계면활성제 등의 처리를 목적으로 도입하는 활성탄 처리 시설, 오존처리 시설 및 생물처리 시설 등을 지칭한다』라고 정의

- 2003년 당시 전국에서 고도정수시설이 도입된 정수장은 총 18개이었으며, 경북 경산 하양 정수장은 2001년 운영상의 어려움으로 가동을 중단하였음. 대구시 문산과 파주시 문산 정수장과 한국수자원공사에서 관리하는 창원 반송정수장에 고도정수시설이 시공되어 2003년 전국에 운영 중인 고도정수시설 도입 정수장은 총 17개소이였음

- 2018년 정수처리방식별 시설용량은 급속여과방식 15,065천㎥/일(55.1%), 고도처리방식 11,202천㎥/일(41.0%), 완속여과방식 536천㎥/일(2.0%), 소독만의 방식 308천㎥/일(1.1%), 막여과방식 212천㎥/일(0.8%)로 조사됨

- 유럽 등지에서도 고도정수 처리법으로 오존 산화공정, 입상활성탄 공정, 생물처리공정 등을 주로 적용하고 있으며 최근에는 대규모 정수장에서도 막분리 공정을 도입하고 있으나 사전 충분한 조사와 타당성 검토가 요구된다고 사료됨.

4) 각국의 고도정수처리 정의

- **한국, 고도정수처리시설 도입 평가지침(2010.12.28)**
일반적 정수처리공정인 완속·급속여과공정 등으로 구성된 기존 정수방법으로 완전히 제거되지 않는 수돗물의 맛,냄새 유발물질, 미량유기오염물질, NH_3-N, 내염소성 병원 미생물 등 제거하기 위한 생물처리, 오존처리, 활성탄처리, 막 여과, AOP 등 시설로 환경부장관이 인정하는 시설

- **일본(후생성, 수도협회)**
① 국내 정수장 통계자료를 이용 고도정수처리시설 가이드라인 제시
②" 통상의 정수방법으로 충분히 대응할 수 없는 취기물질, THM 전구물질, 색도 NH_3-N, 음이온계면활성제 등의 처리를 목적으로 도입하는 활성탄처리, 오존시설 및 생물처리시설

- **미국(EPA)**
① 소독/소독부산물(DBPS)법을 제정하고 이 기준강화를 위해 정보수집법 (ICR)에 TOC, THMS, HAAS, 기타 합성유기화합물 등을 제거하기 위한 최적처리기법 (BAT, best available technology)

6.4.2 고도상수처리 목적 및 공정

1) 고도상수처리 도입 목적

- 수질기준항목 중에서 통상의 정수 처리법으로도 충분히 제거가 가능한 물질로는 탁도, 철 및 망간, 일반세균, 대장균 등이 있는 반면, 색도, 암모니아성질소, 음이온계면활성제, 취기 등은 통상의 수처리법으로는 제거에 한계가 있고, 특히 트리할로메탄 전구물질 및 산업 폐수와 관계가 있는 각종 미량유기오염물질들도 기존의 재래식 정수처리 공정으로는 제거가 거의 곤란하거나 충분한 수준의 제거를 기대하기 어려운 실정임

- **고도정수처리는 통상 처리가 곤란한 오염물질과 염소 처리로 유발되는 트리할로메탄(THM) 등 유기할로겐 화합물의 생성에 따른 2차 오염 물질을 줄이고 합성유기화합물(synthetic organic compounds), 휘발성 유기물질 (volatile organic compounds) 등 미량유기오염물질의 처리**에 효과가 있어, 이들 물질들로 인해 초래될 수 있는 잠재적 불안 요소를 제거하여 깨끗하고 안전한 음용수를 공급하고자 하는데 그 목적이 있음

(고도정수처리 Pilot Plant 전경)

2) 적용 가능한 정수처리 공정 도입

- 상수원의 수질에 따라 적용 가능한 수처리 공정이 필요하며 수질이 아주 악화된 상수원을 이용할 경우에는 고도 정수처리공정을 도입하여야 할 것임. 특히, 상수원에서의 수질사고, 냄새 발생, 유기화합물질, 중금속 등을 제거할 수 있는 정수처리 공정의 도입이 필요

<표 6-14> 상수원에 따른 수처리 공정 Guideline (WHO)

상수원수 Source water quality	수처리 공정 Water Treatment Process
Excellent	Direct Drinking
Very Good	Disinfection
Good	Slow filtration (Chemical Feeding : Option)
Not Good	Rapid Filtration (Chemical Feeding)
Very Bad	Advanced Treatment (Ozone and BAC)

3) 고도정수처리 공정

< 표 6-15> 대상물질별 적용 가능한 고도정수처리 방법

처리대상물질	처리가능한 단위공정	병행처리공정
맛, 냄새	O_3, GAC, BAC, PAC, AOP, 막, 생물처리	O_3+상향류 유동식 활성탄 O_3+GAC, O_3+BAC
암모니아성 질소	생물처리, RO막, BAC	2단계 O_3+BAC, O_3+BAC
질산성 질소	이온교환, RO막, 생물처리	
황산이온	막, 이온교환	
THM 생성능(THMFP)	GAC, PAC, O_3, AOP, 막	O_3+GAC(BAC), AOP+PAC(GAC)
중금속	이온교환수지, 막, 응집/침전, Lime Softening	(응집/침전)+PAC(GAC)

자료 : 수처리와 공급, K-water, 2019

4) 최적수처리공정

최적 수처리 기법 (미국 환경보호청 : US EPA)	
1. 응집 및 여과(Coagulation & Filters)	8. 전기투석(Electrodialysis)
2. 부식 방지(Corrosion Control)	9. 폴리머 주입(Polymer Addition Practices)
3. 직접여과(Direct Filtration)	10. 활성 알루미나(Activated Alumina)
4. 규조토 여과(Diatomous Filters)	11. 입상활성탄(Granular Activated Carbon)
5. 이온 교환(Ion Exchange)	12. 충진 폭기탑(Packed Tower Aeration)
6. 석회 연화(Lime Softening)	13. 클로로아민(Chloramines)
7. 역삼투(Reverse Osmosis)	14. 이산화염소(Chlorine Dioxide)
15. THM 전구물질 감소을 위한 정수시설 효율증대(Improved Clarification for THM Precursor Reduction)	
16. THM 저감을 위한 염소주입지점 변경(Moving the Point of Chlorination to Reduce THM)	
17. 분말활성탄(Powdered Activated Carbon)	
18. 공공교육 및 납관 교체(Public Education and Lead Service line Replacement)	

5) 표준정수처리공정

• 표준(기존) 정수처리공정의 수처리 목표
- 통상적으로 표준처리공정은 탁도 성분 제거(SS)을 제거하는 것이 주 목표이며 수처리공정은 다음과 같음
* 착수정 → 혼화지 → 응집지 → 침전지 → 여과지 → 정수지 → 송수관로

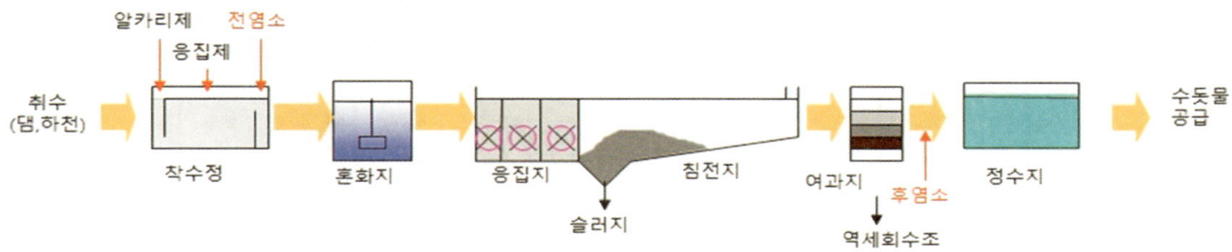

<그림 6-16> 표준정수처리 공정도

6) 고도정수처리 공정

• 고도 정수처리 공정
- 상수원의 수질오염 등으로 국내의 경우 고도 수처리 방식은 통상 다음과 같은 공정으로 구성됨
* 착수정 → 전오존 →혼화지 → 응집지 → 침전지 → 여과지 → 후오존→활성탄 접촉블럭(또는 컬럼) → 정수지 → 송수관로
• 수처리 목표(예)
- Geosmin < 10ng/L, 2-MIB , 10ng/L
- 소독분산물(DBPs) 농도 저감(THM, CH, HAA)

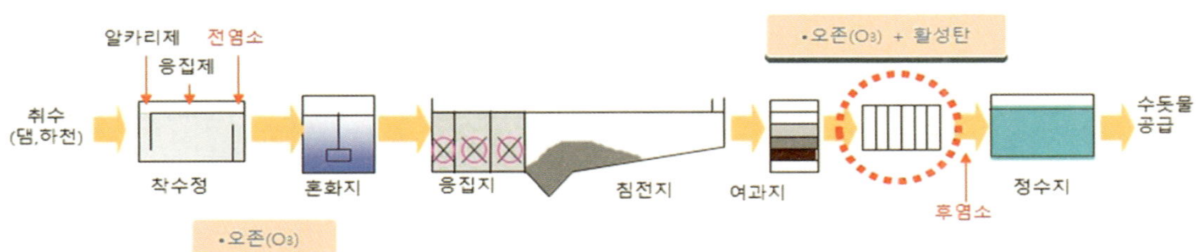

<그림 6-17> 고도정수처리 공정도

• 고도 정수처리 공정 방식

• 후오존 + GAC (가장 많이 사용되는 고도정수처리방법, 부지확보가 관건임)

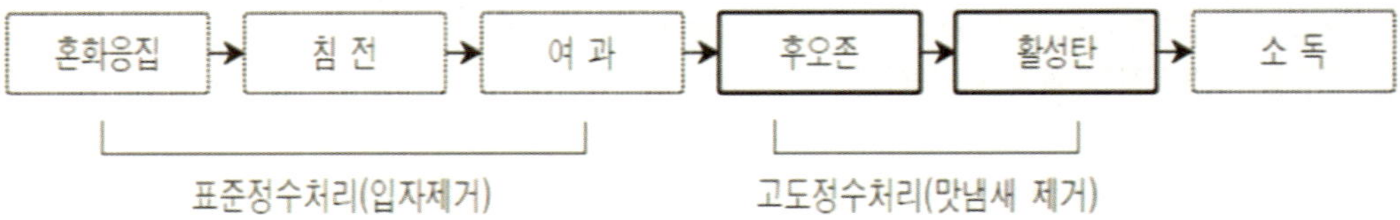

• 전오존 + Filter/Adsorber (전오존으로 모래여과지 공정이 없어 별도부지 필요없음)

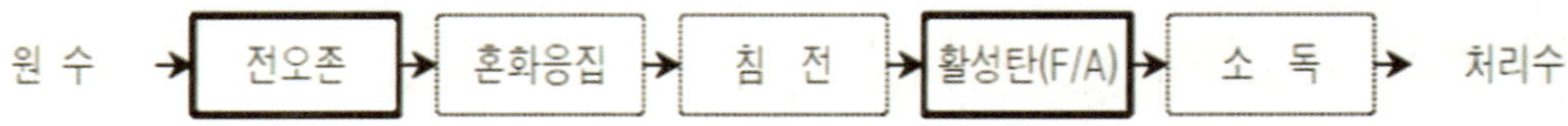

• UV(자외선)/H_2O_2(과산화수소) + GAC(입상활성탄) (소독부산물이 발생하지 않음)

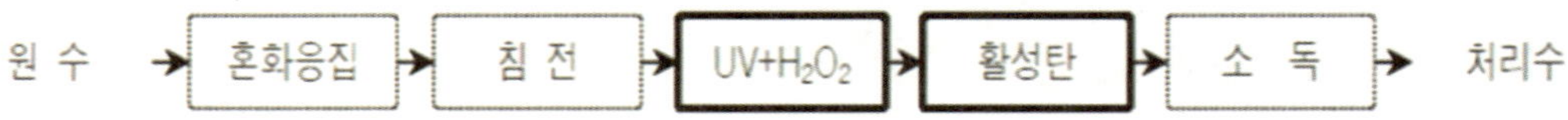

What is Advanced Treatment?

- **"Advanced Water Treatment"** is the additional process to remove the pollutants(T&O, Micropollutant, NH3-N, Chlorine resistant microorganism) which can not be removed in conventional process.
- Thus, AWT is Biological Process, Ozone, Activated Carbon, Membrane, AOP(Advanced Oxidation Process).

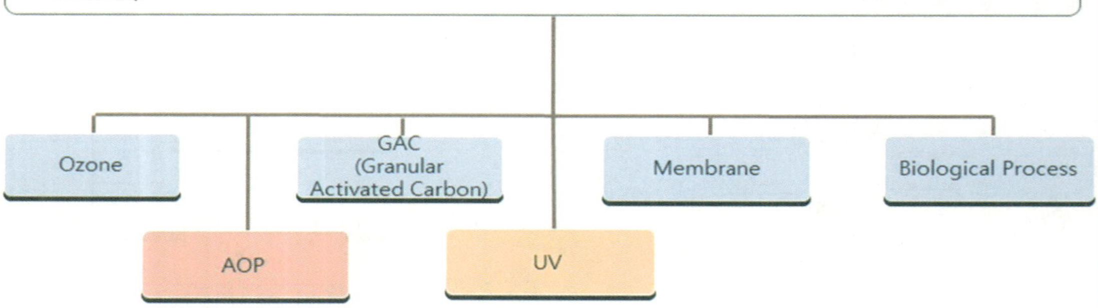

자료 : Korea EPA 2011 (Manual for Advanced Treatment, 2010. 12. 28. Revised)

서울시 고도상수처리 시설(예)

• 고도정수처리시설 구축

- 좀더 맛있는 수돗물을 생산하기 위해서 기존의 수돗물 생산공정인 표준처리방식에 오존과 입상활성탄(일명 숯) 공정을 추가하는 고도정수처리시스템을 2010년 영등포정수센터를 시작으로 2015년부로 전 정수센터에 도입하였음

- 고도정수시스템이란 팔당댐 상수원의 부영양화와 봄·가을의 갈수기 수질악화로 인한 맛과 냄새 물질 등의 발생빈도가 증가하고 있는데, 기존의 정수처리 공정으로는 이러한 맛·냄새 물질을 충분히 제거하기에 한계가 있어 항생제 등 신종 유해물질에 대한 대응 방안으로 수돗물 특유의 맛과 냄새(지오스민 등) 및 소독 부산물 등 미량유기물질을 완벽하게 제거할 수 있는 시스템

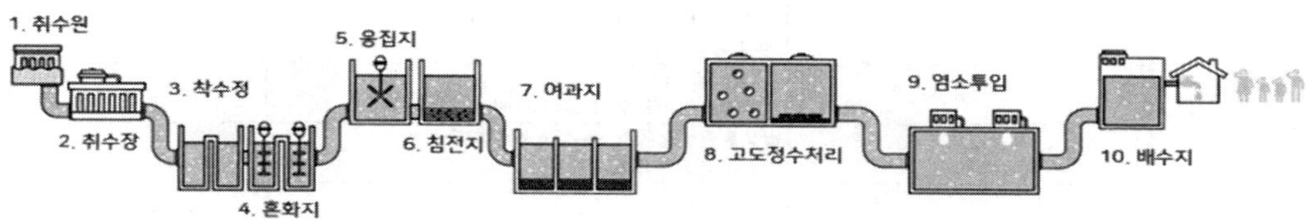

<그림 6-18> 서울시 고도정수처리 공정도

자료 : 서울시 홈페이지

6.4.3 고도정수처리 도입 방안

1) 고도정수처리 실공정 도입 순서

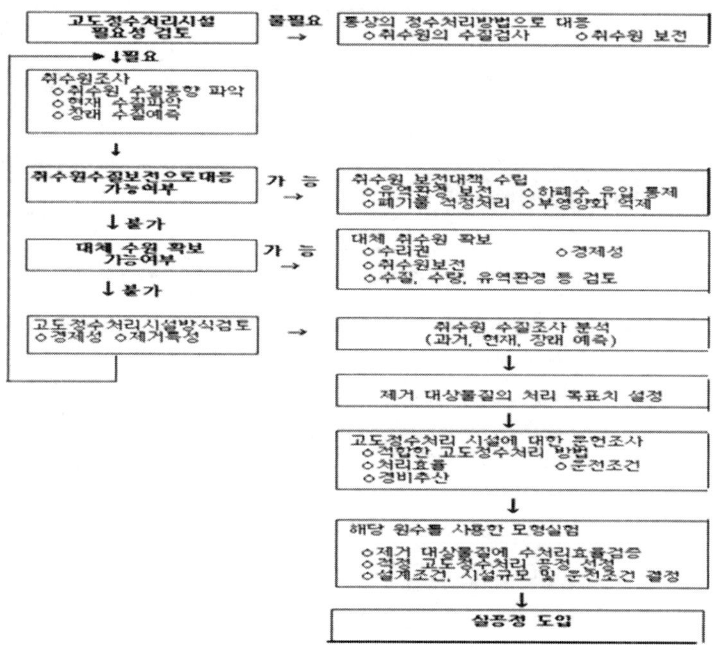

2) 일반적 정수방법 선정기준

정수방법	원수의 수질	처 리 법		비 고
염소소독만의 방 식	-대장균군(100mlMPN) 50이하 -일반세균(1ml) 500이하 -기타 항목은 항상 수질기준에 적합	소독설비만 설치		
완속여과방식	-대장균군(100ml MPN) 50이하 -BOD 2mg/L 이하 -연간 평균탁도 10도 이하	완 속 여과지	침전지불요	연중최고 탁도 10도이하
			보통침전지	연중최고 탁도 10-30도 이하
			약품처리가능한 침전지	연중최고탁도 30도 이하
급속여과방식	상기 이외	급속약품 침전지 여과지 고속응집 침전지		-연중최저탁도 10도 전후 -연중최고 탁도 1,000도 이하(변동의 폭이 극단적으로 클 경우) -처리수량의 변동이 적을 경우
특수처리 포함하는 방식	침식성리탄산	공기폭기,알카리처리		
	pH 조정	알카리처리		
	철	전염소처리,공기폭기, pH조정, 철박테리아법		
	망간	-산화+응집+침전, 전염소처리, 과망간산칼륨법 -접촉여과법 ,망간모래여과, 2단여과 -철박테리아법		
	생물	-약품처리(염소), 2단여과, 마이크로 스트레이나		
	이취미	발생원인생물제거, 폭기, 활성탄처리, 염소처리,오존처리		
	음이온계면활성제, 페놀등	활성탄처리		
	색도	응집침전, 활성탄 처리, 오존처리		
	불소	활성알카리법, 골탄처리, 전해법		

3) 대상물질별 적용 가능한 고도처리공정

처리대상물질	처리 가능한 단위공정	병행 처리공정
맛, 냄새	O_3, GAC, BAC, PAC, AOP, 막, 생물처리	O_3+상향류 유동식 활성탄 O_3+GAC 2단계 O_3+GAC O_3+BAC
암모니아성질소	생물처리, 막, BAC	2단계오존+GAC, O_3+GAC
질산성질소	이온교환, 막, 생물처리	
황산이온	막, 이온교환	
불소이온	활성알루미나,RO,Lime Softening	골탄+Ca_3PO4
ABS	O_3, AOP, GAC, BAC, PAC, 막, 생물처리	AOP+GAC, AOP+BAC
휘발성유기물 (VOCs)	Air Stripping,GAC,PAC,AOP,막	Air Stripping + AC(GAC+PAC)
합성유기물 (SOCs)	AOP, GAC, PAC, 막	AOP+PAC(GAC)
THM 생성능(THMFP)	GAC, PAC, O_3, AOP,막	O_3+GAC(BAC),AOP+PAC (GAC)
중금속	이온교환수지, 막, 응집/침전, Lime Softening	(응집/침전)+PAC(GAC)

4) 오존 및 입상활성탄의 처리 목적

- 외국에서도 오존과 입상활성탄을 병용한 처리공정이 주류를 이루고 있으며, 국내에서 도입하는 고도 수처리공정도 대부분 병용처리하는 방식을 따르고 있는 실정임

- 하지만 수처리공정의 결정은 목표로 하는 수질효과를 달성할 수 있는 최적의 공정을 선택하여야 하므로 해당 정수장의 여건을 충분히 고려

오존처리	입상활성탄처리
- 이취미원인물질의 분해 - 바이러스 등의 완전한 소독 - 생물 난분해성 유기물을 생물이 분해성물질로 산화 및 분해 - 미량유기물(농약 등)의 분해 - 색도 제거 - 철, 망간의 산화	- 이취미의 제거 - 산화제(잔류오존 등)의 제거 - 암모니아의 제거 - 생물이분해성 유기물의 제거 - 미량유기물(농약류 등의 제거) - DOC, THMFP의 제거

5) 고도정수처리효과

수 질 항 목	통상의 처리			고도처리		
	완속여과	급속여과	전염소	오존	활성탄	생물처리
탁도	◎	◎	×	×	○GAC	○
색도	○	○	○	◎	○	○
NH_3-N	◎	×	◎	×	○BAC	◎
$KMn0_4$ 소비량	○	○	○	◎	◎	○
Fe	◎	○	◎	◎산화	○	○
Mn	◎	○	○	○	○	○
곰팡이 냄새	○	×	×	◎	◎	○
THM 전구물질	○	×	×	○	○	×
Trichloroethylene	○	×	×	◎	○	○
유리탄산	×	×	×	◎	×	×
Phenol	×	×	○	◎	◎	×
음이온 계면활성제	○	×	×	◎	◎	○
세균	○	○	◎	◎	×	×

주) ◎ : 매우효과적, ○ : 효과적, × : 효과없음

6.4.4 오존처리 공정(ozonation)

1) 특징 및 원리

• 특징
- 오존은 산소원자 3개가 결합된 동소체(allotrope)이며 무색투명한 기체로 불소 (F2) 다음으로 강력한 산화제로서 수처리공정에서 맛, 냄새, 유기물질제거 등 다양하게 적용

• 오존발생
- 오존발생원리는 O_2(산소)에 전기적 에너지를 가하여 분해된 O(산소원자)와 O_2 가 결합하여 O_3가 생성
- 현재 무성방전법, 전기분해식, 자외선식, 수중기포방전식 등이 있으나, 무성방전법이 가장 많이 사용

• 원리
- O_3 + 유기물 → CO_2 + H_2O
- O_3의 역할 : 생분해성 증대, 오염물질 분해, DO 공급(용해도는 570mg/L로 산소의 20배)
- C·T = C (접촉설비 유출수 잔류오존농도 (mg/L) x T (체류시간, min).
- 통상 오존주입율은 1-3mg/L, 접촉시간은 2-10분 내외임

• 오존접촉방식
- 산기식(fine bubble diffuser), Static line mixer, 기계교반식(stirred tank contactor), 가압인젝터 (positive pressure injector), Venturi Ejector, Deep U tube 형식 등이 있음

2) 오존 이용 목적

① 소독(세균, 바이러스, 병원성 원생동물 및 조류제거

② 무기물질의 산화
- 철(Fe) 및 망간(Mn)의 산화
- 질소(N) 및 황화합물의 산화

③ 유기물질의 산화
- 맛, 냄새 유발물질 산화
- 페놀화합물 산화
- 농약(살충제) 제거
- 색도 유발물질 제거
- THMFP(트리할로메탄생성능), TOXFP(총유기할로겐화합물생성능) 및 염소요구량 감소
- 유기물질의 생물분해 능력 증대

④ 응집능력 향상

(오존 발생기 설치 전경, 구미정수장, K-water)

3) 오존처리 장단점

• 장점

- 슬러지발생량 감소 : 염소요구량 감소
- 수온에 관계없이 소독력 발휘 : 전처리 공정의 응집제 주입량 감소
- O_3 + BAC 공정에서후속 BAC 처리효율 증가 및파과시간 증대

• 단점

- 소독효과의 잔류성 없음 : 재염소 주입 등 필요
- 초기투자비(오존발생장치 등) 전력비 고가 : 소음발생
- 배출 오존처리 필요
- 알데히드(Aldehyde)나원수에 브롬이온(Br^-)이 있을 경우 브로메이트(Bromate, BrO_3^-)와 같은 소독 부산물 생성(pH가 높을수록 증가)

• 오존 주입률 결정

- 이용률(흡수율)(%) = $\dfrac{\text{주입오존량}-\text{잔류오존량}-\text{배출오존량}}{\text{주입오존량}} \times 100$

- 전달효율(%) = $\dfrac{\text{주입오존량}-\text{배출오존량}}{\text{주입오존량}} \times 100$

4) 오존누출방지

• O_3 : 광화학 Oxidant의 주성분 → 기관지 및 폐기종 유발

- 오존은 인체에 독성이 있어 잔류하는 오존은 분해하여 제거시켜야 함
- 대기환경기준 → 1시간 평균 0.1 mg/L 이하, 8시간 평균 0.06 mg/L 이하

• 배오존처리방법 : 유지관리, 경제성, 안정성, 처리효과 고려하여 선정

- 활성탄 흡착분해법 : 활성탄 흡착력 이용 → 수분 함유시 처리효율 저하
- 가열분해법 : 350 ℃ 에서 1초 체류 → 유지관리비 과다
- 촉매분해법 : MnO_2로 O_3 분해(저온) → 가열분해법 보다 경제적
- 약액세정법
- 배오존 재순환시스템 : 수중에서 오존과 반응하고 미 분해된 오존을 회수하여 전오존처리에 주입하여 이용하는 방법

5) 오존 산화환원 전위

- 오존은 불소 다음으로 가장 강력한 산화제로서 수처리에 다양하게 적용되고 있으며, OH 라디칼의 산화환원전위는 불소와 거의 비슷하게 보여주고 있어 수처리에 적용되고 있음

<표 6-16> 산화제의 산화환원 전위, ORP

(산성용액, 25℃)	Volt.	(알칼리성용액, 25℃)	Volt.
$F_2 + 2e^- \rightarrow 2F^-$	2.87		
$OH + H^+ + e^- \rightarrow H_2O$	2.85	$HO + e^- \rightarrow OH^-$	2.02
$O_3 + 2H^+ + 2e^- \rightarrow O_2 + H_2O$	2.07	$O_3 + H_2O + 2e^- \rightarrow O_2 + 2OH^-$	1.24
$H_2O_2 + 2H^+ + 2e^- \rightarrow 2H_2O$	1.77	$ClO^- + H_2O + 2e^- \rightarrow Cl^- + 2OH^-$	0.89
$MnO_4^- + 2H^+ + 3e^- \rightarrow MnO_2 + 2H_2O$	1.69	$HO_2^- + H_2O + 2e^- \rightarrow 3OH^-$	0.88
$2HClO + 2H^+ + 2e^- \rightarrow Cl_2 + 2H_2O$	1.63	$MnO_4^- + 2H_2O + 2e^- \rightarrow MnO_2 + 4OH^-$	0.60
$HO_2 + H^+ + e^- \rightarrow H_2O_2$	1.50	$O_2 + 2H_2O + 4e^- \rightarrow 4OH^-$	0.40
$O_2 + 4H^+ + 4e^- \rightarrow 2H_2O$ (1)	1.23		

6) 오존의 위해성

<표 6-17> 오존 폭로농도와 생체 작용

오존(ppm)	작 용
0.01 ~ 0.02	다소의 냄새를 지각(잠시 후 익숙해짐)
0.1	분명한 냄새가 나며, 코나 목에 자극을 느낌
0.2 ~ 0.6	3 ~ 6시간 폭로로 시각을 저하
0.5	분명히 상부 기도에 자극을 느낌
1 ~ 2	2시간 폭로로 두통, 흉부통, 상부 기도의 갈등과 기침이 나며 폭로를 반복하면 만성중독에 걸림
5 ~ 10	맥박 증가, 체통(体痛), 마취증상이 나타나며, 폭로가 길어지면 폐수종(肺水種)을 초래함
15 ~ 30	소형동물은 2시간 이내에 사망
50	인간은 1시간이면 생명이 위험한 상태에 이름

7) 오존의 효과

- 오존에 의한 냄새물질의 제거특성
  - 常泉등은 *Geosmin* 및 2-MIB에 대해 오존처리를 한 실험에서는 오존주입율 2.0mg/L, 접촉시간 7분으로 냄새농도의 제거율 85%, 냄새물질인 *Geosmin* 80%, 2-MIB 69%의 저하가 있었음을 보고
  - 또한 新妻등은 초기농도 *Geosmin* 75ng/ℓ, 2-MIB 250ng/ℓ, 오존주입율 2.0mg/ℓ, 접촉시간 5분으로 *Geosmin* 85%, 2-MIB 76%의 제거율을 제시하여 5.0mg/ℓ의 주입율에서는 지오스민, 2-MIB 모두 완전히 분해되었다고 보고

<표 6-18> 오존에 의한 냄새물질 제거 효과

물질명	냄새농도(TO)			물질농도(ppb)			처 리 조 건			
	처리전	처리후	%	처리전	처리후	%	오존 주입	잔류 오존	흡수 물질	접촉 시간
Geosmin	200	30	85	1.26	0.25	80	2.0	0.24	70	7분
2-MIB	200	30	85	0.45	0.14	69	2.0	0.22	70	7분

8) 오존 주입 방법

구 분	Injection 방식		Diffuser 방식
	Side Stream	Full Stream	
	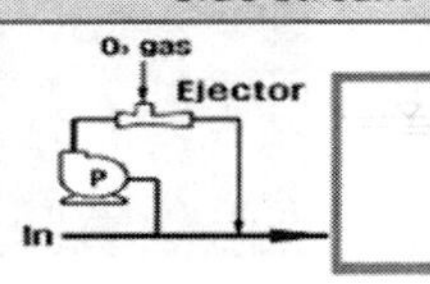	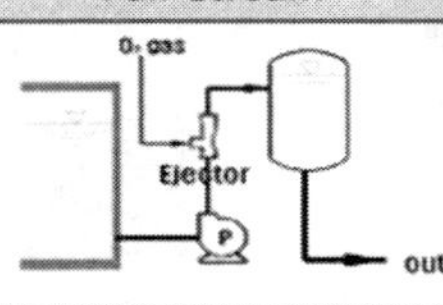	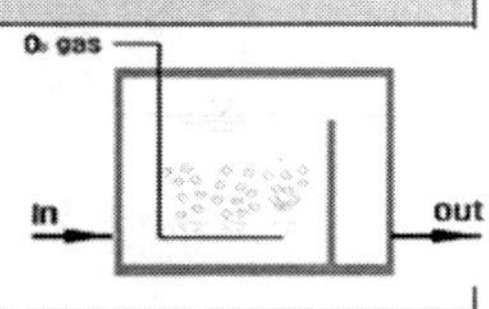
원 리	· 처리유량 일부를 Injector에 압송, 오존가스를 흡입, 이송하고 Mixing Nozzle을 이용하여 유입관로에 분사하여 용해 · 설비구성 - Side stream Pump - Injector - Mixing Nozzle, 유입관 (Reactor)	· 처리유량 전체를 Injector에 압송, 오존가스를 주입하고 용해조에서 30sec~3분 정도 체류시켜 용해 · 설비구성 - Full stream Pump - Injector - Mixing Nozzle 및 용해조 (degassing vessel)	· 접촉조 내에 미세기공을 가진 Diffuser를 이용하여 오존가스를 수중에 전달 · 설비구성 -Diffuser
오존 흡수율	97%이상	97%이상	80~90%
사용 압력	1.5kg/㎠	압력식 6kg/㎠이상 진공식 0.5kg/㎠	저압식 1kg/㎠ 중압식 3~4kg/㎠ 고압식 6kg/㎠이상
특 징	· 오존흡수율이 높아 경제적 · Pump 설비 규모가 Full Stream보다 소규모 · 중대규모에 적합하나 side stream 유량이 큰 경우 소요 동력비 높을 수 있음 · PID 제어 유리	· 흡수율이 높아 경제적 · 동력소모량이 많아 소규모에 적합 (25,000㎥/일 이하) · 체류시간이 짧아 접촉설비 규모가 작음 · PID 제어 유리 · 폐수처리장 등에서 많이 사용	· 오존흡수율이 낮아 발생기 용량이 커져 비경제적 · Diffuser의 주기적인 교체 필요 · 가동유량이 작을 경우에 적정한 가스유량이 공급되어야 전달효율을 유지할 수 있음

9) 오존처리 공정도

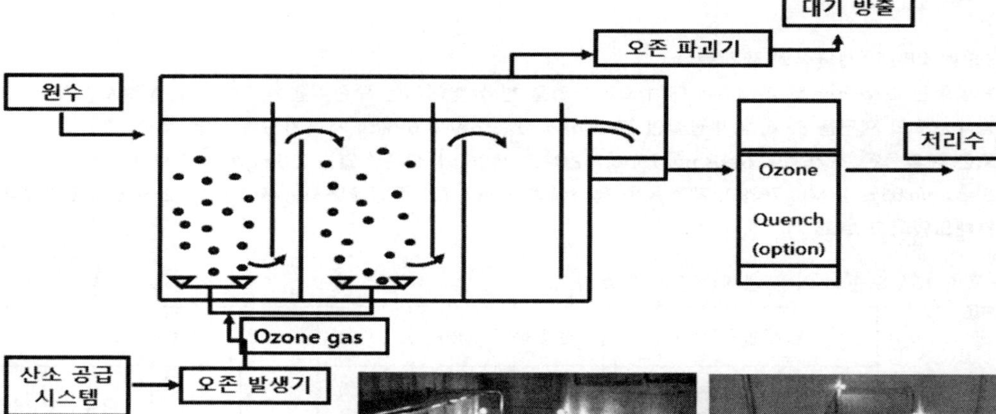

(오존 접촉조 설치 전경)

<그림 6-19> 오존 수처리 공정도(예)

자료 : Courtesy of Lee Kyung Hyuck, K-water

10) 오존 처리시설 부대설비

공기 압축기

공기 건조기

Power Supply Unit

오존발생기

액화산소(LOX)

산소를 임계 온도 -118.3℃, 임계압력 49.7atm으로 액화(液化)시킨 것.

냉각수 공급

자료 : Courtesy of Lee Kyung Hyuck

11) 오존 주입 장치

산기관 주입방식

터빈 방식

라디알 터빈 방식

인젝터 주입방식

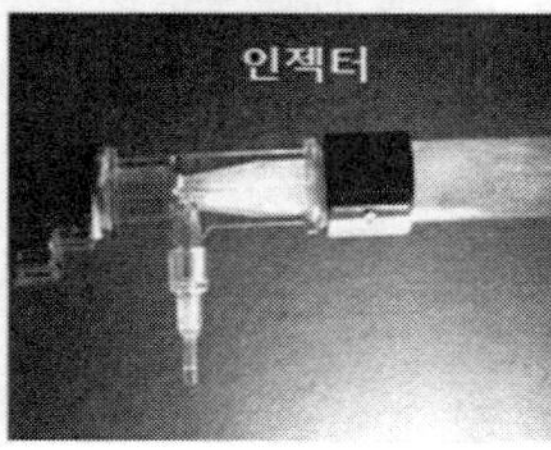

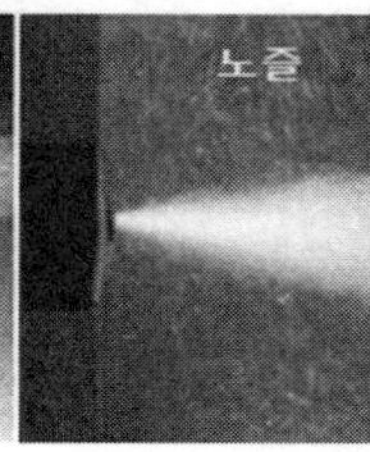

12) 공기 가스설비 방식

공기 공급방식

산소발생기식

질소 제거 흡착탑 (PSA, Pressurized Swing Adsorption)

액체산소 공급방식

오존 처리 시설 설치 전경(구미정수장, K-water)

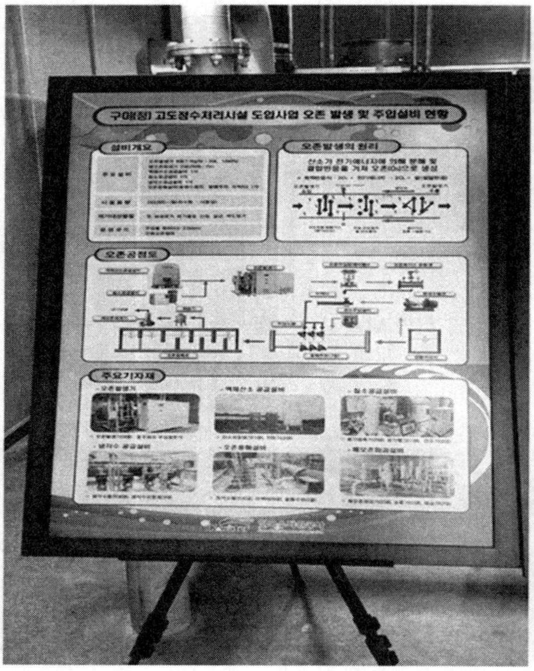

13) 고양정수장 공정 현황

- 취 수 원 : 팔당댐
- 시설 용량 : 350천㎥/일 (1단계 : 210천㎥/일, 2단계 140천㎥/일)
- 생산 개시일 : 2009년 7월20일

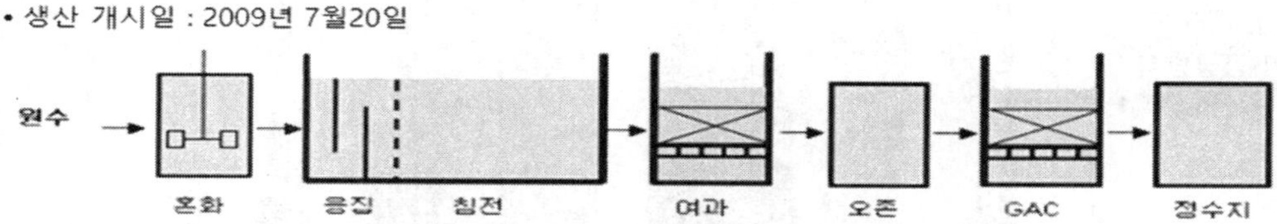

구 분	시 설 현 황
오존투입시설	후오존
• 반응조규격	D6m× B18m× L18.2m× 2지
• 접촉시간	15.4분
• 오존주입율	0.5mg/L~2.0mg/L
• 산소공급	액체산소(LOX)
- 산소저장탱크	용 량 : 20 TON × 1기 사용압력 : 9.9 kg/cm2
- 기화기	1000N㎥/hr (500N㎥/hr x 2대)
- 가스공급장치	300N㎥/hr
• 오존발생기	10.5kg/hr× 3대
- 오존농도	12wt%(170.8g/N㎥)
• 오존접촉방식	side stream injection
• 배오존파괴설비	열분해식

고령정수장 오존처리 공정 현황(낙동강 원수 이용)

구　분	시설현황	운영현황
∘ 설계기준	18,000m^3/일	
∘ 반응조규격	B6.4m×L6.4m×H3.0m×2지	1지
- 접촉시간	18.9분	18.6분
∘ 오존주입율	평균 1.0mg/L, 최대 2.0mg/L	
∘ 산소공급방식	액체산소(LOX)	
- 산소저장탱크	용　　량 : 5TON × 1기	
- 기화기	100Nm^3/hr x 1대	
- 가스공급장치	50Nm^3/hr x 1대	
∘ 오존발생기	1.25kg/hr×2대(무성방전식)	
- 오존농도	12wt%(170.8g/Nm^3)	
∘ 오존접촉방식	side stream injection	
∘ 배오존파괴설비	열분해식	

- **고령정수장 오존 수처리 효과**

공정운영 조건

- 오존주입율 : 1~2ppm
- 산화수소　농도비 : 0~0.7(과산화수소 농도 : 0.3 ~ 1.4ppm)

항 목	특 징	비 고
과산화수소	주입율 대비 최소 13~ 최대 64% 잔류	활성탄 처리수는 불검출
탁도	모래여과수와 큰 차이 없음	
UV254	과산화수소 주입 시 증가 (농도비 0.3에서 증가비 가장 큼)	
TOC, DOC	-오존/과산화수소 처리수는 뚜렷한 경향 보이지 않음 -활성탄처리수 제거율은 주입비가 0.3인 경우 오존단독 공정 대비 TOC 0.2~9.1%, DOC 1.9~6.9% 추가제거	
THMFP, THM	-오존/과산화수소 처리수는 THMFP는 증가 경향, THM은 큰 변화 없음	
HAAFP, HAA	-오존/과산화수소 처리수의 HAAFP는 뚜렷한 경향 보이지 않고, HAA는 증가경향 보이나 활성탄 처리 통해 거의 제거	
산화부산물	-포름알데히드, 글리옥살, 아세트알데히드 모두 활성탄 처리수에서 불검출	

6.4.5 활성탄 처리공정(GAC, PAC)

1) 개요

- 활성탄을 처음 인류가 사용하였다는 기원은 BC1550년 히포크라테스가 의약용으로 사용하였으며, BC200년의 Sanskrit의 사본에 맛이 좋은 음료수를 얻기 위하여 목탄을 이용했다는 기록이 있음.

- 18C 말 쉘레(Scheele)가 목탄의 흡착능을 발견하고 보고함으로 흡착현상을 공업적으로 적용하는 시초가 되었으며, 1900년 Ostrejko에 의하여 약품(염화아연) 및 가스(수증기, 이산화탄소)를 이용한 활성탄 제법이 발표됨.

- 세계 1, 2 차 대전을 거치면서 활성탄은 방독면을 만드는데 사용하면서 그 응용이 본격화되었으며 이후 여러 분야에 사용되기 시작됨.

2) 흡착(Adsoption)의 정의

- 흡착이란 유체(gas) 분체가 고체표면에 접촉하여 부착(adhere)되는 현상
- 흡착 현상을 이용하면 가스나 액체 또는 고체의 농도가 극히 낮을 경우라도 일정한 흡착제를 이용하면 선택적으로 제거할 수 있어 산업, 환경분야 등에 활용

3) 흡착장치의 설계인자

- 활성탄을 사용하여 수처리를 할 경우 피흡착 물질과 활성탄을 어떠한 방법으로 접촉시키는 가가 중요

- 입상활성탄을 이용하여 정수 처리를 할 경우에는 고정상과 유동상이 일반적으로 이용되며, 고정상은 원수를 중력 및 압력으로 활성탄 충진층에 하향류나 상향류로 통수시키는 방법으로 모든 종류의 입상활성탄을 사용할 수 있으며 장치 구조, 운전관리가 용이하므로 가장 많이 이용되는 방법임

- 유동상은 충진층을 부상시킨 후 충분한 유속으로 원수를 상향으로 통수하기 때문에 고정층식의 결점인 흡착조의 폐쇄가 발생하지 않으며 흡착 속도가 큰 입경이 작은 활성탄을 사용할 수 있는 장점이 있음

- 활성탄 흡착 설비를 설계할 때는 활성탄의 흡착 기능을 보다 효과적으로 하기 위해 접촉시간, 선속도 (LV, h^{-1}=유량/흡착조의 단면적), 활성탄층의 두께, 입경 등의 모든 인자를 결정하여 활성탄층의 세척 방법, 하부 집수장치, 빈번한 활성탄 재생을 용이하게 할 수 있는 반입. 출 장치, 이송 설비 등을 고려한 구조로 설계하여야 함

① 접촉시간(CT, Contact Time)
- 접촉시간은 흡착조의 용적(활성탄의 충진량m^3)을 처리수량(m^3/hr)으로 나눈값으로 나타내며 주로 탄층의 두께 및 선속도로 결정된다. 보통 수돗물의 경우 5 ~ 10분이 일반적인 경우이고 생물화학적작용에 의한 활성탄 수명 연장을 기대할 때는 10 ~ 20분이 필요하다고 함

② 선속도(LV, Linear Velocity)

- 활성탄과 물의 접촉을 나타내는 수치로 LV(Linear Velocity)가 있다. 이것은 처리수량을 흡착조의 단면적으로 나눈 값임. 이 선속도는 흡착설비의 형식으로 결정짓는 경우가 많으며, 수돗물 처리에 있어서는 중력식 고정층 의 경우 5 ~ 10m/hr이 일반적이나, 유동층의 경우는 10 ~ 15m/hr 정도임

③ 공간속도(SV, Space Velocity)

- 활성탄층을 통과하는 1시간당 처리수량을 활성탄 흡착조의 용량으로 나눈값임. 다시 말하면 1시간 동안 활성탄량(m^3)의 몇배의 유량을 통과시키느냐 하는 것이 공간속도(m^3/m^3.hr)이며, SV (Space Velocity)로 나타냄. 고정층의 경우 보통 5 ~ 10 ℓ/hr, 유동층의 경우 흡착속도가 빠른 소립경활성탄의 사용으로 SV를 보다 크게 설정할 수 있게 되어 보통 10 ~ 15 ℓ/hr 정도로 함

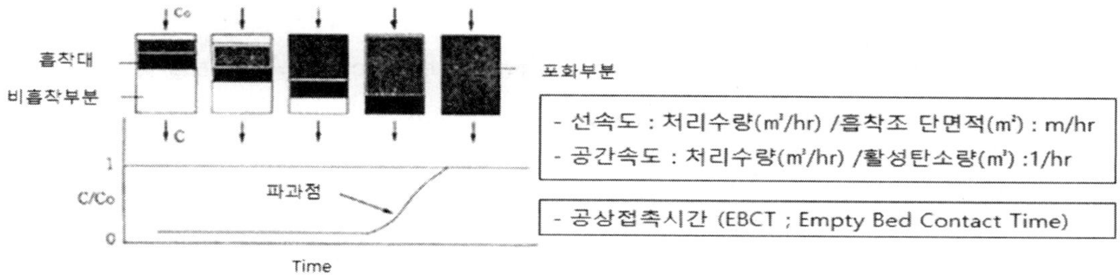

<그림 6-20> 활성탄 파과곡선(breakthrough curve)

- 공간속도와 선속도 사이에는 다음과 같은 관계식이 성립함

SV(1/hr) = LV(m/hr) ÷ BH(m)

④ 활성탄층의 층고(깊이) (BH, Bed Height)

- 활성탄층이 두꺼울 경우 탄층의 압력 손실이 커지기 때문에 운전 수위를 높게 할 필요가 있음. 따라서 흡착조의 높이가 높아짐. 활성탄층 깊이를 낮게 하면서 일정한 접촉시간을 갖게 하자면 흡착조의 면적이 커지게 됨.
- 이와 같이 활성탄층의 깊이는 흡착조의 크기를 결정하는데 중요한 인자가 되며, 탄층의 층고(BH)는 접촉시간(CT)과 선속도(LV)로 계산.

즉 BH(m) = LV × CT 에서 구할 수 있음

- 예를 들면 고정층의 경우 L.V=15m/hr, CT=10분일 때는 약 2.5m의 두께를 갖게 됨. 일반적으로 수돗물 처리는 1.5 ~ 3.0m의 두께가 많이 사용되고 있는바 유동층의 경우는 정지시켰을 때의 깊이로 하여 1.0 ~ 1.5m 정도로 사용되고 있음.

⑤ 입경

- 활성탄의 입경은 적을수록 단위용량당의 표면적(외표면적)은 커져서 물질 이동력 범위는 적어지며, 입자경이 다른 경우를 비교하면, 입자경이 적은 경우가 오히려 많은 물을 처리할 수 있음.

- 고정층의 하향류식에서는 초기 손실수두와 흡착 계속시간에 따라 지속적으로 손실수도가 증가하기 때문에 활성탄 입경은 0.5 ~ 0.2㎜ 범위에서 사용되며 평균입경 1.0㎜ 정도가 비교적 많음. 유동층식의 상향류식에서는 일정한 유동상태를 갖기 위하여 0.3 ~ 0.6㎜ 범위에서 평균입경 0.4㎜ 정도가 사용됨.

• 피흡착물질로 활성탄이 흡착성능이 떨어지면(파과점이 지나면) 신탄으로 교체 폐활성탄은 재생

- 수증기 재생
- 열 이용 재생(약 800℃) 약 30% 중량 손실 발생 – 가장 일반적인 재생법
- 용매 이용 재생(메탄올 등)
- 산화력 있는 가스 이용 재생

• 비표면적

- 1g의 흡착제가 갖는 표면적 (m^2/g) 피흡착물질로서 요오드(I)를 이용하여 흡착능 테스트를 함.

※ 공극이 1㎚이하 단분자를 주로 흡착하여 NOM류의 흡착능은 떨어짐.

(흡착탑 설계 예)

① 처리량(Flow Rate, Q) : 18,900㎥/day (787.5 ㎥/hr) = 787.5 ㎥/hr ÷ 4sets = 196.9 ㎥/hr

② 선속도(Linear Velocity, LV) : 13 m/hr

③ 수량(Filter Q'ty) : 4 sets

④ 직경(Filter Diameter, D) : 196.9 ㎥/hr ÷ 13 m/hr = 15.15 ㎡

: D = √(4A ÷π) = √(4x15.15 ÷3.14) = φ 4.4 m ≒ φ 4.5 m

⑤ 면적(Filter Area, A) : A = π ÷ 4 = (π x 4.) ÷ 4 = 15.89 ㎡ ≒ 15.9 ㎡

⑥ 활성탄 층고(Bed Height, BH) : 4.7m

⑦ 접촉시간(Contact Time, CT) : BH / LV = 4.7m/13 m/hr = 21분

⑧ 공간속도(Space Velocity, SV) : LV / BH = 13 m/hr/4.7m = 2.77 1/hr

⑨ 역세수 소요량 : Q2= A x 역세속도 = 15.9㎡ x 30m/hr = 477㎥/hr

역세시간을 10분으로 할 경우 = 477㎥/hr x 1hr/60분 x 10분 = 79.5㎥/분

⑩ 흡착탑 규격(Filter Size) : Activated Carbon 4,700mm, Sand 100mm, Gravel 200mm, Free Board 1,400mm

∴ Total Height = 6,400mm

※ Bed Expansion 30% 일 경우, 기타 여재 지지층을 포함한 구조

• 여과시설 처리수 또는 화학적 생물학적 처리수에 대한 잔존 BOD, COD의 제거,탈취, 합성세제의 제거

<table>
<tr><th>구분</th><th>주요내용</th><th>비고</th></tr>
<tr><td>종류</td><td>▪ 가압방식 : 중력식, 가압식
▪ Carbon Bed 형태 : 고정상 (하향류식, 상향류식), 유동상 (상향류식)
▪ 폐수처리에서는 통상 가압식 고정상(하향류)을 사용</td><td></td></tr>
<tr><td>설계기준</td><td>
<table>
<tr><th>항목</th><th>세부 내용</th><th>항목</th><th>세부 내용</th></tr>
<tr><td>수리학적 부하</td><td>• 5~12m^3/m^2·Hr</td><td rowspan="2">접촉시간</td><td rowspan="2">• 15~30 min</td></tr>
<tr><td>역세 시 부하율</td><td>• 25~50m^3/m^2·Hr</td></tr>
<tr><td>높이:직경</td><td>• 2:1</td><td>활성탄 Size</td><td>• 8×30 (하향류)
• 12×40 (상향류식)</td></tr>
<tr><td>충진층 높이</td><td>• 직경과 같게</td><td>품질</td><td>• 2~3급</td></tr>
</table>
▪ 활성탄 소요량 : 흡착시험
▪ 여과시설 후단에 설치하며, 1개조를 예비조편성으로 재생/교환 대비</td><td></td></tr>
<tr><td>재질/부대설비</td><td>▪ 여과시설과 동일</td><td></td></tr>
<tr><td>운전요령</td><td>▪ 역세주기 : 1~2회/주(역세수는 최종방류수를 사용하고 역세폐수는 집수조 반송처리
▪ 활성탄의 수명 : 수질변동을 감안, 현장 통과수량 데이터로 산정
▪ 일반적인 유기폐수의 경우 30~45분 접촉시간으로서 Carbon 1kg당 0.2~0.8kg COD</td><td></td></tr>
<tr><td>처리 효율</td><td>▪ 최고 0.5~15mg COD/L 까지 가능</td><td></td></tr>
</table>

<표 6-19> 고정층과 유동층의 비교

항 목 \ 종 류	고 정 층	유 동 층
통수방식	하 향 류	상 향 류
활 성 탄 입 경	보통 0.5 ~ 2.0㎜ 평균입경 1.0㎜	보통 0.3 ~ 0.6㎜ 평균입경 0.4㎜
활성탄 사용량	많 음	적 음
활성탄층 깊이 (정지시)	보통 2.0m 정도	보통 1.0m 정도
손 실 수 두	크 다	적 다
역류 세척 조작	필 요 함	불필요함
운 전 조 작	쉽 다	대체로 힘들다
활성탄의 투입 및 인발	슬러리화에 상당량의 물을 필요로함.	적당량의 물로 슬러리화가 쉽다
통 수 속 도	보통 SV 5 ~ 10h^{-1}	보통 SV 10 ~ 15h^{-1}
설 비 실 적	많 다	적 다

<표 6-20> 흡착법에 따른 접촉 시스템의 비교

구 분	장 점	단 점
고정층식	ㅇ조작이 간편 ㅇ처리수 중에 활성탄 입자의 유출이 적음	ㅇ부유현탁물이 퇴적되어 발생한 손실수두를 줄이기 위해 정기적으로 세척을 해야 함 ㅇ세척시 활성탄이 유출될 수 있음
유동층식	ㅇ손실수두가 적고, 세척을 자주 할 필요가 없음 ㅇ고정층에 비해 입경이 작은 활성탄을 사용하므로 접촉시간을 줄일 수 있음	ㅇ입경의 균일성, 비중 등에 유의를 해야 함 ㅇ처리수 중에 활성탄이 유출될 수 있으며 유량 변동에 대처가 어려움

4) 흡착탑의 크기 및 개수

- 접촉시간은 흡착탑 내의 활성탄 부피를 기준으로 산정한다. 일반적인 범위는 15 ~ 35 분 정도이다. 흡착탑의 종류, 폐수의 성상, 목표 처리수질에 따라 달라짐. 고도정수처리시 유출수의 COD 농도가 10 ~ 20mg/L일 경우 접촉시간은 15 ~ 20분 정도가 적합하며, 유출수의 농도가 5 ~ 15mg/L일 경우 30 ~ 35분 정도임
- 한편, 수리학적 부하율은 상향류식일 경우는 2.5 ~ 6.8ℓ/m². sec, 하향류식일 경우는 2.0 ~ 3.3ℓ/m². sec로 하며 흡착탑의 0.3m 깊이당 실제작용 압력은 통상 7kPa 이하임. 또한 활성탄의 충전 높이에 있어서는 흡착탑 높이 범위는 3 ~ 12m정도이고 이 때의 여유고는 10 ~ 50% 범위로 줌.
- 흡착탑의 수는 흡착탑내의 활성탄 제거, 보충, 역세척 등을 고려하여 충분한 수의 흡착탑을 고려한다. 처리수량이 많을 경우 병렬로 하며 유기물 부하가 높을 경우 직렬 다단식으로 함

역세척

흡착탑 내에 축적된 SS를 제거하기 위하여 청수로 역세척을 주기적으로 해 주어야 한다. 역세척의 빈도 결정은 수리학적 부하, 유입수의 고형물 농도와 특성, 활성탄 입경, 흡착제의 종류 등의 기준을 고려해 주어야 한다. 역세척 시간은 보통 10 ~ 15분 정도가 일반적이다.

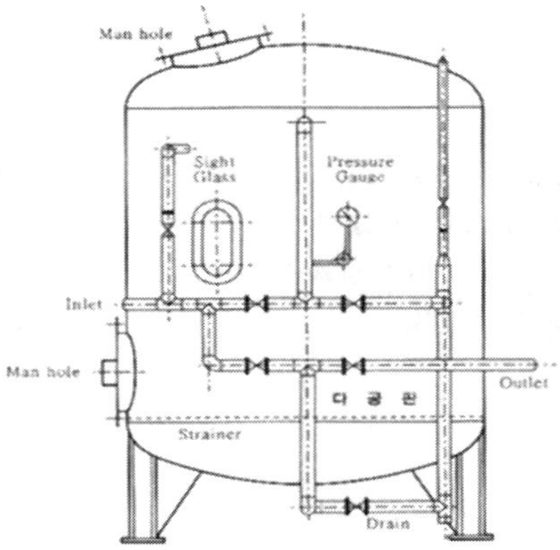

(압력식)

(중력식)

- 상수의 경우
  LV : 10~20m/hr 접촉시간 : 10분~15분
- 하수의 경우
  LV : 5m/hr이하 접촉시간 : 20~40분
- 활성탄의 수명 M = W/m
  M : 필요한 활성탄 량(kg)
  W : 제거할 오염물질 량(kg)
  m : 단위중량 활성탄이 흡착할 수 있는 피흡착물질의 량

5) 열재생에 이용되는 설비

- 열재생법에서 활성탄은 건조. 탄화. 부활의 공정에 의해 재생
- 건조공정은 수분을 포함하는 사용이 끝난 탄이 투입되며, 이것을 100℃정도의 온도로 건조하여 일부의 유기물을 탈착함.
- 사탄화공정은 사용이 끝난 탄은 세공 중에 많은 유기물을 흡착하고 있어 이 활성탄을 700℃정도까지 가열하여, 저비점의 유기물을 탈착시킴
- 고비점의 유기물은 열분해에 의해 일부가 저분자화하여 탈착하고 나머지는 세공 속에서 탄화시키며, 부활공정은 800 ~ 1,000℃정도에 가열하고 탄화하여 세공 중에 남은 유기물을 수증기, 이산화탄소, 산소등의 산화성 가스에 의해 가스화하여 탈착되며. 부활 가스로서 통상은 수증기를 사용함.
- 일반적으로, 온도가 높을수록 세공용적은 증가하여, 부활도는 높게 되지만, 활성탄의 기질이 손상하여, 강도가 저하할 우려가 있음.

- 재생로설비 중 재생로의 형식은 다단로, 유동층로, 로타리 킬런로의 형식이 있으며, 열원의 종류로는 중유, 등유, 도시가스 또는 전기가 사용됨.
- 열재생법중 가장 많이 사용되는 활성탄 재생로로는 로타리 킬른로나 다단로가 사용되며, 다단로의 경우 충분한 온도를 가하여 재생하며 재생률은 90 ~ 95% 이며 재생순서는 다음과 같음.
  ① 활성탄 슬러리를 재생시설로 이송 ② 폐활성탄을 탈수 및 재생로로 이송
  ③ 활성탄의 수냉각 ④ 활성탄의 수세척
  ⑤ 활성탄의 소각 ⑥ 연소가스의 제거

6.4.6 생물활성탄 (BAC : Biological Activated Carbon)

1) 정의

- 활성탄(Granular Activated Carbon, GAC)에 미생물을 부착시켜 활성탄의 유기물질 흡착과 미생물에 의한 유기물질 분해가 동시에 일어나서 물 중의 유기오염 물질을 좀더 효과적으로 제거할 수 있도록 만든 활성탄
- 활성탄의 흡착 능력을 이용하여 냄새, 맛, 색도 및 휘발성 화학물질 등을 제거하며, 생물활성탄은 생분해가 가능한 용존유기탄소(DOC)나 생분해성용존유기탄소(BDOC)와 암모니아를 제거

활성탄 표면의 미생물에 의해서도 유기물질이 분해됨

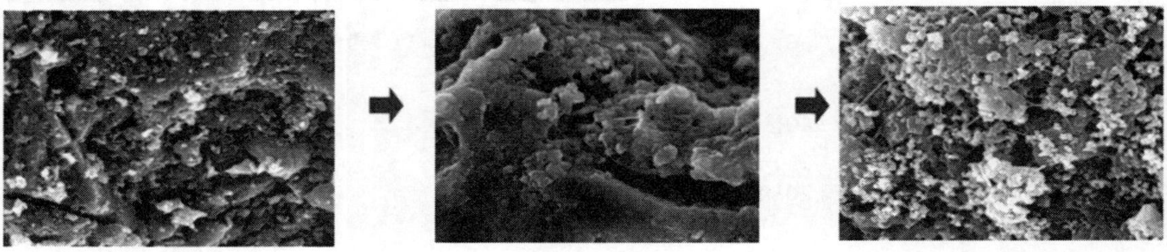

미사용된 활성탄 표면 / 활성탄 표면(초기) / 생물막이 형성된 활성탄표면

2) 생물활성탄의 개요

- 생물활성탄 처리는 활성탄에 직접 미생물을 성장시켜 활성탄에 의한 흡착과 미생물에 의한 유기물 분해를 동시에 진행시켜 장시간 동안 재생하지 않고서도 흡착 능력을 유지할 수 있는 공정을 말함.
- 미생물의 분해 활동에 의해 피흡착제에 의해 점유된 활성탄의 흡착 장소가 다시 흡착에 사용 되게 되는데 이들 현상은 생물학적 재생(Bio-regeneration)이라고 함.
- 입상활성탄의 여과지 내에서는 여과가 계속됨에 따라 자연스럽게 미생물이 번식함으로 생물활성탄으로 전환되며, 입상활상탄 흡착지속시간은 유입 원수 중 오염물질의 종류와 농도, 여과 수량, 입상활성탄의 깊이에 따라 조금씩 다르지만 약 45 ~ 60일 사이에 파과(breakthrough)가 일어나지만, 생물활성탄 처리의 경우는 원수 수질에 따라 다소 차이가 발생하나 일반적으로 3년 이상 재생 없이 연속 운전을 할 수 있어 재생 비용을 절감시킬 수 있는 공법임

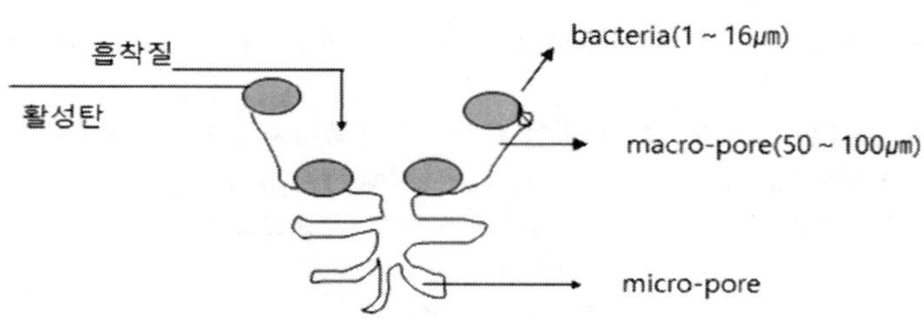

<그림 6-21> 생물활성탄의 단면)

- 생물활성탄 공정에 사용되는 입상활성탄은 <그림 6.5>와 같이 macro-pore와 micro-pore로 구성되어 있으며 transitional pore의 개념은 크게 작용하지 않음. 통상적으로 박테리아의 크기는 1 ~ 20μm 정도로 macro-pore에 고착되어 대사활동을 영위하며 micro-pore에는 접근하지 못함.
- 따라서 macro-pore가 박테리아의 주된 서식 공간을 제공하며 여기에서 유기물 및 영양염류의 분해 및 제어가 활발히 일어남.
- 생물활성탄 공정에서 일어나는 질산화 및 탈질 기전은 주로 질산화/탈질 균주에 의하여 발생되며, 생화학적인 측면에서 전자공여체로 사용되는 가장 일반적인 무기질소화합물은 암모니아(NH_3)와 아질산(NO_2^-) 임. 이들 화합물은 질산화 세균에 의하여 호기적으로 산화되는데, 질산화 세균은 진세균에 속하며 토양이나 수계에 널리 분포함.
- 다음 식과 같이 암모니아를 아질산으로 산화하는 대표적인 종은 *Nitrosomonas* sp.이며 다음의 식에서와 같은 반응으로 아질산을 질산으로 산화하는 종은 *Nitrobacter* sp. 임.
- 따라서 암모니아를 질산으로 완전히 산화하기 위해서는 이들 두 종류 속의 미생물이 순차적으로 작용하여 완전 산화하게 됨.

$$NH_4^+ + \frac{3}{2}O_2 \rightarrow NO_2^- + H_2O + 2H^+$$

$$NO_2^- + \frac{1}{2}O^2 \rightarrow NO_3^-$$

3) 생물처리기술의 적용

- 생물막 처리란 물속에 함유되어 있는 각종 물질을 미생물의 활동에 따라서 분해 또는 응집시킴으로써 수도원수 또는 하폐수 등을 처리하는 방법으로 북미 지역에서는 미생물에 의한 질병 전염 가능성으로 채택되지는 못하고 있으나, 양질의 수도수를 공급하기 위해 북미를 제외한 나머지 지역, 특히 서유럽, 일본 등지에서는 적극적으로 실용화하기 위한 노력이 진행되어 옴

- 생물막 처리기술은 미생물과 원수와의 접촉 방법 및 공기의 공급 방식 등에 따라서 여러 가지 방법들이 개발되어 있으며, 종래의 완속 모래여과의 생물처리 원리와 같은 것으로서 담체 표면에 부착, 증식하는 유기물 분해균이나 질산화 세균 등 호기성 미생물의 대사작용에 의해 BOD 성분, 이취미 물질, 암모니아성질소 등을 분해 제거함.

- 담체로서는 생물의 부착면적을 크게 하기 위하여 벌집모양의 플라스틱제 하니컴튜브(honeycomb tube), 구형 혹은 파쇄형의 섬유가 있음.

- 특히 기존의 정수처리에서는 원수의 암모니아성질소 농도의 수십배 이상의 염소를 전 단계에서 주입하여 조류나 세균의 증식을 억제시키거나, 철, 망간의 산화를 실시하여 왔으나, 전염소처리는 유해한 유기할로겐 화합물의 생성량이 증대하는 등의 문제점이 있기 때문에 원수의 암모니아성질소 농도가 높은 정수장에서는 주로 생물접촉 산화법에 의한 암모니아성 질소를 제거하는 방법이 적용되어 옴.

4) 생물처리공정의 특성

• 생물막 처리는 주로 오염된 원수 중의 NH_3-N, 이취미, 유기물 등을 제거하기 위하여 연구가 진행되었으며, 특히 일본을 중심으로 생물접촉여과법을 이용한 생물여과법이 주로 연구되어 적용하고 있음

• **미생물학적 특성**
① 정화에 관여하는 미생물의 다양성이 높음
② 각 단계에 있어서 우점 미생물이 다름
③ 먹이연쇄가 김
④ 질화세균 및 탈질세균이 잘 증식

• **처리특성**
① 수량 및 수질의 변동에 강함
② 낮은 수온에서의 제거율이 높음.
③ 고액분리가 좋음
④ 저농도의 폐수처리가 가능
⑤ 동력비가 적음
⑥ 슬러지 발생량이 적음

• **고양(정) 활성탄 흡착지(GAC) 현황**

구 분	시 설 현 황
. 규격	B5.0m× L15.0m× 20지
. 형식	정속여과
. 여과속도(LV)	10.2m/hr(245m/일)
. EBCT	14.1분
. GAC	석탄계
- 여층두께	2.4m
- 유효경	0.55~0.75 mm
- 균등계수	< 1.9
. 역세척방식	물 + 공기

고양(정) 활성탄 흡착지(GAC) 설치 현황

- 체류시간 : 14.1분(여과속도 10.2m/h)
- 활 성 탄 : 석탄계(Norit사)
- 충진깊이 : 2.4m
- 유량제어 : 유출유량 제어 방식
- 하부집수장치 : 유공블럭형

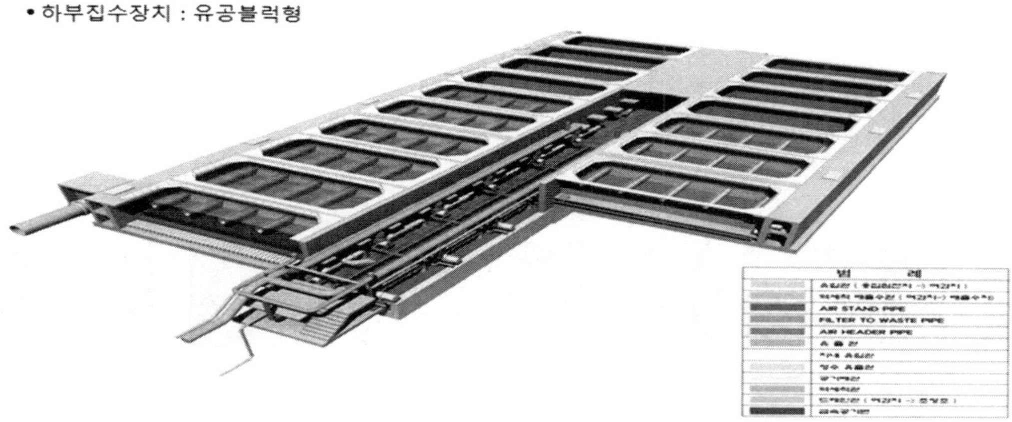

(고령정수장 활성탄 공정 현황)

구 분	시설현황	운영현황 (처리수량400㎥/hr기준)
• 설계기준	18,000m³/일	
• 규격	B3.1m×L10.3m×4지	4지 운영
• 형식	정속여과 자연평형 방식	
• 선속도(LV)	6.25~10.4m/hr	3.1m/hr
• EBCT	22.2분	57.9분
• GAC	석탄(역청계) NORIT830	
- 여층두께	3.0m	
• 역세척		
- 역세척방식	물 + 공기(간헐적)	
- 역세속도	공기 0.4~0.8m/분, 물 0.43m/분@27°C(최대)	
- 역세시간	공기세척 5분, 물세척 7분(최대)	
- 역세펌프	형식 : 양흡입 벌류트, 용량 : 6.5㎥/분 × 5mH	
- 역세송풍기	형식 : 용적식, 용량 : 12.8㎥/분 × 7500mmAq	
• 하부집수장치	신우블럭	

6.4.7 Filter/Adsorber (F/A)

1) 개요

- 고도정수처리 공정을 도입하여야 하나 부지 협소로 설치가 어려울 경우나 저렴한 비용으로 GAC 공정을 도입할 경우에 적용할 수 있는 공법으로 기존의 모래여과 공정을 GAC Filter/Adsorber 공정으로 변경하는 공법임

2) 적용성

- GAC Filter/Adsorber는 처리효과, 적용에 애로 사항이 있으므로 가능하면 별도의 입상활성탄 공정을 도입함이 바람직함
- 효과 : 흡착, BAC에 의한 유기물, HAA등 제거
- 설치 사례 : 창원 반월, 반송정수장(K-water)

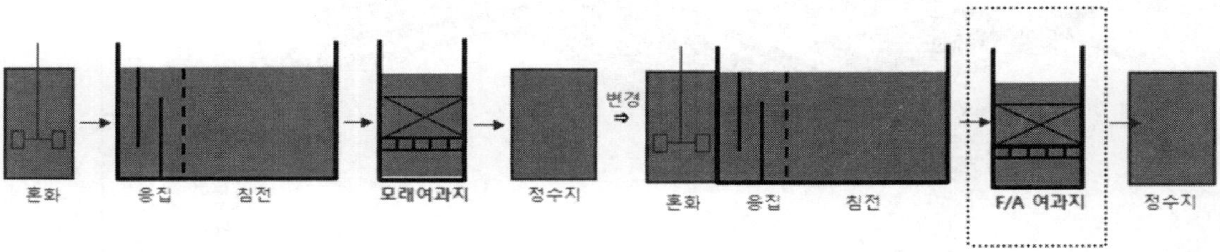

<그림 6-22> GAC Filter/Adsorber 공정도

6.4.8 AOP 공정(고도산화공정 : Advanced Oxidation Process)

1) 개요

- 오존, TiO_2, H_2O_2 등 산화제에 촉매를 추가하여 더 강한 산화력의 OH라디컬 생성
- 특징
  - 오존 등 단독처리의 단점보완
  - 빠른 반응속도 : 운전조작, 유지관리 용이
  - 처리시설간단 : 적은 소요부지면적
  - 농약, 유기화학물질, THMs, THM_{FP}(NOM), 이·취미, 색도물질 제거
  - 1-4다이옥산 등 난분해성 유기물질 제거
- 종류
  - O_3 + 높은 pH
  - $O_3 + H_2O_2$: 가장 효율적이며 많이 사용

    $2O_3 + H_2O_2 \rightarrow 2OH\cdot + 3O_2$

  - Quenching

    잔류오존제거 → 원활한 후속공정(활성탄 등)

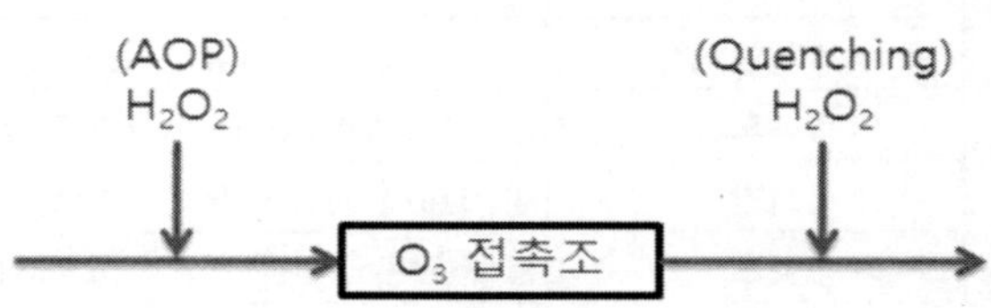

2) AOP 공정 특성

구 분	제 원		
과산화수소 저장탱크	PE제 원형, 1ton		
과산화수소 주입펌프	튜브연동식 정량펌프, 3 ~ 70㎖/min		
전자식 유량계	구경 1㎜, 과산화수소 주입량 제어용		
약품 희석펌프	원심펌프, 22㎥/hr × 15mH		
현장제어반	PLC 제어반		
디퓨저	700mm 본관 연결형, 유출속도 10m/s 이상 12 Hole Diffuser		
주입지점	오존 인젝터 전단(AOP)	모래여과지 후단(AOP)	활성탄 여과지 전단 (Quenching)
오존:과산화수소 주입비	1 : 0.3 ~ 0.7	1 : 0.3 ~ 0.7	1 : 0.3 ~ 1.0 (잔류오존 대비)

3) AOP 공정도

- Advanced Oxidation Process(고급산화공정) : 인위적으로 OH 라디칼을 발생시켜 유기물 을 산화 분해시키는 공정

OH 라디칼 반응식 : $2O_3 + H_2O_2 \rightarrow 2OH + 3O_2$

- 과산화수소 주입지점

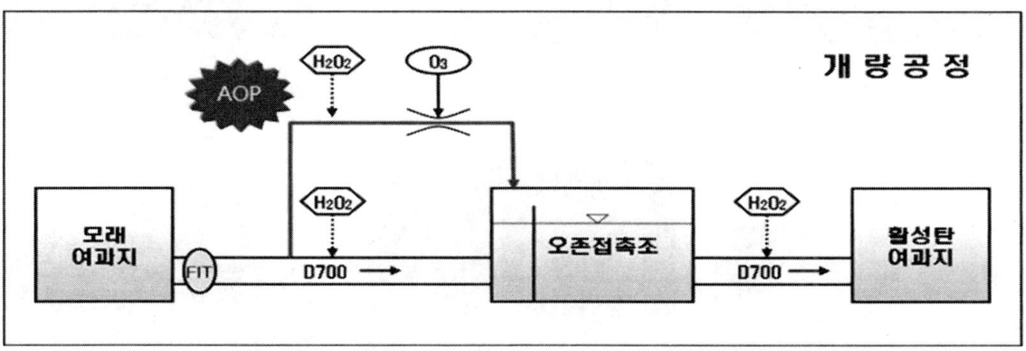

<그림 6-23> AOP 공정도

4)과산화수소의 특징

기포발생

과산화수소 저장 및 이송 과정 중 기포 발생

과수 특성 : 과산화수소가 용존 되어 있다가 온도가 상승하면서 거포 발생

과산화수소 분석 특성

분석 시 시료 및 시약 혼합 후 약 20분 경과시점에서 흡광도 측정

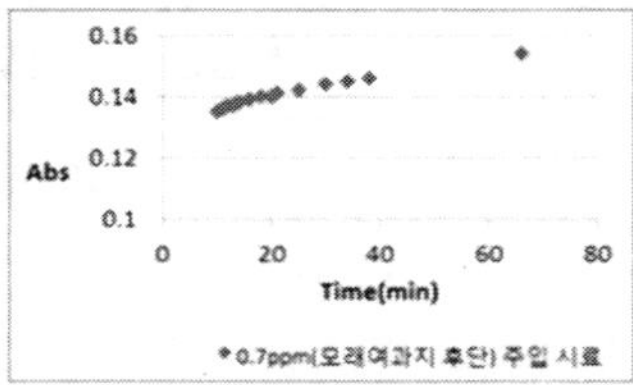

분석법,DMP method

함량 변화

보관시간 경과 시 보관온도 높을수록 과산화수소 농도 감소 → 하철기 구매주기 단축, 보관기간 최소화 필요

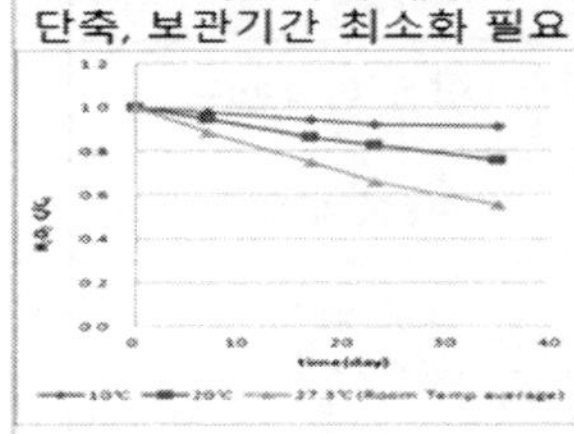

구매 시 (2/18) 35.7% → 약 4개월 경과 (6/23) 34.7% → 약 5개월 경과 (7/27) 26.5% → 보관온도에 따른 함량조사 10, 20℃, 실온 → 약 6개월 경과 10℃ : 24.1% 20℃ : 20.0% 실온 : 14.7%

적정 과산화수소 제어방안 필요

5) AOP 공정의 문제점

미세기포에 의한 과산화수소 유량측정 오차 발생

과산화수소의 정량 및 연속주입 불가능

과수 특성에 의한 기포 발생

- 과산화수소는 공기 중에서 물과 산소로 분해
  - ✓ $2H_2O_2 \rightarrow 2H_2O + O_2$
  - ✓ 유량계 내 기포유입에 의한 적정 계측 불가

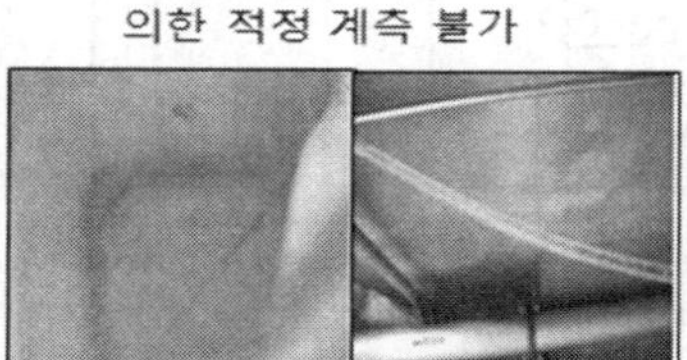

과산화수소 소량주입

- 설계 과산화수소 주입량
  - ✓ 3~70mL/min

과수 저장탱크와 주입펌프와의 거리

- 12m : 거리 최소화 필요
  - ✓ 배관 내 기포 발생 및 기포 유입 가능

6.4.9 UV, UV-AOP 공정

1) UV 공정

• 253.7 nm의 자외선 조사로 박테리아, 바이러스의 DNA 기능상실

- 처리효율(C·T) : 조사량(dose, mJ/cm^2) = 자외선강도(mW/cm^2) x 접촉시간(S)
- UV램프 : 저압수은램프(일반적), 중압수은램프, Pulsed UV램프

<표 6-18> UV 공정의 장단점

장 점	단 점
- DBPs 생성 없음 - 바이러스 불활성에서 염소보다 효과적 - pH에 관계없이 소독가능 : 짧은 접촉시간 - 처리장치가 작고, 설치공간이 좁아도 가능 - AOP의 촉매로도 활용 - 자동제어, 유지관리 저렴	- 즉각적인 소독효과 확인 불가 - 소독잔류효과 없음 - 주기적인 램프 슬리브 세척 필요 · 부유물 농도가 높을 경우 산란, 흡수 → 자외선 투과율 저하 · 종경도가 높을 경우 : 석영슬리브에 막을 씌우는 역할 → 효과 저하

<표 6-21> 소독제의 소독방법 비교

구 분	UV 소독	O_3 소독	Cl_2 소독
박테리아	효과 좋음	효과 좋음	효과 좋음
바이러스	효과 좋음	효과 좋음	효과 나쁨
DBPs	없음	BrO^{3-} 등	THMs 등
잔류성	없음	없음	있음
접촉시간	1 ~ 5 초	10 ~ 20 분	30 ~ 60 분
용존물질(TDS)	증가 없음	증가 없음	증가
pH 영향	없음	약간(높은 pH)	많음
부식성	없음	있음	있음
경제성	보통(시설비 증가)	고가(전력비 과다)	저가(운영비 증가)
적용	중소규모	중대규모	전규모

2) UV AOP 공정

• **자외선의 종류 및 특징**

- 자외선에는 자외선 A (320~400nm, Black Light), 자외선 B (280~320nm, Dorno light), 자외선 C (200~280nm, Germicidal light)가 있음
- 자외선 A는 인공 선탠에 사용되며, 각종 오염물질을 무해한 물질로 변화시키는 광촉매이며, 자외선 B는 비타민 D를 형성하고 피부 홍반을 유발함
- 자외선 C는 DBA와 단백질, 오존이 잘 흡수하는 파장으로 소독용, 자외선/오존 AOP 공정에서 이용하며 254nm의 파장을 사용함

- 자외선 소독은 주파장 253.7nm의 자외선이 박테리아나 바이러스의 핵산에 흡수되는 원리로, 유전자 특성변화를 일으켜 번식을 막거나 미생물의 세포막을 투과하여 DNA를 손상시킴.
- 자외선은 위험한 화학물질이나 가스를 주입할 필요가 없어 안전하고, 물의 화학적 성질변화 없이 맛·냄새 혹은 색도에 영향을 주거나 식물과 해양 생물에 대해 독성이 있는 화학적 잔류물질을 남기지 않음

(자외선의 위치와 구조)

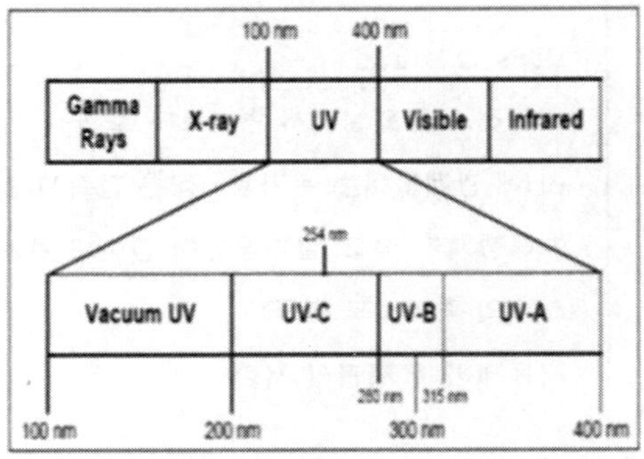

• **UV AOP 개요**

- 오존 또는 과산화수소와 자외선(UV)을 이용하여 OH 라디칼을 생성하여 수중의 오염물질(특히 난분해성 오염물질)을 산화분해 제거하는 산화 공정임. UV 고도산화공정을 이용한 오염물질 제거는 그 제거 기작에 UV-photolysis와 UV-oxidation으로 구분함

① UV-Photolysis(UV 광분해)

- UV-Photolysis는 UV 광선에 의해 일어나는 물질의 분해반응으로 보통은 공유결합을 이루는 분자의 결합이 분해되는 것을 말함. 어떤 오염물질에 UV 광선을 조사하면 오염물질 결합이 끊어지면서 바로 안정한 물질로 전환되거나, 라디칼(radical) 등의 반응 중간체를 거쳐 안정한 물질로 바뀐게 됨

$$P \xrightarrow{h\nu(energy)} \{\text{radical species}\} \xrightarrow{O_2} \text{Products}$$

② UV-Oxidation(UV 산화)

- UV-Oxidation은 UV 조사와 더불어 과산화수소가 첨가되어 OH 라디칼을 형성하여 물속의 유기오염물질을 산화시키는 공정으로 UV/H_2O_2 공정의 반응은 다음과 같음

$$H_2O_2 \xrightarrow{h\nu(energy)} 2\bullet OH$$

$$P + \bullet OH \xrightarrow{K_{OHP}} \{\text{radical species}\} \xrightarrow{O_2} \text{Products}$$

③ UV-AOP 적용분야

- 정수장 고도정수처리공법으로는 UV AOP와 오존 AOP가 적용되고 있다. 과거부터 오존 AOP가 도입되었으며, 최근 UV AOP도 도입되고 있는 추세이며, 이취미 물질(2-MIB & Geosmin), 미량유기물, 농약성분, 환경호르몬, 의약물질외 독성물질을 처리하는데 활용한다. AOP는 산화력이 높을수록 오염물질을 제거하는 더 강력한 산화제이며 OH라디컬은 산화력(산화전위, Oxidation Potential(V))이 아주 높다. *

Oxidation Potential(V) 비교 :
·OH radical(2.80), Ozone(2.07), Hydrogen Peroxide(1.79), Chlorine(1.36)

6.4.10 강변여과(江邊濾過, river bank filtration)

1) 개요

- 강변여과법은 근본적으로는 생물막에 의한 수처리 공법이라고 볼 수 있는데, 강물을 상수 원수로 직접 사용하지 않고 생물-여과방법(bio-filtration method)을 도입하여 1차적으로 오염된 강물의 수질을 개선한 후 2차적으로 정수처리하는 방법임.
  즉 강이나 호소 등의 표류수는 지하수와 직접 접촉하고 있어 강변에서 적당한 거리를 두고 취수정을 설치하여 취수하면 지하수의 수위는 내려가고 표류수는 침투(infiltration)하게 되는데, 여기서 취수한 물은 취수정의 위치에 따라서 표류수와 지하수가 적당량씩 혼합됨. 표류수는 강바닥과 강둑을 통하여 침투되는 동안에 미생물이 부착된 모래와 자갈층을 통과하게 되고 이 기간 동안 물에 산소가 포함되어 있는 경우는 표류수에 오염된 유기물질은 호기성 미생물에 의해 분해하게 됨.

- 수원이 양호한 경우는 응집, 침전, 급속 모래여과의 공정으로 정수처리를 하더라도 탁도와 병원균을 제거할 수 있어 양질의 수돗물을 생산할 수 있으나, 원수에 유기물질이 어느 정도 포함되어 있는 물을 재래식 공정으로 정수처리하면 염소 소독과정에서 THMs을 비롯한 유기염소 화합물이 다량 생성되며, 겨울철에 암모니아가 포함된 경우에는 제거가 잘 되지 않음.

- 수원이 다소 오염된 경우는 재래식 정수공정에 오존산화, 생물학적 활성탄여과를 연계한 고도처리공정으로 정수하고 있으나, 원수의 오염정도에 따라서 고도처리 공정을 도입하더라도 안전한 수돗물을 생산할 수 없는 경우도 있음

- 오존을 너무 과잉 주입하면 AOC(assimilable organic carbon)와 발암성 물질인 Bromate(BrO_3)가 과량으로 생성하게 되고, 과량의 AOC 성분은 생물학적 활성탄 여과공정에서 어느 정도 제거되지만 처리수에 잔류하게 되면 급수관내 미생물 재성장(after-growth)의 원인이 되기도 함
  유럽의 Rhine 강이나 Donau 강에 위치한 도시에서는 강변의 지하수를 간접 취수하는 강변여과 방법이 이용되어 왔으며, 강변여과는 비교적 장기간동안 강변의 대수층에 체류한 물을 상수원으로 취수하는 방법임. 또 강변 취수가 불가능한 지역은 지표수를 전단계에서 처리한 후 인공적으로 조성한 완속여과지나 자연대수층에 침투시켜 인공 함양한 지하수를 다시 취수하는 방법을 사용하고 있음.

- 강변여과나 완속여과에 의한 인공함양방법은 하천수의 이용 과정에서 에너지와 화학약품을 사용하지 않고, 장해물질과 독성물질을 제거할 수 있는 환경친화적인 정수처리방법으로 알려져 있음

- 표류수 취수방식에서 강변의 자연 대수층을 통과시키거나 인공으로 조성한 완속여과층을 이용하여 취수하는 간접취수 방식으로서 Rhine 강변의 유럽국가들은 Rhine 강변에 발달한 하상 퇴적층에 정호를 설치, 하상 퇴적층 구성 물질에 의한 자정효과를 이용하여 보다 양질의 물을 취수하고 있음

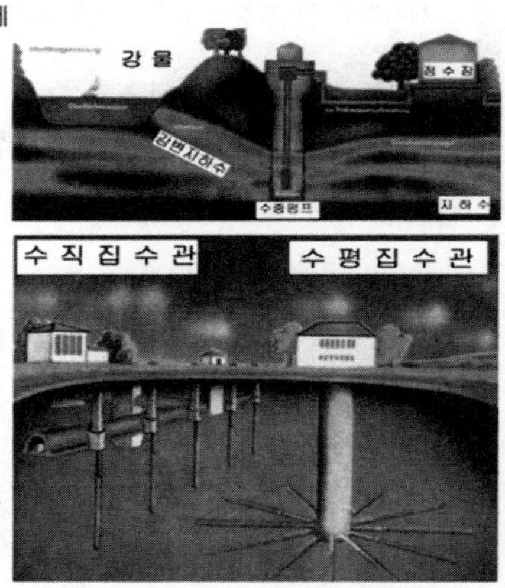

개략적인 강변여과수의 개발 모식도

1986년 Rhine강 상류 스위스 Basel시에서 발생한 농약 유출사고에도 강변여과를 채택하고 있는 라인강 하류의 정수장에서는 정상적으로 수돗물을 공급하여 안정성을 보여준 바 있음

2) 수처리 효과

- 강물에 오염된 유기물질은 지하 침투 기간 동안에 미생물이 분해되거나 토양에 흡착되어 약 60 ~ 70%가 제거되고, 제거되는 유기물질은 주로 생물학적으로 용이하게 분해되는 물질이며 일반세균도 거의 제거되지 않음 난분해성 미량의 유기물질은 다소 잔류하고, 또 철, 망간은 용출되어 포함하게 됨
- 초기에는 강물의 오염도가 낮기 때문에 강변 여과수를 취수하여 소독 후 상수로 이용하였으나 이후 강물의 오염도의 증가로 인해 추가로 다른 정수처리 공정을 도입함
- 강변 여과 방식을 이용한 수처리 과정은 여러 가지 경우로 가능하나, 현재 일반적으로 독일에서 사용되는 형태는 크게 두 가지로서 첫 번째 처리공정은 강변여과 취수→활성탄여과→염소처리→공급 순이며, 두번째 처리 공정은 강변여과 취수→오존처리→여과→활성탄여과→염소처리→공급의 순서임.
- 인공 침투지를 이용한 지하수 함양은 하천 원수를 직접 사용하는 경우, 강변 여과수를 사용하는 경우, 하천 원수를 전처리하여 사용하는 경우로 대별되며, 이러한 침투지를 사용하여 정호 혹은 지하 집수 갱로를 통해 취수하는 것이 일반적인 여과지의 사용보다 독일에서는 경제적이고 효과적인 경우가 많은 것으로 알려짐
- 강변여과 및 침투지 방식의 인공함양을 통한 수처리 효과는, ① 암모니아, 망간의 뚜렷한 감소, ② 산소의 증가, ③ DOC의 80% 내외 제거, ④ bezafirate, declofenac 등의 생분해 가능 약품 혹은 화학물질의 대부분 처리, ⑤ EDTA는 일부 처리, ⑥ 대수층의 혐기성 혹은 호기성 유지 조절을 통한 수처리 가능
  (예를 들어 질산성 질소는 호기성 환경에서는 그대로 나오거나 암모니아성 질소가 산화하여 질산성 질소 형태로 나오게 되지만 혐기성 환경을 유지하게 되면 질산성 질소 농도가 낮아지게 됨) 등을 들 수 있음

3) 외국의 사례

- Rhine 강을 취수하는 독일 Düsseldorf시 등의 정수장에서는 강변 여과수를 응집, 오존산화 및 입상활성탄 여과 등의 처리공정으로 총유기질소(TON)과 $KMnO_4$ 소비량이 효과적으로 제거됨
  즉 독일의 Düsseldorf시에서는 Rhine 강둑에서 100~250m 떨어진 곳에서 집수정을 설치하여 강변여과수를 취수한 후 고도정수처리공정으로 처리하고 있다. Rhine 강물이 지하에 침투되어 집수정에 도달하는 데에는 약 30~60일이 소요되며, 집수정의 물은 강과 거리에 따라 차이는 있으나, 대부분이 강물이 침투된 것이고 일부는 기존의 지하수도 포함함. 강물에 포함된 용존유기탄소(DOC)는 지하침투 기간동안 미생물에 의해 분해되거나 토양에 흡착되어 약 60~70%가 제거되며, 박테리아와 바이러스는 완벽히 제거됨

- Mülheim Dohne 정수장에서는 Ruhr 강물을 직접 취수하여 처리하고 있는데, 강물의 DOC는 3~5mg/L, 암모니아성질소는 0.2~0.3mg/L, 탁도는 2~100 FTU 정도임. 처리공정은 전오전처리, 응집침전, 오존처리 다단여과, GAC여과 순으로 처리한 물을 완속여과후 지하에 침투시킨 다음 다시 취수하여 완전 살균후 급수함
- 외국 사례를 볼 때 강변여과수 취수시 재래의 정수공정 중에서 약품투입 및 침전공정을 개량할 수 있는데, 일반적으로 프랑스나 독일에서 많이 행해지고 있는 강변여과는 하천으로부터 50~300m 떨어진 지점에서 30~40m 깊이의 지하수를 음용수원으로 취수하는 것을 말하며, 오염된 지표수가 하천주변의 충적층을 통과하면서 오염물질이 침전, 흡착되고 호기성 박테리아가 자연적으로 제거되는 성질을 이용하는 것임
  이러한 방식은 하천수를 지하수화 함으로써 단시간에 나타날 수 있는 오염의 최고치를 평준화시켜 완만한 변화가 이루어지도록 하며, 토양의 정화 능력도 어느 정도 기대할 수 있고, 또한 보다 수질변동이 적은 안정한 수원을 확보할 수 있음

4) 강변여과 공법 사례

- 인공함양 방법은 하천 연변에 발달한 하상퇴적층의 오염저감특성을 이용하여 강변여과수를 취수하는 강변여과수 개발 방안 중 하나로서 표류수를 취수하여 배후에 조성한 함양지를 통과시켜 다시 취수하는 방식으로 독일의 경우 Mülheim 정수장 취수방식이 인공함양을 이용하여 취수하고 있음

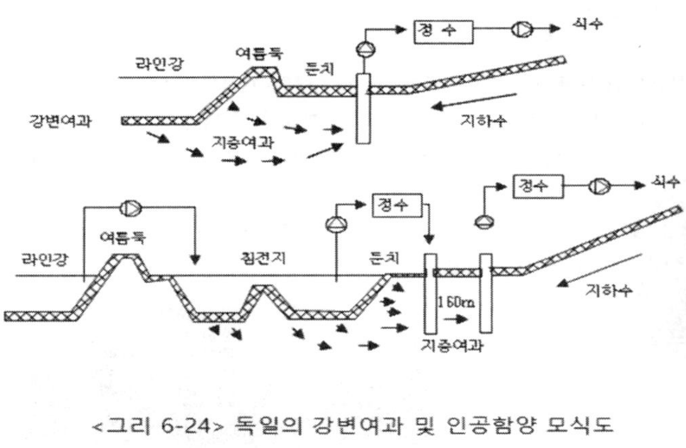

<그리 6-24> 독일의 강변여과 및 인공함양 모식도

(독일 뮐하임 정수장 인공함양 전경)

- 외국의 강변여과에 따른 수처리 계통사례를 볼 때 강변여과 취수시 재래의 정수공정 중 약품투입 및 침전공정을 개량할 수 있는 것으로 알려져 있고, 시험을 위한 취수시설 설치 및 장기실험(1 ~ 3개월 이상) 등을 토대로 한 수질시험 결과에 따라 수처리 공정의 선정이 필요함

○ 네델란드 : 암스텔담 정수장(Q=250,000m³/일)

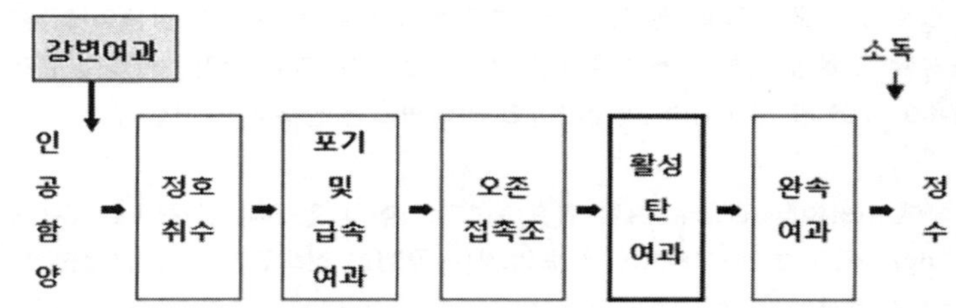

○ 독일 : Düsseldorf 정수장(Q=357,600m³/일)

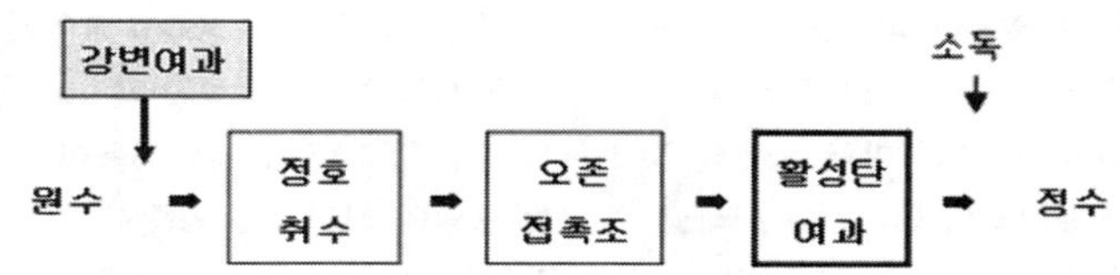

○ 독일 : 테겔 정수장 (Q=370,000m³/일)

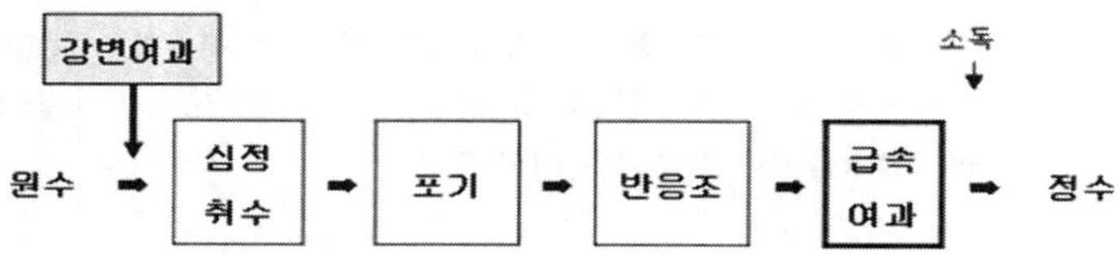

※ 심정에서 취수한 원수에 철과 망간 산화(15 ~ 60분)

- Düsseldorf 정수장의 경우는 1870년경부터 강변여과수를 개발하여 운영 중이며, 1950년대 이전까지는 수질이 양호하여 여과수를 취수하여 직접 공급하였으나, 1950년부터 하천오염이 심하여 효율적인 수처리를 위한 8년간의 시험분석 결과에 따라 오존과 활성탄 여과공법이 채택되어 세계최초의 고도정수처리(오존+활성탄)시설이 설치함
- 대부분의 유럽의 정수장들은강변여과수를 오존 및 입상활성탄을 이용한 고도정수처리를 거쳐 용수를 공급하고 있는데, 독일의 Hagen 정수장 및Essen 정수장에서는 지하수에 함유되어 있는 철과 망간을 제거하기 위하여 고도정수처리에 앞서 포기를 통한 산화와 급속여과를 독일 뒤셀돌프정수장이나 프랑스의 경우에는 오존처리를 실시하고 있으며 그 결과 철과 망간은 충분히 제거되는 것으로 나타남

(독일 하겐정수장의 폭기시설)

5) 국내 강변여과(江邊濾過, river bank filtration) 도입 현황

- 국내에서 낙동강 하류를 중심으로 독일 등 유럽에서 적용하고 있는 강변여과수에 도임을 추진함
- **강변여과수란 인공적으로 하천 옆에 취수정을 설치해 하천 바닥의 모래층을 뚫고 자연스럽게 여과되도록 한 다음 상수원으로 사용하는 물을 말함**
- 국내에 적용 가능한 강변여과수를 취수하는 방식은 두 가지가 있는데, 하나는 강 둔치에서 30~50m 떨어진 지역에 물을 한꺼번에 모을 수 있는 20~40m 깊이의 취수정을 뚫어 취수하는 방식. 다른 하나는 인공적으로 호소나 함양분지(涵養盆地) 등의 시설을 만들어 하천의 표류수를 취수한 뒤, 대수층(帶水層:지하수를 함유하고 있는 지층)에 침투시켜 지층의 자정능력에 의해 오염물질이 여과·제거된 물을 다시 취수하는 방식임
- 강변여과수의 경우 특히 입지 조건이 중요하며, 하천변에 충적층이 잘 발달되어 강변여과수의 함양이 양호한 지역, 주변 지역으로부터 오염물질의 유입이 발생되지 않는 지역, 체류시간 등을 고려한 부지확보가 가능한 지역에 설치되는 것이 유리함
- 장점으로는 다음과 같음

① 하천 물이 강변의 대수층을 통해 여과되는 동안 BOD(생화학적 산소요구량)·탁도·세균·유해물질이 자연적으로 감소됨.

② 돌발적인 수질사고가 일어나도 안정적으로 물을 공급할 수 있음.

③ 계절에 따라 수온·탁도 변화가 적어 정수 처리 및 수질 관리가 쉽고 경제적임.

④ 일시적인 가뭄에도 대수층에 남아 있는 여과수를 취수할 수 있어 안정적인 취수와 급수가 가능.

⑤ 하천 표류수로부터 직접적인 영향을 많이 받지 않아 상수원보호지역 규제의 필요성이 적음

자료 : 네이버 지식백과

- **강변여과수 사업도입 현황 및 문제점**

(창원시 도입현황 사례)

- 창원시는 지난 2006년 준공된 강변여과수 1단계사업을 통해 1일 평균 6만3000t의 물을 생산해왔지만 인구증가로 인한 물 수요 증가에 대비하기 위해 2006년 말부터 2013년 2월까지 취수정 5개를 추가 설치하는 강변여과수 2단계개발사업을 추진. 이 사업에는 국비와 시비 등 736억원이 투입되었고, 5개 취수정 중 3개 취수정에서 취수량과 수질기준이 충족되지 않아 수년째 가동을 못하고 있는 실정

- 국내 하천 중에서 낙동강 하류에서 강변여과수 사업을 추진하였으나, 사전 충분한 연구와 조사가 부족하였다고 여겨지며, 특히 국내 하천의 경우 독일 등 유럽지역과 달리 강변여과를 할 수 있는 지질구조가 적절하지 않아 당초 설계보다 충분한 양의 물을 취수하지 못하였다고 판단됨.

- 또한 강변에 부지를 확보하여 취수한 물을 재 침투(infiltration)시켜 생물학적 분해가 이루어져 양질의 상수원을 확보할 수 있는 방안도 연구하여 적용성을 검토할 필요가 있음

창원시 의창구 대산면 낙동강변에 있는 강변여과수 2단계 사업 취수정./경남신문DB/

자료 : 경남신문(2020.02.05)

6.4.11 막 분리(Membrane) 공정

1) 개요

- 막분리는 물리적으로 고액을 분리하는 기술로서 막분리 공정의 특징은 분리할 때 상(phase) 변화를 수반하지 않고 단순히 압력차 혹은 압력차를 구동력(driving force)으로 하여 분리 특성을 높일 수 있는 효율적인 분리법이라 할 수 있음

- 막분리 기술은 1950년대 이온교환을 이용한 해수의 탈염과 1960년대 셀루로스막에 의한 역삼투법을 이용한 해수의 담수화 기술로 발전한 이래 막의 개발이 지속적으로 이루어진 결과, 현재는 광범위하게 실용화되어 정수처리 시스템에 응용되고 있음. 막분리는 기존에 제거가 불가능하였던 저분자량까지 제거 할 수 있고 슬러지의 발생이나 소독제 등의 약품 소모가 적으며, 절대여과(absolute filtration)법이므로 사용하는 막의 종류에 따라 제거할 수 있는 오염물질의 크기나 성상의 한계가 명확하므로 처리수의 목표수질에 만족할 수 있는 적합한 수준의 막분리 장치를 설치할 수 있음

- 막에 의한 상수처리의 특징으로는 안정성이 우수하고 설치면적이 적으며, 원수의 수질조건에 구애받지 않고 막의 분리 공경보다 큰 물질의 확실한 제거와 자동운전이 용이하며, 무엇보다도 미량 유기화합물 등 수질 기준의 강화에 대비할 수 있는 장점이 있음.

2) 막 분리공정 (Membrane Process)의 역사

- 막분리 공정의 발전 과정을 보면 정밀여과(MF)의 개발을 필두로 꾸준한 연구 개발을 통해 발전을 거듭하여 왔으며 최근에는 막의 급속한 발전으로 수처리 뿐만 아니라 다양한 분야에서 적용되고 있음

<표 6-22> 막 공정개발의 역사

막 공 정	연도	이 름
microfiltration(MF)	1920	
ultrafiltration(UF)	1930	Zsigmondy
hemodialysis(HD)	1950	Kolff
electrodialysis(ED)	1955	Loeb, Sourirajan
reverse osmosis(RO)	1960	Michaes
ultrafiltration(UF)	1960	Henis, Tripodi
gas separation(GS)	1979	Tusel
pervaporation(PV)	1982	

(주) Takeshi Matsuura, 1996

3) 막(Membrane) 총론 (정수처리 막여과 설치기준 고시, ME, 2009)

- 막 및 막여과 공정(Membrane filtration process)의 정의

- **"막모듈"**이란 일정 개수의 막을 일정형태의 용기(容器) 안에 설치하여 일체화 또는 용기(容器) 안에 설치를 하지 않고 일정 개수의 막을 묶음형태로 일체화하여 여과 기능을 할 수 있도록 만든 것을 말함

- **"수도용 막모듈"**이란 수도용 막으로서 정밀여과막모듈, 한외여과막모듈, 나노여과막모듈, 역삼투막모듈, 해수담수화 역삼투막모듈을 말함

- **"계열"**이란 제2호의 수도용 막모듈과여과수를 생산하는 펌프로 이루어져 독립된 여과기능을 나타내는 것을 말함

- **"수도용 막여과공정"**이란원수공급, 펌프, 막모듈, 세척, 배관 및 제어 설비 등으로 구성된 일련의 정수처리 과정으로, 수도에 사용되는 정밀여과공정, 한외여과공정, 나노여과공정, 역삼투공정 및 해수담수화 역삼투 공정을 말함

- **"막여과회수율"**이란 막여과공정의 막공급원수량에 대하여 여과수량 중에서 막모듈의 세척에 사용되는 여과수량을 제외하여 백분율(%)로 나타낸 값을 말함

- **"공칭공경(公稱孔經, Nominal pore size)"**이란 정밀여과막의 공경을 직접 측정하는 것이 곤란하여 버블 포인트법, 수은압입법, 지표균 등을 이용한 간접법으로 분리성능을 마이크로미터(㎛) 단위로 나타낸 것을 말함

  * MF의 분리경: 공칭공경 0.01 μm 이상

- **"분획분자량(分割分子量, Molecular weight cutoff)"**이란 한외여과막의 공경을 직접 측정하는 것이 곤란하여 간접적으로 측정하고 분리성능을 분자량의 단위인 달톤(Dalton)으로 나타내는 지표로서 분자량을 알고 있는 물질의 배제율(排除率)이 90퍼센트(%)가 되는 분자량을 말함

  * 분자량 단위인 Dalton(da)으로 분리성능 표시 : 수소원자 1개, UF의 분리경 : MWCO 100,000 Da 이상

- **"배출수"**란 물, 공기, 약품 등을 이용하여 막의 표면에 부착된 오염물질을 제거할 때 발생되는 세척수 혹은 세척수가 포함된 농축수가 막모듈 밖으로 배출된 것을 말함

- **"농축수"**란 막공급 원수가 막을 투과하지 않고 농축된 것을 말함

- **"공정수"**란 정수시설을 구성하는 공정에서 소독공정을 제외한 각 단위공정의 처리수를 말함.

4) 막의 종류 및 특징

① 막의 구조적 분류

구분	특징
균질막	• 압력, 농도, 전위차등과 같은 추진력에 의해 분리공정에 사용되는 치밀한 구조를 가진 막
비대칭막 (불균질막)	• 균일한 고분자 용액의 침전에 의해 생산되는 다공성 구조를 가진 막 • 막의 1차측, 2차측의 구조가 다른 막의 총칭
복합막	• 치밀층과 다공질 지지층에서 서로 다른 합성고분자 소재를 사용한 막의 총칭

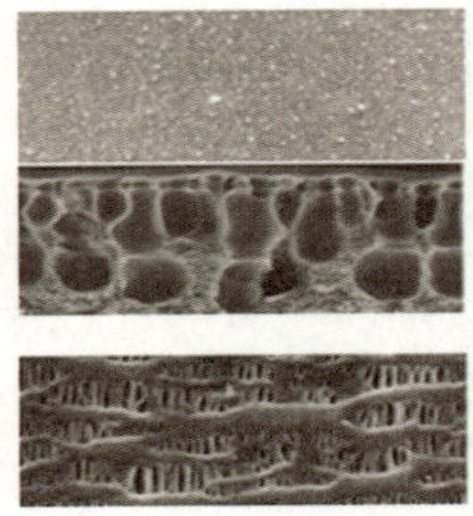

② 막의 표면 구조학적 분류

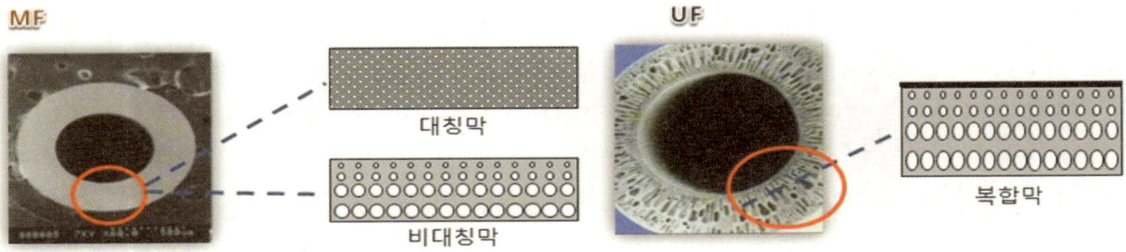

③ 막의 형태학적 분류

<중공사형 침지식 분리막>

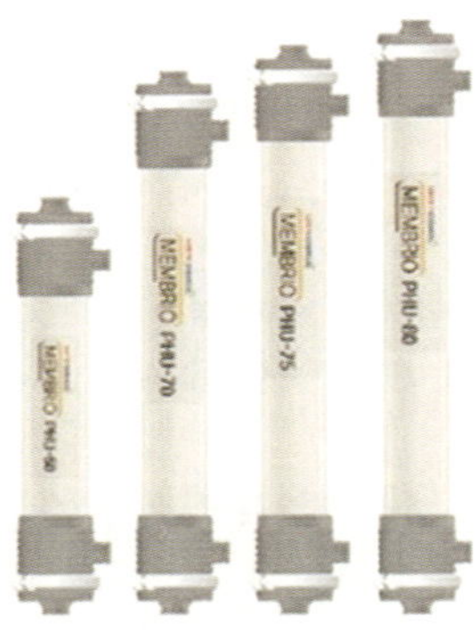

<중공사형 가압식 분리막>

<평판형 침지식 분리막>

- 중공사형, 침지식과 가압식 막모듈은 정수, 하폐수(Membrane bioreactor; MBR), 담수화 공정에 적용된 실적이 있으나, 각 분류에 따른 장,단점은 충분히 숙지 후 활용용수에 맞도록 막모듈 선정에 대한 충분한 설명이 뒷받침되어야 함
  - 중공사형 : 높은 투영면적(footprint)을 갖음. 높은 여과저항으로 막오염에 대응해야 함. 가압(저탁도)과 침지식(고탁도)은 유입수질 대비 선정. 정수 및 역삼투(RO) 전처리 공정에 쓰임
  - 평판형 : 낮은 투영면적(footprint)을 갖음. 고농도에 강함. MBR에 많은 실적이 있음

자료 : 워터저널 homepage<http://waterjournal.co.kr/news/articleView.html?idxno=38528>

• **막 모듈 형태(사진)**

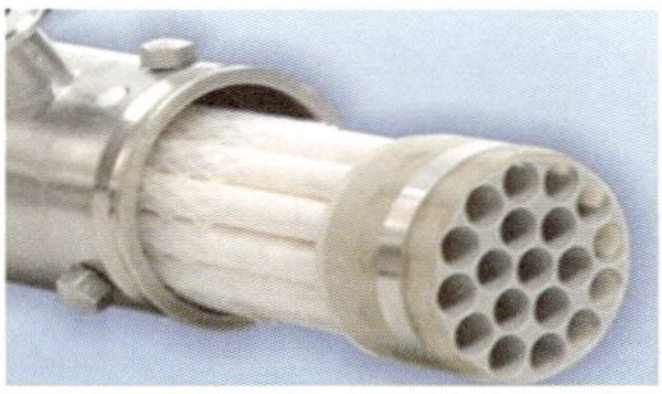

<관형 분리막 및 막모듈>

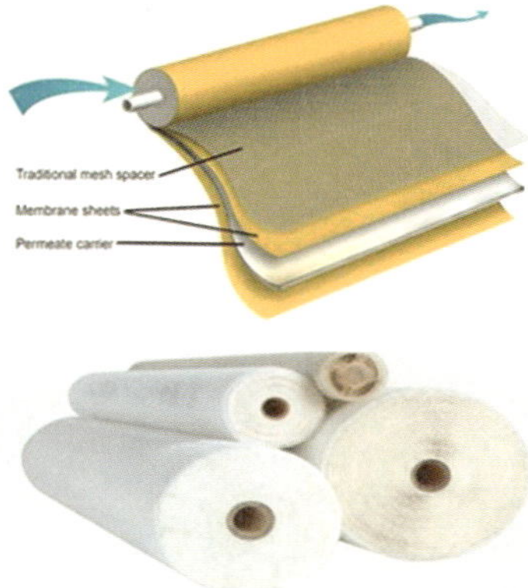

<나권형 분리막 및 막모듈>

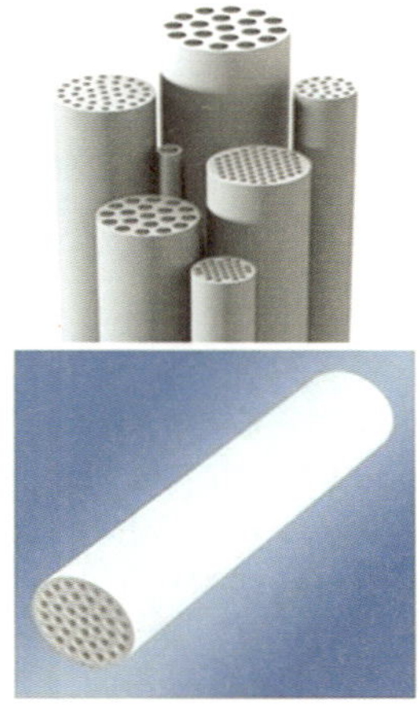

<Monolith형 Ceramic 분리막 및 막모듈 >

- 관형 : 낮은 투영면적(footprint)을 갖음. 평판형 보다 고농도에 강함. 에너지 소모율 높음. 고농도 축산폐수 등에 실적이 있음
- 나권형 : 나노(NF),역삼투(RO) 막의 형태이며, 1가~다가 이온 제거율이 높음. 초순수, 해수담수화 실적
- Monolith : 주로 무기(ceramic)막에 쓰이며, 높은 내화학, 내구성을 갖음. 대량생산의 어려움. 높은비용 등

자료 : 워터저널 homepage<http://waterjournal.co.kr/news/articleView.html?idxno=38528>

• **막 모듈 형태(사진)**

평막

관상형막

중공사막

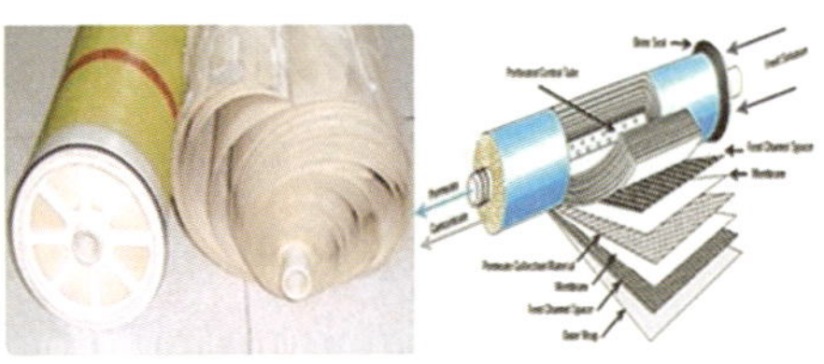

완권형막

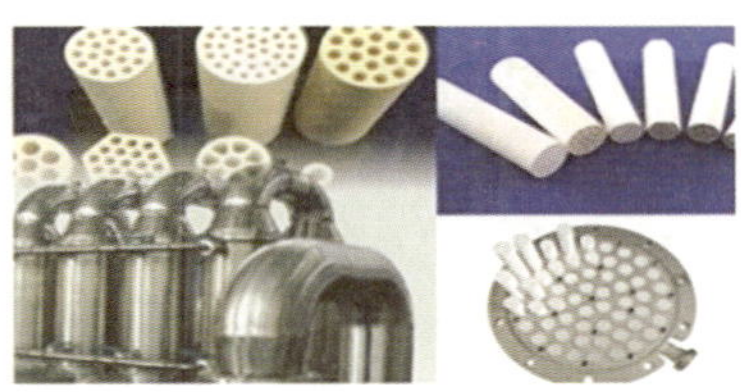

무기막
(세라믹막)

④ 막 모듈(Module)의 형태

• 막모듈 : 막을 여과장치로 사용할 수 있는 형태로 한 것
- 수십개의 막을 1개 단위로 묶어 가압하기 쉽도록 한 것
- Casing 수납방식(가압식 : 압력용기), 침적형 방식(조에 침적)

• 막모듈의 구비조건
- 막오염 최소화 : 막오염경향 중공사형 > 와권형 > 평판형 > 관상형
- 세정의 용이성 : 중공사형, 관상형 → 역세척 가능
- 막집적도(부피당 막면적) : 중공사형 > 와권형 > 평판형 > 관상형
- 원수와 투과수사이의 Leaking 방지
- 경제성, 유지관리성, 막교환 용이성, 전처리 도입여부

• 막모듈형태
- 평판형 : 지지대 이용 → 고분자 막을 여러장 겹친 형태
- 관상형 : 다공관 내외측에 막을 꼬은 원통형 막(내경 3~5cm)
- 중공사형 : 지지대 없음 내압형, 외압형
  속이 빈 가는 실형태의 막을 다발형태로 묶고 고정(내경 수 mm)
- 와권형 : 평판형 막을 막지지판과 함께 나선형으로 여러겹 감은 형태
- 모노리스형 : 막힘이 적음 → 유기막, 무기막

⑤ 막의 종류 및 특징 (막여과 정수시설의 설치기준, 환경부고시 제20012-119호)

• 정밀여과법(Microfiltration : MF)은 정밀여과막모듈을 이용하여 부유 물질이나 원충(原蟲), 세균, 바이러스 등을 체가름 원리에 따라 입자의 크기로 분리하는 여과법을 말한다.

• 한외여과법(Ultrafiltration : UF)은 한외여과막모듈을 이용하여 부유 물질이나 원충, 세균, 바이러스, 부식산 등을 체가름 원리에 따라 분자의 크기로 분리하는 여과법을 말한다.

• 나노여과법(Nanofiltration : NF)은 나노여과막모듈을 이용하여 이온이나 저분자량 물질 등을 제거하는 여과법을 말한다.

• 역삼투법(Reverse osmosis : RO)은 물은 통과하지만 이온은 통과하지 않는 역삼투막모듈을 이용하여 이온 물질을 제거하는 여과법을 말한다.

• 해수담수화 역삼투법(Seawater Desalting Reverse Osmosis : 해수담수화RO)은 물은 통과하지만 이온은 통과하지 않는 역삼투막모듈을 이용하여 해수 중의 염분을 제거하는 여과법을 말한다.

<표 6-23> 막 분리의 종류, 특성 및 제거물질

구 분	MF	UF	NF	RO
분리원리	체거름	체거름+ 확산	체거름+ 확산, 흡착	반투막성질
기공크기	0.01 μm 이상	0.001 ~ 0.1 μm	1 ~ 10 nm	1 nm이하
조작압력	0.3 ~ 1.4 kg/cm²	0.3 ~ 2.8 kg/cm²	5.3 ~ 10.6 kg/cm²	14 kg/cm²이상
제거물질	조류, 병원성 원생동물 TSS, 탁도 일부 박테리아 일부 바이러스	콜로이드,세균 고분자 물질 대부분 박테리아 일부 바이러스	THMs, THM_{FP} 저분자 물질 일부 경도물질 (2가이온 이상)	무기성 이온물질 경도물질, 중금속 색도유발물질 황산염, 질산염
용도	정수처리, MBR NF, RO 전처리	정수처리 RO 전처리	경수의 연수화 탈염공정	해수담수화 초순수 제조
특징	기존 침전지 기능 대체(하수 MBR) 절대여과	MF, NF 보다 넓은 범위의 MWCO	활성탄, AOP를 전처리, 후처리로 적용가능	유지관리비 고가 소규모 시설에 적용

• 분리막의 종류와 제거대상물질

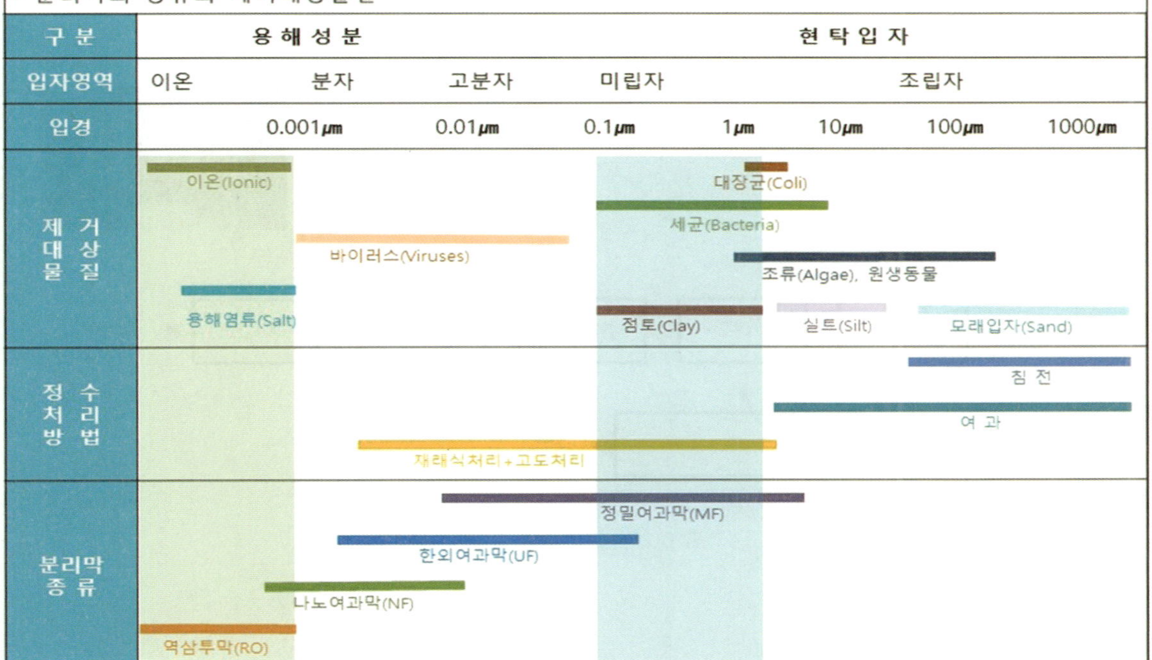

- 막 여과에 의한 미생물 제거

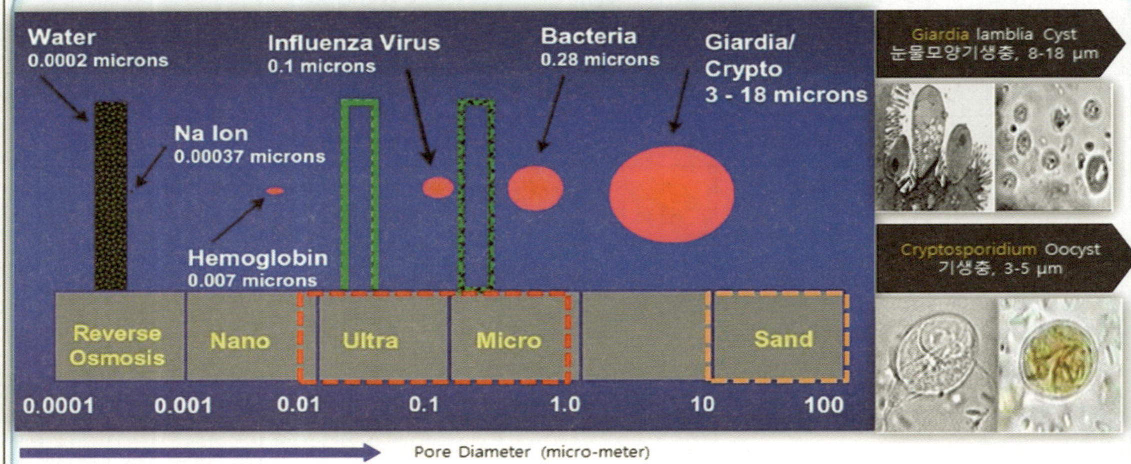

- 병원성 미생물의 탁월한 제거능력

⑥ 막 분리 메커니즘 및 공정

- 막 양단의 압력차, 농도차, 전위차를 이용하여 분리, 정제, 농축하는 기술
- 기본적 메커니즘 : 체거름, 확산, 전기적 흡착, 반투막 성질
- 고도정수처리, 하폐수처리(MBR), 물재이용, 해수담수화, 탈염 등에 사용

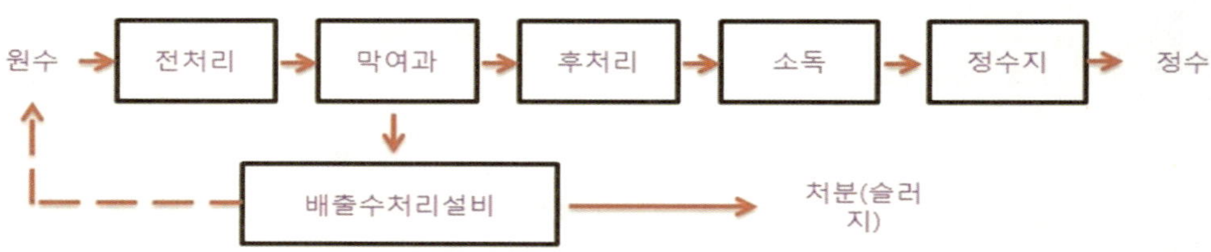

<그림 6-25> 일반적인 막 분리 공정도

⑦ 막 여과의 장단점

- 장점
  - 고형물 회수율이 높고 슬러지 처리 용이
  - DBPs 미생성
  - 운전자동화, 부지면적축소 가능 : HRT 단축, 반응조 축소
  - 다양한 공정과의 접목 가능

- 단점
  - 경제성 문제
    · 막오염 : 막수명이 짧음
    · 초기설치비 고가 : 대규모 정수장, 하수처리장에 한계
  - 막재질 변형 : 유지류, pH, 온도변화 → 하폐수처리의 어려움
  - 운영상의 안정성 확보 어려움 : TMP 상승 → 단계적 전처리 필요
  - 용존물질 제거 어려움 : 화학적 방법 필요

5) 막의 성능(Membrane performance) 및 막오염 (Membrane fouling)

① 막 성능의 이론적 개념

- 분리막을 적용한 수처리 공정에서 설계, 유지관리 등 경제성 평가에 기초모델로 적용됨
- MF/UF의 경우 구동압력 대비 생산수량이 비례적인 압력의존 영역 → 그 이상의 구동압력은 막 오염과 농도분극 등 물질전달 영역의 영향을 받기 때문에 경제적이지 못함

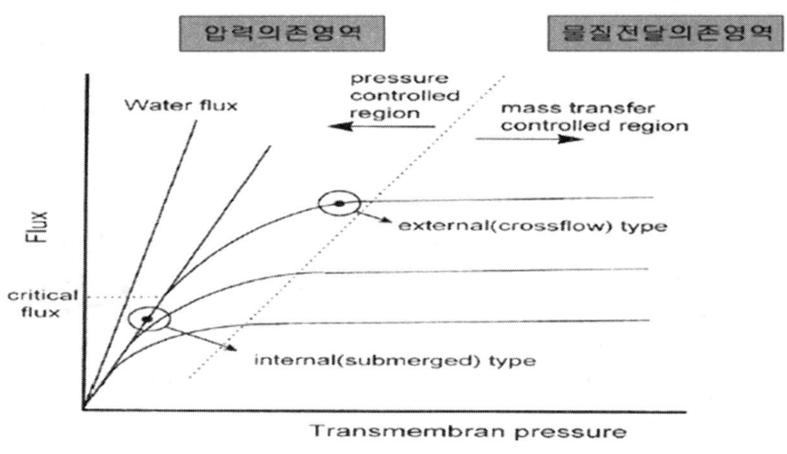

<그림 6-26> 분리막의 막간차압과 Flux의 관계

② 막오염 (Membrane Fouling)의 이론적 개념

- 수중불순물과 막의 상호작용에 여과유속 등 여과조건이 관계하는 복잡한 현상으로 종합적으로 이해할 필요
- 막면흡착, 세공폐색, 세공내벽에서의 흡착 등

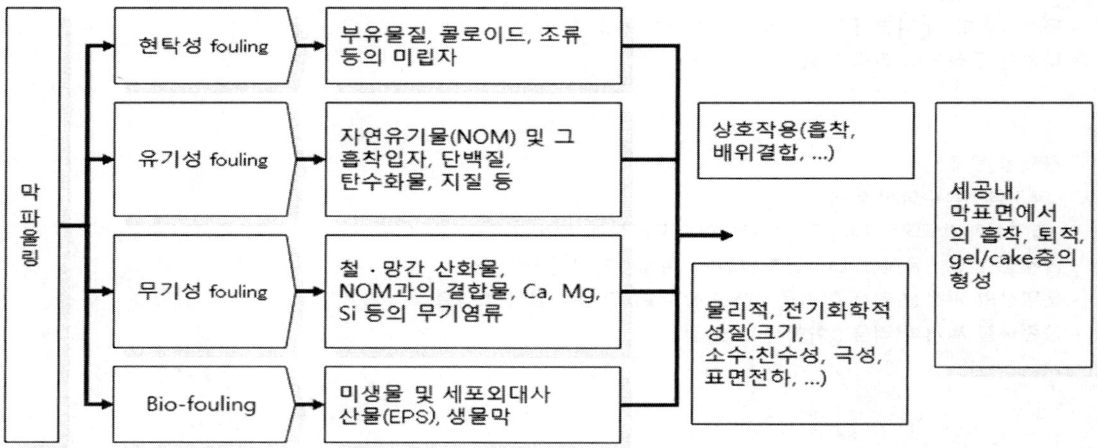

- 농도분극(Concentration polarization)

$$JC = -D\frac{dC}{dx}$$

$$\int_0^{\delta} J\,dx = -\int_{C_G}^{C_B} D\frac{dC}{C}$$

$$J = \frac{D}{\delta}\ln\frac{C_G}{C_B} = k\ln\frac{C_G}{C_B}$$

k: mass transfer coefficient

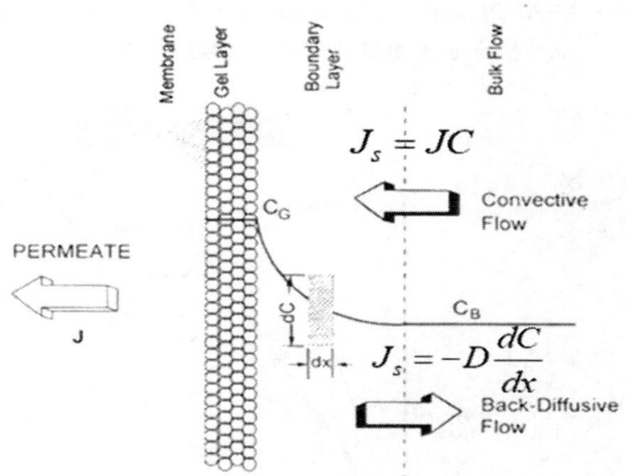

Figure Schematic of concentration polarization during UF of colloidal and macromolecular solutes, showing the buildup of the polarized (gel) layer and associated boundary layer. The same phenomenon occurs with MF membranes, depending on the rejection of the solutes.

<표 6-24> 막 오염의 종류, 원인, 현상 등

종 류	원인	투과유속	배제율	성 분	오 염 현 상	문제되는 막
부착물	Cake층	↓	↓	불용해성 물질	미생물, 콜로이드 입자 등 현탁입자 막면 축적	RO막,UF막, MF막
	Gel층	↓	↑	유기용해성물질	용해성 고분자 물질의 막면에서 gel화	RO막,UF막, MF막
	Scale층	↓	↓	콜로이드성물질	농축에 의한 과포화된 물질 석출	RO막
	흡착층	↓	?	유기용해성물질	막에서 흡착에 의한 층 형성	UF막
눈막음	입체적	↓	↑	입자성 물질	막 세공 내부의 blocking	UF막
	흡착	↓	↑	용해성 물질	"	UF막
	석출	↓	↑	불용해성 물질	"	UF막

- 막오염 유형에 따른 막여과유속 저항 모델 (비정상 여과)

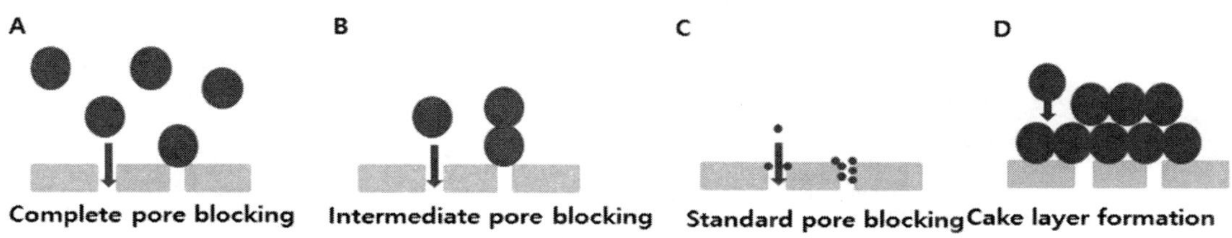

Model	n	Intergral Form	Differential Form
Complete Pore Blocking Model	2	$V = \frac{Q_0}{K_b}[1-\exp(-K_b t)]$	$J = J_0 - (\frac{K_b}{A} A)$
Intermediate Pore Blocking Model	1	$K_i V = \ln(1+K_i Q_0 t)$	$\frac{1}{J} = K_i At + \frac{1}{J_0}$
Standard Pore Blocking Model	1.5	$\frac{t}{V} = \frac{K_c}{2}V + \frac{1}{Q_0}$	$\sqrt{J} = \sqrt{J_0} - \frac{K_s}{2}\sqrt{J_0}V$
Cake layer formation	0	$\frac{t}{V} = \frac{K_c}{2}V + \frac{1}{Q_0}$	$\frac{1}{J} = K_c AV + \frac{1}{J_0}$

6) 막 투과 flux, 막간차압(TMP)

- **막 투과 flux(막 여과유속) : 막 면적당 여과되는 물의 양** ($m^3/m^2/day$)

$$J = \frac{(Pi-Po)}{\mu R} = \frac{\text{여과수량}(m^3/h)}{\text{막여과면적}(m^2)}$$

여기서, Pi, Po : 막 유입, 유출압력(Pa)
μ : 점성계수R: 막의 고유저항

- 초기설치비용, 운전비용 및 설치공간을 결정하는 인자
- 수온저하 → μ증가 → J 감소 : 최저수온의 처리량, 막의 온도특성 고려

- **막간차압(TMP)**

- $P_i - P_o$: 정상적인투과속도유지를 위한 막과 막사이의 압력차이
- 막오염, 막기공 폐쇄 →TMP 증가 →Flux 감소 →역세척 등 세정
- TMP 영향인자

①원수수질
- TOC : 분리막의Pore Blocking 현상 발생

- 조류: 분리막의 여과저항, biofouling 발생

② 막여과시간
- 막여과시간 증가 →SDI 증가 →막오염 발생

- 막간차압 (Transmembrane Pressure; TMP)

- 운전초기, 저압의 경우, 여과유속은 막차압에 비례 (Pressure controlled region)
- 초기이후, 고압의 경우, 여과유속은 막차압에 비례하지 않음, 물질전달 지배 (Masstransfer controlled region)
- 가압식에서는 2~3bar (MF/UF)
- 흡입식에서는 -0.6bar 이하 (용존가스의 기포화 및 airlock현상)

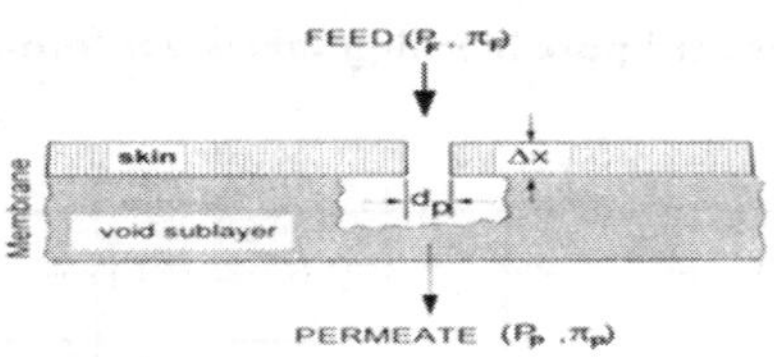

$$P_T = P_F - P_P$$

$$P_F = \frac{P_i + P_o}{2}$$

- SDI(Silt Density Index) : 막오염지수

- 0.45μm의 필터를 사용하여 수중의 Suspended Solid 성분에 의해 일어날 수 있는 오염도를 측정
- The SDI test is used to predict and then prevent the particulate fouling on the membrane surface

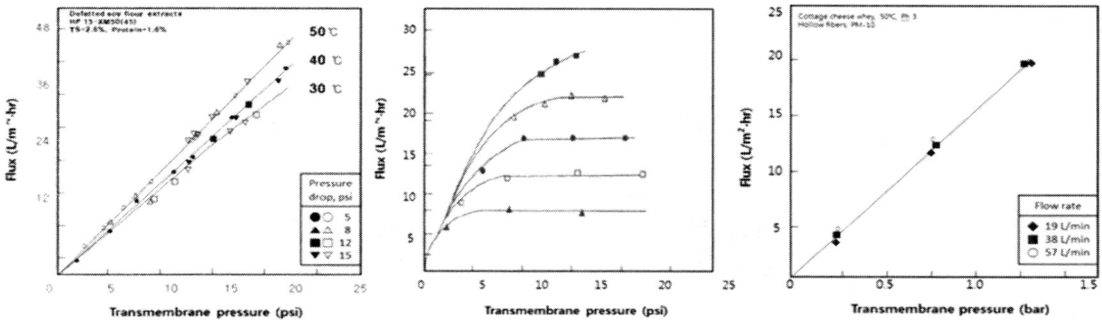

<운전 온도에 따른 막여과 유속> <막면 유속에 따른 막여과 유속> <운전 압력에 따른 막여과 유속>

<그림 6-27> 분리막의 온도, 막면 유속, 운전압력에 따른 막여과 유속

(**Figure** adapted from Cheryan and Kuo, 1984 / Nichols and Cheryan, 1981 / Cheryan and Chiang, 1984)

• 분리막을 적용한 막여과 공정은 액체와 다공성 분리막과의 상관관계이기 때문에 막여과 유속(Flux) 공식에 비추어 수온에 따른 물의 점성, 막면유속, 운전 압력과의 관계를 고려하여 설계인자를 선정해야만 함
  e.g.,) Design Flux : 순수막여과유속(청수시험) → 임계막여과유속(대상원수시험) → 최적 막여과유속 선정
  e.g.,) 공정평가 : 최적 막여과유속을 통한 동,하절기를 포함하여 180일 이상 장기운전 성능 평가 검증

7) 막 여과운전 및 통수방법

- 막 운전 방법
  - 정압여과 방식 : 일정한 TMP 유지(펌프, 수두)
  - 정량여과 방식 : 일정한 여과수량 유지(유량계)
  - 가변flux 및 가변압력방식 : 운영상 안정성 확보 필요
- 막 통수방식
  - 외압방식 : 막 외측 → 내측 여과수 배출(전기투석법)
  - 내압방식 : 막 내측 → 외측 여과수 배출(역삼투법)

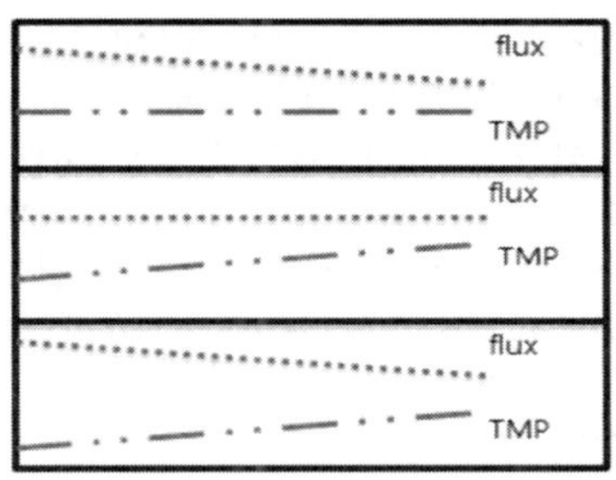

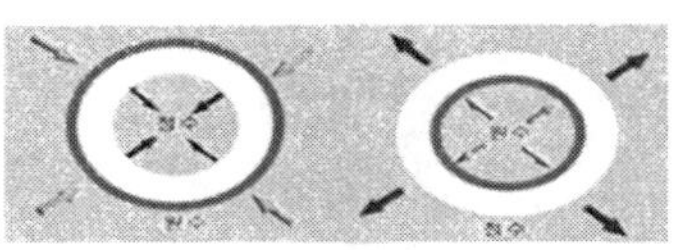

외압방식 내압방식

구 분	전기투석법	역삼투법
구동력	전기력(전위차)	압력(농도차)
제거물질	전기적 전하를 가진 이온성분	수중의 모든물질
막통수방식	외압방식	내압방식
안정성	Flux 안정(오염부하 낮음)	Flux 불안정(오염부하 높음)
동력소비	저염분 담수화시 경제적	고염분 담수화시 경제적

• 막 여과 방식

- 가압식 : 막 모듈(Module)을 Casing 안에 수납 → 막 공급수를 가압하여 여과

<표 6-25> 전량여과와 순환여과의 비교

구 분	전량여과(Dead End)	순환여과(십자흐름 : Cross flow)
방법	막 위치에서 수직여과 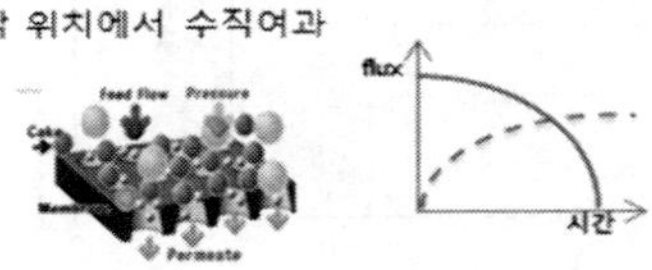	막 면에 수평여과 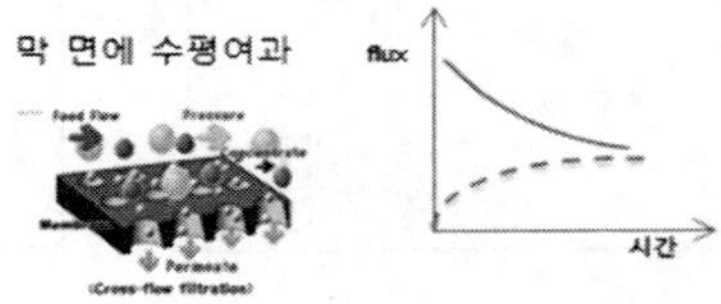
투과속도	Cake 증가로 현저한 저하	안정적으로 완만한 저하
에너지손실	적음	많음
세정	어려움	용이
여과지속시간	짧음(막수명 단축)	길음(막수명 증가)
적용	평상시(MF, UF)	고탁도, 조류유입시(NF, RO)

- 침지식(침적식)
  · 막여과조에 막모듈 침적 : 수위차, 흡인펌프를 이용하여 여과
  · 하수 MBR : 생물반응조에 막모듈 침적

8) 막 세정 ; cleaning in place (CIP)

• 장시간 운영에 따른 역삼투막(Membrane) 표면에 존재하는 실트(Silt), 콜로이드성 물질, 유기물, 미생물 그리고 스케일 등의 오염 물질 세척이 필요

• 막이나 장치가 유기물, 무기물에 의해 오염되어 막 여과기능이 저하한 경우 성능을 회복시키기 위한 수단으로 물리적 세정과 화학적 세정으로 나눔

- 물리적 세정 : 역세수 세정, 볼세정, 역압 공기세정 등
- 화학적 세정 : 막 표면의 스케일 또는 유기물 등의 용해와 분해를 위한 산, 알칼리 세정 등

• CIP 시기

- Flux rate가 10-15 %까지 감소할 때.
- Trans-membrane pressure (TMP) 10-15% 증가할 때 .
- Permeate 수질이 10-15% 감소할 때.

• 세정약품

- Typical cleaning agents used for chemical cleaning : sodium hydroxide (NaOH), citric acid (CA), hydrochloric acid(HCl) and ethylenediaminetetraacetic acid (EDTA)

- **Fouling**은 원수에 포함된 오염물질이 막 표면에 부착하거나 내부에 축적됨으로써 발생되며 세척에 의해 회복될 수 있는데, 이러한 fouling은 원수의 구성성분, 운전조건, 수온 및 pH 등 다양한 요인이 복합적으로 작용하여 발생하게 되며 아직까지 정확한 메커니즘은 규명되지 않고 있음

<원수의 전처리>
원수를 막에 유입시키기 전에 screen 처리나 화학적 침전 등을 이용하여 막효율 저하를 일으킬 수 있는 요인을 사전에 제거시키는 방법으로 막의 막힘 방지 뿐 아니라 조대협잡물들로부터 막 모듈을 보호하는 목적도 있음. 주로 무기응집제나 polymer를 주입하여 scale을 형성할 수 있는 이온들이나 콜로이드성 물질을 응집・침전시켜 제거시키며, 역삼투막 같이 막의 공극이 극히 작은 경우 원수의 전처리는 필수적임

<막세척>
막 세척은 막 면에 부착된 오염물질을 제거시키는 것으로 그 방법에 따라 크게 물리적 세척과 화학적 세척으로 나눌 수 있음. 물리 및 화학적 세척에 대한 조건은 막의 오염정도, 막의 특성, 오염물질의 종류 등 다양한 인자에 의하여 영향을 받으며 대부분의 막이 제조사에 따라 고유의 세척방법을 가지고 있음. 물리세정은 수류나 압력을 이용하거나 에어 스크러빙과 같이 막을 기포로 요동시키는 등 물리적인 작용에 의해 부착한 물질을 제거하는 방법임

- **물리세정 방식별 모식도**

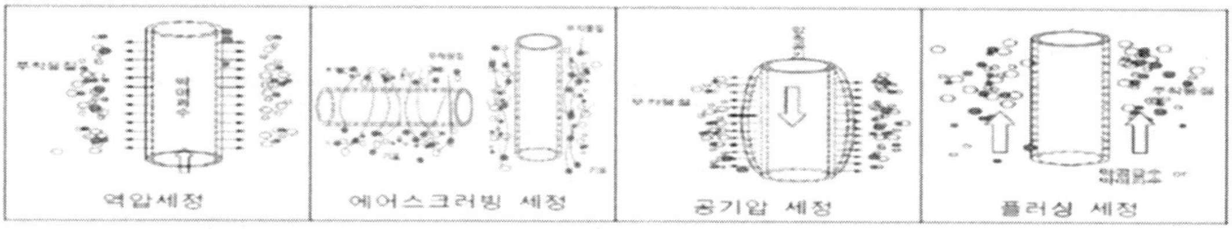

9) 막여과 공정 운영관리

- 지속적인 막사용 시 막의 분리능력을 저하시키는 요인은 크게 물리적, 화학적 반응에 의한 막 자체의 손상과 원수내 오염물질에 의한 fouling, 막표면의 농도분극으로 나누어 볼 수 있다. 막의 분리 능력이 저하되면 투과 flux의 감소, 처리수의 수질 악화 등의 문제가 발생되므로 막의 세척이나 교체 등의 대책이 필요하게 됨

① 막 손상 관리

- 막모듈의 손상여부를 확인하는 방법은 크게 직접법과 간접법이 있는데, 간접법은 직접법과 비교시 온라인에 의한 연속감시가 가능하지만 직접법보다 검지 감도는 뒤떨어짐. 따라서 막여과설비의 손상검지방법은 직접법과 간접법을 병용하여야 함
- **직접법**은 막의 건전성이 유지되고 있는 것을 직접적으로 측정하는 방법이며, 압력유지시험, 확산공기시험, 버블 포인트 시험(Bubble Point Test), 진동음감지법 등이 있음. 대다수의 방법은 막의 한쪽 편에 가압공기를 공급해, 막의 손상 부분에서 정상시 이상으로 공기가 새고 있는지 여부를 측정하는 것임. 막의 결함을 확실히 측정할 수 있는 방법으로서 널리 이용되고 있지만, 장치를 정지시키고 실시할 필요가 있음
- **간접법**은 막여과수의 수질이상을 검지하는 것으로써 막여과 설비에 결함이 생긴 것을 간접적으로 확인하는 방법임. 수질이나 탁도 감시, 미립자측정, 미립자감시 등의 방법이 있다. 간접법은 온라인에 의한 다연속 감시가 가능하고, 설비에서의 상시 감시 방법으로서 사용되는 것이 많음

② 막 오염 관리

- 막을 이용한 여과가 진행되면 막에 의해 여과된 물질들이 막표면에 지속적으로 축적하게 됨. 결과적으로 막표면에서 오염물질의 농도가 증가되어, 막의 용질 저지율이 막에 유입되는 원수를 기준으로 한 것과 달라지게 됨. 이러한 농도분극(concentration polarization) 현상은 특히 한외여과나 역삼투여과 등에서 문제가 되지만 정밀여과에서는 크게 문제가 되지는 않음

자료 : K-water, 수처리와 공급, 2019

10) 막 완결성 (Membrane Integrity) 시험과 그 반영 사례

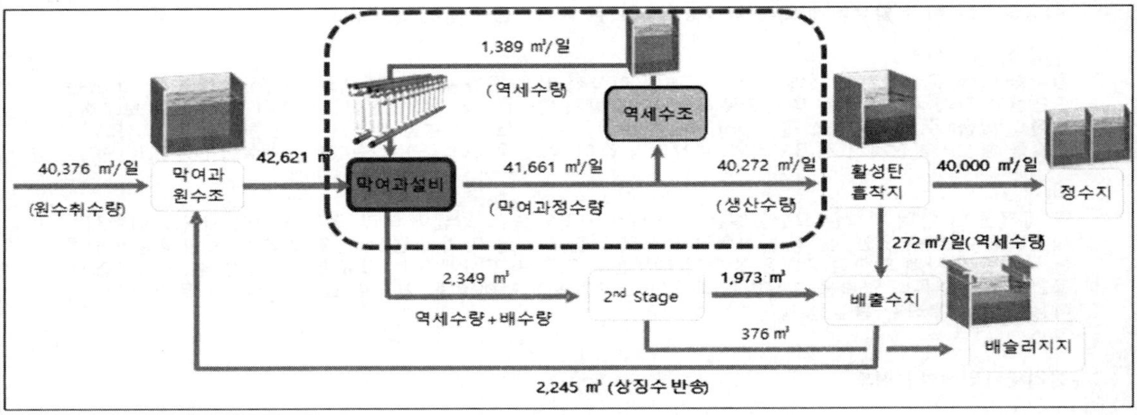

- 막여과 공정 계획수립

막여과 공정 계획급수량 / 막면적 / 막여과유속 = 막모듈 개수 산출
경제성과 Integrity Test 최고감도를 고려 = 계열, 유니트 구성 설계

➡ 막여과 공정을 포함한 전체 물질수지 수립 후 막여과 구성기기 결정 (펌프, 밸브, 배관 등)

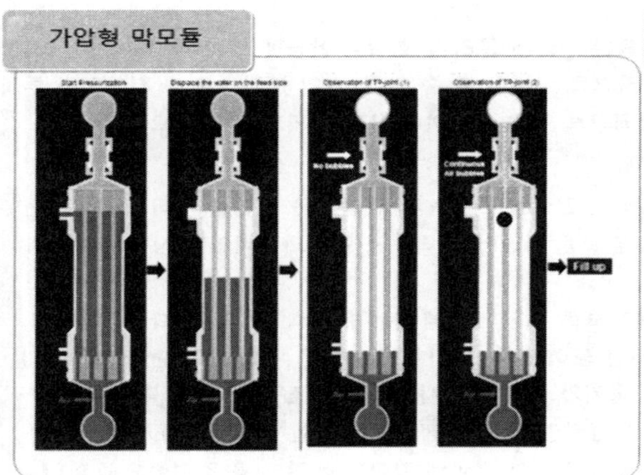

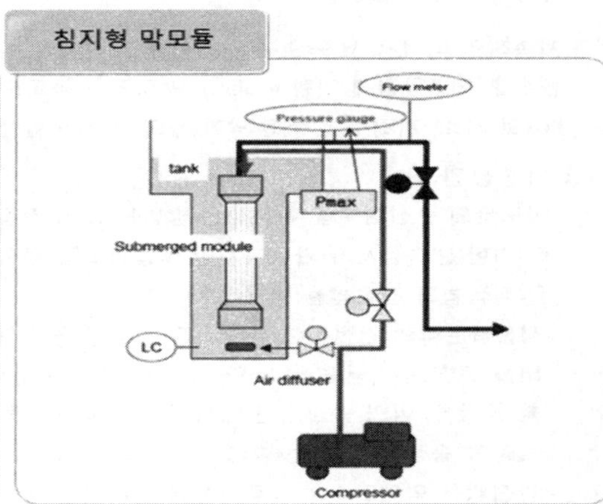

- 막 완결성 시험 감도 평가 개념
  → 초기설정압력까지 공기 주입 후 Air leakage로 압력손실이 있을 경우 압력손실율로 설계 반영

- 막의 고유 특성에 따라 압력손실율이 상이하므로 계열설계에 정량화된 감도 결정
  → (pore size, membrane material, membrane classification)

막 완결성 시험의 원리

- PV =nRT (이상기체상태방정식) → Mass Balance P1V1=P2V2 1
- ⊿P×(V1 × α) = 대기압 ×(β × t) where) ⊿P=P1-P2, α =모듈수, β =air leakage, t=PDT 시간, 대기압=100kPa

막 완결성 시험 계산(예) (그림참조)

- ⊿P × 1000L=100kPa × (6L/min × 5min) ∴⊿P=3kPa
  where) 10개 막모듈, 1unit 내 1fiber 파단, 측정시간 5분, Air leakage 6L/min(실측치)
- 3kPa이상일 때 "막 손상"판단 → 검지 감도설정 및 설계 반영 (단,압력계 최대 감도까지 반영)

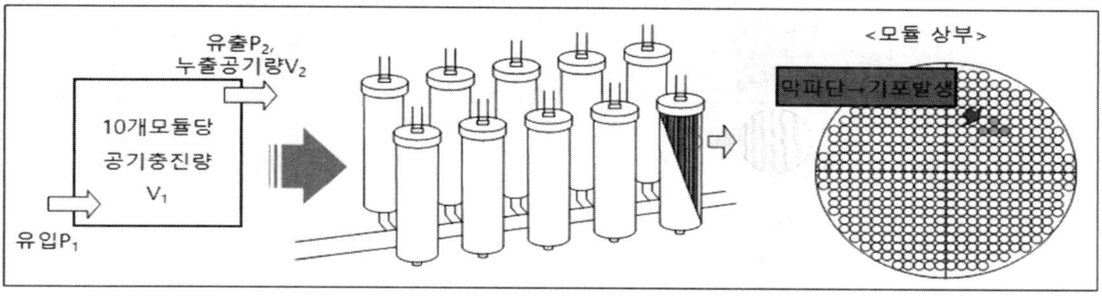

막여과 시설 개요

- 시설규모 : 25,000㎥/일
- 운전방법 : Crossflow
- 여과속도 : 1.5m³/m²/일
- 공정구성 : 원수→혼화/응집/침전→막여과

막여과 시설 공정

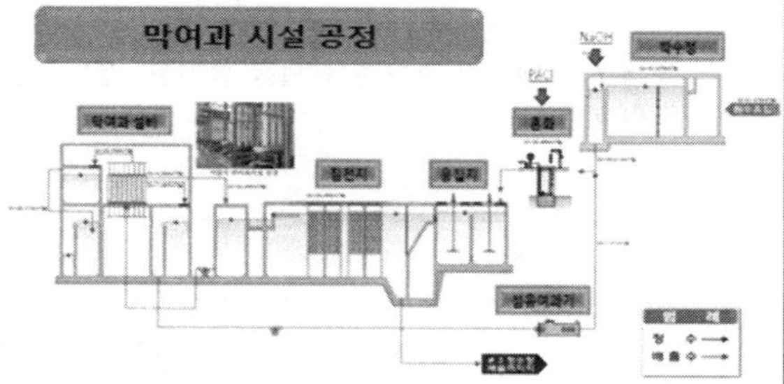

막여과 실시 설계

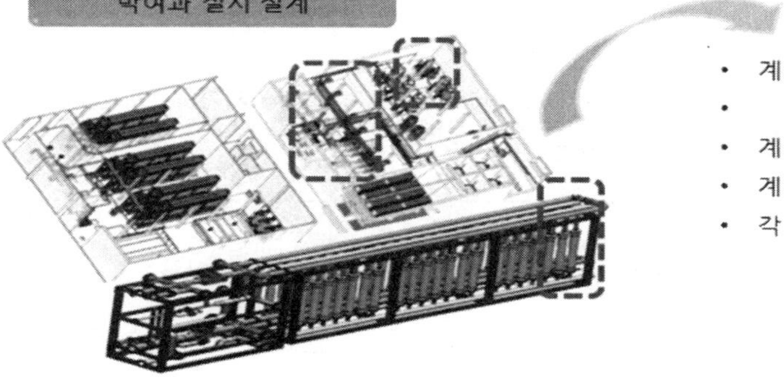

- 계열 산정 (PDR, UCL 설계 반영)
- → 3계열 (계열당 42막모듈)
- 계열당 수질 계측기기 산정
- 계열당 펌프 및 밸브 등 산정
- 각 pipe, 수조 산정

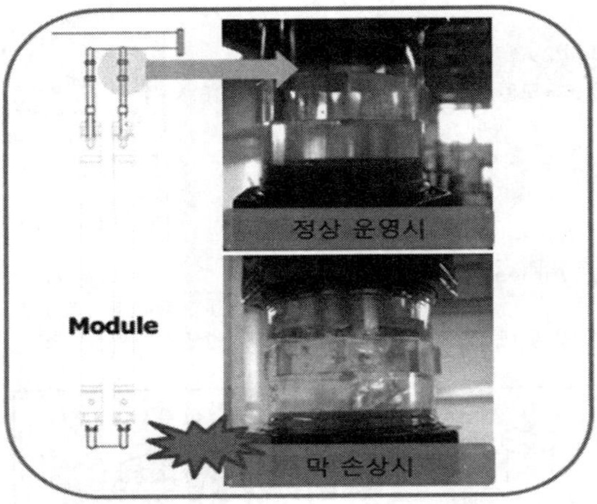

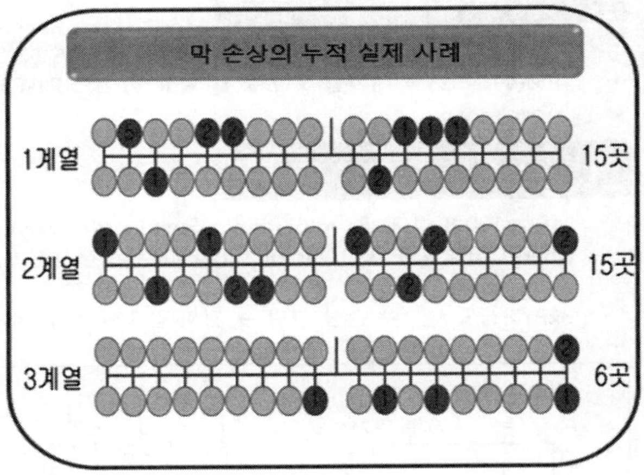

- 주로 화학세정 및 역세척과 여과운전 사이에 발생
  → 분리막 및 막모듈 마다의 최적화되지 않은 막 완결성 시험으로 막오염에 의한 압력손실 저하
- 고품질의 용수공급 시스템을 위한 고감도 막 완결성 시험의 중요성

11) 막여과 공정의 개념설계 (Ideal design)

- 목적

  - 막여과로 제거가 곤란한 용해성 유기물, 냄새유발 물질 등 기타 유해 물질 제거에 따른 조합 가능한 고도처리 방식

구분	특징
막여과 + NF 공정	• MF나 UF에서 걸러내지 못하는 이온이나 저분자량(유기물, 농약, 맛/냄새물질, 합성세제, 칼슘이온, 마그네슘이온, 황산이온, 질산성질소 등) 물질을 제거하는 목적으로 사용 • 주로 경도가 높은 물을 처리할 때 NF 공정을 같이 이용함
막여과 + 활성탄 공정	• 원수에 이·취미 물질(geosmin, 2MIB)이 있을 경우 냄새 제거용으로 많이 쓰이며, 원수에 유기물 함량이 높을 경우 소독부산물질 생성 억제를 위해 BAC공정 및 오존공정을 병합하여 사용하기도 함
막여과 + AOP 공정	• 활성탄의 흡착 공정과는 달리 산화작용으로 이·취미 물질 제어

• 막여과 공정 설계 : 막여과 공정조합 기본설계

막여과 + NF 공정

- RO막과 UF막의 중간적 특성을 가지며, 주로 2가 이온이나 저분자 물질이 분리대상

장점

- 일부 염을 저지하기 때문에 경도가 높은 원수 수질의 경우 먹는물 수질기준에 맞는 경도로 제어할 수 있음
- 유기물에 대해서는 분자량 200~500정도의 분획분자량을 가지므로 적절한 유기물 제어를 통한 소독부산물 생성을 억제할 수 있음

단점

- 다른 운전에 비해 운전 조작압력이 높아 경제성이 낮음

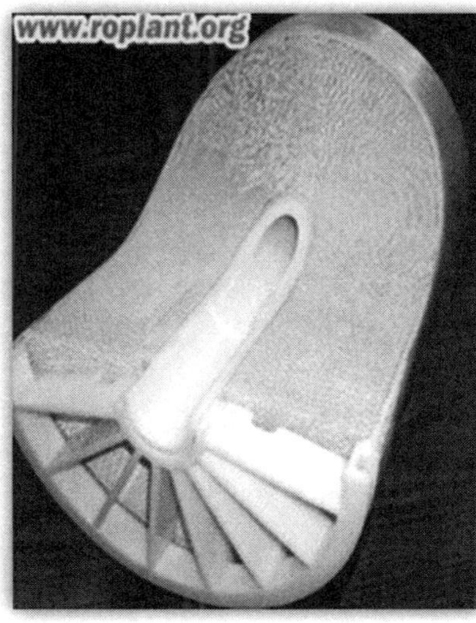

막여과(MF/UF) + NF 공정

- 메리스와즈(Mery-Sur-Oise) 정수장
  - 위치 : 프랑스 파리
  - 시설용량: 140,000 m³/day
  - 공정 : 응집/침전지(ACTIFLO settling tanks) → 전오존 접촉조 → 다층여과지 → MF → NF → 소독 → 공급

<메리스와즈(Mery-Sur-Oise) 정수장>

막여과 + 활성탄 공정

- 활성탄내 미세한 기공들이 유해물질을 흡착으로 제거하여 맛·냄새 처리

GAC
- 표준정수처리공정에서 잘 제거되지 않는 오염인자들과 전염소 처리 과정에서 발생하는 THMs 등을 제거

BAC
- 입상 활성탄에 형성된 갈라진 틈 즉, macro pore에 미생물을 부착, 성장 시켜 유입되는 유기물의 일부를 부착미생물의 분해로 제거하여 활성탄에서 생물학적 작용과 흡착작용의 2가지 기능이 동시에 일어나도록 운전하는 처리기술

<GAC의 흡착 전, 후>

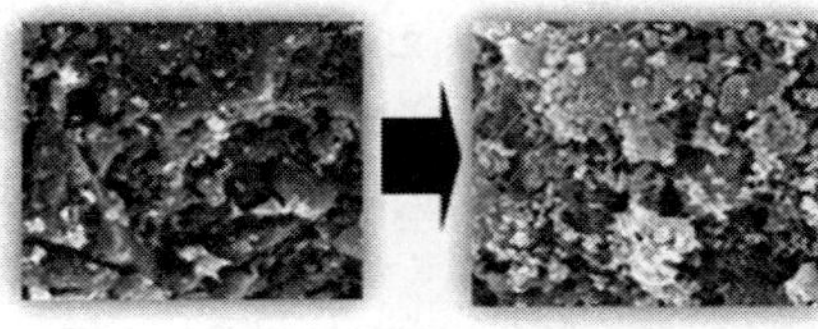

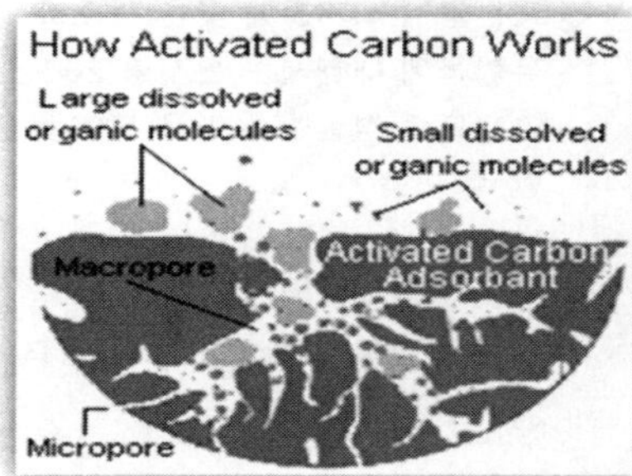

막여과 + 오존 + BAC 공정

- BAC 전의 오존 처리는 유기물을 생분해가 용이하게 결합력을 낮추고, 미생물에 산소를 공급하여 BAC에 유리함
- BAC는 GAC의 흡착과 미생물의 생분해에 의한 용존성 유기물 저감에 효과적이지만, 미생물 번식에 따라 역세 주기가 짧아지거나 흐름을 막을 수 있고, 미생물 탈착에 의한 처리수질 악화의 약점이 있음
- 원수 또는 역세수의 염소 주입에 의한 BAC에 대한 영향은 낮음

구분	특징	적용
BAC	• 용존성 유기물질의 제거율이 높음. • 재생 없이 수년간 사용이 가능함. • 건설비 및 운전비용이 절감됨. • GAC공정 운전상의 변형공정임.	• GAC공정만으로는 제거가 어려운 암모니아성 질소와 용존유기탄소 및 생물학적 분해 가능한 유기탄소의 제거
오존	• 미생물 및 유기물질 등을 산화시키는 능력 • 물속에서 자기분해 반응으로 인하여 연속적인 산화반응 및 소독 효과	• 물 속의 유◦무기물질 산화 및 멸균 소독으로 후공정인 입상활성탄에서의 제거효율을 높여주며, 냄새제거, 박테리아, 바이러스 살균, 정수된 물에 산소공급 등을 함

적 용 사 례 1

- 영등포 정수장
  - 위치 : 서울시 영등포구
  - 시설용량: 50,000 m³/day
  - 공정 : 가압식 : 원수 → 혼합/응집 → 침전 → 막여과 → GAC → 처리수
  - 침지식 : 원수 → 혼합/응집 → 막여과 → GAC → 처리수

<영등포정수장 막여과시설>

적 용 사 례 2

- 연초 정수장
  - 위치: 거제시
  - 시설용량: 16,000 m³/day

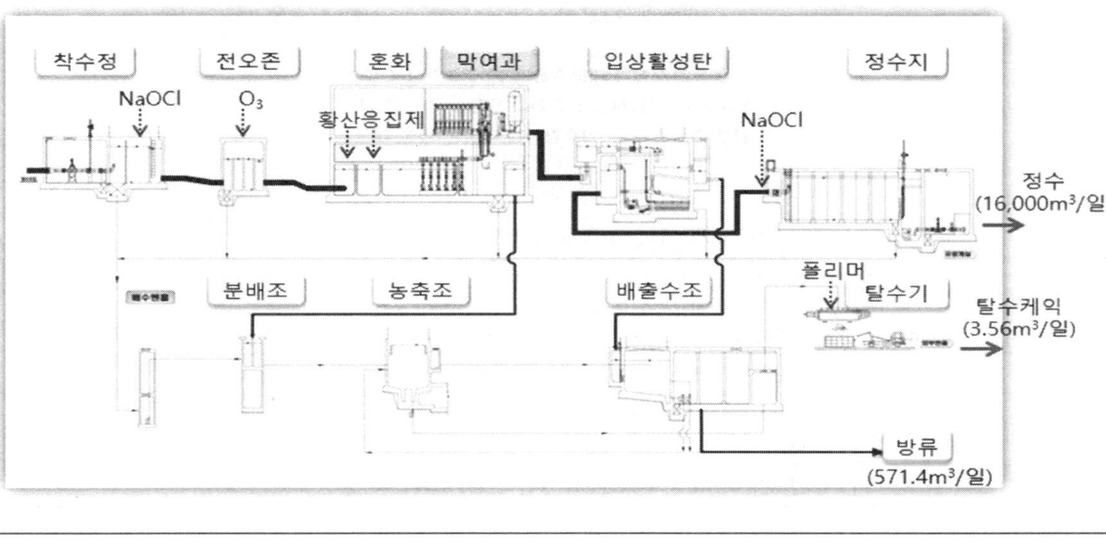

적 용 사 례 3

- Twin Oakas Valley 정수장
  - 위치 : 미국
  - 시설용량: 380,000 m^3/day
  - 공정 : 원수 → 스크린 → 막여과 → BAC(오존+AC) → 공급

Twin Oakas Valley 정수장

12) 막여과 정수시설 실시 예

① 막여과 정수시설 설치 배경 및 목적

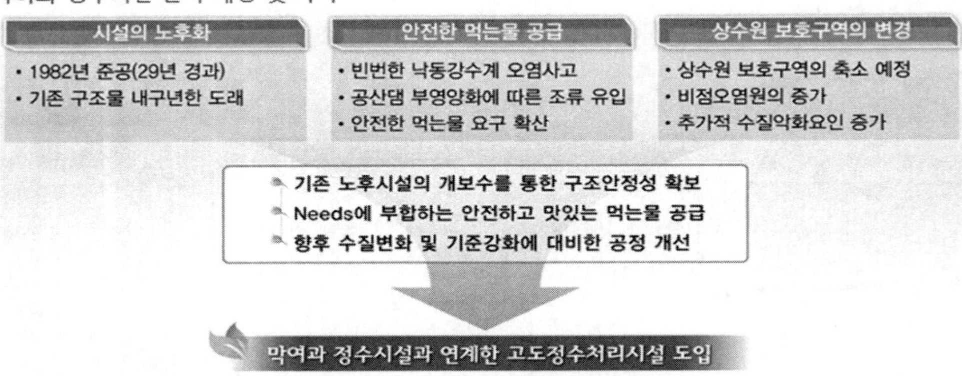

구 분	기대효과
맑 은 물 공 급	·소독부산물, 맛· 냄새 및 미량유해물질 까지 제거한 안전하고 깨끗한 물 공급
운영관리 편의성	·유지관리를 고려한 운영자 중심의 설계를 통한 운영의 효율성 향상
정수처리공정 홍보성	·막여과 공정과 고도정수처리 공정을 결합한 국내최대 정수처리 시설 홍보 효과 극대화
기술인력 확보	·선진 정수처리 기술 도입을 통한 전문 기술인력 양성

② 대상 수원의 다년간의 수질분석 결과 분석 및 목표치 산정

항목	단 위	2007년		2008년		2009년		금회분석	
		범 위	평 균	범 위	평 균	범 위	평 균	1회	2회
수 온	℃	3.3~26.7	14.8	2.9~27.9	14.7	1.9~24.7	14.7	-	-
pH	-	6.8~7.4	7.1	6.8~8.0	7.3	6.8~8.0	7.3	7.7	7.9
탁 도	NTU	1.3~100.0	9.5	1.3~87.3	8.7	0.9~162.3	5.6	-	-
SS	mg/L	2.6~13.9	7.9	2.5~27.9	9.5	0.0~8.9	3.6	2.2	2.6
COD	mg/L	3.3~5.6	4.1	3.6~6.7	5.0	4.4~6.5	5.3	4.5	4.4
철(Fe)	mg/L	-	-	-	-	0.000~3.894	0.235	0.051	불검출
망간(Mn)	mg/L	-	-	-	-	0.000~0.455	0.065	0.0186	불검출
대장균군수	MPN/100mL	3.0~5900.0	682.7	3.0~925.0	174.6	0.0~1105.0	190.5	180	240
알칼리도	mg/L	15.3~61.0	37.1	24.9~54.8	38.7	12.2~72.3	45.9	-	-
조류 총개체수	cells/mL	110~12,840	1,677	320~25,100	3,278	360~10,530	2,472	-	-
클로로필-a	μg/L	1.4~100.3	11.0	3.7~80.3	14.7	4.0~36.6	13.4	-	-

③ 막모듈 선정 과정

구	분	선 정 기 준	비 고
막모듈의 성 능	막모듈형태	·부산물 발생이 적고 설치 및 유지관리가 용이한 막모듈 선정	
	운전안정성	·저수온기에도 안정적인 처리수량 확보가 가능한 막모듈 선정	1℃ 기준
	취급용이성	·막파손 검지 및 막모듈 교체 및 보관이 용이한 막모듈 선정	
	약품사용량	·약품세정이 용이하고 약품사용 및 폐액 발생이 적은 막모듈 선정	
	경 제 성	·막모듈 교환에 대비하여 대수선비가 작은 막모듈 선정	
여과막의 성 능	내오염성	·원수 특성을 고려하여 저파울링 구조인 여과막 선정	
	내화학성	·염소접촉 허용 농도가 높고 산·알칼리 세정액 대해 내화학성 보유	
	처리수질	·병원성 미생물 5log 이상 제거, 입자 제거 능력이 우수한 여과막 선정	

④ 막모듈을 포함한 전, 후처리 공정 조합

구 분	전오존+응집+막여과 공정	염소+망간사 접촉법
제거원리	$Mn_2^{+}+O_3+H_2O \rightarrow MnO_2(s)+O_2+2H^{+}$	$Mn_2^{+}+MnO_2+H_2O+H_2O \rightarrow MnO_2+MnO+H_2O+2H^{+}$
설치방법	·원수 또는 여과수측에 오존 접촉조 설치	·원수 또는 여과수측에 망간사 접촉조 설치
망간제거효과	·철, 망간 제거에 효과적	·철, 망간 제거에 효과적
적정주입량	·0.88mg:1mg Mn	·잔류염소 0.5mg/ℓ유지
공산정수장 적용성	·소독부산물 및 맛·냄새 동시 제거 가능하여 경제적	·원수 탁도에 의한 폐색현상으로 원수측에 설치 불가 ·여과수측에 설치시 염소투입에 의한 활성탄 흡착 문제
검토결과	·공산정수장 원수수질 및 현장여건을 고려할 경우 전오존+응집+막여과 공정에 의한 망간제거 공정이 타당	

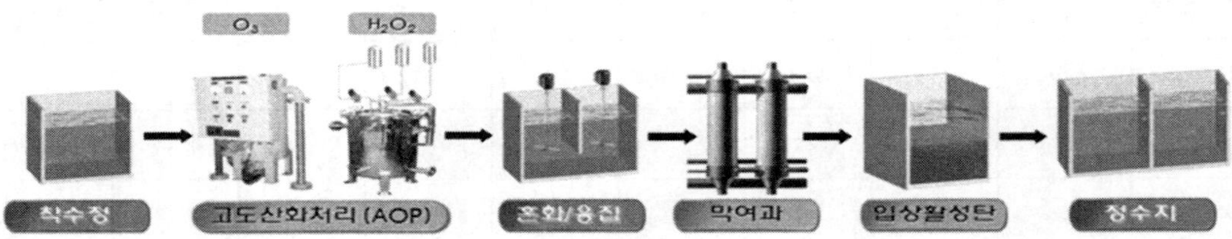

⑤ 막여과 정수시설 개요

구 분	시 설 개 요	막여과 시설전경
시설용량	40,000㎥	
막의종류	정밀여과막(MF, 0.01㎛)	
계열구성	4계열(4유니트/계열)	
유니트 구성	4유니트/계열	
막모듈수	26모듈/유니트(총 416모듈)	
여과유속	4계열 운전시:1.53 ㎥/㎡·일 3계열 운전시:2.04 ㎥/㎡·일	
회 수 율	94%	
구동방식	가압식	
여과방식	전량여과	
통수방식	외압식	

⑥ 막여과 정수시설의 각 세부사항 결정 과정 : 원수수질에 따른 막여과 운전조건 결정

막오염도 및 회복율 평가방법

막오염도 실험 및 회복율 분석방법

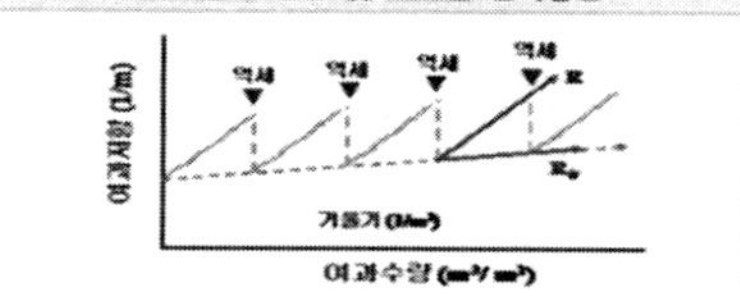

막오염도 실험결과

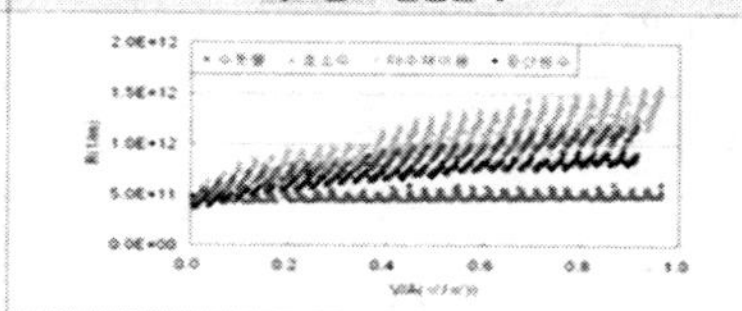

- $Rr = \frac{(R_1 - R_2)}{V}$ • $Rir = \frac{(R_2 - R_1)}{V}$

R_1, R_2 : 여과저항, V : 여과 유량
Rr : 여과저항 증가율, Rir : 비가역적 여과저항 증가율

구 분	낙동강 수계	하수재이용	공산정수장
Rr(1012/m²)	12.8	6.8	3.8
Rir(1012/m²)	0.6	0.6	0.4
여과유속	2m³/m²·일	2m³/m²·일	2m³/m²·일
세정주기	2회/년	2회/년	2회/년

한강수계 막여과 공정 운전결과

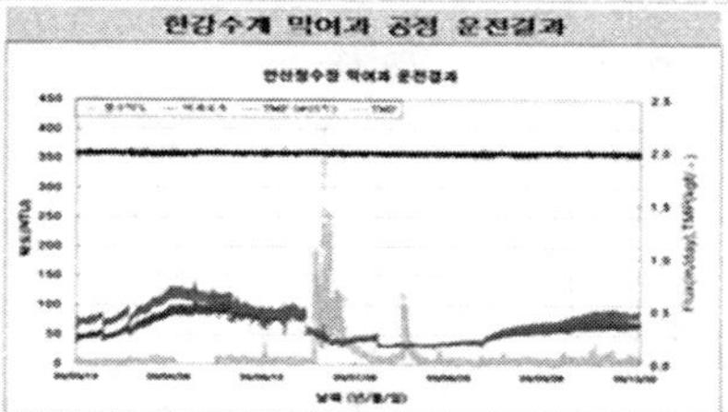

구 분	운전조건	구 분	운전조건
운전기간	2009.3~2009.10	막의 종류	정밀여과막
원수탁도	2~400 NTU	수 온	7.4℃~26℃
여과유속	2m³/m²·일	세정주기	1~2회/년

※ 한강수계 막여과정수처리 시스템최적화 연구(2008~2009)

낙동강 수계 막여과 공정 운전결과

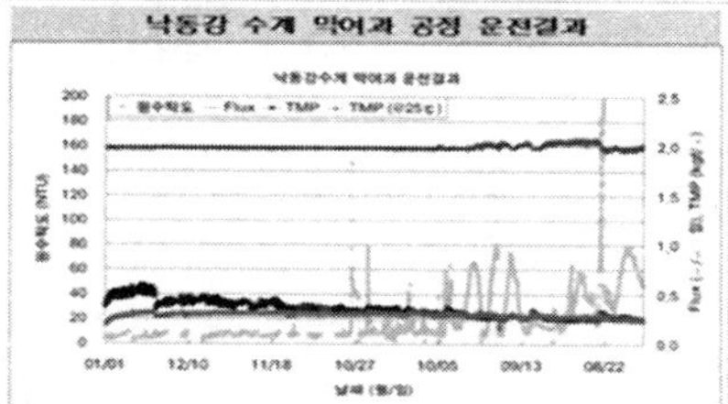

구 분	운전조건	구 분	운전조건
운전기간	2008.2~2008.8	막의 종류	정밀여과막
원수탁도	2~198 NTU	수 온	-0.45℃~34℃
여과유속	2m³/m²·일	세정주기	2회/년

※ 한강수계 막여과정수처리 시스템최적화 연구(2008~2009)

⑦ 막여과 정수시설의 각 세부사항 결정 과정 : 계열구성 및 유니트의 적정성

구 분	4계열	3계열	비 고
생산유량	·10,000㎥/일·계열×4계열	·13,333㎥/일·계열×3계열	40,000㎥/일
운전안정성	·정상 운전시:1.5 ㎥/㎡·일 ·3계열운전시:2.0 ㎥/㎡·일설계여과유속 범위에서 운전가능	·정상 운전시:1.5 ㎥/㎡·일 ·2계열운전시:2.3 ㎥/㎡·일설계여과유속을 초과하여 부하증가	1계열 정지시 운전 여과유속 검토 (막세정 및 개. 보수시)
선 정	◉		

구 분	4유니트	3유니트	비 고
생산유량	·2,500㎥/일×4유니트	·3,333㎥/일×3유니트	·10,000㎥/일·계열
운전안정성	·1유니트 정지시에도 정상운전 가능	·1유니트 정지시 계열정지 불가피	·유니트 개·보수시
유지관리성	·PDT 정확성이 높음	·PDT 정확성 낮음	·제안서 00페이지
선 정	◉		

⑧ 막여과 정수시설의 각 세부사항 결정 과정,_막여과 정수시설 배출수 처리방안

구 분	막여과 배출수			방류수			비 고
	평균탁도	설계탁도	고탁도	평균탁도	설계탁도	고탁도	
유량(㎥/일)	429	429	429	100	100	100	
SS(kg/일)	1,732	4,628	7,875	9.2	9.2	9.2	

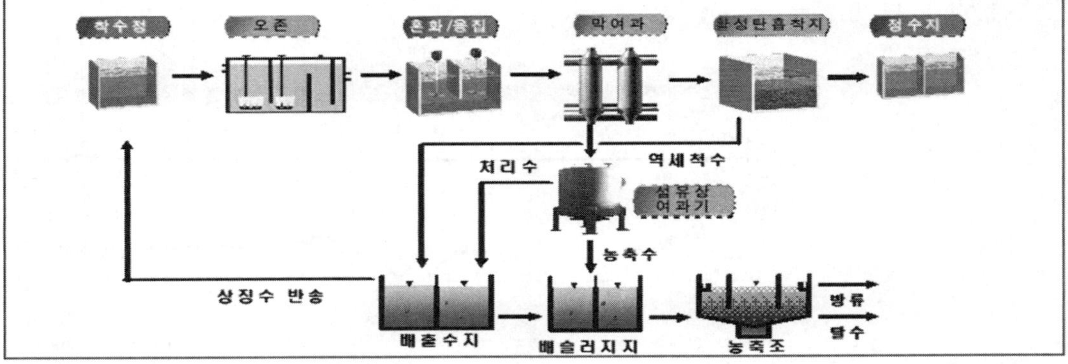

<그림 6-28> 막여과 정수처리시설 및 배출수 처리시설 공정도 공정도

⑨ 막여과 정수시설의 각 세부사항 결정 과정 : 막여과 정수시설 약품세정배출수 처리방안

구분	폐액종류	처리 및 관리계획	비고
산세정 폐액	구연산	고농도 유기물을 함유한 폐액으로 위탁처리	
알칼리세정 폐액	차아염소산나트륨	탈염 및 pH 중화 처리 후 배슬러지지로 이송	탈염:중아황산나트륨, 중화:가성소다

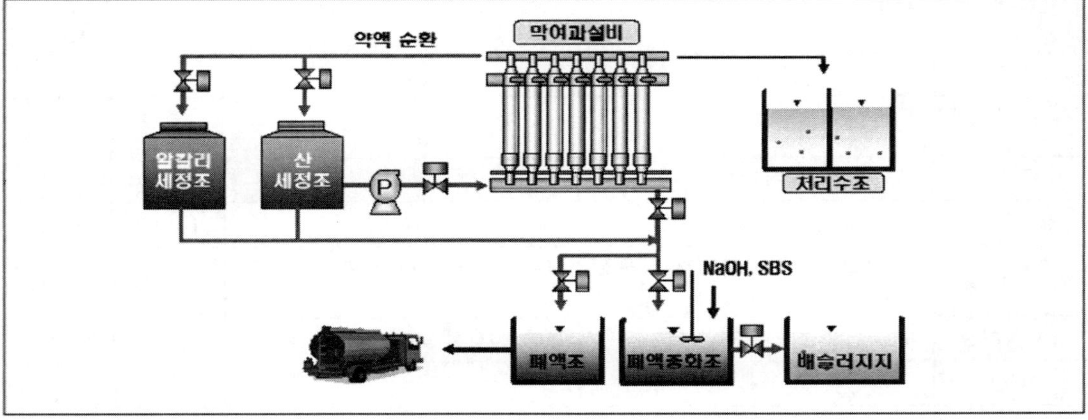

<그림 6-29> 막여과 정수시설의 약품세정 배출수 공정도

<표 6-26> 국내 막여과 정수장 설치 현황

장 소	운영주체	시공/Eng	적용막	막 공급사	규모	비고
시흥정수장 (2003년)	수자원공사	한화건설	MF/UF	Asahi	3,600톤/일	공정:호소수-스크린-막소독 (PAN) 1cycle : 여과 20분, 30초 역세
공주정수장 (2009년)	수자원공사	금호건설	MF	Toray	30,000톤/일	2009년 10월준공
포천 이동정수장	수자원공사	태영(Genix)	UF	Asahi	1,500톤/일	
김천 지례정수장	수자원공사	Degrement (삼성 Eng)	MF/UF	Asahi	300톤/일	간이상수도 정수처리 공정개발
양평 양동	수자원공사		UF	Aquasource	1,000톤/일	
울릉도	수자원공사	새한		Zenon	400톤/일	
청주	수자원공사		MF/UF		525톤/일	고부하 대체공정개발
충남 서산, 서천, 당진	수자원공사		NF		각 3.5톤/일	간이상수도시설
구의정수장	서울특별시 (환경부)	대우건설 한화건설 태영건설	MF/UF	Asahi, Toray , SKc, 새한, 코오롱	각 수백톤/일	구의정수장 원수-전처리-막여과 (03~07)
영등포 정수장 (2010년)	서울특별시 (환경부)	대우건설 한화건설 태영건설	MF/UF	Asahi, Toray , SKc, 새한, 코오롱	50,000톤/일	영등포막여과정수장 : 2010년 9월 준공
기장해양 정수센터	부산시	두산 중공업	RO	2중 역삼투압 (SWRO) 기술 적용	45,000톤/일	·2014년 준공, 2016년 현재 주민반발로 급수 미공급 상태 ·예산 : 1,954억

6.5 해수 담수화(Desalination) 공정

해수담수화 공정

- 해수담수화 필요성과 시설 계획 시 고려해야 할 요소들에 대해 정리하고 현재 적용되고 있는 대표적인 해수 담수화 기술인 증발법 및 역삼투 기술에 대한 기술의 원리, 특성 및 설계 등에 대해 고찰하고자 함

6.5.1 해수 담수화 기술

1) 개요

- 해수담수화란 염분을 포함하고 있는 해수 등에서 음료수나 기타 용도로 이용할 수 있도록 염분을 제거하여 담수를 얻는 것을 말하며 Cl-, Na+ 뿐만 아니라 다수의 무기 염류가 제거됨

2) 담수화의 특징

- 해수담수화는 댐 다음으로 다량의 수자원을 확보할 수 있는 기술
- 댐 공사에 비해 공사기간이 짧아 조기에 다량의 수자원을 확보할 수 있음
- 계절과 기상조건에 좌우되지 않고 안정적이고 지속적으로 먹는 물의 확보가 가능
- 플랜트가 콤펙트하여 시설면적이 작게 들지만, 지표수를 이용하는 정수장에 비해 생산 단가가 비싼 것이 단점

3) 담수화 기술 변천사

- 인류는 오랫동안 바닷물을 이용한 음용수 생산을 위해 담수화 공정 사용하여 옴
- 수자원이 부족한 중동지역에서 주로 열을 이용한 대규모 담수화 사업이 추진되었고 최근에는 막기술의 발달로 역삼투막을 이용한 담수화 시설이 많이 국내외적으로 적용되고 있음

1600s → 1920s → 1960s

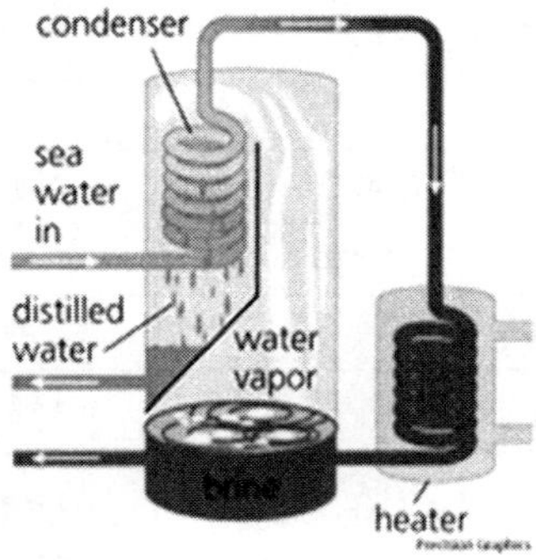

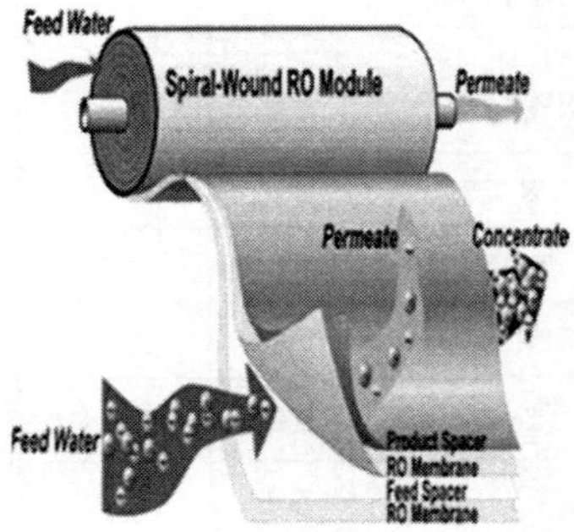

17세기 최초 담수화는 해군함정	열 기반의 담수화 상업화	분리막 기반의 신생 담수화 기술

자료 : http://www.roplant.or.kr/

4) 담수화 기술 분류 및 특징

<표 6-27> 해수담수화 처리 기술 및 공법 분류

구 분 (Group)	분 류 (Type)	구 동 력 (Form of Energy)
열 증류공법 Thermal distillation processes	다단 증발법 Multi-stage flash distillation (MSF)	열과 전기 Heat and electrical
	다중효용 증발법 Multi-effect distillation (MED)	열과 전기 Heat and electrical
	증기 압축법 Vapor compression distillation(VC)	증기 압축법 Mechanical or electrical
막 공법 Membrane processes	역삼투법 Reverse Osmosis (RO)	전기 Electrical
	증기 압축법 Electrodialysis (ED)	전기 Electrical
이온교환 공법 Ion exchange	이온교환법 Cation and anion exchange	화학적 재생 Chemicals for regeneration

방 식	MSF	MED	RO	FO
에너지 소비 (kWh/m³)	10 ~ 16	6 ~ 12	2 ~ 4	0.5
생산비용 (Cents/m³)	110 ~ 125	75 ~ 85	68 ~ 92	-

자료: Gary Amy (2007)

<표 6-28> 담수화 공법별 원리 및 장단점

구 분		원 리	장. 단점
역삼투법 (RO)		· 반투막을 사이에 두고 해수에 삼투압 보다 높은 역삼투압을 가해 담수 추출	· 최근 실적이 많고, 조작이 용이 · 증발법보다 에너지 소비량 적음 · 막의 내구성 문제로 일정 주기로 교체 필요 · 처리효율을 높이기 위해 전처리가 필요
증발법	다단 플래쉬법 (MSF)	· 순차적으로 감압상태에 있는 일련의 관내에 과열 해수를 주입하여 자기 증발(60~80℃)시키고, 발생하는 수증기를 해수의 가열원으로 이용하여 응축시킴	· 대규모 장치 실적 많고, 생산수 순도 높음 · 다중 목적(발전 및 담수)의 장치에 유리 · 에너지 소비량 가장 높음 · 부식 방지 필요하며, 부분 부하 운전 곤란
	다중효용법 (MED)	· 연결되어 있는 각 증발장치내에 해수로부터 발생하는 수증기를 순차 감압상태에 있는 2차 증발 장치의 해수의 가열, 증발에 사용하여 응축 시킴	· 중규모 장치 실적 많고, 생산수 순도 높음 · 폐열 이용의 경우에 경제성 측면에서 유리 · 부식의 방지가 필요
전기투석법 (ED)		· 음,양의 두전극 사이에교대로 배치한 양이온 교환막과 음이온 교환막의 사이에 해수를 흘려 해수 중의 이온을 분리 제거	· 내압용기, 내압배관 불필요 · 온도변화에 대응이 용이 · 에너지 소비량 다소 높음 · 기수 해수담수화에 적용 가능

5) 전기투석법(ED; Electrodialysis Process)

- 개요 : 전기투석조 (Electrodialysis Stack) 양단에서 공급되는 직류전원에 의해 형성되는 전기장을 구동력으로 하고 물속에 녹아 있는 화학성분 중 전기적 성질을 갖는 전해질(양(+)이온 또는 음(-)이온)을 선택적으로 투과하는 이온교환막을 이용하여 이온성 물질을 분리하는 막분리 공정

- 기술의 원리
  - 하나의 담수 유로와 고염수 유로를 묶어 전기투석공정의 단위 셀로 설정할 수 있으며, 이 셀을 얼마나 많이 적층시키냐에 따라 담수화시스템의 용량을 조절 할 수 있음
  - 일반적으로 단위셀 100-200개를 적층시켜 양단의 전극 사이에 넣어 구동
  - 전기 투석법은 해수의 염도가 낮을수록 이론적 에너지량이 감소되는 특징이 있고, 염도가 11,000ppm인 경우는 증발법보다 경제적이고, 4,000-5,000ppm인 경우는 역삼투막법보다 경제적인 것으로 보고됨
  - 이온화되지 않는 물질은 제거할 수 없는 단점이 있어 전기 투석법은 실제로 해수 담수화보다는 기수(Brackish Water) 담수화에 많은 실적을 가지고 있음

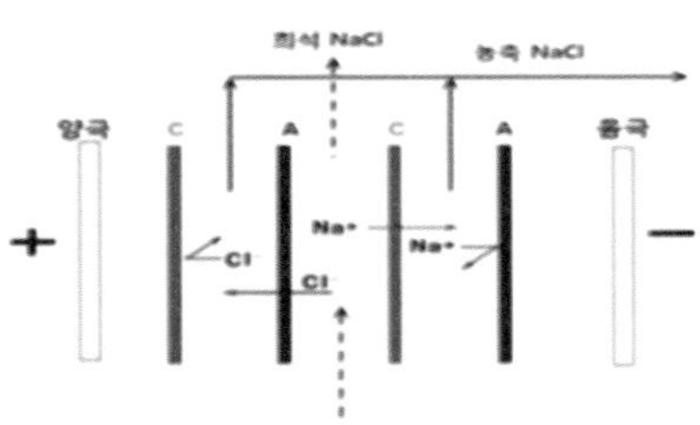

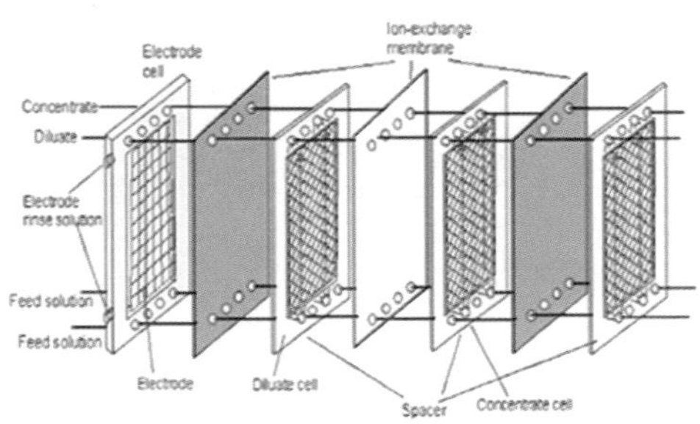

• 해수로부터의 담수화와 초순수 제조

- 현재 적용되고 있는 대표적인 두 공정 기술은 다단증발법(MSF, 열 기반)과 역삼투법(RO, 분리막)임

<역삼투법 적용 시설 현황>

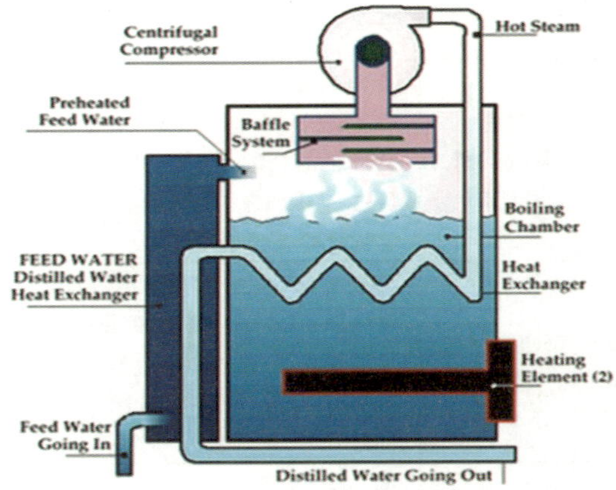

<다단증발법 기술 원리>

<다단증발법 적용 시설 현황>

6) 역삼투법의 기본원리

- 물은 통과시키지만 용질(이온성 물질)은 거의 투과시키지 않는 역삼투막(RO막)을 이용하여 삼투압 이상의 압력 에너지를 가하여 해수를 담수로부터 분리해내는 공법
- C l-, Na+ 등 다수의 무기염류 제거

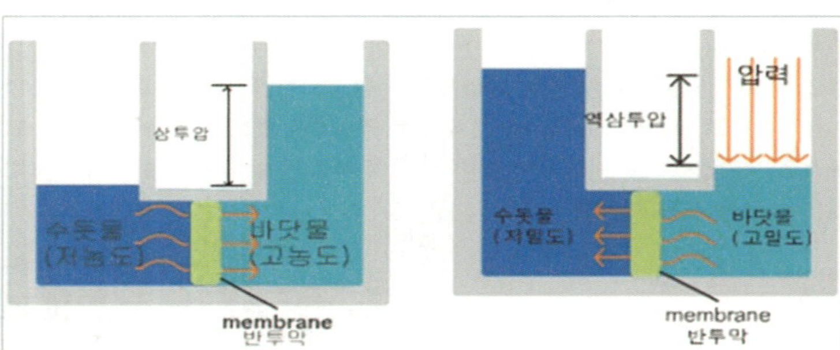

• 삼투압과 역삼투압

- TDS 35,000mg/L인 표준 해수의 삼투압은 약 25bar로 해수에서 담수를 생산하기 위한 역삼투압은 40-60bar 정도 필요

6.5.2 역삼투 담수화 기술 적용

1) 해수 담수화 추진절차(Seawater Desalination Process)

- **원수 수질 및 목적 파악**
  - -TDS 기준 1g/L 이하, 1~10g/L, 10~30g/L, 30g/L 이상
  - -적용 목적 : 연수화, 농축, 하수재이용, 해수담수화 등
- **취수 및 전처리 시설**
  - -생산 규모에 따라 취수 시설 선정
  - -RO막 요구 수질에 따라 공법 선정 및 주입 약품, 농도 결정
- **분리막 결정**
  - -수질 기준 및 분리막 성능을 고려하여 선정
  - -차지하는 공간, 고압 펌프 용량, 파이프 크기, 효율 등을 고려하여 분리막 dimension 결정
- **평균 투과플럭스 결정**
  - 원수 종류 및 원수 SDI 기준으로 결정
- **분리막 개수 계산**
  - -결정된 투과플럭스를 바탕으로 분리막 개수 결정
  - -Vessel 당 막모듈 개수 결정
- **시스템 배열 결정**
  - -원수 종류 및 수질, 회수율에 따라 결정
- **한계 조건 설정**
  - -최대운전압력 설정
  - -최대 유입유량 및 최소 농축수 유량 설정
- **후처리 및 농축수 방류**
  - -수질 기준에 따라 후처리 시설 고려
  - -농축수 방류시 생태계에 미치는 영향을 최소화

2) 역삼투 해수담수화(SWRO) 공정 구성 및 특징

- SWRO공정 구성

Seawater Intake (취수)
- ➢ Open channel
- ➢ Intake pipe
- ➢ Beach Well

Pretreatment system (전처리설비)
- ➢ Dual Media Filter (DMF)
  - Pressure/Gravity Type
- ➢ Membrane Filtration
  - UF/MF
- ➢ Dissolved Air Flotation (DAF)
- ➢ Chemical Dosing

RO system (역삼투설비)
- ➢ Recovery Ratio
- ➢ RO Configuration
  - 1st Pass vs 2nd Pass
  - Membrane Characteristic
- ➢ Membrane Type
  - Spiral wound Type
  - Hollow Fiber Type
- ➢ HP Pump Configuration
- ➢ RO Train Size
- ➢ ERD Configuration
  - ERI/Dweer
  - Turbo charger
  - Pelton Wheel

Post Treatment (후처리+배출수/폐기물 처리)
- ➢ Post Treatment
  - Lime Dosing type
  - Limestone Dissolution type
  - CO2 generation plant
  - Chlorine dosing plant

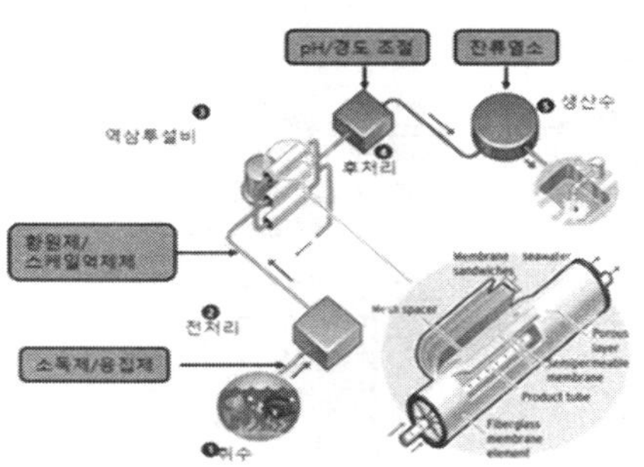

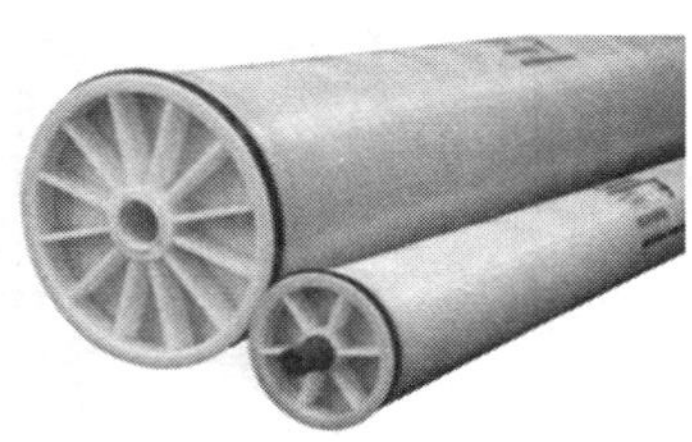

<역삼투막 모듈 형태>

3) 담수화 시설 계획 시 고려사항

- 생산수 수질 검토 : 생산수수질은 TDS 200mg/L이내, 경도($CaCO_3$) 10mg/L이내, pH 6 정도로 먹는 물 수질기준을 만족하나, 만약 보론(B)이 수질기준(1mg/L)을 초과시 Two-Stage RO 설비가 필요함
- 생산수 공급 방법 : 생산수는 기본적으로는 단독시설에서 생산하여 공급이 가능하도록 처리함이 원칙이며, 필요시 기존의 수도수와 혼합할 경우라도 생산수의 수질은 먹는물 수질 기준에 만족하여야 함
- 취수 위치 및 전처리 공정 선정 : 해양환경 및 주민 수용성 등을 종합적으로 고려하여 결정 : 탁도(SS) , COD, 수위, 적조 유무에 따라 전처리 설비(DAF or 침전지, DMF or UF) 결정
- 해수담수화 시설의 환경영향 및 대책 : 폐수, 농축수(해양 방류), 슬러지, 처리 방안 검토

- 공법에 따라 적용 가능한 대상 수질의 염분 농도
  - 증발법 : 100,000 mg/L 이상
  - 역삼투법 : 5,000-50,000 mg/L
  - 전기투석 : 400-5,000 mg/L
  - 이온교환 : 300 mg/L 이하

  ☞ 이온교환은 높은 폐수처리비용

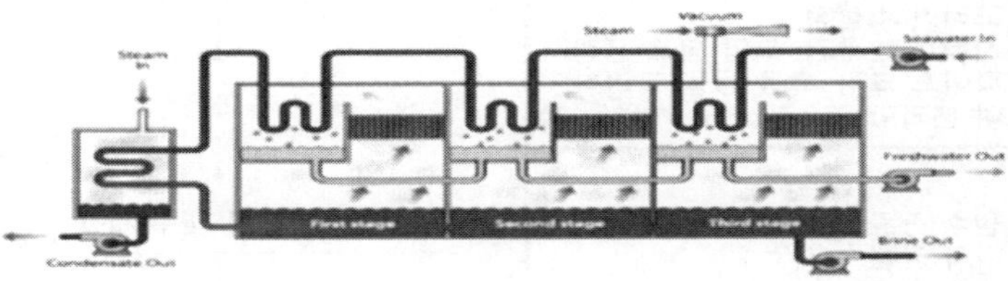

Fig. 1. Schematic diagram of MSF unit.

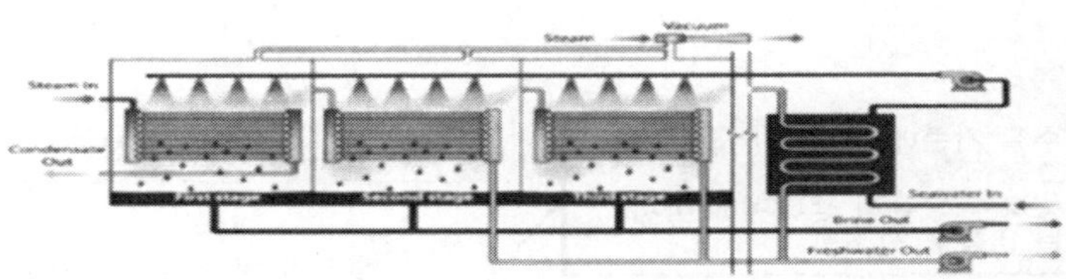

Fig. 2. Schematic diagram of MED unit.

4) 전처리 공정의 구성

- 막이 수명과 성능유지를 위해 막이 오염을 유발하는 미세한 모래, 미생물, 고형물질 등을 제거함으로써 막의 성능 향상을 시기키 위해 전처리 시설이 필요
- 전처리 공정은 DAF, DMF, UF 공정을 해수 수질에 따라 적절하게 조합하고, 경제성과 효율성을 종합적으로 고려하여 구성함
- 제거 대상물질은 콜로이드, 부유물질, 조류(Algae), 미생물, 오일 등
- 각 단위공정은 최적화된 pH 조절제와 응집제의 주입량이 함께 수반되어야 함

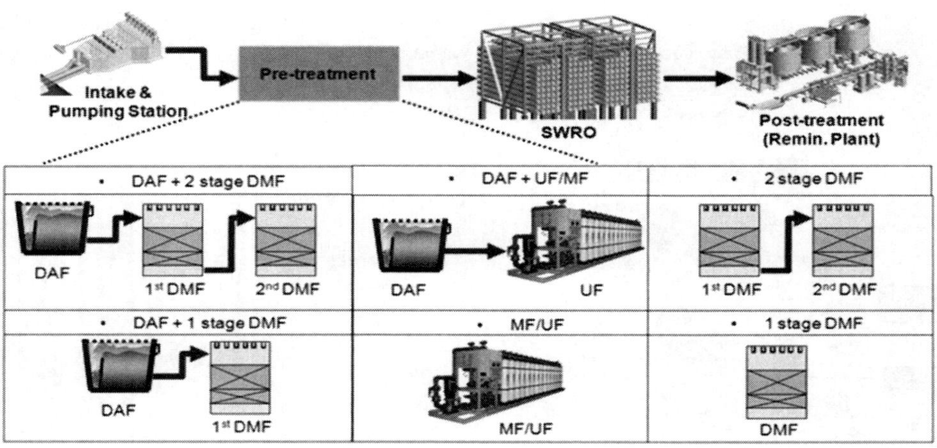

- **전처리 시설의 설계시 고려사항**

- 전처리 약품으로 응집제($FeCl_3$), 살균제(NaOCl), 스케일 방지제(H_2SO_4)가 있음
- 특히, PA막은 잔류염소 제거를 위해 환원제($NaHSO_4$)를 주입

<표 6-29> 전처리 요인 항목별의 영향 및 처리방법

요인 및 물질	역삼투막에 미치는 영향	전처리방법
수온	막의 균열 유발	• 열교환기에 의한 수온 조절(20-25℃)
pH	막의 산화 유발	• 산 또는 알칼리약품에 의한 조절(6-8)
미생물	막면에 biofilm 형성	• 염소 주입, 활성탄여과, 자외선투과 • 특히 PA 재질 RO막 사용시 잔류염소 제거
실리카	막면에 scale 형성	• 불용성 filtration으로 제거 • 가용성 수산화마그네슘 투입제거
무기물	막면에 침전 형성	• 화학적 강제 침강, 킬레이트제을 투입하여 용해성이온과 교환반응처리
유기물	막의 막힘 현상 유발	•활성탄 흡착여과 또는 염소, 차아염소산을 투입하여 제거
철과 마그네슘	막면에 scale형성	•폭기 산화여과, 접촉산화여과(아황산소다사용)

- **전처리 설비 (Pretreatment System)**

- 막의 수명과 성능 유지를 위해 미세한 모래, 미생물, 고형물질 등 사전 제거하는 방법으로 물리적 방법과 화학적 방법이 있으며, 대부분 물리적 방법과 화학적 방법을 병행하고 있음
- 전처리 공정을 통한 RO 유입 수질 조건

- Turbidity : < 1.0 NTU (0.3)*
- SDI : < 5.0 (3.0)*
- Temperature : < 45 °C
- Oil & grease : Absent

- Free chlorine : < 0.1 ppm
- Organics : Free of harmful organics
- pH : 3 – 10

<표 6-30> 해수 담수화 공정에서 화학약품의 종류 및 주입 목적

약품종류		주입목적	주입지점	농도
NaOCl	차아염소산나트륨	미생물의 번식방지	원 수 탱 크	잔류농도 1mg/ℓ
		급수를 위한 살균	급 수 탱 크	잔류농도 0.5mg/ℓ
$FeCl_3$	염화제이철	SDI 3~5이하를 유지 전처리 효율 증가	전처리 입구	전처리공정에 따라 결정
H_2SO_4	황산	원수의 pH조정 탄산칼슘 스케일 방지	카트리지필터입구	약 pH 6.5
SHMP	Sodium Hexa-metaphosphate	황산칼슘 스케일 방지	카트리지필터입구	칼슘농도에 따라 결정 (5 mg/l 주입 시 황산칼슘 용해도 150% 증가)
SBS ($NaHSO_3$)	아황산수소나트륨 (SBS)	잔류염소 제거	카트리지필터입구	잔류염소농도의 2~3배
NaOH	수산화나트륨	먹는물 수질기준	생 산 수 탱 크	pH 5.8~8.5로 조정

- **전처리로 인한 유입수질에 따른 분리막의 Flux 결정**
  - 원수의 종류와 SDI에 의해 결정

<표 6-31> 전처리로 인한 유입 원수 수질에 따른 분리막의 평균 Flux

원수 공급원	RO 처리수	우물물	표층수		여과된 하수		해수	
					MF/UF 전처리	기존 공정	지하관정 취수법 또는 MF전처리	취수관 취수법
SDI	<1	<3	<3	<5	<3	<5	<3	<5
평균 Flux (LMH)	37~53	23~30	23~30	21~28	17~24	14~21	14~21	12~17

5) 취수시설 지점선정 및 설계시 고려사항

- 대규모 시설의 경우 심층 취수방식, 중소규모의 시설의 경우 해안 구조물 또는 지하관정 취수
- 관정에 의한 취수가 운영관리에 경제적

취수관에 의한 해수 취수

투수관에 의한 표층수 취수

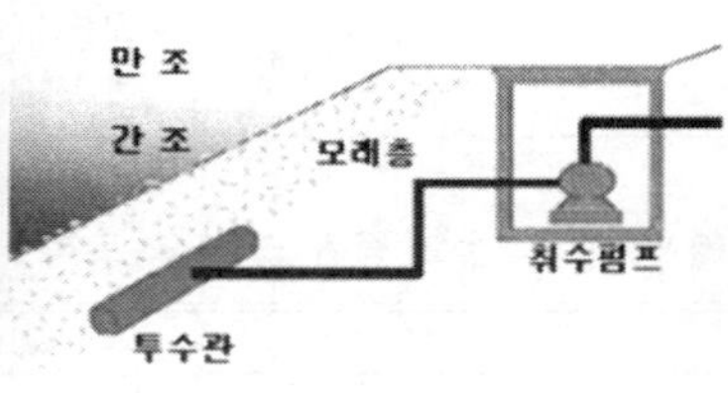

지하관정에 의한 염지하수 취수

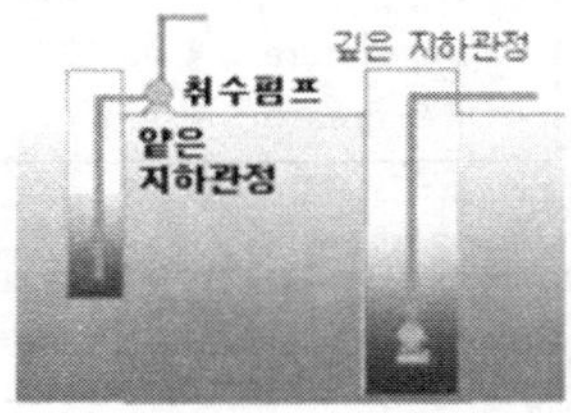

그물, 해조류 등에 의한 취수관 막힘 현상

6) RO 분리막의 계열 구성 방법

- 원수의 종류와 SDI에 의해 결정
- 해수에서는 30-60%, 기수에서는 75-87%, RO 처리수에 대해서는 85-95% 회수율로 설계
- 예로서 RO 처리수에 대해 2계열로 90%로, 하수재이용에 대해서는 3계열로 75%로 설계

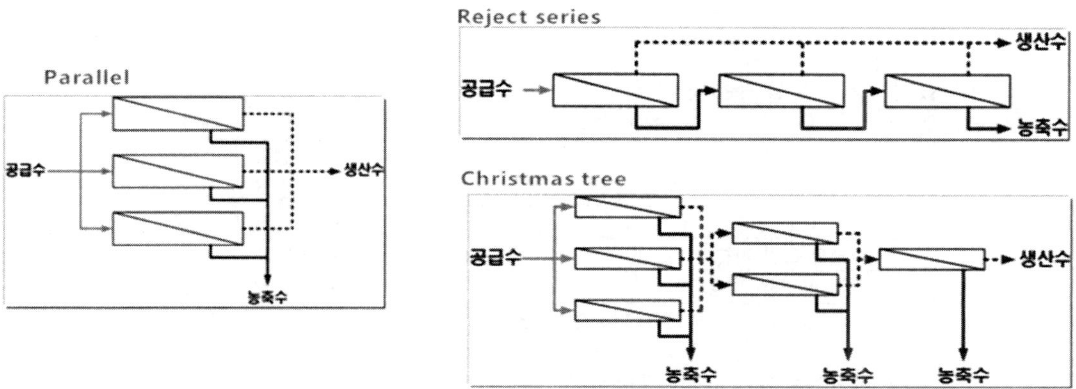

<그림 6-30> RO 분리막의 계열 구성(예)

7) RO(역삼투) 설비 구성

- 막의 선택적 투과를 이용하여 해수에서 담수를 추출하는 탈염시설로 수온, 압력, 농도 등이 막 성능과 수명에 크게 영향을 미침
- RO 막의 특성

항목		PA막	CA막	비고
PH범위		2~12	4~6	산 주입
운전압력(kgf/cm2)		15	30	
제거율(%)	TDS	99+	98	
	SiO2	99+	95	
안정성		상당히 안정적	안정적	장기불성
물성저하		Flux	Rejection	수질
3년 후	염투과율	30% ↑	100%	
	제거율	99% → 98.7%	98% → 96%	
OCl-		제거(막의 산화)	첨가(미생물)	
Fouling				

구분		성능		
		유량 (GPD	Salt Rej. (%)	보론 Rej.(%)
Toray	TM820L-370	9,000	99.70	92
	TM820L-400	10,000	99.70	92
Filmtec	SW30ULE-440i	11,000	99.70	89
Hydranautics	SWC5	9,000	99.80	92
	SWC6	12,000	99.80	91
운전조건		NaCl 32,000 ppm, 압력 800 psi, 온도 25℃, pH 8.0, 5ppm Boron, 가동시간 120분, 회수율 8%		

- RO 단위 구성
  Module -> Vessel (7~8 modules)
  -> Train (1개의 고압 pump와 vessel 구성체)

◆ RO Module

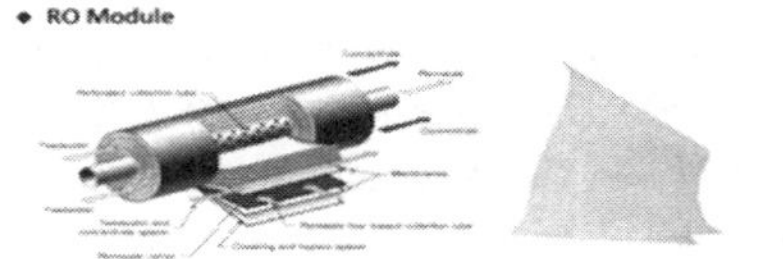

◆ RO Train

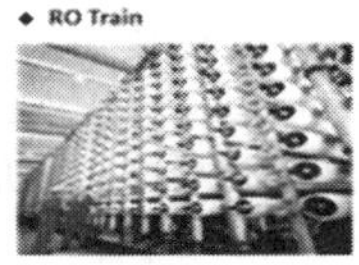

◆ Vessel

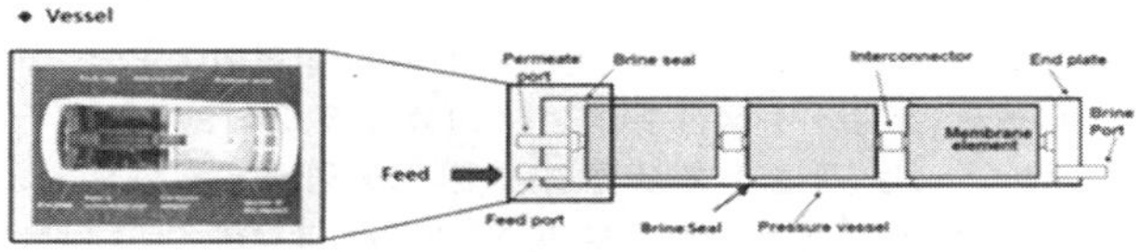

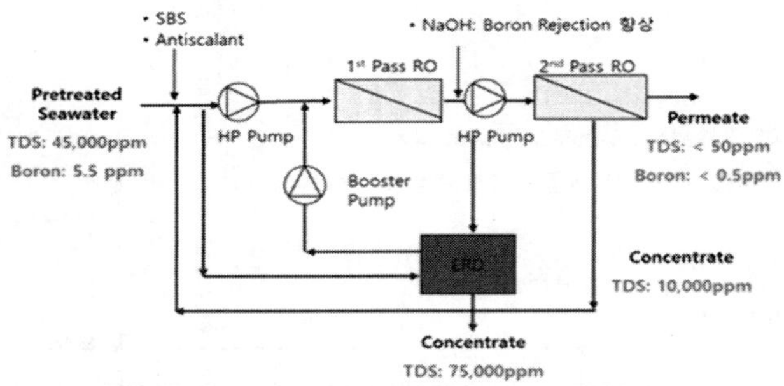

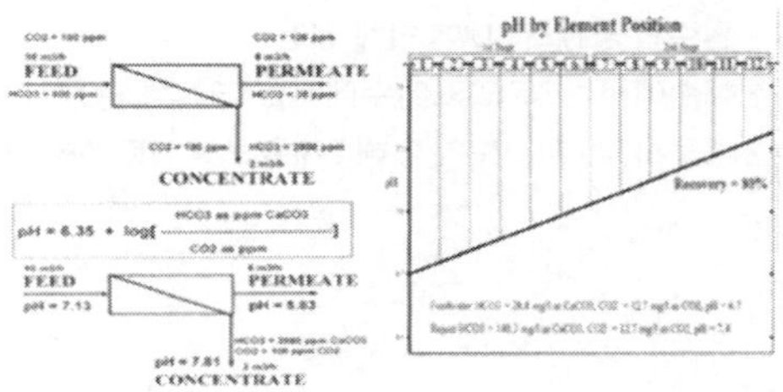

<표 6-32> RO 막의 문제 발생 원인 및 대책

현 상	원인	대책
투과수량 저하	· 압력이 낮은 경우	· 농축수 밸브 조정(압력 조정)
	· 무기물질에 의한 스케일 발생	· 멤브레인 세정
	· 전처리 불량	· 전처리 역세 및 탁도 확인
염제거율 저하 (전도도 상승)	· 컨넥터 O링 파손	· 컨넥터 O링 교환
	· 압력이 낮을 경우	· 농축수 밸브 조정(압력 조정)
	· 멤브레인이 오염 또는 노화되었을 경우	· 멤브레인 세정 또는 교환
	· 고수온 또는 유리염소 등에 의한 멤브레인 산화	· 멤브레인 교환
	· 생물학적 영향이나 유기물에 의한 멤브레인 손상	
투과수량 증가 (전도도 상승)	· 컨넥터 O링 파손 · 압력이 높은 경우 · 고수온 또는 유리염소 등에 의한 멤브레인 산화	· 컨넥터 O링 교환 · 농축수 밸브 조정(압력 조정) · 멤브레인 교환

8) 음용수 처리설비(Remineralization)

• 부식 방지
- 담수공장에서 생산되는 물은 약산성이며, 이 물은 물저장탱크에 저장 시 대기와 접촉하여 물의 pH가 낮아져 송수관에 부식을 발생시킴 따라 생산된 물에 HCO_3^- 양을 증가시킴과 동시에 pH를 올려줌
- 물맛 개선을 위해 생산된 물은 TDS 25 ppm 이하의 순수한 물인 관계로 TDS를 150~200 ppm으로 증가시켜서 물맛을 개선함

9) RO 설계 동향

• 막의 선택적 투과를 이용하여 해수에서 담수를 추출하는 탈염시설로 수온, 압력, 농도 등이 막 성능과 수명에 크게 영향을 미침
• 동력비를 절감을 위한 고효율 펌프 및 에너지회수장치의 최적화 및 개발
• 인버터에 의한 속도 제어(VFD; variable speed drivers) 에너지 효율화
• 1개 배셀에 엘러멘트 수량 증가(1~7Element/Vessel) 경제성 향상
• 보다 효율적인 RO Unit 배치 ☞ Two Stages 또는 Two-Pass
• 발전소 냉각수 이용 등 취수시설을 단순화 하는 Hybrid Type 의 담수화시설(SWRO+증발법, 발전+SWRO) 적용
• 막 기술 발달로 UF/MF 막을 이용한 전처리 방법의 다각화 및 효율화
• 보론 농도 한계까지 생산수량 생산 고효율 멤브레인 개발
• 멤브레인 성능 개선을 통한 투과량 증가와 염제거율 향상 등 고효율 멤브레인 개발
• 풍력 등 신재생 에너지 적용을 통한 에너지 다각화 및 스마트그리드를 연동한 에너지 효율적 이용

• 국내 해수담수화 시설 사례 (ref. 해수담수화 사업단 시범사업)

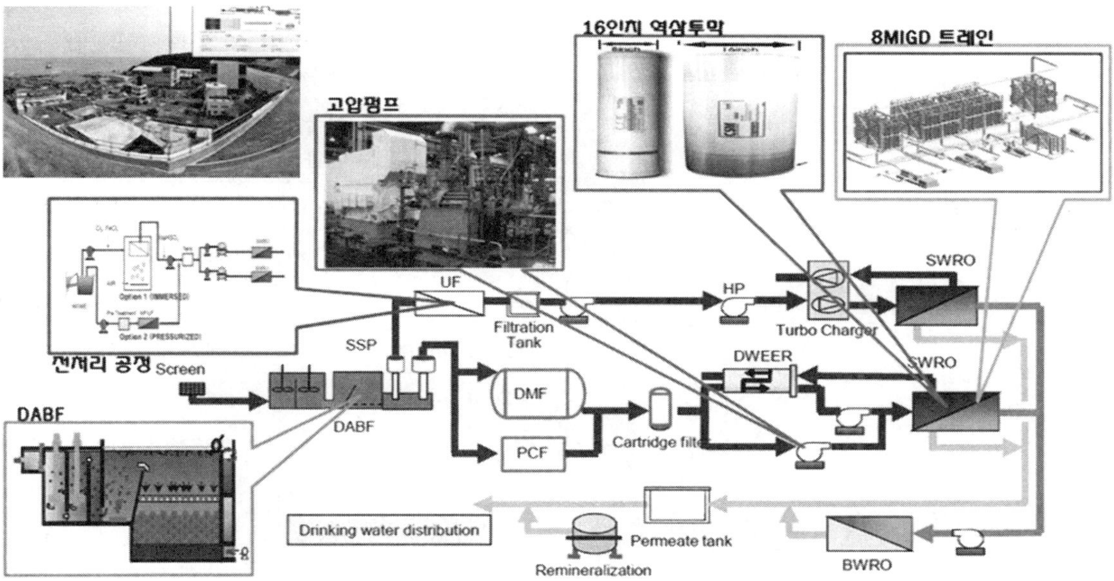

• Commercial Forward Osmosis Desalination Oman Plant (by Modern Water, UK)

Key features of the facility are:

1. Forward osmosis membrane elements
2. A membrane based regeneration system
3. Extensive automated measurements
4. A PLC coupled with an industrial PC running SCADA software
5. Membrane clean-in-place equipment

The key objectives for the plant :

1. To undertake a direct comparison between a conventional RO process and the FO process
2. To demonstrate the advantages of the process

자료 : IDA Water Congress (PER11-198)

• 국내 연안별 해수의 성상

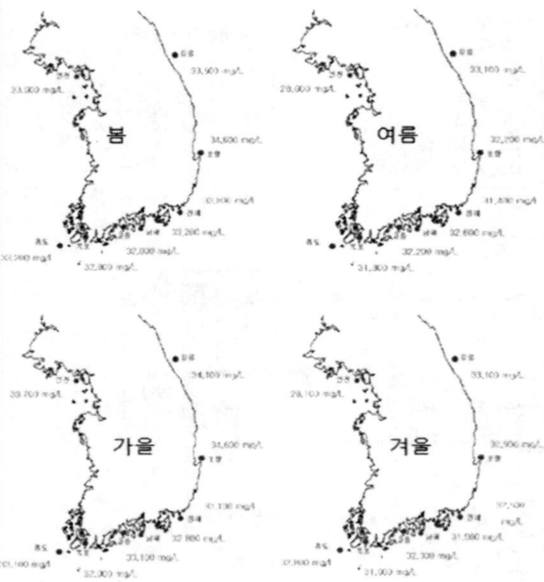

<표 6-33> 국내 연안 해수의 수질 특성

항목	단위	전국 연안	동해안	서해안	남해안
수온	℃	16.12	15.7	14.4	17.03
염분	mg/L	31,730	32,430	30,110	32,090
pH	-	8.08	8.07	8.05	8.09
DO	mg/L	8.44	8.67	8.58	8.24
COD	mg/L	1.38	1.09	1.49	1.45
TN	mg/L	0.38	0.35	0.4	0.38
TP	mg/L	0.04	0.04	0.05	0.11
SS	mg/L	13.05	6.77	25.77	10.25

자료 : 환경부(2004)

• 국외 지역별 해수의 성상

6.5.3 물 산업 시장 현황

1) 물 산업 및 시장이란?

모든 인간활동에는 물이 관련되어 있음
그 의미에서 우리의 모든 활동은 물 시장의 일부
공공 및 공업용수 소비자에 의한 물의 처리 및 운송에 중점
① 공공성 시장과 산업 시장에 판매하는 기관 간의 중복된 활동 존재
② 가장 큰 물 소비 시장은 병물

물 기반 시설, 장비 및 서비스에 대한 총 자본(Capex) 및 운영비용(Opex)은 다음과 같은 범주를 가짐

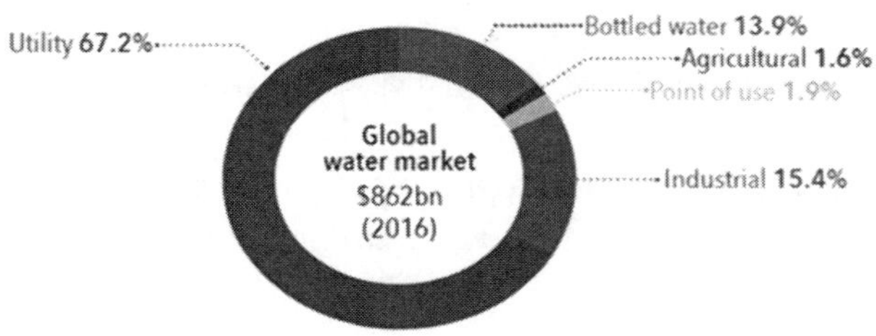

2) 물의 소비 유형 (Capex / Opex on water)

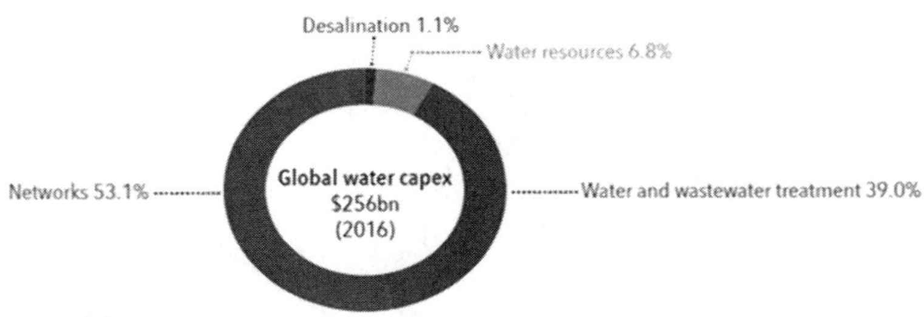

<Global water capex>

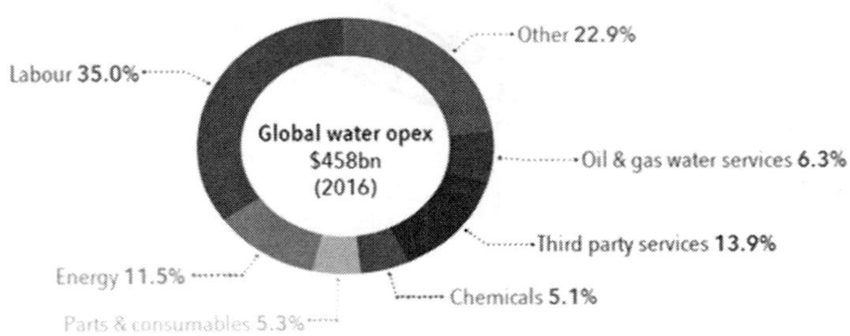

<Global water opex>

3) 담수화 시설 현황

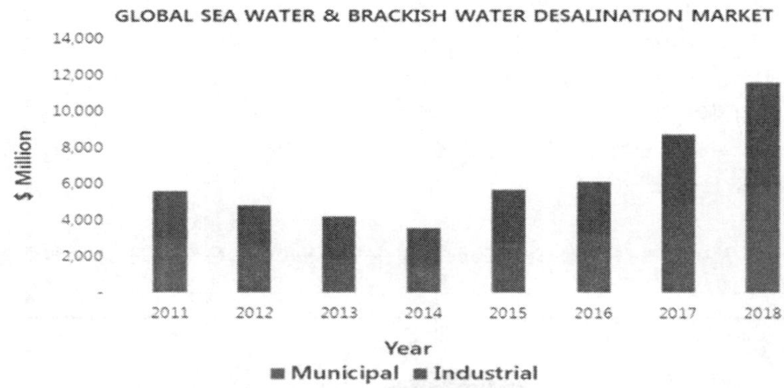

<그림 6-31> 연차별 세계 담수화 시장의 규모

- 세계 물시장은 2014년 기준 약 5,331억 달러(약 630조)로 연평균 3% 내외의 성장율을 기대
- 담수화 시장은 2014년 기준 약 35억 달러(약 4조)로 2018년 약 115억 달러(약 12조)로 예상되어 3배 정도 성장할 것으로 전망
- 중동지역을 중심으로 해수담수화 사업이 지속될 전망이며, 기존 증발법에서 RO 방법으로 증가

→ 설치비, 고효율 펌프, 에너지 회수장치, 배수방법 등 RO기술의 개발로 투자비 및 운영비의 절감 필요

자료 : GWI Water markets 2015

- 해수담수화 필요시장이 역삼투법 공정으로 이동
- 역삼투법 공정 시장은 급속도로 성장 중

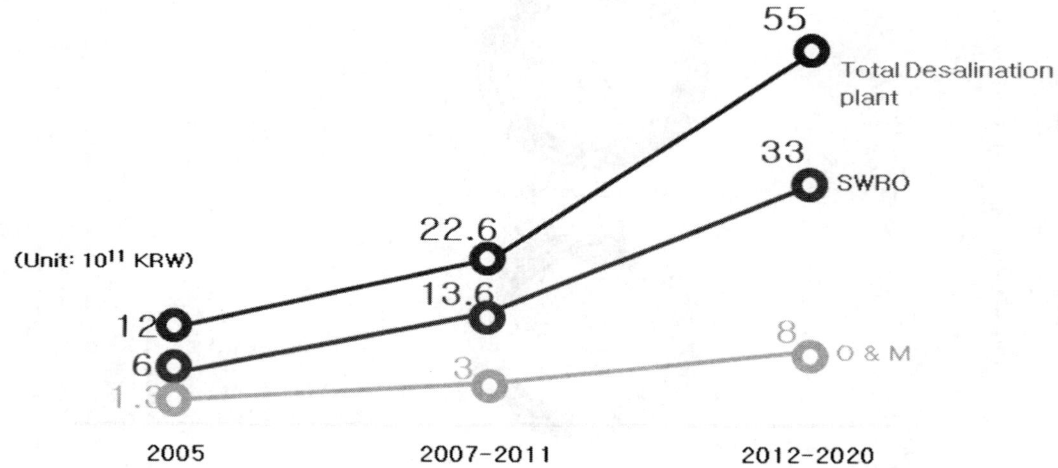

<그림 6-32> 연도별 역삼투화 공정의 시장 성장율

자료 : GWI Desalination markets 2005~2015/ IDA 19th Inventory

수고하셨습니다

제 7장 하수도 및 고도 하수처리 공정

Contents

제7장 하수도 및 고도하수처리 공정

7.1 하수처리 개요

7.1.1 하수도 역사

하수도 역사

- 근대 하수도의 도입은 19세기 영국으로부터 시작되었다고 보는데, 산업혁명으로 도시에 인구수가 늘어남과 동시에 전염병 발병이 늘자, 빈민구호법 수정안이라는 법률로 하수도를 만들기로 아이디어를 제시했고, London 시가 이를 먼저 도입함

- 1800년대 후반까지만 해도 전세계적으로 폐수의 처리나 처분이 관심을 끌지 못했으며, 하수도는 만들어졌어도 바다에 버리는 것 이외엔 어떠한 처리도 하지 않았음. 그도 그럴 것이 수질오염이라는 개념도 없었고 비교적 버릴 곳이 많아 보였기 때문임. 1900년대 초에 들어서는 대도시 지역을 필두로 그냥 투기하는 것이 능사는 아닌데다가, 오염으로 인한 공중보건위생의 취약점이 나타나게 됨에 따라 여러 처리공법이 생김

  그 동안 모래여상이나 살수여상법(Trickling Filter), 임호프조(Imhoff Tank) 등 여러 하폐수 처리 공법이 제안되고 실제 운용되기 시작했으나, 1914년 영국의 Arden과 Lockett에 의해 **활성슬러지법이** 개발됨에 따라 나머지 공법들은 일부를 제외하고는 많이 쓰이지 않게 됨

- 기본적으로는 활성슬러지를 이용한 생물학적 처리이지만, 20세기를 거쳐오는 동안 그 효율을 높이기 위해 각종 물리, 화학적 처리공법을 병행하여 쓰게 됨

- **국내하수시설현황 및 처리방식(2019년)**
  - 국내 공공하수구역 하수도보급율 : 2019년 94.3%이며, 2018년 93.9% 대비 0.4% 증가
  - 하수시설용량 : 26,360천 ㎥/일
  - 하수관로 계획연장 : 194,547km, 시설연장은 총 160,093km(합류식 43,376km, 분류식 116,717km)로서 하수관로보급율은 82.3%임
  - 공공하수처리수 재이용율 : 16.1%

- **전국 하수도요금 평균** : 597.8원/㎥ , 요금현실화율은 47.9%로 생산 원가에 훨씬 미달하는 것으로 나타남

구분	㎥당 요금(원/㎥)	㎥당 원가(원/㎥)	요금현실화율(%)
2019	597.8	1,248.1	47.9

- **하수 찌꺼기 처리 현황**

발생량 (톤/년)	처리량 총계 (톤/년)	자체 찌꺼기처리량(톤/년)									외부 위탁 처리 (톤/년)	수도권 광역 처리 (톤/년)
		소계	재활용			소각	고화	탄화	용융	기타		
			연료화	퇴비화	기타							
4,221,385	4,222,899	2,010,739	763,264	78,147	165,324	651,486	1,686	246,252	0	104,580	1,723,315	488,845

자료 : 환경부, "하수도통계", 2020

7.1.2 하수도 처리 계획

1) 하수도시설의 목적

- 하수의 배제와 이에 따른 생활환경의 개선
- 침수방지
- 공공수역의 수질보전과 건전한 물 순환의 회복
- 지속발전 가능한 도시 구축에 기여

2) 하수도계획의 수립

- 침수방지계획
- 수질보전계획
- 물관리 및 재이용 계획
- 슬러지 처리 및 자원화 계획

3) 하수도계획의 기본방침

- 하수도계획의 기본적 요건
- 우수배제계획
- 하수처리, 재이용계획
- 슬러지처리, 재이용계획
- 통합운영관리계획
- 친환경,에너지절약계획

자료 : 하수도시설기준, 환경부, 2011

7.1.3 하수도계획의 기본적 사항

1) 계획목표년도

하수도계획의 목표년도는 원칙적으로 20년으로 함

2) 계획구역

① 하수도 계획구역은 원칙적으로 관할 행정구역 전체를 대상으로 하되, 자연 및 지역조건을 충분히 고려하여 필요시에는 행정경계 이외 구역도 광역적, 종합적으로 정함
② 계획구역은 원칙적으로 계획목표년도까지 시가화될 것이 예상되는 구역 전체와 그 인근의 취락지역 중 여건을 고려하여 선별적으로 계획구역에 포함하며, 기타 취락지역도 마을단위 또는 인근 마을과 통합한 하수도계획을 수립함
③ 공공수역의 수질보전 및 자연환경보전을 위하여 하수도정비를 필요로 하는 지역을 계획구역으로 함
④ 새로운 시가지의 개발에 따른 하수도계획구역은 기존시가지를 포함한 종합적인 하수도계획의 일환으로 수립함
⑤ 처리구역은 지형여건, 시가화 상황 등을 고려하여 필요시 몇 개의 구역으로 분할할 수 있음
⑥ 처리구역의 경계는 자연유하에 의한 하수배제를 위해 배수구역 경계와 교차하지 않는 것을 원칙으로 하고, 처리구역 외의 배수구역으로부터의 우수 유입을 고려하여 계획함
⑦ 슬러지처리시설과 소규모하수처리시설의 운영에 대해서는 필요시 광역적인 처리와 운전, 유지관리가 가능하도록 시설을 계획함

3) 배제방식

• 하수의 배제방식에는 분류식과 합류식이 있으며 지역의 특성, 방류수역의 여건 등을 고려하여 배제방식을 정함

4) 분뇨처리와 하수도

• 하수처리구역내에서 발생하는 수세분뇨는 관거정비상황 등을 고려하여 하수관거에 투입하는 것을 원칙으로 함. 또한, 수거식화장실에서 수거되는 분뇨는 하수처리시설에서 전처리후 합병처리하는 것을 원칙으로 함

5) 하수도시설의 배치, 구조 및 기능

① 하수도시설의 배치, 구조 및 기능은 유지관리상의 조건, 지형 및 지질 등의 자연조건, 방류수역의 상황, 주변 환경조건, 시설의 단계적 정비계획, 시공상의 조건 및 건설비 등을 충분히 고려한다. 특히, 토구(吐口)의 위치 및 구조는 방류수역의 수질 및 수량에 미치는 영향을 종합적으로 고려하여 결정하여야 하며, 계획 외 수위는 하천의 경우 해당 하천의 계획홍수위, 해역의 경우 삭망만조위(朔望滿潮位)로 함

② 하수도시설의 용량은 필요에 따라 여유를 둠

③ 하수도시설은 예측하기 어려운 사고 및 고장 뿐만 아니라 보수 및 점검시에도 시설로서의 일정한 기능을 유지할 수 있도록 필요에 따라 예비시설을 설치하며, 시설의 신뢰성, 확실성 및 안전성을 높이기 위해 필요에 따라 시설의 복수화를 고려함

④ 관거, 펌프장 및 처리장의 시설계획은 오수의 양 및 질의 파악과 시설의 운전관리를 원활히 하기 위하여 적절한 계장설비를 설치함

⑤ 장래 하수량의 증감이 예상되는 경우에는 이를 반영한 시설 계획을 하여야 함

6) 법령상의 규제

• 하수도계획은 하수도법 및 관련 법령상의 규정을 검토하여 반영하여야 함

7.1.4 계획하수량과 수질

① 처리시설의 계획하수량은 1차 처리, 2차 처리, 고도처리 및 3차 처리의 각 시설에 대하여 아래 (표)를 표준으로 함

- 고도처리시설의 경우, 계획하수량은 겨울철(12, 1, 2, 3월)의 계획1일 최대오수량을 기준으로 함
  단, 관광지 등과 같이 계절별 유입 하수량의 변동폭이 큰 경우는 예외로 함

② 유입되는 하수의 수량과 수질은 사전에 충분히 조사하여 결정함

③ 유입되는 하수의 수량과 수질 변동에 대처하기 위해서 필요에 따라 유량조정조를 설치함

<표 7-1> 각 시설의 계획하수량

구 분		계 획 하 수 량	
		분류식 하수도	합류식 하수도
1차처리 (일차침전지까지)	처리시설(소독시설 포함)	계획1일최대오수량	계획1일최대오수량
	처리장내 연결관거	계획시간최대오수량	우천시계획오수량
2차처리	처리시설	계획1일최대오수량	계획1일최대오수량
	처리장내 연결관거	계획시간최대오수량	계획시간최대오수량
고도처리 및 3차처리	처리시설	계획1일최대오수량	계획1일최대오수량
	처리장내 연결관거	계획시간최대오수량	계획시간최대오수량

7.1.5 처리방법의 선정

- **오수처리시설의 처리방법은 다음의 사항을 고려하여 계획을 수립하여야 함**

① 유입 하수량과 수질

② 처리수의 목표수질

③ 처리장의 입지조건

④ 방류수역의 현재 및 장래 이용상황

⑤ 건설비 및 유지관리비 등 경제성

⑥ 유지관리의 용이성

⑦ 법규 등에 의한 규제

⑧ 처리수의 재이용 계획

7.2 하수처리 원리 및 특징

7.2.1 생물처리의 기본원리

생물처리 원리

- 자연계 많은 미생물이 존재하며 유기물을 함유하고 있는 오수가 하천 등의 자연 수역에 배출되면 이러한 미생물이 수중의 유기물을 분해하는 원리를 이용

1) 생물처리의 기본원리

- 자연계에는 유기물을 분해, 제거하는 미생물이 많이 존재하며, 유기물을 함유하고 있는 오수가 하천 등의 자연 수역에 배출되면 돌 등에 부착되어 있는 미생물이 산소가 존재하는 상태에서 유기물을 분해함
- 이것이 자연계의 자정작용이며, 하수의 생물처리는 주로 자연계에 존재하는 이러한 호기성 미생물을 이용하여 하수의 유기물, 질소, 인 등의 제거를 도모하는 것임.
- 미생물을 수중에 부유된 상태로 이용하는 방법(**부유생물법**)과 미생물을 고정상 또는 유동상 매질에 부착된 상태에서 이용하는 방법(**생물막법**) 등이 있음. 여기서는 유기물 제거와 질소, 인 제거와 관련된 생물처리의 기본원리에 대해 기술하고자 함.

2) 활성슬러지법의 원리

- 통상의 하수처리장에서 행해지는 처리법으로 처리조 안에 공기 혹은 산소를 폭기시켜 호기성 세균이나 원생동물 등에 의해 주로 유기물을 산화적으로 흡수 분해하는 미생물 집단(**활성오니**)의 작용을 이용하는 방법임.
- 1873년 영국의 디브딘이 제안하고 1928년에 런던에서 실용화가 시작되어 현재 세계의 표준하수처리법으로 발전

- 하수에 공기를 불어넣고 교반시키면 각종의 미생물이 하수의 유기물을 이용하여 증식하고 응집성의 플록을 형성되는데, 이를 활성슬러지라 불리우며 **세균류, 원생동물, 후생동물 등의 미생물과 비생물성의 무기물과 유기물 등으로 구성됨.**

- 활성슬러지를 산소와 함께 혼합하면 하수의 유기물은 활성슬러지에 흡착되어 활성슬러지를 형성하는 미생물군의 대사기능에 따라 슬러지체류시간(SRT) 동안 산화 또는 동화되며 그 일부는 활성슬러지로 전환됨. 활성슬러지법에서는 공기를 불어넣거나 기계인 수면 교반 등에 의해 반응조 내에 산소를 제공하며 이때 발생하는 반응조 내의 수류에 의해 활성슬러지가 부유상태로 유지됨

- 반응조로부터 유출된 활성슬러지 혼합액은 이차침전지에서 중력침전에 의해 고액분리되고 상징수는 처리수로서 방류됨. 침전. 농축된 활성슬러지는 반응조에 반송되고 하수와 혼합되어 다시 하수처리에 이용됨과 동시에 일부는 잉여슬러지로서 처리됨

- 즉, 활성슬러지법에 의한 하수의 오탁물질 제거과정은 활성슬러지 미생물에 의한 반응조에서의 오탁 물질 제거(흡착. 산화. 동화)와 이차침전지에서의 활성슬러지 고액분리로 요약될 수 있음

- 활성슬러지 미생물에 의해 제거되는 하수의 주요 성분은 탄소를 주요 구성성분으로 하는 탄소계유기물, 질소 함유화합물, 인 함유화합물 등이 있으며, 한편, 이러한 유기물을 제거하는 활성슬러지 미생물은 생리적인 특성에 의해 다음과 같이 네 가지 군으로 나누어 생각해 볼 수 있음.

2) 미생물이 어떤 탄소를 이용하느냐에 따른 4가지 분류

① 호기적 조건(산소가 존재하는 조건)에서 탄소계 유기물을 이용하여 증식하는 **종속영양미생물** {heterotrophic microorganism , 從屬營養微生物 (세균류 외에 원생동물과 대형생물 포함)}
② 호기적 조건하에 암모니아성질소를 아질산성질소, 또는 질산성질소로 산화시키는 **독립영양미생물** {autotrophic microorganism , 獨立營養微生物, (*Nitrosomonas* 등의 암모니아 산화미생물, *Nitrobactor* 등의 아질산 산화 미생물을 포함하며 이 반응을 질산화라 하며, 이러한 미생물을 **질산화 미생물**이라 함)}
③ 무산소 상태(용존산소가 존재하지 않는 상태)하에서도 질산성호흡, 아질산성호흡을 행하는 **통기성미생물** {facultative microorganism, 通氣性微生物, (종속영양미생물로 분류되며 **탈질미생물**이라 함)}
④ 혐기 상태(산소와 질산, 아질산도 존재하지 않는 상태)와 호기 상태를 교대로 반복하여 다중인산을 통상적으로 다량 축적하도록 하는 미생물(종속영양미생물로 분류되며 **탈인 미생물, 인 축적 미생물** 이라 함)

(종속영양미생물, Heterotrophics)
- 생육에 있어 다른 생물이 만든 유기화합물을 세포 구성성분 합성에 필수로 하는 미생물
- CO_2 만을 탄소원으로서 생체 유기물 전부를 합성할 수 있는 독립영양균과 대비

(독립영양미생물 or 자가영양미생물, Autotrophics)
- 미생물 중에서 그 세포 구성 성분 전부를 CO_2의 환원에 의해 합성하여 생육할 수 있는 생물체
- 다른 생물이 만든 유기화합물을 필수로 하는 종속영양균과 대비
- 종속영양미생물은 유기탄소를 필요로 하는 미생물이고 독립영양미생물은 무기탄소를 이용하는 미생물임

- 활성슬러지법의 운전조건의 제어는 이러한 4가지 군의 미생물들이 각각 탁월한 생리 특성을 발휘할 수 있는 조건을 인위적으로 실현하는 것임
- 반응조내의 슬러지체류시간(SRT: solids retention time)을 상대적으로 짧게 하면 종속영양생물에 따른 탄소계 유기물의 제거는 진행되지만, 암모니아의 산화(질산화)는 진행되지 않도록 할 수 있으며, 반대로 SRT를 상대적으로 길게 하면 질산화 미생물의 증식이 진행되어 암모니아의 질산화가 일어나기 쉬움
- 질산화가 진행된 뒤(질산. 아질산 포함) 활성슬러지 혼합액을 탄소계 유기물이 존재하는 조건하에서 용존 산소가 없는 상태로 유지한다면, 탈질미생물이 활동하여 질소제거가 일어나는데, 이것이 생물학적 질산화탈질법의 기본원리임.
- 한편 인 축적 미생물이 성장할 수 있는 환경을 조성하여 인 제거를 꾀하는 것이 생물학 인 제거법이며, 활성슬러지의 정화기능은 크게 다음의 6가지로 대별될 수 있음.
- 이 중 유기물 제거를 위해서는 ①~③ 의 기능이 중요하고, 영양염류인 질소 및 인 제거를 위해서는 ④~⑥의 기능이 중요

① 활성슬러지에 의한 유기물의 흡착 섭취
② 섭취된 유기물의 산화 동화
③ 활성슬러지 록의 양호한 고액분리
④ 질산화
⑤ 탈질산화
⑥ 생물학 인 제거

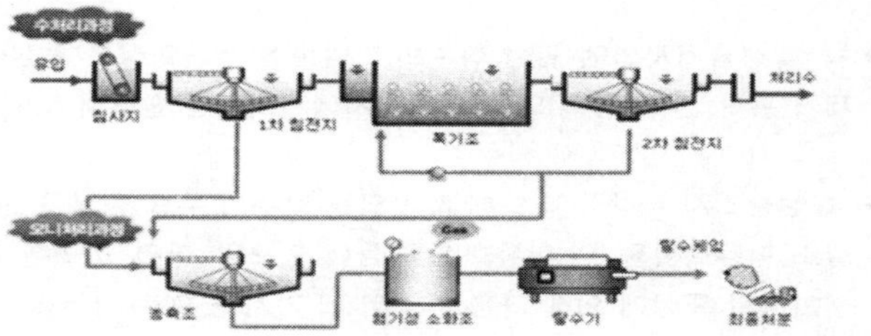

<그림 7-1> 활성슬러지 공정도 사례

- **활성슬러지 공정**

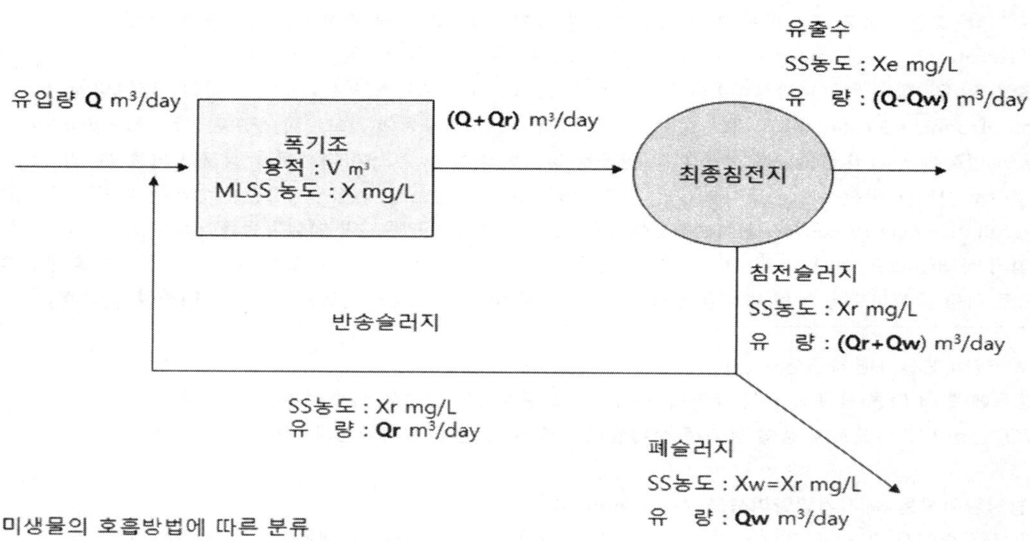

- 미생물의 호흡방법에 따른 분류
  - 호기성 (Aerobic)
  - 준혐기성(Anoxic)
  - 혐기성(Anaerobic)

7.2.2 활성슬러지법의 동역학적 모형

1) 활성슬러지법의 동력학 모형

- 활성슬러지법에서는 유입수의 질. 양의 일 변화와 수온, 반응조의 형태에 따라 반응조 내의 기질농도, 활성슬러지 의 산소소비속도 및 용존산소 농도가 변하며 그 결과 처리수질도 변화하는데, 예측기법으로 활성슬러지법의 동력학 모형이 이용됨

- 이 모형에 필요한 가정은 다음과 같음

① 하수 중의 BOD는 빨리 분해되는 저분자유기물(용해성기질)과 분자량이 커 가수분해를 경유함으로 천천히 분해되는 비용해성 기질로 구성됨
② 용해성 기질을 이용하는 미생물의 증식속도는 Monod 식에 따라 표현
③ 비용해성 기질은 미생물과 접촉되어 미생물의 표면에서 가수분해되어 저분자 유기물이 됨
④ 비용해성기질을 이용하는 미생물의 증식은 다음 두 가지의 가정에 따라 성립됨

- 활성슬러지 미생물에 의한 비용해성기질은 흡착 후 가수분해되어 용해성 기질이 되어 저류됨
- 저류된 기질은 용해성 기질과 마찬가지로 Monod 식에 따라 미생물에 의한 세포합성이 이루어짐

자료 : 하수도시설기준, 환경부, 2011

- 다음 <그림 7-1>에서 제시한 관계를 반응조 내의 기질농도, 활성슬러지의 산소소비속도, 활성슬러지 미생물농도의 시간적 또는 장소적 변화율에 의해 나타낸 것이 **반응속도식**이며, 또한 시설구조와 운전조건이 다른 각종 활성 슬러지법의 동력학 모형을 완성하기 위해서는 반응조 내의 기질, 활성슬러지 미생물 및 용존산소에 대한 물질 수지계산을 할 필요가 있음. 따라서 반응조에서 미생물에 의한 오염물질의 생물반응을 쉽게 이해하기 위하여 아래와 같은 가정을 하여 SRT와 처리수의 기질농도(S), 그리고 미생물농도(X) 사이의 관계를 정량적으로 설명함

[가정]

① 정상상태(시간적 변화 없음)
② 완전혼합형(장소적 변화 없음)
③ 미생물에 의한 오염물질 제거반응은 반응조에서만 발생
④ SRT 계산에는 반응조 부피만을 사용
⑤ 유입수 중의 미생물 농도는 무시
⑥ 기질은 용해성이며, 단일 물질로 가정

- 대상이 되는 미생물의 비증식속도(μ)와 그 미생물의 제한 기질농도(S)의 관계를 Monod식에 의하여 다음 식 (7.1)과 같이 나타낼 수 있으며, 이 경우에 대상이 되는 기질로서 유기물 제거에 있어서는 C-BOD 또는 CODcr, 질산화에 있어서는 암모니아성 질소를 각각 대상으로 함.

$$\mu = \mu m \frac{S}{Ks + S} \qquad (7.1)$$

여기서, μ : 비증식속도(1/d)
μm : 최대비증식속도(1/d)
S : 성장제한 기질농도(mg/L)
Ks : 포화정수(mg/L)

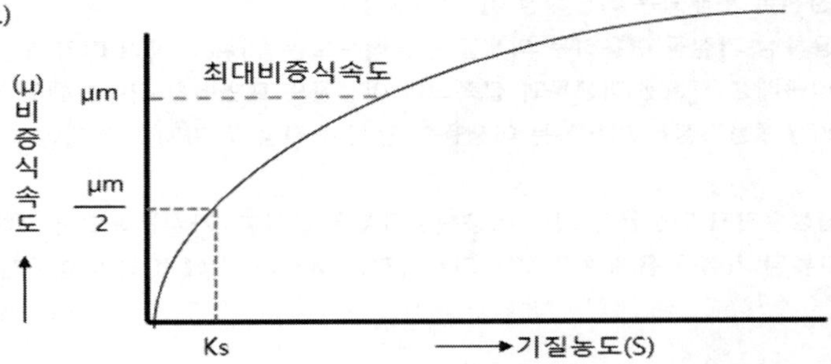

<그림 7-2> 미생물의 비증식속도에 미치는 기질농도의 영향

자료 : 하수도시설기준, 환경부, 2011

2) 포기조내 미생물 성장과 Monod식

- 유기물 섭취 분해 후 생성된 미생물의 양에서 내생호흡(자산화)에 의해 감소된 부분을 제외하여 표현

$$\frac{dX}{dt} = Y\frac{dS}{dt} - K_d X$$

여기서, $\frac{dX}{dt}$ = 포기조내 미생물 증가율(mg/L·day)
Y = 미생물 생성계수(yield coefficient)
$\frac{dS}{dt}$ = 미생물에 의한 유기물 제거율(mg/L·day)
X = 미생물 농도(mg/L)
Kd = 미생물의 내생호흡율(/day)

미생물 농도(>)로 나누면,

$$\frac{\frac{dX}{dt}}{X} = \frac{Y\frac{dS}{dt}}{X} - K_d$$

$$\frac{1}{SRT} = \mu = Yq - K_d$$

여기서, μ = 미생물 증식계수(specific growth rate, 비성장율) (mg/mg·day)
q = 먹이섭취 계수 (specific substrate utilization rate) (mg/mg·day)
SRT = 고형물 체류시간 (solid retention time) (day)

• **Monod 식**

$$\mu = \mu_{\max} \frac{S}{K_s + S}$$

$$q = q_{\max} \frac{S}{K_s + S}$$

$$q_{\max} = \frac{\mu_{\max}}{Y}$$

여기서, S = 미제거된 먹이농도 (=성장제한 기질농도, mg/L)
μ = 미생물 증식계수 (=비성장율, mg/mg/d)
μmax = 미생물 최대증식계수 (=최대 비성장율) (mg/mg/d) (g VSS / g VSS·d)
ks = μmax가 1/2일 때 기질농도 (mg/L)
= 반포화 속도상수(half-saturation velocity constant) : 성장율이 최대성장율의 1/2일때 기질 농도
qmax = 최대 먹이섭취계수 (mg/mg/d)

즉, Monod 식 : 기질 제한시 미생물의 성장률에 관한 식
성장제한기질(growth limiting substrate) 농도와 비성장율의 상관관계를 실험적으로 도출하여 나타낸 식
만일 S >> Ks 이면, $\mu = \mu_{\max}$: 0차 반응
S << Ks 이면, $\mu = \frac{\mu_{\max}}{K_s} S$: 1차 반응
따라서, 기질 제한시 미생물 성장률 : $r_g = \mu_{\max} \frac{S}{K_s + S} X$

• **미생물 성장률 (질량기준)**

$$r_g = \mu X$$

여기서, rg = 미생물 성장률, [M/L3T] (g VSS/L·day)
μ = 일정조건의 미생물 비성장율(specific growth rate), [T-1] (g VSS/g VSS·day)
X = 미생물 농도, [M/L3] (g VSS/L)

- 미생물 성장율 : 주어진 환경조건하에서 미생물 농도에 비례, 계수가 비성장율
- 비성장율 : 단위시간동안 미생물이 몇배로 증식하는가를 나타냄
(예: 생활하수 폭기조 활성슬러지의 μm값은 일반적으로 3g VSS/g VSS · day)

• **폭기조내 미생물량에 대한 평형방정식 :**

[폭기조내 미생물 농도변화] = [폭기조내 미생물 순증가율] - [반응조에서 미생물 유실]

$$V\frac{dX}{dt} = (Y\frac{dS}{dt} - K_d X)V - [Q_w X_r + (Q - Q_w) X_e]$$

$$(Q - Q_w) X_e \fallingdotseq 0$$

여기서, X와 Xe = 각각 포기조와 유출수의 미생물 농도
V는 포기조의 부피, Q는 유량, Qw와 Xr은 각각 폐슬러지의 양과 농도
정상상태(평형상태, steady state)에서 Xe는 무시할 정도로 낮고 dX/dt = 0 이므로

$$Y\frac{dS}{dt} - K_d X = \frac{Q_w X_r}{V}$$

• 포기조내 미생물 평균체류시간 SRT :

$$SRT = \frac{VX}{Q_w X_r}$$

$$Y\frac{dS}{dt} - K_d X = \frac{X}{SRT}$$

$$\frac{1}{SRT} = \mu = Y(F/M) - K_d$$

• 포기조의 유출수의 농도 S :

$$S = \frac{K_s (1 + K_d SRT)}{SRT(Y q_{max} - K_d) - 1}$$

• 슬러지생산량 :

$$(\Delta X)_{mass} = \frac{X \cdot V}{SRT} = \frac{Q Y (S_0 - S)}{1 + K_d \cdot SRT}$$

또는 $\Delta(X_a + X_e)_{mass} = \dfrac{Q Y (S_0 - S)(1 + 0.2 K_d \cdot SRT)}{1 + K_d \cdot SRT}$

• 또한 SRTmin :

$$SRT_{min} = \frac{1}{Y q_{max} - K_d}$$

7.2.3 생물처리 공정의 주요 항목

① F/M비 (Food/Micro-organism) : BOD-ML(V)SS 부하

• 포기탱크내 혼합액 부유물질(MLSS)의 1kg당 유입되는 BOD의 kg수
• 너무 낮으면 미생물의 활성도가 떨어지는 반면 너무 높으면 안정된 처리효율을 기대하기 힘들다.

F/M비 = $\dfrac{C \times Q}{V \times MLSS}$ $(kg\,BOD/kg\,MLSS \cdot day)$

여기서, C : 포기조 유입 BOD농도(kg BOD/m^3)
Q : 1일에 포기조에 들어가는 유량(m^3/day) V : 포기조용적(m^3)

• 표준 활성 슬러지법에서는 0.2 ~ 0.4 kg BOD/ MLSS kg day가 가장 적합

② BOD 용적부하

• BOD 용적부하는 공간부하(Space Loading), BOD부하와 같은 뜻
• 포기조 1㎥당 유입되는 BOD의 kg수

BOD 용적부하 = $\dfrac{C \times Q}{V}$ $(kg\,BOD/m^3 \cdot day)$

③ MLSS (Mixed Liquor suspended solids) : 폭기조내 부유현탁물 (=미생물 농도 =활성슬러지 농도)

• 일반적으로 표준활성슬러지법에서의 MLSS는 1,500-3,000mg/L정도로 운전(통상 2,500mg/L 유지)
• 수온이 높은 여름철에는 2,000mg/L 이하로 운전,
• 수온이 낮은 겨울철에는 미생물 활성도가 떨어지므로 보통 3,000mg/L 이상으로 운전

④ MLVSS(Mixed Liquor Volatile suspended Solid) : 폭기조 혼합액중 휘발성 부유(현탁)물

• MLSS = MLFSS + MLVSS (통상 MLSS의 75-85%나 미생물 분율 높은 경우 MLSS≒MLVSS)

⑥ 포기시간 (Aeration Time) = 수리학적 체류시간(HRT)

- 일반적으로 포기시간은 반송슬러지의 유입을 고려하지 않은 **하수의 포기시간**
- 표준활성슬러지법에서는 일반적으로 6~8시간 적용
- 유입수 수량 및 수질, 포기조 용량 등에 따라 양호한 처리 수질이 되는 포기시간을 경험적으로 정함.

$$T(hr) = \frac{V}{Q} \times 24$$

여기서, V : 포기조 용적(m^3), Q : 유량(m^3/day)

⑦ 고형물(슬러지) 체류시간 (SRT: Solids Retention Time)

- The Solids Retention Time (**SRT**) is the average time the activated-sludge solids are in the system

- SRT는 활성슬러지가 처리장 전체 시스템 내에 체류하는 시간
- 그러나, 통상적으로 2차침전지 및 반송슬러지의 경로 등에 포함되어 있는 활성슬러지량과 처리수중 활성슬러지량을 무시한 포기조의 활성슬러지만으로 계산하여 활용해도 무방

- 2차 침전지에서 분리된 고형물의 일부는 폐기되고 일부는 다시 반송되어 슬러지는 포기시간 보다 긴시간 동안을 포기조내에서 체류
- 이를 슬러지일령(Sludge Age)혹은 고형물체류시간(Solid Retention Time : SRT), 또는 미생물 평균 체류시간(활성슬러지가 포기조내에서 체류하는 시간)으로 표현
- 이는 포기조의 MLSS농도를 결정하는데 직접적으로 영향을 미치는 인자들

$$\theta c = \frac{V \cdot X}{Q_W \cdot X_W}$$

여기서, θc : SRT(일) V : 반응조의 용량(㎥), X : 반응조 혼합액의 평균부유물(MLSS)의 농도(mg/L)
Qw : 잉여슬러지량(m^3/일), Xw : 잉여슬러지의 평균 SS농도(mg/L)

SRT The sludge retention time corresponds with the mean retention time of the microorganisms in the activated sludge plant

- 슬러지 체류시간 또는 슬러지 일령 SRT(Sludge Residence Time, Sludge Retention Time), MCRT (Mean Cell Residence Time), SA(Sludge Age)
- 슬러지 일령(Sludge Age)과 슬러지 체류시간(Sludge Retention Time)을 구별하는 사람도 있지만 양쪽 용어가 비슷하다고 사료됨
- SRT는 폐수처리시스템내에 있는 모든 슬러지량을 폐수처리시스템에서 실제로 빠져 나가는 슬러지량으로 나눈 값

$$SRT(day) = \frac{\text{폐수처리시스템내 총슬러지량}}{\text{시스템으로부터 빠져나가는 순슬러지량}} = \frac{\text{폐수처리시스템내 총슬러지량}}{\text{슬러지 총유출량 - 유입폐수로부터 유입되는 슬러지량}}$$

< SRT가 길 때 >

- 폭기조에 나타나는 미생물종이 다양하게 되어 활성슬러지의 안정성이 높아짐
- 증식속도가 느린 균도 증식이 가능해지므로 난분해성 COD의 제거효율이 높아짐
- 증식속도가 느린 방선균등이 증식하여 폭기조에 거품과 스컴이 일어날 수 있음.
- 슬러지 자기산화가 많이 일어나고 먹이연쇄가 길어지므로 잉여슬러지 발생량이 감소
- 슬러지가 과산화되어 자칫 부하변동에 취약해질 수 있음

< SRT가 너무 짧을 때 >

- 폭기조 미생물의 증식속도가 너무 빨라 방류수가 혼탁해질 수 있음
- 증식속도가 느린 질산화균이 증식하지 못해 질소 제거효율이 나타나지 않을 수 있음

• **SRT(Solids Retention Time)와 HRT HRT(Hydraulic Retention Time)**

- 생물학적으로 폐수를 처리하는 경우 미생물에 의해 처리를 하는데, 이 미생물이 일정 **HRT**후에는 침전조를 통해 배출되는데, 미생물에 의해 처리하는 경우 미생물 반응조 내에 일정 이상의 MLSS(Mixed Liquor Suspended Solids-조 내부 고형물)가 필요
- 그런 이유로 계 내에는 일정량의 미생물이 필요하며, 이의 유지를 위해 새로운 미생물의 보충이 필요한 관계로 침전조에서 미생물이 다량 함유된 슬러지를 반송함. 따라서 내부 미생물이 계속 반송이 되므로 보통의 경우 슬러지는 **HRT**보다 많은 시간을 계(system) 내에서 체류하게 됨

<표 7-2> 폐수처리 방법별 SRT

처리방법	HRT(hr)	BOD-용적부하 (kgBOD/m³/d)	BOD-SS부하 (kgBOD/ kgMLSS/d)	SRT (day)	슬러지 생산량 (kg-drysludge/kg-제거BOD)
활성슬러지법	5-14	0.4-1.2	0.2-0.5	3-4	0.5-0.8
고속처리법	1-2	>2.5	>1	0.2-0.5	0.8-1.0
장기포기법	24-72	<0.3	<0.1	>5-6	0.4

⑧ HRT(Hydraulic Retention Time) : 수리학적 체류시간

• 수리학적 체류 시간이란 일정한 조에 일정 유량의 유체가 체류할 수 있는 시간을 말하는데, 어떤 부피의 조에 일정 유량의 유체가 유입되는 경우 그 유체가 체류하는 시간을 말하며, 조의 체적과 유량을 알면 간단히 시간을 구할 수 있음

• 즉 HRT는 수리학적인 체류 시간을 말하는 것이며, SRT는 내부 반송에 의한 고형물의 계 내 체류 시간임

자료 : Activated Sludge-Theory and Practice, N.F.Gray, Oxford University Press, 1990,

⑨ 송기량 = 용존산소 (DO: Dissolved Oxygen)

• 포기의 목적은 활성슬러지 미생물이 필요한 산소 공급과 포기조내 혼합액의 교반
• 실제 처리장에서 수량 및 수질은 항상 변동하므로 송기량은 포기조에서 안전한 운전관리를 위해 포기조 유입구에서 DO농도를 0.5mg/L 이상, 유출구에서 1~2mg/L 정도로 유지함이 일반적임

⑩ 슬러지 용적 지수(SVI)와 슬러지 밀도 지수(SDI)

• 활성슬러지의 침전 특성을 나타내는 것
• 슬러지용적지수(Sludge Volume Index: SVI)와 슬러지 밀도지수(Sludge Density Index: SDI)가 있음
• 2차침전지에서 슬러지의 침강성을 알기 위해 매우 중요
• 슬러지팽화(Sludge Bulking)여부를 확인하는 지표로 사용
• SVI란 슬러지의 침강 · 농축성을 나타내는 지표로 포기조내 혼합액 1ℓ를 30분 침전시킨 후 1g의 MLSS가 점유하는 침전슬러지의 부피(mL)를 나타낸 것

$$SVI = \frac{30\text{분간 침강된 슬러지 부피}(ml/\ell)}{MLSS\text{농도}\ (mg/\ell)} \times 1{,}000$$

• 보통 SVI가 50~150일 때 침전성은 양호한 것으로 판단, 200 이상이면 슬러지 bulking 의심.

• SDI는 침전슬러지량 100mℓ 중에 포함된 MLSS를 그램(gram)수로 나타낸 것.

- SVI와 다음과 같은 관계가 있음

$$SDI = \frac{100}{SVI}$$

⑪ **슬러지 반송비 (Return Sludge rates)**

- 포기조의 활성슬러지 농도를 일정 농도로 유지하여 F/M비와 SRT의 적정범위 유지 위해 슬러지 반송
- 반송슬러지농도 및 반송비의 관리는 활성슬러지법의 운전조작에 있어 가장 중요한 운전인자 중 하나
- 표준활성슬러지법의 경우 50~150%의 범위 : 우리나라 하수처리장의 경우 현장조건을 감안하여 30~70%의 범위 내에서 운영
- 일반적인 반송비의 결정방법

(1) 유입물량과 반송물량에 의한 반송비 결정

$$r = \frac{Qr(m^3/day)}{Q(m^3/day)}$$ 여기서, Q : 유입유량(m^3/day) Qr : 반송유량(m^3/day)

- 이 식을 이용해 반송비를 결정할 경우, 반송되는 활성슬러지의 농도가 일정하다는 가정

(2) 활성슬러지의 농도에 의한 반송비의 결정

$$r = \frac{X - Xe}{Xr - X}$$

(3) 농도 및 물량에 의한 반송비

$$r = \frac{1 - \frac{\theta}{\theta c}}{\frac{Xr}{X} - 1}$$

X : 포기조내 미생물 농도(mg/L)
Xe : 처리수의 고형물 농도(mg/L)
Xr : 반송슬러지의 미생물 농도 (mg/L)
θ : HRT(수리학적 체류시간)
θc : SRT(고형물 체류시간)

⑫ **표면부하 [水面負荷, overflow rate, surface loading]**

- 표준활성슬러지법의 경우, 계획1일 최대오수량에 대하여 20~30 m^3/m^2. d로 하되, SRT가 길고 MLSS 농도가 높은 고도처리의 경우 표면부하율을 15~25 m^3/m^2. d

- 침전지 등에서 처리수의 단위 면적당, 단위 시간당 흐르는 수량
-침전지 등에서 처리수의 단위 면적당, 단위 시간당 흐르는 수량을 나타내는 것으로 수면적 부하라고도 하며, 단위는 일반적으로 m^3/m^2h 또는 m^3/m^2일을 사용

- 침전 작용을 적절하게 하기 위해 계획 오수량에 대해 25~50m^3/m^2일, 최종 침전지에서 20~30m^3/m^2일 정도로 침전지의 수면적 부하를 정하며, 이상적인 침전지 이론에서 침전속도가 수면적 부하 값보다 큰 입자는 침전에서 제거되는 경우에 해당하므로, 침전지 등의 설계인자로서 사용

- 표면부하(율)을 v, 유입수량을 Q, 침전지의 표면적(또는 못의 지면적)을 A라 하면, v=Q/A로 나타냄. 표면부하(율)는 속도의 차원을 가지고 있기 때문에 상승속도라 하는 경우도 있음. 약품침전지에 있어서의 표면부하(율)은 단층식 침전지에서 15~30mm/min, 다단층식 침전지에서 15~25mm/min 정도임.

7.2.4 포기조의 용량 산정

- 포기조의 용량산정은 우선 처리방식이 결정되면 유입폐수량, 유입 수질농도, 오니반송비, 반송오니농도에 의해 MLSS 농도를 결정하고 BOS-SS 부하를 고려하여 용량을 산정함

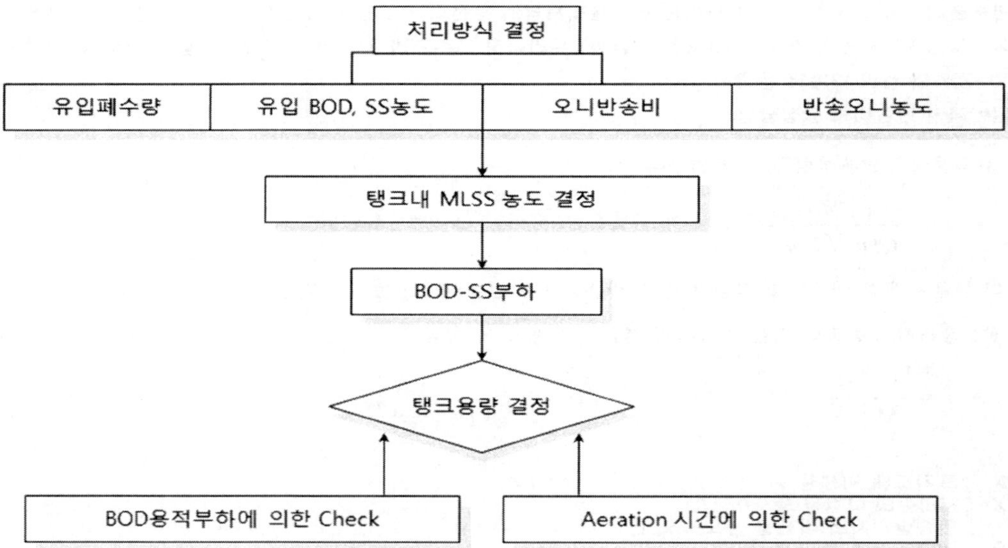

<그림 7-3> 포기조 용량산정 절차도

- 포기조의 용량산정은 활성슬러지 포기조의 용량은 적정한 F/M비, BOD용적부하, MLSS 농도, 포기시간, 및 처리효율을 동시에 만족시킬 수 있는 수리학적 체류시간에 의해 결정.
- 건설비 및 유지관리비에 유의해서 각 처리방식에 따라서 주어진 포기시간을 고려한 후 결정.
- 소요용적(V) = Q · T

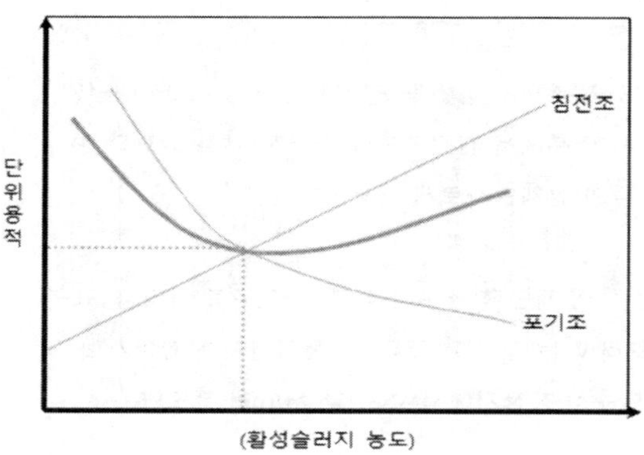

- 활성슬러지 공정시스템의 전체 소요용적 즉, 포기조 및 침전지 용적의 합은 활성슬러지 농도와 밀접한 관계임
- 동일처리 효율을 얻을 경우:
  - -활성슬러지 농도 ↑, 포기조 용적 ↓,
  - -고농도 슬러지 농축 : 침전지 용적 ↑
  - -활성슬러지 농도가 감소되면 그 반대가 되어 시스템 전체 소요용적의 최소화를 위한 이상적인 최적 활성슬러지 농도가 존재

<표 7-3> 활성슬러지 포기조의 설계요소에 영향을 주는 인자

설 계 요 소	결 정 인 자	영 향 인 자
포 기 시 간 (HRT)	유입하수의 농도변화 처리수의 수질 미생물반응속도	포기기의 선택 SRT 산소요구량 슬러지생산량
고형물체류시간 (SRT)	슬러지생산량 질산화여부	포기시간 산소요구량 MLSS
MLSS	슬러지반송률 반송슬러지의 농도	침전지의 고형물질부하율 SVI SRT, HRT
슬러지반송률	MLSS 반송슬러지농도	SVI
F/M	SRT 슬러지생산량 슬러지 Bulking	유입하수농도
운 전 온 도	SRT, HRT F/M, MLSS	유입하수농도
침전슬러지농도	슬러지반송률 MLSS	침전지형상 포기조의 미생물상 운전온도

<문제 7-1>

• 일 50,000㎥ 규모의 재래식 폐수종말처리장의 폭기조에서 질산화가 완전히 일어날 수 있도록 개선하려고 하는데 기존 포기조의 용량을 얼마만큼 확장시켜야 되는지 설계하시오 ?

(설계조건)

1) 유입수 BOD = 200mg/L　　　2) 유입수 TKN = 40mg/L

3) 포기조 MLVSS = 2,000mg/L(MLVSS중 질산화 MLVSS비율 = 0.08

4) MLVSS의 MCRT비(/M) = 2.5

5) 동력학 계수(온도, DO, pH 등의 영향인자들을 고려한 값임)

6) 기타 필요한 변수에 대해서는 임의 가정 요

7) 설계시 필요한 양식

$$U = \frac{S_O - S}{\theta - X} = \frac{K_S}{K_S + S}\frac{1}{\theta_C M} = YK - Kd\frac{1}{\theta_C M} = YU - Kd$$

계수 \ 반응	탄소산화	질산화
μ m.d⁻	0.83	0.33
Y.kg⁻ᵛˢˢ/kg⁻ˢᵘᵇˢᵗˡᵃᵗᵉ	0.5	0.2
Kd.d⁻	0.06	0.05
Ks.mg/L	20.0	0.4

(풀이)

1) 최대 기질 소비속도 k를 구한다.

$$k = \frac{\mu m}{Y}, \quad \mu m = 0.33d^{-1}, \quad Y = 0.2, \quad k = \frac{0.33d^{-1}}{0.2} = 1.65d^{-1}$$

2) 최소 및 설계 세포 평균 체류시간을 구한다.

a. 최소 θ^{m}_{c} :

$$\frac{1}{\theta_c^m} = YK - kd, \quad Y = 0.2, \quad k = 1.65d^{-1}, \quad kd = 0.05,$$

$$\frac{1}{\theta_c^m} = 0.2(1.65d^{-1}) - 0.05 = 0.28d^{-1}, \quad \theta_c^m = \frac{1}{0.28} = 3.57d$$

3) 설계 기질 소비인자 U를 구한다.

$$\frac{1}{\theta_c^m} = YU - kd, \; U = \frac{1}{\theta_c^m} + kd)\frac{1}{Y} = (\frac{1}{8.93} + 0.25)\frac{1}{0.2} = 0.81d^{-1}$$

4) 다음식을 이용하여 처리수 중의 암모니아 농도를 구한다.

$U = \frac{kN}{k_N + N} = 0.81d^{-1}$, k = 1.65$d^{-1}$, T= 15℃

N = 처리수 NH^{+}_{4} -N 농도, mg/L K_n = 0.40mg/L

$$0.810 = \frac{1.65N}{0.40 + N}, \quad N = \frac{1.65N}{0.810} - 0.4, \quad N = (\frac{1-1.65}{0.810}) = -0.40$$

N = 0.39mg/L

5) 다음식을 이용하여 활성 슬러지 공정에서 기질 제거 속도를 구한다.

$$\frac{1}{\theta_c^m} = YU - kd, \quad \frac{1}{\theta_c^m} = 8.93d$$

θ^{d}_{c} = 8,93d, Y = 0.5mg VSS/mg BOD_5, k_d = 0.06d^{-1}, $U = (\frac{1}{8.93} + 0.06)\frac{1}{0.5}$

U = 0.34kg BOD_5 제거/kg MLVSS.d
공정효율을 90%라 보면 이에 대응하는 먹이/미생물 비는 0.38kg BOD_5 도입/kg MLVSS.d이다.

6) BOD 산화 및 질화에 필요한 수량 체류시간 ; $U = \frac{S_O - S}{\theta X}$

a. BOD 산화 : $U = \frac{S_O - S}{\theta X}$

S_0 = 200mg/L S = 20mg/L(가정 값) U = 0.34d^{-1}
X = MLVSS,mg/L

$$\theta = \frac{(200-20)mg/L}{0.34d^{-1}(2000mg/L)} = 0.26d = 6.4Hr$$

b. 질화 ; $\theta = \frac{N_O - N}{UX}$

N_0 = 40mg/L N = 0.39mg/L U = 0.81d^{-1}

X = 2000mg/L x 0.08(질화 미생물 분율) = 160mg/L

$$\theta = \frac{(40-0.38)mg/L}{0.81d^{-1}(2000mg/L \times 0.08)} = 0.31d = 7.3Hr$$

∴ 결론 : 질화 공정에 의하여 필요한 수량 체류 시간이 좌우된다.

7) 필요한 포기 탱크 부피를 구한다.

V = Qθ = (50,000㎥/d)(0.31d) = 15,500㎥

<문제 7-2>

• 생물학적 처리공정에서 포기조의 MLVSS 농도는 반송비와 SVI 값에 따라 변하는데 이 두 변수를 기준하여 포기조의 MLVSS 농도를 계산할 수 있는 식들을 전개하여 제시하고, SVI 값이 200일 때 반송비(Qr/Q)를 0.5, 1, 2, 3으로 변화시켜 MLVSS 농도를 계산하여 그림으로 제시하시오.

슬러지 지표(Sludge Indicator)

슬러지 지표는 슬러지 용량지표(Sludge Volume Index, SVI)와 슬러지 밀도 지표 (Sludge Density Index, SDI)가 있으며, 침전지에서 고액분리가 잘 일어나는지 여부를 판단하는 기준이 된다.

SVI

포기조 혼합액 1L를 Imhoff Cone 또는 mass cylinder에 넣어 30분간 침전시킨 후 1g의 MLSS가 차지하는 부피를 말한다.

$$SVI = \frac{30}{\text{분침전슬러지부피}MLSS(m\ell/L)} \times 1000 = \frac{SV(m\ell/L) \times 1000}{MLSS} = \frac{SV(\%) \times 1000}{MLSS}$$

$=10^6/Xr$ 에서 $Xr = 10^6/SVI$

SDI = 100/SVI

SVI가 50-150인 경우 침전성이 양호하며, 200 이상이면 침전 장애(Bulking)를 일으킬 수 있다고 판단할 수 있다.

SDI 경우 0.7 이하에서 침전성이 양호하다고 판단할 수 있는 지표가 된다.

$$\text{반송비 } R = \frac{X}{Xr-X}$$

$$X = \frac{R*Xr}{R+1}$$

$=R/(R+1)*10^6/SVI$

따라서 SVI=200 이고,

R = 0.5,일 때 X = 1666.7

R = 1.0, X = 2500

R = 2.0, X = 3333.3

R = 3.0, X = 3750

SVI는 MLSS와 반송 슬러지간의 다음 관계가 있어 이에 따른 변화를 그래프로 나타내면 다음과 같다

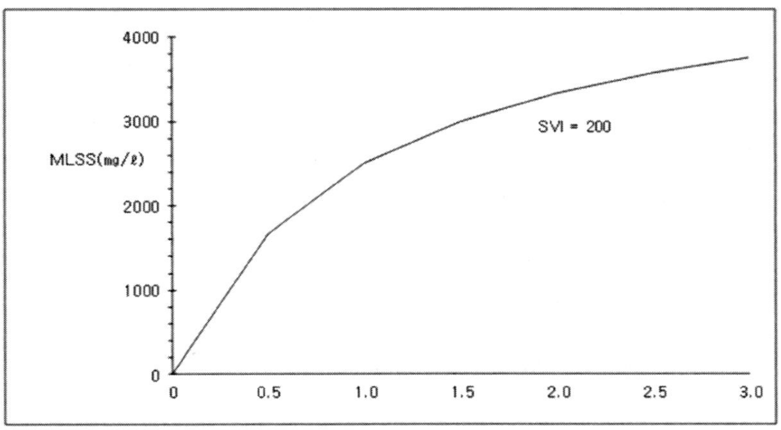

MLSS = 혼합액 부유물질로서 포기조내 미생물량 (Mixed Liquor Suspended Solids)

MLVSS = 혼합액 휘발성 부유물질(Mixed Liquor Suspened Solids)

MLSS속의 유기물질 부유물 농도를 나타내며 미생물 농도는 보통 MLVSS를 많이 사용하나 포기조내 다른 불순물이나 죽은 미생물의 양이 많을 경우에는 MLSS의 60%까지 값이 떨어지기도 하며 일반적으로 MLVSS는 MLSS의 70~80% 정도이다. 상기 조건에서 도 MLSS값에서 MLVSS값을 추정 할 수 있다.

<문제 7-3>

• 활성슬러지 혼합액을 0.2%에서 4%로 농축시키기 위한 부상분리 농축조를 가압순환이 있는 경우와 없는 경우에 대해서 설계하시오 ?

- 최적 A/S비 = 0.008mL/mg
- 온도 = 20℃
- 공기용해도 = 18.7mL/L
- 가압순환식에서의 압력 = 275kPa
- 포화도 = 0.5
- 표면부하율 = 8L/㎡.min
- 슬러지 유량 = 300㎥/d

1) 가압순환이 없는 경우 소요압력, 필요 표면적, 고형물부하율
2) 가압순환이 있는 경우 대기중 압력, 필요 순환율, 필요 표면적

(공식)

농도 등을 고려하며, 유출수를 압력탱크내로 반송시켜서 용해하는 경우(다른 경우는 유입수에 직접 압력을 가한다)에는 반송률도 고려해야 한다. 흔히 쓰는 공식을 보면 다음과 같다.

A/S = $\frac{1.3sa(fp-1)}{S}$

여기서, sa는 공기의 용해도로 20℃에서는 18.7mL/L이다. f는 압력 P에 있어서 용존되는 공기의 전체 공기량에 대한 비율인데 0.5, 압력 P는 대기압이며, S는 원수내의 고형물질의 농도이다.
반송을 시키는 경우에는,

A/S = $\frac{1.3sa(fp-1)}{S} \cdot \frac{R}{Q}$

여기서, R/Q는 반송률을 나타내고 있다. 상기 두 공식에서 분자는 공기의 중량이며, 분모는 고형물질의 중량이다. 1.3은 1㎤의 공기중량(mg)이며, 괄호내의 -1은 대기압, 즉 표준상태인 1기압을 말하고 있다. A/S비는 0.008mL/mg

(풀이)

(순환이 없을 때)

1) 소요압력

A/S = $\frac{1.3sa(fp-1)}{S}$에서,

0.008mL/mg = $\frac{1.3(18.7ml/l)(0.5p-1)}{2{,}000mg/l}$

0.5P = 0.658 +1 = 1.658

P = 3.316atm = $\frac{P+101.35}{101.35}$에서,

P = 234.73kPa ≒ 235kPa

2) 필요표면적

A = (300㎥/d)(10^3L/㎥)/(8L/㎡.min)(1,440min/d) = 26.0㎡

3) 고형물부하률

고형물부하률 = (300㎥/d)(2,000g/㎥)/(26.0㎡)(10^3g/kg) = 52.08kg/㎡/d

(순환이 있을 때)

1) 대기중의 압력을 결정

P = $\frac{275+101.35}{101.35}$ = 3.71atm

2) 소요순환률

A/S = $\frac{1.3Sa(f.\ p-1)}{S} \cdot \frac{R}{Q}$

0.008mL/mg = $\frac{1.3(18.7ml/l)[0.5(3.71)-1]R}{(2000mg/l)(300m^3/d)}$

R = 307.9㎥/day

3) 필요한 표면적

A = (307.9㎥/d+300㎥/d)(10^3L/㎥)/(8L/㎡.min)(1,440min/d) = 52.8㎡

7.3 하수처리단계 및 공법

7.3.1 하수처리 단계

하수처리 방법

- 하수처리방법은 일반적으로 1, 2, 3차처리로 구분하는데, 3차처리를 고도 하수처리라고 하며 하천이나 호소 등에서 조류의 성장을 억제할 목적으로 주로 질소(N) 및 인(P) 제거를 위한 처리공정을 도입함

1) 하수처리 방법 – 하수처리 단계

- 하수처리방법은 일반적으로 1, 2, 3차처리로 구분하며 3차처리를 고도처리라고 함. 국내에서 하천, 호소의 조류 과잉발생으로 고도처리의 중요성이 대두되어 추진하고 있으나, 질소, 인 제거를 위한 효율성, 경제성 등을 고려하면 많은 어려움을 내포하고 있음
- **1차 처리**
  - 물리적 처리
  - 부유물 제거
- **2차 처리**
  - 생물·화학적 처리
  - 용해성 물질
- **3차 처리**
  - 고도 처리
  - 질소, 인, 중금속, 바이러스 등

2) 하수처리 방법(물리적 처리시설)

- 스크린 : 봉 스크린 (rack bar screen), 격자 스크린 (grating screen), 망 스크린 (fine screen)
  - 통과유속은 0.45m/s 이하
  - 하수 중 부유물 처리
  - 후속처리 시설 부하 경감
  - 펌프 등의 시설 고장 방지

- **분쇄기**
  - 고형물질을 파쇄, 부유물을 0.5~1cm 크기로 자름

- **하수 침사지**
  - 비중 2.65 이상, 직경 0.2m 이상의 비부패성 입자 제거, 0.3m/s의 독립 침전
  - 토사류에 의한 시설물 마모 및 고장 방지, 슬러지 생성량 감소, 2지 이상 설치, 통과 유속은 0.15~0.3m/s, 체류 시간은 30~60초, 깊이는 1.5~2m
  - 침사량은 하수량 1,000m^3 당 0.05~0.2m^3

• **유량 조정조**

- 유입 하수의 유량과 수질 변동 완화

- 유량조정조는 유입하수의 유량과 수질의 변동을 균등화함으로써 처리시설의 처리효율을 높이고 처리 수질의 향상을 도모할 목적으로 설치하는 것이 기본 목적이나, 하수배제방식에 따라 다른 용도로 활용될 수 있음

- 즉 합류식 지역의 경우 우천시 불명수의 일시 저류 목적으로 사용될 수 도 있음. 소규모 하수처리시설의 경우에는 유입수량과 수질의 변동폭이 크게 되므로 필요시에 설치할 수 있음.
  또한, 택지지구 등 주택단지와 같이 처음부터 수량 및 수질의 큰 변동이 예상되는 경우에는 경제성, 부지 확보 가능여부 등을 고려하여 설치함

- 또한 후속 수처리공법의 수리학적 체류시간이 비교적 짧거나 유입수량 변화에 악영향을 받기 쉬운 공법인 경우에는 유량조정조의 필요성이 더욱 증대됨

- 조의 용량은 처리장에 유입되는 하수량의 시간변동에 의해 정함. 일반적으로 시간최대하수량이 일간평균치(계획1일최대하수량의 시간평균치)에 대해 1.5배 이상이 되는 경우, 고려할 수 있음.
  단, 산화구법, 장기포기법, 연속회분식활성슬러지법(SBR) 등과 같이 체류시간이 길어 유량변동에 강한 처리 시설의 경우는 예외로 함

유량조정조에서는 양. 질과 함께 24시간 균등하게 조정하는 것이 이상적이지만, 지의 용량이 크게 되고 건설비도 커져 비경제적임과 동시에 부하량을 균등화하는 것은 실제로는 운전. 제어가 복잡하게 되기 때문에 유입량의 조정에 의한 유입부하량의 조정을 기본으로 함. 다만 분류식의 경우 필요에 따라 유입수질의 변동을 고려한 유입부하량 조정을 고려할 수 있음

인라인(in-line) 방식

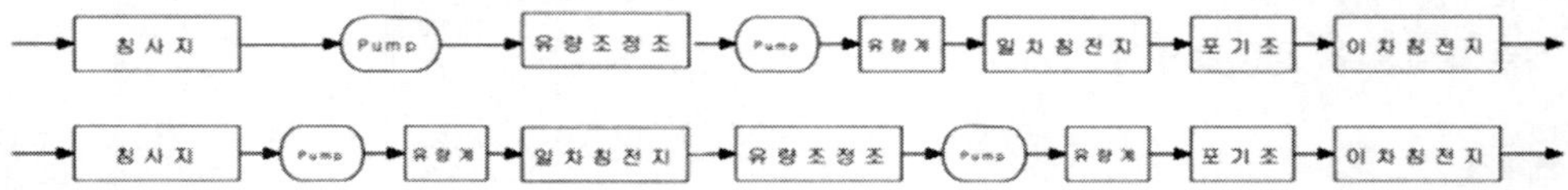

오프라인(off-line) 방식

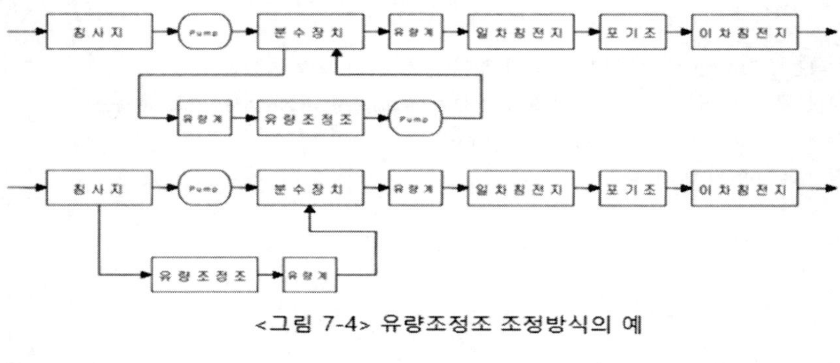

<그림 7-4> 유량조정조 조정방식의 예

• **교반장치**

- 조내에 **침전물의 발생 및 부패를 방지하기** 위해 교반장치 및 산기장치를 설치하는데, 유량조정조에는 오염물의 침전을 방지함과 동시에 유출수의 수질을 균질화하기 위해 교반을 함
- 또한 체류시간이 긴 경우에는 유입하수가 혐기성으로 되어 부패하므로 이를 방지하기 위하여 산소를 공급할 필요가 있는데, 이때 송풍량은 조 용적 $1m^3$ 당 0.3 ~ $1.0m^3N$/시간 정도로 함.
- 교반방식은 조내의 수위변동이 크므로 수위변화 및 토목구조를 고려하여 정하며, 교반장치에는 산기식 압축식, 수중식, 수중포기식 등이 있음. 또한, 각 교반방식의 특성에 따라 적절한 수량 및 동력을 산출하여 반영하되, 조 하부에 슬러지가 침강되지 않도록 함

• **침전지**

- 침전지는 고형물입자를 침전, 제거해서 하수를 정화하는 시설로서 대상 고형물에 따라 일차침전지와 이차침전지로 나눌 수 있음
- 일차침전지는 1차처리 및 생물학적 처리를 위한 예비처리의 역할을 수행하며, 이차침전지는 생물학적 처리에 의해 발생되는 슬러지와 처리수를 분리하고, 침전한 슬러지의 농축을 주목적으로 함. 소규모 하수처리시설에서는 처리방식에 따라서 일차침전지를 생략할 수도 있음
- 침전된 슬러지는 부패를 방지하기 위하여 슬러지 수집기를 이용하여 신속하게 제거하여야 함. 또한 부패된 침전슬러지의 부상 및 침전 불량으로 인하여 스컴이 발생할 수 있으므로 스컴 제거장치를 설치 할 수 있음. 또 이차침전지의 경우 슬러지 부상 유출에 따른 처리수의 악화를 방지하기 위하여 월류웨어의 배치에 유의하여야 함

• **침전지**
- 장방형, 길이 : 폭 = 3~5 : 1, 폭 : 깊이 = 1~2.25 : 1, 원형, 최대 직경: 90m
- 원형 및 정사각형의 경우 폭과 깊이의 비는 6 : 1~12 : 1 정도
- 유효 수심은 2.5~4m, 침전 시간은 2~4시간,
- 표면 부하율 : 계획1일최대오수량에 대하여 분류식의 경우 35~70 m3/m2. d,
  합류식의 경우 25~50 m3/m2. d
- 슬러지 제거기: 장방형은 1/100 ~ 1/50, 원형은 1/20 ~ 1/10
- 여유고는 40~60cm
- 침전지 지수는 최소한 2지 이상

• **침전지의 구조**

① 침전지는 수밀성 구조로 하며 부력에 대해서도 안전한 구조로 함
② 슬러지를 제거시키기 위해 슬러지수집기를 설치함.
③ 슬러지수집기를 설치하는 경우의 침전지 바닥 기울기는 직사각형에서는 1/100~2/100으로, 원형 및 정사각형에서는 5/100~10/100으로 하고, 슬러지 호퍼(hopper)를 설치하며, 그 측벽의 기울기는 60° 이상으로 함
④ 악취대책 및 지역특성을 고려하여 복개를 검토할 수 있음
⑤ 초기운전대책으로 우회수로(by-pass line)

7.3.2 생물학적 처리공법

<표 7-4> 하수처리에 사용되는 주요 생물학적 처리공법 예

종 류	일 반 명	용 도
• 부유미생물(2차처리)	활성슬러지법 표준활성슬러지법 점감포기법(step aeration) 순산소 활성슬러지법 장기포기법 산화구법 회분식활성 슬러지법(SBR) 혐기-호기 활성슬러지법	BOD제거(질산화) BOD제거(벌킹제어)
• 부착미생물(2차처리)	호기성여상법 접촉산화법 회전생물막법(RBC)	BOD제거(질산화)
• 부유미생물(고도처리)	순환식 질산화탈질법 질산화 내생탈질법 단계 혐기호기법 혐기 무산소 호기조합법 고도처리 산화구법 응집제첨가형 순환식 질산화탈질법 막분리 활성슬러지법	BOD, T-N, T-P제거
• 부유+부착미생물(고도처리)	유동상미생물법 담체투입형 A_2O변법	BOD, T-N, T-P제거

<표 7-5> 표준활성슬러지 처리공법의 개요 및 장단점

구 분	표준활성슬러지법 (Conventional Activated Sludge)
처리공정 개요	·1차 침전된 하수와 반송 활성슬러지가 폭기조의 앞부분으로 주입되고 산기식 또는 기계식 폭기에 의하여 혼합됨 ·일반적으로 공기는 포기조 길이로 균등하게 주입되고 포기시간동안 흡착, 응결(flocculation), 산화가 일어나면서 유기물은 생물학적 활성슬러지(MLSS, mixed liquor suspended solid)로 변환되며 일정 체류시간 동안 반응한 활성슬러지는 2차 침전지에서 침전 분리됨.
공정구분	·호기성 부유성장 처리공법 + 물리. 화학적처리(선택)
처리효율	·유기물질 : BOD : 85 ~ 90%, SS : 85 ~ 90% ·영양염류 : T-N : 20 ~ 30%, T-P : 10 ~ 25% (응집체 첨가시 : 70 ~ 80%)
설계인자	·HRT : 4 ~ 8시간 ·SRT : 5 ~ 15일 ·F/M 비 : 0.2 ~ 0.6kgBOD/MLSS/d ·MLSS : 1,500 ~ 3,000mg/L ·반송율(RAS) : 50 ~ 100%
장단점	·국내 적용 실적이 가장 많으며 처리시설 건설 및 운전에 따르는 기술축적이 충분. 또한 BOD, SS와 같은 유기물질의 경우 비교적 안정적인 방류수질을 유지할 수 있으며 약품을 사용하지 않기 때문에 유지관리비가 저렴한 편이며 다양한 변형공정이 연구. 개발되어 있어 조건에 따라 다양하게 적용 가능. ·공정제어에 융통성이 있으며 거의 모든 생물학적 처리문제에 적용할 수 있으며 공정변형 또는 추가를 통하여 고도처리시설로의 확장이 가능함. ·반면 운전에 따르는 유지관리 기술이 요구되며 발생되는 슬러지의 처분에 비용이 많이 소요됨 ·질소 제거효율이 낮아 방류수 수질기준 강화로 고도처리시설의 신설 또는 증설이 요구됨. ·3차 처리로 응집침전시설을 추가할 경우 약품슬러지의 발생량이 많으며 모래여과 또는 활성탄을 사용할 경우 부지면적 및 유지관리비의 증가 예상.

• 활성슬러지법의 설계인자

- 활성슬러지법의 각종 변법에 있어서 조작 조건으로는 F/M비, MLSS 농도, SRT, 송풍량, 포기시간, 슬러지 반송비, 유기물부하, 잉여슬러지 발생량, 용존산소농도, 필요산소량, 슬러지의 침강성 등이 있음
- 생물반응조의 체류시간(HRT)이 6시간 ~ 8시간인 표준활성슬러지법의 경우 동계 및 하계와 같이 질산화가 완전히 정지되거나, 완전 질산화가 이루어지는 경우에는 N-BOD의 영향이 상대적으로 적게 나타나 BOD 제거 효율이 높게 유지되나, 수온이 상승하거나 하강하는 경우 불완전 질산화의 영향으로 N-BOD가 나타나 BOD제거효율이 상대적으로 저하될 수 있음
- SRT는 반응조 유입수질을 가정하여 각각의 활성슬러지법의 경험적인 HRT과 MLSS농도를 설정하여 구할 수 있음. 여기서 MLSS농도는 반송슬러지 농도와 슬러지 반송비에 의해 구해짐. 또 잉여슬러지의 발생량은 SRT가 길수록 적고, SRT가 긴 경우 질산화 반응에 필요한 산소량과 활성슬러지의 내생호흡에 필요로 하는 산소량이 증가됨으로 결과적으로 처리수량당의 소비산소량(결과적으로 필요공기량)이 증가됨

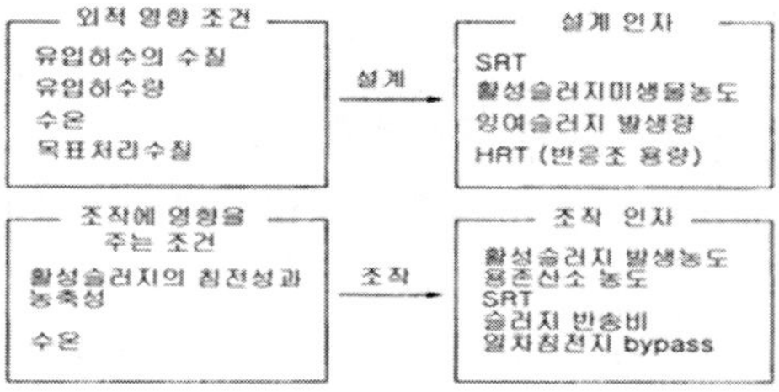

<그림 7-5> 활성슬러지법 반응조의 설계인자와 조작인자

• 활성슬러지법 운영의 문제점 및 대책

포기조 혼합액 색상 혼합액 색상이 진한 흑색으로 나타나고 더욱이 냄새가 날 때에는 혐기성 상태일 가능성이 많고 따라서 DO농도를 확인하고 포기강도를 높여야 함

① 포기조의 이상 난류산기식 포기조에서 수면의 난류가 고르지 못하거나 물이 부분적으로 솟아오를 때에는 산기장치의 일부가 막혔을 가능성이 큼. 이로 솟아오를 때에는 산기장치의 일부가 막혔을 가능성이 크며, 이 때에는 산기장치의 청소를 함

② 포기조의 과도한 흰거품 포기조 표면에 흰 비누거품 같은 것이 크게 고량을 이룰 때가 있는데 원인은 SRT가 너무 짧거나 경성세제(ABS)가 포함되어 있음을 뜻하며, 이 때는 SRT를 증가시키는데 이는 잉여슬러지 토출량을 매일 조금씩 감소시킴으로써 서서히 시도해야 함. 또한 거품제거약(소포제)을 뿌리는 경우도 있음

③ 뚜꺼운 갈색 거품 포기조 표면에 황갈색 내지는 흑갈색 거품이 짙게 나타나는 경우는 대개 너무 긴 SRT에 원인이 있으며, 세포가 과도하게 산화되었음을 나타내는데 이는 매일 조금씩 SRT를 감소시켜 해소함

④ 슬러지 팽화(sludge bulking) 원인

원인은 잘못 설계된 침전조에 기인하는 수도 있지만 일반적으로 운영상 사형 미생물의 과도한 번식이 원인으로 지적되며, 이러한 사상균의 이상 번식 원인은 다음과 같음

- 충격부하(shock load) : 유기물(BOD)의 과도한 부하(F/M비과대)
- DO 부족(포기조 적정 DO는 2.0mg/L이고, 최소한 0.5mg/L이상유지)
- 낮은 pH(포기조 적정 pH : 6~8)
- 영양분의 불균형(탄소화합물에 비해 N, P의 부족)
- 낮은 SRT
- 운전 미숙

⑤ 슬러지 팽화(sludge bulking) 대책

- 초기에는 반송슬러지에 염소(HOCl : 10~20mg/L), 오존(O_3), 과산화수소(H_2O_2) 등의 살균제를 주입
- MLSS농도를 증가시켜 F/M비를 낮춘다.(SRT증가효과도 있음)
- 소화슬러지 또는 침전슬러지를 폭기조에 주입 SVI를 감소시킴
- 철염, 알루미늄염 등의 응집제를 첨가하거나, 규조토, $CaCO_3$ 등을 포기조에 주입하여 침전성을 증가시킴
- 반송오니를 재포기시켜 산소공급을 증가시킴
- 기타 N이나 P등의 증가와 더불어 운전조건을 향상시킴
- 심할 경우 최종적으로 기존 슬러지를 버리고 새로 시작함

※ 사상균이 발생하기 쉬운 폐수 : 양조폐수, 펄프 및 제지폐수, 제당폐수, 전분공장폐수 등 floc 해체 현상 활성슬러지 floc이 침전조에서 미세하게 분산되면서 잘 침전하지않고 상등수와 함께 유실되는 현상을 말하며, 그 원인은 독성물질유입, 혐기성 상태, 포기조의 과부하, 질소나 인 등의 부족, 과도한 난류의 전단력 등이 있는데 대개는 이러한 원인 제거에 의하여 쉽게 교정됨

⑥ 슬러지 부상(sludge rising)
유입폐수 중의 질소 성분이 포기에 의해 질산화되고 종말침전조에서 DO가 부족하면 탈질산화 현상이 일어나면서 이때 발생하는 질소가스 sludge를 부상시킴. 또, 침전조가 혐기성이 되면 바닥에 쌓인 슬러지가 혐기성 분해를 일으켜 그 때 생기는 기포와 함께 덩어리로 부상되기도 함

⑦ 슬러지 부상 대책
- 포기조 체류시간 단축 또는 포기량을 줄여 질산화 정도를 줄임
- 탈질산화 방지를 위해 침전지의 체류시간을 단축시킴
- 반송슬러지의 양수율을 증가시키고 슬러지 제거 속도를 증가시켜 침전지로부터 슬러지를 빨리 제거시킴

⑧ pin floc 형성
SRT 가 너무 길면 세포가 과도하게 산화되어 휘발성 성분이 적어지고 활성을 잃게 되어 floc 형성능력이 저하됨. 이럴 경우 흔히 1mm보다 훨씬 작은 floc이 현탁 상태로 분산하면서 잘 침강하지 않는 상태가 되며, 대책으로는 SRT를 감소시킴

• 포기조

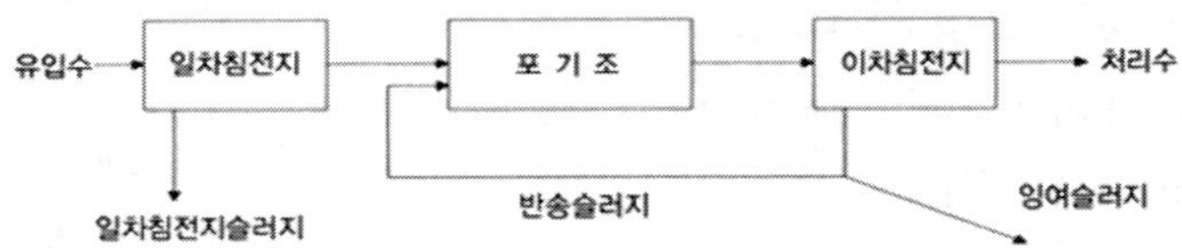

<그림 7-6> 표준활성슬러지법의 처리계통도

① 수리학적 체류시간(HRT)
표준활성슬러지법의 HRT는 6~8시간을 표준으로 한다. 단 유입수온이 낮거나 유입수질(용해성 BOD, SS) 농도가 높아 처리수질을 만족할 수 없는 경우에는 필요한 SRT로부터 HRT를 구함

② MLSS농도와 슬러지반송비
MLSS 농도는 1,500~2,500 mg/L를 표준으로 하며, 또한, 슬러지반송비는 반송슬러지의 SS농도를 고려하여 적정하게 설정함

③ 포기방식
포기방식은 전면포기식, 선회류식, 미세기포 분사식, 수중교반식 등이 있다. 이들의 선택은 충분한 기액혼합과 높은 산소전달효율, 경제성, 입지조건 등을 고려하여 정함

④ 반응조의 형상, 구조 및 수
- 형상은 장방형 혹은 정방형으로 하고 폭은 수심의 1~2배 정도이나, 심층식의 경우는 수심과 같은 정도로 함
- 흐름방향에 대하여 저류벽을 설치함
- 수밀된 철근 콘크리트 구조로 주벽의 상단은 지반으로부터 15 cm이상 높게 함
- 보수 및 유지를 위하여 약 90 cm이상의 폭을 가지는 인도와 안전설비를 설치함
- 수는 2조 이상으로 함
- 심층식에는 흐름방향에 대해 수평으로 도류판을 설치함

⑤ 수심 및 여유고
- 포기조의 유효수심은 표준식은 4.0~6.0 m를 심층식은 10 m를 표준으로 함
- 여유고는 표준식은 80 츠 정도를 심층식은 100 츠 정도를 표준으로 함

⑥ 계측제어설비
포기조에는 유입하수량, 반송슬러지량 및 공기량을 계측할 수 있는 계측제어설비를 설치함

⑦ 산기장치
- 산기장치로는 산기판, 산기관, 산기노즐(nozzle)을 사용함
- 산기장치는 청소 및 유지관리가 간편한 구조로 함
- 산기장치는 공기가 균등하게 분배되는 것으로 함
- 산기장치는 내구성이 크고 내산성 및 내알칼리성의 재질로 함

7.3.3 활성슬러지 변법

1) 점감식 포기법(Tapered aeration)

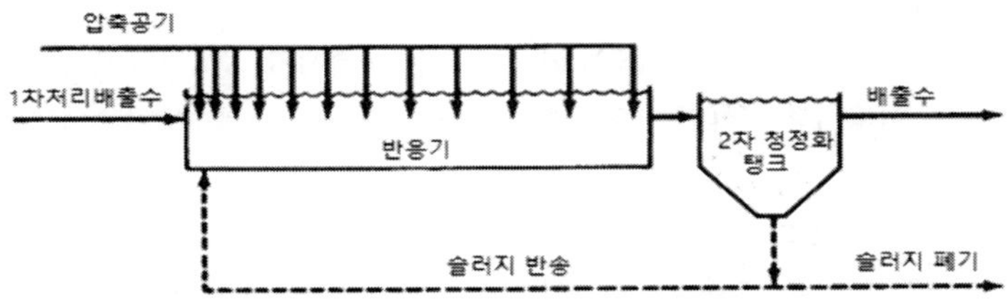

<그림 7-7> 점감식 포기법 공정도

- BOD 농도에 대응하여 공기를 주입
- 유입부 부근에서의 산소 부족현상을 보완.
- 송풍기의 용량과 운전비용↓
- 설계상의 질산화 제어 가능

2) 단계포기법 (Step aeration)

- 단계 포기법은 유입수를 중간지점에서 도입, 탱크 전체에서 보다 균일한 BOD 제거가 일어나게 하는 방식
- 이 공법은 폐수를 포기조의 전체 길이 4개 정도로 분할하여 유입시키며, 반송유량은 선단(앞부분) 포기조에 보내어 포기조 입구에서 출구보다 지나치게 부하율이 증대되는 결점을 방지하기 위한 처리공법
- 실제로 운전시 1차 침전지 이후에 30분 정도의 중화조 설비하여 충격부하에 따른 미생물 영향을 줄일 수 있고, 또한 반송 슬러지는 포기조 앞으로 반송하면서 유입수는 포기조 흐름 방향으로 수 개조로 나누어 유입시키는 방법으로 포기조내 오염부하량을 균등화시키므로 처리효율을 향상시킬 수 있는 장점이 있음.
- F/M 비는 0.2 ~ 0.4 정도이고 BOD 용적부하는 0.4 ~ 1.4 정도임.

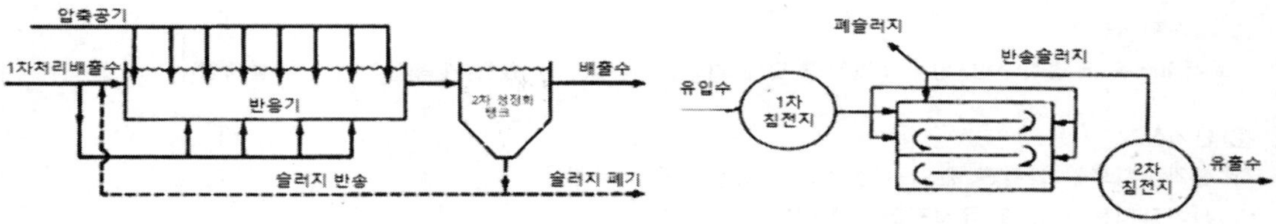

<그림 7-8> 단계 포기법 공정도

3) 접촉안정법(Contact stabilization)

- 접촉안정법은 **접촉조에서 1차 침전지의 유출수를 약 30분간 접촉시켜 산화시키고**, 그 후 침전지에서 고액분리시켜 분리된 슬러지를 **안정조로 보내 재포기하여 슬러지를 활성, 안정화시킴.**
- MLSS 농도는 접촉조에서 2,000mg/L, 안정조에서 20,000mg/L 정도이며 슬러지가 미세하여 탈수와 침전성이 나쁘s나, 활성슬러지는 F/M 비를 적당히 유지하면서 응집 및 흡착작용에 의해 플럭(floc)형성이 현저하게 높아짐
- 접촉안정법은 활성슬러지를 하수와 **접촉조에서 약 20 ~ 60 분간**(유량기준), 혼합하여 활성 슬러지에 의해 유기 영양물을 흡수, 흡착 제거시켜, 이것을 최종침전지에서 침전시킴. 활성슬러지를 **안정조에서 3 ~ 6 시간 포기하여** 흡수, 흡착된 유기물을 산화시키고 새로운 미생물을 생성해내는 방법으로 유기물의 상당량이 콜로이드 상태로 존재하는 도시하수를 처리하기 위하여 개발됨.

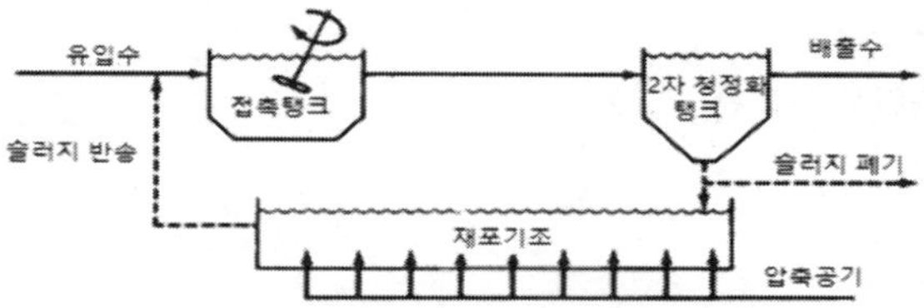

<그림 7-9> 접촉 안정법 공정도

4) 순산소 활성슬러지법(Pure oxygen aeration)

- 기본적인 원리는 공기 대신에 산소를 직접 포기조에 공급하는 방법으로 이것 이외에는 일반 활성 슬러지 법과 동일
- 순산소활성슬러지법에는 산소분압이 공기에 비해 5배 정도 높으므로 포기조내에서 용존산소를 높게 유지할 수 있음. 즉, 순산소활성슬러지법은 공기에 의한 종래의 방법에 비해서 순산소활성슬러지법이 고농도의 하수에 대해 보다 적용성이 높고, 또한 동일한 성질의 하수라면 공기에 의한 종래의 방법과 비교해서 포기조의 용량을 작게 할 수 있다는 것을 의미함

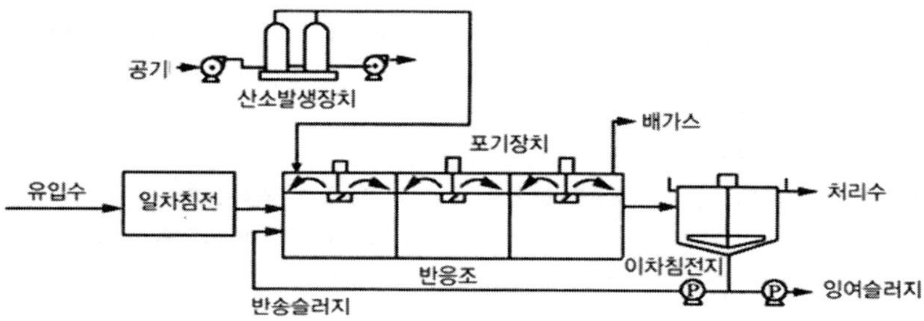

<그림 7-10> 순산소 활성슬러지법 공정도

- **순산소 활성슬러지법 특징**

① 이 방법은 표준활성슬러지법의 1/2 정도의 포기시간으로도 처리수의 BOD, SS, COD 및 투시도 등을 표준활성슬러지법과 비슷한 결과로 얻을 수 있음
② MLSS농도는 표준활성슬러지법의 2배 이상으로 유지 가능하므로 BOD용적부하를 1.0 ~ 2.0kgBOD/m3. d 및 F/M비를 0.3 ~ 0.6kgBOD/kgMLSS. d로 운전할 수 있음
③ 순산소활성슬러지법의 포기조내의 SVI는 보통 100 이하로 유지되고 슬러지의 침강성은 양호하며, 또한 잉여슬러지 발생량은 슬러지의 체류시간에 의해서 큰 차이가 나므로 표준활성슬러지법에 비해서 일반적으로 적음. 슬러지의 농축성도 양호하지만 탈수할 때의 여과속도는 표준활성 슬러지법과 거의 동일 .
④ 이차침전지에서 스컴이 발생하는 경우가 많음

<표 7-6> 순산소 활성슬러지법 반응조의 설계 제원

항 목		제 원
HRT	(시간)	1.5~3.0
MLSS 농도	(mg/l)	3,000~4,000
F/M비	(kg BOD/kg SS · d)	0.3~0.6
슬러지 반송비	(%)	20~50
SRT	(일)	1.5~4.0

5) 장기포기법(Extended aeration)

• 개 요

장기포기법은 활성슬러지법의 변법으로 플러그흐름 형태의 반응조에 **HRT와 SRT를 길게 유지하고** 동시에 MLSS농도를 높게 유지하면서 오수를 처리하는 방법으로 특징은 다음과 같음

① 활성슬러지가 자산화되기 때문에 잉여슬러지의 발생량은 표준활성슬러지법에 비해 적음

② 과잉 포기로 인하여 슬러지의 분산이 야기되거나 슬러지의 활성도가 저하되는 경우가 있음

③ 질산화가 진행되면서 pH의 저하가 발생

• 반응조의 형상, 구조 및 수

① 형상은 장방형 또는 정방형으로 하며 장방형의 경우 유로의 폭은 유효수심의 1~2배의 범위에서 결정

② 유효수심은 4~6 m를 표준으로 함

③ 여유고는 80 cm 정도를 표준으로 함

④ 플러그흐름형 반응조의 경우에는 조의 내부를 분할할 수 있는 저류벽 등을 설치

⑤ 수밀성 철근콘크리트조로 하며 벽의 최상단이 지면으로부터 15 cm 이상이 되도록 함

⑥ 유지관리를 위한 보도를 설치

⑦ 수는 원칙적으로 2조 이상으로 함

- 장기포기법은 활성오니법의 변법의 일종으로 표준적인 방법보다 포기시간이 길고 (18 ~ 36 시간) BOD 용적부하가 적으며, 포기조내의 MLSS가 높게 유지되는 것이 특징
- 이 공법은 잉여슬러지의 생산량이 적고, 유입수량 및 부하변동에 강한 장점을 지니고 있는 반면, 동력비의 소모가 많은 단점이 있음
- 또한 장기 포기법은 SRT 를 충분히 길게 유지해서 잉여슬러지를 최소화하는 공법으로 분해가능한 유기물은 내생호흡 단계에서 제거하도록 설계.

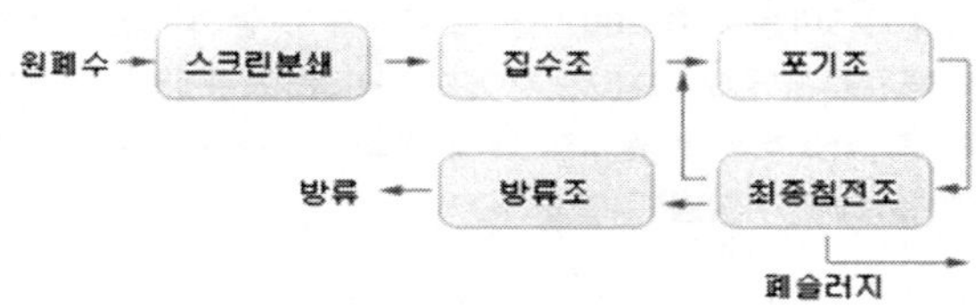

<그림 7-11> 장기포기법 공정도

<표 7-7> 장기포기법 반응조의 설계제원

항 목		제 원
F/M비	(kg BOD/kg SS · d)	0.03~0.05
BOD용적부하	(kg BOD/m^3 · d)	0.13~0.2
MLSS농도	(mg/l)	3,000~4,000
SRT	(일)	13~50
HRT	(시간)	16~24
슬러지반송비	(%)	100~200

6) 산화구법(Oxiddation ditch)

• **개 요**

- 산화구(oxidation ditch)법은 일차침전지를 설치하지 않고 타원형무한수로의 반응조를 이용하여 기계식
- 포기장치에 의해 포기를 행하며, 이차침전지에서 고액분리가 이루어지는 저부하형 활성슬러지 공법임
- 기계식 포기장치는 처리에 필요한 산소를 공급하는 이외에, 산화구내의 활성슬러지와 유입하수를 혼합, 교반시키고 혼합액에 유속을 부여하여 산화구내를 순환시켜 활성슬러지가 침강되지 않도록 하는 기능을 갖음

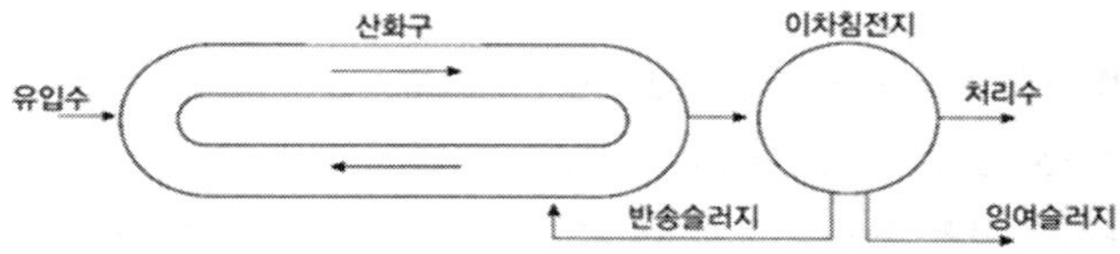

<그림 7-12> 산화구법의 처리계통도 예

• **특징**

① 산화구법은 저부하에서 운전되므로 유입하수량, 수질의 시간변동 및 수온저하(5℃ 부근)가 있어도 안정된 유기물제거를 기대할 수 있음

② 저부하 조건의 운전으로 SRT가 길어 질산화반응이 진행되기 때문에 무산소 조건을 적절히 만들면 70% 정도의 질소 제거가 가능

③ 질산화반응에 의해 처리수의 pH저하에 의해 처리수질의 악화를 방지하기 위하여 반응조내 무산소역을 만들거나 무산소시간을 설정하여 탈질반응을 일으켜 질산화로 소비된 알칼리도를 보충할 수 있음

④ 산화구내의 혼합상태에 따른 용존산소농도는 흐름의 방향에 따라 농도구배가 발생하지만 MLSS농도, 알칼리도 등은 구내에서 균일함

⑤ 슬러지 발생량은 유입 SS량당 대략 75% 정도이며, 이 비율은 표준활성슬러지법과 비교하여 작음

⑥ 잉여슬러지는 호기성 분해가 이루어지게 되므로 표준활성슬러지법에 비해 안정화되어 있다.

⑦ 체류시간이 길고 수심이 얕으므로 넓은 처리장부지가 소요됨

• 산화구법은 장기포기법의 일종으로 타원형 산화지에 폐수를 전처리 없이 유입한 후 기계식으로 24 시간 이상 포기시켜 질산화 반응까지 하여 처리

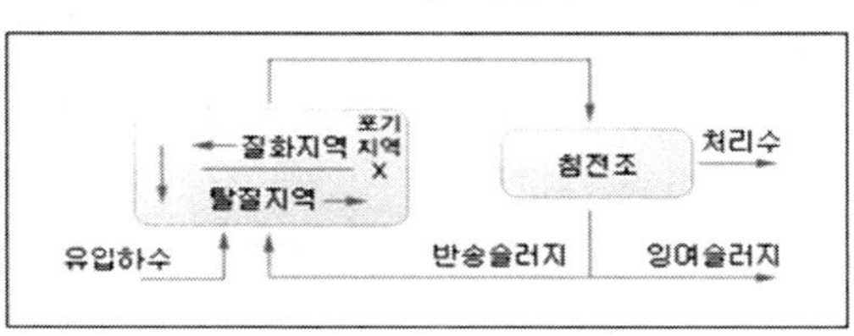

• 산화구는 수심 1 ~ 3 m, 폭은 2-6m, HRT 24-48시간 유속은 0.4m/sec 정도로 BOD 2,00mg/L 이하에 적합하며 운전이 편리하고 악취가 없어 주거지역에서도 설치할 수 있음. MLSS농도 3,000-4,000mg/L

• 또한 포기조는 타원 모양의 유로를 갖는 형상으로 유속은 대체로 0.25 ~ 0.35% 로 유지되고 질화화 탈질이 1개의 포기조내에서 진행된다는 장점을 가지고 있음.

• 특히 이 방법에 사용되는 포기조는 브러쉬(brush) 형상으로 시간당 산소공급 능력은 1.0 ~ 1.4 Kg O2/HP 이며, 이 포기기 1 대당 최대 폭은 약 7.5m 정도임

7) 살수여상법 (trickling filter process)

- 살수여상법은 여과재, 하부 배수시설, 살수분배기로 구성.
- 살수분배기에 의해 살포되어 하수는 여상에 충진되어 있는 잡석이나 Plastic재 등의 여재표면을 따라 흐르면서 여재표면에 형성된 미생물 막과 접촉함. 하수 중의 부하변동에 강하고 반송 슬러지가 없어 조작이 간편하다는 장점이 있으나, 취기발생 및 시설면적이 넓게 소요된다는 단점이 있음.
- 살수여상법의 처리방식에는 표준살수 여상법과, 고속살수 여상법이 있고, 일반적으로 전자는 고도 처리, 후자는 보통 처리임.
- 표준 살수여상법은 BOD 부하를 낮게 설정해 운전하기 때문에 정화효율이 우수하고 질산화가 진행된 처리수를 얻을 수 있지만, 넓은 부지면적을 필요로 하는 단점이 있음.
- 한편 고속 살수여상법은 살수부하가 크기 때문에, 용지면적의 절감은 되지만 처리 수질은 전자보다 나쁘며, 고속살수여상법은 원칙으로 높은 반송을 행함으로서 다음과 같은 장점이 있음

① 유입폐수의 유량, 온도, 유독물질의 영향을 받는 것이 적음
② 살수기의 자동운전이 용이
③ 여상 파리의 발생, 비산이 방지
④ 악취의 발생이 방지

살수여상법 공정

- 최초 침전지의 유출수를 미생물 점막으로 덮인 여재 위에 뿌림
- 미생물막과 폐수 중 유기물을 접촉시켜 처리
- 손실수두가 큼, 보통 도시 하수의 2차 처리
- 구조
  - 원형, 장방형
  - 지름은 50m 이하
  - 깊이는 2m 이하
  - 바닥경사는 1/100~2/100
- 여재
  - 쇄석, 플라스틱 여재, 자갈, 광재, - 여재는 30~50mm (저율 여상),50~60mm (고율 여상)

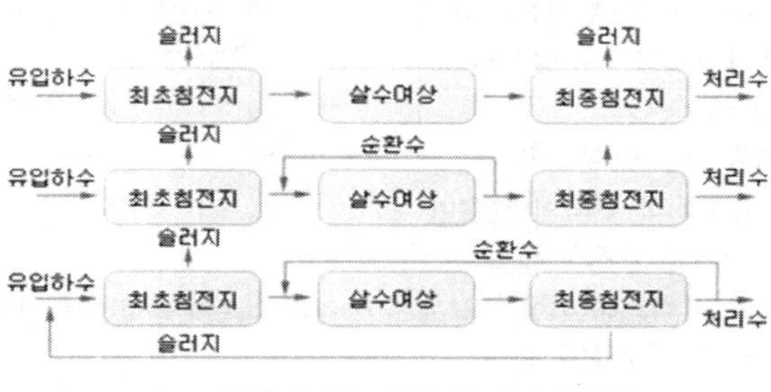

<그림 7-13> 살수여상법 공정도

8) 회전원판법(RBC: Rotating biological contactor)

- 회전원판법은 직경 2 ~ 5m인 주로 플라스틱제의 원판체를 여러장 겹쳐 수평 방향의 축(Shaft)에 15 ~ 30mm 간격으로 고정시켜, 원판표면적의 총 40%가 수중에 침적되도록 수조에 설치
- 축에 고정된 판들은 Shaft와 천천히 회전하면서 수중과 공기중을 교대로 접촉함으로서, 원판표면에 부착된 1 ~ 3 mm의 미생물막에 의해 하수중의 유기물질을 흡착하여 산화 및 동화작용을 통해 정화
- 회전원판법은 반응조에 저류된 폐수면보다 약간 높게 설치된 수평 회전축에 1백여매의 원판을 수직으로 고정시켜 만드며, 이 원판 표면의 흠에 미생물막이 형성되어 그 회전 장치가 회전하여 반응조에 적실때, 미생물이 유기물을 섭취하고 그 부분이 대기중에 노출시에는 공기중의 산소를 전달받아 호기성 조건에서 폐수를 처리하는 공법
- RBC공법의 특성

① 질소 제거가 가능하며 저 농도에서
 고농도의 BOD 처리가 가능
② 잉여슬러지의 생산량이 적으며, 충격 부하에도 잘 적응.
③ 포기와 반송슬러지가 필요없고, 동력비가 싸며 운전도 용이.
④ DO는 최소한 0.5-1mg/l 이상 유지해야 함.
⑤ 회전원판의 미생물층이 백색을 띨 때는 Beggiatoa, Thiothrix 등이 과잉 번식됨.

회전원판법 장단점

- 원관들이 수평 회전축을 중심으로 회전 à 하수의 유기물질을 흡착·산화

(회전원판법 전경 사진)

- **장점**
  - 폭기 장치/슬러지 반송 필요 없고, 적은 유지비
  - 고농도/저농도 모두 처리 가능
  - 다단식으로 BOD/pH 부하 변동에 강함
  - 슬러지 발생량이 적음
  - 질소/인 제거 가능
  - 하수가 적절히 혼합됨

- **단점**
  - 정화기구 복잡하여 해석이 어려움
  - 폐수에 따라 효율이 다름
  - 온도에 민감함 (저온 시 대책 필요)
  - 원판면상에서 혐기성 냄새
  - 회전축 파손, - 일광으로 조류 번식
  - 슬리지 배출시설 필요

<그림 7-14> 회전원판법 공정도

9) 고율(High rate) 또는 혼화법(Complete mix)

- 체류시간을 짧게 하고 반응기 안에서의 F/M비를 증가시켜 지수 증식으로 유지
- 유기물의 제거속도가 빠르나, 유출수내 S(기질) 농도는 높음 (침강성 낮음)

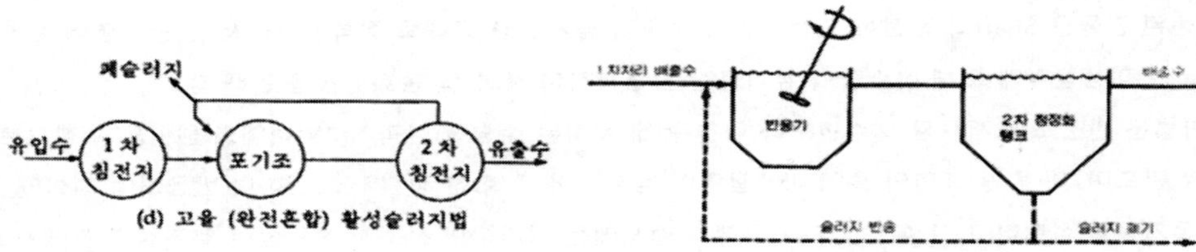

<그림 7-15> 고율(완전혼화)법 공정도

10) 심층포기법(Deep aeration)

- 조의 수심에 비례하여 용지 이용률 높일수 있음
- 질소 재포기되는 경우 있음
- 이의 방지대책으로 산기장치는 5m 한계로 하고 조의 밑바닥에서 설치하는 경우 2차 침전지에 혼합액이 도달하기 전에 재포기를 행하여 질소 가스를 탈기

• 특징

심층포기조는 수심이 깊은 조를 이용하여 용지이용율을 높이고자 고안된 공법으로 그 특징은 다음과 같음.

① 포기조를 설치하기 위해서 필요한 단위 용량당 용지면적은 조의 수심에 비례해서 감소하므로 용지 이용율이 높음

② 산기 수심을 깊게 할수록 단위 송풍량당 압축동력은 증대하지만, 산소용해력 증대에 따라 송풍량이 감소하기 때문에 소비동력은 증가하지 않음

③ 산기수심이 깊을수록 용존질소농도가 증가하여 이차침전지에서 과포화분의 질소가 재기포화되는 경우가있어 활성슬러지의 침강성이 나빠지는 일이 있다. 따라서 용존질소의 재기포화에 따른 대책이 필요

• 크기, 형상, 구조 및 수

① 조의 용적은 계획1일 최대오수량에 따라서 설정

② 조의 수는 2조 이상으로 함

③ 수심은 10 m 정도로 함

④ 형상은 직사각형으로 하고, 폭은 수심에 대해 1배 정도로 한다. 조내에서 유체의 흐름은 플러그 흐름형으로 하고, 혼합방식 및 포기방식에 따라서 정류벽을 설치함.

11) 연속회분식 활성슬러지법(SBR ; Sequencing Bach Reactor)

• 개요

- **1개의 반응조에서 반응과 침전을 함께 일어나도록 운전되는 공법.**
- 즉, 반응조내에 하수를 유입시킨 후 공기를 주입하여 생물산화를 이룬 다음 공기공급을 차단하여 슬러지를 침전시키고 상징수를 배출시킨 후 약간 정체(idle)시켜 슬러지를 폐기시키는 과정을 반복함.

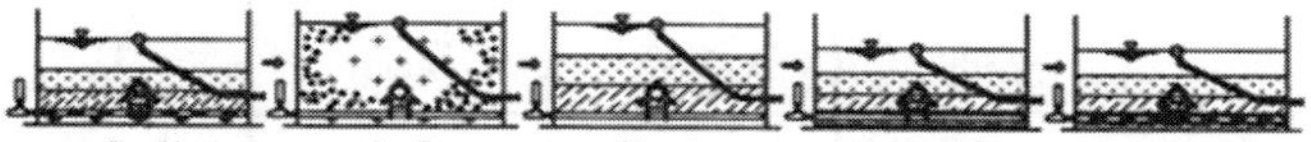

<그림 7-16> 회분조의 처리공정

• SBR의 장점.

- **2차 침전지와 슬러지 반송을 생략할** 수 있다.
- 첨두유량이나 부하에 대해 적응력이 크다.
- 첨두유량시에 MLSS의 유출을 피할 수 있다.
- 침전이 이상적인 상태에서 일어날 수 있다.
- 사상성 미생물에 의한 bulking을 조절할 수 있다.
- 질산화 및 탈질화반응을 도모, 적은부지면적에 시설 건설

• 단점

- 반면에 단점은 대규모 용량에 적용하기 어렵다.

• 시설의 구성

시설은 산기장치 및 상징수 배출장치를 설치한 회분조로 구성됨.

• 회분조의 형상, 구조 및 수

① 평면형상은 일반적으로 정사각형 또는 직사각형으로 하며 유효수심은 4~6 m 정도로 함
② 수밀성 구조로 하며 부력에 대하여 안전한 구조로 함
③ 조의 수는 원칙적으로 2조 이상으로 함
④ 단락류를 방지할 수 있도록 배치를 강구함.
⑤ 상징수 배출장치 등을 고려하여 여유고를 설정함

<표 7-8> 회분조의 설계제원

항 목		제 원	
		고부하형	저부하형
HRT		12~24	24~48
F/M비	(kg BOD/kg SS · d)	0.2~0.4	0.03~0.05
MLSS농도	(mg/l)	1,500~2,000	3,000~4,000
유출비	(1/m)	1/2~1/4	1/3~1/6
주기 수	(회/d)	3~4	2~3
필요산소량	(kg O_2/kg BOD)	1.4~1.7	1.8~2.2

7.3.4 활성슬러지법의 환경 및 운전조건

1) 활성슬러지 공정별 운전조건

- 활성슬러지는 공법에 따라 운전조건이 달라지고 연구자 등에 따라 다소 차이를 보이므로 설치되는 지역의 환경 여건 등을 고려하여 선정하여야 할 것임

<표 7-9> 활성슬러지법의 부하와 운전조건(WEF, 1998)

Process modification	SRT (d)	F/M (kg BOD/ kg Mv d)	용적부하 (kgBOD$_5$ /m^{3}d)	MLSS (mg/l)	HRT (h)	Qr/Q
Conventional	5-15	0.2-0.4	0.3-0.6	1500-3000	4-8	0.25-0.5
Tapered aeration	5-15	0.2-0.4	0.3-0.6	1500-3000	4-8	0.25-0.5
Step aeration	5-15	0.2-0.4	0.6-1.0	2000-3500	3-5	0.25-0.75
Modified aeration	0.2-0.5	1.5-5.0	1.2-2.4	200-500	1.5-3	0.05-0.15
Contact stabilization	5-15	0.2-0.6	1.0-1.2	(1000-3000)[a] (4000-10000)[b]	(0.5-1.0)[a] (3-6)[b]	0.25-1.0
Extended aeration	20-30	0.05-0.15	0.1-0.4	3000-6000	18-36	0.75-1.5
High-rate aeration	5-10	0.4-1.5	1.6-1.6	4000-10000	0.5-2	1.0-5.0
Pure oxygen system	8-20	0.25-1.0	0.25-1.0	3000-8000	1-3	0.25-0.5

<표 7-10> 각 활성슬러지법의 조건

공 정	SRT (days) ①	F/M비 (kgBOD/kgMLVSS/day)	용적부하율 (kgBOD/㎥.day)	MLSS농도 (mg/ℓ)	폭기시간 (hrs)	Qr/Q비 ②
압출류법	3 - 6	0.2 - 0.4	0.3 - 0.6	1500-3000	6 - 8	0.25 - 0.5
완전혼합법	5 - 15	0.2 - 0.6	0.8 - 2.0	3000-6000	3 - 5	0.25 - 1.0
접촉안정화법	5 - 15	0.2 - 0.6	1.0 - 1.2	1000-3000③ 4000-10000④	0.5 - 1.0③ 3 - 6④	0.25 - 1.0
장기폭기법	13 - 50	0.03 - 0.15	0.2 - 0.4	3000-6000	16 - 36	0.5 - 1.5
산화구법	8 - 50	0.03 - 0.05	0.08 - 0.48	3000-4000	8 - 50	0.75 - 1.5
계단식포기법	3 - 6	0.2 - 0.4	0.64 - 0.96	2000-3500	3 - 6	0.25 - 0.75
순산소법	1.5 - 4	0.3 - 0.6	1.6 - 3.2	3000-4000	1.5 - 3	0.25 - 0.5

① 포기조 용량만을 근거로 한 SRT, ② Qr/Q = 반송 유량/유입 유량
③ 접촉조, ④ 안정화조

<표 7-11> 각종 활성슬러지법의 특징

처리방식	특 징	MLSS 농도 (mg/l)	F/M비 (kgBOD/kgSS일)	반응조의 수심 (m)	반응조의 형상	HRT (시간)	SRT (일)	비고
표준활성 슬러지법	-	1,500 ~2,500	0.2~0.4	4~6	사각형다단 완전혼합형	6~8	3~6	
step aeration법	유입수를 반응조에 분할 유입시켜, 표준활성슬러지법과 동일한 F/M비에도 MLSS 농도를 높게 유지하여 반응조의 용량을 작게 함	1,000 ~1,500 (반응조후단)	표준활성 슬러지법과 동일함	표준활성 슬러지법과 동일함	표준활성 슬러지법과 동일함	4~6	3~6	
순산소 활성 슬러지법	높은 유기물부하와 높은 MLSS 농도를 가능하게 하기 위하여 산소에 의한 포기를 채용한 방법	3,000 ~4,000	0.3~0.6	4~6	사각형 다단 완전혼합형	1.5 ~3	1.5 ~4	
장기 포기법	일차침전지를 생략하고, 유기물부하를 낮게 하여 잉여슬러지의 발생을 제한하는 방법	3,000 ~4,000	0.05~0.10	4~6	사각형 다단 완전혼합형	16 ~24	13 ~50	일차 침전지 없음
산화구법	일차침전지를 생략하고, 유기물부하를 낮게 하며, 기계식교반기를 채용하여 운전관리를 용이하게 한 방법	3,000 ~4,000	0.03~0.05	1.5~4.5	장원형 무한수로 완전혼합형	24 ~48	8 ~50	일차 침전지 없음
연속 회분식 활성 슬러지법	한 개의 반응조로 유입, 반응, 침전, 배출의 각 기능을 행하는 활성슬러지법의 총칭	고부하형에서는 낮고 저부하형에서는 높음	고부하와 저부하가 있음	5~6	사각형 완전혼합형 시간적인 플러그흐름형	변화 폭이 큼	변화 폭이 큼	일차 침전지 없음

자료 : 환경부, 하수도시설기준(2011)

2) 활성슬러지공법에서 폭기조의 환경조건 - 기질 조건(1)

① 당

- 효모 증식 → 방류수혼탁
- pH저하 → 곰팡이 증식 → 벌킹
- 당이 높은 농도로 폐수에 함유되어 있으면 세균 대신 효모가 증식되기 쉬우며 또한 당이 분해되어 유기산이 생성되므로서 pH가 저하되면 낮은 pH에서 잘 증식하는 곰팡이가 폭기조에 증식하여 우점하게 됨

② 전분

- N, P 부족 DO부족 → 벌킹, 점성슬러지
- 효모증식 → 방류수 혼탁
- 전분은 당 축합체이므로 당이 기질일 때와 비슷한 영향을 미생물에게 미친다. 전분은 고분자의 탄수화물이므로 N,P가 부족되기 쉬우며 또한 산화시 DO도 부족되기 쉬워 벌킹이 일어날 가능성이 높게 됨
- 특히 N, P 가 부족할 때 슬러지에 점성이 있고 또한 폭기조 수면에 거품도 발생 될 수 있음

③ 단백질

- 단백질 → 거품
- 미생물 이용가능 N부족 → 벌킹
- 폐수내에 단백질이 함유되어 있으면 폭기조는 물론 집수조에서도 거품이 많이 발생
- 거품이 발생되면 폭기조 활성슬러지에 산소 공급효율이 저하되며 거품이 심할 경우 폭기조를 넘쳐흘러 폭기 자체가 어렵게 되는 경우도 있음

④ 세제
- 세제 → 거품, 산소공급 미흡, 처리효율 저하
- 미분해 세제 → 방류수 COD증대
- 미생물상이 단순 → 플럭형성 곤란 → 방류수 혼탁
- 슬러지 해체
- 방선균 증식시 → 거품, 스컴 발생 심각

※ 세제는 뭉게구름 같은 흰색 거품을 심하게 발생시키므로 세제가 폭기조에 유입되면 거의 소포제를 투입하면서 폭기를 하며, 거품이 심하면 산소공급이 미흡하게 되어 호기성처리에서 폐수처리효율이 크게 저하될 뿐만 아니라 세제는 폐수처리과정에서 분해가 거의 안되므로 방류슈 COD를 증가시키는 요인이 됨

⑤ 기름
- 슬러지에 기름부착 → 슬러지 부상
- 방선균 증식 → 스컴, 거품, 슬러지 부상
- 미분해 기름 → 방류수 BOD, COD증대

※ 기름은 방선균증식에 중요한 기질로 작용하는 경우가 많으며, 방선균의 증식은 거품과 스컴의 발생, 슬러지의 부상을 일으킴

⑥ 독성물질
- 미생물증식 저해 → 처리효율저하
- 슬러지 해체

※ 독성물질의 유입은 폭기조내에 활성슬러지미생물의 활성을 저하시키고 미생물의 증식을 저해시키므로 자연히 폐수처리효율을 떨어뜨리게 됨

⑦ 염분
- DO 부족 → 부패 → 악취
- 미생물상 단순 → 처리효율 저하
- 원생동물 증식 억제 → 슬러지 침강성 불량

※ 염분의 농도가 높으면 산소포화농도가 낮아져 DO농도가 낮아지게 됨. 따라서 산소부족에 따른 부패가 일어나고 그에 따른 부패취 발생 등 악취가 발생되는 게 일반적임. 그리고 염분농도가 높으면 호염성 미생물만 폭기조에 증식이 가능해지게 되므로 폭기조의 미생물상이 단순해 짐

⑧ 미생물 이용이 빠른 기질
- 미생물 증식속도가 빠름 → N, P 부족, DO 부족 → 슬러지 점성, 벌킹

※ 폐수내에 포도당이나 유기산 등 미생물에 이용이 빠른 기질이 함유되어 있을 경우에는 미생물의 증식이 너무나 빠르기 때문에 질소나 인, DO의 공급이 느려 부족되기 쉽게 되므로 벌킹이 일어날 수 있으며, 특히 질소나 인의 부족으로 벌킹이 일어날 경우에는 슬러지에 점성까지 생기는 경우가 많음

⑨ 고농도 유기물
- 고농도 BOD → 분산증식 → 방류수 혼탁

※ 유기물농도가 높으면 미생물은 분산증식을 하게 되며 슬러지 플럭을 형성하지는 않음. 따라서 분산된 세균세포가 침강되지 않고 방류되므로 방류수가 혼탁되는게 특징. 세균의 농도가 높고 분산증식을 하게 되면 세균을 포식하는 원생동물 편모충류가 대량으로 증식하게 되는 데 편모충류도 역시 플럭을 형성하지 않고 빠르게 유영하므로 방류수를 혼탁시키는 요인으로 됨

⑩ 고온폐수
- 미생물 증식속도 빠름 → 분산증식 → 방류수 혼탁
- N, P 부족, DO부족 → 슬러지 점성, 벌킹

⑪ 색도물질
- 방류수 색도
- 미분해 색도 → COD

⑫ 심한 부하변동
- 빈부하 → 핀플럭, 슬러지 과산화
- 고부하 → 분산증식 → 방류수 혼탁
- 벌킹

3) 활성슬러지공법에서 폭기조의 운전 조건

① 유기물 부하(F/M비)
- 유기물부하(F/M비)는 폐수처리장 운전인자중 가장 그 영향이 지대한 인자다. 따라서 F/M비의 조절을 적절히 해주어야 폐수처리효율의 증대, 슬러지침강 양호, 슬러지 이상현상의 방지가 가능. F/M비가 적절하면 미생물 플럭형성이 잘 되어 슬러지가 빠르게 침강되므로 맑은 방류수를 얻을 수 있음

(F/M비가 극히 높을 경우)
- F/M비가 극히 높으면 슬러지 세균은 플럭을 형성하지 않고 분산증식을 하는 특성. 따라서 분산증식된 세균은 침강되기 어려우므로 상등액에 많은 양의 세균이 현탁되어 방류수를 뿌옇게 혼탁되며, 또한 F/M비가 높을 때 세균인 *Zoogloea spp*가 활성슬러지에 특징적으로 출현함을 종종 볼 수 있음.
- 따라서 *Zoogloea spp*는 유기물 고부하의 지표종으로 간주되기도 함

(F/M비가 극히 낮을 경우)
- F/M비가 극단적으로 낮아도 사상체벌킹이라는 슬러지 이상현상이 나타남. 사상체벌킹이 일어나는 환경요인으로는 낮은 F/M비, 낮은 DO, 유입폐수의 부패, 영양염 결핍, 낮은 pH 등이 있음. 이중에서 우리나라에서 사상체 벌킹을 일으키는 가장 큰 원인은 낮은 F/M비임. 벌킹 외에도 F/M비가 극히 낮을 때 일어날 수 있는 현상은 방선균의 증식에 의한 거품과 스컴의 발생, 플럭의 크기가 아주 작아 침전조에서 월류되므로서 방류수의 SS증가 요인이 되는 핀플럭, 슬러지 과산화, 침전조 수면에 슬러지가 부상되는 탈질 등이 있음

② 영양염농도

- 미생물이 필요로 하는 영양염으로는 질소, 인, 철 및 여러 가지 미량원소가 있지만 폐수처리에서 부족되어 문제가 될 수 있는 것은 대체로 질소와 인에 국한됨. 미생물이 부족함이 없이 유기물을 이용하는 데는 BOD:N:P가 100:5:1이면 충분함

③ 용존산소

④ pH

⑤ 수온

- 폐수처리가 가능한 온도범위는 13 ~ 37℃이고, 대체로 20 ~ 28℃범위에서 폐수처리가 가장 정상적으로 이루어지는 것으로 보고 있음

<표 7-12> 미생물의 증식 가능온도와 최적온도

구 분	증식 가능온도(℃)	최적온도(℃)
저온성 세균 (Psychrophilic Bacteria)	-10 ~ 30	5 ~ 15
중온성 세균 (Mesophilic Bacteria)	15 ~ 50	20 ~ 40
고온성 세균 (Thermophilic Bacteria)	35 ~ 75	40 ~ 60

<표 7-13> 원생동물과 후생동물의 증식에 미치는 온도의 영향 미치는 한계농도

원생동물	최적온도(℃)	증식범위(℃)
Vorticella microstoma	25	3 ~ 33
Aspidisca costata	30	5 ~ 33
Paramecium caudatum	25	3 ~ 33
Philodina roseola	35	5 ~ 38
Aeolosoma hemprichi	32	10 ~ 35

⑥ 독성물질의 영향

- 폐수처리에서 독성물질의 유입은 미생물의 성장에 지장을 초래하게 되고 일정 농도 이상으로 유입될 경우 미생물이 생육하기 못하게 됨
- 적정 pH의 관리는 중요하며, 특히 폐수가 강산이나 강알카리성이면 전처리 단계에서 중화처리 하여야 함
- 중금속을 함유한 폐수는 일정 농도 이상이면 미생물에 치명적인 영향으로 주므로 사전 처리할 필요가 있음

⑦ 슬러지 체류시간(Sludge Retention Time : SRT)

7.4 고도하수처리

7.4.1 고도하수처리 개요

고도하수처리 개요

- 고도처리는 유기물 제거를 주 목적으로 하는 2차처리에서 얻어지는 수질 이상으로 질소(N) 및 인(P) 등 영양염류를 처리하기 위한 방법으로서 「3차처리」라 하였으나, 「고도처리」라는 용어를 사용

1) 고도하수처리 정의

「고도처리」는 통상의 유기물 제거를 주 목적으로 하는 2차처리에서 얻어지는 처리수질 이상의 수질을 얻기 위하여 행해지는 처리이며, 전에는 「3차처리」라는 용어가 사용되었으나, 기술개발로 「3차처리」 라는 용어 대신에 「고도처리」라는 용어를 사용

2) 고도하수처리의 목적

- 하수의 방류수에 포함된 영양염류 (N.P)를 제거로 호소나 저수지의 부영양화 방지
- 녹조 또는 Water Bloom(水華) 방지

$$106\ CO_2 + 81H_2O + 16NO_3 + HPO_4^{2-} + 18H^+ + Hv \rightarrow C_{106}H_{181}O_{45}N_{16}P$$

* P 1kg = 111kg 조류생성, COD 138kg 유발
N 1kg = 16kg 조류생성, COD 로 20kg 유발

- 수자원의 효율적 이용을 위한 하/폐수의 재이용
- 하/폐수처리장의 방류수를 재처리하여 공공용수와 생활잡용수로 사용
- 수세용수, 살수용수, 조경용수

3) 고도하수처리 도입이유 필요성

- 방류수역의 수질환경기준의 달성
- 폐쇄성 수역의 부영양화 방지 : 영양염류(질소 및 인)의 제거
- 방류수역의 이용도 향상
- 처리수의 재이용 : 중수도 개념도입

4) 고도하수처리 대상물질

- 부유물질 : 수질의 투명도 저하
- 잔류유기물(난분해성물질) : 용존산소 고갈
- 독성물질 : 인간 및 수서환경에 독성
- 영양염류(질소, 인)
- 암모니아 : 정수처리시 염소요구량 증대, 용존산소 고갈(질산화반응), 불필요한 수서식물 성장, 어류 등 독성
- 질산염 : 조류(algae) 및 수서식물 성장 촉진, 유아질병 유발(metahemoglobinemia 유발 : blue baby)
- 인 : 조류 및 수서식물 성장 촉진, 부영양화 촉진, 응집 방해
- 기타 물질
- 칼슘, 마그네슘 : 경도유발
- 황산염 : 설사유발
- 계면활성제 : 거품, 응집방해

5) 처리 대상물질에 따른 적용기술

- 부유 및 현탁물질 : 여과, 응집침전
- 난분해성 유기물 : 고급산화(AOP), 활성탄 흡착
  - 고급산화 : 오존, UV, TiO2, Fenton 산화기술
- 독성 및 무기물질 : 흡착, 화학적 산화, 응집침전 등
- 영양염류
  - 물리적처리 : 탈기법에 의한 암모니아제거
  - 생물학적처리 : 미생물에 의한 질소, 인 제거
  - 화학적처리 : 응집제, 석회 등 첨가로 인 제거

7.4.2 질소 발생원과 순환 및 분해

1) 개 요

- 질소 발생원
  - 오수 중의 주요 질소 발생원 : 가정
  - 유출초기 : 유기질소 60%, 암모니아성 질소 40%
- 오수의 질소 농도
  - 질소 발생 원단위 : 약 16gN/인·일
  - 오수 원단위 배출량 : 380~460L/인·일
  - 질소 농도 : 12 ~ 21mgN/L
- 도시하수의 질소 농도

<표 7-14> 국내 도시하수의 질소 농도

질소의 형태	하수농도		
	강	중	약
유기질소(Org-N)	35	15	8
암모니아성질소(NH_3-N)	50	25	12
총질소(T-N)	85	40	20

2) 질소 순환

- **질소 고정**
  - 생물학적 질소고정
  - 질소고정 효소 (nitrogenase)에 의하여 $N_2 \rightarrow NH_4^+$로 변환하는 과정
  - 규모: 연간 1.7 x 10^8 톤 (25%: 숲과 산림지역, 20%: 초원, 20%: 해양)

- **암모니아화 (ammonificaition)**
  - 유기질소 화합물이 분해되어 NH_4^+로 변환하는 과정 (이화 또는 산화작용)
  - 토양에서 생성된 암모니아는 식물과 미생물에 의하여 아미노산이나 다른 유기질소 화합물로 동화

- **질화 (nitrification)**
  - 암모니움 이온이 아질산염(nitrate, NO_2^-)과 질산염(nitrite, NO_3^-)으로 산화되는 과정
  - 이 과정에 참여하는 세균은 화학독립 영양세균으로 이 에너지를 이용하여 CO_2 동화
  - *Nitrosomonas* : 암모니아를 아질산염으로 산화
  - *Nitrobacter* : 아질산염을 질산염으로 산화

- **탈질화 (denitrifciation)**
  - 탈질 (denitrification): 질산염(nitrite, NO_3^-)이 N_2로 환원되는 현상

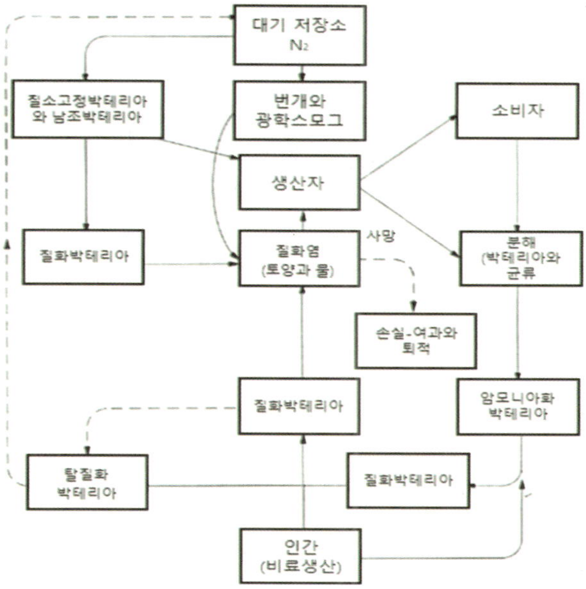

<그림 7-17> 질소의 순환

자료 : https://www.google.co.kr/search?q=%EC%9D%B8%EC%9D%98+%EC%88%9C%ED%99%98&sxsrf

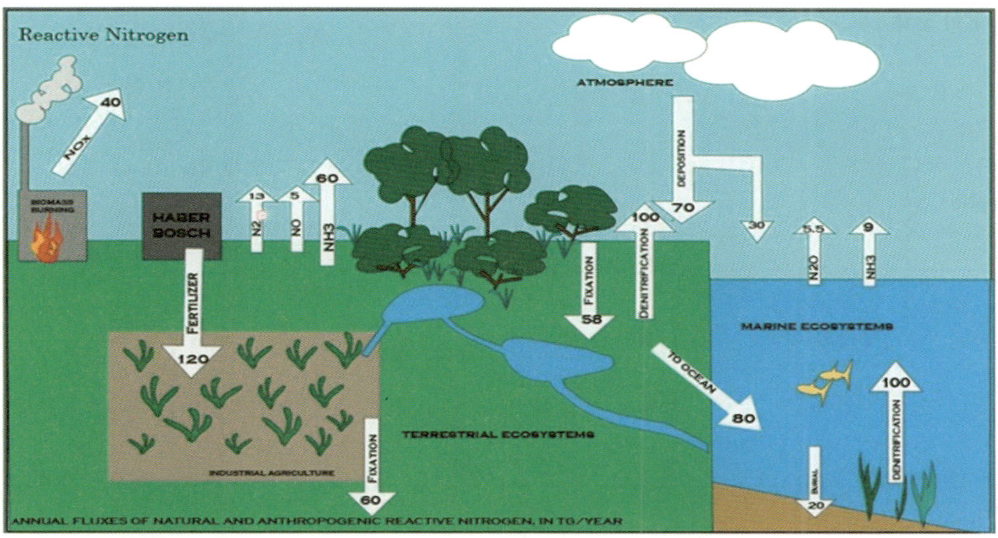

.[1] includes industrial fertilizer production,[2] nitrogen fixed by natural ecosystems,[3] nitrogen fixed by oceans,[4] nitrogen fixed by agricultural crops,[5] NOx emitted by biomass burning,[6] NOx emitted from soil,[7] nitrogen fixed by lightning,[8] NH3 emitted by terrestrial ecosystems,[9] deposition of nitrogen to terrestrial surfaces and oceans,[10][11] NH3 emitted from oceans,[12][13][11] ocean NO2 emissions from the atmosphere,[14] denitrification in oceans,[4][15][11] and reactive nitrogen burial in oceans.[5]

the global cycling of reactive nitrogen (질소의 순환)

자료 : https://en.wikipedia.org/wiki/Nitrogen_cycle

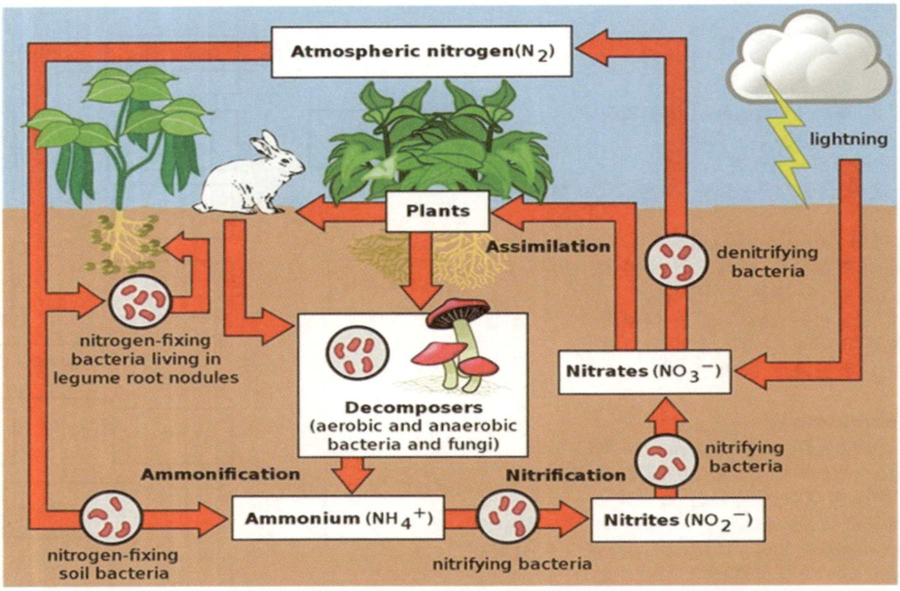

. The importance of bacteria in the cycle is immediately recognized as being a key element in the cycle, providing different forms of nitrogen compounds able to be assimilated by higher organisms

Schematic representation of the flow of nitrogen through the ecosystem

자료 : https://en.wikipedia.org/wiki/Nitrogen_cycle

3) 질소의 분류

- 총질소
  - 유기성 질소
  - 무기성 질소
    - 암모니아성 질소
    - 아질산성 질소
    - 질산성 질소

TKN = 유기성 질소 + 암모니아성 질소

분해 순서

유기성 질소 → 알부미노이드성 질소 → 암모니아성 질소 → 아질산성 질소 → 질산성 질소

• 일반하수의 경우 유입수 중의 유기질소는 10~30%, 암모니아성 질소는 70~90%, 폐수는 원료에 따라 변화

※ 알부미노이드(성) 질소[albuminoid nitrogen]

유기성 질소화합물 중 암모니아가 되기 전 단계의 유기성 질소를 말함. 단백질이 분해하여 암모니아와 탄산가스로 되는 중간과정의 유기성질소화합물을 말하며, 하수나 배설물 등으로 오염된 상태의 물에 다량 포함되어 있는 질소로 유기성에서 무기성 암모늄성이 되기 직전의 쉽게 분해가능한 상태의 질소 화합물임

자료 : 네이버 지식백과, (물백과사전)

4) 생물학적 처리공정에서 질소의 변환

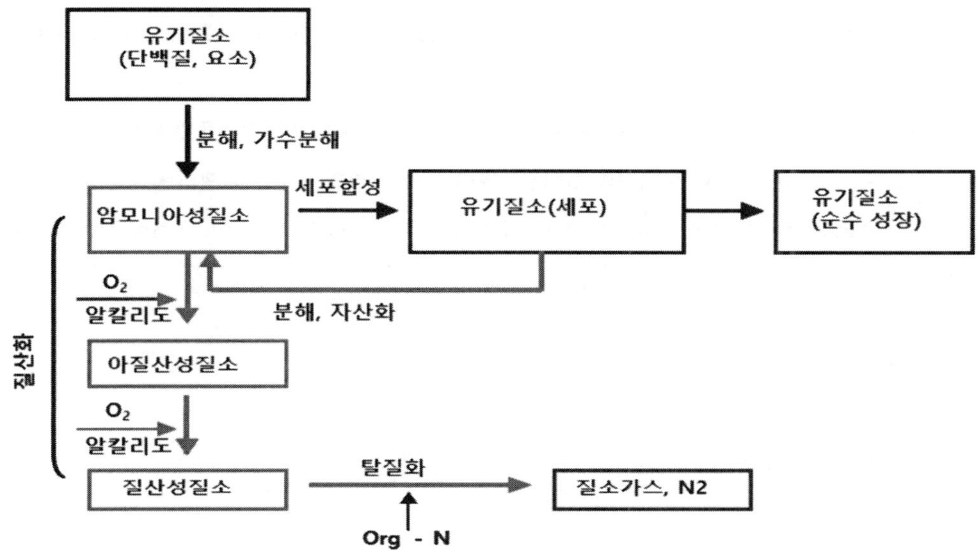

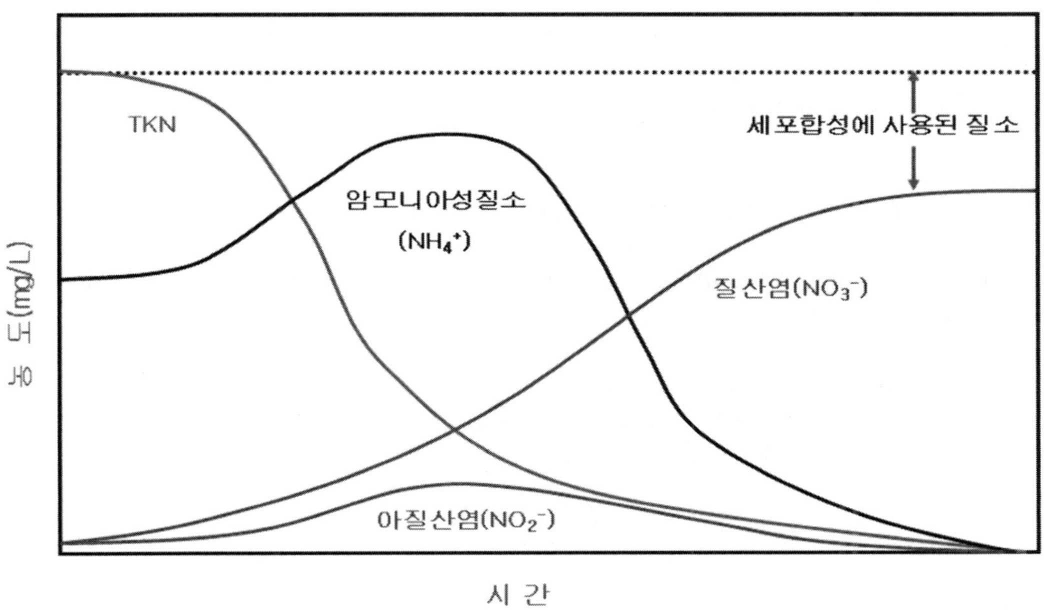

<그림 7-18> 생물학적 질소의 분해과정(질산화)

7.4.3 질산화(nitrification)

1) 개요

- 미처리된 하수 내의 질소는 주로 용존성 및 입자상의 암모니아, 또는 유기질소의 형태로 존재.
- 용존유기질소는 주로 urea, amino acids의 형태로 되어 있으며, 미처리된 하수 내에는 nitrite나 nitrate은 거의 없거나 또는 아주 없음.
- 유기성 입자상의 물질의 일부분은 일차 침전에 의하여 제거된다. 생물학적 처리동안 대부분의 입자성의 유기질소는 ammonium과 기타 무기질소 형태로 변환되며, 암모늄의 일부는 생체의 세포물질로 동화됨.
- 처리된 2차 유출수 내의 대부분 질소는 암모늄의 형태로서 총질소의 30% 미만이 재래식 2차 처리에 의해서 제거됨.

2) 대표적인 질소 제거 방법

① Ammonia stripping

② Break-point chlorination

③ Selective ion exchange

④ Biological nitrification and denitrification

3) 생물학적 질소 제거 원리

- 하수 중의 질소는 대부분 유기질소와 암모니아성 질소(NH_3-N)로 구성되어 있으며, 이 질소들은 가수분해(Hydrolysis)와 질산화 반응(Nitrification)에 의하여 아질산성질소(NO_2-N)와 질산성질소(NO_3-N)로 변한 후 탈질과정(Denitrification)을 거쳐 질소가스(N_2)로 대기 중에 방출됨으로써 하수 중의 질소를 제거함

- 탈질과정은 탄소원과 용존산소가 없는 무산소 조건(Anoxic)을 필요.

- **자연계에서 질산화 현상은 암모니아(NH_3)를 순차적으로 아질산(NO_2^-)과 질산(NO_3^-)으로 산화시키는 Chemoautotrophic 인 것으로 알려져 있음**

※ (**Chemoautotrophic : 화학적자급영양**) : 질화박테리아와 같이 암모니아 이온을 아질산이온으로, 아질산이온을 질산이온으로 산화하는 소위 질화작용(nitrification)에 의해서 생기는 에너지를 이용하여 탄산고정을 행하며, 단백질, 지질, 탄수화물을 합성하는 성질을 말함

자료 : 생물학적 질소 인 제거공정, hkche.hankyong.ac.kr › NFUpload › nfupload_down
naver 지식백과

4) 생물학적 질소 제거 (Biological Nitrogen Removal)

- 생물학적 질소 제거는 2단계로 구성

① 암모니아가 nitrate로 산화(nitrification)

- 첫번째 단계인 nitrification(질산화)는 autotrophs라는 nitirifier의 활동으로 이루어지며 이 nitrifier의 성장 조건은 heterotrophs에 비해 상당히 까다로우며 성장률이 heterotrophs에 비해 10배 이상 낮아 질산화에는 많은 시간이 요구됨. 질산화시 가장 유의해야 될 사항은 현탄액의 알카리도와 pH, 온도, C/N비 등을 들 수 있음.
- 질산화조의 pH가 6.5이하로 떨어지게 되면 질산화는 거의 중단됨.
- 수온이 10℃ 이하로 떨어지면 질산화 속도는 급격히 떨어짐.
- 질산화조로 유입되는 현탁액 및 상등수의 C/N비가 높으면 nitrifier의 활성과 우점화에 저해

② nitrate를 분자상의 질소로 제거(denitrification)하기 위해 nitrate를 생물학적 호흡

- 생물학적 호흡(biological respiration)을 위한 전자수용체(electron acceptor)로 이용
- 두번째 단계인 탈질산화(denitrification)에서 가장 중요한 사항은 탈질시 필요한 탄소원의 적절한 공급임.
- 유기물의 농도가 매우 낮은 우리나라 하수는 탈질시 탄소원 부족으로 인하여 질소제거 효율 저조의 한 원인으로 작용되고 있음. 현재 이를 극복하기 위하여 유입원수를 분할 주입하는 유로변경이나 슬러지의 fermentation 등을 통한 탄소원 공급이 연구되고 있음.

③ 미생물 (Microbiology)

- Painter는 nitrit나 nitrat을 형성할 수 있는 수많은 heterotrophic 박테리아를 여러 문헌을 참고로 하여 요약.
- Eylar와 Schmidt는 1000여종의 heterotrophic 박테리아를 토양에서 순수 분리하여 실험하였으나 15종만이 질산화 능력이 있는 것으로 밝힘.
- Focht와 Chang 은 Fungi, Actinomycetes 등 다양한 박테리아가 heterotrophic nitrification이 가능한 것을 밝힘
- 그러나 hetortrophic 미생물에 의한 nitrate의 현저한 양적 증가는 기대하기 어렵운데, 이유는autotrophic 질산화율은 약 10배 정도가 빠르기 때문임. Heterotrophic 질산화는 산성이나 알카리 상태의 부적절한 환경에서 좀 더 우세함

5) 미생물에 의한 질소 제거반응

▪ **동화 반응**

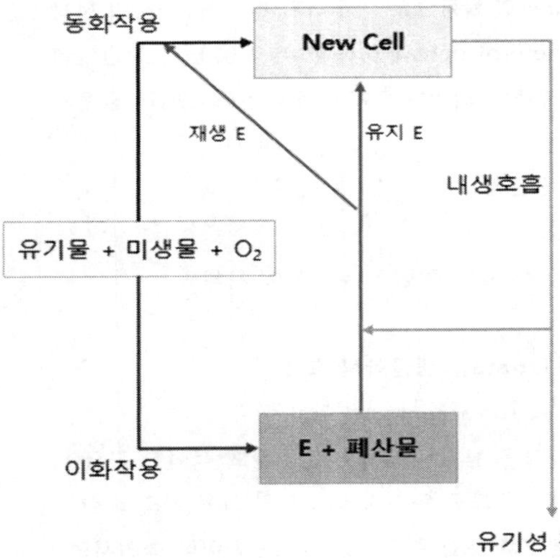

- 산화 반응 – 에너지 생산

$$C_XH_YO_Z + (x + \frac{y}{4} - \frac{z}{2})O_2 \rightarrow xCO_2 + \frac{y}{2}H_2O + energy$$

- 동화 반응 - 세포합성

$$nC_XH_YO_Z + nNH_3 + (x + \frac{y}{4} - \frac{z}{2} - 5)O_2 + energy$$
$$\rightarrow (C_5H_7NO_2)_n + n(x-5)CO_2 + \frac{n}{2}(y-4)H_2O$$

- 내생호흡 – 기질분해, 에너지 생산

$$(C_5H_7NO_2)_n + 5nO_2 \rightarrow 5nCO_2 + 2H_2O + nNH_3 + energy$$

*** 미생물세포 내의 질소함량 : 12.5% (건조중량 기준)**

6) 질산화와 탈질산화 반응

• 질산화/탈질산화 반응

Nitrification

$$2NH_4^+ + 3O_2 \xrightarrow{Nitrosomonas} 2NO_2^- + 2H_2O + 4H^+ + \text{New cell}$$

$$2NO_2^- + O_2 \xrightarrow{Nitrobacter} 2NO_3^-$$

• 4.33g of O2 are consumed	7.14 g의 알칼리도(as CaCO3)가 consumed
• 0.15g of new cell are formed	0.08g of inorganic are formed

전체반응

$$NH_4^+\text{-}N + 2O_2 \longrightarrow NO_3^- + 2H^+ + H_2O$$

Denitrification

$$6NO_3^- + 5CH_3OH \longrightarrow 3N_2 + 5CO_2 + 7H_2O + 6OH^-$$

- 2.47g of methanol(or approx. 3.7g of COD) are comsumed
- 3.57g of alkalinity are formed
- 0.45g of new cell are produced

질산화 반응 ①

- 암모니아 산화와 관련된 표준자유에너지 방출은 **66~84kcal/mol ammonia**, nirite 산화는 **17.5 kcal/mol nitrate**로 추정(Painter, 1970) 세포생산량이 에너지방출과 비례한다면 생체량의 상당량이 nitrite에서 nirate의 산화시보다 암모니아가 nitrite로 산화할 때 더 많이 생성될 것임. 이를 기초로 **암모니아의 완전한 산화시 요구되는 산소량은 4.57g O_2/g N임.**
- Wezernak과 Gannom (1967)은 **실제 총산소소비는 4.33g O_2/g N**인 것을 발견(암모니아 산화시 3.22g O_2/g N, nitrite 산화시 1.11g O_2/g N)
- U.S.EPA 질소제어메뉴얼(1975)에서 나오는 다음 식에서는 세포합성과 산화를 둘 다 계산하였을 때 **산소 요구는 4.2 O_2/g N**인 것을 보여줌.

다음 식은 0.15g cell/g NH_4-N, 0.02g cell/g NO_2-N의 세포생산계수를 사용하여 만들어짐.

$$NH_4^+ + 1.83O_2 + 1.987HCO_3^- \longrightarrow 0.021C_5H_7NO_2 + 1.04H_2O + 0.98NO_3^- + 1.88H_2CO_3$$

즉 암모니아성 질소가 질산염으로 산화시에 필요한 산소량은 4.33mg O_2/mgNH_4^+ 이고, *Nitrosomonas*와 *Nitrobactor*에 의한 필요 산소량 4.57(세포합성은 고려하지 않았음)과 거의 유사하며, 1mg의 암모니아성 질소 산화시 **소모되는 알칼리도는 7.14mg임**

질산화 반응②

- 질산화 반응에서 Poduska(1973)는 <표 1>에서와 같이 *Nitrobacter*보다 일반적으로 높은 *Nitorsomonas*의 세포생산율을 보여주고 있는 자료를 제시.

<표 7-15> 질산화 반응에서 세포생산율(g cells/g substrate)

Nitrosomonas	*Nitrobactor*
0.005(Johnson 1964)	0.04-0.07(Gould 1960)
0.03-0.01(Loveless 1968)	0.02(Downing 1964)
0.29(Haug 1971)	0.084(Haug 1971)
0.05(Downing et.al 1964)	0.02(Knowles 1965)
0.06(Baas-Beching 1927)	0.02(Lees 1957)
0.13(Nelson 1931)	0.02(Boon 1962)
0.06(Skinner 1961)	.

주2) *Nitorosomonas*의 기질은 NH_3-N, *Nitrobacter*의 기질은 NO_2-N

자료 : 질소 인 제거이론 및 공법, 다래
http://blog.naver.com/kongbd56/80051323666

질산화 반응③

질산화를 적용한 활성슬러지 설계를 위하여 *Nitrosomonas*와 *Nitrobacter*의 성장를 포함하는 단일 슬러지 공정의 생산계수(single yield coefficient)는 편리하며 좀 더 최근에 사용되는 값들은 다음 표와 같음

<표 7-16> 총괄 질산화 생산계수, g cells/g NH_4-N Oxidized)

Values	참고문헌
0.15	U.S. EPA(1975)
0.15	WPCF MOP FD-7(1983)
0.05	Benefield(1980)
0.22	Beccari(1971)
0.17	Bidstrup(1988)
0.13	Neufield(1980)
0.12	Rozich(1986)

참고 –폐수처리공학(Metcalf, Eddy)
질산화 미생물은 거의 대부분의 호기성 생물학적 처리공정 내에 존재하지만, 대개 그 수는 제한되어 있다. 여러 활성슬러지 공정의 질산화 능력은 BOD/TKN의 비와 상관된다. 분리단계 질산화 공정에서 BOD/TKN비는 대략 1에서 3사이인데, 총 미생물 중 질산화 미생물의 비는 BOD/TKN비가 1에서 0.21이고 3일 때 0.083으로 변화하는 것으로 추정된다. 대부분의 재래식 활성슬러지에서 질산화 미생물의 비율은 따라서 0.083의 값보다 아주 작다. BOD/TKN비가 5보다 클 때 그 공정은 탄소산화와 질산화의 혼합공정으로 분류할 수 있으며, 그 비가 3이하 이면 분리단계 질산화 공정으로 분류될 수 있다.

질산화 반응④

- 유입 하수의 암모니아성 질소(ammonium nitrogen)가 20mg/L이고 BOD가 120mg/L로 가정하면 질산화균의 순생산은 0.15g TSS/g NH_4-N oxidized 이고 비질산화균의 고형물 비율은 0.6g TSS/BOD removed 임
  (질산화균은 포기조 내 질량의 약 4%로 계산)
- 암모니아 산화, 산소소비와 생산되는 생체량 사이의 화학양론까지 설명한다면, 암모니아가 nitrite로 산화되는 동안 상당량의 알카리도가 소요된다는 것을 보여줌. 1mg의 NH_4-N이 산화될 때 약 7.14mg의 알칼리도(as CaCO3)가 소비됨. 유입수 중 산화 될 수 있는 암모니아성 질소의 농도가 25mg/L인 도시하수처리장의 유입되는 알카리도는 완전한 질산화 후, 폭기조에 마지막 알키리도가 약 80gm/L를 남기기 위해서는 260mg/L(as CaCO3) 정도가 되어야 함. 몇몇의 하수처리장은 질산화를 위한 적절한 pH를 유지하기 위해서는 석회나 소다회를 추가로 첨가해야 함.
- Poduska(1973)은 순수배양에서 질산균의 성장에 영향을 미치는 미소영양염류의 결과를 고찰한 동시에 측정농도에서 활발한 성장을보이는 것을 발견함

  <표 7-17> 미소 영양염류와 활성농도, Stimulatory Concentration to Micronutrients for Nitrifying Bacteria

Compound	Concentration(mg/L)
Calcium	0.5
Copper	0.00-0.03
Iron	7.0
Mangnesium	12.-0.03
Molybdenum	0.001-1.0
Nickel	0.1
Phosphorus	310.0
Zinc	1.0

질산화 반응⑤

- ***Nitrosomonas, Nitrobacter***
  - 성장속도가 느림 → 질산화를 위해서 긴 SRT 필요
  - 유독성 폐수, 중금속 등 환경조건에 민감
  - 독립영양미생물 → 알칼리도와 무기영양염류 필요
- 질산화 미생물은 호기성 처리공정내에 존재하지만 그 수는 제한됨
- 질산화 미생물의 개체수는 BOD5/TKN 비에 따라 다름

BOD5/TKN 비	질산화 미생물 비율
0.5	0.35
1	0.21
2	0.12
3	0.083
4	0.064
5	0.054
6	0.043
7	0.037
8	0.033
9	0.029

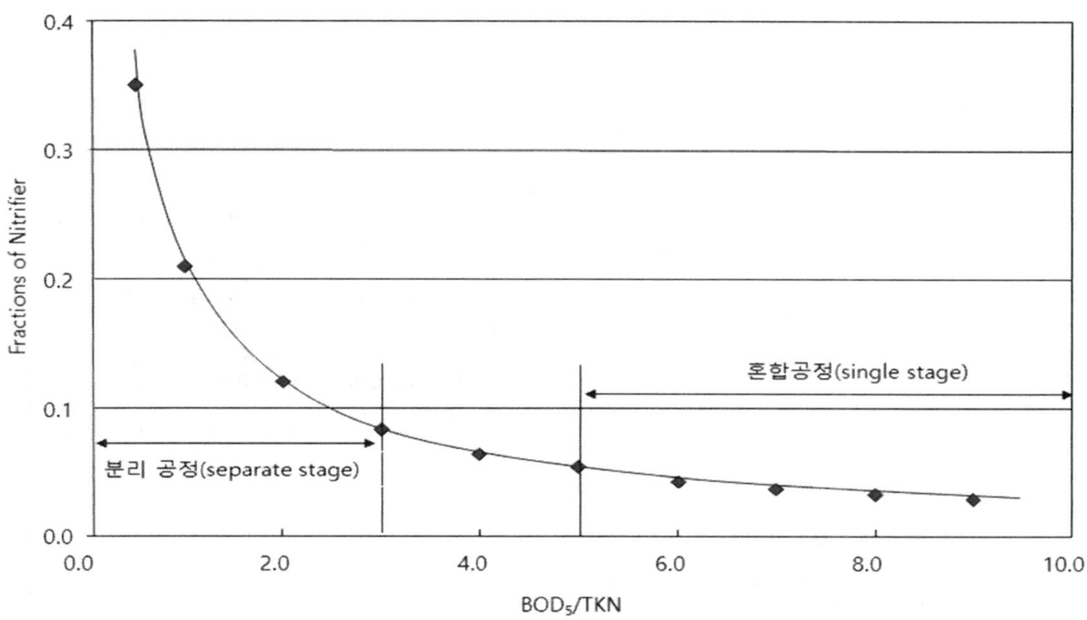

<그림 7-19> BOD5/TKN에 따른 전체 미생물 중 질산화 미생물의 분율

7) 질산화 영향인자

① 기질의 농도

- **암모니아성 질소**
  - 100mg/L까지는 영향을 받지 않음
  - 8,000mg/L부터 산화 속도가 급속히 감소

- **이온화되지 않은 암모니아(Free Ammonia : FA)**
  - 저해 농도 *Nitrosomonas* : 10-150mg/L
    Nitrobacter: 0.1-1.0mg/L
- **중금속 농도**
  - 니켈 0.25 mg/L, 크롬 0.25 mg/L, 구리 0.10 mg/L에서 질산화는 완전히 저해됨.

② 온도 영향

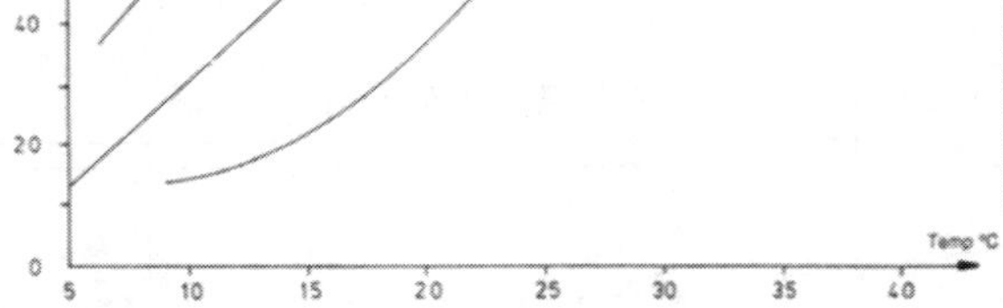

- $\mu_{n,max} = 0.47\ e^{0.098(T-15)}$

Temp' (℃)	$\mu_{N.\ MAX}$, d^{-1}
10	0.3
20	0.65
30	1.2

* (U.S.EPA,1993) 온도에 따른 질산화 미생물 최대비성장율

- **질산화 반응 시 최적온도 : 20~30℃**
  - *Nitrosomonas sp.* : 35 ℃
  - *Nitrobacter sp* : 35~42 ℃
- **30~35 ℃이상에서는 Protein 파괴로 질산화율 감소**

$$K_N(T) = K_N(20) \times \Theta^{(T-20)}$$

여기서, $K_N(T)$: T℃에서 질산화 속도, $K_N(20)$: 20℃에서 질산화 속도,
Θ : 계수 1.07~1.12

③ pH

- 질산화는 pH에 민감하고, 질산화율은 pH 6.8 이하에서 급격히 감소
- 5.8-6.0 범위에서의 질산화율은 7.0에서 질산화율의 10-20% 정도
- 최적의 질산화는 pH 7.5-8.0 범위에서 일어남
- 알칼리도가 낮은 하수: 적정 pH 유지를 위해 알칼리도를 주입해야 함

- 알카리도의 첨가량은 산화된 NH_4^+-N의 농도에 따라 정해짐
- 석회, 소석회, 중탄산나트륨의 형태로 첨가됨

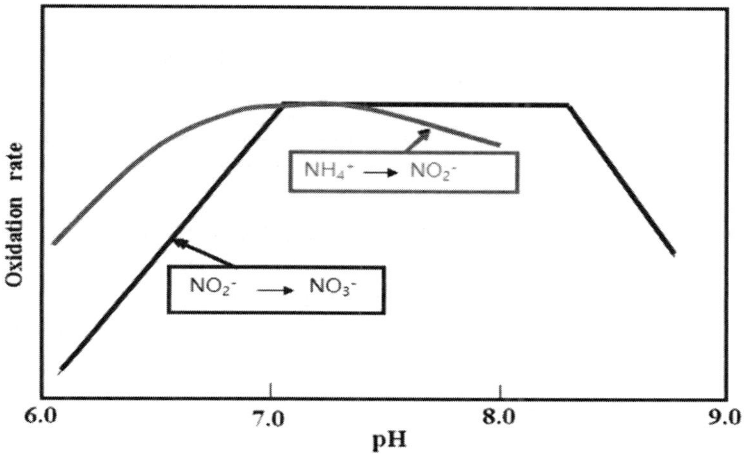

④ 용존산소(DO)

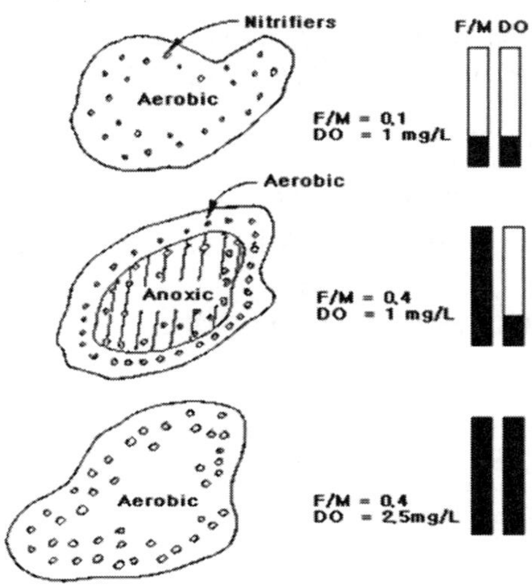

- $\mu_n = (\mu_{n,max})[DO/(K_O + DO)]$

여기서,
μn : 질산화 미생물의 비성장율, g new cell/g cell·d
μn,max : 질산화 미생물의 최대 비성장율
DO : 용존산소 농도, mg/L
K_O : 반속도상수,mg/L

- **Downing과 Scragg(1958)**
  - 최소 DO 0.3mg/L
- **Schoberl와 Engel(1964)**
  - Nitrosomonas / Nitrobacter 무영향 농도 : 1 ~ 2 mg/L.
- **Half-saturation coefficient=0.15~2.0mg/L**
  - Monod 방정식에 DO를 Growth limiting conc. 로 적용 시
- **낮은 DO에서 질산화를 위한 인자 : 긴 SRT, 확산계수**

***Nitrosomonas* 성장을 위해서는 DO 1mg/L 이상, Peak Load 를 고려 최소 2mg/L 이상 설계**

7.4.4 생물학적 탈질화(Biological denitrification)

1) 탈질 반응

- 생물학적 탈질반응은 아래와 같으며, 탈질화 미생물에 의해 최종적으로 질소(N_2)로 방출되며 미생물의 탄소원으로 폐수 내의 유기물을 이용하나, 부족할 경우 외부 탄소원으로 초산, 메탄올 등을 공급하여야 함

For nitrate : $1/2NO_3^- + H^+ + e^- \longrightarrow 1/2H_2O + 1/2NO_2^-$

For nitrite : $1/3NO_2^- + H^+ + e^- \longrightarrow 1/3H_2O + 1/6N_2 + 1/3OH^-$

전체 반응(Denitrification)

전자 공여체(유기탄소원)

$$1/5NO_3^- + H^+ + e^- \longrightarrow 2/5H_2O + 1/10N_2 + 1/5OH^-$$

- **탈질화 미생물 : 종속영양미생물로 반응조내 무산소 상태유지**

- 내부 탄소원 : 원폐수, 시스템내의 미처리된 유기물
  슬러지의 내생호흡에 대한 유기물, 슬러지의 소화 상징액
  혐기성 반응조의 유출수

- 외부 탄소원 : 초산, 구연산, 아세톤, 메탄올

2) 탈진 산화(1) (하수도시설기준, 환경부)

- 활성슬러지에 포함되어 있는 종속영양미생물 중에는 혼합액 중의 용존산소가 결핍되더라도 질산성질소를 이용하여 유기물을 분해하는 미생물군이 있는데, 이 미생물군은 산소 이용 형태에 따라 통성 혐기성 미생물로 분류됨.

- 통성혐기성 미생물군이 유기물을 이용하여 아질산성질소와 질산성질소를 질소가스로 환원하는 반응을 생물학적 탈질소반응이라 하며, 이 반응에 관여하는 미생물군을 탈질미생물이라 부름

- 탈질반응은 용존산소가 존재하지 않는 조건하에서 통성혐기성미생물의 호흡(질산성호흡 또는 아질산성 호흡)이며, 다음 식과 같이 나타낼 수 있음

($NO_3^- \rightarrow NO_2^-$) $2NO_3^- + 2(H_2) \rightarrow 2NO_2^- + 2H_2O$ ....(1)

($NO_2^- \rightarrow N_2$) $2NO_2^- + 3(H_2) \rightarrow N_2 + 2OH- + 2H_2O$ ....(2)

($NO_3^- \rightarrow N_2$) $2NO_3^- + 5(H_2) \rightarrow N_2 + 2OH - +4H_2O$ ....(3)

- 위의 반응에 있어서 (H_2)는 수소공여체(기질)로부터 공급받게 되며, 이 수소공여체는 하수 중의 유기물, 메탄올 등의 유기물과 미생물내 축적된 유기물 등의 분해에 의해 공급됨

2) 탈질산화 (2) (하수도시설기준, 환경부)

- 이 탈질반응이 진행되기 위해서는 활성슬러지 혼합액에 용존산소가 존재하지 않아야 하고 활성슬러지 혼합액 또는 반응에 관여하는 미생물내에 산화 대상인 유기물이 존재해야 함

- 식(4)의 탈질반응에 따라 1g의 질산성질소로부터 3.57g의 알칼리도가 생성되고, 1g의 질산성질소를 환원하기 위해서는 2.86g O_2에 해당하는 유기물이 필요

- 그러나 탈질반응과 동시에 미생물의 증식에 유기물이 사용되므로, 미생물증식을 포함한 반응식은 메탄올이 유기탄소원으로 이용되는 경우 식(4)로 제시

  $NO_3^- + 1.08CH_3OH + H^+ \rightarrow 0.065C_5H_7O_2N + 0.47N_2 + 0.76CO_2 + 2.44H_2O$ ··· (4)

- 이 식으로부터 1g의 질산성질소의 탈질을 위해서는 2.47g 의 메탄올이 필요하며, 메탄올 1g은 거의 BOD 1g 정도이므로, 1g의 질산성 질소의 탈질을 위해서는 약 2.5g의 BOD가 필요
- 단, 유기물의 종류에 따라 탈질에 이용되는 BOD량은 다소 변동되므로 탈질에 필요한 BOD량은 2 ~ 3g BOD/g NO_3-N 정도로 보는 것이 일반적임

- 생물학적 질소 제거는 앞서 설명한 질산화와 탈질반응을 결합하는 방법이 일반적으로 적용되고 있고, 수소 공여체인 유기탄소와 중화제인 알칼리도의 절감 등을 목표로 하여 각종 공정에 제안되고 있지만 크게 나누어 보면 직렬방식, 순환방식 및 이것들을 조합시키는 방법으로서 분류

3) 탈질화 미생물의 탄소 요구량

- 생화학적 반응경로에 의한 유기 탄소원 요구량 (예 : 메탄올)

$$NO_3^- + 1.08\ CH_3OH + 0.24\ H_2CO_3 \longrightarrow 0.056\ C_5H_7NO_2 + 0.47\ N_2 + 1.68\ H_2O + HCO_3^-$$

➡ 필요한 메탄올량 : 2.47gCH_3OH/gNO_3^- (약 3.7gCOD/gNO_3-N)
세포 생성량 : 0.45gNVSS/gNO_3^-
알칼리도 생성량 : 3.57gAlk./gNO_3^-

- 질산염 , 아질산염 , 용존산소 존재시 경험식에 의한 유기탄소원 요구량

$$C_m = 2.47\ N_o + 1.53\ N_1 + 0.87\ D_o$$

여기서, C_m : 요구되는 메탄올 농도 , mg/L　　N_o : 초기 질산성 질소 농도, mg/L
N_1 : 초기 아질산성 질소 농도, mg/L　　D_o : 초기 용존산소 농도, mg/L

- 유기물로 벤젠 등과 같은 방향족 화합물은 사용 불가하고, 메탄올, 에탄올, 초산 및 도시하수 , 공장폐수 사용

4) 탄소원에 따른 탈질속도

탄소원	탈질속도 (g NO3-N/g VSS-day)	온도(℃)
Methanol	0.21~0.32	25
	0.12~0.90	20
Sewage	0.03~0.11	15~27
	0.072~0.72※	-
Endogenous	0.017~0.048	12~20

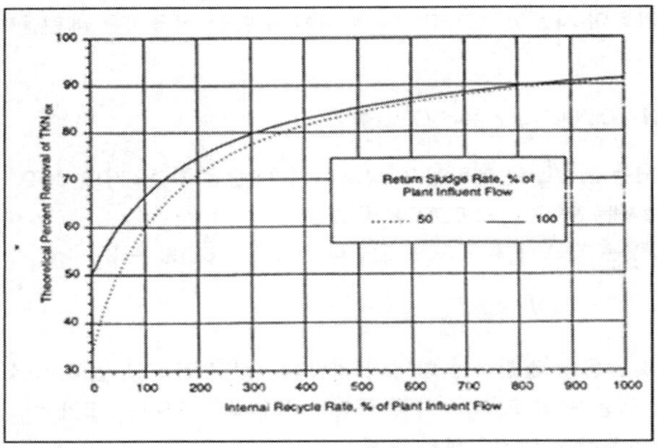

<그림 7-20> 내부 반송비와 이론적 TKN 제거율(%)

- 제거율 (%) = {1-1/(n×(1+r1+r2))}×100

n : 탈질조 및 원수의 분할 단수
r1 : 질산화조 → 탈질조 순환비
r2 : 침전조로부터의 반송오니량 비

5) 탈질 미생물(Microbiology) (1)

- 수많은 박테리아가 탈질을 수행하는 것으로 밝혀졌으나 이와 비슷한 미생물학적 능력이 algae 나 fungi에서는 발견되지 않음.
- 탈질을 수행할 수 있는 박테리아는 heterotrophs와 autotrophs 두가지 종류가 있는데, heterotrophs 중 Payne은 다음과 같은 속들을 나열함

Achromobacter, Acinetobacter, Agrobacterium, Alcaligenes, Arthrobacter, Bacillus, Corynebacterium, Flavobacterium, Hypomicrobium, Moraxella, Meisseria, Paracoccus, Propionibacterium, Pseudomonas, Rhizobium, Rhodopseudomonas, Spirillum, Vibrio

- Gayle et al.(1989)은 *Halobacterium*과 *Methanomonas*도 발표.
- 이 미생물의 대다수가 산소는 물론 nitrate를 사용할 수 있으며 몇몇은 산소나 nitrate가 존재하지 않을 때 발효도 수행할 수 있음.
- autrotropic 탈질하에서 박테리아는 탄소원으로써 유기탄소 대신 CO_2, HCO_3-를 사용.

- *Paracoccus* 탈질균과 *Thiobacillus denitrificans*는 탈질화를 수행하는 동안 전자공여체로 각각 수소, 환원된 황화합물을 사용하며. 유기탄소원 이 존재한다면 이 두 미생물은 heterotrophs 처럼 성장함 (Gayle et al. 1989)

5) 탈질 미생물 (2)

- ***Pseudomonas species***
탈질균 중 가장 일반적이며 폭넓게 분포. 몇몇은 nitrate를 환원시키지 못하나 nitrite로 탈질을 시작. 특정한 종은 N_2 대신 최종생산물로서 N_2O 가스를 생성. Pseudomonas는 H, CH3OH, 탄화수소, 유기산, 알콜, benzoates, 방향족 화합물등 폭넓은 유기화합물을 사용(Payne, 1981)
- ***Hyphomicrobium***
이 종은 탄소원으로써 알콜과 간단한 1,2-탄소산을 사용하며 복잡한 유기물들은 사용하지 않음.
- ***Bacillus***
Nitrate와 nitric oxide를 환원하는 종들이 있음. 그러나 nitrite나 NO는 환원하지 못함.
B. Azotoformans은 많는 탈질균들이 이용가능한 세가지 전자공여체(N_2O, NO_2, NO)를 사용. Bacillus는 폭넓은 범위의 유기기질을 사용할 수 있음.
- ***Flavobacterium***
몇몇은 nitrate를 환원시키지 못하나 NO_2^-, NO를 N_2로 환원시킬 수 있다. 탄소원으로써 간단한 탄수화물(carbohydrates)을 사용.
- ***Moraxella***
탄소원으로 방향족화합물을 사용할 수 있는 유일한 종이며, 방향족 고리의 이중결합을 먼저 끊은 다음, 비방향족 고리를 파괴함으로써 사용.

5) 탈질 미생물 (3)

- ***Paracoccus***
탄소원으로써 메탄올과 같은 간단한 기질과 복잡한 기질을 다 이용할 수 있어, 아주 폭넓은 탄소원을 사용할 수 있음. 탄소원으로 CO_2를 사용하며 에너지원으로 산화한 수소를 사용할 수도 있는, 즉 autotrophs처럼 성장할 수도 있는 유일한 종의 형태임.

- ***Rhodopseudomonas and Azospirillium***
식물의 근권(根圈)에서 발견. 질소고정을 행하거나 탈질을 수행할수 있는 유일한 종임.
NO를 N2로 환원시킬 수 있다.

- ***Thobacillus denitrificans***
최종전자수용체로 nitrate를 사용하여 티오황산염(thiosulfate), 황화물(sulfide), 황(sulfur)을 산화시킬 수 있으며 부산물로써 sulfate를 생성.

- ***Thiosphaera pantotropha***
Robertson et al.(1988)은 이 미생물은 호기성 조건에서 탄소원으로써 acetate를 사용하여 질산화와 탈질을 동시에 수행할 수 있는 유일한 종이라고 밝힘. 탈질율은 포화농도의 약 30% 정도일 때 향상됨. Kugelman et al.(1991)은 호기성 탈질은 연속적으로 배치된 혐기/호기 활성슬러지공법(AO Process)에서 호기성조의 질소 손실을 설명하는 중요한 메커니즘 이라고 주장.

6) 탈질화 영향인자

① 산소의 영향

- MacRae(1957)는 0.2mg/L의 DO 농도나 그 이상의 농도는 *Pseudomonas*의 활동을 저해하므로 탈질의 저해인자라고 밝힘. 0.13mg/L의 DO 농도는 미생물의 높은 분산성정시 탈질이 중단됨.
- 활성슬러지 시스템에서 탈질의 DO 농도 영향은 혼합액의 DO 농도가 활성슬러지 floc의 실제 DO 농도를 나타내지는 않는다는 관점에서 매우 혼동을 일으킴.
- DO 농도 0mg/L이나 무산소 상태에 노출되는 floc 생체량의 부분은 다음 사항에 영향을 받음
  - 혼합액의 DO 농도
  - floc size
  - 산소호흡률에 영향을 미치는 유기물과 암모니아성 질소의 부하
- Rittman, Langeland(1985)은 확실한 호기성 상태에서 탈질이 일어나는 활성슬러지시스템의 종류와 DO 농도를 발표함.
  - 0.3~0.8mg/L의 four-channel 산화구법
  - 0.5mg/L 활성슬러지
  - 0.3~1.5mg/L semi-batch 활성슬러지

- Wheatland et al.(1959)는 DO농도 0일 때와 각 DO 농도별 탈질율을 비교하면 DO 2.0mg/L일 때 탈질율 10% 정도, DO 0.2mg/L일 대 탈질율 50% 정도의 결과를 얻음

용존 산소

- **활성슬러지 공법중 가장 많은 미생물 : 임의성(Facultive)**
  - 최종 전자수용체 : 산소 , 질산성 질소 사용
    - * 전자공여체 : 유기물

      전자수용체 : 산소, 아질산성질소, 질산성 질소, 황산이온 등 사용
- **Gibbs free energy : 산소 > 아질산성-질산성질소 > 황산이온**
  - 산소와 질산성 질소가 anoxic 조건에서 공존하면, 산소 소비속도가 질산성 질소보다 더 빨라서 탈질속도 저하

$$\mu = \mu_m[K_O/(K_O+O_2)]$$

- **탈질 제한 DO 농도**

Skerman(1957)	Nelson(1978)	Wheatland(1959)
0.2mg/L	0.13mg/L	0.2mg/L에서 50%, 2.0mg/L 에서 10% (0mg/L 대비)

② **pH 영향**

- 질산화 반응 시 알카리도를 소비하므로 pH는 감소하는 것에 비해 탈질 반응 시 알카리도는 생성되므로 pH가 상승하여 pH의 영향이 적고 최적 pH는 7.0

  $5CH_3OH + 6NO_3- \rightarrow 3N_2 + 5CO_2 + 7H_2O + 6OH-$

- 질산화균과 비교해 볼 때 탈질조로 유입되는 pH는 Chang과 Focht(1975)가 요약한 탈질율 측면에서 별 신경쓰지 않아도 되지만 그 결과는 다양

- Dawson, Murphy(1972)는 pH 7.0이 최적의 탈질 조건이며, pH 6.0, pH 8.0일 때는 pH 7.0일 때와 비교할 때 탈질율은 50% 정도라는 것을 발견(단, 적응기간 없이 실험을 행하였을때)

- Nomnik 등 다수의 실험자들은 pH 6.0~pH 8.0 사이에서는 pH의 영향은 거의 없다는 것을 보여 주었는데, pH 8.0~pH 9.5과 pH 7.0~pH 4.0 에서는 탈질율이 선형적으로 감소함

- 알카리 폐수의 중성유지는 NO를 N_2로 바꾸는데 용이

③ **산화 환원반응**

- 탈질의 탈질반응조 설계시 주요인자 중에 하나는 유입수의 산화된 질소를 제거하기 위해서는 필요한 기질의 양을 추정하는 것인데, 산화환원반응과 생물학적 수율을 이해하기 위해서는 기질 요구 정도를 결정하는 것이 중요.

- 아래에 나오는 산화환원반응은 폐수의 탈질을 위해 사용되는 다양한 기질을 나타내었는데, 첫번째로 나오는 메탄올은 외부탄소원으로써 가장 광범위하게 사용됨.

- Methaol
  $5CH_3OH + 6NO_3^-$ à$3N_2 + 5CO_2 + 7H_2O + 6OH^-$
- Acetic Acid(Frick and Richard, 1985)
  $5CH_3COOH + 8NO_3^-$à$4N_2 + 10CO_2 + 6H_2O + 8OH^-$
- Methane(Barrenstein et al. 1986)
  $5CH_4 + 8\ NO_3^-$ à$4N_2 + 5CO_2 + 6H_2O + 8OH^-$
- Sewage(Beer and Wang, 1978)
  $C_{10}H_{19}O_3N + 10\ NO_3^-$ à$5N_2 + 10CO_2 + 3H_2O + NH_3 + 10OH^-$

위 모든 heterotrophic 탈질반응에서 nitrate 환원당량 당 1당량의 알카리도가 생성됨을 알 수 있음

④ 온도

• $SNDR_T = SDNR_{20}\theta^{(T-20)}$

여기서, SDNRT : 온도 T(℃) 탈질속도(mg NO_3-N/gVSS/d), $SDNR_{20}$: 온도 20℃ 탈질속도,

θ : 온도보정계수

온도보정계수	Reference
1.10	Mulburger(1971)
1.06	Dawson and Murphy(1972)
1.09	Barnard(1973)
1.20	Ekama and Marais(1984)
1.07	Kaas and Anderson(1989)

• 온도에 따른 일반적인 탈질 속도

Source	15℃	20℃
BOD	0.08 Kg-N/Kg-VSS.d	0.1 Kg-N/Kg-VSS.d
메탄올	0.2 Kg-N/Kg-VSS.d	0.2 Kg-N/Kg-VSS.d

⑤ 인 (P)

• 탈질 반응에서 미생물의 증식량은 메탄올 주입량의 20% → 유입 질소량의 2.5배 메탄올 주입
• 미생물 내 인 함유율은 1~ 2% → 유입 질소에 대하여 1%의 인(P) 필요

7.4.5 생물학적 인 제거

1) 개요

• 일반 활성슬러지공정에서 인은 미생물의 증식, 침전, 흡착 등의 기작에 의하여 주로 제거되는데, 살수여상법에서 인의 제거효율은 약 30%이고, RBC(회전원판법)은 10~30%, 일반 활성슬러지 공법은 30~50%정도임. 슬러지의 인의 함유율은 1~2%이며, 그 이상일 경우에는 미생물의 성장에 필요한 인의 대사량 이상의 인이 제거되는 것으로 판정할 수 있음(Arvin, 1985)
• 대사량 이상의 인이 제거되는 것을 생물학적 과잉 인 제거(overplus uptake)라 하고 생물학적 과잉 인제거 기작은 Levin과 Shapiro(1965)에 의하여 연구되기 시작하여 최근까지 여러 분야의 학자들에 의하여 생화학적 모델을 제시.
• 현재까지 제시된 모델 등 을 종합하면 인 제거에 관여하는 미생물은 Acinetobacter spp.인데, 이 미생물은 혐기성 조건에서 유기산을 섭취할 수 있으며, 유기산 외의 일반 유기물질은 종속영양미생물이 먼저 유기산으로 분해하고 이 유기산을 인제거 미생물(PAOs)이 섭취한다고 함(Rensink, 1981)
• 인이 함유한 폐수가 혐기성과 호기성 상태를 거치면서 인이 방출되고, 또 과잉 섭취되는 과정은 매우 복잡하여 아직도 여러 학설이 대립되고 있는 실정이나, Acinetobacter가 중요한 역할을 하며 혐기성 상태에서 유기물을 PHAs형태로 저장되고 polyphosphate가 orthophosphate로 변환되어 방출되고 호기성 상태에서 축적과 유기물의 산화분해가 진행되면서 인을 과잉 섭취함.
• 중요한 사실은 호기성 상태에서 인의 과잉섭취가 일어나는 것과 같이 산소 외에 다른 전자수용체(electron acceptor) 즉, NO_3-와 같은 물질이 존재하면 혐기성 상태에서도 인의 방출이 방해받게 되어 인의 방출이 잘 이루어지지 않고, 혐기성조에서 NO_3-N를 제거하는 것은 인의 제거에 있어서 필수적임.

2) 인의 발생원

- 인의 발생원
  - · 주로 가정에서 사용하는 세제에 기인
- 인의 분류
  - · 물리적 특성 : 용해성, 입자성
  - · 화학적 특성 : Ortho-P, 다중인산염, 유기인

- 오수에 함유된 인의 형태별 농도

인산염의 형태	농도(mg P/L)
정인산염 Ortho-P (orthophosphate)	3~4
다중인산염 (polyphosphate)	2~3
유기인 (organic P)	1

3) 인의 순환

- **저장소**
  - 무기 인산염 (phosphate, PO_3^{4-}) : 해양과 물 생태계의 퇴적토(크지만 천천히 순환)
  - 용존 인산염 (유기 인산염) : 생체 및 사체의 유기물에 존재 (작지만 매우 활발하게 순환)

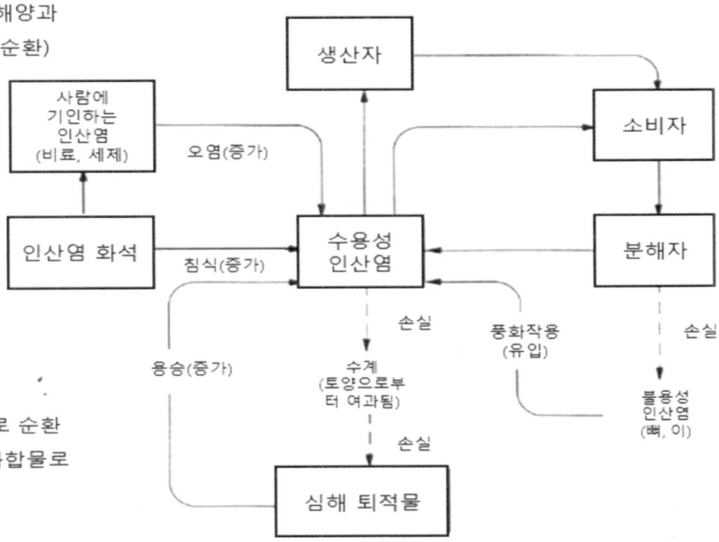

인 순환

<그림 7-21> 인의 순환 모식도

- **인 순환계**
  - 미생물에 의한 순환
  - 인의 산화도는 변하지 않음
  - 무기인산염과 유기인산염의 형태로 순환
  - 불용성에서 용해성 또는 유동성 화합물로 순환

자료 : Goggle http://web.donga.ac.kr/jwlee/%EC%88%98%EC%97%85%EB%85%B8%ED%8A%B8/2015

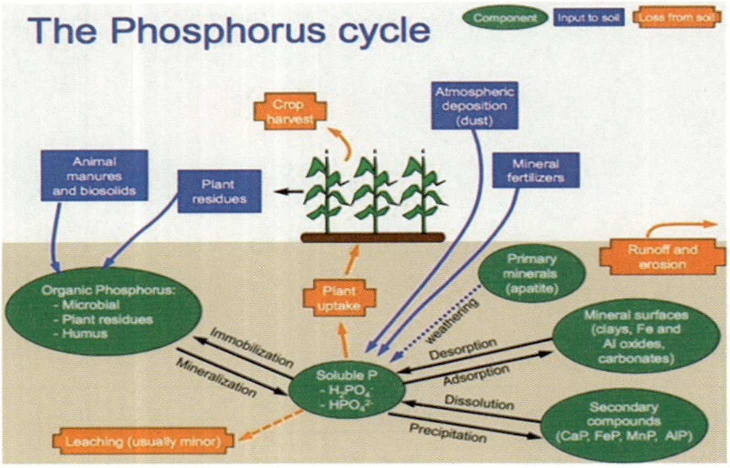

Phosphorus Cycle on land

The **phosphorus cycle** is the biogeochemical cycle that describes the movement of phosphorus through the lithosphere, hydrosphere, and biosphere. Unlike many other biogeochemical cycles, the atmosphere does not play a significant role in the movement of phosphorus, because phosphorus and phosphorus-based compounds are usually solids at the typical ranges of temperature and pressure found on Earth.

On the land, phosphorus gradually becomes less available to plants over thousands of years, since it is slowly lost in runoff. Low concentration of phosphorus in soils reduces plant growth, and slows soil microbial growth - as shown in studies of soil microbial biomass.

Eighty percent of the mined phosphorus is used to make fertilizers. Phosphates from fertilizers, sewage and detergents can cause pollution in lakes and streams. Over-enrichment of phosphate in both fresh and inshore marine waters can lead to massive algae blooms which, when they die and decay leads to eutrophication of freshwaters only.

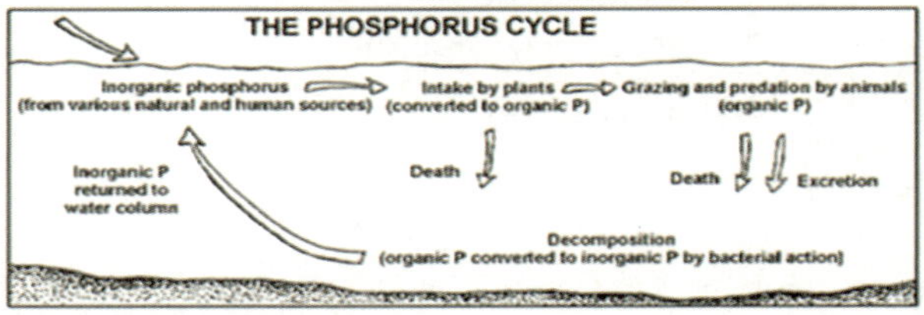

The aquatic phosphorus cycle

자료 : https://en.wikipedia.org/wiki/Phosphorus_cycle

4) 인의 분류

- **총인**
  - **무기인 (Inorg-P)**
    - **정인산염**
      - 정인산염, Ortho – P (세포밖)
        - PO_4^{3-}, HPO_4^{2-}, $H_2PO_4^-$, H_3PO_4
        - 가용성, 분석가능 (Poly –P, 유기인을 산화시켜 정량)
        - 생물대사에 이용, 박테리아가 배출하는 형태
        - 해양과 물 생태계의 퇴적토
        - 크지만 천천히 순환됨
    - **다중인산염**
      - 다중인산염 (Poly -P) , 다중인산염(세포내)
        - 2개 이상의 인원자가 결합, 박테리아내부 축적형태
        - 생체 및 사체의 유기물에 존재
        - 작지만 매우 활발하게 순환
  - **유기인 (Org-P)**
    - **일반적으로 콜로이드나 고형상태**
    - **동식물의 배설물, 점토나 모래에 흡착되어 존재**
      - 강우 시 표면유출
      - 입자성 + 용존성

5) 생물학적 인 제거 원리

• 혐기 및 호기과정을 거치면서 미생물을 혐기성과 호기성 상태에 교대로 노출시켜 스트레스를 줌으로써 인의 방출과 흡수를 비정상적으로 유도하는데, 여기에는 인 축적 미생물인 PAOs(phosphorus Accumulating Organisms)가 관여. 종속영양미생물 중 여러 미생물이 인 축적 미생물에 해당되며 그 중에서 Acinetobacter가 우점을 차지

① 인의 방출(혐기성조건)

- PAOs가 체내의 다중인산(Polyphosphate)을 분해 후 인산염(Orthophosphate)을 방출하고 체외의 유기물을 흡수하여 체내에 PHB(poly-β-hydroxy butyrate)의 형태로 저장.

② 인의 과잉 섭취(호기성조건)

- 호기성으로 바뀌면 체내에 축적된 PHB(poly-β-hydroxy butyrate)를 이용하여 에너지를 저장하고 이 에너지로 하수 중의 인산염을(orthophosphate)을 방출된 것보다 더 많이 과잉 흡수(luxury P uptake)하여 다중인산(polyphosphate) 형태로 저장. 따라서 하수 내 orthophosphate는 급격히 감소함.

③ 실제 공정에서의 적용(설치)

혐기조((anaerobic condition) --------→호기조((aerobic condition)

(인 방출) (인 과잉섭취)

• 인의 방출은 혐기성 조건에서 인의 과잉 섭취는 호기성 조건에서 이루어지므로 실제 공정에서는 순서대로 혐기조에 호기조를 연결하면 되며, 대표적 인 제거 공정에는 A/O, Phostrip, SBR 등이 있음.

※ 표준 활성슬러지공법은 인 제거를 위한 anaerobic 조건이 없으므로 세포합성에 의해서만 인이 제거됨

• 생물학적 인 제거 (하수도시설기준, 환경부)

① 혐기상태와 연속되는 호기상태를 거치는 동안 활성슬러지내 **폴리인산축적미생물(PAOs)**에 의해 섭취된 **정인산(PO4-P)은 세포내에 폴리인산으로 축적**

② 혐기상태에서는 세포중에 축적된 폴리인산이 가수분해되어 정인산으로 혼합액에 방출되며 혼합액 중의 유기물이 세포내에 섭취됨. 이때 인의 방출속도는 일반적으로 혼합액중의 유기물 농도가 높을수록 큼

③ 혐기상태에서 정인산의 방출과 동반되어 섭취되는 유기물은 글리코겐 및 PHB(poly hydroxybeta butyrate)를 주체로 한 PHA등의 기질로서 세포내에 저장

④ 호기상태에서는 이렇게 세포내에 저장된 기질이 산화, 분해되어 감소되며, 폴리인산축적미생물(PAOs)은 이때 발생하는 에너지를 이용하여 혐기상태에서 방출된 정인산을 섭취하고 폴리인산으로 재합성함

⑤ 이상 ①~④의 과정이 반복되면서 활성슬러지의 인의 과잉섭취(luxury uptake)가 발생하게 되는데, 이때 과잉섭취는 인 이외의 필수원소가 제한되는 상태에서 세포 내로 인을 이동시키는데 필요한 에너지가 충분하여 인을 과잉 섭취하는 현상을 말하며, 다시 인 농도가 높은 환경에 있게 되면 인을 급속히 섭취하는 현상을 말함. 보통 미생물 세포내의 인 함량은 0.015~0.025gP/gMLSS 정도이나, 인의 과잉섭취 현상이 나타날 경우는 활성슬러지 세포내 폴리인산이 축적되어 인의 함유량이 약 0.035~0.06 혜/gMLSS 정도임

활성슬러지 미생물의 인 과잉섭취 현상을 이용한 생물학적 탈인법, 즉 혐기호기 활성슬러지법은 일반적으로 반응조 일부를 용존산소가 존재하는 상태와 용존산소가 없는 상태(아질산상태 및 질산상태)인 혐기상태로 유지하여 이를 반복시켜 활성슬러지중의 인 함유율을 증가시킴으로써 인 제거 효율을 높임

• **생물학적 인 제거 (하수도시설기준, 환경부)**

활성슬러지 미생물에 의한 하수중의 인제거 과정에서, 인은 가스로서 휘발되는 것이 아니고 잉여슬러지에 포함되어 제거되는 것인데 이것이 인의 제거량이 됨. 즉 활성슬러지법에 있어서의 인 수지 개념도는 잉여슬러지의 인 함유율(R_{PW})이 커지게 되면 인의 제거율도 커지게 된다는 것을 의미

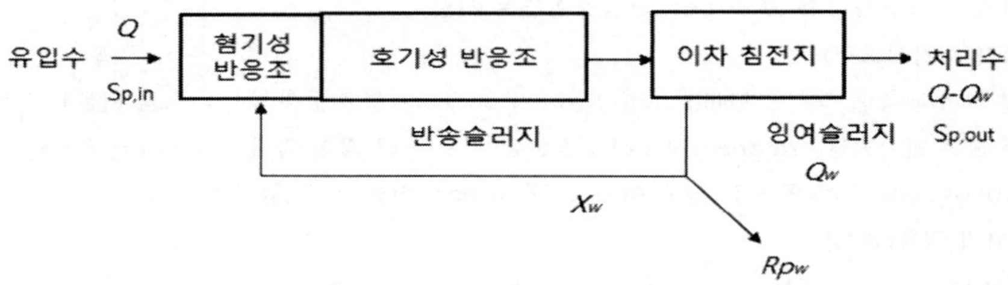

<그림 7-22> 활성슬러지법에 있어서의 인 수지 개념도

$Q \cdot S_{P,in} = Q_w \cdot X_w \cdot R_{PW} + (Q - Q_w) S_{P,out}$을 정리하면,

$$S_{P,out} = \frac{1}{Q - Q_w}(Q \cdot S_{P,in} - Q_w \cdot X_w \cdot R_{PW}) \quad \cdots\cdots (1)$$

여기에서, Q : 유입유량

Q_w : 잉여슬러지량

$S_{P,in}$: 유입수의 인농도

$S_{P,out}$: 처리수의 인농도

X_W : 잉여슬러지의 SS 농도

R_{PW} : 잉여슬러지의 인 함유량

• 혐기 호기활성슬러지법의 반응조에 있어서 BOD와 인(P)의 거동

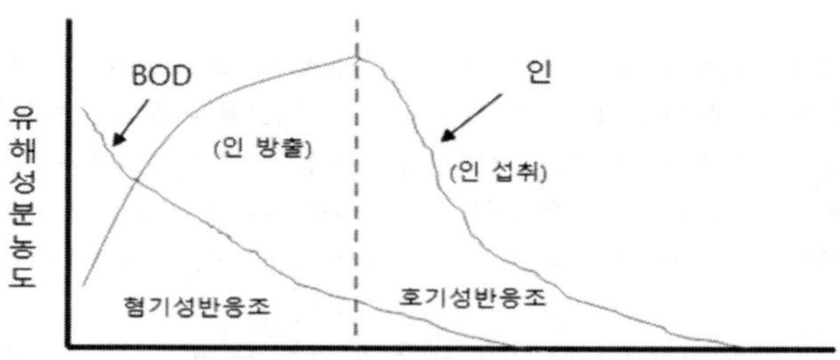

<그림 7-23> 생물학적 인 제거의 원리(하수도시설기준, 환경부)

6) 미생물에 의한 인의 제거

- 혐기성 상태에서 몸 속의 인을 방출하고, 호기상태에서 몸 속으로 인을 섭취

혐기조 인 방출 : Poly-P + VFA → PHB + PO_4^{3-} 에너지 (ATP) 사용

호기조 인 섭취 : PHB + PO_4^{3-} → Poly-P + H_2O + CO_2 에너지 (ATP) 생성

- **혐기조건에서**

발효반응(Fermentation Reaction)에 의해서 생성된 acetate와 기타 short-chain fatty acid(발효부산물)는 흡수되어 세포셀 내에서 일반적으로 PHB(Poly-β- hydroxybutyrate)의 형태로 저장
용존 유기물을 혐기적으로 섭취하고 세포 내 저장물질을 생성하면서 미생물은 반드시 에너지를 소비
필요한 에너지는 long-chain inorganic polyphosphates(ATP)내에 저장된 고에너지 phosphate 결합을 끊음으로서 얻음. 이 과정에서 세포 셀로부터 용액 속으로 방출된 orthophosphate가 만들어짐

- **호기조건에서는**

용존 상태 orthophosphate를 급속히 섭취하여 세포 내 polyphosphate(ATP)를 재합성
이 때 혐기 조건에서 저장되었던 PHB는 이산화탄소, 물, 새로운 세포 등으로 산화
또한, 이 지역에서는 혐기 조건에서 미 제거된 잔류 용존 BOD가 호기적인 Metabolism으로 추가 제거

미생물 몸 속으로 일시적으로 인을 다량 섭취시켜 미생물을 폐기시키는 방법

- **생물학적 인 제거 메카니즘**

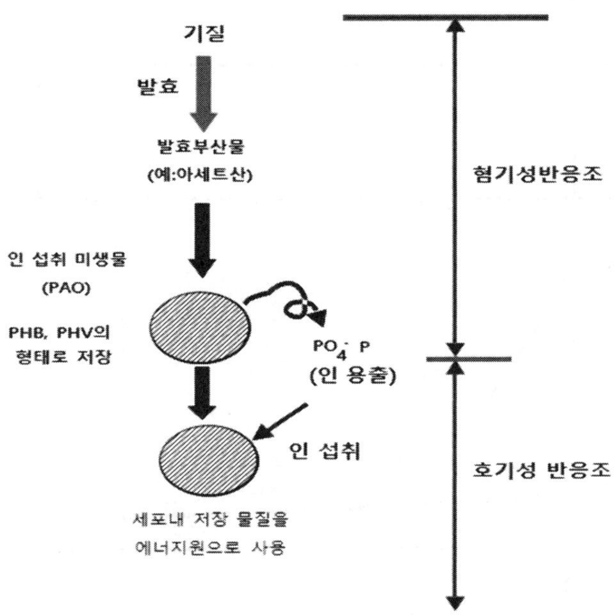

· Satoh(1992)등에 의하면 외부 탄소원으로 acetate와 propionate를 이용할 경우 3HB(3-hydroxybutrate), 3HV(3-hydroxyvalate), $3H_2MB$(3-hydroxy-2-methylbutrate) 그리고 $3H_2MV$ (3-hydroxy-2-methylvalate) 형태의 PHA가 형성되었다고 보고

· Comeau(1987)는 다양한 유기산을 이용한 실험에서 PHV(poly-3-hydroxyvalerate), PHB (poly-3-hydroxybutrate) 그리고 3HB가 생성되었다고 보고

자료 : m.blog.naver.com › youni0701

- **미생물 Cell 내 인함량 : 1.5~2%(건조중량)**
  - 혐기(anaerobic) / 호기성 조건(aerobic)시 인의 섭취량 : 건조중량, 4~12%

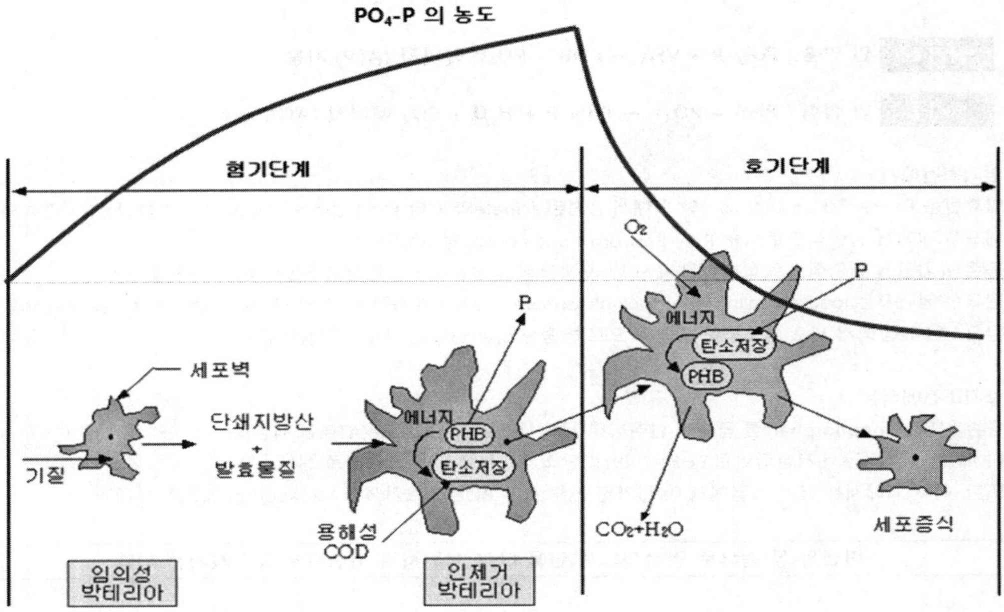

- **혐기·호기성 지역에서 용해성 BOD와 인의 거동**

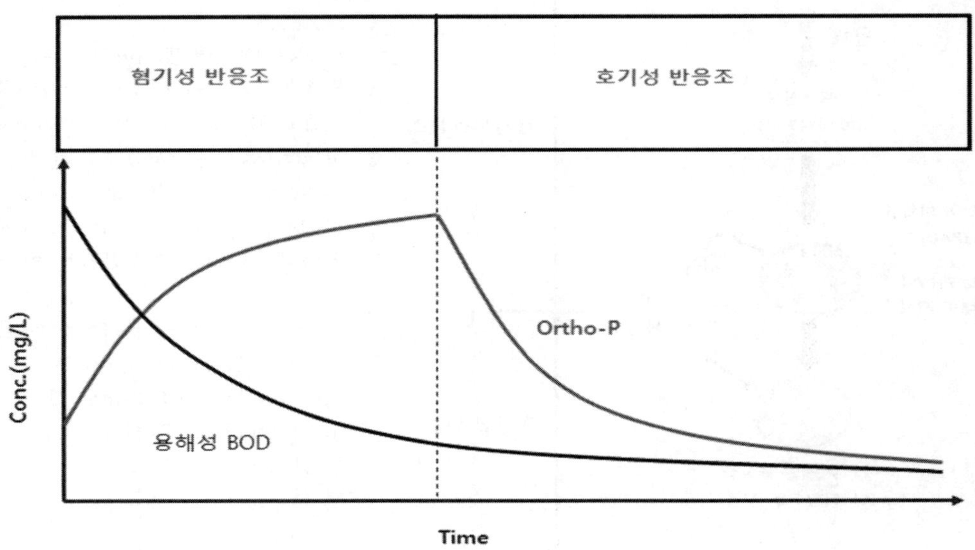

7.4.6 영양염류 제거 공법

1) 개요

• 영양염류 제거를 위한 공정 기술은 다음 3가지로 구분하여 고찰하고자 함

① 질소 제거 공정
- · 단일 슬러지 공정
- · 분리 단계 슬러지 공정

② 인 제거 공정
- · Main stream
- · Side stream

③ 질소 • 인 동시 제거 공정

· 질소·인 처리공정을 개발한 것은 1960년대 초반이며, 특히 유기물, 질소 및 인을 생물학적으로 처리하는 공정을 생물학적 고도처리(advanced treatment) 또는 생물학적 영양염류 제거공정(Biological Nutrient Removal; BNR)이라고 함

· 질소나 인 제거를 위한 대표적인 생물학적 공정에는 공정의 배치 형태에 따라 A/O, A^2/O, 수정 Bardenpho 및 UCT공정과 같이 혐기조, 탈질조 및 폭기조가 직렬로 연결되는 주류(main stream)공정과 Phostrip 공정과 같이 혐기성 탈인조가 폭기조와 병렬로 연결되는 측류(side stream)공정이 있음

자료 : 환경보전협회, 폐수고도처리 http://www.epa.or.kr/kor/upload/magazine

• 주류공정에서는 혐기조에서 인의 방출이 일어나고 폭기조에서는 인을 과잉으로 섭취한 잉여슬러지를 폐기시켜 인을 제거하며, 질소는 폭기조에서 질산화된 혼합슬러지액을 탈질조로 반송하여 질소가스로 환원시켜 제거함. 이때 유입하수에 함유된 유기물이 탄소원으로 이용되므로 유입하수의 유기물 농도가 낮으면 질소 및 인이 안정적으로 제거되지 못함

• 반면, 인 제거가 주 목적인 측류공정인 Phostrip공정에서는 잉여슬러지를 탈인조에 장시간 체류시킬 때 세포분해에 의해 생성되는 유기물을 사용하므로 인의 제거는 유입하수의 수질에 의하여 영향을 받지 않으며, 탈인조에서 방출된 인은 화학적 처리에 의하여 제거되기 때문에 인의 함량이 높은 슬러지를 폐기하는 방법에 비해 인의 제거가 안정적임.

• 그러나 Phostrip공정에서 폭기조의 운전조건을 완전 질산화 조건으로 운전하면 2차 침전조에서 탈인조로 유입되는 슬러지의 질산성 질소 함량이 높아져 탈인조에서의 인 방출이 저해되므로, 인 이외의 질소도 제거할 경우에는 2차 침전지 다음에 질산화조 및 탈질조를 추가로 설치하여 운전하며, 탈질에 소요되는 탄소원으로 내생탈질을 이용하거나, 메탄올 등을 주입함.

• 이와 같이 현재 실용화되어 있는 생물학적 질소 및 인 제거 공정들은 유입하수의 특성에 매우 민감하며, 또한 각 공정 간에 인 방출 및 탈질에 소요되는 탄소원에도 차이가 있음. 즉, main stream 프로세스는 폭기조 전단부에 혐기조 – 무산소조를 설치하여 인 방출 및 질소제거가 이루어지며, 인 방출 및 질소제거의 유기탄소는 유입하수의 용해성 BOD를 이용하기 때문에 유입하수의 수질이 낮을 경우, 인 및 질소의 제거가 원활하게 이루어지지 않는 문제점이 있음.

2) 질소제거 공법

• 질소제거 기술(1)

- 물리 화학적 방법
  - 암모니아 탈기법
  - 파괴점 염소 주입법
  - 이온 교환법
- 생물학적 방법
  - 순환식 질산화 탈질법
  - 질산화 내생 탈질법
  - 외부 탄소원 탈질법
  - 단계 혐기.호기법
  - 연속 회분식 활성슬러지법
  - 간헐 포기법
  - 산화구법
  - 탈질 생물막법

자료 : 하수의 생물학적 질소, 인 제거 이론, college.kangwon.ac.kr › include › jsp h › download › HK STU004 4
https://www.cheric.org › files › education › cyberlecture
www.epa.or.kr › kor › upload › magazine
www.biotech.deu.ac.kr › uploadfile › PDS
blog.naver.com › PostView
m.blog.daum.net › ask797

• 질소제거 기술(2)

- 화학적 방법
  - 응집 침전법
    - 알루미늄염 (황산알루미늄)
    - 철염 ($FeCl_3$, $FeCl_2$, $FeSO_4$)
    - 소석회
  - 정석 탈인법
- 생물학적 방법
  - Main stream Process - 혐기, 호기법 (A/O공법)
  - Side stream Process - Phostrip 공법
  - SBR

• **단일 슬러지 공정으로 질소 제거 : 단일 반응조 내에서 탄소 산화와 질산화 공정을 수행**

① **MLE(Modified Ludzack-Ettinger)**

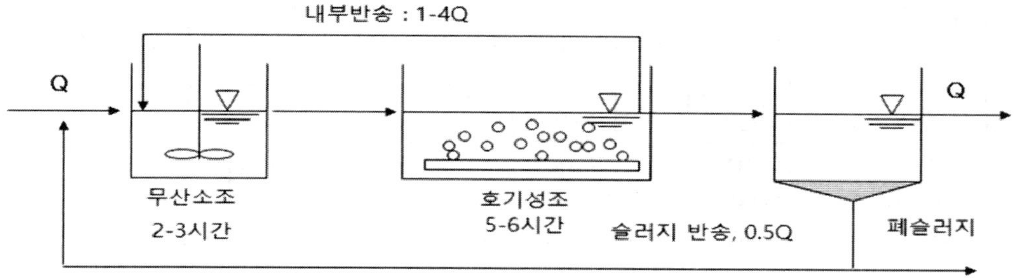

<그림 7-24> MLE(Modified Ludzack-Ettinger) 공정도

- 1962년 Ludzack과 Ettinger에 의해 고안
- 무산소조 : 탈질화 공정, 원수 중에 함유된 기질을 탄소원으로 이용
- 호기성조 : 질산화 공정, 미처리된 유기물 제거 및 질산화
- 호기성조에서 무산소조로 내부 반송(고안 초기에는 내부 반송을 하지 않음)

Wuhrmann이 1957년 질소 제거공정을 최초로 개발하였으며, 뒤이어 Ludzack과 Ettinger도 질소제거 공정을 개발. 두 공정간의 차이점은 탈질을 위한 탄소원의 종류와 탈질조의 위치에 있음. Wuhrmann공정에서는 폭기조 다음에 탈질조를 두어 폭기조에서 유기물 제거 및 질산화를 거친 혼합액을 탈질조에서 장기간 체류시켜 탈질시키며, 탈질 탄소원으로 세포분해에 의해 생성된 유기물을 이용하지만 Ludzack -Ettinger공정에서는 탈질을 위한 탄소원으로 유입하수를 이용하기 위하여 폭기조 앞에 탈질조를 설치하고 폭기조에서 질산화를 거친 혼합액을 반송슬러지 형태로 탈질조로 이송함

자료 : 하수의 생물학적 질소, 인 제거 이론, college.kangwon.ac.kr › include › jsp_h › download › HK_STU004_4

② **4단계 Bardenpho**

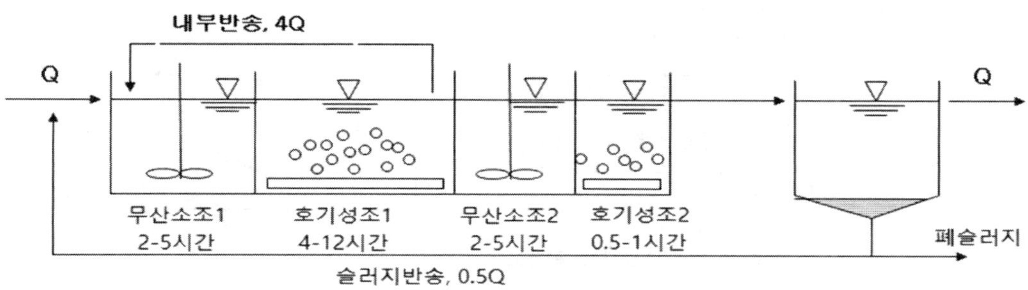

<그림 7-25> 4단계 Bardenpho 공정도

• **Emico process equipment Co. 개발(미국)**

- 무산소조1 : 탈질반응, 유입수중의 유기탄소 및 내생분해에 의한 탄소원 이용
  풍부한 유기탄소원으로 탈질율 높음, 암모니아성 질소는 변하지 않음
- 호기성조1 : 질산화 반응, 유기물 산화
- 무산소조2 : 재탈질
- 호기성조2 : 질산화, 탈질공정에서 생성된 질소 가스를 제거함으로써 슬러지 침강성 향상

▪ **Bardenpho Process**

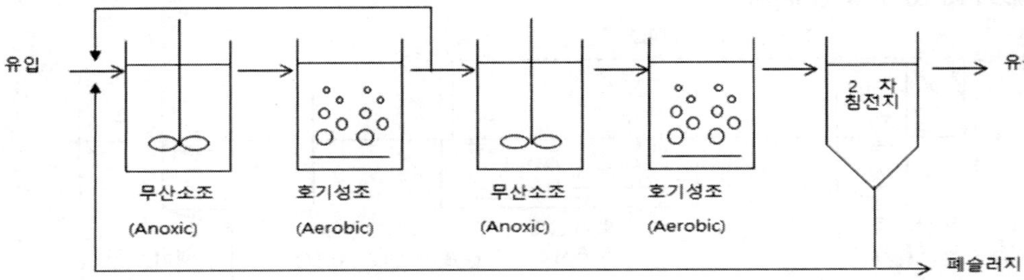

MLSS (mg/L)	HRT (Hr)		SRT (일)	F/M비	반송률 (Q)	
	무산소조	호기조			내부	외부
2,000~4,000	2~4	4~12 (0.5~1.0)	10~40	0.1~0.2	4Q	1Q

- 반응조를 4단으로 하고 전탈질과 후탈질의 장점을 결합하여 개발
- 소규모인 경우, 구조가 복잡하고 운영니 어려움
- 2번째 무산소조에서는 내생탈질과정을 통하여 미처리된 질산성질소를 제거, 마지막 호기성 단계에서는 폐수내 잔류 질소가스를 제거하고 부패 및 부상방지

③ Oxidation ditch(산화구법)

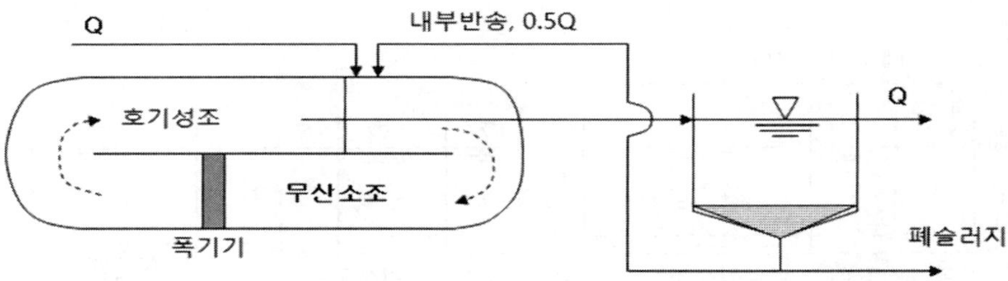

<그림 7-26> 산화구법 공정도

- 무산소조 : 탈질반응, 유입수중의 유기탄소를 탄소원으로 이용(유입수 유입)
- 호기성조 : 질산화 반응, 폭기기 후단부터 형성,
  호기성조 후단에서 슬러지를 침전조로 유입
- 4단 Bardenpho 공정에 비해 질소 제거율이 낮음
- SRT : 10-30일, HRT : 8-36일

이 공정은 유입폐수와 침전지의 반송슬러지를 먼저 무산소지역에 유입시켜 폐수의 탄소원 일부를 탈질산화에 이용하여 질소를 제거하고, 폐수의 흐름은 기계식 폭기장치를 통과시켜 호기성 지역에서 침전조로 이송하는 공정임. 장점은 운전과 관리가 용이하며, 단점은 무산소지역이 하나뿐이므로 Bardenpho공정에 비해 질소제거효율이 낮으며, 질소 제거효율을 높이기 위해서는 부지면적을 많이 차지하며. 또한 미생물이 가라앉지 않게 유속을 빠르게 해주어야 하므로 동력비 소모가 큼.

- **Oxidation ditch(산화구) 공법**

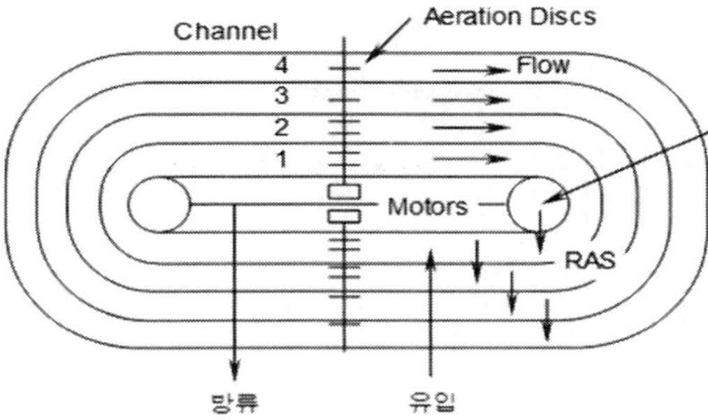

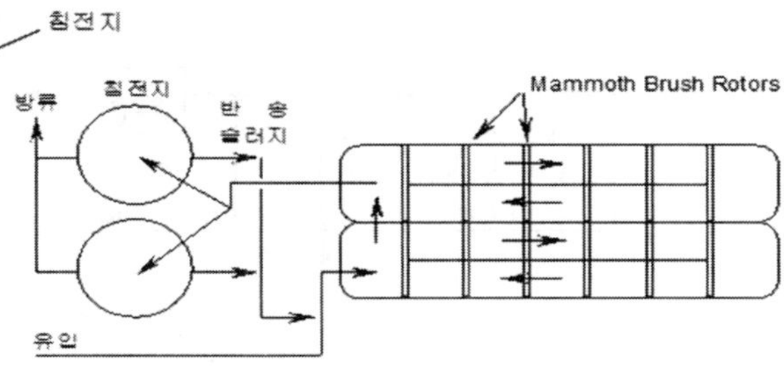

Vienna-Blumenthal Wastewater Treatment Plant

MLSS (mg/L)	HRT (Hr)	SRT (일)	F/M비	반송률 (Q)
3,000~6,000	24~36	15~50	0.03~0.005	0.75~1.5Q

- 산화구는 원형 또는 타원형의 수로로 구성되어 있으며 기계식 포기장치를 설비로 보유
- 걸러진(Screened) 하수가 산화구로 유입되어 포기되고 약 0.25 ~ 0.35m/sec의 속도로 순환
- 일반적으로 긴 체류시간 및 긴 고형물 체류시간(SRT)의 장기포기식으로 운전

④ 기타 질소 제거공법

- **A/O Process**

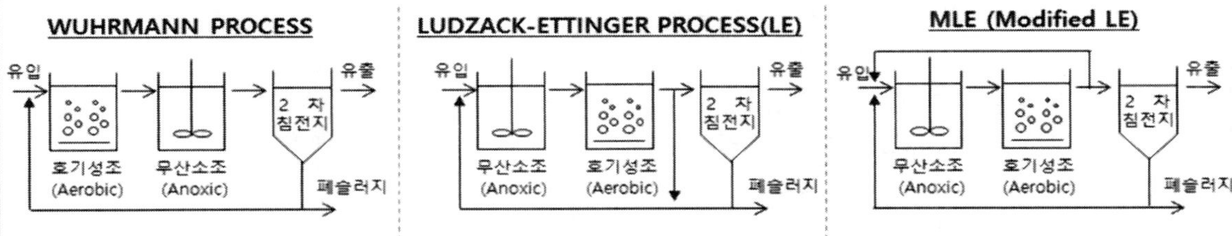

<그림 7-27> A/O 공정도

MLSS (mg/L)	HRT (Hr)		SRT (일)	F/M비	반송률 (Q)	
	무산소조	호기조			내부	외부
2,000~3,500	2~4	4~5	10~20	0.2~0.4	1~3Q	0.2~0.5Q

- 표준활성슬러지를 개량한 공법으로서 인 제거 효율은 표준활성슬러지법과 유사한 수준임.
- 인 제거효율이 낮으므로 단일공정으로서의 적용실적은 감소 단, Dual Sludge 법 또는 DeN&P 공법 등의 전 단계 처리로서 적용되는 사례 有

④ 기타 질소 제거공법(2)

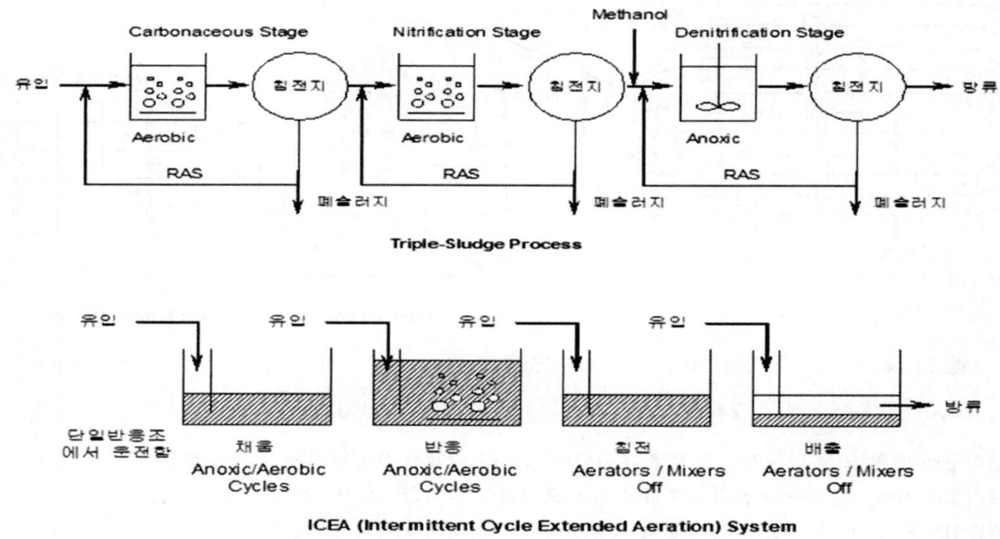

• 분리단계 슬러지 공정으로 질소 제거 : 질산화와 탈질조를 분리 처리하는 공정

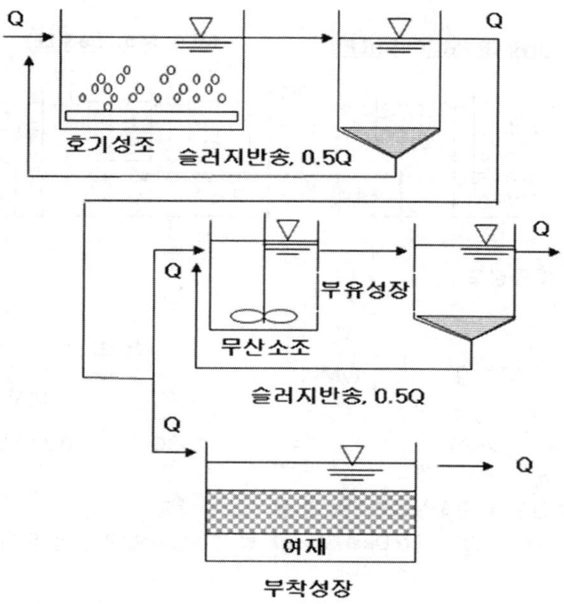

- 호기성조 : 유기물 산화, 질산화
- 무산소조 : 탈질, 부유성장 또는 부착성장

3) 인 제거 공법

① A/O 공정 ((Anaerobic-Oxic, main stream)

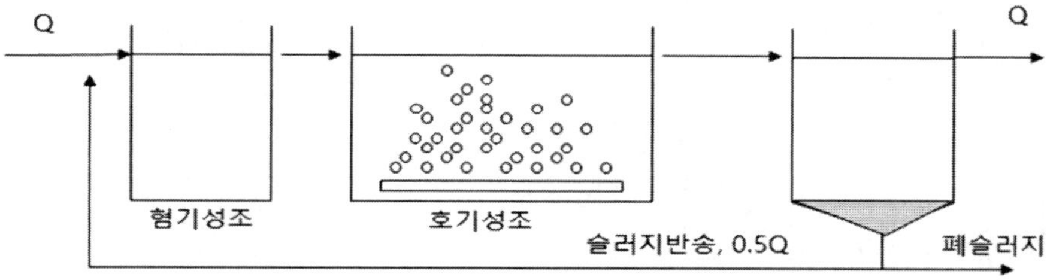

<그림 7-28> A/O 공정도

- 기존의 활성슬러지 공정과 유사
- 혐기성조 : 인 용출, 유입수에 함유된 기질의 분해(혐기성 발효, 아세트산)
- 호기성조 : 인 섭취,
- 인제거 타공정에 비해 고부하로 운전, 인제거율이 높음
- BOD : P = 10 : 1 이상 요구
- SRT : 2-6일

공정의 특징은 슬러지체류시간(sludge retention time; SRT)이 비교적 짧고 용적부하율을 고율로 운전하므로, 슬러지 생산량이 높음. 결과적으로 Modified Bardenpho 공정보다 인 제거율이 높고, 또한 어떤 main stream 인 제거 공정보다 단위 BOD당 인 제거율이 높음. 장점으로는 운전이 간단하고 인 제거 효율이 탁월하며, 체류시간이 비교적 짧음. 또한 인 제거효율을 높게 함으로서 완전한 질산화가 가능. 단점은 방류수의 여과장치가 필요하며, 높은 효율의 인, 질소의 동시 제거가 어렵고, 또한 BOD : P의 비율이 높아야 하며, 추운 기후에는 성능이 불안정함.

- **A/O Process**

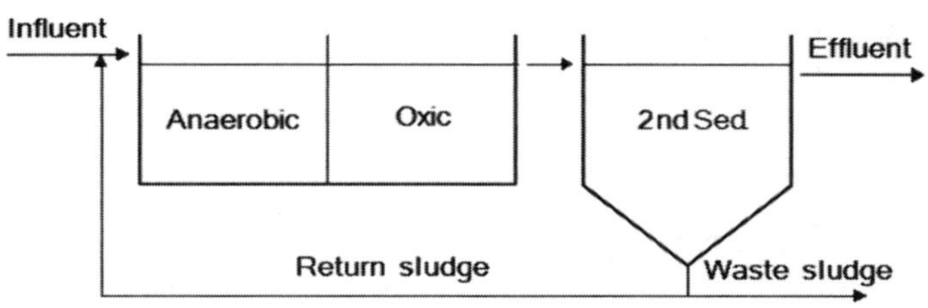

MLSS (mg/L)	HRT (Hr)		SRT (일)	F/M비	반송률 (Q)	
	무산소조	호기조			내부	외부
2,000~4,000	0.5~1.5	1.0~3.0	2~25	0.2~0.7	-	0.25~0.4

- 혐기성, 호기성 순서인, 2단으로 구성, 주로 탄소제거와 인 제거를 위해 개발
- 반송슬러지와 함께 혐기성 zone으로 반송되는 질산제거를 위한 설비가 없으므로 질산화가 일어나지 않을 때 효과적이며, 호기조에 필요한 체류시간을 주면 질산화를 위해 적용 가능
- 질산제거를 위한 무산소(anoxic) Zone이 없으므로 탈질 효율 저하

② Phostrip 공정 (side stream)

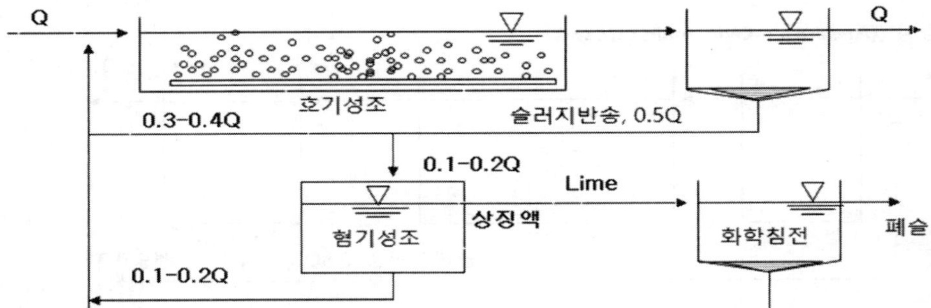

- 생물학적, 화학적 인 제거 공정
- 대표적인 Side-stream 인제거 공정
- 유입수의 BOD 부하에 영향을 받지 않음
- 기존 활성슬러지 공정과 유사-
- SRT : 8-12시간
- 인제거 효율이 매우 높음(유출수 인농도는 1mg T-P/L 이하)

측류공정의 대표적인 공법으로 1964년 Levin에 의해 개발된 공정으로 주로 인의 제거만을 목적으로 개발되었으며, 세포분해에 의해 생성되는 유기물을 탈인조에서의 인 방출시 요구되는 유기물로 사용함으로써 인의 제거가 유입수의 수질에 의하여 영향을 받지 않음. 그러나 폭기조의 운전을 완전 질산화 조건에서 운전하는 경우에는 폭기조에서 형성되는 질산성 질소에 의해 탈인조에서의 인방출이 악영향을 받기 때문에 Phostrip공정에서 인 뿐만 아니라 질소까지 제거하기 위해서는 2차 침전지 다음에 질산화조 및 탈질조를 추가로 설치해야 함. 장점은 기존 처리장에 적용이 용이하며, 운전성이 좋고 또한 유기물 농도와 인의 농도 비에 크게 영향을 받지 않으며, 유출수의 인을 1.5 mg/L 이하로 처리할 수 있음.
단점은 석회주입이 필요하며, 따라서 scale이 생길 가능성이 높으며, stripping용 별도 반응조가 필요하며, 질소의 농도가 많을 경우 처리효율이 떨어짐.

Phostrip (I , II) Process

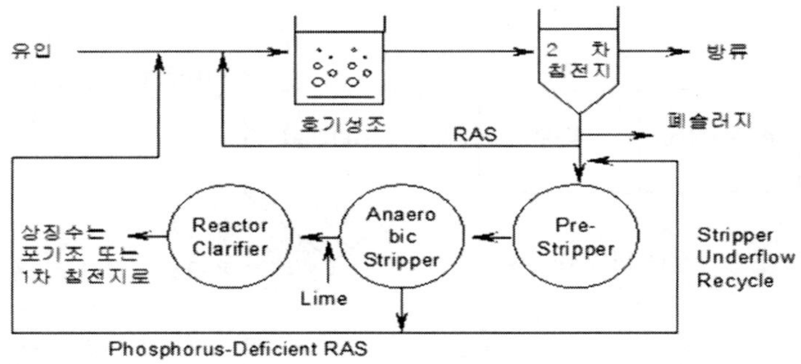

MLSS (mg/L)	HRT (Hr)		SRT (일)	F/M비	반송률 (Q)	
	탈인조	호기조			내부	외부
1,500~3,000	8~12	4~10	10~30	0.1~0.5	0.1~0.2Q	0.2~0.5Q

- 반송슬러지의 일부가 혐기성 인용출 탱크(탈인조, Stripper tank)로 유입된 후 혐기성 조건에서 용출된 인은 상등수로서 배출되고, 인이 제거된 활성슬러지는 포기조로 반송
- 인 농도가 높은 상징액은 석회(Lime)나 기타 응집제로 처리되어 일차 침전지로 이송

* PhoStripⅡ™ 공법은 질소제거를 위하여 PhoStrip™ 공법을 변형한 것으로 인 용출 탱크 앞에 Pre-Stripper를 설치하여 용출체류시간을 증가, Underflow의 용해성 BOD를 이용하여 유입슬러지 중의 질산성질소를 탈질

③ 기타 인 제거 Process

- 기타 인 제거 공정으로서 기존 활성슬러지 공정에 3차처리로서 약품처리 공정을 추가하여 인을 응집, 침전처리하는 방법이 있음

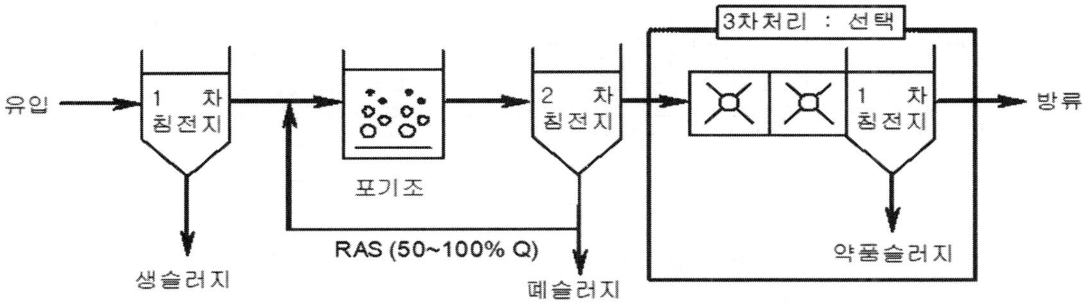

<그림 7-29> 인 제거 공정도(3차 응집 침전처리)

4) 질소 • 인 동시 제거 공정

① 5단계 Bardenpho

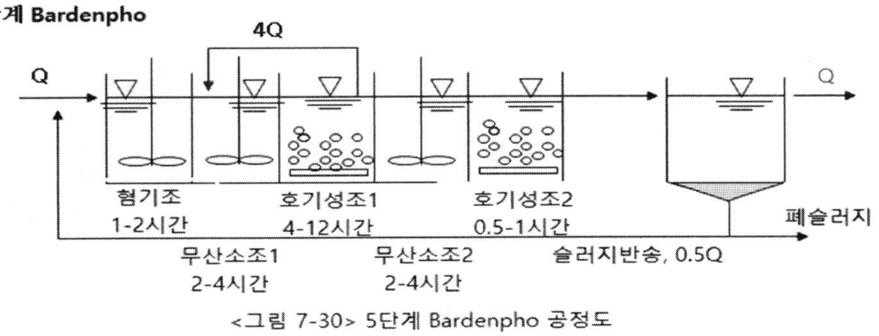

<그림 7-30> 5단계 Bardenpho 공정도

- 혐기조 : 인 용출, 혐기성 발효, 기질의 제거
- 무산소조1 : 탈질, 약 70% 질산염 제거
- 호기성조1 : 질산화, 인 섭취, BOD 제거, 암모니아 산화
- 무산소조2 : 추가 탈질
- 호기성조2 : 인 섭취(유출수의 인 유출 방지),
- 침전조에서의 혐기성 조건 형성 억제(유출수 인 농도 : 3mg/L 이하)

기존의 생물학적 질소제거 공정인 4단 Bardenpho공정 앞에 혐기성조를 추가시켜서 질소 및 인을 동시에 제거하는 공정으로 기존의 A^2/O공정에 추가로 무산소조와 폭기조를 설치함. 수정 Bardenpho공정에서도 A^2/O공정과 마찬가지로 질소는 폭기조의 질산성 질소를 탈질조로 반송시켜 제거하며, 인의 제거는 잉여 슬러지의 폐기에 의해 이루어짐. 혐기조에서의 인 방출과 탈질조에서의 질소제거에 소모되는 탄소원은 유입 하수내의 유기물을 이용하기 때문에 인 및 질소의 제거는 유입하수의 유기물 농도에 영향을 받음

▪ Modified Bardenpho Process

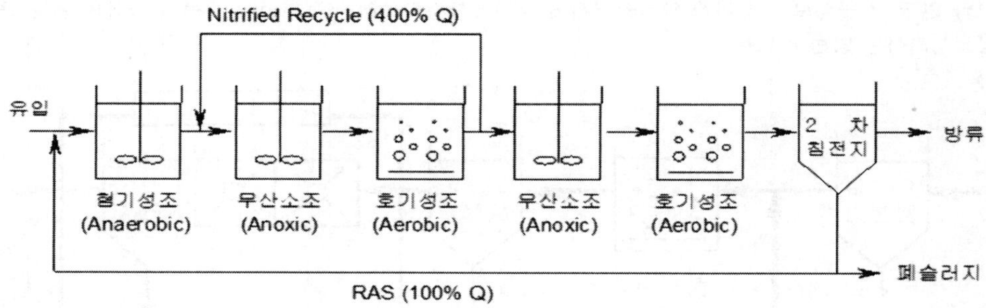

MLSS (mg/L)	HRT (Hr)			SRT (일)	F/M비	반송률 (Q)	
	혐기조	무산소조	호기조			내부	외부
2,000~4,000	1~2	2~4	4~12 (0.5~1.0)	10~40	0.1~0.2	4Q	1Q

- 혐기-무산소-호기-무산소-호기조로 구성되어 있으며, 전단의 혐기-무산소-호기는 질소, 인 및 유기물을 제거
- 2번째 무산소조에서는 내생탈질 과정을 통하여 미처리된 질산성 질소를 제거하며, 마지막 호기성 단계에서는 폐수 내 잔류 질소가스를 제거하고 부패 및 부상방지와 최종 침전지에서 인의 용출을 방지

② A^2O 공정

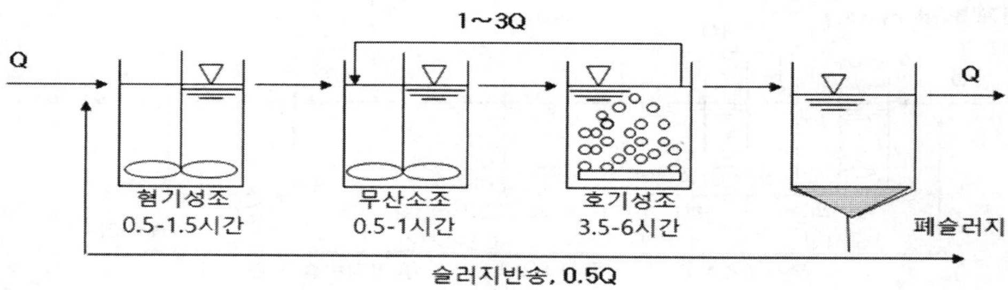

<그림 7-31> A^2/O 공정도

- 수정 A/O 공정
- 혐기성조 : 인 용출, 유기물 제거
- 무산소조 : 탈질(A/O 공정에 추가된 부분)
- 호기성조 : 질산화, 인 섭취, 유기물 제거
- 유출수 인 농도 : 2mg/L 이하

A^2/O공정은 미국의 Air Product사가 개발하였으며, 인의 제거만을 목적으로 하는 A/O공정을 개량하여 질소 제거까지 가능하도록 혐기조와 폭기조 사이에 탈질조를 설치함. 장점은 폐슬러지의 인 함량이 높고, A/O 공정에 비해 탈질산화율 우수하며, 또한 응집제 등을 첨가하여 인을 제거하는 것보다 약품비가 소비되지 않아 경제적이며, 슬러지 발생량을 줄일 수 있어 슬러지 처리비용을 감소시킬 수 있음. 단점은 최적 운전조건의 설정이 어렵고, 추운 기후에 처리효율이 떨어지는 경향이 있으며, 또한 안정한 인 제거가 곤란하고 A/O 공정에 비해 다소 공정이 복잡함.

▪ A²O Process

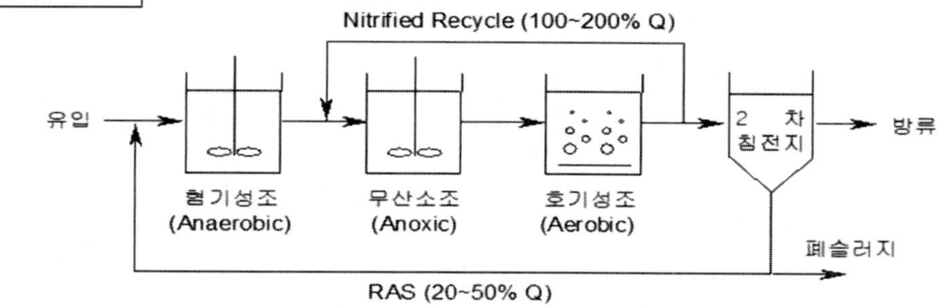

MLSS (mg/L)	HRT (Hr)			SRT (일)	F/M비	반송률 (Q)	
	혐기조	무산소조	호기조			내부	외부
3,000~5,000	0.5~1.5	0.5~1.0	2.5~6.0	4~27	0.15~0.25	1~3Q	0.2~0.5Q

- A/O 공법을 개량하여 질소 및 인을 제거하기 위한 공법으로 반응조는 혐기성조, 무산소조, 호기성조로 구성
- 혐기성조에서는 혐기성조건에서 인을 방출시켜 호기성조에서 미생물이 과잉 섭취할 수 있도록 하며, 무산소조는 호기성조의 내부반송수의 Nitrate를 탈질시키는 역할을 함.

③ UCT(University of Cape Town)

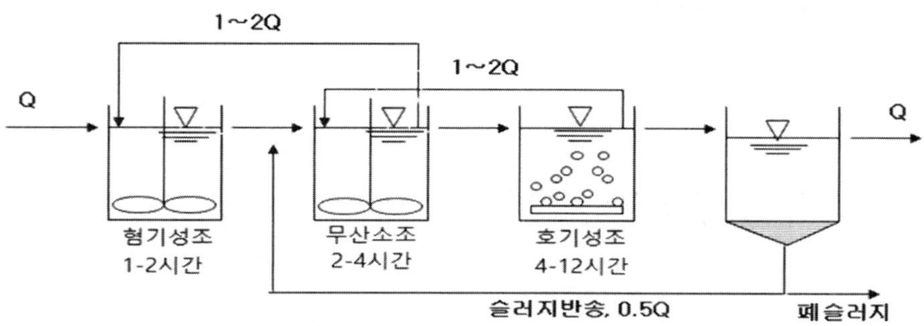

<그림 7-32> UCT(University of Cape Town) 공정도

- 혐기성조 : 인의 용출, 유기물 제거
- 무산소조 : 탈질, 질산염의 혐기성조로 직접 투입 배제
- 호기성조 : 질산화, 유기물 제거
- 활성슬러지를에서 무산소조로 직접 반송 → 혐기성조의 질산염 유입을 제거함으로서 인 용출 증대
- 단 점 : 내부반송에 의한 질산염 부하와 반송슬러지에 함유된 질산염 부하가 동시에 유입되어 무산소조에서 질산염 과부하 발생

A²/O공정 및 수정 Bardenpho공정들의 문제점을 해결하기 위해 Cape Town 대학의 Ekama 등이 1984년에 만들어 낸 공정으로, 슬러지를 혐기조로 반송시키지 않고 탈질조로 반송시키며, 질산성 질소가 제거된 무산소조의 혼합액을 혐기조로 반송시켜 혐기조에서의 질산성 질소에 의한 영향을 최소화시킴으로써 유입수의 COD/TKN비가 7.14mgCOD/mgN에서도 처리수의 인 농도를 1mg/L이하로 유지할 수 있다고 함

④ **VIP(Virginia Initiative Plant)**

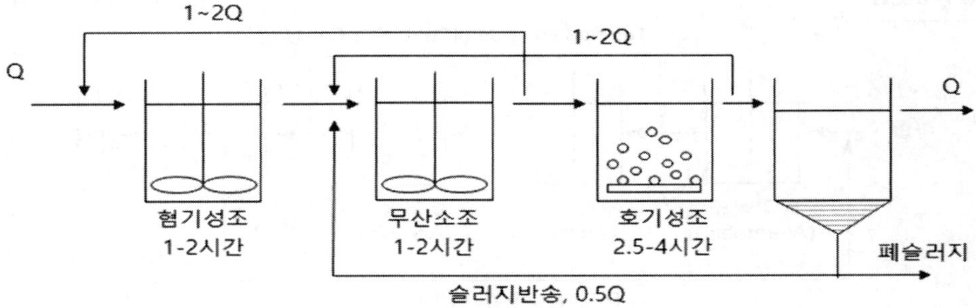

<그림 7-33> VIP(Virginia Initiative Plant 공정도

- UCT 공정과 유사
- 고율로 운전, 인제거율이 높음
- 호기성조에서 무산소조로 반송 : 탈질
- 무산소조에서 혐기성조로 반송 : 질산염에 의한 인용출 억제를 배제
- SRT ; 5-10일(UCT공법:13-25일)

1988년 Daigger가 만든 공정으로 기본공정은 UCT와 비슷하나 차이점은 UCT가 한 개의 완전혼합조로 구성된 반면 완전혼합조를 직렬조합하여 인의 과잉축적 능력을 증가시킴. 또한 UCT의 슬러지체류시간이 13~25일인 반면 VIP공정은 슬러지 체류시간이 5~10일이므로 슬러지 생성율이 높아 인 제거에 유리
VIP 공정의 최대의 장점은 인 제거효율이 높고 계절의 영향을 적게 받는다는 것이며, 또한 반응조의 크기가 작으므로 부지면적을 적게 차지하고, Anoxic조로의 질산염반송이 산소요구량 및 알카리도 소모량을 줄여주며, 호기성조의 질산염 부하를 줄여줄 수 있음. 단점은 내부순환펌프가 필요하므로 에너지비용이 증가하고, 또한 저온시 질소제거능이 떨어짐.

- **VIP (Virginia Initiative Process) Process**

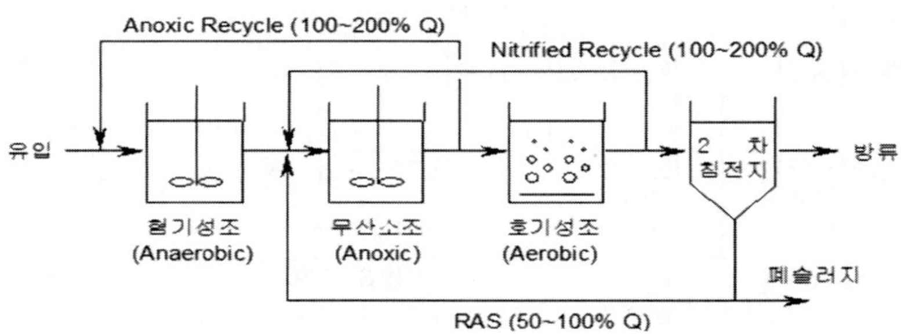

MLSS (mg/L)	HRT (Hr)			SRT (일)	F/M비	반송률 (Q)	
	혐기조	무산소조	호기조			내부	외부
1,500~3,000	1~2	1~2	2.5~4	5~10	0.2~0.5	1~2Q	0.5~1Q

- 표준활성슬러지 공법을 변형한 공법으로 혐기성조, 무산소조, 호기성조로 구성
- 슬러지를 혐기조가 아닌 무산소조로 반송하여 산소영향 제거

⑤ **MUCT(Modified University of Cape Town)**

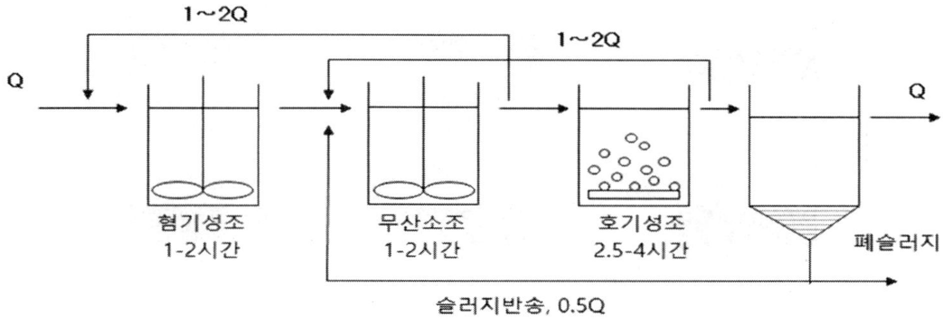

<그림 7-34> MUCT(Modified University of Cape Town) 공정도

- 기존 UCT 공정에서 무산소조의 과도한 질산염 부하를 수정한 공법
- 무산소조1 : 반송슬러지내의 질산염을 탈질시켜 혐기성조로의 질산염 부하 제거
- 무산소조2 : 포기조에서 내부반송되는 질산염을 탈질
- 호기성조 : 질산화, 유기물 제거

- **MUCT (Modified University of Camp Town) Process**

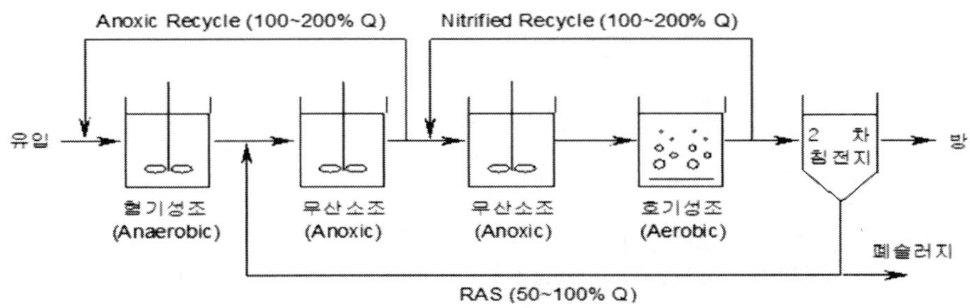

MLSS (mg/L)	HRT (Hr)			SRT (일)	F/M비	반송률 (Q)	
	혐기조	무산소조	호기조			내부	외부
1,500~3,000	1~2	2~4 (2~4)	4~12	10~30	0.1~0.2	1~2Q	0.5~1Q

- Bardenpho 공정을 단순화한 공법으로 VIP 공법과 유사하나 무산소조가 2조로 구성
- 제 1 무산소조는 반송슬러지 중의 Nitrate를 제거하여 질산성 질소에 의한 혐기성지역의 인방출 방해작용을 최소화,
- 제 2 무산소조는 호기성조의 내부반송수의 Nitrate를 탈질시키는 역할을 함.

⑥ **SBR(Sequencing Batch Reactor)**

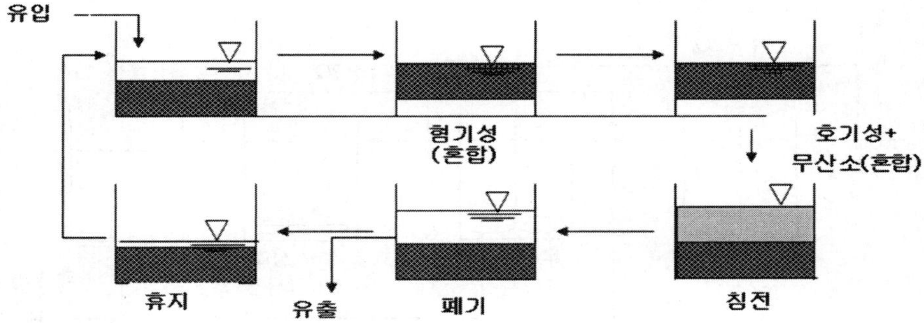

<그림 7-35> SBR(Sequencing Batch Reactor) 공정도

- 단일 반응조에서 모든 공정을 수행
- 혐기성(혼합) : 유기물 제거, 인 용출
- 호기성 : 인제거, 유기물 제거
- 무산소(혼합) : 탈질, 외부 탄소원이나 내생호흡에 의한 탄소원 이용
- 전체 운전 시간 : 3-24시간(주요 처리 대상 물질에 따라 다름)

SBR은 유입수를 한 개의 반응조에서 혐기, 호기, 무산소, 침전 등의 운전을 교대로 실시하여 영양염류를 처리하는 공정임. 장점은 탈질산화·탈인이 한 반응조에서 이루어지므로 소요면적이 적고 구조 및 운전이 간단하며 조작의 유연성이 있으며, 또한 첨두유량, 충격부하에 적응성도 좋음. 단점은 자동화 시스템의 도입이 필수적이며, 작은 폐수량에 적합하며, 또한 처리수질은 고액분리조에 많은 영향을 받음.

- **SBR (Sequence Batch Reactor) Process**

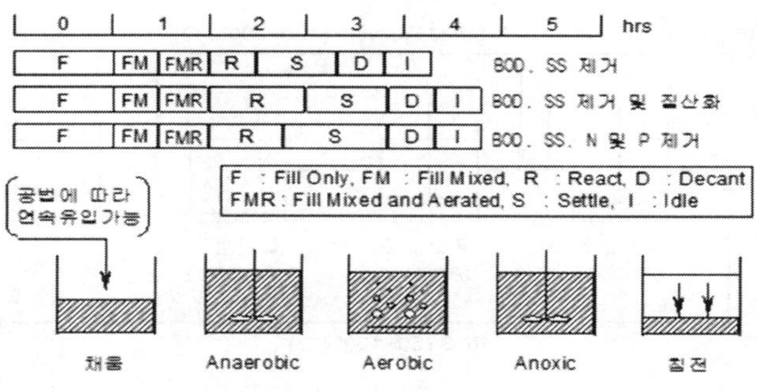

MLSS (mg/L)	HRT (Hr)		SRT (일)	F/M비	반송률 (Q)	
	혐기	호기조			내부	외부
2,000~3,000	1.8~3.0	1~4	5~10	0.2~0.5	-	-

- 단일 반응조에서 폐수 및 처리수의 유출이 일어나는 공정으로 시간의 배열에 따라 각 단위공정이 연속
- 유입(Fill)공정 → 반응(React)공정 → 침전(Settle)공정 → 배출(Draw)공정 → 휴지(Idle)공정의 순으로 반응

- **SBR (Sequence Batch Reactor) Process 종류**

OMNIFLO Process

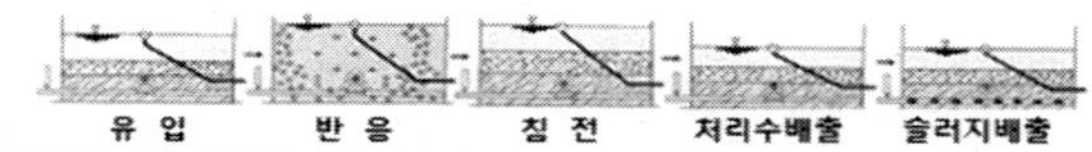

KIDEA Process

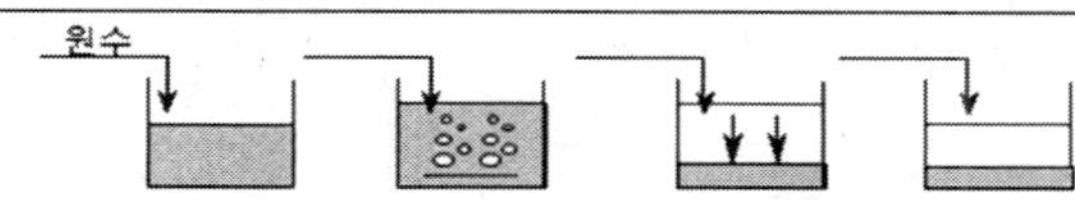

ICEAS Process

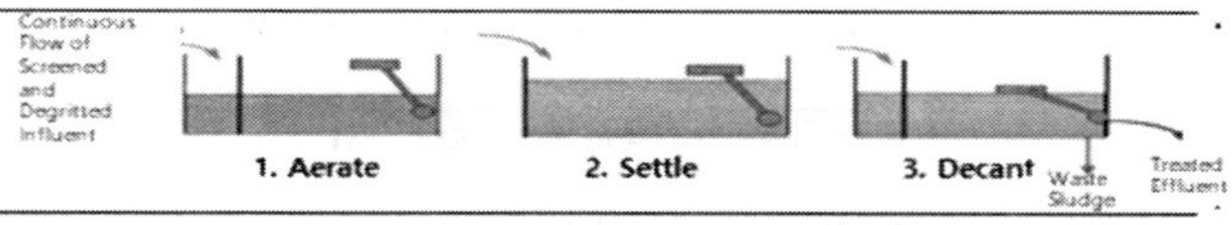

선회와류식 SBR

FLUIDYNE Process

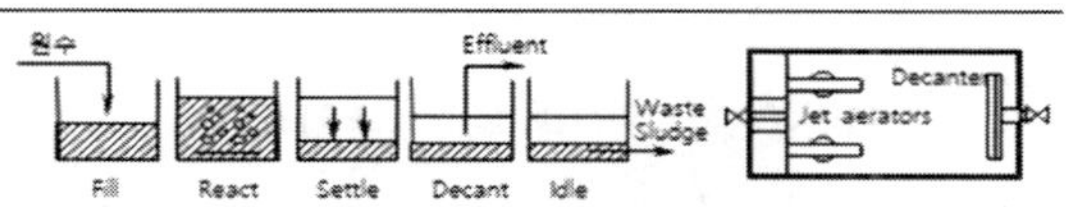

Aqua SBR

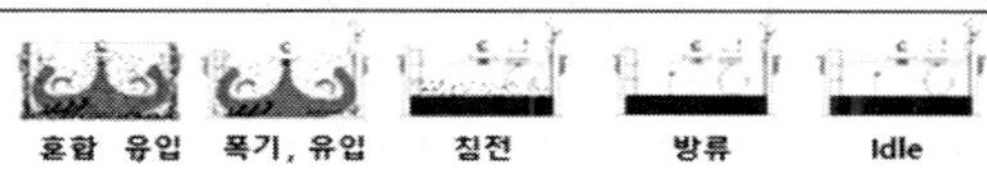

⑦ DNR (Daewoo Nutrient Removal) Process -대우건설

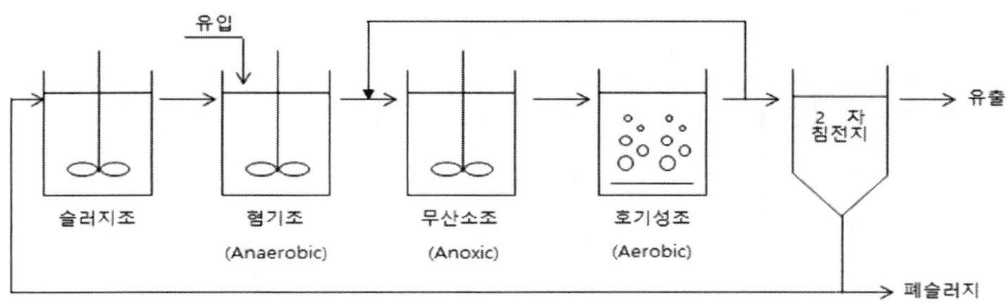

<그림 7-36> DNR (Daewoo Nutrient Removal) 공정도

MLSS (mg/L)	HRT (Hr)			SRT (일)	F/M비	반송률 (Q)	
	혐기조	무산소조	호기조			내부	외부
2,500~5,000	0.5~1.5	0.5~2.0	3.0~5.0	8~10	0.1~0.3	1~2Q	0.3~0.5Q

- A2/O 공법을 개량하여 질소 및 인을 제거하기 위한 공법으로 반응조는 A2/O 공법과 동일
- 슬러지 탈질조에서 질산성질소 제거로 인 제거 효율 향상

⑧ CNR (Cilium Nutrient Removal) Process - 에이치투엘

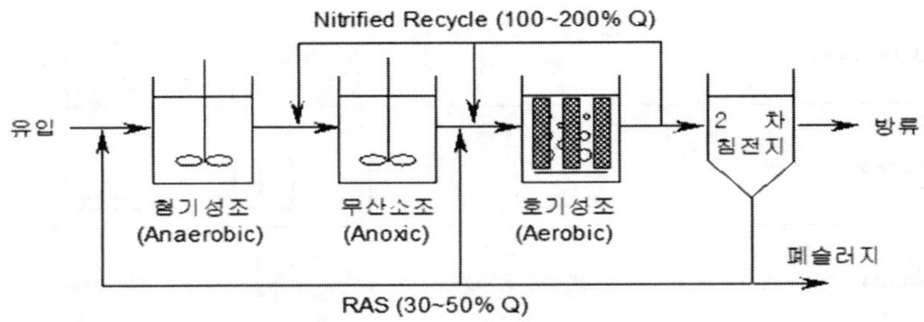

<그림 7-37> CNR (Cilium Nutrient Removal) 공정도

MLSS (mg/L)	HRT (Hr)			SRT (일)	F/M비	반송률 (Q)	
	혐기조	무산소조	호기조			내부	외부
2,500~5,000	**0.5~1.5**	**0.5~2.0**	**3.0~5.0**	**8~10**	**0.1~0.3**	**1~2Q**	**0.3~0.5Q**

- A2/O 공법을 개량하여 질소 및 인을 제거하기 위한 공법으로 반응조는 A2/O 공법과 동일
-호기조에 섬모상 여재를 설치하여 미생물을 안정시키고 이로 인해 인의 섭취와 질산화를 촉진함

⑨ B3(Bio Best Bacillus) Process

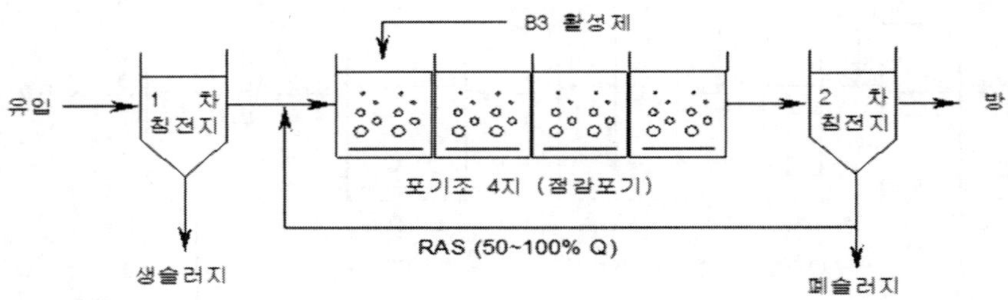

<그림 7-38> B3(Bio Best Bacillus) 공정도

MLSS (mg/L)	HRT (Hr)	SRT (일)	F/M비	반송률 (Q)	
				내부	외부
2,500~5,000	4~9 (점감식)	5~15	0.05~0.45	1~3Q	0.5~1Q

- 표준활성슬러지 공법을 변형한 공법으로 하수의 질소. 인 제거를 목적으로 개발
- 선택 배양된 바실러스(Bacillus) 균이 반응조로 주입되며 각각의 반응조의 DO를 점감포기로 조절하여 바실러스균을 포자화시켜 포자의 침강성을 향상, 미생물 상태를 파악하여 처리조건을 최적화함.

⑩ **MBR (Membrane Bio Reactor)**

BioReactor
degradation of pollution by biological activity

+

Membrane unit
physical barrier for separation

} **Membrane Bio-Reactor**

- **부유고형물을 100% 제거**
  - 슬러지의 침강성에 관계없이 안정성
- **활성슬러지법에 비해 미생물농도 3 ~ 4배 향상**
  - 폭기조의 용량이 감소효과
- **침전조가 필요없고, 농축조 부피 감소**
  - 공정의 compact화 가능
- **질산화 매우 유리, 잉여슬러지 발생량이 적음**
- **소독 및 여과공정 불필요**

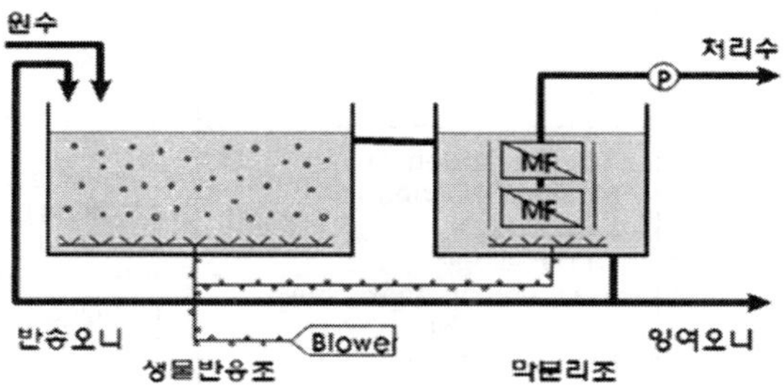

<표 7-18> 기 개발된 질소, 인 제거 공정 및 특징

공정명	년도	개발자	유출수 T-N 농도 (mg/L)	유입수 TBOD5 /T-P 비율에 대한 민감도	제거 항목		
					질소	인	질소. 인
Wuhrman	1957	Whurman			○		
MLE	1962	Ludzack &Ettinger			○		
Oxidation ditch	-				○		
Bardenpho	1965	Barnard South Africa			○		
5-stage Bardenpho	1978	Osborn &Nicholis Eimco 社					○
Phostrip	1965	Levin and Shapiro	비교적 높음	낮다		○	
A/O	1981	Hong et al.	비교적 높음	보통		○	
A^2/O	-		6~12	높다			○
UCT	1984	Ekama et al. University of Capetown	6~12	낮다			○
SBR	1985	Irvine et al.				○	○
VIP	1988	Daigger	6~12	낮다			○
Bio-denipho	1988	Kruger 社 Technical University of Denmark	3	높다			○
간헐폭기공정	1995	이상일		높다			○

• 생물학적 질소, 인 제거 기술 및 처리 효율

Approximate percentage removal(typical concentration, mg/L)	질소 제거	질소, 인 동시 제거	인 제거	
0%(40)				0%(10)
	Conventional activated sludge (10 - 30 %)	**Conventional activated sludge**	**Conventional activated sludge (10 - 25 %)**	
30%(28)				30%(7)
	- MLE - A2/O - Phostrip - Oxidation ditch - Biodenitro - Simpre - UCT & VIP	- Modified Bardenpho - A2/O +with denite filters - Biodenipho - UCT - Phostrip	- A/O - Phostrip - SBRs - OWASA	
80%(8)				80%(2)
	- 4-stage bardenpho - Modified Wuhrman - Dual sludge - Three sludge - Postaeration anoxic tank with methanol - Phase isolation ditch	- Dual sludge with chemical - Modified bardenpho with chemical - A2/O with denite filters and chemicals - Three sludge with chemicals	- Phostrip - Chemical precipitation plus filters	
95%(2)				98%(0.2)

국내 공법기술 개발현황

구 분		공법수	공 법 명
환경 기술 검증	AO계열	1개	액상부식법
	A_2O계열	12개	TEC-BNR공법, STAR공법, HDF공법, PADDO공법, HIBNR공법, DAS-Pro공법, SENS공법, KHBNR공법, KNR시스템, BCS-Ⅱ, KSBNR®공법, PhICD공법
	Media계열	5개	CNR공법, NPR공법, Bio-SAC공법, BSTS-Ⅱ공법, MS-BNR공법
	SBR계열	5개	KIDEA공법, 선회와류식SBR공법, PSBR공법, TSBR공법, JASSFR공법
	미생물계열	2개	B3공법, HBR-Ⅱ공법
	막여과계열	7개	입상황 막여과공법, HANT공법, EPP생물막여과공법, BCF공법, MEMSYS공법, MBR공법, K-MBR공법
	기타	3개	ACS공법, DBS공법, SNR공법
환경 신기술 지정	A_2O계열	5개	SMMIAR공법, AOSB공법, e-BNR공법, SAMCO공법, Semi-Batch공법
	Media계열	2개	DeNiPho공법, CN-Biocontact공법
	SBR계열	1개	KM-SBR공법
	막여과계열	1개	K-MBR공법
	기타	4개	BCF공법, BBF-DNS공법, UNR공법, FNR공법
건교부 신기술 지정	A_2O계열	3개	Bio-NET공법, ASA공법, DNR공법
	Media계열	2개	SWPP공법, SM공법
	미생물계열	1개	S-BC공법
	기타	2개	NAP공법, PL-Ⅱ공법

잔류 SS 및 잔류 유기물 제거 공정 선정

- 수처리공정에서 SS나 용존유기물의 제거는 상당히 어렵기 때문에 처리하고자 하는 유입수의 수질을 파악하여 적절한 공법을 선정하여야 하며 최근에는 막을 이용한 공법이 상수나 하수처리에 이용이 되고있어 적용성이 기대가 됨
- 그동안 용존 유기물의 제거에는 활성탄이 많이 이용되어 왔으나 경제적인 측면에서도 막분리 공법이 유리하다고 볼 수 있음

<표 7-19> 잔류 SS 및 잔류 용존유기물 제거 방법

구 분	공 법	비 고
잔류 SS 제거	급속여과법	
	막분리법(MF. UF)	
잔류 용존유기물 제거	막분리법(NF, RO)	
	활성탄흡착법	
	오존산화법	
잔류 SS 및 용존성 인 제거	응집침전법	

7.4.7 MBR(Membrane Bio Reactor) 공법

1) 공법 개요

- 활성슬러지 공정과 분리막(Membrane) 기술의 장점을 결합하여, 기존 활성슬러지 공정의 단점을 해결하고자 중력침전에 의한 고액분리를 막분리로 치환하는 연구가 진행되어 왔는데 일반적인 생물반응조와 막분리 공정을 결합시킨 것을 총칭하여 분리막 생물반응기(MBR, Membrane Bio Reactor)이라 함.

- 분리막의 세공크기(수mm~수십μm)와 막표면 전하에 따라 원수 및 하·폐수 중에 존재하는 처리대상물질(유기, 무기 오염물질 및 미생물등)을 거의 완벽하게 분리, 제거 할 수 있는 고도의 분리공정이다. 특히 국내에서는 방류수 수질기준의 강화에 따라 하수고도처리 공정인 BNR(Biological Nutrient Removal) 공정과 MBR 공정을 결합하는 연구가 활발히 진행

- 부유고형물을 100% 제거할 수 있어 슬러지 침강성에 관계없이 안정적인 처리가 가능
- 활성슬러지법에 비해 미생물 농도를 3~4배 높게 유지하는 것이 가능하여 호기조 용량이 감소하고 유기물 분해가 효과적

- 침전조가 필요없고 농축조 부피 또한 감소되므로 공정의 Compact가 가능
- 슬러지체류시간(SRT)의 극대화가 가능하여 질산화를 유도할 수 있으며, 잉여슬러지 발생량이 적음
- 막 단독으로 제거할 수 없는 저분자 용존 유기물질을 미생물이 분해 또는 균체성분으로 전환시켜 처리수질이 향상
- 세균이나 바이러스의 제거가 가능

2) 공법의 특징

- 경제성 : 초기시설비용, 운전관리비용이 기존 생물학적 처리방법에 비해 경제적
  중수도를 얻을 수 있어 경제적

- 부지면적 감소 : 막을 사용한 고부하 운전 및 고도처리시설의 불필요(설치공간 1/2이하)

- 안정적 수처리
  - 막에 의한 물리적 여과 System으로 탁도물질과 세균류도 배제가 가능
  - 처리수가 매우 안정적(BOD 및 SS를 5mg/L이하로 처리가능)
  - 중수도 재이용에 적용시 수질 보증

- 유지관리 용이
  - 미생물 상태 및 고액분리의 관리가 거의 불필요
  - 자동화시스템에 의한 제어로 유지관리 인원이 거의 불필요

- 잉여슬러지 발생량 감소
  - 높은 MLSS농도(5,000~15,000mg/L)로 단위용적당 처리량이 증가
  - 슬러지 체류시간이 길어져 슬러지 자기소화량이 많기 때문에 잉여슬러지가 감소
  - 기존 처리장에서 수질 향상 및 슬러지량 증가에 대한 개선시 적용 가능

3) 하폐수처리분야 적용

- MBR은 분리막에 의한 완벽한 고·액 분리가 가능하며, 반응조내에 높은 MLSS농도 (5,000~15,000mg/L)를 유지 가능. 높은 미생물 농도는 질산화의 효율을 증가시키고 슬러지 체류시간(SRT)이 증가하며 이로 인해 슬러지 자산화가 증가하여 슬러지 발생량이 줄어드는 효과를 가져옴

- MBR의 장점중에서 무엇보다도 중요한 사항은 안정적인 운전이 가능한데, 2차침전지에서 발생되는 슬러지 팽화(Sludge Bulking), Foaming, pin-point floc 현상 등을 전혀 우려할 필요가 없음. MBR에서는 분리막으로 팽화된 슬러지를 모두 분리하기 때문에 안정적인 폐수처리가 가능.

- 단점으로 과다한 초기투자설비 둘째 에너지 비용 그리고 마지막으로 막오염(Membrane Fouling)현상이 있으나,. 현재 분리막의 제조기술로의 발달로 분리막의 가격이 많이 하락되었으며, 에너지 비용측면에서는 낮은 압력(약 < 0.3 bar)으로 운전이 가능하기 때문에 펌프에 소요되는 에너지 비용을 상당 부분 절약 할 수 있음

- 막오염 현상은 피할 수가 없으며 이를 해결하기 위해 현재 많은 연구가 이루어지고 있다. 막오염 현상을 줄이기 위해 역세척과 화학약품을 통한 막의 세척 등 해결 할 수 있는데 화학세척은 2차오염 물질을 발생하고 취급 및 운전이 용이하지 않은 단점이 있음.

4) MBR(Membrane Bio Reactor) 시스템의 개념

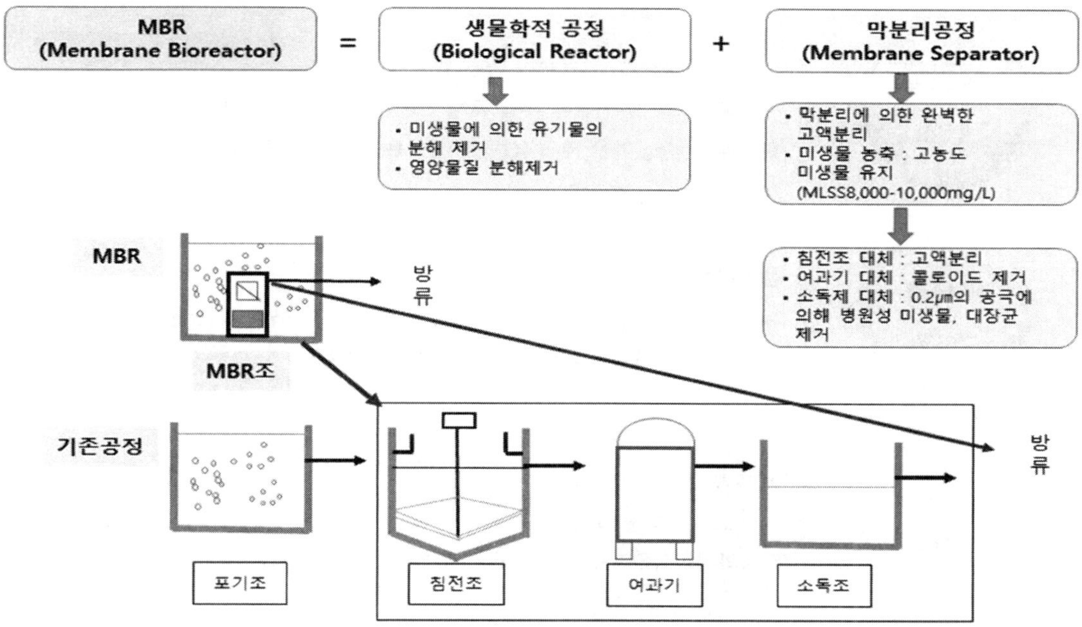

5) MBR 시스템의 제한요소

고농도 MLSS

- 처리시간 (HRT) 감소
- 슬러지 발생량 저감과 이에 따른 인 제거율 저하 및 질산화/탈질에 유리
- Shock road, 원수 변동에 대처 유리

유지관리

- 침전에 관한 trouble shooting 원천적 억제
- 컴팩트화 및 자동운전에 용이
- MBR 설계의 단조로움에 따른 Package 제작 및 설치 가능

해결과제

- 막오염 문제 : 제어기술의 지속적 발전으로 완화 (분리막 재질 발전 및 유지세정)
- 인제거 문제 : 슬러지 발생 및 성상과의 상관관계 해석
- 소규모 다수 시설 운영시 슬러지 처리 문제

6) MBR 공정계획의 기본방향 수립

처리수질 확실성

- SS에 대한 확실한 고액분리 성능 확보
- 유기물, 질소, 인의 방류 수질 규제강화를 고려한 처리수질 만족
- 일반세균 4log 이상 제거 (선택적 재이용에 따른 기준 만족)

처리수량 안정성

- 불가피한 계열정지시 처리수량 확보 가능한 공정
- 유입유량 및 수질변동과 저수온시에도 안정적인 운영이 가능한 공정
- 물리/화학적 세정에 의한 막오염의 효율적인 제어

공정 경제성

- 초기 투자비용이 저렴한 공정
- 동력소요가 적은 공정
- 공정의 자동화율이 높고 O&M point가 적어 인력 저감과 대처능력이 우수한 공정

7) MBR 운전인자와 막 여과저항을 고려한 설계시 고려사항(1)

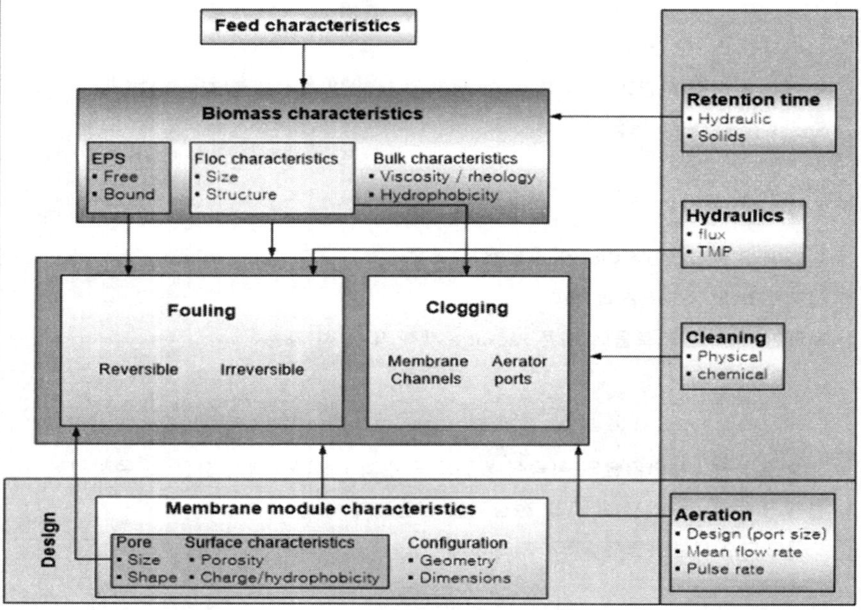

- 여유율
- 전처리
- 충진밀도
- MBR 공정 및 분리막 제조사의 실적
- 세정 조건
- 분리막 보증
- 에너지 소비
- 설계 플럭스
- 플랜트 자동제어
- 분리막 내구성 및 플랜트 안정성
- 생물학적 조건
- 설계, 운전, 유지관리의 용이성

MBR 운전인자와 막 여과저항을 고려한 설계시 고려사항(2)

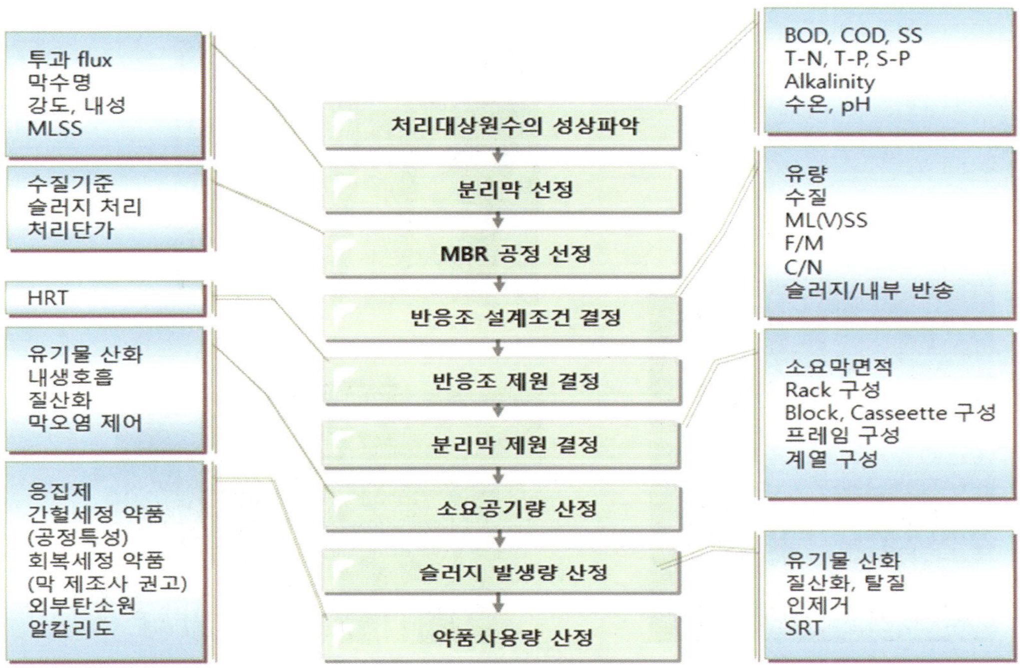

8) 폭기조와 분리막 공정의 분리

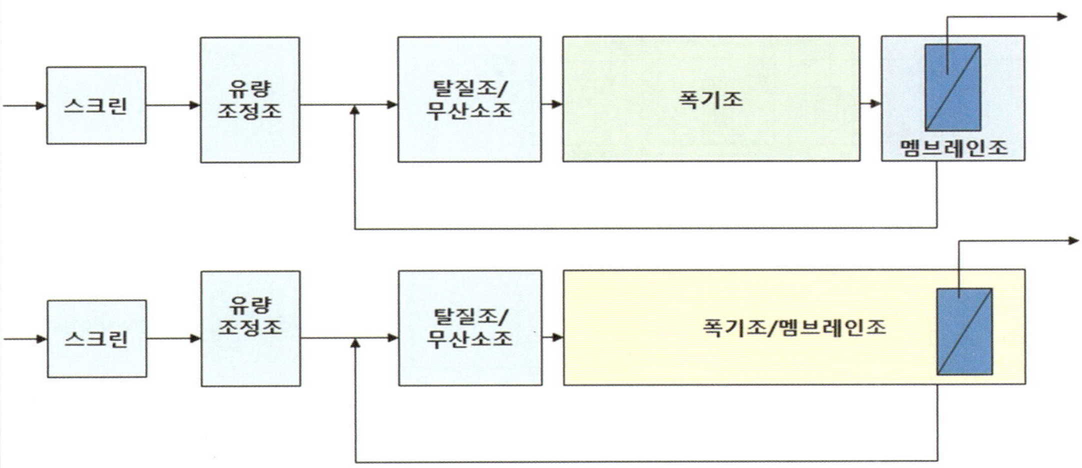

- DO유지를 위한 폭기와 막오염제어을 위한 폭기의 차이
- 효율적인 운전을 위한 DO 조절 및 멤브레인 컨트롤의 편의성
- 상대적으로 높은 멤브레인조 MLSS 농도에 의한 무산소조 MLSS 농도유지 가능

9) 전처리의 중요성

- 안정적인 플럭스 유지
- 분리막 수명 연장
- 세정주기연장
- 유지관리 장비 감소
- 전체설비 보호

- **MBR(Membrane Bio Reactor) 공법(예1)**

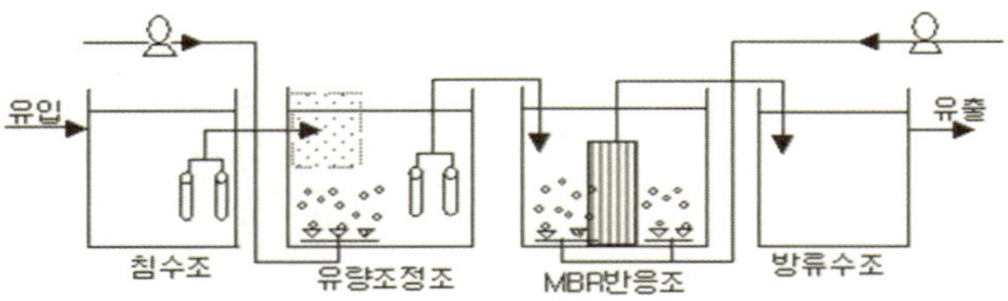

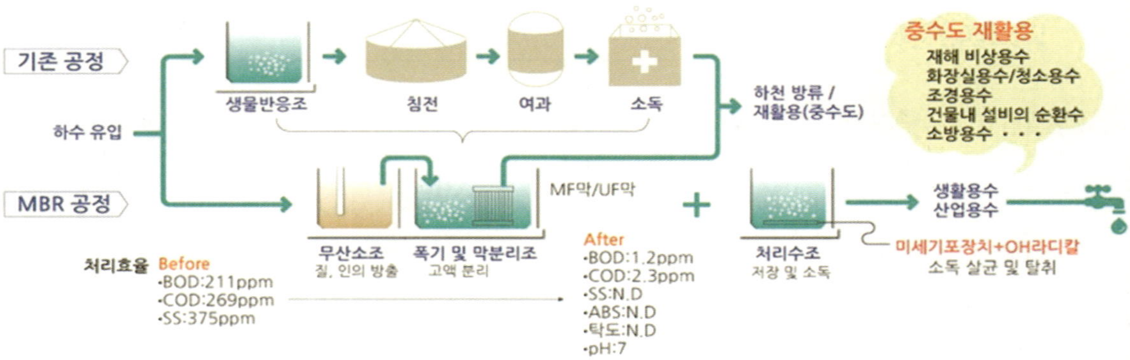

<그림 7-39> MBR(Membrane Bio Reactor) 공정도(예)

- MBR 공법 사례2 (신기술, K-water, 2016년)

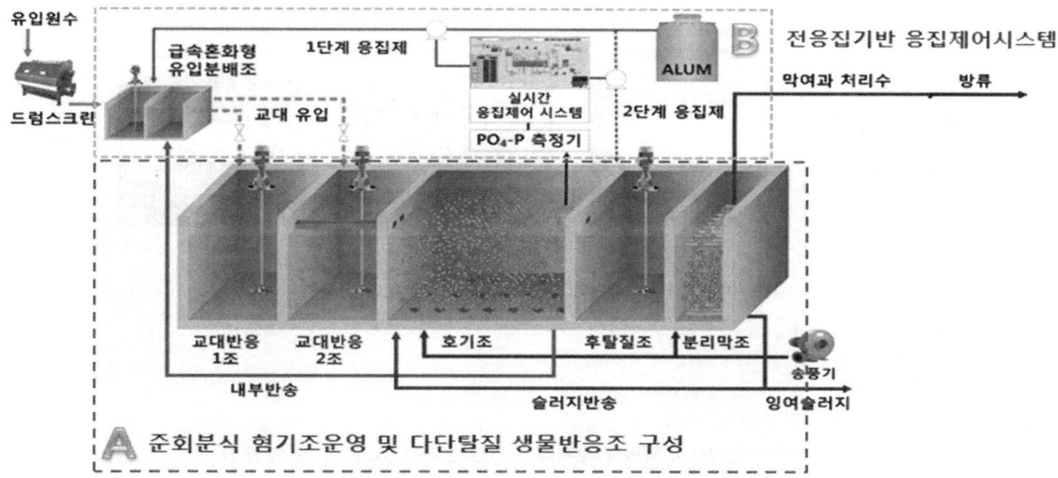

✓준회분식 혐기조 운전 다단탈질구성을 통해 생물학적질소, 인 제거를 극대화한 MBR공정

✓실시간 전응집기반 응집제어시스템(유입수대상 1단계 응집제+생물공정내 2단계 응집제)을 통해 응집제 주입량을 최소화한 기술

자료 : K-water 신기술, 2016

- 신기술의 원리(K-water)

준회분식 혐기조 운영 및 이단탈질 생물반응조 구성을 통한 생물학적 질소인 제거 극대화

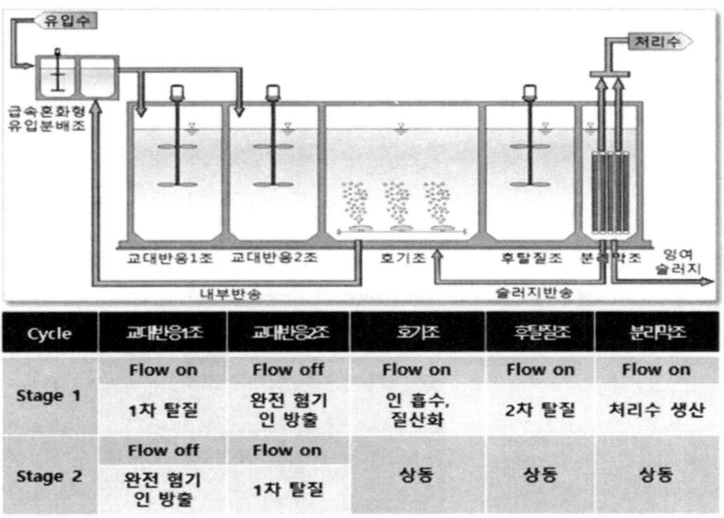

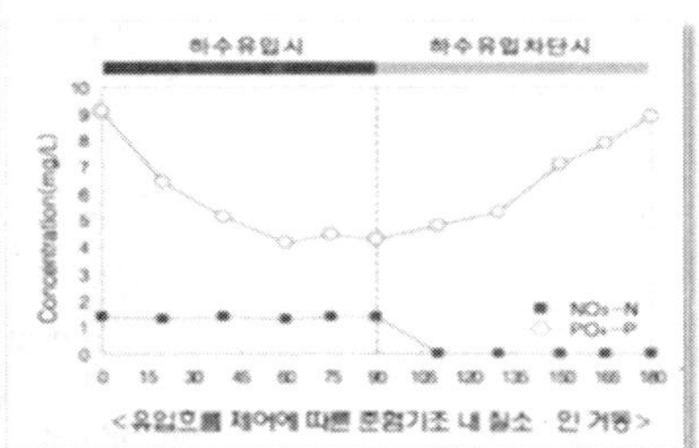

Cycle	교대반응1조	교대반응2조	호기조	후탈질조	분리막조
Stage 1	Flow on	Flow off	Flow on	Flow on	Flow on
	1차 탈질	완전 혐기 인 방출	인 흡수, 질산화	2차 탈질	처리수 생산
Stage 2	Flow off	Flow on	상동	상동	상동
	완전 혐기 인 방출	1차 탈질			

- ➤ 유로변경에 의해 교대반응조는 무산소조와 혐기조 역할 교대수행
- ➤ 유입이 중단되는 교대반응조는 NO_3-N이 없는 완전혐기 조건형성 → 인 방출 극대화
- ➤ 교대반응조내 1단 탈질과 후탈질조에서의 2단 탈질 → 질소제거 효율 극대화

10) 분리막을 이용한 하수 재이용

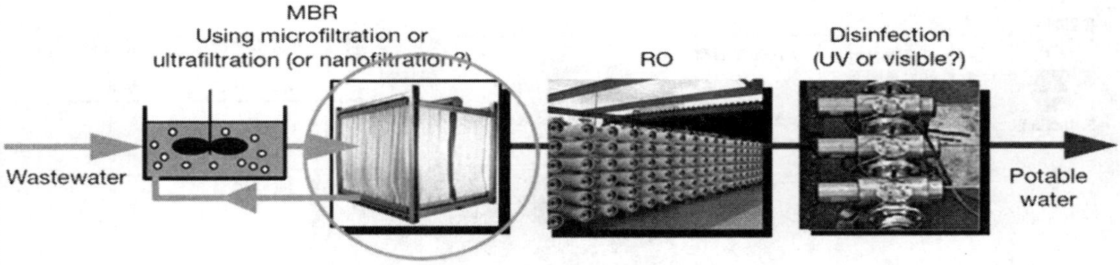

<그림 7-40> 분리막을 이용한 하수 재이용 처리 공정도

하수 재이용 막 공정의 문제점

- MBR : 활성슬러지와 처리수와의 분리
- 하수처리 분리막 공정 : 막오염 물지(1차 생물학적 처리를 거친 난분해성)과 처리수의 분리
- MBR과 같은 미생물의 dynamic film에 의한 여과가 없이 막오염 물질이 직접 영향을 줌
- 하수처리수의 경우 정수/하수 원수와 달리 주로 SMP와 EPS가 주된 물질

하수 재이용 막 공정 설계시 고려사항(1)

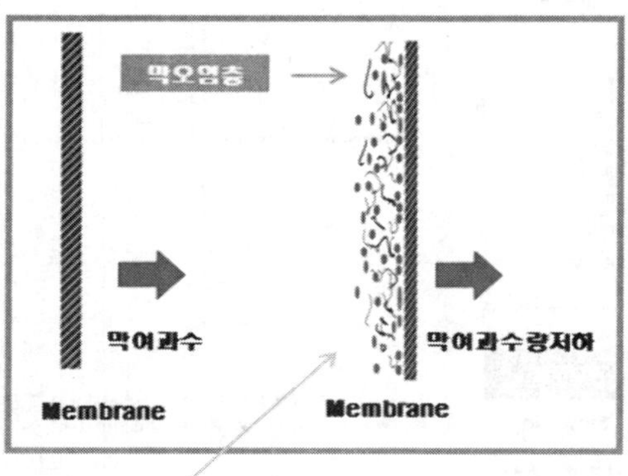

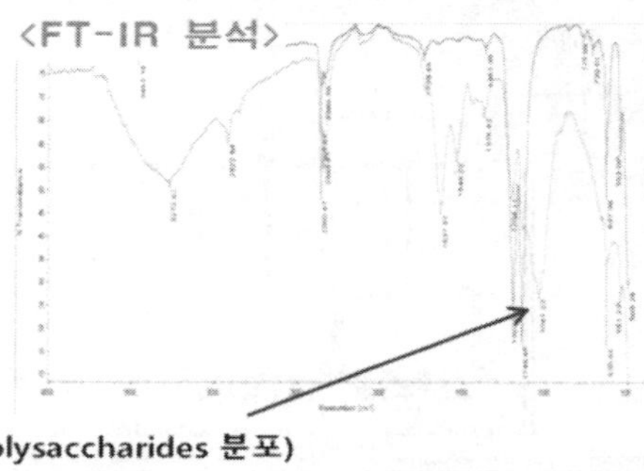

- EPS물질 polysaccharides 분포)

- SMP (Soluble microbial product)
- EPS (Extracellullar polymeric substances)
- 콜로이드 입자

- 오염막의 미생물 분호

하수 재이용 막 공정 설계시 고려사항(2)

사전 전처리 문제 해결(예: 응집)

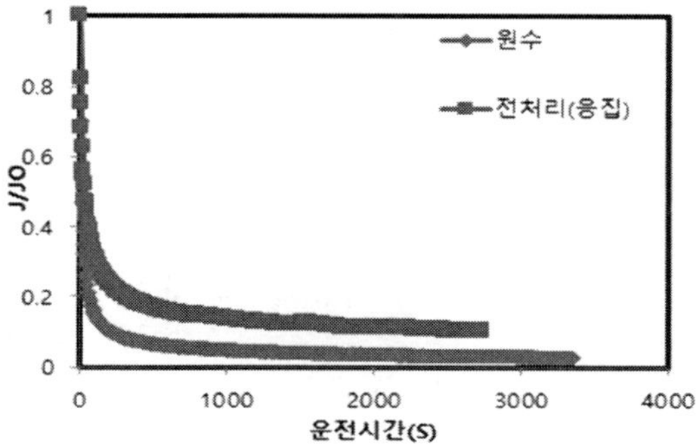

막 오염 제어(예: 약품세정)

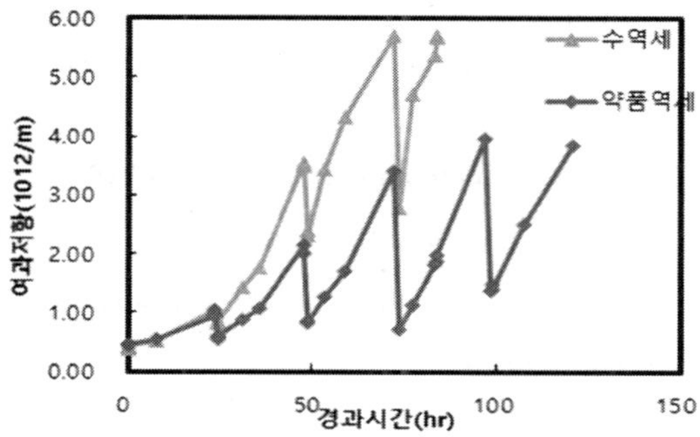

공정 설계 및 운영 인자

일반 정수 분리막 운전과 같이 응집에 의한 전처리 효과가 큼
운전의 경우 정수 분리막과 같은 주기로 운전이 가능(28분 여과 1~2분 휴지)
1 cycle 당 TMP의 상승이 크지만 약품역세의 효과 역시 높음(TMP로 확인 가능)
정수와 하수 분리막 운전의 중간단계로 막오염에 따른 역세조건이 중요

- **Soluble microbial products (SMP)**
  - 일반적으로 SMP는 미생물 성장을 포함하는 기질 대사과정과 biomass decay로부터 용액으로 방출되는 유기화합물의 집단으로 정의. 막의 저항을 높이는데 주요한 역할을 하여 막 fouling과 투과 flux를 감소시키게 됨

SMP, a significant component of effluent organic matter (EfOM), play an important role in **membrane fouling and flux decline** in wastewater reclamation/reuse applications. The SMP compounds of a microbial origin are derived during **biological processes of wastewater treatment**. They exhibit the characteristics of hydrophilic organic colloids and macromolecules. **These high molecular weight compounds play an important role in creating high resistance of the membrane, leading to a reduction of permeate flux.** The SMP fouling of RO, NF, and tight UF membranes is **associated with formation of a cake/gel layer** due to size (steric) exclusion. FTIR spectra of SMP- and EfOM-fouled membranes exhibited foulants' composition, consisting of polysaccharides, proteins, and/or aminosugar-like compounds. This finding reveals the important role of the SMP components as factors in membrane fouling and flux decline associated with EfOM source waters. Solids retention time (SRT) affects the characteristics and amounts of SMP, however, SRT did not affect flux decline trends of RO and NF membranes.

자료 : https://dspace.inha.ac.kr › bitstream
https://pubs.acs.org/doi/10.1021/es050987a

• 세포외 중합체물질(EPSs)

- 미생물에 의해 분비된 고분자량인 천연 폴리머(중합체)
- 미생물이 막 표면에 가역적으로 부착하며 주 성분으로 다당류, 단백질이고, DNA, 지질(lipid) 및 휴믹물질과 같은 고분자를 포함하는 물질로 생물막을 형성
- 막의 fouling 현상 발생
- EPSs는 생물막의 총 유기물질의 50-90% 구성

Extracellular polymeric substances (EPSs) are natural polymers of high molecular weight secreted by microorganisms into their environment.[1] EPSs establish the functional and structural integrity of biofilms, and are considered the fundamental component that determines the physiochemical properties of a biofilm.

EPSs are mostly composed of polysaccharides(다당류) (exopolysaccharides) and proteins, but include other macro-molecules such as DNA, lipids and humic substances. EPSs are the construction material of bacterial settlements and either remain attached to the cell's outer surface, or are secreted into its growth medium. These compounds are important in biofilm formation and cells attachment to surfaces. EPSs constitute 50% to 90% of a biofilm's total organic matter

자료 : Wikipedia, the free encyclopedia

국내 하수처리공법 및 설치사례

☞ 국내 하수처리 공법

• **인(P) 제거 기준**

- 2012. 1. 1 부터 방류수 수질기준 강화 총인 : 0.2 – 0.5mg/L

• **약품응집 + 침전공정**
- ✓ 고속응집 경사판 침전(URC) <㈜네오엔비텍>
- ✓ 초고속응집침전조(ACTIFLO) <㈜베올리아>
- ✓ 순환형반응기(CATT) <㈜씨아이바이오텍>

• **가압부상 + 여과공정**
- ✓ 약품응집 + 가압부상(SDF) <㈜지오웍스>
- ✓ 약품응집 + 가압부상(DAF) <㈜코오롱워터텍>

• **약품투입 + 생물여과공정**
- ✓ P-CAP <㈜엔비너지>
- ✓ SBAF <㈜부강테크>

• **약품투입 + 여과공정**
- ✓ 약품응집 + 섬유상여과기(GFF) <㈜생>
- ✓ 약품응집 + 디스크필터(YDF) <㈜유천엔바이로>
- ✓ PGT Process <㈜피지티>
- ✓ Flu-floc <㈜한국필터>
- ✓ ACF <㈜아태수기>
- ✓ 상향류식여과흡착공법(IPR) <㈜일신종합환경>
- ✓ 미라클샌드(MSF) <㈜미라클워터>
- ✓ PL-PLUS <㈜에코베이스>
- ✓ ANT공법 <㈜에이엔티이십일>

자료 : 하수의 생물학적 질소, 인 제거 이론, college.kangwon.ac.kr › include › jsp h › download › HK STU004 4

고속응집 경사판 침전(URC) ㈜네오엔비텍

개 요

약품투입 - 급속반응 – 응집 – 완속응집 공정으로 플록 형성

약품과 반응한 원수를 상향류로 유입, **슬러지 Blanket과 접촉하여 플록을 성장·침강시켜 배출**하는 물리화학적 공정

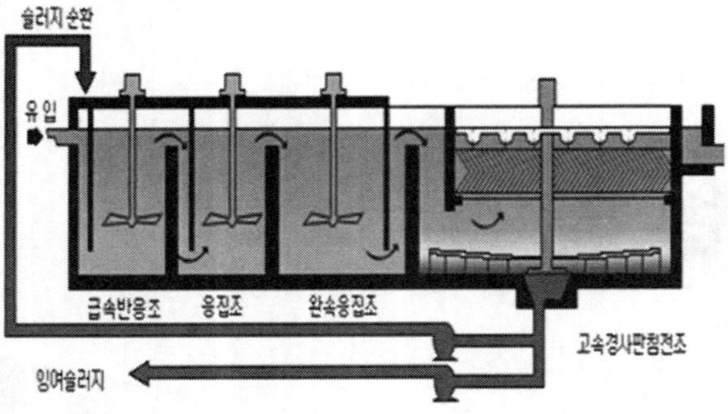

역세척
- □ 별도의 역세공정 불필요
- □ 호퍼로 부터 농축슬러지 배출

장점
- □ 유입부하 변동에 대응성 강함
- □ 운전조건이 용이하고 처리수질이 안정적임
- □ 표면부하율 증가로 재래식 침강법에 비해 소요부지 절감
- □ 슬러지 별도처리로 기존 처리부하 증가 미미

운영중
- 이천하수처리장 (43,000톤)
- 의왕 부곡하수처리장 (15,000톤)
- 보성하수처리장 (3,000톤)
- 고양 일산하수처리장 (270,000톤)
- 판교하수처리장 (47,000톤)
- 안양 석수하수처리장 (75,000톤)
- 남양주 진접하수처리장 (14,000톤) 등

단점
- □ 응집침전 공법으로 미세플록 침전을 위한 약품량 사용 많음
- □ 여과공법에 비해 교반기, 슬러지수집기등 기기장치 및 동력소요
- □ 운전관리 요소가 복잡하고, 시설비 및 부지소요면적이 큼
- □ 슬러지 별도 처리시설 필요
- □ 유입수의 T-P부하변동에 다른 대응운전에 한계가 있으며 처리수질이 불안정함

초고속응집 침전조(ACTIFLO) ㈜베올리아

개 요

약품투입, 응집조에서 Micro-sand와 함께 Injection 조로 overflow 되어 Polymer투입과 함께 Maturation 조를 거쳐 침전조에서 중력침전에 의해 처리

(역세척)
- □ 별도의 역세공정 불필요
- □ 호퍼로부터 농축슬러지 배출

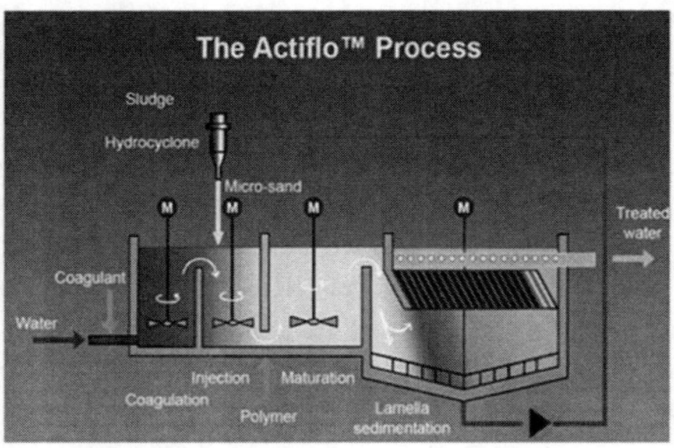

적용 실적이 없음

(장점)
- □ 경사판 내장으로 소요부지가 적고 집약화함
- □ 완벽한 플록 형성으로 침전효과 향상
- □ 짧은 시간내 운전정상화
- □ 유입 유량 변화에 따른 안전성
- □ T-P, SS이외에도 BOD, COD 등 부수적인 처리
- □ 수질 조건에 따른 운전 용이 및 선택적 운영관리

(단점)
- □ 별도로 슬러지설비에서 마이크로 샌드순환 및 인발시설이 필
- □ 펌프 사용으로 인한 시설 운영비 증가
- □ 응집침전 공법에 필요한 미라클 샌드의 사용으로 운영비 증
- □ 기온, 계절등 외적 환경에 따라 경사판 침전 변동성 높음

순환형반응기(CATT) ㈜씨아이바이오텍

개 요

단일반응조에서 응집·침전 반응을 동시에 수행하며,상기 공정 수행시 유입수를 차단하는 방식
4단계 순환공정 (유입/교반 -> 교반/침전1 -> 침전2 -> 방류)을 수행

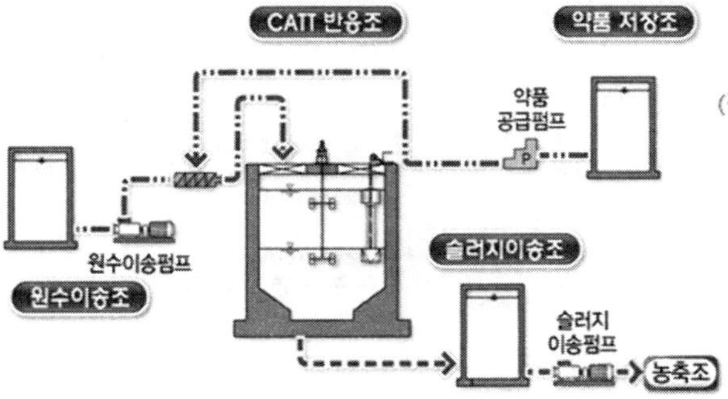

(역세척)
- □ 별도의 역세공정 불필요
- □ 슬러지 이송펌프로 의해 슬러지배출

(장점)
- □ Batch Type과 연속유입 혼합구조로 수처리 안정성 극대화
- □ 약품의 완전혼합이 가능하여 약품주입율이 적음
- □ Floc의 빠른 침강속도
- □ 설비가 간단하고 유지관리가 매우 용이
- □ 비상시 및 부하변동에 대처가 용이
- □ 설비의 단순화로 전력비가 적음

(운영중)
양구읍하수종말처리장 (4,000톤)

(단점)
- □ 원수 이송조 및 원수이송펌프 확보필요
- □ 밸브의 수량이 다소많음
- □ 후단에 여과설비 추가하여야 안전정적인 수질확보가능

약품응집+가압부상(SDF) ㈜지오웍스

개 요

□ 약품혼화, 응집공정으로 플록 형성
□ 반응조 유출수에 응집제를 주입한 후 혼화 및 부상공정을 거쳐 처리수중에 포함된 T-P을 제거하는 공정

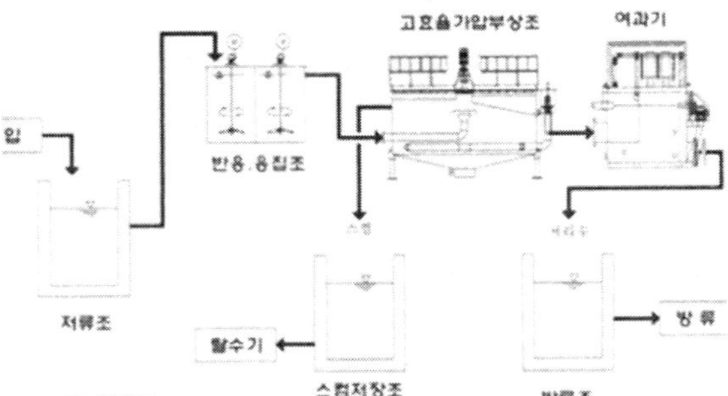

(역세척)
- □ 별도의 역세공정 불필요
- □ 가압부상조에 의해 부상슬러지 배출

(장점)
- □ 와류에 의한 가압부상효율이 높다
- □ 미세한 기포입자가 가이드 밴에 의해 플록 부착효과가 크고 기포상승 및 부상속도가 빠르다
- □ 부상효율이 뛰어나 높은 수면적부하 및 유효수심을 극소화
- □ 화학반응 및 체류시간이 짧아 부지면적 축소
- □ 중앙집중식 관리, 자동화 시스템운영가능

(운영중)
충북 제천 폐수처리장 (400톤)
경북 상주 폐수처리장 (3,000톤)
대구 폐수처리장 (1,000톤)
(설계중)
금호하수종말처리장 (10,000톤)
청통하수종말처리장 (600톤)
(시공중)
감포쓰레기 매립장 (4,300톤) 등

(단점)
- □ 간헐적으로 미세 플록유출시 SS가 증가 될 수 있는 가능성 내포
- □ 후단시설 검토 필요
- □ 가압부상장치 등 기계장치 및 동력비가 많이 소요됨

약품응집+가압부상(DAF) ㈜코오롱워터텍

개 요

□ 약품혼화, 응집공정으로 플록형성
□ 혼화/응집 공정을 거친 원수중의 오염물질(플록)을 미세기포에 부착, 부상시켜 배출하는 물리 화학적 공정

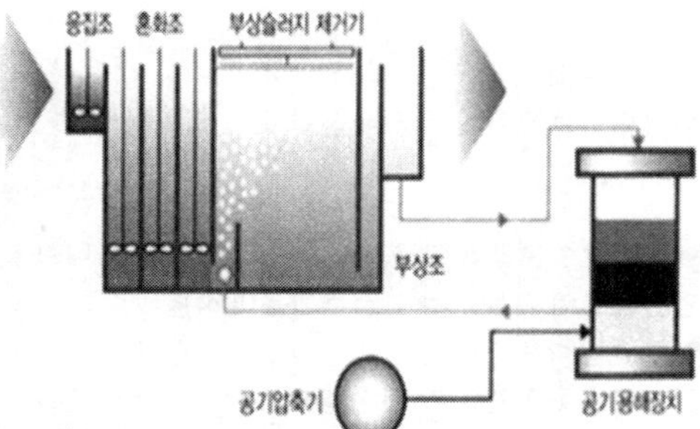

역세척
□ 별도의 역세공정 불필요
□ 상부 스키머에 의해 부상슬러지 배출

장점
□ 마이크로기포를 통한 저비중 입자 및 조류제거 효율 우수
□ 유입수의 부하변동에 강함
□ 여재등 교체비용 불필요
□ 마이크로기포 주입량 변화가능
□ 슬러지 별도처리로 기존 처리부하 증가 미미
□ 고액분리 공법으로 기존처리장 부하증가 영향이 적음

운영중
군장폐수처리시설 (30,000톤)
양주 검준 폐수처리시설 (23,000 톤)
병천 하수종말처리장 (9,500 톤)

설계중
계룡시 계룡하수처리장(27,000톤)
진주시 진주하수처리장(190,000톤)
나주 하수종말 처리장 (22,500 톤)

단점
□ 가압부상장치 등 기계장치 및 동력비가 많이 소요됨
□ 공법에 소요되는 약품비가 고가
□ 구조물내부에 공기발생설비 등 기계실 소요
□ 슬러지 별도 처리시설 필요
□ 유입수의 T-P부하변동에 다른 대응운전에 한계가 있으며 처리수질이 불안정함
□ 후단에 여과설비를 추가하여야 안정적인 수질확보 가능

약품응집+섬유상 여과기(GFF) ㈜생

개 요

□ 약품투입, 응집-숙성공정으로 플록형성(급속→완속응집)
□ 약품과 반응한 원수가 하부가 고정된 섬유여재 다발을 통과하면서 오염물질을 제거하는 물리 화학적 공정

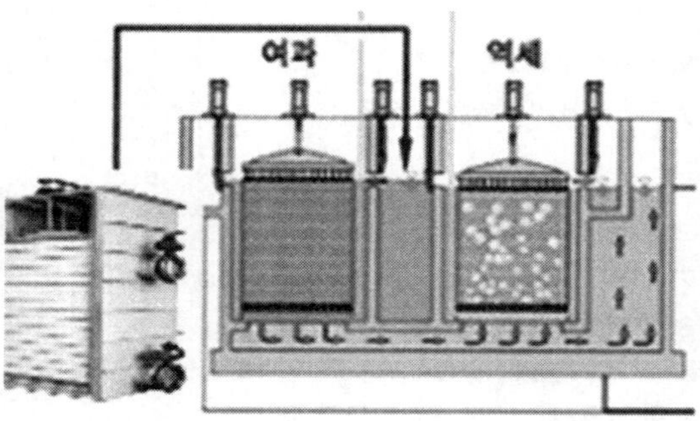

역세척
□ 역세공기(브로와)를 분사 상승수류를 일으켜 섬유다발을 흔들어 역세
□ 역세수량 : 유입하수의 10%이상
□ 처리공정 전단유입 및 일침에서 제거

장점
□ 주로 부유물제거 기작을 통해 오염물제거, 부하변동에 강하지 못함, 단순히 거르는 기능으로 처리기능수행
□ 섬유상여재의 비틀림기능을 이용 여과시와 역세시 공극 및 구분 기능을 통해 효율증대.
□ 설비가 단위 기기별로 제작되어 유지관리가 용이함.
□ 빈번한 역세척 주기가 반복되지만 역세효율은 좋음

운영중
부산 수영하수처리장 (4,000톤)
군포 대야하수처리장 (5,000톤)

설계중
창녕군 부곡하수처리장 (13,000톤)
창녕군 남지하수처리장 (5,250톤)

단점
□ 전처리로 응집이 완벽하지 못해 인제거 및 오염물제거 기작이 불안하며, 약품이 소요됨
□ 약품응집 플록의 부착으로 빈번한 역세가 필요하며, 교체 빈도가 높음. 여재의 막힘 발생이 생겨 지속적인 필터링의 어려움 있음
□ 반복적인 여재의 비틀림 수행으로 여재가 약해져 교체주기가 짧아지며, 여재교체가 빈번해짐
□ 역세수 처리시설이 별도필요

약품응집+디스크필터(YDF) ㈜유천엔바이로

개 요

□ 약품혼화 / 응집공정으로 플록형성
□ 약품과 반응한 원수가 섬유 디스크필터를 통과하면서 오염물질을 제거하는 물리 화학적 공정

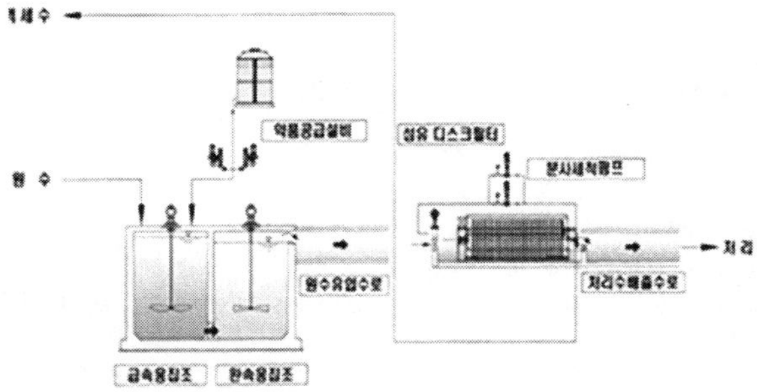

운영중
양주 신천하수처리장 (70,000톤)
평택 통복하수처리장(45,000톤)
설계중
제천 하수처리장(70,000톤)
왜관 하수처리장 (42,000톤)
약목 하수처리장 (25,00톤)등

역세척
□ 분사 세척수이용 하여 필터 상단에서 세정
□ 여과 및 역세공정 동시수행
□ 역세수량 : 유입하수의 10%이상
□ 처리공정 전단유입 및 일침에서 제거

장점
□ 설치부지가 매우 적게 소요되어 공사비 절감
□ 여재 내구연한이 5년이상 으로 매우 길고, 여제 교체 등이 매우 간단하여 전체적인 유지관리가 매우 용이
□ 초기 운전시와 동일한 여과속도가 지속적으로 유지됨

단점
□ 전처리로 응집이 완벽하지 못해 인제거 및 오염물제거 기작이 불안하며, 약품이 소요됨
□ 섬유 디스크 내부에 고형물이 쌓여 여재인 섬유 디스크의 수명에 한계가 있어 섬유 디스크 교환 필요
□ 섬유 디스크 세척시 고압사용으로 필터 의 수명감소 우려가 있음
□ 역세수 처리시설이 별도필요

상향류식 여과흡착공법(IPR) ㈜일신종합환경

개 요

□ 하·폐수중 인을 코팅된 메디아 표면에 반응·흡착시켜 상향 이송장치를 이용하여 고형물을 메디아 표면 탈리제거하는 물리 화학적 공정

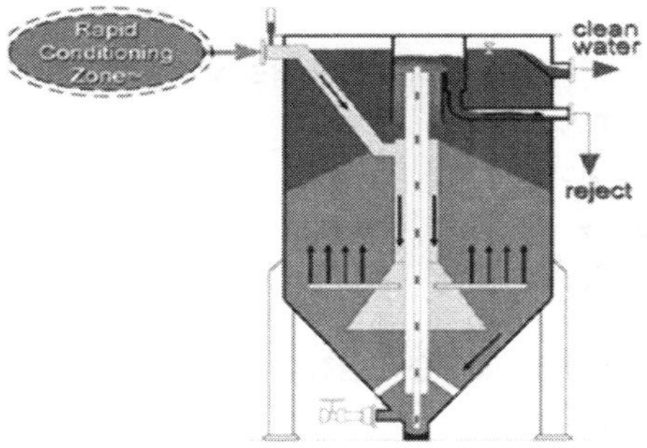

공사중
공주시 신관STP (4,500톤)
서울시플로딩아일랜드오수 (300톤)
설계중
경기도 광주시 영동STP (600톤)
충주기업도시폐수 (5,500톤)
무안,무안일로STP (4,500/3,000톤)
미국 중소규모 운영실적보유(10개소 이상)

역세척
□ 역세공기(공기압축기)를 메디아와함께 상승시켜 여재표면의 코팅막과 오염물질 탈리
□ 역세수량 : 유입하수의 6%
□ 처리공정 전단유입 및 일침에서 제거

장점
□ 단일 반응조에서 인을 응집, 침전, 여과, 흡착 제거.
□ 용존성 인의 제거효율이 탁월하여 매우 낮은 농도의 목표수질 달성 가능하며 처리수질이 안정적임.
□ SS, BOD, COD 등 부가적인 처리가능.
□ 화학약품 사용량이 적음.
□ 별도의 여과설비 불필요.

단점
□ 대용량 처리시 설비구성 복잡
□ 메디아 보충 필요
□ 해외의 검증된 기술을 도입, 국산화한 것으로, 해외에는 다수의 실적이 있으나 국내 실플랜트 가동 실적 없음.
(단, 국내 공주 및 탄천하수처리장에 파이롯 테스트 실시 완료하였고, 현재 시공중 및 설계중인 실적보유)

P-CAP ㈜

개 요

□ 하수를 CAP 반응조로 유입시켜 다공성 코일형 발포 여재에 부착된 호기성 미생물 조로 통과시켜 처리하는 물리적, 생물학적 하수처리

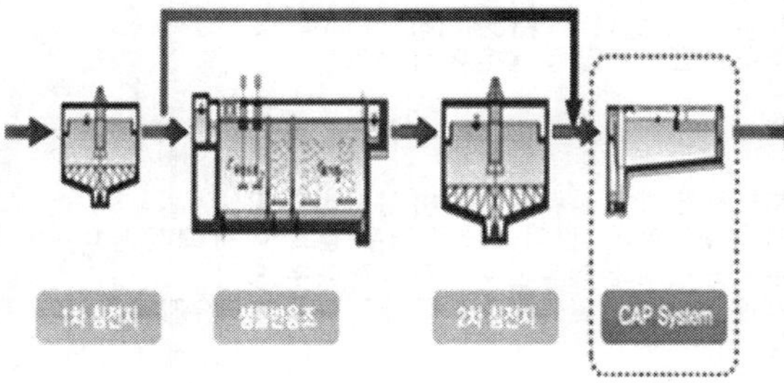

(운영중)
안산 하수처리장 (17,500 톤)

(역세척)
□ 역세척은 SADF식 공시 역세척 방법으로 역세
□ 역세수량 : 유입하수의 1%
□ 차집관 으로 이송

(장점)
□ 전단 약품주입시 T-P 처리가능
□ 하향류 방식으로 구조물이 얕아, 상향류식에 비해 공사비가 저가
□ 반응조를 복수로 운영하여 역세척시에도 공정의 중단없이 처리가능

(단점)
□ 포기설비 가동에 따른 운영비 고가
□ 장방향 반응조로 설치면적이 넓음
□ 별도의 배관이 필요
□ 생물성 여재 사용으로 여제 유리관리비가 다소 큼

SBAF ㈜부강테크

개 요

□ **하수를 SBAF 반응조로 유입시켜 물보다 가벼운 세라믹 여재에 부착된 호기성 미생물 조로 통과시켜 처리하는 물리적, 생물학적 하수처리**

(설계중)
증평 공공하수처리장 (2,500 톤)
오포 공공하수처리시설 (14,000톤)

(역세척)
□ 역세척은 스트레이너 상부에 저류된 처리수가 중력에 의해 하향으로 유입
□ 역세수량 : 유입하수의 3%
□ 농축장치로 이송 별도 처리

(장점)
□ 여재에 부착한 미생물에 의한 생물학적 처리와 물리적인 여과를 동시 수행
□ 질산화를 위한 호기조로써 짧은 체류시간의 생물여과지를 사용하여 반응조 체류시간 최소화

(단점)
□ 상향류 방식으로 구조물이 깊고 공사비가 고가
□ 포기설비 가동에 따른 운영비 고가
□ 여제 교체시 비용 과다 발생

국내 하수처리장 설치사례

1. 서울시 하수처리장

1) 서울시 중랑물재생센터

· 요약 : **서울특별시의 10개 구에서 발생하는 생활하수와 13개 구에서 발생하는 정화조와 분뇨를 병합하여 처리하는 환경시설.** 위치 : 서울특별시 성동구 송정4가길 73(송정동)

· 1976년 4월 8일 서울특별시 종합종말처리사업소로 발족, 같은 해 9월 국내 최초로 하루 15만t의 하수를 처리할 수 있는 제1처리장을 준공. 1986년 8월 서울시 한강관리사업소 중랑하수처리장, 1989년 서울시 중랑하수처리장, 1992년 12월 서울시 중랑하수처리사업소를 거쳐 2005년 11월 1`0일 지금의 명칭으로 변경.

· 부지면적 : 80만 6563㎡,

· 처리 용량 : 171만 **㎥/일,** 정화조 용량 : 3100kℓ/일.

· 시설 : 1~4처리장과 동부위생처리장이 있으며, 침사지· 최초침전지· 포기조· 최종침전지· 여과시설· 소독시설 ·농축설비·소화조·가스저장소·탈수설비·중앙감시실 등.

·처리 구역 : 종로구·중구·동대문구·중랑구·성동구·광진구·성북구·도봉구·노원구·강북구 등 10개 구와 중구·성동구·광진구·동대문구·중랑구·성북구·강북구·도봉구·노원구·서초구·송파구·강동구·강남구 등 13개 구에서 발생하는 정화조와 분뇨를 병합하여 처리.

· 처리 방법 : 표준활성오니법과 고도처리 A^2O 공법을 사용, 시설집약현대화사업과 태양광발전소 등 첨단 하수처리장으로 변모를 꾀하고 있음.

2) 서울특별시 난지물재생센터[-特別市蘭芝-再生-]

· **요약 : 서울특별시 강북의 서부를 중심으로 한 지역과 경기도 고양시 일부 지역에서 발생하는 생활하수를 정화시키는 환경시설.** 1986년 8월 난지하수처리장으로 개소, 1992년 12월 난지하수처리사업소를 거쳐 2005년 11월 지금의 명칭으로 변경.

· 처리구역 : 서울 강북의 서부를 중심으로 한 지역과 경기도 고양시 일부 지역의 생활하수를 정화시켜 새 물로 순환시키는 업무를 수행.
· 부지 면적 : 92만 4558m²
· 처리 용량 : 100만m³/일, 정화조 용량 : 4500kℓ/일, 시설은 수질관리시설(중앙제어실·수질분석실) 수처리시설(침사지·유입펌프장·최초침전지·포기조·최종침전지), 오니처리시설(농축조·소화조·소화오니농축조·탈수기)

· 처리 구역 : 서울시 용산구·은평구·서대문구·마포구 전 지역을 비롯하여 종로구·중구·성동구와 고양시 일부 지역을 포함. 서울시의 종로구·중구·용산구·은평구·서대문구·마포구·강남구·서초구 전 지역과 영등포구에서 발생하는 정화조와 분뇨를 병합하여 처리.

· 처리 방법 : 표준활성오니법을 사용하며, 폐기물처리와 자원재활용 촉진 방안의 일환으로 2만 9000m² 규모의 지렁이 사육장을 운영.

· 본 처리장은 경기도 고양시 덕양구 현천동 673-2번지에 있으며, 서울시 마포구 상암동 1536번지에 유입펌프장이, 상암동 택지개발지구 안에 상암오수펌프장이 있음

2. 부산시 하수처리장

부산광역시 내 하수 처리장은 수영, 강변, 남부, 해운대, 녹산, 신호, 서부, 중앙, 영도, 동부, 기장, 정관 하수처리장 등 12개가 있으며 총 처리 용량은 최대 192만 3,000m³/일.

1) 부산환경공단 수영사업소(수영 하수처리장)

· 부산광역시 동래구 안락동에 위치. 1987년 11월 16일 수영하수처리관리소로 개소. 1988년 4월 30일 1단계 시설이 준공. 1998년 3월 31일 2단계 시설이 준공. 2012년 12월 31일 부지 집약화 시설을 준공.
· 하수 처리 용량 : 45만 2,000m³/일[1단계 12만 2,000m³/일, 2단계 23만m³/일, 부지 집약화 10만m³/일]
· 처리 방법 : 표준 활성 슬러지법[수 처리/1단계], MLE 공법[Modified Ludjack ettinger, 순환식 질산화 탈질법/2단계], A2O+MBR[Anaerobic Anoxic Aerobic+Membrane Bio Reactor, 혐기조· 무산소조· 호기조 +막분리 활성 슬러지/부지 집약화], 중온 혐기성 소화법[슬러지 처리]

· 부지 면적 : 15만 5820m²(1단계 시설 5만 2,752m², 2단계 시설 8만 5187m², 부지 집약화 1만 7881m²)
· 건물 : 22개동 연면적 2만 7156m²(1단계 5개동 4,209m², 2단계 12개동 1만 7549m², 부지 집약화 5개동 5,398m²)

· 처리구역 : 부산광역시 동래구·연제구·금정구 전역과 부산진구·해운대구·수영구 일부 지역에서 발생하는 생활 하수를 처리
· 슬러지[찌꺼기] 처리 시설을 활용하여 음식물 쓰레기를 병합 처리. 슬러지 처리 과정에서 발생되는 메탄가스를 활용한 열 병합 발전 설비[750kW]를 운영

2) 부산환경공단 강변사업소 강변 하수처리장

· 부산광역시 사하구 신평동에 위치. 1990년 11월 장림 하수 처리장으로 개소. 2000년 10월 장림 하수처리장 2단계 시설을 준공. 2009년 10월 고도 처리 시설 개선 공사를 완공.

· 처리구역 : 부산광역시 북구·사하구·사상구 전역, 서구 일부 지역의 하수를 처리.

· 처리 용량 : 45만㎥/일[1단계-27만 1000㎥, 2단계-17만 9000㎥]

· 처리공법 : A2O[Anaerobic+Anoxic+Aerobic, 혐기조+무산소조+호기조, 고도 처리 공정] +GFF[Gravity Flow Fiber, 중력 여과 장치, 3차 처리 공정]

· 처리 구역 : 47.34㎢[북구·사하구·사상구 전역, 서구 일부]

· 차집 관로 등 : 총연장 167.483㎞이며 차집거 278개소, 맨홀 2,643개. 펌프장은 중계 펌프장 11개소, 맨홀 펌프장 7개소

3) 부산환경공단 해운대사업소 해운대 하수처리장

· 부산광역시 해운대구 좌동에 위치. 1994년 6월 소각장 및 하수 처리장이 착공. 2005년 1월 부산광역시 환경시설공단이 인수.
·처리구역 : 부산광역시 해운대구 좌동, 중동 일부[청사포, 달맞이] 지역 하수를 처리.

· 처리 용량 : 6만 5,000㎥/일, 부지 면적 : 3만 288㎡, 차집 관로는 33㎞
· 처리 공법 : 표준 활성 슬러지법+급속 모래 여과+자외선 소독 방법

4) 부산환경공단 녹산사업소 녹산 하수처리장

· 부산광역시 강서구 송정동에 위치. 1996년 6월 5일 녹산 하수 처리장 건설 공사를 착공, 2001년 8월 18일 준공
· 처리구역 : 부산광역시 강서구의 명지 녹산 국가 산업 단지, 부산 과학 일반 산업 단지, 명지 주거 단지, 부산 신항만, 경상남도 창원시 진해구 용원동 일원의 하수를 처리.

· 처리용량 : 16만 ㎥/일 , 부지 면적 : 14만 1,356㎡, 15개동의 건물[9,219㎡]
· 처리 공법 : 활성 슬러지 변법[MLE]+화학 처리

5) 부산환경공단 서부사업소서부 하수처리장

· 부산광역시 강서구 강동동에 위치. 1999년 10월 6일에 착공. 2003년 5월 1일 강동 하수 처리장이 준공. 2005년 1월 1일 부산광역시 환경시설공단[현 부산환경공단]이 인수
· 처리구역 : 부산광역시 강서구 강동동 및 대저동 일원에서 발생하는 하수를 처리.
· 처리 용량 : 1만 5000㎥/일, 부지 면적은 2만 6220㎡.
· 처리 방법 : SBR 공법[SBR: Sequential Batch Reactor, 연속 회분식 활성 슬러지법]

6) 영도환경사업소영도 하수처리장

· 부산광역시 영도구 동삼동에 위치. 푸른영도에서 관리. 2001년 7월 19일 푸른영도 법인이 설립. 2005년 12월 31일 준공. 2006년 1월 1일 운영을 개시하.

· 처리구역 : 부산광역시 영도구 전역의 하수를 처리.
· 처리 용량 : 9만 5000㎥/일, 부지 면적은 3만 6254㎡.
· 처리 공법 : KSBNR㉳ 공법[Kist Shinwon Biological Nutrient Removal, 2단 교호 간헐 포기식 생물학적 질소·인 고도 처리 공법.

7) 부산환경공단 중앙사업소 중앙 하수처리장

· 부산광역시 서구 암남동에 위치. 2001년 6월 4일 중앙 하수 처리장 건설 공사를 착공하여 2005년 12월 31일에 준공.

·처리구역 : 부산광역시 중구·서구 전역과 동구 일부 지역[8.58㎢]에서 발생하는 하수를 처리.

· 처리 용량 : 12만㎥/일
· 처리 공법 : BIOFOR[고정상 생물막] 공법.
· 부지 면적 : 본 처리장 2만 9316㎡, 중계 펌프장 2,279㎡. 처리장의 건물은 6개동 연면적 8,502.82㎡, 중계 펌프장의 건물은 2개동으로 연면적 531.36㎡

8) 부산환경공단 정관사업소 정관 하수처리장

· 부산광역시 기장군 정관읍에 위치. 2005년 8월 23일 하수 처리장을 착공, 2008년 3월 31일 준공.
· 처리구역 : 부산광역시 기장군 정관읍[정관 신도시, 정관 일반 산업 단지 포함]의 하수를 처리
· 처리 용량 : 4만㎥/일
· 처리 형식 : DNR 공법[Daewoo Nutrient Removal: 하수 질소·인 고도 처리 공법, 대우건설 개발]+섬유사 여과+자외선 소독.
· 부지 면적 : 3만 3561㎡

수고하셨습니다

제 8장 최신 수처리 기술

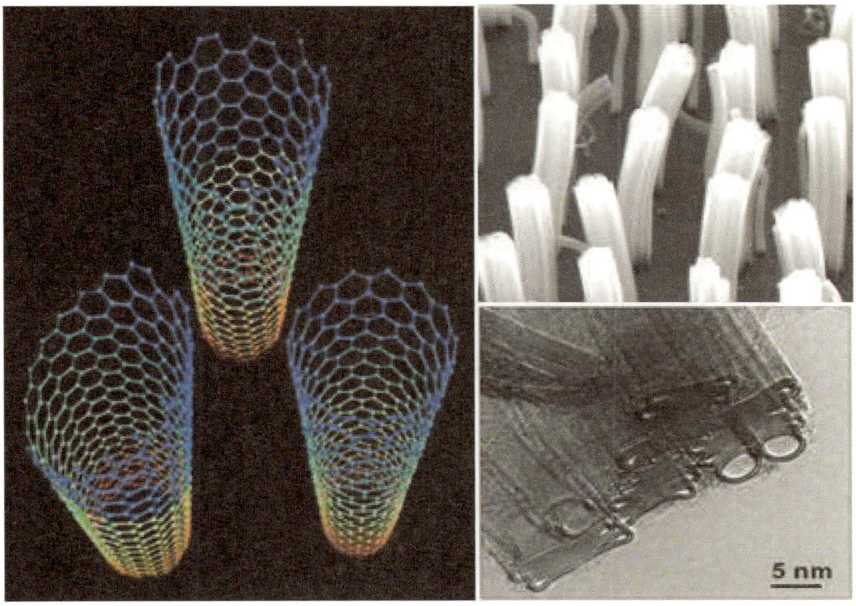

Contents

제8장 최신 수처리기술

8.1 물리·화학적 기술

물리·화학적 기술

- 최신 수처리 기술인 Membrane기술, 축전식탈염(CDI), 막 증류(MD), 정삼투(FO), 압력지연삼투(PRO), 초순수, 막여과, 초임계산화, MAP, 광펜톤에 대한 원리 및 특성에 대해 이해
- 고액분리(Separation) 기술인 고속 응집-침전 또는 고속 부상에 대한 기술의 원리, 특성 및 적용 방안

8.1.1 최신 분리막 기술(Membrane)

1) 개요 : Membrane 소재 기술은 해수담수화, 수처리, Gas 분리 외에 약품정제, 배터리, 연료 전지 등 첨단 산업 분야에서도 핵심적 위치를 점하고 있음. 막 소재의 발전은 목적 성분 분리, 고순도화 등 산업 기반 기술에 혁신 요소를 제공할 가능성이 높음

2) 분리막 기술의 적용 분야

- 분리막은 혼합가스나 용액으로부터 선택적 막투과 기능을 이용해 목적 성분을 분리하는 기술임
- 분리막 기술은 수처리, Gas 분리 외에도 다양한 첨단 산업에서 핵심적 위치를 점하고 있음
- 농도, 압력, 전위차 등의 추진력을 이용하여 물질의 투과속도를 조절할 수 있어 다양한 분야 적용 가능함
- 분리막 소재는 높은 투과도와 제거율을 바탕으로 여과 공정에서 발생되는 막 오염에 대한 저항성, 화학 세정에 대한 내구성 등의 특성이 요구됨

3) 기술의 특징

- Membrane 기술은 수처리, 기체분리 뿐만 아니라 의료, 식품, 보호장비, 연료전지 등과 같은 여러 과학기술 분야에 사용되는 핵심적 기능소재로서 주목되고 있으며, 소재에 따라 유기막/ 무기막으로, 공극의 크기에 따라 MF > UF > NF> RO로 나누어짐

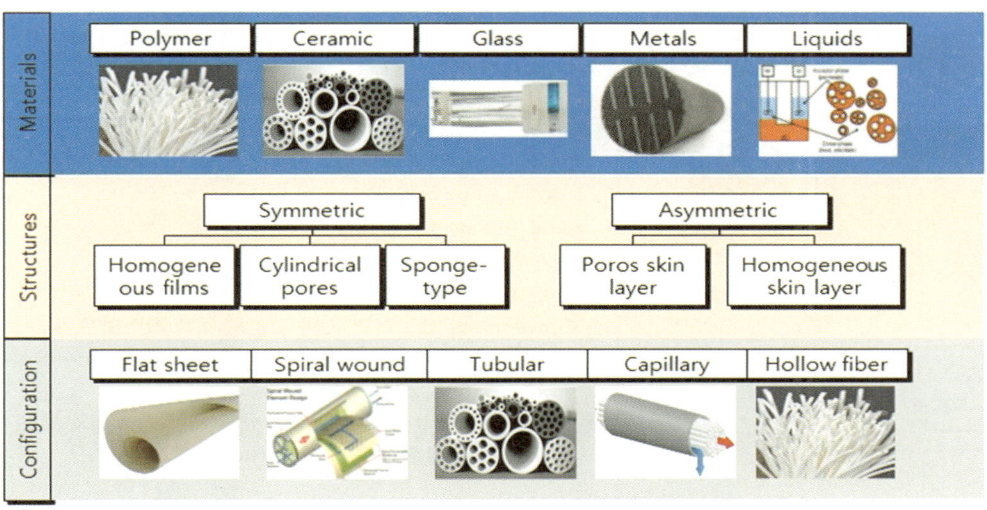

<그림 8-1> 분리막의 재료, 구조 및 형태

자료 : 한국화학연구원 정보집(16) MEMBRANE

4) 세라믹막 기술의 특징

- 소재는 알루미나, 단일 산화물 또는 유리질이 사용되며, 주로 평막이나 관형으로 제작 됨
- 내열성, 내화학성, 내구성을 필요로 하는 석유화학 산업분야 및 식품산업에 이미 폭 넓게 사용되며, 최근 수처리 분야까지 적용이 확대되고 있음
- 유기막에 비해 Cost가 2~3배 이상 높은 것이 단점이나 높은 여과속도 및 내구성, 낮은 세정비용 등으로 운영비용이 적게들고 반영구적으로 사용가능하여 가격 경쟁력을 가지는 것으로 파악됨

· **세라믹 멤브레인 형상 및 개요***

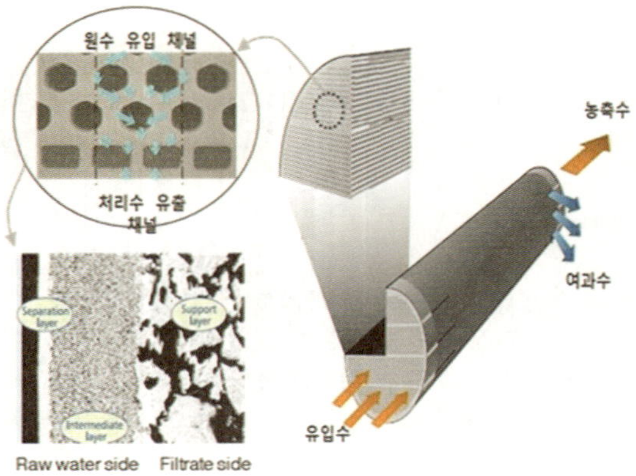

	유기막		세라믹 막	
막 투과량 (L/m²h)	◐	Max. 150 LMH	●	Max. 400 LMH
유입 수질 (Turbidity)	◐	< 100 NTU	●	< 1,500 NTU
여과시간 (시)	◐	< 0.5~1 시간	◕	1~2 시간
막수명	◔	5~7년	●	15년 이상
보관/관리	◔	약액 봉입 보관	●	건조 보관
Cost	●		◐	

자료 : METAWATER homepage (http://usa.metawater.com/product/ceramic/pdf/CeramicMembraneFiltrationSystem.pdf

5) 그래핀막 기술의 특징

- 그래핀 멤브레인은 에너지 소모량을 크게 낮출 수 있는 혁신적인 막 소재로써, 기존 RO 멤브레인이 사용되는 모든 영역을 대체할 수 있는 기술로 평가되고 있으며, 상용화까지는 시간이 길어질 수 있음
- 막의 구조는 탄소 원자로 만들어진 2D 박막 다공성 구조체로 고강도 및 유연성을 갖고 있는 신소재로 평가되며, 멤브레인 투과율 극대화를 위한 선택적 나노채널 구조 도입함 (Ex. Aquaporin, CNT, Graphene, Zeolite 등)
- 3D 기공구조를 갖는 고수투과도 멤브레인 구조로 투과량을 높이기 위해 멤브레인에 친수성을 높이거나 Water Channel 형성 가능, 멤브레인에 친수성 및 소수성 특성 모두 가능함

[2D 그래핀 멤브레인의 염 제거[1]]

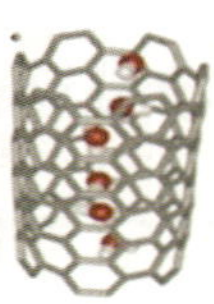

[그래핀 코팅된 CNT[2]]

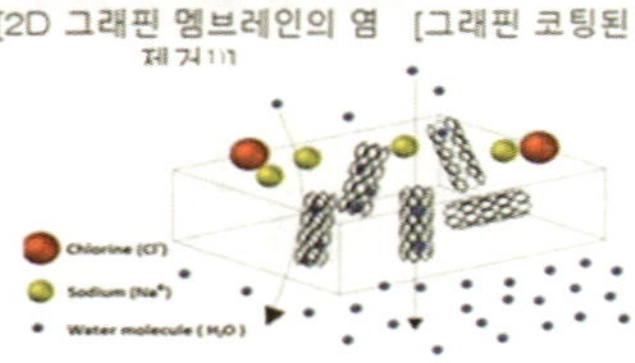

[막 여과 모식도]

- Conventional RO 멤브레인과 비교
  - 염제거율: 99.9%
  - 막투과량: 100~1,000배
  - 운전압력: 저압 (< 10 bar)
  - 운전비용: 에너지저감
- Conventional 멤브레인 대비 고강도 소재로써 얇은 두께를 이용하여 막 투과 저항을 낮춰 염제거율의 저하 없이 향상된 투과율 얻을 수 있음
- 상용화까지 다소 시간이 걸리는 문제 외에도 소재의 낮은 선택성, 가격, 물질 안정성 등이 Huddle로 작용

자료: Song, N. etc. A review of graphene-based separation membrane, Desalination 2018, 437, 59-72

6) New Materials for Membrane

- CNT, 나노입자, 단백질 세포막을 포함한 차세대 막은 제거율을 유지하면서 전기적 에너지 소요량 절감

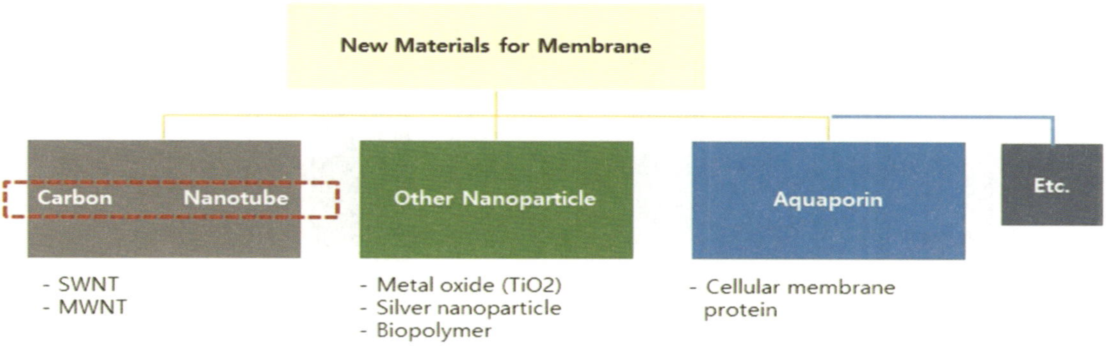

7) Carbon nanotube(CNT)

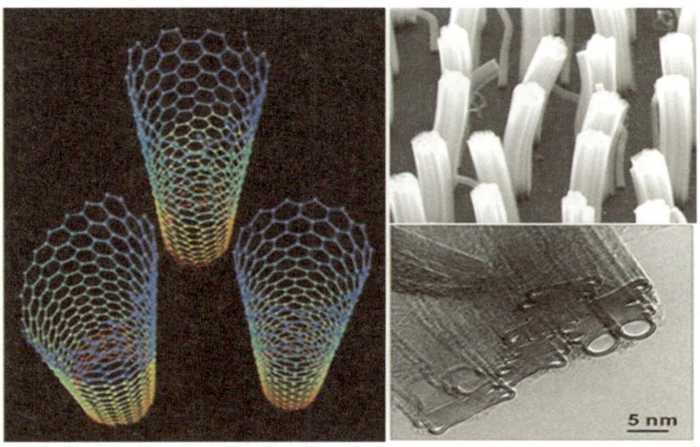

적용분야

- Electron field emitters
- Quantum nanowires
- Chemical sensors
- Hydrogen storage
- Adsorbent
  - heavy metals - Dyes
  - PAHs - NOM

- 높은 기계적 강도 및 화학적 안정성
- 높은 전기 및 열 전도성
- 변형에 대한 뛰어난 내구성 (~15%)

자료 : Baughman et al., (2002)

- **Antifouling Membrane**

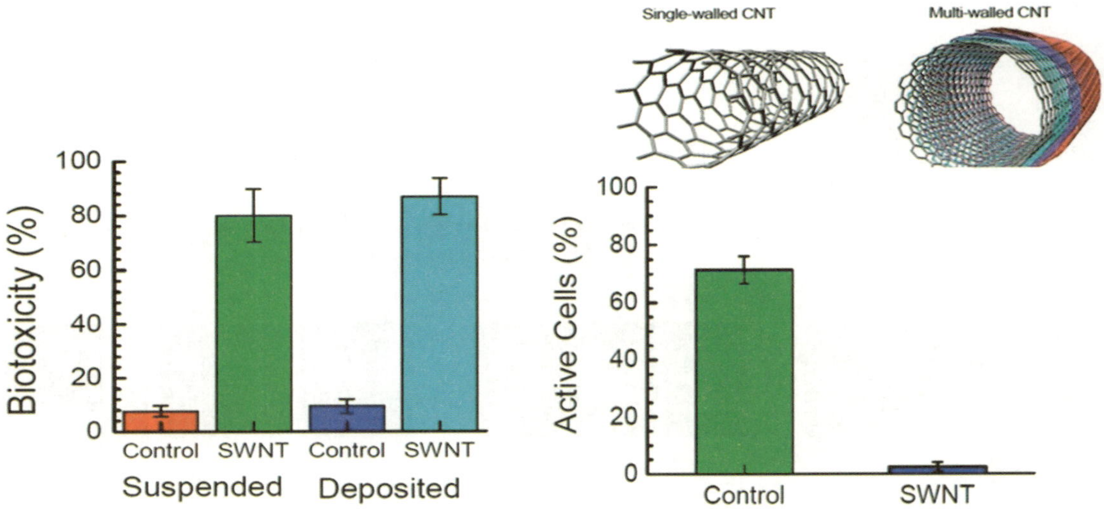

- SWNT(Seawater NanoTube)는 강력한 항균 활성을 나타내며 SWNT와 박테리아의 직접적인 접촉은 불활성화에 필수적

자료 : Kang et al., (2007)

- **High Flux Membrane**

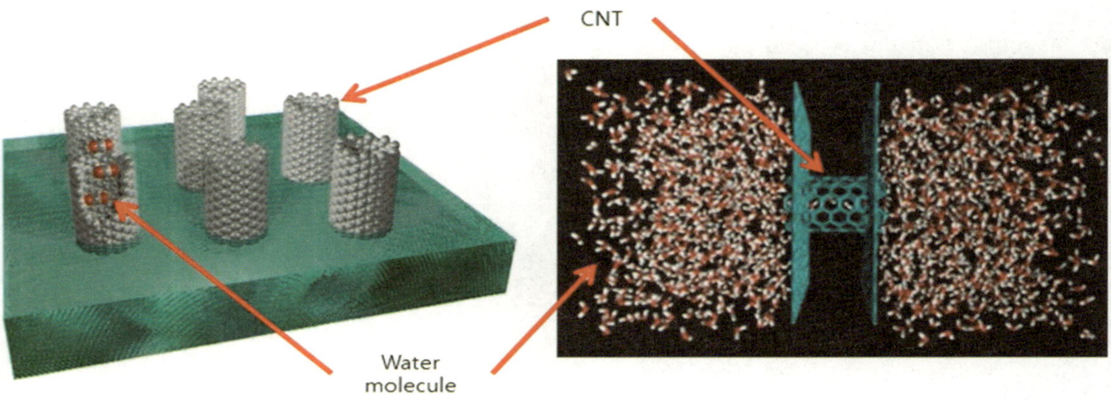

- 최대 물 분자 투과능력은 전기장 제어로 얻을 수 있는 1.2 molecules ns-1이며 그 능력은 생물학적 물의 이동 채널 (1.8 molecules ns-1)에 필적하는 값

자료 : David S. Sholl et al., (2007), Su, J. (2011)

8.1.2 막 증류 기술(MD : Membrane Distillation)

1) 개요 : 소수성 막(Hydrophobic Membrane)에서 증기압의 차이로 증기를 이동 응축시켜 담수를 얻는 방식으로 1960년대 개념이 확립되어 최근 활발히 연구되고 있는 기술임

2) 기술의 원리

- MD 기술은 증발법 해수담수화 기술의 하나인 MSF와 같이 플래싱(Flashing) 증발 및 응축 과정을 통해 담수가 생산되며, 높은 온도의 유입수와 낮은 온도의 처리수 사이 즉, 증발기와 응축기 사이에 설치된 소수성의 다공성 막(PVDF 재질)을 통하여 용매는 이 막 표면에서 분리되고 증기만이 기공을 통과해 처리수 쪽에서 응축되어 담수를 얻는 기술임
- 온도차에 기반하여 가동되는 MD 프로세스는 다공성의 소수성 막 표면 사이에 존재하는 증기압 차이 즉, 수증기 압력 차이에 의해 운영되는 분리공정

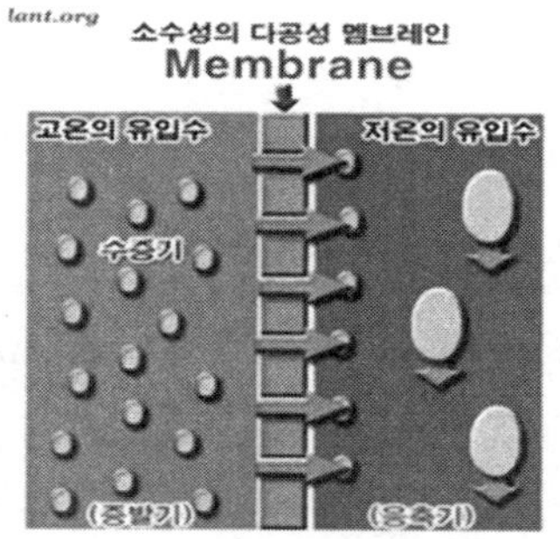

(Membrane Distillation 기본원리)

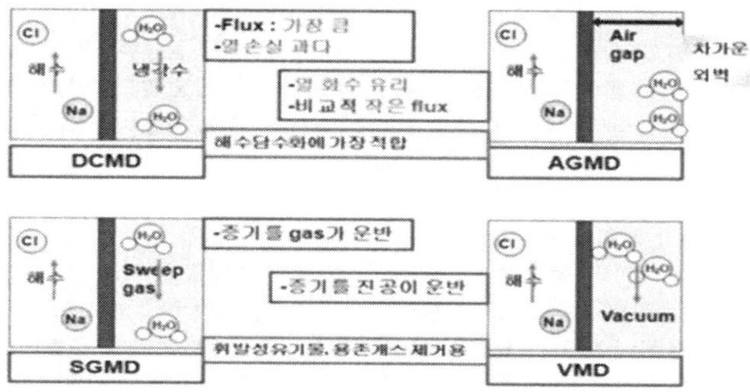

<그림 8-2> MD 공정의 4가지 운전방식

자료 : http://www.roplant.or.kr/

3) 막 증류법 개념

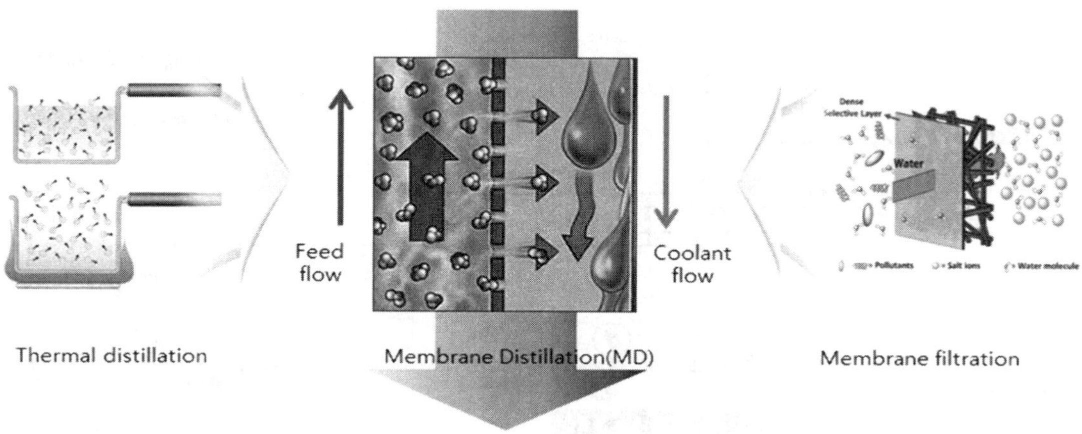

<그림 8-3> 막 증류법의 개념도

- 높은 제거율 및 낮은 온도 운영 및 비용
- 막오염의 절감
- 적은 막 특성의 요구조건 (막 표면 특성 중 절대적 소수성 특성의 장기 유지성)

4) MD 기술의 장점 및 단점

- 증발법이기 때문에 별도의 압력을 필요로 하지 않아 RO에 비해 경제성(막 여과 에너지에 한정)을 가질 수 있음
- 휘발성이 없는 이온 성분인 경우 제거율이 뛰어남
- 해수의 보론(Boron)에 대한 제거율도 좋은 것으로 알려져 있음
- 물의 투과도가 유입수의 농도에 크게 영향을 받지 않음 (RO에 비해)
- 높은 회수율의 담수화 공정도 충분히 가능
- 열원이 반드시 필요하여 폐열이나 태양열 등의 에너지와 연계하지 않을 경우 에너지 소모량이 많아 RO공정에 비해 경제성이 떨어짐
  - 열을 이용하는 것이기 때문에 반복적으로 히팅(heating)-쿨링(cooling)으로 멤브레인의 열에 대한 내구성 문제 발생 가능성 있음
  - 휘발성이 해수 등 원수 중의 미량유해물질은 잘 제거가 되지 않는 단점
  - 낮은 증발속도로 효율성 낮음 (MD 공정은 증발법의 하나로 물을 섭씨 100도까지 올려 끓이고 이 때 발생하는 증기를 다시 응축해 담수를 생산하는 것으로 저온에서의 증발의 경우는 증발 속도가 너무 느리기 때문에 실용화하기 어렵다는 한계점이 있음)

- MD의 해결해야할 과제
  - 멤브레인이 젖는 웨팅(wetting) 현상을 예방할 수 있는 고도의 높은 소수성을 갖는 멤브레인 개발 필요 (멤브레인 세공에 물이 침투해버리면 더 이상 증발법으로서 역할을 할 수 없기 때문에 MD에 있어서 멤브레인이 젖는 웨팅(wetting)현상 없는 멤브레인 요구됨)

☞ MD 공정은 아직 실험실 수준이거나 소규모의 파일플랜트 수준으로 아직 상용화에는 최소 10년 이상은 걸릴 전망

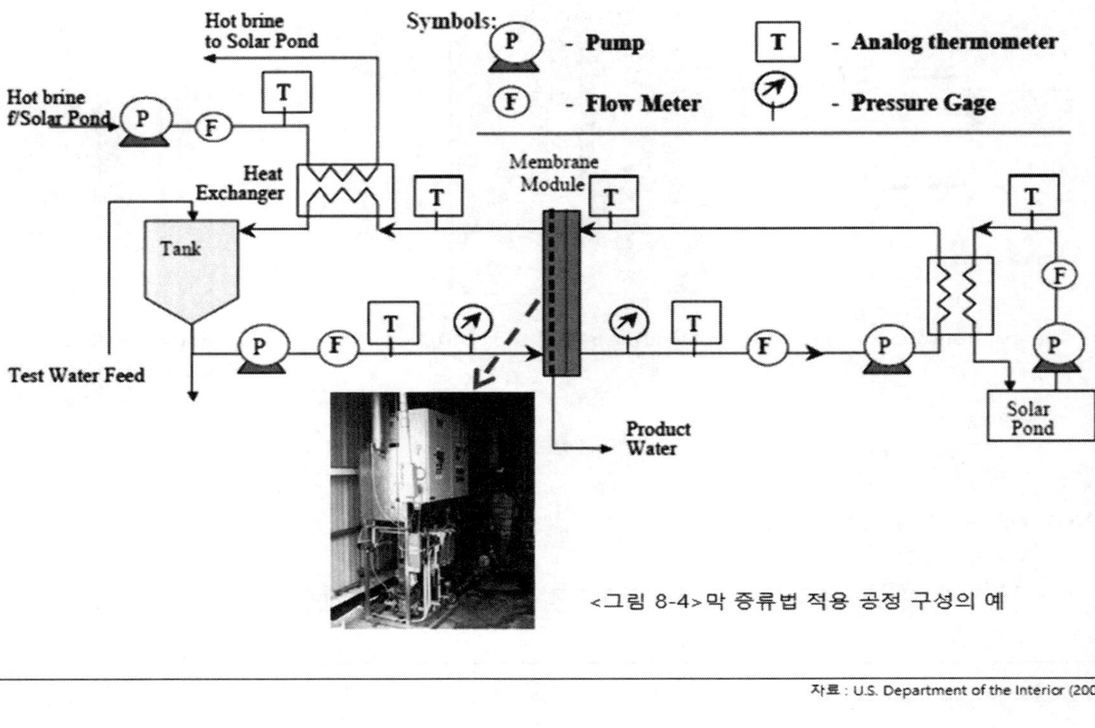

<그림 8-4>막 증류법 적용 공정 구성의 예

자료 : U.S. Department of the Interior (2004)

• 막 증류법 기술 개발 동향

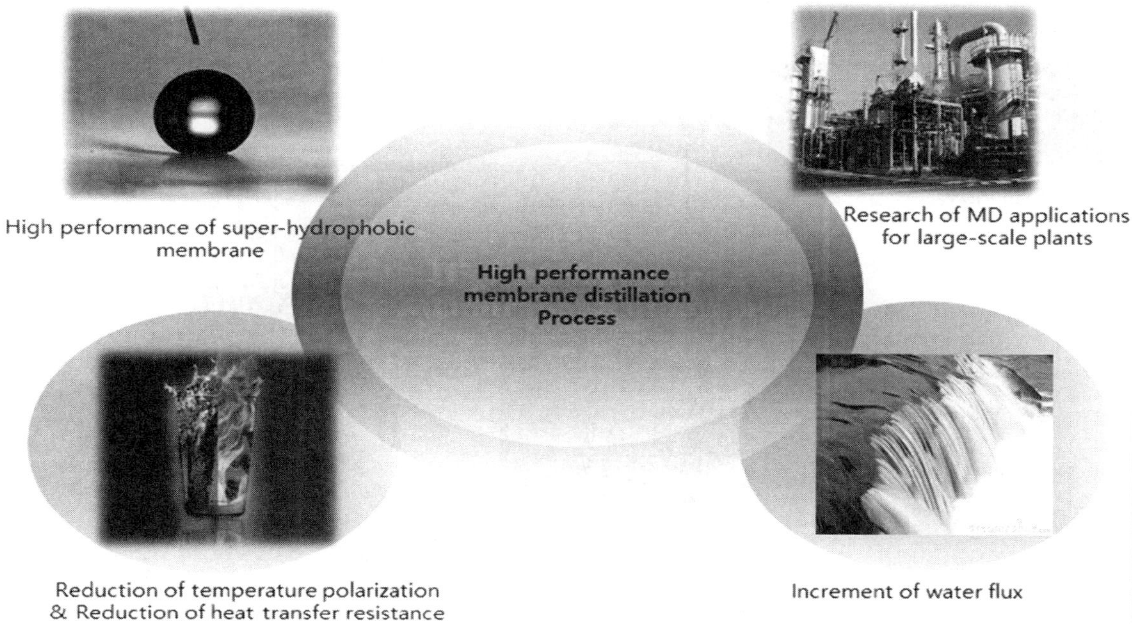

자료 : EOLSS Encyclopedia (1999)

8.1.3 정삼투 기술(FO : Forward Osmosis)

1) 개요 : 정삼투 방식이란 반투막을 사이에 두고 고농도의 유도용질을 해수와 접하게 하여 해수 중의 담수를 유도 용질로 흡수시킨 후 유도 용질에서 담수를 분리 시키는 방식으로 생산

2) 기술의 원리

- 유도용질을 이용하여 분리막 사이의 삼투현상으로 해수 내의 물만을 고농도 용액 쪽으로 투과 시킨 후 희석된 유도용액내의 유도용질은 분리/농축하여 재사용하고 담수를 생산하는 기술
- 정삼투를 이용한 해수담수화는 2006년에 미국 예일대학 Elimelech 교수팀에서 파일럿 규모의 해수담수화플랜트를 선보인 후, 미래형 해수담수화기술로 관심을 모으고 있음

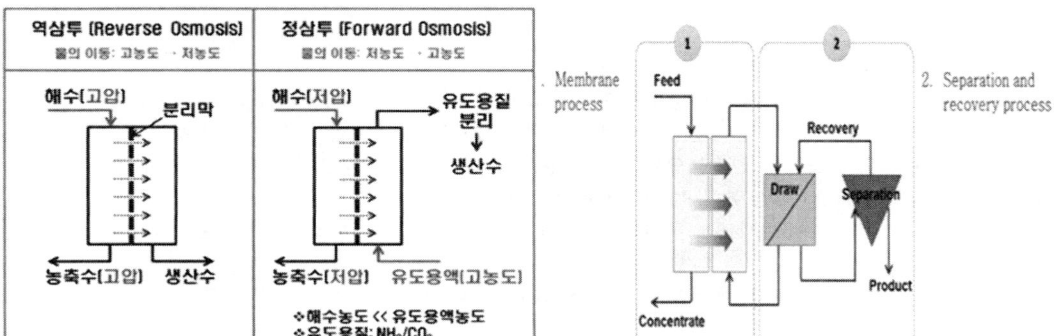

<그림 8-5> 역삼투 및 정삼투 기술의 비교

자료 : http://www.roplant.or.kr/

3) 정삼투법 개념

- 견고한 막 및 막모듈 개발 / 유도용액 개발과 효과적인 회수방법 중심의 연구개발 중

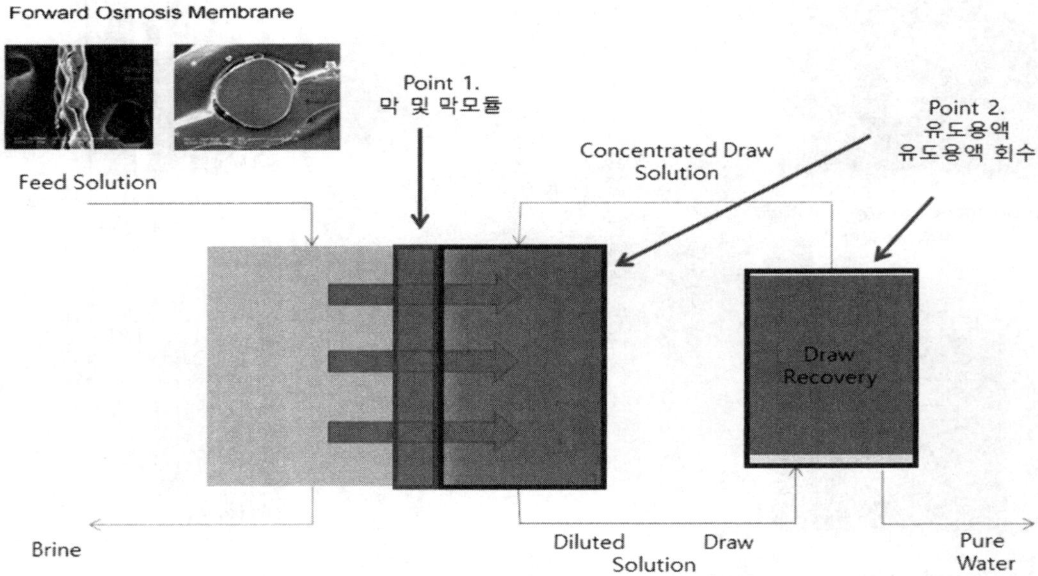

<그림 8-6> 정삼투의 개념도

4) FO 기술의 특징

- 유도용질의 선정
  - 높은 삼투압을 얻을 수 있는 물질 (일반적으로 물에 대한 용해도가 높을수록 좋음)
  - 저에너지로 물과 쉽게 분리 가능한 물질 (고온에서 용해도가 낮아지는 기체의 특성 고려 가능)
  - 음용수에 적용 시 인체유해성이 없는 물질이어야 함
- 정삼투 멤브레인
  - 모듈은 평면형, 와권형, 중공사형 등 다양한 형태로 제조되고 있음
  - 현재 상업화되어 있는 셀룰로오스계통 중공사막과 비셀룰로오스계인 폴리아미이드계의 복합막을 주로 사용
  - 평막의 경우는 평판형 모듈(plate & frame)과 나권형 모듈(spiralwound)을 주로 사용하며, 중공사형태의 막의 경우는 기존의 중공사 모듈을 사용하며, 막의 형태에 따라 관형막(tubular)과 포대(bag) 형태의 모듈도 소규모에 사용

- 정삼투 공정에서 해결해야 할 문제
  - 고투과성, 고선택성을 가짐과 동시에 삼투압을 저하시키는 농도분극(concentration polarization)에 대처 필요
  - 정삼투용 판틀형 모듈의 경우 제조방법이 쉬운 반면 충진밀도가 낮아 모듈 크기가 크고 초기투자 비용이 높고 막을 교체하기 위한 운전비용이 높으며 막 지지층이 충분하지 않아 낮은 수압인 경우나 막 양쪽의 압력이 비슷한 경우에만 사용이 가능하며 압력조절을 위한 공정제어가 중요
  - 튜브형 또는 중공사형 모듈은 자체로 지지할 수 있어 높은 수압에 견딜 수 있고, 큰 벳셀 안에 많은 다발을 넣을 수 있는 장점이 있음
  - 또한 튜브형은 제작이 쉽고 패킹 밀도도 어느 정도 높다. 튜브형태는 유체가 막 양쪽 면에 자유롭게 흐를 수 있음
  - 중공사막의 경우 두꺼운 지지층이 필요 없어 내부 농도분극을 줄일 수 있고 정삼투나 PRO 성능을 향상 시킬 수 있어 정삼투나 PRO 운전에 적합한 형태의 막모듈임

8.1.4 최신 해수 담수화 기술

1) 정삼투, 막증류법, 축전지 탈염기술

• 최근 해수 담수화를 위하여 정삼투, 막 증류법 및 전기장 분리 원리의 기술 도입하고 있음

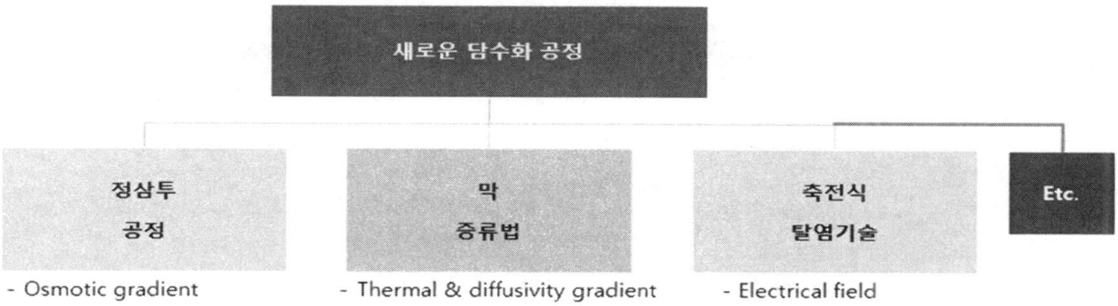

자료 : Arun Subramani, et. al., (2011)

• **축전지 탈염공법(CDI : Capactive Deioniztion)**

- 이온의 전기화학적 흡착

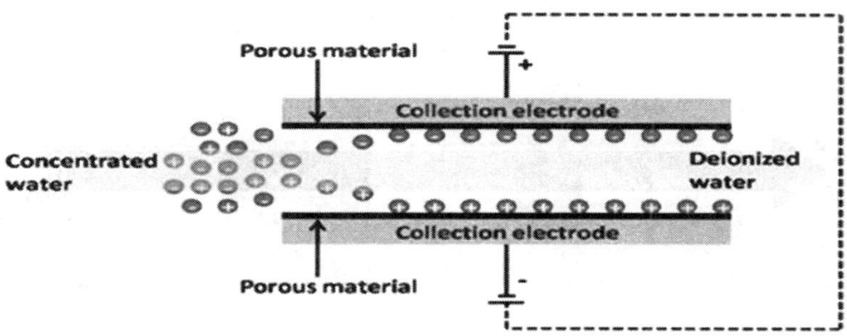

에너지 사용량	장점	단점
- 1.37 ~ 1.67 kWh/m^3 (brackish water) (Welgemoed, 2005). - 고농도의 염도 해수의 에너지 사용 데이터 부재	- 해수담수화의 RO 공법보다 낮은 에너지 소비 (Oren, 2010) - 분리막과 구동압력 필요없음 - 쉬운 작동과 유지관리	- 취수 해수의 낮은 염도에서의 적용 가능 - 실제 적용 시설이 없음

자료 : University of South Australia, Arun Subramani et. al., (2011)

• **Hybrid Desalination System**

-

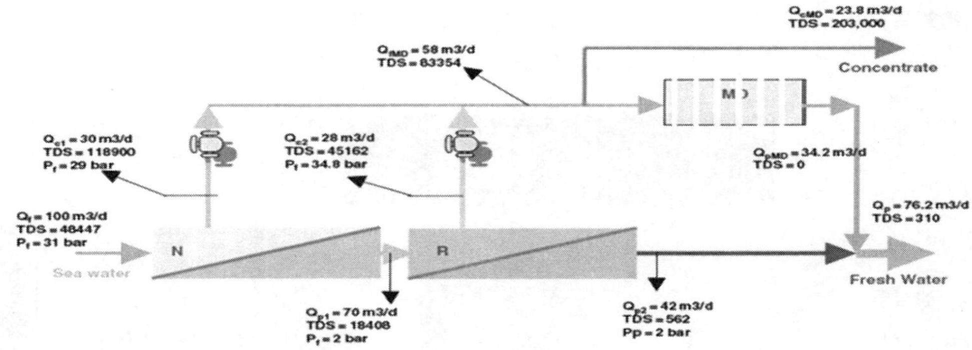

<그림 8-7> Multi-hybrid system (NF/SWRO/MD) 공정 구성의 예

Parameter	Only RO	Multi-hybrid
Recovery (%)	30 - 35	76.2
Production cost ($/m³)	1.29	0.92

자료 : El-Zanati E. et. al., (2007)

- Hybrid of Desalination and Reuse system (FO+MBR)

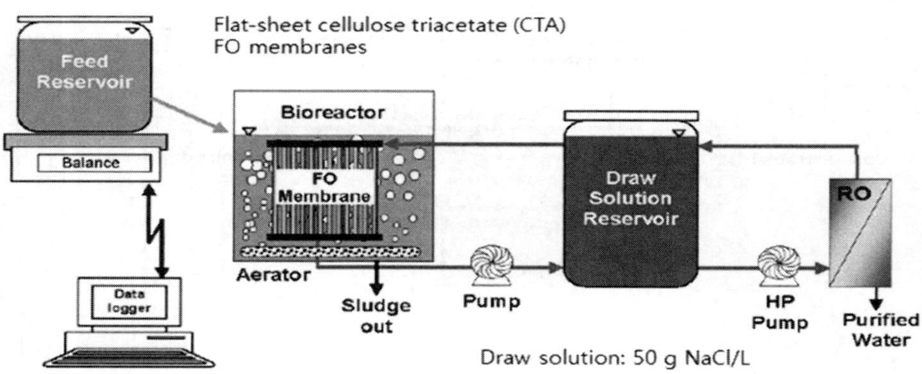

<그림 8-8> Hybrid of Desalination and Reuse system 공정 구성의 예

Items	% rejection of FO membrane	% removal of OsMBR process (bioreactor + FO)	% removal of overall system (OsMBR + RO)
TOC (mg/L)	97.9	99.8	99.8
NH_4^+-N (mg/L)	90.0	97.7	99.4

자료 : Achilli et al. (2009)

• New Energy Sources 기술

- Renewable energy

New Energy for Desalination

- **Solar**
  - Solar thermal process
  - Solar electochemcial process
- **Wind**
  - Stand-alone unit
  - Full unit with turbine
- **Geothermal**
  - Stable & Reliable
  - Environmentally friendly
- **Etc.**

• 재생 가능한 에너지 원은 독립형(산간, 도서 등의 원격지역) 담수화 및 식수공급 시스템을 위한 최고의 에너지 공급 옵션

Solar + MD

• Capacity : 120 ~150 L /day
• Feed : Seawater & Brackish water
• Thermal solar collectors (6 m²) + Desalination module (MD)

Solar + MED

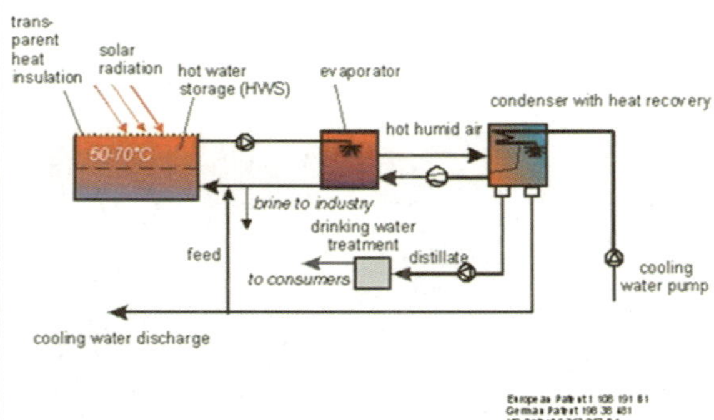

• Capacity : 680 m^3/day (summer)
400 m^3/day (winter)
• Solar area (25 ha = 250,000 m^2) + Multi-Effect Distillation (MED)

자료 : Fraunhofer ISE, DecRen Water Consult (DWC)

Potable solar desalination car

- Capacity : 35 tons/day
- TDS rejection = 99.99%
- Operational within 1 hour upon arrival at the site of a water source

자료 : http://www.aquanext-inc.com

Sydney's wind powered desalination plant
(풍력 탈염 Plant, 시드니)

- 100% offset by renewable energy
- This plant provide enough water to meet up to 15% of Sydney's water needs.

Aeolus (Car)

- Directly produces mechanical power from wind
- The pressure drives the water through a series of filters including the reverse osmosis membrane.

자료 : NSW Government, Engineering for the Earth

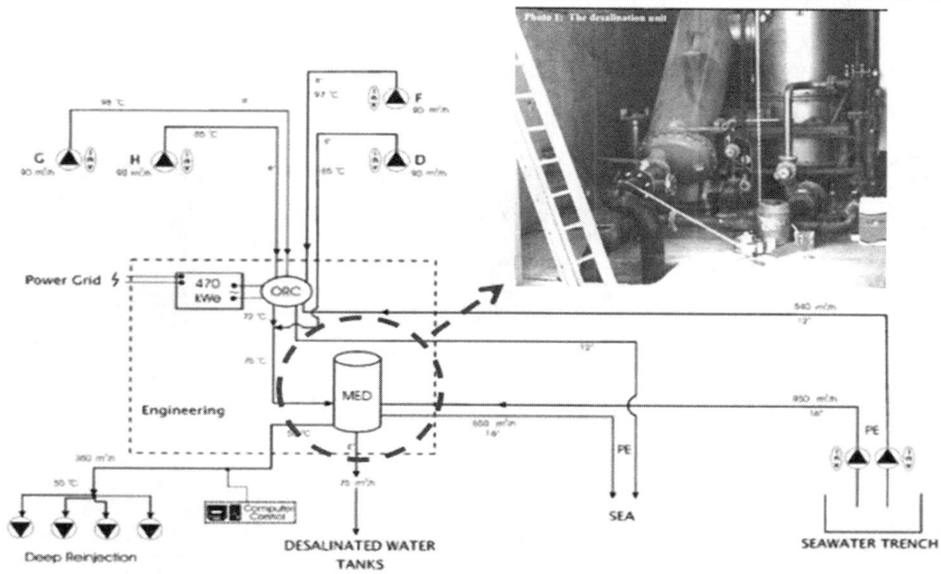

<그림 8-9> Milos Island project 공정

- Capacity : 75 m^3/h fresh water
- Stable, reliable and environmentally friendly renewable energy sources

자료 : EUROPEAN GEOTHERMAL ENERGY COUNCIL

- **담수의 재이용 기술의 적용**
  - 담수의 재이용 (NEWater utilities in Singapore)

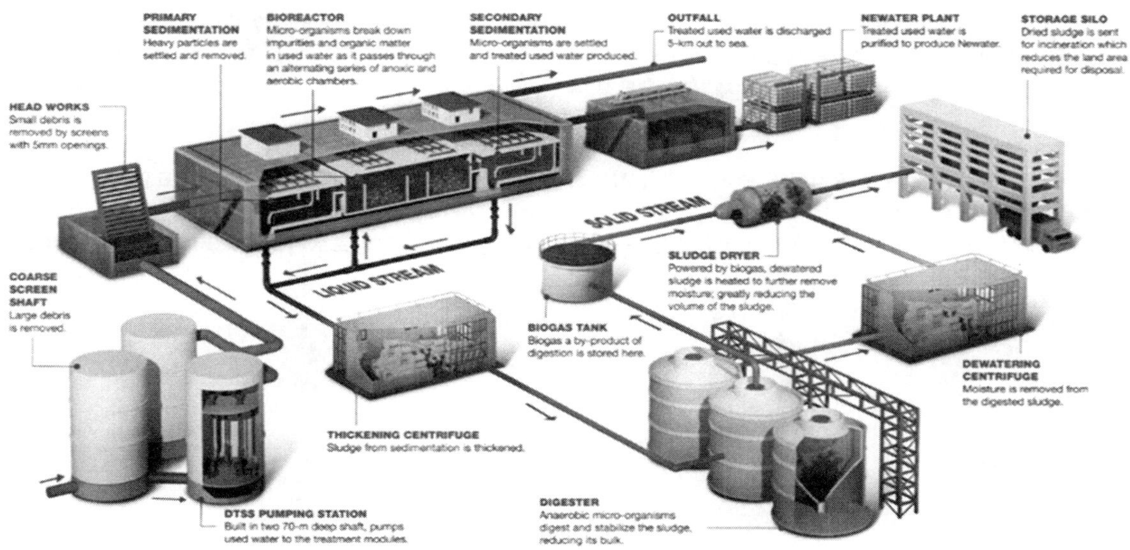

- 담수의 재이용 (NEWater utilities in Singapore)

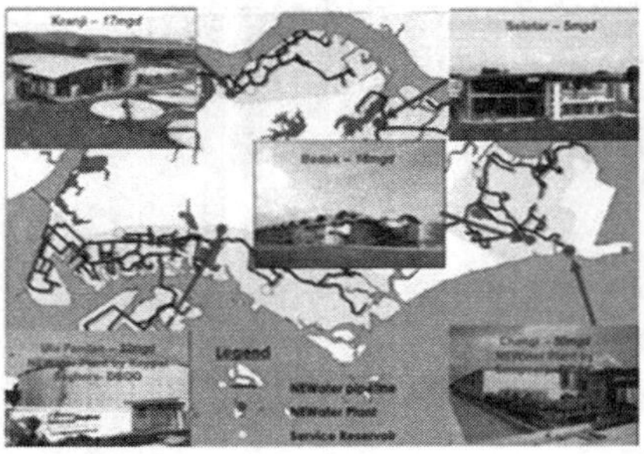

Pre-treatment process using microfiltration membrane module(정밀여과막을 이용한 전처리 공정)

Main treatment process using reverse osmosis membrane (역삼투막을 이용한 주 처리공정)

8.1.5 축전식탈염 기술(CDI : Capacitive Deionization)

1) 개요 : 활성탄소 전극에 약 1.4 볼트의 직류 전원 만을 인가하여 해수나 짠물 중의 염분을 탄소표면으로 이동시켜 흡착제거하는 축전식 탈염기술

☞ 멤브레인 기술은 크게 두 가지로 대별되는데 한 가지는 RO(Reverse Osmosis)이고, 다른 한 가지는 Electro-membrane process(ED, DD, WSED, EDI)로 이들의 차이는 이동 대상 물질(물 또는 이온)에 따라 구분됨

- 기존 기술과의 차이 : 전기투석법은 이온교환막을 이용하여 이온을 분리하는 담수를 얻는 반면 전기흡착법에서는 전극자체에서 이온을 흡착하여 제거하는 특징

2) 기술의 원리

- 탈염 과정 : 직류 전압이 인가된 활성탄소 전극 사이로 무기이온이 통과하면서 활성탄소 전극 표면에 흡착 제거되어 탈염수 생산
- 재생 과정 : 활성탄소 전극에 흡착된 무기이온은 전극에 반대 전압을 인가함으로서 탈착시켜 전극을 재생시킴

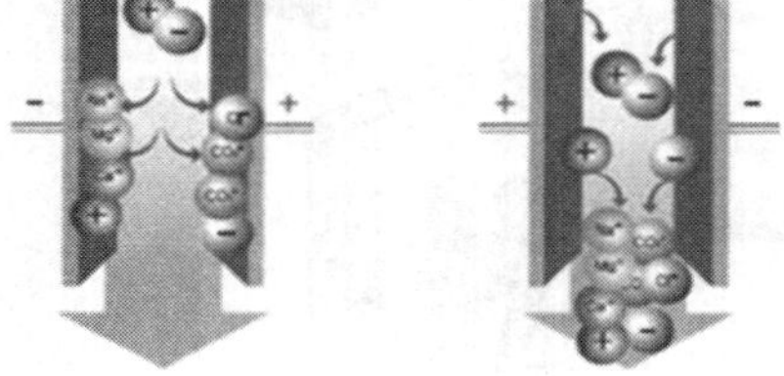

<그림 8-10> 축전식탈염공정

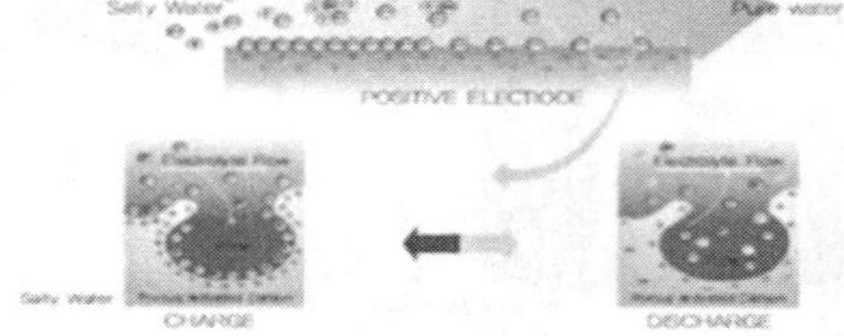

<그림 8-11> 이온의 흡착과 탈착

3) 기술의 특징

- 담수화 기술 중에서 에너지 소비량이 가장 적으나(0.5kwhr/㎥), 적용 가능한 염분 농도(TDS 2,000~4,000 mg/L)가 낮고 회수율은 최대 90% 정도임
- 상온에서 운전하므로 저압 부분은 플라스틱재료 사용가능하여 재료 부식 문제가 비교적 적음
- 운전기기 구성이 간단하여 운전 유지관리가 비교적 용이
- 농축수가 발생하지만 비교적 농도가 낮기 때문에 환경에 미치는 영향은 거의 없음
- 상용화 실적이 많지 않음
- 처리 대상의 TDS 농도에 따라 증류수 수준(유입 수질 1,000 mg/L 이하)에서 그 이상의 수질의 범위를 가짐(염 제거율 50% ~ 90%)

<그림 8-12> 상용제품의 축전식탈염장치 사진

참고 : 축전식 탈염기술 연구개발 현황과 전망 ,워터저널, 2013

8.1.6 압력지연 삼투기술(PRO; Pressure Retarded Osmosis)

1) 정의

- 압력지연삼투는 농도가 다른 두 용액의 삼투압 차이를 이용한 발전으로 정삼투압(forward osmosis)을 이용하며 해수 담수화의 역방향 조작으로, 고농도 용액 쪽이 삼투압보다 낮은 압력이면 삼투압에 의해 막을 통한 고농도 용액으로 가는 물-플럭스가 존재하고, 이로 인해 상승한 유도 채널의 수압을 이용하여 터빈을 돌려 에너지를 생산하는 기술임

2) 기술의 원리

- 보통 저농도 용액으로는 담수(Fresh water)가, 고농도 용액으로는 해수(Sea water)가 이용
- 전처리 과정을 거친 저농도 용액이 삼투압(약 27bar) 차에 의해 반투막을 통하여 고농도 용액으로 투과되며, 이 때 증가한 유량이 터빈을 회전시켜 에너지를 생산, 즉, 두 용액 간의 농도차에 의해 발생한 삼투압이 수압(11~15bar)의 형태로 바뀌어 이 수압이 터빈을 회전시켜 에너지를 얻음
- 막 모듈을 통과한 나머지 기수(Brackish water)는 에너지 회수 장치(Pressure exchanger)에 유입되어 손실된 압력을 회복시켜 주는 데에 이용
- 최근의 막 기술의 발전에 힘입어, 5 W/m^2 이상의 전력밀도가 가능하고, 합성막을 이용한 PRO 실험의 경우, 10 W/m^2 이상의 전력밀도도 얻을 수 있는 것으로 보고됨
- 염도의 비가 클수록 더 많은 전력 생산이 가능한데, 이는 탈염공정에서 발생하는 농축수(brine)를 이용 시 삼투압이 증가함

자료 : http://www.roplant.or.kr/

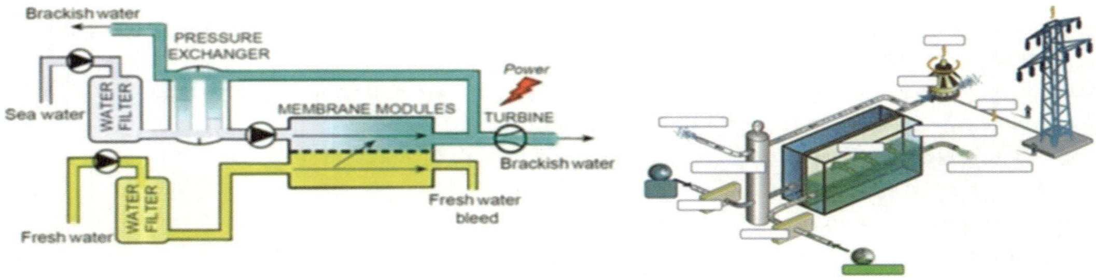

<그림 8-13> 압력지연삼투기술 공정(예)

3) PRO 기술의 특징

- 막의 농도분극에 의한 플럭스 감소는 생산 전력의 감소로 이어져 이를 해결할 방안 필요
- 역삼투, 정삼투 등의 해수담수화 공정과 비교하여 PRO는 파울링 현상에 덜 민감 함에도 불구하고, 유입수의 전처리 과정은 여전히 필요하며 비용을 줄일 수 있는 공정 필요

자료 : 해양엔지니어링학회

8.1.7 고속 응집부상 기술(High Rate DAF)

1) 개요 : 용존공기부상기술(DAF)은 비중이 낮은 물질(조류, 오일 및 그리스) 을 효과적으로 제거할 수 있는 기술로 1920년대 개발되어 정수, 하·폐수, 해수담수화 전처리 등 다양한 분야에 적용되고 있으며, 최근 부상조 표면부하율을 증가한 High loading rate 기술이 개발되어 상용화 됨

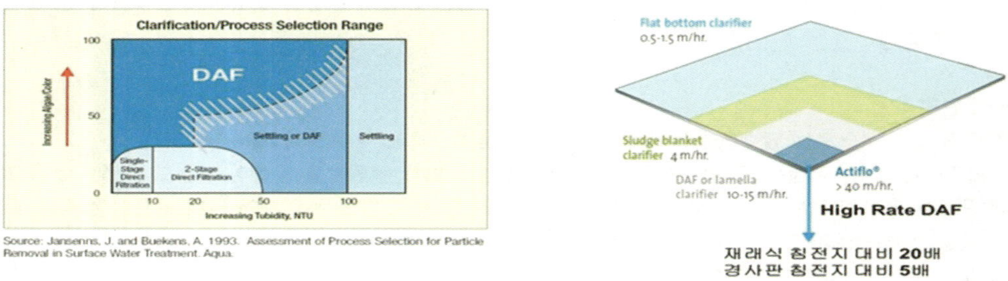

<그림 8-14> DAF 공정을 적용할 수 있는 수질범위

2) 기술의 변천

	~1920 (1세대)	~1960~70(2세대)	~1980(3세대)	~1990(4세대)	~2020(5세대)
표면부하	2~3 m/hr	5~7 m/hr	10~15 m/hr	20~40 m/hr	> 40 m/hr
흐름	Turbulent Flow	Larminar Flow	Larminar Flow	Turbulent Flow	Turbulent Flow
형태	긴 장방형 타입	장방형 타입	장방형 타입	정방형 타입	정방형 타입
수심	2~3m	3~4m	3~4m	4~5m	4~5m

3) High Loading Rate 기술의 원리

- 부상조 내부의 air bubble 층의 두께를 일정하고 균등하게 유지하기 위해 하부 집수부(Evacuation zone)의 유체 흐름을 균등화할 수 있는 구조로 개선
- 미세버블 노즐(Nozzle) 및 포화 장치(Saturator)의 설계 차별화
- Flocculation Mixer 설계 차별화

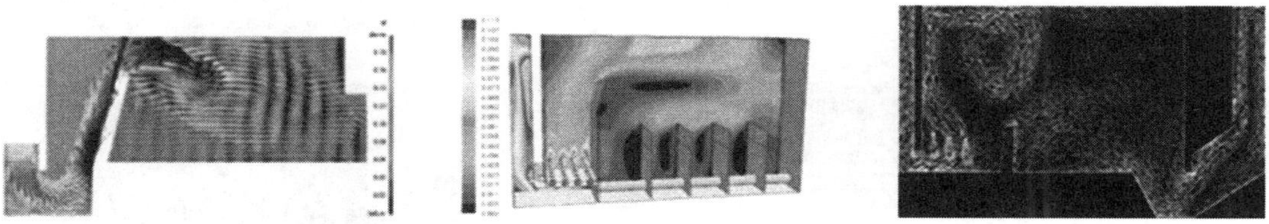

<그림 8-15> 하부 집수부 유체흐름 균등화를 위한 전산유체흐름(CFD)분석

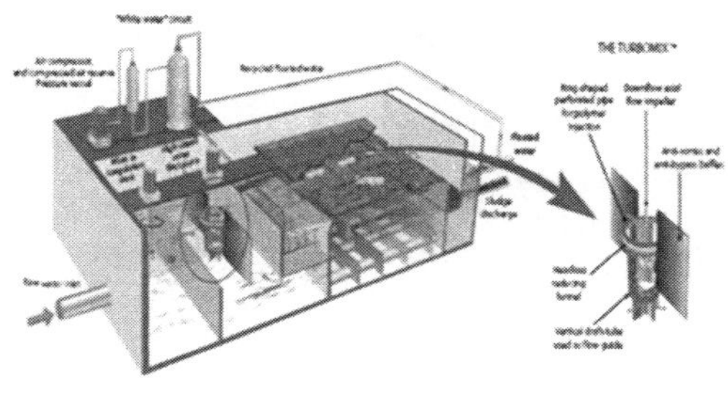

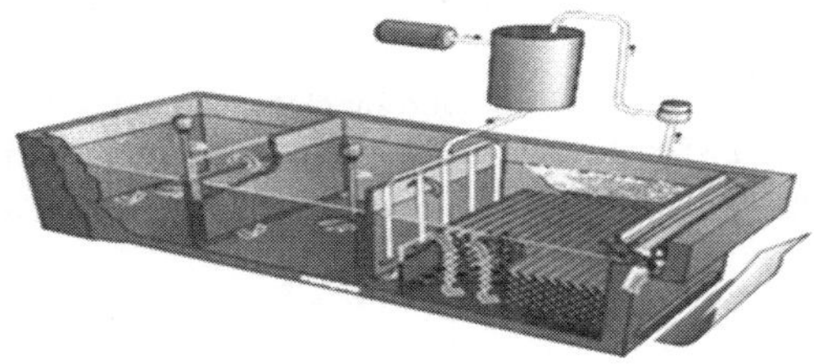

4) 주요 설계 인자(사례)

Item		정수/하수	해수	비고
주요설계인자	급속혼화 체류시간 (min)	1 이내	1 이내	- In-Line Mixer 사용시 수 초
	완속혼화 체류 시간 (min)	10 ~ 15	10 ~ 15	- 최소 5분까지 가능 - 수질 및 수온 등의 영향 고려
	완속혼화강도 (G value, 1/sec)	60~100	60 ~ 100	- 수질 및 수온 등의 영향 고려
	부상조 체류시간 (min)	6 ~ 10	6 ~ 10	- Min. 5
	표면적부하 (m/hr)	Max. 40	Max. 30	- 해수의 공기 포화도 차이
	부상조 조당 Dimension(m)	10 x 10	10 x 10	- Max. 10 x 10
적용 압력 (Bar)		4 ~ 6	4 ~ 8	- 포화율을 올리기 위해 해수에서는 높은 압력 유지
순환율 (%)		7 ~ 15	7 ~ 20	- 실제 해수에서는 10% 이상
사용 응집제		Alum, PAC	FeCl3	- 해수에서는 응집제 Solubility에 영향으로 철염을 주로 사용
슬러지 농도(%)		2~3	2~3	- 슬러지 수집 방법에 따라 차이가 있음

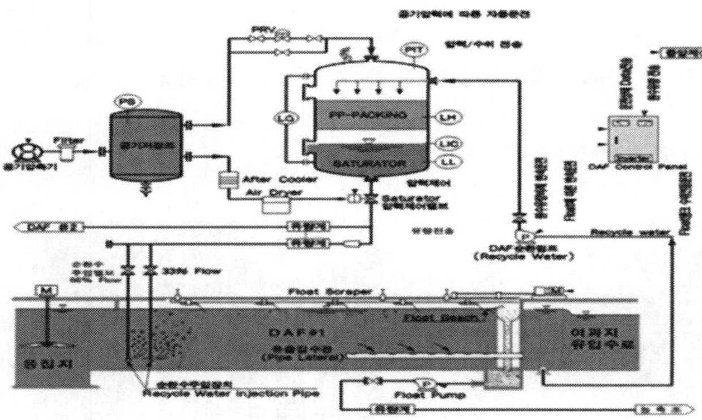

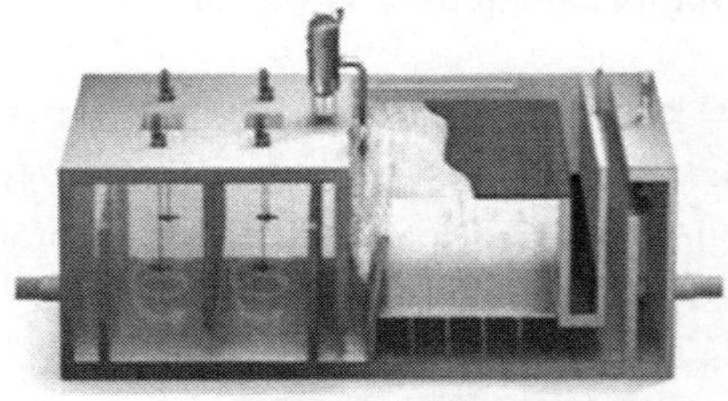

5) 기타 부상분리 기술의 종류

- 용존공기부상법(Dissolved Air Flotation) : 과포화상태 공기를 대기중으로 압력을 낮춰 기포를 발생시키는 방법
- 분상공기부상법(Dispersed Air Flotation) : 프로펠러 등으로 기포를 발생시키는 방법
- 진공부상법(Vacuum Flotation) : 감압된 밀폐조에서 공기의 용해도는 낮춰 기포 발생
- 전해부상법(Electroflotation) : 물을 전기분해하여 수소나 산소 기포 발생

8.1.8 고속 응집침전 기술(High Rate Clarifier)

1) 개요 : 고속응집침전기술은 기존의 응집-침전 기술에서 침전 시간을 단축하기 위해 응집제 외에 가중제로 침전된 슬러지나 마이크로 Sand를 사용하여 무거운 Floc을 만들고 경사판을 설치하여 표면부하율을 증가 시킨 기술로 대상 원수에 따라 다양한 Surface loading rate를 적용 할 수 있음

2) 기술의 원리

- 침전조 내부에 경사판(45° ~ 60°)을 설치하여 침전면적을 증가시켜 부지면적을 감소 시킴
- 무거운 플럭을 만들기 위해 무기응집제 외에 폴리머, Micro sand(유효경 60~80㎛, 균등계수 < 1.7, 비중 2.6~2.7)나, 자성체, 침전된 슬러지와 같은 가중제를 응결 반응(Flocculation)에 사용하며, 모래와 자성체는 하이드로싸이클론 및 자성체 회수장치를 통해 각각 회수하여 재사용함

3) 주요 설계 인자(사례)

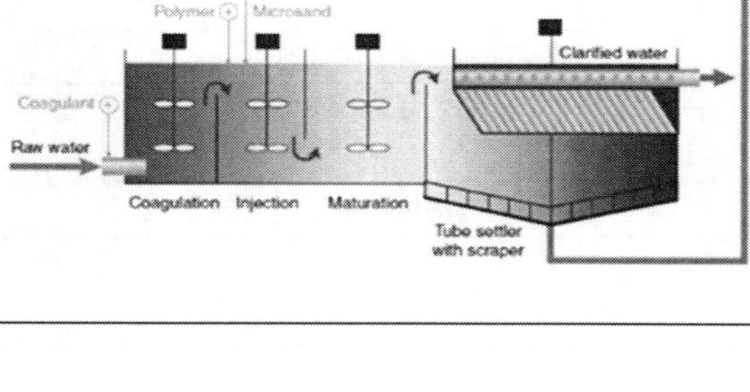

Basin	Detention Time (min)
Coagulation	1 ~ 2
Injection	1 ~ 2
Maturation	4 ~ 8
Clarification	5 ~ 15
침전조 표면부하율	10~80 m/hr
침전조 수심	4~5 m

8.1.9 초순수 기술(Ultrapure Water)

1) 개요 : 초순수에 대한 기준은 조금씩 다르지만 대략적으로 전기저항률(비저항)이 10.0MΩ·cm 이상의 물을 말하며, 초순수 시스템은 전처리 공정(Pretreatment system), 순수처리 공정(Make-up system 또는 primary system), 초순수처리 공정(Sub system 또는 secondary system), 후처리 공정(Reclaim system)으로 크게 네 개의 공정으로 구분됨

2) 기술의 원리

- 전처리공정은 원수의 수질에 따라 고속응집침전기, MF(Microfiltration), UF(Ultrafiltration) 등을 적용
- 순수처리 공정(Make-up system 또는 primary system)의 주요 구성 장치로서 역삼투 장치, 탈기 장치, 이온 교환 장치가 포함됨
- 초순수처리 공정(Sub system또는 secondary system)의 주요 구성 장치는 자외선 살균, 산화장치, 이온 교환 장치, 한외 여과 장치가 있음
- 후처리 공정(Reclaim system) 즉, 재이용 공정은 역삼투 장치, 활성탄 흡착 장치, 이온교환 장치, 자외선 산화 장치 등으로 구성됨

3) 초수순 수질등급 구분

- 미국의 ASTM (American Society for Testing and Materials) 참고 할 수 있으며, 이는 실험을 목적으로 한 초순수의 등급에 해당

Water Standards of ASTM D1193-06

Parameter	Type I*	Type II**	Type III***
Conductivity (μS/cm) at 25 ℃, Max.	< 0.5	1.0	0.25
Resistivity (MΩ · cm) at 25 ℃, Min.	< 0.25	1.0	4.0
TOC (ppb, μg/L), Max.	< 0.20	50	200
Sodium (μg/L), Max.	< 0.20	5	10
Chloride (μg/L), Max.	< 0.20	5	10
Total Silica (μg/mL), Max.	< 0.05	3	500

* Type I : Ultrapure water
** Type II : Purified water
*** Type III : Primary grade water

자료 : 초순수 산업 및 기술동향, 국토교통과학기술진흥원, 2013년(5월호)

4) 초순수 공정의 구성

- 목적 용도를 기반으로 안정성 및 경제성에 따라 다양하게 구성될 수 있으며, 일반적인 예로 전처리공정은 원수의 수질에 따라 고속응집침전기, MF(Microfiltration), UF(Ultrafiltration) 등을 적용할 수 있으며, 순수처리 공정은 2B3T(2Bed 3Tower : 양이온제거탑+탈기장치+음이온제거탑), 2 Pass RO(Reverse Osmosis), RO + EDI (Electrodeionization) 등을 적용할 수 있음

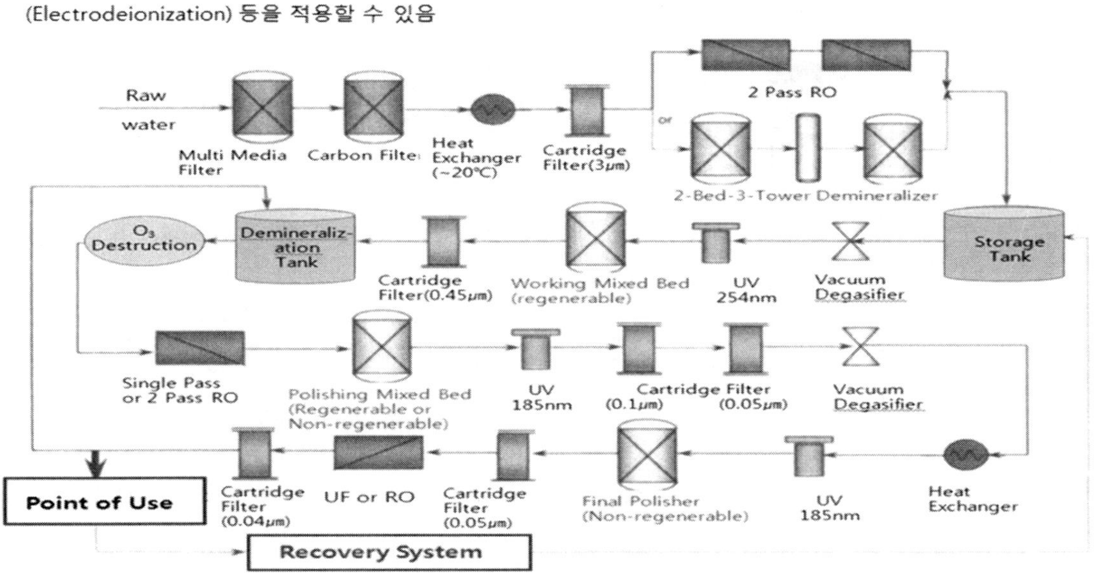

<그림 8-16> 초순수 공정(예)

자료 : 이온텍㈜ 기술자료

8.1.10 초임계수 산화 공정(Supercritical Water Oxidation)

1) 개요 : 초임계수 산화공정은 유기물 및 기체 등의 용해성이 매우 높아지므로 물질전달 율속저항이 제거되어 반응속도가 증가하는 등의 장점으로 인해 유독화학물질 및 군사화학물질처리의 완전산화분해 반응이 가능하며, 2차오염물질의 발생이 없는 것이 특징임

2) 기술의 원리

- 물을 승온/가압하게 되면, 열팽창에 의한 액체 밀도 감소와 압력상승에 따른 기체밀도의 증가가 동시에 이루어져, 특정 영역(임계점, critical point, 374℃, 221bar) 이상에서는 액체와 기체의 밀도는 같아지고 두상의 사이에 구분이 없어지게 되는데, 이러한 임계점 이상에 존재하는 물을 초임계수(supercritical water)라고 함

- 초임계 상태의 물은 유전율이 매우 작아서 비극성 용매처럼 작용하며, 상온, 상압에서 거의 용해되지 않는 유기화합물과도 완전히 혼합되어지는 것으로 알려져 있으며, 유기 화합물들 뿐만 아니라 산소, 수소 등과 같은 기체도 잘 용해되며, 고온의 균일 반응계이므로 확산속도도 커서, 초임계수 중에서의 화학반응 속도는 매우 신속하게 진행됨.

- 초임계수를 산화매체로 사용하는 공정이 약 400~500℃ 범위에서 조업되기 때문에 공정 내 오염물질의 체류시간이 1~5min일 경우 약 99.9%의 대부분 유기오염 물질들이 산화 파괴됨

- 산화온도를 600~650℃범위에 조정하는 경우 평균 체류 시간 수초 이내에 오염물질의 99.9999% 이상으로 완전 분해 처리가 가능한 강력한 산화력을 가져 난분해성 화학 물질의 분해에 탁월한 성능 가짐

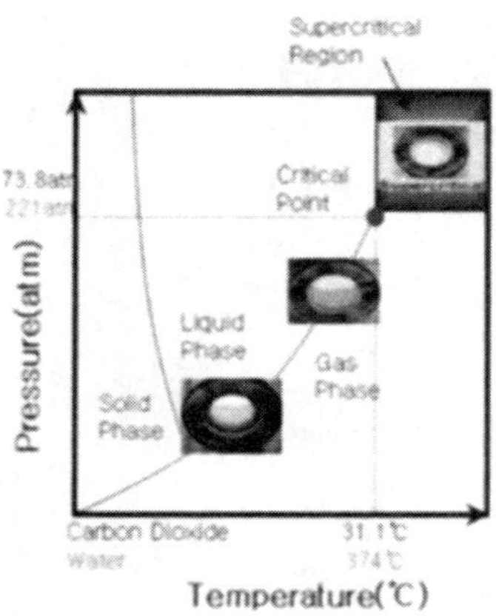

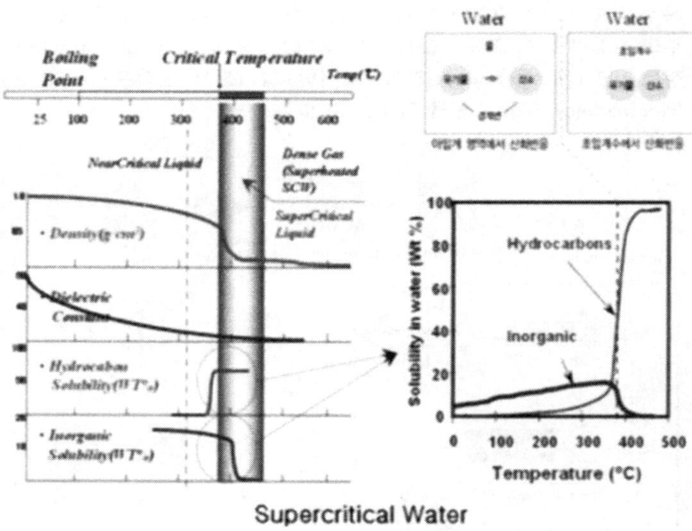

<그림 8-17> 초임계수 산화공정의 온도에 따른 상변화 <그림 8-18> 초임계 산화에 따른 산화특성

자료 : https://suflux.tistory.com/183

3) 초임계수 산화공정의 구성 및 문제점

- 초임계수 산화공정은 우선 고온, 고압이라는 공정의 특수성으로 인해 장치의 안정성 문제가 존재함은 물론, 앞에서 언급한 초임계수의 높은 산화 반응력은 유기화합물의 산화분해측면에서는 고효율의 공정이기는 하지만, 특히 염소, 불소 등을 함유한 할로겐 화합물의 산화분해시 발생하는 HCl, HF 등이 고온, 고압상태에서 반응기를 매우 빠른 속도로 부식 시켜 이에 대응할 수 있는 재질이 요구됨

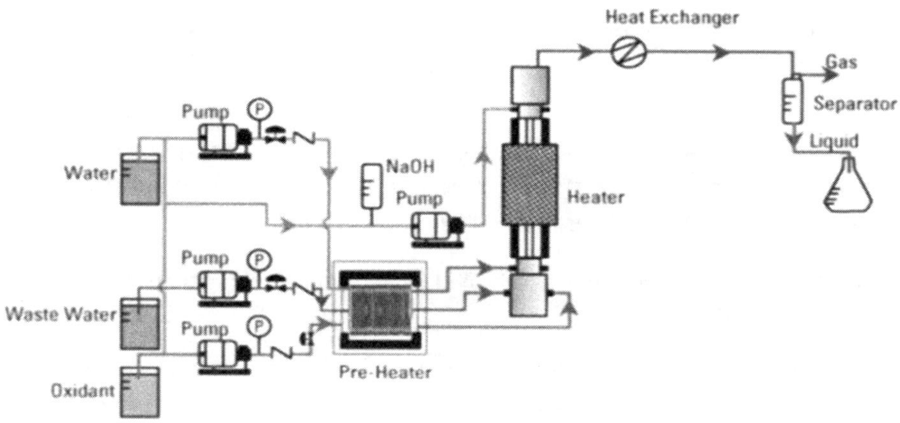

<그림 8-19> 초임계수 산화공정도(예)

자료 : https://suflux.tistory.com/183

8.1.11 광 펜톤 반응(Photo-Fentonoxidation)

1) 개요 : 광-펜톤 산화(Photo-fentonoxidation)법은 수산화라디칼 발생 경로를 갖는 펜톤 산화법에 UV 공정을 결합함으로써 히드록실 라디칼(수산기 라디칼, Hydroxyl radical)의 발생을 효과적으로 증진시키고, 산화제로 사용되는 2가의 철염 및 과산화수소의 양을 절감시킬 수 있는 기술임

2) 기술의 원리

- 펜톤 산화법은 1894년 펜톤(H.J.H Fenton)에 의해 발표된 반응으로, 과산화수소와 2가 철이온을 이용하여 유기물을 산화시키는 반응으로, 과산화수소수에 FeSO4, Fe2(SO4)3, FeCl2, FeCl3 등과 같은 철염을 촉매로 하여 강력한 산화력을 갖고 있는 유리기(OH)를 발생시켜 폐수 중에 잔존 해있는 유기물을 분해시키는 기술임
- 하지만 촉매로 사용되는 철염(Ferrous salts) 및 과산화수소(Hydrogen peroxide, H2O2)가 지속적으로 투입되어야 하기 때문에 운영 비용의 부담이 있어 UV 공정을 결합함
- 반응식은 기존 펜톤 산화[반응식 1]와 UV 공정을 추가한 반응[반응식 2]으로 구분

[반응식 1]	[반응식 2]	[반응식 3]
$Fe^{2+} + H_2O_2 \rightarrow Fe^{3+} + OH^- + OH\cdot$ $Fe^{3+} + H_2O_2 \rightarrow Fe^{2+} + H^+ + \cdot O_2H$	$H_2O_2 + hv \rightarrow 2\ \cdot OH$ $Fe(OH)^{2+} \rightarrow Fe^{3+} + \cdot OH$ $Fe^{2+} + H_2O_2 \rightarrow Fe^{3+} + OH^- + \cdot OH$	$Fe^{3+} + e^- \rightarrow Fe^{2+}$, E0= 0.77V

- 펜톤 산화법은 산화전위로 판단하면 불소를 제외하고 가장 산화력이 우수하므로 난분해성 물질을 가장 효율적으로 처리할 수 있는 방법이나, 국내의 경우 과량의 침전슬러지 발생 문제로 기피한다고 하나 해외사례를 보면 과산화수소의 10%(몰비)에 불과한 2가 철염으로 효율적으로 처리가 가능한 것으로 파악됨

8.2 생물학적 기술 분야

생물학적 기술

- 생물학적 최신 수처리 기술인 아나목스(ANAMMOX), 샤론(Sharon), 호기성그래뉼 슬러지(AGS)에 대한 원리 및 특성에 대해 이해

- STOWA (the Dutch Foundation of Applied Water Reseach)의 조사 프로그램에서 질소 제거를 위한 두가지 혁신적인 공정(Sharon 공정과 Anammox공정)이 검토되었는데, 이 두 공정은 소화 슬러지 폐수로부터 질소를 제거하는데 중점을 두었음.
- Sharon (Single reactor system for High Ammonium Removal Over Nitrite) 공정에서 암모늄은 호기성 조건에서 하나의 반응기 시스템에서 아질산염으로 산화되는데, 이때 혐기성 조건에서 외부의 탄소원을 사용하면 아질산염은 질소 가스로 전환되고 아질산염은 감소하게 됨
- Anammox (Anaerobic Ammonium Oxidation) 공정은 혐기성 조건에서 추가적인 탄소원의 공급없이 아질산염과 암모늄을 질소 가스로 전환시킴
- 기존의 질소 제거와 비교해 볼 때 Sharon 공정은 산소와 탄소원을 절약할 수 있으며, Sharon 공정과 Anammox 공정의 결합은 지속적으로 폐수를 처리할 수 있음. 이 공정은 기존의 질소 제거와 비교해 볼 때 40% 더 적은 산소(=에너지)를 필요로 하고, 유기탄소원이 필요하지 않으며 슬러지 생산량은 무시해도 좋을 정도임

8.2.1 아나목스 기술(ANAMMOX ; **AN**aerobic **AMM**onium **Ox**idation)

1) 개요: 암모니아 절반을 아질산으로 전환하는 부분 아질산화 반응(PN, Partial Nitritation)과 암모니아와 아질산을 이용해 질소가스로 전환하여 질소를 제거하는 아나목스(ANAMMOX) 반응이 결합된 단축 질소제거(Short-nitrogen removal) 기술로서, 산소 소모량을 절감하고 외부탄소원 없이도 폐수의 질소제거가 가능한 차세대 수처리 기술

2) 기술의 원리

- ANAMMOX는, 혐기상태에서 NH_4^+가 전자공여체, NO_2^-가 전자수용체로서 반응하여 질소가스를 생성하는 독립영양반응이므로, 질산화를 위한 산소와, 탈질을 위한 유기탄소원의 공급이 필요 없어 대폭적인 처리비용 저감이 가능함(화학양론식 : Strous et al., 1999)

$$NH_4^+ + 1.32NO_2^- + 0.066HCO_3^- + 0.13H^+ \rightarrow 1.02N_2 + 0.26NO_3^- + 0.066CH_2O_{0.5}N_{0.15}(\text{biomass}) + 2.03H_2O \text{ --- [1]}$$

- ANAMMOX 반응에 의해 질소성분을 제거하기 위해서는, 처리대상 원수에 암모니아성 질소와 아질산성 질소가 거의 동일한 몰비(NH_4^+N/NO_2^- = 1: 1.3)로 존재하여야만 함
  따라서, 암모니아성 질소의 약 50%를 아질산성 질소 형태로 변환시켜야 하며, 이를 위해 필요한 기술이 부분아질산화기술이며, 이 부분아질산화 기술은 기존의 질산화-탈질 공정에서의 질산화과정에서 아질산성 질소가 질산성 질소(NO_3-N)로 전환되는 반응을 제어함에 의해 달성 가능함

$$- 2NH_4^+ + 1.5O_2 \rightarrow NH_4^+ + NO_2^- + H_2O + 2H^+ \text{ ---------------------------------[2]}$$

- 또한 [식 1]에서 보면, ANAMMOX반응 후에 유입 질소량의 약 10%의 질산성 질소가 생성되며, 반응 후 잔류하는 아질산성 질소가 처리수에 잔존되게 되는데, 처리수에 함유된 질산성 질소와 아질산성 질소를 메탄올과 같은 유기탄소원을 사용하지 않고 탈질하여 제거한다면, 질소제거율을 보다 높일 수 있음

- 기존 질산화 공정과 아나목스 공정과의 비교

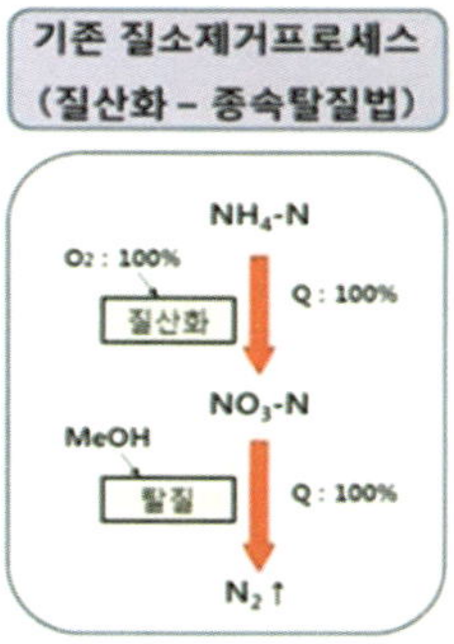

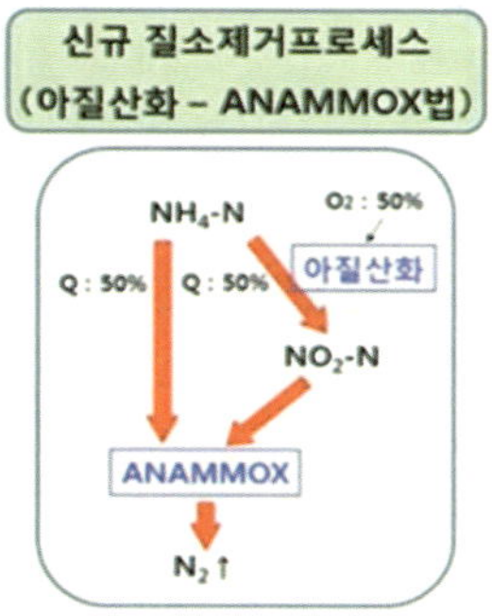

항 목	질산화-종속탈질	ANAMMOX
제거 가능한 부하량 (kg-N/m³.d)	0.1 ~ 1.0 (실 설비 기준)	0.5 ~ 5.0 (실 설비 기준)
유기탄소원 첨가(%)	100	0
폭기량 (%)	100	60 이하
잉여슬러지 발생량(%)	100	50 이하
필요부지면적(%)	100	70 이하

- 아나목스 미생물의 적정 생육조건

항목	내용	비고
pH	6.4~8.3	
온도	30~40℃	
C/N ratio	1.0 이하	- C/N비가 높을 수록 질산화미생물 성장 가능
저해물질	- NO_2^- : 50mg/L 이하 - 중금속, 인산염, sulfide	- 50mg/L 이상 시 활성도 저하

3) 적용 방안 및 문제점

- 적용 분야 :
  - 반류수(side stream) : 현재의 ANAMMOX 기술 적용은 하수처리장 소화조 탈리액을 대상으로 상용화가 이루어지며, 고농도(T-N)의 매립장 침출수, 산업폐수 등에 적용 가능
  - 소화 탈리액은 높은 수온(30도 이상), 낮은 유기물질, 높은 질소농도 (즉 낮은 C/N 비율)의 수질 특성을 가져 처리에 적합한 조건임
- 문제점 :
  - ANAMMOX균의 증식속도(배가시간 : 약 11일)와 균체수율(0.13g-dry weight / g-NH4-N)이 매우 낮은데, 증식속도와 균체수율은 ANAMMOX균의 특성이므로 인위적으로 조절하기 어려움
  - Main Stream의 적용은 유입하수의 높은 C/N비, 낮은 수온 등의 문제로 적용이 쉽지 않음
    ☞ 대량 배양방법, 균의 보존방법 등 현장에서의 적용방법 및 반응조 구조 등에 대한 기술개발이 진행되고 있음

4) 상용화 설비 사례

• 일본

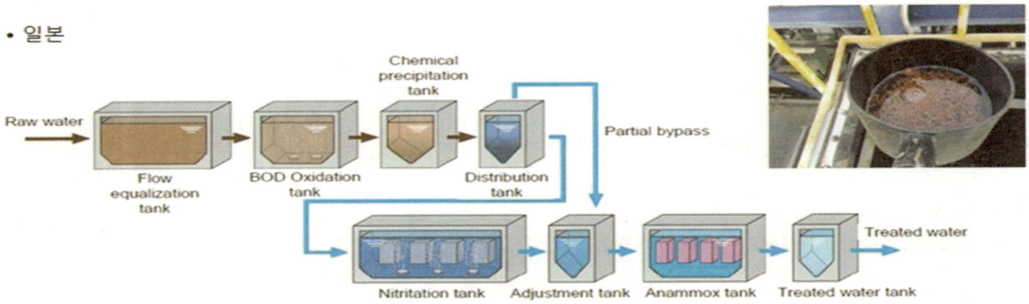

• 미국(DEMON사)

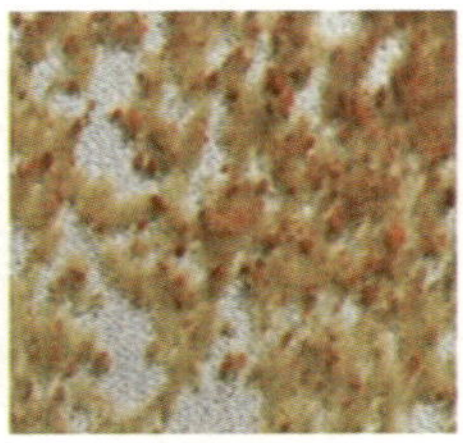

• 네들란드(Paques사)

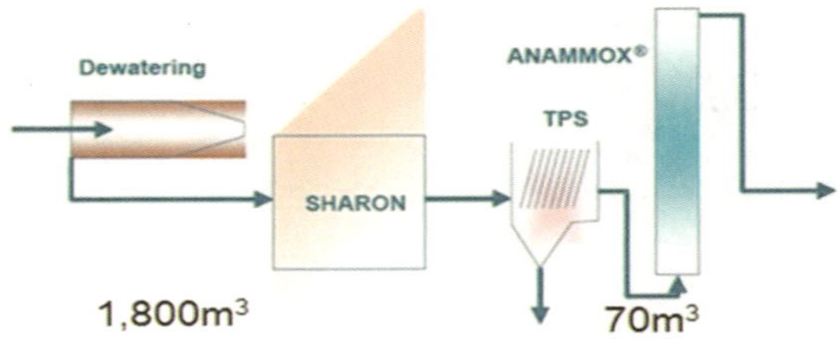

• 주요 업체별 기술 특성

Process	ANAMMOX®	Demon®	ANITA™Mox	Beijing Refco Group Ltd	SNAD
Enrichment type	Suspended growth	Suspended growth	Attached growth	Suspended +attached growth	Suspended +attached growth
Reactor type	Two-Stages	SBR	MBBR	Single-Stage	Single-Stage
Volumetric Loading Rates (kg N/m³/day)	1.7~2.0	0.7~1.2	0.7~1.2	0.5~1.5	0.5~1.0
Performance(%)	~90% NH_3-N ~75% TN	~90% NH_3-N ~85% TN	~90% NH_3-N ~80% TN	~85% NH_3-N ~85% TN	~90% NH_3-N ~80% TN ~70% COD
System control	DO control	pH & DO control	DO control	DO control	pH & DO control
Energy Demand (kwh/kgN-removed)	-	1.0 – 1.3	1.45 – 1.75	-	1.0-1.4
Start-up (seeding)	< 6 months	2 - 5 months	<4~5months	2 months	<6 months

8.2.2 샤론 기술(SHARON; Single reactor system for High Ammonium Removal Over Nitrite)

1) 개요 : 1995년 슬러지액과 같이 질소가 많이 포함된 반송수에서 질소를 처리하기 위한 기술들이 연구되었는데, SHARON 공정은 부분 질산화조에서 간헐 폭기를 통하여 생성된 NO_2^--N을 탈질조에서 탄소원의 존재 하에 종속영양탈질로 제거하는 단축 질소제거 공정으로 기존의 공정에 비해 폭기량과 탄소원량을 저감할 수 있는 에너지 효율적인 공정으로 개발됨

2) 기술의 원리

- 부분 질산화를 유도하기 위해서는 높은 온도 및 HRT 조절에 의해 아질산성 질소 산화균(NOB)을 wash out 시켜 암모니아성 질소산화균(AOB)을 우점화(Nitrite build-up)
- 일반적으로 30 ~ 40 °C의 온도와 pH 6.6 ~ 7.0에 적합하며, 높은 NH_4^+-N 농도(0.5 g/L 이상)를 함유한 폐수의 질소 처리에 이상적인 공정임
- SHARON 공정의 화학양론식 (Hellinga et al., 1998)

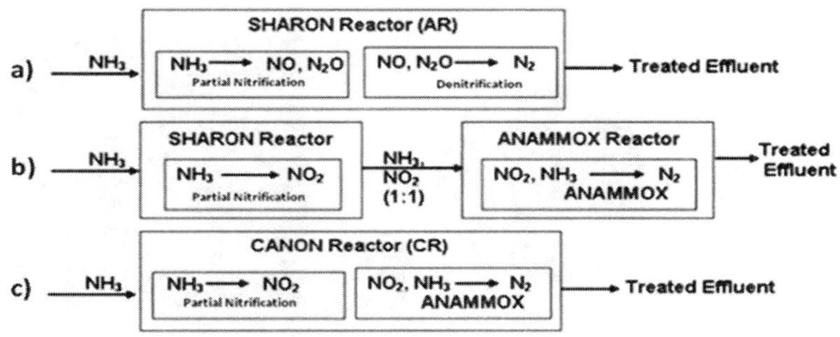

3) SHARON process

- Sharon 공정에서, 암모늄은 암모늄 산화 박테리아에 의해 호기성 조건아래 아질산염으로 전환됨 (Nitritification).

  $NH_4^+ + 1.5O_2 \rightarrow NO_2 + H_2O + 2H^+$

- 반응기에 암모늄 산화미생물과 아질산염 산화 박테리아가 존재할 때, 아질산염이 질산염으로 산화되는 호기성 조건 아래 다음과 같은 반응이 일어남(nitratification)

  $NO_2 + 0.5O_2 \rightarrow NO_3$

- 초기 중온소화 슬러지의 직접 탈수과정에서 반송되는 고농도 암모니아 함유 탈리액 처리를 위해 개발
- 높은 온도 및 HRT 조절에 의해 아질산성 질소 산화균을 wash out 시켜 암모니아성 질소 산화균을 우점화 (Nitrite build-up)

온도, HRT(SRT), DO, pH, FA 등의 조절로 가능

- 장점
  - 고농도 질소폐수 처리시 전처리가 필요 없고, 화학적 부산물이 없음
  - 공정의 안정성이 높고, 운전 및 유지관리가 용이함
  - 높은 온도에서 높은 비성장율을 가지므로 sludge retention 불필요

☞ 간단한 연속흐름 혼합조에서 운전 가능(반송 불필요)

8.2.3 호기성 그레뉼 슬러지 기술(AGS; Aerobic Granular Sludge)

1) 개요 : 미생물이 분비하는 EPS(Extracellula Polymeric Substances)라는 세포 외 고분자물질 등을 이용하여 호기성 미생물을 수 mm 사이즈의 Granule화하여 슬러지 침강속도 증대 및 고농도 MLSS를 유지하여 하수처리 효율을 증대시키는 기술

2) 기술의 원리

- 미생물을 그래뉼화하여 침강속도를 기존 활성슬러지에 비해 10배 이상 높여 침전지 면적을 획기적으로 줄일 수 있으며, 교반기 등이 요구되지 않아 에너지 비용을 줄일 수 있음
- 그래뉼 내부에 질산화, 탈질, 인 축적 미생물 등이 공존하여 유기물, 질소, 인이 동시 제거 가능하고, 높은 MLSS 농도 (10,000~15,000 mg/L) 유지로 고농도 및 충격부하의 대응성이 높음
- SBR 공정을 이용하며 기존 SBR 방식에 비해 운전 주기를 단순화하여 하수의 유입과 배출(혐기 조건), 포기(호기/무산소 조건), 침전(15분)의 Cycle을 가짐
- 주요 공정 및 침강성 비교(AGS vs. 활성슬러지)

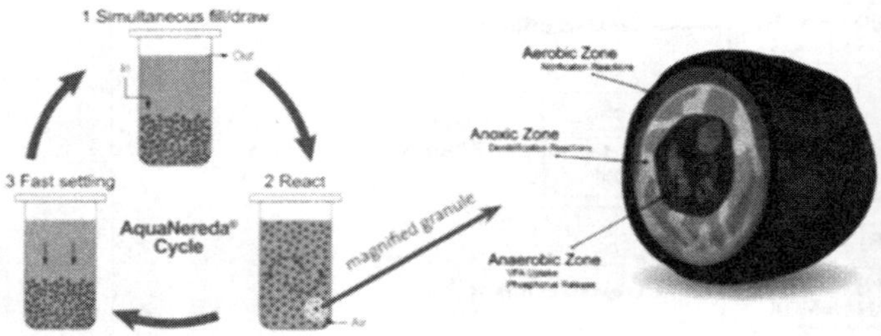

3) 적용 방안 및 문제점

- 적용 분야 : 기존 생물학적 하수처리공정을 대체할 수 있음
- 문제점 : 특정 기업의 특허기술로 인해 핵심기술이 오픈되지 않아 문제 발생 시 제한적인 대처로 해결에 시간과 비용이 많이 소요 될 수 있으며, 다양한 수질조건에 대한 성능 검증이 이루어지지 않음

4) 상용화 설비 사례

- 해외(Nereda Process)
  - 다수의 실적 확보
  - 네들란드 EPE WWTP
- 국내
  - 해외 기술 도입하여 Pilot 규모 테스트
  - 국산화하여 환경신기술 확보

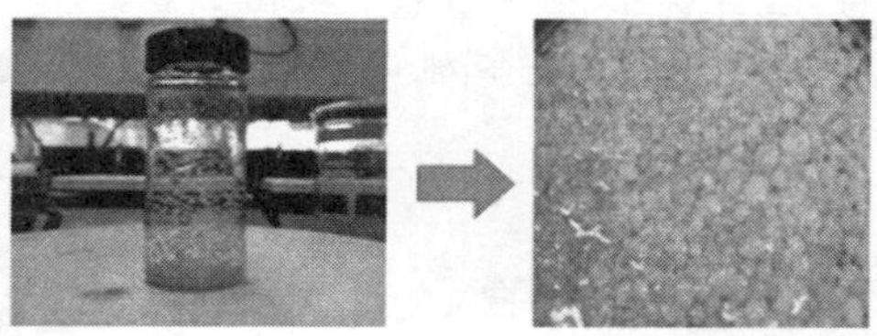

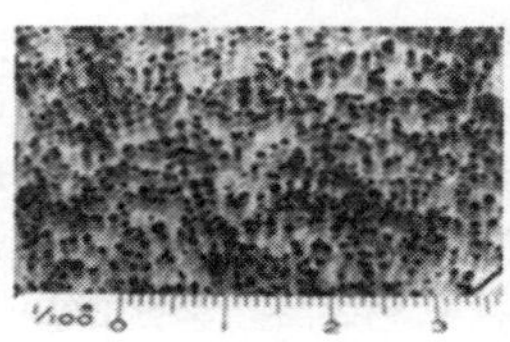

감사합니다

제 9장 상하수도 관로관리 및 펌프 이해

Contents

9.1 상수도 관로관리

9.1.1 상수관의 종류

상수도관의 관종

- 상수도관의 관종은 다음 각 항을 기본으로 하여 선정
  ① 관 재질에 의하여 물이 오염될 우려가 없어야 한다. ② 내압과 외압에 대하여 안전해야 함
  ③ 매설조건에 적합해야 함 ④ 매설환경에 적합한 시공성을 지녀야 함

- 상수도관으로는 **덕타일주철관(ductile cast iron pipe), 강관, 스테인리스강관, 수도용경질폴리염화비닐관 및 수도용 폴리에틸렌관 등의 관종을 사용**. 이 관들은 각각 재료, 제조방법, 규격치수, 강도 및 내외면 도장 등이 다르기 때문에 다음 각 항에 의하여 위생성, 호환성, 내구성, 유지관리의 용이성 등을 고려하여 최적의 관종을 선정
- 실제로는 한국산업표준(KS) 또는 한국상하수도협회규격(KWWA) 등의 규격이 있으므로 규격에 맞는 관종 및 관두께의 제품을 사용
- 도수관로가 자연유하식으로 수압이 낮고 수압변동도 적으며 또한 지반이 견고하고 부등침하 등도 없으며, 또 지진 시의 지반변동에 의한 관체 및 접합부에서의 영향이 없는 경우에는 **프리스트레스트(P.S) 콘크리트관 및 원심력철근콘크리트관(hume 관)** 등을 사용할 수도 있음
- 관수로란 관로 내에 자연수면이 없이 만수가 되어 관로상단과 하단과의 압력차에 의해 물이 흐르는 압력수로

환경부, 상수도시설기준, 2011

1) 상수도 관로 체계

- 일반적인 상수도 관로 체계로 취수원에서 정수장 까지를 도수관로(導水管路), 정수장에서 배수지까지를 송수관로(送水管路), 배수지로부터 수용가에 이르 는 급수관의 접속점까지를 배수관로(配水管路) 및 접속점에서 수요자에까지 공급하는 관로를 급수관로(給水管路)라고 함

- 물 운송체계의 기본적인 기능을 수행하기 위하여 위치에 따라 조절밸브, 역지밸브(check valve), 측관(by-pass), 이토(배수)밸브 등의 설치가 필요하게 됨. 또한 관내 물의 흐름의 급작스런 변경에 의한 관 및 설비의 손상을 막기 위하여 조압수조(air chamber), 서지탱크(surge tank), 서지 저감밸브 (surge relief valve), 공기-진공밸브 (air-vacuum valve) 등의 서지 조절장치 들을 상황에 맞는 장소에 설치함

- 관로의 기본적인 기능

① 충분한 수량과 적절한 수량 공급
② 수질적으로 안전하게 공급
③ 연속적인 공급

이들 기본 기능을 통상 각각 ①수리적 신뢰성, ②수질적 안정성, ③응급성이라 함

2) 관종

- 닥타일주철관 부식성과 관석(scaling)형성 등을 방지하기 위하여 내면에 모르트라이닝(KS D 4316)을 실시하고 외면에는 외부부식에 대한 고려를 하여 역청질계 도료로 도장하는 등이 필요함. 도복장 강관 외면에는 콜탈에나멜 도복장(KS D 8307), 아스팔트 도복장(KS D 8306), 수도용 타르에폭시수지도료 도장(KS D 8501) 또는 동급 이상의 도장을 한 상수도용 도복장강관(KS D 3565)을 사용하는 것이 좋으며 내면에는 관내부에 수질악화를 초래할 가능성이 적은 수도용 액상 에폭시수지도료 도장(KS D 8502)을 사용하는 것이 바람직함

- 실제로 작용하는 내압 또는 외압을 고려하여 관종별로 규격에 맞는 압력관을 사용하여야 함
- KS규격이 정하는 닥타일주철관, 도복장강관등 규격관의 두께는 관로상 각 지점에 실제 작용하는 최대정수두를 산정하고 그 위에 2.5 ~ 5배의 안전율을 고려하여 산정함. 원심력콘크리트관은 다른 관종과 달라 시험수압(1,2,3,4,5,6,8,10kg/㎠)과 최대 사용정수두가 표시되고 수격압은 가산하지 않으므로 이관을 펌프 압송관과 같은 충격을 받을 염려가 있는 장소에 사용하는 경우에는 시험수압에서 수격압을 공제한 수치의 1/2을 최대 사용 정수압으로 하여야 함.

- 즉 수격압을 다른 관과 같이 50m 정도로 하면 시험수압 5kg/㎠ 이하의 관은 사용할 수 없다는 결론이 됨

3) 국내 관종별 수도관 현황

- 수도관 현황(2019년)
  - 관종별로는 덕타일주철관 54,402 ㎞(24.5%), PE관 43,741 ㎞(19.7%), PVC관 25,581 ㎞(11.5%), 스테인레스관 25,209 ㎞(11.3%), 내충격수도관 24,522 ㎞(11.0%)의 순으로 높게 나타났으며, 이 밖에도 액상에폭시 도복장강관 9,572 ㎞(4.3%), 에나멜코팅 도복장강관 9,382 ㎞(4.2%), 아연도강관 761 ㎞(0.3%), 동관 282 ㎞(0.1%), 흄관 36 ㎞(0.02%), 기타 16,259 ㎞(7.3%) 이 사용되고 있음

- 연도별 수도관 연장 현황
  - 2018년 말 현재 수도관 총연장은 222,259 ㎞ 이며, 이 중 지방상수도는216,721 km(97.5%), 광역상수도는 5,538 km(2.5%)로 매년 증가 추세를 보이고 있음

구 분	2010	2011	2012	2013	2014	2015	2016	2017	2018	2019
총 계	165,800	173,014	179,160	185,778	190,901	197,535	203,859	209,034	217,150	222,259 (100.0%)
지방상수도	160,913	168,057	174,157	180,688	185,709	192,288	198,594	203,701	211,771	216,721 (97.5%)
광역상수도	4,887	4,957	5,003	5,090	5,192	5,247	5,265	5,333	5,379	5,538 (2.5%)

- 경년별 수도관 연장 현황
  - 수도관 총연장 중 설치 후 21년 이상 경과된 관은 75,5586 ㎞(34.0%)이며, 16~20년 29,501 ㎞(13.3%), 11년~15년은 38,709 ㎞(17.4%), 6~10년은 42,815 ㎞(19.3%), 5년 이내는 35,677 ㎞(16.1%)임

9.1.2 상수관의 관리

1) 관망계산 및 관망해석

- 관망(管網, pipe network)이란 유체를 운반하는 관이 그물망처럼 여러 개 연결되어 있는 것을 말하며 각각의 관에 흐르는 유체의 유량을 구하는 것을 관망해석이라고 함
- 관수로를 통하여 송수할 때 발생되는 에너지 손실은 관마찰에 의한 것이 가장 크며, 관의 입구, 곡관에 의한 방향전환지점, 관의 단면적 변화지점 그리고 관로상에 있는 여러 부속품에 의해서로 에너지 손실은 발생함.
- 관수로내 흐름의 해석에 대한 문제는 다음 세가지 유형으로 구분할 수 있으며, 연속방정식, Bernoulli방정식, Darcy-Weisbach공식, Manning공식, Hazen-Williams의 평균유속공식 등을 이용하여 해석하게 됨

① 유량 Q와 관로의 제원(길이 L, 관경 D, 조도계수 등)이 주어졌을 때 관로의 임의 길이에 걸친 손실수두 ΔhL 또는 압력강하량 Δp 산정

② 관로의 제원과 흐름을 가능하게 하는 전수두가 주어졌을 때 유량 산정

③ 관로 두단면간의 Δp가 주어졌을 때, 특정유량을 소통시키는데 필요한 관의 직경 산정

- **관망 해석**
  - 관망은 관로의 절점과 다수의 페회로로 구성됨. 관망해석은 관망 내 개개관으로 흐르는 유량을 구하는 것으로 관망해석은 연속방정식과 베르누이 방정식을 기본으로 함
  - Hardy-Cross 방법은 관망계산법으로 실용상 우수한 방법 중 하나로서 이 방법은 관망을 구성하는 개개관의 특성 제원이 주어지고, 유입하는 유량과 유출하는 유량이 주어진 경우에 시산법과 축차계산법을 차용하여 계산을 수행하는 방법임

2) 관경

- 도수관의 관경은 다음 각 항을 기준으로 함

① 관경은 시점의 저수위와 종점의 고수위를 기준으로 하여 동수경사를 산정

② 덕타일주철관 또는 수도용 강관을 사용하는 경우 사용년수의 경과에 따라 통수능력이 감소되므로 설계 시 내용년수를 고려하여 산정. 다만, 시멘트모르터, 액상에폭시수지도료 등으로 내구성이 있는 도장을 시공한 관은 통수능력이 거의 감소되지 않는 것으로 봄

③ 펌프가압식인 경우에는 펌프양정과 관경과의 사이에 경제적인 관계를 고려하여 설계

- 도수관은 어떤 조건하에서도 계획도수량을 도수해야 하므로 관경은 동수경사로서 고려 할 수 있는 최소의 경우에 대하여 산정해 두면 안전하다. 도수관로가 자연유하식인 경우에는 시점과 종점이 모두 자유수면을 가지며 각각 고수위와 저수위가 있기 때문에, 시점의 저수위와 종점의 고수위인 경우가 가장 작은 동수경사인 최소동수경사가 된다. 펌프가압식인 경우에는 펌프흡수정의 저수위와 정수장 착수정과의 수위차 및 도수관로의 손실수두로부터 펌프의 전양정을 산정하면 됨. 관로의 손실수두를 산정할 때에 마찰손실을 먼저 산정하고 곡관부와 그 외의 손실수두를 가산한다. 다만, 곡관과 기타 이형관이 적을 경우에는 이들의 손실을 무시하고 계산하더라도 지장은 없음
- 프리스트레스트(P.S) 콘크리트관 및 원심력 철근콘크리트관에서는 사용년수의 경과에 따 른 통수능력의 감소는 적지만, 덕타일주철관 또는 수도용 강관으로 내면에 충분한 내구성이 있는 도장 을 시공하지 않은 경우에는 통수년수에 따라 내면에 관석(scaling)이 생겨 단면이 축소되고 조도가 증가하여 통수능력이 점차로 감소됨

3) 관수로

- **관수로** : 관로내에 자연수면이 없이 만수가 되어 관로상단과 하단과의 압력차에 의해 물이 흐르는 압력수로
- 도수관을 신설할 때를 설명한 것이지만 확장하거나 개량할 경우에는 기존에 설치된 관과 신설관은 각각 다른 조도계수를 적용하여 계산해야 함. 기존에 설치된 관의 조도는 가능한 한 실측하 는 것이 바람직하며, 일반적으로 사용되는 관수로의 유량 공식은 하젠-윌리암스(Hazen-Williams) 공식이며 다음과 같음

$$V = 0.84935\ C \cdot R^{0.63} \cdot I^{0.54}$$

$$Q = AV$$

$$hL = 10.666\ C^{-1.85} \cdot D^{-4.87} \cdot Q^{1.85} \cdot L$$

여기서, V : 평균유속(m/s), C : 유속 계수, R : 경심=D/4(m), I : 동수경사=h/L, L : 관로연장(m)

hL : 길이 L(m)에 대한 마찰손실수두 H(m), D : 관의 내경(m), Q : 유량(m^3/s), A : 관의 단면적(m^2)

- **Hazen-Williams** 공식은 비교적 큰 관(d>5cm)에서 V<=3m/sec인 경우에 대하여 경험적으로 개발하여 미국에서 상수도 시스템의 설계에 많이 사용되어 온 공식으로 C 값은 Hazen-Williams 계수로서 가장 매끈한 관에서는 150, 닥터일 주철관의 신관은 130 정도, 대단히 거치른 관에서는 80정도의 값을 가지며, 설계를 위한 평균치로는 100을 많이 사용하는데, C값의 적용에 있어 관경에 따라 차등을 주어 적용하는 것이 타당하고, 통수년수에 따라 점차 감소하므로 약 20년 후를 고려하여야 함

관종	유량계수 C	관종	유량계수 C
New 주철관	130	시멘트 라이닝관	140
Old 주철관	100	콜탈에나멜 라이닝관	140
New 동관	120	석면 시멘트관	130
강관	100	매끈한 고무호스	130
Old 강관	80	토관, 목관	110

3) 마찰손실수두

- 관 마찰에 의한 손실수두는 흐르는 물과 관 벽체와의 마찰에 의해 유발되는 손실은 관로 내에서 발생하는 손실의 대부분을 차지하며 손실수두를 계산하기 위하여 사용되는 공식은 달시웨이스바하(Darcy-weisbach)의 마찰손실수두 공식이 있음

- 두 단면간의손실수두(hf)는 속도수두와 관의 길이(L)에 비례하고 관경(D)에 반비례하는 것으로 알려짐

$$hf = f\frac{L}{D}\cdot\frac{v^2}{2g}$$

여기서, hf : 수두손실(m), f : 마찰(손실)계수, L : 관 길이(m), D : 관 내경(m), V : 유속(m/s), g : 중력가속도(m/s^2)

hf = head loss (m), f = friction factor, L = length of pipe work (m), d = inner diameter of pipe work (m), v = velocity of fluid (m/s), g = acceleration due to gravity (m/s^2)

※ 상수관에서 관의 지름을 2배로 하면 유량 변화는 Darcy-weisbach공식을 유도할 경우 $Q=D^{5/2}$로 되어 관 단면은 4배가 되나 유량은 5.7배가 됨

• 관로에서 직관 이외에 곡관, 분기관, 확대관, 축소관, 변(밸브)류, 유량계 등의 요소가 있는데, 이들의 손실수두는 다음과 같으며, 손실계수(f)는 수치로 제시되어 있는 값을 이용하여 계산

$$hf = f \cdot \frac{v^2}{2g}$$

상기 손실계수는f 로서 각종 요소의 손실수두계수표에서 수치로 표시되어 있어 그 값을 적용하여 계산함

(예) 입구손실계수

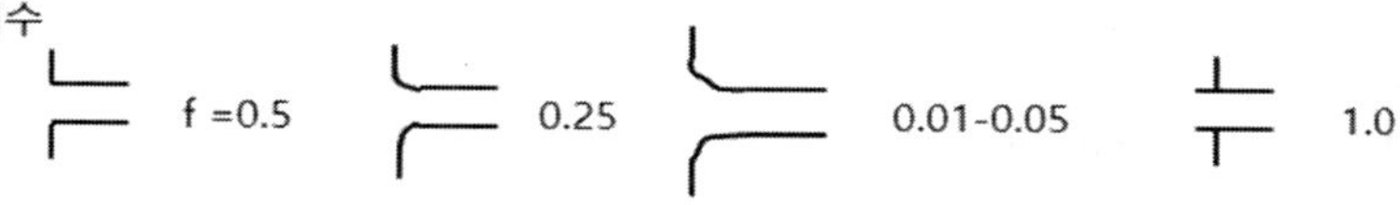

<문제 9-1>시험수압이6kgf/cm²으로 표시된 철근콘크리트관을 사용할 경우 수격 수입을 50m로 하면 최대 사용 정수두는 얼마로 하여야 하는가?

(풀 이) 철근 콘크리트관에는 수격압이 예상되어 있지 않으므로 시험수압에서 먼저 수격압을 빼준다

60m ≒ 6kgf/cm² – 50m = 10m 최대사용정수두는 다시 ½로 잡아 5m로 한다.

동일한 조건에서 시험수압8kgf/cm²의 철근콘크리트관의 최대사용 정수압은 15m가 된다. 닥타일주철관이나 강관은 위와 같이 고려할 필요가 없으며 규격에 제시하고 있는 최대사용정수두를 그대로 사용한다.

4) 개수로(開水路)

• 자유수면이 있는 수로로서 중력에 의하여 높은 곳에서 낮은 곳으로 흐르는 수로

• **Chézy 공식은** turbulent open channel flow에서 평균 유속을 나타냄. 1775년 Chezy가 등류흐름에 대하여 유도한 평균유속 산정식으로, 일정한 수로경사, 일정한 단면을 갖는 개수로에서의 등류흐름에 적용. 흐름의 두 단면사이에서 발생하는 에너지의 감소량이 흐름의 마찰과 동일한 것으로 가정하여 유도.

• 등류에서는 에너지경사 = 수로경사 이므로 수식에서 에너지경사 i 를 수로경사로 이용

$$V = C \cdot R^{1/2} \cdot S^{1/2}$$

여기서, V : 평균유속, average velocity [m/s], C : Chezy's coefficient [m^{1/2}/s],
R : 경심(통수단면적/물이 차있는 변의 길이),
hydraulic radius, which is the cross-sectional area of flow divided by the wetted perimeter(for a wide channel this is approximately equal to the water depth) [m]
S : 동수경사, hydraulic gradient, which for normal depth of flow equals the bottom slope [m/m]

이 식은 Chezy의 계수 대신에 Manning의 조도계수(Roughness Coefficient)로도 사용할 수 있으며, Manning은 실험에 기반으로 하여 C에 대해 다음의 관계를 유도함

$$C = 1/n \cdot R^{1/6}$$

여기서, C : Chézy coefficient [$m^{1/2}$/s],
R : hydraulic radius, which is the cross-sectional area of flow divided by the wetted perimeter (for a wide channel this approximately equal to the water depth) [m], and
n : Manning's roughness coefficient(조도계수)

상기 두 식은 실험식이지만, Manning 공식이 더 정확하여 널리 사용되고 있으며 모든 개수로(open channel)의 유량 분석에 이용되고 있음

- **매닝공식(Manning's formula)**은 압력을 받지 않는 대기 압력 상태의 개방된 수로, 배수구와 같은 형태에 완전한 액체상태의 유체가 유로 내에서 일정한 방향으로 흐를 때 유체의 평균속도 추정 등에 사용하고 밀폐된 일반 배관의 직경, 유속을 구하는 공식과 차이가 나므로 주의가 요망됨

Manning 공식 : $V = 1/n \cdot R^{2/3} \cdot I^{1/2}$

$Q = A \cdot 1/n \cdot R^{2/3} \cdot I^{1/2}$

여기서, Q = 유량, Flow = V · A (m^3/s)

A = 단면적,Cross sectional area of flow(m^2)

v = 단면속도, cross-sectional mean velocity (m/s

n = 매닝 조도계수, Manning coefficient of roughness

R = 동수반경(動水半徑)은 통수단면적을 물이 차있는 변의 길이(윤변)로 나눈 값임(일명 경심, 經深)

= 수류단면적/윤변, 관수로의 경우 동수반경(A/P) = $(\pi D^2/4)/(\pi D)$ = D/4, hydraulic radius(m)

수류단면적(원형관) = $\pi \cdot D^2/4$, 윤변길이(P), wetted perimeter = $\pi \cdot D$

I = 동수경사(動水傾斜), Slope of pipe(m/m)

5) 유속

- 도수관을 설계할 때의 평균유속은 다음 각 항에 따름

① 자연유하식인 경우에는 허용최대한도를 3.0 m/s로 하고, 도수관의 평균유속의 최소한도는 0.3 m/s로 함

② 펌프가압식인 경우에는 경제적인 유속으로 함

- 자연유하식 도수관인 경우에는 시점과 종점간의 낙차를 최대한도로 이용하여 유속을 가능한 한 크게 하는 쪽이 관경이 최소가 됨. 유속이 커지면, 밸브를 조작할 때에 비정상적인 유량 변동에 의하여 압력이 불안정하게 되거나 관내면의 마찰 등이 생기기 때문에, 덕타일주철관, 수도용 강관, 경질폴리염화비닐관 등에 대한 기왕의 실적을 참고하여 관내 평균유속의 허용 최대한도를 3.0 m/s 정도로 함

- 또한 도수관의 평균유속으로 최소의 한계는 모래입자가 침강되는 것을 방지하기 위하여 0.3m/s로 함

- 펌프가압식 도수관로인 경우에는 경제적인 관경에 대한 유속으로 하는 것이 바람직함

6) 관경의 경제성 평가

• 펌프가압식인 경우에는 도수관의 관경과 펌프양정과의 상관관계를 무수히 조합할 수 있는데, 관경을 작게하면 관의 부설비는 저렴하나 통수저항을 증가시켜 동수경사가 급하게 되며 손실 수두가 커지기 때문에 펌프양정이 커지게 됨. 따라서 펌프의 설비비가 커질 뿐만 아니라 장래에 전력비가 높아져서 비경제적으로 됨

• 반대로 관경을 너무 크게 하면 펌프 설비비는 적으나, 관의 부설비는 증가되며 어느 경우에도 비경 제적인 설계가 되기 쉬움. 일반적으로 관로 관계의 비용과 펌프 관계의 비용을 합산한 값을 연간 총경비(건설비, 이자, 시설의 감가상각비 및 유지관리비의 합산치)의 형태로 고려하면, 주어진 유량에 대하여 총경비가 최소이며 가장 경제적인 관경이 반드시 하나 존재하는데, 이를 상수도 관로의 경제적 관경이라고 함

• 이것은 송수관과 배수관에 관해서도 마찬가지로서 펌프 가압식 수도관의 경제적 관경임. 이 경우 유속, 유량, 동수경사가 각각의 관경에 대한 경제유속, 경제유량, 경제동수경사가 됨. 즉, 이들의 경제적 수리제원은 주어진 관종, 부설조건에 대하여 하나의 물가 체계상에서는 각 관경별로 항상 일정한 값을 표시함. 경제적 설계조건에 영향을 미치는 요소로서는 관 부설 재료비 및 인건비, 펌프 설비비(가건물 포함), 건설자금의 이자율, 관 및 펌프설비의 감가상각률과 유지보수율(고정자산 보존율), 전기요금 등이 있고 그 중 하나가 변동하면 경제적 제원들도 따라서 변화함

<문제 9-2>

(문제 1) 주철관(D=100mm)으로취수장에서정수장까지 물을 도수하고 있다. 이 주철관으로 20년 후의 도수량을Hazen-Williams 공식으로 검토하시오. 단, 동수구배는1%로 한다

(풀 이) 주철관에서 통수연수와C 값의관계 그래프에서 C = 90라 하면,

$V = 0.84935C \cdot R^{0.63} \cdot I^{0.54} = 0.84935 \times 90 \times (0.025)^{0.63} \times (0.01)^{0.54} = 0.62$ m/s

$Q = AV = 0.00785 \times 0.62 = 0.00489$ m^3 /s

(문제 2) 취수장이 있는 A 수조에서 정수장이 있는 B 수조 사이에 직경 250mm 주철관이 부설되어 있고, 중간에 90도 곡관10개와 1/5 열린 스루스(sluice) 밸브가 1개 설치되어 있다. 관 손실수두f = 0.03 이라면 B 수조에 유입되는 유량은 얼마가 되는가? 양수조의수위차는2m 이다

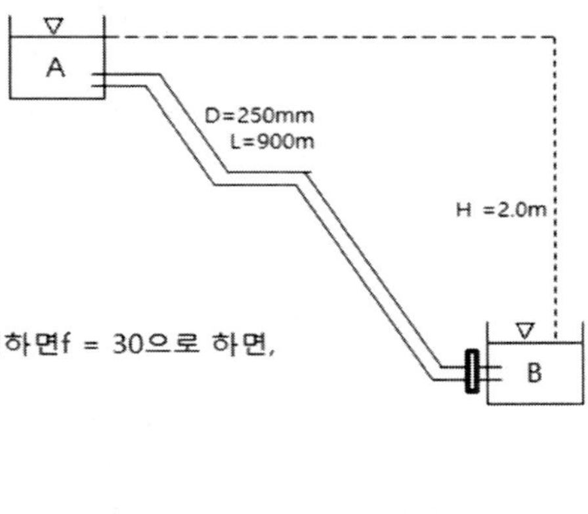

(풀 이) A 수조의 출구에 관이 삽입되어 있다고 하면,

f = 1.0 이므로 입구손실수두 h1 ;

$$h1 = 1.0 \times \frac{v^2}{2g}$$

곡관에 의한 손실수두h2 는 f = 0.2로 하면,

$$h2 = 10 \times 0.2 \times \frac{v^2}{2g} = 2.0\frac{v^2}{2g}$$

1/5 열린 스루스 밸브에 의한 손실수두h3는 관계 표에서 추전하면f = 30으로 하면,

$$h3 = 30 \times \frac{v^2}{2g}$$

B 수조에 있어서 h4는 관수부에서 커다란 수조로 유출되므로 관내의 손실수두와 같다.

$$h4 = \frac{v^2}{2g}$$

직관부에 의한 손실수두h5 는 f = 0.03으로 하면,

$$h5 = f\frac{L}{D} \times \frac{v^2}{2g} = 0.03 \times \frac{900}{0.25} \times \frac{v^2}{2g}$$

총손실수두H는 AB간의 수위차2m 와같다

즉 $H = h1+h2+h3+h4+h5\ \frac{v^2}{2g} = 2.0$

$\therefore\ v = 0.525m/s$

$\therefore\ Q = Av = 0.049 \times 0.525 = 0.026m^3/s$

• **수격현상(Water Hammer)** : 관로에서 어떤 원인으로 관내의 유속이 급격하게 변화했을 경우에 관내 압력이 과도적으로 변동하는 현상을 수격작용 또는 수충작용이라 함. 수격작용은 밸브의 개폐나 펌프의 기동, 정지시에 발생하고, 특히 정전에 의해 펌프가 정지했을 경우에 문제가 발생함. 수격작용은9.3절 '펌프의 이해와 관리' 에서 상세히 기술함

• **Cross connection** : 음용수를 공급하는 수도와 음용으로서 사용할 수 없는 다른 계통의 수도와의 사이에 관이 연결된 것을 말함. 광의로 급수기구와 오염원 간의 간격이 없던가 혹은 있어도 좁아서 배수관내에 부압이 발생할 때 오염원의 오수가 역으로 급수기구에 흡인(吸引)되게 한 배관도 포함

• Cross connection 방지 방법
- 배수관, 급수관은 수질의 안전성이 나쁜 다른 수도시설과 직접 연결시키지 말 것
- 급수관을 방화탱크, 집수탱크, 풀, 세면기 등과 같이 물이 고이거나 사고로 배수구가 막히는 경우 물이 괴는 구조물을 배관할 때에는 월류선 위로 관경 이상의 안전공간을 둘 것. 단, 관경이 50mm 이하의 경우는 최소 50mm의 공간을 유지할 것
- 대변기용 세정변은 진공파괴기(vaccum breaker)를 구비한 것을 사용할 것

• **누수원인** : 누수는 공들여 배수한 정수가 헛되이 없어지는 것이므로 수자원의 유효이용 측면에서도 문제가 됨 누수되는 곳은 단수 시에 부압이 발생하여 역으로 오수를 빨아드리게 되어 위생상 문제가 발생함.
- 누수가 발생하는 장소는 관의 접합부나 관과 기구의 접합부가 대부분 차지하지만, 그 외에 절손(折損), 파열, 부식 등 관 자체의 결함이 원인이 됨

① 접합누수 : 접합의 시공 불량에 의해 생기는 누수(예 : 경질염화비닐관, 강관에 많이 발생)
② 관의 파열, 부식 : 관의 사고는 관종에 따라 다르며, 연관, 동관은 부식이 많고, 연관은 외상, 파열이 많이 발생
③ 관의 절손 및 구열(龜裂) : 주철관이나 석면시멘트관일 때 지반침하가 원인이 되거나 고형의 이물질이 침상(枕狀)으로 관 밑이 있어 큰 교통 하중을 받거나 다른 공사 등에 의해 발생
④ 지수변, 소화전, 분기전, 수도미터, 급수전 등에서 누수발생

7) 불안전한 지반에서 관로매설

- 부득이하게 지반이 불안정하고 위험한 위치에 관을 매설할 경우에는 충분히 지질을 조사하고 다음에 열거하는 조치를 취함

① 비탈면은 충분한 법면 보호공을 실시하여 법면이 침식되거나 붕괴되는 일이 없도록 하고 표면수와 침투수 및 지하수의 배제를 고려함

② 급경사인 도로에 관을 매설하거나 경사면에 연하여 관을 매설하는 경우에는, 관체의 흘러내림과 되메우기 흙의 유실을 방지하기 위하여 지수벽을 설치함

③ 연약지반에 관을 매설하는 경우에는 부등침하를 고려한 관종과 접합방법을 선정하고, 관의 침하를 억제하기 위하여 필요에 따라 지반을 미리 개량하는 등의 조치를 강구함

④ 액상화의 우려가 있는 지반에서는 적절한 관종 . 접합방법의 선정 외에 필요에 따라 지반을 개량함

※ **지수벽(cut off wall, 止水壁)** : 땅속 또는 지표의 물을 차단하거나 투수성을 현저히 저하시키기 위해 만드는 벽. 예로서, 투수성이 큰 지반상에 축조되는 콘크리트 댐이나 어스 댐에 있어서 댐 본체의 바닥 면는 에이프런의 아래로 돌출한 콘크리트 또는 강널말뚝 등의 벽이 있으며, 최근에는 땅 속에 설치한 지수벽의 시공법으로 지하연속벽 공법이 많이 사용되며, 충전재로서는 콘크리트 외에 점성토나 역청재등을 사용함

자료 : [네이버 지식백과] (토목용어사전, 1997. 2. 1., 토목관련용어편찬위원회)

8) 매설위치 및 깊이

- 관로의 매설위치 및 깊이는 다음 각 항에 따름

① 공공도로에 관을 매설할 경우에는「도로법」및 관계법령에 따라야 하며 도로관리기관과 협의하여야 함

② 관로의 매설깊이는 관종 등에 따라 다르지만 일반적으로 관경 900 mm 이하는 120 ㎝ 이상, 관경 1,000 mm 이상은 150 ㎝ 이상으로 하고, 도로하중을 고려할 필요가 없을 경우에는 그렇게 하지 않아도 됨 도로하중을 고려해야 할 위치에 대구경의 관을 부설할 경우에는 매설깊이를 관경보다 크게 해야 함

③ 도로하중을 고려할 필요가 있으나 지반이 암반인 경우 등으로 부득이하게 매우 얕게 매설해야 할 경우에는 별도로 관을 보호하는 조치를 강구함

④ 한랭지에서 관의 매설깊이는 동결심도보다 깊게 함

⑤ 매설위치는 태풍이나 지진, 홍수 등 비상시에도 관로의 구조에 영향이 최소화될 수 있는 곳으로 함

9.1.3 상수관의 외부 부식 및 대책

1) 전식 및 부식의 분류

- 관을 매설할 때에는 전식과 기타 부식을 방지하기 위하여 다음 각 항에 따라 시행함

① 전식의 위험이 있는 철도 가까이에 금속관을 매설할 때에는 충분한 상황을 조사하여 전식을 방지하기 위한 적절한 조치를 취함

② 부식성이 강한 토양, 산이나 염수 등의 침식이 있을 수 있는 지역에 관을 매설할 때에는 상황을 조사한 다 음에 관종을 선정하고 적절한 방식대책을 취함

③ 관의 콘크리트 관통부, 이종토양간의 부설부 및 이종금속간의 접속부에는 매크로셀(macro cell)부식이 발생하지 않도록 적절한 조치를 취함

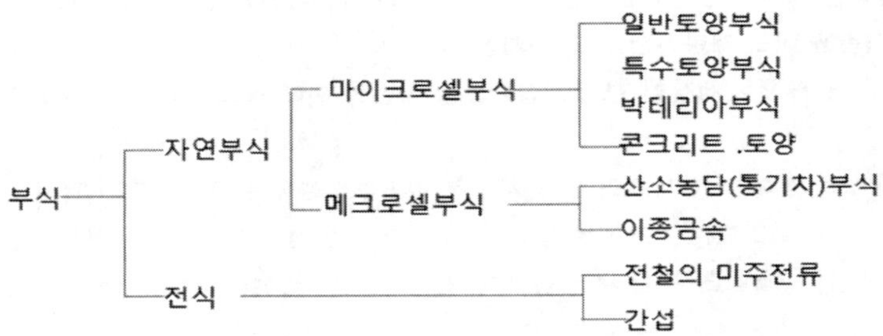

<그림 9-1> 금속관의 부식과 전식의 분류

환경부, 상수도시설기준, 2010

- 전식이란 직류전기철도의 누설전류 및 전기방식설비의 방식전류에 의하여 생기는 부식을 말함
- 자연부식은 부식전지의 형성상황에 따라 마이크로셀 부식과 매크로셀 부식으로 구분됨
  - 마이크로 셀 부식은 금속관의 표면상 미시(마이크로)적인 국부전지작용에 의하여 생김
  - 매크로셀 부식은 구조 물에 있어서 부분적인 환경의 차이나 재질의 차이로부터 금속관표면의 일부분이 양극부로 되고 다른 부분이 음극부로 되어 양자가 거대(macro)한 부식전지를 구성함으로써 생김. 매크로셀(거대부식전지)의 양극부와 음극부의 위치와 규모는 일반적인 측정 등에 의하여 구분할 수 가 있음
- 직류전기철도의 경우에는 철도의 레일(rail)이 전류의 귀로로 이용되며 레일을 통하여 변전소로 귀환되는 전류의 일부가 지중을 통하여 변전소로 귀류할 때 지중에 매설된 상수도관, 가스관, 통신용관, 전력용관 등의 금속매설관이 있으면 저항이 적은 금속관으로 전류가 흐르게 되므로(미주전 류, stray current) 전류유출부에 전기분해부식(전식, electrolytic corrosion)이 일어남
- 이와 같은 전식을 줄이기 위해서는 지중으로 흘러 들어온 전류가 관에 유입되거나 관에서 유출되지 않도록 전기철도에 근접, 평행, 교차하지 않도록 관로를 계획하는 것이 바람직하나, 부득이 할 경우에 는 전위차 등을 충분히 조사한 다음에 적절한 전식방지 조치를 함. 특히 통신용 연피복케이블, 전력 용 케이블 및 가스용 강관 등은 전식을 받을 우려가 크기 때문에 유입전류를 배류하는 배류시설(排流 施設)이 설치되어 있는 경우가 있으므로, 이와 같은 배류시설이 있는 금속관에도 근접, 평행, 교차하여 관을 매설하는 것은 바람직하지 않음
- 전식방지 방법으로는 전류를 방출하는 측에서 레일 이음을 용접하는 등 이음부의 접속을 견고히 하고 레일과 변전소 연결전선의 강화증설, 레일과 대지간(對地間)의 절연증대를 위한 침목 및 도상의 개량 등 방법을 사용하도록 협조를 구하는 것이 바람직함

2) 부식방지 대책

- **전류를 방출하는 측에서의 대책**

- 누설전류를 방출할 가능성이 있는 전기 철도측과 협의하여 누설전류를 경감하는 것이 좋은데, 그것을 위해서는 레일을 전기적으로 접속하고 있는 이음부의 용접 또는 본드(bond)의 강화, 레일과 변전소를 잇는 전선의 강화증설, 레일과 지중간의 절연 향상을 위한 침목 및 도상의 개량 등 가능한 방법을 강구 하도록 협조를 구함

- **금속관을 매설하는 측의 대책**

- 매설하는 금속관의 전식방지방법으로 다음과 같은 방법을 들 수 있음

① 외부전원법

- 관과 불용성전극(자성산화철, 고규소철, 흑연, 납합금 등)과의 사이에 직류전원을 공급하여 전원→(+)전선→불용성전극→지중→관→(-) 전선→전원으로 흐르는 전기회로를 형성하여 관 에서 유출되는 전류를 없애는 유입전류를 만들어서 전식을 방지하는 방법으로 유출전류가 큰 경우 등에 적합함

② 선택배류법

- 관이 레일에 대하여 정(+)전위로 되는 장소에 선택배류기를 통하여 관과 부(-)의 귀전선 또는 레일 을 도선으로 전기적으로 접속하여 관에 흐르는 전류가 직접 땅속으로 유출되는 것을 막으며 이것을 일 괄하여 레일 등에 귀류시키는 방법으로 대책지점이 레일 등에 근접하고 있어야 적용할 수 있는 등의 제약조건이 있음

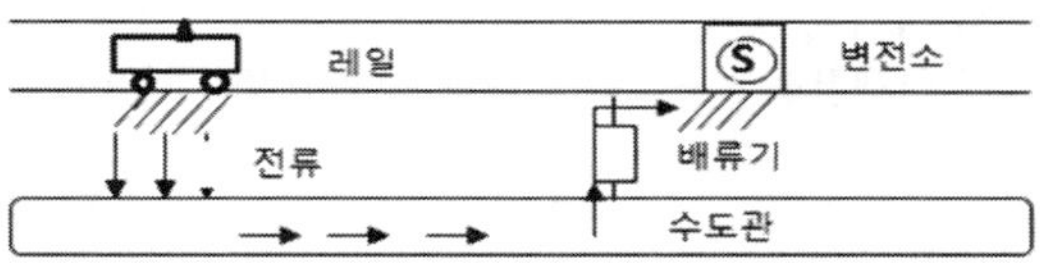

<그림 9-2> 부식방지를 위한 선택배류법의 사례

③ 강제배류법

- 관과 레일과의 사이에 직류전원을 설치하여 관으로부터 레일로 강제적으로 배류전류를 흘리는 방법 으로 원리적으로는 (나))와 동일. 레일대지전압의 정(+)값이 크고 레일부근에서 관에 유입된 전류가 레일로부터 멀리 떨어진 지역에서 관으로부터 유출되며 거기에 전식을 일으키는 경우에 대한 전식 방지법임
- 관이 레일에 대하여 정(+)전위로 되는 장소에 선택배류기를 통하여 관과 부(-)의 귀전선 또는 레일 을 도선으로 전기적으로 접속하여 관에 흐르는 전류가 직접 땅속으로 유출되는 것을 막으며 이것을 일괄하여 레일 등에 귀류시키는 방법으로 대책 지점이 레일 등에 근접하고 있어야 적용할 수 있는 등의 제약조건이 있음

④ 유전(流電)양극법(또는 희생양극법)

- 관에 표준단극전위가 낮은 금속(magnesium 등)을 양극으로 설치하고 양극과 관과의 전위차를 이 용하여 이종금속전지를 형성시켜서 관에 방식전류를 유입시키는 방법

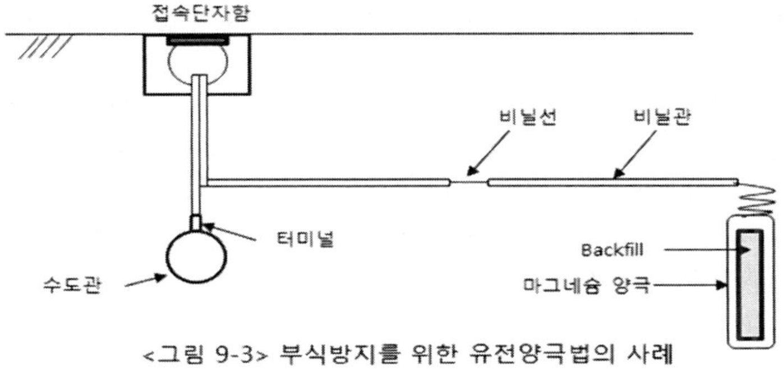

<그림 9-3> 부식방지를 위한 유전양극법의 사례

환경부, 상수도시설기준, 2010

(상수도 전기방식설비 설치 전경 ; K-water 수도권광역상수도)

⑤ 이음부의 절연화

- 전식위험구역 중 변전소 근방 등 전위차가 극단적으로 큰 곳을 제외한 장소에 관을 부설하는 경우에 는 관의 이음부에 전기저항을 갖게 하여 관로전체로서 미주전류(迷走電流)의 귀로가 되기 어려운 구조 로 만드는 것이 전기방식방법으로 유효함.

환경부, 상수도시설기준, 2010

⑥ 차단

- (마)를 보다 효율적으로 절연하는 방법으로서 관주위에 차폐물을 설치하는 방법으로 미주전류(迷走電流)에 대한 차폐물로서의 효과를 발휘함과 동시에 토양부식에 대해서도 방식효과를 갖음. 차폐물로는 절연물이나 반도체가 고려되며 전자로서는 폴리에틸렌슬리브법, 폴리에틸렌코팅법 등의 절연피복이 있으며, 후자로서는 외관으로 금속관 등을 사용하는 공법이 있음.
- 또한 (가)은 전식방지대책에 한하지 않고 도복장만으로서는 대처할 수 없는 부설조건에 도복장과 병용하면 효과적인 방식대책으로 됨

- 관의 부설에 앞서서 토양의 비저항, pH, 황화물이나 지하수의 수질에 대하여 부식성을 조사하는 것이 바람직하며, 토양의 부식성 평가방법의 예로서 미국의 주철관연구협회(Cast Iron Pipe Research Association)에서는 주철관을 매설하는 경우에 토양 부식성 평가기준을 만들었으며, 합계 점수가 10점 이상이 되면 특수방식방법을 채택하도록 권고하고 있음
- 수도관을 산성의 공장폐수 등이 지하에 침투된 곳이나 해변지대에서 지하수중에 다량의 염분이 함유 된 장소, 황(S)성분을 함유한 석탄재로 성토한 곳 및 토탄지대, 폐기물매립지 등에 부설할 경우에는 콘크리트보호공, 각종 방식테이프감기, 폴리에틸렌슬리브를 관체에 씌우는 등의 조치를 강구하거나 아 스팔트계 도장, 에폭시계 도장, 플라스틱 피복 등에 의하여 관의 외면을 방식함. 이때에 이음부분 접합부의 볼트 너트류에 대해서는 스테인리스제, 저합금 덕타일제 또는 방식산화피 막처리나 합성수지피복을 처리한 제품을 사용하거나 이음부 부분을 포함한 관체를 폴리에틸렌슬리브로 씌우는 등의 방식공법을 사용함

환경부, 상수도시설기준, 2010

- 수도용 경질폴리염화비닐관 또는 폴리에틸렌관을 매설하는 경우에는 자외선의 영향을 받을 우려가 있는 부분, 높은 온도를 받는 부분, 또는 온도 저하가 현저한 곳은 피하는 것이 바람직함
- 관이 철근콘크리트(앵커블록, 수관교의 교대 등)부를 관통하여 부설되어 철근과 접촉되 는 경우, 다른 토양간(롬질[loam : 부식질]과 점토질 등)의 경계면에 걸쳐서 부설하는 경우, 관에 이 종금속(강관과 황동밸브 등)을 접속하는 경우, 주위환경의 차이에 의한 전위차 또는 금속자체의 전위 차에 의하여 거대(macro)한 부식전지가 형성되며 매크로셀(macro cell)부식의 원인으로 됨

- 그 중에서도 철근콘크리트 관통부 부근의 매설부에서는 방식피복결함부에서 매크로셀부식의 사례가 많이 보고되고 있고, 이 경우의 방식방법 및 주의사항은 다음과 같음

1) 철근콘크리트벽의 관통부, 배관지지금구 및 각종 설비기기의 기초앵커 등이 철근콘크리트중의 철근과 접촉하지 않도록 설계상 고려하거나 그 부분을 절연 조치함
2) 매크로셀부식은 콘크리트구조물 부근의 매설부에 방식피복의 결함부가 생기기 때문에 이 범위의 되메우기에서는 방식피복에 손상을 주지 않도록 함.
3) 절연조인트를 사용함

9.1.4 상수관로 내부부식

1) 개요

- 상수관의 내부부식은 관의 수명을 단축함은 물론 수돗물의 불신을 초래하게 되므로 체계적인 관리가 필요한 실정이나 국내의 경우 수도법에 의한 규정이 없어 규제화를 위한 관리가 요구됨

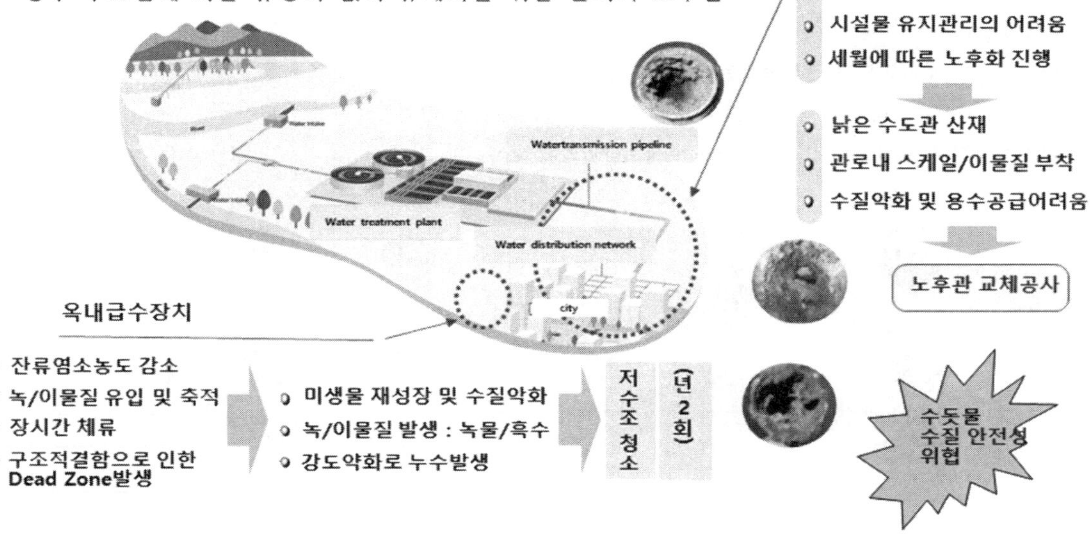

2) 부식의 정의

- **부 식(Corrosion)**

- 금속이 주변환경과 물리·화학적 혹은 전기화학적인 반응에 의해 금속의 특성이 변화되는 현상, 산화물로 되돌아가려는 자연적인 현상 (AWWARF, 1996)

(Physicochemical interaction between a metal and its environment which results in changes in the properties of the metal)'

-금속이 처해 있는 주위환경과 전기화학적 또는 화학적 반응에 의해 금속이 노후화 되는 현상.
주의 환경에 의해 금속재료에 가해지는 화학적 반응 및 침식현상으로 재료의 질이 저하

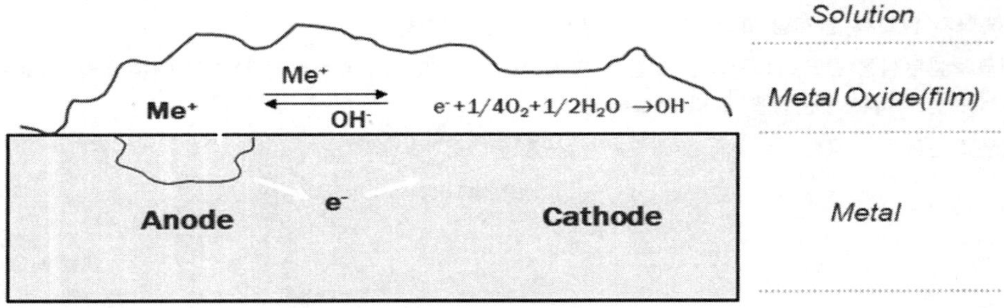

- **부식의 영향요소**
  - 화학반응이 수반되므로 진행속도는 주변 화학농도와 온도에 의존
  - 구조상 기계적 응력과 유속에 의한 마찰력 등의 요소가 부식에 기여
  - 전기화학적 기구(Electrochemical mechanism)에 의해 발생

- **부식의 원리**
  - 화학반응이 수반되므로 진행속도는 주변 화학농도와 온도에 의존
  - 구조상 기계적 응력과 유속에 의한 마찰력 등의 요소가 부식에 기여
  - 전기화학적 기구(Electrochemical mechanism)에 의해 발생

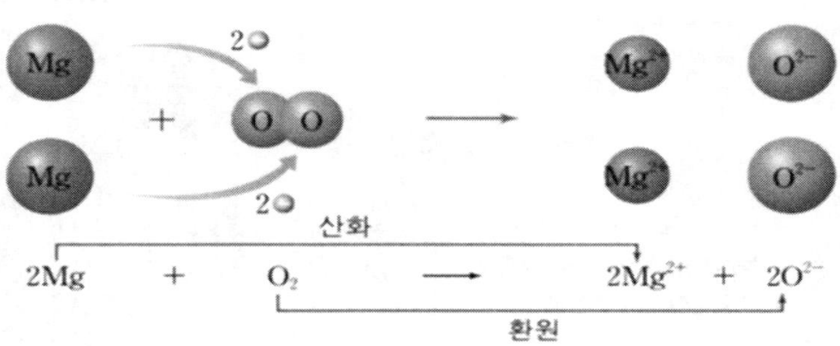

http://www.randb.co.kr/wp-content/uploads/2018/04/TN22-Corrosion-information.pdf

3) 내부 부식의 영향 및 현황

• 부식 영향인자

- 상수도관 부식 수질영향인자 : pH, 알칼리도, 용존산소, 염소이온 등
- 수돗물 부식성 관리 지표 : pH, 알칼리도 등 단일지표 또는 Langelier saturation index(LI), Larson Ratio (LR) 등

• 국내외 현황

- 국내 상수원 수질은 알칼리도와 경도가 낮아 수도관의 부식관리에 불리(화강암)
- 미국은 1930년대 이전부터 수도관 부식제어를 위한 약품으로 인삼염 등을 사용, 1991년 납, 구리 규제법 제정으로 정수장에서 부식억제를 위한 약품 사용량이 매년 증가
- 일본의 경우도 1983년 7월 부식억제제의 사용에 대해 적수대책으로 응급대책 사용시의 품질 및 주입 속도를, 1986년 9월에는 급수용 부식억제제의 기준을 정함.
- 국내의 경우는 수돗물의 부식성관리를 위해 1987년 급수용 부식억제제의 기준과 규격 및 사용기준을 정하였고, 주로 노후된 옥내급수관에 적용하고 있으며, 아직 정수장 단계에서 적용한 사례는 없음. 수돗물 부식성 특성을 파악하기 위해 2011년 LI를 수돗물 수질감시항목으로 설정

• 국내 관로설치 현황(1)

- 국내 배수관종으로 주로 사용하는 시멘트모르터라이닝 닥타일주철관(Cement Mortar Lining Ductile Cast Iron Pipe, CML-DCIP)은 부식성 수질에 의해 내면의 시멘트모르터 라이닝이 중성화되어 모래화되는 현상이 발생하게 되며, 중성화가 완료되면 부식이 진행됨.
- 1983년 이전 배수관으로 사용되었던 회주철관(Cast Iron Pipe, CIP)은 부식성수질에 의해 관체의 내면 부식이 촉진되어 **부식생성물이 축적되고 결과적으로 통수단면적이 감소하거나 흐린 물이 발생**

- CML-DCIP에서 탈리된 모래로 인하여 상수도 시설물이 손상되거나, CIP의 통수단면적 감소로 인해 수리특성이 저하 또는 수압저하로 상황에 따라 급수불량지역이 발생.
- 더불어 관로 주변의 토양 특성에 의한 관체의 외면부식과 미주전류(Stray Current)에 의한 전식 (Electrolytic Corrosion)의 위험성이 항상 존재하며, 교통량, 매설지역 등의 환경 특성에 의해 누수나 파손 등이 발생할 수 있는 가능성이 있음.

- 이러한 문제점들을 수도관리자가 항상 점검하여 누수나 파손 등 관의 상태를 파악하여 문제발생에 대응이 필요

• **국내 관로설치 현황(2)**

- 국내 **상수도 관로의 부식 및 노후화에 따른 문제점을 개선 연구는 미흡**하며 선진 외국과 같은 체계적이고 장기적인 자료축적 및 정리가 미비한 실정.
- 관체의 내면부식에 원인이 되는 **부식성 수질의 제어, 수질제어 지침이나 기준이 부재**하고, 관체의 부식상태 및 노후화 현황, 영향인자별 특성 등의 원인분석이 되지못해 노후관의 정확한 원인분석에 의한 **노후관의 개념 정립 미흡으로 경험에 의존하여 유지관리 수행**.

- 기술적인 측면에서 관로의 부식 및 노후 상태를 정확히 측정하고 평가할 수 있는 방법 및 기준이 확립이 필요.
- 부식상태는 지역적 특성이 강하여 수리 및 수질 특성과 관종 등에 따라 다양하므로 관종(재질)별, 지역특성별로 **정확한 부식 및 노후 상태를 파악하고 예측할** 수 있다면 효율적인 관로 개량공사로 낭비되는 예산을 절감 정확한 교체시기로 부식에 따른 관 파손이나 누수를 예방하여 낭비되는 수돗물을 절약하여 경제적 손실 감소

- **상수도관로의 부식상태 평가 및 노후도 예측모델의 개발로** 부식성 수질제어에 의한 내면부식 억제, 관로의 효율적인 관리 지침 마련으로 , 향후, 수돗물의 질적 향상에 따른 소비자의 불신을 해소와 질적인 욕구 충족 가능.

• 수질인자가 부식에 미치는 영향

수질인자	영 향
pH	낮은 pH는 산화환경 조성, 부식속도증가 높은 pH에서는 관내면에 보호피막형성, 부식감소
Alkalinity	낮은 Alk.에서는 부식속도증가 높은 Alk.에서는 금속표면에 보호피막형성, pH증가 유발, 부식감소
Calcium Hardness	탄산칼슘으로 침전하여 보호피막을 형성함으로써 부식감소
DO	용존산소 증가는 음극에서 발생하는 전자를 소모시키면서 부식을 촉진시킴
Chloride, Sulfate	금속과 반응하여 금속을 용해시킴으로써 금속보호 산화막의 생성을 억제시켜 부식을 촉진시킴
Conductivity	전기전도도가 증가하게 되면 부식성전류를 전도하는 반응이 증대되어 부식을 촉진시킴
Chlorine residual	물과 반응하여 HOCl, Cl^-, H^+를 형성하여 물의 pH를 낮춤에 따라 부식을 촉진 시킴.

• **부식 영향 인자 : 물리적, 생물학적 인자**

인자	영 향
유속	높은 유속에서는 전단력 상승에 따라 표면침식이 유발, DO 공급증대
온도	온도가 높아지면 화학반응(부식반응)속도가 빨라짐 온도가 높아짐에 따라 탄산칼슘의 용해도가 증가되어 보호 피막형성 저해
미생물	철 산화박테리아에 의한 부식촉진(용존산소와 TOC 농도에 영향)

4) 내부 부식의 문제점

• 관로시스템의 파손(Failure of the distribution system)
- 부식 생성물의 축적에 의한 통수능 저하, 손실수두 증가
- 압력증가에 의한 부식 부위 누수 및 관 파손 – 관 노후화 촉진

• 수질변화(Unwanted change in water quality)
- 독성 중금속(Pb, Cd, Cu)의 용출
- 색도, 탁도(적수, 흑수, 청수 등) 유발, 심미적 불쾌감 (냄새 등) 유발

• **관 내부부식에 의한 수질 영향**

관 재질	수질영향
시멘트 모르터	칼슘이 용출되면서 pH증가를 유발함(up to 12) 시멘트가 중성화 되면서 모래화를 유발함
주철관	철이온 용출 부식 생성물 탈리에 의한 부유물생성 탁도와 적수를 유발함
아연도강관	아연, 납, 카드뮴, 철이온 용출(도금과정 불순물)
동관	구리이온 용출 청수를 유발함
플라스틱	맛, 냄새 유발

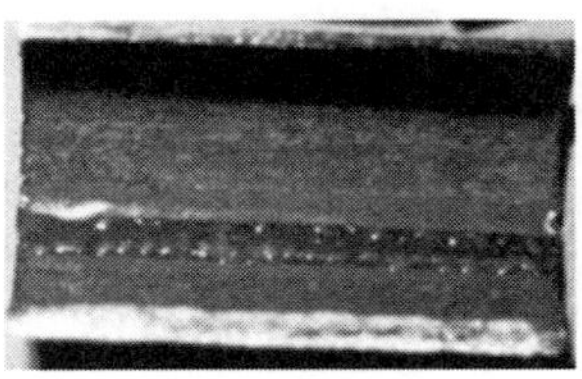
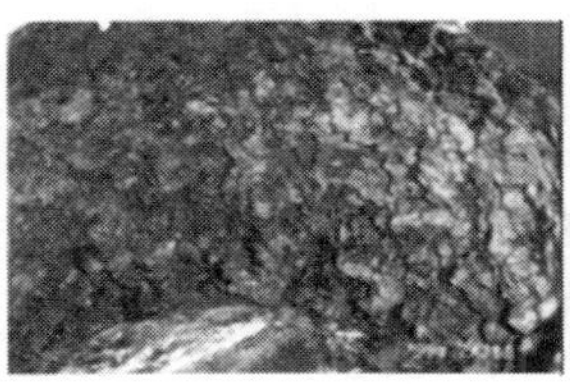
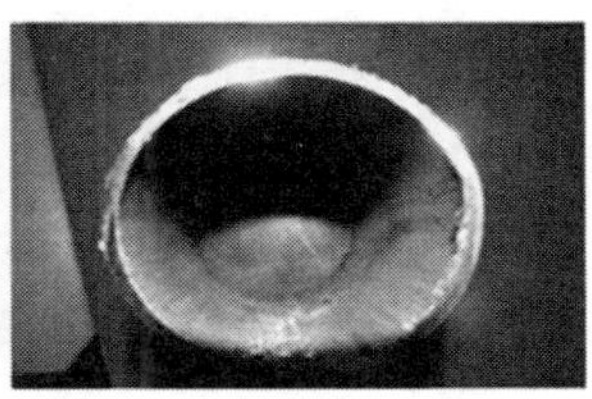

5) 내부부식의 형태, 종류 및 부식지수

• 부식의 형태와 종류

구 분	부식의 형태
용매의 성질	- 습식부식 : 액체 혹은 습기에 의해서 부식 예) 수도용 강관의 매설관의 환경 - 건식부식 : 고온가스와의 반응에 의하여 부식 예) 대개 200°C 이상의 고온에서 공기에 의한 산화 반응성이 강한 가스 에 의한 부식(황화물, 할로겐 화합물 등)
부식기구	- 전기화학적 반응에 의한 부식 - 직접적인 화학반응에 의한 부식
부식된 금속의 외/내면 모양	- 균일부식 : 금속의 전표면에 균일하게 부식(전면부식) - 국부부식 : 금속의 일부분만 부식

• **미생물 부식(1):** Microbiologically Induced Corrosion (MIC)

- 특징
  - 분비물에 의한 부식 촉진
  - 의류 및 시설물에 얼룩 형성
  - 이취미 유발
  - 금속과 함께 침전물 발생
  - 사수부에 주로 발생
  - 잔류염소 및 용존산소의 고갈

- 부식 관련 미생물
  - 호기 및 혐기성 박테리아
  - 질산화, 탈질 및 질소-고정 박테리아
  - 철-침전 박테리아, 황산염환원 박테리아, 황-산화 박테리아

• 미생물 부식(2)

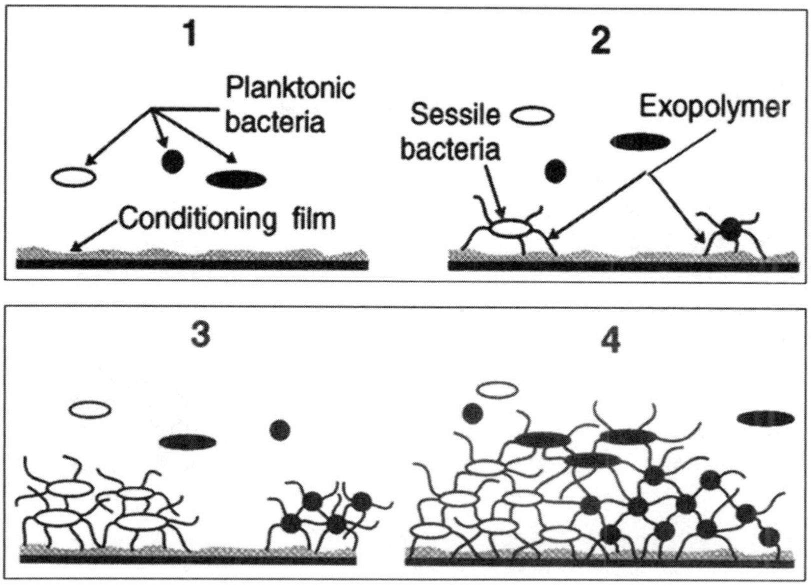

• 생물막에 의한 부식촉진 조건

- 환원성 환경 조성
- Sulfides 생성
- Volatile Acids 생성
- pH 감소
- Exopolymer에 의한 Metal Complexation
- 관 표면에 불연속면 발생

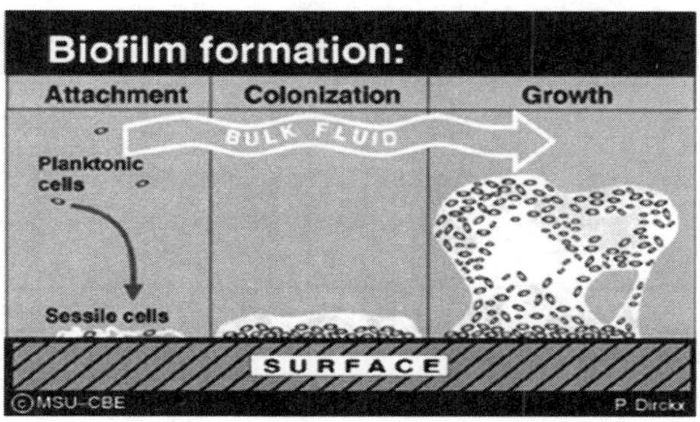

- **MIC에 의한 수질악화**

- 맛, 냄새
  - 곰팡이 (10 – 100 / 100 mL에서 이취미)
  - 방선균(Actinomycetes, < 10 / 100 mL에서 이취미)
  - 철산화 박테리아 (*Gallionella, Crenothrix, Leptothrin*) 세포의 분해
- 적수 (Red Water)
  - 철산화 박테리아 (> 10^7/mL, 맑은물 속에는 수개체/mL 존재)
  - Slime, 침전물 및 Scum 발생
  - $Fe(OH)_3$ (s) 및 Fe^{+2}
- 흑수 (Black Water)
  - 황산염환원 박테리아 (SO_4^{-2} -> H_2S -> FeS(s))
  - 용존 망간의 산화에 의하여 발생 (> 0.3 mg/L) (*Pseudomonas, Corynebacterium, Pedomicrobium*)
- 청수 (Blue Water)
  - 황산염환원 박테리아
  - 용존구리가 아닌 구리부식 스케일 입자에 의한 변색

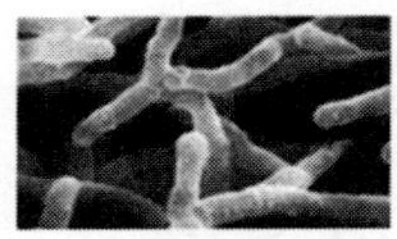

Scanning electron micrograph of *Actinomyces israelii*.

6) 부식 지수

- **수질의 부식성을 간접적으로 표현한 지표**

Indices	Form	Evaluation
Langelier Saturation Index (LI)	LI = pH - pHs	LSI > 0 : non corrosive LSI = 0 : equilibrium LSI < 0 : corrosive
Aggressiveness Index (AI)	AI = pH + log(Ca)(AlK)	AI > 12.0 : non corrosive AI 10.0 ~ 11.9 : corrosive AI < 10.0 : high corrosive
Larson's Ratio(LR)	LR = {[Cl^-] + [SO_4^{2-}]}/[HCO_3^-]	LR > 0.7 : corrosive LR < 0.7 : non corrosive
Calcium Carbonate Precipitation Potential(CCPP)	CCPP = 50,000 * (Alki -Alkeq) = [-b + $(b^2-4ac)^{0.5}$]/2a	CCPP > 0 : calcium carbonate precipitation CCPP < 0 : non precipitation a = 2 b = -2[Ca^{2+}] -ALK c = (ALK[Ca^{2+}] - Kso/2) - [Ca^{2+}]
Fiegenbaum Index (FI)	FI = AH + B[Cl^- + SO_4^{2-}]exp(-1/AH) + C	FI > 500 : mild corrosive FI 200 to 500 : moderate corrosive FI < 200 : high corrosive A = 0.00035, B = 0.34, C = 19.0, H = hardness Cl^-& SO_4^{2-}(mg/L)
Ryznar Stability Index (RSI)	RSI = 2pHs - pH	RSI < 5.5 : high scale formed 5.5 < RSI < 6.2 : scale formed 6.2 < RSI < 6.8 : low scale formed 6.8 < RSI < 8.5 : corrosive 8.5 < RSI : high corrosive

• 수돗물 부식성 관련 지수(상수도 시설기준)

지수	계산식	의미
LSI 또는 LI Langelier Saturation Index	LI = pH - pHs	LSI>0 탄산칼슘 스케일 형상(비부식성) LSI=0 탄산칼슘 평형 LSI<0 탄산칼슘 용해가능(부식성)
Aggressiveness Index (AI)	AI=pH+log[(A)(H)] A : 총경도 H :칼슘경도	AI<10 강부식성 AI=10-12, 약부식성 AI>12 비부식성
Ryznar Stability Index (RSI)	RSI = 2pHs-pH	RSI>7.0 부식성 6.5<RSI<7.0 평형상태 RSI<6.5 스케일 형성

출처 : 미국수도협회, Corrosion Control for Operators, 1986

• 수돗물 부식성 관련 지수(상수도 시설기준)

LI	부식 특성
+0.5 ~ +1.0	보통 ~ 다량의 스케일 형성
+0.2 ~ +0.3	가벼운 스케일 형성
0	평형상태
-0.2 ~ -0.3	가벼운 부식
-0.5 ~ -1.0	보통 ~ 다량의 부식

자료 : Kawamura, 정수시설의 종합설계와 유지관리, 2001

• 수돗물 부식성 관련 미국, 일본 기준(상수도 시설기준)

구분	미국	일본
pH	7.0 이상	7.5
LI	-	-1.0~0

주) 일본의 경우 LI≥-1, pH 7.5 정도를 유지하는 것을 국가 수질관리 목표항목으로 설정하여 운영하고 있음

• **랑게리아지수**는 pH, 칼슘경도, 알칼리도를 증가시킴으로써 개선할 수 있으며 소석회. 이산화탄소 병용법과 알칼리제(수산화나트륨, 소다회, 소석회)를 단독으로 주입하는 방법이 있음.

• 개선방법의 결정에는 원수수질과 목표로 하는 랑게리아지수 등을 고려하여 선택

• **소석회. 이산화탄소병용법**은 처리수에 소석회와 이산화탄소를 주입하여 pH, 칼슘경도, 알칼리도를 동시에 증가시키는 방법으로, 그 반응식은 다음과 같음

$Ca(OH)_2 \rightarrow Ca_2+ \ + 2OH-$

$Ca(OH)_2 + CO_2 + H_2O \rightarrow CaCO_3 + 2H_2O$

$Ca(OH)_2 + 2CO_2 \rightarrow Ca_2+ \ + 2HCO_3$

• **소석회. 이산화탄소병용법**은 칼슘경도, 유리탄산, 알칼리도가 낮은 원수의 랑게리아지수 개선에 알맞은 방법이고, 랑게리아지수를 거의 0에 가깝게 하고 싶은 경우에 효과적임

랑게리아지수 계산(상수도 시설기준)

랑게리아지수는 물의 pH, 칼슘이온량, 총알칼리도 및 총용존고형물농도로부터 다음 식으로 구한다.
랑게리아지수 = 물의 pH - pHs
pHs = A+B - 1og[Ca_2+] - log[총알칼리도]
여기서,
A : 수온관련 상수, B : 총용존고형물관련 상수, Ca_2+: 칼슘농도(as $CaCO_3$),
총알칼리도 : 총알칼리도(as $CaCO_3$)

수온(℃)	A값	증발잔류물(mg/L)	B값
0	2.60	0	9.70
4	2.50	100	9.77
8	2.40	200	9.83
12	2.30	400	9.86
16	2.20	800	9.89
20	2.10	1000	9.90
25	2.00		
30	1.90		
40	1.70		
50	1.55		
60	1.40		
70	1.25		
80	1.15		

칼슘경도, 알칼리도 (mg/L)	C값
10	1.00
20	1.30
30	1.48
40	1.60
50	1.70
60	1.78
70	1.84
80	1.90
100	2.00
200	2.30
300	2.48
400	2.60
500	2.70
600	2.78
700	2.84
800	2.90
900	2.95
1000	3.00

출처 : 미국수도협회, Corrosion Control for Operators, 1986

(LSI 계산예)
① 칼슘농도(as $CaCO_3$) : 88 mg/L
② 총알칼리도(as $CaCO_3$) : 110 mg/L
③ 총용존고형물 : 170 mg/L
④ pH : 8.2, 수온 : 25 ℃

pHs = A+B - 1og[Ca_2+] - log[총알칼리도]

pHs = 2.0+9.81-1.94-2.04 =7.83　　　LSI = pH - pHs = 8.20-7.83 = 0.37

<문제 9-3>

• 수온25°C, pH = 7.0, Ca^{2+} = 9.5mg/L, S_d = 60mg/L, Alkali = 30mg/L 일 때, pHs를 구하고 SI(Saturation Index)에 의한 물의 안정성을 구하시오.
(단, pHs : 이론적 pH, S_d : 용해물질의총농도, S : 공존하는 용해성물질의 영향을 나타내는 보정치,
$S = 2\sqrt{\mu}/(1+\sqrt{\mu})$, $\mu = 2.5\times10^{-5}S_d$, pHs = 8.313 + pCa +pAlkali + S, SI = pH - p Hs)

(풀이)

$$\mu = 2.5\times10^{-5}S_d = 2.5\times10^{-5}\times60 = 1.5\times10^{-3}$$

$$S = 2\sqrt{\mu}/(1+\sqrt{\mu}) = 2\times(1.5\times10^{-3})^{0.5}/1+(1.5\times10^{-3})^{0.5} = 7.46\times10^{-2}$$

(Ca^{2+}) = 9.5mg/L는meq/L 단위로 고치면 9.5/(40/2) = 0.475meq/L

Alkalinity는 $CaCO_3$로서 표시하므로

(Alkali) = 30mg/L = 30/(100/2) = 0.60meq/L

∴ pHs = 8.313 - log[Ca^{2+}] - log[A] + S = 8.313 - $\log_{10}$0.475 - $\log_{10}$0.6 + 0.0746 = 8.93

LI = pH - pHs = 7.0 - 8.93 = -1.93 (침식성)

7) 부식평가기법

물리·화학적 분석법	① 육안 및 현미경 검사법 (Human eye and Microscopic inspection)
	② 금속용출시험법(Metal release test)
	a. 침수실험법(Immersion Test)
	b. 순환시험법(Pipe Loop Test)
	③ 부식생성물분석법(Corrosion product analysis)
	a. XRF(X-ray Fluorescence Spectrometry)
	b. EDXA(Energy Dispersive X-ray Analysis)
	c. XRD(X-ray Diffraction Spectroscopy)
	④ 관체 표면 분석
	a. SEM(Scanning Electronic Microscopy)
부식속도 측정방법	① 시편의 무게감량속도 측정방법 (Coupon weight-loss rate measurement)
	a. 침수실험법(Immersion test)
	b. 순환시험법(Pipe loop test)
	② 전기화학적 부식속도 측정방법 (Electrochemical corr. rate measurements)
민원에 의한 평가법	부식관련 민원건수를 통계처리하여 평가
부식성 지수	Langelier Saturation Index(LSI)
	Calcium Carbonate Saturation Index(CCPP)
	물의 부식성 지수 다수

9.1.5 상수관로 내부부식 제어기법 및 사례

1) 부식제어 기본 방법

- 내부 부식제어의 기본적인 접근(1)

◆ 수질변화를 주어 부식성을 낮추는 방법

◆ 물과 관 사이에 보호벽이나 lining을 형성하여 접촉을 차단하는 방법

◆ 관종관 시스템 설계를 변경하여 부식을 제어하는 방법

◆ 적정한 관종선정, 시스템 설계

◆ 부식성 수질개선

◆ 부식 억제제(Corrosion inhibitor)

◆ 음극보호제 활용

◆ 내부식성 lining, coating, paint 활용

• 내부부식 제어의 기본적인 접근(2)

• 부식억제제의 종류 및 적용(상수도시설기준)

구분	인산염계 부식 억제제			규산염계 부식 억제제		
종류	정인삼염	H_3PO_4, NaH_2PO_4, Na_2HPO_4, Na_3PO_4	칼슘이온이 많은 경우 효과적으로 보호피막 형성	규산염	Na_2SiO_3 $Na_6Si_3O_7$	$(mSiO_2, nSiO_3)$ 2n-와 같은 콜로이드 음이온으로 작용 pH가 낮고 용존산소가 높은 수질에서 처리하기 적당
	다중인산염	$Na_5P_3O_{10}$ $(NaPO_3)_6$	Polyphosphate가 Orthophosphate로 전환될 때 효과 있음			
	혼합인산염	Ortho phosphate + Poly phosphate	Orthophosphate는 부식억제효과, Polyphosphate는 봉쇄제효과			
인체 유해성	과잉 섭취시 체내 칼슘 소모 등			과잉 섭취시 결석(요석) 초래 등		
사용 기준	P2O5 기준으로 국내 5 mg/L 이하 프랑스, EU, 일본 5 mg/L 이하			SiO2 기준으로 국내 10 mg/L 이하 프랑스, EU 10 mg/L 이하, 일본 5 mg/L 이하		
효과	부식속도 감소 및 중금속 용출 제어			고농도 주입시 부식속도 감소 주철관에서 오히려 철용출 증가 동관, 아연도강관에서 효과 미미		
적용사례 국내	옥내급수관 부식방지를 위해 많은 저수조에서 인산염계 부식억제제 사용			인산염계 부식억제제에 비해 미미한 실적		
적용사례 국외	미국의 경우 수돗물 중 납, 동 용출 방지를 위해 많은 정수장에서 주로 인산염계 부식억제제 사용			문헌상으로 규산염계 부식억제제 사용 사례가 극히 적으며, 일부 지하수를 대상으로 적용한 사례 있으나 효과 미미		

2) 부식성 수질제어 방법

① 부식성 수질제어

- pH 및 알칼리도 동시 조절을 통하여 관벽에 $CaCO_3$ 피막을 형성시킴
- 스웨덴, 노르웨이, 덴마크 등의 유럽국가에서 매우 활발 (low Alk, low pH, low Hardness)
- 수도관 부식제어에 사용되는 약품 : CaO, $Ca(OH)_2$, $CaCO_3$, CO_2, Na_2CO_3
- 목표수질의 설정이 매우 중요 : pH 7.5 내외
- pH 8이상에서는 물맛이 변할 수 있음

Minimum values(Vik and Hedberg, 1991)
pH > 7.0
Alk.(as $CaCO_3$) > 60-100 mg/L
Hardness(as $CaCO_3$) > 25 mg/L

② 부식성 수질제어

탄산칼슘 침전능의 화학적 원리를 이용하여 관내 벽면에 $CaCO_3$ 피막을 형성하여 부식방지

$$Ca(OH)_2 \leftrightarrow Ca^{2+} + 2OH^- \text{(소석회만 주입시)}$$

$$Ca(OH)_2 + 2CO_2 \rightarrow Ca^{2+} + 2OH^- + 2H^+ 2HCO_3^- \rightarrow Ca(HCO_3)_2^- + 2H_2O$$

$$CO_{2(g)} + H_2O \leftrightarrow H_2CO_3$$
$$H_2CO_3^* \leftrightarrow H^+ + HCO_3^-$$

$$Ca^{2+} + 2HCO_3^- + Ca(OH)_2 \rightarrow Ca^{2+} + 2H^+ + 2CO_3^{2-} + Ca^{2+} + 2OH^-$$
$$\rightarrow 2CaCO_{3(S)} + 2H_2O$$

Addition chemical	Reaction	pH	Total Alk.	Ca-hardness
$Ca(OH)_2$	$Ca(OH)_2 \rightarrow Ca^{2+} + 2OH^-$	+	+	+
NaOH	$NaOH \rightarrow Na+ + OH^-$	+	+	O
$NaHCO_3$	$NaHCO_3 \rightarrow Na^+ + HCO_3^-$	+	+	O
$Na2CO_3$	$Na_2CO_3 \rightarrow 2Na^+ + CO_3^{2-}$	+	+	O

③ 부식성 수질제어

Langelier Index, LI

LI = pH - pHs

pHs : HCO_3^-, Ca^{2+} 존재시 $CaCO_{3(s)}$가 평형일때(포화)의 pH

LI < -2.0	-2.0 ~ -0.5	-0.5 ~ 0.0	0.0 < LI
강부식성	보통부식성	약부식성	비부식성

Carbonate reaction

- $CO_2(g) + H_2O \leftrightarrow H_2CO_3^*$
- $H_2CO_3^* \leftrightarrow H^+ + HCO_3^-$ $K_{a,1}$(1차 평형상수)
- $HCO_3^- \leftrightarrow H^+ + CO_3^{2-}$ $K_{a,2}$(2차 평형상수)
- $CaCO_{3(S)} \leftrightarrow Ca^{2+} + CO_3^{2-}$ K_{so}(용해도곱 상수)

$CaCO_{3(s)} + H^+ \leftrightarrow Ca^{2+} + HCO_3^-$ $K = K_{so}/K_{a,2}$

$K_{so}/K_{a,2} = \{[Ca^{2+}][HCO_3^-]\}/[H^+]$

$pHs = Log[H^+] = logK_{a,2} - logK_{so} + log[Ca^{2+}] + log[HCO_3^-]$

④ 부식성 수질제어

- CCPP(Calcium Carbonate Precipitation Potential)

CCPP = 50,000 * (Alki -Alkeq)

= [-b + (b²-4ac)0.5]/2a

CCPP > 0 : $CaCO_3$ 침전 생성

CCPP = 0 : $CaCO_3$ 평형상태

CCPP < 0 : $CaCO_3$ 용해

$Ca(OH)_2 + CO_2 \rightarrow \underline{CaCO_3}\downarrow + H_2O$

$Ca(OH)_2 + Ca(HCO_3)_2 \rightarrow \underline{2CaCO_3}\downarrow + 2H_2O \Rightarrow$

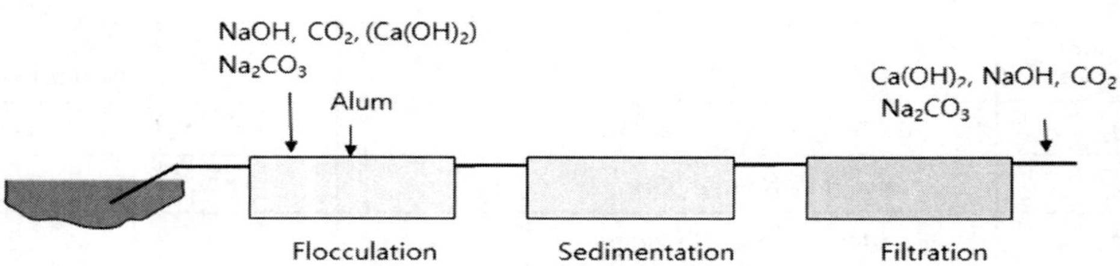

<그림 9-4> 정수장에서 부식방지를 위한 약품별 주입 지점

⑤ Modify Water Quality

구분	Corrosion inhibitor	NaOH	$Ca(OH)_2$	$Ca(OH)_2+CO_2$
장점	- 부식억제 효과 양호 - 소규모 주택단지 활용	- 액체상태 공급가능 - pH조절 - 칼슘경도가 높은 물에 효과적	- $CaCO_3$ 생성공급 - 양호한 관내부식 제어효과 - 기존 설비 활용	- 소석회 용해도 향상 - 탁도 관리 용이 - pH 급상승 방지 - HCO_3^-, CO_3^{2-} 완충작용
단점	- 투입물질 검출 - 소비자의 반감	- pH 급변 - 경도 공급곤란	- 낮은 용해도 - 탁도상승 - $CaCO_3$ 생성	- 이산화탄소 투입 장치가 필요
원리	$NaOH \Leftrightarrow Na^+ + OH^-$	$NaOH \Leftrightarrow Na^+ + OH^-$	$Ca(OH)_2 \Leftrightarrow Ca^{2+} + 2OH^-$	$Ca(OH)_2 + 2CO_2 \leftrightarrow Ca^{2+} + 2HCO_3^-$ $Ca^{2+} + HCO_3^- \leftrightarrow CaCO_3 + H^+$

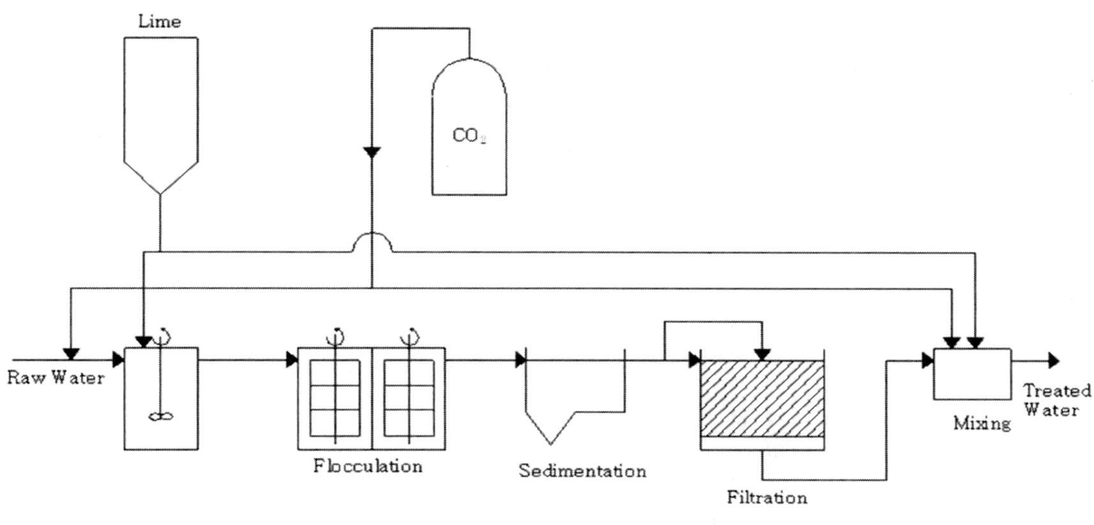

<그림 9-5> Internal corrosion protection by Lime-CO_2 process, Sweden

• 국내 부식성 수질제어 Plant 운영(K-water 횡성정수장)

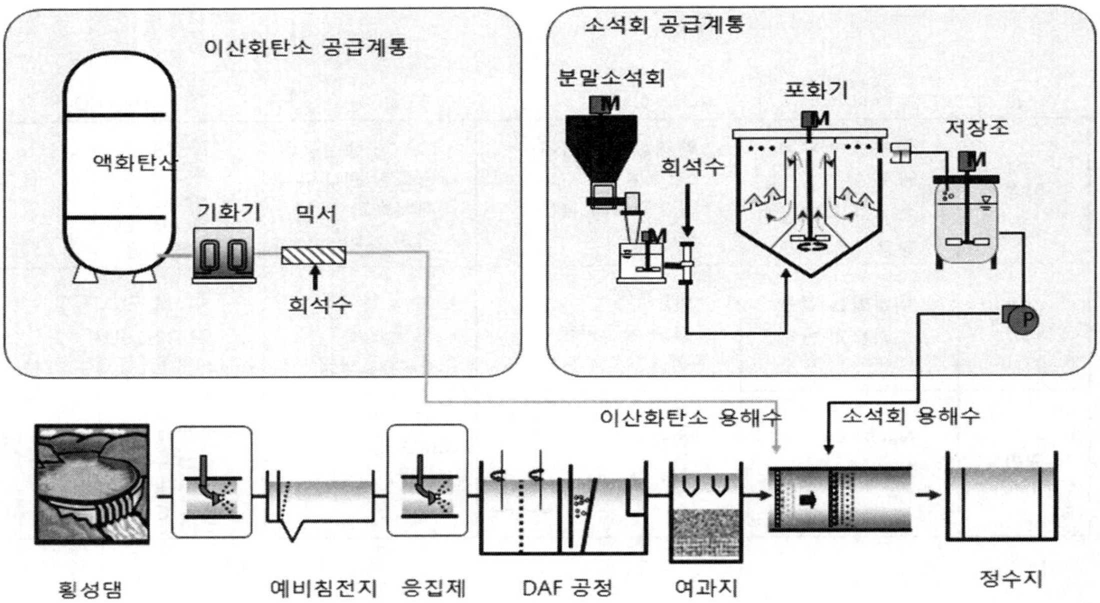

<그림 9-6> 횡성정수장에서 부식방지를 위한 Plant 운영 공정도

자료 : K-water

• 국내 부식성 수질제어 연구결과(1)

- 소석회+이산화탄소를 이용한 내부부식 제어 → 목표 pH 7.5-7.8, Alk. 40mg/L(as $CaCO_3$)이상
- 부식제어를 위한 소석회 공정의 교반 및 침전시간은 각각 60~75분, 75~90분 정도가 적절
- CO_2 가스를 공정수에 직접 주입하는 방법과 CO_2 포화수를 주입하는 방법에 따라 pH와 탁도에는 큰 차이가 없음. 실공정에는 CO_2 포화수를 주입하는 방법이 정량 및 pH 조절에 용이
- 소석회와 CO_2 주입시차를 최대한 짧게 하는 것이 탄산칼슘 침전물의 발생을 최소화하여 실공정을 가장 효율적으로 운영할 수 있음
- pH가 증가함에 따라 수체잔류염소 감소계수가 점진적으로 증가하였음(pH 7.0 → 8.0, Kb 0.006 → 0.0092 hr^{-1})
- pH가 증가함에 따라 소독부산물(THM, HAA) 생성량이 증가
- 무게감량기준의 부식율은 아연도강관 > 강관 > 동관 > 스테인레스관 순이었으며, pH&Alk. 조절에 의한 부식제어 결과 강관 13.6%, 동관33.0%, 아연도강관 15.7% 부식율 저감효과가 나타남

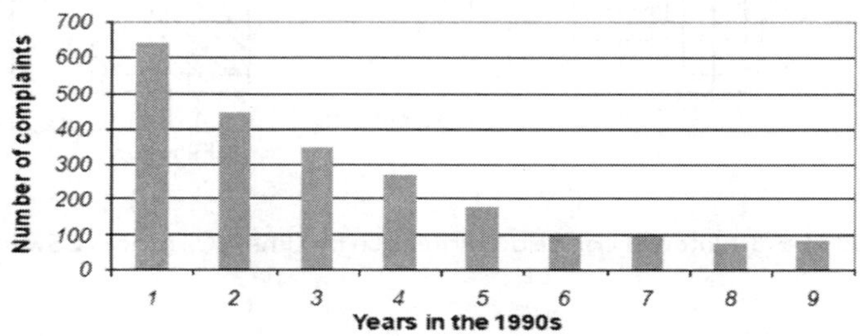

<그림 9-7> 부식억제제 사용으로 인한 민원 발생수(1991-1999)

자료 : K-water

3) 부식 억제제 사용 방법

- 부식 억제제(Corrosion inhibitor)

"Corrosion inhibitor can added to water and It has influence on corrosion"

- 부식 억제제의 부식제어 기전

① 부식 억제제의 분자자체 혹은 금속이온과 결합하여 금속표면에 흡착

② 부식 억제제(금속) 자체가 금속산화물 보호피막 형성

③ 잠재적인 부식 유발 물질과 반응

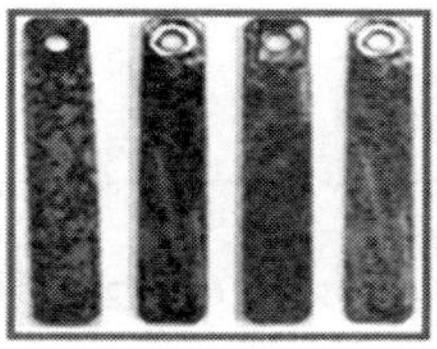

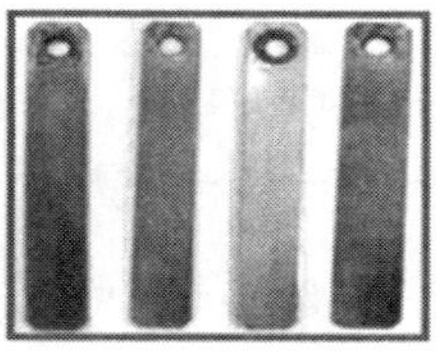

Corrosion inhibitor
(Zn-Phosphate)

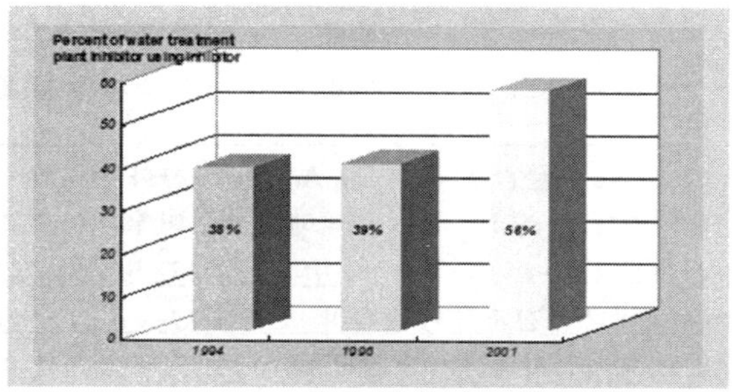

- 부식 억제제(Corrosion inhibitor)

부식억제제	화학식	방식위치	특 징
Orthophosphate	H3PO4 NaH2PO4 Na2HPO4 Na3PO4	Anode	- 칼슘이온이 많은 경우, 효과적으로 보호피막을 형성, - 여러 관종에서 부식 효과가 관찰됨
Polyphosphate	Na5P3O10 (NaPO3)6	Cathode	- Polyphosphate가 Ortho-phosphate로 전환될 때 효과가 있음 - CaCO3나 CaSO4 등의 생성을 억제 - 세관 후 고농도 주입하는 것을 권장하고 있음
Bimetallic phosphate	ZnSO4+H2O NaH2PO4 H3NO3S	Anode Cathode	- ZnSO4 : cathode sequestering - Phosphate : anode sequestering
Phosphate Blend	Orthophosphat e + Polyphosphate	Anode Cathode	- Orthophosphate : 부식억제효과 - Polyphosphate : Sequestering 효과 - Orthophosphate가 고비율시 효과적이라고 알려져 있음 - 대부분 상품화 된 제품
Silicate	Na2SiO3 Na6Si3O7	Anode	- (mSiO2, nSiO3)2n- 와 같은 콜로이드 음이온으로 작용 - pH가 낮고 용존산소가 높은 수질에서 처리하기 적당하다고 알려져 있음
Phosphate Silicate Blend	Phosphate Silicate	Anode	- 두 물질간의 상승작용으로 단일성분일 때보다 부식억제 효과가 큼 - 인산염의 함량을 낮출 때 더욱 효과적이고 최근 사용량 증가

미국과 유럽에서는 상수도관의 재질, 수질특성에 따라 차이가 있기는 하지만 녹물의 저감에 긍정적인 효과가 인정되어 부식 억제제를 일부 정수장에서 투입하고 있으며, 특히 미국의 경우는 1991년 납 동 규제법(Lead & Copper Rule) 제정 후 그 사용량이 증가(자료 : 상수도 시설기준 부식성 개선에서)

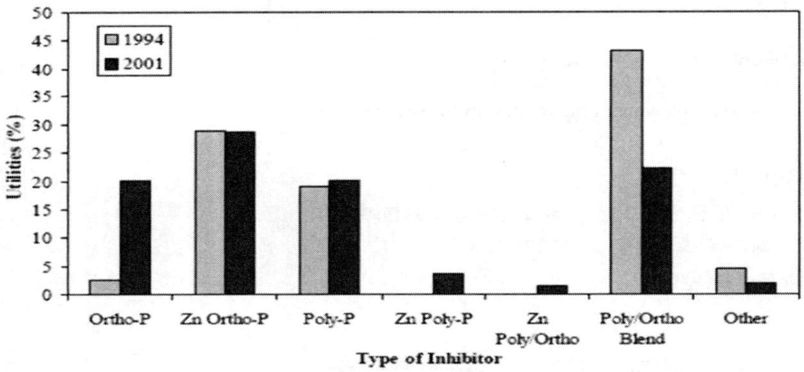

<그림 9-8> 부식 억제제 형태별 이용율 비교(1994, 2001년)

☞**Cathode는 환원 전극(음극), Anode는 산화 전극(양극)**

전기분해가 일어날 때는 (-)극에서 환원이 일어나므로 환원 전극(Cathode), (+)극에서 산화가 일어나므로 산화전극(Anode)이며, (-)극이니까 전자가 많고 그 옆에 있는 양이온이 전극의 전자를 받는다고 생각하고, (+)극이니까 전자가 부족하여 그 옆에 있는 음이온에서 전자를 뺏어오게 됨

☞반면 화학전지에서는 환원이 일어나는 전극(전자를 받는 전극)이 (+)극이 되므로 Cathode, 산화가 일어나는 전극 (전자를 보내는 전극)이 (-)극이 되므로 산화전극 Anode인 것임.

- 전자는 (+)극에서 나와 (-)극으로 흐르는 것으로 이해 요망

<표 9-1> 부식 억제제 적용 사례(1)

Site(USA)	Inhibitor & Dosage	Results
Public Water System in Minnesota	Zinc Phosphate Sodium Silicate Ortho·Polyphosphate blend	- Poly:Orthophosphate = 1:1로 1~2mg/L 주입시 구리의 농도가 50% 감소
Springfield Massachusetts Water System	Alkalinity & pH control Ca·Hardness control Phosphate, Silicate 첨가 H_3PO_4 + NaOH로 pH 조절	- 20mg/L Silicate 첨가시 만족할 만한 납의 농도 제어 - Orthophosphate 사용으로 납의 용출 감소 - H_3PO_4 + NaOH 사용시 부식제어 효과 큼
City of Portland	Sodium Orthophosphate Zinc Orthophosphate Silicate Silicate Polyphosphate blend	- Sodium Orthophosphate와 Zinc Orthophosphate가 부식속도와 금속의 용출을 효과적으로 감소 - Silicate는 pH 7.5에서 납과 구리의 부식을 효과적으로 조절 - Silicate Polyphosphate blend는 구리농도를 감소시키나 납의 농도는 Silicate를 단독으로 사용할 때 보다 더 높았음
Philadelphia Suburban Water Company	Caustic Soda로 pH 조절 Lime 18mg/L (as $CaCO_3$) Bimetallic Phosphate : 0.8~0.9mg/L	- pH control 및 Lime stabilization은 납과 구리의 농도 감소에 효과적 - Phosphate 주입시 납의 농도변화는 적었으며 구리의 농도 감소는 확인됨

<표 9-2> 부식 억제제 적용 사례(2)

Site(USA, Canada)	Inhibitor & Dosage	Results
City of Richmond (Virginia 주, USA)	Zinc Orthophosphate 주입 T.P. 1.9mg/L 주입	· LCR 제정 이후 Pipe Loop Test 실시한 결과를 참고하여 Corrosion Inhibitor 사용 · 납 용출 억제 효과, 미생물 재성장 감소 효과 · 주입장소는 소독 공정 후단 · 정수장 약품 전체 비용 중 10% 미만 · 미국 동부지역 정수장 대부분이 Corrosion Inhibitor 사용
Blacksburg (South Carolina 주, USA)	Zinc Orthophosphate 2mg/L 이하	
Roanoke (Virginia 주 서남부 도시, USA)	Orthophosphate 2mg/L 이하	
City of Laval (캐나다 Quebec 주 남부에 있는 도시)	Ortho-Polyphosphate blend Orthophosphate blend Zinc Phosphate	· 방청제가 미생물에 미치는 영향 검토 · Phosphate의 주입이 HPC에 영향이 없었음

• 부식 억제제 적용 사례(3)

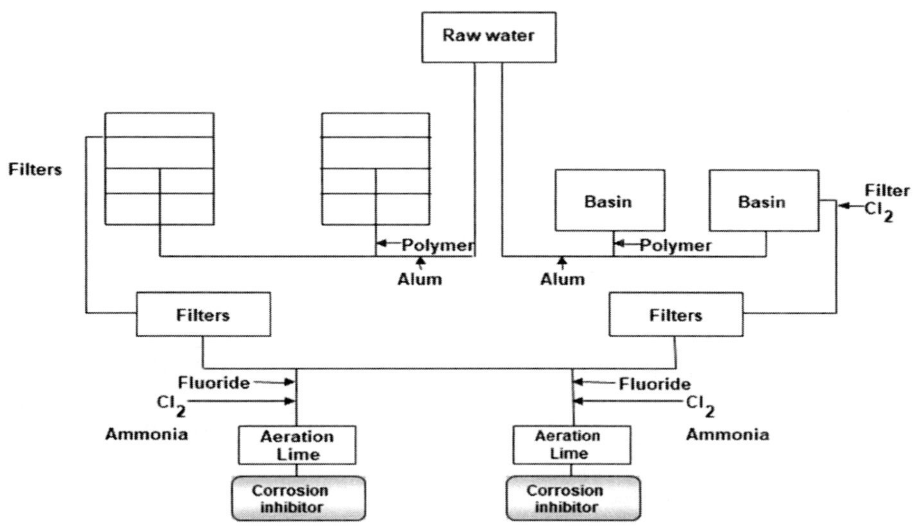

<그림 9-9> City of Richmond Water treatment plant, Virginia, USA

Case Studies(1)

Boston Metropolitan

- 1.8 million people
- Average daily demand about 300 MGD
- 15.4% of water samples collected at consumer's taps exceeded the lead standard
- Adding NaOH to raise the pH to levels between 8 and 9

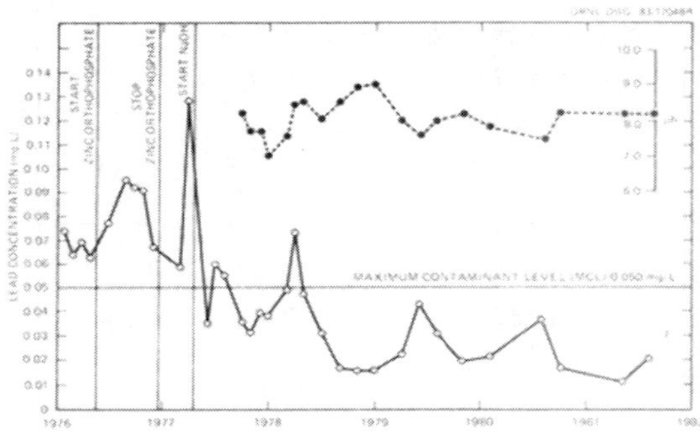

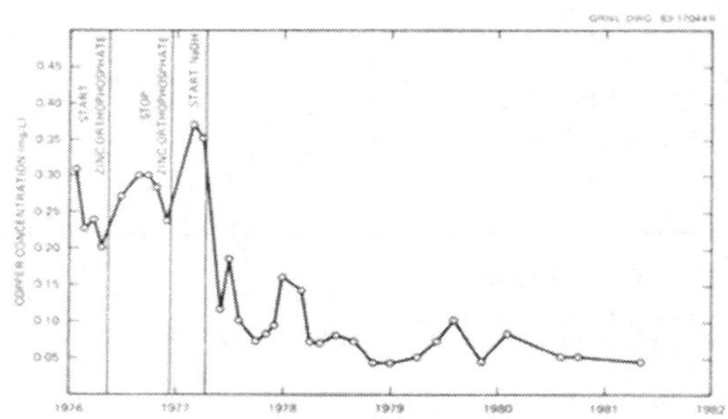

Fig. 8.7. Mean copper levels from samples taken in Boston and Sommerville, Massachusetts, 1976-1981

Case Studies(2)

<table>
<tr><th rowspan="2">Utility</th><th colspan="2">Before treatment water quality</th><th rowspan="2">Corrosion control strategy</th><th colspan="4">After treatment water quality</th><th rowspan="2">Secondary impacts</th></tr>
<tr><th>pH</th><th>Alk. mg/L $CaCO_3$</th><th>pH</th><th>Alk. mg/L $CaCO_3$</th><th>Orthophosphate mg/L as PO_4</th><th>Silicate mg/L SiO_2</th></tr>
<tr><td rowspan="2">Rochester, MY</td><td rowspan="2">7.4-7.8</td><td rowspan="2">60-65</td><td rowspan="2">pH increase from 7.4-7.8 to 8.0-8.5, follow by: Silicate addition</td><td>8.0-8.5</td><td>65</td><td>-</td><td>-</td><td rowspan="2">No adverse secondary impacts.</td></tr>
<tr><td>8.0-8.5</td><td>65</td><td>-</td><td>10-15</td></tr>
<tr><td>Philadelphia, PA</td><td>8.1</td><td>48</td><td>pH decrease, PO_4 addition with zinc orthophosphate</td><td>7.3-7.8</td><td>35</td><td>.6-.8</td><td></td><td>No adverse secondary impacts.</td></tr>
<tr><td>MWRA Boston, MA</td><td>9.0</td><td>12</td><td>pH decrease, alkalinity increase</td><td>7.6-7.8</td><td>20-30</td><td>-</td><td>-</td><td>Lead levels reduced, pH more stable in the distribution system.
No adverse secondary impacts.</td></tr>
<tr><td rowspan="2">Springfield, MA</td><td rowspan="2">6.9-7.5</td><td rowspan="2">15-20</td><td>pH increase to 8.7 with NaOH and addition of zinc orthophosphate followed by:</td><td>8.7</td><td>Not available</td><td>2.5</td><td>-</td><td>No lead reduction.
Increase in HPC.
Decrease iron levels.</td></tr>
<tr><td>pH adjustment to 7.5 and addition of phosphoric acid</td><td>7.5</td><td>Not available</td><td>1-4.5</td><td>-</td><td>Good lead reduction.
Decrease in HPC.
Maintained lower lead levels.</td></tr>
</table>

Case Studies(3)

Utility	Before treatment water quality		Corrosion control strategy	After treatment water quality				Secondary impacts
	pH	Alk. mg/L $CaCO_3$		pH	Alk. mg/L $CaCO_3$	Ortho-phosphate mg/L as PO_4	Silicate mg/L SiO_2	
Durham, NH	7.2-7.7		pH increase form 8.1 to 8.8 with NaOH	8.1-8.8	Not available	-	-	Lead levels reduced. No adverse secondary impacts.
Martinez, CA	8.3-8.6	66-85	pH increase from 8.5-9.0 with NaOH	9.0	-			Good lead reduction. No secondary impacts
Bellingham, WA	7.1-7.4	19	pH increase from 7.3 to 7.8-8.0 using soda ash	7.8-8.0	22-32			Lead levels reduced. HPC levels lower. Noadverse secondary impacts.

Case Studies(4)

Corrosion strategy	Metals release	Post Precipitation of solids	Disinfection by-products		Microbiological impacts	Aesthetics		
			THM	HAA		Turbidity	Color	Taste and odor
pH increase	Decrease in Pb, Cu, Zn. Possible short term increase in Fe uptake. Increase in alkalinity could lower iron uptake by increasing buffering intensity Iron levels could also be increased if pH is adjusted to the point of minimum buffer intensity(i.e. ,8.3)	Precipitation of iron solids, manganese and calcium carbonate can occur at elevated pH	Potential increase	Potential decrease	Post precipitation of solids may create surfaces for bacteriological growth	May increase because of post precipitation of solids	May increase because of post precipitation of solids that may contribute to color	Change in pH may affect formation of compounds resulting in taste and odor
PO_4 addition	Decrease in Pb, Cu, Fe, Zn, adverse effect to adverse effect to cement compounds if pH decreases	Precipitation of aluminum phosphate can occur if alum is used. Precipitation of calcium phosphate can occur at elevated pH Precipitation of zinc carbonate can occur at elevated pH with the use of zinc orthophosphate Inhibitors	No change if pH remains constant	No change if pH remains constant	Zinc in some types of inhibitor formulations may inhibit coliform growth. Possibly improved Disinfection efficiency because of reduction in tubercles, which provide a growth surface for bacteria	Reduction in tubercles and increased disinfection efficiency could reduce turbidity. Post recipitation of solids may contribute to turbidity	Possible increase because of post-precipitation of solids that may contribute to color	Potential growth of algae in open reservoirs may affect taste and odor

4) 관내 부식방지 라이닝 방법

- 내부식성 lining, Coating, Painting

공법	EPOXY라이닝	PE라이닝(PPR)	시멘트라이닝
개요	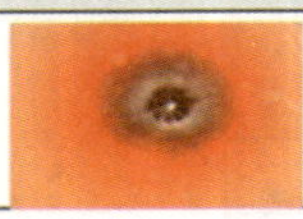		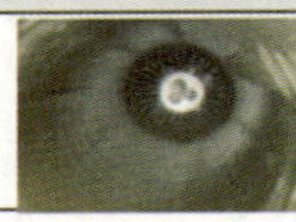
	연장 70 ~ 80m에 1개소를 점굴착하고, 기존관을 절단하여 스케일을 제거한 후, epoxy 도료로 도포한후 자연건조 시킴	연장 100 ~ 200m에 1개소를 점굴착하고, 기존 노후관을 절단하여 내부 스케일을 제거한 후, PE 라이너를 삽입 관내면에 고온의 증기를 이용하여 부착	연장 50 ~ 100m에 1개소를 점굴착하고,기존관을 절단하여 내부 스케일을 제거한 후, 시멘트몰탈라이닝하여 경화된 후 아크릴계 수지로 실코팅
구경	100~600mm	150~900mm	150~1,200mm
기간	1일 / 12시간	3일 / 24~36시간	3일 / 48~60시간
두께	1mm(±0.2mm)	5~22mm	4~10mm(±1mm)
적용 범위	관내부식방지 통수능력 회복	관내부식방지 통수능력 회복 누수방지, 내하력 확보	관내부식방지 통수능력 회복 누수방지, 내하력 확보
장점	- 공사비가 가장 저렴 - 공사기간이 짧다. -곡관 및 분기관 등에도 시공가능	- 구조적 보강 효과가 있어 핀홀 등이 발생된 관체에도 적용 가능. - 수명이 epoxy lining에 비해 길다	- 구조적 보강 효과가 있어 핀홀 등이 발생된 관체에도 적용 가능 - 습윤면에 시공가능
단점	- epoxy 도장후 핀홀발생 및 이로 인한 핀홀을 통하여 부식시 lining의 들뜸 가능성 - 관의 구조적 보강효과가 없어서 핀홀 등이 존재하는 기존관에 서는 적용 곤란 - 400㎜이상 구경에 적용 실적이 적음 - 동절기시 시공 곤란	- 제수밸브, 분기관, 45°이상의 곡관 등은 굴착 시공하여야함 - 공법중 가장 고가로 소구경관에서는 신관부설비와 유사 - 국내에서는 신기술로 지정되어 시공업체가 1곳뿐 - 동절기 시공 곤란	- 시멘트라이닝시 기존 누수공으로 침입수 등이 있을 경우 시공곤란 - 오래되면 라이닝면이 풍화되어 떨어짐 - 단수시간이 길다 - 외국에서는 시공실적이 많으나 국내 에서는 초기단계로 시공실적이 없음

경향신문

2019. 11. 7. 목요일 030면 오피니언

여적(餘滴) **납 수돗물, 붉은 수돗물**

언제나 틀면 나오는 수돗물. 늘 있었던 것 같지만 한국 최초의 근대 정수시설 도입은 100년 남짓이다. 1908년 설립된 서울 성수동의 뚝도 정수장(현 뚝도아리수정수센터)이 1호다. 1970년대까지만 해도 물을 많이 쓰는 여름엔 공급이 갑자기 중단되는 게 다반사였다. 1980년대부터 상수도 시설을 확충해 현재 한국의 수돗물 보급률은 99%가 넘고, 1990년대부터 수질 검사를 국제기준보다 깐깐하게 하며 품질 개선에 주력해 한국 수돗물의 질은 국제사회가 인정할 정도라고 한다. 몇 년 전엔 세계 물맛대회에서 7위까지 차지했다. 툭하면 수돗물 파동을 겪었던 한국으로선 장족의 발전이다.

세계 최초의 수도는 기원전 312년 무렵 건설된 고대 로마의 '아피아 수로'다. 그러나 가정에서의 수도 사용은 1619년 런던 수도회사가 생기면서부터이고, 1882년까지도 뉴욕 가정의 2%만 수돗물을 썼다고 한다. 1848년과 1854년 사이 영국 런던에선 대표적 수인성 질병인 콜레라가 두 차례 발생하며 2만5000명이 목숨을 잃었다. 보편화된 수돗물의 역사는 그리 길지 않다.

최근 며칠 새 국내외에서 수돗물이 뉴스에 올랐다. 캐나다 전역 11개 도시의 수십만명 시민이 마시는 수돗물에서 연방정부 권고치를 넘는 납 성분이 검출됐다는 조사 결과가 4일(현지시간) 나왔다. 주요 원인은 낡은 수도관으로 추정된다고 한다. 국내에선 지난 5월 충격을 안긴 인천 붉은 수돗물 사태의 보상이 시작된다는 소식이 나왔다. 인천시가 피해 시민들에게 총 63억여원의 보상금을 이달 중순부터 지급하기로 한 것이다.

평소 잘 모르던 물이나 공기의 고마움은 늘 누리던 일상이 심각하게 방해받을 때 알게 된다. 최승식 물포럼코리아 사무총장은 "수돗물 민영화로 물값 폭등을 경험했던 프랑스 파리는 2009년에 <Eau de Paris>(파리의 물)를 창립하고 2010년에 수돗물을 재공영화하면서 수도정책의 혁신을 이루고 있다"고 전했다(프레시안 기고). '원하는 수돗물' 정책을 시민들이 만들자는 것이 핵심이다. 북유럽 국가들은 수돗물을 국민 생명을 지키는 중요 국가자원으로 간주해 예산을 아끼지 않는다고 한다. 돈을 물 쓰듯 써야 할 곳이 어디인지 자명하다.

송현숙 논설위원

9.1.6 수도 관망관리 진단 및 노후관 개량

1) 상수도 관로 현황 및 수도관 수질관리

상수도 관로 매설현황(2020년 환경부 통계)

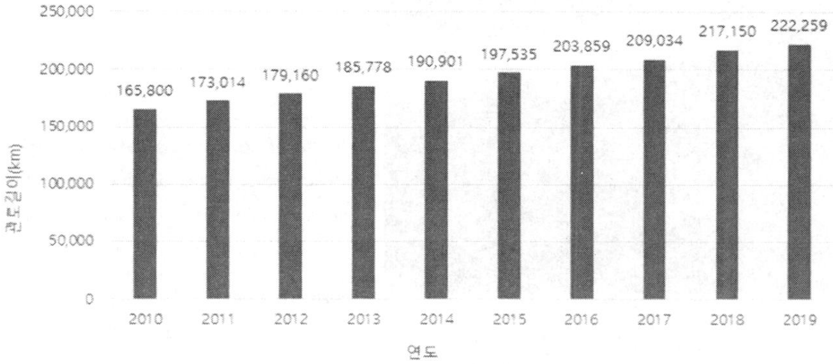

- 수도관 총연장 중 설치 후 21년 이상 경과된 관은 75,558 km(34.0%)이며, 16~20년 29,501km(13.3%), 11년~15년은 38,709 km (17.4%), 6~10년은 42,815 km(19.3%), 5년 이내는 35,677 km(16.1%)

- 2017년 기준 개량해야할 관로는 전체 중 13,823 km(6.6 % 이상) (지방공기업법상 내용연수 30년)
- 2027년 ~ 2034년 동안 개량해야할 관로는 전체 중 67,676 km(32.4 % 이상)(지방공기업법상 내용연수 30년)
- 국내 상수도 관로는 단기간에 대량 설치되어 개량 및 유지관리비용의 급격한 증가, 막대한 시간과 예산 예상
- 체계적인 개량계획 수립 및 운영유지관리시스템 도입으로 관망의 내구연수(잔존수명) 증대 및 비용절감 등 효과 기대

자료 :수돗물 안전관리를 위한 상수도 관망관리 개선방안, 구자용, 서울시립대, 2019.11

• 수도관 수질관리 방안(1)

정기적/비정기적 관 세척

▪ 관 세척의 목적

1) 수질 향상

2) 관 표면 세척

- 관 내벽에 부착되어 있는 물질들을 제거
- 적수, 박테리아 용출, 일시적인 압력 저하로 인한 병원성 미생물의 침입, 역류 등의 문제 발생 가능.

3) 연질의 부착물 제거

- 관의 라이닝 물질 보호를 위해 저속 플러싱

4) 단단한 결절 제거

- 일반적으로 오래되고 라이닝 되지 않은 주철관 및 덕타일 주철관과 부식성 수질에서 오랫동안 노출된 라이닝 덕타일주철관에서 발견됨.

플러싱(Flushing)

- 관 내부에 흐르는 물이 외부로 배출될 때 발생하는 유속 이용
- 300 mm이하의 소구경관으로 충분한 수압이 있는 구간에 적용 (재래식 플러싱의 경우 150 mm 이하)

피그세척(Pigging)

- 표면이 부드러운 폴리우레탄 부직포 또는 폴리카바이드로 된 소프트 피그 등을 사용, 관내에 삽입 후 수압으로 주행
- 침적물이나 미생물막 제거 용도
- 관경 80~600 mm 관에 적용가능

맥동류 세척(Air scouring)

- 관 내부에 압축공기를 주입하여 water slug를 생성한 후 water slug가 유발하는 유속을 이용
- 관경 80 mm ~ 200 mm 관에

자료 :수돗물 안전관리를 위한 상수도 관망관리 개선방안, 구자용, 서울시립대, 2019.11

• 수도관 수질관리 방안(2)

피그세척(Pigging)

파이프 라인 운송에서 피깅은 돼지 또는 스크레이퍼라고하는 장치를 사용하여 다양한 유지 관리 작업을 수행하는 것입니다. 이것은 파이프 라인에서 제품의 흐름을 멈추지 않고 수행됩니다. 이 장치는 일반 돼지처럼 긁거나 청소하기 때문에 돼지라고합니다

In pipeline transportation, pigging is the practice of using devices known as pigs or scrapers to perform various maintenance operations

Sphere Pigs

Permanent pig signallers should only be fitted when frequent pigging operations are anticipated. Otherwise, temporary strap-on pig signallers or pig location devices should be used. Ancillary equipment should be flush mounted and barred tees should be used on main line sections of the pipeline

https://en.wikipedia.org › wiki › Pigging

2) 상수도 관망 기술진단

상수도시설에 대한 기술진단

- 수도법 제74조(수도시설에 대한 기술진단 등) 제1항
  수도사업자는 수도시설의 관리상태를 점검하기 위하여 5년마다 환경부령으로 정하는 바에 따라 정수장상수도 관망 등 그 수도시설에 대한 기술진단을 실시하고, 그 결과를 반영한 시설개선계획을 수립하여 시행하여야 함.

상수도시설에 대한 정밀안전진단

- "시설물의 안전관리에 관한 특별법"에 의해 1종시설물 및 2종시설물에 대하여
  도로 · 철도 · 항만 · 댐 · 교량 · 터널 · 건축물 등 안전을 도모하기 위해 안전점검 및 정밀안전진단 실시토록 규정

(수도시설에 대한 기술진단 세부내용)

구분	정수장		상수도 관망	
	일반 기술진단	전문 기술진단	일반 기술진단	전문 기술진단
진단 주체	수도시설을 운영하고 있는 수도사업자 (전문진단업체에 부분 또는 전부 위탁가능)			
진단 대상	취수시설·도수시설 및 정수시설과 그에 속하는 시설물		송수시설·배수시설 및 배수관에 속하는 관과 그에 속하는 시설물	
	시설용량 1일 5천톤 이하	시설용량 1일 5천톤 이하	군 단위 이하의 급수구역에 공급되는 상수도 관망	시 단위 이상의 급수구역에 공급되는 상수도 관망

(상수도 시설물 제1,2종 시설물 적용범위)

구분	1종시설물	2종시설물
7. 상하수도		
가. 상수도	▪ 광역상수도	▪ 1종시설물에 해당하지 않는 지방상수도
	▪ 공업용수도	
	▪ 1일 공급능력 3만톤 이상의 지방상수도	

(정밀점검 및 정밀안전진단의 실시 주기)

안전등급	정밀점검		정밀안전진단
	건축물	그 외 시설물	
A등급	4년에 1회 이상	3년에 1회 이상	6년에 1회 이상
B · C등급	3년에 1회 이상	2년에 1회 이상	5년에 1회 이상
D · E등급	2년에 1회 이상	1년에 1회 이상	4년에 1회 이상

3) 상수도 관망 조사 및 진단 기술

- 배경 및 필요성

  - 수돗물 생산과정인 정수장 수질관리에 예산 및 정책이 편중되고, 수송과정인 상수도 관망에 대한 진단 및 관리 미흡

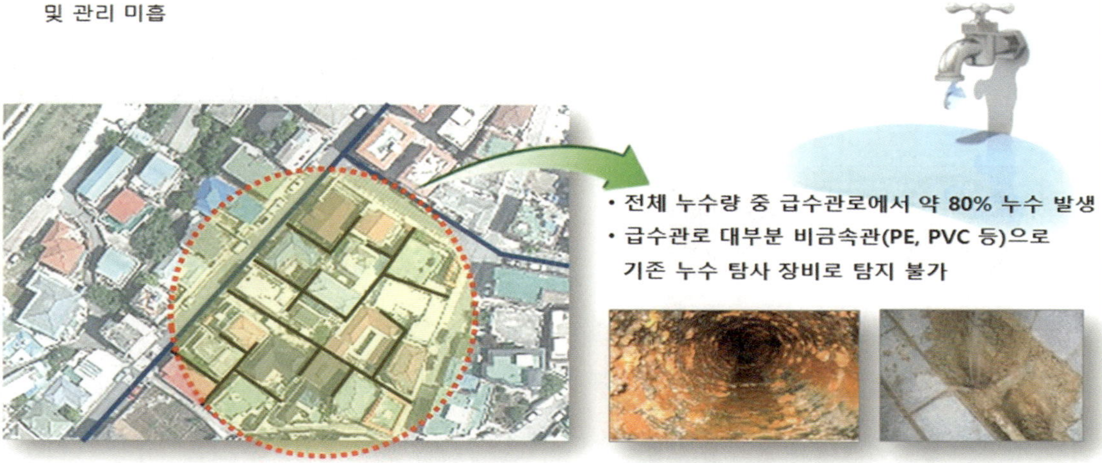

관로의 정확한 상태진단 및 누수탐사를 수행하여 관로의 사고 예방필요

자료 : 상하수도 관로진단 및 비굴착 개량기술, 박상봉, (2019.11)

- **상수관로 종합 진단 기술**
  - 화상분석, 누수탐사, 매설관 위치탐사 등 종합적인 배관 상태 진단 가능 (루프형, 푸시로드형)
    - ✓ 대상관경 : D100mm 이상
    - ✓ 관내 투입 전 소독 기능 탑재로 2차 오염 예방

- **부단수 내시경 카메라**
  - 부단수 상태에서 관로내부의 스케일 생성을 카메라로 촬영하여 진단
  - 관경 100mm 이상의 관에 ø22mm, ø35mm 고해상도 카메라를 투입하여 관 내부상태를 실시간으로 확인 및 녹화
  - Push-Rod Type 은 최대 105m까지 이동이 가능

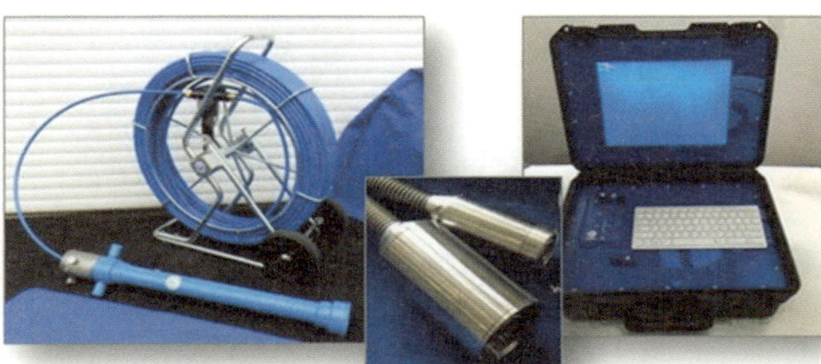

Camera Size	22mm, 35mm
Pressure rated	16 BAR
Suitable for pipe size	100mm and above
Reel length	105 metres
Rod type	12mm semi rigid pushrod
Recorder	Portable memory USB drive

- **누수탐사**

- 수도관의 정확한 누수를 탐지하기 위한 가압 음향 녹음 캡슐 (하이드로폰 사용)
- 음향 캡슐을 케이블에 부착하여 이동하면서 누수음을 기록
- 카메라 시스템에 부착되거나 독립된(개별) 케이블에 연결하여 활용
- 화상진단 화면에 사운드 데이터를 덮어 쓰거나, 케이블 삽입 거리를 통해 정확한 누수 위치 판별 가능

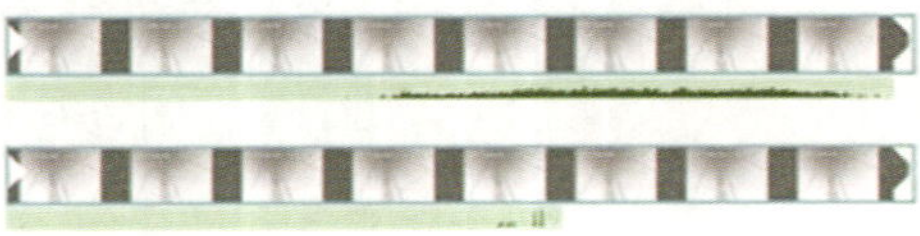

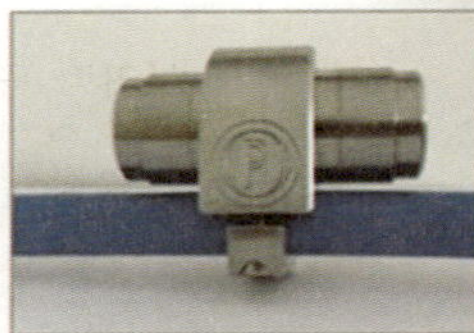

[누수 탐사 음향 캡슐]

- **매설관 위치 탐사**

- 범용으로 사용할 수 있는 33KHz의 송신기 주파수 모드
- 관 내부로 전력/통신 케이블을 삽입하여 주파수를 흘려보내 관내부 케이블에서 방출되는 주파수를 외부에서 탐지하면서 관로 위치 탐사
- 매설물 깊이 측정 기능 보유
- 최대 6미터까지 매설물 탐지 가능

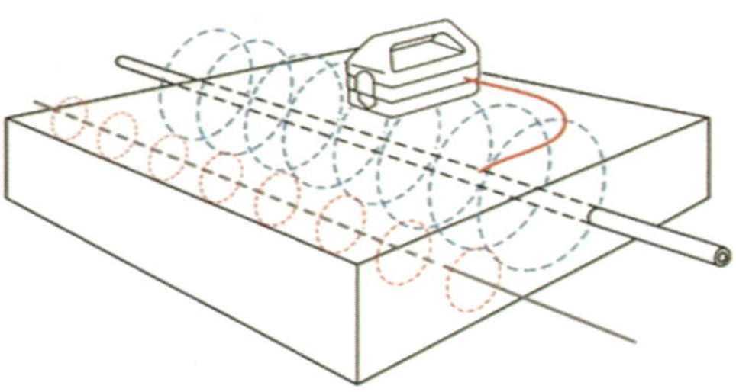

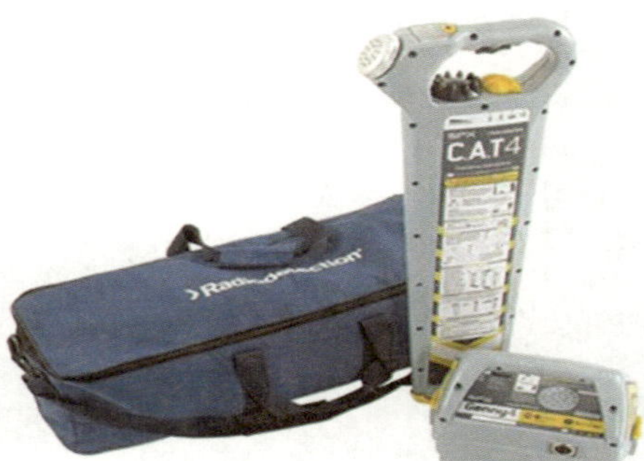

4) 상수도 노후관 개량

• 노후관 개량의 대상이 되는 관

① 노후관이란 관내 Scale 발생으로 出水不良 상태 야기
② 적수나 이물질의 혼입으로 민원유발
③ 누수와 관 파손의 문제가 자주 발생하는 관
④ 인체에 해를 주는 석면 시멘트관
⑤ 매설 갱년 20년 이상인 관

상수도관 노후 등으로 인해 연간 수돗물 총생산량의 10.5%인 약 6만8200만㎥의 수돗물이 누수로 손실되고, 생산원가로 환산하면 손실액은 **6130**억 원 **(2017년 통계)**

• 노후관으로 인한 피해

① 위생상 문제
관의 부식으로 용출되는 물질이 물속에 용해되어 인체에 해를 끼친다.
② 적수현상 발생
관의 부식이나 원수에 포함된 철 망간 및 부식도 등의 혼입으로 적수현상이 발생
③ 누수 및 관 파손사고
출수불량 상태의 야기
④ 경제적 손실
Scale 발생으로 관의 통수능력이 저하되어 펌프의 양정을 높여야 되고 노후관 교체개량 및 누수방지 등 경제적 손실을 발생

• 노후관 개량의 목적

① 예비적 갱신
용수의 안정적 보급이라는 측면에서 장래 발생할 수 있는 사고의 미연에 방지
② 관로 기능 회복
출수상태를 양호하게 하고 관 파손 및 누수피해를 절감하는 등 관로기능 회복
③ 지하 매설물 정비
상수관 이외의 복잡한 지하 매설물을 정비하는데로 목적

• 노후관 갱신계획 수립 절차

① 기초조사 : 정보수집과 관로 진단
② 우선순위 결정 : 중요도, 갱신의 효과,공사 조건의 감안
③ 공법의 선정 : 개량의 목적을 인지, 경제적 공법 선정
④ 사업의 시행

• 노후관 개량 공법의 선정

① 비구조적 갱신 : 적수나 유출계수(c)의 개선을 목적으로 하여 주로 300㎜ 이하의 관에 적용 →관 세척
② 구조적 갱신 : 균열이나 누수 방지의 목적으로 400㎜ 이상의 관에 적용, 관 교체, pipe in piper, pipe rebirth, hoseling 공법

• 노후관 개량 공법의 종류

① 관 세척후 재도장
관내 Scale을 Scraper로 긁어내고 Aspalt나 epoxy로 재도장. 공기가 짧고 공사비 싸나 관 균열시는 적용 곤란
② 관 교체
가장 확실한 개량 방법, 공사비↑, 공기↑
③ pipe in pipe
기존관보다 한단계 낮은 관(주로 DCIP관)을 밀어넣고 관 사이를 시멘트 몰탈로 채우는 방법
④ PIPE REBIRTH
pipe in pipe 와 동일하나 DCIP 대신 PE관을 넣어 시공성 우수, 적수 및 전식 방지. 그러나 공기는 길어짐
⑤ hose lining : 수밀성 seal hose를 삽입, 곡관부 시공가능 시공기간 단축, 관 전체에 구조적 문제가 없음

5) 수도관 비굴착 개량기술

- **비굴착 공법의 필요성**
  - 소구경인 노후 급수관 및 배수지관 교체 시 대부분 지반을 굴착하여 매설관을 교체하는 방식에 의존

  ✓굴착방법(Open-cut)은 타 시설물이 파손될 우려가 높으며, 공사의 확대로 많은 예산소요와 교통 혼잡, 민원 등을 발생
  - 소구경관의 대부분은 굴착장비의 진입이 어려운 좁은 골목에 매설되어 있어 인력 굴착 방법에 의한 교체 수행

  ✓시공성, 경제성, 안전성 측면의 많은 문제를 안고 있으며, 실제로 시공을 하지 못하고 방치되는 경우가 빈번하게 발생

  ✓관로 매설 지점 주변에 타 시설물(우수, 통신, 가스 등)이 있는 경우 지장물 이설 및 재설치 필요

  -가정집 급수라인의 경우 정원 및 콘크리트 구간이 많으므로 장비굴착 시 사유시설물 손상

굴착 장비의 진입이 어려운 협소 구간

관로 주변 지장물 다수

자료 : 상하수도 관로진단 및 비굴착 개략기술, 박상봉, (2019.11)

- **비굴착 공법**

① 비굴착 교체 기술(Pipe Bursting)

- 원뿔의 파열/파쇄헤드와 날을 이용하여, 기존관을 파쇄하고 후미에 연결된 신관으로 관을 교체하는 방법
  - A작업구에 파쇄헤드와 신관을 연결하고 B작업구에 견인장비를 설치하여 견인
  - 기존관의 위치로 신관이 매설되며, 파쇄된 기존관은 신관 주변에 잔존
  - 모든 관종에 적용 가능하며, 신관은 보호를 위해 폴리에틸렌 다중피복관을 사용

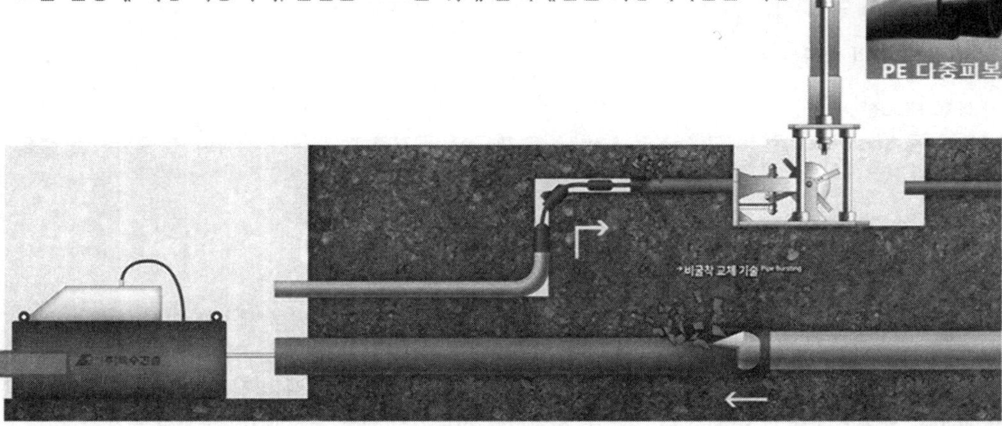

자료 : 상하수도 관로진단 및 비굴착 개략기술, 박상봉, (2019.11)

② 비굴착 갱생 기술 (Close Fit Lining)

[기술 개요]

- 노후관 속에 HDPE관을 견인력을 유지한 채 구경 축소용 Swage Die를 통과시켜 도달구까지 연속적으로 견인 및 삽입
- 일정시간 경과 후 견인력을 제거하여 긴장된 HDPE관이 줄어 들면서 축소되었던 구경이 자연복원력에 의해 확장
- 확장된 HDPE관이 모관 내벽에 밀착되어 노후관의 수명 연장

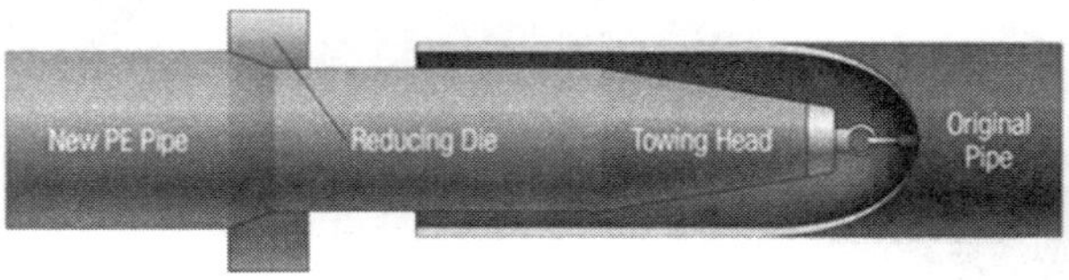

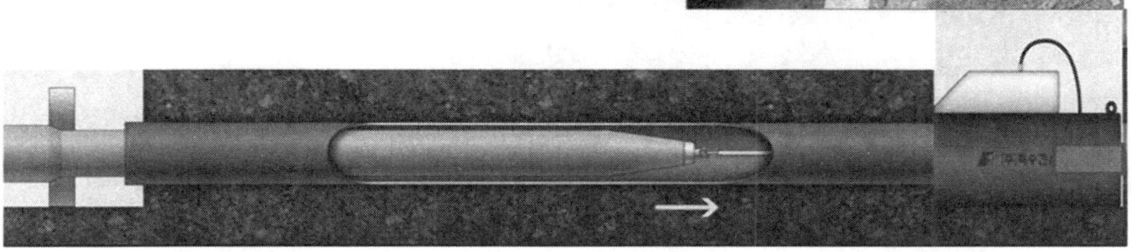

③ 비굴착 갱생 기술 (Close Fit Lining)

[시공 공정]

① 작업구 터파기 및 관 절단 ➡ ② 기존관 내부 세척 ➡ ③ 견인장비 및 관경축소 DIE 설치

➡ ④ 견인봉(Steel Rod) 인입 ➡ ⑤ 신관 연결 ➡ ⑥ 신관 관경 축소 후 인입

➡ ⑦ 관경축소 DIE 철거 ➡ ⑧ 신관 관경 복원 ➡ ⑨ 기존관과 연결

➡ ⑩ 되메우기 및 복구

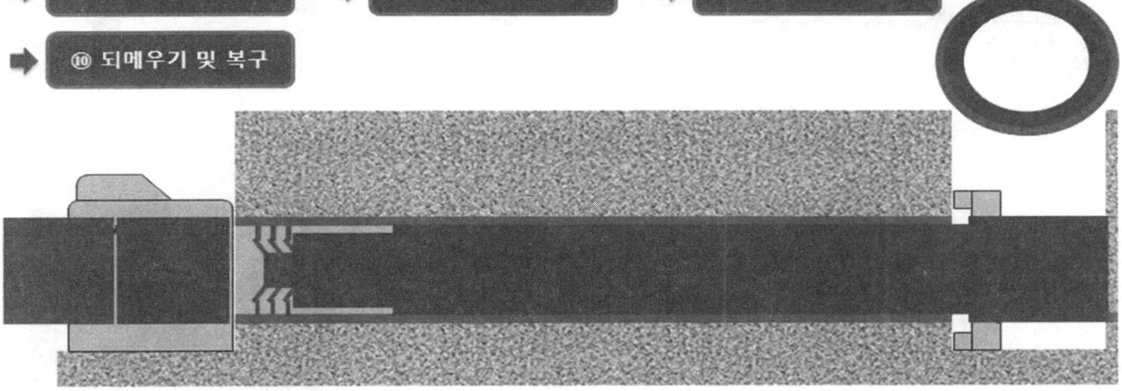

자료 : 상하수도 관로진단 및 비굴착 개량기술, 박상봉, (2019.11)

④ **비굴착 갱생 기술 (Slip Lining)**

- Slip lining 공법은 노후 상수도관 내부로 기존관 보다 관경이 작은 라이닝관(PE, PVC, PP 등)에 강선와이어를 연결하고, 이를 견인하여 관 내부로 삽입하여, 라이닝을 형성하는 공법

- 신관의 외경은 최소한 기존 관의 내경보다 50 mm 이하 관 사용
- PE관을 주로 사용하며, 견인하거나 삽입하는 방식
- 관이 삽입된 후 기존 관과 삽입된 관 사이 빈 공간에 그라우팅 충진
  (신관에 작용할 수 있는 휨에 대한 내력 보강)

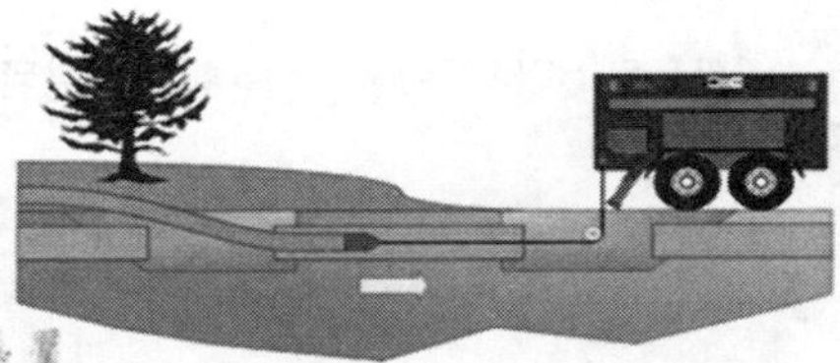

⑤ **공압 추진 공법(Pneumatic Impact Moles)**

- 공압을 이용한 타격식 추진 공법으로 지반 굴진 후 신관을 매설하는 공법

- 도로 및 하천 하부 등 굴착으로 신설이 불가능한 구간 적용
- 적용가능 관경 : D15~50mm
- 적용구간 길이 : 50m 또는 그 이상

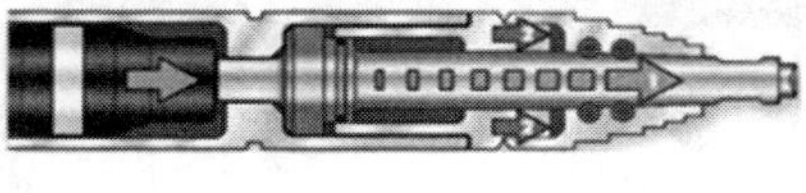

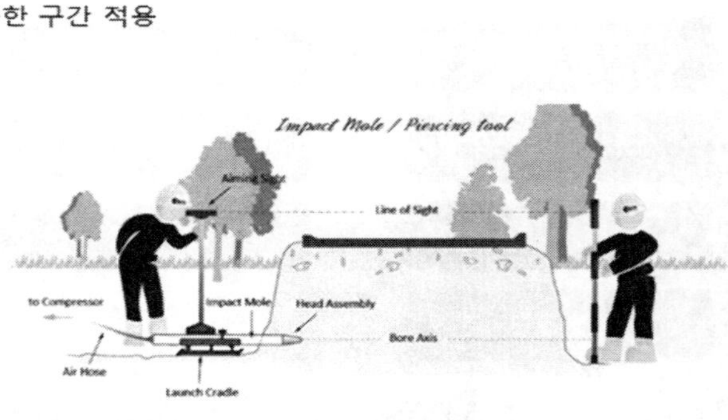

Impact Moling - HDPE & PE pipe (polyethylene pipe)

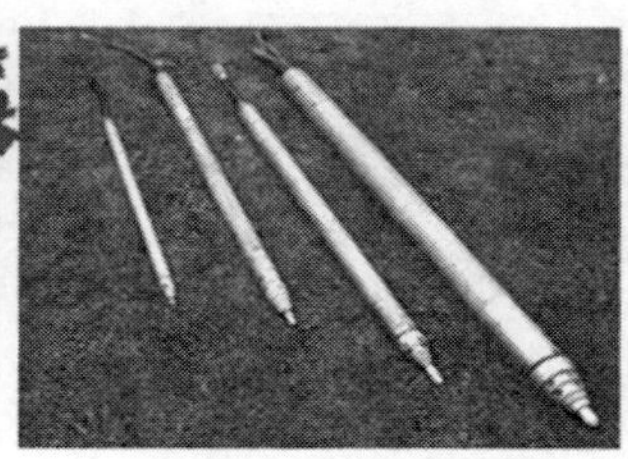

인천광역시 적수발생 수질사고 발생 및 대책

1) 수질사고 발생

- ➢ 2019.5.30. 13시30분경 인천시 서구지역에서 최초로 적수(혼탁수) 민원이 접수되어 사고를 인지
- ➢ 서구지역을 최초로 사고발생 4일 후인 6월2일부터는 영종지역, 16일 후인 6월 14일부터는 강화지역으로 확대

2) 사고경위 및 피해규모

- 2019.5.30. 풍납취수장과 성산가압장 가동중지에 따라 수계전환 과정에서 수질사고 발생. 즉 공촌정수장 원수공급단계인 풍납취수장, 성산가압장 전기설비의 법정 점검으로 시설을 가동 중지하게 됨에 따라 수계전환(물 공급지역 변경)을 통하여 대체 공급하는 과정에서 공촌 수계권역에 혼탁수가 유입됨
- 수계전환과정에서 용수공급은 평소대비 205% 증가(1,700m3/h→3,500m3/h)한 상태에서 유속은 정방향 0.33→역방향 0.68m/s 로 변환되어 다량의 침전물이 부상하고, 관내 물때 등 이물질이 탈락하여 발생한 것으로 분석

3) 수질사고 종료

- ➢ 수질사고 원인 구간을 청소하고 정수지, 배급 수관로 및 저수조의 청소를 완료한 후 인천시에서 8월5일 발생 67일 만에 수질정상화를 선언함
- ➢ 피해규모는 공촌정수장 공급지역인 서구, 영종, 강화지역 26만세대 63만명이 피해와 불편을 겪었으며, 피해보상을 위해 수도요금 269.7억원을 감면하였고, 식수, 저수조 청소비, 필터교체비 등 실비보상을 위해 주민, 소상공인에게 40,867건 66.7억이 직접 보상함
- ➢ 인천시에서 전문가, 시민단체, 주민대표 등 의견반영하여 2019.7.25. '상수도 혁신원원회' 구성

출처 : 2019 한국상하수도협회 기술지, vol.13(수돗물적수사고의 발생과 후속대책 현인환)

세계일보 2019. 11. 29. 금요일 008면 사회

'붉은 수돗물' 재발 않도록 노후 관로 교체 서두른다

정부, 수돗물 안전 관리대책 확정

관 교체 4년 앞당겨 2024년 완료

실시간 감시 후 오염 시 자동 차단

'스마트 상수도관리' 내년 시범도입

윤지로·최형창 기자 kornyap@segye.com

2028년까지로 예정됐던 노후 수도관 교체 사업이 2024년 마무리된다. 취수원부터 수도꼭지까지 수돗물 공급 전 과정을 실시간 감시할 수 있는 '스마트 상수도관리체계'도 내년 도입된다. 인천 '붉은 수돗물 사태' 재발을 막기 위해서다.

환경부는 28일 이낙연 국무총리 주재로 열린 현안점검조정회의에서 10개 중점 추진과제를 담은 수돗물 안전 관리 종합대책을 확정했다고 밝혔다.

대책에 따르면 2028년까지 예정된 노후 수도관 교체 사업은 일정을 앞당겨 2024년 마무리된다. 이를 위해 2020~2024년 연도별로 나눠서 시작할 예정이었던 48개 노후 수도관 교체 사업을 내년에 모두 시작하기로 했다. 또, 2022년까지 전국 노후 수도관을 정밀 조사해 문제가 있는 곳은 추가로 정비할 계획이다.

수도시설의 잔존 수명을 예측해 보수 시기를 놓치지 않도록 하는 '생애주기 관리기법'도 내년에 12개 지방자치단체에서 시범 운영한 뒤 2022년 전국으로 확대 보급한다. 또 2022년까지 1조3700억원(국비 8764억원)을 투입해 스마트 상수도관리체계를 구축한다. 스마트 관리체계는 수질·수량·수압 모니터링 장치와 자동배수설비, 정밀여과장치 등을 관망에 설치해 취수원에서 가정의 수도꼭지까지 수돗물 공급 전 과정을 실시간으로 감시하고, 수돗물 사고가 발생하면 오염된 수돗물을 차단하는 시스템이다. 내년 43개 지자체에 시범 도입한 뒤 2022년 전국으로 확대한다.

문화일보

5월 30일 13:30 첫 민원 접수

2019년 06월 18일 화요일 002면 종합

환경부 "인천 붉은 수돗물은 부주의한 수계전환 탓" 결론

빠른 밸브 작동으로 '물때' 섞여
정수장 청소로 6월하순 정상화
사태 20일 지나 '늦장대응' 비판

인천 '붉은 수돗물(적수)' 사태는 인천시가 충분한 사전 준비 없이 '수계전환'을 무리하게 진행하면서 촉발된 것으로 확인됐다. 수계전환은 단수 상황에 대비해 평시 이용하는 관로(수도 공급을 위해 지하에 묻은 관) 계통을 바꾸는 것이다. 정부는 초기 대응에 실패하고 사태가 발생한 지 20일이 지나서야 원인을 규명하고 대책을 내놔 '늦장 대응'이라는 비판을 피할 수 없게 됐다.

환경부는 18일 정부세종청사에서 브리핑을 열고 "적수 발생 원인은 수계전환 전 과정에서 준비 부실, 초동 대처 미흡 등 대응 부실 때문"이라며 "6월 하순부터 순차적으로 수돗물이 정상 공급될 것으로 예상된다"고 밝혔다.

정부원인조사반 중간조사 결과에 따르면 시는 무리한 수계전환을 진행하면서도 적수 피해를 최소화할 '골든 타임'(적기)을 놓쳤다. 시는 지난 5월 30일 공촌정수장에 원수를 공급하는 풍납취수장과 성산가압장 정기 점검을 위해 가동을 중지하고, 대규모 단수를 막기 위해 인근 수산·남동정수장 정수를 대신 공급하는 수계전환을 진행했다. 수계전환 시에는 국가건설기준에 따라 제수 밸브를 서서히 작동해 유속 변화에 따른 녹물이나 관 내부의 물때가 떨어지지 않도록 충분한 배수 작업을 하도록 돼 있다. 하지만 시는 10분 만에 밸브를 개방하는 바람에 유속이 2배 증가한 것으로 나타났다. 또 일시적으로 수돗물의 탁도가 '먹는 물' 수질 기준을 초과했음에도 별도 조치 없이 생활용수로 공급한 사실도 확인됐다.

처음 서구에서 시작된 적수 현상이 영종·강화 지역으로 번져 사태가 장기화한 것도 시의 안일한 대처 때문이었다. 특히 공촌정수장의 수질을 점검하는 탁도계가 고장 나 해당 정수장이 적수 사태의 발원지였음에도 불구하고 시는 '수질에 문제없다'는 잘못된 판단을 내린 것으로 확인됐다. 수돗물 내 이물질은 노후화한 수도관 때문이 아니라 관 밑에 쌓인 물때 성분인 것으로 분석됐다. 환경부는 "정수기나 필터로 한 번 거른 물은 마셔도 되는 상태"라면서도 "필터 색상이 쉽게 변하는 단계에서는 마시는 것보다 빨래, 설거지 등에만 사용하는 게 좋다"고 설명했다.

정부는 수돗물 정상화를 위해 공촌정수장 4개 정수지의 청소를 포함해 이물질을 제거하는 작업을 실시할 계획이다. 오는 22일부터 단계적으로 공급을 정상화하고 29일까지는 완료한다는 목표다. 적수 사태 발생 한 달 만에 정상화가 이뤄지는 셈이다.

윤정아 기자 jayoon@

9.2 하수도 관거관리

9.2.1 하수관의 종류

1) 총칙

- 관거시설은 관거, 맨홀(manhole), 우수토실(雨水吐室), 토구(吐口), 물받이(오수, 우수 및 집수받 이) 및 연결관 등을 포함한 시설의 총칭이며, 주택, 상업 및 공업지역 등에서 배출되는 오수나 우수를 모아서 처리장 또는 방류수역까지 유하시키는 역할을 함
- 각 관거별 계획하수량은 다음 사항을 고려하여 정함
  - ① 오수관거에서는 계획시간최대오수량으로 함
  - ② 우수관거에서는 계획우수량으로 함
  - ③ 합류식 관거에서는 계획시간최대오수량에 계획우수량을 합한 것으로 함
  - ④ 차집관거는 우천시 계획오수량으로 함
  - ⑤ 지역의 실정에 따라 계획하수량에 여유율을 둘 수 있음
    - 계획하수량과 실제 발생하수량 간에는 큰 차이가 있을 수 있기 때문에 각 지역의 실정에 따라 계획하수량에 여유율을 두는 것이 좋으나 여유율에 따른 관경의 증가로 인한 경제적 부담, 간선관 거 및 대구경 관거는 지선에서 하수의 유하시간 차이로 인한 여유율의 증가 등을 감안하여 결정함
    - 따라서 일반적인 여유율로서 오수관거인 경우 계획시간최대오수량에 대해 소구경관거(200 ~ 600 mm)에서는 약 100%, 중구경관거(700 ~ 1,500 mm)에서는 약 50 ~ 100%, 대구경관거(1,650 ~ 3,000 mm)에서는 약 25 ~ 50% 정도 여유율을 갖도록 하는 것이 좋음

환경부, 하수도시설기준, 2011

2) 유량

- 하수는 보통의 물에 비하여 부유물이 많이 포함되어 있으나 수리계산에 지장을 줄 정도는 아니므로 보통의 물에서와 같은 방법으로 수리계산을 함.
- 따라서 하수에서도 일반적으로 사용하는 수리계산식은 자연유하에서는 Manning식 또는 Kutter식을 사용하고, 압송의 경우에는 Hazen. Williams식을 사용함

3) 유속 및 경사

- 유속은 일반적으로 하류방향으로 흐름에 따라 점차로 커지고, 관거경사는 점차 작아지도록 다음 사항을 고려
하여 유속과 경사를 결정함

① 오수관거 계획시간 최대오수량에 대하여 유속을 최소 0.6 m/s, 최대 3.0 m/s로 함
② 우수관거 및 합류관거 계획우수량에 대하여 유속을 최소 0.8 m/s, 최대 3.0 m/s로 함

4) 하수관거의 종류

- 관거는 일반적으로 다음과 같은 종류를 사용함

① 철근콘크리트관
② 제품화된 철근콘크리트 직사각형거(정사각형거 포함)
③ 도관
④ 경질염화비닐관
⑤ 현장타설 철근콘크리트관
⑥ 유리섬유 강화 플라스틱관
⑦ 폴리에틸렌(PE)관
⑧ 덕타일(ductile) 주철관
⑨ 파형강관
⑩ 폴리에스테르수지콘크리트관
⑪ 기타

5) 관거의 단면

- 관거의 단면형상에는 원형 또는 직사각형을 표준으로 하고, 소규모 하수도에서는 원형 또는 계란형을 표준으로 함
- 가장 일반적으로 사용되는 것은 원형이나, 그러나 어떤 형상을 선정하더라도 다음 사항을 고려하여 결정함

① 수리학적으로 유리할 것
② 하중에 대해 안전할 것
③ 시공비가 저렴할 것
④ 유지관리가 용이할 것
⑤ 시공 장소의 상황에 잘 적응될 것

일반적으로 사용되는 원형, 직사각형, 말굽형 및 계란형의 장. 단점은 다음과 같음

• 원형

① 장점
- 수리학적으로 유리
- 일반적으로 내경 3,000mm 정도까지 공장제품을 사용할 수 있으므로 공사기간이 단축
- 역학계산이 간단

② 단점
- 안전하게 지지시키기 위해서 모래기초 외에 별도로 적당한 기초공을 필요로 하는 경우가 있음
- 공장제품이므로 접합부가 많아져 지하수의 침투량이 많아질 염려가 있음

• 직사각형

- 이 형상은 일반적으로 높이가 폭보다 작음.

① 장점
- 시공장소의 흙두께 및 폭원에 제한을 받는 경우에 유리하며 공장 제품을 사용할 수도 있음
- 역학계산이 간단 - 만류가 되기까지는 수리학적으로 유리

② 단점
- 철근이 해를 받았을 경우 상부 하중에 대하여 대단히 불안하게 됨
- 현장타설일 경우에는 공사기간이 지연된다. 따라서 공사의 신속성을 도모하기 위해 상부를 따로 제작해 나중에 덮는 방법을 사용할 수도 있음

• 말굽형

- 이 형상은 일반적으로 상부는 반원형의 아치(arch)로 하며 측벽은 직선 또는 곡선을 갖고 내측으로 굽혀 수직으로 함

① 장점
- 대구경 관거에 유리하며 경제적
- 수리학적으로 유리
- 상반부의 아치작용에 의해 역학적으로 유리

② 단점
- 단면형상이 복잡하기 때문에 시공성이 열악
- 현장타설의 경우는 공사기간이 길어짐

• 계란형

① 장점

- 유량이 적은 경우 원형거에 비해 수리학적으로 유리
- 원형거에 비해 관폭이 작아도 되므로 수직방향의 토압에 유리

② 단점

- 재질에 따라 제조비가 늘어나는 경우가 있음
- 수직방향의 시공에 정확도가 요구되므로 면밀한 시공이 필요

6) 최소관경

• 최소관경은 다음과 같이 ① 오수관거 200 mm를 표준으로 ② 우수관거 및 합류관거 250 mm를 표준으로 함

<문제 9-4> 유역면적 200ha, I = 5,360(t+35), 유입시간 7min, 유출계수 0.7, 하수관내 유속 1m/sec, 하수관 길이 700m 인 경우 계획우수량 및 분유식 하수관의 우수관 직영을 구하라 ?

(풀 이)

t = 유달시간 = 7+(700/1) x (1/60) = 17.8min.

I = 5,360/(18.7+35)= 100.0mm/hr, A = 200ha, C = 0.7

Q = (1/360) C I A = (1/360) x 0.7 x 100 x 200 = 38.89m^3/sec

Q = AV, Q = 38.89m^3/sec , V = 1m/sec 이므로

A = (πD2/4) = (Q/V) = 38.89m^2 이므로

D = (4 x 38.89)/3.14 = 7.04m

실제에 있어서 이 관경은 너무 크므로 다음과 같이 직사각형 단면으로 함이 좋음

A = 4m x 10m = 40m^2 > 38.89m^3/sec ∴ A = 4m x 5m x 2(2경간)

7) 매설위치

• 매설위치는 다음 사항을 고려해서 결정하여야 함

① 관거는 공공도로상에 매설하는 것을 기본으로 하고, 그 매설위치 및 깊이를 도로관리자와 협의하여 정함
② 관거가 하저를 횡단하는 경우에는 그 매설위치 및 깊이를 하천관리자와 협의해야 함
③ 철도횡단의 경우에는 관거가 교통하중 및 진동을 직접 받지 않도록 충분한 깊이로 매설해야 함. 그러나 종단경사의 특수성에 의하여 교통하중 및 진동이 작용하는 경우에는 관거에 직접 영향을 주지 않도록 방호공을 설치하여야 함
④ 관거를 사유지내에 매설하는 경우에는 토지소유자와 협의하여야 함
⑤ 시스템 배치계획은 해당지역의 지형도 등을 따름

8) 매설깊이

• 관거의 최소 흙두께는 원칙적으로 1 m로 하나, 연결관, 노면하중, 노반두께 및 다른 매설물의 관계, 동결심도, 기타 도로점용조건을 고려하여 적절한 흙두께로 함

<문제 9-5>

• 유역면적2.0km², 유출계수 0.86인 배수계획용지에서 하수관거를 매설한다. 유입시간은 6분이며, 관내유속이 1.2m/sec, 관의 길이가 800m인 관 하류단에서의 유출하수량을 Q=CIA 및 강우강도식I_{10}=1660/(t+50)을 이용하여 산출하시오? 아울러I_{10}의 의미를 간략히 기술하고 우수배제계획과의 관계를 설명하시오?

1) 개요
우수배제계획시계획우수량은합리식으로 산출하며, 합리식은유달시간을 강우의 지속시간으로 가정하여 이에 해당하는 강우강도를 구한 후 이러한 강우가 배수구역 전체에 균등히 내린다는 가정하 우수유출량 산정방식으로 우수유출량산정순서는 다음과 같다.

- 해당지역의 강우강도식 산정
- 계획확률년수 결정 : 배수구역의 크기 및 지역의 중요도 고려
- 유달시간을 산정하여 강우의 지속시간으로 한다
- 강우강도를 구한다
- 유출계수와배수면적을강우강도에 곱하여 유출량을 산정

2) 우수 유출량 산출

<합리식>

$Q = \frac{1}{360}CIA$ (SI 단위)

여기서, Q = 최대 유출량, m³/sec
C = 표면의 특성과 형태에 따른 유출계수
I = 유달시간(t) 내의 평균강우강도, mm/hr
A = 배수면적, ha

$$Q = CIA$$

여기서, Q = 최대 유출량, ft³/sec
C = 표면의 특성과 형태에 따른 유출계수
I = 유달시간(t) 내의 평균강우강도, in/hr
A = 배수면적, acres

<계산식>

$$Q = CIA$$

1) 유달시간

t = t_1 + t_2,
t_1= 6분, $t_2 = \frac{L}{V} = \frac{800m}{1.2m/sec} = 11.11$분
t = 6 + 11.11 = 17.11 분

2) 강우강도

$I_{10} = \frac{1660}{(t + 5}$

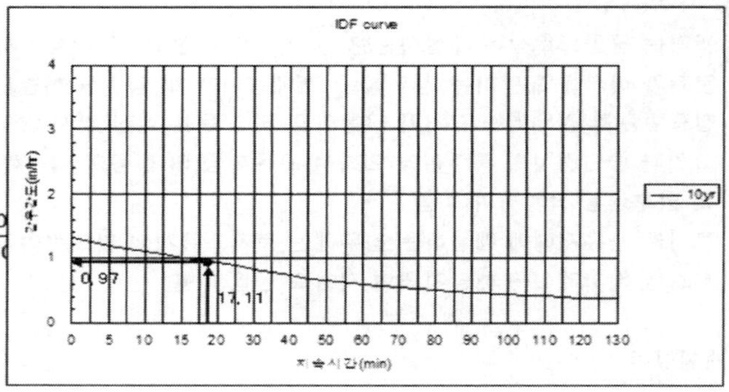

∴ I_{10} = 0.97 in/hr(1in = 2.54㎝)

3) 유출계수강우강도 곡선

C = 0.86

4) 배수면적

A = 2.0㎢ = 480 acres (1㎡ = 0.00024 acres)

5) 강우 유출량

$Q = CIA = 0.86 \times 0.97 \times 480 = 400.7 ft^3/sec$

- **I_{10}의 의미**

강우강도식은 강우강도와 강우의 지속시간과의 관계를 표시하는 것으로 지역에 따른 강우량 차이가 달라지며 같은 지역이라도 확률년에 따라 달라진다. 해당지역에 대한 기존의 강우강도식이 없는 경우는 가까운 지역의 강우강도식을 사용하거나 강우자료가 있을 경우 강우강도식을 유도하여 사용한다. 합리식에서 사용하고 있는 강우강도 공식의 형태는 다음과 같은 것이 있다.
I_{10} = 1660/(t+50)은 재현기간 10년의 강우강도-지속기간-생기빈도의 관계를 나타낸 Talbot형 확률강우강도식으로 Talbot형은 지속시간 5 ~ 120분 사이에서 Sherman, Hisano, Ishiguro형보다 약간 안전한 값을 얻을 수 있으며 유달시간이 짧은 관거 등의 유하시설을 계획할 때 채용하는 것이 좋다.

<여러 가지 강우강도 공식>

구 분	Talbot형	Sherman형	Hisano · Ishiguro 형	Cleveland형
강우강도공식	$I = \frac{a}{t+b}$	$I = \frac{a}{t^m}$	$I = \frac{a}{\sqrt{t} \pm b}$	$I = \frac{a}{t^m + b}$

I : 강우강도(mm/hr) t : 강우지속시간(분) a, b, m : 상수

- **우수배제계획과의 관계**

우수배제계획 시 계획우수량은 합리식으로 산출하며 합리식은 유달시간을 강우의 지속시간으로 가정하여 이에 해당하는 강우강도를 구한 후 이러한 강우가 배수구역 전체에 균등히 내린다는 가정아래 우수유출량을 산정하는 방식이다.
이렇게 구해진 우수유출량을 기초로 우수관거계획, 빗물펌프장계획, 우수유출량의 억제, 우수조정지계획 등이 이루어진다. 최근 들어 기상학적으로 일년에 내리는 총강수량의 2/3이상이 6월과 9월 사이의 여름철에 집중되면서 돌발홍수 및 집중호우의 형태로 나타나며, 도시의 재개발, 도시주변의 시가화 촉진에 따라 불투수율이 높아져 우수의 유출량이 증가하는 동시에 단기간에 우수가 유출하고 있다.
따라서 우수를 신속히 유출시키는 우수관거계획, 빗물펌프장계획 등 우수배제대책과 더불어, 우수를 저류시설 또는 지중에 침투하게 하여 유출량을 평균화시켜 첨두유출량을 감소시키는 우수유출 억제대책에 대해서도 검토해야 할 것이다.

9.2.2 하수관 설치 및 관리

1) 외압에 대한 관거의 보호

- 흙두께 및 재하중이 관거의 내하력을 넘는 경우, 철도 밑을 횡단하는 경우 또는 하천을 횡단하는 경우 등에는 콘크리트 또는 철근콘크리트로 바깥둘레를 쌓아서 외압에 대하여 관거를 보호함

2) 관거의 내면보호

- 관거의 내면이 마모 및 부식 등에 따른 손상의 위험이 있을 때에 내마모성, 내부식성 등에 우수한 재질의 관거를 사용하거나 관거의 내면을 적당한 방법에 의해 라이닝(lining) 또는 코팅(coating)을 해야 함

3) 기초공

- 관거의 기초공은 관거의 종류 및 토질 등에 따라 다음 사항을 고려하여 정함.

① 강성관거(剛性管渠)의 기초공

- 철근콘크리트관 등의 강성관거는 조건에 따라 모래, 쇄석(또는 자갈), 콘크리트 등으로 기초를 실시하며, 필요에 따라 이들을 조합한 기초를 실시하되, 모래기초의 경우 관의 부식방지를 위하여 한국공업규격 KSF 2526(콘크리트용 골재)서 규정한 염화물(NaCl) 함유량이 허용값 이하의 모래를 사용하여야 함. 단, 지반이 양호한 경우에는 이들 기초를 생략할 수가 있음

② 연성관거(軟性管渠)의 기초공

- 경질염화비닐관 등의 연성관거는 자유받침 모래기초를 원칙으로 하며, 조건에 따라 말뚝기초 등을 설치함

자료 : 환경부, 상수도시설기준,2011

4) 관거의 접합

- 관거의 관경이 변화하는 경우 또는 2개의 관거가 합류하는 경우의 접합방법은 원칙적으로 수면접합 또는 관정접합으로 함
- 지표의 경사가 급한 경우에는 관경변화에 대한 유무에 관계없이 원칙적으로 지표의 경사에 따라서 단차 접합 또는 계단접합으로 함
- 2개의 관거가 합류하는 경우의 중심교각은 되도록 60° 이하로 하고 곡선을 갖고 합류하는 경우의 곡률반경은 내경의 5배 이상으로 한다흙두께 및 재하중이 관거의 내하력을 넘는 경우, 철도 밑을 횡단하는 경우 또는 하천을 횡단하는 경우 등에는 콘크리트 또는 철근콘크리트로 바깥둘레를 쌓아서 외압에 대하여 관거를 보호함

5) 관거의 연결

- 관거의 연결은 수밀성 및 내구성이 있는 것으로 함
- 연약지반 등에서 관거와 맨홀 등이 강성이 높은 구조물과 접속하는 경우에는 필요에 따라 연성연결을 사용함.

6) 맨홀의 설치

- 맨홀 배치

① 맨홀은 관거의 기점, 방향, 경사 및 관경 등이 변하는 곳, 단차가 발생하는 곳, 관거가 합류하는 곳이나 관거의 유지관리상 필요한 장소에 반드시 설치함

② 관거 직선부에서는 맨홀의 최대 간격은 600 mm 이하 관에서 최대간격 75 m, 600 mm 초과 1,000 mm 이하에서 100 m, 1,000 mm 초과 1,500 mm 이하에서 150 m, 1,650 mm 이상에서 200 m를 표준으로 하며, 관거 곡선부에서도 현장여건에 따라 곡률반경을 고려하여 맨홀을 설치함

자료 : 환경부, 상수도시설기준,2011

- 맨홀의 종류 및 구조
  - 맨홀의 종류는 접합관경에 따라 <표 9-3> 표준맨홀에 준하며, 지형의 특성, 지하매설물과의 관계 및 관거의 구조 등에 따라 특수한 맨홀을 필요로 하는 경우도 있음

<표 9-3> 표준맨홀의 형상별 용도

명 칭	치수 및 형상	용 도
제1호 맨홀	내경 900mm 원형	관거의 기점 및 600 mm 이하의 관거 중간지점 또는 내경 400mm까지의 관거 합류지점
제2호 맨홀	내경 1,200 mm 원형	내경 900 mm 이하의 관거 중간지점 및 내경 600mm 이하의 관거 합류지점
제3호 맨홀	내경 1,500 mm 원형	내경 1,200mm 이하의 관거 중간지점 및 내경 800 mm 이하의 관거 합류지점
제4호 맨홀	내경 1,800 mm 원형	내경 1,500mm 이하의 관거 중간지점 및 내경 900 mm 이하의 관거 합류지점
제5호 맨홀	내경 2,100 mm 원형	내경 1,800mm 이하의 관거 중간지점

- 맨홀은 관거내의 점검, 청소 및 장해물의 제거, 보수를 위한 기계 및 사람의 출입을 가능하게 하고, 악취, 부패성 가스의 환기 등을 위해 필요할 뿐만 아니라 관거의 접합을 위해 반드시 설치하며, 맨홀의 설치장소 및 간격은 유지관리의 편리성이 우선적으로 고려되어야 함.

자료 : 환경부, 상수도시설기준,2011

• 맨홀 각부의 명칭

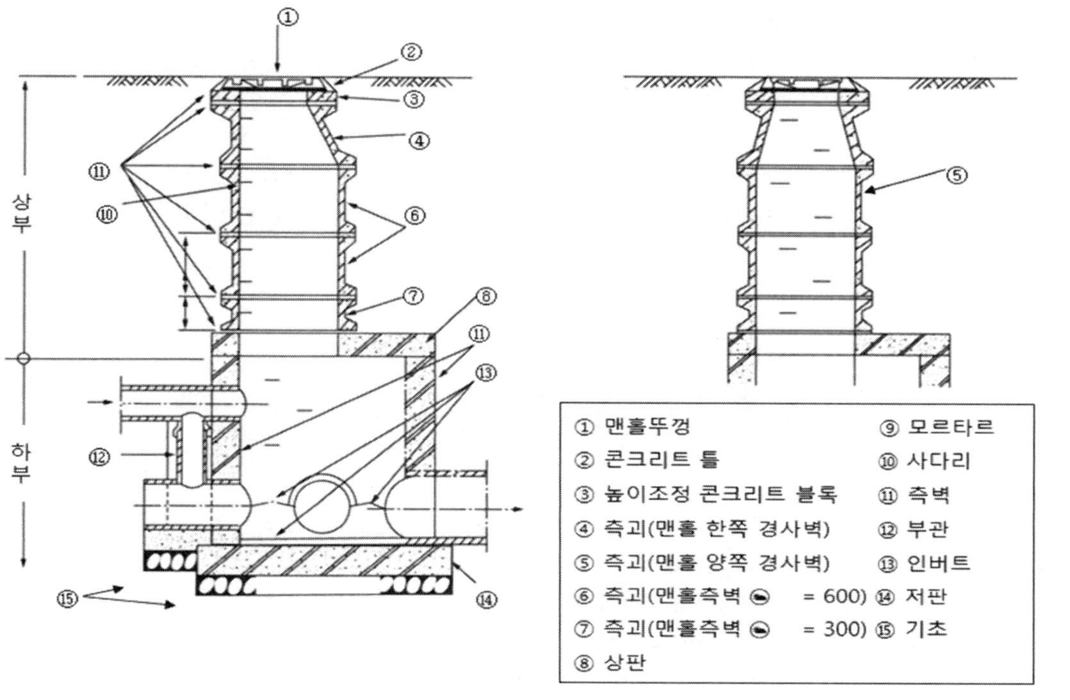

자료 : 환경부, 상수도시설기준,2011

9.2.3 합류식 하수도 우천시 방류부하량 저감시설

1) 방류부하량 산정

• 합류식하수도 시스템의 우천시 방류부하량은 다음의 단계적 방법을 통해 정확히 산정함을 원칙으로 함
 - 대상처리구역의 유역특성 및 관거특성 조사
 - 처리구역의 방류량 및 방류수역의 수질조사
 - 방류량 및 방류부하량 산정
 - 모델링을 통한 검토

• 합류식하수도 시스템의 우천시 오염 방류부하량 제어 목적은 대상 합류식하수도 처리구역에서 배출되는 총오염부하량(월류수+처리장 우천시 하수처리수의 합)으로부터 야기되는 수질오염을 실효적으로 감소시켜 실질적인 수계 수질개선을 달성하는 비용-효과적인 저감(처리)방법을 도출. 실행하는데 있음

• 이를 위해서는 먼저 정확한 우천시 방류부하량 산정이 매우 중요하며, 이 과정에서 모니터링과 모델링이 필수적으로 요구됨. 특히, 미국 EPA에서는 합류식하수도월류수(CSO) 제어를 위한 모니터링과 모델링의 중요성과 효용성을 다음과 같이 제시하고 있음

① 강우에 의한 합류식하수도의 수리학적 특성파악　② 월류수량과 오염물질의 농도 및 부하 산정

③ 월류수가 방류수역 수질에 미치는 영향평가　④ 모델의 입력자료와 보정과 검증에 필요한 데이터 제공

⑤ 수질기준의 달성여부를 평가하고 조정하기 위한 기초자료 제공

⑥ 단기최소요구충족 저감대책(NMC)시행의 효과 평가

⑦ 장기적인 CSO 저감 방법의 평가 및 선택

자료 : 환경부, 상수도시설기준,2011

2) 처리방법의 선정

- 비용 효과적인 대책의 수립을 위해서는 다양한 저감방법들의 유기적인 적용방식을 검토하고 적용대상구역에서 최대한의 효과를 나타낼 수 있는 방법들을 선정한다. 또한 선택된 저감(처리) 방법에 따른 유지관리 대책의 적용성을 충분히 검토해야 함
- 우천시 합류식 배수구역에서는 ①우수토실(구) 및 펌프장에서 차집관을 통해 차집되지 않고 방류수역으로 월류되는 월류수인 합류식하수도월류수(CSO)와 ②처리장에서 하수처리 수준에 따라 처리장 우천시 하수처리수(우천시 간이처리수+우천시 처리수)가 발생할 수 있음(<그림 9-7> 참조)

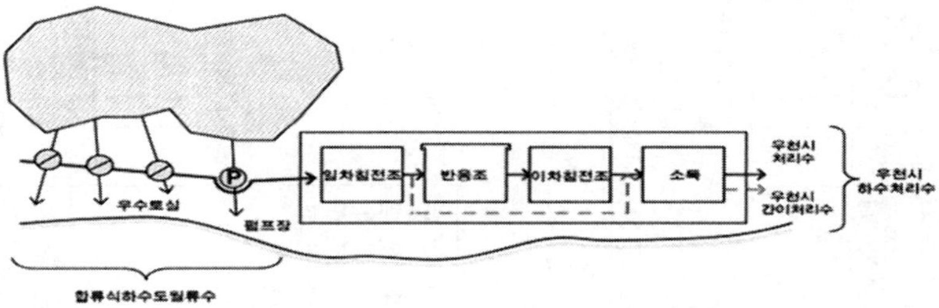

<그림 9-10> 우천시 합류식하수도 배수구역의 방류수

3) 배수설비 및 관거의 방류부하 저감대책

- 우천시 오염부하 방류량을 저감하기 위하여 배수설비 및 관거시설에 다양한 대책을 적용할 수 있으며, 지역특성이나 기존시설과의 연계 상황을 고려하여 다음 대책의 적용을 검토함

① 배수설비 기름제어 ② 관거퇴적물제어 ③ 관거분류화 ④ 펌프장개선 ⑤ 실시간 제어방법

자료 : 환경부, 상수도시설기준,2011

4) 우수토실 및 토구의 방류부하 저감대책

- 우수토실 및 토구에서의 대책은 주로 하천 등의 방류수역에서 월류 후에 고형물 및 협잡물이 쌓이는 경우가 많아 위생상, 미관상으로 문제가 발생하는 것을 대응하기 위한 것이다. 지역특성이나 기존시설의 상황을 고려하여 방류지점 공공수역의 이용상황, 유지관리성, 경제성 등을 종합적으로 감안하고, 우천시 하수의 배제기능을 충분히 검토하고 대책을 강구함

① 협잡물 제어

② 우수토실 개선

- 우수토실과 토구에서 협잡물제거를 위한 방법으로는 여과스크린의 설치가 있으며, 우수토실의 개선(차집량 증대)을 위해서는 우수토실 통폐합, 월류위어고의 조정을 들 수 있음

5) 차집관의 방류부하 저감대책

- 차집관거의 개선은 합류식하수도의 월류수대책에 적합하도록 효과, 경제성, 유지관리성 등 종합적으로 평가하여 결정하며, 차집관거의 용량은 우천시 계획시간최대오수량에 차집우수량을 더하여 정하며, 차집우수량은 합류식하수도의 우천시 방류부하량저감계획에 적합하도록 결정함

6) 우수체수지의 방류부하 저감대책

- 합류식하수도의 우천시 방류부하량을 저감하기 위해 필요에 따라 우수체수지를 계획하고 다음 사항을 고려함

① 우수체수지는 우수토실, 펌프장 및 처리장 주변에 설치하고 우수토실 등에서 배출하는 청천시 방류부하량을 효과적으로 삭감할 수 있는 시설로 함

자료 : 환경부, 상수도시설기준,2011

② 우수체수지의 형식은 우천시 방류부하량의 삭감효과, 입지조건, 방류수역의 상황, 경제성 및 유지관리의 용이성 등을 고려하여 종합적으로 선정함

③ 우수체수지의 계획유입량은 우천시 방류부하량의 삭감효과, 경제성 및 유지관리의 용이성 등을 종합적으로 검토하여 결정함

④ 우수체수지는 침수되지 않도록 하며, 유지관리 및 주변환경조건 등을 충분히 고려하여 계획함

- 우수체수지는 우천시의 초기우수나 우수토실, 펌프장에서의 월류수, 혹은 차집우수의 일부를 저류 또는 침전방류하고, 저류한 우천시 합류식하수를 강우종료후 원칙적으로 처리시설에 송수하여 처리함으로서 배수구역 및 처리구역 전체에서 배출시키는 우천시 방류부하량의 저감을 도모하는 시설임

- 또한 우수체수지의 저류량은 방류수역의 수질환경기준이나 물이용의 상황 등을 감안하고 우천시 월류수 대책 계획에 적합하도록 결정함

자료 : 환경부, 상수도시설기준,2011

9.3 펌프의 이해 및 관리

9.3.1 펌프설비의 계획

1) 총칙

- 펌프란 전동기나 내연기관 등의 원동기로부터 기계적 에너지를 받아서, 액체에 운동 및 압력에너지를 주어 액체의 위치를 바꾸어 주는 기계이며, 펌프의 작용은 흡입과 토출에 의해 이루어짐
- 펌프설비의 운전방식을 정할 때에는 에너지 절약을 염두에 두고 설비의 규모, 토출량의 변동폭 등을 고려하여 대수제어, 밸브개도제어, 각종 방식에 의한 회전속도제어나 임펠러의 교체방법(여름용, 겨울용) 등 다각도로 검토.
- 펌프설비의 제어방식에는 원격제어방식이나 자동제어방식이 많이 채택되고 있지만, 원격지에 설치되어 있는 펌프장은 무인화를 원칙으로 함. 펌프설비는 계획수량과 수압을 만족하는 것이어야 하므로 펌프를 선택하거나 대수를 결정할 때에는 펌프 자체의 성능을 먼저 숙지해야 함.
- 또 캐비테이션(공동현상)이나 수격작용 등의 수리현상에 대하 여 적절한 조치를 강구해야 하며 펌프 흡입장, 펌프기초 등의 구축물에 대해서도 고려해야 함.

2) 펌프설비의 계획

- 펌프설비를 계획할 때에는 안정적인 급수를 목표로 기계, 전기, 계측제어, 토목, 건축 등 각 기술분야를 포함하여 종합적으로 검토해야 함

자료 : 환경부, 상수도시설기준,2011

3) 펌프의 형식 선정

• 펌프의 형식은 다음 각 항에 따름

① 계획토출량 및 전양정을 만족하고 운전범위 내에서 효율이 높아야 함

※ 펌프용량(토출량, 吐出量) : 단위시간에 양수(揚水)되는 수량을 말함(예 : m^3/sec)

② 계획흡입양정에서 캐비테이션이 발생하지 않아야 함

※ 수두(水頭) : pump가 물을 끌어 올릴 수 있는 높이를 pump의 양정(揚程, pump head)이라 함

③ 각종 펌프의 형식은 운전방법, 보수 및 분해정비 등 유지관리의 장단점을 검토하여 결정함

4) 펌프의 형식과 운전

• 펌프는 계획수량, 동수압, 관로특성 등의 계획조건에 가장 적합하며 효율적으로 운전할 수 있는 형식으로 선정함

① 펌프의 형식은 사용조건에 가장 알맞은 비속도(Ns)의 펌프를 선정함

② 계획급수량, 동수압 및 관로특성에 따라 펌프운전 범위를 파악하여 캐비테이션의 발생 유무를 검토한 다음 최적의 제어방식을 채택함

5) 펌프 양수량의 조절

① 회전수를 바꾸는 방법

② 토출변의 개도를 바꾸는 방법

③ 토출구에서 흡입구로 by-pass관을 설치해서 토출량의 일부를 줄이는 방법

④ 왕복동 펌프에 있어서 플랜져의 스트로크를 바꾸는 방법

자료 : 환경부, 상수도시설기준,2011

9.3.2 펌프의 선정

• 펌프의 형식은 표준특성을 고려해서 다음 사항에 따라서 정함

① 펌프는 계획조건에 가장 적합한 표준특성을 가지도록 비교회전도를 정하여야 함

② 펌프는 흡입 실양정 및 토출량을 고려하여 전양정에 따라 다음 <표 8.3.1>를 표준으로 함

<표 8-3> 전양정에 대한 펌프의 형식

전양정(m)	형 식	펌프구경(mm)
5 이하	축 류 펌 프	400 이상
3 ~ 12	사 류 펌 프	400 이상
5 ~ 20	원심 사류 펌 프	300 이상
4 이상	원 심 펌 프	80 이상

③ 침수될 우려가 있는 곳이나 흡입실 양정이 큰 경우에는 입축형 혹은 수중형으로 함

④ 펌프는 내부에서 막힘이 없고, 부식 및 마모가 적으며, 분해하여 청소하기 쉬운 구조로 함

⑤ 펌프는 그 효율이 <표 8.3.1>에서 지시하는 값 이상의 것으로 함

펌프형식의 선정시에는 펌프의 표준 특성을 충분히 검토한 후 사용 목적에 합한 것을 결정함. 펌프는 토출량 및 전양정을 결정하면 비교회전도(Ns) 는 표준특성을 고려해서 회전수를 정하고 고효율 에너지 기자재로서 에너지 저감형인 고효율펌프를 가장 안정적이고 효율적인 형식으로 선정함

• 전동기는 회전수에 비해 특별한 경우를 제외하고 될 수 있는 대로 4~8극의 일반용 전동기를 사용하지만 가급적 탄소 발생을 유도하는 에너지 절감형인 고효율 전동기를 사용하고 전력을 효율적으로 이용하고 최대 수요전력을 합리적으로 관리하기 위한 최대 수요전력 제어설비 사용을 고려함. 이때 Ns가 과대하게 되면 양흡입식으로 하든가 회전수를 낮춤. Ns가 과소할 때는 회전수를 높이는 등 Ns를 적당한 값으로 조정함. 공동현상(cavitation)의 발생 우려가 있는 경우는 이것을 방지하기 위해 낮은 회전수로 함

• 비교회전도(Ns)와 펌프형식: 펌프는 Ns의 값에 따라 그 형식이 변한다. Ns는 펌프형식을 나타내는 지수로 로 Ns가 동일하면 펌프의 크기에 관계없이 같은 형식의 펌프로 하고, 특성도 대체로 같게 됨

Ns는 식(1)로 계산

$$Ns = N \times \frac{Q^{\wedge}0.5}{H^{\wedge}0.75}$$

여기서, Ns : 비교회전도N : 펌프의 규정 회전수(회/min) Q : 펌프의 규정토출량(m3/min)(양흡입의 경우에는 1/2로 함) H : 펌프의 규정 양정(m) (다단펌프의 경우에는 1단에 해당하는 양정)

• Ns는 사용하는 단위에 따라 수치가 다르게 되지만, 일반으로는 위 식의 단위가 쓰여지며, 위 식에서 알 수 있듯이 일반적으로 Ns가 적으면 유량이 적은 고양정의 펌프로 되고, Ns가 크면 유량이 많은 저양정의펌프로 됨. 수량 및 전양정이 같다면 회전수가 많을수록 Ns가 크게 됨.

• 펌프의 형식과 Ns와의 관계는 대략 다음 <표 8-4>와 같으며, Ns가 어느 형식에도 취할 수 있는 경우에는 사용 조건 등에 의해 가장 적당한 것을 선택함

• 비교회전도(比回轉度, Specific speed)

- 펌프의 성능 상태를 나타내는 방법으로서 일정한 유량 및 수두, 즉 1㎥/min의 유량을 1m 양수하는데 필요한 회전수를 의미하며, 비교회전도, 비회전도 또는 비속도라 하며, m m3/min rpm으로 나타냄

• 비회전수 Ns가 작을 수록 수량은 적고 양정은 높은 펌프이다.

- 소요양정이 20m 이상인 도수용 또는 취수용에 적합(원심펌프, 왕복식 펌프)

• 비회전도 Ns가 클수록 수량은 많고 양정은 적은 펌프이다

- 소요양정 10m 이하의 도수용 또는 취수용에 적합(축류식, 사류식 펌프)

<표 9-4> 펌프의 형식과 비교회전도(Ns)와의 관계

형	식	Ns
터 빈 펌 프	1단식 편흡입 양흡입형 다단식	100 ~ 250 100 ~ 250
원 심 펌 프	1단식 편흡입형 1단식 양흡입형 다단식	100 ~ 450 100 ~ 750 100 ~ 200
사 류 펌 프		700 ~ 1,200
축 류 펌 프		1,100 ~ 2,000

① 양정곡선

Ns가 을 때는 수량의 변화에 대해 양정의 변화율이 적고 체절양정(shut off head)도 규정 양정보다 그다지 크게 되지 않음. Ns가 크게 될수록 체절양정은 크게 되고, 규정 양정의 2배 이상으로도 되어 수량변화에 대해 양정변화의 비율이 커 경사가 급한 양정곡선으로 됨. Ns가 200 이하로 되면 체절양정이 최고 양정보다 아래로 산 모양의 양정곡선으로 되는 경향이 있음

② 축동력 곡선

Ns가 대체로 600 이하일 때는 유량이 적을 수록 축동력이 떨어져 체절양정이 최소로 됨. Ns가 작을수록 이 경향이 강하고 규정수량 이상의 점에서는 과부하로 될 우려가 있음.

Ns가 650 ~ 700 부근 은 유량변화에 대해 축동력은 거의 변화하지 않으며, Ns가 700을 넘으면 유량이 적을 수록 축동력이 증가하여 1,100 이상에서는 체절 축동력은 규정점의 2배 이상으로 됨

③ 효율곡선

Ns가 작을수록 효율곡선은 완만하게 되고, 유량변화에 대해 효율변화의 비율이 적음

④ Ns와 공동특성

일반적으로 Ns가 크게 될수록 흡입성능이 나쁘고 공동현상이 발생하기 쉬움

<문제 9-6>

• 송수량43,200m³/일을 수위차가 30m이고 송수관 길이가 200m 지점의 배수지로 가압 송수하고자 할때 Pump 의소요출력이몇 HP 필요한지 계산하시오?

(단, 유속 2m/s, 관마찰계수 0.03, 펌프효율 75%, 안전율 20%, 곡관수두손실은 정수두의 10%로 한다)

1) 펌프의 축동력 계산

펌프의 축동력은 다음 식에 의하여 정한다.

$$P_s = \frac{Q \times \rho \times g \times H}{\eta} \times \frac{1}{1000}$$

여기서, P_s : 펌프의 축동력(Kw)

Q : 펌프의 토출량 (㎥/초)

ρ : 양정하는 물의 단위 질량(kg/㎥) (단, 하수는 1,000 kg/㎥)

g : 중력가속도 (9.8m/sec²)

H : 펌프의 총 양정(m)

η : 펌프의 효율

한편, 이식은 P_s = 0.163 r Q H / η로도 나타낼 수 있다

$$P_s = 0.163\frac{r \times Q \times H}{\eta}$$

여기서, P_s : 펌프의 축동력(Kw)

Q : 펌프의 토출량 (㎥/분)

r : 양정하는 물의 단위 질량(kg/ℓ) (단, 하수는 1 kg/ℓ)

2) 원동기의 축동력

펌프를 운전하는 원동기 출력은 축동력의 여유율을 보아 다음 식에 의하여 계산

$$P = P_s \frac{(1+\alpha)}{\eta b}$$

여기서, P : 원동기의 출력(Kw)
P_s : 펌프의 축동력(Kw)
α : 여유율
ηb : 펌프의 효율

위 식은 원동기와 펌프가 직결일 경우 ηb =1 이므로 다음과 같이 된다.

$$P_s = 0.163\frac{r \times Q \times H}{\eta}(1+\alpha)$$

3) 원동기 출력의 계산

$P_s = 0.163\frac{r\times Q\times H}{\eta}(1+\alpha)$에서

r = 1kg/L
Q = 43,200(㎥/일) / 24시간 / 60분 = 30.0(㎥/분)
H = $h_1 + h_2 + h_3$ = 30m + 3m + 2m = 35m
h_1 = 30m
h_2 = 30m × 0.1 = 3m
$h_3 = f \times L/d \times V^2/2g = 0.03 \times 200/0.6 \times 4/(2\times9.8) = 2.04m \fallingdotseq 2.0m$

$\therefore P = 0.163\frac{r\times Q\times H}{\eta}(1+\alpha) = 0.163\frac{1\times30\times35}{0.75}(1+0.2) = 273.84kw$

1HP=0.746Kw이므로=367Hp

$D = 146 \times \sqrt{\frac{Q}{V}} = \sqrt{\frac{30m^3/분}{2m/초}} = 565.46(600mm$ 관경선정)

<문제 9-7>

• 정수지에서정수된 물 10,000㎥/일을 1Km지점의 배수지 (HWL=100m)로 펌프 2대로 압송시 원동기의 소요동력이 몇 HP 필요한가 계산하시오 ?
(유속 : 2m/sec, 마찰계수 : 0.02, 펌프효율 : 75%, 곡관,밸브 등의 손실 수두는 정수두의 10%로 가정, 펌프의 여유율: 20%로 본다)

(1) 펌프의 축동력계산식

펌프의 축동력은다음식에 의하여 정한다.

$$P_s = \frac{Q \times \rho \times g \times H}{\eta} \times \frac{1}{1000}$$

여기서, P_s : 펌프의 축동력(Kw)
Q : 펌프의 토출량 (㎥/초)
ρ : 양정하는 물의 단위 질량(kg/㎥)
(단, 하수는 1,000 kg/㎥)
g : 중력가속도 (9.8m/sec²)
H : 펌프의 총 양정 (m)
η : 펌프의 효율
한편, 이식은 Ps = 0.163rQH/η로도 나타낼수 있다
여기서 Ps : 펌프의 축동력(Kw)
Q : 펌프의 토출량 (㎥/분)
ρ : 양정하는 물의 단위 질량(kg/ℓ)
(단, 하수는 1 kg/ℓ)

2) 원동기의 축동력계산식

펌프를 운전하는 원동기 출력은 축동력의여유율을 보아 다음식에 의하여 계산한다.

$P = Ps(1+\alpha)/\eta b$

여기서 P : 원동기의 출력(Kw)

P_s : 펌프의 축동력(Kw)

α : 여유율

ηb : 펌프의 효율

위 식은 원동기와 펌프가 직결일 경우 ηb =1 이므로 다음과 같이 정리 할 수 있다.

$P = 0.163\gamma QH/\eta.(1+\alpha)$

(풀이) 원동기 출력의 계산

$P = 0.163\gamma QH/\eta.(1+\alpha)$ 에서

$\gamma = 1kg/\ell$, $Q = 10{,}000(㎥/일)/24시간/60분 = 6.94\ (㎥/분)$

$H = h_1+h_2+h_3 = 100m+10m+13.6m+123.6m$

$h_1 = 100m$, $h_2 = 100 \times 0.1 = 10m$

$h_3 = f \times L/d \times V^2/2g = 0.02 \times 1000/0.3 \times 4/(2\times9.8) = 13.6m$

$D = 146 \times \sqrt{\frac{Q}{V}} = \sqrt{6\frac{.9m^3/분2}{m/초}} = 271.18(300mm\ 관경선정)$

$P = 0.163rQH/\eta.(1+\alpha)$

$= 0.163 \times 1 \times 6.94 \times 123.6/0.75.(1+0.2) = 223.7\ Kw$

1HP=0.746KW 이고

∴ 2대를 사용하므로 1대당은 111.85Kw(150HP)의 원동기의 동력이 필요하므로 150HP 2대를선정

<문제 9-8>

• 양수량12㎥/min, 전양정8m, 회전수1,160rpm의 펌프 형식은 어떠한 것인가? 또 전양정이60m이고, 회전수가 1,750rpm인 펌프에서는 어떠한가?

(공식)

$Ns = N \times \frac{Q^{\wedge}0.5}{H^{\wedge}0.75}$

여기서, Ns : 비교회전도,N : 펌프의 규정 회전수(회/min), Q : 펌프의 규정토출량(m^3/min) ,

H : 펌프의 규정 양정(m)(다단펌프의 경우에는 1단에 해당하는 양정)

(풀이)

(1) 최초의 펌프에 대하여 펌프의 축동력은다음식에 의하여 정한다.

$N_s = \frac{1{,}160\times\sqrt{12}}{8^{3/4}} = 845$

따라서이 펌프는 사류원심력펌프나 사류펌프를 시용해야 한다

(2) 또 하나의 펌프에 대해 계산하면

$N_s = \frac{1{,}750\times\sqrt{12}}{60^{3/4}} = 281$

따라서 중양정 원심력 펌프가 양수량이 비교적 많으므로 양흡입형 원심력 펌프로 해도 된다

9.3.3. 펌프의 분류 및 비교

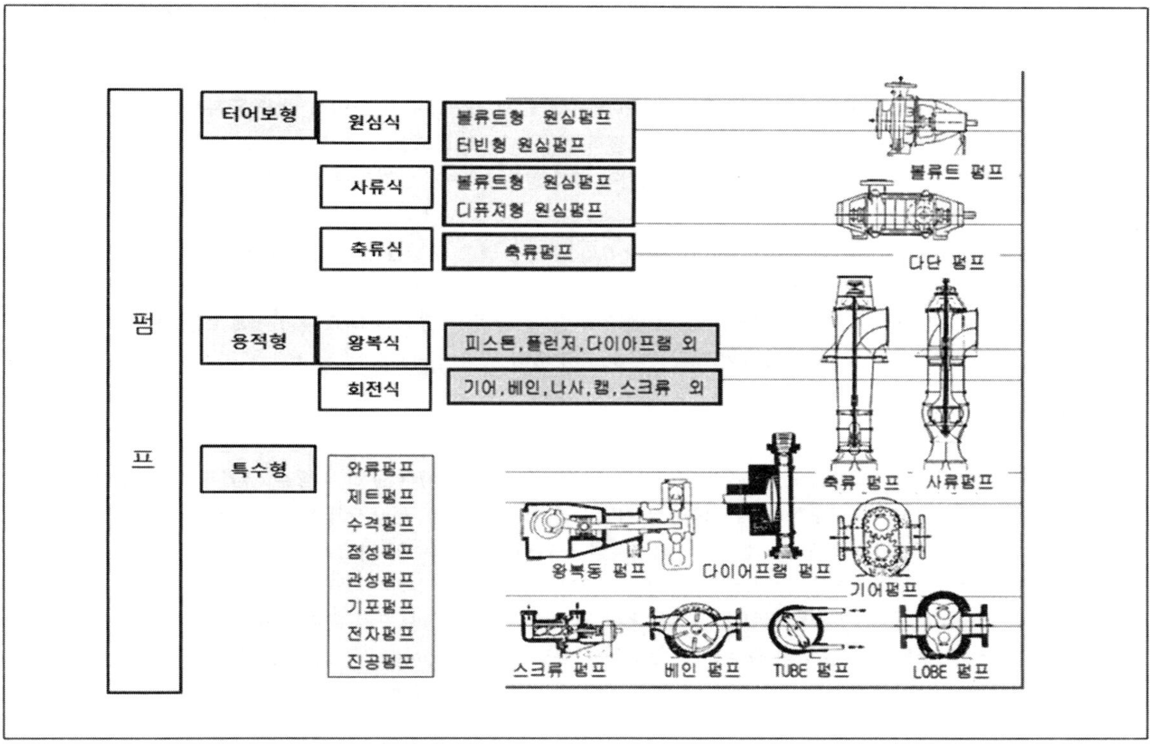

1) 터보형 펌프

- 깃(vane)을 가진 임펠러(impeller)의 회전에 의해 유입된 액체에 운동에너지를 부여하고, 다시 와류실(spiral casing)등의 구조에 의해 압력에너지로 변환시키는 형식의 펌프
- 터보형 펌프는 용적형 펌프에 비해 진동이 적고 연속송수가 가능하며, 구조가 간단함. 취급이 용이하며, 운동성능도 양호하고 토출량은 압력에 따라 변함

① 원심펌프 : 현재 사용되고 있는 펌프 소요량의 약 80~90%정도를 차지할 정도로 많이 사용되 고 있는 펌프로서 고속회전이 가능하기 때문에 작고 가벼우며, 구조가 간단하고 취 급하기 용이하여 소유량(小流量), 고양정(高揚程)에 적합함

② 축류펌프 : 임펠러가 프로펠러형이고 물의 흐름이 축방향인 펌프로서, 저양정(보통 10m 이하) 대유량에 사용하며 농업용의 양수펌프, 배수펌프, 상・하수도용 펌프에 이용

③ 사류펌프(mixed flow pump) : 축류펌프와 구조가 거의 같으나 임펠러의 모양은 물이 축과 경사방향으로 흐르도록 되어 있으며, 저양정 대유량에 사용

④ 수중펌프 : 오수, 폐수용으로 사용되고 있는 수중펌프는 비교적 소형으로서 형식은 볼류트형 과 볼텍스형이 있음. 볼류트 펌프는 고형물질이 제외되거나 없는 곳에, 볼텍스 펌 프는 거친 고형물질이 제거된 곳에서 양수를 하는데 사용됨. 운반 및 설치가 편리하고 메카니컬시일의 기밀, 방수성 및 내구성이 양호하며 중소형 폐수처리시설로 널리 사용

2) 용적형 펌프

- 왕복부 또는 회전부에 공간을 두어 이 공간 내에 유체를 넣으면서 차례로 내 보내는 형식의 펌프로서, 왕복펌프와 회전펌프로 나눔

- 용적형 펌프의 특징은 운전 중 토출량의 변동이 있으나, 고압이 발생되며 효율이 양호하며, 압력이 달라져도 토출량은 변하지 않음

① 왕복펌프(reciprocating pump) : 피스톤(piston) 또는 플런저(plunger)가 실린더 내를 왕복운동 함으로서 액체를 흡입하여 소요의 압력으로 압축하여 토출하는 펌프. 왕복펌프는 양수량이 적으나 구조가 간단하며, 고양정(고압용)에 적당. 그러나 왕복동에서 생기는 송수압의 변동이 심하므로 토출량의 변화가 있으며 수량 조절이 어려움

② 회전펌프(rotary pump) : 1~3 개의 회전자(rotor)의 회전에 의해 액체를 압송하는 펌프로서, 구조가 간단하고 취급이 용이. 펌프의 특징은 양수량의 변동이 적고, 고압을 얻기가 비교적 쉬우며, 기름 등의 점도가 높은 액체 수송에 적합함. 회전자의 형상이나 구조에 따라 많은 종류가 있으나 대표적인 것으로는 베인펌프(vane pump), 톱니펌프(gear pump), 나사펌프(screw pump) 등이 있음

3) 특수형 펌프

① 기포펌프(air lift pump) 양수관 하단의 물속으로 압축공기를 송입하여 물의 비중을 가볍게 하고, 발생되는 기포의 부력을 이용해서 양수하는 펌프로서 공기양수 펌프라고도 함. 펌프자체에 가동부분이 없어 구조가 간단하고 고장이 적으며 모래나 고형물 등 이물질을 포함한 물의 양수에 적합

② 제트펌프(jet pump) 수중에 제트(jet)부를 설치하고 벤튜리관의 원리를 이용하여 증기 또는 물을 고속으로 노즐에서 분사시켜 압력저하에 의한 흡인작용으로 양수하는 펌프. 가동부가 없어 고장이 적고 취급이 간단하나 효율이 낮음. 증기를 사용하여 보일러의 급수에 사용하는 인젝터(injector), 물 또는 공기를 사용해서 오수를 배출시키는 배수펌프, 깊은 우물의 양수에 사용되는 가정용 제트펌프(흡상높이 12m 까지 가능) 등에 사용

4) 펌프의 비교 : 원수, 정수 이송용 터어보형

원심펌프 (centrifugal pump)	사류펌프 (mixed flow pump)	축류펌프 (axial flow pump)	수중펌프 (submersible pump)
- 원심력 이용 - 구조간단, 취급용이 - 고양정과 소유량 적용 - 범위 다양 - 연속양수 - 고속회전 가능 - 효율이 높음	- 원심력+양력이용 - 축방향 유입, 경사방향 유출 - 양정변화에 수량 변동이 적어 수위 변동이 큰 곳에 적합 - 축이 길어 뒤들림으로 진동 발생, - 베어링 수시 교체	- 양력 이용 - 축방향 유입·유출 - 선풍기 형상 - 대용량, 저양정에 적합 - 효율 : 소형 낮음 대형 높음 - 체절운전 불가 - 흡입성능 낮음 - 전양정 4m이하	- 원심력 이용 - 펌프와 전동기 일체로 안정 운전가능 - 소규모 펌프장 - 점검정비 용이한 자동 탈착방식 적용 - 전원 케이블 손상 방지 대책 필요

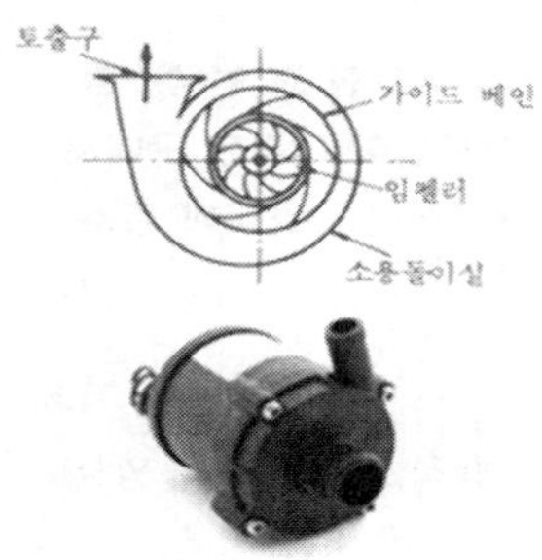

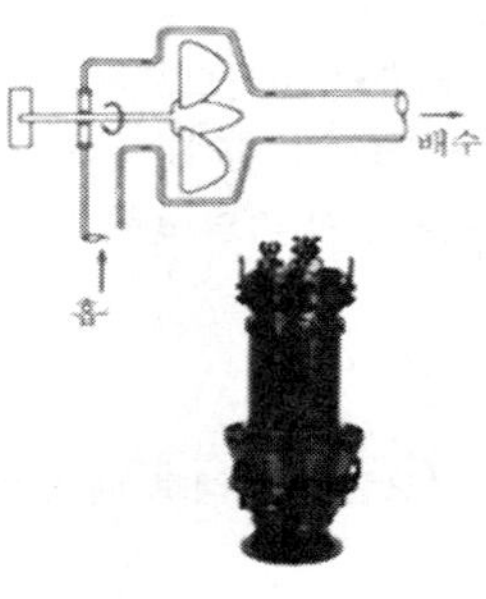

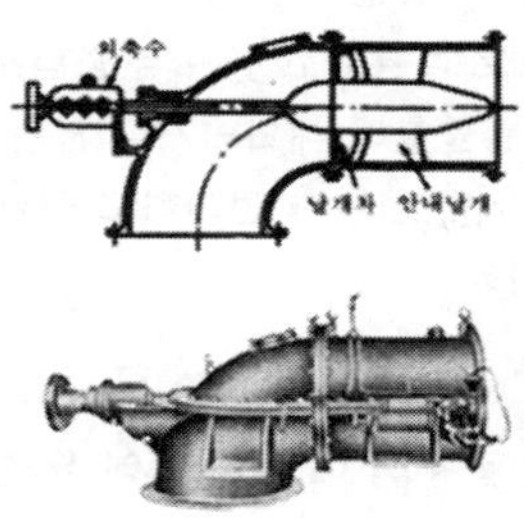

5) 펌프의 비교 : 약품 공급형 용적용 정량펌프

캠형 트윈 펌프	다이아프램식	호스(튜브) 펌프	왕복동 펌프
- 토출량의 정량성 우수로 약품 및 슬러지용 사용 - 가격이 고가 - 소모성부품의 주기적 교체로 유지비가 많음	- 압력과 토출용량이 상대적 작음 - 토출압력 변화가 클 경우 약 10% 정도 오차	- 정량성 우수로 슬러지 및 약품용 사용 - 다이어 프램, 단일축나사식보다 유지관리용이 - 다소 고가	- 주기적 용적 증감하는 공간을 이용한 일정 유량토출 - 회전수 비례하여 유량은 비례 - 압력은 거의 일정

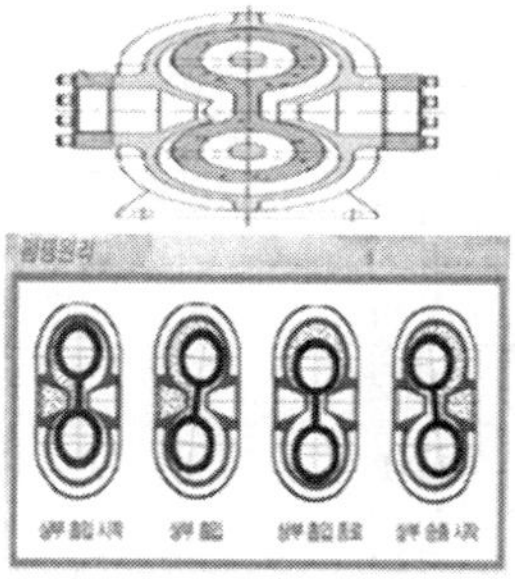

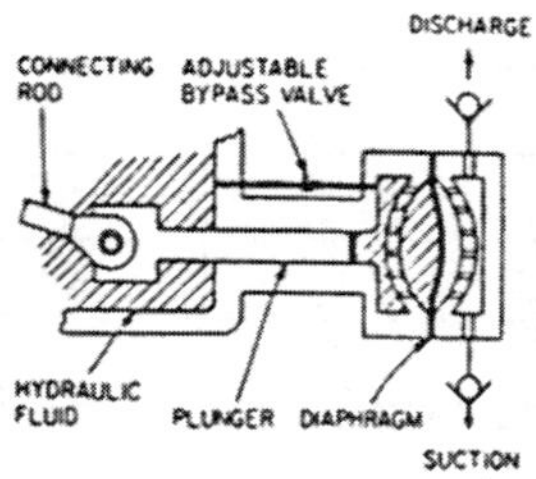

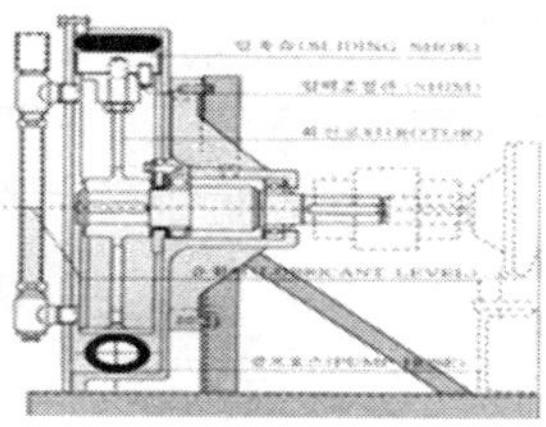

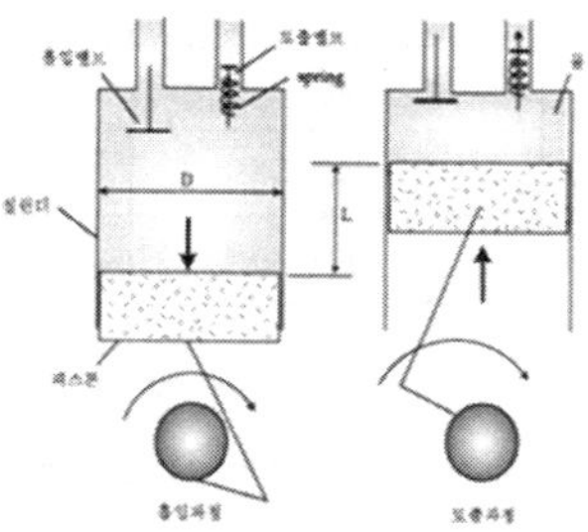

9.3.4 펌프 운전의 비정상 현상

1) 캐비테이션(cavitation, 공동현상)

- **개요**
  - 유체의 속도변화에 의한 압력변화로 유체 내에 공동이 생기는 현상으로 유체가 빠른 속도로 액체의 압력이 증기압 이하로 낮아져 액체 내에 증기기포가 발생하는 현상. 즉 펌프의 흡입양정이 높거나 유속의 급변, 와류의 발생 등에 의해서 배관 내의 유체 압력 이 포화증기압 이하로 내려갈 때 국부적으로 비등현상이 일어나서 기포가 발생함
- 펌프 캐비테이션은 펌프 성능을 현저히 저하시키고 회전차의 침식과 소음을 유발하고 수명을 저하시킴
- **발생원인**

  ① 펌프의 흡입측 수두가 클 경우 ② 펌프의 마찰손실이 클 경우 ③ 펌프의 흡입관경이 너무 작을 경우
  ④ 이송하는 유체가 고온인 경우 ⑤ 펌프의 흡입압력이 유체의 포화증기압보다 낮은 경우
  ⑥ 임펠러 속도가 지나치게 클 경우
- **캐비테이션 현상**
  - 소음과 진동이 생김
  - 양정 곡선과 효율곡선의 저하를 가져옴
  - 깃에 대한 침식이 생김
- **캐비테이션 방지법**
  - 펌프의 설치 높이를 될 수 있는 대로 낮추어 흡입 양정을 짧게 함
  - 입축펌프를 사용하고 회전차를 수중에 완전히 잠기게 함
  - 펌프의 회전수를 낮추어 흡입 비교회전도를 적게 함
  - 양흡입 펌프를 사용 - 두 대 이상의 펌프를 사용

자료 : 수계시스템공학, 서경대 서용구 강의 자료

• 캐비테이션 현상

원 인	결 과
유속증가, 흡입수두 과대, 유로장애	기포생성 → 성장 → 파괴 반복
회전차 흡입구의 국부적 저압형성	소음,진동 증가, 성능/효율 저하
최저압력≤포화증기압	회전차 침식, 기계적 손상

• 온도에 따른 물의 포화증기압

온도 (℃)	물의 포화증기압 (kgf/cm^2, abs)	비중량 (kgf/m^3)
0	0.006	1000
10	0.013	1000
20	0.024	998
40	0.075	992
60	0.203	983
80	0.484	972
100	1.033	958
120	2.025	943

• 캐비테이션 방지를 위한 기본 관련식

- NPSHav(Net Positive Suction Head available)

① 현장이 펌프에 주는 에너지로써

② 펌프가 완전진공상태라면 물은 약 10m정도 흡입가능

③ 실제로는 여러 저항요소가 있어 이것을 감안한 실제 유효흡입양정으로서

④ 펌프의 임펠러 날개 직전의 기준면에서 액체가 가진 절대압과 그 때의 온도에 해당하는 포화증기압과의 차를 수두높이로 표시한 것

⑤ 관련식

$$NPSHav = \underbrace{Ha \pm Hs - Hf}_{\text{(절대압)}} - \underbrace{Hv}_{\text{(포화수증기압)}}$$

여기서,

Ha (대기압) : 흡입면에 작용하는 압력 수두 (m), Hs (양정) : 흡입실양정(m),

Hf (마찰손실) : 흡입손실수두(m),

Hv (포화수증기압) : 액체온도에서의 포화증기압수두(m)

절대압 = 대기압 + 게이지압

- NPSHre (Net Positive Suction Head required) : 회전차 입구 부근까지 유입되는 액체는 회전차에서 가압되기 전에 일시적인 압력 강하가 발생하는 필요 흡입수두를 말하며, NPSHre라고 함
- 계산에 의한 방법

☞ 흡입비속도 (S)

$$S = \frac{Q^{1/2}}{NPSHre^{3/4}} \times N \qquad NPSHre = \left(\frac{Q^{1/2} \times N}{S}\right)^{\frac{4}{3}}$$

Q : 최고 효율점에서의 토출량 (m^3/min, 단 양흡입의 경우 1/2)

N : 펌프의 회전수 (rpm)

- 일반적으로 S의 경우 Ns에 무관하게 대략 1,200~1,300으로 적용하며 편흡입인 경우 1,200, 양흡입인 경우 1,700 정도임

- **캐비테이션 방지**

- 설계시 고려하여 적용하는 방법 : NPSHav >NPSHre × 1.3

① NPSHav 높이는 방법

- 흡입 유면 상승, 펌프 설치 위치 낮춤(흡입양정 낮춤) - 부스터 펌프 사용 - 마찰손실수두를 낮춤
- 유입 유체 냉각 - 포화 증기압 저하 - 흡입관로 손실 저감

② NPSHre 낮추는 방법

- 저속운전 - 유량을 줄이기 위해 양흡입 펌프 사용, 병렬 운전 - 회전차 흡입구 확대
- 인듀서(유도체) 사용 - 회전차 최적 설계 - 토출밸브를 조작하여 토출량 적게함
- 비속도를 인버터를 통해 줄이거나 엔진펌프의 경우 비속도 조절 가능
- 부스터(압상 조건) 펌프 사용

③ 기타 개선 대책

- 흡입측의 수로에 과도한 편류 또는 와류 발생 방지
- 흡입측 밸브로 유량 조절 절대 금지
- Cavitation에 강한 재질 선정
- 계획 토출량 보다 현저히 벗어나는 범위에서의 운전 금지
- 이미 발생된 펌프는 흡입측에 소량의 공기를 넣어 소음과 진동 억제

2) 수격 작용(水擊, water hammer)

- 개요
  - 펌프 가동중 급정지와 함께 역류하게 되어 관내 유수의 유속 감소로 관압이 상승 또는 하강하는 과도현상
- 원인
  - 펌프 가동 중 정전 등에 의한 급정지와 토출 밸브의 급폐쇄
- 현상
  - 펌프, 밸브 및 관로 파괴로 사용불가, 펌프 및 전동기 역회전 사고 초래

- 관로에서 어떤 원인으로 관내의 유속이 급격히 변화했을 경우 관내 압력이 과도하게 변동하는 현상을 수격 작용 또는 수충(水衝)작용이라고도 함
- 관속을 충만하게 흐르고 있는 액체의 속도를 급격히 변화시키면 액체의 과도한 압력의 변화가 발생
- 수격 작용에 의한 압력상승 및 압력 강하의 크기는 유속의 변화 정도, 관로 상황, 유속, 펌프의 성능 등에 따라 다르지만, 펌프, 밸브, 배관 등에 이상 압력이 걸려 진동, 소음을 유발하고, 펌프 및 전동기가 역회전하는 경우도 있으므로 충분한 검토가 필요

- 수격작용에 의해 발생된 압력파는 펌프를 포함한 펌프 설비, 밸브 및 관로 시 설물, 터어빈 등을 파손시키고 용수공급 중 단, 침수사고를 일으키기도 함. 수격현상 을 방지하기 위한 대책으로 서지(surge) 탱크, 바이패스(by-pass)관, 에어 챔버(air chamber) 등을 설치하거나 체크 밸브(check valve), 압력 조절 밸브 등을 설치하기도 함

자료 : Wang-Hee Lee , Applied Fluid Machinery, Chungnam National University Biosystems Machinery Engineering

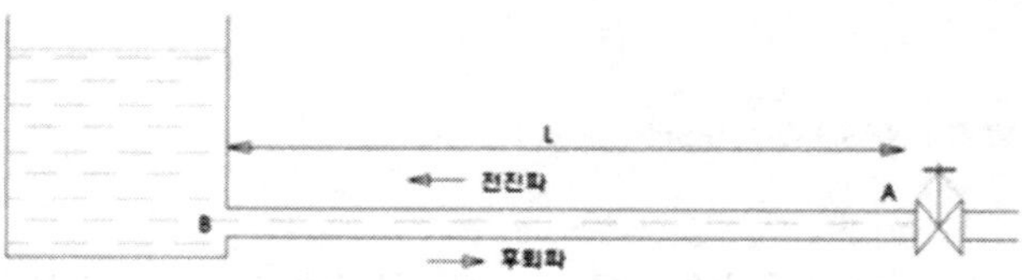

- 관로에 있는 밸브를 갑자기 닫을 경우 유동이 감속되는 분량의 운동에너지가 압력에너지로 변하게 됨. 따라서 밸브의 직전인 A지점에서 고압이 발생하고, 이 압력파에 의해 상류 탱크 쪽의 B지점에 도달하게 되며, B에 도달하면 다시 A로 되돌아 옴. 결국 이 압력파는 A, B 사이를 왕복하게 되며, 이것을 계속 반복함

- **수격작용 발생 원인**

① 펌프의 기동 : 펌프의 기동시 Pipe내에 Void Space(커다란 부피의 공기 또는 가스)가 존재하면 급격한 압착력에 의해 높은 압력상승을 유발함

② 펌프의 급정지 : 갑작스런 정전 등으로 인하여 펌프가 급정지하게 되면, 펌프 토출측에서는 급격한 압력 저하가 발생되고, 저하된 압력파는 매우 빠른 속도(음속)로 반대방향으로 전파됨. 압력의 저하는 경우에 따라 수주분리현상을 발생시키고, 저하된 압력이 그 유체의 증기압보다 낮을 경우, 증기가 방출되어 Cavitation이 발생함. 이로 인한 Vapour Cavity가 형성된 공동부의 압착으로 인하여 발생되는 충격력은 매우 높은 경우가 많음.

③ 밸브의 급개폐 : Water Hammer의 발생원인 중에서 가장 잘 알려져 있고, 일반적인 것이 밸브의 개폐임 펌프의 토출측에 설치되는 Check Valve가 완전히 닫히기 전에 역류가 발생되면 밸브에 충격이 발생하여, 밸브를 급격히 닫을 때와 마찬가지로 Water Hammer가 발생할 수 있음

• **수격작용 방지법**

① 관 내 유속을 낮게 한다: 관성력을 작게 함 ② 펌프에 Fly wheel부착 : 급격한 속도변화 감소
③ 공기밸브 설치: 펌프 토출라인에 공기조를 설치하여 이상 압력상승 방지
④ Surge tank 설치: 관로도중에 큰 탱크를 설치하여 물을 보급하여 압력강하 방지와 압력상승 흡수
⑤ Air chamber설치: 공기조는 물과 공기가 들어있는 밀폐용기로 펌프 토출측에 설치하여, 부압 발생시 에너지방출, 양압발생시 압력에너지를 흡수하여 압력급상승 및 급강하 방지
⑥ 자동 수압조절밸브 설치 ⑦ 압력상승 방지법: 릴리프밸브나 스모렌스키 체크밸브 설치
⑧ 수격흡수장치: Water hammering 방지기 설치

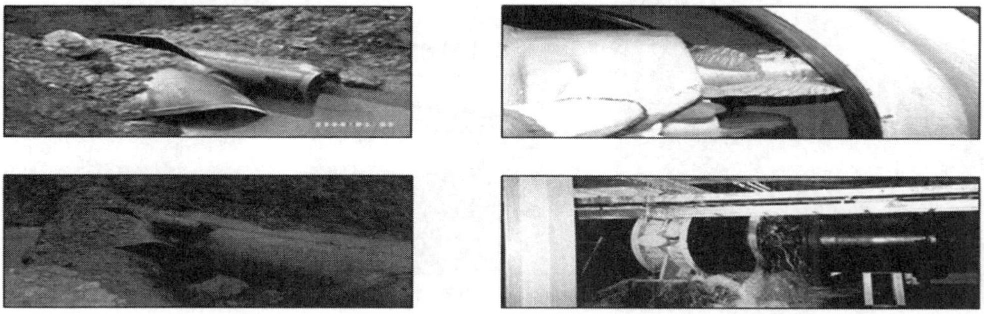

(수충격에 의한 관 파손 전경)

3) 서어징(surging, 맥동현상)

• 펌프나 송풍기를 저유량 영역에서 펌프 입구와 출구의 진공계 및 압력계의 지침이 흔들이고 동시에 송출유량과 송출압력 사이에 주기적인 변동이 생기는 현상으로 펌프가 운전 중에 한숨을 쉬는 것과 같은 상태가 됨 동시에 송출유량이 변화하는 현상으로 이로 인해 흡입 및 토출 배관의 주기적인 진동과 소음을 수반함

• **발생조건 및 원인**

① 펌프의 양정곡선이 오른쪽 위로 향하는 산형구배 특성을 가지고 있음
② 펌프의 토출관로가 길고, 배관 중간에 수조 또는 기체 상태의 부분(공기가 있는 부분)이 존재함
③ 배관 중에 물 탱크나 공기 탱크가 있을 때
④ 유량 조절밸브가 탱크 뒤쪽에 있을 때

☞ 즉, 펌프가 산형구배 특성을 가지고 있어도 상기의 조건 중에서 어느 하나의 조건이 만족되지 않으면 서어징은 발생하지 않음. 예를 들면, 펌프의 직후 밸브만으로 유량을 조절하는 경우에는 서어징이 발생하지 않음

• **서어징 방지법**

① 펌프의 양정곡선이 우하향 구배를 갖는 펌프를 선정
② By-Pass관을 사용하여 운전점이 Surging 범위를 벗어난 범위에서 운전하도록 함. 예를 들어, 방출밸브 등을 사용하여 양수량을 서어징일 때의 양수량 이상으로 증가시키거나 또는 펌프 회전차의 회전수를 변화시킴
③ 유량조절밸브를 펌프 토출측 직후에 설치
④ 관로에 불필요한 공기탱크나 잔류공기를 제거하여 배관 중에 수조 또는 기체상태인 부분이 존재하지 않도록 배관하며, 관로의 단면적, 양수액의 유속, 저항 등을 변화시킴
⑤ 회전차나 안내깃의 형상치수를 바꾸어 그 특성을 변화시킴. 특히, 날개의 출구각을 작게 하거나 안내깃의 각도를 조절할 수 있도록 배려함

• 수충격 방지설비(조압수조 등)

Surge Tank (조압수조)

체크밸브 (Check V/V)

(유압식 체크V/V)

(유압식 볼체크V/V)

수충압 완화밸브

(스프링 TYPE)

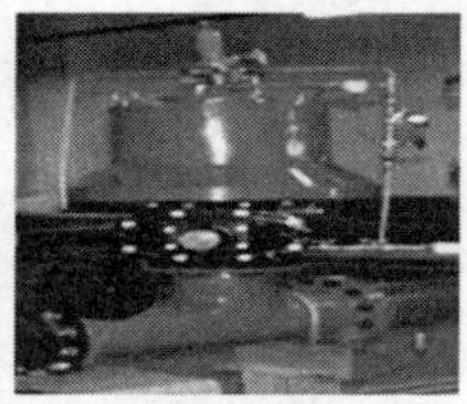

(다이어프램 Type)

수고하셨습니다!

제 10장 슬러지 처리

Contents

제 10장 슬러지 처리

슬러지 처리

- 하·폐수, 정수처리 시 발생되는 슬러지의 특성, 처리기술, 최종 처분 등에 대하여 이론과 기술 이해

1) 하폐수슬러지

- 슬러지 관리의 특성 : 복잡성, 고비용, 부적절한 관리 시 환경 및 보건 위협
- 슬러지 관리의 중요성은 의제 21 (Agenda 21)에서도 확인됨 : 폐기물의 발생원 저감, 재이용/재활용 최대화, 환경친화적인 방법으로 처리 및 처분
- 슬러지 관리대상의 확대 : 환경에 대한 질적 요구수준 증가, 개도국의 환경기초시설 증가
- Sludge 용어 : 하·폐수처리과정에서 발생되는 고형 부산물을 정의하기 위해 사용됨
  -> Biosolid 또는 Biomass : 슬러지의 개념이 자원으로 전환되는 과정에서 이용되고 있음
- 슬러지 관리 현실의 차이 : 자원화 (선진국)과 매립, 해양투기 등 (개발도상국)
- 슬러지 발생량은 하·폐수 처리량의 1~2% (국내하수처리장은 0.2~0.4%)에 불과하지만 전체 처리비용에서 차지하는 비율은 40~60%에 달함

2) 정수슬러지

- 정수장에서 발생되는 슬러지는 원수 중의 탁질과 응집약품에 의한 약품슬러지로 분류, 주로 불활성물질로 구성 대부분의 정수장은 알루미늄계통의 응집제를 사용. 슬러지는 탈수가 어렵고 건조된 슬러지는 요변성(搖變性)이 있어서 물과 함께 흔들리면 현탁액으로 되돌아갈 수 있음

자료 : 부산대학교 강의자료-폐기물처리공학 남궁완, 이동훈 공역(INTEGRATED SOLID WASTE MANAGEMENT Engineering Principles and Management Issues EDITED BY George Tchobanoglous, Hilary Theisen, Samuel A. Vigil McGRAW-HILL INTERNATIONAL EDITIONS)

10.1 하·폐수 슬러지 발생원 및 특성

10.1.1 슬러지 성상의 특성 별 상관관계

1) 슬러지의 성상

- 고형물과 수분함량
- 건조고형물 농도
- 유량과 농도부하
- Total solids(TS, 총고형물), Volatile solids(VS, 휘발성고형물), Fixed solids(FS, 강열잔류고형물)
- 슬러지 밀도
- VS의 분해
- Solid capture (Solids recovery, 고형물 포집, 회수)

TS →	VS +	FS
↓	↓	↓
TSS →	VSS +	FSS
+	+	+
TDS →	VDS +	FDS

TS : Total Solids(총 고형물, 증발잔류물)
VS : Volatile Solids(휘발성 고형물)
FS : Fixed Solids(강열잔류 고형물)
TSS : Total Suspended Solids(총부유성 고형물)
VSS : Volatile Suspended Solids(휘발성 부유물)
FSS : Fixed Suspended Solids(강열잔류 부유물)
TDS : Total Dissolved Solids(총 용존성 고형물)
VDS : Volatile Dissoved Solids(휘발성 용존고형물)
FDS : Fixed Dissoved Solids(강열잔류 용존성 고형물)

<그림 10-1> 슬러지 고형물의 크기와 유기물 함유 여부에 따른 구분

<표 10-1> 슬러지 종류에 따른 특성

Types of sludge	VS/ST Ratio	% dry solids	Specific gravity of solids	Specific gravity of sludge	Density of sludge (kg/m^3)
Primary sludge	0.75–0.80	2–6	1.14–1.18	1.003–1.01	1003–1010
Secondary anaerobic sludge	0.55–0.60	3–6	1.32–1.37	1.01–1.02	1010–1020
Secondary aerobic sludge (conv. AS)	0.75–0.80	0.6–1.0	1.14–1.18	1.001	1001
Secondary aerobic sludge (ext. aer.)	0.65–0.70	0.8–1.2	1.22–1.27	1.002	1002
Stabilisation pond sludge	0.35–0.55	5–20	1.37–1.64	1.02–1.07	1020–1070
Primary thickened sludge	0.75–0.80	4–8	1.14–1.18	1.006–1.01	1006–1010
Second thickened sludge (conv. AS)	0.75–0.80	2–7	1.14–1.18	1.003–1.01	1003–1010
Second thickened sludge (ext. aer.)	0.65–0.70	2–6	1.22–1.27	1.004–1.01	1004–1010
Thickened mixed sludge	0.75–0.80	3–8	1.14–1.18	1.004–1.01	1004–1010
Digested mixed sludge	0.60–0.65	3–6	1.27–1.32	1.007–1.02	1007–1020
Dewatered sludge	0.60–0.65	20–40	1.27–1.32	1.05–1.1	1050–1100

Notes
AS : activated sludge ; ext.aer. = extented aeration activated sludge

2) 슬러지의 밀도와 비중

- FS 입자의 비중은 약 2.5, VS 비중은 약 1.0
- 슬러지 비중은 함수율, VS 및 FS 함량에 따라 결정됨
- 고형물 비중 = 1 / [(FS/TS)/2.5 + (VS/TS)/1.0]
- 슬러지 비중 = 1 / [(슬러지 고형물 함량 / 슬러지 밀도) + (슬러지 함수율 / 1.0)]

<표 10-2> 일반적인 슬러지의 밀도(density)값

Type of sludge	Specific gravity	Density (kg/m^3)
Primary sludge	1.02–1.03	1020–1030
Secondary anaerobic sludge	1.02–1.03	1020–1030
Secondary aerobic sludge	1.005–1.025	1005–1025
Thickened sludge	1.02–1.03	1020–1030
Digested sludge	1.03	1030
Dewatered sludge	1.05–1.08	1050–1080

- VS/TS 비는 슬러지의 유기물 함량을 나타내는 척도
- VS/TS 비 : 생슬러지는 0.75~0.80, 소화슬러지는 0.60~0.65

3) 휘발성 고형물의 분해

- 소화(digestion) 과정에서 슬러지의 VS 제거효율(E)은 40~55%, FS는 변화 없음
- $TS_{effluent} = (1 - E) \times VS_{influent} + FS_{influent}$

  여기서,

  E : VS 제거율

• Solids capture (Solids recovery, 고형물 포집, 회수)
- 침전, 농축, 여과 등의 공정에서 슬러지 고형물을 포집, 회수하는 효율, 각 공정의 성능 의미
- 슬러지 처리의 각 단계에서 고액분리가 완전히 이뤄지지 않음 ➔ 반류수 처리 필요

<표 10-3> 슬러지처리 공정 별 고형물 포집율

Type of sludge	Thickening		Digestion		Dewatering	
	Process	Capture (%)	Process	Capture (%)	Process	Capture (%)
Primary sludge	Gravity	85–92	Second. digester	95	Drying bed	90–98
					Filter press	90–98
					Centrifuge	90–95
					Belt press	90–95
Secondary sludge	Gravity	75–85	Second. digester	90–95	Drying bed	90–98
	Flotation	80–95			Filter press	90–98
	Centrifuge	80–95			Centrifuge	90–95
					Belt press	90–95
Mixed sludge	Gravity	80–90	Second. digester	90–95	Drying bed	90–98
	Centrifuge	85–95			Filter press	90–98
					Centrifuge	90–95
					Belt press	90–95

Note: The *secondary* anaerobic digester merely works as a sludge holder and solids–liquid separator. The *primary* anaerobic digester has 100% solids capture, because all solids (as well as liquid) are sent to the secondary digester. The *aerobic* digester has also 100% capture, with no further storage stage.
Source: Adapted from Qasim (1985) and EPA (1987)

자료 :Oasim(1985) and EPA(1987)

<문제 10-1>

• 슬러지의 고형물 분석을 실시하여 다음과 같은 결과를 획득하였다. 이 실험 결과의 신뢰성 여부를 판단하고, 신뢰성이 확보될 수 있도록 재측정이 필요한 항목과 그 값을 추정하시오.
(측정값 : TS 20,000mg/L, TVS 17,800mg/L, TSS 17,000mg/L, VSS 13,400mg/L)

(풀이)

1) 슬러지의 고형물 분석표

TS	= TVS	+ TFS
=	=	=
TSS	= VSS	+ FSS
+	+	+
TDS	= VDS	+ FDS 이므로

2) 주어진 값 대입하여 잔여성분 계산하고, 신뢰성 검토

20,000	= 17,800	+ TFS
=	=	=
17,000	= 13,400	+ FSS
+	+	+
TDS	= VDS	+ FDS

TDS = 3,000 FSS = 3,600 TFS = 2,200 VDS = 4,400 FDS = -1,400 이되므로 신뢰성이 확보되어지지 않는다.

3) 신뢰성이 확보될 수 있도록 재측정이 필요한 항목과 그 값을 추정

신뢰성이 확보될 수 있도록 재측정이 필요한 항목 : VSS 값이며, 약 15,000mg/l (TVS의 약 85% 전후의 값) 정도 되어야 신뢰할 수 있는 값이다. 이유는 부유물질과 용존물질의 비와 휘발성 물질과 비휘발성 물질의 비가 어느 정도 일정하여야 하기 때문이다. 현재 측정값 VSS 13,400mg/L는 낮은 값으로 상기 값을 만족할 수 없다.
TSS/TS=85% VSS/TVS=75.3% 이므로 VSS/TVS(75.3%) 값은 약 85% 전후가 되어야 신뢰할 수 있다.

<문제 10-2>

- 다음의 조건을 갖는 생물반응조에서 발생되는 잉여슬러지량(㎥/day)과 농축슬러지의 함수율(%)을 계산하시오.

(조건)

포기조 용적 : 2,00㎥, MLVSS 농도 : 2,500mg/L, 고형물 체류시간 : 4일

반송슬러지 농도 : 10,000mg/L, 농축슬러지의 량 : 25㎥/day

단, 잉여 및 농축 슬러지 비중은 1.0으로 가정

1) 공식

$W = \frac{V.\ X}{\theta_c}$ 에서, [$W = XrQw = \frac{VX}{\theta_c}$]

(풀이)

0.8MLSS = MLVSS라 가정하면, MLSS = 2,500/0.8 = 3,125mg/L = 3.125kg/㎥

$W = \frac{V.\ X}{\theta_c}$

= 2,000㎥ X 3.125kg/㎥/4일 = 1,562.5kg/일 = XrQw

반송슬러지 농도 : 10,000mg/L 이므로

10,000mg/L X Qw = 1,562.5Kg/일

잉여슬러지량(㎥/day) Qw= 156.25㎥/day

농축슬러지량은 25㎥/day이므로

V2/V1=(100-P2)/(100-P1)

(25/156.25) =(100-99)/(100-P1)에서,

P1 =93.75% 함수율이 된다.

10.1.2 슬러지 발생량 산정

1) 1차 슬러지(Raw Sludge)의 발생량

- 1차 침전조의 SS 제거 효율 (E)은 60 ~ 65%
- 1차 슬러지 발생량 = E x Q x Influent SS conc. ➔ 소화 공정으로 유입됨
- 생물학적 처리공정에 대한 1차 슬러지 부하 = (1 – E) x Q x Influent SS conc.

2) 2차 슬러지(Waste Activated Sludge, WAS)의 발생량

- 2차 슬러지 발생량은 생물학적 처리공정에 따른 미생물 동력학과 양론계수에 의해 산정
- 2차 슬러지 = biomass (유기물 제거과정) + inert solids (유입하수 내의 불활성 고형물)
- 호기성 공정의 슬러지 발생량 >> 혐기성 공정의 슬러지 발생량
- 생물학적 공정의 슬러지 발생량 저감 방안 모색 : 생물막 공정 도입 등

3) 다양한 폐수처리공정의 슬러지 발생량

폐수처리공정	슬러지 발생 특성	
	kg SS/kg COD applied	Dry solid content (%)
1차 처리 (침전조)	0.35-0.45	2-6
1차 처리 (정화조)	0.20-0.30	3-6
임의성 폭기 라군	0.08-0.13	6-10
- 1차 활성슬러지 - 2차 활성슬러지 - Total	0.35-0.45 0.25-0.35 0.60-0.80	2-6 0.6-1 1-2
UASB	0.12-0.18	3-6

* UASB : Upflow Anaerobic Sludge. Blanket

- 슬러지 성상은 단위처리공정에 따라 변화함

- 농축, 탈수 : 함수율의 변화
- 소화 : VS 함량의 변화

<문제 10-3>

• 하수처리시설에서 인(phosphorus)처리를 위한 고도처리에 약품을 사용하려고 한다. 이때 아래의 조건에서 이론적 슬러지 발생량을 산정하시오 ?

<조건>

. 하수처리시설 용량 Q = 42,500㎥/day
. 유입 T-P 농도 = 0.904mg/L
. T-P 목표 방류수질 = 0.2mg/L
. Alum 주입율 = 4.5mol Al/mol P
. $AlPO_4$ 생성반응식

$$Al_2(SO_4)_3 \bullet xH_2O + 2H_2PO_4^- + 4HCO_3^- \rightarrow 2AlPO_4 \downarrow + 3SO_4^{2-} + 4H_2CO_3 + xH_2O$$

. $Al(OH)_3$ 생성반응식

$$Al(SO_4)_3 \bullet xH_2O + 3Ca(HCO_3)_2 \rightarrow 3CaSO_4 + 2Al(OH)_3 \downarrow + 6CO_2 + xH_2O$$

. Al 원자량 = 27, P의 원자량 = 31

(풀이)

1) 반응식

Alum 주입율 = 4.5mol Al/mol P이므로

$AlPO_4$의 분자량 : 27+31+16×4=122g
$Al(OH)_3$의 분자량 : 27+17×3=78g

$$Al_2(SO_4)_3 \bullet xH_2O + 2H_2PO_4^- + 4HCO_3^- \rightarrow 2AlPO_4 + 3SO_4^{2-} + 4H_2CO_3 + xH_2O \quad (2.1)$$

(2.1)의 양변을 ½로 나누면

$$0.5Al_2(SO_4)_3 \bullet xH_2O + H_2PO_4^- + 2HCO_3 \rightarrow AlPO_4 + 1.5SO_4^{3-} + 2H_2CO_3 + 0.5xH_2O \quad (2.2)$$

$$Al_2(SO_4)_3 \bullet xH_2O + 3Ca(HCO_3)_2 \rightarrow 3CaSO_4 + 2Al(OH)_3 + 6CO_2 + 3H_2O \quad (2.3)$$

(2.3)의 양변을 4로 곱하면

$$4Al_2(SO_4)_3 \bullet xH_2O + 12Ca(HCO_3)_2 \rightarrow 12CaSO_4 + 8Al(OH)_3 + 24CO_2 + 12H_2O \quad (2.4)$$

(2.2)와 (2.4)를 더하면

$$4.5Al_2(SO_4)_3 \bullet xH_2O + H_2PO_4^- + 2HCO_3 + 3Ca(HCO_3)_2$$
$$\rightarrow AlPO_4 + 1.5SO_4^{3-} + 2H_2CO_3 + 0.5xH_2O + 12CaSO_4 + 8Al(OH)_3 + 24CO_2 + 12H_2O \quad (2.5)$$

즉, 4.5mol Al/mol P 반응식이 되며, P 1mol당 1mol의 $AlPO_4$ 와 8mol의 $Al(OH)_3$가 생성된다.

2) 슬러지 발생량

$$42.500\text{㎥}/day \times (0.904 - 0.2)\text{㎎}/l \times \frac{122+8\times78}{31} \times 10^{-3} = 720kg/day$$

10.1.3 슬러지의 주요 오염 성분

- 슬러지의 주요 오염 성분은 중금속, 난분해성 유기물, 병원성 미생물 등이 있음
- 하수 내의 우선대상 독성오염물질 발생은 지역적 특성에 따라 영향.
- 고도로 산업화된 지역은 거주/또는 상업 지역에 비해 다량의 중금속, 시안 그리고 유기오염물질 들이 포함
- 중금속, 난분해성 유기물, 병원성 미생물 등은 하·폐수 처리단계를 거치면서 발생되는 슬러지에 농축 슬러지의 재이용을 위해서는 슬러지의 품질을 최상으로 만들어야 함

1) Heavy metals (중금속)

- 슬러지에 존재하는 중금속의 주요 발생원
- 하수 내의 중금속은 도금과 인쇄회로기판 제조 등의 산업활동에서 그리고 파이프의 부식과 도시 하수 관망 지역의 강수 등과 같은 다양한 원인에 의해 발생함
  - 전기도금, 제철, 제강, 금속 가공, 화학공정 등)
  - 주요 중금속은 카드뮴, 크롬, 구리, 납, 니켈, 아연 등이며 비소, 수은도 고려 대상
  - 산업폐수 유입 혼입 분율에 따라 하수 내의 중금속 농도 차이가 크게 발생함
- 중금속 제거
  - 중금속 제거는 1차 침전에서 부분적으로 일어나지만 메커니즘은 미생물 floc에 의한 흡착과 floc의 침전
  - 폐수처리공정에서 중금속 제거율은 1차 침전에서 5~50%, 공정전체에서 15~80%
    * 1차 침전에서 0~46%, A/S 시스템만으로 15~81%, 2차 처리시스템 총제거율이 24~88%
    * 6개 항목의 중금속 제거 효율 정도는 (Cu, Pb) > (Cr, Cd) > (Zn) > (Ni)
- 슬러지 내의 중금속 농축
  - 중금속 농축인자는 슬러지 내의 중금속 농도를 폐수 내의 중금속 농도로 나눈 것
  - 2차 슬러지에 비해 1차 슬러지의 중금속 농축 인자 값이 높은데 이는 1차 슬러지의 고형물 농도가 높고 폭기조로 유입되는 폐수의 중금속 농도가 낮기 때문으로 판단

2) Priority organic pollutants (우선대상 유기오염물질)

- 폐수처리장에서 우선대상 유기오염물질의 제거 메커니즘은
  - volatilization (휘발)
  - sedimentation (침전)
  - adsorption onto the biological floc (미생물 플럭에 흡착)
  - biodegradation (생분해)
- 침전과 흡착은 분자량이 큰 유기물에 대한 1차 제거 메커니즘이며 대부분의 유기물은 생분해 가능 PCBs와 대부분의 살충제(aldrin, chlorande, DDT, endrin, heptachlor) 등은 생분해도가 낮거나 생분해 되지 않음
- Aldrin :
  - 화학식은 C12H8Cl6 이며 유기염소계의 살충살균제로 분자량 364.93인 갈색 또는 무색 무취의 결정체.
  - 살충제 및 살균제로 사용, 속효성이 있고, 식물 잔류성은 낮으나 토양 잔류성 높음
  - 분해산물인 디알드린(dealdrin), 헵타클로로 에폭시드(Heptachlor epoxide) 등이 더욱 유독함
  - 한국에서는 1972년에 제조 ·사용이 금지됨. 독성은 쥐에 대하여 경구로 LD50 (반수치사량)은 약 50mg/kg
- Chlordane, DDT
  - 유기염소계 살충제
- Endrin
  - 화학식은 C12H8Cl6O 이며 백색 결정형 고체로 분자량이 380.93이며 살충제로 이용됨

- 반휘발성(semi-volatile) 유기오염물질 들은 1차 슬러지에서 대체로 30~200배까지 농도 증가, 2차 슬러지에서는 특정물질 들의 경우 5~50배까지 농도 증가
- 휘발성 물질 들은 1차와 2차 슬러지 모두 농도 증가 발생하지 않음, 특정 POTW에서 30일간 연속하여 슬러지의 유기오염물질 농축인자를 측정한 결과 그 값이 0~17까지 분포함
- 대부분의 경우 유입폐수 내의 우선대상 유기오염물질들은 검출한계 이하의 농도를 가지지만 슬러지 내에서는 정량화가 가능할 정도로 충분히 농축됨
- 스톡홀름 협약 (Stockholm Convention on Persistent Organic Pollutants)
  - POPs조약·스톡홀름협약이라고 함, 유해화학물질 가운데서도 특히 독성이 강하고 유해한 잔류성 유기오염물질을 국제적으로 규제하여 인간의 건강과 환경을 보호할 목적으로, UN환경계획(UNEP)이 주도하여 2001년 5월 22일 채택, 2004년 5월 발효됨
  - POPs (Persistent Organic Pollutants 잔류성 유기오염물질)은 환경 중에서 분해되기 어렵고, 식물연쇄 등으로 생물의 체내에 축적되기 쉽고, 극지 등에 축적하기 쉽고, 사람의 건강과 생태계에 유해성이 있는 성질을 갖는 화학물질을 말함
  - POPs조약은 12종의 화학물질을 환경 중에 잔류할 가능성이 높은 화학물질로 지정하였으며, 이들 물질의 생산과 사용을 금지하거나 배출을 규제함
  - 스톡홀름 협약의 적용 대상인 12가지 물질은 'dirty 12'로도 불림. 알드린(aldrin), 클로르단(chlordane), DDT, 디엘드린(dieldrin), 헵타클로르(heptachlor), 톡사펜(toxaphen), 미렉스(mirex) 등 살충제 7종과 살균제인 헥사클로로벤젠(hexachlorobenzene)과 쥐약으로 쓰이는 엔드린(endrin), 소각시설 등에서 부산물로 생성되는 다이옥신(dioxin)과 퓨란(furan)계 물질들, 변압기.축전기의 절연물질로 사용되는 폴리클로리네이티드비페닐(PCBs) 등이 포함됨

3) Pathogenic organisms, 병원성 미생물

- 슬러지의 병원성 미생물 5그룹 : 장내 기생충, protozoa (원생동물), fungi (균류), viruses, bacteria
- 슬러지의 바이러스, 박테리아, 기생충 알, 원생동물 포낭 등은 인간과 동물의 건강에 위해를 줄 수 있으므로 적정 수준으로 처리되어야 함
- 특정 하폐수의 병원균 개체수는 해당 유역의 사회경제적 수준, 공중위생 수준, 지역의 지리학적 특성, 농산업 유무, 슬러지처리 형태 등에 의해 영향을 받아 다양하게 나타남
- 슬러지 등급 : Two classes of sludge microbiological quality (US EPA, 40CFR Part 503)
  - Class-A sludges : 사용에 제한이 없음, 특별한 병원성 미생물 처리과정을 통해 슬러지 내 미생물이 검출 한계 이하로 존재함
  - Class-B sludges : 일반적인 슬러지 안정화 과정을 거친 슬러지로, 토지 주입을 위해서는 관련 규정과 권고 사항을 반드시 만족해야 함

10.1.4 소화 전 농축의 필요성

1) 가열 에너지 감소(외부 열원 최소화)

- 알카리도 농도가 증가 : 소화효율 증가
- 유기물 농도 증가 : 유기산균 및 메탄균의 F/M비 유지
- 혼합효과 증대
- 소화 상징수량 감소
- 소화공정관리 용이

  1차 : 2 ~ 3%

  2차 : 0.8 ~ 1.5%

  농축 후 : 4 ~ 5%

2) 농축방식

- 중력식
- 기계식(가압부상식, 원심분리, 벨트여과 농축 등)

3) 탈수방식

- 벨트프레스
- 필터프레스
- 원심분리
- 스크류

10.1.5 슬러지 탈수성

1) 모세관 흡입 시간(CST : Capillary Suction Time)

- CST는 간단하게 슬러지의 탈수성을 측정할 수 있는 실험으로 여과지의 일정한 거리를 시료의 액체가 흡수되어 여과지에서 확산되어가는 시간을 측정하는 간단한 시험방법으로 CST 장치는 아래 그림과 같다. 탈수성이 불량할 경우 CST값이 크게 나타나고 탈수성이 양호한 경우 작은 값을 나타낸다 Darcy의 이론을 기초로 한 CST 계산식은 다음과 같음

$$t = \frac{(D_2^2 - D_1^2)\pi d}{P\mu C}\chi$$

D_1, D_2 : 수분이 퍼져나가는 동심원의 직경(m)
d : 여지의 두께(m)
A : 액주의 바닥면적(m^2)
P : 모세관압(N/m^2)
μ : 여액의 점성계수(kg/m ·sec)
C : 고형물 농도(kg/m^2)
× : 실험조건에 따른 계수($kg/m^2 \cdot sec^2$)
t : CST (sec)

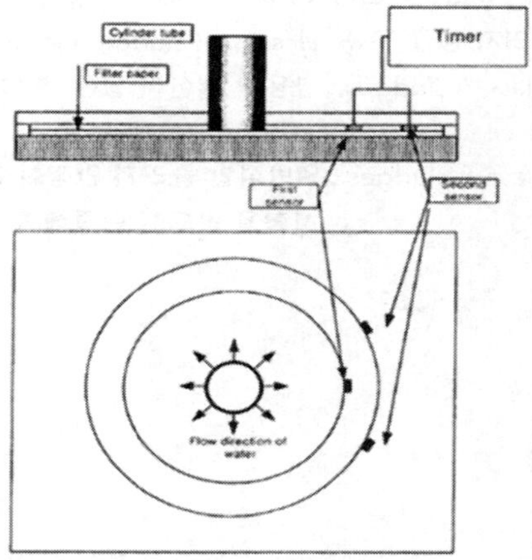

CST 측정에 사용된 여과지는 Triton CST Paper(size: 7x9 cm)를 사용, 준비된 슬러지 시료를 cylinder tube (sludge reservoir)에 넣고 시간을 측정. 시간은 장치에 부착된 timer를 이용하여 측정

2) 여과비저항(SRF : Specific Resistance to Filtration)

- 일반적으로 이용되는 여과 비저항에 대한 식은 압축성 케이크 여과이론으로부터 도출된 다음 식을 이용함

$$\frac{t}{V}=\frac{\mu \cdot r \cdot w}{2A^2P}V+\frac{\mu_f R_m}{AP}$$

여기에서,
t : 여과시간(sec)
V : 여액 체적(ml)
μ_f : 여액의 비저항(N·sec/m^2)
r : Specific Resistance to Filtration(m/kg)
w : 단위 여액 당 축적되는 슬러지의 질량(kg/m^2)
A : 여지의 면적(m^2)
P : 압력 (N/m^2)
R_m : 여지의 저항 (1/m)

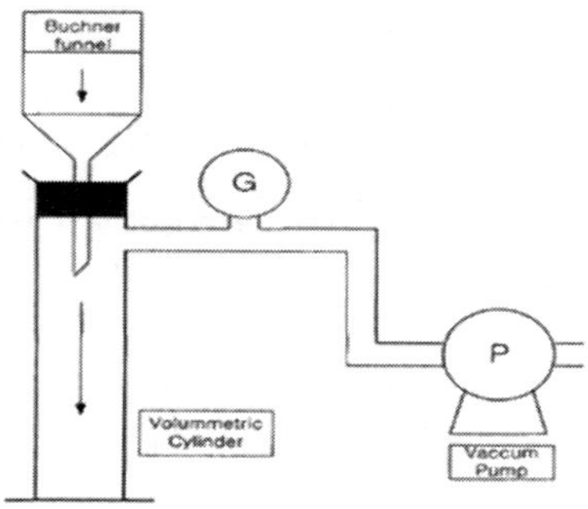

<그림 10-2> Buchner Funnel 실험 기구

- 위 식에서 비저항계수는 우측 그림에서와 같이 직선의 기울기로써 $r=\frac{2PA^2}{\mu w}$ (m/kg) 값을 나타냄

- 비저항계수는 우 상단 그림과 같은 Buchner Funnel Test 장치를 이용하여 일정한 부압(Vacuum)하에서 여과하여 시간경과에 따른 여과된 여액의 양을 활용하여 윗 식과 같이 계산. 시험에 사용 됨 funnel은 직경이 120mm 이었고, funnel에 사용된 여지는 Whatman No. 4 filter paper을 사용, 진공압력은 6psi 에서 실험함

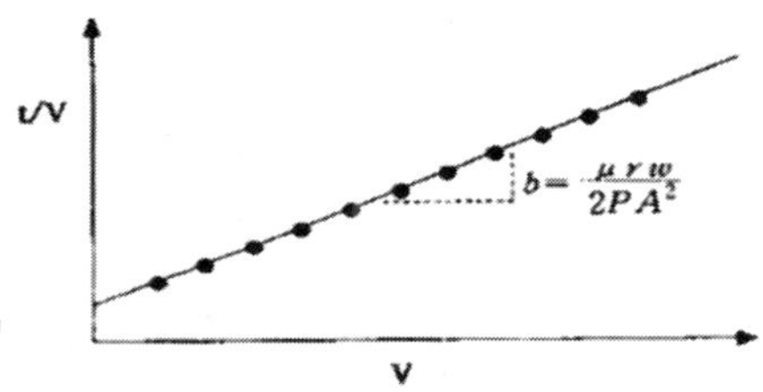

<그림 10-3> 비저항계수 산출 그래프

10.1.6 잉여슬러지 발생량

1) 잉여슬러지 (Qw) 발생량

- 잉여슬러지량은 유입수 중의 용해성 유기물로부터 전환된 활성슬러지와 유입수 중의 고형물로부터 전환된 활성슬러지량의 합계에서 미생물의 내생호흡에 따른 자기분해량을 뺀 값으로 구할 수 있음

$$P_x = Q_w \cdot X_w = a \cdot Q \cdot S_o + b \cdot Q \cdot S_{ss} - c \cdot V \cdot X = (a \cdot S_o + b \cdot S_{ss} - c \cdot \Theta \cdot X)\,Q$$

여기서, Qw : 잉여슬러지량 (㎥/일)
Xw : 잉여슬러지의 평균 SS 농도(mg/ℓ)
Q : 반응조의 유입유량(㎥/일)
V : 반응조의 용적(㎥)
X : 반응조의 MLSS 농도(mg/ℓ)
So : 반응조로 유입되는 유입수의 용해성 유기물농도(mg/ℓ)
Sss : 반응조로 유입되는 유입수의 SS 농도(mg/ℓ)
a : S-BOD에 대한 슬러지 전환율(mgMLSS/mgBOD)
b : SS에 대한 슬러지 전환율(mgMLSS/mgSS)
c : 활성슬러지 미생물의 내생호흡에 의한 감량을 표현한 대수(1/일)
Θ : 반응조의 수리학적 체류시간 HRT(일)

일반적으로 계수 a, b, c의 값은 다음과 같은 범위이다.
a : 0.4~0.6　　b : 0.9~1.0　　c : 0.03~0.05

잉여슬러지 발생량 (Q_W)는 SRT로부터 다음과 같이 추정할 수 있다.

미생물 체류시간 SRT(Θ_c) = $\frac{V \cdot X}{Q_w X_r}$ (처리수 중의 생물슬러지량을 무시할 때) $Q_w = \frac{V \cdot X}{X_R \cdot SRT}$

2) 슬러지 내 수분 분포 및 특성

<표 10-4> 슬러지 내 수분의 분포 및 분리수단

종류	물의 존재상태	분리수단
간극수	고형물질과 직접결합의 형태가 아닌, 외력의 작용에 의하여 자유로 슬러지입자 간에 이동하는 물	모래상과 여포상에 정치하여 두면, 자연 낙하하여 수분이 슬러지 층 내로부터 빠져나가, 가벼운 진동과 원심력에 의하여 분리효과가 증대한다.
모관결합수	입자의 집합밀도가 높은 부분에 물의 표면장력작용으로 모세관현상을 일으키고, 입자 간의 망상에 차 있는 물	모관수의 표면장력보다도 큰 외력, 예를 들면 원심력, 진공압력, 전기침투압력 등을 가하여, 모관수를 흡인 분리한다.
표면부착수	겔 및 졸의 상태인 코로이드가 고형물질의 표면을 둘러싸고, 콜로이드 입자 자체가 전하를 가지고 있어 흡인하는 등의 외력에 의한 분리가 어려움	소수성 콜로이드에 대해서는 전해질의 주입, 전하를 중화, 입자간에 응결하여 수분을 분리
내부수	활성슬러지 중의 원생동물과 세균 혹은 셀루로스 등의 생물체 세포질 내에 보유되어 있는 물	기계적인 외력에 의해서는 분리가 불가능, 생물학적 분해작용과 고온가열, 냉동조작에 의하여 세포막을 파괴한 후에 분리 가능한 세포질을 용출

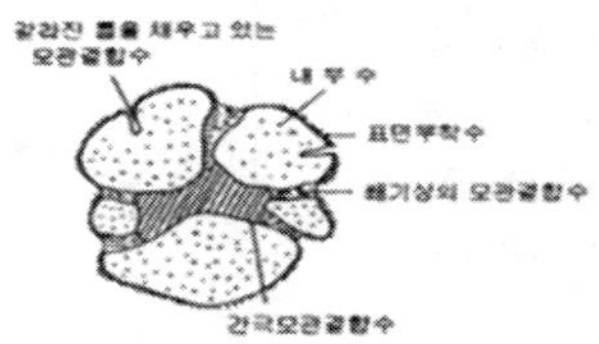

<그림 10-4> 슬러지 부착 수분의 결합상태

자료 : 하수슬러지 처리 및 자원화 방안-2005 환경관리공단

10.2 정수 슬러지 발생원 및 특성

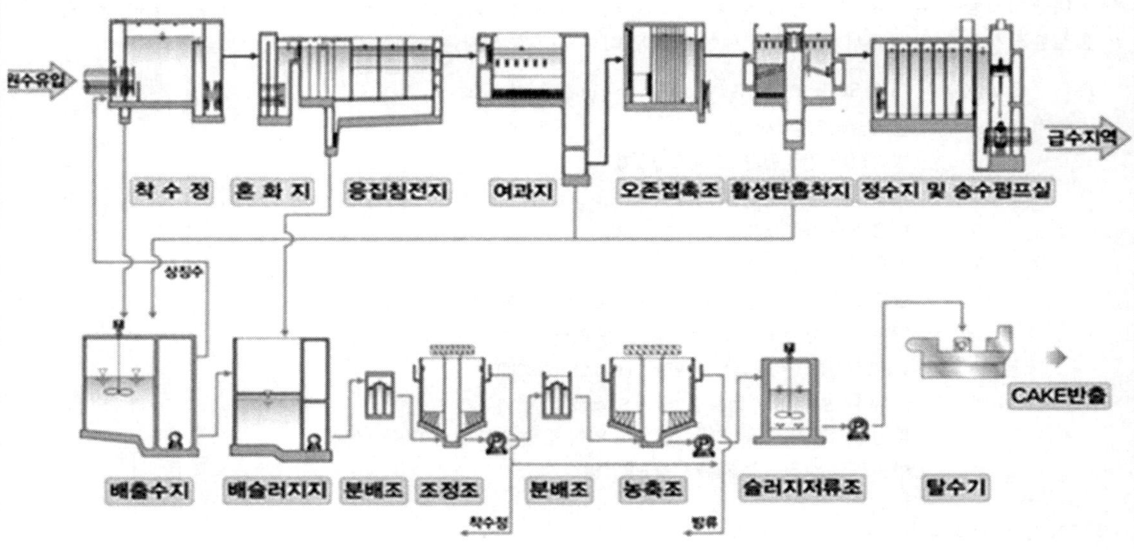

<그림 10-5> 정수장 처리 계통도

자료 : http://jungseokenc.com/?module=Html&action=SiteComp&sSubNo=8

10.2.1 정수시설에서 발생되는 폐수 및 슬러지

1) 정수장 에서 발생하는 폐수

- 역세척 과정에서 발생하는 역세척 배출수
- 침전지에서 배출되는 침전슬러지가 대부분
- 기타 정수공정에서 배출수처리시설로 유입되는 월류수 및 배수도 포함
- 또한 발생 탈수 케이크는 사업장 폐기물이며「폐기물관리법」에 따 라 적정하게 수집, 운반 및 처분되어야 한다.

2) 폐수처리 방식

- 정수처리공정, 원수수질, 배출수의 양과 질, 슬러지의 성상, 발생케이크의 처분 방법, 유지관리의 편의성, 소요부지면적, 건설비 및 지역의 환경여건을 고려해야 함

3) 기본적인 처리방법

- 자연건조(천일건조상, 라군)
- 기계탈수
- 탈수· 열건조
- 위탁 또는 하수처리장 이송처리

<표 10-5> Alum 응집제 처리 정수장 슬러지의 화학적 조성

성 분	BOD(mg/L)	COD(mg/L)	Al2O3(%)	SiO2(%)	유기물(%)
함 량	30~300	30~5000	15~40	35~70	15~25

자료 : Kawamura, 정수시설의 종합설계와 유지관리, 2001

4) 정수 슬러지 특성

- 정수장의 슬러지는 강우특성과 계절에 따른 원수수질의 변화 또는 상수원의 오염 정도에 따라 성상과 발생량이 달라진다.
- 사용된 약품의 종류 및 주입율, 정수처리 공정구성, 침전지 및 여과지의 형식 등 정수시설의 특성과 운전방식에 따라서도 영향을 받게 된다.
- 슬러지의고형물 농도, 밀도, 농축특성 및 탈수성은 원수특성에 크게 영향을 받고 계절에 따라서도 변한다.
- 고탁도일 때에 발생하는 슬러지는 농축성과 탈수성이 좋은 반면에 저탁도 또는 조류가 번성할 때 발생하는 슬러지는 침강·농축성 및 탈수성이 나쁘다.
- 정수장의 슬러지성분은 대부분 무기질로 구성되어 있으나, 오염된 하천수나 부영양화된 호소수 는 유기물질이 많이 포함되어 있다. 장래 수질변화로 유기물질이 증가되는 경우에는 탈수기 운영에 영향을 미치므로 장래의 수질을 예측해야 한다
- 원수수질과 함께 정수장 기본계획과 시설현황 계획 등의 특성을 고려하여 예측
  - 정수량 : 정수장 운영현황, 평균 정수생산량
  - 침 전 지 : 약품침전지, 고속응집침전지, 경사판침전지 등
  - 여과지 : 급속여과지, 철· 망간을 제거하기 위한 여과지, 활성탄접촉조, 막여과설비 등
- 정수시설의 특성과 운전방식 등에 따라 배출수의 양과 성상에 차이가 있으므로 슬러지 처리설비 를 계획할 때에는 운영 중인 시설로부터 배출된 역세척 배출수와 침전슬러지의 특성을 파악하는 것이 필요하다.
- 알럼(alum)슬러지는 압축성이 나쁘기 때문에 0.1~1 % 정도의 고형물농도를 나타내며, 1개월 이상 침전지에 축적되면 4~6 %로 농축되기도 한다.
- 역세척 과정에서 발생하는 역세척 배출수의 발생량은 정수생산량의 1~5 %(평균 2 %) 정도이며, 고형물량으로는 정수공정에서 제거되는 전체 고형물의 1.0~1.5 %를 차지한다.

역세척 배출수의 슬러지 물성은 다음 표와 같음

<표 10-6> 역세척수 배출수의 슬러지 물성

성 분	BOD(mg/L)	COD(mg/L)	Al2O3(%)	SiO2(%)	유기물(%)
함 량	2~10	28~160	25~50	24~35	15~22

- 정수장에서 발생되는 슬러지는 원수 중의 탁질과 응집약품에 의한 약품슬러지로 분류되며 주로 불활성물질로 구성되어 있다. 대부분의 정수장은 알루미늄계통의 응집제를 사용하고 있으며 이를 알럼(alum)슬러지라고 함
- 알럼 슬러지는 탈수가 어렵고 건조된 슬러지는 요변성(搖變性)이 있어서 물과 함께 흔들리면 현탁액으로 되돌아갈 수 있음
- 설계자는 비용 대 효과가 최적이며 실행 가능한 슬러지처리(조정, 농축, 탈수)와 처분방법을 채택해야 하고, 정수장에 인접 하수처리시설이 있는 경우에는 관련부서와 협의, 하수처리시설로 이송 처리할 수도 있음

6) 침강·농축·탈수성의 조사

침강·농축·탈수성의 조사 정수장으로부터 배출된 슬러지의 성상은 슬러지 처리설비를 설계할 때 가장 중요하므로 실험을 통하여 슬러지의 침강, 농축특성과 슬러지의 탈수성 등을 조사해야 한다.

- 슬러지의 침강, 농축특성 조사
  10cm(D)×100cm(H) 원통에 슬러지를 넣고 침강계면을 외부에서 관찰
- 슬러지의 탈수성 조사
  - 실제 탈수기를 사용하는 방법이 가장 좋으나, 리프테스트(leaf test)를 실시하여 슬러지의 여과성을 나타내는 비저항치를 구함.
  - 비저항치가 크면 수분이 슬러지를 통과하기 어려워 탈수성이 나쁘다는 의미.
  - 비저항치 실험결과를 활용하여 탈수기의 기종을 어느 정도 추정.
  - 슬러지의 탈수성에 크게 영향을 미치는 인자
    (응집제 주입량과 탁도의 비를 나타내는 Al/T 비)
    Al/T비가 낮을수록 비저항 값이 적어서 탈수성이 양호하다는 의미.
  - 탈수성은 겨울철에 저하되는 등 계절별로 다르므로 4계절에 걸쳐 조사하는 것이 바람직하며 고탁도 시와 평상시에 대해서도 반복 실험하는 것이 좋다. 상수원의 부영양화로 유기물이 증가하면 비저항치가 커져서 탈수성이 나빠진다.

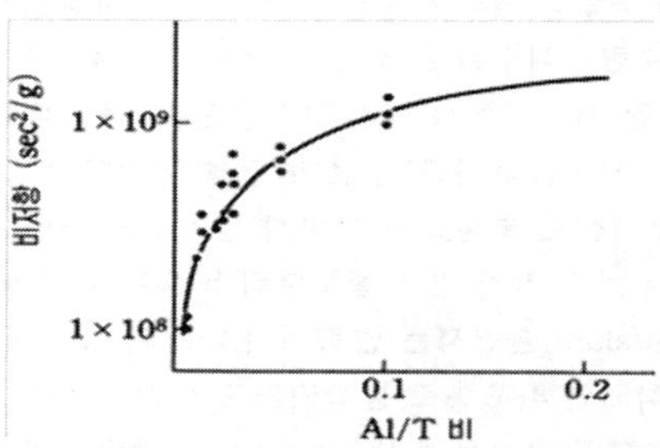

<그림 10-6> Al/T비와 여과 비저항과의 관계

10.3 정수장 배출수 처리

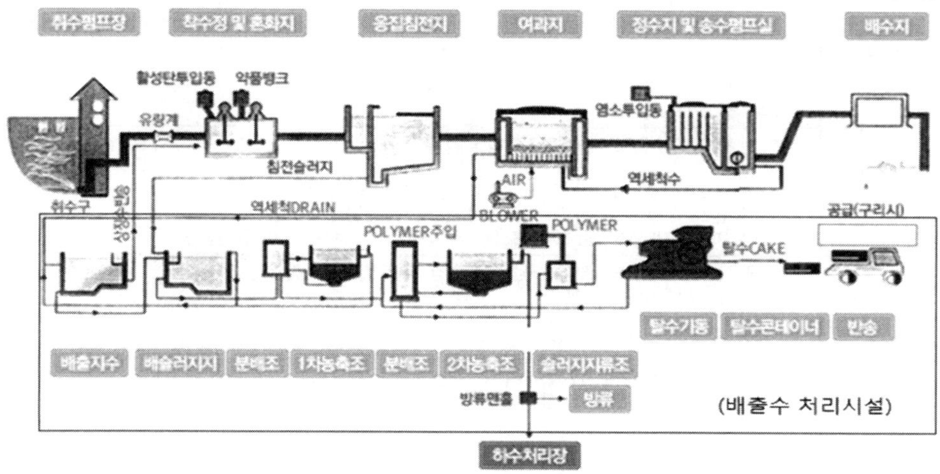

1) 개요

"배출수"란 정수장에서 배출되는 침전지 슬러지, 모래여과 및 막여과시설 역세척수, 막여과 약품세정 폐수 등으로 배출수 처리시설(수질오염방지시설)은 "수질 및 수생태계보전에 관한 법률" 제35조에 따라 정수처리시설과 같은 폐수배출시설에 대해서는 동 법 제32조에서 정한 "배출허용기준" 이하로 수질오염 물질을 처리 후 공공수역으로 배출하기 위해서 설치하여야 하는 시설임

자료 :경기 구리시 구리정수장

2) 배출수 처리공정 주요운영인자

- 슬러지의 물리·화학적 특성(취수원 별 다양성)
- 시설 별 설계인자
- 슬러지 특성

3) 정수 슬러지의 화학적 성분

구분		SiO_2	Al_2O_3	Fe_2O_3	기타 미량금속	강열감량
슬러지	하천	43.0	27.0	5.2	6.9	17.9
	댐	32.2	30.1	1.9	5.3	30.5
점토		60	15	6	14	5

4) 정수 슬러지의 발생량 산출

- 이론 건슬러지 발생량 = 처리량×(SS/NTU비×탁도+응집제 주입율×환산계수)×10^{-6}

※ 약품종류 별 환산계수

약품종류	PACℓ (10.5%)	HiB-PAHCS (12.5%)	PACS (17%)	소석회	활성탄 (수분 20%)
환산계수	0.184	0.245	0.556	1.0	0.8

5) 탁도와 부유물질의 비

- SS/탁도(NTU) 비 : 0.5 ~ 2.0

6) 단위공정 별 특징

단위공정	주요 기능 및 특징
배출수지	• 여과지 역세척수 등 유입(SS 50~1,000mg/L) • 착수정으로 회수
배슬러지지	• 침전지 슬러지 및 배슬러지지 침강슬러지 유입 • 용량 - 배출빈도 1일 1회 이상 시 : 24시간 평균 슬러지 배출량 - 배출빈도 1일 1회 미만 시 : 1회 슬러지 배출량 이상 • 이·취미 및 미생물 등 수질오염 우려로 착수정으로 회수 불가
농축조	• 슬러지 부피 감소, 후속공정 부하 및 처리비용 저감 중력식 가장 많이 적용 • 용량 - 계획슬러지량 24~48hr, 고형물부하 : 10~20kg/m²·d
개량	• 슬러지처리 효율을 향상시키기 위함. 농축성 개선 고분자응집제 주입 응집처리 • 동결용해법 • 산·알카리 처리법 - pH 1,5 이하 시 $Al(OH)_3$ 용출 - pH가 11~12에서 동일한 효과
탈수	• 벨트프레스 • 필터프레스 • 원심분리 • 모래건조상 • 라군
최종처분	해양배출, 매립(함수율 85% 이하), 성토재, 복토재(함수율 70% 이하), 녹생토, 시멘트 원료, 재생벽돌, 공공하수처리장 유입(농축, 탈수 생략)

10.4 슬러지 전처리 및 감량화

10.4.1 전처리

1) 슬러지의 개량 : 슬러지의 안정화 및 탈수성의 향상

2) 슬러지 개량의 방법

• 슬러지 세척
- 슬러지의 탈수공정을 방해하는 물질을 제거하기 위하여 이용
- 슬러지에 씻는 세척수와 슬러지의 비는 약 2 : 1로서 다단계식, 역류식 등이 있음
- 세척은 슬러지로부터 질소가 제거되는 경향이 있어 비료가치가 상실
- 소화된 슬러지는 알칼리도가 높은데 물로 세척 시 알칼리도 감소, 슬러지 탈수 시 응집제량을 절감
- 슬러지세척은 소화된 슬러지 내의 기포를 없애주므로 부력을 제거시켜 농축이 잘 됨

• 약품처리 (화학적 개량)
- 가장 일반적임. 알루미늄염이나 철염의 무기응집제 주입, 탈수능 향상

• 열처리
- 슬러지에 열을 가한 후 무기약품을 주입 후 탈수. 가열 하면 세포가 파괴되어 세포 내 수분이 유출
- 친산소성 열처리법이 개발되어 조작 온도를 145~165℃까지 낮출 수 있고 종래의 피산소성 열처리의 문제점인 분리액의 착색이나 악취 문제 완화

• 동결용해처리
- 슬러지 속에 있는 유리수의 결빙, 고형물의 농축, 세포막의 파괴에 의해 탈수성을 향상시키는 것
- 정수슬러지에는 유효하지만 하수슬러지의 경우에는 보조적으로 응집제가 필요하는 등 현 단계에서는 유효성에 의문

10.4.2 슬러지 감량화

1) 슬러지 가용화 기술 비교

구분	생물학적 처리방식		물리 화학적 처리방식		
	고열호기성	통성혐기성 미생물	오존	초음파	알칼리+고압파쇄
모식도				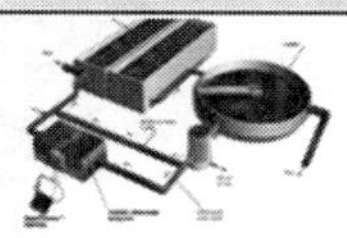	
개요	·약 55℃~60℃로 가열 고열호기성세균 활성화, 효소를 분비, 세포벽을 파괴, 가용화됨	·낮은 ORP조건, 선택적으로 통성혐기성 미생물의 우점에 의해 낮은 수율로 슬러지를 감량화 하는 기술	·오존의 산화력을 이용하여 세포벽을 산화시켜 슬러지를 가용화	·초음파의 공동화 발생되는 고압의 Jet stream에 의한 물리적인 세포의 파괴	·알칼리 전처리 후 초고압 파쇄, 세포벽 파괴
주요 기기	·고열호기성세균, 배양조 ·(가용화조), 열교환기 ·송풍기, 가온설비	·난분해성 물질 및 grit 물질 제거 전처리 설비 ·교류 반응조	·오존반응조(가용화조), ·오존발생, pH조정설비 ·폐오존처리장치	·초음파 발생기 ·진동자, 센서	·슬러지 순환조 ·가압 파쇄기
장점	·운전비 저렴, 2차오염 적음 ·일부 무기화로 반류부하 감소	·운전비용 저렴 ·교류반응조를 추가 설치	·반응이 빠르고 시설이 콤팩트	·설치 시공이 간편 ·운전 및 관리가 용이	·부지면적 최소화로 시공이 간편 ·유지관리가 용이
단점	·설치면적이 크다. ·가용화조에서의 취기발생	·반응시간이 길고 설치면적이 큼 ·지하화에 대한 적용성 나쁨	·유지관리 복잡 ·가용화액 반류부하 큼 ·발포현상 침강성 악화	·높은 에너지 소요 ·탈수처리 응집제 증가 ·침강성 저하	·세포의 가용화를 위한 전처리 약품 필수
효율	40~60%	40~50%	80~90%	56~60%	40~70%

2) 슬러지 감량화 기술 비교

구 분		감량 후 적용 공정	
		수처리 공정	슬러지처리 공정
생물학적	자기발열 고온 호기성처리에 의한 감량화		○
	가용화 미생물에 의한 감량화	○	
	감량화제에 의한 감량화	○	
화학적	오존에 의한 감량화	○	
물리적	금속밀 파쇄원리에 의한 감량화	○	
	가압파쇄원리에 의한 감량화	○	
	열적 가수분해에 의한 감량화		○
	초음파에 의한 감량화		○
	초임계수 습식산화에 의한 감량화	○	
복합적	알칼리 + 가압파쇄에 의한 감량화		○
	알칼리 + 오존에 의한 감량화	○	
	알칼리 + 초음파에 의한 감량화	○	

3) 탈수

구분	Filter Press	Belt Press	원심
유입슬러지 농도	2~3%	2~3%	0.8~2%
함수율	55~65%	60~80%	75~80%
용량	3~5Kg/m².h	10~50Kg/m.h	1~150m³/h
약품	$Ca(OH)_2$, $FeCl_2$	고분자응집제 - 0.5~0.8	고분자응집제 < 1%
세척수	中	多	少
동력	高	低	高
부대설비	多	多	少
Cake 반출	간헐	연속	연속

10.5 하수처리장 반류수(反流水) 처리

10.5.1 반류수의 정의

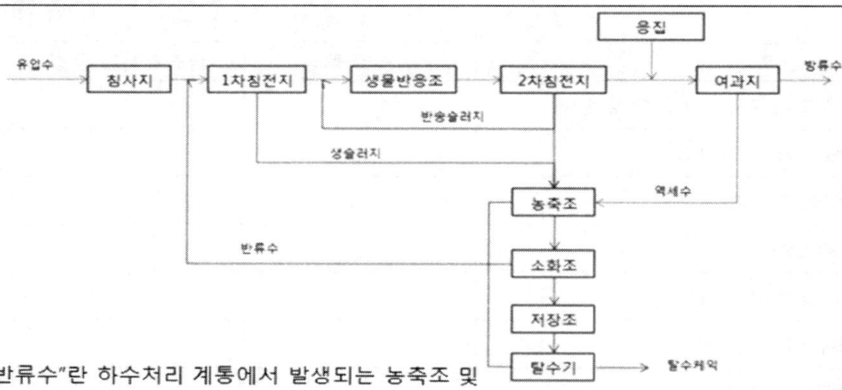

"반류수"란 하수처리 계통에서 발생되는 농축조 및 소화조의 상징수, 탈수기의 탈리액 및 세척수 등을 통칭하며 반송되어 유입하수와 함께 1차 침전지 전단으로 유입되며, 이러한 반류수는 유입유량 의 1~3% 정도로 작지만 상당량의 유기물과 함께 고농도의 질소와 인을 포함하고 있어 부하량은 질소의 경우 30 ~ 50%, 총 인의 경우 20~30%를 차지.

실제로 하수처리 용량 10만톤/일 인 A하수처리장의 년간 운영자료를 분석한 결과, 총인 부하량이 유입수 부하량의 약 37%를 차지.

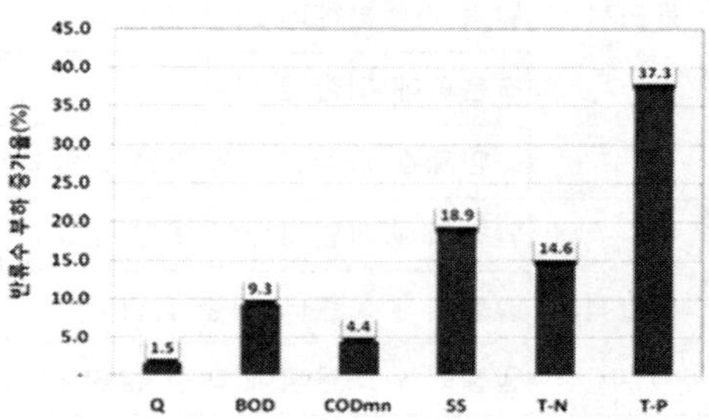

반류수에 의한 유입부하 증가율

자료 : https://m.blog.naver.com/PostView.nhn?blogId=kwesnt&logNo=200000058997&proxyReferer=https%3A%2F%2Fwww.google.com%2F

10.5.2 반류수 처리 방법

- 일반적인 하수처리장 총인 저감 방법으로는
  - 유입수에서 응집제를 투입하는 방법
  - 생물반응조에 응집제를 투입하는 방법
  - 최종침전지 후단에서 응집한후, 여과, 부상, 침전에 의해 슬러지를 분리하는 방법이 적용
- 반류수 처리는 일반적으로 상기의 총인저감 방법과는 별도로 가압부상, 여과 또는 침전 방식이 적용되나 기존처리장의경우 설치공간의 확보가 힘들어 가압부상 방식이 많이 적용되고 있음.

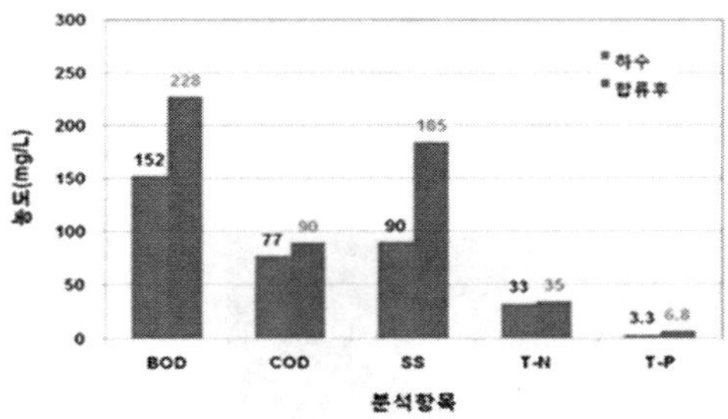

(반류수 처리 전)

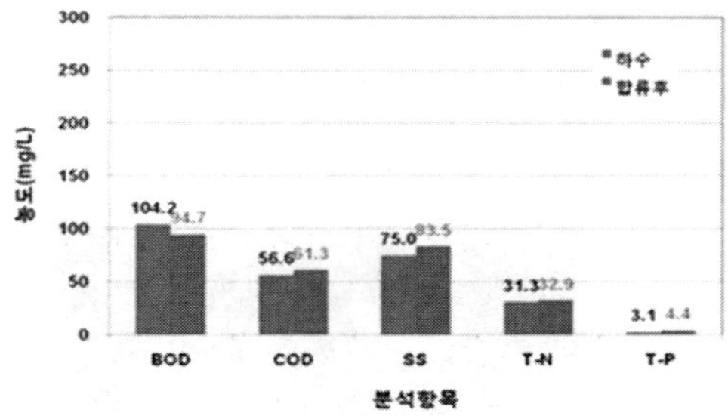

(반류수 처리 후)

10.6 혐기성 소화

10.6.1 소화의 목적

1) 슬러지의 부피 감소, 이후 처리시설의 규모 축소(감량화)
2) 유기물의 분해, 생물학적 (안정화)
3) 병원균의 사멸화(안전화)
4) 유용한 부산물 생산(메탄 가스), Bio-Gas (에너지 회수)

10.6.2 혐기성 소화원리

1) 개요

폐수, 분뇨처리에 있어 산소와의 접촉을 차단하고 혐기성 세균에 의해 분비되는 효소의 작용을 통하여 유기물을 소화시키는 것. 소화과정을 크게 나누면 액화와 가스화 과정의 두단계가 있다. 액화과정에서는 혐기성 세균 외에 분비되는 효소에 의해 유기물은 가수분해가 이루어져 각종 산(탄수화물은 단당류로, 단백질은 아미노산으로, 지방은 지방산으로 분해됨)으로 변한다. 다음의 가스화 과정에서는 액화과정에서 생성된 지방산을 메탄가스와 탄산가스로 분해하여 유기물을 무기물로 바꾼다.

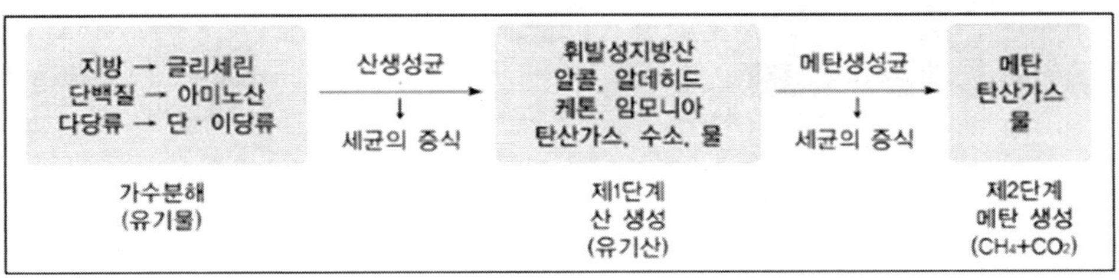

2) 가수분해

- 탄수화물, 지방, 단백질 등(복합유기물질)
  → 포도당, 지방산, 아미노산 등(단순유기물질)
- 복합유기물질은 가수분해균이 생성하는 체외효소에 의해 이루어짐
- 분해속도가 느리기 때문에 이 과정이 율속 단계로서 전체 속도를 좌우

*율속(律速) : 반응시간을 결정하는 부분에 있어서 전체 반응시간은 그 전체 반응 을 구성하는 부속적인 반응들의 각각의 반응 속도 중에서 가장 느린 반응의 속도에 지배 된다.

3) 산 생성 (산 발효)

- 포도당, 지방산, 아미노산 등(단순유기물질)
  → 유기산(VFA; volatile fatty acid), 알코올, 초산, 프로피온산, 뷰틸산 등
- 한편, 초산 생성균은 메탄 생성균과 공생관계에 있는데, 수소를 이용하는 메탄 생성균에 의해서 초산 생성균이 선호하는 낮은 수소 분압이 이루어짐

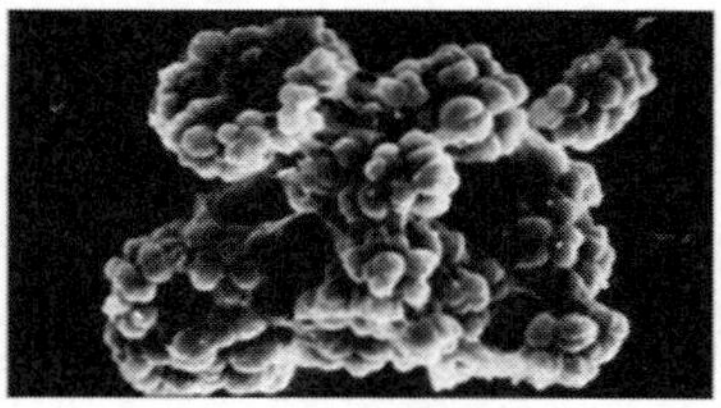

(a) *Methanosarcina*

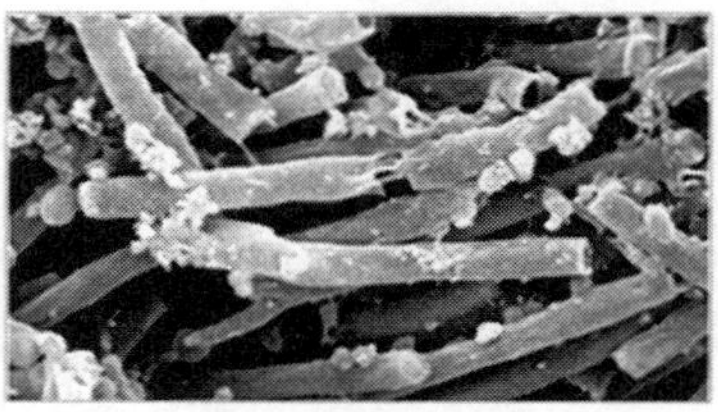

(b) *Methanosaeta*

(대표적 메탄 생성균)

10.6.3 혐기성 소화시스템 구성

- **소화시스템의 구성**
  - 가열설비, 혼합장치, 스컴 방지장치, 소화 가스 포집 및 저장설비, 슬러지 주입/유출관, 상징수 분리장치 맨홀, 시료채취장치, 온도측정장치, 액위계 등

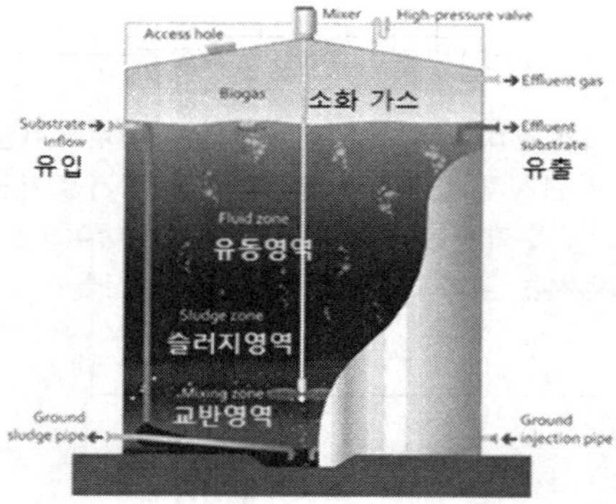

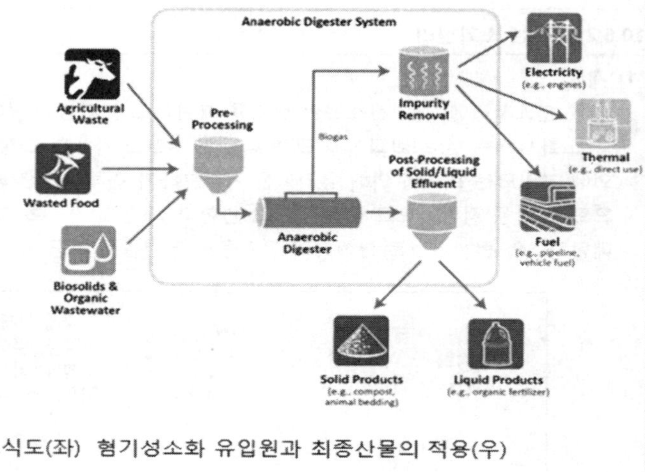

<그림 10-7> 혐기성소화조 모식도(좌) 혐기성소화 유입원과 최종산물의 적용(우)

10.6.4 혐기성 소화의 종류

1) 표준(저율)소화법

• 1단 공정으로 가열과 교반이 없이 소화된 슬러지 농축, 소화, 상징액, 스컴 형성 등의 기능이 동시에 수행

2) 고율소화법

• 1단 공정으로 가스순환, 펌프, 흡출관 등으로 슬러지를 혼합하며 최적 소화온도 유지

3) 2단 고율소화법

• 1차 소화조 : 소화, 2차 소화조 : 침전, 농축
상징액이 고농도 SS 함유 소화슬러지 침전이 잘안됨

4) 혐기성 접촉법

• 소화슬러지를 분리, 1차 소화조로 반송
침전성이 개선, 소화효율 향상

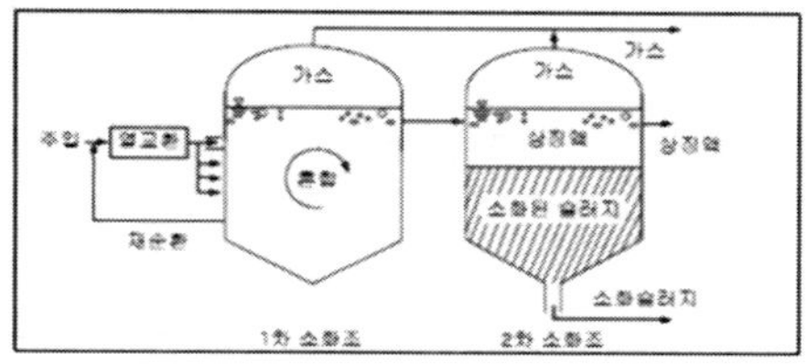

2단 고율소화법

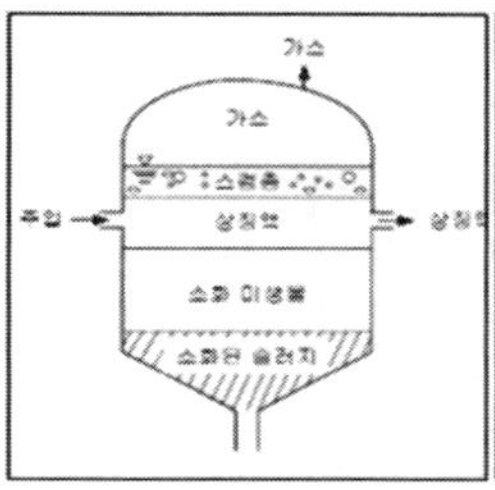

표준(저율)소화법

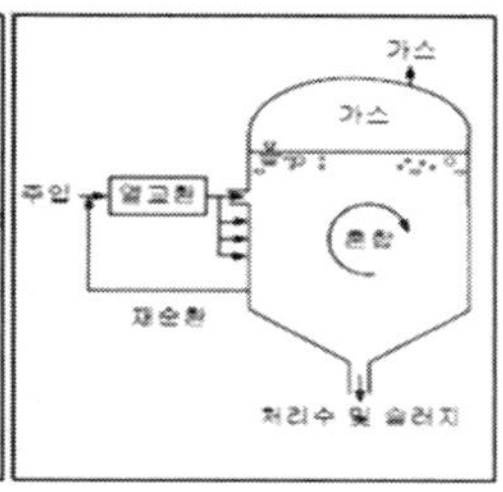

고율소화법

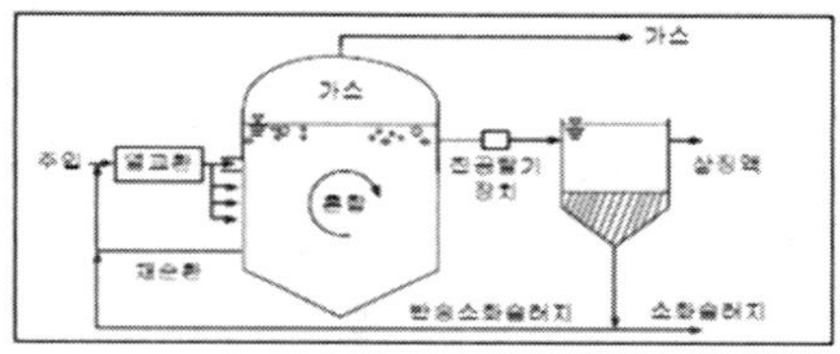

혐기성 접촉법

10.6.5 혐기성 반응의 운전지표

• 운전지표 : 온도, 휘발성 고형물 농도, 산소, 유기산(VFA), pH, 암모니아, 알카리도, 중금속, 혼합상태, 독성물질
저해물질의 영향은 기질 특성, 저해물질 농도, 순응 등에 따라 다름

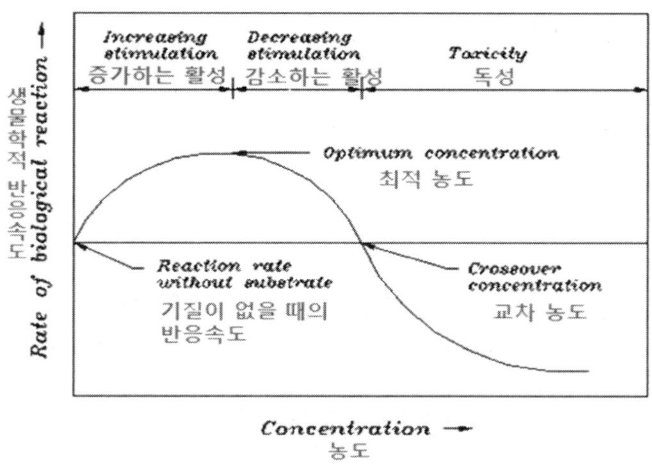

<그림 10-8> 생물학적 반응속도에 대한 농도의 영향

자료 : Fundamentals of Anaerobic Digestion of Wastewater Sludges(Parkin & Owen, 1986)

1) 온도

- 중온소화 30~38℃, 고온소화 50~60℃
- 온도 35℃ (중온소화)까지는 반응속도(처리속도)가 증가하지만, 그 이상의 온도에서는 반응속도가 감소하다가 55℃ (고온소화)에 이르면 중온소화 보다 높은 반응속도를 가짐
  - 중온소화(mesophilic digestion) : 고온소화에 비해 반응속도는 느리지만 안정적 운영 가능
  - 고온소화(thermophilic digestion) : 높은 유기물 분해 속도와 처리 효율, 작은 반응기 부피, 높은 슬러지 탈수성 (슬러지 관리비 저감), 병원균 사멸이 쉬움
  에너지 공급량이 크고, 상징수 수질이 나쁠 수 있으며, 운영 안정성이 낮음
- 최근에는 저온 소화(psychrophilic digestion)가 저농도 하폐수 처리의 대안으로 떠오름
- 소화조 온도 변화의 원인 : 열교환기 고장, 유입수 온도 변화, 비효율적 교반에 의한 성층화 등에 의해 발생
  온도 저하는 처리효율 저하를 가져옴
- CSTR의 경우 SRT가 충분히 길면(30 days 이상) 20℃와 35℃의 운전조건에서 처리효율의 차이가 크지 않으나 실제 30일 이상의 SRT에서 운영되는 경우는 거의 없음
- 소화조에서 발생한 biogas는 소화조 가온에 이용됨

$$C = 0.35\,(eS - 1.42X)$$

여기서,

C : 표준상태에서 메탄 발생량 (L/day)

e : 소화효율로서 0.8 ~ 0.95

S : 유입된 BOD (g/day)

X : 생성된 미생물의 양 (g/day)

2) 휘발성 고형물 농도

- VS 상승, 반응효율 증가, 소화일수 감소

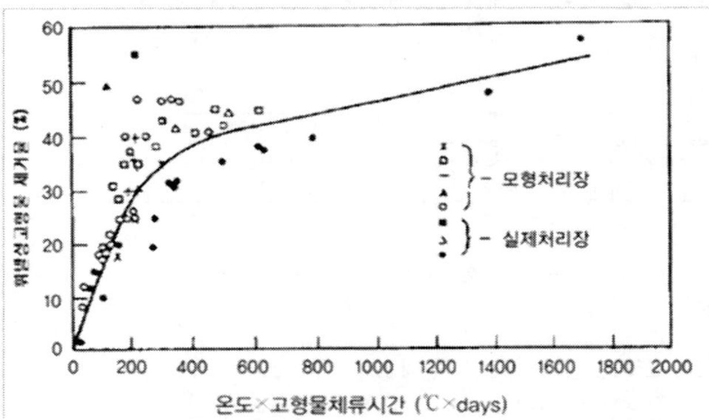

그림출처 : Koers and Mavinic, Aerobic Digestion of Waste Activated Sludge at Low Temperature, J.WPCF, March, pp460-468, 1977.

<그림 10-9> 호기성 소화조의 온도와 고형물체류시간에 따르는 VS 제거율

3) 산소

- 메탄 생성균은 절대 혐기성이므로 미량의 산소 노출에도 악영향을 받음
- 유기산 생성균은 임의성 미생물이므로 분자 상태의 산소를 이용

4) 유기산(VFA)

- 하수슬러지의 경우는 유기산의 농도가 600 mg/L 이하가 좋음
- 산도(Acidity)가 높을 경우에는 석회, 중탄산나트륨 등을 투입할 필요

5) pH

- 혐기성 공정의 적정범위는 pH 6.5~7.5, 최적 범위는 pH 7.0~7.2
- 외부 환경요인 (유입수 특성, 온도, 독성물질 유입 등)로 메탄균 활성이 저하되면 VFAs (acetic acid 등) 축적되어 pH 낮아짐
- pH 5 이하의 조건에서 24시간 이내 정상 pH 범위로 돌아오면 혐기성 반응조 운전이 쉽게 정상적인 운전기능을 회복하지만, 3일 이상 낮은 pH가 유지되면 pH를 조정하여도 운전기능을 회복하기 어려움
- pH가 높게 유지되면 암모니아 독성이 발생할 수 있으므로 중성 범위 pH 조절이 필요
  - 암모니아 (NH_3, free ammonia) 농도는 pH 의 함수
  - 암모늄 이온 (NH_4^+-N)의 저해 농도는 3.0 g N/L 이상
  - 암모니아 (NH_3)의 저해 농도는 80 mg N/L 이상

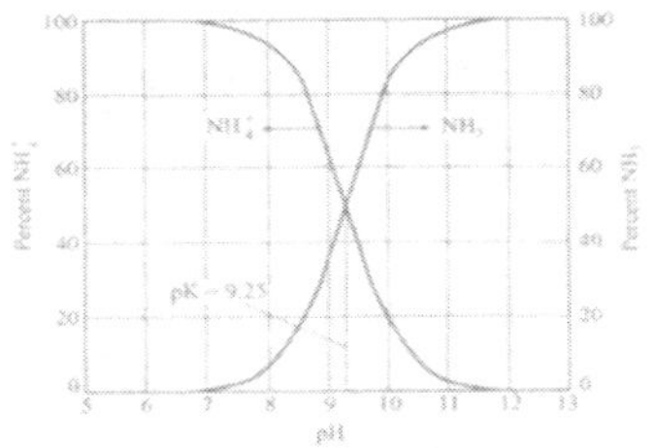

6) 암모니아

- 암모니아 농도 1,500-3,000 mg/L의 범위에서 저해발생
- 비이온성(unionized) 암모니아는 150 mg/L에서도 독성을 나타냄
- 특히 높은 pH에서는 비이온성 암모니아가 크게 증가하여 독성이 매우 커심

7) 알칼리도

- 알칼리도는 산을 중화시킬 수 있는 능력
- 산 생성 단계에서는 유기산이 생성되는데, 적절한 알칼리도가 확보되지 않은 경우 생성된 유기산의 축적으로 인해 메탄균이 저해를 받을 수 있음

8) 중금속

- 슬러지에 함유되어 있는 Cu^{2+}, Pb^{2+}, Cd^{2+}, Ni^{2+}, Zn^{2+}, Cr^{6+}, 등의 중금속들은 혐기성 소화조의 활동을 억제
- 금속은 환경에 존재하는 황화수소와 반응하여 불용성 금속 침전물을 형성하므로 독성이 감소될 수 있음

9) 혼합상태

- 미생물과 먹이 간의 연속적인 접촉, 스컴 발생 제어, 조 내 온도 균일 유지, 독성 물질의 농도 분산
- 기계적인 혼합, 소화 가스의 재순환

10) 독성물질 : 알칼리 물질, 암모니아, 황화물, 중금속, 유기물

- 독성 물질의 독성 영향은 농도의 함수
  - 매우 낮은 농도 : 미생물 신진대사에 자극을 주어 오히려 활성을 증가시키기도 함
    중금속류 1 mg/L 이하, Na^+, , Ca^{2+}, 등 수백 mg/L 이하
  - 중간독성 : 독성물질 농도가 높아져 미생물 활성을 감소시키는 정도, 독성물질이 유기물인 경우에는 노출 시간 증가에 따라 순응되기도 함
  - 강독성 : 중간독성 이상의 독성물질 농도로 미생물 활동 중지
- 혐기성 공정의 독성물질 종류로는 알칼리성 이온, 암모늄 이온, 암모니아, 황화물, 시안, 중금속 등이 있음
- 독성물질의 영향을 최소화시키는 방법
  - 유입원수에서 침전 등으로 전처리 제거, 희석하여 농도 낮추기, 길항작용 (antagonism) 이용, 반응조 미생물량 증가 등이 있음

*길항작용(拮抗作用)

생물체의 어떤 현상에 대하여, 2개의 요인이 동시에 작용하여 서로 그 효과를 상쇄시키는 작용. 심장 박동에 대한 교감 신경과 부교감 신경의 작용이나 약물을 병용한 경우에 서로 약효를 약화시키는 작용 따위. 대항 작용.

<문제 10-3>

- ① 혐기성 처리에서 1kg BOD_L이 100% 안정화(처리)될 때 발생되는 이론적 메탄의 양(m^3)을 산출하시오.
  (아래식 참조, 표준상태 0℃, 1atm)
  $C_6H_{12}O_6 \rightarrow 3CO_2 + 3CH_4$, $3CH_4 + 6O_2 \rightarrow 3CO_2 + 6H_2O$
  ② ①을 근거로, 어느 폐수처리장에서 발생되는 유기성 폐수를 혐기성 중온 소화공정으로 처리할 때 유입 폐수내 BOD 제거에 의한 발생가스의 저장조(gas holder)의 용적을 구하시오.
  (폐수발생량 : $100m^3$/일, BOD 제거율 : 80%, 유입폐수 BOD : 5000mg/L, 가스저장기간 : 2일, 메탄함량 : 67%)

1) 1kg의 글루코오스 메탄가스 발생량 계산
혐기성 조건에서 글루코오스가 CO_2와 CH_4로 전환되는 반응식은 다음과 같다.

$C_6H_{12}O_6$ → $3CO_2$ + $3CH_4$
180 kg 132 3×22.4N㎥
1 X
X = 0.37 N㎥ (표준상태 0℃ 1atm)

2) Gas holder의 용적
혐기성 소화에서의 호흡 및 산화 최종 생성물은 메탄가스와 이산화탄소이다. 메탄가스의 양은 식(3.1)로 계산할 수 있다.

$V\ CH_4 = (0.35m^3/kg)[EQS_0(10^3\ g/kg)^{-1}]$ .... (3.1)

여기서, $V\ CH_4$ = 생성 메탄 부피, ㎥/d
O.35 = BOD_L 1kg전환에 의하여 생성되는 메탄 양을 나타내는 이론적 환산 인자
E = 폐기물 이용 효율
Q = 유량, ㎥/d
S_0 = 유입수의 BOD_L, g/㎥

(풀이)

① 혐기성 조건에서 글루코오스가 CO_2와 CH_4로 전환되는 반응식은 다음과 같다.

6 $H_{12}O_6 \rightarrow 3CO_2 + 3CH_4$
180 132 48
글루코오스는 전환되었지만, 메탄이 이산화탄소와 물로 완전 전환되려면 산소 필요

② 메탄 산화 반응식은 다음과 같다.

$3CH_4 + 6O_2 \rightarrow 3CO_2 + 6H_2O$
48 192

이 식과 앞의 식을 이용하여 BOD_L단위 질량당 생성되는 메탄의 질량을 구한다. 글루코오스 1kg의 BOD_L은 (192/180)이므로, 글루코오스 1kg에서(48/180)kg의 메탄이 생성된다. 따라서, 생성된 메탄과 전환된 BOD_L의 비는 다음과 같다.

$$\frac{kgCH4}{kgBOD^L} = \frac{48/180}{192/180} = 0.25$$

따라서, BOD_L 1kg이 전환될 때마다 0.25kg의 메탄이 생성된다.

③ BOD_L 1kg의 안정화에서 생성되는 메탄 0.25kg의 표준 상태 부피를 구한다.

$V_{CH4} = (0.25kg)(10^3\ g/kg)\frac{1mol}{16g}\frac{22.4L}{mol}(10^3L/m^3)^{-1} = 0.35m^3CH_4$(표준상태)

따라서, BOD_L 1kg이 전환되면 0.35㎥이 생성된다.

④ Gas holder의 용적 $V\ CH_4 = (0.35m^3/kg)[EQS_0(10^3\ g/kg)^{-1}]$에서
$V\ CH_4 = 0.35\times 0.8\times 100m^3$/일 $\times$ 5,000mg/l $\times 10^{-3}/0.65 = 215.38 \fallingdotseq 215.4$ N㎥
이때 0.65는 BOD/BODL의 비

gas holder의 용적 = 215.4 ×.2/0.67 =642.9㎥

10.6.6 혐기성 소화조 이상 상태의 원인과 대처 방안

- 소화조의 이상 상태는 단기 및 장기적인 것으로 나눌 수 있음
- 단기적인 이상 상태는 온도, 유기물 부하, 폐수 성상 등에 기인하며, 적절한 환경조건을 유지시켜주면 시간 경과에 따라 미생물이 순응하여 정상상태 운전이 가능함
- 장기적인 이상 상태는 독성물질 유입 또는 급격한 pH 변화에 기인함
  - 독성물질 유입에 따른 이상 상태는 원인물질을 제거해야 하며, 이 경우에도 pH 제어를 통하여 독성 영향이 더 악화되는 것을 방지할 수 있음
  - 급격한 pH 변화 (특히 하락)에 의한 이상 상태는 pH를 중성범위로 제어하여 문제를 해결할 수 있지만, 정상상태 운전 성능 회복을 위해서는 경우에 따라 초기 운전에 필요한 기간만큼 장시간이 요구되기도 함

1) 휘발성 유기산 (volatile fatty acids, VFAs)

- 휘발성 유기산의 농도는 소화조 운전의 전반적 상황을 나타내는 지표
  - 휘발성 유기산은 유기물의 메탄화 과정에 있어 중간생성물이며, 메탄균 활성이 저하되면 아세트산 등의 축적으로 pH 감소하며 이상 상태가 시작됨
  - 정상적으로 운전되는 혐기성 소화조의 휘발성 유기산 농도는 500 mg/L 이하
  - 휘발성 유기산 중에서 propionic acid는 작은 환경 변화에도 쉽게 축적됨
    → Hydrogen 농도가 높아지면 열역학적으로 propionic acid → acetic acid 반응이 일어나지 않으며, 일단 축적되면 상당히 오랜 기간 동안 지체하다가 분해되기 시작

2) pH, 알카리도 및 유기산

- pH 측정은 단순하므로 쉽게 활용할 수 있는 지표
  - 혐기성 소화조에서는 biocarbonate가 완충작용을 하므로 휘발성 유기산 축적이 일정부분 진행되어도 pH변화는 크지 않으므로 pH 단독으로 운영 변수 활용은 무리

  - 소화조에는 다양한 화학물질들이 평형상태를 이루고 있어 pH 조절이 쉬운 것은 아님
- 순수한 물의 중성 영역 (pH 6~8)에서 알칼리도는 CO_2-HCO_3^-의 평형 관계에 따라 아래 식과 같이 결정

$$BA = 6.3\times 10^{-4}[\frac{P_{CO_2}}{10^{-pH}}]$$

여기서,

BA : $CaCO_3$ (mg/L)로 나타낸 HCO_3^- 알칼리도

P_{CO_2} : 소화조 내 CO_2 분압 (atm)

- Bicarbonate alkalinity (BA)는 carbon dioxide 분압에 비례하고, H^+ 농도에 반비례
- 유기산 농도가 낮은 경우에는 소화조 내 alkalinity는 HCO_3^- 농도에 의해 결정됨
- 유기산 농도가 높은 경우에는 유기산이 HCO_3^-에 의해 중화되는데 이때 BA는

$$BA = TA - (0.85)\times(0.833)TVA$$

여기서,

TA : $CaCO_3$ (mg/L)로 나타낸 총알칼리도 (total alkalinity)

TVA : acetic acid (mg/L)로 나타낸 총유기산 (TVFAs)

0.85 : pH 4까지 알칼리도를 측정할 때 유기산 알칼리도의 약 85%만이 측정되는 것을 보정하기 위한 계수

0.833 : acetic acid 1 mole (60 g)의 알칼리도는 HCO_3^- 1 mole (50 g)의 알칼리도와 같다. 보정계수는 50/60 = 0.833

→ TA가 2,500 mg/L로 일정한 경우, TVA = 50 mg/L 이면 BA = 2,465 mg/L
TVA = 3,000 mg/L 이면 BA = 370 mg/L

- BA가 감소하면 pH 완충작용이 저하, pH가 더욱 감소. 소화조의 안정적인 운전을 위해서는 BA 농도가 2,500~5,000 mg/L로 유지하는 것이 바람직함

- 유기산 축적에 의해 pH 가 낮아진 경우에는 유기산이 완전 분해될 때까지 폐수 유입속도를 줄이는 방법과 $Ca(OH)_2$, $NaHCO_3$ 또는 NaOH, KOH 등을 주입하여 pH를 정상범위로 유지하는 방법을 사용할 수 있음
- Lime은 pH 6.5 이하일 때만 첨가하고 첨가량은 pH 6.8을 넘지 않는 범위에서 결정함
  - Lime은 carbon dioxide와 아래와 같이 반응함

$$Ca(OH)_2 + 2CO_2 \rightarrow Ca(HCO_3)_2$$

  - 위 반응에서 생성된 calcium bicarbonate는 용해도가 낮아 소화조 내의 HCO_3^- alkalinity (BA)를 약 500~1,000 mg/L (as $CaCO_3$)로 유지함
  - 상태에서 lime을 더 주입하면, lime은 불용성 $CaCO_3$ 를 형성하므로 BA는 더 이상 증가하지 않으며, 이 과정에서 CO_2 소모로 소화조 내 pH가 일시적으로 증가되지만 연속 반응의 결과로 CO_2가 생성되면, pH는 다시 감소함
- $NaHCO_3$는 pH 조정에 가장 효과적인 수단 : 비교적 저렴하고, CO_2와 반응하지 않고, pH의 과도한 상승이 발생하지 않으며, 용해성이 높음 => BA 5,000~6,000 mg/L
- 폐수의 단백질은 암모늄 이온으로 전환되며, 이는 CO_2와 물과 반응하여 NH_4HCO_3 생성

3) 총 가스발생량 및 가스 성분 구성비

- 총 가스발생량도 소화조의 이상상태를 나타내는 변수로 사용될 수 있음
  - 유기물 공급량 (organic loading rate, OLR)이 일정하고 가스 생성량 및 구성비의 변화가 작은 경우에만 적용 가능함 • Biogas의 구성비 (CH_4, CO_2)도 이상 상태를 나타내는 변수가 될 수 있음
  - 혐기성 공정의 3단계 (가수분해-산 발효-메탄 생성)에서 CO_2는 주로 환경 영향을 적게 받는 발효균 (산 생성균)에 의해 생성이 되므로 소화조 운전이 비정상 상태가 되면 biogas 내의 메탄 함량은 줄어들고 이산화탄소 함량은 높아지게 됨

4) H_2 및 CO

- H_2와 CO는 비교적 최근에 혐기성 처리의 운영 변수로 제안되어짐
  - 다른 변수에 비해 상대적으로 신속하게 소화조 변화 (이상) 상태를 잘 나타냄
- 정상적으로 운영되고 있는 반응조 내의 H_2 농도 (수소 분압, PH 2)는 10-4 atm 정도로 매우 낮으며, H_2의 turnover rate (H_2가 단위시간당 생성, 소멸되는 회수)가 약 80/sec 정도로 매우 빠름
  - 소화조 운전 상태에 따라 H_2는 쉽게 큰 폭으로 변화하게 되며, 수소 분압은 acetic acid 및 H_2 생성 단계에 큰 영향을 미치므로 매우 효과적인 운영 변수로 활용할 수 있음
- 소화조 내의 H_2 농도가 높으면
  - propionic acid, butyric acid → acetic acid 반응 저하, 그리고 발효과정에서 유기물이 직접 acetic acid로 가는 대사경로도 영향을 받아 소화조 내 유기산 축적 발생
- 소화조 내 H_2 가 축적되는 원인
  - 독성물질 유입에 따른 메탄 생성균 활성 저하로 생성된 H_2 가 소비되지 못하여 축적
    → 독성물질의 원인을 제거하지 않으면 H_2 가 계속 축적됨
- 유기물 부하가 급격히 증가하는 경우
  - H_2 농도가 초기에 증가하지만, H_2 이용 미생물 성장으로 H_2 농도는 곧 정상 범위 회복
- 혐기성 소화과정에서 CO 생성과 이에 관련된 신진대사 과정
  - 아세트산 생성균과 메탄 생성균에 CO 생성에 직접 연관이 있는 carbon monoxide dehydrogenase (CODH)가 포함되어 있음
  - Acetic acid → methane 반응 경로에 대해 CODH가 관여하며 이로 인해 이 반응과정에서 CO가 생성됨
    → Biogas의 CO/ H_2/CH_4/CO_2 농도로부터 acetic acid 농도를 예측하는 식

$$\text{Acetic acid (mM)} = 810\left(\frac{CO}{H_2}\right)^{1.85}\left(\frac{CH_4}{CO_2^{0.85}}\right)$$

여기서,

CH_4, CO_2 농도는 atm, CO, H_2 농도는 ppm

- CO와 acetic acid, CO와 formate의 관계는 미생물 종류에 따라 변할 수 있으므로 CO가 모든 소화조에 대해 믿을만한 운영 변수로 사용되는 것에는 한계가 있다는 연구결과도 있음

5) 거품과 scum의 관리

- Scum은 기포가 없는 경우에도 물보다 비중이 작은 물질 (유분, 식물성분 등)이 부유하여 발생하는 것이고, 거품은 반드시 기포가 존재하는 경우에 생성됨
- Scum과 거품은 초기운전단계와 유기물 과부하 시 또는 소화조 균형이 맞지 않을 때 발생
- 거품 발생 원인 : 과다한 유분, 과도 혹은 과소 혼합, 유입수 중 높은 활성슬러지 함량, 심한 온도 변화, 높은 carbon dioxide 농도, 높은 alkalinity 등이 있음
  → Carbon dioxide 분압을 낮추는 방법으로는 KOH 용액에 통과시켜 CO_2 흡수하거나 methane 등의 가스를 주입하는 방안 등이 있음
  → 물리적 거품 제거 방법으로 소화조 표층을 혼합시키는 heavy-duty cutter/impeller를 이용할 수도 있음

6) Scale 관리

- 자주 발생하는 문제는 아니지만 혐기성 처리 공정에서 struvite scale 생성 문제도 고려
- struvite (magnesium ammonium phosphate, $MgNH_4PO_4$) scale은 관로나 열교환기 막힘 현상을 일으키며, 생성되면 제거가 쉽지 않음
- 소화조 내의 미생물 작용으로 암모니아와 인산은 항상 생성되므로, 유입되는 Mg 양이 과도하면 struvite scale이 형성됨
- Scale 생성 방지 방법으로는 smooth-lined pipe (PVC 관, polyethylene 또는 teflone coated plug valve)를 사용하거나, 철을 주입하여 phosphate를 침전시킴

10.6.7 혐기성 소화조 효율 저하 시 원인/대책

문제점	원인	대책
① 낮은 유기물	국내 슬러지 유기물 특징 - VSS/TSS ↓	합류식-> 분류식,토사 유입 방지 슬러지 농축(알카리도 증가, 유기물 증가)
② 소화조 속도 ↓	저농도 슬러지 대량유입 교반 불량 / Scale 발생	슬러지 분할, 적정 투입 교반/스케일제거
③ Gas 발생량	저농도 슬러지 유입 소화슬러지 과잉 배출 과다한 산생성 소화가스 누출 조내 온도 저하, 교반불량	슬러지 농도 농축 배출량 조정 배출원 통제 온도(35℃ 정도) 유지 주기적인 청소
④ 상징수 수질 악화	Gas 발생량 저하 원인과 유사함 저농도 슬러지 유입 과다교반, 혼입	슬러지 농도 농축 교반 조정
⑤ pH 저하	유기물 과부하 온도 저하 교반 부족 독성 물질	부하량 결정 온도 상승 교반강도 및 횟수 개선 원수 배제 알카리제 주입
⑥ 이상발포	과다배출 →슬러지 농도 저하 유기물 과부하 교반 부족 온도 저하, Scum, 토사	배출 일시정지 조대 교반층 분리 온도 상승 준설
⑦ 알카리도 부족	하수 내 알카리도 부족 → 질산화 저하	적정 알카리도 2,000~5,000mg/l 유지

10.6.8 혐기성-호기성 소화 공정 비교

구분	혐기성	호기성
미생물	혐기성 (메탄/산생성균)	박테리아 (Fungi 등)
반응	가수분해 → 산생성 → 메탄생성	합성/내생호흡
기질농도	BOD 10,000mg/l 이상	BOD 1,000mg/l 이하
HRT	30d	6-12 Hr
장점	1) 산소공급불필요 2) 슬러지를 적게 생성 3) 고농도 폐수에 적합 4) 대규모 시설에 적합 5) CH_4 같은 유용한 Gas 생성 6) 병원성 미생물 사멸	1) 시공비 저렴 2) 악취 발생 감소 3) 상징수 수질 양호 4) 운전 용이 5) 비료가치 높음 6) 반응시간이 짧음.
단점	1) 냄새/악취 2) 비료가치 저하 3) 운전이 난이 4) 반응시간이 김 5) 시설/투자비 높음 6) 반송비가 높음.	1) 동력 소요 2) 슬러지 탈수 문제 3) CH_4 Gas 미발생 4) 대규모 시설 적용 곤란 5) 동절기 효율 저하

10.6.9 자가발열 고온 소화 (ATAD ; Autothermal Thermophilic Aerobic Digestion)

1) 개요

- 외부 에너지 유입 없이 유기물 산화에 의해 발생하는 산화열로 고온환경 유지(45℃ ~ 65℃)
- 10℃ 증가할 때마다 미생물 대사활동은 2배씩 빨라짐을 이용한 공법
- 호기성 소화(공기 또는 순산소 이용)
- 충분한 교반이 필요
- 유기물 분해와 가용화를 통해 슬러지가 감소함으로 탈수 시 약품 사용량 및 탈수케익량 감소로 운영 및 처분 비용이 절감
- 소화조 내 슬러지의 온도는 55℃ 내외로 병원성 미생물 사멸시키고, 유기물 분해 시 다량의 거품이 발생.

☞ 혐기성 소화에 비하여 호기성 소화는 미생물의 산화분해 속도가 빠르지만 슬러지에 함유된 유기물의 농도가 높아 많은 양의 산소공급이 필요하다.
또한 고온 상태에서의 생분해 반응은 중온에 비하여 월등히 빠르다.

$$\text{유기물} + O_2 \xrightarrow{\text{고온미생물}} CO_2 + H_2O + NH_3 + \text{안정화물질} + \text{산화열(45℃이상)}$$

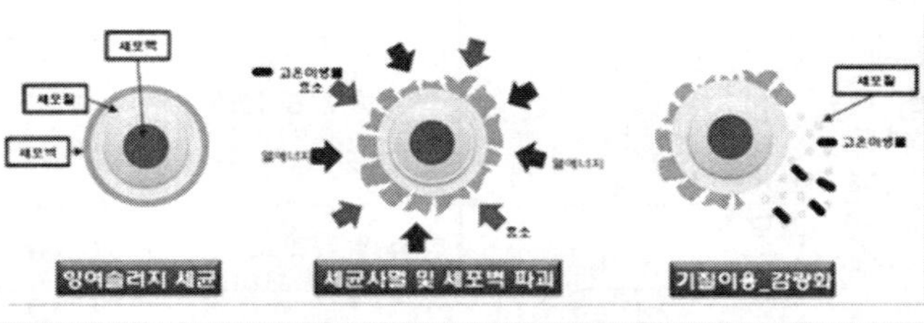

2) ATAD 특징

- 고온환경에서 유기물 분해 속도 매우 빠름
- 공급되는 공기량은 작고 산소전달효율은 높음
- 가온을 위한 별도의 에너지 유입이 필요치 않음
- 빠른 처리속도에 의한 경제성
- 암모니아 스트리핑 및 생물학적 탈질이 활발
- 준호기와 준혐기 사이의 운전조건
- 호기와 혐기의 양쪽 특징을 모두 가짐
- 다량의 거품 발생
- 거품의 일부는 제거되고 일부는 보온장치로 이용됨
- 슬러지 대부분이 중온 미생물들의 집합체로 일반 소화과정 시 미생물들의 세포벽 파괴가 어려워 소화 효율이 떨어짐.
- ATAD는 고온조건을 조성하여 슬러지 내 중온 미생물들을 사멸시키고, 고온 미생물에 의해 생성 되는 효소에 의해 세포벽이 파괴되며 이로 인해 세포질이 유출
- 유출된 세포질은 고온 미생물의 기질 및 후단 혐기 소화조에서의 메탄 기질로 이용

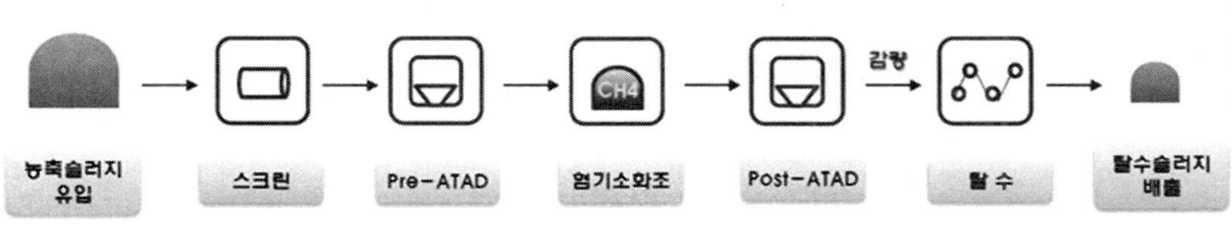

10.6.10 하수찌꺼기 통합처리시설 설치효과 검토

1) 현황

- 단독처리 할 경우 : 처리방법, 부지확보 및 전문인력 확보의 어려움, 설치비용 및 운영비 증가
- 환경부는 여러 곳의 중·소규모 처리시설의 하수찌꺼기를 한곳에서 통합처리(또는 광역처리)방안 권장
  - 하수찌꺼기의 통합처리는 단독처리에 비해 건설비 및 유지관리비가 절감
  - 인력활용에 있어서도 전문인력의 중복배치를 방지
  - 하수찌꺼기 이송에 따른 교통량 증가 및 악취유발 등 지역주민들의 민원이 예상

2) 하수찌꺼기 통합처리시설 설치효과

- 하수찌꺼기 자원이용의 극대화
  하수찌꺼기를 처리한 후 발생되는 부산물 등은 다른 제품의 원료로 재활용이 가능
  - 슬러지 소각재를 시멘트 원료, 슬러지를 건조 처리 후 화력발전소의 보조연료로의 활용이 가능
  - 부산물의 재활용을 통하여 경제적인 이익을 얻을 수 있다는 장점
    재이용 규모가 크기 때문에 비용을 절감, 제품의 안정적 공급, 제품의 성능 일정으로 상품성 제고
- 처리시설의 안정성
  비교적 규모가 크기 때문에 전문 기술인력의 확보 용이, 고가의 시설도입 가능으로 안정적인 처리 가능
- 부지확보의 용이성
  단독처리 시 보다 민원 최소화
  많은 처리시설을 건설하기 보다는 1곳 또는 2곳 정도의 통합처리시설을 건설
  지역 주민들에게는 인센티브를 주는 방안을 고려하는 것이 합리적인 사업진행 방식이라고 할 수 있다.

자료 : 용담댐 단위유역 유역하수도정비계획 수립용역-2015, 환경부

10.7 슬러지 최종처리 및 처분

1) 전처리 : 농축, 안정화, 개량, 탈수와 같은 감량화를 주요 목적

2) 중간처리 : 탈수찌꺼기를 재이용 또는 최종처리하기 위하여 퇴비화, 고화, 연료화, 건조, 소각, 탄화, 용융

3) 최종처리 : 전처리 또는 중간처리공정에서 발생된 처리 부산물을 매립 또는 재이용

<표 10-7> 슬러지처리 방식 별 비교

구분	소각	탄화	고화	건조
개요	◦ 슬러지에 열을 가하여 산화 가능한 유기물질을 이산화탄소 와 수분으로 전환시켜 제거	◦ 산소가 없는 상태에서 슬러지를 가열분해하여 휘발성물질 제거 후 잔유물이 탄소화합물로 생성 → 양질탄화물 생성(숯)	◦ 슬러지 케익에 생석회나 시멘트 등의 고화제를 소량 혼합, 양생시켜 단입자화함 으로써 일반토양과 유사 하게 변화시켜 매립작업을 용이하게 하는 방법	◦ 탈수케익 중의 수분 함량 감소 후 시멘트 원료로 활용
장점	◦ 위생적 임(병원균,기생충 알 사멸) ◦ 부패성이 없음 ◦ 탈수케익에 비해 혐오감 적음 ◦ 슬러지 용적 1/50 ~ 1/100감소 ◦ 다른 처리법에 비해 소요 부지 면적이 적음	◦ 에너지연료 제품화 가능 ◦ 부산물의 환경개선제로 사용 가능 (활성탄, 개토제)	◦ 침출수 및 유해성분의 누출방지 ◦ 매립작업 양호 ◦ 가장 경제적	◦ 재이용 가능 ◦ 처리기술 간단 ◦ 최종처분단계에서 비상시 대처 용이
단점	◦ 대기오염방지를 위한 대책 필요 ◦ 유지관리비가 높음 ◦ 주변환경에 영향을 줄 수 있음 ◦ 소각장 건설 시 처리시설 입지조건 충분히 검토 필요	◦ 대기오염 방지설비가 필수 ◦ 소각시설과 유사하여 민원발생 우려	◦ 고화제 소요 ◦ 응결시간 소요 ◦ 처리중 악취발생 ◦ 감량효과 적음 ◦ 매립장 복토재 활용불가 시 수요처 확보문제	◦ 별도의 악취 처리 시설 필요 ◦ 재이용 수요처 확보 문제 ◦ 보조연료 확보 문제 ◦ 처리비용 과다
적용실적	서울 난지, 탄천, 울산, 경기 부천, 포천 외 10개소	경기 안성, 충남 보령, 태안, 천안, 전북 완주 외 5개소	수도권1단계, 부산 강변, 대구, 충남 당진 외 5개소	서울 중랑, 서남, 부산 해운대, 강원 홍천 외 21개소

자료 : 용담댐 단위유역 유역하수도정비계획 수립용역-2015. 환경부

10.8 음식물쓰레기 처리 및 자원화

10.8.1 음식물쓰레기 발생

1) "음식물쓰레기"의 정의

가정 및 음식점 등에서 식품의 조리 및 소비 후 발생쓰레기(폐기물관리법 상 "음식물류 폐기물")

2) 환경부의 '전국 폐기물 발생 및 처리현황' 통계자료

- 2017년 기준 약 581만톤년(약 15,900톤/일)의 음식물쓰레기가 발생
- 분리배출 후 재활용된 음식물쓰레기의 양은 연간 약 521만 톤으로 발생량의 89.7%에 해당 (재활용량은 정확하게 표현하면 음식물쓰레기 자원화 시설에 반입된 양을 의미)
- 우리나라 음식물쓰레기는 수분이 많기 때문에 자원화 시설로 반입된 후 80% 내외의 양이 폐수(음폐수)로 배출되어 처리. 음식물쓰레기에 들어있는 고형물 중 실제 사료나 퇴비로 사용되는 양은 전체 음식물 쓰레기의 양 중 20 ~ 40% 수준에 불과하기 때문에 음식물쓰레기의 실질 재활용률은 높지 않다

3) 음식물쓰레기를 배출하는 곳은 크게 가정과 비가정계로 구분

- 비가정계 : 다량배출 사업장과 소량배출 사업장(가정과 소규모 음식점, 급식소 등)으로 구분
- 소량배출 사업장 : 지자체가 처리책임
- 다량배출 사업장 : 배출자가 처리책임(폐기물관리법 시행령 제8조의4에서 의거)

자료: 음식물쓰레기 자원화 현황 및 쟁점 검토 홍수열/ 자원순환사회경제연구소 소장

10.8.2 음식물쓰레기 처리방법

☞ 음식물쓰레기는 2005년 1월 1일부터 시 이상의 지역에서 직매립하는 것을 금지

1) 발생원에서 처리

- 퇴비화
- 지렁이 화분
- 기계적으로 처리 감량화(건조기, 발효건조기 등)

2) 분리배출 후 자원화시설에서 처리

- 사료화 : 습식사료와 건식사료로 세분
  습식사료는 수분이 많은 상태에서 죽 같은 상태로 음식물쓰레기를 끓여서 만든 사료.
  습식사료를 사료관리법에 따라서 닭 등 가금류에게는 줄 수 없고 돼지 등의 사료로만 사용이 가능.
  가금류에게 사료로 주기 위해서는 수분함량 14% 이하로 건조한 경우에만 가능
- 퇴비화 : 호기성 발효를 시켜 부숙한 퇴비와 유기물을 건조시켜 만든 유기질 비료로 세분
  퇴비의 경우 음식물쓰레기 자원화시설에서 부숙퇴비 혹은 유기질 비료 완제품을 생산하기 보다는 대부분 퇴비업체 혹은 유기질비료업체에 원료를 제공하는 방식. 부숙퇴비 완제품까지 만드는 시설도 있으나 톱밥 등 원료의 조달, 충분한 기간을 두고 부숙시킬 수 있는 부지문제 등이 있기 때문에 실제 많지는 않음.
- 바이오 가스 : 음식물쓰레기를 혐기성 발효를 시켜 생성된 메탄가스를 연료로 사용하는 방법
  바이오 가스 공정에서 메탄으로 전환되지 못한 폐수(소화액)는 폐수처리 후 방류된다. 사료 혹은 퇴비 등 자원화 시설에서 발생하는 폐수(음폐수)는 바이오 가스 시설로 반입되어 처리되거나 혹은 하수처리장에서 혼입 처리

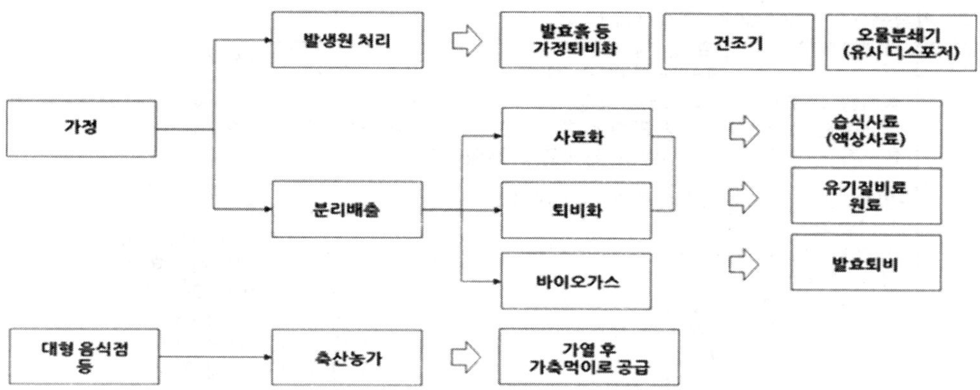

<그림 10-10> 음식물류 폐기물의 발생 및 처리

- 음식물류 폐기물 처리실태 조사 및 관리방안 연구-환경부
  - 음식물류 폐기물(원물) 하수병합처리 : 전체 처리의 약 47% 차지
  - 음폐수 소각 : 요소수 대체재 사용
  - 음폐수 병합 바이오가스화
  - 유기탄소원으로 사용
  - 음폐수 무방출 시스템

10.9 분뇨 및 축산폐수처리

10.9.1 수거 및 처리방법

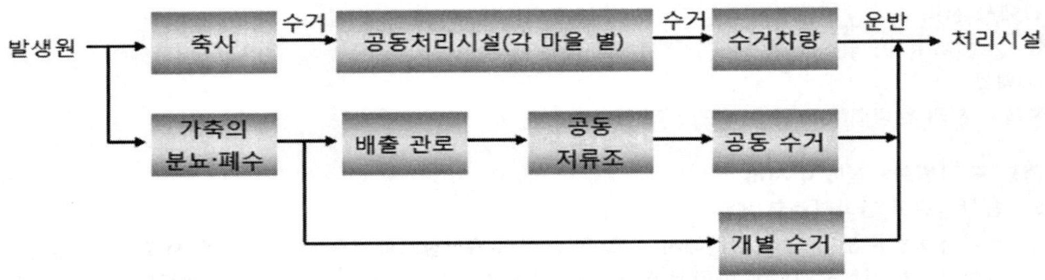

<그림 10-11> 수거 및 운반체계

구 분	처 리 방 법
단독처리	유입→전처리→1차 처리→2차 처리→3차 처리(고도처리)→소독→방류
연계처리	유입→전처리→(연계 처리)→하수종말처리장→방류
	유입→전처리→1차 처리→(연계 처리)→하수종말처리장→방류
	유입→전처리→1차 처리→2차 처리→(연계 처리)→하수종말처리장→방류
	유입→전처리→1차 처리→2차 처리→3차 처리→(연계 처리)→하수종말처리장→방류

10.9.2 가축분뇨의 단독처리와 연계처리의 비교

<표 10-8> 가축분뇨의 단독처리와 연계처리 비교

구 분	단 독 처 리	연 계 처 리
공정개요	수거된 가축분뇨를 가축분뇨공공처리장에서 1, 2차 및 최종처리 후 처리수를 한천으로 방류시키며, 관리동, 운영제어실, 통합관리 계획	수거된 가축분뇨를 가축분뇨공공처리장에서 전처리 및 1차 처리 후 하수처리장에 유입시켜 처리
기술적 측면	•법적 방류수질기준 이하로 처리해야 하므로 처리공정이 까다롭다. •관련시설인 하수종말처리장에 부담을 줄 우려가 없다. •부하변동 시 처리효율 높이기 어렵다. •처리장 유지관리가 복잡하다. •소요부지 면적이 크다. •민원발생의 우려가 있다.	•처리공정이 단순하다. •관련시설인 하수종말처리장의 여유용량이 확보되지 않을 경우 부담을 줄 우려가 있다. •부하변동 시에도 처리효율에 민감하지않다. •처리장 유지관리가 용이하다. •소요부지를 최소화 할 수 있다. •민원발생의 우려가 거의 없다.
경제적 측면	•초기공사비가 많이 소요된다. •완전처리를 요구하므로 약품사용량 및 전력사용량이 많이 소요된다. •유지관리인원이 많이 소요된다.	•시설물이 단순하여 공사비가 저렴하다. •처리공정이 단독처리보다 많이 축소될 수 있으므로 그에 따른 약품사용량 및 전력사용량이 적게 소요된다. •유지관리인원이 적게 소요된다.
유지관리적 측면	•단독처리로 하천에 직접 방류해야 되므로 방류수질조건을 맞추기 위하여 처리 공정이 복잡해져 그에 따른 유지관리에 고도의 전문성이 필요하다.	•가축분뇨공공처리시설에서 어느 정도 처리하여 하수종말처리장으로 연계되기 때문에 처리시설이 단순하여 유지관리가 간단하다.

10.9.3 연계처리 관련 기준

1) 가축분뇨공공처리시설 설치 및 운영관리지침(환경부, 2013.2)

- 처리대상 가축분뇨 발생량이 적을수록 연계처리 또는 병합처리 우선검토
- 질소·인을 고도처리하기 위한 시설 및 대장균을 제거하기 위한 시설을 갖춘 공공하수처리시설에서는 연계처리방안 우선검토
- 가축분뇨공공처리시설의 설치·운영기준(시행기준 제18조 별표6)
  하수도법 제2조에 따른 공공하수처리지설 또는 분뇨처리시설의 부지나 이에 인접한 장소에 설치함을 원칙으로 한다.

2) 공공하수도시설 설치사업 업무지침(환경부, 2010.12.21)

- 가축분뇨, 분뇨 및 음식물처리시설 배출수를 하수종말처리시설에 연계 처리하는 경우, 전처리수의 오염부하량은 하수종말처리시설의 정상 운영에 지장을 주지 않도록 하되, 총질소 및 총인의 오염부하량은 설계 시 유입하수 오염부하량의 10%이내까지 전처리한 후 연계처리하도록 규정하고 있음.

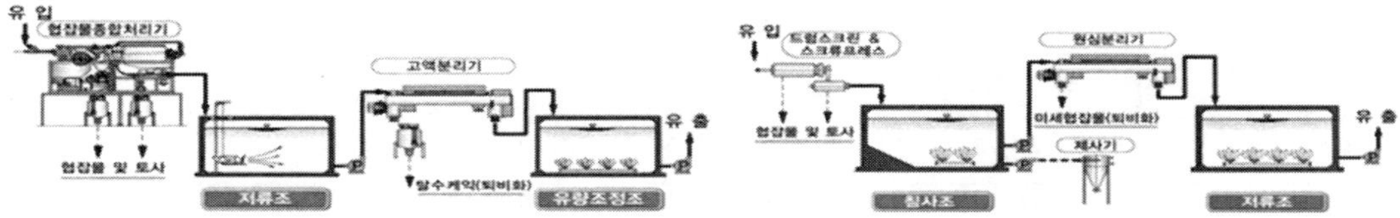

<그림 10-12> 연계처리 시 전처리 방식 비교·검토

10.10 악취 탈취

1) 정의

- 인간이 감지할 수 있는 불쾌한 냄새
- 인체의 유해성보다는 정신적, 심미적 감각 공해

2) 대표적인 악취 물질

- 질소화합물 : 암모니아, 아민류
- 황화합물 : 황화수소, 메르캅탄류
- VOC 등 유기화합물

3) 주요발생원

- 산업현장 : 도장시설, 석유화학, 식품제조시설
- 기초환경시설 : 하수, 위생, 음식물쓰레기 처리시설
- 기타 : 축사, 음식점, 생활 주변

4) 악취 측정방법

- 직접관능법 : 6단계 구분
- 공기희석 관능법
- 기기분석법 : 암모니아, 황화수소

5) 악취 처리방법

- 악취 방지
  - 악취 발생장소 및 발생량을 최소화
    경로차단법 : 복개, 기밀문, 수봉, 에어커튼
    부패방지법 : 살균, 호기성 유지
    청소 세정법 : 불결한 장소 세정
  - 희석
    발생취기 → 희석 → 확산
  - 방향 (Masking)
  - 탈취 (악취 제거)

6) 하/폐수 악취 발생원 및 물질

시설		내용
유입시설	스크린	메틸메르캅탄 (CH_3SH), 황화메틸, 황화수소, 암모니아, 초산
수처리시설	일차 침전지 이차 침전지 폭기조	메틸메르캅탄 (CH_3SH), 황화메틸, 황화수소, 벤젠, 이소펜텐, 옥탄
슬러지처리시설	탈수기 농축조 소화조	메틸메르캅탄 (CH_3SH), 황화메틸, 황화수소, 암모니아, 트리메틸아민, 아세톤

- 유입시설 특징
  - 환기용량이 비교적 작다
  - 악취 농도가 비교적 높다
  - 효과적인 탈취 방법이 별로 없음.
- 수처리 시설 특징
  - 환기 면적이 넓고 저농도
  - 실내용 공기와 세균 비산 문제
  - 환기구 설치 필요
- 슬러지 처리시설
  - 악취 농도가 높다
  - 슬러지 처리공정에 따라서 성분이 다양함
  - 효과적인 탈취 방법이 별로 없음

7) 탈취 방법

- 물리적 처리 방법 : 수세법, A/C 흡착법
- 화학적 처리 방법 : 산화법, 산알카리 약액 세정법, 연소법
- 생물학적 처리방법 : 토양탈취법, Bio Filter

수고하셨습니다!

수질관리기술사 기출문제

제 122회(2020년도)

1교시(시험시간 100분 1문제 당 10점, 10문제 선택)

1. 산화환원전위(Oxidation Reduction Potential)

2. 관정부식(Crown Corrosion)

3. 산도(Acidity)와 알칼리도(Alkalinity)

4. 오존처리

5. 물발자국(Water Footprint)의 개념과 산정방식

6. 스마트 워터 그리드(Smart Water Grid)

7. 오염지표 미생물(Indicator Microorganism)의 정의 및 조건

8. 폭기(Aeration)와 조류(Algae)번성에 따른 물의 pH 변화

9. 하천 자정작용의 4단계

10. 환경기준, 배출허용기준, 환경영향평가 협의기준

11. 물이용 부담금

12. 상수원보호구역 지정 기준

13. 물의 수소결합(Hydrogen Bond)과 특징

2교시(시험시간 100분 1문제 당 25점, 4문제 선택)

1. 비점오염원의 처리시설로 이용되는 자연형 침투시설의 개요, 장.단점, 주요 설계 인자 및 효율적 관리방안에 대하여 설명하시오.

2. 온대지방 호수에 대하여 다음 사항을 설명하시오.
   1) 수온 성층현상
   2) 수심에 따른 수질 특성
   3) 전도현상
   4) 전도현상이 수질에 미치는 영향

3. 해수의 담수화 방식을 분류하고, 담수화 시설 계획 시 고려사항을 설명하시오.

4. 폐수의 유기물질 관리지표인 BOD, COD, TOC의 측정원리 및 측정방법을 비교 설명하고, 폐수의 유기물질 관리지표를 화학적산소요구량(COD)에서 총유기탄소량(TOC)으로 전환하는 이유 및 기대효과에 대하여 설명하시오.

5. 정수처리에서 발생하는 THMs(총트리할로메탄)에 대하여 다음 사항을 설명하시오.
   1) THMs의 정의
   2) 생성원인 및 인체에 미치는 영향
   3) THMs 생성에 영향을 미치는 요소
   4) THMs 생성 전 제어방법

5) 생성된 THMs 제거방법

6. 건설현장에서 발생하는 산성배수(Acid Drainage)에 대하여 다음 사항을 설명하시오.

1) 발생원인

2) 환경에 미치는 영향

3) 처리방안

3교시(시험시간 100분 1문제 당 25점, 4문제 선택)

1. 수돗물의 이취미에 대하여 다음 사항을 설명하시오.

1) 이취미를 발생시키는 주요 원인물질

2) 수원지에서의 유입방지·제거방법

3) 정수장에서의 제거방법

4) 배수계통에서의 발생억제방법

2. 수중에 존재하는 암모니아성 질소에 대하여 다음 사항을 설명하시오.

1) 일정온도 하에서 pH에 따른 암모니아와 암모늄 이온의 비율변화

2) 생태독성

3. 수질오염총량관리제도의 도입 현황, 제도시행의 한계 및 개선방안에 대하여 설명하시오.

4. 연안해역에 화력발전소 운영 시 발생되는 온배수(溫排水)의 정의, 온배수 확산이 해양 환경에 미치는 영향 및 저감대책에 대하여 설명하시오.

5. "생태하천복원사업 업무추진 지침(2020.5), 환경부"에 포함된 다음 사항을 설명 하시오.
   1) 생태하천 복원의 기본방향
   2) 우선지원 사업
   3) 지원제외 사업

6. "물환경보전법"에 명시된 완충저류시설에 대하여 다음 사항을 설명하시오.
   1) 설치대상
   2) 설치 및 운영 기준

4교시(시험시간 100분 1문제 당 25점, 4문제 선택)

1. 하천구역 안에서 지정되는 보전지구, 복원지구, 친수지구에 대하여 설명하시오.

2. 기기분석 중 비색법 원리에 대하여 다음 사항을 설명하시오.
   (단, 필요한 경우 알맞은 공식을 기재하고 설명하시오.)
   1) 램버트(Lambert) 법칙과 투광도(T)
   2) 비어(Beer) 법칙과 투광도(T)
   3) 램버트-비어(Lambert-Beer) 법칙과 투광도(T)

4) 흡광도(A)와 투광도(T)의 관계식

5) 램버트-비어 법칙을 적용한 분석기기 및 미지시료의 농도 결정방법

3. 모래여과지에 대하여 다음 사항을 설명하시오.
(단, 필요한 경우 알맞은 공식을 기재하고 설명하시오.)

1) 유효경

2) 하젠(Hazen) 공식에 의한 투수계수

3) 다시(Darcy) 법칙에 의한 모래여과지 수두손실 산정

4. 토사유출량 산정방법(원단위법, 개정범용토양유실공식)에 대하여 설명하시오.

5. 특정수질유해물질배출량 조사제도에 대하여 설명하시오.

6. TMS(Telemonitoring System)에 대하여 설명하시오.

제 120회(2020년도)

1교시(시험시간 100분 1문제 당 10점, 10문제 선택)

1. 인천 적수 원인과 대책

2. 조류경보제

3. 해양오염물질 종류

4. 초기우수 유출수

5. Soil Flushing

6. 암모니아성 질소, 알부미노이드성 질소, 아질산성 질소, 질산성 질소

7. 슬러지 지표(Sludge Index)

8. 미생물의 성장에서 증식과정, 미생물의 성장과 F/M비

9. 물환경보전법 제2조 정의에 따른 용어 중
   1) 물환경

   2) 폐수

   3) 특정수질유해물질

   4) 호소

   5) 수생태계 건강성

10. 생물막법

11. 청색증(Methemoglobinemia)

12. 급속여과지 여과속도 향상방안

13. 비회전도(Ns)와 Pump의 특성

2교시(시험시간 100분 1문제 당 25점, 4문제 선택)

1. 수질관리에 있어서 수저퇴적물이 수생태계에 미치는 영향에 대하여 설명하시오.

2. 오염지하수정화 업무처리지침(2019. 4. 24.)에서 제시된 오염된 지하수 정화를 위한 기본절차를 설명하시오.

3. 생물화학적 산소요구량(BOD)에 대하여 아래 사항을 설명하시오.
   1) 측정원리
   2) 전처리 사유와 방법
   3) 용어설명(원시료, 희석수, 식종액(접종액), 식종희석수, (식종)희석 검액)
   4) 시험방법(단, 순간 산소요구량 조건은 고려하지 않음)

4. 수질오염물질의 배출허용기준 중 지역구분 적용에 대한 공통기준, 2020년 1월 1일부터 적용되는 배출허용기준(생물화학적산소요구량・화학적산소요구량・부유물질량만 제시) 및 공공폐수처리시설의 방류수 수질기준, 방류수 수질기준 적용 대상지역에 대하여 설명하시오.

5. 소독공정에서 소독 적정성판단(불활성비 산정), CT값 증가방법, 필요소독능(CT요구값) 및 실제소독능(CT계산값)에 대하여 설명하시오.

6. 하수처리장 이차침전지에 대하여 아래 사항을 설명하시오.
   1) 형상 및 구조
   2) 정류설비
   3) 유출설비
   4) 슬러지 제거설비
   5) 슬러지 배출설비

3교시(시험시간 100분 1문제 당 25점, 4문제 선택)

1. 해양오염에 있어서 미세플라스틱에 의한 영향을 설명하시오.

2. 국립환경연구원에서 개발한 한국 실정에 맞는 부영양화지수에 대하여 설명하시오.

3. 수처리 공법 중 부상분리법에 대하여 다음 사항을 설명하시오.
   1) 부상분리법의 개요

   2) 중력침강분리법에 대한 부상분리법의 장·단점

   3) 부상분리법의 종류

   4) 부상지의 설계 시 고려사항

4. 폭기조 반응형태 중 Plug Flow, Complete Mix, Step Aeration 공정에 대하여 다음 사항을 설명하시오.
   1) 각 공정의 특징 및 공정도

   2) 조 길이에 따른 산소농도 분포

   3) 조 길이에 따른 BOD농도 분포

5. 정수장 혼화·응집공정에서 다음 사항을 설명하시오.
   1) 응집공정의 목표 및 검토항목

   2) 처리효율에 영향을 미치는 인자

   3) 공정개선방안

6. 정수처리 막여과(Membrane Filtration)에 대하여 다음 사항을 설명하시오.
   1) 막여과의 정의 및 필요성

   2) 일반정수처리 공정과 비교한 막여과의 장·단점

   3) 막여과방식(Dead End Flow, Cross Flow)

   4) 막의 열화와 파울링

   5) 막 종류

4교시(시험시간 100분 1문제 당 25점, 4문제 선택)

1. 상수원보호구역에 있어서 허가 및 제한되는 행위에 대하여 설명하시오.

2. 물관련 법에서 제시된 마시는 물의 종류를 열거하고, 각 물에 대한 미생물 수질 기준을 설명하시오.

3. 제5차 국가환경종합계획(2020~2024) 내용 중 다음 사항을 설명하시오.
   1) 계획의 비전과 목표

   2) 통합 물관리 정책방향

   3) 물관리 주요정책과제 및 주요지표

4. 도시 하수처리 관련 다음 사항에 대하여 설명하시오.
   1) 도시 하수처리 계통도(생물학적 공정시스템 포함)

2) 1차 및 2차 슬러지 특징 및 차이점

3) 처리량 1톤에 대하여 함수율 증가에 따른 부피의 영향(1톤 기준)

4) 1차 및 2차 소화조 특징

5) 슬러지 개량의 목적

6) 탈수 케익 함수율

5. 강변여과수에 대하여 다음 사항을 설명하시오.

1) 강변여과수 취수정 설치시 고려사항

2) 강변여과수의 특징

3) 취수 방식 중 수직 및 수평 집수정 방식

6. A/O공법 및 A_2/O공법에 대하여 다음 사항을 설명하시오.

1) 각 공법의 원리 및 특징

2) 각 공법의 설계인자 및 장·단점

제 119회(2019년도)

1교시(시험시간 100분 1문제 당 10점, 10문제 선택)

1. MBR(Membrane Bio Reactor)

2. 활성슬러지 미생물의 생리적인 특성에 의한 분류 4가지

3. 발생원별 반류수의 중점처리 수질항목

4. MLSS, MLVSS, SRT, HRT에 대한 각각의 정의

5. A_2/O의 개요 · 공정도 및 각 공정에서의 미생물 역할

6. Piper Diagram

7. 수생태계에서의 용존산소와 먹이에 따른 미생물 분류

8. 하천의 자정작용에 영향을 미치는 인자

9. 해양에서의 오염물질 이동경로 및 생물농축

10. LID(Low Impact Development)

11. 습지를 이용하여 오염물질을 제거할 때 대상 오염물질의 제거 메카니즘, 장 · 단점

12. 스마트 물산업 육성전략과 REWater 프로젝트

13. BOD, CODMn, CODCr, TOC의 측정원리, 분석시 산화제 종류

2교시(시험시간 100분 1문제 당 25점, 4문제 선택)

1. 하수도설계기준에서 제시한 간이공공하수처리시설의 설계 시 고려사항을 설명하시오.

2. 하·폐수처리시설에서 고도처리의 정의와 기존 처리장에 고도처리시설 설치 시 고려사항을 설명하시오.

3. 총인에 대한 화학적 응집처리에 대하여 다음을 설명하시오.
   1) 화학식을 포함한 응집의 기본원리
   2) 유입농도 변화를 고려하지 않은 응집처리공정의 문제점과 해결방안
   3) 유입유량 변화를 고려하지 않은 응집처리공정의 문제점과 해결방안

4. 토양오염의 특성과 오염여부를 판정하기 위한 필요인자에 대하여 설명하시오.

5. 하천 수계에서 허용배출부하량의 할당 절차에 대하여 설명하시오.

6. 제4차 국가환경종합계획의 법적근거, 계획기간, 비젼을 제시하고 물환경 위해관리체계 강화의 추진방안에 대하여 단계적으로 설명하시오.

3교시(시험시간 100분 1문제 당 25점, 4문제 선택)

1. 악취방지와 관련하여 다음을 설명하시오.
   (1) 처리방법의 선정시 고려 사항

(2) 활성탄 흡착법, 토양탈취법, 미생물 탈취법에 대하여 비교 설명

(3) 탈수기실 악취방지시설 설계기준

2. 생물반응조의 2차침전지에서 슬러지 벌킹(bulking)의 정의, 원인, 사상균의 제어방법에 대하여 각각 설명하시오.

3. 수계의 수질관리에 대한 고려사항을 설명하시오.

4. 해양오염물질의 종류와 부영양화의 피해에 대하여 설명하시오.

5. 환경영향평가서 작성규정에 따른 수질항목의 내용에 대하여 설명하시오.

주민친화 하수처리시설의 의의 및 종류, 설치시 기본방향, 고려사항에 대하여 설명하시오.

4교시(시험시간 100분 1문제 당 25점, 4문제 선택)

1. 터널폐수의 발생특성, 발생량 예측 방법, 처리계획, 처리시설 운전 방법을 각각 설명하시오.

2. 펌프의 설계·시공상의 결함과 운전미숙 등으로 인해 발생되는 주요 장애현상 3 가지를 쓰고, 각각의 발생원인, 영향, 방지대책에 대하여 설명하시오.

3. 호소의 성층화와 전도현상을 용존산소와 수온과의 상관관계를 이용하여 설명하시오.

4. Blue Network의 개념과 구성요소에 대하여 설명하시오.

5. 물순환 선도도시의 개념, 목적, 사업내용 및 효과를 설명하시오.

6. 광해배수의 자연정화법에 대하여 설명하시오.

제 117회(2019년도)

1교시(시험시간 100분 1문제 당 10점, 10문제 선택)

1. 스마트소화조

2. 양분(질소, 인)수지와 지역 양분관리제

3. 정석탈인법

4. Monod식

5. SVI(Sludge Volume Index)

6. 완충저류시설 설치대상

7. 생태독성 배출허용기준

8. 물이용부담금

9. 전기전도도

10. BMP(Biochemical Methane Potential)

11. 산화환원전위(Oxidation Reduction Potential)

12. 수리전도도(Hydraulic Conductivity)

13. Autotrophic과 Heterotrophic 비교 설명

2교시(시험시간 100분 1문제 당 25점, 4문제 선택)

1. 환경생태유량의 정의와 환경생태유량 확보 방안에 대하여 설명하시오.

2. 싱크홀(Sinkhole)의 종류, 발생원인, 방지대책에 대하여 설명하시오.

3. 정삼투압법(FO, Forward Osmosis)과 압력지연삼투법(PRO, Pressure Retarded Osmosis)의 원리에 대하여 설명하고, 정삼투압법에 적용되는 막 모듈(膜 Module)의 종류 및 특징에 대하여 설명하시오.

4. BTEX에 의한 지하수 오염이 심각해지고 있다. BTEX의 주요 오염원은 무엇이고, 지하수에 유입되었을 경우, 지하수내 이동특성 및 정화방법을 설명하시오.

5. '제3차 지속가능발전 기본계획(2016-2035)'의 '건강한 국토환경' 목표의 추진전략 중 '깨끗한 물 이용보장과 효율적 관리'를 위한 이행과제를 설명하시오.

6. 생태하천복원사업 업무추진 지침(환경부 2017.12)'의 생태하천복원 기본방향을 설명하시오.

3교시(시험시간 100분 1문제 당 25점, 4문제 선택)

1. 유역통합관리의 도입배경 및 깨끗한 물 확보 방안에 대하여 설명하시오.

2. 하수슬러지 자원화 방안에 대하여 설명하시오.

3. 응집의 원리를 Zeta-potential과 연계시켜 설명하고, 최적 응집제 선정 시 고려사항에 대하여 설명하시오.

4. 생물학적 탈질조건을 제시하고, 전탈질과 후탈질의 장·단점을 비교하시오.

5. '가축분뇨공공처리시설 설치 및 운영관리지침(2018.9 환경부)'의 설치타당성조사를 설명하시오.

6. 물순환 선도도시에 대하여 설명하시오.

4교시(시험시간 100분 1문제 당 25점, 4문제 선택)

1. 유수율의 정의와 유수율의 제고방안에 대하여 설명하시오.

2. 정수처리 공정별 조류대응 방안을 평상시와 조류대량 발생시로 구분하여 설명하시오.

3. 생물반응조의 이차침전지에서 슬러지 벌킹(Bulking)을 야기하는 사상균의 제어방법에 대하여 설명하시오.

4. 해수담수화 방법 중 전기흡착법(CDI, Capacitive Deionization), 전기투석법(ED Electrodialysis), 막증발법(MD, Membrane Distillation)에 대하여 설명하시오.

5. 하천 생활환경 기준의 등급별 기준 및 수질·수생태계 상태를 설명하시오.

6. 환경책임보험에 대하여 설명하시오.

제 116회(2018년도)

1교시(시험시간 100분 1문제 당 10점, 10문제 선택)

1. 반응차수

2. 세균의 광합성

3. 미생물과 유기물(먹이) 관계 그래프

4. 병원균 지표(Pathogen indicator)

5. 산소전달의 환경인자

6. SMP(Soluble microbial product)

7. Smart Water Grid

8. 교차연결(Cross-connection)

9. 소독부산물(DBPs, Disinfection by-products)

10. 산성비

11. 물의 경도

12. 대기 중 산소가 물속으로 용해되는 과정

13. 반감기

2교시(시험시간 100분 1문제 당 25점, 4문제 선택)

1. 부영양화된 호소가 정수장에 미치는 영향에 대하여 설명하시오.

2. 활성탄을 이용한 흡착탑 설계인자에 대하여 설명하시오.

3. 하수처리장 일차침전지에서 발생하는 침전의 종류와 특성에 대하여 설명하시오.

4. 역삼투를 이용한 해수담수화 과정을 설명하시오.

5. Phytoremediation의 정의와 처리기작에 대하여 설명하시오.

6. 수질모델링의 절차 및 한계성에 대하여 설명하시오.

3교시(시험시간 100분 1문제 당 25점, 4문제 선택)

1. 펌프의 유효흡입수두(NPSH, Net positive suction head) 산정방법을 설명하고, 공동현상(Cavitation) 발생과의 관계를 설명하시오.

2. 임의성 산화지(Facultative lagoon)의 설계방법과 특징에 대하여 설명하시오.

3. 공공하수처리시설의 유기물질 지표를 CODMn에서 TOC로 전환한 배경을 설명하고, TOC 측정방법을 설명하시오.

4. 하수처리장 시운전의 목적과 필요성 및 절차에 대하여 설명하시오.

5. 호수의 성층현상과 전도현상을 설명하시오.

6. 미국환경청에서 개발한 것으로 강우시 도시지역에 적용할 수 있는 모델을 설명 하시오.

4교시(시험시간 100분 1문제 당 25점, 4문제 선택)

1. 여과지의 하부집수장치 중 유공블럭형과 스트레이너형의 장.단점을 설명하고, 각 형태별 역세척시 손실수두를 비교하여 설명하시오.

2. 우수조정지의 용량 산정방법을 설명하시오.

3. 기존 하수처리장에 고도처리시설을 설치시 고려사항과 추진방식 2가지를 설명하시오.

4. 하수처리시 발생되는 슬러지의 안정화에 대하여 다음 항목을 설명하시오.
   1) 슬러지 안정화의 목적

   2) 호기성 소화와 혐기성 소화의 처리개요 및 장.단점

5. 하천의 용존산소하락곡선(DO sag curve)에 대하여 설명하시오.

6. 지구상 질소 순환을 설명하시오.

제 114회(2018년도)

1교시(시험시간 100분 1문제 당 10점, 10문제 선택)

1. LID(Low Impact Development, 저영향개발)

2. 통합물관리(Integrated Water Management

3. 경도(Hardness)와 알칼리도(Alkalinity)의 유발물질과 영향

4. 호소 조류(algae)의 광합성에 의한 pH 상승 기작

5. 관개용수의 SAR(Sodium Adsorption Rate)

6. 양분관리제

7. 소독공정에서 불활성화비의 정의 및 계산방법

8. 수질예보제

9. 2차침전지 고형물 부하 계산식 및 인자값의 의미

10. 역삼투막 FI(Fouling Index) 산정식 및 파울링 예방방안

11. 하수처리 유량조정 펌프의 유량제어 방안

12. Off-Line 유량조정 방식 적용이 유리한 현장여건

13. 수중 암모니아 전리과정의 결정인자와 생물 독성 영향

2교시(시험시간 100분 1문제 당 25점, 4문제 선택)

1. 혐기성 처리에 대하여 다음을 설명하시오.
   1) 혐기성 처리를 위한 조건

   2) 유기물의 혐기성 분해과정과 단계

   3) 혐기성 처리의 장점과 단점

2. 생태계(Ecosystem)의 주요 흐름 및 생태계서비스(Ecosystem services)를 설명하시오.

3. 다음은 하수처리장 유입수 50 mL를 사용하여 분석한 실험결과이다. TS, TSS, TDS, VSS, FSS에 대해 설명하고 각각의 농도(mg/L)를 계산하시오.

증발접시 무게 = 62.003 g
105℃에서 건조 후 증발접시 무게와 잔류물 무게의 합 = 62.039 g
550℃에서 건조 후 증발접시 무게와 잔류물 무게의 합 = 62.036 g

GF/C 여과지의 무게 = 1.540 g
105℃에서 건조 후 GF/C 여과지와 잔류물 무게의 합 = 1.552 g
550℃에서 건조 후 GF/C 여과지와 잔류물 무게의 합 = 1.549 g

4. 하수처리시설 총인 제거에 대하여 다음을 설명하시오.
   1) 생물학적 총인 제거의 기본원리, 영향인자 및 적용가능 방법

   2) 기존 하수처리시설의 총인 처리시설 추가 설치시 고려 사항

5. 고도정수처리 공정인 BAC(Biological Activated Carbon)공정에 대하여 다음을 설명하시오.
   1) BAC 공정에 사용되는 석탄계와 야자계 입상활성탄의 적용특성 비교

   2) 입상활성탄 수처리제 규격의 대표적 물성 중 체잔류물, 건조감량, 요오드 흡착력, 메틸렌블루 탈색력을 규정한 이유

6. 하수처리수 재이용시 위생성 확보를 위한 소독처리공정에 대하여 다음을 설명하시오.
   1) 하폐수처리수 재처리수의 용도별 소독처리공정의 필요성

   2) 국내 하수 재이용에 적용 가능한 소독처리공정 비교 및 적합 공정 선정시 고려사항

3교시(시험시간 100분 1문제 당 25점, 4문제 선택)

1. 인공습지에 대하여 다음을 설명하시오.
   1) 인공습지의 정의와 오염물질 정화 기작

   2) 인공습지의 식생분류

   3) 수문학적 흐름형태에 따른 유형분류

2. 응집제의 종류와 특성 및 응집효율에 영향을 미치는 인자를 설명하시오.

3. 남조류의 과다 증식에 따른 녹조현상에 대하여 다음을 설명하시오.
   1) 녹조현상의 정의 및 원인
   2) 남조류의 냄새 및 독소 유발물질
   3) 부영양화와 녹조현상의 관계
   4) 녹조현상이 생활환경, 수생태계, 농·수산업에 미치는 영향

4. 하수처리시설에서 발생되는 반류수의 특성, 농도 저감방안, 처리공법 등에 대하여 설명하시오.

5. 염색폐수에 대하여 다음을 설명하시오.
   1) 염색폐수의 특성과 적정처리를 위한 처리공정 계획
   2) 단위 공정별 시설 및 주요 고려사항

6. 혐기성 소화설비(산발효조, 소화조, 가스저장조 등)의 안정적 운전을 위한 계측기 연동 자동 운전 방안과 바이오가스 안전성 확보를 위한 시설물 계획 및 운전방안을 설명하시오.

4교시(시험시간 100분 1문제 당 25점, 4문제 선택)

1. 비점오염 저감시설에 대하여 다음을 설명하시오.
   1) 비점오염 저감시설의 종류 및 기능
   2) 수질처리용량인 WQv(water quality volume)와 WQF(water quality flow)

2. 개발사업의 비점오염원 관리방향을 설명하시오.

3. 콜로이드(Colloids)의 분류, 특성 및 제타전위(Zeta potential)에 대하여 설명하시오.

4. '수돗물 안전관리 강화 대책'의 도입배경, 전략 및 주요내용, 기대효과 등에 대하여 설명하시오.

5. 음식물 사료화 방안에 대하여 다음을 설명하시오.
   1) 사료화 방식의 처리 계통 및 주요처리 공정

   2) 안정적 사료화 방안 및 소화 효율 확보 방안

   3) 악취 최소화 방안

6. 막결합형 하수처리 공정의 장점과 문제점 및 해결방안을 설명하시오.

제 113회(2017년도)

1교시(시험시간 100분 1문제 당 10점, 10문제 선택)

1. 속도경사(G값)

2. Viscous bulking(점성팽화)

3. 전염소처리 및 중간염소처리

4. Enhanced coagulation(강화 응집)

5. 수처리용 분리막의 Flux 저하원인 및 대책 각 3개씩

6. ANAMMOX 공정

7. I/I(Infiltration/Inflow) 산정방법

8. Actiflo system

9. 조류 발생 시 응집이 잘 되지 않는 이유와 그 대책

10. ASRT(Aerobic-SRT)

11. 간이공공하수처리시설

12. 도시침수 대응방안

13. 물수요관리 목표제, 재활용목표 관리제

2교시(시험시간 100분 1문제 당 25점, 4문제 선택)

1. 분산통합형 저류시스템에 대하여 설명하시오.

2. 수돗물의 색도유발물질(철, 망간) 억제방안에 대하여 설명하시오.

3. 질산화 및 탈질 반응속도에 영향을 미치는 인자와 최적 조건에 대하여 각각 설명하시오.

4. 우리나라 조류발생의 특징, 조류경보제의 단계적 발령기준과 조류 대량 발생 시 정수처리 단계별 대책을 설명하시오.

5. 소규모 하수처리시설의 계획 및 공정선정 시 고려사항을 설명하고, 귀하의 경험을 바탕으로 소규모 하수처리시설에 적합한 공법 1개와 그 특성을 설명하시오.

6. 공공폐수처리시설은 대부분 생물학적 처리시설을 중심으로 하는 생물학적 질소인 제거공법을 채택하고 있다. 다음 물음에 대하여 설명하시오.
   1) 공공폐수처리시설에서의 질소.인 제거공법의 장.단점 각각 3가지

   2) 공공폐수처리시설의 취약점

   3) 공공폐수처리시설 설치 시 고려사항

3교시(시험시간 100분 1문제 당 25점, 4문제 선택)

1. 물리.화학적 질소제거방법에 대하여 설명하시오.

2. DOC 제거 및 DBPs 생성억제를 위한 정수처리방법 중 BAC(Biological Activated Carbon) 공정에 대하여 설명하시오.

3. 용존공기부상법(DAF)의 원리, 장·단점 및 공정구성에 대하여 설명하시오.

4. 기존 하수처리시설의 고도처리시설 설치 시 고려사항을 설명하시오.

5. 폐수의 혐기성처리를 위한 공정 설계 시 고려해야 할 유입수의 성상 및 전처리 인자에 대하여 설명하시오.

6. 액상 유기성 폐기물을 운반하는 탱크트럭이 사고로 인해 내용물이 소형호수로 누출되었다. 그 결과 호수의 액상 유기성 폐기물의 초기 농도가 100 mg/L가 되었다. 만일 용액 중 액상 유기성 폐기물의 k값이 0.005/day을 가지는 1차 광화학적 반응(rc = -kC)이라 할 때, 호수에서 액상 유기성 폐기물의 농도가 초기 농도의 5%로 감소할 때까지 요구되는 시간을 구하시오.
(단, 호수의 총부피는 100000 m^3, 호수에 유입.유출되는 유량은 1000 m^3/day이다. 호수 내에서의 반응은 정상상태이고, 완전혼합 반응조(CFSTR)로 가정한다.)

4교시(시험시간 100분 1문제 당 25점, 4문제 선택)

1. 2018년 시행예정인 물환경보전법의 주요 개정 내용에 대하여 설명하시오.

2. 물관리 일원화의 필요성, 의의, 효과 및 추진 시 고려사항에 대하여 설명하시오.

3. 비점오염원의 종류, 비점오염원 저감시설의 종류 및 선정 시 고려사항에 대하여 설명하시오.

4. 오염된 지하 대수층의 오염원이 식별가능하고 오염물질 흐름을 추적할 수 있다고 가정할 때, 오염물질을 제어하기 위한 방법들에 대하여 설명하시오.

5. 정수처리에 적용하는 막여과시설에 대하여 다음을 설명하시오.
   1) 막의 종류 및 특징
   2) 막여과시설의 특징
   3) 막여과시설의 공정구성

4) 막의 여과방식에 따른 분류

5) 막여과시설의 설치 시 고려사항

6. 최근 폐수의 성상이 다양해지고 이전에는 경험치 못한 새로운 폐수들이 등장함에 따라 과거의 경험치만으로 신뢰성 있는 설계를 할 수 없는 경우가 많아지고 있다. 이와 관련하여 폐수처리 신공정에 대한 정확성과 경제성을 도모하고 신뢰성 있는 설계인자의 도출을 위한 처리도 실험(모형실험)에 대하여 설명하시오.

제 111회(2017년도)

1교시(시험시간 100분 1문제 당 10점, 10문제 선택)

1. 하·폐수처리의 막분리공정에서 세라믹막의 장·단점

2. HRT와 MCRT

3. 총질소(T-N)와 TKN

4. TOC(Total Organic Carbon)

5. Infrastretching 기법

6. 기저유출의 정의 및 중요성

7. 수돗물 안심확인제

8. Endocrine disruptors

9. 단위공정과 단위조작

10. 오수처리에서 인공습지의 장·단점

11. 포기조의 BOD용적부하와 F/M비

12. 마이크로 버블에 의한 하·폐수의 부상분리법

13. 호소의 수질환경기준 항목중에서 BOD 대신 COD를 채택하고 있는 이유

2교시(시험시간 100분 1문제 당 25점, 4문제 선택)

1. 수중에 존재하는 고형물에 대하여 설명하시오.

2. 하·폐수의 생물학적 질소제거시 알칼리도(Alkalinity)의 역할을 설명하시오.

3. 지류지천의 수질관리대책에 대해 설명하고, 지류총량제와 수질오염총량제를 비교 하시오.

4. 반응조에서 비이상적 흐름을 유발하는 요소를 설명하시오.

5. 녹조관리기술을 물리, 화학 및 생물학적 기술로 구분하여 설명하고, 종합적 녹조 관리 방법을 설명하시오.

6. 통합환경관리제도의 시행 배경 및 주요 내용과 기대효과에 대하여 설명하시오.

3교시(시험시간 100분 1문제 당 25점, 4문제 선택)

1. A/O 공법과 A_2O 공법에 대하여 설명하시오.

2. 하수슬러지의 호기성소화를 혐기성소화와 비교하여 장·단점을 설명하시오.

3. 하수처리방법 선정시 고려사항에 대하여 설명하시오.

4. 제2차 물환경관리기본계획(2016~2025)의 수립 배경 및 필요성과 핵심전략에 대하여 설명하시오.

5. 응집침전공정에서 coagulation과 floccuation의 진행과정을 기술하고, 여기에 사용되는 응집제의 역할을 설명하시오.

6. 설계, 시공상의 결함과 운전미숙 등으로 인해 발생되는 펌프 및 관로에서의 장애현상, 영향, 방지대책에 대하여 설명하시오.

4교시(시험시간 100분 1문제 당 25점, 4문제 선택)

1. 수환경 관리에 생태독성을 도입한 배경과 생태독성관리제도를 설명하시오.

2. 여과 성능에 영향을 미치는 주요 인자와 여과지 세정에 대하여 설명하시오.

3. 미생물연료전지를 이용한 하·폐수처리 방법을 설명하고, 극복해야 할 제한인자 들을 설명하시오.

4. 고형물 Flux를 이용하여 침전지의 면적(A)을 구하는 침전칼럼 실험방법에 대하여 설명하시오.

5. 미생물에 의한 수질지표(Index)중 생물학적 오탁지표(BIP/BI), 부영양화도지수(TSI) 및 조류잠재생산능력(AGP), 종다양성지수(SDI)에 대하여 설명하시오.

6. 유입유량 Q, 유입농도 Co, 반응속도 $r = kC$ 로 분해되어, 농도 Q로 유출될 경우 아래 물음에 답하시오.

   1) CSTR과 PFR의 반응기의 부피를 Q, k, Co 및 C를 이용하여 구하시오.

   2) CSTR을 무한히 늘리면 PFR이 되는 것을 유도하시오.

제 110회(2016년도)

1교시(시험시간 100분 1문제 당 10점, 10문제 선택)

1. 계획오수량

2. 광펜톤 반응(Photo Fenton Reaction)

3. 침전지 용량효율

4. 응집의 영향인자

5. 슬러지 처리·처분 방식

6. 펌프의 전양정

7. 지하수 오염의 특성

8. 남조류 독성

9. 호소 퇴적물 인의 용출 원인

10. Water Footprint

11. EIA(Effective Impervious Area)와 TIA(Total Impervious Area)

12. 생태하천 복원 후 수질 및 수생태계 모니터링 항목 및 조사주기

13. 수질 및 수생태계 목표기준 평가규정

2교시(시험시간 100분 1문제 당 25점, 4문제 선택)

1. 완충저류시설 설치기준에 대하여 설명하시오.

2. 다음을 설명하시오.
   1) 혐기성 처리를 위한 조건

   2) 유기물의 혐기성 분해과정과 단계

   3) 혐기성 처리의 장점과 단점

3. 다음을 설명하시오.
   1) 염소처리의 목적

   2) 유리잔류염소

   3) 결합잔류염소

4) 유리잔류염소와 결합잔류염소의 살균력

4. 상수원 수질보전을 위해 지정된 특별대책지역을 제시하고 특별종합대책 기본방침을 설명하시오.

5. 하·폐수처리장 에너지 자립화를 향상시키기 위한 기법 및 장치가 많이 도입되고 있는 추세인데, A_2O(Anaerobic-Anoxic-Oxic)로 운영되는 생물반응조 내에서의 운영비 저감 기법과 장치에 대하여 설명하시오.

6. 생태계서비스(ecosystem services)에 대하여 설명하시오.

3교시(시험시간 100분 1문제 당 25점, 4문제 선택)

1. 비점오염저감시설의 용량산정에 대한 다음을 설명하시오.

   1) Water Quality Volume(WQv)

   2) Water Quality Flow(WQF)

   3) 비점오염처리시설별 적용 규모 설계기준

2. 다음을 설명하시오.

   1) 호소 조류의 일반적 세포구성성분과 조류의 특성

   2) 조류 성장 제한인자

   3) 부영양화 방지 및 관리기법

3. 수질오염총량관리에 대하여 다음을 설명하시오.
   1) 도입배경

   2) 총량관리에서 분류하고 있는 6가지 오염원 그룹

   3) 할당부하량 산정에 이용되는 기준유량인 저수량

4. 하수관거 설계에 관한 다음을 설명하시오.
   1) 분류식 및 합류식 하수관거의 적정 설계 유속 범위

   2) 설계유속 확보 대책

5. 생물막법(生物膜法, biomembrane)의 기본원리 및 장단점에 대하여 설명하시오.

6. 하수처리장에서의 병합 혐기성소화 처리에 대하여 다음을 설명하시오.
   1) 하수슬러지와 유기성 폐기물(음식물 폐기물, 가축분뇨, 분뇨 등)의 특성

   2) 병합처리 시 나타나는 문제점 및 대책

4교시(시험시간 100분 1문제 당 25점, 4문제 선택)

1. 다음을 설명하시오.
   1) 인공습지의 정의

2) 인공습지의 주요 물질 거동 기작

3) 인공습지의 식생분류

4) 수문학적 흐름형태에 따른 유형분류와 정의

2. 비점오염 저감시설 중 자연형시설 설치기준을 설명하시오.

3. 슬러지 반송이 있는 연속류식 완전혼합형 활성슬러지법의 유기물 제거원리를 설명하시오.

4. 공공수역의 수질예보에 대하여 설명하시오.

5. 분산형 용수공급시스템의 도입배경, 특징 및 처리계통을 중앙집중식 용수공급시스템과 비교하여 설명하시오.

6. 분류식 하수관거로 유입되고 고도처리 공법으로 운영되는 하수처리장의 침전지에 대하여 설명하시오.

1) 1차 및 2차 침전지의 표면적 결정에 적용되는 설계인자 제시

2) 차 및 2차 침전지에 적용되는 표면적 산정 절차가 다른 이유를 침전지의 4가지 유형을 도시하여 설명

제 108회(2016년도)

1교시(시험시간 100분 1문제 당 10점, 10문제 선택)

1. 공공수역의 방사성 물질에 대한 측정망 조사항목, 검출하한치 미만의 입력 및 처리

2. 총 대장균군, 분원성 대장균군, 대장균의 정의와 측정방법 종류

3. 물 재이용 기본계획과 관리계획 수립에 포함되어야 할 사항

4. 가축분뇨 고체연료기준

5. 포기조에 사용되는 Aerator의 성능시험

6. 침전지의 밀도류(Density currents) 정의 및 발생원인과 대응방안

7. 자율 환경제도

8. 호흡률(OUR : Oxygen Uptake Rate)

9. AOP(Advanced Oxidation Process)의 원리와 종류

10. 산성폐수와 알칼리성폐수의 혼합 pH 계산방법

11. 최적가용기법(BAT : Best Available Technology) 적용 시 고려사항

12. BOD/TKN 비율에 따른 활성슬러지의 질산화미생물 분율의 변화

13. EPS(Extracellular Polymeric Substances)

2교시(시험시간 100분 1문제 당 25점, 4문제 선택)

1. 일반 상부보호공을 설치하는 지하수오염방지시설의 설치기준과 구조도를 설명하시오.

2. 하수처리시설의 일차 침전지를 설치할 때 필요한 설계항목과 중앙 유입식 원형일차 침전지를 그림으로 나타내어 설명하시오.

3. MAP(Magnesium Ammonium Phosphate)법의 반응원리와 적용폐수의 종류에 대해 설명하시오.

4. 소규모 하수처리장 건설 및 유지관리의 문제점과 대응방안에 대하여 설명하고, 대표적인 적용공법 3가지를 설명하시오.

5. 하·폐수의 유기물 성분을 예측하는 COD Fraction의 각 구성성분에 대하여 설명하고, 각 구성성분이 처리되는 과정에 대하여 설명하시오.

6. 하·폐수 고도처리의 경우 질산화에 미치는 영향요인에 대하여 설명하시오.

3교시(시험시간 100분 1문제 당 25점, 4문제 선택)

1. 오수처리 시설의 성능검사 방법에 대하여 설명하시오.

2. 다음과 같은 하수처리시설 공정에 필요한 계측제어설비를 설명하고 계측기기를 선정할 때 고려할 사항을 설명하시오.
   <공정> : 침사지 및 펌프설비, 일차침전지, 혐기조, 무산소조, 호기조, 이차침전지, 소독조 및 방류맨홀, 슬러지 농축조, 슬러지 소화조, 소화가스 저장조

3. 물 환경에서 유기물질 관리를 위한 수질 항목들의 정의와 상호관계를 설명하고 하천·호소의 수질환경기준과 배출시설의 배출허용기준에 있는 유기물질항목을 상호 비교하여 설명하시오.

4. 하수도 시설에서 발생되는 악취를 악취물질에 따라 발생원, 발산원 및 배출원으로 구분하여 악취물질의 특성과 배출장소에 따른 저감기술에 대해 설명하시오.

5. 환경오염시설의 통합관리에 관한 법률에서 규정하는 통합허가 대상규모와 통합 허가 절차를 순서대로 설명하시오.

6. 폐수종말처리시설에 대한 기술진단 범위 중 1) 오염물질의 유입특성조사, 2) 공정 진단, 3) 운영진단, 4) 개선대책 및 최적화 방안수립에 대한 실시내용을 설명하시오.

4교시(시험시간 100분 1문제 당 25점, 4문제 선택)

1. 생물반응조내 물질수지를 통해 고형물 체류시간(SRT : Solid Retention Time) 관계식을 구하고, SRT를 길게 할 때와 짧게 운전할 때 나타나는 반응조 현상에 대해 상세히 설명하시오.

2. 시안(NaCN)과 크롬(H_2CrO_4)이 함유된 폐수를 크롬은 환원침전법(환원제 Na_2SO_3 사용), 시안은 알칼리염소법(NaClO)으로 처리할 때 반응식, 처리공정, 운전인자를 설명하고, $Ca(OH)_2$을 사용하여 침전시킬 때 Cr 1 kg을 기준으로 발생되는 슬러지 량과 CN 1 kg을 제거하는데 필요한 산화제 양을 산출하시오.

3. 취수 된 원수의 수질분석 결과는 다음과 같다.

항목	Ca^{2+}	Ma^{2+}	Na^{+}	CL^{-}	HCO_3	SO_4^{2-}	CO^2
분자량	40	24	23	35.5	61	96	44
농도(mg/L)	60	(?)	46	35.5	183	120	44

다음의 값을 구하시오.

1) Mg_2+농도(mg/L)

2) Alkalinity(mg/L as $CaCO_3$)

3) 탄산 경도(mg/L as $CaCO_3$)

4) 비탄산경도(mg/L as $CaCO_3$)

4. 다음의 조건을 갖는 생물반응조에서 발생되는 잉여슬러지량(㎥/day)과 농축슬러지의 함수율(%)을 계산하시오.
함수율(%)을 계산하시오.

(조건)

포기조 용적 : 2,000 m^3, MLVSS 농도 : 2,500 mg/L, 고형물 체류시간 : 4일

반송슬러지 농도 : 10,000 mg/L, 농축슬러지의 량 : 25 m^3/day

단, 잉여 및 농축 슬러지 비중은 1.0으로 가정

5. 슬러지의 고형물 분석을 실시하여 다음과 같은 결과를 획득하였다. 이 실험 결과의 신뢰성 여부를 판단하고, 신뢰성이 확보될 수 있도록 재측정이 필요한 항목과 그 값을 추정하시오.
(측정값 : TS 20,000 mg/L, VS 17,800 mg/L, TSS 17,000 mg/L, VSS 13,400 mg/L)

6. 하·폐수를 생물학적 방법으로 처리할 경우 슬러지가 발생된다. 슬러지의 발생원에 따른 발생량의 관계식을 적용하여 설명하시오.

상하수도기술사 기출문제

제 122회(2020년도)

1교시(시험시간 100분 1문제 당 10점, 10문제 선택)

1. 부영양화

2. 복류수

3. 파괴점 염소처리법(Breakpoint Chlorination)

4. 고도산화법(AOP)

5. 정수처리에서 오존처리 시 문제점

6. 슬러지의 에너지 이용 형태

7. 전침전(Pre-precipitation), 공침(Co-precipitation), 후침전(Post-precipitation)

8. 미생물선택조

9. pH조정시설

10. 부단수공법

11. 감압밸브 설치 지점

12. 자연배수시스템(natural drainage systems, NDS)

13. 유입시간 산정식(Kerby식)

2교시(시험시간 100분 1문제 당 25점, 4문제 선택)

1. 상수도에서 맛·냄새의 발생원인과 맛·냄새 물질의 제거방법을 설명하시오.

2. 해수담수방식에 대하여 설명하고, 해수담수화에서 보론과 트리할로메탄에 유의해야하는 이유를 설명하시오.

3. 표준활성슬러지 반응조 설계방법을 설명하시오.

4. 하수처리시설에서 일차침전지의 형상 및 구조, 정류설비, 유출설비, 슬러지 수집기 및 슬러지 배출설비에 대하여 설명하시오.

5. 상수도시설의 기본계획부터 설계, 공사에 이르기까지의 흐름을 사업단계, 주요 업무내용 및 수도법상의 절차로 도식화하여 설명하시오.

6. 획 수립 시 포함되어야 할 사항에 대하여 설명하시오.

3교시(시험시간 100분 1문제 당 25점, 4문제 선택)

1. 상수도 취수방법 중 강변여과의 장단점을 설명하시오.

2. 상수처리에서 사용되는 소독방법인 염소(Cl_2), 오존(O_3), 자외선(UV)에 의한 소독효과를 지아디아(Giardia)와 크립토스포리디움(Cryptosporidium)을 중심으로 설명하고, 이들 소독제에 의하여 생성되는 소독부산물(DBPs)에 대하여 설명하시오.

3. 기존하수처리시설에 고도처리시설 도입 시 검토사항을 설명하시오.

4. 소화가스의 포집, 탈황, 저장에 대하여 설명하시오.

5. 배수(配水)관로의 설계 흐름도를 작성하고 각 단계를 설명하시오.

6. 오수이송방식을 제시하고 방식별 장단점을 비교하여 설명하시오.

4교시(시험시간 100분 1문제 당 25점, 4문제 선택)

1. 수도용 막의 종류와 특성을 설명하고, 수도용 막여과 공정구성에 대하여 설명하시오.

2. 상수처리의 망간제거방법 중 약품산화처리에 대하여 설명하시오.

3. 표준활성슬러지 공정의 용존산소농도 및 필요산소량에 대하여 설명하시오.

4. 슬러지 처리과정에서 반류수 처리방안 및 주처리공정에 미치는 영향에 대하여 설명하시오.

5. 안정급수확보를 위한 기본절차를 설명하시오.

6. 합류식 하수도의 우천 시 방류부하량 저감 대책에 대하여 설명하시오.

제 121회(2020년도)

1교시(시험시간 100분 1문제 당 10점, 10문제 선택)

1. 국가물관리위원회

2. 상수도시설 내진설계 기준

3. TS, VS, FS

4. 직결급수

5. 병원균의 종류 및 대책

6. 집수매거

7. 전량여과(Dead-end Filtration) 방식과 순환여과(Cross-flow Filtration) 방식

8. 입상활성탄의 파과

9. 관정 부식(Crown Corrosion)

10. 거품과 스컴

11. 질산화

12. Sludge Index

13. 간이공공하수처리시설

2교시(시험시간 100분 1문제 당 25점, 4문제 선택)

1. 도·송수관의 관경결정방법에 대하여 설명하시오.

2. 정수처리시설에서 착수정의 정의 및 구조와 형상, 용량과 설비에 대하여 설명하시오.

3. 공공하수처리시설 방류수 TOC 기준에 대한 적용시기 및 기준에 대하여 설명하시오.

4. 하수관거의 접합방법에 대하여 설명하시오.

5. 하수처리시설내 부대시설 중 단위공정간 연결관거 계획시 계획하수량 및 유의점에 대하여 설명하시오.

6. 하수저류시설의 설치목적과 계획수립시 주요검토사항에 대하여 설명하시오.

3교시(시험시간 100분 1문제 당 25점, 4문제 선택)

1. 유역단위 용수공급체계 구축방안에 대하여 설명하시오.

2. 강우시 발생하는 유입수를 반영한 현실적인 계획오수량 산정에 대하여 설명하시오.

3. 여과지 하부집수장치의 정의 및 종류에 대하여 설명하시오.

4. 삼투압 멤브레인 세정 방법에 대하여 설명하시오.

5. 하수처리시설 소독설비 중 자외선법, 오존법, 염소계 약품법에 대하여 원리, 장치구성, 장단점에 대하여 설명하시오.

6. 하수처리시설 악취 방지기술에 대하여 설명하시오.

4교시(시험시간 100분 1문제 당 25점, 4문제 선택)

1. 정수장 배출수 처리 설계시 고려사항에 대하여 설명하시오.

2. 해수담수화시설 설계시 고려사항에 대하여 설명하시오.

3. 우수배제계획시 고려사항에 대하여 설명하시오.

4. 하수관의 유속경험식과 상수관의 손실수두산정식을 설명하고 적용범위에 대하여 설명하시오.

5. 원심력식 농축에 대하여 설명하고, 중력식 농축과 비교하여 특징과 장단점에 대하여 설명하시오.

6. 혐기성 소화의 이상(異常)현상 발생 원인 및 대책에 대하여 설명하시오.

제 120회(2020년도)

1교시(시험시간 100분 1문제 당 10점, 10문제 선택)

1. 감시제어장치

2. Step Aeration

3. TKN(Total Kjeldahl Nitrogen)

4. 산화환원전위(ORP)

5. 조류발생 예보제

6. 펌프의 공동현상

7. 하수관의 관정부식

8. 관로의 에너지 경사선

9. 강변여과수 개발부지 선정 시 사전조사 고려사항(5가지)

10. 수도용 막의 종류 및 특징

11. 시동방수(Filter-To-Waste)

12. DAF(Dissolved Air Flotation)

13. 공상접촉시간(EBCT)

2교시(시험시간 100분 1문제 당 25점, 4문제 선택)

1. 우수와 처리수의 해양방류시설 설계 시 고려사항에 대하여 설명하시오.

2. 활성슬러지에 의한 도시 하수처리장에서의 팽윤(bulking) 현상이란 무엇이며, 이에 대한방지대책을 설명하시오.

3. 폐쇄 상수도관 처리에 대하여 설명하시오.

4. 정수시설에서 맛·냄새 물질의 제거방법에 대하여 설명하시오.

5. 취수시설로서 기본적으로 갖추어야 할 기본사항(확실한 취수, 양호한 원수확보,재해 및 환경대책, 유지관리의 용이성)에 대하여 설명하시오.

6. 해수담수화시설 도입과 시설규모 결정 시 검토사항과 해수담수화시설에 대한 고려사항을 설명하시오.

3교시(시험시간 100분 1문제 당 25점, 4문제 선택)

1. 브롬화염소(Bromine Chloride)에 의한 살균에 대하여 설명하시오.

2. 하수처리수 재이용의 문제점 및 대책에 대하여 설명하시오.

3. 불명수 유입저감 방안에 대하여 설명하시오.

4. 관로시설 중 배수설비의 제해시설(除害施設)을 정하는데 고려해야 할 사항을 설명하시오.

5. 하천부지에 설치되는 집수매거 설계에 포함되어야 할 사항에 대하여 설명하시오.

6. 정수처리의 단위공정으로 오존처리법이 다른 처리법에 비해 우수한 점과 유의사항에 대하여 설명하시오.

4교시(시험시간 100분 1문제 당 25점, 4문제 선택)

1. 우리나라 하수도시설에 대한 하수도정비사업의 효율적인 추진 방안에 대하여 설명하시오.

2. 오수관로계획 시 고려사항에 대하여 설명하시오.

3. 방사능 오염수의 제거방법에 대하여 설명하시오.

4. 합성세제가 상수처리공정에 미치는 영향에 대하여 설명하시오.

5. 해수담수화를 위한 역삼투(RO : Reverse Osmosis) 설비 적용 시 고려사항에 대하여 설명하시오.

6. 상수도공사 표준시방서에서 정수장종합시운전 계획수립에 포함할 사항에 대하여 설명하시오.

제 119회(2019년도)

1교시(시험시간 100분 1문제 당 10점, 10문제 선택)

1. 계획시간 최대급수량

2. 하수관로에 포함되는 지하수량

3. 수관교

4. 하수관로 관경별 맨홀의 최대간격

5. 성층현상(Stratification)

6. 해수 침입(Seawater Intrusion)

7. 시동방수(Filter-To-Waste)

8. 수소이온농도(pH)

9. TOC(Total Organic Carbon)

10. NOD(Nitrogen Oxygen Demand)

11. SDI(Sludge Density Index)

12. Pin Floc

13. 비질산화율(Specific Nitrification Ratio, SNR)

2교시(시험시간 100분 1문제 당 25점, 4문제 선택)

1. 수도정비 기본계획을 수립할 때, 기본방침수립 시 명확하게 해야 할 내용을 5가지만 설명하시오.

2. 원형관에서의 평균유속공식인 Hazen-Williams 공식을 이용하여 유량 Q = k C Da Ib 로 나타낼 때, 이 식에서의 k, a, b 값을 구하시오.

   (단, 여기서 Q: 유량(m3/s), C: 유속계수, D: 관의 직경(m), I: 동수경사이다.)

3. 수원의 종류와 구비요건 및 수원선정 시 고려사항에 대하여 설명하시오.

4. 횡류식 약품침전지의 기능과 설계기준에 대하여 설명하시오.

5. 활성슬러지공법에서 반송비 결정방법에 대하여 설명하시오.

6. 하수처리장 침전지의 월류위어 부하율 저감방안에 대하여 설명하시오.

3교시(시험시간 100분 1문제 당 25점, 4문제 선택)

1. 하천표류수의 취수시설을 4가지 언급하고 각 종류별로 기능과 특징을 설명하시오.

2. 다음 그림과 같은 조건을 가진 병렬관에서 총유량(Q)이 1.0 m^3/s이고, A관의 마찰계수가 B관의 2배이다. A관과 B관을 흐르는 유량(m^3/s)을 각각 구하시오.

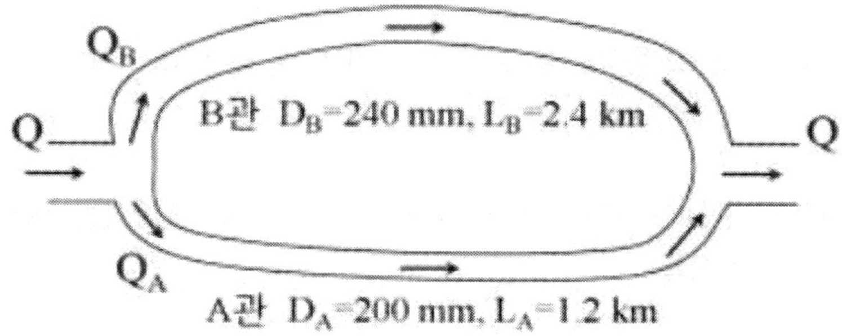

3. 수원으로서 저수지수의 특성과 수질보전대책을 설명하시오.

4. 수도용 막의 종류와 특징을 설명하고 정수처리에 적용하기 위한 주요 검토사항을 설명하시오.

5. 하수처리장의 고농도 악취발생 시 적용 가능한 악취방지시설에 대하여 설명하시오.

6. 하수관로 정비사업의 준공 시 성과평가방법에 대하여 설명하시오.

4교시(시험시간 100분 1문제 당 25점, 4문제 선택)

1. 정수처리에서 전염소·중간염소 처리의 목적과 유의사항에 대하여 설명하시오.

2. 하수 배수계통의 하수관거 배치방식을 개략도를 그려서 설명하시오.

3. 정수시설 설치 시 안전대책에 대하여 설명하시오.

4. 수도법에 근거한 정수장 기술진단의 대상시설, 일반 및 전문기술진단 구분, 전문기술진단 내용과 진단 내용에 대한 세부수행 항목을 설명하시오.

5. 하수처리장 유량조정조 용량산정 방법에 대하여 설명하시오.

6. A_2O공정의 혐기, 무산소, 호기 반응조에서 N, P제거에 관여하는 미생물의 종류 및 특성에 대하여 설명하시오.

제 118회(2019년도)

1교시(시험시간 100분 1문제 당 10점, 10문제 선택)

1. 시간변동조정용량

2. MTBE(Methyl Tertiary-Butyl Ether)

3. 이산화염소(ClO_2)

4. PFCs(Perfluorinated Compounds)

5. LI(Langlier's Index)

6. 전국수도종합계획

7. Breakpoint Chlorination

8. 상수도종합관리시스템 중의 수운영시스템

9. 조류경보제와 수질예보제의 대상

10. ATP(Adenosine Triphosphate)

11. ASBR(Anaerobic Sequencing Batch Reactor)

12. 하수도 BIM(Building Information Modeling)

13. 공공하수도 기술진단 개선계획에 포함될 사항

2교시(시험시간 100분 1문제 당 25점, 4문제 선택)

1. 활성탄의 재생설비와 이화학적 재생방법에 대하여 설명하시오.

2. 우수토실 및 토구의 방류부하 저감대책에 대하여 설명하시오.

3. 상수도시설의 내진 설계 기본 방침과 내진 등급에 대하여 설명하시오.

4. 수질원격감시체계(TMS)의 설치기준과 규정된 측정항목 및 설치장치에 대하여 설명하시오.

5. 분리막 생물반응기(MBR)에서 Fouling 현상의 원인과 제어방법에 대하여 설명하시오.

6. 공공하수처리시설 방류수를 관개용수로 사용하는 방안에 대하여 설명하시오.

3교시(시험시간 100분 1문제 당 25점, 4문제 선택)

1. Geosmin과 2-MIB의 처리방법에 대하여 설명하시오.

2. 합류식 하수도에서 우천 시 배수설비 및 관거의 방류부하 저감대책에 대하여 설명하시오.

3. 정수처리 시 원수 중의 망간을 제거하는 물리·화학적 방법을 설명하고, 제거된 망간을 처리하기 위한 배출수 처리시설에서 고려해야 할 사항에 대하여 설명하시오.

4. 활성슬러지 동역학적 모델의 유기물 제거원리에 대하여 설명하시오.

5. 공공 하수처리시설 에너지 자립화 사업의 현황과 문제점, 추진방안에 대하여 설명하시오.

6. 하수처리시설에서 시설물의 안전진단에 대하여 설명하시오.

4교시(시험시간 100분 1문제 당 25점, 4문제 선택)

1. 배수지의 유효용량을 결정하는 방법에 대하여 설명하시오.

2. 분뇨처리시설에서 하수처리시설과의 연계처리설비에 대하여 설명하시오.

3. 하수 고도처리를 도입하는 이유와 제거대상 물질을 분류하고, 분류된 물질의 제거방안에 대하여 설명하시오.

4. 공공하수도 하수관거 진단 대상에서 기술진단을 받지 않아도 되는 경우에 대하여 설명하시오.

5. 활성슬러지법에서 독립영양미생물에 의한 질산화 과정에 대하여 설명하시오.

6. 하수처리시설에서 혐기성소화조의 소화가스 포집설비에 대하여 설명하시오.

제 117회(2019년도)

1교시(시험시간 100분 1문제 당 10점, 10문제 선택)

1. SRT(고형물 체류시간 : Solids Retention Time)

2. F/M비와 SRT의 관계

3. 활성슬러지법의 설계인자 및 영향인자

4. 소화조 내와 소화가스에 포함된 황화수소 제거기술

5. 생태독성 관리제도

6. 유해남조류

7. Water-Energy-Food Nexus

8. EPANET

9. 상수도 배수관의 매설위치 및 깊이

10. 상수관로의 배수(排水, Drain) 설비

11. 배수지의 유효수심과 수위

12. 먹는물 수처리제로 사용하는 과망간산나트륨(NaMnO4)

13. 급속여과지의 L/De 비(단, L : 여과층 두께, De : 여재의 유효경)

2교시(시험시간 100분 1문제 당 25점, 4문제 선택)

1. 화학적 총인처리시설 설치 시 고려하여야 할 사항을 설명하시오.

2. 국내 도심지에서 발생하는 공공하수도시설과 관련된 내수침수의 원인과 침수저감 대책에 대하여 설명하시오.

3. 착수정, 응집지, 침전지, 급속여과지, 소독시설, 정수지, 송수펌프장, 약품주입설비, 배출수처리시설로 구성된 정수장의 평면배치 시 고려사항에 대하여 각각의 처리공정별로 설명하시오.

4. 고도정수처리를 위한 활성탄 흡착지 공정의 최적설계를 위한 RSSCT(Rapid Small Scale Column Test)에 대하여 설명하시오.

5. 하천수를 압송하여 취수하는 정수장을 설계하고자 한다. 도수관로의 설계에 포함되는 시설과 설비에 대하여 설명하시오.

6. 하수처리수를 재이용할 때 용도별 제한조건에 대하여 설명하시오.

3교시(시험시간 100분 1문제 당 25점, 4문제 선택)

1. 하수저류시설 설치 시 검토하여야 할 사항을 설명하시오.

2. 하수처리장 반류수 처리공정 선정 시 고려사항에 대하여 설명하시오.

3. 상수도용 펌프의 용량과 대수 결정 시 고려사항에 대하여 설명하시오.

4. 정수장 플록형성지 유입구 설계방법을 설명하시오.

5. 수도정비기본계획에 포함되어야 할 사항을 설명하시오.

6. 만성적인 악취문제를 겪고 있는 하수처리장에서 도입할 수 있는 악취해결 방안에 대하여 설명하시오.

4교시(시험시간 100분　1문제 당 25점,　4문제 선택)

1. 기존 하수관로 개량 공법별 시공 시 및 준공 시 고려사항에 대하여 설명하시오.

2. 중력식 슬러지 농축조의 농축원리와 소요 단면적 산정 방법에 대하여 설명하시오.

3. 고도정수처리를 위한 오존처리설비의 구성과 오존주입량 제어방식에 대하여 설명하시오.

4. 정수장 염소소독 공정에서 유리잔류염소와 결합잔류염소에 대하여 설명하고, 염소주입율과 잔류염소농도와의 관계에 대하여 설명하시오.

5. 먹는물 수질기준에서 총대장균군(Total coliform), 분원성 대장균군(Fecal coliform), 대장균(Escherichia coli)의 정의와 특성에 대하여 설명하시오.

6. 도시하수의 BOD, COD, TOC의 상관관계가 하수처리 진행과정에 따라 어떻게 변하는지에 대하여 설명하시오.

제 116회(2018년도)

1교시(시험시간 100분　1문제 당 10점,　10문제 선택)

1. 조류경보제

2. 무수수량(Non-Revenue Water)

3. 수질오염총량관리제

4. 상수도관망진단의 대상시설

5. 계획 1일 평균급수량과 계획 1일 최대급수량

6. 하수관거에 포함되는 지하수량의 지배인자, 추정방법, 대책

7. TSI(Trophic State Index)

8. 부식지수(Corrosion Index)

9. 환경호르몬

10. 청색증

11. 터널배수지

12. 상수도용 알카리제

13. SCD(Streaming Current Detector)

2교시(시험시간 100분 1문제 당 25점, 4문제 선택)

1. 지표수를 수원으로 하는 경우에 대한 상수도 계통 및 시설을 그림으로 나타내어 설명하시오.

2. 그림과 같은 직사각형 수로에서 수리학상 유리한 단면조건을 폭(B)과 수심(h)의 관계식으로 유도하여 설명하시오.

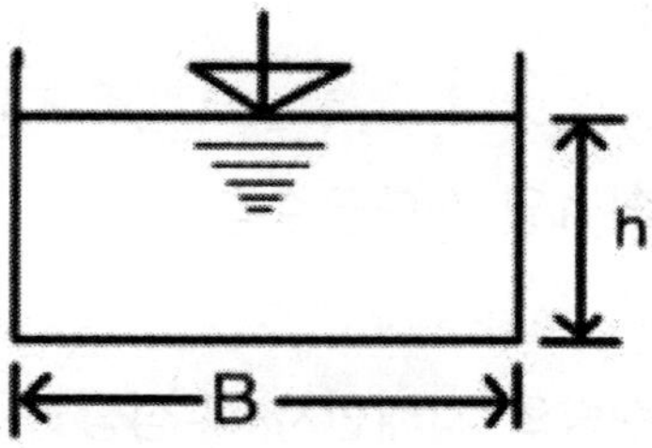

3. 상하수도 시설 운영관리를 위한 유량계 종류와 특성에 대하여 설명하시오.

4. 분류식 및 합류식 하수도의 특징을 설명하고, 합류식 하수관거에서 분류식 하수관거 체계로 전환할 경우 유의사항에 대하여 설명하시오.

5. 하수도 시설 정비사업과 시설 유지관리 시 빈번히 발생하고 있는 질식재해에 대하여 발생환경, 위험요인, 예방규칙을 설명하시오.

6. 하수처리수 재이용 시설계획의 목적, 기본방향 및 고려사항에 대하여 설명하시오.

3교시(시험시간 100분 1문제 당 25점, 4문제 선택)

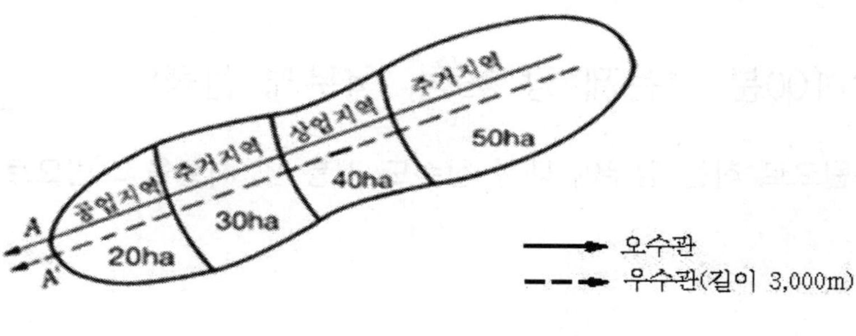

1. 다음은 어느 도시의 분류식 하수도 계획구역이다. 주어진 조건에서 다음을 구하시오.

조 건

	인구밀도(인/ha)	1인 1일 최대급수량(L)	영업 용수율	평균유출계수
주거지역	100	300	0.2	0.5
상업지역	200	300	0.6	0.7
공업지역	40	300	0.3	0.4

① 공장 배수량 : 2,000 m^3/day ② 지하수량 : 공장 배수량은 제외하고 10 %
③ 시간 변동비 : 1.8 ④ 유입시간 : 5분
⑤ 강우강도 공식 : I = 5,500/(t + 50) mm/hr
⑥ 관내 평균유속 : 1.0 m/sec (우수관)

1) A 지점에서 계획1일 최대오수량(m^3/day) 및 계획시간 최대오수량(m^3/sec)을 구하시오.

2) A'지점에서 합리식을 이용하여 우수유출량(m^3/sec)을 구하시오.

2. 수처리 단위조작에서 오존처리가 다른 처리법과 비교하여 우수한 점을 기술하고 오존 처리 시 유의점을 설명하시오.

3. 정수장에서 발생하는 배출수 처리 공정 및 방법에 대하여 설명하시오.

4. 하・폐수 내의 질소・인 처리를 위한 암모니아스트리핑법에 대하여 설명하시오.

5. 정수장의 시설개량이나 갱신 방법과 유의사항에 대하여 기술하시오.

6. 슬러지 탈수기(가압탈수기, 벨트프레스탈수기, 원심탈수기)의 형식별 특성에 대하여 설명하시오.

4교시(시험시간 100분 1문제 당 25점, 4문제 선택)

1. 독립성을 가진 SS농도 200 mg/l 인 하수를 침전관에 채우고 1.8 m 깊이에서 시료를 채취하여 SS농도를 측정한 결과 다음과 같은 자료를 얻었다. 이 자료로부터 SS제거효율이 85%가 되도록 하는 침전지의 표면부하율($m^3/m^2 \cdot min$)을 구하시오.

침전시간 (min)	3	5	10	20	40	60
SS농도 (mg/l)	120	90	70	40	10	2

2. 최대유량 Qmax가 1.1 m^3/sec 이고 설계침전속도가 0.4 mm/sec일 때 침전지의 체류시간이 2.5시간인 장방형 1차 침전지의 규격을 설계하고자 할 때 다음에 답하시오. (단, 길이(L):폭(B)을 4:1로 가정하고, 침전지는 4지로 한다.)

   1) 침전지의 필요 총 표면적(m^2) 을 구하시오.

   2) 표면부하율($m^3/m^2 \cdot day$)을 구하시오.

   3) 침전지의 유효수심(m)을 구하시오.

   4) 침전지의 1지당 유효폭(m)을 구하시오.

3. 정부에서 추진 중인 '물관리 일원화'의 추진배경과 이와 관련법(물관리기본법, 정부조직법, 물관리기술 발전 및 물산업 진흥에 관한 법률)의 주요개정 내용 및 향후과제에 대하여 설명하시오.

4. 수충격작용(Water Hammer)에 의한 수주분리 발생원인 및 방지대책에 대하여 설명하시오.

5. 생물활성탄(BAC)의 원리 및 장・단점에 대하여 설명하시오.

6. 최근 국내 일부 지자체에서 시범사업으로 실시하고 있는 합류식지역 수세분뇨 직투입 시 고려할 사항에 대하여 기술하시오

제 115회(2018년도)

1교시(시험시간 100분 1문제 당 10점, 10문제 선택)

1. 이상(two-phase) 혐기성 소화

2. 물 발자국(water footprint)

3. 갈바닉 부식(Galvanic corrosion)

4. 탈수기 필터 프레스(filter press)

5. BOD 시험의 한계

6. 신축이음

7. 수압시험방법

8. 수질예보제

9. MIOX(mixed oxidant)

10. 유효무수수량

11. 수면적 부하

12. RDII(rainfall derived infiltration inflow)

13. 서지 탱크(surge tank)

2교시(시험시간 100분 1문제 당 25점, 4문제 선택)

1. 상하수도분야의 추적자실험(tracer test)에 대하여 설명하시오.

2. 독립입자의 침전(I형 침전)에 대하여 설명하시오.

3. 하천수질오염과 보전대책에 대하여 설명하시오.

4. 일반적인 하수찌꺼기(슬러지) 처리처분의 계통도를 작성하고, 단위공정별 처리목적과 고려할 사항을 설명하시오.

5. 상수도관망의 기술진단을 일반기술진단과 전문기술진단으로 구분하여 설명하시오.

6. 하수관로의 야간생활하수평가법에 따른 침입수 산정방법과 한계점을 설명하시오.

3교시(시험시간 100분 1문제 당 25점, 4문제 선택)

1. 혼화, 응집, 침전, 여과, 소독으로 구성된 정수장의 기술진단에 대하여 설명하시오.

2. 하수의 Total Nitrogen(TN)과 Total Kjeldahl Nitrogen(TKN)에 대하여 설명하시오.

3. 수도권에 소재한 공공하수처리시설(용량 = 250000 m^3/day)은 인근의 산업단지에서 발생하는 산업폐수(유량 = 30000 m^3/day)를 연계 처리하고 있다. 고농도 질소를 함유하는 산업폐수로 인해 질소 방류수질 기준을 초과하는 문제가 발생하고 있다. 질소 문제를 해결할 수 있는 공학적인 개선방안에 대하여 설명하시오.

4. 합류식 하수도에 설치되는 간이공공하수처리시설의 정의 및 설계 시 고려사항에 대하여 설명하시오.

5. 저영향개발(LID) 시설계획 수립을 위한 빗물관리 목표량 설정방법에 대하여 설명하시오.

6. 막여과 시 농도분극현상의 발생원인과 막공정에 미치는 영향 및 억제방법을 설명하시오.

4교시(시험시간 100분 1문제 당 25점, 4문제 선택)

1. 정수장 배출수처리시설을 설계하고자 한다. 주어진 조건으로부터 이론적인 계획처리 고형물량(kg/day)을 계산하시오.

[조건]

계획정수량 = 100000 m^3/day
계획원수탁도(설계탁도) = 40 NTU
SS/NTU 비 = 14
응집제 주입률(산화알루미늄으로서의 주입률) = 10 mg/L
수산화알루미늄과 산화알루미늄의 비 = 1.5
단, 할증률은 고려하지 않음

2. 반류수(sidestream)가 하수처리장 단위공정에 미치는 영향에 대하여 설명하시오.

3. 하수처리장 방류수를 하천유지용수로 재이용하려고 한다. 공공하수처리시설 방류수 수질기준(일처리용량 500 m^3 이상)과 하천유지용수의 재처리수 용도별 수질기준을 비교하고 적정 처리방안에 대하여 설명하시오.

4. 정수장의 소독능(CT) 향상방안 가운데 공정관리에 의한 소독능 향상방안에 대하여 설명하시오.

5. 공공하수처리시설의 계열화운전 대상시설과 제외시설에 대하여 설명하시오.

6. 하수슬러지 또는 음식물처리를 위한 혐기성 소화조의 운영 시 발생하는 Struvite의 문제점과 대처방안에 대하여 설명하시오.

제 114회(2018년도)

1교시(시험시간 100분　1문제 당 10점,　10문제 선택)

1. 상수도 역사이편관

2. 상수도 신축이음관

3. 배수관의 위험한 접속(Dangerous connection)과 급수설비의 역류방지

4. 하수도 다중압송

5. 하수관거 매설깊이

6. 상수관망에서 단계시험(Step test)

7. 상수관망에서 임계지점(Critical point)

8. 수격작용(Water hammer)

9. 속도경사(G)

10. 에너지 사용평가도구(EUAT, Energy Use Assessment Tool)

11. 에너지 절약 전문기업(ESCO, Energy Service Company)

12. Langelier Index

13. MFI(Modified Fouling Index)

2교시(시험시간 100분 1문제 당 25점, 4문제 선택)

1. 차단용 밸브와 제어용 밸브에 대하여 설명하시오.

2. 배수설비에서 제해시설을 설치시 고려사항을 설명하시오.

3. 하수도 내진설계에 대하여 설명하시오.

4. 상수도관망 블록 구축시 적정성 검토사항에 대하여 설명하시오.

5. 전기응집 공정에 의한 총인 제거원리와 설계요소에 대하여 설명하시오.

6. 생물학적 폐수처리시 이용되는 종속영양미생물(M)과 유기물(F)과의 일반적인 관계를 설명하시오.

3교시(시험시간 100분 1문제 당 25점, 4문제 선택)

1. 도수관로에서 부압이 발생할 경우와 최대정수압이 부득이 고압이 될 경우의 대책을 각각 설명하시오.

2. 하수처리시설내 부대시설에 대하여 설명하시오.

3. 하수도정비 기본계획시 침수대응 하수도시설계획에 대하여 설명하시오.

4. 상수도 송배수관로 누수원인, 누수측정방법 및 누수방지 대책에 대하여 각각 설명하시오.

5. 활성탄 여과공정에서 접촉조의 설계요소에 대하여 설명하시오.

6. 활성슬러지 공정에서 Norcadia에 의한 거품현상의 특성과 원인 및 조절방법에 대하여 각각 설명하시오.

4교시(시험시간 100분 1문제 당 25점, 4문제 선택)

1. 정수장 단위시설의 배치계획에 대하여 설명하시오.

2. 펌프장시설에서 소음 및 진동방지에 대하여 설명하시오.

3. 하수도시설기준에 따른 우수배제 계획을 설명하시오.

4. 상수관망에서 공기밸브실과 이토밸브실에 대하여 설명하시오.

5. 알루미늄($Al^{3}+$)을 이용한 총인(TP) 처리시 화학반응식을 이용하여 다음을 계산하시오. (단, 총인과 Alkalinity을 제외한 알루미늄 소모량은 없다.)
   1) 1 mg 인(P) 제거당 Al 소요량(mg)

2) 1 mg Al 주입당 Alkalinity 소요량(mg)

3) 1 mg Al 주입당 슬러지 발생량(mg)

6. 하천수를 원수로 사용하는 정수장에서 염소주입에 따른 잔류염소의 수중에서 분포형태에 대하여 설명하시오.

제 113회(2017년도)

1교시(시험시간 100분 1문제 당 10점, 10문제 선택)

1. 산화환원전위(Oxidation Reduction Potential)

2. 관정부식(Crown Corrosion)

3. 필요소독능(Contact Time Value)

4. 표면부하율(Surface Loading Rate)

5. 공기장애(Air Binding)

6. Anammox(Anaerobic Ammonium Oxidation)

7. 기저유출(Baseflow)

8. 펌프의 상사법칙

9. 정삼투(Forward Osmosis)

10. Enhanced Coagulation

11. 여과수 탁도관리 목표

12. AGP(Algal Growth Potential)

13. 하수처리시설의 pH 조정시설

2교시(시험시간 100분 1문제 당 25점, 4문제 선택)

1. 노후 상수도관에 대한 문제점과 갱생방법에 대하여 설명하시오.

2. 조류 발생 시 정수처리공정에 미치는 영향과 대책에 대하여 설명하시오.

3. 자외선 소독의 개요와 영향인자에 대하여 설명하시오.

4. 슬러지처리공정에서 반류수의 특성과 처리방안에 대하여 설명하시오.

5. 배수지 용량결정에 대하여 설명하시오.

6. 급격한 기후변화에 따른 국지성 집중호우 시 도심지 침수방지대책에 대하여 설명하시오.

3교시(시험시간 100분 1문제 당 25점, 4문제 선택)

1. 노후 하수관로의 개·보수 계획 수립 시 대상관로의 선정기준과 정비방법에 대하여 설명하시오.

2. 오존을 이용하는 고도정수처리공정에서 오존의 역할에 대하여 설명하시오.

3. 해수담수화를 위한 역삼투시설에서 에너지 회수방법에 대하여 설명하시오.

4. 도수관로의 노선결정 시 고려사항에 대하여 설명하시오.

5. 우수조정지와 우수체수지의 계획 및 설치 시 고려사항에 대하여 설명하시오.

6. 상수도관의 내면부식에 대하여 설명하시오.

4교시(시험시간 100분 1문제 당 25점, 4문제 선택)

1. 하수도 계획 수립 시 유역별 통합운영관리방안에 대하여 설명하시오.

2. 강우 시 불완전 분류식 지역에서 우수유입을 차단하기 위한 하수관리 방안에 대하여 설명하시오.

3. 활성슬러지 공정의 운전 시 필요산소량 산정방법에 대하여 설명하시오.

4. 정수처리시설에서 혼화, 응집, 침전 공정의 운영진단방법에 대하여 설명하시오.

5. 하수처리수 재이용 시 문제점 및 대책에 대하여 설명하시오.

6. 정수처리 시 응집에 영향을 미치는 인자에 대하여 설명하시오.

제 112회(2017년도)

1교시(시험시간 100분 1문제 당 10점, 10문제 선택)

1. 수관교

2. 빗물이용시설

3. LTCP(long-term control plan)

4. 정수시설 소독설비 계측제어방식

5. 하수슬러지 건조 탈수시설의 전기탈수기

6. 급속소규모컬럼실험(rapid small-scale column test, RSSCT)

7. 등온흡착식(isotherm adsorption equation)

8. Monod 식에서 Monod 상수(Ks)의 정의와 의미

9. Water-Energy-Food Nexus

10. 집수매거

11. 비회전도(Ns)

12. 침전지 밀도류

13. 전탈질

2교시(시험시간 100분 1문제 당 25점, 4문제 선택)

1. 슬러지펌프 선정시 고려사항과 슬러지 유량측정 및 밀도측정장치에 대하여 설명하시오.

2. 수도정비 기본계획에서 상수도시설 안정화 계획 중 가뭄대책에 대하여 설명하시오.

3. 수돗물이 생산되는 과정에서 염소는 다양한 위치에서 다양한 목적으로 투입된다.

   전염소, 중염소, 후염소, 재염소(re-chlorination)의 적용지점과 투입목적에 대하여 설명하시오.

4. 중력식 농축조의 한계 고형물 플럭스(limiting solid flux)에 대하여 설명하시오.

5. 하수 고도처리에 관여하는 미생물을 물질대사 방법별로 분류하여 설명하고, 하수 내 유기물의 종류와 이를 생물학적 고도처리에 적용할 경우 미생물별(질소, 인 제거) 고려사항에 대하여 설명하시오.

6. 저수지 유효저수량 산정방법에 대하여 설명하시오.

3교시(시험시간 100분 1문제 당 25점, 4문제 선택)

1. 하수처리공정 고도처리설비 중 오존산화법에 대하여 설명하시오.

2. 다음 조건에 대한 활성탄 흡착분해법에 의한 배오존분해탑을 3개탑으로 설계하시오.
(단, 흡착탑의 직경 및 높이는 소숫점 2자리에서 반올림하고, π=3.14로 계산)

[조건]

계획정수량 200000 m^3/day,	오존주입률 1.0 mg/l,	흡수효율 70%,
배오존율 30%	발생오존농도 20 g/Nm^3,	가스 공탑속도 120 m/h
세척수량의 비 5%,	활성탄 교체주기 120일,	활성탄 분해능 2 gO_3/g
활성탄 밀도 0.45 kg/L		

3. 재래식 정수장의 배출수처리시설을 설계하고자 한다. 배출수 발생량 산정방법에 대하여 설명하고, 배출수처리시설을 구성하는 각 단위공정의 설계방법에 대하여 설명하시오.

4. 스와빙 피그(swabbing pig)에 대하여 설명하시오.

5. 지표미생물을 사용하는 이유 및 조건과 현재 사용되는 지표 미생물의 종류 및 한계점에 대하여 설명하시오.

6. 해수 담수화의 특징, 유의사항, 고려사항, 담수화방식에 대하여 설명하시오.

4교시(시험시간 100분 1문제 당 25점, 4문제 선택)

1. 완충저류시설의 시설계획 순서 및 용량산정 기준을 설명하시오.

2. 지방상수도 현대화사업 중 노후상수관망 정비사업의 과업단계별 주요업무내용에 대하여 설명하시오.

3. 마을상수도로 사용하고 있는 지하수가 질산성질소 기준을 초과하였다. 이온교환공정으로 질산성질소를 제거할 때 고려해야 할 사항에 대하여 설명하시오.

4. 하수슬러지의 안정화에 사용되는 소화(digestion) 기술에 대하여 설명하시오.

5. A/O공법 및 A_2/O공법의 원리, 특징, 설계인자, 장·단점에 대하여 설명하시오.

6. 급속혼화방식의 종류 및 특징에 대하여 설명하고, 혼화방식별 장·단점을 비교하여 설명하시오.

제 111회(2017년도)

1교시(시험시간 100분 1문제 당 10점, 10문제 선택)

1. 녹조/적조 현상

2. 하천에서의 총량규제

3. 계획1일 최대오수량

4. 우수발생시의 유달시간

5. 알칼리도와 pH의 상관관계

6. Jar-Test

7. 용존산소 부족곡선(DO Sag Curve)

8. NOM(Natural Organic Matter)

9. 공상접촉시간(Empty Bed Contact Time, EBCT)

10. 계획배수량

11. 하수처리장 수리종단도

12. Anammox(Anaerobic Ammonium Oxidation)

13. Off-gas 분석장치

2교시(시험시간 100분 1문제 당 25점, 4문제 선택)

1. 수원으로부터 각 수요자까지 물을 공급하는 상수도 공급의 전과정에 대한 흐름도를 도시하고 각 과정을 설명하시오.

2. 하수의 최종 BOD가 5일 BOD의 1.3배일 때 탈산소계수를 구하시오.

3. 하수슬러지 처리 시 슬러지 가용화 원리와 공정별 적용방안에 대하여 설명하시오.

4. 안정적인 급수를 위한 최적 관망관리 시스템 구축 및 운영방안에 대하여 유수율 제고와 연계하여 설명하시오.

5. 직결급수의 목적 및 종류와 도입 시 고려하여야 할 사항에 대하여 설명하시오.

6. 기존 활성슬러지법 처리시설을 혐기무산소호기조합법으로 개량할 경우 고려하여야 할 장치에 대하여 설명하시오.

3교시(시험시간 100분 1문제 당 25점, 4문제 선택)

1. 용수공급문제로 곤란을 겪고 있는 우리나라에서, 다목적 댐 이외의 사용가능한 보조수자원 개발의 예를 5가지 제시하고 설명하시오.

2. 공장과 가정의 배출수 발생으로부터 하수처리시설을 거쳐서 방류하기까지의 하수도시설계통 전과정에 대한 흐름도를 도시하고 각 과정을 설명하시오.

3. 상수도 시설의 계획수립 시 각 단계별 안전성 및 안정성 확보방안(수질, 수량, 수압 등)에 대하여 고려하여야 할 사항을 설명하시오.

4. 하수도 계획수립 시 하수처리수 재이용을 위한 처리시스템과 활성화방안에 대하여 설명하시오.

5. 정수장 실시설계도면의 구성에 대하여 설명하시오.

6. 응집제병용형 생물학적 질소제거법에 대하여 설명하시오.

4교시(시험시간 100분 1문제 당 25점, 4문제 선택)

1. 막의 종류에 대하여 다음 물음에 답하시오.
   1) 압력과 분리성능에 의한 막구분으로 정밀여과막(MF), 한외여과막(UF), 나노여과막(NF), 역삼투막(R/O) 등으로 구분한다. 이들의 원리, 작용압력(PSI), 제거물질을 비교하여 설명하시오.

   2) 분리메카니즘에 의한 막구분으로 다공질막, 비다공질막, 이온교환막으로 구분한다. 이들의 종류, 원리, 특징을 비교 설명하시오.

2. 염소(Cl2)소독에 대하여 다음 물음에 답하시오.
   1) 염소소독의 원리를 반응식을 이용하여 설명하고, 소독력을 증가시키기 위한 조건을 4가지만 제시하시오.

   2) 암모니아와의 반응기작을 반응식으로 나타내시오.

   3) 분기점 반응(Breakpoint Reaction)현상을 그림으로 나타내고 설명하시오.

3. 지하수 취수정의 유지관리방안에 대하여 설명하시오.

4. 표준 활성슬러지법의 공정별 기능 및 생물반응조의 설계인자와 운전 시 문제점 및 대책에 대하여 설명하시오.

5. 하수처리공정상의 포기장치 효율에 대하여 설명하시오.

6. 하수도시설에 대한 내진설계 목적, 기본방침, 내진등급 및 내진설계 목표에 대하여 설명하시오.

제 110회(2016년도)

1교시(시험시간 100분 1문제 당 10점, 10문제 선택)

1. 불활성화비 계산

2. 슬러지건조의 평형함수율

3. 하수의 포화용존산소

4. 버블포인트 시험(bubble point test)

5. 가압수 확산에 의한 혼화

6. Chick 법칙과 소독능

7. 하수처리장내 연결관거 설계기준

8. 상수도공정중 여과(filtration)의 종류 5가지

9. 생물막의 물질이동 개념

10. 고유투수계수(intrinsic permeability)

11. 통합물관리(integrated water resource management)의 필요성 10가지

12. 증기압(vapor pressure)과 상수관로/펌프흐름

13. 상수도관 누수와 수돗물 2차 오염의 관계

2교시(시험시간 100분 1문제 당 25점, 4문제 선택)

1. 오존이용률의 목표를 80% 이상으로 하고 접촉수심을 6.0 m, 가스공탑체류시간 속도를 5 m/hr으로 한다. 지의 구성은 공급가스 1단 접촉, 재이용가스 1단 접촉, 반응지 1단으로 하여 상하우류대향류식으로 한다. 접촉조는 상시 3열, 예비 1열의 4열로 한다. 계획 정수량 200,000 m^3/d, 세척수량비는 5%, 오존주입률 2.0 mg/L, 발생오존농도를 20 g/Nm^3로 할 경우 오존접촉지를 설계하고, 산기관 및 산기판 설치시 유의사항을 설명하시오.

2. 가축분뇨와 음식물폐기물의 병합처리시설을 설치하여 소화바이오가스를 도시가스(LNG)화 하여 판매하고자 한다. 주요처리계통과 병합혐기성소화조 및 소화가스이용설비 설계시 고려사항을 설명하시오.

3. 지역상수도의 통합에 따른 급수체계조정 사업의 개요 및 설계사례(과업의 목적, 과업의 범위 및 내용, 시설의 개요, 급수체계 조정사업 개념도, 사업의 효과 등)를 설명하시오.

4. 장마철 고탁도 발생원인과 정수처리 대책에 대하여 설명하시오.

5. 저영향개발의 목적, 관련시설의 종류 및 특징을 설명하고 긍정적/부정적 효과에 대하여 설명하시오.

6. 상수관망 블록시스템 구축계획과 유의사항에 대하여 설명하시오.

3교시(시험시간 100분 1문제 당 25점, 4문제 선택)

1. 환경과 에너지문제를 동시에 해결하기 위한 친환경에너지타운의 사업배경, 추진체계와 역할, 사업유형과 내용에 대하여 설명하시오.

2. 정수처리시 기타오염물질 중 질산성질소 제거방법에 대하여 설명하시오.

3. 하수관로시설의 기술진단 범위와 방법을 설명하시오.

4. 빗물펌프장 설계시 고려해야 할 사항과 펌프선정방법을 설명하시오.

5. 우리나라 도서지역의 상수도 보급현황과 정부의 식수원 개발 사업에 대하여 설명하고 적용된 식수원별 장단점을 설명하시오.

6. 완충저류시설의 설치대상, 시설 설치시 고려사항 그리고 시설의 주요 요소에 대하여 설명하시오.

4교시(시험시간 100분 1문제 당 25점, 4문제 선택)

1. 기존 하수처리장의 방류수 재이용시설 설치시 고려해야할 사항을 설명하시오.

2. 다음 그림은 하수처리장에서 고형물의 수지 계통을 설명하는 것으로 그림 a는 직접탈수소각방식 계통이고, b는 소화탈수방식 계통을 나타낸다.

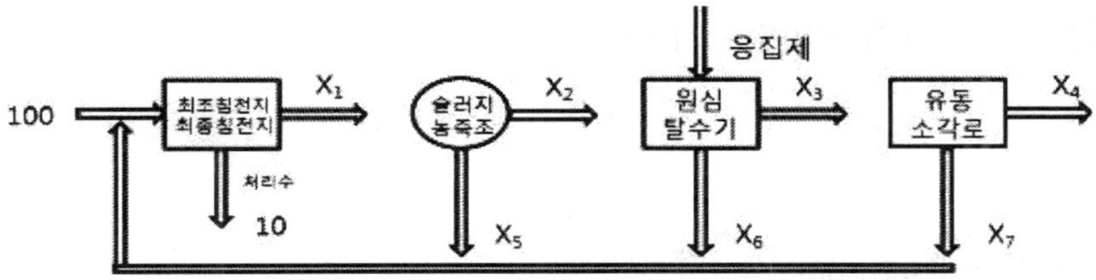

a. 직접탈수소각방식

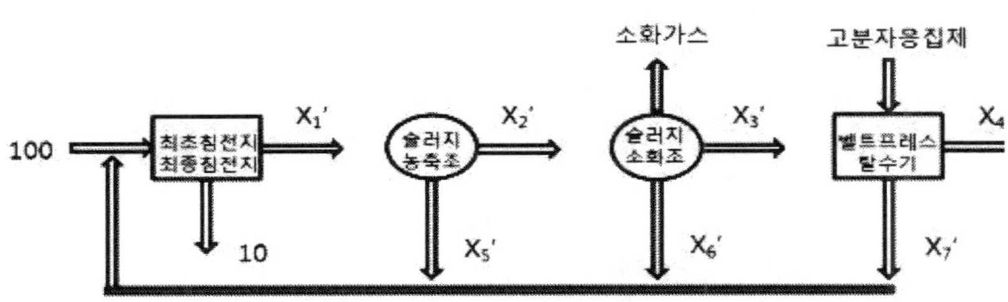

b. 소화탈수방식(1단소화)

유입고형물량을 100으로 가정하고 계획 발생슬러지량을 90으로 한 경우, a, b 계통의 각 시설에서 고형물 회수율은 다음 표와 같다. 이와 같은 조건에서 각 단위시설의 고형물량(X1~X7, X1′~X7′)을 계산하시오.

3. 혐기성 소화조 운영상 문제점 및 대책에 대하여 설명하시오.

4. 하수관거 접합 및 연결방법에 대하여 설명하시오.

5. 여과형 비점오염 저감시설의 시설별 설계인자에 대한 실험에 대하여 설명하시오.

6. 강변 여과수 개발을 위한 조사절차를 설명하고 강변 여과의 장단점에 대하여 설명하시오.

제 109회(2016년도)

1교시(시험시간 100분　1문제 당 10점,　10문제 선택)

1. 상수관망에서의 단계시험(Step Test)

2. 수격작용(Water Hammer)

3. 속도경사(G)

구 분	기 호	계통 a (%)	계통 b (%)
슬러지 농축조의 고형물 회수율	r1	90	90
슬러지 소화조의 고형물 감소율	rG1	–	40
슬러지 탈수설비의 고형물 회수율	r2	95	90
슬러지 탈수설비의 응집제 주입율	rC	0.9	1.0
소각로에서의 고형물 감량율	rG2	75	–
소각로의 고형물 회수율	r3	80	

4. SVI(Sludge Volume Index)

5. 점감식 응집(Tapered Flocculation)

6. 생태독성(TU, Toxic Unit)

7. SAR(Sodium Adsorption Ratio)

8. 세균의 재성장(After Growth)

9. AOC(Assimilable Organic Carbon)와 BDOC(Biodegradable Dissolved Organic Carbon)

10. 아데노바이러스(Adeno Virus)

11. 스마트워터그리드(Smart Water Grid)

12. 고도산화기술(AOP, Advanced Oxidation Technology)

13. 상하수도 자산관리(Asset Management)

2교시(시험시간 100분 1문제 당 25점, 4문제 선택)

1. 하수도정비 기본계획시 침수대응 하수도시설계획에 대하여 설명하시오.

2. 지반침하대응 하수관로 정밀조사 수행방법에 대하여 설명하시오.

3. 급속여과지에서 사용되는 여재의 크기를 제한하는 이유를 설명하시오.

4. 막오염 원인 및 세정방법에 대하여 설명하시오.

5. 정수장에 고도정수처리시설로 도입된 입상 활성탄 흡착지의 하부집수장치에 대하여 설명하시오.

6. 해수담수화시설의 생산수에 포함된 보론(B)과 트리할로메탄(THMs)의 관리와 방류설비에 대하여 설명하시오.

3교시(시험시간 100분 1문제 당 25점, 4문제 선택)

1. 상수관망 블록 구축의 적정성 검토사항에 대하여 설명하시오.

2. 우수관로 설계에 대하여 설명하시오.

3. 하수관로 분류식화 사업의 성과보증방법 및 효과를 설명하시오.

4. 하수처리장 에너지 자립화 사업을 통한 에너지 다소비 시설에서 재생산 시설로 전환하고자 할 때 하수슬러지를 활용하는 자원순환 방안에 대하여 설명하시오.

5. 상수원으로부터 취수시설을 계획하고 개량/갱신할 경우, 고려할 사항에 대하여 설명하시오.

6. 오존공정에서 배출되는 배오존의 재이용방안에 대하여 설명하시오.

4교시(시험시간 100분 1문제 당 25점, 4문제 선택)

1. 하수도정비 기본계획시 계획하수량에 대하여 설명하시오.

2. 상수도 송배수관로 누수원인 및 측정방법, 대책에 대하여 설명하시오.

3. 하수처리장 유량조정조 설계시 고려하여야 할 점에 대하여 설명하시오.

4. 재래식 하수처리공법으로 운영되고 있는 하수처리장을 고도처리 시설로 개량하고자 할 때 고려할 사항과 설치시 유의점을 설명하시오.

5. 상수 원수의 경도(Hardness)와 pH를 정의하고, 정수장에서 경도물질을 처리하는 방안에 대하여 설명하시오.

6. 정수장에서 생산된 정수의 수질 이상시 대응요령에 대하여 설명하시오.

제 108회(2016년도)

1교시(시험시간 100분 1문제 당 10점, 10문제 선택)

1. TOC(Total Organic Carbon)

2. 하수도정비 중점 관리지역

3. 인공습지

4. 상수관 갱생방법

5. UASB(Upflow Anaerobic Sludge Blanket)

6. Break Through(탁질누출현상)

7. 풍수량, 평수량, 저수량 및 갈수량의 정의

8. 지반 침하에 대응한 하수관거 정밀조사 요령

9. 정류벽(Baffle)의 기능

10. 수격작용(Water Hammer)

11. 상류와 사류

12. 총괄(평균)유출계수

13. 중수도의 이용 용도

2교시(시험시간 100분 1문제 당 25점, 4문제 선택)

1. 강우 시 하수도시설 운영현황 및 문제점 개선방안을 설명하시오.

2. 슬러지 가용화 방안에 대하여 설명하시오.

3. 고가수조식과 압력수조식 급수법의 장단점을 설명하시오

4. 원형관에서 Manning 공식의 수리특성곡선(유속-수심, 유량-수심곡선)을 그림으로 나타내고 설계 적용 시 유의할 점을 설명하시오.

5. 하천내에서 적용가능한 수질정화기술(기법)을 설명하시오.

6. 홍수량을 계산할 때 쓰이는 합리식(Rational Method)의 인자들을 설명하시오.

3교시(시험시간 100분 1문제 당 25점, 4문제 선택)

1. 혐기성소화조 성능저하 원인분석 및 성능개선 대책을 설명하시오.

2. 하수처리장 유입수의 저농도 및 저부하가 예상될 경우 시설설치 및 운영상 고려해야 할 사항을 설명하시오.

3. 기후변화로 인한 홍수와 가뭄 발생시 상수도, 하수도 시스템에 발생하는 문제점과 그에 대한 대책을 설명하시오

4. 급배수관으로 사용되는 강관, 덕타일주철관, 경질염화비닐관의 장단점을 설명하시오.

5. 상수도 계획급수량을 적용하여 하수처리장 및 차집관로의 설계 시설용량 산정 절차와 주요 인자들을 설명하시오.

6. Pin Floc 발생원인 및 대책방안을 설명하시오.

4교시(시험시간 100분 1문제 당 25점, 4문제 선택)

1. 하수도정비기본계획 수립(변경)지침에 따른 주요 고려사항을 설명하시오.

2. 하수도사업에서 유역통합관리 방안의 타당성을 설명하시오.

3. 하수처리장의 악취 특성 및 제거방법을 설명하시오.

4. 분산형 빗물관리의 정의와 기술요소를 설명하시오.

5. 해수담수화 기술의 종류를 기술하고 역삼투방식(R/O) 담수화 기술의 장단점을 설명하시오.

6. 조류발생시 정수장에서 대처방안을 설명하시오.

참고자료

[1] K-water, 물과 미래(2018), The world water, 2000-2001(Gleick, P.H)
[2] 국토부, 제4차 수자원장기계획 제3차 수정계획, 2016
[3] 환경부, 주요 비점오염원에 대한 효과적인 관리방안, 2005.10
[4] 환경부, 비점오염원관리요령, 2000.12
[5] 환경부 보도자료 ; 4대강수계, 차기잔게 수질오염총량제 본격시행(2020.7.15)
[6] K-water, 하천유량 고도화 관리기술개발, 2017
[7] 환경부, 상수도통계, 2020
[8] 환경부, 상수도시설기준, 2011
[9] 환경부, 상수도 정수시설 설계기준, 2017.11
[10] 환경부, 비점오염저감시설의 설치 및 관리·운영 매뉴얼, 2016.2
[11] 환경부, 생태하천복원사업업무추진지침(11차 개정), 2019.2.28.
[12] 환경부, 하수도시설기준, 2011
[13] 이성우, 고도상수처리-원리 및 응용, (도) 동화기술, 2003
[14] 양상현, 상하수도공학, (도)동화기술, 1990
[15] K-water, 하천유량 고도화 관리기술개발, 2017
[16] 환경부, 화학물질 배출량 정보를 이용한 초기 위해성 평가 해설서, 2010
[17] 수처리제의 기준과 규격 및 표시기준, 환경부 고시 제 2017-190호
[18] 환경부, 정수처리기준 해설서, 2013
[19] 팔당 상수원 수질에 미치는 점오염원 및 비점오염원의 영향도 비교 평가(Ⅰ), 이형진 등, 국립환경과학원 한강물환경연구소, 2010
[20] 해양쓰레기통합정보시스템, 2017
[21] 국가 생태계서비스 평가 보고서 발간을 위한 기초 연구, 국립생태원 생태연구본부, 2016
[22] 안소은, 의사결정을 위한 생태계 서비스의 정의와 분류, 환경정책연구, 2013
[23] 환경부, 비점오염저감시설의 설치 및 관리·운영 매뉴얼, 2016.2
[24] 서울시, 빗물관리 실무 매뉴얼, 2006. 작성자 : 한국물관리정책연구소 황대호
[25] 국내 비점오염 관련 연구 동향 및 향후 연구방향 제언, 전제찬· 정제호· 김용석· 김이형*,†국립환경과학원 역총량연구과*공주대학교
[26] 건설환경공학과, Journal of Wetlands Research Vol. 20, No. 1, February 2018, pp.80-93
[27] 해양쓰레기통합정보시스템, 2017
[28] 토양 세정법 [土壤洗淨法, soil flushing] (토양비료 용어사전, 2012. 12 한국토양비료학회)
[29] 폐수 유기물질 관리 지표 전환 등 수질관리 강화(환경부 보도자료 2019. 10.16)
[30] 2019.10.18. 유기물질측정지표전환(COD에서TOC로)리플렛(최종-환경부-한국환경공단)

찾아보기

(ㅇ)

(ㅈ)

(ㅊ)

(ㅋ)

(ㅌ)

(ㅍ)

(ㅎ)

최신 수질관리 상하수도 기술사

2021년 4월 20일 초판 인쇄
2021년 4월 30일 인쇄 발행

저 자 이성우 · 이일국 · 이철우 · 정지현 · 조용덕 · 이용수
발 행 인 송기수
발 행 처 GS인터비전
편 집 처 GS인터비전
인 쇄 처 대명프린팅
신고번호 제 25100-2016-000050호
ISBN 979-11-5576-365-0(13530)

주 소 서울 은평구 증산로 15길 69 2층
전 화 02-976-7898
팩 스 02-6468-7898
홈페이지 gsintervision.co.kr
E-Mail gsinter7@gmail.com

정 가 **70,000원**